热处理手册

第3卷

热处理设备和工辅材料

第5版

组　　编　中国机械工程学会热处理分会
总 主 编　徐跃明
本卷主编　韩伯群　曾爱群

机 械 工 业 出 版 社

本手册是一部热处理专业的综合工具书，共4卷。本卷是第3卷，共22章，内容包括：绪论，热处理温度测量，可控气氛及碳势控制、氮势控制，热处理工艺过程控制，热处理自动化与智能化，热处理车间设计，热处理节能、环保与安全，热处理工艺材料与淬火冷却介质，热处理设备常用的材料及基础构件，可控气氛热处理炉，真空热处理炉，感应热处理设备，离子热处理设备，激光热处理设备，气相沉积设备，铝合金热处理设备，钢板热处理生产线，大型铸锻件热处理设备，热处理冷却设备，热处理清洗设备，热处理清理及强化设备，热处理设备设计基础及选型。本手册由中国机械工程学会热处理分会组织编写，内容系统全面，具有一定的权威性、科学性、实用性、可靠性和先进性。

本手册可供热处理工程技术人员、质量检验和生产管理人员使用，也可供科研人员、设计人员、相关专业的在校师生参考。

图书在版编目（CIP）数据

热处理手册．第3卷，热处理设备和工辅材料/中国机械工程学会热处理分会组编；徐跃明总主编．—5版．—北京：机械工业出版社，2023.8

ISBN 978-7-111-73291-4

Ⅰ.①热…　Ⅱ.①中…②徐…　Ⅲ.①热处理-手册②热处理设备-手册③热处理-工程材料-手册　Ⅳ.①TG15-62

中国国家版本馆CIP数据核字（2023）第098265号

机械工业出版社（北京市百万庄大街22号　邮政编码100037）

策划编辑：陈保华　　　　责任编辑：陈保华　李含杨

责任校对：张晓蓉　李　婷　　责任印制：刘　媛

北京中科印刷有限公司印刷

2023年9月第5版第1次印刷

184mm×260mm・43印张・2插页・1480千字

标准书号：ISBN 978-7-111-73291-4

定价：189.00元

电话服务	网络服务
客服电话：010-88361066	机　工　官　网：www.cmpbook.com
010-88379833	机　工　官　博：weibo.com/cmp1952
010-68326294	金　　书　　网：www.golden-book.com
封底无防伪标均为盗版	机工教育服务网：www.cmpedu.com

中国机械工程学会热处理分会
《热处理手册》第5版编委会

前　言

《中国热处理与表层改性技术路线图》指出，热处理与表层改性赋予先进材料极限性能，赋予关键构件极限服役性能。热处理与表层改性是先进材料和机械制造的核心技术、关键技术、共性技术和基础技术，属于国家核心竞争力。践行该路线图应该结合我国经济发展的大环境变化和制造转型升级的发展要求，以关键构件的可靠性、服役寿命和结构重量三大问题为导向，以“绿色化、精密化、智能化、标准化”为着力点，通过关键构件热处理技术领域的创新，助推我国从机械制造大国迈向机械制造强国的进程。

热处理作为机械制造工业中的关键工艺之一，对发挥材料潜力、延长关键零件服役寿命和推动整体制造业的节能减碳和高质量发展起着关键作用。为了促进行业技术进步，交流和推广先进经验，指导工艺操作，1972 年由原一机部机械研究院组织国内从事热处理的大专院校、研究院所和重点企业的专业技术人员编写了《热处理手册》，出版后深受广大读者欢迎。时至今日，《热处理手册》已修订四次。

在第 4 版《热处理手册》出版的十几年间，国内外热处理技术飞速发展，涌现出许多先进技术、装备，以及全过程质量管理方法和要求，因此亟须对《热处理手册》进行再次修订，删除陈旧过时的内容，补充先进典型技术，满足企业生产和行业技术发展的需要，切实发挥工具书的作用。鉴于此，中国机械工程学会热处理分会组织国内专家和学者自 2020 年 5 月起，按照实用性、系统性、先进性和高标准的原则开展修订工作，以求达到能正确指导生产、促进技术进步的目的。

本次修订，重点体现以下几方面：

在实用性方面，突出一个“用”字，做到应用为重，学用结合。体现基础理论、基础工艺、基础数据、基本方法、典型案例、先进标准的有机结合。

在系统性方面，突出一个“全”字，包括材料、组织、工艺、性能、应用，材料热处理、零件热处理，质量控制与质量检验、质量问题与分析，设备设计、选用、操作、维护，能源、安全、环保，标准化等，确保体系清晰，有用好用。

在先进性方面，突出一个“新”字，着重介绍新材料、新工艺、新设备、新理念、新标准、新零件、前沿理论与技术。

在高标准方面，突出一个“高”字，要求修订工作者以高度的责任感、使命感总结编写高质量、高水平、高参考价值的技术资料。

此次修订的体例与前 4 版保持了一定的继承性，但在章节内容上根据近年来国内新兴行业的发展和各行业热处理技术发展状况，结合我国热处理企业应用的现状做了符合实际的增删，增加了许多新内容，其中的技术信息主要来自企业和科研单位的实用数据，可靠真实。修订后的手册将成为一套更加适用的热处理工具书，对机械工业提高产品质量，研发新产品起到积极的作用。

本卷为《热处理手册》的第 3 卷，与第 4 版相比，主要做了以下变动：

由第 4 版的 15 章修订为 22 章。新增了“第 2 章 热处理温度测量”“第 3 章 可控气氛及碳势控制、氮势控制”“第 5 章 热处理自动化与智能化”“第 10 章 可控气氛热处理炉”“第 16 章 铝合金热处理设备”“第 17 章 钢板热处理生产线”和“第 18 章 大型铸锻件热处理设备”

七章；将第 4 版中的“真空与等离子热处理炉”一章拆分为“第 11 章 真空热处理炉”“第 13 章 离子热处理设备”两章，并将第 4 版中的“表面改性热处理设备”一章拆分为“第 14 章 激光热处理设备”“第 15 章 气相沉积设备”两章；删去了“热处理浴炉及流态粒子炉”“热处理燃料炉”两章。以上修订充分展示了近十年来热处理设备发展的新动向。此次修订对近年常用热处理设备及其工艺应用的发展情况进行了系统梳理，从设备选用人员的角度出发，将热处理炉按类型、加热方式与气氛进行分类介绍，增加了设备总图、关键结构、主要参数（如装载量、额定温度、温度均匀性、气氛均匀性、真空度、功率、转速、流量等）、技术规范、节能环保、安全操作、维护保养等内容，对其他章节进行了修订，完善了热处理装备的自动化、数字化和智能化内容。

本手册由徐跃明担任总主编，本卷由韩伯群、曾爱群担任主编，编写的人员有：向建华、束东方、董小虹、梁先西、曹治中、殷汉奇、王桂茂、苏宇辉、冯耀潮、赵伟民、史有森、张志鹏、陈雪峰、李儒冠、彭天成、常玉敏、梁航、张良界、姚继洪、马敏、朱小军、高彬彬、邓乔枫、褚会东、吴石勇、沈顺飞、陈志强、丁礼、牟宗山、夏金龙、耿凯、朱品亮、马建中、丛培武、周新宇、李琳、王松明、杨晔、孙戌东、王晖、陆叶星、赵程、姚建华、陈智君、王梁、吴爱民、张贵锋、赵彦辉、李贤君、巫小林、王昭东、胡文超、罗平、左训伟、陈乃录、沙丽华、王群华、施剑峰。

第 5 版手册的修订工作得到了各有关高等院校、研究院所、企业及机械工业出版社的大力支持，在此一并致谢。同时，编委会对为历次手册修订做出贡献的同志表示衷心的感谢！

中国机械工程学会热处理分会
《热处理手册》第 5 版编委会

目　　录

第1章　绪　论

江苏丰东热技术有限公司　朱小军　束东方

1.1　热处理设备的分类

热处理设备指用于实现炉料各项热处理工艺的加热、冷却或各种辅助作业的设备。在热处理车间内还有维持热处理生产所需的燃料、电力、水、气等动力供应设备，起重运输设备和生产安全及环保设备。

通常把完成热处理工艺操作的设备称为主要设备，把与主要设备配套的和维持生产所需的设备称为辅助设备。热处理设备的分类见表1-1。

表1-1　热处理设备的分类

主要设备	热处理炉
	表面改性热处理设备
	感应加热热处理设备
	激光(电子束)表面热处理设备
	表面机械强化设备
	冷处理设备
辅助设备	清洗和清理设备
	气体发生及净化装置
	淬火冷却介质循环及冷却装置
	物料搬送设备
	质量检测设备
	动力输送管线和辅助设备
	防火、防尘及环保等生产安全设备

1.1.1　热处理主要设备

1. 热处理炉

热处理炉指供炉料热处理加热用的电炉或燃料炉，主要是通过电或燃料对工件加热。其加热方法是电热元件、燃料通过辐射管、炉罐等对工件进行间接加热。

2. 表面改性热处理设备

这类设备主要有气相沉积装置和离子注入装置等。气相沉积装置是通过在气相中的物理、化学过程，在工件表面上沉积金属或化合物涂层的装置；离子注入装置是把氮、金属等的离子注入材料表面的装置。这类工艺方法不同于传统的通过加热和冷却发生相变而强化金属的热处理方法；是一种改善金属表面性能的热处理方法。

3. 感应加热热处理设备

感应加热热处理设备是没有密闭炉室，利用感应电流产生的热效应对工件进行加热的热处理设备，一般由感应电源产生的中高频电源通过感应线圈对工件进行加热。由于是表面加热，淬火工件产生的变形量小，属于环保型热处理设备。

4. 激光（电子束）表面热处理设备

激光（电子束）表面热处理设备是采用激光（电子束）对工件进行加热的热处理设备。金属工件通过激光表面强化可以显著地提高硬度、强度、耐磨性、耐蚀性和耐高温性能，从而提高其质量，延长其使用寿命并可降低成本。

5. 表面机械强化装置

表面机械强化装置是利用金属丸抛击或压力辊压或施加预应力，使工件形成表面压应力或预应力状态的装置，有抛丸、喷砂强化装置和辊压装置等。

6. 冷处理设备

冷处理设备是用于将炉料冷却到0℃以下的设备。常用的装置有冷冻机、干冰冷却装置和液氮冷却装置。

1.1.2　热处理辅助设备

1. 清洗和清理设备

清洗和清理设备是对热处理前、后工件清洗或清理的设备。常用的清洗设备有碱水溶液、磷酸水溶液、有机溶剂（氯乙烯、二氯乙烷等）的清洗槽和清洗机，以及真空清洗装置、超声波清洗装置等。清理设备有化学法的酸洗设备，机械法的清理滚筒、喷砂机和抛丸机，燃烧法的脱脂炉等。溶剂型真空清洗机因其优异的清洗效果和溶剂再生性能而得到越来越多的应用。

2. 气体发生及净化装置

气体发生装置主要指热处理气氛生成设备。

（1）热处理气氛生成设备　这类设备有由可燃物形成吸热式和放热式气氛的设备、从空气中提取氮气的设备、由液氨分解或燃烧制备氢气和氮气气氛的设备、有机液分解气氛和制氢的设备等。

（2）气体净化装置　除去可控气氛中的水分、二氧化碳、氧、硫及其化合物等杂质，使其含量降低到一定范围内的装置。

3. 淬火冷却介质循环及冷却装置

淬火冷却介质循环及冷却装置是为维持淬火冷却

介质温度而设置的淬火冷却介质循环处理的装置，主要包括储液槽、泵、换热器、循环冷却介质（水或空气）和过滤器等，起到对淬火冷却介质控温、清理及控制流速、流向的作用。

4. 物料搬送设备

热处理车间物料搬送设备指用于热处理设备间炉料的搬运、存储、上下料的设备，有时也用于工件装出炉的吊装。此类机械设备主要有车间起重机、进出料用的推拉车、提供上下料用的准备台、搬送物料用的有轨或无轨小车、传输工件的辊道和传送链等。

5. 质量检测设备

质量检测设备指对热处理件进行质量检测的设备。此类设备范围很广，有金相组织、力学性能、工件尺寸、缺陷探伤和残余应力等检测设备。

6. 动力输送管线和辅助设备

动力输送管线和辅助设备指提供给热处理设备的电力、燃料、压缩空气、蒸汽、水等动力的管线系统和附属的装置，主要有管路系统、动力线缆、风机、泵、储气罐及储液罐等。

7. 防火、除尘及环保等生产安全设备

防火、除尘及环保等生产安全设备指防治热处理生产造成的粉尘、废气、废液的装置，以及预防和处理火灾、爆炸事故的装置，主要有抽风机、废气裂化炉、废液反应槽及防火喷雾器等。

1.2 热处理炉的分类和特性

1.2.1 热处理炉的分类

为满足各种热处理件、各类热处理工艺和不同生产批量的需要，热处理炉有很多类型和规格。依据热处理炉的特性因素，它有多种分类方法，见表1-2。

表1-2 热处理炉的分类

分类原则	热源	工作温度
炉型	电炉 燃料炉	高温炉(>1000℃) 中温炉(>650~1000℃) 低温炉(≤650℃)
分类原则	炉膛形式	工艺用途
炉型	箱式炉 井式炉 罩式炉 底开式炉 转底炉 隧道式炉	渗碳炉 退火炉 正火炉 淬火炉 回火炉 渗氮炉
分类原则	作业方式	使用介质
炉型	间隙式炉 连续式炉	空气介质炉 火焰炉 可控气氛炉 油浴炉 盐浴炉 真空炉
分类原则	机械形式	控制形式
炉型	台车式炉 底开式炉 推杆(盘)式炉 辊底式炉 输送带式连续炉 链条式连续炉 转底式炉 环形式热处理炉 步进式炉	温度控制炉 工艺过程控制炉 计算机智能化控制炉

1.2.2 热处理炉的主要特性

热处理炉的种类很多，但其基本组成和特性是由几个主要组成部分和特性参数所限定的。

1. 温度

炉子温度决定了炉子的传热特性。由于辐射能与温度成正比，所以高温炉的结构应设计成辐射传热型。其主要特征是电热元件应能直接辐射加热工件。低温炉主要依靠对流加热，其炉子结构应有强烈的气流循环。

2. 热源及加热元件

热处理炉按热源主要分为电加热炉和燃料加热炉。

热处理炉所用的电热元件主要是电阻丝（或带）制成的元件或辐射管。在低温浴炉中多用管状加热元件；在可控气氛炉中多数用辐射管；在高温炉中主要用碳化硅、二硅化钼、镧铬氧化物质和石英质电热元件。

电热元件和燃烧装置的合理布置，以及组织好火焰流向或热风循环是提高炉子温度均匀度和热效率最重要的手段。

燃料加热一般指天然气加热，燃气加热热处理炉直接利用天然气能源，比电热炉有较高的能源利用率，但由于有尾气排放，对环境有一定的不利影响。

燃料加热的热处理炉对燃烧装置的基本要求是，使燃料充分燃烧，达到所需的温度和所需的气氛状态，形成高辐射或强对流的火焰，满足热处理工艺要求，有较高的热效率和较轻的环境污染。燃烧装置的种类很多，根据燃料的不同，分为燃气烧嘴和燃油烧嘴，燃油烧嘴近年来已经逐步被淘汰。常用的燃气烧嘴有低压燃气烧嘴、平焰烧嘴、自身预热烧嘴、高速烧嘴及调焰烧嘴等。目前使用较多的加热方式有高热效率的蓄热式烧嘴直接加热、低氮燃烧器直接加热、燃气辐射管间接加热。

3. 炉膛结构与炉衬材料

炉膛是热处理炉的主体，是炉衬包围的空间。对它们的基本要求是，在炉膛内形成均匀的温度场，对被加热炉料有较高的传热效果，较少的积蓄热和散热量。炉衬材料和结构逐渐向轻质化、纤维化、预制结构、复合结构、不定型材料浇注，以及喷涂增强辐射涂料的方向发展。

4. 炉内气氛

炉内气氛指热处理炉膛内的气体介质，有自然气氛、可控气氛和保护气氛三类。

(1) 自然气氛　以自然状态存在于加热室内、无任何气氛成分控制的气体介质。工件在这种气氛内高于560℃以上加热时会出现氧化脱碳。

(2) 可控气氛　可控气氛是可控制在预定范围内的气氛，按可控气氛的性质分类如下：

1) 中性气氛。主要成分是氮气，在氮气基础上附加其他组分，形成氮基气氛，其性质随附加剂的性质而变化。

2) 还原性气氛。主要成分是氢气，氢气密度小，黏度低，热导率高，还原性强，因此它有热容量小、流动状态好、温度均匀度高的优点。

3) 含碳气氛。含碳气氛由碳氢化合物裂化或不完全燃烧而成，有吸热式和放热式两大类，此气氛可在热处理炉外或炉内生成。

(3) 保护气氛　保护气氛是炉内用来保护炉料或加热元件使之在加热时避免或减少氧化、脱碳及其他不良化学反应的气氛。

5. 作业方式

热处理设备按作业方式分为间歇式作业炉和连续式作业炉两大类。

间歇式炉一般为单一炉膛结构，工件成批进炉、出炉，在炉内固定位置上周期地完成一个工序的操作。简单型的间歇式炉有空气介质的箱式炉、井式炉、罩式炉等，其结构简单，但其生产产品的稳定性、再现性、一致性较差。近代，在间歇式简单炉型基础上，配备了传动机械、可控气氛、计算机控制等装置，使这类炉子的特性发生了质的变化，如可控气氛密封式箱式炉，可完成高质量的淬火、渗碳等功能，还可与清洗、回火等设备组成柔性生产线。真空间歇式炉还可发展成在一个炉膛工位上完成加热、冷却、回火等一个完整的热处理操作程序的生产模式。

连续式炉的炉膛为贯通式，多为直线贯通，还有转折贯通和环形贯通。其操作程序是工件顺序地通过炉膛。热处理工艺规程是沿炉膛行进方向设置的，运行速度和长度则为工艺时间。因此，每一个工件（或料盘）在炉内运行过程中都同样准确地执行同一个工艺程序，可获得同一性高的品质。

6. 炉料转移系统

热处理炉的机械化状态是其先进程度的重要标志之一。各种形式的输送机械几乎都被应用于热处理炉。选择炉内炉料转移系统应考虑：该机械是否与热处理件的形状、尺寸或料盘相适应；是采用连续式还是节拍式传送；工件与机械相对运动状态是相对静止还是相对运动的；工件支持点（或面）的接触状态；该机械与上下工序机械的衔接方式；该机械（包括料盘）是一直停留在炉内，还是反复进出炉，周期地被加热和冷却；传动机械的可靠性和使用寿命；调整工艺的灵活性等。这些因素对提高热处理炉的工作可靠性、产品质量和节能都有重大影响。

7. 控制方式

热处理炉的控制包括控制范围、控制方法和控制装置。控制范围有：对温度、压力、流量及气氛等工艺参数控制，传动机械控制，工艺过程控制和预测产品质量控制。由于计算机、上位机、全流程控制及在线模拟控制等的应用，控制方法逐步地进入智能化的时代。

1.3 热处理设备的技术经济指标

热处理设备的技术经济指标包括性能指标、运行指标、能耗及碳排放指标、可靠性及寿命、安全卫生与环境等。

1.3.1 性能指标

热处理设备的性能指标主要包括温度均匀性、空炉升温时间、空炉损耗功率比、炉温控制精度、系统精度校验、炉体表面温升和炉体密封性等。

1. 温度均匀性

温度均匀性指炉子在试验温度下处于热稳定状态时炉内温度的均匀程度，通常指在空炉时、在有效工作区内、在规定的各测温点上所测得的最高和最低温度分别与控制点上所测得的温度的差。温度均匀性是保证热处理工艺质量最重要的技术指标。

2. 空炉升温时间

空炉升温时间通常指在限定使用条件下把一台经过充分干燥的、没有装炉料的热处理炉，从冷态加热到最高工作温度所需的时间，单位为h。

3. 空炉损耗功率比

空炉损耗功率比是空炉损耗功率与额定功率的百分比。没有装炉料的热处理炉从冷态开始升温到最高工作温度下的热稳定态时所消耗的能量，称为空炉损耗功率，包括这个阶段炉体蓄热和散失到周围空间的能量，单位为 kW·h。

4. 炉温控制精度

热处理炉在试验温度下的热稳定状态时控温点温度的稳定程度，称为炉温稳定度。

5. 系统精度校验

系统精度校验（SAT）是指将热处理设备的温度控制系统经过补偿后的温度与经过校准和偏差修正的测量系统的温度进行现场比较，以确定温度控制系统温度的偏差是否符合要求的测试。

6. 炉体表面温升

热处理炉在额定温度下的热稳定状态时，炉体外壁指定范围内任意点的温度与环境温度的差，称为炉体表面温升。

7. 炉体密封性

热处理炉炉体的密封程度指标，即密封性，主要通过炉压的保持能力或为保持炉压所输入炉气的换气率等指标进行反映。

1.3.2 运行指标

运行指标主要指热处理设备在热处理过程中所能达到的热处理性能，主要包括炉内气氛、最大装载量、设备产能、炉子生产率、气体换气率、工艺适应性和自动化程度等。

1. 炉内气氛

炉内气氛一般分为自然气氛（空气）、可控气氛（成分可控制在预定范围内的气氛）及真空状态（炉膛内低于 101.325kPa 的气体状态）。

2. 最大装载量

间歇作业炉设计时规定的每一炉最多能装载的炉料的质量，称为最大装载量，包括随加热工件或材料同时进炉的料筐、料盘或夹具等的质量。

3. 设备产能

按单位时间计算的炉子加热能力，称为炉子生产能力，单位为 kg/h。炉子升温速度越快，则生产能力越高。

4. 炉子生产率

按单位时间、单位炉底面积计算的炉子加热能力称为炉子生产率，单位为 kg/(m^2·h)。炉子装载量越大，升温速度越快，则炉子生产率越高。一般情况下，炉子生产率越高，则加热每千克工件的单位热量消耗越低，所以要降低能源消耗，首先应该满负荷生产，尽量提高炉子生产率。

5. 气体换气率

气体换气率指单位时间内输入气体体积与炉膛内腔容积的比值。

6. 工艺适应性

工艺适应性一般指满足热处理工艺的程度、产品品质的重现性。

7. 自动化程度

自动化程度指炉子和工艺过程控制的等级，如是否采用计算机控制等。

1.3.3 能耗及碳排放指标

能耗及碳排放指标是热处理设备节能环保性能的重要考核参数，主要指热处理设备产生的单位热处理工件所消耗的能源及所排放的 CO_2 的数量，主要指标有单位能耗、单位碳排放指标及万元产值碳排放指标等。

1. 单位能耗

单位能耗指按统计期内每吨热处理工件折合质量计算的平均能耗。一般按单位能耗大小将热处理设备分为一等、二等和三等三个能耗等级，达不到三等指标的为不合格设备。

2. 单位碳排放指标

单位碳排放指标指每吨热处理工件所产生的二氧化碳排放量。一般用于对热处理工艺与设备的评定。

3. 万元产值碳排放指标

万元产值碳排放指标指热处理工厂创造万元热处理产值所产生的二氧化碳排放量。一般用于对热处理车间及工厂的评定。

1.3.4 可靠性及寿命

可靠性是热处理设备不出现影响生产的故障的时间性指标，包括平均无故障工作时间、易损件寿命和大修期等指标。寿命指热处理设备所能维持正常使用的最长时间，这期间可以进行若干次的炉膛大修、易损件更换、维护保养等。

1. 平均无故障工作时间

热处理设备故障分为一类、二类、三类故障，相关可靠性要求指连续不出现相关类型故障的持续时间，即平均无故障工作时间。

2. 易损件寿命

易损件寿命指常规易损件（辐射管、加热器、搅拌风扇及支撑轴承等）的使用寿命。

3. 大修期

大修期指不能维持正常的热处理生产而必须要进行

大修（主要指更换热处理炉炉膛保温层）的间隔时间。

1.3.5　安全卫生与环境

1. 安全卫生

安全卫生指热处理作业场所应配备通风排烟设备，以及必要的废气、废水处理装置及监测设施，确保污染物达标排放。

2. 环境

热处理企业废气、废水排放应达到国家环境保护局规定的二级标准排放。企业应采取措施对一般性废弃物进行回收、保管和处置。不应对环境产生超过相关标准的影响。生产现场噪声限值不应高于 80dB。高频辐射的电场强度不高于 20V/m，磁场强度不大于 5A/m。

1.4　热处理设备的绿色、低碳、智能化发展

热处理在机械制造中用能约占 1/3，属于用能大户。长期以来，节能降耗一直是热处理行业绿色、低碳发展的重点工作。热处理设备作为热处理工艺的重要载体，对于热处理行业积极践行“碳达峰、碳中和”国家战略、促进行业绿色低碳发展至关重要。

可控气氛热处理设备、真空热处理设备、感应热处理设备等作为当今先进热处理设备的代表，在热处理绿色制造中发挥着重要作用。热处理装备制造企业应积极开展预抽真空可控气氛渗碳、真空渗碳、真空渗氮、等离子渗氮、激光热处理等先进热处理设备的技术研发与推广应用。优化热处理炉构造、炉内工装构件，采用先进的耐热及保温材料，推广余热利用，提高加热能源效率。研发高精度、耐久性气氛传感器，实现热处理温度、气氛精确在线控制及减量化，减少渗碳淬火变形，提高热处理工艺效率，实现绿色、低碳发展。

随着数字化、智能化技术的发展，热处理行业也进入了智能化发展时代。热处理智能管理系统应包含物料管理、工序工艺、线边仓储、数据采集和记录（SCADA）、自动排产（APS）、生产管理（MES）、数据可视化等模块。热处理装备制造企业应积极研发推广热处理数字化、信息化、智能化、少（无）人化，促进热处理行业转型升级。

参考文献

[1]　全国热处理标准化技术委员会. 绿色热处理技术要求及评价：GB/T 38819—2020 [S]. 北京：中国标准出版社，2020.

[2]　全国热处理标准化技术委员会. 热处理设备术语：GB/T 13324—2006 [S]. 北京：中国标准出版社，2006.

第2章 热处理温度测量

广东世创金属科技股份有限公司 董小虹 梁先西
上海谷田自动化仪表有限公司 曹治中

温度是热处理最重要的工艺参数，热处理的首要任务就是要把温度控制好。一个是工艺温度，该温度决定了材料热处理后的组织与性能，主要与材料成分及相变温度有关，并需要根据要求的材料或零件的性能确定和优化。工艺温度包括加热温度和冷却温度，以及温度的变化过程，三者组合构成了热处理整个工艺过程。另一个是测量温度，该温度决定了热处理后材料的组织和性能及零件质量的一致性，主要取决于热处理设备及其温度控制系统的性能，要求测量温度与工艺设定温度相一致。测量温度包括温度均匀性和温度系统的准确度，并对热处理炉、温度传感器及其系统提出了要求。测量温度或温度测量是热处理质量控制的重要内容，也是热处理质量控制的基础。

2.1 热处理设备和仪表系统分类

2.1.1 热处理炉分类

按照 GB/T 9452—2023《热处理炉有效加热区测定方法》的要求，热处理炉按有效加热区的温度均匀性分为7类，见表2-1。

表2-1 热处理炉类型及其仪表准确度级别

热处理炉类型	有效加热区温度均匀性/℃	控温仪表准确度级别/级	数字式记录仪表准确度级别/级
Ⅰ	±3	0.1	0.2
Ⅱ	±5	0.2	0.3
Ⅲ	±8	0.5	0.5
Ⅳ	±10	0.5	0.5
Ⅴ	±15	0.5	0.5
Ⅵ	±20	0.5	0.5
Ⅶ	±25	1.0	1.0

热处理生产中一般根据热处理工艺温度选择热处理设备。对于常用的热处理工艺，有效加热区温度均匀性最大允许误差的要求见表2-2。

表2-2 有效加热区温度均匀性最大允许误差

热处理工艺	温度均匀性允许误差/℃
淬火	≤±10
回火	≤±10
正火	正火≤±15,等温正火≤±10
退火	退火≤±15,球化退火、等温退火≤±10,预防白点退火、再结晶退火、稳定退火≤±20
气体渗碳	≤±10
气体渗氮	≤±5
高温合金热处理	时效或≤850℃退火≤±5,固溶、中间退火、≥850℃退火≤±10
钛合金热处理	时效≤±5,退火、固溶≤±10
铝合金热处理	固溶≤±5,时效±3,退火≤±10
球墨铸铁、灰铸铁热处理	淬火、回火≤±15,等温淬火≤±10
可锻铸铁热处理	退火≤±20
真空热处理	淬火、回火、时效≤±8,退火、固溶≤±10
真空高压气淬	≤±8
真空低压渗碳	≤±8
真空低压渗碳高压气淬	≤±8
盐浴加热和冷却	≤±10,铝合金±3
重载齿轮热处理	渗碳、淬火、回火≤±8
大型锻钢件热处理	淬火、回火≤±10,正火≤±15,退火≤±20

2.1.2　仪表系统分类

仪表类型指用于控制、记录或显示相关温度的仪表级别。按照 GB/T 30825—2014《热处理温度测量》的要求，热处理炉仪表系统分类和技术要求见表 2-3。

表 2-3　热处理炉仪表系统分类和技术要求

仪表类型对温度传感器和仪表配置的要求	仪表系统类型					
	A	B	C	D	E	F
每个控制区至少应有一支控制温度传感器，与控制和显示温度的控制仪表相连接，用于控制和显示温度	√	√	√	√	√	√
每个控制区的控制温度传感器指示的温度应由一个记录仪表记录，也可以单设一支记录温度传感器，与记录仪表相连接。该记录温度传感器与控制温度传感器具有相同保护管，其测量端距离≤10mm	√	√	√	√	—	—
每个控制区至少应有另外两支记录温度传感器，放置于最近一次温度均匀性测量结果得出的最低和最高温度的位置或尽量靠近最低和最高温度的位置	√	—	√	—	—	—
每个控制区至少应放置一支记录载荷温度传感器，未放工件的空置区不要求载荷温度传感器	√	√	—	—	—	—
每个控制区应有超温保护系统。最高温度位置的温度传感器也可以用作超温保护温度传感器	√	√	√	√	—	—

注：“√”表示有要求。

仪表系统类型的质量从左到右呈倒序，如 A 比 B 好。热处理质量控制体系对热处理炉的工艺仪表系统基本要求是双偶控温，即每个控制区至少有一支控制温度传感器，与控制和显示温度的控制仪表相连接，用于控制和显示温度，并由一个记录仪表记录温度；每个控制区还有另外一支温度传感器和仪表组成超温保护系统。其仪表类型相当于表 2-3 中的 D 类仪表系统。

按照表 2-3 所要求的热处理炉传感器数量，对于有效加热区体积小于 $6.4m^3$ 的多控制区炉，当最大的宽度、长度、直径或高度不大于其他任一尺寸的 3 倍时，不管控制偶的数量多少，允许将整个加热区作为一个控制区配置高温和低温记录偶和确定载荷偶的数量。对于有效加热区体积大于 $6.4m^3$ 多控制区炉（原则上每区不超过 $6.4m^3$），每个控制区均应配备表 2-3 中所要求的所有传感器。

F 型仪表系统指冷处理设备及淬火设备仪表系统，纯液氮、干冰和干冰-液体冷处理设备不要求温度控制仪和传感器。如果冷处理设备用于在某温度下的时间有要求的处理时，则该冷处理或冷藏设备应配备温度记录仪。淬火槽应装有分辨率≤5℃的测温指示仪表，对于有淬火剂温度要求的淬火冷却系统，应配备温度传感器、控温仪表和记录仪表。

2.2　温度传感器

温度传感器分为接触式和非接触式两大类，也可分为电器式和非电器式。为了实现热处理自动控制，热处理测温优先选用能自动检测并能发出电信号的温度传感器。

2.2.1　热电偶

1. 热电偶类型及结构

热电偶是应用最广的接触式温度传感器，它由两根不同成分的均匀金属丝组成。它们一端焊接在一起，称测量端（热端）；另一端分别接到测量仪表电路上，称参比端（冷端）。测量端随温度变化产生不同的热电势，以毫伏信号输出，其值对应于测量端与参比端的温差。毫伏值与电偶丝的材料有关，与丝的直径和长度无关。常用的热电偶型式如图 2-1 所示。

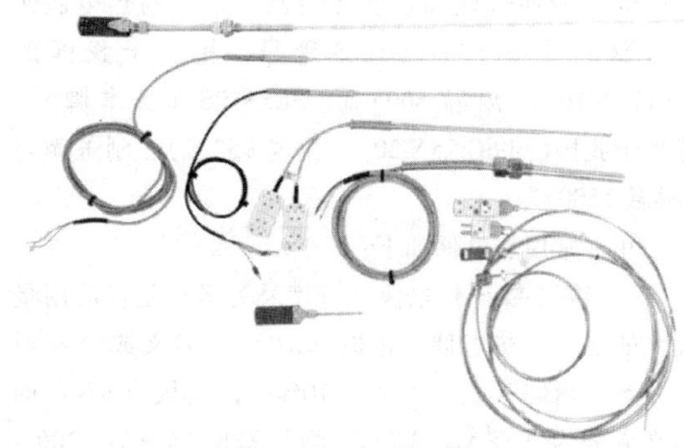

图 2-1　常用的热电偶型式

（1）WR 系列热电偶　WR 系列热电偶通常由热电偶元件、保护管、绝缘体、接线盒及安装固定装置等组成。其元件类型、接线盒形式、固定装置、套管材料等有多种类型，可供选择。WR 系列热电偶的型号及命名如图 2-2 所示。

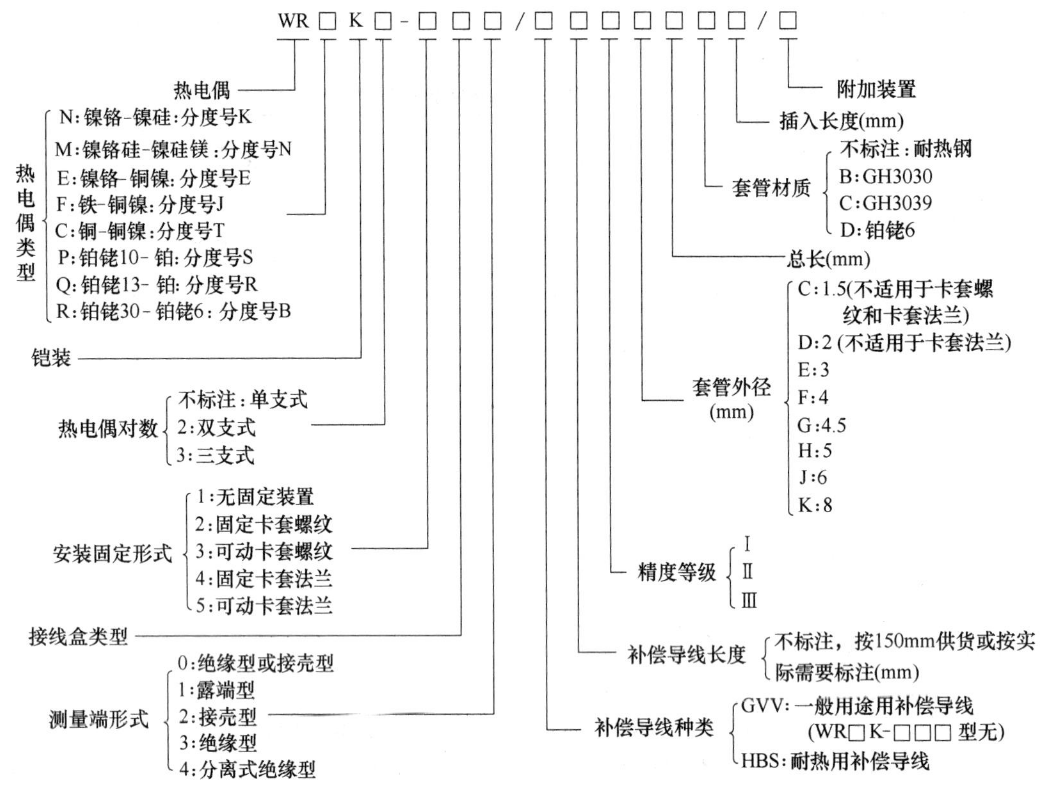

图 2-2　WR 系列热电偶的型号及命名

常用热电偶和特殊热电偶的技术参数及特点见表 2-4 和表 2-5。热电偶类型的选择，除了考虑温度范围，还应注意其对热处理气氛的适应性。热处理炉中的热电偶通常配备保护管，以提高热电偶的耐蚀性、耐冲击性和强度等性能。常用的热电偶保护管材料为 SUS304（日本牌号，相当于我国的 06Cr19Ni10）（耐温 800℃）、SUS310S（日本牌号，相当于我国的 06Cr25Ni20）（耐温 950℃）、刚玉陶瓷（耐温 1500℃）。

几种常用热电偶如下：

1）镍铬-镍硅热电偶（分度号为 K）是目前用量最大的廉金属热电偶，正极（KP）的名义成分（质量分数，后同）为 90% Ni、10% Cr，负极（KN）的名义成分为 97% Ni、3% Si。测量温度范围为 -200 ~ 1200℃，但在热处理设备中，长期使用温度为 1000℃ 以下。

2）镍铬硅-镍硅镁热电偶（分度号为 N）是一种新型镍基合金廉金属热电偶，正极（NP）的名义成分为 13.7% ~ 14.7% Cr、1.2% ~ 1.6% Si、剩余 Ni；负极（NN）的名义成分为 4.2% ~ 4.6% Si、0.5% ~ 1.5% Mg、剩余 Ni。长期使用温度为 1000℃ 以下。N 型热电偶相比 K 型热电偶，具有稳定性好、灵敏度高、使用寿命长、性价比高等优点，是一种很有发展前途的热电偶。

3）铂铑 10-铂热电偶（分度号为 S）为贵金属热电偶，正极（SP）的名义成分为含铑 10% 的铂铑合金（90% Pt、10% Rh），负极（SN）的名义成分为纯铂（Pt100%）。长期使用温度为 1400℃，短期使用温度为 1600℃。

4）铂铑 13-铂热电偶（分度号为 R）为贵金属热电偶，正极（RP）的名义成分为含铑 13% 的铂铑合金（87% Pt、13% Rh），负极（SN）的名义成分为纯铂（100% Pt）。与 S 型热电偶相比，其热电动势率大，为 15% 左右，其他性能几乎完全相同。

5）铂铑 30-铂铑 6 热电偶（分度号为 B）为贵金属热电偶，正极（BP）的名义成分为含铑 30% 的铂铑合金（70% Pt、30% Rh），负极（SN）的名义成分为含铑 6% 的铂铑合金（94% Pt、6% Rh）。长期使用温度为 1600℃，短期使用温度为 1700℃。

表 2-4 常用热电偶的技术参数及主要特点

热电偶名称	分度号	型号	热电偶材料			100℃时热电动势/mV	使用温度/℃		允许误差/℃			主要特点
			极性	识别	化学成分（质量分数,%）		长期	短期	温度范围/℃	级别	允差	
铂铑 10-铂	S	WRP	正	亮白，较硬	Pt90，Rh10	0.645	1300	1600	0~1600	Ⅰ	±1℃或±[1+(t-1100)×0.003]	高温下抗氧化性好，宜在氧化或中性气氛中使用，不宜在还原气氛中使用
			负	亮白，柔软	Pt100					Ⅱ	±1.5℃或±0.25%t	
铂铑 13-铂	R	WRQ	正	较硬	Pt87，Rh13		1300	1600	0~1600	Ⅰ	±1℃或±[1+(t-1100)×0.003]	
			负	柔软	Pt100					Ⅱ	±1.5℃或±0.25%t	
铂铑 30-铂铑 6	B	WRR	正	较硬	Pt70，Rh30	0.033	1600	1800	600~1700	Ⅰ	±0.25%t 或 1.5℃	除上述，冷端在 40℃以下不用修正
			负	稍软	Pt94，Rh6					Ⅱ	±4℃或±0.5%t	
镍铬-镍硅（镍铬-镍铝）	K	WRN	正	暗绿不亲磁	Cr9~10，Si0.4，Ni90	4.095	1200	1300	-40~1000	Ⅰ	±1.5℃或±0.4%t	宜在氧化、中性气氛及真空中使用
			负	深灰稍亲磁	Si2.5~3.0，Ni97，Co≤0.6				-40~1200	Ⅱ	±2.5℃或±0.75%t	
									-200~40	Ⅲ	±2.5℃或±1.5%t	
镍铬硅-镍硅镁	N	WRM	—	—	—	—	—		—	—	—	性能与 WRN 相近
铜-康铜	T	WRC	正	褐红色	Cu100	4.277	350	400	-40~350	Ⅰ	±0.5℃或±0.4%t	适用于氧化、还原气氛及真空，在氧化气氛中不宜超过 300℃，在-200~0℃稳定性很好
			负	亮黄	Ni45，Cu55				-40~350	Ⅱ	±1.0℃或±0.75%t	
									-200~40	Ⅲ	±1.0℃或±1.5%t	
铁-康铜	J	WRF	正	蓝黑亲磁	Fe100	5.268	600	750	-40~750	Ⅰ	±1.5℃或±0.4%t	适用于氧化、还原气氛及真空，在氧化气氛中不宜超过 500℃
			负	亮黄不亲磁	Cu40~60 合金					Ⅱ	±2.5℃或±0.75%t	
镍铬-康铜	E	WRE	正	暗绿	Cr9~10，Si0.4 Ni90	6.317	750	850	-40~800	Ⅰ	±1.5℃或±0.4%t	适用于-200~800℃的氧化或中性气氛，不适用于还原气氛
									-40~900	Ⅱ	±2.5℃或±0.75%t	
			负	亮黄	Cu40~60 合金				-200~40	Ⅲ	±2.5℃或±1.5%t	

注：t 为被测温度的绝对值。

表 2-5　特殊热电偶的技术参数和特点

名称	材料		温度测量上限/℃		允许误差/℃	特　点	用　途
	正极	负极	长期	短期			
铂铑系	铂铑 13	铂铑 1	1450	1600	≤600 为±3.0 >600 为±0.5%t	在高温下，抗氧化性能、力学性能好，化学稳定性好；50℃以下热电动势小，参考端可以不用温度补偿	各种高温测量
	铂铑 20	铂铑 6	1500	1700			
	铂铑 40	铂铑 20	1600	1850			
钨铼系	钨铼 3	钨铼 25	2000	2800	≤1000 为±10 >1000 为±1.0%t	热电动势大，与温度的关系线性好；适用于干燥氢气、真空和惰性气氛；热电动势稳定，价格低	各种高温测量、钢液测量
	钨铼 5	钨铼 20	2000	2800			
非金属	碳	石墨	2400	—	—	热电动势大，熔点高，价格低廉，但复现性差，机械强度低	耐火材料的高温测量
	硼化锆	碳化锆	2000				
	二硅化钨	二硅化钼	1700				

注：t 为被测温度。

（2）常用热电偶的结构特点及用途（见表 2-6）

表 2-6　常用热电偶的结构特点及用途

保护管形状	固定装置形式	结构特点及用途	结构示意图
直形	无固定装置	保护管可以用金属或非金属材料 适用于常压设备及需要移动的或临时性的温度测量场所	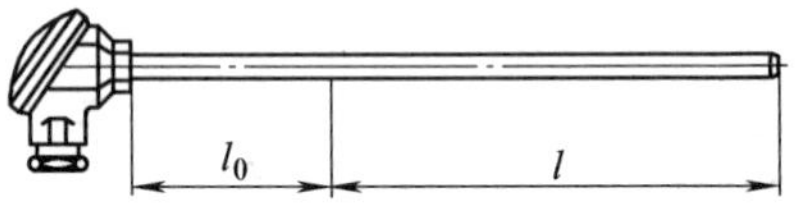 l_0—非插入部分　l—插入部分
		插入部分 l 为非金属保护管，不插入部分 l_0 为金属加固管 用途同上	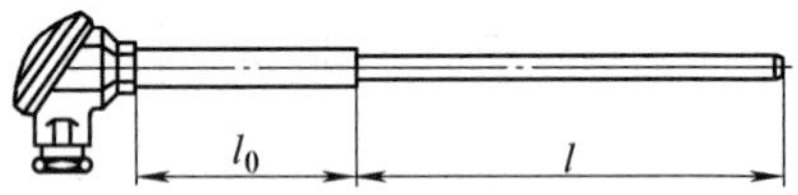
	可动法兰带加固管	带可动法兰装置，使用时法兰是固定在金属加固管 l_0 上，插入部分为非金属保护管 适用于常压设备及需要移动的或临时性的温度测量场合	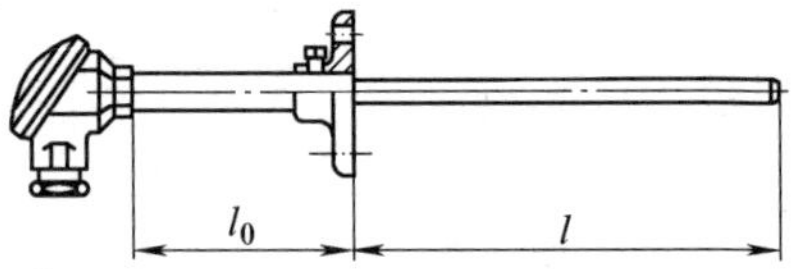
	可动法兰	金属保护管带可动法兰 适用于常压设备，插入深度 l 可以移动调节	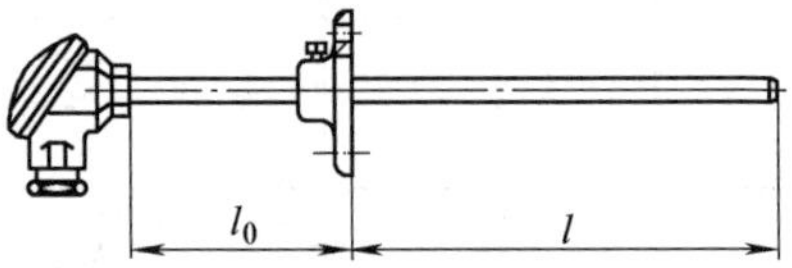

（续）

保护管形状	固定装置形式	结构特点及用途	结构示意图
直形	固定法兰	金属保护管固定法兰，这种固定方法，装拆方便，可耐一定压力（0～6.3MPa） 适用于有一定压力的静流或流速很小的液体、气体或蒸汽等介质的温度测量	焊接 l_0　l
	固定螺纹	金属保护管带固定螺纹，特点和用途同上	焊接 l_0　l
锥形	固定螺纹	锥形金属保护管带固定螺纹，耐压力19.6MPa，可承受液体、气体或蒸汽流速 80m/s 适用于有压力和流速的介质测温	焊接 M l_0　l
	焊接	锥形焊接金属保护管耐压 29.4MPa，可承受液体、气体，蒸汽流速 80m/s 适用于主蒸汽管道	l A　A A—A 放大
直角形	焊接	直角弯形金属保护管，横管长度 l_0 为 500mm 和 750mm 适用于常压，不能用于从设备的侧面开孔且顶上辐射热很高的设备中，如测量装有液体的加热炉的温度	l_0 l

（续）

保护管形状	固定装置形式	结构特点及用途	结构示意图
直角形	可动法兰	直角弯形金属保护管，横管长 l_0 为 500mm 和 750mm。带有可动法兰作为固定装置，插入深度可根据需要进行移动调节 适用于常压，不能用于从设备的侧面开孔且顶上辐射热很高的设备中。例如，测量装有液体或因其他原因必须在顶上测量温度的设备	l_0　l

（3）铠装热电偶　铠装热电偶是将热电偶丝包在金属保护管中，并隔以绝缘材料（一般为 MgO），具有可自由弯曲、反应速度快、耐压、耐冲击等特点。铠装热电偶测量端的特点及用途见表 2-7。不同套管材料的铠装热电偶及其使用温度见表 2-8。

（4）WR 系列防爆热电偶　在有各种易燃、易爆等化学气体的场所，应选用防爆热电偶。它与一般热电偶的区别是，其接线盒（外壳）用高强度铝合金压铸而成，有足够的内部空间、壁厚和强度；采用橡胶密封，具有良好的热稳定性；当存在于接线盒内部的混合气发生爆炸时，其内压不会破坏接线盒，不向外扩散，不传爆。

表 2-7　铠装热电偶测量端的特点及用途

测量端形式	特　点	用　途	示意图
露端型	1）结构简单 2）时间常数小，反应快 3）偶丝与被测介质接触，使用寿命短	适于温度不高，要求反应速度快，对热电偶不产生腐蚀作用的介质	
接壳型	1）时间常数较露端型大 2）偶丝不受被测介质腐蚀，寿命较露端型长	适于测量温度较高，要求反应速度较快，压力较高，并有一定腐蚀性的介质	
绝缘型	1）时间常数较上述形式均大 2）偶丝与金属套管绝缘，不与被测介质接触，寿命长	适于测量温度高，压力高及腐蚀性较强的介质，尤其适于对电绝缘性较好的生产设备	
圆变截面型（可制成接壳或绝缘型）	套管端头部分的直径为原直径的 1/2 时间常数更小	适于要求反应速度快，有较大强度或安装孔较小的温度测量设备	A—A
扁变截面型（可制成接壳或绝缘型）	反应速度更快	适于安装孔为扁形的温度测量设备	A—A

表 2-8　不同套管材料的铠装热电偶及其使用温度

金属套管材料	外径/mm							
	ϕ1.0	ϕ1.5	ϕ2.0	ϕ3.0	ϕ4.0	ϕ5.0	ϕ6.0	ϕ8.0
	使用温度/℃							
铜(H62)	200	250	300	300	350	350	400	400
耐热钢(06Cr18Ni11Ti)	500	500	550	600	600	700	700	800
耐热钢(06Cr18Ni11Nb)	600	650	700	700	800	800	900	900
高温合金(06Cr25Ni20)	650	700	750	800	900	950	1000	1000
镍基高温合金(GH3030)	700	800	850	900	1000	1100	1100	1150
镍基高温合金(GH3039)	850	900	1000	1100	1100	1150	1200	1200

注：铠装热电偶的使用温度不仅与金属套管的材料及直径有关，也与偶丝种类有关，表中数据仅指常用金属套管镍铬-镍硅铠装热电偶的使用温度。

2. 热电偶补偿导线

当热电偶参比端测量导线较长时，须用热电偶补偿导线转接，以免改变热电动势。补偿导线的色别及允差见表 2-9，其规格见表 2-10。

3. 热电偶接线、安装方式

热电偶常用接线、安装方式如图 2-3～图 2-6 所示。

表 2-9　补偿导线的色别及允差

型号	配用热电偶	极性			允差									
					100℃(一般用)					200℃(耐热用)				
		极性	电极材料	色别	热电动势/mV	允差				热电动势/mV	允差			
						普通级		精密级			普通级		精密级	
						mV	℃	mV	℃		mV	℃	mV	℃
SC	铂铑 10-铂	正	SPC	红	0.645	±0.037	5	±0.023	3	1.440	±0.037	5	—	—
		负	SNC	绿										
KC	镍铬-镍硅	正	KPC	红	4.095	±0.105	2.5	±0.063	1.5	—	—	—	—	—
		负	KNC	蓝										
KX	镍铬-镍硅	正	KPX	红	4.095	±0.105	2.5	±0.063	1.5	8.137	±0.100	2.5	±0.060	1.5
		负	KNX	黑										
EX	镍铬-康铜	正	EPX	红	6.317	±0.170	2.5	±0.102	1.5	13.419	±0.183	2.5	±0.111	1.5
		负	ENX	棕										
JX	铁-康铜	正	JPX	红	5.268	±0.135	2.5	±0.081	1.5	10.777	±0.138	2.5	±0.083	1.5
		负	JNX	紫										
TX	铜-康铜	正	TPX	红	4.277	±0.017	1	±0.023	0.5	9.286	±0.053	1	±0.027	0.5
		负	TNX	白										
RC	铂铑 13-铂	正	RPC	—	0.647	—	—	—	—	1.468	—	—	—	—
		负	RNC	—										

表 2-10　补偿导线的规格

使用分类	公称截面面积/mm^2	单股线芯		多股软线芯		绝缘层	护层	外径上限/mm			
								扁平型		屏蔽扁平型	
		线芯股数	单线直径/mm	线芯股数	单线直径/mm	厚度/mm	厚度/mm	单股线芯	多股线芯	单股线芯	多股线芯
一般用 G	0.5	1	0.80	7	0.30	0.5	0.8	3.7×6.4	3.9×6.6	4.5×7.2	4.7×7.4
	1.0	1	1.13	7	0.43	0.7	1.0	5.0×7.7	5.1×8.0	5.8×8.5	5.9×8.8
	1.5	1	0.37	7	0.52	0.7	1.0	5.2×8.3	5.5×8.7	6.0×9.1	6.3×9.6
	2.5	1	1.76	19	0.41	0.7	1.0	5.7×9.3	5.9×9.8	6.5×10.1	6.7×10.7
耐热用 H	0.5	1	0.80	7	0.30	0.5	0.5	2.9×5.0	3.0×5.2	3.7×5.8	3.8×6.0
	1.0	1	1.13	7	0.43	0.5	0.5	3.5×5.7	3.7×6.1	4.3×6.5	4.5×6.9
	1.5	1	1.37	7	0.52	0.52	0.6	4.0×6.5	4.2×6.9	4.8×7.3	5.0×7.7
	2.5	1	1.76	19	0.41	0.5	0.6	4.5×7.3	4.8×7.9	5.3×8.1	5.6×8.7

图 2-3 TIT 系列热电偶防水接线盒、法兰安装方式、活动卡套安装方式

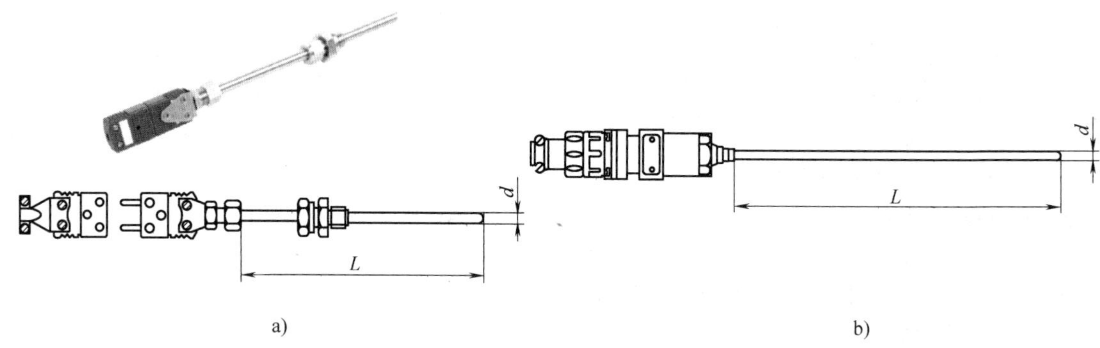

图 2-4 TIT 系列快速接插式热电偶

a）卡套固定方式 b）无固定方式

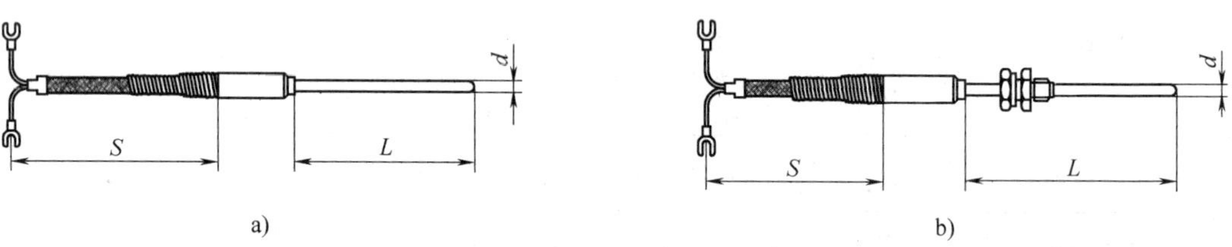

图 2-5 TIT 系列延长导线式热电偶

a）常规快速接插式 b）航空插座式

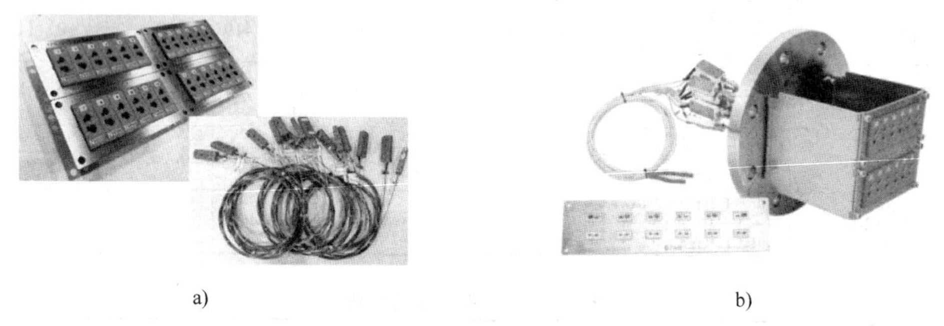

图 2-6 TPN-G 型多路热电偶接入装置

a）常规多路热电偶接入装置 b）真空密封多路热电偶接入装置

4. 热电偶使用注意事项

热电偶安装和使用不当，会增加测量误差并缩短使用寿命。因此，应根据测温范围和工作环境，正确安装和合理使用热电偶。

1）热电偶应选择合适的安装位置。将热电偶安装在温度较均匀且能代表工件温度的地方，而不能安装在炉门旁或距加热热源太近的地方。

2）热电偶的安装位置尽可能避开强磁场和电场，如不应靠近盐浴炉电极等，以免对测温仪表引入干扰信号。

3）热电偶插入炉膛的深度一般不小于热电偶保护管外径的 8~10 倍。其热端应尽可能靠近被加热工件，但须保证装卸工件时不损伤热电偶。

4）热电偶的接线盒不应靠到炉壁上，以免冷端温度过高，一般应使接线盒距炉壁 200mm 左右。

5）热电偶尽可能保持垂直使用，以防止保护管在高温下变形。若需水平安装时，插入深度不应大于 500mm，露出部分应采用架子支撑，并在使用一段时间后，将其旋转 180°。测量盐浴炉温度时，为防止热电偶接线盒温度过高，往往采用直角形热电偶。

6）热电偶保护管与炉壁之间的空隙，须用耐火泥或耐火纤维堵塞，以免空气对流影响测量准确性。补偿导线与接线盒出线孔之间的空隙也应用耐火纤维塞紧，并使其朝向下方，以免污物落入。

7）用热电偶测量反射炉或油炉温度时，应避开火焰的直接喷射，因为火焰喷射处的温度比炉内实际温度高且不稳定。

8）在低温测量中，为减少热电偶的热惯性，有时采用保护管开口或无保护管的热电偶。

9）应经常检查热电偶的热电极和保护管的状况，如发现热电极表面有麻点、泡沫、局部直径变细及保护管表面腐蚀严重等现象时，应停止使用，进行修理或更换。

2.2.2 热电阻

热电阻是接触式温度传感器，热电阻元件的电阻随温度的变化而改变。热电阻感温元件是用细金属丝均匀地双绕在绝缘骨架上。其使用温度较低，反应速度也较慢，常用于 200~600℃ 温度范围的液体、气体及固体表面温度的测量。WZ 系列热电阻的主要技术参数见表 2-11。

表 2-11 WZ 系列热电阻的主要技术参数

分度号	0℃时的公称电阻值/Ω	电阻比 $R100/R$	测温范围、精度等级和允差		热响应时间/s	绝缘电阻/MΩ
			测温范围/℃	精度等级和允差		
Pt10	10	1.385	陶瓷元件-200~600 玻璃元件-200~500 云母元件-200~420	A 级±(0.15+0.2%t) B 级±(0.3+0.5%t)	ϕ12mm 和 ϕ16mm 保护管为 30~90 锥型不锈钢为 90~180	≥100
Pt100	100					
Cu50	50					
Cu100	100	1.428	-50~+100	±(0.3+0.006t)	<180	≥50

注：t 为被测温度的绝对值。

2.2.3 辐射温度计

辐射温度计是非接触式辐射温度计的一种，是通过测量物体表面全波长范围的辐射能量来确定物体温度的。它把被测物体视为绝对黑体（吸收率 $\varepsilon=1$）作为分度标准，而实际物体为灰体（$\varepsilon<1$），其值与物体材料和其表面状态有关。因此，计算所测物体表面实际温度时，必须依实际物体的 ε 值进行修正。

由于这种温度计测量的是全波段的辐射能，信号较强，有利于提高仪表灵敏度。其缺点是，辐射能易受烟雾、水蒸气、CO_2 等气体及测量窗口污物的吸收而影响测量结果。简易式辐射温度计的变送器原理如图 2-7 所示。工业用全辐射感温器的型号与技术参数见表 2-12。

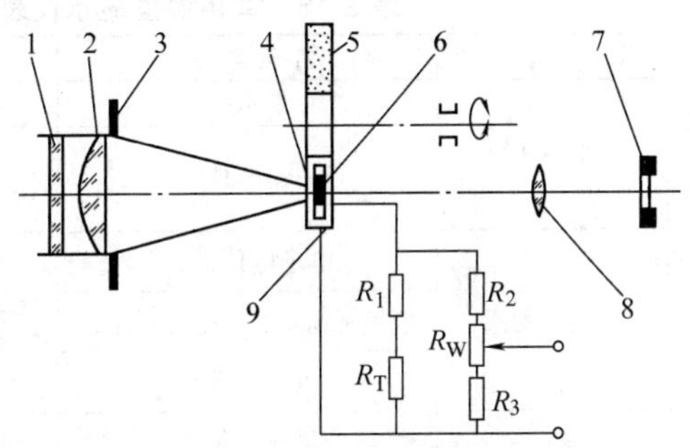

图 2-7 简易式辐射温度计的变送器原理

1—保护玻璃 2—物镜 3—固定光阑 4—滤光片 5—分划板 6—硅光电池 7—护目玻璃 8—目镜 9—视场光阑

2.2.4 其他温度传感器

1. 光学高温计

光学高温计是以测量物体发出的单色波（波段）辐射亮度与标准灯在同一波长（波段）上的辐射亮度进行比较，从而确定其温度。其特点是反应快，抗环境干扰较强。由于光学高温计是用人眼来检测亮度偏差的，因此只有检测对象为高温，有足够的辐射强度时，才能工作。通常测量下限为 700℃ 以上，常应用于高温盐浴炉、感应加热工件表面温度等热电偶不宜应用的场所。

2. 光电高温计

光电高温计属非接触式的电器式光学高温计，采用平衡比较法测量物体辐射能量以确定温度值，适用于工业生产流程中快速测量静止或运动中的物体表面温度。光电高温计可分为利用可见光谱（0.4~0.8μm）和利用红外光谱（0.8~40μm）的光电高温计。

表 2-12 工业用全辐射感温器的型号与技术参数

型号	测温范围/℃		基本允许误差/℃		环境温度如下时允许变化值/℃						工作距离/mm	配用显示仪器
	石英玻璃透镜（分度号 T_1）	K_9 玻璃透镜（分度号 T_2）	测温范围	误差值	10	20	40	60	90	100		
WFT-101（反射式）	100~400		100~400	±8	±3	0	±4	±8			500~1500	电子自动电位差计
	400~800		400~800	±12								动圈式仪表
WFT-201（透镜式）	400~1000 600~1200				带有水冷装置						500~1500	电子自动电位差计
		700~1400 900~1800 1100~2000										动圈式仪表或电子自动电位差计
WFT-202（透镜式）	400~1000 600~1200		<700	±12	±3	0	±4	±8	±13	±18	500~2000	电子自动电位差计
		700~1600 900~1800 1100~2000	<900 <1100 >1100	±14 ±18 ±22								动圈式仪表或电子自动电位差计

3. 红外光电高温计

红外光电高温计是一种常用的高精度辐射温度检测器，可通过探测被测对象表面所发出的红外辐射能量，将其转化成与表面温度相对应的电信号输出，并对探测元件的环境温度影响进行补偿。它具有测量精度高、响应速度快、性能稳定、测温范围广等特点。

2.3 温度显示与控温仪表

温度显示与控温仪表可分为模拟式显示仪表和数字式显示仪表，常用温度显示仪表的类型、结构形式、主要功能和型号见表 2-13。

表 2-13 常用温度显示仪表的类型、结构形式、主要功能和型号

类型		结构形式	主要功能	型号
模拟式显示仪表	动圈式	指示仪	单针指示	XCZ
		调节仪	二位调节、三位调节、时间比例调节、电流PID调节、时间程序调节	XCT
	自动平衡式	电子电位差计	单针指示或记录、双笔记录或指示、多点打印记录或指示 带电动调节、带气动调节、旋转刻度指示、色带指示	XW
		电子平衡电桥（直流、交流）		XQ
		电子差动仪		XD
数字式显示仪表	数字式	显示仪	用数字显示被测温度等物理量	XMZ
		显示调节仪	显示、位式调节和报警	XMT
	图像字符显示	数字式 视频式	人-机联系装置	简称 CRT

2.3.1 数字式温度显示调节仪表

数字式温度显示调节仪表通过将模拟信号转化为数字信号进行测量和控制，给人以直观的显示，响应速度和测控精度也比模拟式仪表高，但不具备记忆数据和分析处理功能。数字式温度显示调节仪表的类型、结构形式、主要功能和型号见表 2-14。

表 2-14 数字式温度显示调节仪表的类型、结构形式、主要功能和型号

类型	结构形式	主要功能	型号
显示调节仪	集成电路为硬件核心，具有测量—显示—调节功能	数字显示、位式调节、报警控制	WMNK、XTM、XMX
智能调节仪	微处理器为核心，具有测量—运算—显示—调节功能	程序控制	XMZ、SDC40B、XMT

1. WMNK 系列显示调节仪

这种调节仪是由大规模集成电路和其他电器元件所组成的全数字式温度测量调节仪。控制温度值由三位数字拨码开关设定，被控温度显示采用三位七段 LED 数码管。WMNK 系列显示调节仪的主要技术参数见表 2-15。

表 2-15　WMNK 系列显示调节仪的主要技术参数

型　号	控温范围/℃	显示和给定分辨力/℃	控温灵敏度/℃	显示和给定精度/℃	回差控制①	电源电压/V	整机功耗/W	输出触头容量
WMNK-□A	-50～150	1	0.3	±2	0、2、4、6、8、C 五档切换	AC 50Hz (220±10)V	<6	一对转换触头 AC220V/5A AC380V/4A
WMNK-□B	0～50	0.1	0.2	±0.7				
WMNK-□C	0～99.9			±1				
WMNK-□D	0～100	1	0.5	±3				
WMNK-□E	0～200			±5				
WMNK-□F	0～300			±10				

① 回差控制：假设把拨码盘设定温度为 30℃，回差设定为 4℃，则当温度上升到 30℃时，控制仪动作（断电）；当温度低于 30℃高于 26℃时，控制仪继续断电，只有当温度低于设定值减去回差值（26℃）时，控制仪动作（通电），如此往复工作。

2. XTM 系列显示调节仪

这是一种比较简单的数字式显示调节仪，它的结构框图如图 2-8 所示。首先输入热电偶、热电阻等参数，进行 A/D 转换，显示测量值和设定值；对测量值与设定值进行比较，发出调节指示，或者驱动继电器，调节输出；可对报警进行设定。

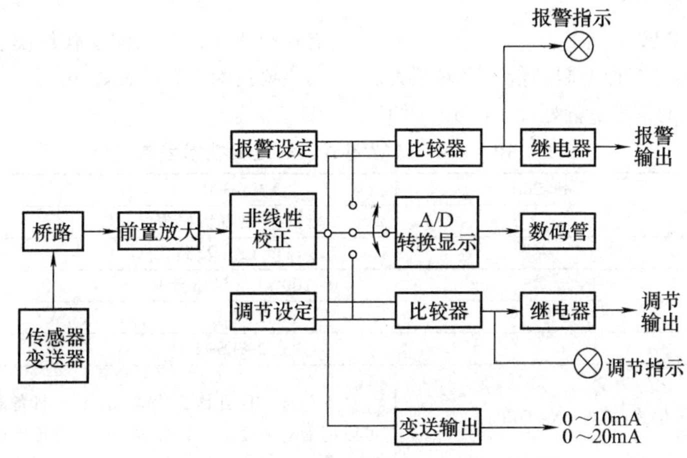

图 2-8　XTM 系列显示调节仪的结构框图

2.3.2　智能调节仪

智能调节仪采用具有运算能力的微处理机，能实现各种控制算法，因此具有一定的判断能力。智能调节仪正逐步取代传统的模拟式显示调节仪。

1. 智能调节仪的功能特点

1）智能调节仪具有自我校准、自动修正测量误差、快速多次重复测量（>1000 次/s）、自检等功能，因此极大地提高了显示的准确性、可靠性。

2）具有数据处理功能。智能调节仪通过对测量数据进行整理和加工处理，能实现各种复杂运算，如查找排序、数字滤波、表度变换、统计分析、函数逼近和频谱分析等，这些是传统模拟式显示调节仪无法实现的。

3）实现了复杂的控制规律。智能调节仪不但能实现比例积分微分（PID）运算，还能实现更复杂的控制规律，如串级、前馈、解耦自适应、模糊控制、专家控制、神经网络控制、混沌控制等，这是模拟式显示调节仪根本不可能实现的。

4）能实现多点测控功能。对多个通道、多个参数进行快速、实时测量和控制。

5）多种输出形式。可以实现数字显示、指针显示、棒图、符号、图形、曲线、打印、语音、声光报警等输出方式，还可以输出模拟信号。

6）通信。按照串行通信接口总线（RS232C 标准通信接口、RS485 标准接口）、并行通信接口（IEEE-488）、光纤通信接口，与其他仪表、计算机、数字仪表等实现互联，进而可以形成复杂的、但功能分散的集散式控制系统。

7）掉电保护。仪表内装有后备电池和电源自动切换电路，可擦可编程只读存储器（EPROM）存储重要数据，可实现掉电保护。

2. SDC40B 型智能调节仪

SDC40B 型智能调节仪基本上由信号输入处理部、控制算法处理部和输出处理部三大部分组成。此外，还有指示设定部、通信部等。图 2-9 所示为 SDC40B 型智能调节仪的构成。

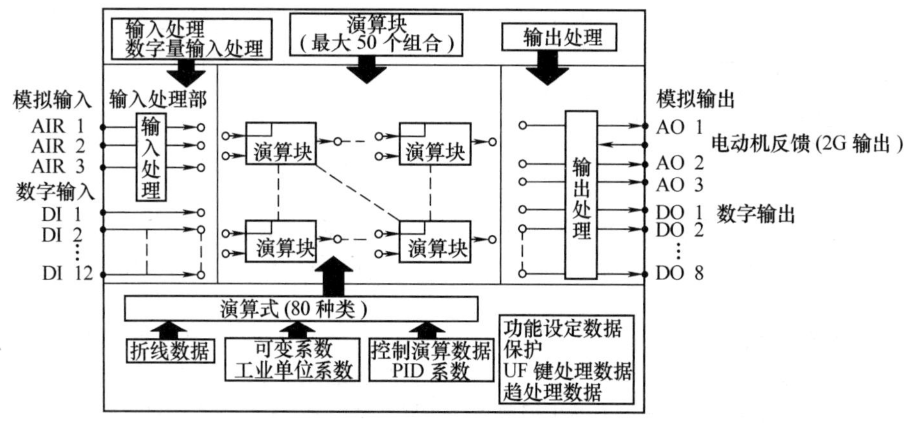

图 2-9　SDC40B 型智能调节仪的构成

3. XMT 型智能调节仪

XMT 智能调节仪具有多种控制功能，可对压力、流量、温度等多种参数的信号进行处理、显示，并具有控制功能，输入信号软件设置。XMT 智能调节仪的主要技术参数见表 2-16。

表 2-16　XMT 智能调节仪的主要技术参数

型　　号	XMT-200	XMT-300	XMT-400
测量值显示	7 段红色 LED 数码管		
设定值显示	7 段绿色 LED 数码管		
测量值、设定值范围	0～100%FS（满量程）		
测量值显示误差	±0.2%FS±1		
控制误差	±0.2%FS±1		
调节方式 PID	位式调节（ON～OFF）	具备专家 PID 自整定功能，也可以用手动来设定 PID 参数	具备专家 PID 自整定功能，也可以用手动来设定 PID 参数
输入信号源阻抗	热电偶<100Ω，热电阻<2.5Ω	热电偶<100Ω，热电阻<2.5Ω，电压输入<100Ω	热电偶<100Ω，热电阻<2.5Ω
其他技术参数	报警点数：2 点 报警方式：上、下限报警及偏差报警，每个报警点能任意设定 报警显示：SV 窗内报警类型符号闪烁同时报警，LED（AL1/AL2）亮 报警设定范围：-1999～9999 报警不灵敏区：0～200.0℃ 或 0～2000℃ 报警输出：继电器触点 触点容量：AC 220V/3A 或 DC 24V/4A	通过 4 个功能键进行设置，SSR 电压驱动 PID 调节 输出信号：开关脉冲电压信号 ON 时：DC［12V ± 0.12V（max20mA）］ OFF 时：DC0.6V 以下 电流输出 PID 调节 输出信号：4～20mA，负载阻抗 500Ω 以下	程序段设定方式：用按键进行设定（温度/时间方式） 程序段数：最多可设置 30 段程序 程序段反复：最多 9999 次 设定范围：温度与输入范围相同，直流电压、电流与测量范围相同，时间为 0～166.65h 起始温度：任意设定值 结束时输出：有三种方式选择，即保温、降温、跳转

XMT-400 型仪表以 XMT-300 型仪表为基础，两者的硬件结构完全相同。XMT-400 型仪表兼容了 XMT-300 型仪表的功能，并增加了用户可编程时间控制功能，编程曲线最多可达 30 段，还有两个事件输出功能。XMT-400 型仪表设有变送输出、外部给定及直接阀门控制三项功能。采用先进的微型计算机芯片及技术，减小了体积，并提高了可靠性及抗干扰性能。采用先进的专家 PID 控制算法，具备高准确度的自整定功能，并可以设置出多种报警方式。仪表接热电阻输入时，采用三线制接线，消除了引线带来的误差；接热电偶输入时，仪表内部带有冷端补偿部件；接电压/电流输入时，对应显示的物理量程可任意设定。

4. 显示调节仪的选择

显示调节仪的发展经历了三代：第一代是以动圈式指示调节仪为代表的模拟式仪表，这类仪表直接对模拟信号进行测量或控制，用指针的运动来显示测量结果；第二代是数字式仪表，如数字式温度显示调节仪等，给人以直观的显示；第三代仪表为智能化仪表，实质就是以微处理器为主体代替常规电子电路的新一代仪表，因此能实现逻辑判断、运算、存储、识别等功能，甚至能够实现自校正、自适应、自学习等控制功能。随着微处理器技术的发展，数字调节仪表发展很快，其类型多样，功能大幅度提高，智能化程度不断增强，各种不同等级的数字显示调节仪陆续出现，逐步取代了第一代和第二代仪器产品。

1）首先考虑该调节仪接受传感器信号类型、输出的信号可控制何种执行器、可否满足控制回路的要求，以及对生产环境适应性如何。

2）选用常规模拟量显示仪表只能进行显示、调节和记录，其性能稳定，价格便宜，但温度显示不够直观，控温精度较差，没有智能功能，不能进行程序控制。当控温精度要求不高，又不需要记录时，可选用动圈式仪表；当要求控温精度较高，又需要记录时，常选用带 PID 调节的自动平衡式显示调节记录仪。

3）选用数字式仪表时，温度值直接由数字显示，直观明确。当温度控制要求不高时，可选用集成电路为硬件主体的仪表；当有智能化要求时，则选用以微处理器为核心的智能仪表，如 XMT 型。

4）当温度检测点较多时，可选用多回路温度显示仪或多回路智能调节仪，实现一表多控，从而节省硬件开支。在此种情况下，一般同时配置两块相同型号的仪表，其中一块仪表备用。

5）当进行高温检测或要求较高时，一般采用双支热电偶，配双仪表进行温度调节和控制。一块仪表主控，一块仪表监控，以提高系统运行的安全性和可靠性。

6）当温度调节和过程动作联动时，可采用温度仪表与可编程控制器（PLC）组合使用的结构形式。温度仪表独立控制温度，PLC 独立控制系统的动作过程，并可通过对 PLC 进行编程，以实现各动作互锁。

2.4　系统精度校验（SATs）

热处理炉的温度测量系统应具有足够的精度、可靠性和稳定性，能准确反映热处理炉的真实温度。因此，一方面要求温度测量系统组成部分，包括温度传感器、补偿导线及仪表，都应符合相应标准的要求，并定期检定合格；另一方面还要求各温度测量系统偏差组合后应能达到一定准确度，这样温度测量系统才能准确反映真实温度。现场使用的温度测量系统，由于受环境气氛和温度的影响，可能老化或变质，但温度传感器或温度仪表性能的任何变化都会影响炉温准确性。为了使现场使用的温度测量系统能准确反映热处理炉温度，应对温度测量系统准确程度进行初始和定期检验，称之为系统精度校验。系统精度校验需再用一支检验温度传感器，系统精度校验温度传感器可以是临时插入式的，也可以是固定式的。检验温度传感器热端与温度测量系统温度传感器热端的距离应不大于 76mm，这样可以避免测温位置的影响。检测应采用精度较高的仪表在炉子处于热稳定状态下进行，一般在热处理保温阶段测试。

系统精度校验对象包括温度控制和记录系统及 A、B、C 型仪表系统的监测仪表系统。热处理设备仪表系统应在使用前和影响系统精度校验精度的任何维护后进行系统精度校验，还要定期进行系统精度校验。

在测试温度下，分别读取被校验仪表系统和测试仪表系统的直接温度读数；按规定进行修正，分别求得被校验仪表系统和测试仪表系统的修正读数为实际温度。被校验温度仪表系统（包括温度传感器、补偿导线和仪表）的实际温度与测试仪表系统的实际测试温度之间的差值，作为系统精度误差。

2.4.1　系统精度校验和最大允许调整量要求

工艺仪表系统精度、校验周期及最大允许调整量要求与热处理炉类型和仪表系统类型密切相关。工件热处理炉类型、仪表系统类型及系统精度要求和校验周期见表 2-17。原材料热处理炉类型、仪表系统类型及系统精度要求和校验周期见表 2-18，表 2-18 中对冷处理设备、淬火槽也提出了系统精度校验要求，应达到≤±2.8℃。

表 2-17　工件热处理炉类型、仪表系统类型及系统精度要求和校验周期（摘自 GB/T 30825—2014）

热处理炉类型	温度均匀性/℃	系统精度校验最大误差①		最大允许调整量（补偿）①②③		系统精度校验周期④		
		℃	读数的百分数(%)	℃	最高工作温度的百分数(%)	仪表系统类型	正常系统精度校验周期/月	延长的系统精度校验周期/月
Ⅰ	±3	±1.1	0.2	±1.5	—	D	1 周	1 周
						B、C	1 周	2 周
						A	2 周	1
Ⅱ	±5	±1.7	0.3	±3	—	D	1 周	1 周
						B、C	2 周	1
						A	1	3
Ⅲ	±8	±2.2	0.4	±5	0.38	D	2 周	1
						B、C	1	3
						A	3	6
Ⅳ	±10	±2.2	0.4	±6	0.38	D	2 周	1
						B、C	1	3
						A	3	6
Ⅴ	±15	±2.8	0.5	±7	0.38	D	2 周	1
						B、C	1	3
						A	3	6
Ⅵ	±20	±2.8	0.5	±7	0.38	D	2 周	1
						B、C	1	3
						A	3	6
Ⅶ	±25	±5.6	1.0	—	0.75	E	6	6
冷处理设备、淬火槽	—	±2.8	—	±6	—	F	6	6

① 以最大者为准。

② 对于手工和电子方法最大允许调整量（补偿）相同。

③ 系统精度校验和温度均匀性测量的补偿是独立的，对两者都是最大允许调整量。

④ 用于按材料规范进行热处理试验的实验室炉，一般使用载荷温度传感器，系统精度校验每季度进行 1 次。

表 2-18　原材料热处理炉类型、仪表系统类型及系统精度要求和校验周期（摘自 GB/T 30825—2014）

热处理炉类型	温度均匀性/℃	系统精度校验最大误差①		最大允许调整量（补偿）①②③		系统精度校验周期		
		℃	读数的百分数(%)	℃	最高工作温度的百分数(%)	仪表系统类型	正常系统精度校验周期/月	延长的系统精度校验周期/月
Ⅰ	±3	±1.1	0.2	±1.5	—	D	1 周	1
						B、C	1	3
						A	1	3
Ⅱ	±5	±1.7	0.3	±3	—	D	1 周	1
						B、C	1	3
						A	1	3
Ⅲ	±8	±2.2	0.4	±5	0.38	D	2 周	1
						B、C	1	3
						A	3	6
Ⅳ	±10	±2.2	0.4	±6	0.38	D	1	3
						B、C	3	6
						A	3	6
Ⅴ	±15	±2.8	0.5	±7	0.38	D	1	3
						B、C	3	6
						A	3	6

（续）

热处理炉类型	温度均匀性/℃	系统精度校验最大误差①		最大允许调整量（补偿）①②③		系统精度校验周期		
		℃	读数的百分数(%)	℃	最高工作温度的百分数(%)	仪表系统类型	正常系统精度校验周期/月	延长的系统精度校验周期/月
Ⅵ	±20	±2.8	0.5	±7	0.38	D	1	3
						B、C	3	6
						A	3	6
Ⅶ	±25	±5.6	1.0	—	0.75	E	6	6
冷处理设备、淬火槽	—	±2.8	—	±6	—	F	6	6

① 以最大者为准。
② 对于手工和电子方法最大允许调整量（补偿）相同。
③ 系统精度校验和温度均匀性测量的补偿是独立的，对两者都是最大允许调整量。

2.4.2　实施条件

用于工件和原材料生产的热处理设备的每一个控制区的温度控制和记录系统应进行系统精度校验。具有A、B或C型仪表系统的监测仪表系统也应进行系统精度校验。工件和原材料生产的热处理设备仪表系统应在使用前和定期进行系统精度校验。没有按规定定期进行系统精度校验的设备不能使用，重新使用前应进行系统精度校验。进行了影响系统精度校验精度的任何维护（包括更换温度传感器，更换控制、监控、记录仪表和进行仪表调整后重新校准等）之后应重新进行系统精度校验。对于只有超温控制功能的温度系统、一次性使用的载荷温度系统、更换周期短于系统精度校验周期的载荷温度系统、不用于热处理生产时验收工件的温度系统，不要求进行系统精度校验。

满足以下所有条件可以免除系统精度校验：

1）作为对于A～D型仪表系统的补充，在每个控制区至少有两支记录载荷温度传感器：一支用于监测，一支用于控制。对A和B型仪表系统，再有一支附加载荷温度传感器。对控制仪设定点的手工调整是根据观察到的载荷温度传感器读数作为实际控制的，在这种情况下，控制载荷温度传感器不必与控制仪连接。

2）使用的所有贵金属载荷热电偶是耐久型的，并且每季度重新校准或更换。

3）使用的所有廉金属控制和记录热电偶是每年更换，或者使用的所有贵金属控制和记录热电偶是每两年更换。

4）当每周观察的记录载荷温度传感器读数与其他控制、监测和记录温度传感器读数之间有任何不可解释的差异时，载荷温度传感器应重新校准或更换。同时，每周的读数证明每个控制区的控制温度传感器和监测温度传感器读数的偏差保持在最近的温度均匀性测量时偏差的1℃以内。

2.4.3　校验周期

热处理设备在新安装及大修后应按照表2-17或表2-18的要求定期进行系统精度校验。符合下列情况之一者，允许系统精度校验周期可以延长一级（例如，每周变为每两周，每两周变为每月等）。

1）每个控制区的两个温度传感器为B、S、R或N型。

2）每周读数证明，每个控制区的控制温度传感器和附加监测温度传感器或记录温度传感器之间的偏差保持在最近的温度均匀性测量时偏差的1℃以内。

2.4.4　校验程序

1. 温度传感器和仪表要求

系统精度校验的测试温度传感器和测试仪表应符合表2-19要求。经检定合格并在有效期内，同时应提供修正值。

表2-19　系统精度校验的测试温度传感器和测试仪表要求

测试温度传感器	测试仪表
廉金属：±1.1℃或±0.4%t 贵金属：R、S型，±1.0℃或±0.25%t；B型，±1.0℃或±0.5%t	±0.6℃或±0.1%t

注：t为被测温度。

2. 测试温度传感器安装

系统精度校验温度传感器的测量端应尽量靠近控制、监测和记录温度传感器的测量端，其距离应不大于76mm，后续的系统精度校验温度传感器应置于与初次系统精度校验时所使用的温度传感器相同的位置。系统精度校验温度传感器可以是临时插入式的，也可以是固定式的。固定的系统精度校验温度传感器应符合下列条件：

1）固定式系统精度校验温度传感器用于温度超过260℃时应为B、S或N型，如果用于温度超过538℃时应为耐久型。

2）固定式系统精度校验温度传感器类型与被校验温度传感器类型不同，但R型热电偶和S型热电偶不能互相校验。

系统精度校验温度传感器和仪表安装如图2-10所示。

3. 校验方法

在任一工作温度下，分别读取被校验仪表系统和测试仪表系统的直接温度读数。对直接温度读数进行修正。被校验仪表系统无任何内部调整时不必修正，采用直接温度读数作为实际温度；当进行了内部调整时，应将直接温度读数与温度传感器修正值、仪表修正值代数相加，求得修正读数作为实际温度。测试仪表系统直接温度读数与相应温度传感器和仪表修正值代数相加，求得修正读数为实际测试温度。被校验温度系统（包括温度传感器、补偿导线和仪表）的实际温度与测试仪表系统的实际测试温度之间的差值，作为系统精度误差。计算示例见表2-20。

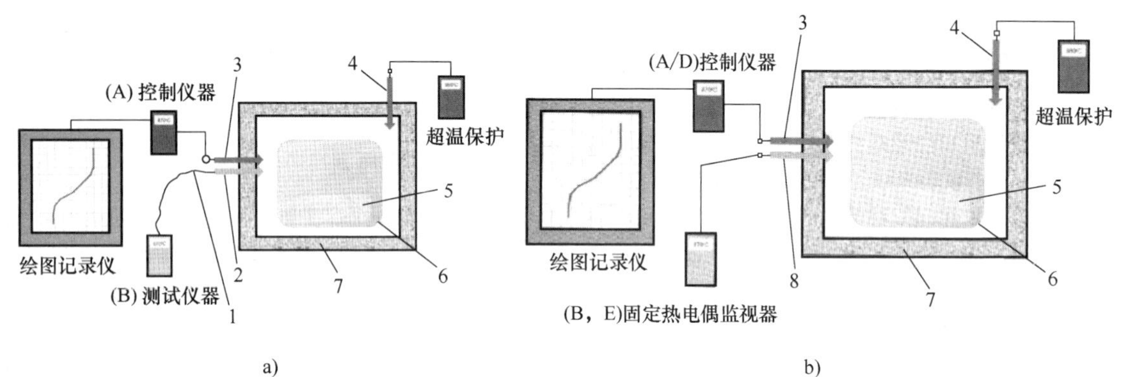

图2-10 系统精度校验温度传感器和仪表安装

a）临时插入式 b）固定式

1—导线 2—测试热电偶 3—控制热电偶 4—超温热电偶 5—工件或原料 6—炉内工作区 7—炉壁 8—固定热电偶

表2-20 系统精度校验修正计算示例

示例条件	示例编号				
	1	2	3	4	5
最近温度均匀性测量（TUS）使用的补偿	否	否	否	仪表程序补偿+2℃	仪表程序补偿+3℃
最近系统精度校验（SAT）使用的补偿	否	否	否	否	仪表程序补偿-1.5℃
生产中使用的仪表修正系数（B_{inst}）	否	人工手动	B_{inst}设定进仪表程序	B_{inst}设定进仪表程序	B_{inst}设定进仪表程序
生产中使用的传感器修正系数（B_{tc}）	否	人工手动	B_{tc}设定进仪表程序	B_{tc}设定进仪表程序	B_{tc}设定进仪表程序
示例数据和计算					
仪器读数（A）	800℃	511℃	1225℃	802℃	1103℃
人工使用的仪表校验的修正系数（B_{inst}）	—	+3℃	不适用	不适用	不适用
人工使用的热电偶校验修正系数（B_{tc}）	—	-1℃	不适用	不适用	不适用
控制或记录仪表因温度均匀性测量（TUS）补偿产生的修正系数（B_{TUS}）	—	—	—	-2℃	-3℃

（续）

示例条件	示例编号				
	1	2	3	4	5
示例数据和计算					
$A+B_{inst}+B_{tc}+B_{TUS}$ = 已修正的控制或记录仪表温度（C）	800℃	513℃	1225℃	800℃	1100℃
测试仪表读数（未修正）（D）	805.0℃	513.3℃	1220.0℃	805.0℃	1106℃
测试热电偶修正系数（E）	-1.0℃	-1.0℃	-1.0℃	-1.0℃	-1.4℃
测试仪表修正系数（F）	+0.2℃	+0.2℃	+0.2℃	+0.2℃	+0.4℃
$D+E+F$ = 实际测试温度（G）	804.2℃	512.5℃	1219.2℃	804.2℃	1105.0℃
系统精度校验（SAT）偏差 = $C-G$	-4.2℃	+0.5℃	+5.8℃	-4.2℃	-5.0℃

如果在热处理生产过程中被校验仪表系统一直使用修正值，则计算系统精度出现误差时，某些修正值可以用代数法的方法应用于被校验仪表系统，但另外一些修正值不能用于被校验仪表系统。

可使用的修正值如下：

1）温度传感器最近一次校准的修正值。

2）控制和记录仪表最近一次校准的修正值。

3）为改善温度均匀性对控制和记录仪表进行的内部调整。

4）为修正系统精度误差，对控制和记录仪表进行有意的人工补偿。

不可使用的修正值如下：

1）为修正系统精度误差，对控制和记录仪表内部的调整。这些内部的调整在显示或记录温度中已经反映，不能使用两次。

2）仅为纠正温度均匀性不对称分布，对控温仪表人工施加的补偿。这种人工补偿对系统精度的结果或系统精度误差的计算没有影响。

如果系统精度校验误差没有超过表 2-17 和表 2-18 规定的允许误差，应为合格，否则为不合格，并有文件记录。应确定误差超出原因并采取纠正措施。

4. 纠正措施

对控制和记录仪表进行表 2-17 和表 2-18 规定的最大允许调整量范围内的人工或内部调整；如果全部或部分原因是被测试温度传感器从归档记录的位置移动，应将温度传感器恢复到原来的位置；更换超差的热电偶、补偿导线；重校超差的仪表；在纠正措施生效后，进行新的热处理之前，应重新进行系统精度校验。

5. 补救方法

用比系统精度校验周期相同或更短的周期替换被校验温度传感器，检查并缩小补偿导线和仪表组合偏差，使两者平衡，综合结果达到表 2-17 和表 2-18 要求；分别测试温度传感器及补偿导线、仪表组合偏差，根据两者偏差值配对，综合结果达到表 2-17 和表 2-18 要求。

2.5　温度均匀性测量（TUS）

热处理炉炉膛工作区内各处温度均匀一致的程度用温度均匀性来表示。所谓温度均匀性，指热处理炉有效加热区内温度的均匀程度，具体指有效加热区内各测试点温度相对于设定温度的最大偏差（通常表示为±Δt℃）。各种热处理炉根据设计和制造水平都给定一个额定工作区（也称有效加热区）尺寸，并保证一定的温度均匀性。为了及时掌握热处理炉炉温均匀性变化情况，还应在生产过程中根据炉子变化情况检测炉温均匀性及定期检测炉温均匀性。在热处理生产过程中，要按热处理工艺要求把热处理的工件放置到有效工作区内加热，这样才能真正达到炉温均匀性检测和管理的目的。

2.5.1　实施条件和测量周期

1. 测试温度

温度均匀性测量分为初始测量和周期测量。初始测量和周期测量的测量温度不同，初始测量温度均匀性一般在工作温度范围的最高温度和最低温度下进行；若工作温度超过 335℃，则应增加测量温度点，使其间隔不大于 335℃。周期测量应在工作温度范围内的任一温度下进行，对于工作温度超过 335℃的单一操作温度范围炉子温度均匀性周期测量，则应增加测量温度点，其中一个测试点的温度应在高于最低温度 170℃的范围内选择，另一个测试点应在低于最高温度 170℃的范围内选择，各相邻测试温度点之间的间隔应不大于 335℃。周期测量每年还应进行一次最高温度和最低温度下的测量。

2. 初始测量

1）新的热处理炉、经过大修或技术改造的热处理炉，在正式投产前应对有效加热区进行初始测量。

2）热处理炉在使用过程中，当出现下列情况之一时也应进行有效加热区初始测量。

① 热处理炉搬迁（设计为有轮子或其他便携方

式移动的炉子除外)。

② 有效加热区位置变化或体积扩大。

③ 扩大了工作温度范围。

④ 炉气流动方式和速度发生变化（如导流板位置、风速、风量等)。

⑤ 耐火材料的型号或厚度改变。

⑥ 加热元件数量、类型或位置改变。

⑦ 燃烧器尺寸、数量、类型或位置改变。

⑧ 真空炉热区设计或材料发生变化。

⑨ 温度控制传感器变化（如类型、规格、结构）和位置改变。

⑩ 燃烧压力设定改变。

⑪ 炉子压力设定改变。

⑫ 控制仪表的整定参数更改。

⑬ 热处理炉生产对象或工艺变更，需要提高有效加热区温度均匀性。

⑭ 热处理产品出现不合格现象，经查明与温度均匀性有关。

⑮ 超过规定的检测周期并连续三个月以上未使用的热处理炉重新启用时。

3. 周期测量

周期测量的测量周期应符合表2-21和表2-22规定。测量周期分为正常测量周期和延长测量周期，温度均匀性测量连续合格一定次数后可以适当延长测量周期。延长测量周期应根据温度均匀性、仪表系统类型和连续合格测量次数确定。

表2-21　工件热处理炉类别、仪表系统类型和温度均匀性测量周期

热处理炉类型	温度均匀性/℃	仪表系统类型	GB/T 30825 温度均匀性正常测量周期/月	GB/T 9452 温度均匀性正常测量周期/月	GB/T 30825 温度均匀性延长测量周期	
					温度均匀性测量连续合格的次数/次	延长测量周期/月
Ⅰ	±3	D	1	2	8	2
		B、C		—	4	3
		A		—	2	6
Ⅱ	±5	D	1	2	8	2
		B、C		—	4	3
		A		—	2	6
Ⅲ	±8	D	3	6	4	6
		B、C		—	3	6
		A		—	2	12
Ⅳ	±10	D	3	6	4	6
		B、C		—	3	6
		A		—	2	12
Ⅴ	±15	D	3	6	4	6
		B、C		—	3	6
		A		—	2	12
Ⅵ	±20	D	3	6	4	6
		B、C		—	3	6
		A		—	2	12
Ⅶ	±25	E	12	12	不适用	12
冷处理设备、淬火槽		不需要温度均匀性测试				

表2-22　GB/T 30825 中原材料热处理炉类别、仪表系统类型和温度均匀性测量周期

热处理炉类型	温度均匀性/℃	仪表系统类型	温度均匀性正常测量周期/月	温度均匀性延长测量周期	
				温度均匀性测量连续合格的次数/次	延长测量周期/月
Ⅰ	±3	D	1	8	6
		B、C	3	4	6
		A	3	2	6
Ⅱ	±5	D	1	8	6
		B、C	3	4	6
		A	3	2	6

（续）

热处理炉类型	温度均匀性/℃	仪表系统类型	温度均匀性正常测量周期/月	温度均匀性延长测量周期	
				温度均匀性测量连续合格的次数/次	延长测量周期/月
Ⅲ	±8	D	3	4	6
		B、C	6	3	12
		A	6	2	12
Ⅳ	±10	D	3	4	6
		B、C	6	3	12
		A	6	2	12
Ⅴ	±15	D	3	4	6
		B、C	6	3	12
		A	6	2	12
Ⅵ	±20	D	3	4	6
		B、C	6	3	12
		A	6	2	12
Ⅶ	±25	E	12	不适用	12
冷处理设备、淬火槽		不需要温度均匀性测量			

温度均匀性周期测量因为某些意外原因不能准时进行时，可以适当放宽测量周期时间限制要求，允许的超过时间见表 2-23。

表 2-23　测量周期允许的超过时间

测量周期/月	GB/T 30825 允许的超过时间/天	GB/T 9452 允许的超过时间/天
1 周	1	—
2 周	2	—
1	3	—
2	—	3
3	4	—
6	6	6
12	12	12

2.5.2　检测装置和检测方法

1. 检测系统组成

热处理炉有效加热区测定用检测系统通常由温度传感器、补偿导线、测量仪表及测温架等组成。

2. 温度传感器

热处理炉有效加热区检测用温度传感器，如铂铑 10-铂、铂铑 13-铂、铂铑 30-铂铑 6 热电偶丝（GB/T 1598），镍铬-镍硅热电偶丝（GB/T 2614），铜-铜镍（康铜）热电偶丝（GB/T 2903），镍铬-铜镍（康铜）热电偶丝（GB/T 4993），铁-铜镍（康铜）热电偶丝（GB/T 4994），电阻温度计用铂丝（GB/T 5977），镍铬硅-镍硅镁热电偶丝（GB/T 17615）和热电偶　第 1 部分：电动势规范和允差（GB/T 16839.1），应符合相关标准的规定。对于真空炉和可控气氛炉，应采用铠装热电偶电缆和铠装热电偶，铠装热电偶电缆和铠装热电偶应符合 GB/T 18404 的规定，贵金属铠装热电偶电缆应符合 JB/T 8901 的规定，也可以使用带保护管的热电偶，保护管的气密性应良好。对于盐浴炉，应采用带有耐蚀保护管保护的温度传感器。

热处理炉有效加热区检测用温度传感器的准确度应不大于 ±1.5℃ 或 ±0.4%t，允许两者中取较大者。应根据检测热处理炉的类型和测试温度范围按表 2-24 选择适用的温度传感器，推荐使用高准确度等级的传感器。检测用温度传感器应具备检定合格证并在有效期内使用。

表 2-24　热处理炉有效加热区检测用温度传感器

传感器名称	分度号	等级	测试温度范围/℃	允差/℃
铂铑 10-铂热电偶	S	1	<1100	±1.0
			≥1100	±[1.0+0.003(t-1100)]
		2	0~1600	±1.5 或±0.25%t
铂铑 13-铂热电偶	R	1	<1100	±1.0
			≥1100	±[1.0+0.003(t-1100)]
		2	0~1600	±1.5 或±0.25%t
铂铑 30-铂铑 6 热电偶	B	2	600~1700	±1.5 或±0.25%t

（续）

传感器名称	分度号	等级	测试温度范围/℃	允差/℃
镍铬-镍硅(铝)热电偶	K	1	-40～1000	±1.5 或±0.4%t
镍铬硅-镍硅镁热电偶	N	1	-40～1000	±1.5 或±0.4%t
镍铬-铜镍热电偶	E	1	-40～800	±1.5 或±0.4%t
铁-铜镍热电偶	J	1	-40～750	±1.5 或±0.4%t
铜-铜镍热电偶	T	1	-40～350	±0.5 或±0.4%t
铂电阻	PRT	A	-50～250	±(0.10+0.17%t)
		A	-100～450	±(0.15+0.2%t)

注：t 为被测温度的绝对值。

3. 补偿导线

热电偶补偿导线应符合 GB/T 4989—2013《热电偶用补偿导线》、GB/T 4990—2010《热电偶用补偿导线合金丝》中精密级的规定，应根据检测用热电偶和使用环境温度按表 2-25 选用补偿导线。

表 2-25　检测用热电偶推荐使用的补偿导线

热电偶分度号	补偿导线型号	补偿导线名称	代号	温度范围/℃	允差/℃
S	SC	铜-铜镍 0.6 补偿型导线	SC-GS	0～100	±2.5
R	RC	铜-铜镍 0.6 补偿型导线	RC-GS	0～100	±2.5
K	KX	镍铬 10-镍铬 3 延长型导线	KX-GS	-20～100	±1.1
N	NX	镍铬 14 硅-镍硅延长型导线	NX-GS	-20～100	±1.1
E	EX	镍铬 10-铜镍 45 延长型导线	EX-GS	-20～100	±1.0
J	JX	铁-铜镍 45 延长型导线	JX-GS	-20～100	±1.1
T	TX	铜-铜镍 45 延长型导线	TX-GS	-20～100	±0.5

4. 测量仪表

有效加热区测定用测量仪表可以是带有显示、记录的独立仪表（包括多通道自动巡回检测仪、多通道数显记录仪等），也可以是由独立仪表加多路扫描开关、多通道数据采集处理器（炉温跟踪仪）、计算机及其他电子部件等，以各种形式组合或集成所构成的测量系统或装置。不应利用热处理炉配置的工艺仪表（数据采集系统非工艺记录通道除外）进行炉子的有效加热区测定。

测量仪表应为数字式，准确度等级应不低于 0.1 级，显示分辨力应不低于 0.1℃。有效加热区测量仪表应具备检定合格证并在有效期内使用。

5. 测温架

用于固定测量传感器的测温架应确保测量传感器的测量端位于规定位置上，且在整个测量过程中该位置不发生变化。测温架一般应采用耐热合金、不锈钢管（棒）或其他合适的材料制作。测温架材料不应对热处理炉和测量传感器产生不良影响。测温架可采用焊接、机械连接装配等方式制成，并应牢固和具有一定强度，以确保在整个测量过程中不产生变形或烧塌，也可不用测温架，采用其他方式将测量传感器固定在相应位置。

测温架的形状、结构和尺寸大小根据热处理炉的类型及检测方法确定。有效加热区测定用典型的测温架形式如图 2-11 所示。

对于采用常规测定系统有困难的连续炉、带罐炉或高温炉，经双方同意可以采用探针法或炉温跟踪仪。探针法是从炉壁、炉顶或炉底插入测试温度传感器，其测量端与规定的测试位置距离小于等于 76mm。炉温跟踪仪由数据记录仪和隔热箱组成。测试时，把测温架、布置好的测量温度传感器及装入隔热箱中的数据记录仪一起放入炉中，数据记录仪将自动跟踪记录各测试点的温度。

2.5.3　温度均匀性测量和替代方法

周期式炉温度均匀性测量方法规定采取体积法，连续炉温度均匀性测量可以采取体积法、单元体积法或平面法。连续炉、有炉罐的炉或高温炉也可采用直插法或炉温跟踪仪法。对于铝合金固溶处理的空气炉，当其热源（如电热元件或燃气辐射管）位于炉壁时，应在炉子温度均匀性鉴定合格的最高使用温度下进行补充热辐射测试。

1. 一般要求

热处理炉有效加热区的测定，一般情况下采用空载试验，有特殊要求时可以采用装载试验（半载试验或满载试验）。如果热处理炉有效加热区的测定是空载试验，一般采用测量温度传感器直接测量，也可以将测量温度传感器连在或插入试块中，试块的厚度

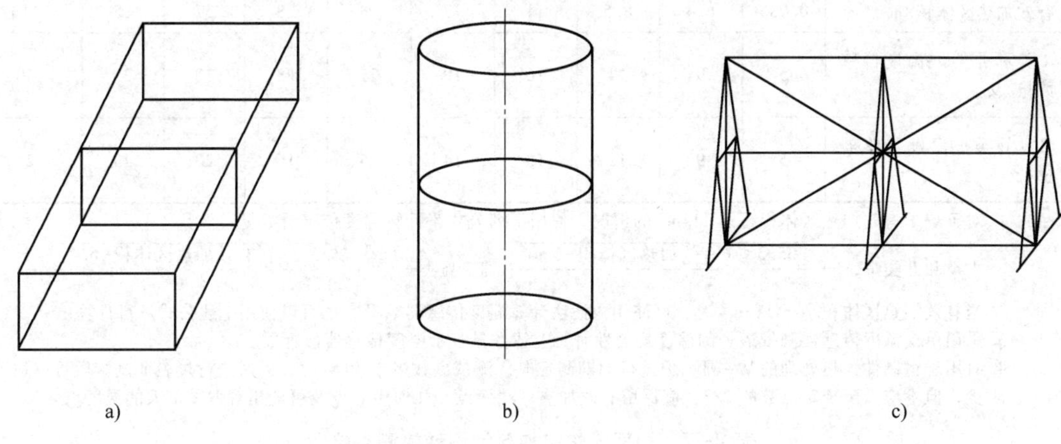

图 2-11　有效加热区测定用典型的测温架形式

a）立方体加热区用测温架　b）圆柱体加热区用测温架　c）平面法用测温架

应小于等于在炉中处理的最薄工件的厚度，最大厚度不应超过 13mm。试块材料应具有与在炉中处理的主要材料一致的室温热导率。当热处理炉有效加热区的测定是装载试验，测量温度传感器应连在模拟件或工件载荷上，载荷应代表通常在炉中处理的工件厚度。

热处理炉处于正常使用状态，一般以正常的升温速度升温，风扇正常运转，网带炉的炉门通常是开着的。炉子气氛应是生产中使用的正常气氛。对于工艺气氛会污染测量温度传感器（如渗碳、渗氮、吸热性和放热性气氛），或者其气氛会造成安全危险（如含氢气或氨气）的炉子，可以用空气或惰性气氛代替。真空炉的真空度应是在生产中使用的最低真空度，但真空度不小于 0.13Pa。

热处理炉有效加热区测定时，测量温度传感器放入炉的温度一般是测量温度或低于测量温度；如果在生产中设备的正常操作是将工件或原材料放入冷炉中随炉升温，温度均匀性测量时不允许将炉子预热，也应随炉升温。

一台热处理炉可以有多个有效加热区，对应不同的温度均匀性要求的多个工作温度范围，或者对应不同的温度均匀性要求的多个不同尺寸有效加热区，必须分别进行温度均匀性测量。当存在重叠或衔接时，能够满足温度均匀性高要求时，自然能够满足较低要求，不必重复测量。

2. 温度传感器的数量和位置

热处理炉有效加热区温度传感器的数量和位置按照热处理炉的形式和假定有效加热区的尺寸来确定。

（1）周期式炉　周期式炉温均匀性测量的温度传感器数量应符合表 2-26 规定。炉子有效加热区体积<6.4m^3 时的温度均匀性测量检测点位置见表 2-27。当炉子有效加热区体积≥6.4m^3 时，检测点位置应在井式炉高度、圆周方向或箱式炉高度、长度、宽度方向均衡布置在最佳代表位置。当有效加热区加热以周围辐射加热为主时，增加的温度均匀性测量温度传感器应均匀布置在有效加热区的外围。一旦在初始测量中确定了位置，在周期测量中必须使用相同的位置。对于有炉罐的周期式炉，至少有一个温度均匀性测量传感器的测量端应尽可能接近在生产过程中用于记录炉罐内温度的传感器测量端，其两个传感器测量端之间的距离不得超过 50mm。

（2）连续炉（含半连续炉）　连续炉温度均匀性测量可以采取体积法、单元体积法或平面法，一旦在初始测量中固定了位置，在周期测量中必须使用相同的位置。

1）体积法。连续炉温度均匀性体积法测量点的数量和位置同箱式周期炉。

2）单元体积法。推杆式连续炉可以采取单元体积移动法进行温度均匀性测量。测量温度传感器布置在托盘或料筐的边缘处，测量点数量和位置见表 2-27 中箱式炉的相关情况。测量时托盘或料筐以正常条件移动并测量，直至保温时间结束。

3）平面法。输送带式连续炉可以采取平面法进行有效加热区测量。测量温度传感器布置在垂直于炉子装卸方向的一个平面测温架上，以常用的运料速度移动测温架进行测量，直到保温时间结束。输送带式连续炉平面法温度均匀性测量温度传感器数量和位置见表 2-28。

表 2-26　周期式炉温均匀性测量的温度传感器数量

有效加热区体积/m³　<	0.085	6.4	8.5	11	17	23	28	57	85	113
Ⅰ类和Ⅱ类炉温度传感器数量/支	5	9	14	16	19	21	23	30	35	40
Ⅲ～Ⅶ类炉温度传感器数量/支	5	9	12	13	14	15	16	20	23	25

注：1. 对于炉子有效加热区体积超过 113m³ 的情况，使用下列公式来计算温度传感器数量：

Ⅰ类和Ⅱ类炉，$9+\dfrac{\sqrt{35.3\times(\text{有效加热区体积}-6.4)}}{2}$；Ⅲ～Ⅶ类炉，$9+\dfrac{\sqrt{35.3\times(\text{有效加热区体积}-6.4)}}{4}$。

2. 当有效加热区体积小于 113m³ 时，可使用内插法计算温度传感器数量，也可以使用上述公式进行计算。
3. 采用单支温度传感器测量浴炉的温度均匀性时，上述数量表示温度传感器位置数。
4. 对用于钢制件，热处理的Ⅴ～Ⅶ类炉进行周期测定时，测试点数多于 40 点时，同时进行过验证试验后可以适当减少，但不应少于规定点数的 2/3，应保留有效加热区端面点、几何中心点及可能出现偏差最大的温度点。

表 2-27　周期式炉温均匀性测量检测点位置

<table>
<tr><td rowspan="2">炉型</td><td colspan="2">有效加热区体积</td></tr>
<tr><td><0.085m³(5 个检测点)</td><td>0.085～<6.4m³(9 个检测点)</td></tr>
<tr><td>井式炉</td><td>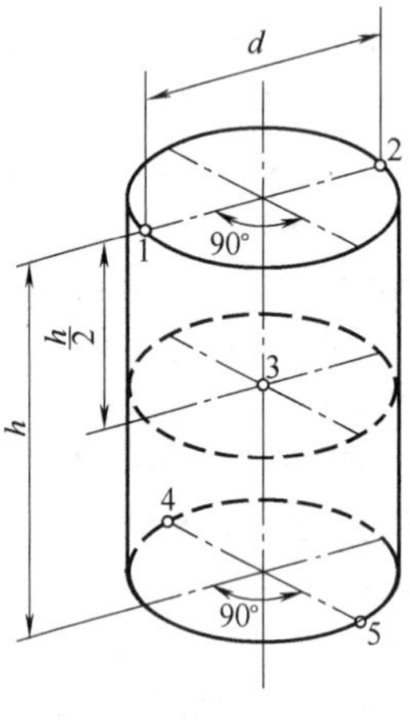
d
2
1
90°
h
h/2
3
4
90°
5</td><td>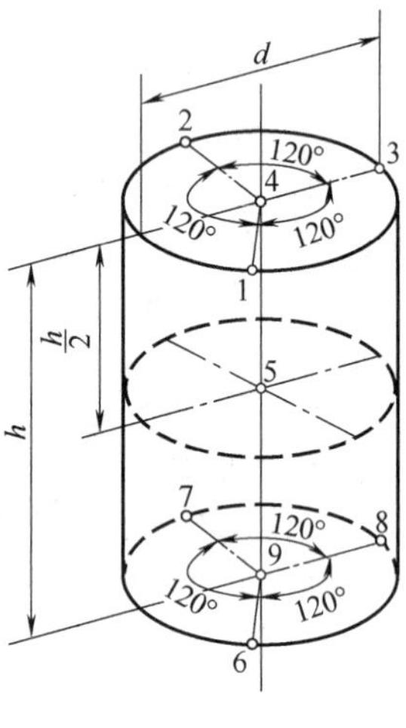
d
2
3
120°
4
120°
120°
1
h
h/2
5
7
8
120°
9
120°
120°
6</td></tr>
<tr><td>箱式炉</td><td>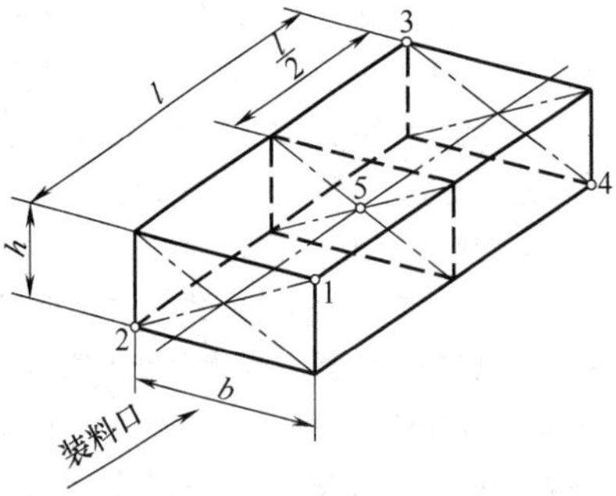
l
l/2
3
4
5
h
1
2
b
装料口</td><td>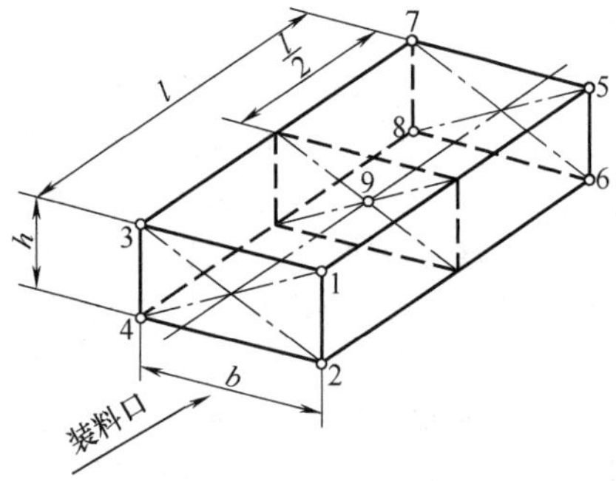
l
l/2
7
5
8
6
9
3
h
1
4
2
b
装料口</td></tr>
</table>

表 2-28　输送带式连续炉平面法温度均匀性测量温度传感器数量和位置

有效加热区高度 h/mm	$h \leqslant 300$	$h > 300$
温度传感器数量/支	3	5
测量温度传感器位置		

注：1. b 为假定有效加热区宽度；h 为假定有效加热区高度；l 为假定有效加热区长度。

2. 1~5 表示测量温度传感器位置。

3. $h \leqslant 300$mm，$b \leqslant 2.4$m 时，测量温度传感器应为 3 支；$b > 2.4$m 时，每增加 610mm 应增加 1 支测量温度传感器。

4. $h > 300$mm，有效加热区横截面积 $\leqslant 0.75\text{m}^2$，测量温度传感器应为 5 支；有效加热区横截面积 $> 0.75 \sim < 1.5\text{m}^2$ 时，测量温度传感器应为 7 支；有效加热区横截面积 $\geqslant 1.5\text{m}^2$ 时，测量温度传感器应为 9 支。

5. 新增测量温度传感器应均匀分布在垂直于热处理炉装/卸料方向的测温平面上。

6. 顶角部测试点的温度传感器位置偏差应 $\leqslant 76$mm。

3. 检测步骤

（1）检测系统准备　温度均匀性测量所用仪表、测量温度传感器应按国家有关规定检定合格并在有效使用期内。测量仪表和测量温度传感器检定（或校准）证书应标明各检定（或校准）温度下的修正值或误差值。

（2）测量温度传感器固定与装载　使用测温架时，应采用合适方式将各测量温度传感器固定在测温架上，并确保传感器测量端位于规定的位置且在测试过程中位置不产生变动。平面法测量连续炉温度均匀性时，温度传感器测量端与检测点距离应 $\leqslant 76$mm。应根据测试温度选用合适的金属丝或其他材料固定测量温度传感器。若采用镀锌铁丝固定测量温度传感器，应预先将镀锌层去除。真空炉测试时应采用不锈钢丝或镍基合金丝固定测量温度传感器。固定有测温架的测量温度传感器或料架时，根据工艺要求可在冷炉条件下放入炉中，也可在最低测试温度点允许的温度偏差下限的任何温度放入炉中。测量温度传感器的参考端从热处理炉专用测温孔引出，引出参考端时不应破坏炉子的密封性和保温性，同时应防止测量温度传感器被挤压损坏。

测量温度传感器与测量仪表的连接一般采用下列三种方式：

1）测量温度传感器参考端直接连接到测量仪表或数据采集处理器的输入端。

2）测量温度传感器参考端连接到补偿导线的一端，补偿导线的另一端连接到测量仪表或数据采集处理器的输入端。

3）测量温度传感器参考端直接或通过补偿导线连接到测量系统装置的多路自动（扫描）开关输入端。

测量温度传感器与测量仪表连接时，应确保各个接线端不产生附加的热电动势或电阻（或产生的附加热电动势或电阻足够小），以保证测量结果的准确性和可靠性。当采用连接器、插头和插座（包括插针）、接线端子或接线板等连接元器件进行连接时，应保证这些元器件与测量温度传感器的热电特性相同或兼容。

（3）数据采集和处理　温度均匀性测量过程中的任何时间内，任何测量、控制或记录传感器读数均不应超过炉子类别及测试温度点要求的温度均匀性允许的偏差范围的上限。为完整、清晰地记录整个温度均匀性测量过程，数据采集和记录应在炉内第一支测试传感器温度到达要求的温度均匀性允许的偏差下限之前开始。热处理炉达到稳定态后，温度均匀性测量数据采集间隔、时间或次数应符合表 2-29 规定。

表 2-29　温度均匀性测量数据采集间隔、时间或次数

炉型	数据采集间隔/min	数据采集时间或次数
周期式热处理炉	≤2	至少 30 min
连续式热处理炉	≤2	每个测量位置或区域至少 10 次

（4）测定时间　一个规定的温度点测试应在最短的时间内完成，恢复到稳定态的时间和随后的测试时间不应超过工艺规定的时间。测试每个温度点时，测量、控制或记录温度传感器温度任何时间都不应超

过温度允差的上限。

（5）数据处理　温度均匀性测量数据的取用和整理按下列要求进行：对每个测试温度点，取测量温度传感器稳定后连续记录时间不少于30min的全部数据作为有效测试数据，同时取每个测试温度点的工艺传感器温度记录数据作为过程监控数据；将所取的测量温度传感器有效数据按每支测量温度传感器、补偿导线和测量仪表对应温度点的修正值（或误差值）进行修正，得出每个测试温度点各个测量位置的真实温度测量值；对每个测试温度点，将每个测量位置的真实温度测量值与测试温度设定值的差值作为各个测量位置的温度偏差值，并从中确定每个测试温度下的最大温度偏差值和最小温度偏差值。温度均匀性测量记录表见表2-30。

表2-30　温度均匀性测量记录表

炉子名称				检测日期				假定有效加热区尺寸/mm		
炉子编号				记录仪表准确度				装载量及气氛		
制造厂及型号				检测仪表准确度				设定温度/℃		
测量结果										
时间	温度传感器真实温度/℃									实施条件
	1#	2#	3#	4#	5#	6#	7#	8#	9#	
										温度传感器布置图
修正值										
最大值										
最小值										
最大偏差										
结论										
检测者				审核者				批准者		
备注										

进行误差修正时，若出现测量温度传感器、测量仪表的检定温度点与规定的有效加热区测试温度点不对应的情况，可取最接近测试温度点的检定温度点误差值或修正值进行修正，也可采用内插法进行计算得出对应测试温度点的误差值或修正值进行修正。

4. 其他测量方法

当按正常方法测量温度均匀性时，连续炉测量温度传感器须穿过连续炉，有炉罐的炉子要把测量温度传感器装入炉罐。当实施困难或无法实施时，可以采用直插法（也称探针法）或炉温跟踪仪（也称黑匣子）。直插法也可用于高温炉，防止烧塌测温架，提高测量温度传感器寿命。直插法是从炉壁、炉底或炉顶插入温度均匀性测量温度传感器，其测量端与GB/T 30825—2014规定的检测位置距离≤76mm。直插法9支热电偶的典型布置方式如图2-12所示。炉温跟踪仪由数据记录仪和隔热箱组成。进行温度均匀性测量时，首先把测量温度传感器按检测要求固定在测温架或工件上，然后将测量温度传感器与数据记录仪连接，把数据记录仪放入隔热箱中。测试时，把测温架、测量温度传感器及装入隔热箱中的数据记录仪一起放入炉中，按GB/T 9452或GB/T 30825进行温度均匀性测量，数据记录仪将自动跟踪记录各检测点温

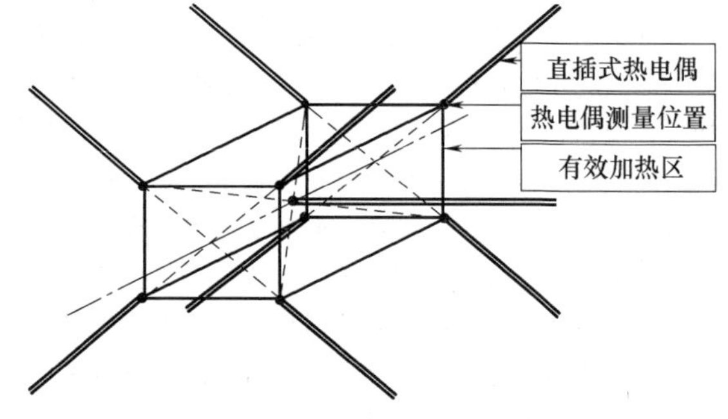

图2-12　直插法9支热电偶的典型布置方式

度，测试后将数据记录仪与计算机连接，把各检测点温度自动打印或绘制曲线。

2.5.4　补充热辐射测试

对于铝合金固溶处理的空气炉，当其热源（如电热元件或燃气辐射管）位于炉壁上时，应在炉子温度均匀性鉴定合格的最高使用温度进行补充热辐射测试，应对新炉或发生影响炉壁热辐射特性的任何损坏或修理后进行。热辐射测试试板的长×宽约为300mm×300mm、厚度不大于3mm的铝合金板（采用6061合金，铝合金板首次使用时应经520～540℃空气中加热并冷却），将热辐射测试传感器测量端嵌入或焊在试板的中心处。试板的数量按每0.93m^2的面积放置一块嵌有测试传感器计算，试板布置在有效加热区的外边界处，平行于加热炉壁对称安放。对于加热炉壁为圆柱形的炉子，试板可做成圆弧形，圆弧半径与有效加热区的半径相一致。所有热辐射测量温度传感器的温度应符合温度均匀性要求。

参 考 文 献

[1] 潘健生，胡明娟．热处理工艺学［M］．北京：高等教育出版社，2009.

[2] 全国热处理标准化技术委员会．热处理温度测量：GB/T 30825—2014［S］．北京：中国标准出版社，2014.

[3] 全国热处理标准化技术委员会．热处理炉有效加热区测定方法：GB/T 9452—2023［S］．北京：中国标准出版社，2023.

[4] 董小虹，徐跃明，王广生，等．GB/T 30825—2014《热处理温度测量》应用解读［J］．金属热处理，2016，41（12）：199-208.

[5] 董小虹，徐跃明，李俏，等．GB/T 9452—2012《热处理炉有效加热区测定方法》标准的解读和实践［J］．金属热处理，2015，40（3）：214-220.

第3章　可控气氛及碳势控制、氮势控制

广东世创金属科技股份有限公司　殷汉奇　王桂茂
益发施迈茨工业炉（上海）有限公司　冯耀潮　赵伟民

从空气炉加热到可控气氛保护加热，从不控制气氛的渗碳到可控气氛渗碳和碳氮共渗，从只通氨气的渗氮到可控气氛渗氮和氮碳共渗，热处理工作者经历了漫长的探索、实践、总结和不断创新，在对可控气氛的特性认识、可控气氛的检测和控制技术、可控气氛的安全使用技术方面有很大提高。目前，可控气氛热处理已广泛用于金属的热处理，如钢的可控气氛渗碳、可控气氛渗氮、可控气氛保护加热淬火等，热处理质量得到了很大提高。随着可控气氛热处理技术的不断进步，适时总结这方面的技术，可为热处理工作者查阅参考提供方便。

3.1　可控气氛分类、应用及安全

3.1.1　可控气氛分类

热处理气氛主要有单质气氛、制备气氛或裂解气氛，根据使用需要分为保护气氛和可控气氛。按照JB/T 9208—2008《可控气氛分类及代号》和GB/T 38749—2020《可控气氛热处理技术要求》，热处理可控气氛主要有放热式气氛、吸热式气氛、放热-吸热式气氛、有机液体裂解气氛、氮基气氛、氨制备气氛、氢气、氩气及其混合物等。

GB/T 38749—2020规定的可控气氛分类、基本组分及主要用途见表3-1。

1. 可控气氛代号说明

JB/T 9208—2008《可控气氛分类及代号》规定了可控气氛代号由气氛类型基本代号、气氛基本组成系列号、气氛制备方式代号组成，如图3-1所示。

2. 气氛类型基本代号

气氛类型基本代号由气氛名称的第一个单元词（字）的第一个汉语拼音大写字母组成，见表3-2。

表3-1　可控气氛分类、基本组分及主要用途

气氛分类或名称		代号		基本组分	主要用途
放热式气氛	普通放热式气氛	FQ	PFQ10	$CO-CO_2-H_2-N_2$	铜光亮退火；低碳钢光亮退火、正火、回火
	净化放热式气氛		JFQ20	$CO-H_2-N_2$	铜和低碳钢光亮退火；中碳和高碳钢洁净退火、淬火、回火
			JFQ60	H_2	
			JFQ50	H_2-N_2	不锈钢、高铬钢光亮淬火
吸热式气氛		XQ	XQ20	$CO-H_2-N_2$	渗碳、碳氮共渗、光亮淬火、高速钢淬火
放热-吸热式气氛		FXQ	FXQ20	$CO-H_2-N_2$	渗碳、碳氮共渗、光亮淬火
有机液体裂解气氛		YLQ	YLQ30 YLQ31	$CO-H_2$	渗碳、碳氮共渗、一般保护加热
氮基气氛	H_2-N_2系列氮基气氛	DQ	DQ50	H_2-N_2	低碳钢光亮退火、淬火、回火
	N_2-CH系列氮基气氛		DQ71	N_2-CO-H_2	中碳钢光亮退火、淬火
	N_2-CH-O系列氮基气氛		DQ21	$CO-H_2-N_2$	渗碳
	N_2-CH_3OH系列氮基气氛		DQ20 DQ21		渗碳、碳氮共渗、一般保护加热
	氮气			N_2	载气、回火保护
氨制备气氛	氨分解气氛	AQ	FAQ50	H_2-N_2	不锈钢、硅钢光亮退火
	氨+氨分解气			$H_2-N_2-NH_3$	渗氮、氮碳共渗
氢气		QQ	QQ60	H_2	不锈钢、低碳钢、电工钢、有色合金退火
氩气				Ar	不锈钢、高温合金、钛合金、精密合金热处理

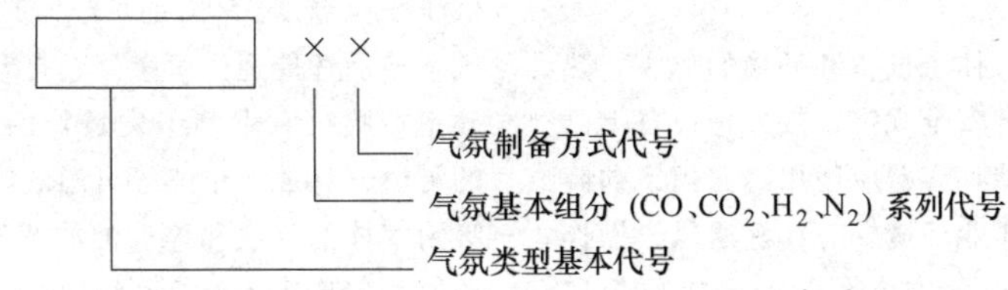

图 3-1　可控气氛代号说明

表 3-2　气氛类型基本代号

气氛名称		基本代号	
放热式气氛	普通放热式气氛	FQ	PFQ
	净化放热式气氛		JFQ
吸热式气氛		XQ	
放热-吸热式气氛		FXQ	
有机液体裂解气氛		YLQ	
氮基气氛		DQ	
氨制备气氛	氨分解气氛	AQ	FAQ
	氨燃烧气氛		RAQ
木炭制备气氛		MQ	
氢气		QQ	

3. 气氛基本组成系列号

气氛基本组成系列号用阿拉伯数字表示，见表 3-3。

表 3-3　气氛基本组成系列号

气氛基本组分	代　号
$CO\text{-}CO_2\text{-}H_2\text{-}N_2$	1
$CO\text{-}H_2\text{-}N_2$	2
$CO\text{-}H_2$	3
$CO\text{-}N_2$	4
$H_2\text{-}N_2$	5
H_2	6
N_2	7

4. 气氛制备方式代号

气氛制备方式代号用阿拉伯数字表示，见表 3-4。

表 3-4　气氛制备方式代号

制备方式	代　号
炉外制备	0
炉内直接生成	1

3.1.2　可控气氛的选择与使用

1. 保护加热气氛

GB/T 38749—2020《可控气氛热处理技术要求》规定了保护加热适合的可控气氛类型。

1）结构钢热处理常用保护气氛有氮基气氛、放热式气氛、吸热-放热式气氛、有机液体裂解气氛。

2）不锈钢热处理常用保护气氛有氩气、氢气、净化放热式气氛、氨制备气氛。

3）高温合金、钛合金热处理常用保护气氛为氩气。

2. 渗碳和碳氮共渗气氛

可控气氛渗碳类型可根据渗碳层深度、表层碳含量、渗碳温度分为薄层渗碳、常规渗碳、深层渗碳、高浓度渗碳和高温渗碳等，低中温渗碳时添加氨气可进行碳氮共渗。可控气氛渗碳和碳氮共渗气氛选择可参考表 3-5。

表 3-5　可控气氛渗碳和碳氮共渗气氛

热处理类别	吸热式气氛	甲醇滴注气氛	氮气+甲醇气氛	备　注
薄层渗碳	可	是	可	—
常规渗碳	是	是	是	—
深层渗碳	是	可	是	—
高浓度渗碳	可	是	可	—
高温渗碳	可	是	可	—
低温渗碳	是	可	可	—
碳氮共渗	是	是	是	碳氮共渗氮含量可用氨流量控制

3.1.3　可控气氛的安全使用

针对热处理气氛对人体、设备和环境的危害，热处理气氛的储存必须符合安全规定，热处理设备上必须有可靠的安全措施，储存容器应使用符合规定的容器，管路密封要可靠，作业环境要有良好通风，操作人员必须经过培训并按设备供应商的安全操作规定操作。

1. 热处理气体的储存和热处理车间的气体排放

储存热处理用可燃气和有毒物质的储存室应保持通风，防止可燃气或有毒物质的聚集，储存室使用的通风机、电磁阀、泵、照明等电器为防爆电器；热处理现场可燃气储存量较大的空间应安装泄漏报警装置。可燃气或有毒物质的输送管路，包括接头、阀、压力表等应可靠密封，压力应符合相关规定，可燃气和有毒气储罐应有防止腐蚀措施，储存环境不能有腐蚀性物质。密度大于空气的可燃气体管路不能铺设在通风不好的地沟或封闭空间内，以防止可燃气泄漏聚集发生爆炸。储存室应有防火、防雷击措施，进入储存室要保持警惕，如有异味应进行泄漏检测排除。热处理车间要保持可靠通风，防止气体泄漏聚集；可控气氛炉排出的尾气燃烧后要由抽风机抽出车间，热处理车间排出的气体要经过过滤、净化后再排到大气，排放指标要达到当地政府的环保规定。

2. 可控气氛炉的用气安全措施

可控气氛炉应有完善的可控气氛安全措施，包括但不限于以下安全措施，使用可控气氛热处理设备应严格按照设备供应商的安全操作规定操作设备。

(1) 密封炉体结构的气氛炉　对气密结构的气氛炉体，如箱式多用炉、推杆式炉、辊底式炉、环式炉、转底炉等，炉壳及焊缝、所有开口、炉门、尾气排放口等都要可靠密封；使用密封条的地方，如炉门、高压释放装置、加热辐射管、氧探头和热电偶插口等，若密封条损坏要及时更换；使用液体密封的炉子，如箱式多用炉淬火油槽、转底式炉和环式炉底密封油槽等，液位和液体温度必须有监控装置。炉子必须有独立的安全温度热电偶和安全温度控制仪表。安全氮气通入装置，必须具备温度低于 750℃ 自动通入、停电自动通入、可燃气压力低时自动通入、点火器故障时自动通入、自动功能失效时能手动通入等功能。使用温度高于安全温度 750℃ 的炉子，可燃气通入必须和安全温度连锁，在 750℃ 以上才能通入可燃气，低于 750℃ 时只能通入氮气；炉子通电升温前要检测炉膛，确保炉膛没有聚集引发爆炸的可燃气体，否则必须通入足够的氮气置换后才能升温。使用温度低于安全温度 750℃ 的炉子，必须通入足够的安全氮气置换后才能通入可燃气；打开或关闭炉门前，必须确定炉膛没有聚集引发爆炸的可燃气（如炉衬吸附的可燃气释放，甲醇等可燃液体或气体泄漏、淬火油吸附气体的释放和淬火油的蒸发），否则需通入足够的氮气置换后才能打开炉门。

(2) 密封炉罐结构的气氛炉　对使用炉罐密封的气氛炉，如带罐渗氮炉（井式渗氮炉、卧式渗氮炉、罩式渗氮炉等）、有罐底装料多用炉、有罐井式渗碳炉等，必须保证炉罐及其开口的可靠密封，不得使用容易开裂的、可焊性差的材料制作密封炉罐及其连接件，尤其是在低于 750℃ 安全温度下使用的气氛炉，在炉罐和炉衬壁之间，要有防止可燃气聚集的措施或安装可燃气泄漏的报警检测装置。对低于安全温度 750℃ 下使用的炉子，在装料后通入可燃气体前必须使用氮气置换，在打开炉门出炉前必须确保炉内的可燃气被安全氮气可靠置换。

(3) 过渡（换气）室　带过渡室（换气室）的可控气氛炉，如箱式多用炉过渡室、推杆式渗碳炉换气室和淬火油槽过渡室、辊底炉装料换气室和淬火油槽过渡室等，必须安装高压释放装置（防爆盖）、炉压检测装置，与换气室直通的炉门必须有火帘和点火装置。在打开关闭炉门前，必须确定换气室没有聚集引发爆炸的可燃气（包括淬火油吸附的可燃气释放和淬火油蒸汽），否则需通入足够的氮气置换后才能打开炉门；在关闭过渡室门前，必须保证从加热室排出的可燃气体被可靠地点燃，确保在关闭过渡室门后，从加热室排出的可燃气稳定燃烧，防止加热室排出的可燃气和过渡室空气混合成爆炸性气氛。

(4) 淬火油槽　加热室与过渡（换气）室一体的淬火油槽，必须安装油位显示装置，有安全油位显示和报警装置，油位必须和淬火油加热、安全氮气连锁，防止油位过高或过低引发安全事故，加热装置的加热段必须保证在最低油位时完全浸入淬火油；淬火油温度控制系统应确保淬火油在安全温度范围使用。

(5) 尾气燃烧装置　可控气氛炉内排出的尾气要完全燃烧后排放，燃烧装置包括常明火点燃装置（点火嘴）、火焰监视装置等，点火嘴的安装位置要确保排出的可燃气能被可靠点燃，尾气燃烧装置和安全氮气连锁。在点燃尾气燃烧装置前，必须确认炉膛没有聚集爆炸性气氛或可能聚集爆炸性气氛。

(6) 炉门火帘　过渡（换气）室的炉门应有火帘（预抽真空的结构的可控气氛炉可以不用火帘）。带火帘的炉门包括火帘、火焰监视器、点火器等，炉门点火器、火帘电磁阀和炉门开关电动机互为连锁，点火器未点燃，火帘电磁阀不会打开，火帘未点燃，炉门电动机不启动开门。

（7）安全氮气供给装置（氮气停电常开）　在这些情况下，氮气自动通入炉内：炉温低于 750℃的安全温度时，停电时，可燃气压力低于安全压力时，炉压低于安全压力时，紧急停止开关压下时。氮气供给管路应设有手动阀门，若在这些情况下氮气不能正常通入炉内，可打开手动阀门通入氮气。

（8）压力泄放装置（防爆盖）　带过渡室（冷室）结构的可控气氛炉，在过渡室的尾气排放处应设有压力泄放装置，释放炉内高压。压力释放装置应能自动复位、密封可靠，排出的炉气应能被尾气燃烧装置自动点燃。应该指出，压力释放装置只是释放炉内因充气或小型爆燃等形成的高压，不能释放较大爆炸形成的高压。

（9）炉压检测装置　在冷室安装有炉压检测装置。当炉压低于安全值时，氮气自动充入恢复炉压。在冷室（前室或过渡室）炉料入油淬火、装炉或出炉情况下，由于高温炉料移出冷室，冷室温度急剧降低，冷室炉压急剧降到负压；在冷室负压的作用下，炉外空气容易进入冷室并与冷室可燃气混合成爆炸性气氛，这时需要立即向冷室补充安全气。常用的补充安全气的方法有高压充氮、吸入可燃气燃烧后的气体、在加热室按比例通入可燃气和空气以向冷室补充炉气等。

（10）供气压力检测（包括可燃气和氮气）　在供气管路装有可燃气压力检测装置。当可燃气压力低于安全值时，氮气自动打开置换炉内气氛。

（11）安全温度检测　加热室必须有一根供气专用的安全温度热电偶和安全温度控制仪表，如果炉温低于 750℃安全温度，可燃气不能供入炉内，同时安全氮气电磁阀自动打开；只有当炉温高于 750℃的安全温度时，可燃气才能通入炉内，可燃气通入的同时安全氮气电磁阀关闭。安全温度热电偶按 GB/T 30825—2014《热处理温度测量》规定的控温热电偶进行校验和管理，使用廉金属热电偶时应每年更换，使用贵金属热电偶时按控温热电偶进行系统精度校验和更换。

（12）冷室（过渡室）门的防爆缓冲装置　冷室门必须有防止爆炸发生时阻挡或减缓炉门飞出和气氛喷出伤人的措施。

（13）供气管路　对密度大于空气的可燃气体（如丙烷等）和液体（如甲醇、丙酮等）的管路，不得采用地沟管路，防止泄漏气体在地沟聚集形成爆炸性气氛。

（14）配气装置　在气氛炉的配气装置上，必须有可靠切断向炉内供气的装置。在停炉后，应将供气管路可靠切断，防止因阀门泄漏使可燃气、有毒物质、窒息气体等进入炉内。氮气管路应有并联的停电常开电磁阀和手动阀，供气管路应有压力开关。

（15）可控气氛炉的安全连锁　供气连锁（温度达到安全温度、尾气排放口火焰点火器点燃、可燃气压力正常、氮气压力正常、炉压正常）；冷室炉门打开（点火器点燃、火帘点燃、可燃气压力正常），停电（可燃气通入切断、安全氮气打开通入），停气或可燃气压力不足（可燃气停止通入、安全氮气打开通入）。

（16）地坑　对使用地坑的气氛炉，如井式渗碳炉，应在地坑气氛容易泄漏和聚集的地方安装气体检测报警装置，安装通风排气装置。

（17）通风装置　维修人员入炉维修时必须使用通风装置保持良好的通风。

3. 安全操作

操作可控气氛炉前，应详细了解设备气氛可能带来的安全危害，了解设备制造商的安全措施和安全操作规定。可控气氛设备的操作人员必须经过培训，严格按照设备供应商的安全操作规定使用、保养、维护设备，避免操作不当造成的人身伤害。

了解设备所使用的气氛的危害，如氮气、氩气、氦气、二氧化碳等气体的窒息危险；天然气、丙烷、一氧化碳、氢气、氨气、甲醇汽化气、丙酮汽化气等可燃气爆炸、燃烧和窒息的危险等；一氧化碳、甲醇、丙酮、氨气等中毒的危险等。

合格的可控气氛设备制造商都对设备的安全操作有详细的规定和说明，操作人员在操作设备前必须仔细阅读操作说明，在设备制造商调试人员指导下针对安全操作的条款所对应的操作程序进行实际演练，并熟练掌握有关安全操作的程序，如供气条件、关门条件、开门条件、点火条件等；针对可能出现的危险状况进行识别，熟练掌握停电的操作、停气的操作、异常情况的处理等。对炉气、可燃气可能的泄漏点，如低温炉门、高温炉门、炉子防爆盖、淬火油油位密封、电磁阀、管路、地沟、地坑等进行监测，熟悉针对可燃气泄漏采取的安全措施。对未经培训合格的人员，不得进行可控气氛炉的操作。

（1）安全氮气　在启炉前必须保证有足够的安全氮气，检测氮气储备是否足够。作为防止热处理气氛爆炸的安全氮气，必须确保有足够的量、足够的压力和供给通畅，这是确保可控气氛炉安全运行的非常重要的条件。

（2）炉子启动的安全操作　启动炉子前必须检查安全氮气是否足够，炉膛是否有可燃气泄漏，供气管路是否正常（安全弯头连接），点火装置是否正常，炉门开启状态是否符合规定，炉门密封是否完好，高压释放装置（防爆盖）位置和密封是否正常，淬火油槽油位是否正常，密封油油位（转底式炉和环式炉）是否正常。若有不正常情况必须按规定处理，正常后按规定升温，升温时注意观察安全氮气压力和流量；炉温到达安全温度以上后按规定向炉膛供气，供气后注意观察炉温上升情况，炉门和尾气点燃情况，炉压是否正常。箱式多用炉过渡室门在高温炉门排出炉气稳定燃烧后才能关闭，否则会引发爆炸事故。

（3）炉子升温　在炉子升温前，要检查炉膛是否有可燃气泄漏。若有可燃气泄漏，在升温前应通入氮气置换炉内空气后升温。有时爆炸就发生在炉子升温后的一段时间，燃气泄漏或炉衬溢出的可燃气与炉膛内空气混合成爆炸性气体，在温度达到一定程度后引爆了炉膛的爆炸性气体。只有在确定炉膛内没有爆炸性气氛存在的条件下，炉子才能通电升温。

使用炉温在安全温度（750℃）以上的供气操作——当炉温低于 750℃时，炉膛不能通入可燃气体或液体，如天然气、丙烷、RX 气、甲醇、丙酮等，只能通入氮气置换；当炉温高于 750℃时，可通入载气，如 RX 气、甲醇、氮气+甲醇等，待温度升到较高时可通入富化气，如天然气、丙烷等。对有低温过渡室的炉型，供气前必须保持低温过渡室炉门是敞开的；如果炉膛在低于 750℃时未使用氮气置换（初次使用或炉衬大修后的新炉衬），应注意通入的可燃气和炉膛内氧气发生放热反应，造成炉温加速升高，容易引起炉衬或炉内耐热钢构件的过热和损坏；通气后应注意观察排出炉气的点燃情况，只有在排出炉气稳定燃烧的条件下，才能关闭低温过渡室炉门（有低温过渡室炉型）。对低温过渡室没有炉门或开启不方便的炉型，必须在过渡室通入 5 倍以上炉膛容积的氮气后，才能在高温炉膛通入可燃气体或液体；低温过渡室置换气的进气和排气口应设计合理，不得有排气不畅的死区现象；关闭低温过渡室门后，在炉门的周围不能有人，直到尾气排放口排出的炉气稳定燃烧，炉子才处于安全状态。使用过的炉子，炉温降到室温停留时间较长，在炉子升温前应先通氮气再升温。在使用中的高温炉膛，装炉后炉温低于 750℃的，氮气会自动通入置换。关闭过渡室炉门时，过渡室气氛必须在稳定燃烧状态。

使用炉温在安全温度（750℃）以下的供气操作——对于炉温在 750℃以下工作的可控气氛炉，在通入可燃气体或液体前，必须保证炉膛的氧气被可靠置换。

（4）针对炉膛可燃气泄漏采取的措施　停炉期间，当炉膛发生可燃气泄漏时，应更换泄漏装置，在升温或打开炉门前通入 5 倍炉膛容积的氮气置换。在此期间，炉子周围不得有明火，并保持车间空气流通。

（5）停炉的安全操作　停炉时，打开过渡室炉门，点燃过渡室炉气，停止可燃气供给，通入氮气降温，在 850℃左右可将高温炉门打开 200mm 左右高度烧炭黑。炉温低于 300℃后，可将高温炉门置于半开状态，过渡室炉门处于开启状态。拉闸切断电源，卸下管路安全装置，切断供气管路。

（6）停电的安全操作　一般情况下，停电时可燃气停止通入，氮气自动通入，保持炉室正压，等待来电；在出炉时停电，若炉料在加热室和过渡室之间，加热室炉门能关闭时，关闭加热室炉门，通入氮气等待来电；当炉门不能关闭时，可手动将炉料转移到加热室或淬火升降台，关闭加热室炉门，通入氮气降温等待来电；若工件在淬火升降台上，可关闭加热室炉门，通入氮气维持炉内正压，使用手动将推拉料装置脱离料盘，将工件放在过渡室冷却。注意开始时炉压很高，炉气排放口和高压释放口（防爆盖处）火焰很大，随着工件和炉温降低，炉内逐渐变成负压，炉外空气容易进入炉内引发爆炸，这时必须确保氮气的可靠供给。停电时，炉门周围不能有人。

（7）停气的安全操作　若在使用过程中发生可燃气供给中断，如 RX 气、甲醇、丙烷或丙酮停止供给时，氮气会自动通入，不必打开过渡室炉门，等可燃气故障排除后恢复正常供气。若发生氮气供气故障，不能在短期内排除故障时，应将加热室降温，有效点燃过渡室炉门火帘并打开过渡室炉门，将过渡室炉气点燃等待氮气供给恢复。氮气供给正常后，重新按照启炉规定升温供气和关闭过渡室炉门。

（8）入炉维修　入炉维修前应保持炉室的通风，防止炉衬溢出的可燃气造成的爆炸、烧伤、窒息和中毒伤害。需要入炉维修时，必须保持至少有一个人在现场监视，出现危险时能够施救和报警。炉子在使用期间发生故障，需要停气入炉维修时，必须按入炉维修规定，采取必要的安全措施，如在维修期间防止机械或电气起动伤人，保持通风以防止中毒和窒息等；在维修完成后，应按起动规定重新恢复供气和关闭过渡室炉门。

(9) 炉衬吸附滞留的气氛　使用过的可控气氛炉，有大量孔隙的抗渗碳砖或陶瓷纤维的炉衬会吸附炉气，如氢气、一氧化碳、甲烷等，在停炉后重新启用时，若停炉期间炉门处于关闭状态，炉膛可能会聚集炉衬释放出来的可燃气。这些可燃气容易和炉内空气混合成爆炸性气氛滞留在炉膛内，当升温加热时，加热元件的高温会引爆炉气发生爆炸，开关炉门或金属之间摩擦碰撞产生的火花也会引爆炉气发生爆炸。因此，入炉维修时，必须保证炉膛通风，防止炉内维修人员的中毒、窒息或燃烧爆炸事故。

(10) 炉门开启　如果炉内温度低于 750℃ 的安全温度，在炉内存在可燃气的情况下，打开炉门前必须先点燃炉门火帘。在装出炉打开炉门前，炉门火帘必须可靠点燃并稳定燃烧，确保在炉门打开的瞬间炉内溢出的可燃气被点燃；如果炉门打开后炉内的可燃气没有被点燃，炉外的冷空气会迅速进入并与炉内可燃气混合成爆炸性气氛，发生爆炸的可能性非常大，因此在装出炉时，炉门前方的危险区域不允许有人。如果炉内存在爆炸性气氛，可燃气与空气已经混合成爆炸性气氛，这时点燃火帘或打开炉门是非常危险的，必须在点燃点火嘴和火帘打开炉门前通入氮气置换炉内气氛，在炉内爆炸性气氛被有效置换后，才能点燃点火嘴和火帘，再打开炉门。

(11) 过渡（换气）室炉门的关闭　在加热室温度到达 750℃ 以上的安全温度后，加热室可供入可燃气，加热室供气时，过渡室（冷室）炉门必须保持打开，只有在加热室排出的尾气被稳定点燃后，过渡室炉门才可以关闭。只有当加热室排出的尾气稳定点燃后，才能在过渡室炉门关闭后将室内的氧气燃烧消耗掉，这时没有氧气的过渡室气氛才是安全的，不会形成爆炸性气氛，这点非常重要。因为这一点大多数可控供气氛炉目前还不能自动控制，只能靠操作人员控制，操作人员一定要重视。在关闭过渡室炉门后，门前危险区域内不可以有人，直到尾气排放口的尾气被稳定点燃，危险警报才解除。

(12) 车间施工　在可控气氛炉车间施工前，必须检测是否有可燃气的泄漏，如甲醇、丙烷、天然气、丙酮等可燃物的泄漏，仔细查看管路、阀门、压力装置等是否异常，仔细辨闻是否有可燃物泄漏的异味，如有异常，不得启用电焊、氧焊等引燃设备，必须在排除异常后方能施工。在有残油的淬火油槽内施工时，必须采取可靠地防止失火、窒息和中毒的措施才能施工。

4. 急救措施

针对热处理气氛的危害，一旦危险发生，热处理车间现场应有急救措施，如灭火器，报警电话，有毒液体或气体的稀释用水等，防止事态扩大，尽快解救遇险人员等。

3.2　可控气氛的制备

3.2.1　放热式气氛制备

1. 放热式气氛发生原理及应用

放热式气氛是将原料气和空气按一定比例混合，进行不完全燃烧，并经冷凝、除水后得到的气体。

不完全燃烧的化学反应过程大体上分成两步：

第一步为原料气和空气混合进行完全燃烧，即

$$2C_3H_8+10(O_2+3.76N_2)\rightarrow 6CO_2+8H_2O+37.6N_2+Q_1 \tag{3-1}$$

第二步为剩余的原料气与部分完全燃烧产物进行反应，即

$$C_3H_8+1.5CO_2+1.5H_2O\rightarrow 4.5CO+5.5H_2-Q_2 \tag{3-2}$$

上述两反应的总热效应为放热效应。当空气与原料气的混合比在某一范围以上时，不完全燃烧反应放出的热量可维持反应罐高温，使燃烧反应能正常进行。

必须指出，上述反应的产气组分是在特定温度和特定的混合比下获得的；温度和混合比改变，其产气组分的比例也相应改变。制取放热式气氛的化学反应通式为

$$C_3H_8+x(O_2+3.76N_2)\rightarrow aCO_2+bCO+cH_2O+dH_2+x3.76N_2+Q \tag{3-3}$$

式中的系数 a、b、c、d 的值取决于燃烧室温度和空气与丙烷气的混合比，而系数 x 的值只取决于混合比。混合比的低限有一定限度，若空气量过低，则整个燃烧反应将不能进行。混合比上展为所形成气氛的 CO_2 和 H_2O 的含量不能引起处理件脱碳。

根据混合比的大小，放热式气氛可分成浓型和淡型两种。以丙烷为例，浓型放热式气氛的丙烷与空气的混合比的范围是 12~16；而淡型为 16~23。

2. 放热式气氛组成的计算

放热式气氛的组成，理论上可根据燃烧反应式（3-1）的物质平衡和水煤气反应平衡常数来计算，主要决定于原料气的成分和空气与原料气的混合比。

表 3-6 列出了放热式气氛燃烧反应计算数据，表 3-7 列出了催化剂对放热式气氛成分的影响。图 3-2 所示为完全燃烧程度和产气成分的关系。

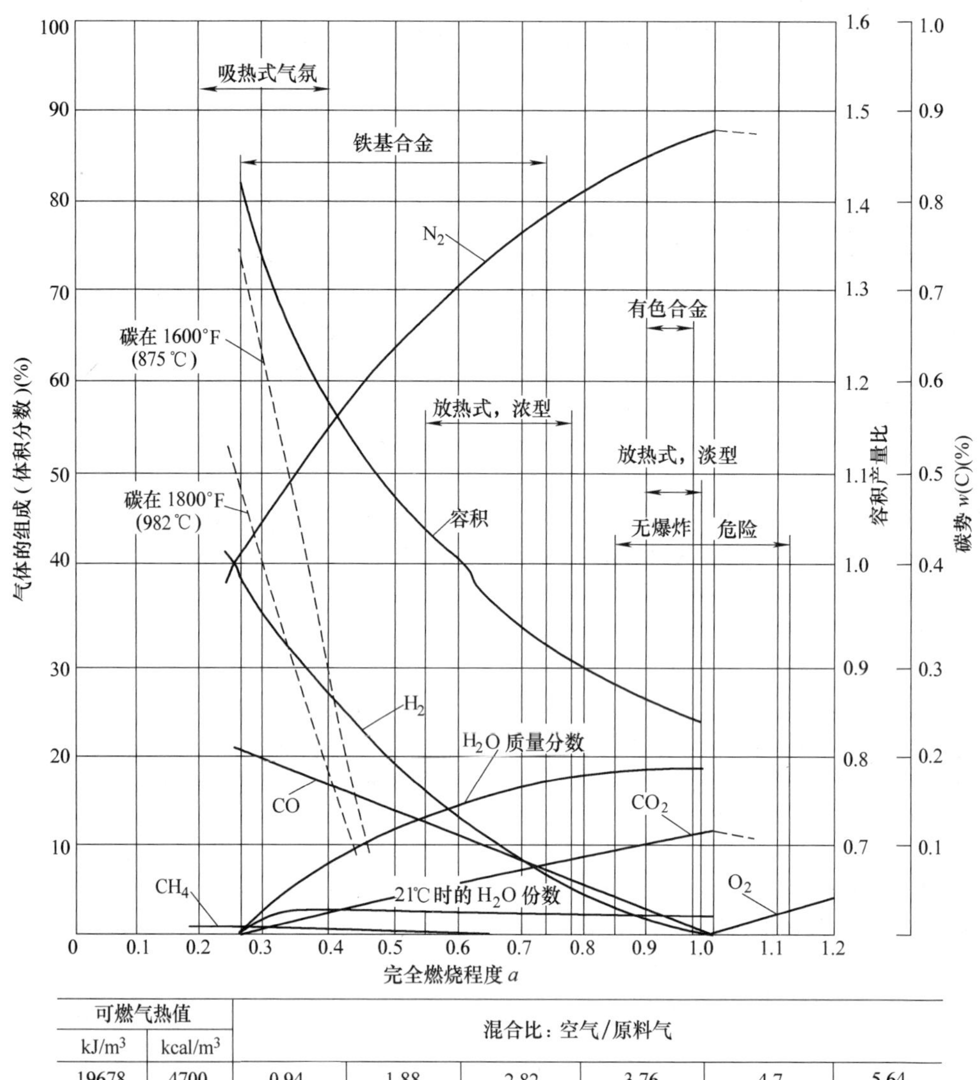

可燃气热值		混合比：空气/原料气					
kJ/m³	kcal/m³						
19678	4700	0.94	1.88	2.82	3.76	4.7	5.64
38390	9170	2.0	4.1	6.2	8.2	10.3	12.4
95040	22700	4.8	9.6	14.4	19.2	24.0	28.8

图 3-2　完全燃烧程度和产气成分的关系

表 3-6　放热式气氛燃烧反应计算数据

项　　目	浓　　型			淡　　型			
	甲烷	丙烷	丁烷	甲烷	丙烷	丁烷	酒精
完全燃烧时所需空气量/m³	9.5	23.8	30.9	9.5	23.8	30.9	14.28
不完全燃烧时空气与原料气之混合比	4.76	12.7	16.66	8.63	21.72	28.26	13.33
相应的完全燃烧程度 a	0.5	0.534	0.538	0.908	0.913	0.915	0.933
燃烧前混合气体量/m³	5.76	13.7	17.66	9.63	22.72	29.26	14.33
燃烧产物气体量/m³	6.76	17.03	22.16	9.82	24.16	31.3	15.53
除去水分后所得放热式气氛量/m³	6.09	15.69	20.49	8.07	20.66	26.95	12.73

（续）

项　目		浓型			淡型			
		甲烷	丙烷	丁烷	甲烷	丙烷	丁烷	酒精
燃烧前后气体体积比		1.17	1.24	1.25	1.02	1.06	1.07	1.08
每立方米放热式气氛原料气耗量	m^3	0.164	0.064	0.049	0.124	0.048	0.037	0.079
	kg		0.121	0.124		0.091	0.094	0.163
计算的气氛组成（体积分数，%）	CO	9.90/10.90	11.7/12.74	12.35/13.25	1.27/1.55	1.55/1.82	1.60/1.86	1.29/1.58
	CO_2	4.93/5.40	5.87/6.37	6.17/6.63	8.91/10.84	10.88/12.70	11.18/13.0	11.60/14.13
	H_2	19.80/21.80	15.65/17.00	15.40/16.50	2.55/3.10	2.07/2.42	2.00/2.33	1.29/1.58
	H_2O	9.9/0	7.83/0	7.7/0	17.82/0	14.5/0	13.98/0	18.0/0
	N_2	55.47/61.9	58.95/63.89	58.95/63.89	69.95/84.51	71.00/83.06	77.24/82.80	67.82/82.71

注：1. 表中数据均按 $1m^3$ 标准状态料气计算。

2. 计算的气氛组成，分子为燃烧后未除水值，分母为除水后的成分。

表 3-7　催化剂对放热式气氛成分的影响

催化剂	气氛组成（体积分数，%）				
	CO	H_2	CO_2	CH_4	N_2
无	15.7	27.9	2.0	7.1	47.3
有	20.3	39.6	0	0.7	39.4

3. 放热式气氛发生装置

放热式气氛发生装置由原料气管路系统、空气管路系统、燃烧室、冷凝器、脱硫器和干燥器等组成。图 3-3 和图 3-4 所示为两种常见的放热式气氛制备流程。

放热式气氛制备流程如图 3-3 所示，原料气经流量计、零压阀进入比例混合器；空气经过滤器、流量计也进入比例混合器。在比例混合器混合后的气体被吸入罗茨鼓风机。图 3-4 所示的流程较为简单，没有零压阀和比例混合器，其原料气和空气的比例是通过针阀调整的。

混合气经罗茨增压泵进一步混合后，经单向阀送至电热式点火器和带水冷套的烧嘴，使混合气体在燃烧室内点火燃烧。单向阀和防爆头的作用是在发生爆炸或回火时防止事故扩大，以免损坏鼓风机及管路附件。

混合气体经燃烧后，在燃烧室周围的环形通道中被冷却到常温，并进行气水分离；然后被送入到脱硫器，除去硫化氢气体（图 3-4 未设脱硫器）；再经三通旋塞进入干燥器进一步除水，则得所需的放热式气氛。

管道系统中设有一根放散管和两根放空管。放散管在点火时将大部分的混合气体排到大气中烧掉，只让少量混合气经电热塞点火器，被点成一个小火炬；然后再将烧嘴的旋塞打开，使混合气体通过烧嘴而点燃。放空管在调试时将不完全燃烧的气体排至大气中，并借助点火烧嘴将其点燃烧掉。

在比例混合器出口管路上有一个取样阀，用于测量鼓风机进口气体的压力。在燃烧室、脱硫器及干燥器的出口管道上均装有取样旋塞，供气体取样化验用，也可用于测量气体在各部位的压力。

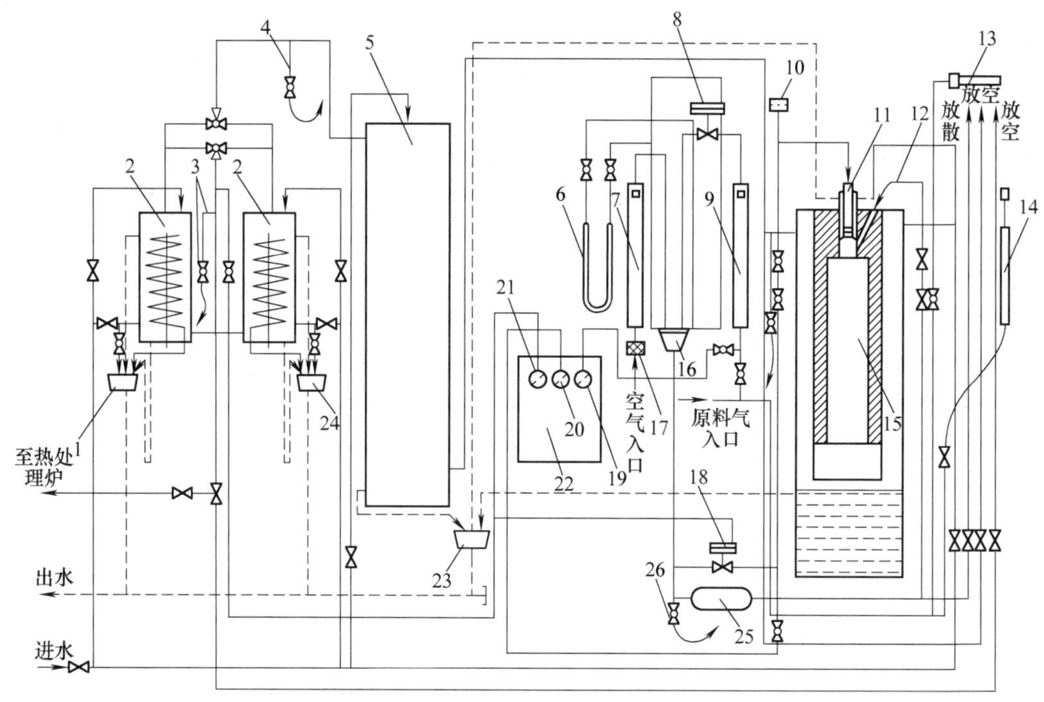

图 3-3　放热式气氛制备流程之一

1—水槽　2—干燥器　3、4—取样阀　5—脱硫器　6—U 形压差计　7—空气流量计　8—零压阀　9—原料气流量计　10—防爆头　11—烧嘴　12—电热器点火器　13—点火烧嘴　14—引火棒　15—燃烧室　16—比例混合器　17—过滤器　18—循环阀　19—原料气压力表　20—混合气压力表　21—放热式气氛压力表　22—电气控制柜　23、24—水槽　25—罗茨鼓风机　26—取样阀

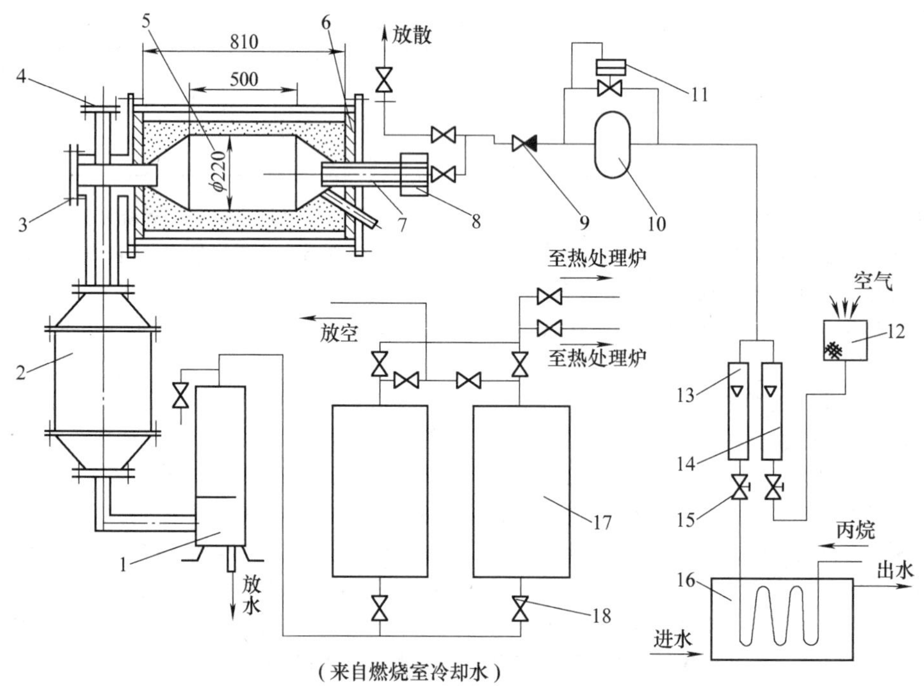

图 3-4　放热式气氛制备流程之二

1—气水分离器　2—冷凝器　3—门　4—防爆头　5—燃烧室　6—点火器　7—烧嘴　8—灭火器　9—单向阀　10—罗茨鼓风机　11—循环阀　12—空气过滤器　13—丙烷流量计　14—空气流量计　15—针阀　16—汽化器　17—干燥器　18—截止阀

4. 放热式气氛发生器

根据原料气与空气混合方式和燃烧炉膛类型，表 3-8 列出了放热式气氛发生器的技术性能数据。

表 3-8　放热式气氛发生器的技术性能数据

序号	产气量/(m^3/h)	原料气及耗量	混合方式	混合比		燃烧炉膛			催化剂	烧嘴	
				浓型	淡型	类型	炉膛尺寸(直径×长)/mm	容积/m^3		类型	喷出速度/(m/s)
1	20	液化气 1.6m^3/h	预先	13.3		卧式		0.015	无	缝隙式	10~14
2	45	液化气 4~6m^3/h	预先	13.8		卧式	ϕ200×810	0.024	无	缝隙式	9.8
3	20	城市煤气	烧嘴	2.8~3		立式	ϕ240×350+ϕ140×585	0.0316	Ni 基	贯通式	
4	35	城市煤气	预先	2		立式	ϕ350×1500	0.144	Ni 基	贯通式	
5	45	城市煤气	预先			立式	ϕ250×1475	0.0723	Ni 基及紫木节土	贯通式	
6	50	煤气 40m^3/h 或液化气	预先	2.4	1.35	立式	ϕ250×600	0.0294	无	孔板式	28~29.5
7	15	乙醇	烧嘴			立式	ϕ400×320+ϕ190×600	0.0573	轻质耐火砖	贯通式	
8	15	液化气	预先	15.6		卧式	ϕ200×744	0.015	无	缝隙式	

序号	点火方式	净化方式	气氛成分(体积分数,%)					露点/℃	耗水量/(m^3/h)	气氛压力①/mmHg	备注
			CO_2	CO	H_2	N_2	CH				
1	电热塞	冷却器除水	6.8	11	5.3	76.3	0.6		0.6	300	烧嘴环形面积 4.5cm^2
2	电热丝		5.8	11.1	6.7	余量	1.4		3.2	160~320	烧嘴环形面积 8.2cm^2
3	电热丝	冷却器、硅胶除水								35~40	
4	电热丝	冷冻、硅胶、CO_2 吸收塔	6.3	13.8	10.8	68.1	0.8			110	
5		冷冻及硅胶除水	5~8	8~10	12~15	余量	≤1	−40			
6	电热塞	脱硫、活性氧化铝除水								350	
7		除尘、除硫、冷冻	13.5	微量	微量	83.4					
8	电火花塞	硅胶	5	10	15	余量				65	日本进口

① 1mmHg = 133.322Pa。

5. 放热式气氛制备特点

图 3-3 所示的放热式气氛制备流程与图 3-4 的相比具有下述特点：

1）便于调节空气与原料混合比。例如，当原料气为丙烷时，空气与丙烷气的混合比可以在 12∶1~24∶1 之间进行调节，以适用不同组分的需要。

2）燃烧室采用立式结构，将燃烧室与洗涤冷却器结合成一体，不但结构紧凑，而且同时冷却了冷却室的外表面，取代了一般燃烧室外面的水冷套。燃烧产物中的灰渣和炭黑由冷却水带走，避免了灰渣和炭黑堵塞气体管道。

3）干燥剂再生时，只需转动干燥器操作手轮，操作方便，并且干燥剂再生时气体损失很少，也无须再生用的空气加热器。

浓型放热式气氛的还原属性使得这种气氛适合某些特殊的工艺，图 3-5 所示为放热式气氛发生器的成分与空燃比的关系（通过干燥体积测量）。

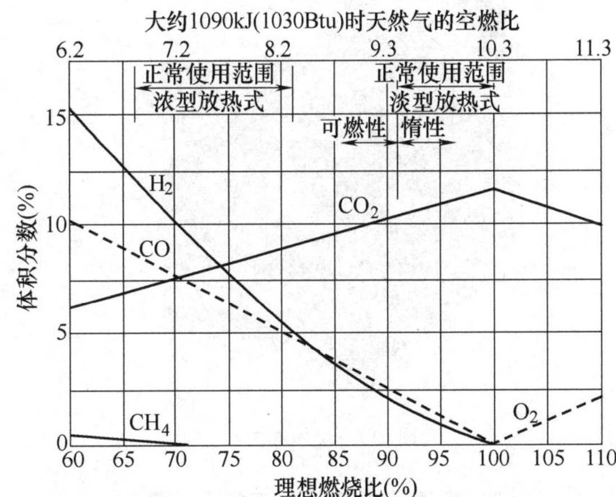

图 3-5　放热式气氛的成分与空燃比的关系（天然气）

相应的气氛包括以下气体产物，即二氧化碳、一氧化碳、氢气和未燃烧甲烷。因为这些气氛具有低于0.10%的碳势，钢的热处理通常限于那些脱碳少的低碳钢或对脱碳不敏感的工艺。水蒸气大量存在且可通过冷却和冷凝干燥的方式部分移除至相当于5℃或更低的露点。这个步骤之后可以进一步用吸附剂干燥脱水，最后根据实际需求，达到露点为-40～-50℃的范围。

3.2.2　吸热式气氛制备

吸热式气氛广泛地应用于渗碳、碳氮共渗等化学热处理，以及碳素钢和合金钢的光亮淬火等方面。

根据制备吸热式气体的供热方式及反应管安置形式，常把制备吸热式气氛发生装置分成如下三类：在工作炉外发生装置、在工作炉内发生装置和内置式发生装置。

在工作炉外发生装置是另设独立加热炉，以供应反应管热量的发生装置。

在工作炉内发生装置是将原料气与空气按一定混合比直接送入工作炉内裂解和反应，或者将碳氢化合物有机液体直接输入工作炉内的发生装置。

内置式发生装置是将反应管安装在工作炉内，反应管从炉顶插入，裂化气从反应管下部输出进入工作炉，此装置常设有独立加热装置。图3-6所示为炉外发生器。

图3-6　炉外发生器

1. 吸热式气氛发生原理及产气量计算

吸热式气氛一般是将原料气与空气按一定比例（理论上碳、氧原子比应为1）混合后，送入由外部供热的反应管中，常在催化剂作用下进行裂解和不完全燃烧反应，所形成的气氛再经迅速冷却而制成。

（1）化学反应　产气过程的化学反应分为两步进行。

第一步是放热反应，即原料气燃烧生成 CO_2 和 H_2O；第二步是吸热反应，即剩余的原料气与 CO_2 和 H_2O 作用，生成 CO 和 H_2。以丙烷为例，其反应如下：

第一步

$$3C_3H_8+15(O_2+3.76N_2)\rightarrow 9CO_2+12HO+56.4N_2+Q_1 \tag{3-4}$$

第二步

$$7C_3H_8+9CO_2+12H_2O\rightarrow 30CO+40H_2-Q_2 \tag{3-5}$$

总反应式为

$$2C_3H_8+3O_2+3\times3.76N_2\rightarrow 6CO+8H_2+3\times3.76N_2+Q_3 \tag{3-6}$$

在反应管的下部按式（3-4）进行放热反应（燃烧反应），在反应管加热区的上面则按式（3-5）进行吸热反应，而总反应式（3-6）为放热反应。由于仅靠此放热反应所产生的热量不足以维持吸热反应区的高温，所以仍需从外部供给热量。

制取吸热式气氛所用原料气多数属于烃类，对于不饱和烃，总反应式为

$$C_nH_{2n}+\frac{1}{2}nO_2+3.76\times\frac{1}{2}nN_2\rightarrow$$

$$nCO+nH_2+3.76\times\frac{1}{2}nN_2+Q_4 \tag{3-7}$$

对于饱和烃，总反应式可写成

$$C_nH_{2(n+1)}+\frac{1}{2}nO_2+3.76\times\frac{1}{2}nN_2\rightarrow$$

$$nCO+(n+1)H_2+3.76\times\frac{1}{2}nN_2+Q_4 \tag{3-8}$$

式中　n——烃分子碳的原子数。

必须指出，反应式是热力学的描述，而不是产气过程动力学的描述，但通过反应式可以找出反应物的理论混合比、产气倍数和理论产气组分等。

（2）混合比　混合比指空气和原料气体积混合的比例。由式（3-7）和式（3-8）可知，1摩尔体积的原料气与 $\frac{1}{2}n$ 摩尔体积的空气混合，才能制得需要的吸热式气氛，所需混合比为

$$空气：原料气=\frac{1}{2}n(1+3.76):1 \tag{3-9}$$

（3）产气倍数　所谓产气倍数就是单位体积的原料气与所产生的吸热式气氛的体积之比。根据式（3-9）可知

$$不饱和烃的产气倍数=\frac{n+n+3.76\times\frac{1}{2}n}{1}=3.88n \tag{3-10}$$

根据式（3-10）得

$$饱和烃的产气倍数=\frac{n+(n+1)+3.76\times\frac{1}{2}}{1}=3.88n+1 \tag{3-11}$$

（4）产气组分　产气指制备的吸热式气氛组分的体积分数。

产气过程是一个复杂的动力学反应过程，有原料气的裂解、聚合及水煤气反应等多种反应，因而吸热式气氛产气组分除了主要组分 CO、H_2、N_2 等，还有少量其他组分，如 CH_4、C_nH_{2n}、H_2O、CO_2 等。

吸热式气氛组分的理论计算可简化为如下两式。以丙烷为例：

$$C_3H_8+aO_2+a\times3.76N_2 \rightarrow bCO+cH_2+dCO_2+gH_2O+a\times3.76N_2 \tag{3-12}$$

$$H_2+CO_2 \rightleftharpoons CO+H_2O \tag{3-13}$$

根据式（3-12）可分别列出碳、氢和氧三个物质平衡方程，根据式（3-13）可列出第四个方程。利用这四个方程，就可求出吸热式气氛中各组分的体积分数。

当原料气为不饱和烃且略去 CO_2、H_2O 含量时，利用式（3-7）可得

$$\varphi(CO)=\frac{n}{3.88n}\times100\%=25.8\%$$

$$\varphi(H_2)=\frac{n}{3.88n}\times100\%=25.8\%$$

$$\varphi(N_2)=\frac{1.88n}{3.88n}\times100\%=48.4\%$$

当原料气为饱和烃时，其产气组分的体积分数利用式（3-8）可得

$$\varphi(CO)=\frac{n}{n+(n+1)3.76\times\frac{1}{2}n}\times100\%=\frac{n}{3.88n+1}\times100\%$$

（5）单位产气量　1kg 原料气的产气量 1kmol 分子丙烷气的质量为 44kg，在标准状态下，1kmol 分子气体体积为 22.4m^3，利用式（3-12），则有

$$1kg\ 丙烷气的产气量=\frac{22.4}{44}\times12.64m^3=6.41m^3$$

表 3-9 列出了几种原料气所制取的吸热式气氛的组分。

表 3-9　几种原料气所制取的吸热式气氛的组分

原料气	混合比	产气倍数	1kg 原料气产气量①/m^3	1kg 原料气需空气量①/m^3	吸热式气氛组分(体积分数,%)						
	空气/原料气	产气/原料气			CO_2	O_2	CO	H_2	CH_4	H_2O	N_2
甲烷(CH_4)	2.38	4.88	6.89	3.33	0.5	0	20	41	0.5	0.5	余
丙烷(C_3H_8)	7.14	12.64	6.41	3.64	0.5	0	24	31	0.5	0.5	余
丁烷(C_4H_{10})	9.52	16.52	6.38	3.68	0.5	0	24.5	30	0.5	0.5	余

① 标准状态下的体积。

2. 发生器的结构和组成

图 3-7 所示为 20m^3/h 吸热式气氛发生器的工作流程。

空气被罗茨增压泵吸入管路，原料气由储气罐流入管路。空气和原料气分别经各自的针阀和流量计，按一定的比例流入混合器，在罗茨增压泵作用下充分混合。混合气在装有催化剂的反应管中反应，高温反应气体经冷却器急速冷却到 300℃以下，以固定产气组分，制成吸热式气氛。

发生器的结构组成如下：

1）气体发生部分。由加热炉、装有催化剂的反应管和冷却器等组成。

2）原料气汽化和原料气与空气混合系统。一般由蒸发器、温度控制器、压力表、安全阀、减压阀、流量计、零压阀、比例混合器和罗茨增压泵等组成。

3）产气量控制部分。一般由循环阀、放散阀和三通阀组成。

4）安全控制装置。由安全阀、原料气电磁阀、单向阀、防回火截止阀和防爆头等组成。

5）控制部分。一般由电气控制装置、控温仪表和炉气分析控制装置等组成。

3. 吸热式气氛的用量

可控气氛的用量与炉子类型、炉膛及前室容积、生产率、炉子气密性、炉门开启次数和炉内气系要求（碳势、压力）等因素有关，设计时多采用经验指标。根据国内各企业使用情况，密封箱式多用炉每小时可控气氛的用量为炉膛容积的 3~8 倍，每小时换气次数为 5~8 次；推杆式连续炉为 2~4 次；氮基气氛与吸热式气氛的成分相似，但通气量要少得多；井式渗碳炉的换气次数为 1~2 次。

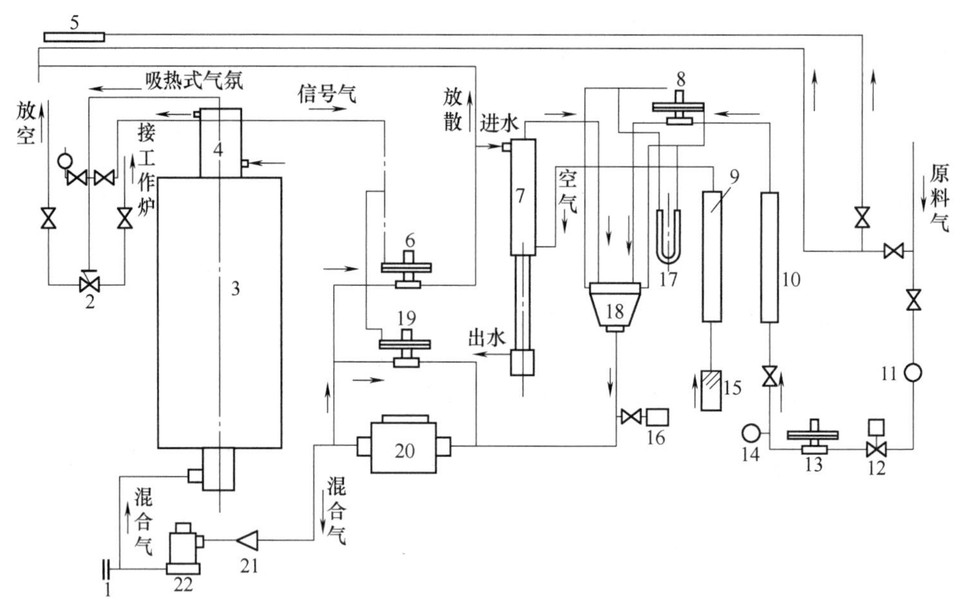

图 3-7　20m^3/h 吸热式气氛发生器的工作流程

1—防爆头　2—三通阀　3—反应管　4—冷却器　5—引燃器　6—放散阀　7—恒湿器　8—零压阀　9—空气流量计　10—原料气流量计　11—原料气过滤器　12—电磁阀　13—减压阀　14—压力计　15—空气过滤器　16—二次空气电动阀　17—U 形压差计　18—混合器　19—旁通阀　20—罗茨增压泵　21—单向阀　22—防回火截止阀

（1）管式炉吸热式气氛用量　对水平装置的管式炉，设零压线在管底部，管一端开启时的耗气量为

$$Q=\frac{8}{15}u\sqrt{2g\frac{\rho_k-\rho}{\rho}D^2\sqrt{D}}\qquad(3\text{-}14)$$

式中　Q——耗气量（m^3/s）（m^3 指标准状态下体积，下同）；

u——排气系数，试验数据 $u=0.9$；

g——重力加速度，$g=9.8m/s^2$；

ρ_k——空气密度（kg/m^3），$\rho_k=1.293kg/m^3$；

ρ——气氛密度（kg/m^3），$\rho=0.8kg/m^3$；

D——炉管口有效直径（m）。

管两端开启时，总耗气量应为两端开口耗气量之和。

（2）输送带式炉和振底式炉耗气量　对炉口经常敞开操作、无火帘的输送带式炉和振底式炉及同类的环形炉，其耗气量为

$$Q=\frac{2}{3}\sqrt{\frac{1}{3}}BH\Phi\sqrt{2gH\frac{\rho_k-\rho}{\rho}}\qquad(3\text{-}15)$$

式中　Q——耗气量（m^3/s）；

B——炉口开启宽度（m）；

H——炉口开启高度（m）；

Φ——阻力系数，取 $\Phi=0.9$；

ρ_k——周围空气密度（kg/m^3）；

ρ——气氛密度（kg/m^3）。

（3）密封式间断操作的室式、台车式和井式炉耗气量　实际耗气量按下列经验公式计算：

$$Q=\frac{4.5}{t}V\qquad(3\text{-}16)$$

式中　Q——耗气量（m^3/h）；

t——炉内气氛均匀化所需时间，即当炉内被加热工件温度不超过 560℃时，炉内碳势应达到规定值所需时间（h）；

V——炉膛容积（m^3）。

4. 吸热式气氛的控制

一般情况下，吸热式发生器使用露点仪或二氧化碳红外仪、氧探头对气氛露点或 CO_2、氧浓度（碳势）进行控制。露点仪通过自动调整进入发生器的空气和燃料气体的比率来控制气氛露点。二氧化碳含量与吸热式气氛露点之间的关系如图 3-8 所示。

广义而言，在常规的硬化和渗碳温度下，露点从 -12～16℃可以分别获得与钢的碳含量从 0.20%到 1.5%（质量分数）相平衡的气氛。注意，建议将发生器的露点温度保持在 -1～4℃，当将富化气添加到热处理炉中时，会显著降低炉内的露点，从而提高碳势。气氛发生器一般运行在低于 -2℃的情况，这时

需要经常燃烧掉发生器中多余的尾气。

图 3-9 所示为露点与碳素钢表面碳含量的关系，温度范围为 815~925℃。生产 0℃或更高露点的吸热式气氛将确保足够清洁的气体连续生产，而不需每周末停炉进行烧炭工作。在许多情况下，二氧化碳的百分比、露点或者氧探头测得的氧毫伏值都可用于控制气氛发生器的空燃比。通过这些方式，随后进入的空气湿度、燃料气体的添加量、发生器气体流量需求等改变都能够被控制。

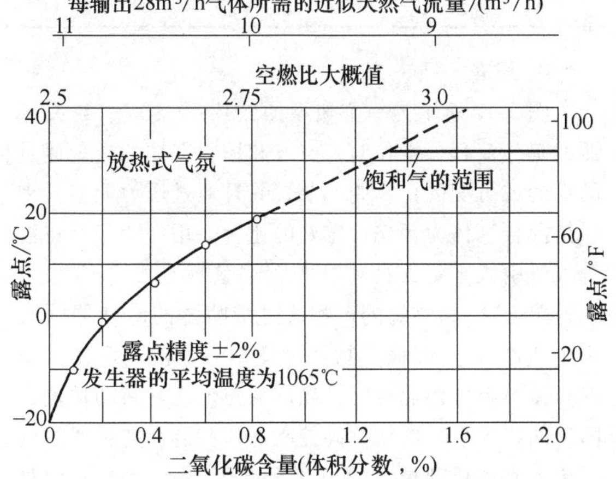

图 3-8 二氧化碳含量与吸热式气氛露点之间的关系

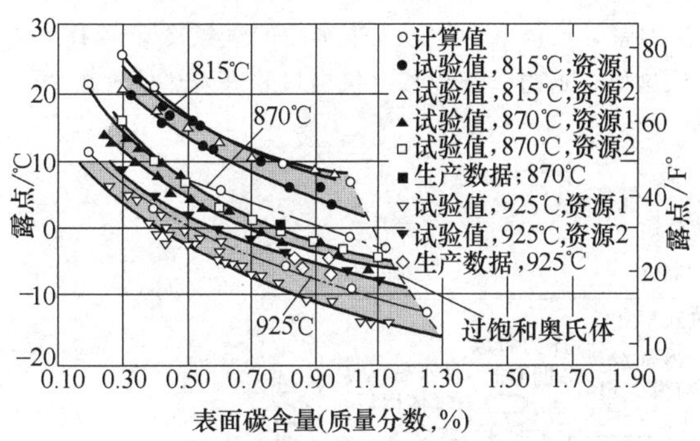

图 3-9 露点与碳素钢表面碳含量的关系

5. 吸热式发生器的维护

下面所述是燃气加热的吸热式气氛发生器的维护内容，仅用于参考。按照设备供应商所推荐的维护流程。

（1）每周或每月维护（或者按照操作说明书中的规定）

1）使用更高级的仪表验证控制温度（每日）。

2）使用另外的气源来验证露点的控制（每周）。

3）烧掉发生器中的炭黑（每月至少一次），条件允许可每周烧一次炭黑。

4）清洁空气冷却器的过滤器（如果配备）。

5）更换反应空气的过滤器。

6）更换燃料空气的过滤器（每月，如果配备）。

7）检查热电偶（每月）。

8）检查温度和露点控制仪表的校准情况（每月）。

9）检修控制器的采样系统。更换所有过滤器，并吹扫取样管道。

（2）年度维护（或者按照操作说明书中的规定）

1）测试所有安全控制装置。

2）检查各种调节器的运行情况，包括高精度仪表。

3）检查所有阀门的操作性和完整性。

4）检查发生器罐体中的催化剂，并填充到适当的水平或更换。

5）吹扫所有输送气体或预混物的管道，特别是通到调节器上的控制管道。

6）检查并清洁燃烧器。

7）清洁流量计，更换流量计密封油（如果必要）。

8）检查阻火阀。

9）每年更换鼓风机或混合泵的泵油，以及泵油过滤器（如果配备）。注意，不要使用机械油，并遵照制造商的用油指导进行。

10）检查混合泵里的压缩机叶片和轴承，必要时添加润滑油。

11）检查混合泵上的电动机轴承。

12）如果用水冷却，请检查冷却器，必要时更换。

13）清洁进入炉子的气体管道头。

（3）安全措施 吸热式气氛具有很高的毒性，高度易燃，容易快速形成爆炸性混合物，因此安全程序是非常必要的。完善的安全程序取决于所使用的设备、当地法令、正常操作程序、可用的应急设备类型、工厂布局、操作人员的素质等。最好的安全设备也不能替代训练有素的操作人员。

在安全程序和培训中必须提到几个关键的领域。最重要的是，吸热式发生器本身是一个加热护，通常用燃气加热，因此所有适用于加热炉的安全预防措施，也必须应用于该发生器上。千万不要尝试在发生器还未达到设定温度，就开始生产吸热式气氛。安装在所有发生器中的阻火阀，必须处于正常工作状态，否则存在爆炸性气体在混合器中被点燃的危险。务必小心防止混合物中的空气体积增加到变为放热式气氛的比例并因此产生爆炸。此外，冷却系统必须保持工作以防止气氛供应系统过热。过热会导致反应向逆反应方向发生，从而产生爆炸性的混合物。

3.2.3　放热-吸热式气氛发生器

放热-吸热式气氛（代号 FXQ20）（美国代号 Class501 和 Class502）是改良过的放热式气氛，它比传统的吸热式气氛降低了还原性。

1. 应用

放热-吸热式气氛可替代放热式、吸热式和氮基这三种气氛。它也可以用在渗碳和碳氮共渗中作为载气。然而，因为气氛相对密度和化学性质的差异，无法在前端接口部位将放热-吸热式气氛与吸热式气氛直接混合。这种限制可能不适用于放热-吸热式气氛发生器的使用。无法通过只提供一个发生器就可以经济地同时生产放热式和吸热式气氛。

2. 成分

放热-吸热式气氛开始于空气和燃料气体在耐火炉衬燃烧室中混合后的燃烧反应。燃烧反应提供了额外的热量来维持第二阶段（或称吸热阶段）所需的足够温度。将第一阶段生成的燃烧产物脱去水汽，再把预定量的流经燃料气体添加到一起，形成混合气。这些混合气再在带外部加热的催化剂作用下发生反应。

第一阶段的空气-燃料混合物非常接近完全燃烧的比例。正常情况下，在所产生的气体中含有体积分数为 0.5%的 CO 或 O_2 是可以接受的。使用天然气作为燃料的反应，能够产生 11 体积的燃烧产物。如果除去反应过程中生成的水，总量会减少到 9.225 体积。在第二阶段，7.3 体积的燃烧产物和 1 体积的天然气反应产生 10.5 体积的最终气氛，放热-吸热式气氛成分组成见表 3-10。

表 3-10　放热-吸热式气氛成分组成

组分	体积分数(%)
CO_2	0~0.2
CO	17
H_2	20
N_2	余量

3. 设备

图 3-10 所示为一个典型的放热-吸热式气氛发生器的工作流程。操作时，空气和燃料气体的流量通过固定的或可变的比例阀调节，并且通过压力调节器来保持混合气体为预先设定好的比例。用一个气泵将混合气体引入带耐火材料衬的燃烧室（见图 3-10 中放热式单元 A），燃烧的产物通过带喷淋的冷却器（气氛冷却器 B），燃烧产物经过冷却后，按一定比例与烷烃类燃料气体混合。燃烧产物与烃类燃料的比例由固定的或可变径的比例阀控制。这些混合物再通过气泵压入有催化剂填充的 U 形合金管（见图 3-10 中吸热式单元 C），该 U 形管放置在有耐火炉衬的燃烧室中，由第一阶段燃烧产生的热量进行加热。经过这个 U 形管，气体混合物进入带水冷的气氛冷却器 D，再从这里，通过管道连接气氛出口并进入热处理炉中。

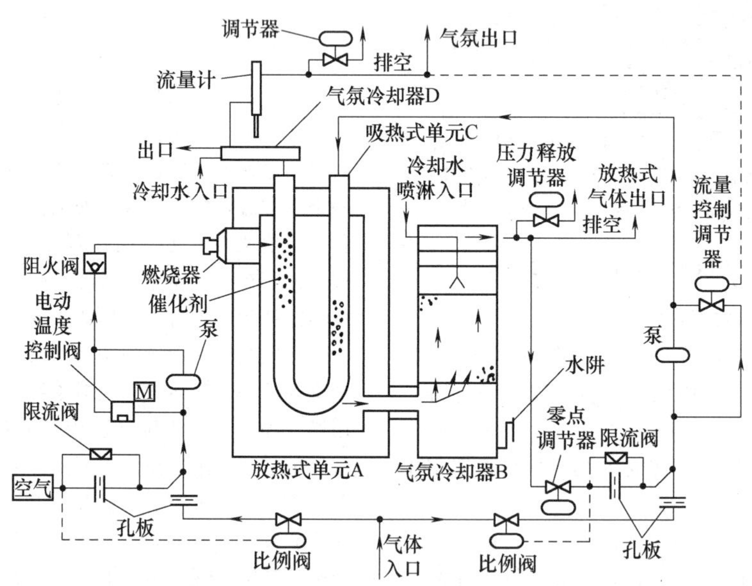

图 3-10　放热-吸热式气氛发生器的工作流程

4. 发生器的维护

放热-吸热式气氛发生器的典型维护流程包含以下几方面的内容。

(1) 每天一次的检查（或按照操作说明书的规定）

1) 检查冷却水的流量。

2) 检查露点和第二阶段的气体分析，并根据需要进行调整。

3) 检查仪器。

(2) 每周一次的维护（或者按照操作说明书的规定）

1) 检查第一阶段的气体分析，并做必要调整。

2) 检查温控阀的操作和连接。

3) 根据需要做好润滑。

4) 检查传动带。

(3) 每月一次的维护（或者按照操作说明书的规定）

1) 检查是否有泄漏。

2) 检查燃烧的操作和燃料保护设备，如手动复位截止阀，检查压力开关和火焰。

3) 根据需要检查并清洁空气过滤器。

4) 检查气氛冷却器 B（见图 3-10）中的冷却分布。

5) 通过前后露点变化检查气氛冷却器 D（见图 3-10）中的漏水情况，以及通过记录气氛在冷却前后的压力读数来检查超标的炭黑沉积情况。

3.2.4 甲醇裂解气氛

甲醇常用于滴注式可控气氛热处理。甲醇在750℃以上温度就能裂解成一氧化碳和氢气，低温时在催化剂作用下，甲醇也能裂解成一氧化碳和氢气。甲醇裂解反应方程为

$$CH_3OH \rightarrow CO+2H_2 \tag{3-17}$$

根据甲醇裂解反应方程，1L 甲醇完全裂解时能裂解出标准状态的 553.3L 一氧化碳和 1106.7L 氢气，裂解气总体积为 1660L，一氧化碳含量为 33.33%（体积分数），氢气含量为 66.67%（体积分数），气氛的碳传递系数为 2.78×10^{-7}m/s 左右。

甲醇的纯度、裂解温度、流量和滴注方式都会影响甲醇裂解气的成分，甲醇不完全裂解会生成甲烷、水、炭黑等。甲醇裂解气中的氢气、一氧化碳和少量水、二氧化碳会发生水煤气反应，平衡时形成一定量的二氧化碳和水。在甲醇完全裂解的情况下，如果甲醇含水量不大于 0.15%（质量分数），在甲醇裂解气中会形成少量的二氧化碳。通常甲醇裂解都是不充分的，甲醇裂解气中的水、二氧化碳会高于甲醇完全裂解的值，而一氧化碳和氢气低于甲醇完全裂解的值。

甲醇裂解时需要吸收足够的能量，才能完成甲醇液体的加热汽化和甲醇蒸汽的裂解。通常用甲醇裂解气中一氧化碳含量或甲烷含量的高低来衡量甲醇的裂解程度。在实际应用中，甲醇裂解气的一氧化碳和氢气含量都低于理论计算值。

在实际使用中，甲醇从滴注管滴入炉膛后，若不能在短时间内获得甲醇汽化和裂解所需的热能，甲醇液与工件、炉衬等接触，会影响工件颜色、损坏炉衬等，甲醇裂解也不充分。对使用温度低，需要甲醇流量大的炉子，可根据情况采用炉外汽化裂解的方式或其他方式。

3.2.5 氮基气氛

随着制氮技术日趋成熟和完善，氮气成本的不断降低，氮气纯度的不断提高，氮气在热处理行业获得了广泛的应用。

1. 氮气保护气氛

氮气在低温下的化学性质与惰性气体相同，氮气在高温时会与部分合金元素，如不锈钢中的铬元素反应生成合金氮化物。

单一氮气常用于低温状态的加热保护气，如低中温回火、退火等，但当温度高于 650℃时，氮气或炉气中的氧气、水蒸气或二氧化碳容易与钢表面的碳反应生成一氧化碳，造成钢的脱碳。即使这样，由于氮气没有爆炸的危险，在低于 750℃安全温度下，氮气仍然是热处理保护加热的首选气体。

氮气和烃类气体或有机液体裂解气可以配成各种所需的热处理气氛，代替吸热式气氛、放热式气氛或放热-吸热式气氛。尤其在 750℃的安全温度以下，可以将氮气和可燃气按爆炸极限以下的比例配比，能获得一定的保护效果，但由于气氛中的一氧化碳和氢气含量很低，对氮气纯度、炉子密封、换气要求很高，否则当气氛中的二氧化碳与一氧化碳或水与氢的比值过高时，会造成工件脱碳增加的后果，使用时一定要引起注意。另外，在 750℃安全温度以下使用含可燃物的氮基气氛时，应配备可靠的安全措施，确保用气安全，防止发生爆炸事故。

2. 氮气+甲醇气氛

氮气+甲醇气氛，又称氮甲醇气氛或 2-4-4 气氛，是氮基气氛的一种。通常按 1L/h 甲醇和 $1Nm^3/h$ 氮气的流量比例通入炉内，甲醇完全裂解后，气氛中的一氧化碳和二氧化碳总含量为 20.8%（体积分数，下同），氢气和水总含量为 41.6%，氮气含量为 37.6%，以及微量的 CO_2、H_2O、O_2 和 CH_4。这个炉

气成分和甲烷制备的吸热式气氛（CO 含量为 20.5%，H_2 含量为 41.0%，氮气含量为 38.5%）的组分非常接近，用氮气+甲醇气氛替代天然气制备的吸热式气氛进行渗碳、碳氮共渗或保护加热，气氛特性完全一致。

如果按 1L/h 甲醇和 1.1m^3/h 的氮气混合，理论上可获得 20% CO（CO 和 CO_2 总和）、40% H_2（H_2 和 H_2O 总和）和 40%N_2 的炉气成分，这就是通常说的 2-4-4 气氛。当使用 1L/h 甲醇和 1.1m^3/h 的氮气混合比时，由于气氛中的 CO 和 CO_2 总和是 20%，因此气氛中的 CO 含量是低于 20%的。当气氛碳势较低时，由于 CO_2 含量较高，CO 含量低于 20%，使用时需要校正碳势控制仪表。

使用氮气+甲醇气氛时，要保证甲醇和氮气的流量比例稳定，避免出现大的波动，影响气氛中一氧化碳含量的稳定，影响气氛碳势。

氮气加甲醇气氛的一氧化碳含量受甲醇裂解程度的影响，当炉膛温度高时，甲醇裂解充分，一氧化碳含量也高；当炉膛温度低时，甲醇裂解不充分，一氧化碳含量低，气氛中的甲烷或水含量会增加。图 3-11 所示为在通入恒定体积的氮气+甲醇条件下，炉内温度对气氛组成的影响。

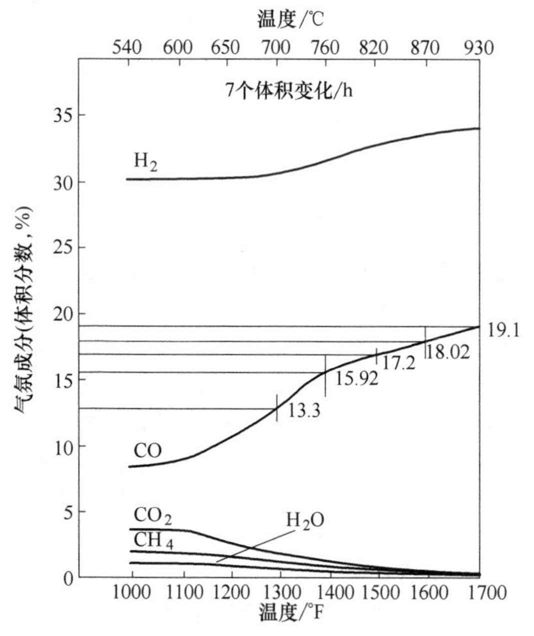

图 3-11　在通入恒定体积的氮气+甲醇条件下，炉内温度对气氛组成的影响

由于甲醇裂解需要吸收大量热能，因此使用滴注法在可控气氛炉内裂解时，单个滴注口的甲醇流量不能过大，否则会造成甲醇裂解不充分，影响气氛中的一氧化碳含量。

氮气加甲醇气氛用于渗碳，气氛的碳传递系数为 1.25×10^{-7}m/s 左右。用于渗碳的氮气+甲醇气氛，甲醇纯度应不低于 GB/T 338—2011 一等品的要求；对渗碳质量要求高的工件（如内氧化要求高），氮气纯度应不低于 99.995%。

氮气加甲醇气氛渗碳时，一般使用天然气、丙烷或丙酮作为富化气。富化气的添加量根据装炉量和工件表面积大小调整，富化气流量一般是载气流量的 10%～20%。

用于保护加热时，可适当减少甲醇和氮气的比例，控制气氛中一氧化碳的含量在 10%（体积分数）左右。根据热处理工件碳含量高低，再适当添加富化剂，如丙烷、天然气、丙酮等。

3. 氮气+丙烷气氛

对碳含量较高的钢或氢脆敏感性高的钢，可使用氮气+丙烷的氮基气氛。与氮气+甲醇气氛比较，这种气氛中的一氧化碳含量较高，氢气含量较低，气氛的还原能力弱，适合对氢脆敏感和碳含量较高的钢进行保护加热。

氮气+丙烷气氛中的丙烷可以和氮气一起直接通入炉内，但丙烷量不可过多，否则会出现丙烷裂解不充分，形成大量炭黑。一般情况下，丙烷和氮气比例小于 5%，丙烷流量应小于 400L/h，一氧化碳含量小于 10%（体积分数），氢气含量小于 12%（体积分数）。由于气氛中的一氧化碳和氢气含量较低，气氛的换气效果差，不适合周期式炉的短时加热保护。

4. 氮气+丙酮气氛

氮气+丙酮裂解气的气氛中一氧化碳和氢含量相同，与氮气+丙烷的氮基气氛比，在一氧化碳含量相同时，氢含量比氮气+丙烷气氛低，气氛的还原能力弱，适合对氢脆敏感和碳含量较高的钢进行保护加热。在丙酮完全裂解成 CO 和 H_2 的条件下，氮气+丙酮的氮基气氛成分见表 3-11。表中一氧化碳+二氧化碳和氢气+水含量是最大值，在丙酮不完全裂解情况下，一氧化碳+二氧化碳和氢气+水含量会低于表中数据，气氛的甲烷含量会较高。

氮气+丙酮气氛的特性与氮气+丙烷气氛相同。

3.2.6　氨气的汽化与氨裂解气

氨裂解气是中等成本的预制炉内气，它是一种干燥的、无炭黑的还原性气氛。其主要组成：体积分数为 75%的氢气，体积分数为 25%的氮气，体积分数为小于 300×10^{-4}%的残余氨，小于-50℃的露点。

表 3-11　氮气+丙酮的氮基气氛成分（丙酮完全裂解）

氮气流量/(m^3/h)	丙酮流量/(L/h)	$\varphi(CO+CO_2)$(%)	$\varphi(H_2+H_2O)$(%)	$\varphi(N_2)$(%)
1	0.4	21.2	21.2	余量
5	0.4	6.4	6.4	87.2
10	0.4	3.4	3.4	93.2

裂解氨气氛的主要用途包括铜和银的光亮钎焊，某些镍合金、铜合金和碳素钢的光亮热处理，电器元件的光亮退火，以及在某些渗氮工艺，包括控制白亮层的渗氮工艺（又叫 Floe 渗氮法，一种可控制白亮层形成的渗氮方法）中作为载体混合气体。

这种气氛的高比例氢含量使其具有很强的脱碳能力，对于去除表面氧化物或防止氧化物在高温热处理中的形成很有优势。但是，选择该气氛时应该注意，在某些特定的热处理应用中，它会导致氢脆或表面渗氮反应等意外结果。

其他较少的应用是将裂解氨完全或部分地与空气在改型的放热式气氛发生器中进行燃烧，获得二次气氛。这些燃烧过的二次气氛分为两类：一类是淡型的燃烧后的氨，它被认为是惰性和不可燃的，具有体积分数为 0.25%～1.00%的氢气，剩余的为氮气；另一类是浓型的燃烧后的氨，它具有适度的还原性，通常含有体积分数为 5%～20%的氢气，剩余的为氮气。在燃烧及第一次冷却后，这些气氛中仍然具有非常高的含水量。因此，非常有必要进一步用带有制冷剂和干燥剂的额外设备来脱去气氛中的水。但在实际应用中，这种气氛受到一些限制，如该工艺需要消耗相对昂贵的无水氨作为第一级的原料气体，以及需要增加额外的成本来运行放热式气氛发生器及干燥机。

裂解氨（N_2+3H_2）是由购买来的无水氨（NH_3）在氨气裂解装置中生产出来的。该装置将氨蒸气在装满催化剂的炉罐中加热到 900～980℃裂解而来；随后，气体被冷却下来以进行测量并输送到使用点。在催化剂作用下，氨气在该反应温度被分解为独立组分的氢气和氮气，其基本的反应方程式如下：

$$2NH_3+热量 \longrightarrow N_2+3H_2 \tag{3-18}$$

式中，2 体积的氨气产生 4 体积的裂解氨。

简易的氨气裂解装置系统（见图 3-12）包含电加热或气加热的炉室，装有一个或多个填充催化剂的合金炉罐，再带有一个间接水冷的换热器。其操作十分简单，带有手动或自动的工艺流量控制和合适的自动加热温度控制。该系统配备的安全装置包括压力开关、控温仪表和泄压阀。该系统需要的定期检查包括观察压力、温度、流量，以及不定期的残余氨浓度的气氛分析。作为原料的无水液氨，由商业化的加压钢瓶、加压槽罐车或铁路槽罐车来运输。氨气被传输到固定放置在客户现场的储存容器中。因为液氨是在高压下供应的，所以必须在使用点处配备压力和流量调节阀。为了确保氨裂解器正常和充分地运行，液氨通常先用蒸发器转化为气态氨气。这个蒸发器是一个使用浸入型电加热器或蒸气盘管的容器。有一些小的氨裂解装置会自带一个蒸发器来利用加热系统产生的余热，这样就可以直接从氨气小钢瓶中进行取气操作。为了获得最高品质的炉内气氛并尽可能减少裂解器的维护，应该采用不带油杂质的冶金级别的干燥无水氨。

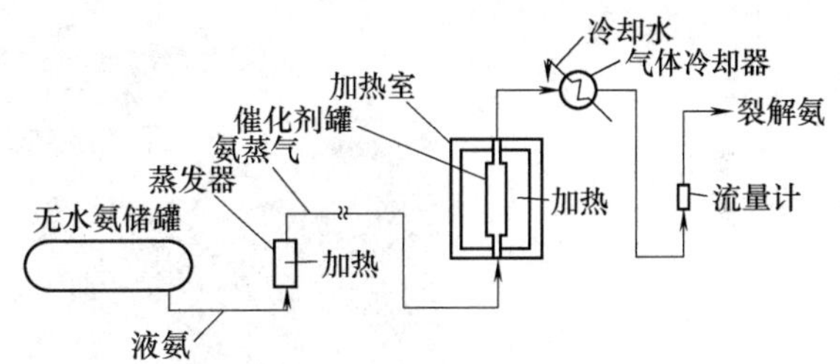

图 3-12　简易的氨气裂解装置系统

1. 液氨汽化装置

（1）液氨汽化装置　在渗氮或碳氮共渗工艺中，液氨的泄漏、污染环境及腐蚀设备是个棘手的问题。使用液氨汽化装置（见图 3-13）可以很好地解决上述问题。该装置是电加热水，80±5℃热水加热液氨，使之汽化，1kg 液氨在 20℃可以汽化成 1.4m^3 的氨气，氨气在 480～560℃温度分解成氮和氢。氨分解时，氮有渗氮能力，可以进行渗氮，在 870℃通入氨和渗碳介质可对轴承套圈进行碳氮共渗处理。

（2）氨气储存　氨气是危险品，氨气的储存非常重要，目前有液氨瓶储存法和氯化锶固态氨储存法。液氨储存应符合相关安全环保规定。

2. 氨裂解气发生装置

氨裂解气是以液氨为原料，在催化剂作用下加热分解获得的气氛。氨裂解气发生装置由液氨蒸发汽化系统、裂解炉、气氛净化系统及一些辅助设备组成。图 3-14 所示为氨裂解带纯化装置的工艺流程。

1）裂解炉反应罐。反应罐的受热面积应尽可能增大，但装催化剂层的直径应尽量减小，以保证罐内温度均匀。产气量较小的反应罐采用单管，产气量在

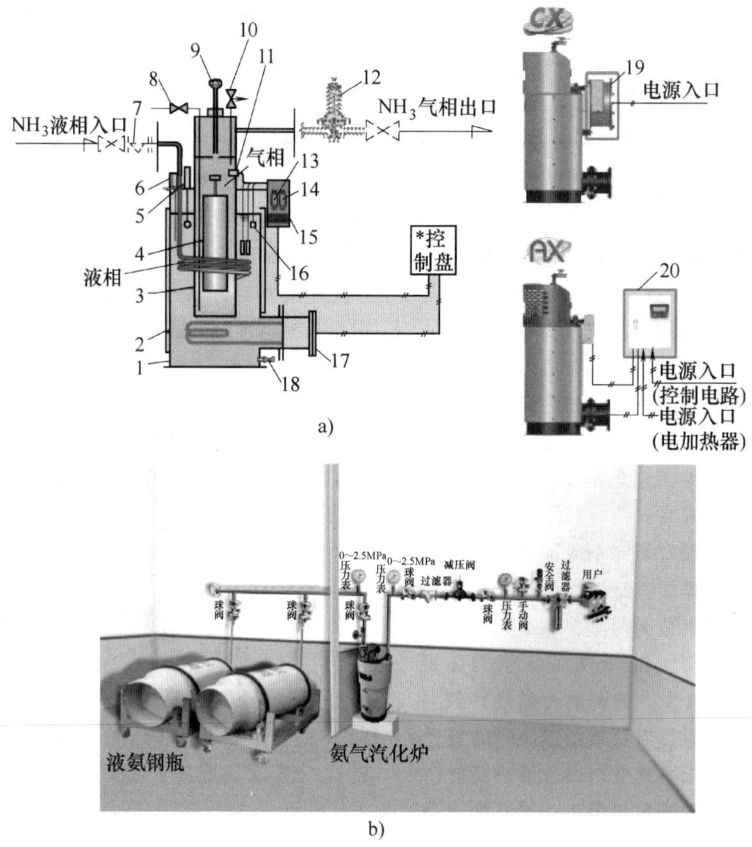

图 3-13　液氨汽化装置

a）气压原理　b）气压效果

1—温水槽　2—保温材料　3—汽化室　4—浮控阀　5—水位计　6—水温计　7—液体过滤器（选配）　8—排污阀　9—手动复位杆　10—安全阀　11—浮控阀开关　12—中压调压阀（选配 KRA）　13—温度控制开关　14—过热保护开关　15—温度控制箱　16—水位开关　17—防爆电加热器　18—排水阀　19、20—控制盘（CX 和 AX5 的控制盘不同）

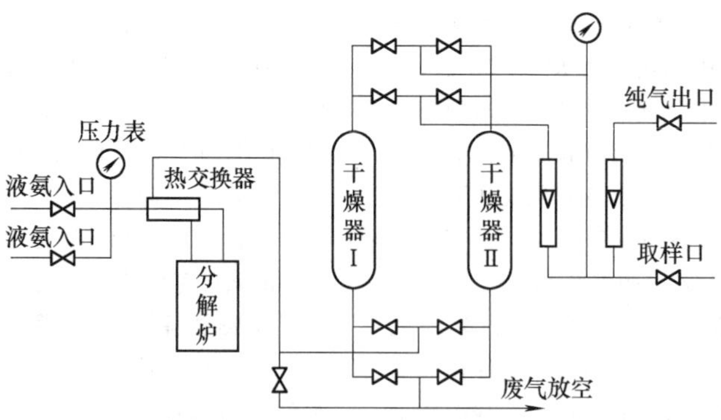

图 3-14　氨裂解带纯化装置的工艺流程

$10m^3/h$ 以上的采用多管。可将反应罐做成 U 形管、蛇形管和环隙式。反应罐需加热，有的将电热体绕在反应罐上，使催化剂层有较高的温度，以提高分解率。图 3-15 所示为 AQ-5 型发生装置。图 3-16 所示为环隙式发生装置。发生器的功率可按产气概算，一般为 $0.8\sim1.5kW/m^3$。

2）蒸发器。蒸发器是将液氨加热蒸发为气态氨的装置，液氨在自身压力下流入蒸发器汽化。蒸发器为焊接封闭圆筒形容器，内装蛇形管蒸汽加热器或电加热器。

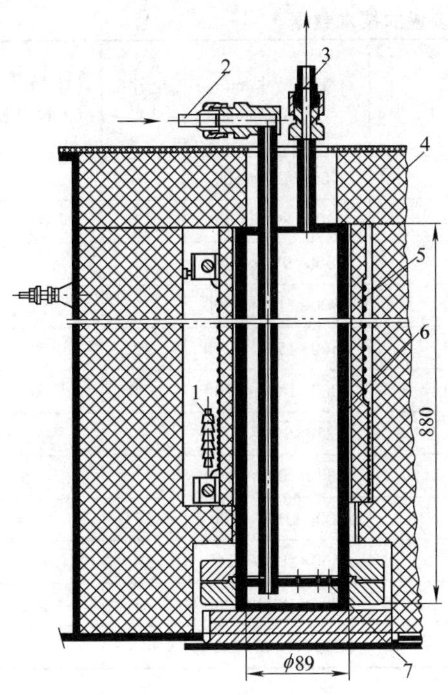

图 3-15　AQ-5 型发生装置

1—氨进气管　2—分解氨出气管　3—轻质保温砖　4—氧化铝套管　5—反应管　6—催化剂孔板　7—瓷珠

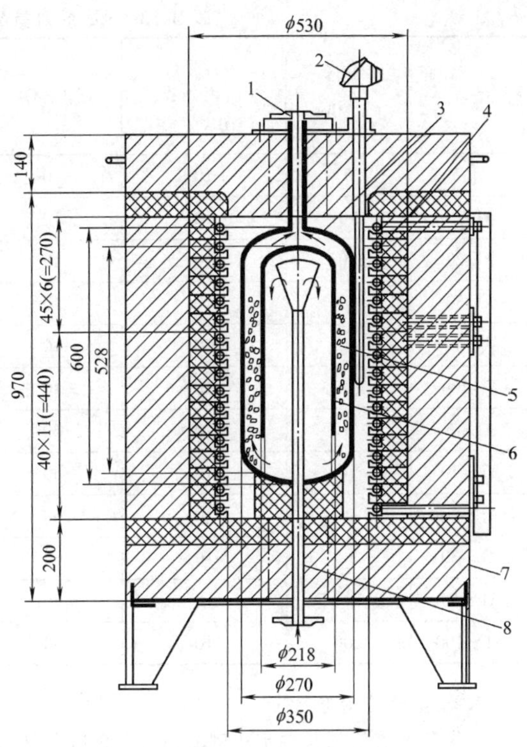

图 3-16　环隙式发生装置

1—分解氨出气管　2—热电偶　3—外胆　4—电热体　5—催化剂　6—内胆　7—炉身　8—氨进气管

在 101.3251Pa、20℃条件下，1kg 液氨可汽化为 1.32m^3 气体，裂解后可得混合气体 2.64m^3，其成分（体积分数）为 75%H_2、25%N_2。

3. 氨裂解气发生装置的技术数据

氨裂解气发生装置的技术数据见表 3-12 和表 3-13。

表 3-12　AQ 系列氨裂解气发生装置的技术数据

型号	额定产气量/(m^3/h)	杂质(体积分数，$×10^{-6}$)	残余氧(体积分数,%)	露点/℃	工作压力/MPa	液氨耗量/(kg/h)	操作温度/℃	催化剂	电源电压/V	设备额定功率/kW	冷却水耗量/(t/h)	质量/kg
AQ-5B	5	≤10	<0.1	≤-10	0.05	2	600~650	铁触媒	220	5.5	—	200
AQ-5C	5	≤10	<0.1	≤-10	0.05	2	800~850	镍触媒	380	6	0.2	220
AQ-10	10	≤10	<0.1	≤-10	0.05	4	800~850	镍触媒	380	12	0.5	1000
AQ-20	20	≤10	<0.1	≤-10	0.05	8	800~850	镍触媒	380	24	1	1500
AQ-30	30	≤10	<0.1	≤-10	0.05	12	800~850	镍触媒	380	36	1.5	2000
AQ-50	20	≤10	<0.1	≤-10	0.05	20	800~850	镍触媒	380	70	2.5	3500
AQ-70	70	≤10	<0.1	≤-10	0.05	27	800~850	镍触媒	380	85	3	4000
AQ-100	100	≤10	<0.1	≤-10	0.05	39	800~850	镍触媒	380	110	4	5000
AQ-150	150	≤10	<0.1	≤-10	0.05	58	800~850	镍触媒	380	160	4.5	7000
AQ-200	200	≤10	<0.1	≤-10	0.05	77	800~850	镍触媒	380	210	6	8500
AQ-250	250	≤10	<0.1	≤-10	0.05	97	800~850	镍触媒	380	250	7.5	9000
AQ-300	300	≤10	<0.1	≤-10	0.05	116	800~850	镍触媒	380	390	9	9200
AQ-350	350	≤10	<0.1	≤-10	0.05	135	800~850	镍触媒	380	430	10.5	9500
AQ-400	400	≤10	<0.1	≤-10	0.05	154	800~850	镍触媒	380	470	12	10000
AQ-450	450	≤10	<0.1	≤-10	0.05	173	800~850	镍触媒	380	510	13.5	10500
AQ-500	500	≤10	<0.1	≤-10	0.05	193	800~850	镍触媒	380	550	15	11000

表 3-13　AL 系列氨裂解气发生装置的技术数据

型号	产氨量/(m^3/h)		氧含量(体积分数, 10^{-4}%)	露点/℃	残余氨(体积分数,10^{-4}%)	外形尺寸/mm(长×宽×高)	电耗/kW	水耗量/(m^3/h)
AL-5	5		10	-10	1000	460×725×1500	6	—
AL-10	10		10	-10	1000	1200×800×1700	12	0.6
AL-20	20		10	-10	1000	1600×900×1800	24	1
AL-30	30		10	-10	1000	1800×1100×2000	36	1.5
AL-50	50		10	-10	1000	2500×1500×2200	50	2
AL-100	100		10	-10	1000	4000×1800×2200	120	3
ALS-5	5		10	-60	10	1250×900×1750	7	—
ALS-10	10		10	-60	10	1800×1000×1800	14	0.5
ALS-20	20		10	-60	10	200×1100×2000	28	1
ALS-30	30		10	-60	10	2500×1800×2200	50	1.5
ALS-50	0	50	10	-60	10	4000×1800×2200	72	2.5
ALS-100	100		10	-60	10	6000 ×1800×2400	144	4

4. 安全预防措施

氨蒸气及裂解氨与一定比例的空气混合后是可燃的。在操作和使用时，应与对待其他可燃性气体一样对待它们。氨蒸气同时对某些材料，如铜或含铜合金具有强烈的腐蚀性。在选择管道材质或其他与其接触的部件时，要特别注意防止腐蚀失效和因此产生的泄漏。另外，因为氨气是存储在高压下的，并且具有很高的膨胀率，所以存储的钢瓶不能暴露在温度超过50℃的环境中，否则会发生非常危险的超压后果。当氨气管道直径超过25mm（1in）时，应该采用足够压力等级的焊接钢管接头，以及 80 系列钢管。

氨气还会导致生理性危害（见表 3-14)，当空气中氨气的体积分数超过 100×10^{-4}%时，眼睛和鼻道有显著刺激。当然，氨气非常刺鼻，这种强烈的气味通常会给操作人员充分的泄漏提醒。

裂解氨中具有很高比例的氢气，必须像氢气气氛一样建立严格的操作规范并认真执行。特别重要的一点是，要注意用氮气吹扫来防止空气渗透并混合进来。另外，充分的炉内气氛循环能够避免低密度的气体聚集在炉室的上部。大部分氨裂解气发生装置都要有安全装置来监控，并且这些安全装置应该被定期做失效和安全检查。

表 3-14　空气中不同氨气含量的生理影响

体积分数(10^{-4}%)	生理影响
20~50	第一感觉有异味
40	眼部有轻微刺激
100	暴露几分钟后,眼睛和鼻道有显著刺激
400	喉咙、鼻道和上呼吸道有严重刺激
700	眼部有严重刺激;如果暴露限制在小于 0.5h,则不会产生永久性的影响
1700	严重咳嗽,支气管痉挛;小于 0.5h 的暴露可能有致命危险
2500~4500	短时暴露即有危险(0.5h)
5000	严重水肿、窒息;几乎立即致命

3.2.7　气体净化装置

为使可控气氛中氧化成分及杂质降低到所需的含量范围，应采用净化处理。需要净化的成分一般有水分、二氧化碳、氧、硫及其化合物和炭黑等。净化装置有原料气净化和生成气净化等。

常用气体净化方法有四种，即吸收法、吸附法、化学法和冷凝法，一般联合使用。

1. 吸收法

吸收法是让气体通过吸收液，使欲净化的组分溶解于液体或与液体起化学反应，然后再通过解吸，使被吸收的气体从液体中转为气相排出，以达到气体净化目的。

乙醇胺溶液可吸收二氧化碳、硫化氢和硫化物等气体，其反应如下：

$$2RNH_2+H_2O+CO_2 \rightarrow (RNH_3)_2CO_3 \quad (3\text{-}19)$$

$$2RNH_2+H_2S \rightarrow (RNH_3)_2S \quad (3\text{-}20)$$

$$(RNH_3)_2S+H_2S \rightarrow 2RNH_3HS \quad (3\text{-}21)$$

由于这些化合物的蒸气压随温度的升高而迅速增大，所以加热能使它们从溶液中蒸发出来。乙醇胺加热到 110℃ 沸腾而再生。乙醇胺溶液具有弱腐蚀性，容易使泵和管道泄漏。图 3-17 所示为用乙醇胺吸收二氧化碳的工艺流程。

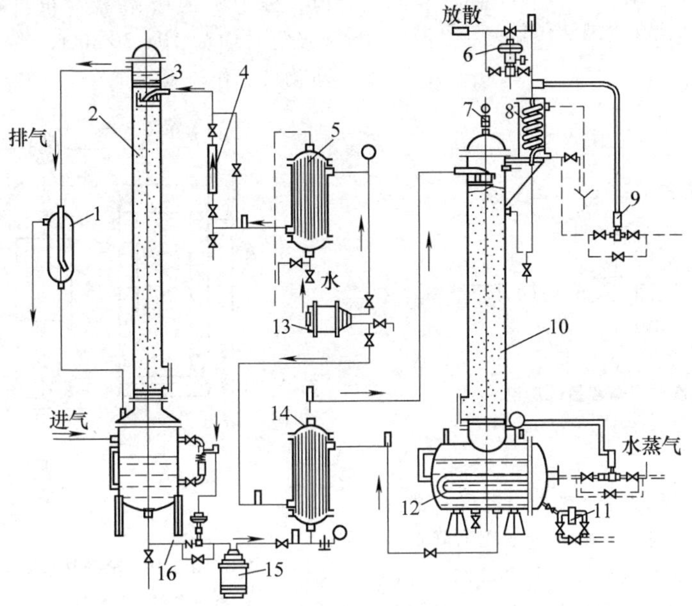

图 3-17　用乙醇胺吸收二氧化碳的工艺流程

1—气液分离器　2—CO_2 吸收塔　3—金属网　4—溶液流量计　5—冷却器　6—调压塔　7—安全阀　8—冷凝器　9—温度调节器　10—再生塔　11—冷凝喉管　12—沸腾器蛇形管　13—再生溶液泵　14—热交换器　15—饱和溶液泵　16—液位调节器

2. 吸附法

硅胶和铝胶是具有高微孔结构的吸附剂，它颗粒坚硬，呈中性和高活性，并可再生。硅胶和铝胶的性能见表 3-15。

表 3-15　硅胶和铝胶的性能

性　能	硅胶（微孔型）	铝胶
分子式	$SiO_2 \cdot H_2O$	$Al_2O_3 \cdot H_2O$
比表面积/(m^2/g)	350~450	250~270
堆密度/(kg/m^3)	650~720	850~950
使用温度/℃	0~35	0~20
实际吸湿能力(质量分数,%)	8~10	2~4
最适宜的粒度/mm	3~7	3~7
机械强度①(%)	90	94~97
比热容/[kJ/(kg·℃)]	0.84~9.92	1.05
再生温度/℃	180~250	240~300
再生空气消耗量/(m^3/kg)	>1	>1

① 硅胶的机械强度是用 50r/min 的球磨机磨 15min 后，以 1mm 孔隙的筛筛过，在筛中剩余硅胶所占的质量分数表示。

分子筛是一种高效、有选择吸附特性的吸附剂。它对极性分子 H_2O、NH_3、H_2S 的吸附能力高于非极性分子（如 CH_4）；对具有极矩分子 CO_2、N_2、CO 的吸附能力高于无显著极矩的分子 O_2、H_2、Ar；对不饱和物质的吸附能力高于饱和物质。分子筛利用这些特性把混合气体分离。可控气氛净化装置常用的分子筛有 A 型和 X 型。分子筛平均孔隙率为 55%~60%，比表面积为 700~900m^2/kg，分子筛一般制成直径为几毫米球状或条状，它的堆密度为 550~800kg/m^3。

在常压和 25℃ 的条件下，分子筛、硅胶和活性氧化铝吸附水蒸气时，温度对平衡容量的影响如图 3-18 所示。当水蒸气含量很低时，硅胶和铝胶的吸附能力显著下降，而分子筛却仍具有很高吸附能力。因此，当采用常压吸附时，可先用硅胶或铝胶对气体进行粗吸附，再用分子筛进行精吸附，以提高气体干燥程度。

分子筛使用一定时间后达到吸附饱和，常采用加热再生或真空再生。加热再生是利用平衡容量随温度升高而降低的原理，温度高解吸过程加快，但温度过

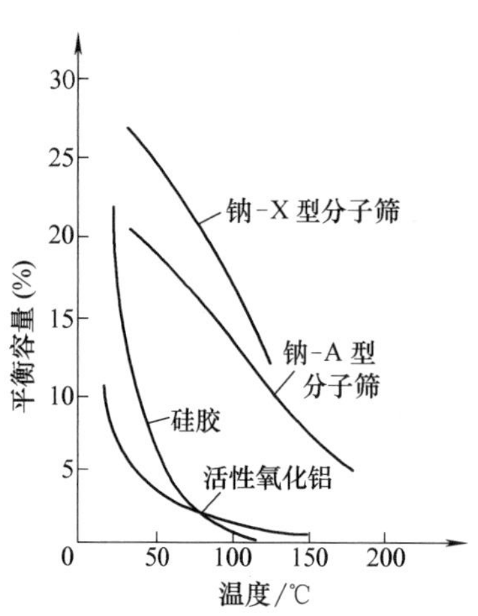

图 3-18　温度对平衡容量的影响

注：水蒸气分压为 1.3×10^3Pa。

高会使吸附剂失效。分子筛的加热再生温度一般为 180～350℃。真空再生是利用平衡容量随压力降低而降低的原理，其优点是再生不需要加热和冷却，可快速完成再生过程，因而两个吸附器的工作状态可在较短时间内进行切换，提高分子筛的利用率和气体净化程度。

吸附器一般为立式圆筒形，筒外是绝热保温层，筒内设栅格，放置吸附剂，气体由筒的下部通人，从上部流出。通常选用的设计参数如下；

1）最小吸附层高度：分子筛层>0.76m。

2）表现气体流速（空塔）：分子筛吸附剂时<0.6m/s；硅胶、铝胶作吸附剂时为 0.1～0.3m/s。

3）吸附器内径与吸附剂粒径之比>20。

4）吸附时间：采用常压吸附和加热再生时，一般为 8～12h。

5）吸附器容量（质量分数）：硅胶为 3%～5%；铝胶为 4%～6%；分子筛为 7%～12%。高压吸附及分子筛在真空和净化气体冲洗条件下再生时，分子筛的吸附器容积可按 3%～5%来选取（吸附时间为 10～30min）。图 3-19 所示为分子筛净化塔工作流程。

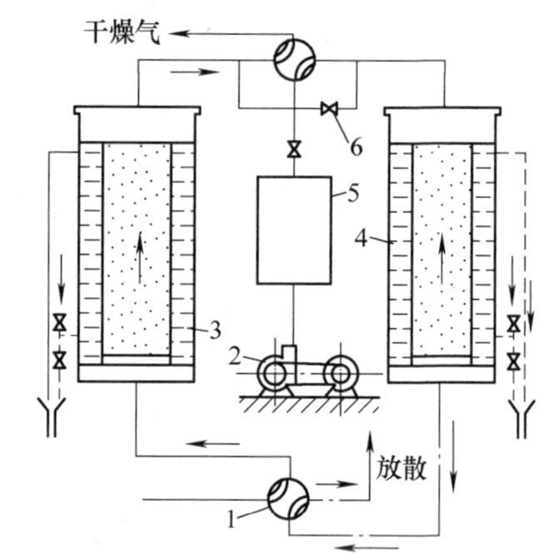

图 3-19　分子筛净化塔工作流程

1、5—用水冷却的吸收塔　2—四通换向阀
3—吸收塔吹气阀　4—空气加热器
6—四通换向阀

3. 化学法

脱硫、脱氧常用化学法。工业氮气常采用加氢催化脱氧，可使其氧含量降低到 $(5\sim20)\times10^{-4}\%$（体积分数），甚至更低。加氢催化脱氧的反应如下：

$$H_2+\frac{1}{2}O_2 \xrightarrow[\triangle]{\text{催化剂}} H_2O \tag{3-22}$$

生产上常用的除氧催化剂有铜催化剂、镍铬催化剂、钯分子筛和银分子筛等，其主要性能见表 3-16。

表 3-16　常用除氧催化剂的主要性能

性　能	0603 型铜催化剂	651 型镍铬催化剂	105 型钯分子筛	201、402 型银分子筛
成分	氧化铜负载于硅藻土上	镍铬合金负载于少量石墨上	金属钯负载于 0.4nm 或 0.5nm 分子筛上	硝酸银负载于 1.3nm 分子筛上
粒度	φ5mm×5mm φ6mm×6mm	φ5mm×5mm	2～4mm 或 4～9mm	20～40 目 （0.850～0.425mm）
堆密度/(kg/cm³)	1	1.1～1.2	0.7	0.8
工作温度/℃	170～350	50～100	常温	常温
热稳定温度/℃	400	1000	600	500
允许最大空速/(L/h)	3000	5000	10000	10000
允许最大初始氧含量(体积分数,%)	1	3	2.8	2.8
脱氧效果(体积分数,10^{-4}%)	10～20	<5	可达 0.2	可达 0.2

因所用催化剂不同，脱氧有以下两种工艺流程，如图 3-20 所示。流程 1 适用于常温催化脱氧；流程 2 适用加热脱氧。

当工业氮气中氧含量（质量分数）为 1%～4% 时，采用两级除氧系统，其工艺流程如图 3-21 所示。中国科学院大连化学物理研究所研制的 506 系列气体净化催化剂的性能见表 3-17。

该系列催化剂的使用条件如下：温度为室温～110℃；压力为 0.1～25MPa（表压）；空速为 5000～10000h；堆密度为 1.1～1.2g/cm^3；颗粒度（mm）为 2×3、3×4、4×5、5×6 柱型。

该系列催化剂对 H_2S、SO_2、NH_3、Cl_2 及水蒸气等都有良好的抗毒性能，空速为 5000～10000h^{-1}。

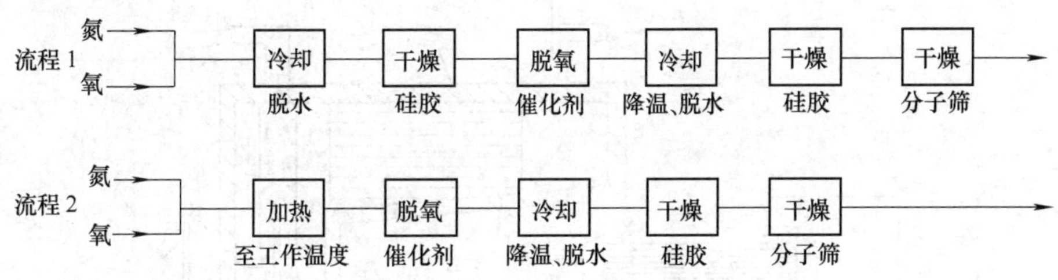

图 3-20　催化脱氧工艺流程

表 3-17　506 系列气体净化催化剂的性能

催化剂型号	原料气			出口氢中杂质氧含量（体积分数，10^{-4}%）	机械强度
	主成成分	杂质氧含量（质量分数，%）	有害组分		
506HT-1	H_2	≤3	NH_3、H_2O、Cl_2、H_2S、SO_2	≤3	一般
506HT-2	H_2 N_2+H_2	≤3 $H_2 \geqslant 2O_2$	NH_3、H_2S、SO_2、H_2O、Cl_2	≤0.3	好

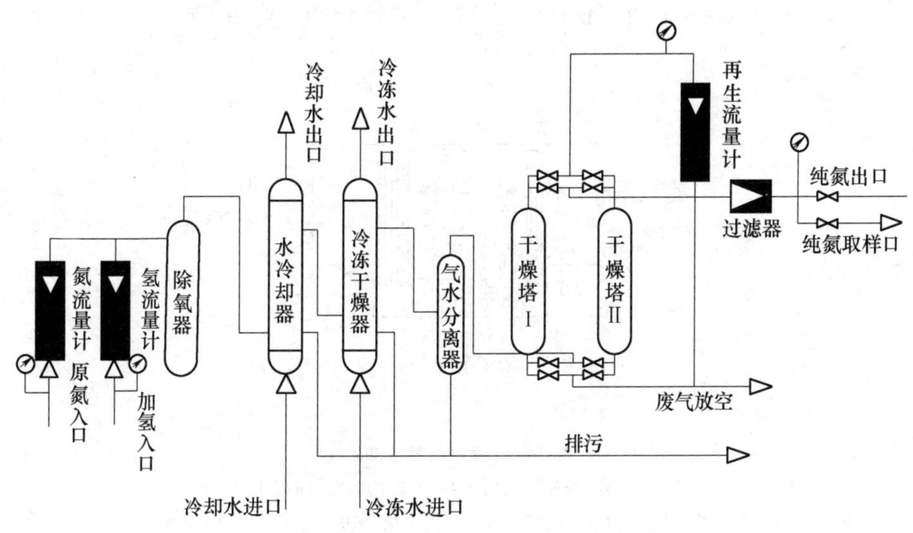

图 3-21　两级除氧系统的工艺流程

4. 冷凝法

冷凝法是利用冷却水、冷冻水或制冷机等使气体中的水分冷却到饱和点以下而析出水分。冷凝法除水有水冷干燥法和冷冻干燥法两种。

（1）水冷干燥　采用普通冷却水除水，如用 20℃的水冷却，可使放热式气氛中的水分从 18%降到

3%（体积分数）。

水冷却器有列管式、蛇形管式和板式等。将气体加压，可减少气体中饱和含湿量，促使水分冷凝析出，达到较低露点，如气体在表压 500kPa 列管式冷却器内冷却，可干燥到露点-5.5℃（0.4%），而未加压气体冷却后露点为 25℃（3.2%）。

（2）冷冻干燥　常用冷冻干燥形式有直接蒸发式、水冷式、喷水式和喷水蒸发式等。经冷冻除水后，气体露点可达-4℃。图 3-22 所示为冷冻除水工艺流程，图 3-23 所示为喷水蒸发冷却室。

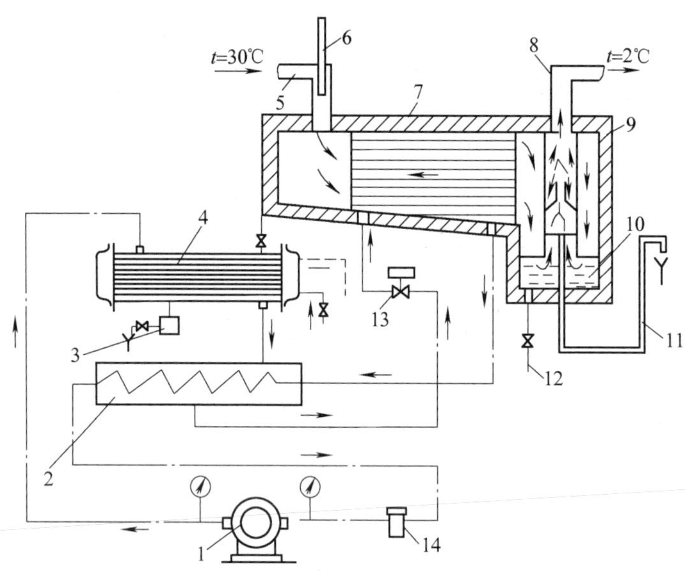

图 3-22　冷冻除水工艺流程

1—压缩机　2—储存罐　3—油分离器　4—冷凝器　5—进气管　6—温度计　7—蒸发器　8—出气管　9—带绝热壁的蒸发室　10—水分离器　11—水封　12—排水阀　13—带过滤器的减压阀　14—过滤器

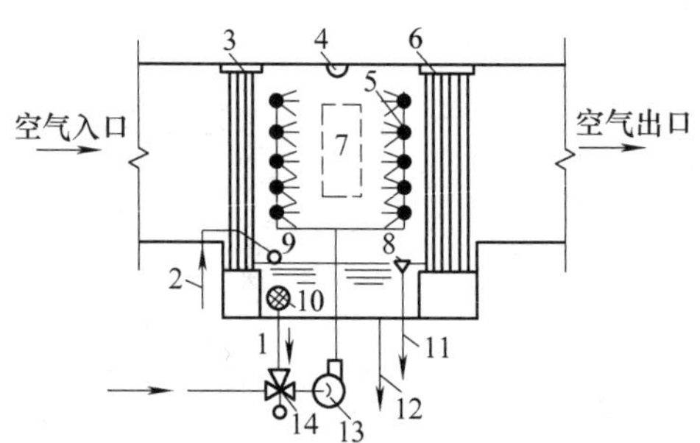

图 3-23　喷水蒸发冷却室

1—回水管　2—滤水器　3—补水管　4—浮球阀　5—前挡水板　6—检查门　7—防水灯　8—喷嘴及喷水管　9—后挡水板　10—溢水器　11—溢水管　12—泄水管　13—喷水泵　14—三通混合泵

3.2.8　可控气氛经济指标对比

因原料气来源和生成方式不同，可控气氛的成本也不相同。表 3-18 列出了几种可控气氛费用比较和产气当量。

表 3-18　几种可控气氛费用比较和产气当量

气体名称		原料气	原料∶空气（体积比）	每立方米气的相对费用（%）	每千克原料产气量/m^3	每立方米原料产气量/m^3
吸热式气体		天然气（甲烷）	1∶2.4	100	—	4.88
		丙　烷	1∶7.2		6.75	12.65
		丁　烷	1∶9.5		6.72	16.52
放热式气体	浓型	天然气（甲烷）	1∶6	55	—	6.50
		丙　烷	1∶14		8.65	16.14
		丁　烷	1∶20		8.17	20.00
	淡型	天然气（甲烷）	1∶9	43	—	8.30
		丙　烷	1∶22		—	20.71
		丁　烷	1∶29		11.70	28.73
基气体净化放热式氮	浓型	天然气（甲烷）	1∶6	66	—	6.20
		丙　烷	1∶14		8.50	15.80
		丁　烷	1∶20		7.48	18.40
	淡型	天然气（甲烷）	1∶9	56	—	7.40
		丙　烷	1∶22		9.70	18.14
		丁　烷	1∶29		10.10	24.75
净化放热式 H_2-N_2 基气体		天然气（甲烷）	1∶9	92	—	7.40
		丙　烷	1∶22		9.70	18.14
		丁　烷	1∶29		10.10	24.75
氨分解气体		氨（液态）	—	415	2.80	2
氨燃烧气体		氨（液态）	1∶3.57	325	4.58	3.33
氮（木炭反应）（碳氢气反应）		工业氮 $\varphi(O_2)$2%~5%	—	40	—	1.04~1.10
氢（纯瓶气）			—	1500	—	—

注：1. 相对费用中不包括设备折旧费。

2. 体积比指在标准状态下的体积比。

3.3　可控气氛的碳势控制

3.3.1　炉内气氛与钢铁的氧化还原反应

根据气体与钢铁表面在高温下的氧化、还原、增碳、脱碳反应规律，可以进行炉气组分的合理调节，达到钢铁无氧化加热和钢一定程度的表面增碳的目的。要使钢铁制品在加热时不氧化，只要炉气调节到具有还原作用就行了。这些条件是容易满足的，而要使钢不脱碳或表面增碳到一定的浓度，就要对炉气成分进行更严格的控制，也就是要控制炉气的碳势。

1. 钢铁在放热式气氛中的氧化与还原

钢铁在 CO-CO_2、H_2-H_2O 等二元气氛中加热时，通过调节两种组分的比例，使其在加热温度下保持还原性，即可实现无氧化加热。在多元气体（如放热式气氛的 CO-CO_2-H_2O 体系）中加热情况比较复杂，必须考虑 Fe、CO_2 和 FeO、CO 之间的平衡反应，以及 Fe、H_2O 和 FeO、H_2 之间的平衡反应，两个反应的综合影响确定了铁的氧化与还原。图 3-24 所示为这两个反应的理论平衡曲线。

可以借助图 3-24 的平衡曲线来说明钢在放热式气氛中无氧化加热的条件。例如，铁在露点为 20℃，即 $\varphi(H_2O)$ 为 2.5%、$\varphi(H_2)$ 为 14% 的气氛中于 1100℃ 加热，水分与氢的体积比 $\varphi(H_2O)/\varphi(H_2)=0.18$。此数值相当于图 3-24 的 A—A'线，这时气氛是还原性的，不会发生表面氧化，某些氧化物甚至可能被还原。钢铁沿着 A—A'线冷却时，与理想平衡曲线相交于 460℃。在此温度下，工件处于氧化区。因此，当慢速冷却时，钢铁会发生氧化。如果工件很薄、冷却较快，仅会发生轻微氧化。除了 H_2-H_2O 的影响，尚需考虑 CO_2-CO 的作用。图 3-24 中的 CO_2-CO 平衡曲线左侧的 $\varphi(CO_2)/\varphi(CO)$ 值，可使氧化物转变为铁，即曲线的左侧是还原的，右侧是氧化的。

当 $\varphi(CO_2)/\varphi(CO)$ 值较小，如气体中 $\varphi(CO_2)$ 为 5% 和 $\varphi(CO)$ 为 10%，即 $\varphi(CO_2)/\varphi(CO)=0.5$ 时，在 1100℃ 的 B—B' 线上有轻微氧化，但在 $\varphi(H_2O)/\varphi(H_2)$ 值也较小的条件下，还原趋向强烈，超过了 $\varphi(CO_2)/\varphi(CO)$ 的氧化作用，因此气体表现为明显的还原。在冷却过程中，工件通过

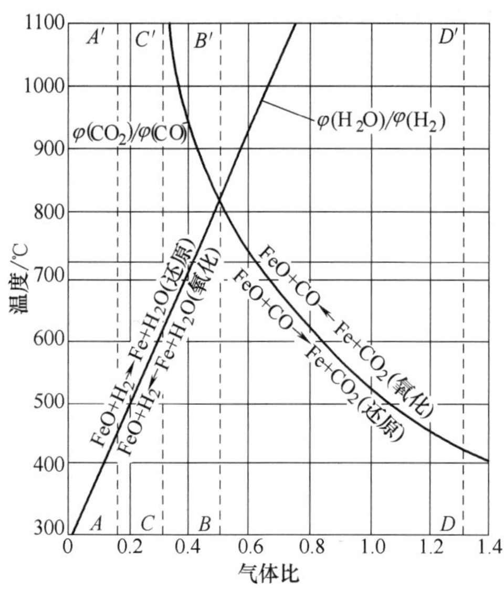

图 3-24　Fe-FeO-H_2-H_2O 和 Fe-FeO-CO-CO_2 反应的理论平衡曲线

CO_2-CO 曲线的温度约为 830℃，在此温度以下是还原性的。在 460℃还原占优势，在此温度以下有比较强烈的还原倾向。因此，在冷却过程中，还原效应超过了 H_2O 的轻微氧化，出炉的工件应该是光亮的。

当制备放热式气氛的空气/燃料体积比较大时，气体属于明显的氧化性，不宜作为钢铁热处理的保护气体。例如，空气与天然气的体积比为 8 时，气氛露点为 20℃，此时 $\varphi(H_2O)/\varphi(H_2)=0.5(2.5/7)$、$\varphi(CO_2)/\varphi(CO)=1.33(8/6)$，相当于 *D—D′* 线。在 1100℃，$CO_2$-CO 的氧化占优势，超过了 H_2O-H_2 的轻微还原。同时，氧化反应一直延续到 440℃，还要加上在 650℃以下（*C—C′* 线）的 H_2O-H_2 的氧化作用。因此，除非将 CO_2 和 H_2O 完全除去，否则空气与天然气体积比为 8 是不能实现钢的光亮热处理的。

2. 钢在吸热式气氛中的氧化与还原

当在应用可控气氛的热处理炉内进行钢的热处理时，要达到无脱碳淬火、正火、退火、渗碳、碳氮共渗等预期目的，都需要精确控制炉气的碳势。控制炉气碳势实际上就是在工艺要求温度下把炉气成分调整到与某种钢的碳含量相平衡，或者使工件表面的碳含量达到工艺要求。

吸热式气氛中的主要成分为 CO、H_2、N_2。此外，由于反应不十分完全，还会有少量的 CH_4、CO_2、H_2O。其中，CO、H_2、CH_4 属于还原性气体，而 CO_2、H_2O 为氧化性气体，H_2、CO_2、H_2O 会引起钢的脱碳，N_2 可视为中性气体。这些气体和钢铁有如下反应。

氧化与还原：

$$Fe+H_2O \rightarrow FeO+H_2 \quad (3\text{-}23)$$

$$Fe+CO_2 \rightarrow FeO+CO \quad (3\text{-}24)$$

增碳与脱碳：

$$CO_2+C(\gamma\text{-}Fe) \rightarrow 2CO \quad (3\text{-}25)$$

$$H_2O+C(\gamma\text{-}Fe) \rightarrow CO+H_2 \quad (3\text{-}26)$$

$$2H_2+C(\gamma\text{-}Fe) \rightarrow CH_4 \quad (3\text{-}27)$$

这些反应是可逆的，它们究竟向哪个方向发展，取决于氧化性气体与还原气体、增碳性气体与脱碳性气体组分间的数量关系，即取决于两种性质不同的气体的体积比 $\varphi(H_2)/\varphi(H_2O)$、$\varphi(CO)/\varphi(CO_2)$、$\varphi(CH_4)/\varphi(H_2)$、$\varphi[(CO)\times(H_2)]/\varphi(H_2O)$。所谓碳势控制，也就是控制这些炉气组分间的相对量。在吸热式气氛中，由于燃料气体和空气的比例实际上只在一个很小的范围内变化，所以 H_2、CO 的量可认为基本不变，要控制炉气的碳势，只需改变其中的微量组分 CO_2、H_2O 和 CH_4 的含量即可。

此外，炉气中的 CO_2 和 H_2O 又有一定的制约关系，这可由水煤气反应来表示：

$$CO+H_2O \rightarrow CO_2+H_2 \quad (3\text{-}28)$$

其反应平衡常数为

$$K_w=\frac{p_{CO}p_{H_2O}}{p_{CO_2}p_{H_2}} \quad (3\text{-}29)$$

所以

$$p_{CO_2}=\frac{p_{CO}p_{H_2O}}{K_w p_{H_2}} \quad (3\text{-}30)$$

式中　p_{CO}——气氛中 CO 分压，其余依此类推。

平衡常数 K_w 是温度的函数，即

$$\log K_w=\frac{-3175}{T}+1.627 \quad (3\text{-}31)$$

式中　T——温度，T=℉+460。

不同温度下的 K_w 值可自表 3-19 中查出。

在丙烷或丁烷制备的吸热式气氛中，$\varphi(CO)$ 约为 24%，$\varphi(H_2)$ 约为 32%。设加热炉的温度为 950℃，查表得 $K_w=1.497$。根据式（3-30）可得出如下关系：

$$p_{CO_2}=\frac{0.24p_{H_2O}}{1.497\times0.32}=0.51p_{H_2O} \text{ 或 } p_{H_2O}\approx 2p_{CO_2}$$

由此可见，在吸热式气氛中，只要控制 H_2O 或 CO_2 二者之一的量，即可达到控制碳势目的。

图 3-25 所示为用甲烷制备的吸热式气氛露点与钢表面碳含量的平衡曲线。在不同温度下，碳含量不同的钢与炉气中 CO_2 量的平衡曲线如图 3-26 所示。用丙烷制备的吸热式气氛的上述关系如图 3-27 和图 3-28 所示。

表 3-19　水煤气反应的平衡常数 K_w

温度/℃	800	850	900	950	1000	1050	1100	1150	1200
K_w	0.952	1.122	1.307	1.497	1.698	1.898	2.110	2.326	2.532

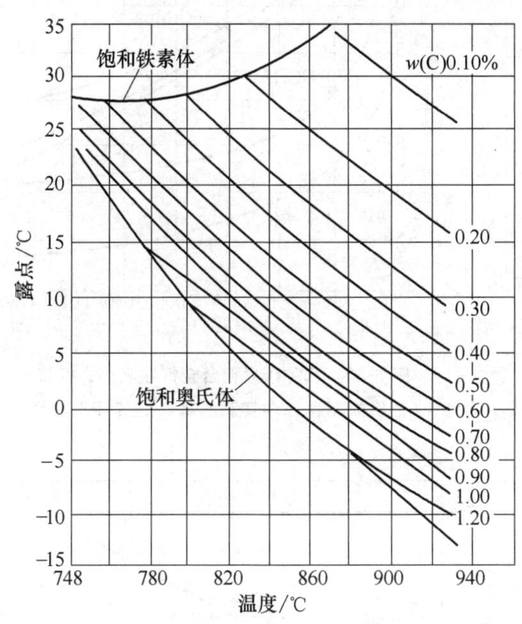

图 3-25　用甲烷制备的吸热式气氛露点与钢表面碳含量的平衡曲线［$\varphi(H_2)=40\%$、$\varphi(CO_2+CO)=20\%$］

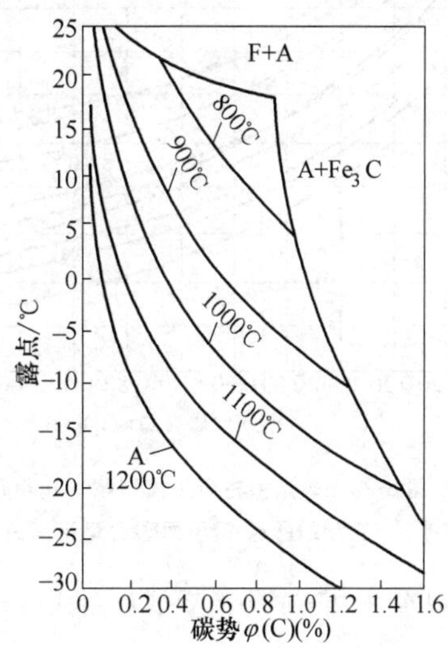

图 3-27　用丙烷制备的吸热式气氛露点与碳势的对应关系［$\varphi(H_2)$ 31% + H_2O、$\varphi(CO)$ 23% +CO_2］

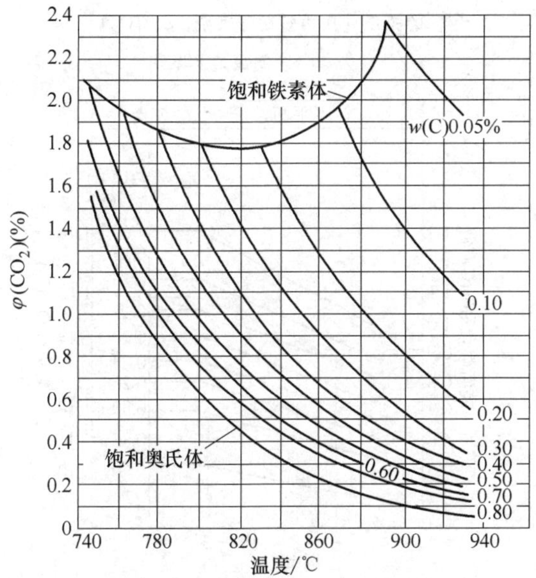

图 3-26　用甲烷制备的吸热式气氛中不同碳含量的钢在不同温度下与炉气中 CO_2 含量的平衡曲线［$\varphi(CO_2)+\varphi(CO)=20\%$］

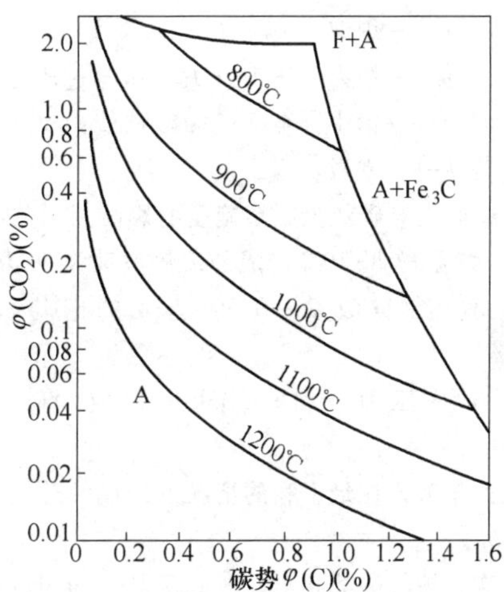

图 3-28　用丙烷制备的吸热式气氛中 CO_2 含量和碳势的关系［$\varphi(H_2)$ 31%+H_2O、$\varphi(CO)$ 23% +CO_2］

图 3-29、图 3-30 所示为碳素钢和合金钢在吸热式气氛中实测的露点-钢表面碳含量/温度平衡曲线。

上述碳势控制原理是根据炉气平衡的理论分析及假定吸热式气氛中的基本组分（H_2 和 CO）不变的前提下提出的，但在实际生产中，钢和炉气间的反应不完全是平衡过程，炉气中的 $\varphi(CH_4)$ 小于 1%以下可忽略的设定与实际有出入，添加富化气后吸热式气氛中的基本组分和微量组分（H_2O 和 CO_2）都会有变化。因此，要精确地控制碳势，必须考虑这些因素的影响。

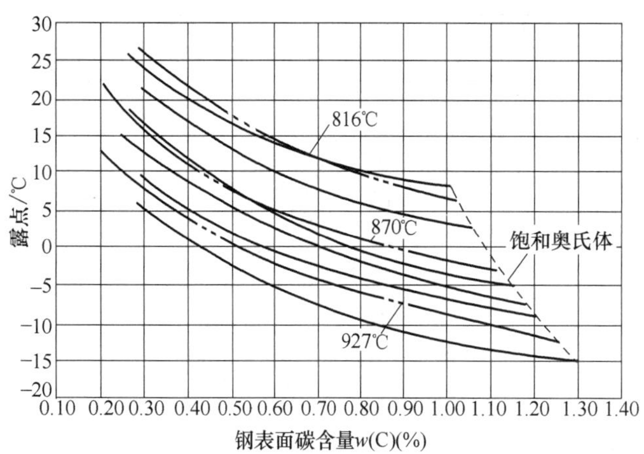

图 3-29　碳素钢在吸热式气氛（用甲烷制备）实测的露点-钢表面碳含量平衡曲线

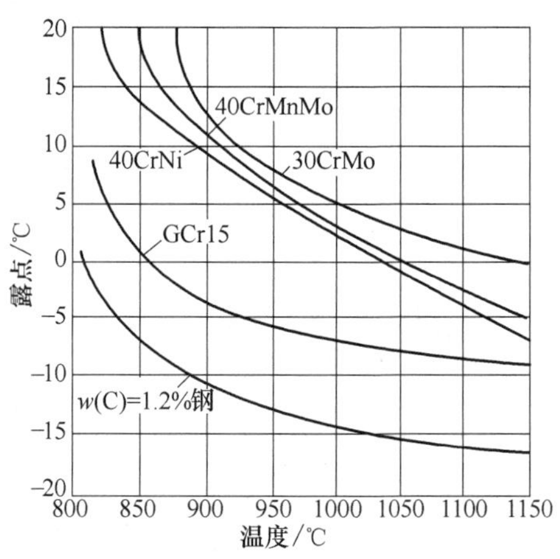

图 3-30　几种碳素钢合金钢在吸热式气氛（用甲烷制备）中实测的露点-温度平衡曲线

各种因素对炉气碳势的影响可用式（3-32）表示，即

$$\ln f(\mathrm{C})=\ln\varphi(\mathrm{CO_2})+\frac{14900}{T}+2\ln p+\ln r+K \qquad (3\text{-}32)$$

式中　$f(\mathrm{C})$——炉气碳势；

T——炉温（K）；

p——炉内总压力（大气压与过压之和）；

r——钢中合金元素的影响值；

K——常数。

这些因素对碳势控制精确度的影响为：

1）炉温波动±10℃造成的碳势波动为±0.07%。

2）CO 含量波动±0.5%造成的碳势波动为±0.03%。

3）炉内压力波动±1.33kPa 造成的碳势波动±0.02%。

仅此三项，在最不利的情况下造成的总误差可达±0.12%。

其次，炉气碳势和 CO_2（或露点）的理论平衡关系没有建立平衡的时间概念。实际上，一定尺寸的钢试样，其表面碳含量达到与炉气平衡需要相当长的时间。例如，直径为 44mm 的低碳钢试样在碳势为 0.8%的吸热式气氛中加热，要 20h 才能使试样表面碳含量与炉气达到平衡。经过 1～1.5h 的加热，试样表面碳含量只能达到 0.65%（质量分数）（见图 3-31）。而 0.1mm 厚的铁箔只需 18min 碳含量即可达到 0.8%（质量分数）。

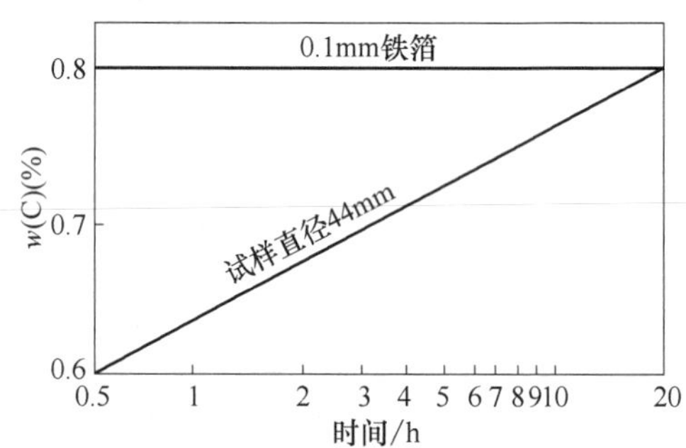

图 3-31　碳素钢表面碳含量和热处理时间的关系［用丙烷制备气氛，$\varphi(CO_2)$ 为 0.25%，温度为 925℃］

图 3-32 所示为往 0.2m^3 炉膛中以 9.5m^3/h 的流量通入吸热式气氛，在其中进行碳素钢渗碳时的工件表面碳含量和炉气中 CO_2 含量或氧探头输出（氧势）与渗碳

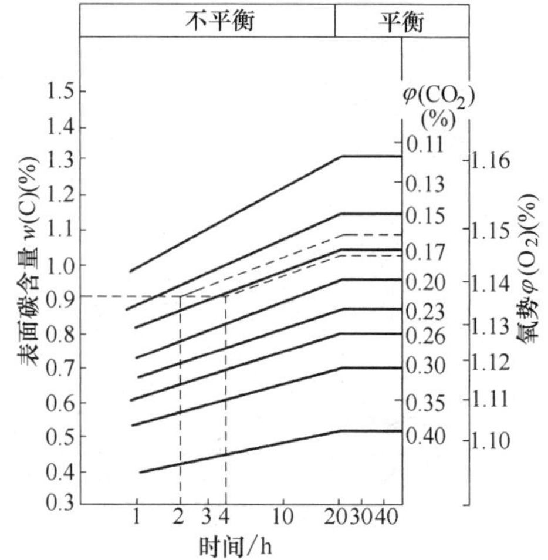

图 3-32　工件表面的碳含量和炉气中的 CO_2 含量或氧势与渗碳时间的实际关系（用丙烷制备的吸热式气氛，温度为 925℃。）

时间的实际关系。图中的虚线一例说明，要求工作表面碳含量 $w(C)=0.9\%$时，经 2h 处理需控制到 $\varphi(CO_2)=0.15\%$，4h 处理时要控制到 $\varphi(CO_2)=0.18\%$。

3.3.2　碳势控制

可控气氛碳势控制方法有氧探头控制法、二氧化碳红外仪控制法、露点控制法和电阻控制法等，目前大多采用氧探头控制法。

1. 氧探头控制气氛碳势

(1) 化学反应方程　氧探头控制碳势的化学反应方程为

$$CO \rightarrow [C]+0.5O_2 \tag{3-33}$$

(2) 化学反应平衡常数　化学反应方程式 (3-33) 的平衡常数为 K_p，只要检测出气氛的氧分压（氧含量），就可以计算出气氛化学反应式 (3-33) 对应的碳活度 a_C。

$$K_p=\frac{a_C p_{O_2}^{1/2}}{p_{CO}} \tag{3-34}$$

式中　K_p——化学反应方程式 (3-33) 的平衡常数；

p_{O_2}——气氛中氧分压，$\varphi(O_2)(\%)/100$；

p_{CO}——气氛中一氧化碳分压，$\varphi(CO)(\%)/100$；

a_C——碳活度。

平衡常数 K_p 为温度的函数，即

$$\lg K_p=\frac{a}{T}+b \tag{3-35}$$

式中　a、b——常数，可根据实验获取；

T——热力学温度 (K)。

根据式 (3-35) 计算出平衡常数 K_p。

p_{CO} 可由一氧化碳红外分析仪检测，p_{O_2} 可根据可控气氛类型确定，也可使用氧探头检测。

(3) 碳活度 a_C　碳活度指某温度下奥氏体中碳的饱和程度，用 a_C 表示。当 a_C 为 1 时，是奥氏体在该温度的饱和溶碳量，在铁碳相图中为 $S'E'$线；铁碳相图的 SE 线为渗碳体形成线，当奥氏体碳含量超过该温度下的 SE 线时，渗碳体开始形成。

碳活度 a_C 的计算有多个版本，由于铁碳相图中 $S'E'$线的取值不同，因此不同版本的 a_C 值也有差异。K. H. Weissohn 提出了铁碳合金的碳含量、碳活度和温度的关系式，即

$$\log a_C=2300/T-2.21+0.15w(C)+\lg w(C) \tag{3-36}$$

式中　a_C——碳活度；

T——热力学温度 (K)；

$w(C)$——铁碳合金中碳的质量分数 (%)。

根据式 (3-34) 和式 (3-36)，碳素钢的碳活度、碳含量和温度的关系如图 3-33 所示。

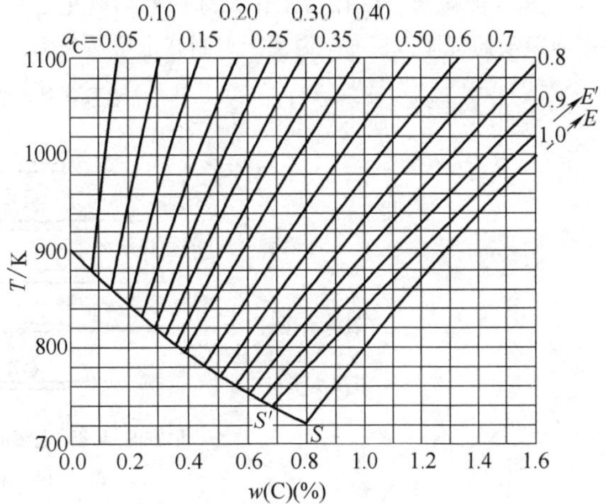

图 3-33　碳素钢的碳活度、碳含量和温度的关系

在式 (3-36) 中，如果定义气氛碳势 C_p 为铁碳合金在气氛中获得的碳含量，就可以根据式 (3-36) 计算出与碳活度 a_C、温度 T 对应的气氛碳势 C_p。

合金元素会影响相图的 $S'E'$线，只要找出不同合金元素影响 $S'E'$线的合金系数，就能计算出不同合金在渗碳气氛下对应的碳势。

(4) 氧探头工作原理　氧探头一般用氧化钙稳定化的氧化锆或氧化钇稳定化的材料制成，可用于温度高达 1600℃。若氧探头需承受高的温度，无孔的保护管作为固态电解质，其内外表面接触不同氧分压的气氛时，氧离子可以自由穿过。例如，内表面接触的参比气——空气的含量为恒定的，在海平面的体积分数为 20.9%，外表面与炉气接触。这样就产生一个输出电压，通过与保护管相连的电极可以测得，该值可以对气氛的氧化/还原特性给出精确的量化，或者对一些吸热式气氛，给出已知温度下的渗碳/脱碳趋势。前面所述的电极与保护管的内外氧化锆物理接触，一般用铂制成，因为铂具有极高的高温化学稳定性。

升高温度后，氧探头的两端存在氧分压差，连接两端的电路就会有电流，电流从高压端流向低压端。如果一端的氧分压已知，则另一端的氧分压可以由下式确定：

$$E=KT\lg\left\{\frac{[O_2]_{已知}}{[O_2]_{未知}}\right\}$$

式中　T——热力学温度；

$[O_2]$——氧的分压；

K——常数；

E——产生的电势。

这样简单的测量是很容易做到的。

图3-34所示为氧探头工作原理。根据氧化锆固态电解质的特性，在一定温度下，当在电解质两侧的氧气有浓度差时，在高浓度测的氧气会获得电子变成氧离子，在低浓度侧的氧离子失去电子还原成氧原子，从而在氧化锆高低浓度两极形成浓差电势，通过检测氧化锆电解质两极的电势差（电压）E，即可检测出气氛的氧含量。

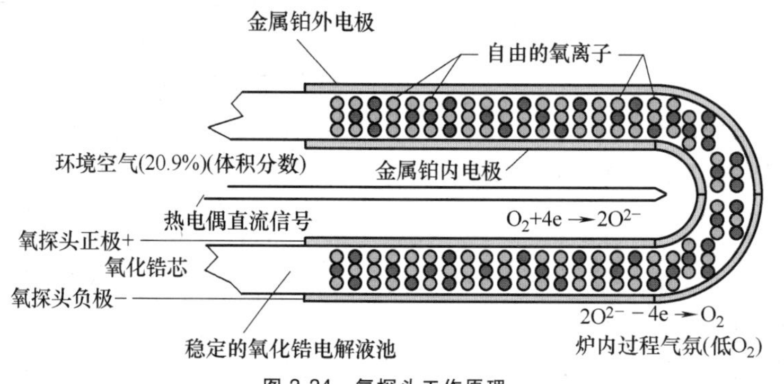

图3-34 氧探头工作原理

根据能斯特方程，当氧化锆固态电解质两极的氧浓度不同时，在电解质的两极会产生浓差电势E，即氧探头检测电势，其与两极氧分压的关系见式（3-37）。

$$E=2.303\frac{RT}{4F}\lg\frac{p_{O_2}}{p_{参比气}} \tag{3-37}$$

式中 E——氧探头检测电势（mV）；

p_{O_2}——被检测气氛的氧分压；

$p_{参比气}$——参比气氧分压（参比气为空气时的参比气氧分压为0.209）；

T——热力学温度（K）；

R——摩尔气体常数，取8.32J/(mol·K)；

F——法拉第常数，取96485C/mol。

将常数代入式（3-37），式（3-37）则简化为

$$E=0.0496T\lg\frac{p_{O_2}}{p_{参比气}} \tag{3-38}$$

根据式（3-38），由氧探头检测的电势E(mV)、气氛温度T、参比气为空气时的参比气氧分压$p_{参比气}=0.209$，可计算出气氛的氧分压p_{O_2}，代入公式（3-34）可计算出a_C值。再根据式（3-36）碳活度和气氛碳势的关系计算出不同温度下的气氛碳势。

气氛的碳势与氧分压的平方根成反比，因此通过监测氧的浓度即可确定碳势，而不必考虑氢气、水汽或二氧化碳的浓度。直接影响这个关系式（3-34）的唯一组分是一氧化碳，只要一氧化碳含量保持不变，控制氧含量即可控制碳的活度。

实际应用中，采用氧探头控制碳势的精度预计约为±0.05%，这还取决于热处理炉的温度控制及温度变化。快速反应的氧探头能够向控制系统提供输入信号，通过电磁阀或比例阀调节丙烷、天然气或液体富化剂。氧探头直接置于炉内气氛中，通过在控制仪表上设定炉内所期望的碳势值来控制碳势。氧探头为控制单元提供一个与碳势相对应的电信号，控制仪表将其与设定点相比较，若为负偏差，将控制电磁阀向炉内添加富化气或液体；若为正偏差，将向炉内添加空气或氧化剂。采用这种系统，如果工艺、温度、炉况保持稳定，通常碳势的重复性可以达到±0.02%。

氧探头通常由两个铂电极组成，之间由固态电解质分开。固态电解质为一根一端封闭的氧化锆气密管（见图3-34）。氧探头的理论基础是热陶瓷电化学电池。氧探头对氧、氢、一氧化碳及二氧化碳的响应即可确定气氛的氧化能力。氧探头的输出就是直接测量了在炉子工艺温度下气氛的氧势。因此，当氧探头的温度接近炉温时，在气氛中的碳、氢含量为已知的条件下，氧探头的响应将直接预示钢铁零件在气氛中发生的氧化或还原反应。在这种条件下，氧探头将给出一个可靠的氧化/还原指示值。

氧探头外面有一个陶瓷或耐热钢保护管。将氧探头插入炉内，炉气从探头端部的开口进入保护管内与外电极相接触，在氧化锆管内的另一个电极与空气接触，空气作为恒定氧气浓度的参比气。在炉气及空气中氧的分压差使两个电极间产生一电势（电压）或电动势（EMF）。传感器的EMF确定了炉气中的氧分压。因此，通过控制炉温和传感器的EMF即可控制碳势，因为在一定温度下，碳浓度与传感器的EMF存在对应关系，如图3-35所示。传感器的EMF直接反馈到电子控制电路，依据所期望的响应平滑程度，控制电路可以设计成通/断模式、比例模式或比例+

复位模式。在传感器的工作温度范围内，大多数采用氧探头的控制系统的碳势精度在±0.05%内。

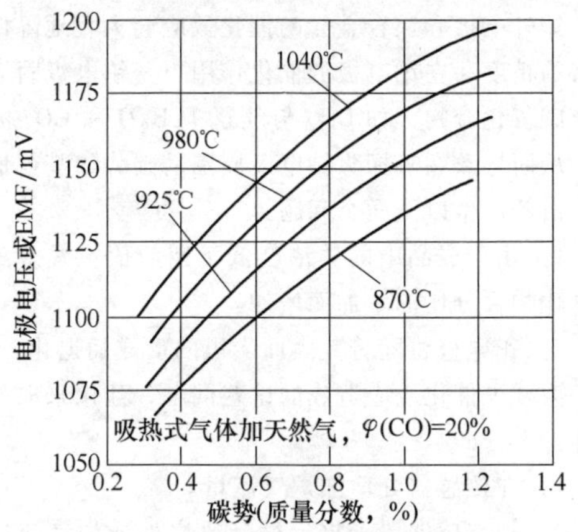

图 3-35　典型氧探头的电极间电压或 EMF 在四个温度下与碳势的关系曲线

（5）氧探头检测电势与气氛碳势　根据氧探头检测的电势、气氛一氧化碳含量和气氛温度计算气氛碳势，目前使用的有 MMI（马拉松）公式、Bosch 公式、Accucarb 公式、Drayton 公式和 AACC 公式等。渗碳常用 MMI 和 AACC 公式。使用 MMI 公式计算气氛碳势，当气氛碳势低于 0.75%时，工艺因子 p_f 取 140，MMI 和 AACC 计算结果很接近；当气氛碳势高于 0.75%时，工艺因子 p_f 取 150，MMI 和 AACC 计算结果接近，计算碳势相差小于 0.02%。

MMI 公式：

$$C_p=\frac{5.102\times e^{\frac{(E-786)}{0.0431T}}}{\frac{0.2}{p_{co}}(29p_f+400)+e^{\frac{E-786}{0.0431T}}} \tag{3-39}$$

式中　C_p——气氛碳势（%）；

E——氧探头检测电势（mV）；

T——热力学温度（K）；

p_{co}——一氧化碳分压；

p_f——工艺因子，对吸热式气氛，p_f 一般取 140。

Bosch 公式：

$$C_p=\frac{1}{1106.565\times\sqrt{\frac{0.2095}{e^{\left[\frac{E-(876.9502-148.782p_{co})}{0.022874T}\right]}}}}-0.162674 \tag{3-40}$$

式中　C_p——气氛碳势（%）；

E——氧探头检测电势（mV）；

T——热力学温度（K）；

p_{co}——一氧化碳分压。

Accucarb 公式：

$$C_p=e^{[(876.5+0.1601T)-(11.0037+0.0239383T)][\mathrm{Ln}(100p_{co}-2.995732274)-E]/(55.75\times0.1249T\times2.302585)} \tag{3-41}$$

式中　C_p——气氛碳势（%）；

E——氧探头检测电势（mV）；

T——热力学温度（K）；

p_{co}——一氧化碳分压。

Drayton 公式：

$$C_p=\frac{1}{20\times\sqrt{\frac{0.2095}{e^{\frac{E-(876.9-237.8p_{co})}{0.0355T}}}}}-0.2 \tag{3-42}$$

式中　C_p——气氛碳势（%）；

E——氧探头检测电势（mV）；

T——热力学温度（K）；

p_{co}——一氧化碳分压。

AACC 公式：

$C_p\leqslant0.85\%$时

$$C_p=191.5\times\frac{e^{\left[\frac{2.302585093\times(E-799.38)}{0.099198T}-4.39673+\lg p_{co}\right]}}{1+50.5\times e^{\left[2.302585093\times\frac{(E-799.38)}{0.099198T}-4.39673+\lg p_{co}\right]}} \tag{3-43}$$

式中　C_p——气氛碳势（%）；

E——氧探头检测电势（mV）；

T——热力学温度（K）；

p_{co}——一氧化碳分压。

$C_p>0.85\%$时

$$C_p=191.5\times\frac{e^{\left[\frac{2.302585093\times(E-799.38)}{0.099198T}-4.39673+\lg p_{co}\right]}}{1+50.5\times e^{\left[2.302585093\times\frac{(E-799.38)}{0.099198T}-4.39673+\lg p_{co}\right]}}+0.026\times\left\{191.5\times\frac{e^{\left[\frac{2.302585093\times(E-799.38)}{0.099198T}-4.39673+\lg p_{co}\right]}}{1+50.5\times e^{\left[2.302585093\times\frac{(E-799.38)}{0.099198T}-4.39673+\lg p_{co}\right]}}-0.85\right\} \tag{3-44}$$

不同氧探头碳势计算模型在甲醇滴注气氛下的氧探头检测电势与气氛碳势的对应关系如图 3-36 所示。Marathon 与 AACC 曲线的下部基本重合，Bosch 模型偏差较大。

连续式渗碳炉和淬火炉一般采用氧探头和比例控制相结合的模式。根据经验，对连续式炉通常要用比例控制，以应对工件移动、炉门开启等对炉气的影响。由于氧探头的响应快，因此可以很快地对气氛进

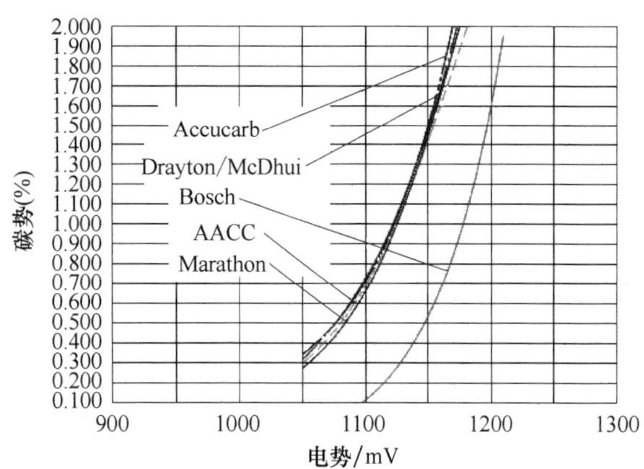

图 3-36　不同计算模型下的氧探头检测电势与气氛碳势的对应关系［920℃，φ(CO) = 32%，Marathon 的 p_f = 150］

行补偿。在比例控制系统中，输出电压送到一个双模控制器，控制器控制电动阀或气动阀通入炉子的富化气量。这种碳势控制模式更适用于短的热处理周期，如 20min 或更短时间，因为这种情况一般只需要 2～3min 的补偿。

有时仅用氧探头监测炉气，而控制是通过手动调节富化气管路上的流量计来实现的。当需要控制系统的成本时，经常使用这种方式。氧探头更换成本及简单的通/断控制成本要与人员失误、工艺精度及重现性进行综合衡量。

吸热式发生器也可用氧探头控制。这种情况下，由于很难将氧探头置于发生器炉罐内，通常在发生器输出管路上测量样气。使用独立加热的氧探头装置也很普遍，这样氧探头的温度处于氧离子能产生信号的温度以上。氧探头产生的信号送至控制仪表，仪表控制空气旁路上的电磁阀，这样即可自动调节空气/原料气的比例，以保证所需要的吸热式气氛。

优点：氧探头的响应几乎是同时的，并且与碳势的变化相对应。在高温 980～1040℃ 也不丧失灵敏度。不需要校准、清洁及与采样系统相关的维护，氧探头通过炉壁上的开口直接插入炉内。二氧化碳、水汽的浓度突然变化或大的变化，不会像分析仪那样对控制系统产生显著的影响。

缺点：氧探头的主要不足是陶瓷元件需要定期更换。氧探头的寿命取决于工作温度、工件的洁净度、气氛的设定、热处理周期及日常维护。一般来说，其寿命为 1～1.5 年。拆分氧化锆管上的外电极会造成大多数氧探头失灵（外电极指暴露于气氛的电极）。机械或热冲击会使脆性的陶瓷元件开裂，从而导致氧探头失灵。但是，在大多数情况下增加了可靠性及减少了维护和管理所带来的价值远大于定期更换氧探头元件产生的成本。

铂外电极和镍合金管的催化效应会大大地降低氧探头的精度。在铂电极的催化作用下，铂电极附近会加速碳氢化合物，如 CH_4 与气氛中 H_2O 和 CO_2 的反应，从而导致在氧探头铂电极周围的碳势较其他地方高。由此产生以下两个问题：

1）由于成品中的碳浓度低于期望值，误差随碳氢富化物百分比的增加而增加。

2）铂电极将随着其表面炭黑的形成而退化。

为减少催化效应造成的这些问题，建议采取如下措施：

1）在传感器处增加炉气流量。

2）把传感器置于接近循环风扇处或炉气流速较大的地方。没有气氛循环风扇的炉子不建议采用炉内氧探头。

3）用 X 形端头或开式保护管优化气氛流动。炭黑严重时会影响气氛的流动，因而引起较大的碳势读数误差。炭黑一般沉积在氧探头的开口和炉壁间。

增加空气吹扫系统能够消除炭黑问题。通入少量的、控制的空气，约 $0.06m^3/h$ 温和地吹扫沉积的炭黑，同时又不会使管冷却。进行吹扫时，碳势控制要断开，在空气吹扫过程中，不会发生气氛的补偿。吹扫的空气应取自低压气源，以防止向氧探头注入过量的空气。详细情况请咨询氧探头制造商。

（6）氧探头的控制参数　氧探头普遍用于吸热式气氛发生器及保护气氛炉。两种情况都需要做些假设以便确定控制变量的计算。与氧探头一起的控制仪表都能提供校正仪，以保证工艺变量的精确控制。当为混合空气与原料气（如甲烷或丙烷）时，发生器所产生的气体为 40%（体积分数，后同）H_2、40% N_2 和 20%CO。用氧探头测量氧量的百分比并将其与假定的氢量的百分比进行比较，可以计算出吸热式气氛样气的露点。支持露点计算的控制器可提供一个校正系数，校正系数用来计算吸热式气氛中氢气的百分比。该系数也可通过与一个已知露点的系统进行比较调整。通常在发生器控制中氢系数是不变的。

对采用氧探头控制炉气的，碳势是从一氧化碳的关系式导出的。多数气氛控制都采用产生恒定一氧化碳百分比的气氛。当然，由于气氛来源不同（氮-甲醇或吸热式气氛），也会有所差异。由于一氧化碳代表了气氛中的主要碳组分，碳控仪中有个设定，改变该系数可以调整碳势的计算。通常称其为 CO 系数或气氛系数。这也是一个很普遍的方法，通过调整该设定值使控制仪的碳势与薄片分析或红外气体分析的结果相吻合。

（7）气氛碳势、温度与氧探头检测电势对照表

表 3-20～表 3-22 列出了按马拉松碳势计算公式的计算结果。

表 3-20　φ(CO) 为 15%时氧探头检测电势与温度、碳势的对应值（p_f 取 140）

电势/mV	温度/℃												
	800	820	840	860	880	900	920	940	960	980	1000①	1020①	1040①
	C_p(%)												
1000	0.086	0.079	0.073	0.068	0.063	0.058	0.054	0.051	0.048	0.045	0.042	0.040	0.037
1010	0.107	0.098	0.090	0.083	0.077	0.071	0.066	0.061	0.057	0.054	0.050	0.047	0.045
1020	0.132	0.120	0.110	0.101	0.093	0.086	0.080	0.074	0.069	0.064	0.060	0.056	0.053
1030	0.162	0.148	0.135	0.124	0.114	0.105	0.097	0.090	0.083	0.077	0.072	0.067	0.063
1040	0.200	0.182	0.165	0.151	0.138	0.127	0.117	0.108	0.100	0.093	0.086	0.080	0.075
1050	0.246	0.223	0.202	0.184	0.168	0.154	0.142	0.130	0.120	0.111	0.103	0.096	0.089
1060	0.302	0.272	0.247	0.224	0.204	0.187	0.171	0.157	0.145	0.133	0.123	0.114	0.106
1070	0.369	0.333	0.301	0.272	0.247	0.226	0.206	0.189	0.173	0.160	0.147	0.136	0.126
1080	0.451	0.405	0.365	0.330	0.299	0.272	0.248	0.227	0.208	0.191	0.176	0.162	0.150
1090	0.548	0.492	0.442	0.399	0.361	0.328	0.298	0.272	0.249	0.228	0.210	0.193	0.178
1100	0.663	0.594	0.534	0.482	0.435	0.394	0.358	0.326	0.297	0.272	0.249	0.229	0.211
1110	0.798	0.715	0.643	0.579	0.522	0.472	0.428	0.389	0.355	0.324	0.296	0.272	0.250
1120	**0.954**	0.856	0.769	0.692	0.624	0.564	0.511	0.464	0.422	0.385	0.351	0.322	0.295
1130		**1.018**	0.915	0.824	0.743	0.671	0.607	0.551	0.501	0.456	0.416	0.380	0.349
1140			**1.082**	0.975	0.880	0.795	0.720	0.652	0.592	0.539	0.491	0.449	0.411
1150				**1.147**	1.036	0.937	0.848	0.769	0.698	0.635	0.578	0.528	0.482
1160					**1.212**	1.098	0.995	0.902	0.819	0.745	0.678	0.619	0.565
1170						**1.278**	1.160	1.053	0.957	0.871	0.793	0.723	0.660
1180							**1.343**	1.222	1.112	1.013	0.923	0.842	0.769
1190								**1.409**	1.284	1.171	1.069	0.976	0.892
1200									**1.473**	**1.347**	1.231	1.125	1.029
1210											**1.409**	1.290	1.182
1220												**1.471**	1.350

注：粗体数据为碳势超过该温度下的炭黑极限值。

① 1000℃以上高温的碳势值仅作参考。

表 3-21　φ(CO) 为 20%时氧探头检测电势与温度、碳势的对应值（p_f 取 150）

电势/mV	温度/℃												
	800	820	840	860	880	900	920	940	960	980	1000①	1020①	1040①
	C_p(%)												
1000	0.107	0.099	0.091	0.084	0.078	0.073	0.068	0.064	0.060	0.056	0.053	0.049	0.047
1010	0.133	0.122	0.112	0.103	0.096	0.089	0.082	0.077	0.072	0.067	0.063	0.059	0.056
1020	0.164	0.150	0.137	0.126	0.116	0.108	0.100	0.093	0.086	0.080	0.075	0.071	0.066
1030	0.202	0.184	0.168	0.154	0.142	0.130	0.121	0.112	0.104	0.097	0.090	0.084	0.079
1040	0.248	0.225	0.205	0.188	0.172	0.158	0.146	0.135	0.125	0.116	0.108	0.100	0.094
1050	0.304	0.276	0.251	0.228	0.209	0.191	0.176	0.162	0.150	0.139	0.129	0.120	0.111
1060	0.372	0.337	0.305	0.277	0.253	0.231	0.212	0.195	0.180	0.166	0.154	0.142	0.132
1070	0.454	0.410	0.371	0.336	0.306	0.279	0.255	0.234	0.215	0.198	0.183	0.170	0.157
1080	0.552	0.497	0.449	0.407	0.369	0.336	0.307	0.281	0.258	0.237	0.218	0.202	0.187
1090	0.668	0.601	0.542	0.490	0.444	0.404	0.368	0.336	0.308	0.282	0.260	0.239	0.221
1100	0.803	0.723	0.652	0.589	0.533	0.484	0.440	0.401	0.367	0.336	0.308	0.284	0.262
1110	0.961	0.865	0.780	0.704	0.637	0.578	0.525	0.478	0.436	0.399	0.366	0.336	0.309
1120		1.028	0.927	0.838	0.758	0.687	0.624	0.568	0.517	0.473	0.433	0.397	0.365
1130			1.096	0.991	0.897	0.813	0.738	0.671	0.612	0.558	0.510	0.468	0.429
1140				1.165	1.056	0.958	0.870	0.791	0.720	0.657	0.600	0.549	0.504

（续）

电势/mV	温度/℃												
	800	820	840	860	880	900	920	940	960	980	1000①	1020①	1040①
	C_p(%)												
1150					1.234	1.121	1.019	0.927	0.845	0.771	0.704	0.644	0.590
1160							1.187	1.081	0.986	0.900	0.822	0.752	0.689
1170								1.253	1.144	1.045	0.955	0.874	0.801
1180									1.320	1.207	1.105	1.012	0.927
1190										1.386	1.271	1.165	1.069
1200										1.581	1.453	1.334	1.226
1210												1.519	1.398
1220													1.584

① 1000℃以上高温的碳势值仅作参考。

表 3-22　φ(CO) 为 32%时氧探头检测电势与温度、碳势的对应值（p_f 取 150）

电势/mV	温度/℃												
	800	820	840	860	880	900	920	940	960	980	1000①	1020①	1040①
	C_p(%)												
1000	0.170	0.156	0.144	0.134	0.124	0.116	0.108	0.101	0.095	0.089	0.084	0.079	0.074
1010	0.209	0.192	0.177	0.163	0.151	0.140	0.131	0.122	0.114	0.106	0.100	0.094	0.088
1020	0.257	0.235	0.216	0.199	0.184	0.170	0.158	0.147	0.137	0.128	0.119	0.112	0.105
1030	0.315	0.288	0.264	0.242	0.223	0.206	0.190	0.176	0.164	0.153	0.143	0.133	0.125
1040	0.385	0.351	0.321	0.294	0.270	0.248	0.229	0.212	0.197	0.183	0.170	0.159	0.148
1050	0.470	0.427	0.389	0.356	0.326	0.300	0.276	0.255	0.235	0.218	0.203	0.189	0.176
1060	0.571	0.518	0.471	0.430	0.393	0.360	0.331	0.305	0.281	0.260	0.241	0.224	0.209
1070	0.690	0.625	0.568	0.518	0.473	0.433	0.397	0.365	0.336	0.310	0.287	0.266	0.247
1080	0.829	0.752	0.683	0.621	0.566	0.518	0.474	0.435	0.400	0.369	0.340	0.315	0.292
1090	**0.990**	0.898	0.815	0.742	0.676	0.617	0.564	0.517	0.475	0.437	0.403	0.372	0.345
1100		**1.066**	0.969	0.881	0.803	0.733	0.670	0.613	0.563	0.517	0.476	0.439	0.406
1110			**1.143**	1.040	0.948	0.866	0.791	0.724	0.664	0.610	0.561	0.517	0.477
1120					**1.114**	1.017	0.930	0.851	0.780	0.716	0.659	0.606	0.559
1130						**1.188**	1.087	0.996	0.913	0.838	0.770	0.709	0.654
1140							**1.263**	1.158	1.063	0.976	0.897	0.826	0.761
1150								**1.338**	1.230	1.130	1.040	0.958	0.883
1160									**1.414**	1.302	1.199	1.105	1.019
1170										**1.489**	1.374	1.268	1.171
1180											**1.565**	1.447	1.338

注：粗体数据为碳势超过该温度下的炭黑极限。

① 1000℃以上高温的碳势值仅作参考。

（8）常用氧探头结构与型号　常用氧探头结构有球状氧化锆结构和柱状氧化锆结构：

1）球状氧化锆结构。球状氧化锆结构如图 3-37 所示。氧化锆为球状，锆球的底部和炉气接触，上部和参比气（空气）接触，不同氧浓度的气氛由密封陶瓷管隔离，在锆球内形成浓差电势，浓差电势两极由内外电极引出。为减少电极内阻，在两电极与锆球接触部位设有铂镀层。

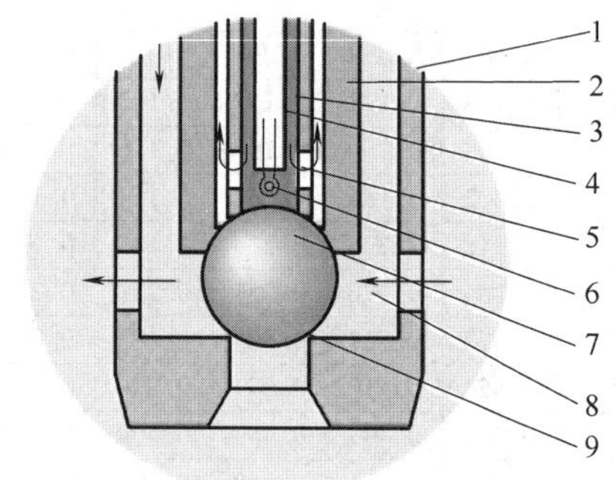

图 3-37　球状氧化锆结构

1—外管（外电极）　2—密封内管　3—密封陶瓷管　4—内电极　5—参比气　6—热电偶　7—氧化锆球　8—循环炉气　9—铂镀层

2）柱状氧化锆结构。柱状氧化锆结构如图 3-38 所示。氧化锆为柱状，锆柱的底部和炉气接触，上部和参比气（空气）接触，不同氧浓度的气氛由密封陶瓷管隔离，在锆柱内形成浓差电势，浓差电势两极由内外电极引出。为减少电极内阻，在两电极与锆球接触部位设有铂网层。

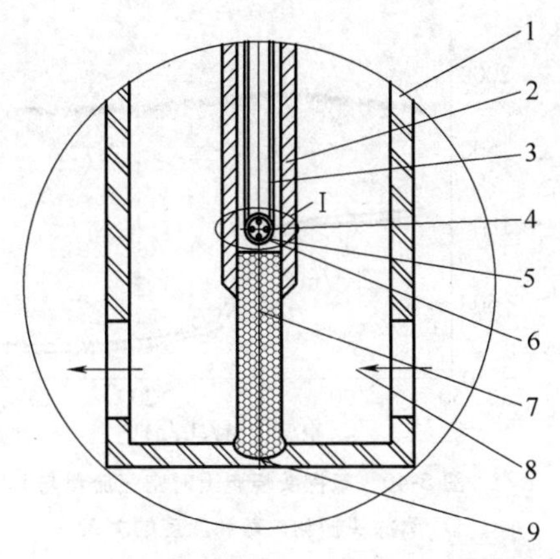

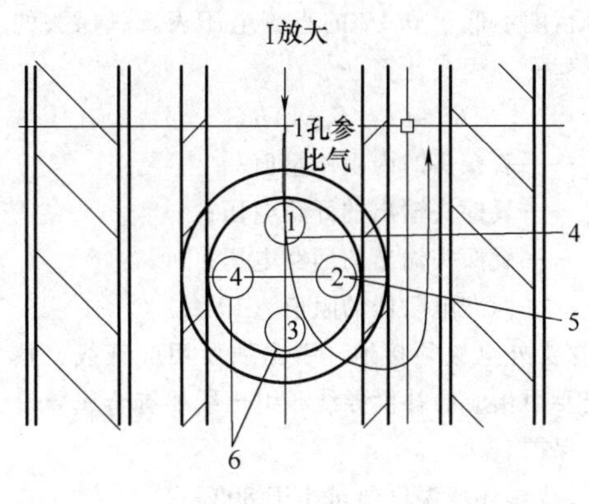

图 3-38　柱状氧化锆结构

1—外管（外电极）　2—密封内管　3—四孔管　4—1 孔参比气　5—2 孔内电极　6—3、4 孔热电偶　7—氧化锆柱　8—循环炉气　9—铂网屏

(9) 氧探头的安装、拆卸、使用及维护　应仔细阅读氧探头供应商提供的说明书，严格安装供应商的说明书要求执行。一般情况下，氧探头的安装可参照图 3-39 所示的规定执行。

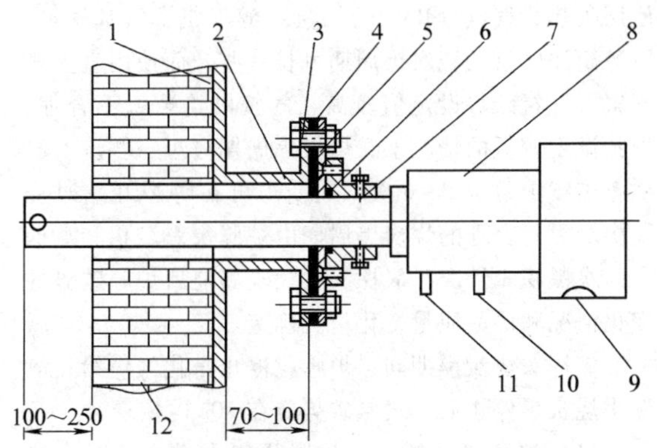

图 3-39　氧探头安装

1—炉壳　2—耐热钢管　3—炉体法兰　4—石棉垫　5—法兰　6—密封圈　7—定位座　8—探头　9—信号引出线　10—参比气孔　11—吹扫（烧炭黑）孔　12—炉墙

1) 测量点靠近炉子有效加热区并靠近工件炉料、在主控热电偶附近气氛循环较好的位置，不要靠近渗剂入口、炉内回风死角、加热元件或风扇附近、工件出炉时易发生碰撞的位置。

2) 可水平安装在炉侧或炉后，也可垂直安装在炉顶或井式炉炉盖上。

3) 新炉或大修后的炉子首次启用时，应在炉子烘炉结束后安装氧探头，防止炉膛水汽和腐蚀性气体损坏氧探头。热态安装时，应分段缓慢插入氧探头，插入速度不得高于 10mm/min，尤其当接近炉膛时，要缓慢插入，防止快速加热损坏氧化锆探头。拔出氧探头的速度和插入相同。一般在氧探头外管上每隔 20mm 划上标记，每两分钟插入一格或拔出一格。氧探头插入后应进行旋转，使氧探头头部的气孔与炉气流动方向相适应。

4) 探头外电极管与法兰之间及法兰与炉体之间加适当的保温材料（陶瓷纤维或石棉垫）以保证密封，严禁气体泄漏。

5) 参比气为空气，流量推荐 50～500mL/min，较大或较小的参比气都会对探头碳势产生影响。在气氛稳定状态下调整参比气流量，观察控制仪表碳势或氧探头检测电势变化，一般情况下取碳势稳定条件下的小流量参比气，因较大流量的参比气会影响氧探头寿命。参比气流量与锆头的密封性有很大关系，当密封不好时，参比气流量太小，炉内气体会向参比气室渗漏，导致输出电势降低；此时，必须加大参比气流量，以阻止炉气渗漏到参比气室中，但可能产生电极冷却效应。因此，当密封太差时，不管参比气流量多大，都难以补偿渗漏效应的影响，此时的输出电势很低。用于氧探头的参比气应压力稳定，不能含水、油等有害物质。

6) 氧探头的密封性检查。在炉子气氛碳势稳定状态下关闭参比气，30s 内氧探头检测电势下降小于 5mV，则氧探头密封良好，否则密封差。

7) 氧探头内阻检测。新的氧探头内阻小于 1kΩ，内阻随氧探头使用时间延长而增加，当内阻大于 20kΩ 时，应加强对氧探头的监控；当超过 50kΩ 时，应更换氧探头。

当进行内阻检测时，炉温高于 600℃，在炉内气氛稳定情况下，使用一个 10kΩ 的电阻器作为输出负载，一个精度不低于0.5%的直流电压表。氧探头的内阻用下列的方程式计算：

$$R_x=(E_0/E_s-1)R_s$$

式中 R_x——氧探头的内阻测量值；

E_0——氧探头输出的开路电压；

E_s——氧探头输出的回路电压；

R_s——标准电阻器的阻值（10kΩ）。

8）探头外电极须接地，引出线要用屏蔽线，热电偶引线要用相应的补偿导线，引出线要有金属导管或蛇皮管保护。

9）接线盒环境温度要求小于80℃。

10）氧探头烧炭黑。氧探头在炉内气氛中工作时，在氧探头的氧化锆电极部位、外管和密封内管之间容易形成炭黑，炉膛气氛使用不当时也会形成炭黑，这些炭黑黏附在氧化锆上时，会影响气氛碳势的检测精度，因此氧探头需要定期烧炭黑。

烧炭黑的最佳炉膛温度是820~880℃，对于连续炉工作温度不在最佳温度范围的，可以在工作温度烧炭黑，并对烧炭黑参数适当调整。

烧炭黑应使用洁净空气，不允许使用含油类杂质的空气。烧炭黑的空气进入氧探头的外管和密封内管之间，由于在此空间充满了炉内可燃气氛，氧探头导管的温度从尾部的室温到氧探头头部附件的炉膛高温，随着通入空气量的加大，燃烧从氧探头导管的中部着火点开始向氧化锆头部推进，若空气流量小时，燃烧可能稳定在氧探头导管中部某一位置，无法烧掉氧化锆头部的炭黑。燃烧位置除了与空气流量有关，还与炉内气氛压力和气氛循环有关。只有合适的空气流量才能起到氧探头的氧化锆头部烧炭黑的作用。在氧探头烧炭黑时，若燃烧正好发生在氧探头头部，氧探头头部的温度会上升，氧探头检测电势下降，图3-40所示为氧探头烧炭黑时空气流量与氧探头检测电势和温度的关系。当空气流量低于约140L/h时，探头温度上升，碳势缓慢下降，说明燃烧发生在导管中部；当空气流量为140~160L/h时，探头温度开始下降，碳势迅速下降，说明燃烧在氧化锆头部进行；当空气流量大于160L/h时，温度和碳势都缓慢下降，说明燃烧越过头部。因此，一般推荐的烧炭黑空气流量为170~200L/h，在此流量下氧探头烧炭黑的效果最好。

在氧探头烧炭黑时，氧探头温度不能超过1000℃（1832℉），如果氧探头头部温度超过1000℃时，可能对氧探头造成永久损伤。在较高工作温度烧炭黑时，可以采用多次短时烧炭黑，防止氧探头头部损坏。

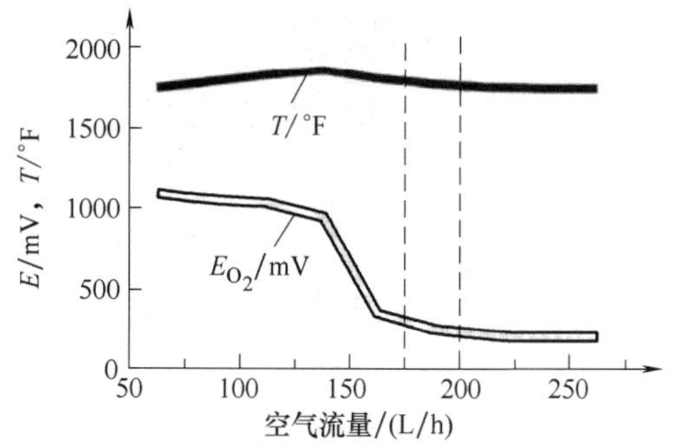

图3-40 氧探头烧炭黑时空气流量与氧探头检测电势和温度的关系

氧探头烧炭黑的吹扫时间根据氧探头炭黑的积累程度、吹扫空气流量和氧探头头部温升情况，一般推荐为60~180s。

氧探头烧炭黑的周期与气氛设定碳势的高低、气氛类型、气氛温度、气氛供给装置等有关。对氧探头频繁地进行吹扫烧炭黑，也会缩短氧探头的使用寿命。一般情况下，气氛碳势设定值低、炉膛温度高、使用吸热式气氛（RX气）、氮甲醇气氛、氮基气氛、甲醇滴注气氛的烧炭黑周期可长一些，而使用直生式气氛、气氛碳势设定值较高、气氛供给装置不合理、炉膛温度较低的情况下，烧炭黑周期应短一些。一般推荐连续炉每天3~6次，周期炉可在每炉开始时烧一次炭黑。合理的烧炭黑周期由炉膛炭黑堆积和氧探头的炭黑积累情况，氧探头吹扫炭黑前后炉膛碳势的变化情况和产品质量变化情况确定。

氧探头烧炭黑期间，炉膛应停止富化气供给；氧探头烧炭黑停止后，气氛碳势应在60s内恢复。

11）炉膛烧炭黑。当炉膛积累大量炭黑时，这些炭黑容易随气氛的循环黏附在氧探头的氧化锆上，影响气氛碳势控制精度，影响热处理工件质量，因此应对炉膛进行烧炭黑处理。通过炉体上观察孔观察炉膛的底部或角落，观测孔周围、定碳装置管内、炉膛排出尾气的燃烧情况、出炉工件等判断炉膛是否有炭黑，若确定炉膛有炭黑积累，待炉膛工件出炉后，将炉温降到820~880℃，按照炉子制造商的设备使用说明，使用炉子配置的烧炭黑装置进行烧炭黑处理。直接打开炉门烧炭黑时，注意炉门不可开得太高，约200mm高度，能观察到炉膛炭黑燃烧情况即可。烧炭黑时，炉温升高超过100℃时应停止烧炭黑，等温度下降后再继续烧炭黑。炭黑烧除完成后，按设备操作说明重新供气补碳，将设备带入工作状态。

（10）氧探头常见故障及处理方法（见表3-23）

表 3-23 氧探头常见故障及处理方法

故障	原因	处理方法
无氧电势输出或电势很低	1)探头到分析仪的导线断开 2)探头内接线引出线接点松动或断开 3)无参比气 4)锆头破裂或瓷管破裂	1)检查电路 2)检查气路 3)更换探头内部件
氧电势偏低并有波动	1)探头与炉体连接的法兰密封不严 2)探头前部管末悬空,受有弯曲力 3)参比气量不足 4)电信号受到干扰 5)探头内部封接处漏气	1)检查法兰的安装 2)适当加大参比气量 3)外电极和屏蔽线外皮接地
氧电势偏高并有波动	探头锆头积有炭黑	清洗或烧除炭黑
温度电势无或偏低	1)热电偶引线松脱 2)未用补偿导线引线 3)参比气流量过大 4)热电偶损坏	1)检查电路 2)调整参比气量 3)更换热电偶

2. 气氛碳势的校正

气氛温度和气氛成分的偏差、氧探头和碳势控制仪表的精度等会影响气氛碳势的检测精度，可通过定碳的方法测定气氛碳势，对碳控系统进行校正，使气氛碳势和仪表显示碳势一致。

JB/T 10312—2011《钢箔测定碳势法》规定了使用箔片检测渗碳气氛碳势的方法。钢箔在渗碳气氛中渗透所需时间见表 3-24。

表 3-24 钢箔在渗碳气氛中渗透所需时间

钢箔厚度/mm	0.03~0.05			0.05~0.1		
渗碳温度/℃	>1000	1000~930	930~840	>1000	1000~930	930~840
渗碳时间/min	5	5~10	10~30	15	15~30	30~45

对氮基气氛，由于气氛的一氧化碳和氢气含量较低，使用箔片测定气氛碳势的时间应做相应调整；氮基气氛的碳势控制方式对箔片测定气氛碳势也会产生一定影响，测定时要注意排除这些影响因素。图 3-41 所示为钢箔在不同一氧化碳含量气氛中碳含量与时间的关系，钢箔在氮基气氛中渗透所需时间可参照表 3-25。

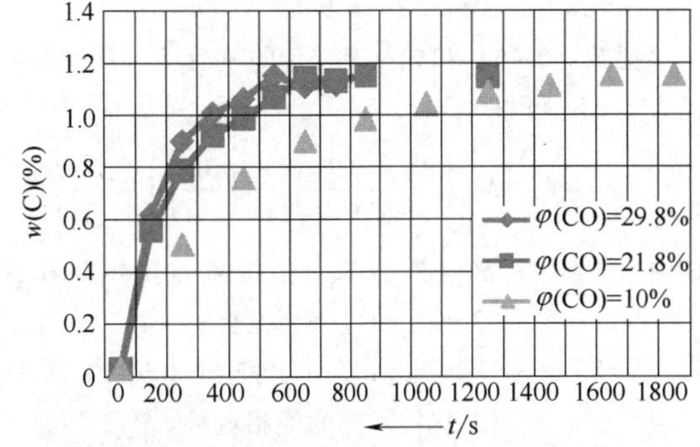

图 3-41 钢箔在不同一氧化碳含量气氛中碳含量与时间的关系

表 3-25 钢箔在氮基气氛中渗透所需时间

（钢箔厚度不大于 0.08mm）

炉膛温度/℃	气氛 φ(CO)(%)	钢箔放置时间/min
≤850	≤10	60
	>10~20	45
	>20	30
>850~900	≤10	45
	>10~20	30
	>20	15
>900	≤10	30
	>10~20	20
	>20	10

3.4 可控气氛的氮势控制

3.4.1 氮势

1. 氮势定义

氮势是表征渗氮气氛在一定温度下的渗氮能力的物理量，对于以氨气作为原料气的气体渗氮气氛，钢的渗氮反应通式可以写成：

$$NH_3=\frac{3}{2}H_2+[N] \tag{3-45}$$

式（3-45）自由能变化为

$$\Delta F=-RT\ln K_p+RT\ln\left(\frac{p_{H_2}^{1.5}a_N}{p_{NH_3}}\right)$$

当式（3-45）达到平衡时，$\Delta F=0$，可得

$$a_N=K_p\frac{p_{NH_3}}{p_{H_2}^{1.5}} \tag{3-46}$$

式（3-46）中的 a_N 是与气相平衡的铁表面的氮活度，K_p 是式（3-45）的平衡常数。在工程技术中，把式（3-46）右侧的比值定义为以氨气为渗氮剂的渗氮气氛的氮势，并用符号 N_p 表示：

$$N_p = \frac{p_{NH_3}}{p_{H_2}^{1.5}} \tag{3-47}$$

式中 p_{NH_3}——炉气中的氨分压；

p_{H_2}——炉气中的氢分压。

式（3-47）定义氮势已经在 GB/T 18177—2008 作为规范性附录。

在工业生产中，涉及氮势计算和控制的气体渗氮炉的炉压都是微正压，炉气的分压就等于炉气的体积组分，代入式（3-47）计算氮势时，分压为体积组分百分数的小数化数值（百分数除以 100），即

$$N_p = \frac{\varphi_{NH_3}}{\varphi_{H_2}^{1.5}} \tag{3-48}$$

式中 φ_{NH_3}——炉气中氨气体积组分的百分数的小数化数值；

φ_{H_2}——炉气中氢气体积组分的百分数的小数化数值。

式（3-48）才是工业生产中常用的氮势计算公式。

氮势具有以下性质：氮势值取决于气相的组成；在一定温度下，氮势正比于与气相平衡的铁中的氮活度。

2. 临界氮势

1）形成 γ′相的临界氮势是表面氮活度达到开始出现 γ′相时的氮活度按式（3-46）和式（3-47）所对应的氮势。根据相关技术资料并加以推导，在绝对温度为 T 的以氨气为原料气渗氮气氛中形成 γ′相的临界氮势 $N_{p\gamma'}$ 为

$$N_{p\gamma'} = 10^{\left(\frac{2065}{T} - 3.317\right)} \tag{3-49}$$

由式（3-49）可知，在一定温度下，形成 γ′相的临界氮势是一确定值。

2）形成 ε 相的临界氮势是表面氮活度达到开始出现 ε 相时的氮活度按式（3-46）和式（3-47）所对应的氮势。根据相关技术资料并加以推导，在绝对温度为 T 的以氨气为原料气的渗氮气氛中形成 ε 相的临界氮势 $N_{p\varepsilon}$ 为

$$N_{p\varepsilon} = 10^{\left(\frac{2950}{T} - 3.463\right)} \tag{3-50}$$

由式（3-50）可知，在一定温度下，形成 ε 相的临界氮势是一确定值。

3. 氮势门槛值

在实际生产中，能够形成化合物层的气相氮势不等于临界氮势。对应一定渗氮时间，形成化合物层所需要的最低氮势称为氮势门槛值，它是时间的函数。

为了给出氮势门槛值的数学表达式，需要运用气固反应的物质传递数学模型。根据相关参考文献的建议，在有关物质传递的数学模型中，用活度代替浓度更为合理。设想将原始氮活度为 a_{N0} 的工件置于氮活度为 a_{Ng} 的渗氮气氛中渗氮，当气相中氮活度高于工件（固相）中的氮活度时，氮会不断地向工件表面传递，工件表面的氮活度提高。同时，由于工件表面氮活度提高，在工件内表面将出现氮活度梯度，促使氮向工件内部扩散。设渗氮进程中工件内的氮活度为 a_N，它是时间 t 和从表面向内算起的距离 x 的函数，应用 Fick 第二定律的微分方程：

$$\frac{\partial a_N}{\partial t} = D\frac{\partial^2 a_N}{\partial x^2} \tag{3-51}$$

式中 D——按活度计算的氮在钢中的扩散系数。

边界条件：

$$x=0: \beta(a_{Ng}-a_{Ns}) = D\left(\frac{\partial a_N}{\partial t}\right)_{x=0}$$

式中 β——气固反应的传递系数。

$$x=\infty : a_N = a_{N0}$$

初始条件：

$$t=0, 0<x<\infty : a_N = a_{N0}$$

按照上述边界条件和初始条件，式（3-51）的解析解为

$$a_N(x,t) = a_{N0} + (a_{Ng} - a_{N0})$$

$$\left[\operatorname{erfc}\left(\frac{x}{2\sqrt{Dt}}\right) - \exp\left(\frac{\beta x + \beta^2 t}{D}\right)\operatorname{erfc}\left(\frac{x}{2\sqrt{Dt}} + \frac{\beta\sqrt{t}}{\sqrt{D}}\right)\right]$$

对于工件表面，$x=0$，并令 $a_{N0}=0$，即零件原始氮活度为 0，由上式可得 t 时间时工件表面的氮活度 a_{Ns}：

$$a_{Ns} = a_{Ng}\left[1 - \exp\left(\frac{\beta^2 t}{D}\right)\operatorname{erfc}\left(\frac{\beta\sqrt{t}}{\sqrt{D}}\right)\right]$$

把式（3-46）和式（3-47）的氮活度与氮势关系代入上式，可得

$$N_{ps} = N_{pg}\left[1 - \exp\left(\frac{\beta^2 t}{D}\right)\operatorname{erfc}\left(\frac{\beta\sqrt{t}}{\sqrt{D}}\right)\right]$$

式中 N_{ps}——表面氮活度 a_{Ns} 按式（3-46）和式（3-47）对应表面氮势；

N_{pg}——气相氮活度 a_{Ng} 按式（3-46）和式（3-47）对应的气相氮势。

当表面刚好达到临界氮势时，开始出现化合物层，由上式可以推导出氮势门槛值的理论公式：

$$N_{pt}=\frac{N_{pc}}{1-\exp\left(\frac{\beta^2 t}{D}\right)\operatorname{erfc}\left(\frac{\beta\sqrt{t}}{\sqrt{D}}\right)} \tag{3-52}$$

式中　N_{pt}——与渗氮时间对应的氮势门槛值；

N_{pc}——出现化合物层的临界氮势，参见式（3-49）和式（3-50）。

令式（3-52）中的$\frac{\beta}{\sqrt{D}}=B$，称为传质因子，则式（3-52）可以写成

$$N_{pt}=\frac{N_{pc}}{1-\exp(B^2 t)\operatorname{erfc}(B\sqrt{t})} \tag{3-53}$$

式（3-52）和式（3-53）为氮势门槛值 N_{pt} 与时间 t 的关系，以及临界氮势 N_{pc} 和传质因子 $B=\frac{\beta}{\sqrt{D}}$对氮势门槛值的影响。

可以通过试验法确定某一钢种在某温度下的传质因子 B 和临界氮势 N_{pc}。通过试验测得两个时间 t_1 和 t_2 的氮势门槛值 N_{pt_1} 和 N_{pt_2}，再按式（3-53）列出下列联立方程：

$$N_{pt_1}=\frac{N_{pc}}{1-\exp(B^2 t_1)\operatorname{erfc}(B\sqrt{t_1})} \tag{3-54}$$

$$N_{pt_2}=\frac{N_{pc}}{1-\exp(B^2 t_2)\operatorname{erfc}(B\sqrt{t_2})} \tag{3-55}$$

根据式（3-54）和式（3-55）构成的联立方程，可以算出该钢种在某温度下的传质因子 B 和临界氮势 N_{pc}，这样就可以用式（3-53）计算该钢种在某温度下其他时间的氮势门槛值。

3.4.2　气氛组分关系

根据氮势的定义式（3-47）和式（3-48），要计算氮势，就必须知道炉气中的氨气 NH_3 和氢气 H_2 的体积组分。在热处理行业中，通常把气体的体积组分称为气体的含量，因此按理炉子应当配置氨气含量和氢气含量的测量装置。然而，由于氨气具有较强的腐蚀性，而氮化炉内氨气含量相对较高，受目前技术发展的限制，在热处理应用场合，市场上还没有成本合理的成熟的能用于连续在线测量氮化炉气氛的氨气含量的传感器，主要问题在于氨气含量测量传感器的耐久性和可靠性。氢气含量测量传感器的发展较早，目前已比较成熟。氢气含量测量传感器，在热处理行业中通常称为氢探头。

尽管目前市场上还没有成本合理的成熟的能用于连续在线测量氮化炉气氛的氨气含量的传感器，但对于以氨气（包括直接通入炉内的氨气和经过氨裂解器通入炉内的氨气，本节下同）作为原料气的渗氮气氛，炉内气氛中的氨气和氢气含量存在一个明确的关系。对于以氨气+氮气作为原料气的渗氮气氛，当已知各原料气的流量时，也能建立炉内气氛中氨气含量和氢气含量的关系。对于以氨气作为渗氮剂、以二氧化碳作为渗碳剂的氮碳共渗气氛，以及以氨气作为渗氮剂、以二氧化碳作为渗碳剂并附加氮气的氮碳共渗气氛，当已知各原料气的流量时，也能建立炉内气氛中氨气含量和氢气含量的近似关系。因此，只要用氢探头测得炉内气氛的氢气含量，就能算出炉内气氛的氨气含量，进而也就能计算出气氛的氮势。

1. 原料气为氨气的气氛中氨气含量和氢气含量的关系

对于原料气仅为氨气的渗氮气氛，炉气中的氢来自于氨气的分解（包括在炉内的分解和在炉外的裂解器内的分解，下同）。氨气的分解反应为

$$NH_3=\frac{3}{2}H_2+\frac{1}{2}N_2 \tag{3-56}$$

由式（3-56）可知，氨分解后生成氢气和氮气，且生成的氮气份数是生成的氢气份数的三分之一。这样，炉气的组分为未分解的氨气、分解了的氨气所生成的氢气和氮气，各个组分之间有如下关系：

$$\varphi_{NH_3}+\varphi_{H_2}+\varphi_{N_2}=1$$

由于生成的氮气份数是生成的氢气份数的三分之一，所有上式可以写成

$$\varphi_{NH_3}+\varphi_{H_2}+\frac{1}{3}\varphi_{H_2}=\varphi_{NH_3}+\frac{4}{3}\varphi_{H_2}=1 \tag{3-57}$$

式中　φ_{NH_3}——炉气中氨气体积含量的百分数的小数化数值；

φ_{H_2}——炉气中氢气体积含量的百分数的小数化数值；

φ_{N_2}——炉气中氮气体积含量的百分数的小数化数值。

由式（3-57）可得

$$\varphi_{NH_3}=1-\frac{4}{3}\varphi_{H_2} \tag{3-58}$$

$$\varphi_{H_2}=\frac{3}{4}(1-\varphi_{NH_3}) \tag{3-59}$$

式（3-58）和式（3-59）是仅以氨气为原料气的渗氮气氛中的氨气含量和氢气含量之间的关系式。可见，在炉气中的氨气含量和氢气含量中，只要测得其中一个组分，另一个组分就能通过计算得到，从而也就能根据式（3-48）计算出炉气的氮势。

2. 原料气为氨气+氮气的气氛中氨气含量和氢气含量的关系

对于原料气为氨气+氮气的渗氮气氛，炉气中的氢也来自氨气的分解，分解反应见式（3-56）。穿过

炉膛的炉气各组分为未分解的氨气及氨分解后生成的氢气、氮气，以及通入的原料氮气。假定直接通入炉内的氨气总流量（含经过裂解器通入炉子的氨气流量，下同）为 Q'_{NH_3}，通入炉内的氮气流量为 Q'_{N_2}，经裂解器裂解的和在炉内分解的氨气（实际上是分解部分的氨气流量）与氨气总流量的比值为 α，穿过炉膛的未裂解的氨气流量、生成的氢气流量和穿过炉膛的氮气流量分别为 Q_{NH_3}、Q_{H_2} 和 Q_{N_2}，炉子尾气的总流量（即穿过炉膛的混合气总流量）为 Q_W，则下列式子成立：

$$Q_{NH_3}=(1-\alpha)Q'_{NH_3}$$

$$Q_{H_2}=\frac{3}{2}\alpha Q'_{NH_3}$$

$$Q_{N_2}=\frac{1}{2}\alpha Q'_{NH_3}+Q'_{N_2}$$

$$Q_W=Q_{NH_3}+Q_{H_2}+Q_{N_2}$$

$$Q_W=(1-\alpha)Q'_{NH_3}+\frac{3}{2}\alpha Q'_{NH_3}+\frac{1}{2}\alpha Q'_{NH_3}+Q'_{N_2}$$

$$=(1+\alpha)Q'_{NH_3}+Q'_{N_2} \tag{3-60}$$

需要说明的是，上面各式流量都是折算到标准状态的体积流量，下同。炉内气氛中的氢气含量为

$$\varphi_{H_2}=\frac{Q_{H_2}}{Q_W}=\frac{\frac{3}{2}\alpha Q'_{NH_3}}{(1+\alpha)Q'_{NH_3}+Q'_{N_2}}=\frac{\frac{3}{2}\alpha}{1+\alpha+\lambda_{N_2}}$$

式中 $\lambda_{N_2}=Q'_{N_2}/Q'_{NH_3}$——所加原料氮气的流量占原料氨气流量百分数的小数化数值。

由上式解 α，得

$$\alpha=\frac{(1+\lambda_{N_2})\varphi_{H_2}}{\frac{3}{2}-\varphi_{H_2}} \tag{3-61}$$

炉内气氛中的氨气含量为

$$\varphi_{NH_3}=\frac{Q_{NH_3}}{Q_W}=\frac{(1-\alpha)Q'_{NH_3}}{(1+\alpha)Q'_{NH_3}+Q'_{N_2}}=\frac{(1-\alpha)}{(1+\alpha)+\lambda_{N_2}}$$

把式（3-61）表达的 α 代入上式得

$$\varphi_{NH_3}=\frac{1.5-(2+\lambda_{N_2})\varphi_{H_2}}{1.5(1+\lambda_{N_2})} \tag{3-62}$$

式（3-62）就是氨气+氮气的渗氮气氛中氨气和氢气含量的关系式。可见，在这种气氛的氨气含量和氢气含量中，只要测得其中一个组分，另一个组分就能通过计算得到，从而也能根据式（3-48）计算出炉气的氮势。需要注意的是，式（3-62）成立的条件是原料氮气流量 Q'_{N_2}与原料氨气总流量 Q'_{NH_3}的比 λ_{N_2}值保持恒定。

如果令式（3-62）中的 $\lambda_{N_2}=0$，即不加氮气，则式（3-62）变成和式（3-58）相同。因此，式（3-62）是原料气为纯氨气的渗氮气氛和原料气为氨气+氮气的渗氮气氛的通用公式。

比较式（3-58）和式（3-62）可以发现，当式（3-62）中的 $\lambda_{N_2}>0$ 时，在相同的氢含量测量值的情况下，由式（3-62）计算的氨气含量将小于由式（3-58）计算的氨气含量，这说明对于氨气+氮气的渗氮气氛仍用式（3-58）计算的氨气含量并进而计算氮势是不恰当。

3. 原料气为氨气+二氧化碳气氛中氨气含量和氢气含量的关系

对于以氨气+二氧化碳为原料气的氮碳共渗气氛，炉气中的氢也来自氨气的分解，分解反应见式（3-56）。如果氨分解生成的氢气不与通入炉子的二氧化碳发生反应，则穿过炉膛的炉气各组分为未分解的氨气及氨分解后生成的氢气、氮气，以及通入的原料气二氧化碳。然而，通入的二氧化碳在氮碳共渗温度下会与氢气发生反应，生成一氧化碳和水蒸气，从而要消耗氨分解所产生的氢气。在常用的二氧化碳通入量（占原料气总流量的3%～5%）和常用的氮碳共渗温度（570±10℃）及常用氮碳共渗氮势范围的条件下，大约有70%的二氧化碳转化成一氧化碳，并生成等量的水蒸气。这里用 z 表示二氧化碳转化成一氧化碳的转化率，即 $z\approx0.7$。假定直接通入炉内的氨气的总流量为 Q'_{NH_3}，通入炉内的二氧化流量为 Q'_{CO_2}，经裂解器裂解的和在炉内分解的氨气（实际上是分解部分的氨气流量）与氨气总流量的比值为 α，穿过炉膛的未分解的氨气流量为 Q_{NH_3}，氨气分解生成的氢气流量扣除二氧化碳转化成一氧化碳和水蒸气所消耗的氢气流量后剩余的氢气流量为 Q_{H_2}，氨气分解生成的氮气的流量为 Q_{N_2}，二氧化碳转化成的一氧化碳的流量为 Q_{CO}，二氧化碳转化成一氧化碳时生成的水蒸气的流量为 Q_{H_2O}，未转化完的剩余二氧化碳的流量为 Q_{CO_2}，炉子尾气的总流量（即穿过炉膛的混合气总流）为 Q_W，则下列式子成立：

$$Q_{NH_3}=(1-\alpha)Q'_{NH_3}$$

$$Q_{H_2}=\frac{3}{2}\alpha Q'_{NH_3}-zQ'_{CO_2}$$

$$Q_{N_2}=\frac{1}{2}\alpha Q'_{NH_3}$$

$$Q_{CO}=zQ'_{CO_2}$$

$$Q_{H_2O}=zQ'_{CO_2}$$

$$Q_{CO_2}=(1-z)Q'_{CO_2}$$

$$Q_W=Q_{NH_3}+Q_{H_2}+Q_{N_2}+Q_{CO}+Q_{H_2O}+Q_{CO_2}$$

$$Q_W=(1-\alpha)Q'_{NH_3}+\frac{3}{2}\alpha Q'_{NH_3}-zQ'_{CO_2}+\frac{1}{2}\alpha Q'_{NH_3}+zQ'_{CO_2}+zQ'_{CO_2}+(1-z)Q'_{CO_2}$$

$$Q_W=(1+\alpha)Q'_{NH_3}+Q'_{CO_2} \tag{3-63}$$

炉内气氛中的氢气含量为

$$\varphi_{H_2}=\frac{Q_{H_2}}{Q_W}=\frac{\frac{3}{2}\alpha Q'_{NH_3}-zQ'_{CO_2}}{(1+\alpha)Q'_{NH_3}+Q'_{CO_2}}=\frac{\frac{3}{2}\alpha-z\lambda_{CO_2}}{1+\alpha+\lambda_{CO_2}}$$

式中　$\lambda_{CO_2}=Q'_{CO_2}/Q'_{NH_3}$——所加原料二氧化碳气的流量占原料氨气流量百分数的小数化数值。

由上式求解 α，得

$$\alpha=\frac{(1+\lambda_{CO_2})\varphi_{H_2}+z\lambda_{CO_2}}{\frac{3}{2}-\varphi_{H_2}} \tag{3-64}$$

炉内气氛中的氨气含量为

$$\varphi_{NH_3}=\frac{Q_{NH_3}}{Q_W}=\frac{(1-\alpha)Q'_{NH_3}}{(1+\alpha)Q'_{NH_3}+Q'_{CO_2}}=\frac{1-\alpha}{1+\alpha+\lambda_{CO_2}}$$

把式（3-64）表达的 α 代入上式得

$$\varphi_{NH_3}=\frac{1.5-(2+\lambda_{CO_2})\varphi_{H_2}-z\lambda_{CO_2}}{1.5(1+\lambda_{CO_2})+z\lambda_{CO_2}} \tag{3-65}$$

式（3-65）就是氨气+二氧化碳的氮碳共渗气氛中氨气和氢气含量的关系式。可见，在这种气氛的氨气含量和氢气含量中，只要测得其中一个组分，另一个组分也能通过计算得到，从而也能根据式（3-48）计算出炉气的氮势。同样需要注意的是，式（3-65）成立的条件是原料二氧化碳流量 Q'_{CO_2} 与原料氨气总流量 Q'_{NH_3} 的比值 λ_{CO_2} 保持恒定。原料氨气总流量指的是直接通入炉子的氨气流量与经过裂解器通入炉子氨气流量之和。

比较式（3-61）和式（3-64）可以发现，当氨气+氮气的渗氮气氛所加原料氮气和氨气比值 λ_{N_2} 与氨气+二氧化碳的氮碳共渗气氛所加原料二氧化碳和氨气的比值 λ_{CO_2} 相等时，在相同的氢含量测量值的情况下，氮碳共渗气氛中的 α 偏大，说明有更多的氨气分解，炉内剩余氨气含量较低，计算的氮势也较低。

4. 原料气为氨气+氮气+二氧化碳的气氛中氨气含量和氢气含量的关系

参考前面氨气+氮气的渗氮气氛和氨气+二氧化碳的氮碳共渗气氛的组分分析，氨气+氮气+二氧化碳的氮碳共渗气氛的炉子尾气的总流量（即穿过炉膛的混合气总流）为 Q_W，则下列式子成立：

$$Q_{NH_3}=(1-\alpha)Q'_{NH_3}$$

$$Q_{H_2}=\frac{3}{2}\alpha Q'_{NH_3}-zQ'_{CO_2}$$

$$Q_{N_2}=\frac{1}{2}\alpha Q'_{NH_3}+Q'_{N_2}$$

$$Q_{CO}=zQ'_{CO_2}$$

$$Q_{H_2O}=zQ'_{CO_2}$$

$$Q_{CO_2}=(1-z)Q'_{CO_2}$$

$$Q_W=Q_{NH_3}+Q_{H_2}+Q_{N_2}+Q_{CO}+Q_{H_2O}+Q_{CO_2}$$

$$Q_W=(1-\alpha)Q'_{NH_3}+\frac{3}{2}\alpha Q'_{NH_3}-zQ'_{CO_2}+\frac{1}{2}\alpha Q'_{NH_3}+Q'_{N_2}+zQ'_{CO_2}+zQ'_{CO_2}+(1-z)Q'_{CO_2}$$

$$Q_W=(1+\alpha)Q'_{NH_3}+Q'_{N_2}+Q'_{CO_2} \tag{3-66}$$

炉内气氛中的氢气含量为

$$\varphi_{H_2}=\frac{Q_{H_2}}{Q_W}=\frac{\frac{3}{2}\alpha Q'_{NH_3}-zQ'_{CO_2}}{(1+\alpha)Q'_{NH_3}+Q'_{N_2}+Q'_{CO_2}}=\frac{\frac{3}{2}\alpha-z\lambda_{CO_2}}{1+\alpha+\lambda_{N_2}+\lambda_{CO_2}}$$

式中　$\lambda_{N_2}=Q'_{N_2}/Q'_{NH_3}$——所加原料氮气的流量占原料氨气流量百分数的小数化数值；

$\lambda_{CO_2}=Q'_{CO_2}/Q'_{NH_3}$——所加原料二氧化碳气的流量占原料氨气流量百分数的小数化数值。

由上式求解 α，得

$$\alpha=\frac{(1+\lambda_{N_2}+\lambda_{CO_2})\varphi_{H_2}+z\lambda_{CO_2}}{\frac{3}{2}-\varphi_{H_2}} \tag{3-67}$$

炉内气氛中的氨气含量为

$$\varphi_{NH_3}=\frac{Q_{NH_3}}{Q_W}=\frac{(1-\alpha)Q'_{NH_3}}{(1+\alpha)Q'_{NH_3}+Q'_{N_2}+Q'_{CO_2}}=\frac{1-\alpha}{1+\alpha+\lambda_{N_2}+\lambda_{CO_2}}$$

把式（3-67）表达的 α 代入上式得

$$\varphi_{NH_3}=\frac{1.5-(2+\lambda_{N_2}+\lambda_{CO_2})\varphi_{H_2}-z\lambda_{CO_2}}{1.5(1+\lambda_{N_2}+\lambda_{CO_2})+z\lambda_{CO_2}} \tag{3-68}$$

式（3-68）就是氨气+氮气+二氧化碳的氮碳共渗气氛中氨气和氢气含量的关系式。可见，在这种气氛的氨气含量和氢气含量中，只要测得其中一个组分，另一个组分也能通过计算得到，从而也就能根据式（3-48）计算出炉气的氮势。同样需要注意的是，式（3-68）成立的条件是原料氮气 Q'_{N_2} 与原料氨气总流量 Q'_{NH_3} 的比值 λ_{N_2} 和原料二氧化碳流量 Q'_{CO_2} 与原料氨气总流量 Q'_{NH_3} 的比值 λ_{CO_2} 保持恒定。原料氨气总流量指的是直接通入炉子的氨气流量与经过裂解器通入炉子氨气流量之和。

如果令式（3-68）中的 $\lambda_{N_2}=0$，即不加氮气，则式（3-68）变成和式（3-65）相同。因此，式（3-68）是原料气为氨气+二氧化碳的氮碳共渗气氛和原料气为氨气+二氧化碳和氮气的氮碳共渗气氛的通用公式。

对于氨气加吸热式气氛或放热式气氛的氮碳共渗气氛，只要知道个原料气的流量及其组分，也能按照上面氨气+二氧化碳和氮气的氮碳共渗气氛的分析思路，建立炉子气氛中氨气含量与氢气含量的近似关系式。近似的原因主要来自于炉内化学反应的多样性和复杂性，而分析推导只能抓住主要反应过程而忽略次要反应过程。误差还来自实际各原料气流量和组分的波动，以及被处理零件自身所携带的未完全清洗干净的有机化合物。好在氮碳共渗的主要目的是获得一定厚度的 ε 相占比尽量多的白亮层，这种工艺要求的气氛的氮势不仅比渗氮气氛高，而且数值范围比较宽，因此近似的氮势计算和控制完全能够满足实际生产要求。

3.4.3　气氛测量装置

1. 氢探头

作为可控气氛氮化炉，至少需要配置氢探头，这样才能根据测得氢含量计算氨气含量，并进而计算炉子气氛的氮势。

目前，流行的氢探头测量原理主要有两大类：一类为以氢气的热传导率远高于氮化炉气氛中的其他气体组分的热传导率的特点为原理的所谓热导式氢探头，另一类是根据氢气的分子尺寸在渗氮炉气氛中的所有气体组分中最小的特点为原理的所谓分子筛氢探头。

热导式氢探头是把测量单元内的气体热传导能力转化成电信号，作为氢含量的测量值输出。这类氢探头又分为内置样气泵的和不带样气泵的两种。内置样气泵氢探头的优点是能连续不断地把炉气抽入测量室进行测量，适合安装距离较远的场合，但由于外部和内部气管容易堵塞，需要配置过滤器。当管子长的时候，还需要对气管进行加热保温。不带样气泵的氢探头样气通过扰动扩散到达测量单元。由于氢气的扩散速度较快，当安装距离不远时，如氢探头安装在炉子废气管上近炉子废气出口位置，或者通过延伸管直接插入炉内，并保持氢探头取气管的方向与炉内或废气管内气流方向成 90°，使气氛气流对取气管内气体造成一定幅度的扰动，气氛中氢含量也能及时反映到测量单元上。试验对比发现，内置样气泵的氢探头和安装于废气管道上的不带样气泵的氢探头在同一台炉子上测量结果的差异可以忽略不计。

分子筛氢探头由一个由仅能通过氢分子的由特殊分子筛材料制成的前端封闭的测量管、一个前端开口的套在测量管外的金属保护管、一个安装于测量管后端的绝对压力传感器、一个通过管子连接测量管内腔的真空泵（预抽真空渗氮炉可以利用炉子预抽真空的真空泵）、一个连通测量管和金属保护管之间环形空间的排气管和必要电磁阀组成。前端插入炉内，后端处于炉外。测量前，对测量管内腔抽真空，然后关闭抽真空管路上的电磁阀，炉内的氢气就会透过测量管进入测量管内腔，内腔压力很快就会与炉内氢分压达到平衡，绝对压力传感器测量到的测量管内腔的压力就等于炉内的氢分压。氢分压除以炉压就等于氢含量。这种氢探头的优点是直接测量炉气的氢分压，并且测量压力的技术也很成熟，但要求测量管在抽真空后与炉外保持高度的气密性。由于测量管内腔后部还需要安装压力传感器和抽真空的管子和电磁阀，一旦这些安装部位出现微小泄漏，空气就会被吸入测量管内腔。由于测量管内腔容积较小，测量管内的压力就会以比较快的速度升高，并升高到高于炉内的氢分压，造成测量值的偏差。任何安装接口的密封性都不可能达到长期的绝对密封的程度，因此测量正偏差始终存在，并且随着测量时间的延长，偏差不断增加。为了把这个偏差控制在一个可接受的程度，需要每隔 2~3h 对测量管进行一次抽真空。测量值的可靠性只能通过定期在待机状态对测量管内腔进行压升率试验来校验。当压升率数值高于测量允许的误差时，需要对测量管自身的完好性和安装部件密封部位进行检查，必要时更换密封。这个维护保养工作对实施的人员的专业素质要求也比较高。

2. 氨分解率测定仪

图 3-42 所示为一种常用的氨分解率测定仪。它利用氨气溶于水而其分解物不溶于水这一特性进行测量。该测定仪上部为用于盛水的水杯 1，下部为用于测量的测量室 3，上下部之间连接处为一个两位两通旋转阀 2，测量室下端为一个排气排水阀 4。整个测定仪除两个阀的阀芯，其余的是一个一次成型的整体玻璃器具。测定仪的初始状态为，两位两通旋转阀 2 处于进气口与测量室相通而测量室与水杯不通的位置，排气排水阀 4 处于打开位置。测量前，把两位两通旋转阀 2 的进气口与炉子尾气管道上的充气球阀的出口用耐氨的透明软管连接，排气排水阀 4 连接另一段耐氨透明软管，并把软管的另一端插入盛有水的盆中。

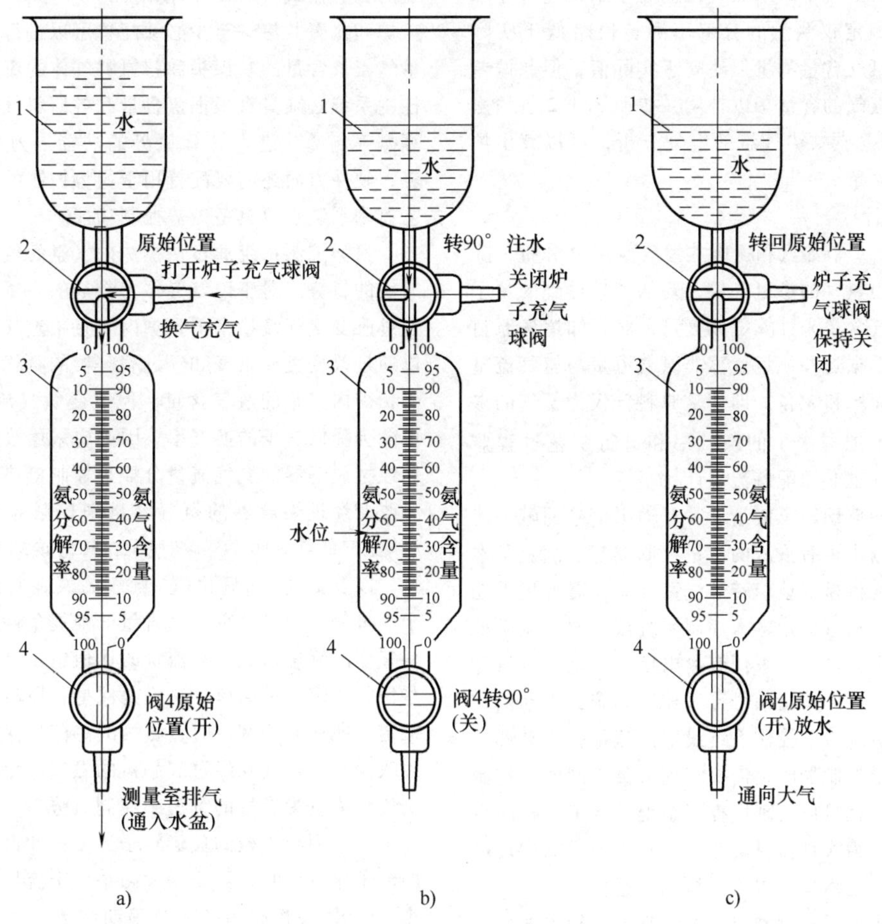

图 3-42　氨分解率测定仪

a）换气和充气　b）注水测量　c）测量结束

1—水杯　2—两位两通旋转阀　3—测量室　4—排气排水阀

氨分解率测定仪的操作分为以下三步：

第一步为换气充气。两位两通旋转阀 2 处于原始位置，进气口和测量室连通。排气排水阀 4 处于原始位置，测量室通过软管与水盆内液面以下连通。打开炉子尾气管道上的充气球阀，手提插入排气水盆中的排气软管，使软管出口的入水深度略低于炉压对应的水柱高度，直到看见水面出现气泡，开始对测量室换气，如图 3-42a 所示。换气充气时间约为 1min。

第二步为测量。先关闭排气排水阀 4，再关闭炉子尾气管道上的充气球阀，最后把两位两通旋转阀 2 旋转到水杯与测量室连通的位置注水。如果测量室里的炉子尾气中含有氨气，注水后氨气就溶于水，测量室注入水的容积占测量室的总容积的百分比就等于炉气的氨气含量，未能注水的测量室剩余容积被炉气中不溶于水的气体组分占据，这部分容积占测量室的总容积的百分比就等于炉气的分解率。测量室外壁上设有刻度，刻度左侧的百分数为某刻度以上的测量室部分的容积占测量室总容积的百分比，刻度右侧的百分数为某刻度以下的测量室部分的容积占测量室总容积的百分比。显然，左侧的刻度为氨分解率，右侧的刻度为氨气含量。

第三步为放水。把排气管提出水面，打开排气排水阀 4 放水。测量结束应及时放水，使测量室内部恢复干燥状态，以便下次测量。

这种测量需要进行三次，如果三次测量值相近，取平均值作为测量结果；如果三次测量结果偏差较大，需要检查两位两通旋转阀 2、排气排水阀 4 和软管的密封性，以及软管连接处的密封性。

显然这种注水氨分解率测定仪，不适合连续测量，更无法用于在线控制，但可以作为定期或有疑问时对氢探头的测量结果进行对比校验的手段。

当炉子气氛含有水蒸气时，如氮碳共渗气氛，注水时测量室内炉气中的水蒸气也会溶于水，这时注水式氨分解率测定仪测量的分解率测量值略低于实际值，测量的氨气含量测量值略高于实际值，但此偏差值可以用水蒸气的含量予以补偿。按照 3.4.2 节的氨气+二氧化碳氮碳共渗气氛的组分分析，可以算出炉气中水蒸气含量。

3. 流量计

根据 3.4.2 节渗氮和氮碳共渗气氛组分分析，除原料气体仅为氨气的渗氮气氛，要从测量得到的炉子气氛中的氢气含量来计算氨气含量，必须知道各原料气的流量并根据这些流量计算非氨气流量与氨气流量的比值，如 λ_{N_2} 和 λ_{CO_2}。即使是原料气仅为氨气的渗氮气氛，为了把握炉子的换气率和进行工艺过程监控，原料氨气也必须配备流量计。

纯机械的玻璃转子流量计、有输出信号的电子流量计和既有输出也有输入的流量控制器都能满足基本要求。采用纯机械的玻璃转子流量计时，需要把手动调整好的各原料气流量输入控制系统或按照控制系统设定的流量去调流量；采用有输出信号的电子流量计时，可把流量计的输出信号接入控制系统，手动调整各原料气流量或按照控制系统设定的流量去手动调流量；采用流量控制器时，需要实现流量控制器与控制系统的通信，就可以实现由控制系统甚至工艺程序自动设定流量。为实现流量的监控，对于纯机械的玻璃转子流量计，还需要配置浮子检测传感器。

虽然采用流量控制器对于控制来说比较方便，但流量控制器成本较高，并且对工艺介质的固体杂质、氨气中的含水量、介质中的油污含量等很敏感。当工艺介质的这类杂质含量较高时，流量控制器容易损坏，有时即使没有彻底损坏，但误差太大并没有规律。流量控制器的维修只能由专业厂家完成，维修周期较长，因此当工艺介质的洁净程度难以保证时，应慎用流量控制器。流量控制器应串联玻璃转子流量计，以便能及时发现流量控制器的误差。

3.4.4　氮势控制

可控气氛渗氮和氮碳共渗炉需要对氮势进行控制。要控制氮势，首先需要计算氮势，要计算氮势就需要测量炉内气氛的氢气含量和氨气含量。根据 3.4.2 节的介绍可知，对仅以氨气作为原料气的渗氮气氛、以氨气+氮气作为原料气的渗氮气氛、以氨气+二氧化碳作为原料气的氮碳共渗气氛，以及以氨气+二氧化碳和氮气作为原料气的氮碳共渗气氛，气氛中氨气含量可以分别通过氢气含量按式（3-58）、式（3-62）、式（3-65）和式（3-68）计算得到，气氛的氮势按式（3-48）计算得到。因此，可控气氛渗氮炉和氮碳共渗炉至少必须配置可以进行在线连续测量气氛氢含量的氢探头和各原料气体的流量计。工艺控制系统必须具有根据氢含量和各原料气体的流量计算氨气含量并进而计算氮势的功能。为了能控制氮势，硬件方面还需要配置用于氮势控制的控制阀，工艺控制系统需要具备氮势控制功能。

氮势控制系统通过调控炉内气氛的氢含量来控制气氛的氮势。对于以氨气作为渗剂的渗氮气氛，即可通过改变氨气流量来干预炉内气氛中氢气含量，也可以通过改变直通氨气和经过裂解器的氨气流量分配来干预炉内气氛的氢气含量，但改变氨气流量的方法，可能会降低炉子的换气率，因此应采用改变直通氨气和经过裂解器的氨气流量分配来控制氮势，或者通过只改变经过裂解器的氨气流量来控制氮势。对于氨气+氮气的渗氮气氛、氨气+二氧化碳的氮碳共渗气氛，以及氨气+二氧化碳+氮气的氮碳共渗气氛，由于通过氢气含量计算氨气含量的前提条件是各附加原料气体的流量与氨气总流量的比值恒定，为了保持这些值的恒定，最简单方法就是保持各原料气体的流量恒定，即在氮势调控时，氨气的总流量保持常量，通过改变直通氨气和经过裂解器的氨气流量分配而保持氨气总流量为常量的方法来控制氮势。

当采用纯机械的玻璃转子流量计和仅有输出信号的电子流量计时，需要一大两小三个流量计、一大两小三个开/关控制阀和三个手动调节针法或闸阀。氨气总流量计下设一个总开/关控制阀和一个针法或闸阀，进入渗氮或氮碳共渗工艺段后，总流量计下的开关/控制阀打开并保持打开状态。总流量计出口分为三个支路：第一路为直通氨气基本量，用管子直通炉内；第二路为直通氨气控制量，配一个小流量计，流量计下设一个控制开/关阀和针法或闸阀，流量计出口用管子直通炉内；第三路为经过氨裂解器的氨气控制量，配一个小流量计，流量计下设一个控制开/关阀和针法或闸阀，流量计出口用管子通向氨裂解器进口，氨裂解器出口用管子通向炉内。氨气总流量为 Q'_{NH_3}，直通氨气控制流量和经过氨裂解器的氨气控制流量均为 $\Delta Q'_{NH_3}$，直通氨气基本流量为 $Q'_{NH_3}-\Delta Q'_{NH_3}$。氨气控制流量 $\Delta Q'_{NH_3}$一般为氨气总量的 15%～30%。要保持氨气总流量为常量，直通氨气控制量和经过氨气裂解器的控制量互为非门。当氮势高于设定值时，经过裂解器的控制量打开，直通氨气控制量关闭；当氮势低于设定值时，经过裂解器的控制量关闭，直通氨气控制量打开；当氮势等于设定值时，维持前一时刻的开关状态。

当采用流量控制器时，需要一大一小两个流量控制器，流量控制器下各设开/关控制阀。配备大的流量控制器的一路为直通氨气，用管子直通炉内；配备小的流量控制器的一路为经过氨裂解器的氨气控制量，用管子通向氨裂解器的进口，氨裂解器出口用管子通向炉内。两个氨气流量控制器的流量之和（氨气总流量）为 Q'_{NH_3}，经过氨裂解器的氨气控制流量的为 $\Delta Q'_{NH_3}$，直通氨气的流量（$Q'_{NH_3}-\Delta Q'_{NH_3}$）。氨气控制流量 $\Delta Q'_{NH_3}$可以按 PID 控制的输出为变量。要保持氨气总流量 Q'_{NH_3}为常量，则直通氨气（$Q'_{NH_3}-\Delta Q'_{NH_3}$）为变量。当氮势高于设定值时，经过裂解器的控制流量 $\Delta Q'_{NH_3}$增大，直通氨气流量（$Q'_{NH_3}-\Delta Q'_{NH_3}$）减小，氨气总流量 Q'_{NH_3}维持不变；当氮势低于设定值时，经过裂解器的控制流量 $\Delta Q'_{NH_3}$减小，直通氨气流量（$Q'_{NH_3}-\Delta Q'_{NH_3}$）增大，氨气总流量 Q'_{NH_3}维持不变；当氮势等于设定值时，经过裂解器的控制量保持前一时刻的控制量。

参考文献

[1] DOSSETT J L，TOTTEN G E. 美国金属热处理手册：A 卷　钢的热处理基础和工艺流程［M］. 汪庆华，等译. 北京：机械工业出版社，2019.

[2] DOSSETT J L，TOTTEN G E. 美国金属热处理手册：B 卷　钢的热处理工艺、设备及控制［M］. 邵周俊，樊东黎，顾剑锋，等译. 北京：机械工业出版社，2019.

[3] 全国热处理标准化技术委员会. 可控气氛热处理技术要求：GB/T 38749—2020［S］. 北京：中国标准出版社，2020.

[4] 全国热处理标准化技术委员会. 可控气氛分类及代号 JB/T 9208—2008［S］. 北京：机械工业出版社，2008.

[5] 全国热处理标准化技术委员会. 钢箔测定碳势法：JB/T 10312—2011［S］. 北京：机械工业出版社，2011.

[6] 全国气体标准化技术委员会. 纯氮、高纯氮和超纯氮：GB/T 8979—2008［S］. 北京：中国标准出版社，2008.

[7] 全国气体标准化技术委员会. 工业液体二氧化碳：GB/T 6052—2011［S］. 北京：中国标准出版社，2011.

[8] 全国气体标准化技术委员会. 氢气：第 2 部分　纯氢、高纯氢和超纯氢：GB 3634.2—2011［S］. 北京：中国标准出版社，2011.

[9] 国家能源局. 天然气：GB 17820—2018［S］. 北京：中国标准出版社，2018.

[10] 石油化工科学研究院技术. 工业丙烷、丁烷：SH/T 0553—1993［S］. 北京：中国标准出版社，1994.

[11] 全国化学标准化技术委员会有机化工分会. 工业用甲醇：GB/T 338—2011［S］. 北京：中国标准出版社，2011.

[12] 全国化学标准化技术委员会有机化工分会. 工业用丙酮：GB/T 6026—2013［S］. 北京：中国标准出版社，2014.

[13] 全国肥料和土壤调理剂标准化技术委员会氮肥分技术委员会. 液体无水氨：GB/T 536—2017［S］. 北京：中国标准出版社，2018.

[14] 潘健生，胡明娟. 热处理工艺学［M］. 北京：高等教育出版社，2009.

[15] 曾祥模. 热处理炉［M］. 西安：西北工业大学出版社，1996.

[16] 王秉铨. 工业炉设计手册.［M］. 2 版. 北京：机械工业出版社，2000.

[17] 董秦铮. 可控气氛热处理的安全技术和操作指南［M］. 北京：化学工业出版社，2007.

[18] 王锡樵. 轴承钢热处理应用技术［M］. 北京：机械工业出版社，2023.

[19] 谭辉玲，谢树艺，李代高. 气体-金属固体反应动力学讨论［J］. 材料热处理学报，1980，1（2）：33.

第 4 章　热处理工艺过程控制

江苏丰东热技术有限公司　史有森　向建华

热处理设备是实现热处理工艺和保障热处理质量的重要因素之一。由于工件热处理加热、保温、冷却过程中的温度、组织等变化都是采用间接测量和控制的方法，热处理质量控制依赖于热处理后的抽样检验验证，导致热处理质量损失风险大。所以，以热处理过程为纽带，加强热处理的温度控制、气氛控制、冷却控制及过程控制等各类系统的选择、设计、使用及管理，通过缺陷预防、减少过程变差、规范热处理工艺控制过程来提升热处理质量控制水平，同时满足热处理生产数字化、信息化和智能化的需求就变得十分重要。

4.1　热处理的温度控制

热处理的温度控制对保证工件热处理质量和获得满意的金属性能有着至关重要的作用。热处理过程中容易出现的问题主要有欠热、过热、加热时间过长或过短、加热速率过快、非均匀加热和不适当循环加热等产生不良的微观组织或造成脆性。所以，对任何热处理过程来讲，精确控制热处理工件的时间-温度曲线、加热过程的升温速度、温度并保证温度均匀性是非常重要的。

热处理温度控制系统是包含热处理炉、温度传感器、温度控制仪、加热元件、调节器的闭环控制系统。图 4-1 所示为典型的热处理炉温自动控制系统框图。在此闭环的控制系统中，温度控制器是一个关键环节，它包括了对测量信号的处理、测量信号与设定值的比较及控制量的产生。

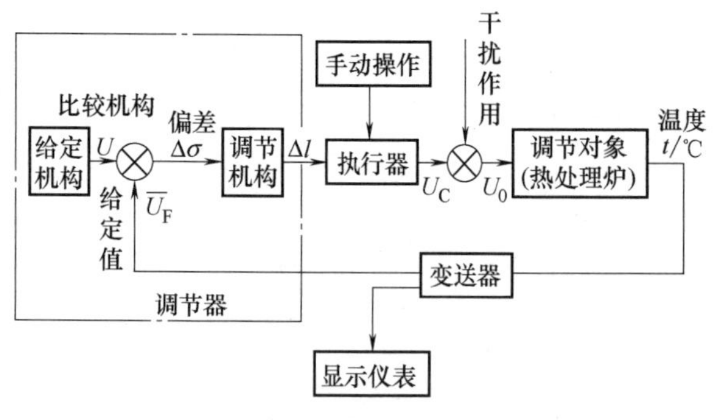

图 4-1　热处理炉温自动控制系统框图

4.1.1　影响温度控制的因素

1. 温度传感器

温度传感器分为接触式和非接触式两大类，也可分为电器式和非电器式。常用的温度传感器有热电偶、热电阻、全辐射温度计、光学高温计、光电高温计、红外光电高温计、光导纤维红外光电高温计等。

1）热电偶是应用最广的接触式温度传感器。

2）热电阻属于接触式温度传感器，热电阻元件的电阻随温度的变化而改变，其使用温度较低，反应速度也较慢，常用于 200~600℃ 范围的液体、气体及固体表面温度的测量。

3）全辐射温度计属于非接触式辐射温度计的一种，通过测量物体表面全波长范围的辐射能量来确定物体温度。它测量的是全波段的辐射能，信号较强，有利于提高仪表灵敏度。其缺点是，辐射能易受烟雾、水蒸气、CO_2 等气体及测量窗口污物的吸收而影响测量结果。

4）光学高温计是以测量物体发出的单色波（波段）辐射亮度与标准灯在同一波长（波段）上的辐射亮度进行比较，从而确定其温度，通常测量下限为 700℃ 以上。常应用于高温盐浴炉、感应加热工件表面等热电偶不宜应用的场所。

5）光电高温计属于非接触式的电器式光学高温计，采用平衡比较法测量物体辐射能量以确定温度值，适用于工业生产流程中快速测量静止或运动中的物体表面温度。

6）红外光电高温计是一种常用的高精度辐射温度检测器，可通过探测被测对象表面所发出的红外辐射能量，将其转化成与表面温度相对应的电信号输出，并对探测元件的环境温度影响进行补偿。它具有测量精度高、响应速度快、性能稳定、测温范围广等特点。

7）光导纤维红外光电高温计可用于测量难以直接观察到的被测物体的内表面温度，或者处于强烈电磁干扰的目标，特别适合各种运动工作表面的快速测温。

热电偶在热处理炉中得到了广泛的应用，它的主要用途有控温、超温报警、温度测试、载荷温度记录和/或控制。热电偶类型的选择除考虑温度测量范围、精度及安装形式，还需考虑可能影响热电偶性能的诸如气氛、温度、电子干扰等各种变量。例如，在还原性气氛中，J 型比 K 型优越，而在氧化气氛中，K 型比 J 型优越；K 型对硫的污染非常敏感。在氧含量较低的气氛中，含铬的热电偶丝会优先氧化，产生绿蚀，降低输出信号。热电偶的类型及温度范围和允差要求可参考表 4-1。

表 4-1　热电偶类型及温度范围和允差要求

热电偶类型	分度号	等级	温度范围/℃	允差/℃
铂铑 10-铂热电偶	S	1	<1100	±1.0
			≥1100	±[1.0+0.003(t-1100)]
		2	0~1600	±1.5 或±0.25%t
铂铑 13-铂热电偶	R	1	<1100	±1.0
			≥1100	±[1.0+0.003(t-1100)]
		2	0~1600	±1.5 或±0.25%t
铂铑 30-铂铑 6 热电偶	B	2	600~1700	±1.5 或±0.25%t
镍铬-镍硅(铝)热电偶	K	1	-40~1000	±1.5 或±0.4%t
		2	-40~1200	±0.75%t
镍铬硅-镍硅镁热电偶	N	1	-40~1000	±1.5 或±0.4%t
		2	-40~1200	±0.75%t
镍铬-铜镍(康铜)热电偶	E	1	-40~800	±1.5 或±0.4%t
		2	-40~900	±0.75%t
铁-铜镍(康铜)热电偶	J	1	-40~750	±1.5 或±0.4%t
		2	-40~750	±0.75%t
铜-铜镍(康铜)热电偶	T	1	-40~350	±0.5 或±0.4%t
		2	-40~350	±1.0 或±0.75%t

注：t 为被测温度的绝对值。

热电偶安装和使用不当，会增加测量误差并降低使用寿命。热电偶的使用管理要求如下：

1）将热电偶应安装在温度较均匀且能代表炉温或工件温度的地方，而不能安装在炉门旁或距加热热源太近的地方，同时尽可能避开强磁场和电场，如不能靠近盐浴炉电极等，以免对测温仪表引入干扰信号。

2）热电偶插入炉膛的深度一般不小于热电偶保护管外径的 8~10 倍，并固定插入深度。其热端尽可能靠近被加热工件，但须保证装卸工件时不损伤热电偶。系统准确度测试温度传感器的测量端距离控制、监测和记录温度传感器的测量端不可以大于 76mm。后续的系统准确度测试温度传感器需置于与初次系统准确度测试时所使用的温度传感器相同的位置。

3）热电偶的接线盒不能靠到炉壁上，以免冷端温度过高，一般使接线盒距炉壁约 200mm。

4）尽可能保持热电偶垂直使用，防止保护管在高温下变形。若需水平安装时，插入深度不应大于 500mm，露出部分应采用架子支撑，并在使用一段时间后，将其旋转 180°。测量盐浴炉温度时，为防止热电偶接线盒温度过高，往往采用直角形热电偶。

5）热电偶保护管与炉壁之间的空隙，须用耐火泥或耐火纤维堵塞，以免空气对流影响测量准确性。补偿导线与接线盒出线孔之间的空隙也应用耐火纤维塞紧，并使其朝向下方，以免污物落入。

6）用热电偶测量反射炉或油炉温度时要避开火焰的直接喷射，因为火焰喷射处的温度比炉内实际温度高且不稳定。

7）在低温测量中，为减少热电偶的热惯性，可以采用保护管开口或无保护管的热电偶。

8）经常检查热电偶的热电极和保护管的状况，如发现热电极表面有麻点、泡沫、局部直径变细及保护管表面腐蚀严重等现象时，要立即停止使用并进行修理或更换。

9）建议采用耐久型热电偶或热电阻温度计作控制、监测或记录温度传感器。易耗型热电偶用作控制、监测或记录温度传感器时，只限使用一次。

10）载荷温度传感器可以用作控制温度传感器。当载荷温度传感器用作控制温度传感器时，需在使用前进行校准。

11）所有温度传感器精度都需满足热处理炉温度管理及工艺设计要求。使用前，都要在其使用的温度范围内校准，并在有效期内使用；校准温度间隔需小于 150℃，高于最高校准温度和低于最低校准温度时，禁止采用校准修正值外推法。

12）用于控制/监视/记录的 K、N、J、E 型廉金属类热电偶在使用温度≥760℃时每年更换，在使用温度≤760℃时每两年更换。B、R、S 型贵金属类热电偶在使用温度≥760℃时每两年更换。

13）热电偶补偿导线的选择可参考表 4-2。补偿导线不能拼接。连接器、插头、插座和端子片需符合对应的温度传感器类型的电气特性。TUS 检测推荐使用一般精密级补偿导线（GS），控温热电偶采用耐热精密级补偿导线（HS，最高适用温度 200℃）。

表 4-2　热电偶补偿导线的选择

热电偶分度号	补偿导线型号	补偿导线名称	代号	适用温度范围/℃	允差/℃
S	SC	铜-铜镍 0.6 补偿型导线	SC-GS	0～100	±2.5
R	RC	铜-铜镍 0.6 补偿型导线	RC-GS	0～100	±2.5
K	KX	镍铬 10-镍铬 3 延长型导线	KX-GS	-20～100	±1.1
N	NX	镍铬 14 硅-镍硅 4 镁延长型导线	NX-GS	-20～100	±1.1
E	EX	镍铬 10-铜镍 45 延长型导线	EX-GS	-20～100	±1.0
J	JX	铁-铜镍 45 延长型导线	JX-GS	-20～100	±1.1
T	TX	铜-铜镍 45 延长型导线	TX-GS	-20～100	±0.5

2. 温度监控仪表

热处理炉仪表系统类型根据温度控制、记录和监控仪表及其温度传感器配置分为 A、B、C、D、E、F 型，将冷处理及淬火设备仪表系统定义为 F 型。各种仪表系统类型对温度传感器和仪表配置的要求见表 4-3。热处理质量控制体系对热处理炉工艺仪表系统的基本要求是双偶控温，即每个控制区至少有一支控制温度传感器，与控制和显示温度的控制仪表相连接，用于控制和显示温度，并由一个记录仪表记录温度；每个控制区还有另外一支温度传感器和仪表组成超温保护系统，其仪表系统类型相当于表 4-3 中的 D 类仪表系统。所有仪表都需具有最低 1℃ 的分辨率，使用前都需进行校准并在有效期内使用；控制/监视/记录的数字仪表校准精度以±1.1℃或读数的±0.2%中的大者为准，Ⅰ类炉的校准周期为 1 个月，Ⅱ类、Ⅲ类炉的校准周期为 3 个月，Ⅳ类、Ⅴ类、Ⅵ类、Ⅶ类炉及冷处理设备和淬火槽的校准周期为 6 个月；温度均匀性测量、系统准确度测试的仪表校准周期为 3 个月。当使用电子记录系统（炉子控制、记录、监测或数据采集）时，系统创建的必须是一次性写入的、只读的、只能检查、分析和编辑记录数据，不能修改任何原始记录且该文档一经更改即可发现；能生成精确和完整的既可人工读取又适合检查、审查和拷贝的电子表格；支持已校准的记录的保护、保存和取回；并具备分级授权使用等功能。

表 4-3　各种仪表系统类型对温度传感器和仪表配置的要求

对温度传感器和仪表配置的要求	仪表系统类型					
	A	B	C	D	E	F①②③
每个控制区至少应有一支控制温度传感器，与控制和显示温度的控制仪表相连接，用于控制和显示温度	√	√	√	√	√	√
每个控制区的控制温度传感器指示的温度应由一个记录仪表记录，也可以单设一支记录温度传感器，与记录仪表相连接。该记录温度传感器与控制温度传感器具有相同保护管，其测量端距离≤10mm	√	√	√	√		
每个控制区至少应有另外两支记录温度传感器，放置于最近一次温度均匀性测量结果得出的最低和最高温度的位置或尽量靠近最低和最高温度的位置	√		√			
每个控制区至少应放置一支记录载荷温度传感器，未放工件的空置区不要求放置载荷温度传感器	√	√				
每个控制区应有超温保护系统。最高温度位置的温度传感器也可以用作超温保护温度传感器	√	√	√	√		

① F 型仪表系统指冷处理设备及淬火设备仪表系统。

② 纯液氮、干冰和干冰-液体冷处理设备不要求温度控制仪和传感器。如果冷处理设备用于在某温度下的时间有要求的处理时，则该冷处理或冷藏设备应配备温度记录仪。

③ 淬火槽应装有分辨率≤5℃的测温指示仪表。对于有淬火剂温度要求的淬火冷却系统，应配备温度传感器、控温仪表和记录仪表。

3. 热处理炉的温度传递

热处理炉的温度传递可分为传导、对流、辐射三种形式，同时由于热惯性的影响，热处理炉的温度传递存在滞后性和波动性，这时热处理炉的密封性能、保温性能、加热元件功率的稳定性就尤为重要。提高温度控制精度的一个重要方法是使用炉内气氛的强制循环。图 4-2 所示为空气循环和炉内温度对温度均匀性的影响。确保温度允许偏差所需的空气流量 Q 可以通过以下公式进行计算：

$$Q_{空气}=\frac{HA}{625.7U}T_A$$

式中　H——每平方英尺炉壁每小时的热损失（Btu）；

A——炉壁的面积（ft^2）；

T_A——热力学温度（℉）；

U——炉内温度所允许的最大变化（℉）。

此计算公式是假设被加热的空气有足够的热焓来满足加热载荷的，同时热损失都包括在其中。

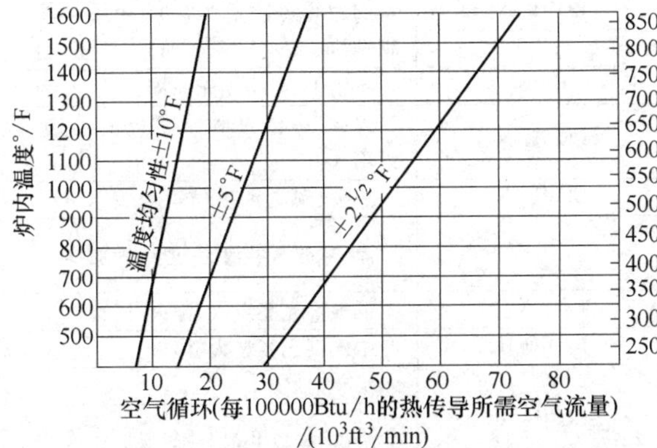

图 4-2　空气循环和炉内温度对温度均匀性的影响

4. 工件因素

结合工件的形状、尺寸、材料特点选择合理的装料方式及加热规范有助于工件的温度控制。满载工件的装料方式是否合理，可以通过炉温均匀性测量来进行评定。模拟分析工件在热处理过程中的温度场分布是提高工件温度均匀性控制的有效方法。

4.1.2　热处理炉的温度管理

1. 系统准确度测试

系统准确度测试指热处理设备的控温系统（控温热电偶、补偿导线、控温仪组成的系统）经合理补偿后的温度与经过校准和偏差修正的测量系统（测量热电偶、补偿导线、测量温度记录仪组成的系统）的温度进行现场比较，以确定温度控制系统的温度偏差是否符合要求的测量行为。

热处理设备仪表系统在初始使用前、设备重新使用前、进行了影响系统准确度精度的任何维护之后（包括更换温度传感器、更换控制/监控记录仪表、仪表调整重新校准后）、周期使用中都需定期进行系统精度测试，并且热处理设备的每一个控制区的温度控制和记录系统都需进行。没有按规定定期进行系统准确度测试的设备不能使用。不同类别热处理炉的系统准确度最大误差、最大允许调整量和测试周期，测试热电偶的安装、测试热电偶和仪表的精度，以及校准要求、测试方法、纠正措施、补救措施及测试报告等可参考 GB/T 30825—2014《热处理温度测量》。

2. 温度均匀性测量

温度均匀性测量指在热处理炉热稳定后，用已校准的温度测试仪、热电偶和补偿导线对炉子有效加热区内的各区域温度与设定温度之间的偏差进行的一系列测量，用于判定热处理炉有效加热区内温度的均匀程度，以及各测试点温度相对于设定温度的最大温度偏差。

有效加热区温度均匀性的测量分为初始测定和周期测定。新的热处理炉、经过大修或技术改造的热处理炉，在正式投产前应对有效加热区进行初始测定。

热处理炉在使用过程中，如果出现下列情况时都应重新进行初始测定：

1）热处理炉搬迁（设计为有轮子或其他便携方式移动的炉子除外）。

2）改变有效加热区位置或扩大体积。

3）扩大工作温度范围。

4）炉气流动方式、速度改变（如导流板位置、风速、风量等）。

5）耐火材料型号或厚度改变；加热元件数量、类型或位置改变。

6）燃烧器尺寸、数量、类型或位置改变。

7）真空炉加热区设计或材料发生改变。

8）温度控制传感器变化（如类型、规格、结构）和位置改变；燃烧压力设定改变。

9）炉子压力设定改变。

10）控制仪表的整定参数更改。

11）热处理炉生产对象或工艺变更，需要提高有效加热区温度均匀性。

12）热处理产品出现不合格现象，经查明与温度均匀性有关。

13）超过规定的检测周期并连续三个月以上未使用的热处理炉重新启用。

正常使用的热处理炉必须根据热处理炉类型进行

周期测定。温度均匀性的测量周期，对测试热电偶及温度记录仪表的要求、测试方法、测试评价、测试记录和报告及管理可参考 GB/T 9452—2012《热处理炉有效加热区测定方法》。对不同尺寸有效加热区，必须分别进行温度均匀性测量。当存在重叠或衔接时，能够满足温度均匀性高要求时，自然能够满足较低要求，不必重复测量。当测试热电偶连接在或插入试块中时，试块的厚度以在炉中处理的最薄工件的厚度计算，最大为 13mm。试块材料与在炉中处理的主要材料需有相近的室温导热率。

当采用性能测试替代温度均匀性测量时，性能评价法包括每年性能测试和每月性能趋势分析。采用每年性能测试时，测试试样、温度点和测试工艺过程应保持一致；采用每月性能趋势分析时，应选择对温度敏感且批量处理、满足样本数量需求的试样。

3. 热处理炉的维护

建立设备预见性和预防性维护计划，加强对炉膛密封性/保温性、搅拌风扇、加热元件、热电偶和温控仪表等影响温度控制关键元器件的管理，防止非有效状态使用。

4.2　热处理的气氛控制

热处理的气氛控制是保证工件热处理质量的重要因素之一。气氛类型的选择可根据相关热处理工艺标准及工件热处理需求确定。可控气氛的分类、基本组分及主要用途见表 4-4。

表 4-4　可控气氛的分类、基本组分及主要用途

气氛分类或名称		代号		基本组分	主要用途
放热式气氛	普通放热式气氛	FQ	PFQ10	$CO-CO_2-H_2-N_2$	铜光亮退火;低碳钢光亮退火、正火、回火
	净化放热式气氛		JFQ20	$CO-H_2-N_2$	铜和低碳钢光亮退火;中碳和高碳钢洁净退火、淬火、回火
			JFQ60	H_2	
			JFQ50	H_2-N_2	不锈钢、高铬钢光亮淬火
吸热式气氛		XQ	XQ20	$CO-H_2-N_2$	渗碳、碳氮共渗、光亮淬火、高速钢淬火
放热-吸热式气氛		FXQ	FXQ20	$CO-H_2-N_2$	渗碳、碳氮共渗、光亮淬火
有机液体裂解气氛		YLQ	YLQ30 YLQ31	$CO-H_2$	渗碳、碳氮共渗、一般保护加热
氮基气氛	H_2-N_2 系列氮基气氛	DQ	DQ50	H_2-N_2	低碳钢光亮退火、淬火、回火
	N_2-CH 系列氮基气氛		DQ71	N_2-CO-H_2	中碳钢光亮退火、淬火
	N_2-CH-O 系列氮基气氛		DQ21	$CO-H_2-N_2$	渗碳
	N_2-CH_3OH 系列氮基气氛		DQ20 DQ21		渗碳、碳氮共渗、一般保护加热
	氮气			N_2	载气、回火保护
氨制备气氛	氨分解气氛	AQ	FAQ50	H_2-N_2	不锈钢、硅钢光亮退火
	氨+氨分解气			$H_2-N_2-NH_3$	渗氮、氮碳共渗
氢气		QQ	QQ60	H_2	不锈钢、低碳钢、电工钢、有色合金退火
氩气				Ar	不锈钢、高温合金、钛合金、精密合金热处理

热处理气氛控制系统是包含有热处理炉、气氛传感器及控制仪表，以及流量调节器的闭环控制系统。图 4-3 所示为常用可控气氛热处理炉气氛控制系统。

4.2.1　影响气氛控制的因素

1. 气氛气源

无论是采用气氛制备系统制备气氛，还是采用甲醇滴注气氛、氮+甲醇气氛、直生式气氛或氮基气氛，都应严格控制原辅料的纯度和水、油含量，以及气氛反应过程中炭黑的产生。渗碳处理时，保持渗碳过程气氛中一氧化碳含量的稳定及热处理炉内一定的换气率同样很重要。

2. 分析气体采样

分析采集的气样应该取自接近处理工件的有效加热区并远离气氛入口及加热元件。通过采样管的流速至少达到 1.2m/s，避免由于气体组分通过采样管过渡温区（采样管穿过炉体整段）发生反应。例如，温度过低会发生水-煤气反应，造成二氧化碳浓度增加，而水汽浓度降低。如果气氛的碳势较高，则一氧化碳会转变成二氧化碳和炭黑。这样会进一步增加二

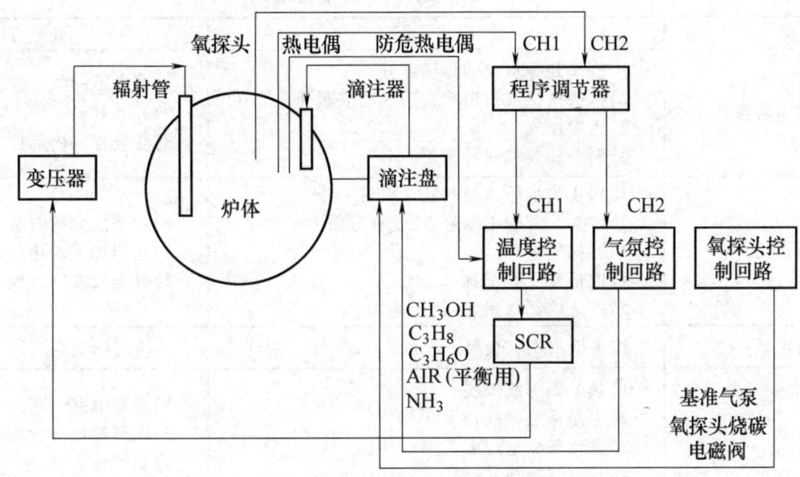

图 4-3　常用可控气氛热处理炉气氛控制系统

CH1、CH2—程序通道 1、程序通道 2　SCR—调功器　CH_3OH—甲醇

C_3H_8—丙烷　C_3H_6O—丙酮　AIR—空气　NH_3—氨气

氧化碳的浓度，并且通过水-煤气反应影响水汽的含量。如果采样管内产生炭黑，则送到分析仪的气样中的二氧化碳含量会比炉内实际含量高。根据气样的分析，控制器会增加富化气通入量，这样会使炉子失控，采样管内的炭黑更加严重。通过观察富化气的加入量，可以监测到这种状况。若指示的二氧化碳浓度显著高于正常值，表明炉气失控。若手动检测露点显示非正常的低值，则怀疑采样管内有炭黑形成。

防止采样管内气体反应的一种方法是在采样管外部采用水冷，水冷可以防止采样管内发生水-煤气反应。当水温低于气氛的露点且采用的是露点仪时，则该方法不适用。若采用气体分析仪，采样管路上应有水收集装置，以防止冷凝水进入分析仪。即使有水收集装置，也应保持管路干燥，并且保证水不进入分析仪。只有采样系统是干燥的，才能获得精确的露点测量。

采样管应采用不与气样发生反应的耐热合金制造。铁-铬合金比高镍合金要好，因为镍对一氧化碳分解成二氧化碳和炭黑的反应有催化作用。另一种方法是采用高纯度的石英管或陶瓷管作为采样管内衬，能消除采样管材料对在管内发生化学反应的催化作用，可避免管内产生炭黑。不建议选用内径小于 6.4mm 的采样管，一般选用直径为 25mm 的采样管穿过炉壁。若采样管水平安装，其壁厚要加厚，或者在外面套一个支撑管，以提高机械强度。

采样泵建议独立配置并保证气密性。采样管路可以用铜、铝或不锈钢制造，如果气氛中有氨气，则不能用铜；也可用耐热塑料管，而且塑料管不吸收潮气。对这样的系统，若采样管路经过的区域温度低于气氛的露点，则需要采用相应的管路加热措施。

3. 气氛控制器

如果采用红外气体分析仪进行控制，要定期校准确保测量精度。如果采用氧探头、电阻探头、氢探头、露点仪、真空计等控制气氛，应定期监控其控制精度和灵敏度。无论如何，应保持管路清洁与干燥，防止探头部位的污染，采用自动控制系统是必须的。

采用氧探头控制碳势时，其测量点不要靠近渗剂入口或炉内回风死角，或工件进出时易发生碰撞的位置。采用空气作为参比气时不得含水、油等杂质，因为水、油在高温下会分解和起化学反应而改变参比气中的氧含量，从而影响输出的电势。应严格控制参比气流量，如果参比气流量太小，内电极得不到新鲜空气补充，输出电势值降低；如果参比气流量太大，对内电极有冷却效应，将导致内外电极温差而引起输出电势偏低，一般以 100～200mL/min 为宜。接线盒环境温度要求小于 80℃。定期进行氧探头烧碳并检查氧探头的阻抗和密封性；工件入炉前要清洗，去除油垢和防锈剂等物，避免 S、As、Pb、Zn 等易挥发有害元素带入炉内，引起探头中毒。

评估氧探头密封性好坏可通过下述方法：即在输出电势正常的情况下，切断参比气流，此时若输出电势急剧下降，到接近零值，表明密封性较差；若输出电势下降较慢，并且在某一时间内（约 1min）仍有一定的输出，表明密封性较好。氧探头常见故障及原因见表 4-5。

表 4-5 氧探头常见故障及原因

故障	原因	处理方法
无氧电势输出或电势很低	1)探头到分析仪的导线断开 2)探头内接线引出线接头松动或断开 3)无参比气 4)锆头破裂或瓷管破裂	1)检查电路 2)检查气路 3)更换探头内部件
氧电势偏低并有波动	1)探头与炉体连接的法兰密封不严 2)探头前部管末端悬空,受有弯曲力 3)参比气量不足 4)电信号受到干扰 5)探头内部封接处漏气	1)检查法兰的安装 2)适当加大参比气量 3)外电极和屏蔽线外皮接地
氧电势偏高并有波动	探头锆头积有炭黑	清洗或烧除炭黑
温度电势无或偏低	1)热电偶引线松脱 2)未用补偿导线作引线 3)参比气流量过大 4)热电偶损坏	1)检查电路 2)调整参比气量 3)更换热电偶

采用电阻探头作炉气碳势传感器的优点是直接测量并控制炉气碳势。其主要缺点是需待钢丝渗碳后才能引起电阻的变化反应，有一定滞后。在低碳势时性能较好，高碳势时发生渗碳过饱和，电阻值与碳势的对应关系较差，或者被炭黑污染，一般 $w(C)<1.3\%$，探头细丝寿命较短。此方法常用作对氧探头的比对。

4.2.2 热处理气氛的管理

热处理炉和气氛发生器要具备对装置内气氛的温度、碳势、氮势、组分等参数配置连续监视、自动控制及形成记录的系统，对气氛气源的流量、压力等配置监视、测量和报警系统。气氛监控、验证系统的读数都需要保持在控制计划或作业指导书所规定的公差范围内。如果气氛验证、监控的读数与原来的控制方法所确定的极限值不一致或超差时，必须采用适当的方法调整并重新建立气氛，以解决不一致或超差的问题。

所有连接热处理炉的氨气管道都要装备快速断开或三阀防故障安全排气系统，确保当进行不需要氨气气氛的热处理过程时氨气管道已断开，并建立热处理气氛的残氨氧化燃尽作业指导书，以保证在热处理完通入氨气的产品后，处理不需要通入氨气的产品前，炉气中残氨已燃尽。连续炉至少要完成3h的氧化燃尽过程，周期炉至少要完成1h的氧化燃尽过程。若清除过程低于规定时间，则要求确切的气氛测试数据显示炉内气氛不含大量残氨。采用氧探头作为传感器时，至少每季度校验一次（单点或多点校验）或每半年进行一次多点校验，定期验证其准确度。采用露点仪、红外气体分析仪时，使用前应验证并每年至少校准一次。

真空热处理前需要对真空炉和工件进行充分的脱气和干燥。真空淬火对真空度的要求依工件材料而定，对于如结构钢、轴承钢及工具钢等材料的真空热处理，可选用真空度为 4×10^{-1}Pa；对钛合金、磁性材料、高温合金和部分不锈钢的热处理，建议选用 6.67×10^{-3}Pa 以上；真空回火/真空退火的真空度建议为 4×10^{-1}Pa；硬质合金磁性材料的烧结真空度要求为 6×10^{-3}Pa。

4.3 热处理的冷却控制

热处理冷却是实现工件热处理工艺性能的重要环节。热处理冷却系统因所冷却的工艺和工件不同而异，通常包括下列适用的设施和组成部分：冷却槽或冷却机床、移动工件的装置、冷却介质搅动装置、冷却器、加热器、泵、排水器或过滤器，供给冷却剂的集液槽、通风设备、安全防火设施，以及除去槽中炭黑、氧化皮及污物的装置等。淬火冷却应该是自动化的操作过程，需要进行人工手动操作时，应有充分的安全设施和经过验证对热处理质量无影响的措施，否则人工手动操作是不允许的。

4.3.1 影响冷却控制的因素

1. 淬火冷却装置

淬火冷却装置借助控制淬火冷却介质的成分、温度、流量、压力和运动状态等因素，满足淬火件对淬火冷却能力的要求，以获得预期的组织与性能的目的。它应该具备淬火冷却介质的温度、搅动、液位、浓度（适用时）、悬浮物（适用时）、浸入时间、淬火预冷延迟时间（适用时）、淬火时间、冷却循环、安全报警等相应的监视测量装置，一般可分为浸液式淬火冷却装置、喷射式淬火冷却装置和、喷/浸组合式淬火冷却装置、淬火机和淬火压床，以及特殊淬火冷却装置。淬火装置的尺寸与淬火冷却介质的种类、搅拌方式、工件尺寸、工件质量、每小时工件处理量有关。

一般而言，淬火冷却装置应有足够的淬火冷却介质，以防止工件和夹具淬火过程中产生过高的温升。对淬火油而言，最大温升不超过 30℃，聚合物淬火冷却介质的淬火温升不超过 15℃，最高温度不超过 60℃。淬火槽的材料推荐使用低碳钢或不锈钢，不推荐使用镀锌钢板制作。泵和搅拌器推荐使用铸铁，叶轮用铸铁、钢或不锈钢。搅拌对于淬火均匀性和控制畸变非常关键，搅拌方式的选择取决于淬火槽类型、淬火冷却介质类型，以及工件形状和要求的淬火烈度等。

淬火冷却系统的设计、使用可参考 GB/T 37435—2019《热处理冷却技术要求》和 JB/T 10457—2004《液态淬火冷却设备　技术条件》等相关标准或规范。

2. 淬火冷却介质

常用的淬火冷却介质有水、盐水溶液、聚合物、淬火油、熔盐和高压气体等。

1）水的汽化热高、比热容高，因此冷却能力强，但其热导率小、沸点低，也导致其低温冷速快，容易使淬火工件开裂和产生较大的变形。它的冷却能力受水温、搅拌情况及污染物的影响较大。

2）盐水溶液的冷却速度在同样搅拌情况下高于水，通常用于因油淬或水淬的淬火烈度不足而导致工件无法达到需要的淬火硬度的淬火冷却，主要用于淬透性极低的钢的淬火。它的冷却能力受温度影响小，受搅拌影响相对较小，淬火硬度和均匀性提高；其不足点主要是有一定的腐蚀性，淬火槽制造成本高，维护费用高。

3）聚合物淬火冷却介质是为满足水和油之间的冷却速度空挡而产生的，具有消除火灾隐患、改善环保、降低成本、较大范围冷却速度的特点，已经在过去很多主要用油来淬火的情况中得到成功应用。对所有的聚合物淬火冷却介质，其冷却速度的主要影响因素是浓度、搅拌、温度。与淬火油相比，聚合物淬火冷却介质对搅拌更加敏感；其稳定性受机械、热、化学降解的影响。

4）淬火油根据使用温度不同分为冷油、热油，其性能主要受基础油的成分、添加剂的稳定性、使用方式的影响，其失效机制主要是氧化和热降解。热处理用矿物基油的分类、技术要求和使用维护管理可参考 JB/T 13026—2017《热处理用油基淬火介质》。

5）熔盐主要用于中小截面工件的马氏体分级淬火和贝氏体等温淬火，它的淬火烈度较小，具有冷却速度稳定的特点，可通过温度、搅拌、水分含量进行调整和控制。

6）高压气体主要有高压氮气、高压氦气等，常用于真空炉的工件冷却，具有传热均匀、畸变规律性强和环境友好等的特点。

3. 工件因素

热处理工件的形状、尺寸变化、装炉方式及装炉密度容易导致冷却过程中的均匀性差异，常常产生热处理畸变大、硬度不均匀、开裂等问题。优化装炉方式、模拟分析工件在冷却过程中的温度变化或监控工件在冷却过程中不同部位的冷却介质的流速是保证冷却均匀性和充分性的有效方法。

4.3.2　热处理冷却的管理

加强淬火冷却介质的温度、搅动、液位、浓度（适用时）、悬浮物（适用时）、浸入时间、淬火预冷延迟时间（适用时）、淬火时间、冷却循环状态的管理，定期过滤清理淬火冷却介质、检测对比淬火冷却介质冷却性能，以及管理指标的变化，防止被污染，建立冷却管理机制是保障热处理质量的重要因素。

4.4　热处理工艺过程的监视测量

每种工件都应该规定从零件接收、热处理前的初始验证到零件交付的所有过程，并识别、标明、定义和发布特殊特性，确认使用的过程设备和过程方法，以及热处理关键过程的过程参数和监视频次，确定过程评价的样本容量和抽样频率、接受准则，实施部门或岗位的控制计划及所有过程的作业指导书。可参考 GB/T 32541—2016《热处理质量控制体系》，定期监视、测量过程控制的满足性和一致性。

表 4-6 列出了常用的过程监视测量内容及频次。

表 4-6　常用的过程监视测量内容及频次表

过程监视测量内容及频次	周期炉	连续炉	气氛发生器	盐浴
加热设备的温度控制系统的监视	连续记录，确认入炉前设备温度、入炉后设备降温温度、工艺规定温度、淬火（离开加热室）温度。至少每 2h 签字记录一次	连续记录，每 2h 签字确认一次，少于 2h 的处理过程每批签字记录一次。确认入炉前设备温度、入炉后设备降温温度、工艺规定温度、淬火（离开加热室）温度		每 2h 一次及任何更改后

（续）

过程监视测量内容及频次	周期炉	连续炉	气氛发生器	盐浴
气氛发生器的监视（适用时）			应持续监视温度、气体流量、压力等参数并配备报警装置。每 2h 签字记录一次	
热处理炉气氛控制器的监视	连续记录，确认气氛建立时间和工艺规定点是否在控制要求范围内。至少 2h 签字确认一次，少于 2h 的处理过程每批次签字记录一次	连续记录，每 2h 签字确认一次，少于 2h 的处理过程每批次签字记录一次		每日一次监视盐的成分
渗碳和气体淬火过程中的压力、流量的监视（真空渗碳时适用）	连续记录，至少 2h 签字确认一次，少于 2h 的处理过程每批次签字记录一次			
生产前（APQP）应计算零部件的表面积（真空渗碳时适用）	提交 APQP 时	提交 APQP 时		
气氛控制的验证	至少每月一次，参考 JB/T 10312—2011 验证碳势		至少每月一次	
气体渗氮时氨分解率和各组分流量的检测	每批一次或至少每小时一次	每小时一次		
铁素体氮碳共渗时气体比例的检测	每批一次或至少每小时一次	至少每 2h 一次		
盐浴：检验盐的化学性质（可溶性氧化物）或检验零件的脱碳情况				每日一次
对装载量或工装情况或装载率进行监视（适用时）	每批一次	每批一次；任何装载率改变后		每批一次
设备真空度控制的监视（离子渗氮时适用）	每批次或每 2h 签字确认一次。报警系统要满足界限报警的要求。控制计划要包括报警系统设置。报警系统每周检查一次，处理周期中的警报要记录在册			
处理开始前，要求排空≤75μmHg/h，渗漏≤90μmHg/h（离子渗氮时适用）	每批一次			
淬火预冷（延迟）时间：根据炉门开始开启到工件进入淬火槽底部的时间而设置（适用时）	每批一次	每料筐（适用时）		每批一次
炉内时间、处理周期或传送带速度的监视	每批一次；任何传送带速度改变后			
炉内压力的监视	每批一次			
废气燃烧口火焰的监视（适用时）	持续监视并配报警装置			

（续）

过程监视测量内容及频次	周期炉	连续炉	气氛发生器	盐浴
炉内搅拌风扇转速的监视	持续监视并配报警装置			
报警装置的监视	报警系统每周检查一次，处理周期中的警报要记录和控制			
气氛介质流量和压力的监视	持续监视并配报警装置			
电压、电流平衡性的监视	每 2h 签字确认一次，少于 2h 的处理过程每批次签字记录一次			
燃烧器气体组分和压力的监视	持续监视并配报警装置			
淬火至回火最长延迟时间的监视	每批一次			每批一次
淬火冷却介质的监视（适用时）				
温度	连续记录，淬火前签字记录			连续记录，淬火前签字记录
液位	持续监视并配报警装置或每批次确认一次			每批次一次
搅动	每批次目视检查一次，或者在淬火操作过程中监视搅动状况并装备设定了可允许界限的报警系统			每批次一次
搅动（风扇/鼓风机速度）（烧结硬化时适用）	要求有报警系统，确保风扇正常运行。如果风速不固定，则每 8h 或任何变更后确认风速			
压力和流量（感应淬火时适用）	在起动时及每 8 h 检测一次淬火液压力和流量			
聚合物水溶性淬火冷却介质				
浓度	每周不少于一次			每日一次
淬透性检查，冷却性能、黏性或滴定等	每三个月一次			每三个月一次
水淬火冷却介质				
悬浮固体物	每半年一次			
盐淬火冷却介质				
分解物和污染物	每半年一次			
盐水或碱水淬火冷却介质				
浓度和/或比重	每周不少于一次			
悬浮固体物	每半年一次			
油淬火冷却介质				
含水量、悬浮固体物、黏性、冷却曲线、酸度和闪点等	每半年不少于一次，测量标准为 GB/T 265、GB/T 268、GB/T 3536、GB/T 11133、GB/T 30823、JB/T 4392			
气体淬火冷却介质				
气淬室内压力	每批次，要求有报警系统			
风速和风量	每批次，要求有报警系统			
冷却水温度和流量	每批次，要求有报警系统			
清洗剂的监视				
清洗剂浓度	每月不少于 2 次	每周不少于 1 次		
pH 值	每月不少于 2 次	每周不少于 1 次		
可溶性防锈油（剂）的监视				
浓度	每月不少于 2 次	每周不少于 1 次		

参 考 文 献

[1] 全国热处理标准化技术委员会. 金属热处理标准化应用手册 [M] 3版. 北京：机械工业出版社，2015.

[2] 国热处理标准化技术委员会. 热处理质量控制体系：GB/T 32541—2016 [S]. 北京：中国标准出版社，2016.

[3] 全国热处理标准化技术委员会. 热处理温度测量：GB/T 30825—2014 [S]. 北京：中国标准出版社，2014.

[4] 全国热处理标准化技术委员会. 热处理炉有效加热区测定方法：GB/T 9452—2012 [S]. 北京：中国标准出版社，2012.

[5] DOSSETT J L，TOTTEN G E. 美国金属学会热处理手册 B卷：钢的热处理工艺、设备和控制 [M]. 邵周俊，樊东黎，顾剑锋，等译. 北京：机械工业出版社，2020.

第5章 热处理自动化与智能化

江苏丰东热技术有限公司 张志鹏 陈雪峰

当前，我国热处理行业已进入数字时代，呈现出自动化、网络化、信息化、智能化的特征。自动化是基础，主要实现工艺、生产过程和物流的自动化，主要是装备的自动化，关注过程，采集维度少；信息化是在自动化的基础上将人机料法环等要素全部实现数据采集，关注结果，采集维度广；网络化是实现信息化的物理条件，关注的是互联互通；智能化是模拟人的思维，充分感知后决策、实现知识的重用，没有自动化和信息化，无法实现智能化。

5.1 热处理装备自动化

热处理装备是热处理生产要素的重要一环，提升热处理装备的自动化水平，对于保证热处理质量、提高生产率、降低工作强度及危险度、实现现代热处理生产有着举足轻重的意义。

5.1.1 工艺及过程自动控制

热处理过程控制设备应进行成套设计，实现对热处理过程的工艺参数控制和操作控制。常见的热处理工艺参数控制包括温度控制、气氛控制和真空度控制等。控制柜的设置应满足热处理生产持续可靠运行需要，所有控制设备应通过适当的总线方式进行连接，以实现协同动作及控制。

可接入基于热处理工艺仿真技术的渗层在线控制系统等智能热处理工艺决策系统。

1. 热处理工艺控制参数

热处理设备常见的工艺控制参数见表5-1。

表5-1 热处理设备常见的工艺控制参数

序号	类型	适用设备
1	温度	适用各型热处理设备，如加热炉、清洗机、回火炉、退火炉
2	碳势	适用于各型可控气氛渗碳炉
3	氮势	适用于各型可控气氛渗氮炉
4	真空度	适用于各型真空炉、预抽真空炉
5	速度/频率	适用各型热处理设备及输送设备，如搅拌风扇速度或频率、输送设备速度或频率

2. 工艺参数控制模型

热处理工艺参数控制模型如图5-1所示，包括传感器、控制器和执行器等。

以热处理最基本的温度控制为例，常见的传感器有热电偶和热电阻等，控制器有温度控制器、多回路程序控制器、PLC和工业控制计算机（简称工控机）等，执行器有加热器、辐射管、烧嘴、泵及换热器等，控制热处理设备进行加热（升温）和冷却（降温）等热处理进程。

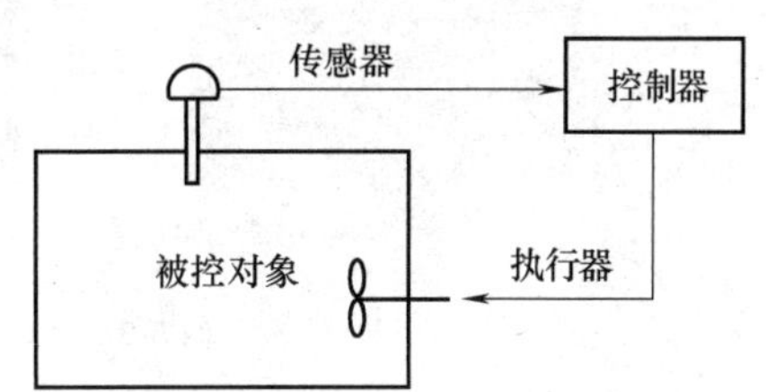

图5-1 热处理工艺参数控制模型

三类常见的工艺参数控制设备：

（1）控制仪表+执行器 由仪表与执行器构成，仪表集成输入、输出及显示模块，可实现PID控制等功能，是较为传统的控制设备，产品可选性比较大，价格低，性能稳定，参数设置方便，对使用者要求比较低。缺点是对于数量较多的回路控制，数据集中度不足。其系统组成如图5-2所示。

（2）PLC+触摸屏+执行器 由PLC与执行器构成，PLC需另选模拟量输入、输出模块，由PLC的PID功能块实现控制，数据的显示由触摸屏来实现。对于小型系统，数字量和模拟量都由一个PLC完成，数据集成度好一些，但性价比不够，性能尚不够稳定，参数调整不方便，对使用者要求高，回路较多时不适用。其系统组成如图5-3所示。

（3）工控机+显示器+执行器 由工控机、显示器（可集成在工控机内）与执行器构成，工控机可以自带模拟量输入、输出模块，或者通过总线的方式进行扩展，由工控机程序来完成PID控制，数据的显示由显示器来实现。这样的控制设备常见于欧洲的产品，数字量和模拟量都由工控机进行管理，数据集成度好一些，性价比不够，回路较多时不适用。其系统组成如图5-4所示。

3. 热处理过程控制类型

在热处理生产过程中，除了对工艺参数进行控制，还必须按照一定的工艺路线将工件从一个热处理

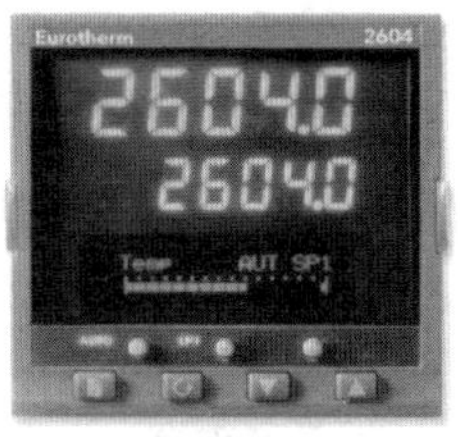

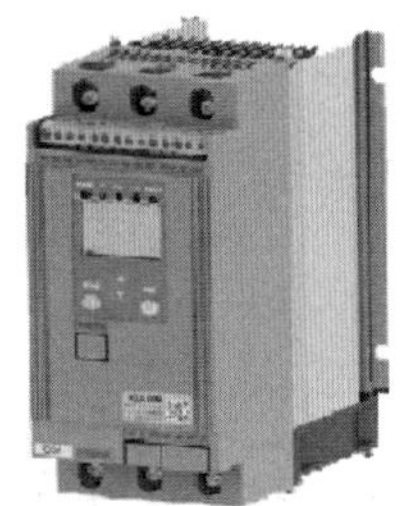

图 5-2　仪表类工艺参数控制设备系统组成

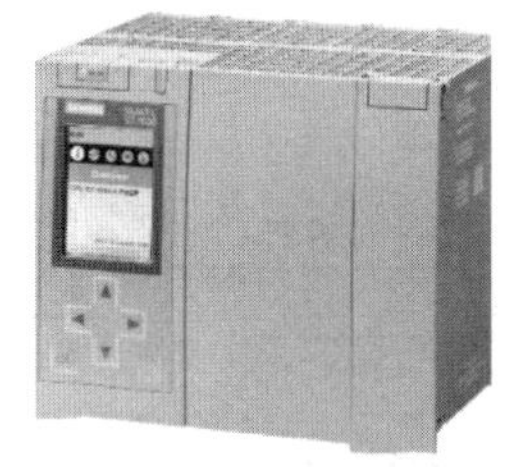
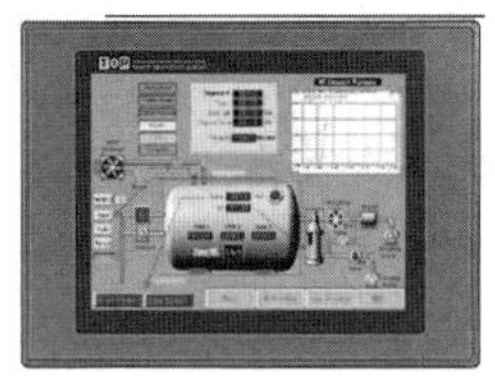
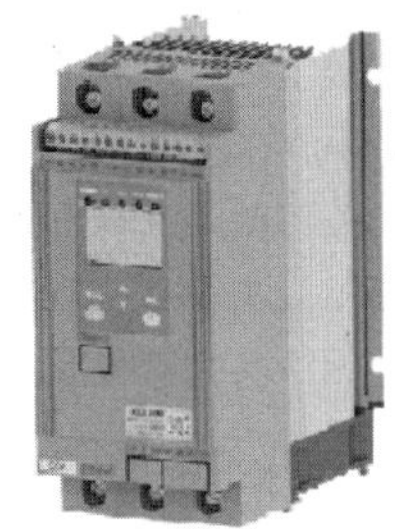

图 5-3　PLC 类工艺参数控制设备系统组成

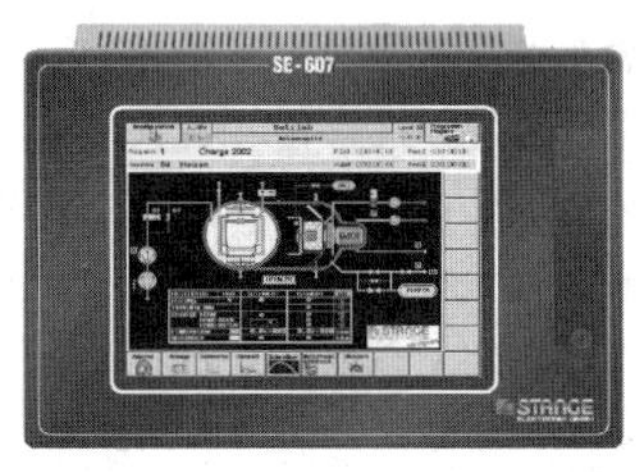

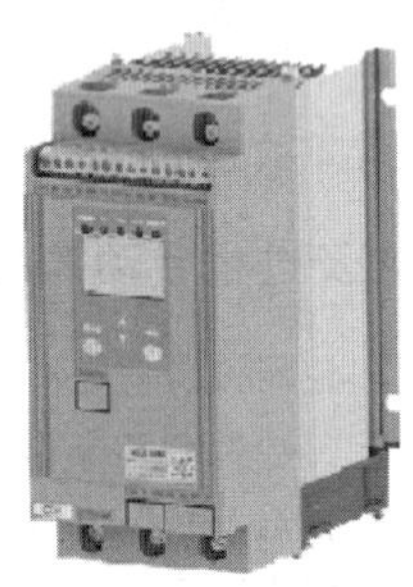

图 5-4　工控机类工艺参数控制设备系统组成

工序转移到另一个热处理工序，工件在这些不同工序的设备中顺序完成规定的工艺操作，最后才能获得预期的性能。这样的过程控制通过顺序控制得以实现。顺序控制，就是发出操作指令后，控制系统能自动地、顺序地根据预先设定的程序或条件完成一系列操作，以达到控制目的。

顺序控制可以分为时序顺序控制、逻辑顺序控制和条件顺序控制。

（1）时序顺序控制　控制指令按照时间排列，并且每一程序的时间是固定不变的顺序控制，称为时序顺序控制。例如，箱式渗碳炉的渗碳过程就是按一定的时间顺序进行不同的温度、碳势控制的过程。工件的淬火过程按照一定的加热时间和冷却时间编排控制指令。

（2）逻辑顺序控制　控制指令按动作先后次序排列，但每一程序没有严格时间控制的顺序控制，称为逻辑顺序控制。例如，周期作业炉自动装料过程的控制，炉门打开到规定高度，推杆就自动往炉内装料。

（3）条件顺序控制　控制指令不是按时间和先后次序排列，而是根据事先规定的条件对控制动作有选择地逐次进行控制的顺序控制，称为条件顺序控制。例如，对工件在传送过程中进行挑选，满足条件的工件进入下一道加工工序，而不满足条件的工件则重新处理。

早期的顺序控制主要是用继电器接点电路来实现的，电路设计复杂，触点多，由此引起的不可靠因素也增多，而且不能适应生产工艺的变化。随着电子技术和控制技术的提高，电子顺序控制器在热处理生产过程中得到了广泛应用。电子顺序控制器由各种无触点逻辑元件组成，可分为简易顺序控制器和可编程控制器。

4. 热处理过程控制设备

（1）继电器接点程序控制系统　这种控制系统

是由开关元件组成的起断续作用的程序控制系统，其基本控制元件是继电器、接触器。这种控制系统的优点是结构简单，调整维修容易，抗干扰能力强；缺点是有触点开关，允许的工作频率低，当触点打开时，经常产生电弧，触点容易损坏，使开关动作不可靠。目前，这种控制系统的执行元件正逐渐被无触点逻辑控制系统取代。

热处理过程中常见的基本控制线路包括电源电路（刀开关控制的电源电路、接触器控制的电源电路）；电动机正反转控制电路（带互锁的正反控制电路、复合按钮的互锁控制电路）；位置控制电路（限位控制回路、自动往复行程控制电路）；顺序动作控制电路；两地控制电路；时间控制电路；保护电路；警报电路；指示电路。

继电器接点控制系统设计方法：对于大型复杂对象，继电器接点控制系统（或简称继-接电路）常采用逻辑设计方法，能充分发挥元件的作用，减少元件的数量，电路简单合理。设计方法中，逻辑或在继-接电路中的物理意义相当于触点的并联，逻辑与相当于触点的串联，逻辑非表示与给出关系相反。

（2）顺序控制器（包括可编程控制器）控制系统　顺序控制器主要有两种类型，即矩阵式控制器和可编程控制器。矩阵式控制器常用的有时序步进式和条件步进式。由于矩阵式控制器、继-接电路这类控制器缺乏存储功能、难以调整修改，逐渐被可编程控制器取代。可编程控制器是仪表化了的微型控制计算机，它既保留了仪表的传统操作方式，又可以通过编程来构成控制系统，还可实现比较复杂的逻辑判断。它将过程控制系统中经常用到的运算功能以模块的形式提供给用户，设计人员只需将各种功能模块按需要以一定的规则连起来即可。

可编程控制器（programmable controller）是基于计算机技术和自动控制理论，为工业控制应用而设计制造的。早期的可编程控制器称为可编程逻辑控制器（programmable logic controller，PLC），它主要用来代替继电器实现逻辑控制。随着技术的展，PLC 功能已经大大超过了逻辑控制的范围。因此，今天这种装置称为可编程控制器，简称 PC。为了避免与个人计算机（personal computer）的简称混淆，所以仍将可编程控制器简称为 PLC。

PLC 采用可编程的存储器，用于其内部存储程序，执行逻辑运算、顺序控制、定时、计数与算术操作等面向用户的指令，并通过数字或模拟式输入/输出，控制各种类型的机械或生产过程。PLC 及其有关外部设备，都按易于与工业控制系统联成一个整体，易于扩充其功能的原则设计。PLC 一般由 CPU 单元、存储器、输入输出系统及其他可选部件四大部分组成。

CPU 是 PLC 的核心，能够识别用户按照特定格式输入的各种指令，发出相应的控制指令，完成预定的控制任务。与其他部件之间的连接是通过总线进行的。

存储器由系统程序存储器和用户程序存储器两部分组成。系统程序存储器容量的大小决定了系统程序的功能和性能，用户程序存储器容量的大小决定了用户程序的功能和任务复杂程度。

输入/输出系统是过程状态与参数输入及实现控制时控信号输出的通道，包括被控过程与接口之间的电平转换、电气隔离、串/并转换，A/D 转换等功能。热处理过程中各种连续性物理量（如温度、压力、压差）由在线检测仪表将其转化为相应的电信号，通过模拟量输入通道进行处理；模拟量输出通道则实现对被控对象连续变化的模拟信号的调节输出。对于各种限位开关、继电器或电磁阀门、手动操作按钮的启闭状态，通过开关量输入通道处理，开关量输出通道用于控制电磁阀门、继电器、指示灯、声/光报警器等的开、关状态输出。

其他可选部件是与 PLC 的运行没有依赖关系的一些部件，是 PLC 系统编程、调试、测试与维护等必备设备，包括编程器、外置存储设备、I/O 扩展口和数据通信接口。

PLC 的主要特点如下：

1）高可靠性。

① 所有的 I/O 接口电路均采用光电隔离，使工业现场的外电路与 PLC 内部电路之间电气上隔离。

② 各输入端均采用 R-C 滤波器，其滤波时间常数一般为 10~20ms。

③ 各模块均采用屏蔽措施，以防止辐射干扰。

④ 采用性能优良的开关电源。

⑤ 对采用的器件进行严格的筛选。

⑥ 良好的自诊断功能，一旦电源或其他软、硬件发生异常情况，CPU 立即采取有效措施，以防止故障扩大。

⑦ 大型 PLC 还可以采用由双 CPU 构成冗余系统或由三 CPU 构成表决系统，使可靠性进一步提高。

2）丰富的 I/O 接口模块。

PLC 针对不同的工业现场信号，如交流或直流、开关量或模拟量、电压或电流、脉冲或电位、强电或弱电等，有相应的 I/O 模块与工业现场的器件或设备，如按钮、行程开关、接近开关、传感器及变送器、电磁线圈、控制阀等直接连接。另外，为了提高操作性能，它还有多种人-机对话的接口模块；为了组成工业局部网络，它还有多种通信联网的接口模块等。

3）采用模块化结构。为了适应各种工业控制需要，除了单元式的小型PLC，绝大多数PLC均采用模块化结构。PLC的各个部件，包括CPU、电源、I/O等均采用模块化设计，由机架及电缆将各模块连接起来，系统的规模和功能可根据用户的需要自行组合。

4）编程简单易学。PLC的编程大多采用类似于继电器控制线路的梯形图形式，对使用者来说，不需要具备计算机的专门知识，因此很容易被一般工程技术人员所理解和掌握。最普遍的PLC编程语言是梯形图与语句表（梯形图助记符）。尽管各个PLC产品不同，但梯形图和编程方法基本是一样的。梯形图表达式吸取了继电器路线图的特点，是从接触器、继电器梯形图基础上演变而来的，形象直观，简单实用，是PLC主要编程语言。为了使编程语言保持梯形图的简单、直观特点，方便现场编制程序，派生了梯形图的辅助语言——语句表（梯形图助记符）。除了这两种编程语言，还有一些其他编程语言，如控制系统流程图编程、逻辑方程、布尔编程表达式及高级编程等。

5）安装简单，维修方便。PLC不需要专门的机房，可以在各种工业环境下直接运行。使用时，只需将现场的各种设备与PLC相应的I/O端相连接，即可投入运行。各种模块上均有运行和故障指示装置，便于用户了解运行情况和查找故障。由于采用模块化结构，因此一旦某模块发生故障，用户可以通过更换模块的方法，使系统迅速恢复运行。

PLC的功能包括逻辑控制、定时控制、计数控制、步进（顺序）控制、PID控制、数据控制（数据处理能力）、通信和联网。

目前常见的PLC品牌主要有西门子、欧姆龙、三菱、AB、施耐德等。

PLC的五大发展趋势：

1）向高集成、高性能、高速度、大容量发展。微处理器技术、存储技术的发展十分迅猛，功能更强大，价格更便宜，研发的微处理器针对性更强。大型可编程控制器大多采用多CPU结构，不断地向高性能、高速度和大容量方向发展。在模拟量控制方面，除了专门用于模拟量闭环控制的PID指令和智能PID模块，某些可编程控制器还具有模糊控制、自适应、参数自整定功能，使调试时间缩短，控制精度提高。

2）向普及化方向发展。由于微型可编程控制器具有价格便宜，体积小、重量轻、能耗低，很适合单机自动化，它的外部接线简单，容易实现或组成控制系统等优点，在很多控制领域中得到广泛应用。

3）向模块化、智能化发展。可编程控制器采用模块化的结构，方便了使用和维护。智能I/O模块主要有模拟量I/O、高速计数输入、中断输入、机械运动控制、热电偶输入、热电阻输入、条形码阅读器、多路BCD码输入/输出、模糊控制器、PID回路控制、通信等模块。智能I/O模块本身就是一个小的微型计算机系统，有很强的信息处理能力和控制功能，有的模块甚至可以自成系统，单独工作，可以完成可编程控制器主CPU难以兼顾的功能。

4）向软件化发展。编程软件可以对可编程控制器控制系统的硬件组态，即硬件的结构和参数，如各框架、各个插槽上模块的型号、模块的参数，各串行通信接口的参数等进行设置。在屏幕上可以直接生成和编辑梯形图、指令表、功能块图和顺序功能图程序，并可实现不同编程语言的相互转换。可编程控制器编程软件有调试和监控功能，可以在梯形图中显示触点的通断和线圈的通电情况，查找复杂电路的故障非常方便。历史数据可以存盘或打印，通过网络或Modem卡，还可实现远程编程和传送。

个人计算机的价格便宜，有很强的数学运算、数据处理、通信和人机交互功能。目前，已有多家厂商推出了在PC上运行的可实现可编程控制器功能的软件包，“软PLC”在很多方面比传统的“硬PLC”有优势，有的场合“软PLC”可能是理想的选择。

5）向通信网络化发展。伴随科技发展，很多工业控制产品都加设了智能控制和通信功能，如变频器、软启动器等，可以与现代的可编程控制器通信联网，实现更强大的控制功能。

（3）热处理顺序控制执行器　热处理生产中经常利用各种调速装置控制工作机构的运动速度，以满足工艺要求，如控制工件在热处理炉中的传送速度，达到控制加热和保温时间的目的。热处理顺序控制系统的执行机构一般包括电气系统、液压系统、气动系统等。这里简单地介绍这些内容。

1）电气系统。电气系统包括电动机及各种低压电器，如接触器、继电器、电磁铁、变频器、伺服系统、功率调节器等。

2）液压系统。液压传动是利用液体传递运动和动力的一种方式。与机械传动相比，液压传动具有可在较大范围实现无级调速、容易实现自动化，以及运动平稳、体积小、重量轻等优点。热处理生产线采用了电-液联动装置，使整条生产线实现了自动化。液压传动系统一般由液压泵、液压缸、液压阀和辅助装置（滤油器、油箱）四部分组成。

液压泵是供给液压系统压力油的元件，它将电动机输出的机械能变为油液的压力能，推动液压系统工作。按照结构形式可分为齿轮式、叶片式和柱塞式三大类，热处理设备中使用较多的是齿轮泵和叶片泵。

液压阀在液压系统中是用来控制和调节油液的流动方向、流量和压力的，使液压系统完成预定的作用，保证设备平稳协调地工作。根据阀在液压系统中所起的作用，可分为三大类，即方向控制阀，如单向阀、换向阀等；压力控制阀，如溢流阀、减压阀、顺序阀等；流量控制阀，如节流阀、调速阀等。

3）气动系统。气动传动是利用气体传递运动和动力的一种方式。与液压系统相比，两者的传递介质均为流体。气动和液压控制元件的工作原理、元件的组合和实现机构自动化的方法大体相同，但由于液压系统传递介质是几乎不可压缩的油液，而气动系统传递介质则是容积变化很大的空气，因此气动系统工作速度不稳定，外部载荷的变化对速度的影响较大，难以精确控制工作速度，效率比较低。近年来，采用气-液联合传动方法，综合了两者的优点，扩大了气动系统的应用范围。

气动系统基本上包括两个部分：第一部分是原动机供给的机械能转变为气体的压力能的转换装置，包括空气压缩机、后冷却器、储气罐；第二部分是将气体的压力能转变为机械能的转换装置，即气缸和气动马达。

空气压缩机是将原动机输出的机械能变为空气的压力能，推动气动系统工作。按结构可以分为活塞式、叶片式和齿轮式三种。企业中广泛使用的是活塞式和叶片式。齿轮式压缩机的效率很低，很少使用。

气缸是将压缩空气的压力能转化为机械能的转换装置，是一种经济且可靠的执行元件。

气动控制阀在气动系统中的作用是控制压缩空气的压力、流量和方向。按作用可以分为压力控制阀、流量控制阀和方向控制阀三大类；按各种阀在回路中的主从关系可分为主阀和先导阀，直接控制气动执行机构换向的气阀称为主阀，控制主阀的气阀称为先导阀。压力控制阀包括溢流阀、减压阀和顺序阀等，它们的共同特点是用空气压力和弹簧力相平衡的原理来工作的。

5.1.2　物流自动化

物料输送设备主要实现存储区、作业区、设备区之间的物料输送，替代人工进行热处理物料的搬送，包括存储类设备和输送类设备，存储类设备有立体自动仓库、液压升降台、固定台，输送类设备有输送机、升降提升机、自动导引车（AGV）、有轨导引车（RGV）等。

各设备应能与热处理设备、仓储设备协调动作，完成物料的输送。各输送设备的输送载荷、有效尺寸及输送速度应保持一致。

输送设备应配置必要的传感器、扫码器或射频识别（RFID）阅读装置，以便对输送物料进行识别及防错。

1. 立体自动仓库

立体自动仓库是自动化物料存储的主要设备，可实现物料自动存取，降低人工搬运物料的劳动强度，减少出错概率；可与热处理设备进行无缝衔接，实现无人操作等功能。

立体自动仓库一般包括货架、堆垛机、控制柜及仓库控制系统（WCS）等。一套 WCS 软件可控制并管理多个立体仓库。堆垛机应满足 JB/T 7016—2017 的要求，控制柜中的变频器应单独设置，控制柜应能在 0～50℃ 温度范围内可靠工作。货架应满足 JB/T 11270—2011、JB/T 5323—2017 的要求，货架可配置接油盘，防止热处理工件相互污染。

对于立体自动仓库的货物入口区输送装置，应设置货物超差检测，防止超差货物入库。

图 5-5 所示为立体自动仓库主要构成。

图 5-5　立体自动仓库主要构成

立体自动仓库的重要技术指标见表 5-2（表中数值为参考值，依据实际需求做调整）：

表 5-2　立体自动仓库的重要技术指标

技术指标	数　据
规模(D×W×H)/m	14.4×4.0×6.75
库容要求/个	56
出入库需求量	装/卸料侧：≥24+24 盘/8h(满盘) 设备侧：≥24+24 盘/24h

（续）

技术指标		数　据
额定负载/kg		≤2000
最大走行速度/(m/min)	载货	60
	空载	60
	加速度	0.33m/s^2
升降速度/(m/min)	载货	12
	空载	12
	加速度	0.33m/s^2
货叉伸缩速度/(m/min)	载货	30
	空载	30
	加速度	0.33m/s^2
巷道宽度/mm		1590
载货尺寸/mm		1500×914×914
提升机构		钢丝绳
提升行程/mm		6000
水平行走定位精度/mm		±5
垂直升降定位精度/mm		±3
伸叉定位精度/mm		±2
伸叉满载挠度(全伸)/mm		≤20
货叉形式		二指叉
通信方式		无线光通信
操作方式		手动、单机自动及联机自动
行走定位方式		激光定位
升降定位方式		激光定位
驱动方式		变频器驱动交流电机
作业形式		货叉式
供电方式		4P滑触线,交流380V/50Hz
速度控制方式		变频调速控制
噪声/dB		≤70

WCS应与库存管理系统（WMS）集成，执行WMS的调度命令并反馈各仓库设备状态。WCS还应负责与热处理其他物料输送设备进行对接。

WMS可自由扩展若干个库区，包括热处理工厂的所有生产库存区域，既适用于立体仓库，也适用于平面仓库，实现库存管理的透明化、有序化。WMS应具有以下部分或全部功能。

1）基础数据管理：用户管理、库管员管理、数据备份、系统配置、日志、角色管理、权限管理。

2）仓库管理：货架信息、货位信息、货区管理。

3）料箱及物料管理：物料类型管理、物料管理、料箱类型管理、料箱管理、料箱货位信息。

4）条码及LED：条码信息、LED配置及显示任务信息。

5）出入库管理：入库类型、出库类型、入库单、出库单、入库任务，出库任务。

6）库存维护：库存状态管理、库存查询、移库、库存预警。

7）报表查询：入库报表、出库报表、盘存报表、库存统计报表等。

8）任务管理：下发任务管理、下发任务监控。

9）手持终端：辅助操作。

10）WMS数据集成：WMS应与WCS、制造执行系统（MES）、企业资源计划（ERP）系统等进行数据交互集成，实现信息共享及联动控制。

2. 中继台

中继台可以实现物料在生产线的暂存，既可以是物料进入或离开生产线时的临时存放，也可以是工序间的临时存放。中继台可以是固定台（见图5-6），也可以是升降台（见图5-7），便于操作工人现场装/卸料。中继台的驱动，既可以是被动式的，也可以是主动式的。可以通过若干个自带驱动的中继台组成物料平面仓库，实现物料的集中存储。

中继台的主要技术指标见表5-3（表中数值为参考值，依据实际需求做调整）。

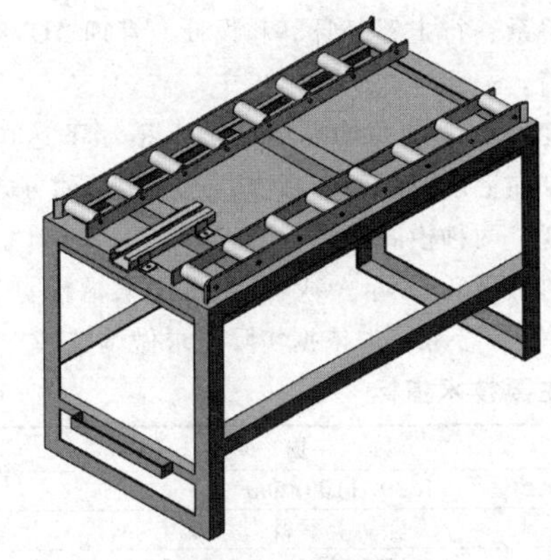

图 5-6 固定台

图 5-7 升降台

表 5-3 中继台的主要技术指标

技术指标	数据
载货尺寸(长×宽×高)/mm	1500×914×914
工作高度/mm	1200
额定负载/kg	2000
升降行程(升降台适用)/mm	600
垂直升降定位精度(升降台适用)/mm	±3
加载(满载)沉降 (升降台适用)/mm	±3
驱动	无

3. 有轨导引车 (RGV)

有轨导引车是在固定的轨道上运行的，主要完成热处理设备间的物料转运（横向移动和纵向移动），俗称移动料车或推拉小车，如图 5-8 所示。

图 5-8 RGV

RGV 的主要技术指标见表 5-4（表中数值为参考值，依据实际需求做调整）。

表 5-4 RGV 的主要技术指标

技术指标	数据
载货尺寸(长×宽×高)/mm	1500×914×914
工作高度/mm	1200
额定负荷/kg	2000
横向移动速度/(m/min)	12
纵向移动速度/(m/min)	12
双向驱动	有
工位数/个	1

4. 自动导引车 (AGV)

AGV 可以在平整的地面上进行物料的输送，没有地面轨道的限制，因此输送的范围有了较大的扩展，可以实现物料在存储区、设备区、作业区间的高效自动运输，如图 5-9 所示。AGV 按驱动形式可以分为单轮驱动、双轮驱动、多轮驱动、差速驱动、全向驱动。按移载方式可以分为叉车式、牵引式、背负式、滚筒式、托盘式、举升式等。按导航方式可以分为电磁感应式、磁条引导式、激光引导式、视觉引导式、二维码引导式、5G 引导式等。AGV 除应具有 GB/T 20721—2006《自动导引车通用技术条件》所规定的功能，还应考虑耐油污、耐热的热处理特殊要求，采取技术手段实现 AGV 的长久可靠工作，AGV 的输送效率应满足智能工厂对物料输送的最大节拍要求。

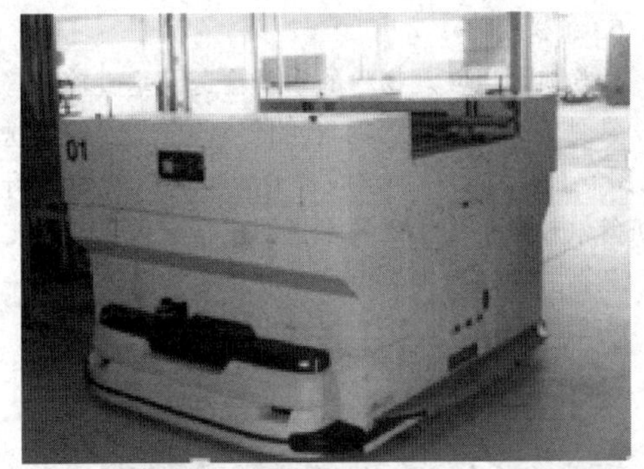

图 5-9 AGV

AGV 调度控制系统是整个 AGV 系统运行的核心，主要由两大部分组成：硬件部分由调度主机、调度触摸屏、无线通信组件和相关设备组成，软件部分由 AGV 调度软件、AGV 路径绘制软件、AGV 调度接口软件和用户端口协议等组成。AGV 调度控制系统是一个能同时对多部 AGV 实行中央监管、控制和调度的系统。通过无线局域网络与各 AGV 保持通信，调度控制系统中各 AGV 的作业。用户可以从系统界面实时了解受控 AGV 的运行状态、所在位置等情况，还可以自动或手动呼叫空闲 AGV 并分配任务；根据用户实际需要，还可以增加 AGV 故障报警、复杂路段交通管制、AGV 系统远程升级维护等功能。

AGV 调度管理主要实现任务调度及运行控制、控制和指挥 AGV 的行走过程、处理路径上各类 AGV 之间的关系、行走路径计算和设计、管理 AGVS 中的多方通信。

调度人员可以在调度触摸屏上手动下达调度指令，也可在上层系统下达指令，通过接口的方式实现联机调度；两种模式可以混合进行，互不干涉。

双向带横移滚筒 AGV 的主要技术指标见表 5-5（表中数值为参考值，依据实际需求做调整）。

表 5-5　双向带横移滚筒 AGV 的主要技术指标

技术指标	数　据
外形尺寸(长×宽×高)/mm	1680×1100×500
上下料形式	自动上下料
导航方式	磁性导航
驱动单元	双驱动
驱动单元升降机构	手动
走行方向	双向前后进带横移、原地旋转
额定负荷/kg	1000
前进速度/(m/min)	30
侧移速度/(m/min)	15
滚筒输送速度(m/min)	12
自重/kg	200
直线导引精度/mm	±10
停止精度/mm	±10
爬坡能力(%)	2（额定负载时）、3（70%负载时）
充电方式	自动充电，地充
电源	锂电池 24V80AH　工作 8h
安全感应距离	检测距离 0～3m 可调，紧急制动 30mm±10mm
报警形式	音乐和指示灯报警
安全防护装置	光传感避障+机械防撞+急停按钮三重保险
使用环境	室内，温度：-10～45℃，相对湿度：40%～98%
允许台阶高度	10mm/m
允许沟宽幅度/mm	20

5. 输送机

输送机可以实现物料的水平输送、垂直输送等功能，常见的有滚筒输送机（见图 5-10）、链条输送机（见图 5-11）、链条/钢丝绳提升机、顶升机和顶升转体机等。输送机的主要技术指标包括有效尺寸、工位数、载荷、输送速度、提升速度和定位精度等。

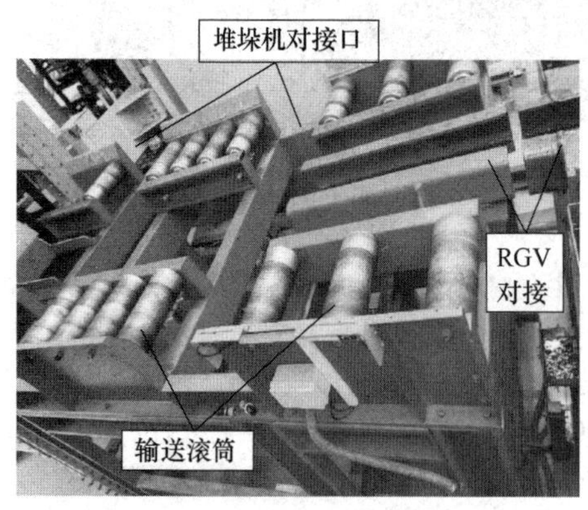

图 5-10　滚筒输送机

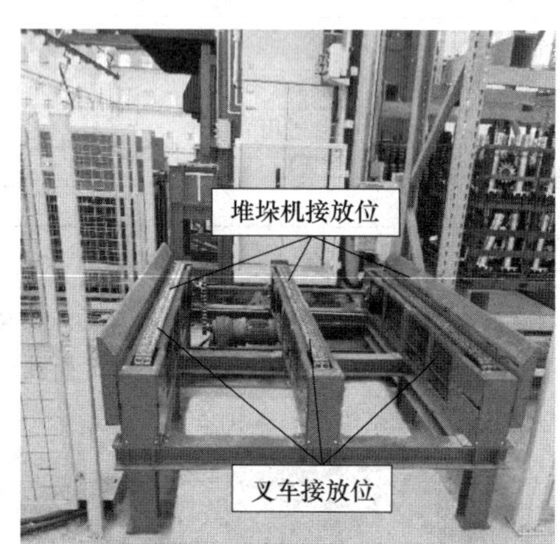

图 5-11　双工位链条输送机

5.1.3　热处理装备的智能化

智能化热处理装备应具备两个必备的要素，即感知和决策。通过充分感知热处理过程中的各方面信息，根据已固化的知识或系统具备的推理程序做出自动的决策，实现即时感知、快速决策，降低对热处理操作人员素质的要求。

1. 热处理装备的感知要求

热处理装备应具备足够强大的感知力，除了配备必要的工艺控制传感器（如温度、碳势、压力、流量），还应感知和记录设备状态、设备警报、设备操作、人员、物料、工艺、质量、环境等数据，并将这些信息与生产批次进行关联，以实现分析、决策和追溯。这些信息必须通过PLC、工控机等控制装置进行汇总收集。例如，热处理设备都有很多手动操作功能，方便调试和应急状态使用，但很多手动模式都是通过电气回路来实现的，没有接入PLC，因此PLC无法感知这一信息，更无法记录这一过程；很多故障或事故出现时，无法还原事故现场情况，对故障处置及分析都带来很大难度。

2. 热处理装备的要求

热处理装备应满足以下要求，以适应装备智能化的需求。

1）自动化。高度自动化、电控化和协同化动作，应能实现一键操作，减少对人的依赖，动作流畅可靠。不适合的设备，如人工手动开合炉门的真空炉，只能人工站立手动操作的搬运小车。

2）安全可靠。防错防呆，傻瓜式操作；安全可靠的机械和电气性能；能自主进行简单故障处置或提示，如自动开炉、自动充氮和自动停炉等。

3）数字化。良好的交互性，仪表、PLC应实现与MES的通信交互，畅通地进行上传下达。所配置的仪表应具有主流的通信接口，设备控制和操作应通过PLC或工控机来完成，PLC或工控机应能主动收集各仪表的数据，以减少MES数据采集的负担，增加系统可靠性。

4）网络化。网络化协同，各设备间应通过网络进行信息交互，实现动作协同、互锁，保证动作流畅可靠。

3. 热处理装备的智能化应用场景

（1）开/停炉引导程序　对于开/停炉流程比较复杂或烦琐的设备，遗漏某个步骤或搞错先后顺序会导致无法完成开/停炉或产生安全隐患，因此应设置开/停炉向导程序，列示所有开/停炉步骤，每完成一步由设备自动或人工进行确认，确认完成后方可提示下一步操作，直至所有操作完成，开/停炉程序结束。

（2）自动停炉程序　对应某些复杂的设备，由于机械或电气故障，导致设备的异常警报较长时间无法处理和消除，对人员、设备、产品构成较大隐患，应启动自动停炉程序，终止生产，引导设备进入安定状态，如采取停止滴注、自动充氮、停止温度控制、启动冷却、关闭排气阀、关闭搅拌风扇等措施，直至设备到达较低温度，自动停炉程序完成。

（3）故障处置引导　对于相对较为复杂的设备或故障原因较复杂的报警，可设置故障处置引导。针对每一报警或故障，列示所有可能引发故障或报警的原因，按发生概率进行排序，由操作人员对所有疑似原因逐一进行排查，直至找到故障原因并完成故障排除。

（4）自动原点找回　对于采用增量型编码器进行位置定位的设备，由于增量型编码器不具备原点记忆功能，在设备编码器出现故障、断电等情况后，驱动装置发生机械位移，编码器不能记录在此期间的位置移动，导致所有位置控制错误，设备应能在此情况下及时发出编码器原点错误，并能自动启动寻找原点程序，通过其他辅助检测装置检测并重新设置原点位置。

（5）工艺安全自动处置　设置工艺安全、设备安全、操作安全相关警报，并实现连锁控制或自动处置，确保设备及操作安全。

1）自动充氮。对于密封式可控气氛炉，如果炉内需要维持一点的压力才能保证安全，应设置压力检测传感器及自动充氮电磁阀，当检测到压力低并满足某些条件时，设备应自动充氮直至压力恢复。

2）甲醇滴注报警。对于采用甲醇作载气的密封式可控气氛炉，如果温度低于裂解温度，滴注入炉的甲醇不能充分裂解汽化形成炉子安全生产所需的最小正压，会有空气吸入的风险，继续滴注甲醇不能保证安全生产，需要自动关闭滴注（甲醇、丙烷、氨气等危险介质）并及时报警，必要时自动充氮，以维持炉内正常压力。

3）真空排气异常。对于设置有真空排气室的设备，如果在真空室排气过程中出现相邻工作室内的压力低，说明真空室与相邻工作室之间的真空密封已损坏，若继续抽真空，可能会导致相邻工作室负压，会有空气吸入的风险，继续进行真空排气已不能保证安全生产，这时需要立即停止真空排气，采用氮气恢复真空排气室压力，并及时报警。

（6）智能数据分析跟踪　智能热处理装备应具备主动收集热处理各工艺数据，形成典型的目标工艺数据，实时监测当前工艺数据并与典型工艺数据进行比较分析，发现异常及时推送警报，这样可减轻部分热处理工艺管理人员的工作。例如，常规的可控气氛多用炉一般会记录油温的数据，但并不关联物料及生产批次，采集的数据利用价值不高。但是，如果将物料及处理批次的信息与油温记录数据关联，形成某一物料在此设备上的淬火标准油温工艺曲线，当生产该物料时，随时监视实时油温曲线的变化规律，若与标准曲线不一致，偏离一定的范围后及时报警，可推送警报信息供操作人员及时处置。若油温在工件入油后1min仍没有上升，说明淬火时工件没有真正下油，应及时推送淬火失败警报，这样操作人员可及时处理异常。当油温在通常的2h内没有恢复到初始温度时，说明油冷却系统出现异常，如搅拌异常、循环泵异常、冷却回路堵塞等，通过及时推送警报，可提醒操作人员及时处置或查找原因。

5.2 数字化热处理

5.2.1 热处理系统层级划分

根据GB/T 25485—2010的划分依据，一般将制造类企业的信息集成划分为三个不同的功能层次等级，即业务计划层、制造执行层和过程控制层，如图5-12所示。

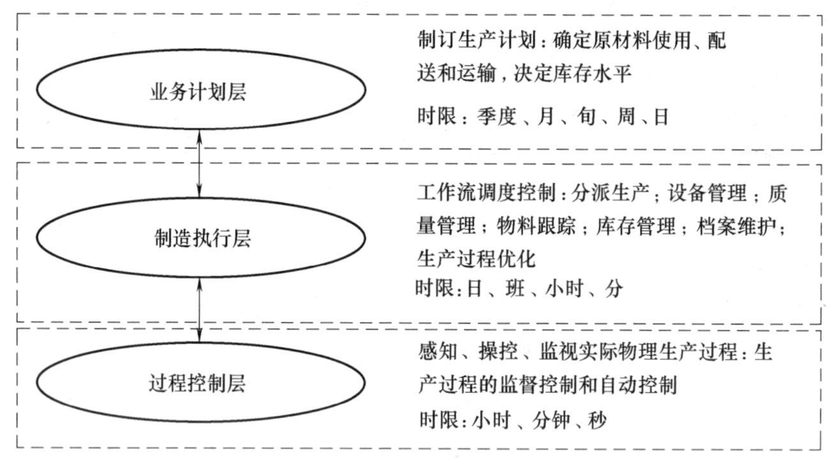

图5-12 制造类企业功能层次

1. 过程控制层（设备层）

过程控制层定义了感知、监测和控制实际物理生产过程的活动。按照实际生产方式的不同，可细分为连续控制、批控制及离散控制。控制层通常选用的控制系统包括DCS（分布式控制系统）、DNC（分布式数字控制）、PLC、SCADA（数据采集与监控系统）等。

2. 制造执行层

制造执行层介于业务计划层和过程控制层之间，定义了为实现生产出最终产品的工作流的活动。包括记录维护和过程协调等活动。主要面向制造型企业工厂管理的生产调度、设备管理、质量管理、物料跟踪和库存管理等。

3. 业务计划层

业务计划层定义了制造型企业管理所需的相关业务类活动。包括管理企业的各种资源、管理企业的销售和服务、制订生产计划、确定库存水平，以及确保物料能按时传送到正确的地点进行生产等。

5.2.2 数字化热处理设备

早期的热处理设备仅用有纸记录仪或无纸记录仪记录温度和碳势等基本参数，数据采集量少，保存、查询比较困难。随着数字化技术的不断普及，越来越多的热处理设备完成了工艺数据的数字化采集，可方便地进行热处理工艺过程的追溯查询，我们将含有热处理工艺数据采集系统的热处理设备称为数字化热处理设备。

热处理工艺数据采集与监控系统（SCADA）通过数据采集网络，完成现场热处理设备相关数据内容的获取和下发。主要包括数据采集、记录、显示、参数阀值设置、设备警报等功能。典型的箱式炉数据采集系统网络架构如图5-13所示，网络拓扑如图5-14所示。

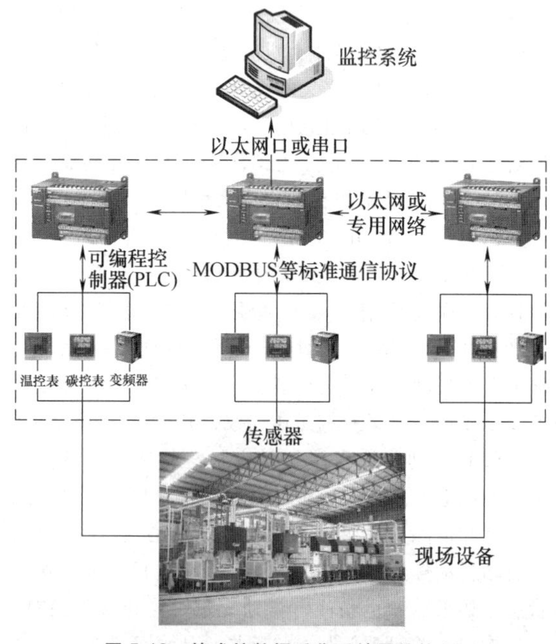

图5-13 箱式炉数据采集系统网络构架

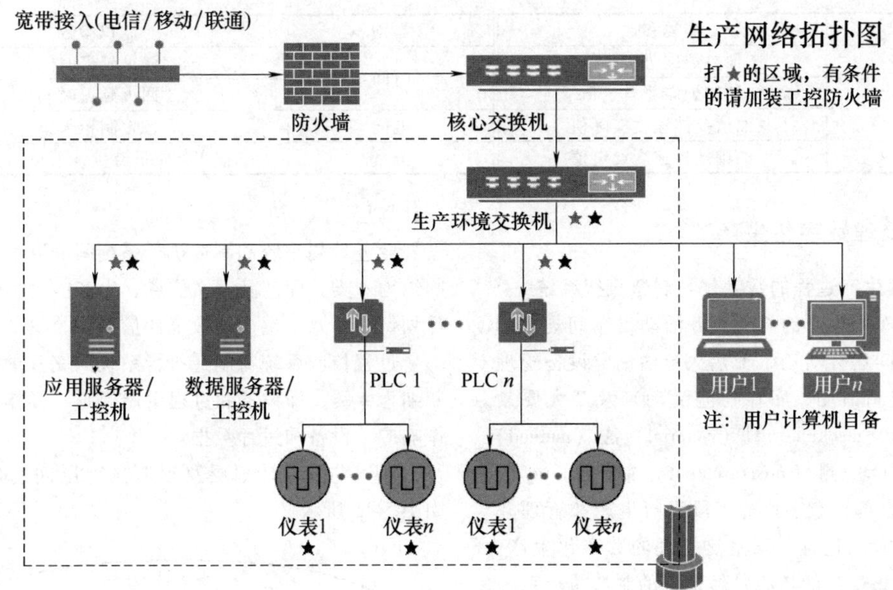

图 5-14　箱式炉数据采集系统网络拓扑

为保证数据采集系统安全，防止因停电导致数据丢失，系统一般配置不间断电源（UPS），UPS 为该系统所有仪表、工控机、交换机等设备停电后维持 4h 供电。

如图 5-13 所示，数据的采集至少需要建立三层数据交换的网络：

（1）PLC 采集仪表数据的网络　PLC 通过通信电缆实现与仪表的数据通信，该通信必须建立在 Modbus 等 PLC 能够实现的标准通信协议上。仪表数据采集由具有数据通信功能的温控表、碳控表、变频器、电能表、质量流量计等仪表与 PLC 间进行数据交换来实现，确保数据采集及时可靠。

（2）PLC 之间的数据交互网络　该网络只能是同 PLC 厂家的单层数据交换网络，不同厂家的 PLC 之间的数据交换根据实际情况进行二次开发，或者更换 PLC。必要的情况下，PLC 之间的网络将数据进行汇总，以减少监控系统采集程序的延时。

（3）上位工控机与 PLC 之间建立的网络　通常使用以太网或串口建立两者之间的网络，在非常用 PLC 或 PLC 加密导致无法获取数据的情况下，需要另行设计开发。所有由 PLC 采集的和 PLC 产生的数据都将由监控系统采集并在上位机上保存。

数据采集项目：包括设备监控参数（温度、碳势、速度/频率、用电能耗和流量等）、设备状态、工艺执行状态和警报状态。所有采集的数据内容以合适的数据结构和类型在 PLC 内存储，并由 PLC 与仪表通信实时刷新数据。上位工控机中的监控系统将以最短的时间周期循环获取 PLC 内的相关数据。

设备状态：根据设备的类型，包括各个设备的门开关、升降机上升下降、各搅拌启停、气液体原料电磁阀的开关。

工艺执行状态：根据设备的类型，包括换气中、加热中、油/水冷中、缓冷中、沥油/水中、清洗中、回火中、风冷中。在选用工艺管理模块时，还包括工艺执行的段号、段剩余时间、段执行时间、工艺执行总时间及执行工艺的内容。

设备警报状态：PLC 内预先设置可用的警报位，由监控系统配置并采集获取相关数据。箱式多用炉主要监控参数见表 5-6：

表 5-6　箱式多用炉主要监控参数

类别	监视参数	类别	监视参数
温度	加热炉温度实际值	温度	油槽温度设定值
	加热炉温度设定值		清洗机温度实际值
	加热炉过热温度实际值		清洗机温度设定值
	加热炉过热温度设定值		回火炉温度实际值
	油槽温度实际值		回火炉温度设定值

（续）

类别	监视参数	类别	监视参数
碳势	加热炉碳势实际值	时间	淬火延迟时间
	加热炉碳势设定值		回火延迟时间
变频器	油槽搅拌速度实际值	电能	按控制柜采集
	油槽搅拌速度设定值	流量	按实际质量流量计采集（选项）

5.2.3 热处理数字化生产

1. 热处理生产过程的数字化与制造执行系统

将热处理车间生产的6类业务活动（车间规划和改善活动、车间运行活动、工艺执行活动、设备管理活动、质量控制活动、库存物流活动）及7大要素［人（man）机（machine）料（material）法（method）环（environment）测（measurement）能（energy），简称5M2E］全部用数字化的手段进行生产和管理并形成数字化记录的过程，就是热处理的数字化生产。热处理的数字化生产的核心是经常说的制造执行系统（简称“MES系统”）。热处理数字化生产对于提高生产率、降低生产成本、提高产品质量及交付能力，提升客户满意度有着极大的帮助。

MES需要针对功能层次中制造执行层的活动进行定位与设计，关注制造执行层内部的制造运行和控制功能，以及与业务计划层、过程控制层之间的信息交互。

制造执行层的主要活动包括。

1）报告包括可变制造成本在内的区域生产情况。

2）汇集并维护有关生产、库存量、人力、原材料、备件和能量使用等区域数据。

3）完成按工程功能要求的数据收集和离线性能分析，这可能要包括统计质量分析和有关的控制功能。

4）完成必要的人员管理功能，如工作时间统计（如时间、任务）、休假调度、劳动力调度、单位的晋升方针，以及公司内部的培训和人员的技术规范。

5）为自身的区域建立包括维护、运输和其他与生产有关的需要在内的、直接的详细的生产调度计划。

6）为各个生产区域局部优化成本，同时完成由业务计划层所定制的生产计划。

7）修改生产计划以补偿在其负责区域可能会出现的工厂生产中断。

MES在企业集成运行系统中需起到连接业务计划层和过程控制层的作用。业务计划层所制订的生产计划需要通过MES传递给生产现场；同时，来自过程控制层的实际生产状态也需要通过MES报告给业务计划层。

业务计划系统和制造执行系统间交互的生产信息归纳为4类，即产品定义信息、生产能力信息、生产计划调度信息、生产绩效统计信息。

过程控制系统与制造执行系统间交互的生产信息归纳为4类，即设备和过程生产规则、操作指令、操作响应、设备和过程数据。

MES与业务计划层及制造执行层间的信息交互如图5-15所示。

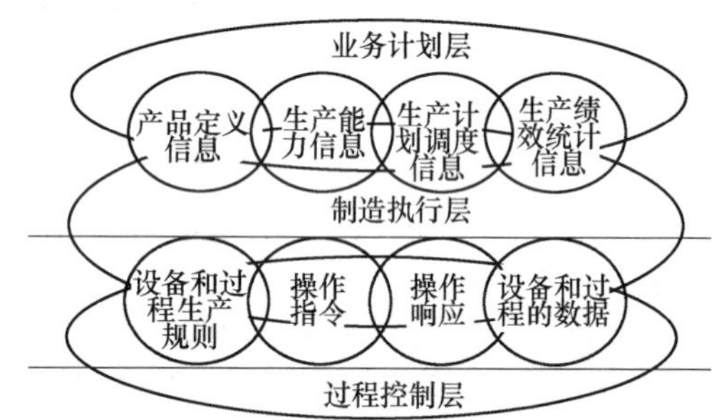

图5-15 MES与业务计划层及制造执行层间的信息交互

MES功能体系结构主要包括生产管理、维护管理、质量管理、库存管理等模型，其中生产管理模型又可细分为资源管理、生产调度、生产分派、生产跟踪等9个模型，如图5-16所示。

2. 数字化生产带来的益处

（1）透明可视可追溯　要做什么？（生产计划与产品定义）；正在做什么、还有什么没做？（生产进度）；人、料、车辆、工具在哪里？（资源位置）；设备/环境状态怎样，有无异常？（设备状态）；质量状况怎样，有无异常？（过程质量）；产品做成怎么样了？（质量管理）。

数据采集、集成、计算、可视化是实现透明生产的途径。

（2）有序可控　混流生产、物料与作业同步、防错防呆、异常可控、库存可控、缺陷可控、变更可控。

（3）优化决策　产能验证与瓶颈分析；生产线平衡；物流配送策略优化；产品-产线的优化分配；作业计划排序；多车间关联优化；物流配送优化；维修决策优化；动态生产调度；物流设施调度。

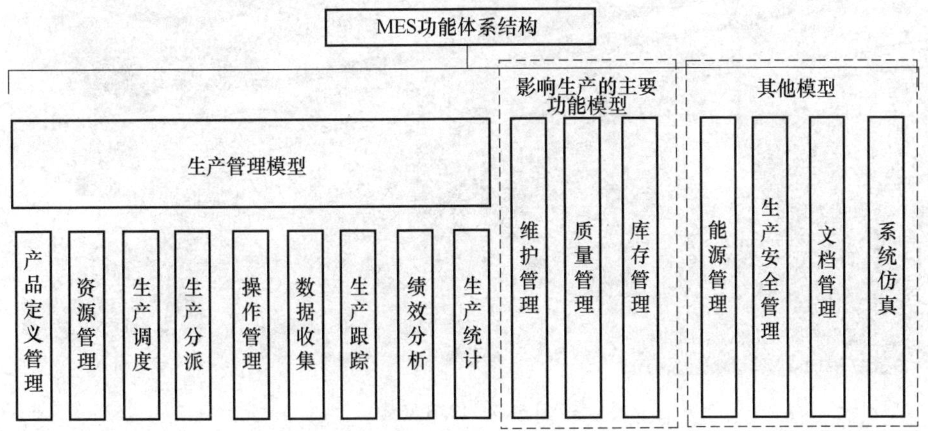

图 5-16 MES 功能体系结构

(4) 数据追溯 历史数据可多维度查询，生成各种形式的报表和日志，供分析和决策用。

3. 箱式炉智能热处理产线系统

箱式炉智能热处理产线系统（以下简称“LMS”）是热处理 MES 的典型应用，可实现热处理产线全程自动无人值守，减少对操作人员的依赖，降低劳动强度；物料流转的自动化管控，实现柔性化生产；建立完善的工艺数据库，减少工艺执行的错误；使用高级排产技术，让生产安排更加简洁紧凑；利用在线警报和预警技术，让设备维护保养更加准确及时。该系统具有以下特点：

1）部分满足 CQI-9 标准；实现工艺数据及生产批次的追溯。

2）在数十年实践的基础上进行总结提炼，符合主流热处理工厂或车间对智能热处理产线的要求；可根据需要定制采集内容。

3）展示方式多样，可表格化展示和图形化展示，可选远程看板，便于实时掌握生产数据。

4）具有工艺数据的存储、下发、跟踪监视等功能。

5）增加自动排产功能，自动进行重新计算实时排产，确保正确、高效的生产调度。

6）多用户、多权限设置管理，确保工艺数据的安全。

7）标配工业级控制计算机及不间断电源，极简的三级数据传输网络，确保系统可靠运行。

8）采用极简的数据存储模式，存储后的数据有加密验证，一旦更改，历史记录显示数据异常。

9）质量管理功能，可及时发出质检提示，根据质检人员录入的结果自动判定并生成产品质检报告。

10）设备管理功能，可根据设备状态进行排产，实现设备点巡检管理与预见性维护的提醒、帮助、派工、报工等功能。

箱式炉智能热处理产线系统（LMS）示例：LMS 硬件设备由 4 台 BBHG 加热炉、1 台 HWBV 清洗机、2 台 BTF 箱式回火炉、24 库位产线立库与 1 台推拉车组成。其中，BBHG 预抽真空燃气加热炉前门无火帘，采用天然气辐射管加热的方式，运用高精度的气氛控制系统建立稳定的炉内碳势；HWBV 真空溶剂清洗机使用清洁环保的碳氢溶剂，溶剂可回收再利用，可蒸汽清洗。LMS 概览图如图 5-17 所示。

LMS 网络环境包括 LMS 服务器、生产环境交换机、产线控制用工控机、立库工控服务器、立库操作触摸屏、PPC 用无线模块、生产环境用 UPS、工控网络布线。LMS 网络拓扑如图 5-18 所示。

LMS 系统由物料管理（MM）模块、工艺管理（CAPP）模块、线边仓储管理（WMS）模块、数据采集和记录（SCADA）模块、产线自动排产（APS）模块、工单执行（EMS）模块、质量管理（QM）模块、设备管理（EAM）模块、生产数据追溯（MTS）模块、数据可视化（MDV）模块 10 大模块组成。LMS 软件功能模块如图 5-19 所示。

各模块主要功能：

(1) 物料管理（MM）模块 可对物料进行初始设置，初始设置包括：物料信息、客户信息、工艺类型、检验技术要求；可对客户的来料进行登记管理，登记信息包括：客户订单号、物料编码、物料名称、来料数量、装料数量等信息。来料登记经确认后生成热处理生产批次。

图 5-17　LMS 概览

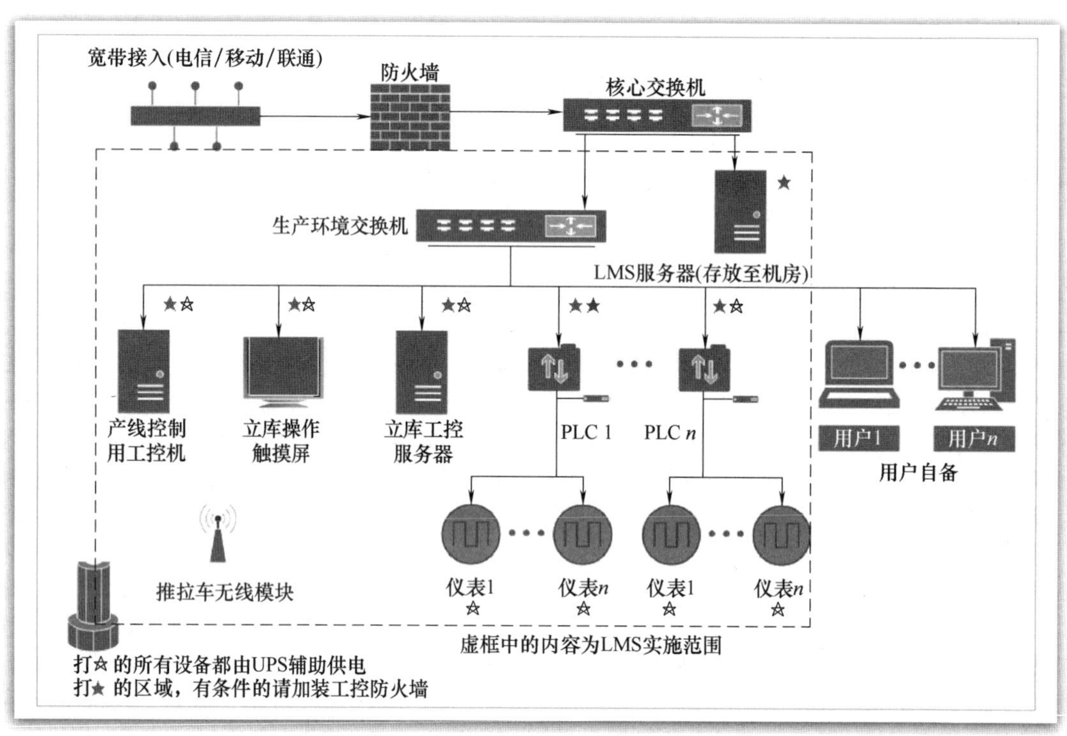

图 5-18　LMS 网络拓扑

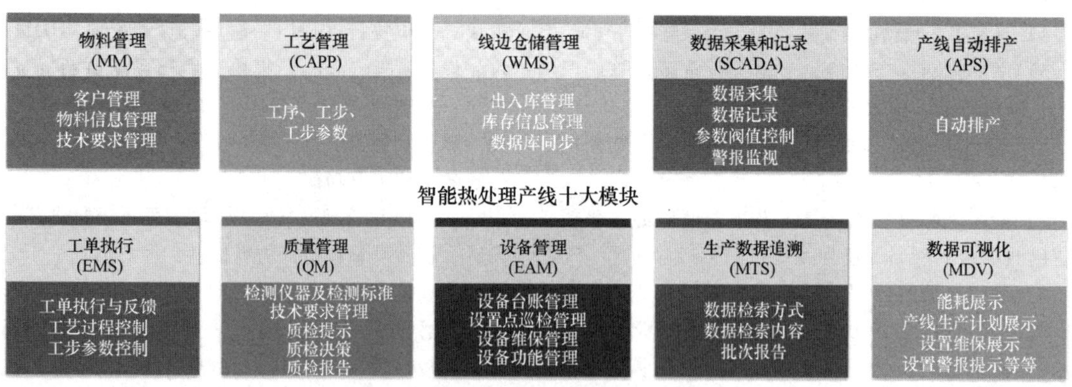

图 5-19　LMS 软件功能模块

(2) 工艺管理（CAPP）模块 工艺管理模块包括工序、工步和工艺参数的设计。热处理工序、工步、工艺参数的执行都围绕物料进行展开，一物一工艺。在完成物料信息的基础设置后，用户可以对物料的热处理工序、工步和工艺参数等内容进行相关的编辑管理工作。

物料的工艺是该物料在处理时需要经过设备的次序及经过各设备处理时需要的工艺参数内容（如温度、碳势、压力、流量、转速等）的集合。物料的工艺包含一个或多个工序。例如：一个物料的典型热处理工艺为“前清洗→渗碳油冷→后清洗→回火”，该工艺包含了类似“前清洗”这样的由相同或不同设备按照先后顺序处理的4个工序。

工序指的是物料在一个设备中处理的整个过程。一个工序可能包含一个或多个工步。例如，上述工艺中“渗碳油冷”工序可以包含换气、加热、油冷、沥油4个工步，“前清洗”工序包含“标准清洗”1个工步。

工步指的是物料在设备的某个工位上进行处理的过程。物料在进行某个工步的处理时，需要用到工艺参数，即热处理时所需控制的各项设置参数，如回火温度、回火时间、清洗工艺号、碳势、油槽搅拌速度等。

各个工步的工艺参数内容依据具体设备控制内容而设置。针对加热炉的加热渗碳工艺和油冷工艺可以分多段进行设置。

(3) 线边仓储管理（WMS）模块 生产线附属一个立体仓库，用以对产线生产的物料进行存储管理，并根据生产的需求实时完成出入库和信息管理。

系统对待热处理的物料、前清洗的物料和热处理完成的物料进行出入库的管理，并按照一定的货位进行分类存储。物料的存取可通过信息化接口自动完成，也可以手动操作完成。

为了对库存物料进行标识化管理，在物料的存取时可通过接口或图形化界面输入物料相关信息，包括批次号、流水号、数量、批次状态。物料批次状态信息会伴随物料的存取而自动流转，特定情况下可以修改物料的状态，包括待处理、清洗完成、待质检、质检中、质检合格、返工、报废。

(4) 数据采集和记录（SCADA）模块 系统可采集的数据包括设备监控参数（温度、碳势、速度/频率、用电能耗、流量）、设备状态、工艺执行状态、警报状态。所有采集的数据内容以合适的数据结构和类型在PLC内存储，并由PLC与仪表通信实时刷新数据。

(5) 产线自动排产（APS）模块 APS系统是一个实时在线的生产计划任务管理系统，它不仅可以对已登录入库的批次根据其工序工艺参数进行排产并形成产线的生产任务，还可以在批次或设备的状态发生变化时自动进行重新计算实时排产，确保正确、高效的生产调度。

(6) 工单执行（EMS）模块 工单执行系统根据APS系统生成的工单任务和设备的状态，对在库和产线中的批次进行实时调度生产。APS系统根据设备的状态对在库和产线中的批次进行排产形成工单任务，工单执行系统根据任务要求，下发转移指令，调度立库和推拉车完成批次的转移工作。

一个批次被搬运到任务工序设备后，系统将自动下发对应批次的工序所有工艺参数到对应的工序设备的PLC中，用于对该工步生产过程进行控制。工序所有工艺参数正确下发后，系统再指示推拉车将批次物料搬入设备。当本工序的过程控制执行完成后，系统根据设备的状态执行批次的搬出并搬送至下一工序执行设备。

批次入库后，工单执行系统会自动为该批次生成一个唯一的流水号，并写入产线PLC用以批次的识别和防错验证。批次在设备之间进行工序流转时，PLC系统负责批次流水号跟随批次的实际物理位置的变化进行批次流水号的传递工作，系统通过批次流水号的对比，实现批次状态的跟踪和监视。

工单执行系统会在批次进入对应的工序设备之前就将该批次对应工序所有工艺参数发给PLC系统。正确下发后，批次搬入工序设备，PLC根据控制参数设定进行过程控制，完成处理工作。在批次处理的过程中，有权限的用户可以对正在执行的控制参数内容进行相关的临时修改。

针对加热炉，使用一种基于PLC的图形化程序控制器（GPC）来进行热处理控制参数的过程控制，同时它还具有油槽的多段速控制功能。GPC在PLC内存储需要执行的分段工艺内容，如加热渗碳工艺包含每个段的设定温度、碳势、时间、信号等内容；油冷工艺包含每个段的设定温度、搅拌速度、搅拌时间。

GPC执行时，可控制工艺控制过程的运行、暂停、复位、步进等操作。由于所有的数据都在PLC内，上位监控系统更加容易获取、修改、监视、控制工艺的执行，从而为设备运行工艺的统一管理提供了便捷。

GPC可以通过触摸屏或监控系统的图形化界面进行工艺编辑和控制运行，不需要在仪表上编辑工艺，大幅度降低了工艺编辑的难度。

所有上述相关的操作都有权限控制，具有对应权限的人员登录后方可执行上述操作，其操作的过程和内容都将保存在数据库中，在物料处理数据追溯中体现。

（7）质量管理（QM）模块　可设置各类质检项目，包括编号、名称、单位、备注、创建时间等。

物料处理完成入库后，物料状态转为待质检，可通过消息精灵或质检看板提醒质量检验部门需要对该物料进行质检取样，提示的内容包括了物料相关信息及取样信息。

质量检验人员需要根据物料设置的技术要求逐项操作并录入检验结果，系统根据各项数据进行逐项的判定，结果为合格或不合格。当所有技术要求都合格时，物料批次最终判定合格。可根据需要发起质检决策审批流，可生成质检报告。

（8）设备管理（EAM）模块　设备管理模块管理了 LMS 所管辖设备的相关属性和工作状态，直接关系到产线中物料的生产流程。设备信息管理包括设备台账管理、设备功能管理及设备状态管理。

设备台账管理：建立设备台账，内容包括设备名称、设备类型、设备编号（必填）、设备状态（停机、封存、运行、待机、保养、维修）、投入使用时间、预计淘汰时间、设备供应商、备注。

设备功能管理：对已经在线的设备进行设备工作属性的设置，赋予每台设备能具体完成的任务性质。管理配置每台设备相关的 PLC 数据地址，以便 LMS 能获取或设置设备的工作状态和工艺执行参数，完成相关物料的工序处理。

设备状态管理：标记设备当前的状态，包括正常、停机、封存、保养、维修，当设备状态为不可用（停机、保养、维修）时，需要设置维修起始时间与结束时间，在此时间段内设备不参与排产。

点巡检项目管理：针对每台具体的设备设置点巡检内容。点巡检分为日检、周检、月检、年检。系统为每个点巡检周期设置相关检查项目内容、作业方式和判断是否合格的依据。相关工作岗位人员根据每台设备的点巡检项目进行相关点巡检工作。点巡检完成后，岗位人员在系统中存储点巡检记录与时间，并自动计算下一次点巡检日期，在此日期之前发出点巡检预警。

保养计划：设备的关键零部件需要定期进行保养管理，系统中设置保养的相关信息包括设备编号、保养名称、保养操作说明和保养周期。

系统在计划保养时间到达前给予提示，相关人员接受保养任务并完成后在系统中提交保养的相关内容，包括保养设备、项目内容、处置方式及处置结果。提交后，系统自动计算下个保养的时间并在下个周期到达前进行提示。

预见性维护：根据热处理设备管理的各项标准，设备易损件需要定期进行检测和更换，系统建立了各设备的易损件清单，设置对应的检测周期和更换日期。系统在对应时间到达前给予提示，相关岗位人员完成相关检测或更换工作后提交对应的检测或更换报告。

故障维修：当设备点巡检、保养和使用过程中发现了故障需要进行设备维修时，由相关人员发起故障维修申请，形成维修工单，系统将工单派发给设备维修保养人员并给予信息提示。维修保养人员在设备维保后填写维修记录，包括设备名称、维修时间、故障现象、故障原因、故障处理、更换配件、维修保养人员、生产主管确认。可上传照片、文档等相关资料。

（9）生产数据追溯（MTS）模块　物料处理的数据追溯、设备使用状态的分析、原材料的使用统计都离不开历史数据的呈现。系统提供了各种历史数据的查询统计方式。

历史记录查询分为按日期查询与按批次查询两种方式。

按日期查询时，选择日期和设备后，对应设备和日期的数据或曲线就显示出来，包括设备对应日期的历史工艺参数记录与警报信息。历史工艺参数记录可以数据表或折线图的形式展示，设备的历史警报信息以数据表的方式显示各个警报的发生和消除的时间。

按批次查询时，可以通过使用的设备、时间范围、物料信息关键字等进行批次检索，选择批次列表中的批次，可以查询对应批次的相关处理信息，包括登录时间、物料信息、工序信息、每个工步使用的设备、工步的时间信息及处理该批次发生的警报信息等。通过选择可查看每个工步的历史工艺参数记录和曲线。

（10）数据可视化（MDV）模块　产线中的各项参数数据、设备状态、异常信息、物料信息等以图形、参数、曲线等方式显示在看板上，生产管理人员能够实时掌握产线的工作状态。

能耗看板用数值的方式按设备显示耗电功率、天然气流量、各个原料流体流量的瞬时值，并按日、月、年及累计统计方式显示各项的总体消耗。

产线生产计划展示看板以甘特图的方式显示当前设备和立库内物料的批次生产计划。不同的物料批次用不同的颜色进行区分，可见未来物料进出设备的时间与生产完成时间。

设备维保展示看板按照时间的紧迫程度显示所有设备需要维修保养的提示信息，包括设备名称、维修保养项目、预警倒计时、提醒时间及维修保养指导手册。

设备警报提示看板显示当前所有设备的警报信息。按照警报发生的时间倒序排序。显示内容包括设备名称、警报名称、警报发生时间、警报结束时间，以及警报发生的现象、原因与对策。

产能看板按照日、月、年、累计分别统计，用饼图的形式展示每个设备的利用率，用数值的形式展示每个设备的产能。

设备状态展示看板用图形化方式显示加热炉、清洗机、回火炉等设备和物料在设备中所处位置，关键部件（如门、搅拌、泵、电磁阀）开关状态。用三色灯的方式显示设备的工作状态及工艺执行阶段状态。看板用数值的方式显示工艺参数的实际值与设定值。加热炉还使用表格辅以曲线的方式显示当前设备中物料处理过程中的工艺控制参数及分段的执行过程。

立库看板实时显示立库库位中的物料信息，包括物料的批次号，并以不同的颜色区分显示物料的状态（待处理、清洗完成、待质检、质检中、合格、不合格）。

质量信息展示实时显示立库中物料的存放位置，并且通过不同的颜色表示质量状态，包括待处理、待质检、质检中、质检合格、返工、报废等。

5.2.4　远程数字化接口要求

1. 热处理设备远程数字化接口要求及应用

随着热处理用户对设备稳定性、服务响应的及时性及数据采集的要求越来越高，对热处理设备的远程数字化接口也提出了明确的要求，大致可归纳为如下几点：

1）各设备仪表、PLC、HMI 均应具备通信接口，并通过统一的远程接口与外界连通。

2）应具有一定的安全防护措施，确保数据及设备安全。

3）应能进行数据汇总，不可能直接对每个仪表、PLC 都进行远程采集，这样成本太高，稳定性也不足，应由某个功能模块负责进行数据采集并传送，这个模块通常称为物联网模块。

热处理设备有了远程数字化接口，可以让热处理设备商提供及时的在线远程故障诊断（热处理设备商与热处理用户 1 对 1），优化更新设备程序。当然，更近一步，可以将采集的数据导入故障诊断软件进行诊断与分析，以便找出故障的真实原因。

热处理设备有了远程数字化接口，可以将热处理数据及时上传到云端（n：1），便于实时展示与查询。

2. 一种热处理设备远程数字化接口设备

1）繁易盒子（flexem box）简称 FBox，是繁易工业物联网平台 FServer 中的一种工业互联网智能传输终端设备，可以方便地实现现场设备的远程互连、下载和维护。

FBox 可单独用于热处理设备的远程维护，也可与 FServer 系统配合使用，进行热处理数据的采集和展示。FBox 的特点如图 5-20 所示。

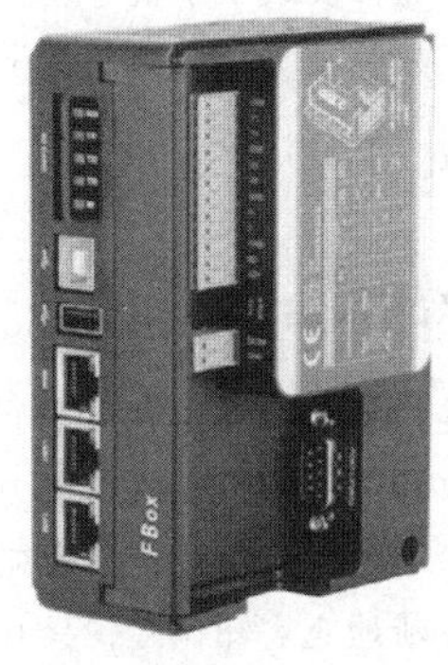

■ 350+工业协议接入，支持绝大部分工业设备连接

■ 本地完成数据解析，将数据推送至云端服务器

■ 支持边缘计算，可在本地进行数据运算

■ 支持繁易远程管理工具，支持远程配置、诊断

■ 支持历史数据本地缓存

图 5-20　FBox 的特点

2）FServer 系统，也称繁易云，通过互联网（以太网、GPRS、2G/3G/4G/5G 等）将现场的大量不同区域工业设备的数据或程序传输到远端的云数据中心，实现远程数据监控、设备诊断、程序维护和故障报警等功能，为用户提供一种简单可靠的工业互联网数据远程传输方案。

FServer 系统的组成如图 5-21 所示，包括设备端，FBox 和所连接的热处理设备控制器、HMI 和智能仪表等；服务器端，繁易云服务器群或用户自建私有云服务器；客户端，PC 客户端/WEB 客户端，手机 APP，以及 OPC/SDK 等。

在 FServer 系统中，云端服务器用于连接现场大量的 FBox，实现远程设备的连接管理、数据采集、存储和传送等功能，是 FServer 系统的中枢。

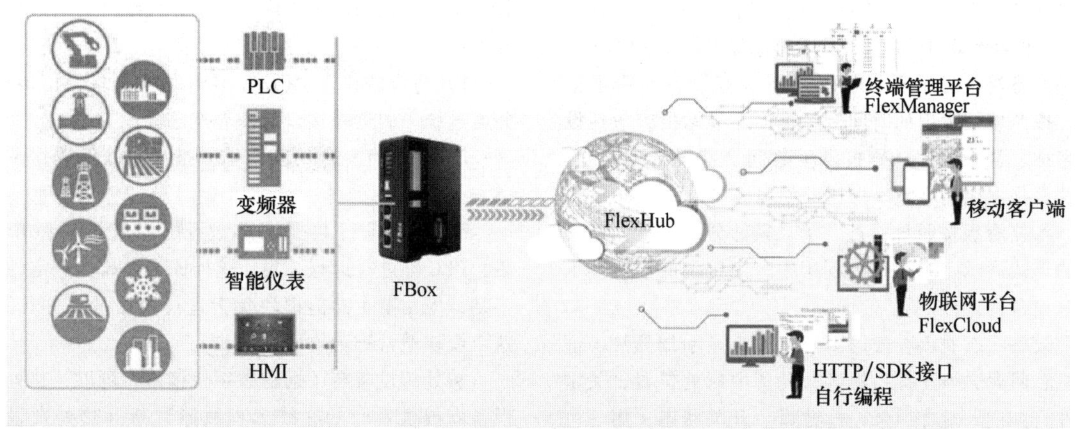

图 5-21　FServer 系统的组成

FBox 是现场设备与用户客户端连接桥梁中的智能传输终端，负责将工业现场设备连接至云端服务器。FServer 系统具有以下特点：

①支持网线、GPRS 和 4G 连接，无需复杂配置，应用简单方便。

② 支持绝大部分 PLC 远程程序下载和监控，减少用户出差。

③ 支持 VPN，一键连接，简单方便。

④ 支持通过计算机客户端、手机 APP 和网页远程数据监控。

⑤ 支持数据报警，移动端 APP 可推送报警信息，也可配置短信推送和微信推送。

⑥ 支持历史数据记录，采集和记录登记的监控点的数据，并支持列表曲线的数据展示和常用的统计分析。

⑦ 支持远程停机功能，绑定盒子与 PLC 的连接，远程控制停机，便于租赁设备等的远程设备管理。

⑧ 接口开放，支持 OPC 接口，用户可自行组态；同时开放 HTTP 接口和 SDK 接口，用户可自行编程。

⑨ 支持权限分级，可以根据实际情况分配不同权限的账户信息，便于设备厂商和终端客户使用。

在实际应用中，将 FBox 安装在现场机柜中，通过串口或以太网口连接不同型号的 PLC、智能仪表或变频器等设备。FBox 通过上网，将这些 PLC 或仪表中的数据发布到互联网云服务器中，均可随时查看分布在各地的设备数据，了解设备运行状态和报警，远程调试 PLC、摄像头监控等功能。

通过 FBox 及远程客户端软件，用户可以方便地通过互联网远程更新 PLC 及人机界面程序，查询分析现场数据，获取现场数据分析问题，远程维护配置；可以通过摄像头查看实时画面，可以更方便地收集现场的运行数据，做出故障报警、维护预警，并根据收集的数据做出改进反馈，以便更好地优化产品。

3）对 FBox 进行访问或操作，需要使用 FBox 客户端。

在 FBox 客户端，需要安装相应的软件才可以访问 FBox。

FBox 客户端软件（FlexManager）分为 PC 客户端软件和移动客户端软件（FBox 手机 APP）。PC 客户端软件在 PC 端使用，实现设备的远程监控，以及数据读写、故障报警、视频监控和历史数据记录等。移动客户端软件安装于手机等设备移动端，可以实现数据读写、故障报警和历史数据记录等功能。

5.3　热处理智能化

5.3.1　智能化的基本概念

智能是知识和智力的总和，前者是智能的基础，后者是获取和运用知识求解的能力。智能制造包含智能制造技术和智能制造系统，智能制造系统不仅能够在实践中不断地充实知识库，具有自学习功能，还有搜集与理解环境信息和自身的信息，并进行分析判断和规划自身行为的能力。

智能制造（intelligent manufacturing，IM）是一种由智能机器和人类专家共同组成的人机一体化智能系统，它在制造过程中能进行智能活动，如分析、推理、判断、构思和决策等。通过人与智能机器的合作共事，去扩大、延伸和部分地取代人类专家在制造过程中的脑力劳动。它把制造自动化的概念进行了更新，并扩展到柔性化、智能化和高度集成化。

“随机应变”是智能制造的精髓，包含动态感知、实时分析、自主决策、高度集成、精准执行五层含义。

智能的来源包括通过物联网获得的大量与制造相关的数据（即 5M2E）、人类专家的知识和经验，智能化技术包括处理、分析、决策、控制等，智能的载体包括智能产品、智能工厂/车间、智能服务等，如图 5-22 所示。

智能化车间的核心特征是做出智能的决策，可细分为以下两个方面：

（1）如何智能决策　高质量的信息（准确、全面、及时）：信息是决策的基础；有效的决策模型（分析、优化、判断、预测……）；合适的算法（统计分析、数据挖掘、大数据和人工智能）；足够的计算能力（普通计算、边缘计算、雾计算、云计算）。

（2）决策结果如何实施　柔性自动化设施及自动控制（自动化产线、工业机器人、NC 机床、AGV、立库等）；工业软件（MES、APS、AGV 调度、WMS 等）；人。

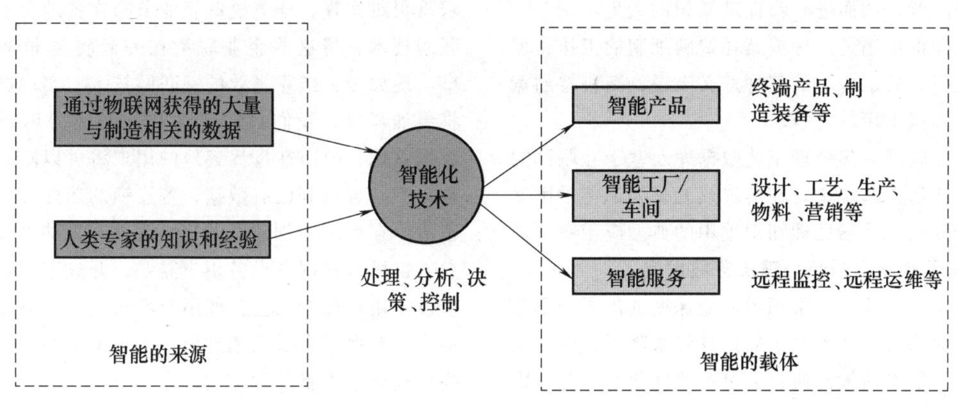

图 5-22　智能制造

图 5-23 所示为智能热处理功能总览，包括采集及管理的 7 个生产要素，即法人机料测环能，完整展示了热处理智能制造的 PDCA 循环。其中，法是计划和方法（P），主要涉及工艺数据管理，是热处理生产计划的基本要素；人、机、料是执行（D）环节的要素，主要涉及智能生产、智能装备、智能物流及过程管理等；测是测量（C），主要涉及质量判定及追溯跟踪管理；能、环是采集分析热处理过程中的能源、环境等数据，结合质量数据，进行分析改进（A），实现热处理质量的不断提升，典型应用如质量预测、故障预测等。

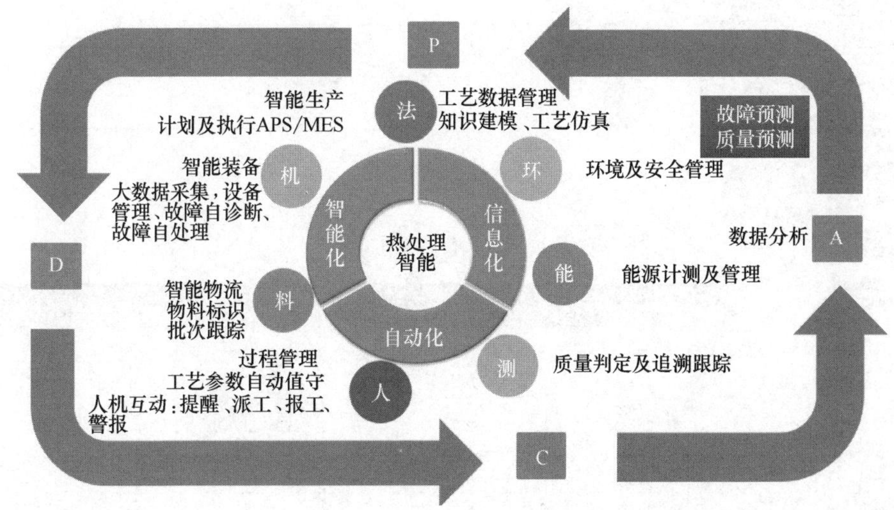

图 5-23　智能热处理功能总览

1. 热处理知识重用（热处理工艺数据库、热处理工艺仿真系统）

尼尔逊教授对人工智能给了这样一个定义：人工智能是关于知识的学科——怎样表示知识，以及怎样获得知识并使用知识的科学。

知识如此珍贵，如果不能重复使用将是社会财富的极大浪费。

在智能化的时代，知识可以固化在计算机里，自动地使用知识；可以在互联网上传播，极大地促进知识的重用。知识被重用的次数多了，获得知识的成本就可以被降低，从而进一步促进知识的产生。

推进知识重用是一件极其耗费脑细胞的工作，但又极其值得做的工作。从某种意义上说，高科技的竞争，就是知识重用的竞争。

基于互联网的热处理工艺数据库及基于互联网的热处理工艺仿真系统正是在解决热处理知识传承困惑背景下开发的，是热处理知识重用的典型应用案例。

2. 基于互联网的热处理工艺数据库

热处理工艺技术常常因为商业保密的需要是不公开的，这为热处理技术水平的提高带来障碍。因为工艺不公开，很多前人已通过大量试验优化的工艺，因为人的离开而失传，导致需要重新开发或试验，影响了热处理质量的稳定。有时，某个工程师花费大量精力试验出来的结果或结论，通过交流才得知，其他人在很久之前就已做过，这种障碍导致我们无法积累人们的工艺成果，长期在低水平下做重复劳动，工艺水平无法在前人的基础上提高。建立“基于互联网的热处理工艺数据库”将有助于解决上述问题。

集中统一的热处理工艺数据库的建设，对于热处理加工领域连锁服务企业尤为重要。连锁加工服务的基础首先是技术统一，否则每一个加工企业都配备很多工程师进行重复工艺开发将是一个极大的浪费，必须借助统一的平台来管理热处理成果（工艺），实现成果共享，享受连锁化所带来的统一技术支持，这样统一了工艺标准，也更好地保证了热处理质量的一致性。同样，对于热处理设备的制造商来说，其在世界各地有无数热处理设备用户，这些客户也希望分享设备制造商的热处理工艺成果，以提升购买设备所带来的价值。然而，如果没有互联网技术的支撑，这些要求将很难实现，毕竟这些企业分布在各地，不依靠互联网技术，将这些企业联系在一起将是非常困难的事。现如今，依靠高效的互联网技术，实现这一应用将更加容易，我们只需建立 B/S 架构的热处理工艺数据系统，分布在世界各地的用户将可以随时在工艺数据中心查询到已有数据，各连锁的热处理加工企业也可以在系统中创建新的热处理工艺来共享给所有用户，也可以根据各设备用户需要，开放工艺查询权限供设备用户查询工艺，使用户不仅获得了高性能的设备，也获得了大量工艺支持，实现价值的最大化，最终也提升了设备的含金量。

基于互联网的热处理工艺数据库采用 B/S 架构，可多用户同时在线；多级用户安全及权限管理；支持工艺库的增、删、改，上传及下载；支持多方式查询。

热处理工艺数据库包含产品的全部工艺信息，如热处理工序、工步、工艺参数，加工设备、工装及每批次装炉量，质量检验方法、抽样位置及数量等，如图 5-24 所示。

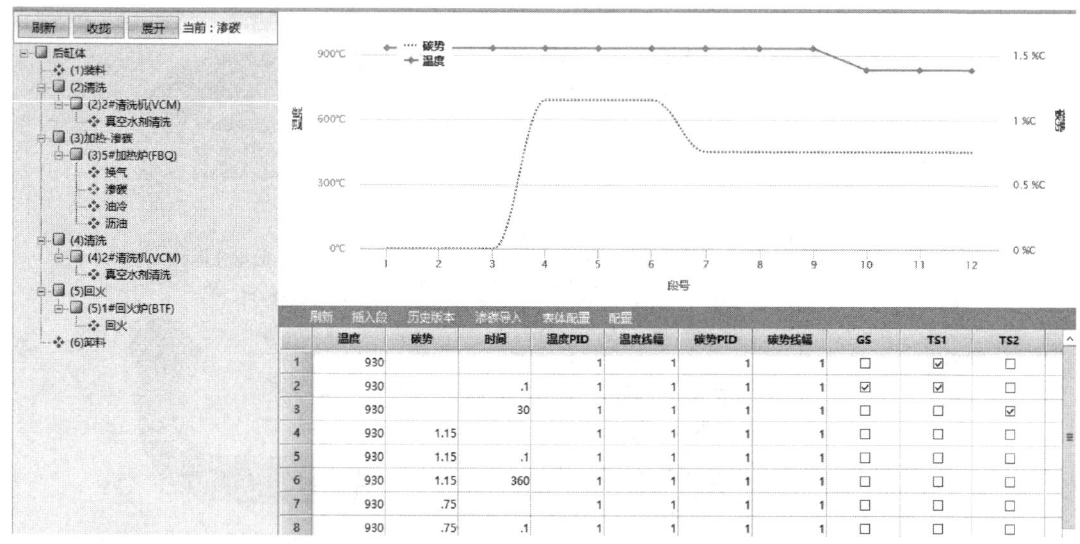

	温度	碳势	时间	温度PID	温度线幅	碳势PID	碳势线幅	GS	TS1	TS2
1	930			1	1	1	1	☐	☑	☐
2	930		.1	1	1	1	1	☑	☑	☐
3	930		30	1	1	1	1	☐	☐	☑
4	930	1.15		1	1	1	1	☐	☐	☐
5	930	1.15	.1	1	1	1	1	☐	☐	☐
6	930	1.15	360	1	1	1	1	☐	☐	☐
7	930	.75		1	1	1	1	☐	☐	☐
8	930	.75	.1	1	1	1	1	☐	☐	☐

图 5-24　热处理工艺数据库

3. 基于互联网的热处理（渗碳）工艺仿真系统

完整的热处理装备应包括热处理的硬件设备和工艺控制软件。传统热处理装备的工艺制订是依赖人工查找各类热处理工艺手册和根据人为经验设定工艺程序，仅对热处理炉内的各工艺参数实施定时定值的反馈顺序控制，根据经验对处理结果进行估算和依据处理产品检验结果实施工艺调整，从而导致热处理后的产品质量波动大，产品可靠性、质量重现性低，并且处理过程中一旦出现异常，将时常出现产品报废的现象，加上热处理产品质量检验只能采取处理后抽样破坏性检验的方法（不可能全数检验），这给产品的后续使用带来很大隐患。

目前，我国热处理设备制造行业以中低档设备为主，航空航天、核电、高档机床、汽车、轨道交通和精密基础件等行业急需的高档热处理设备仍主要从发达国家进口，每年花费大量外汇，这类设备除了对设备硬件制造技术方面有较高的要求，更重要的是这类设备的控制主要是基于热处理知识重现和以热处理数学模型的计算机模拟为特征的软件技术。近数十年来，这一直是欧美日等发达国家极力保守的核心技术，是国际著名制造企业保持其产品市场竞争力的主要手段。欧美日等国的该类技术从不输出，只以高价出口经过严格加密的系统集成软件；同时，因该类控制软件与处理产品材料特性有着密切的关系，一旦不采用进口材料，立即会出现“水土不服”症状，而国内需处理的特殊材料及产品又不便对外公开，这对我国国防和经济安全构成威胁。

20 世纪 70 年代以来，欧美日等国发展了热处理计算机模拟技术，其特点是建立反映热处理过程中各种物理场和工件内部组织与性能变化规律的数学模型，应用计算机在虚拟生产条件下研究热处理过程，优化热处理工艺，使热处理工艺研发的方式发生了革命性变化。中国工程院院士、上海交通大学潘健生教授于 20 世纪 90 年代初在国际上率先提出了以热处理数值模拟技术为核心的智能热处理概念框架，并进行了持续的研发和产业化实践，这一创新活动受到国内外同行的高度关注。热处理数值模拟技术是数学物理建模与知识建模相结合的高度知识密集型的热处理技术，具有以下特点：

1）在科学计算和预测生产结果的基础上实现热处理工艺优化。

2）既可实现基于计算机模拟离线运算的工艺仿真模拟，也可实现基于计算机模拟在线运算的动态过程控制。

上海交通大学潘健生教授团队长期从事金属材料的表面热处理及其计算机模拟的研究及工程应用，江苏丰东热技术有限公司和上海交通大学共同开发的“热处理数学模型和计算机模拟的研究与应用”获国家科技进步二等奖，配置了“计算机碳势动态控制系统”的可控气氛热处理设备已大量装备江苏丰东热技术有限公司销售的智能热处理设备上，为我国热处理智能装备的提升做出了较大的贡献。同时，江苏丰东热技术有限公司和上海交通大学也共同推出了离线版的热处理（渗碳）工艺仿真系统，协助用户快速完成工艺开发。无论是在线版的动态控制软件还是离线版的工艺仿真软件，都是将热处理专家的工艺经验及知识通过数学模型固化到软件中，是热处理知识重用的典型应用案例，实现 24h 热处理专家在线咨询和决策，极大地提升了用户工艺开发的能力。

然而，无论是在线版的动态控制软件还是离线版的工艺仿真软件，都需要一定的硬件环境支持，需要支付一定数额的费用，这对于成果的分享及应用是一个障碍。如果能把对系统环境的要求及费用的要求降低，可以让更多的人能够使用这一成果，以促进整个行业的技术进步。让更多的人使用也可降低知识开发的成本，促进技术升级，这是一个热处理用户、热处理技术开发者和热处理行业三赢的方案。基于互联网的热处理工艺仿真系统就是在这个背景下开发的，产生的效益将是巨大的。

基于互联网的热处理（渗碳）工艺仿真系统采用 B/S 架构，可多用户同时在线；任何一个用户（体验用户、单次付费用户及付费包年的 VIP 用户）均可在互联网的任何一个角落进行热处理工艺仿真，输入热处理技术要求、处理设备及工艺参数，仿真系统可以自动按根据数学模型进行工艺仿真计算，仿真结果可以在数分钟内完成。该系统将带来热处理业的一场重大变革，一方面使更多的用户用低廉的成本享受到最高端知识沉淀所带来的好处，降低了用户对工艺人才的技能要求；另一方面降低了用户的工艺试验费用，提高了用户快速满足市场需求的能力。

基于互联网的热处理（渗碳）工艺远程仿真系统包括仿真操作、材料库、工艺记录、用户管理，其中仿真操作分为工艺仿真、工艺设计，如图 5-25 所示。

系统提供的渗碳工艺仿真计算时，计算要求和参数的输入应包括以下三种形式：

1）用户直接在浏览器端填写多段式渗碳工艺参数。

2）用户由第三方数据库中导出的已有的实际工艺实施参数/曲线，这些数据应以本系统指定的标准

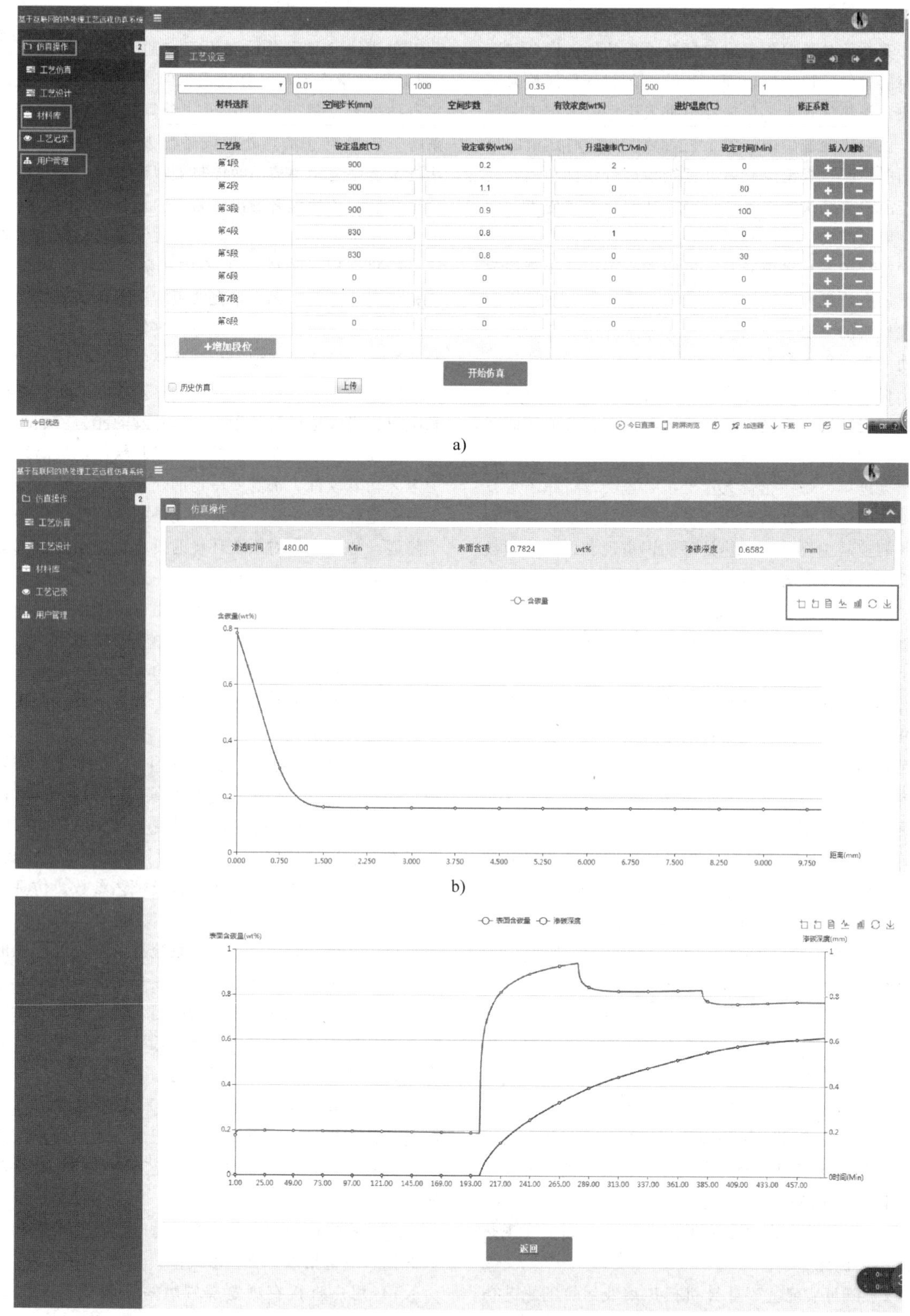

图 5-25　基于互联网的热处理工艺仿真系统的典型界面

a）工艺设计　b）碳含量分布曲线模拟　c）表面碳含量和渗碳层深度曲线模拟

格式存放或发送。

3）用户直接在浏览器端填写渗层深度/表面最大碳含量等目标值，由服务器端自动换算工艺参数（多段式或动态式）。

5.3.2　热处理（渗碳）工艺在线决策

尽管热处理（渗碳）工艺仿真系统可以帮助我们快速地开发工艺，但在实际生产中，由于设备的性能差异、装炉量差异、表面积的差异、工件形状的差异及各生产中的异常情况，导致最终生产结果与仿真结果存在一定的差异。

为了解决上述问题，上海交通大学材料学院开发了“二维渗碳浓度场在线（碳势动态）控制软件”。

“二维渗碳浓度场在线（碳势动态）控制软件”的核心特征有以下几点：

1）碳势动态控制。动态碳势控制技术将渗碳期的碳势作为时间的函数，在渗碳初期，将气相碳势控制在较高的水平，使钢表面的碳浓度 C_s 迅速上升，当 C_s 达到设定值后，气相碳势连续降低，使 C_s 保持不变，这就可以加快渗碳速度。Wünning 指出，如果初期气相碳势控制在析出炭黑的极限，将获得最快的渗碳速度且使最终的浓度分布曲线出现最宽的平台。动态碳势控制技术能在较短的时间实现最优的控制。

2）渗碳和扩散时间自动计算分配。在计算机模拟研究的基础上采用计算机辅助设计方法，根据第三类边界条件非线性瞬态浓度场数学模型进行渗层浓度分布曲线的计算机模拟计算，经过反复迭代确定开始转入扩散阶段的时间 τ_5、开始降温时间 τ_6 及总时间 τ_7。采用非线性模型（工艺参数作为时间的函数）在模拟计算中考虑炉子的升温速率、降温速率、渗碳初期碳势上升速率和由渗碳期向扩散期过渡时碳势下降的速率，不同阶段中传递系数的变化及温度对扩散系数的影响等等因素。经反复计算，直至获得同时满足 $\delta_{计算}=\delta_{设定}$ 及 $C_{max}=C_{s2}+w(\mathrm{C})0.05\%$ 的最优化工艺规程。

3）二维渗层在线计算。由于采用了数学模型在线运算的创新性控制方式，从而能够消除各种过程参数偏差所造成的后果，能够在二维平面上计算渗碳层的浓度分布并实时在线控制。对于齿轮的节圆处，能获得较好的浓度分布，同时齿顶处不会因为渗碳速度过快而出现过多的碳化物，齿根处也能有足够的硬化层深度。

将二维渗碳浓度场在线（碳势动态）控制软件与江苏丰东热技术有限公司开发的智能可控气氛多用炉结合具有以下优势：

1）在线渗层动态控制，采用热处理工艺仿真与实时控制软件相结合的动态碳势控制技术，专家系统在线决策，自动生成工艺，自动优化工艺参数，自动修正偏差，更好地保证热处理质量。

2）断点再续功能，如由于某种原因使工艺过程中途中断，恢复工艺后自动调整各工艺参数。

3）两种运算模式，一维及两维渗层计算；分别用于平面和齿轮类渗碳，可正确计算工件形状对渗层浓度分布的影响。

4）精确控制浓度分布，重现性好，渗层内各点碳的质量分数控制精度≤0.1%。

5）缩短渗碳周期 10%～15%。

6）工艺仿真，无论是动态控制模式，还是顺序控制模式，均可用模拟的方法预测最终的处理结果，实现虚拟生产。

7）实现可编程冷却控制，可以设定工件入油后的油搅拌速度变化规律，使冷却过程更富于变化，提高冷却的均匀性。

二维渗碳浓度场在线（碳势动态）控制系统是热处理工艺在线决策的典型应用，可实现热处理工艺过程的智能控制，其应用界面如图 5-26 所示。

5.3.3　热处理故障预测

热处理的智能化应用，还包括基于大数据的很多应用场景，如通过对智能工厂、智能车间、智能产线的大量数据进行挖掘、分析、建模，实现热处理故障诊断及预测、热处理质量预测等。

结构方程模型是一种常用的统计建模技术，主要是通过引入潜在变量来研究抽象变量之间的因果结构关系，并建立指标。模型产生需要经历建模、拟合、评价、修正等阶段。

1）通过运用结构方程分析算法对现有运行数据进行分析，抽取特征，建立正常热处理设备运转模型及相关指标，并作为后续热处理设备故障预测模型的基础，如图 5-27 所示。

2）根据数据集判断设备故障部位及类型，进行各种统计运算，作为后续模型运算基础，如图 5-28 所示。

3）根据基础数据及故障状况，分析故障的相关性，并精确定位高风险组合，为后续解决问题提供具体方向，提出基础模型架构，如图 5-29 所示。

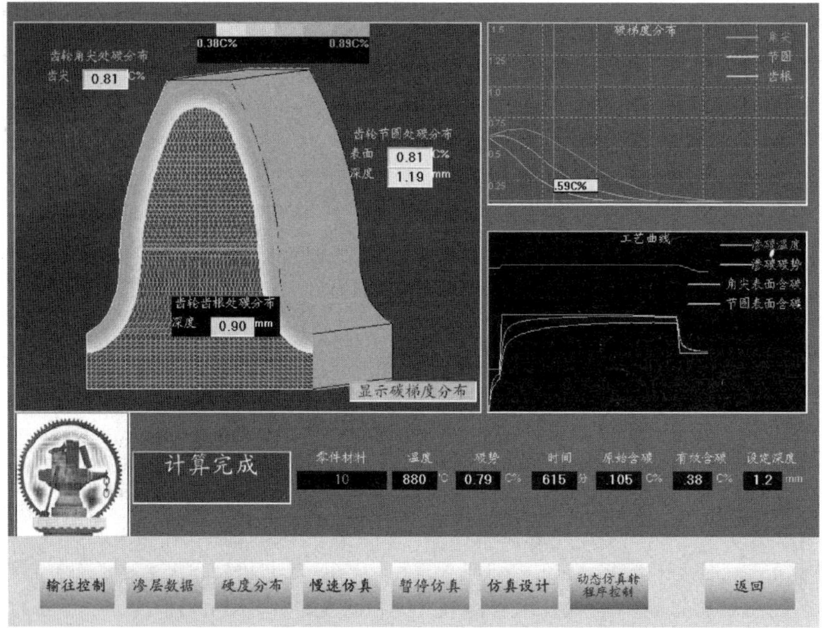

图 5-26　二维渗碳浓度场在线（碳势动态）控制系统的应用界面

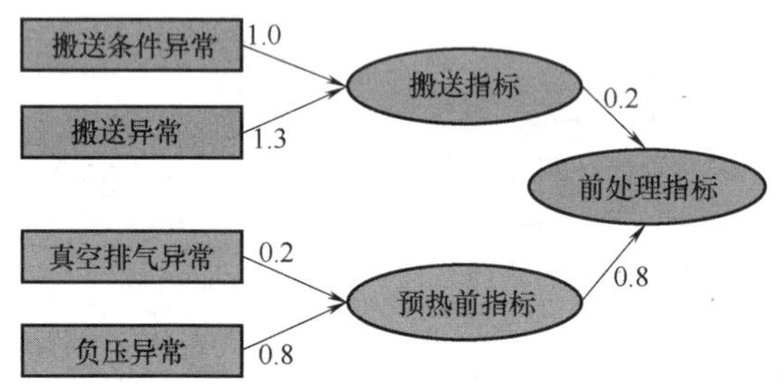

图 5-27　基于结构方程分析算法的故障分析统计建模

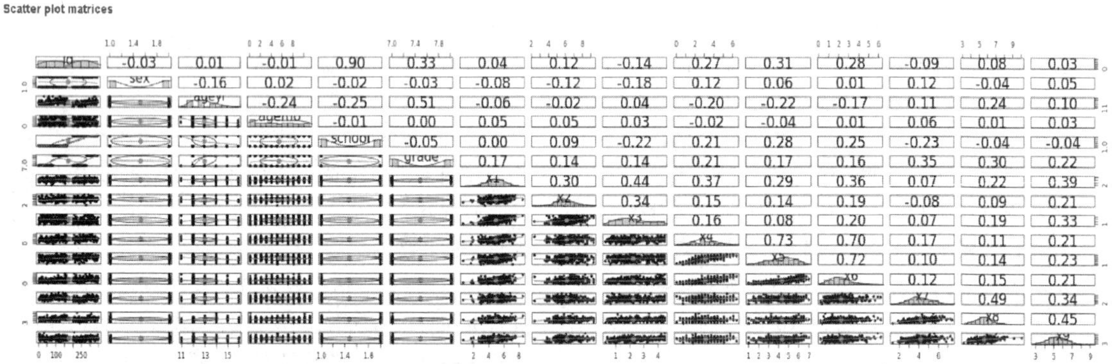

Scatter plot matrices

图 5-28　设备故障统计

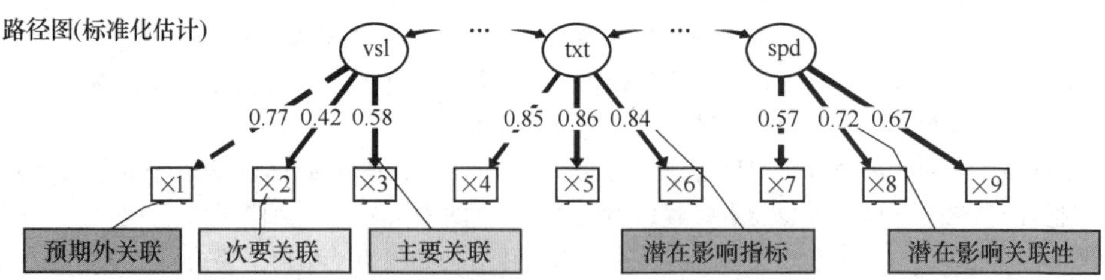

图 5-29　设备运行及故障类型分析

4）建立基础模型，现场采集数据，验证及修正模型。

5）监测及分析运行及使用者行为，建立特征库及匹配。

6）根据数据分析设备运行状况及可能发生问题；预测设备故障概率，提前预警。

7）VR 故障检修指引，结合设备故障预测模型，远程提供检修指引。引导客户自行检修，降低对服务人力需求，减少维修人力负担，并与售后服务平台联动，确保备件快速交付。

参 考 文 献

［1］潘健生，胡明娟．计算机模拟与热处理智能化［J］．金属热处理，1998，23（7）：21-23.

［2］钱初钧、梁海林，张志鹏，等．智能型密封多用炉生产线计算机控制系统［J］．热处理，2006，21（1）：44-53.

［3］黄逸华，龙宇，赖秋燕．“三加一网”融合趋势下工业大数据应用及服务延伸研究［J］．江苏科技信息，2017（10）：47-50.

［4］向建华，张志鹏．智能热处理工厂系统实践［J］．热处理技术与装备，2018，39（6）：55-62.

［5］中国热处理行业协会．中国热处理行业“十四五”发展规划纲要［J］．热处理技术与装备，2020，41（5）：66-76.

［6］全国自动化系统与集成标准化技术委员会．工业自动化系统与集成 制造执行系统功能体系结构：GB/T 25485—2010［S］．北京：中国标准出版社，2011.

第6章 热处理车间设计

中机中联工程有限公司 李儒冠 彭天成[㊀]

为新建、扩建或改建的热处理车间进行规划、论证和编制成套设计文件，是工厂设计的范畴。工厂设计一般分为前期咨询、初步设计和施工设计三阶段。

6.1 工厂设计一般程序

1. 前期咨询

根据项目的性质、类型及项目审批、核准或备案的需要，开展前期咨询。工作内容包括：

（1）行业规划 根据国家和地区中长期发展规划及产业政策，结合行业自身特点和发展规律，由政府主管部门或行业协会牵头制订的某一行业的发展规划。

（2）项目建议书 提出项目的轮廓设想，重点论证项目建设的必要性、目标、主要技术原则、建设条件和经济效益等是否可行，进行初步分析和论证，为项目的决策提供初步的依据。

（3）可行性研究报告 根据国家和地区行业发展规划及产业政策，对项目的市场需求、关键技术、主要配套措施及投资效益和社会效益进行全面分析论证，做出多方案技术经济比较，推荐最佳方案，为项目决策提供可靠的依据。

2. 初步设计

初步设计阶段工艺部分的任务是根据生产纲领和总体设计的要求，对车间的生产工艺、设备、人员、部门设置、物料需求和流动、设备布置等进行设计，计算工艺投资，并对车间建筑、结构、供电、供水、动力、采暖通风和环境治理、职业安全卫生提出设计要求，保证设计的完整和协调。

工艺部分初步设计的内容如下：

1）车间生产纲领、车间任务、生产协作关系。

2）生产类型、生产组织方式。

3）车间组成。

4）工艺分析及设备选型。

5）计算设备、人员、面积和公用动力需要量。

6）辅助部门。

7）车间运输。

8）绘制工艺设备平面布置图、剖面图，编制设备明细表、计算工艺投资。

9）计算工作人员。

10）向信息化、土建、公用、总图、环保、节能、技经等专业提出设计任务资料。

11）编写车间工艺设计说明书。

12）提出非标设计任务书。

3. 施工设计

施工设计是将初步设计进一步深化和具体化，以满足施工、安装、调试和验收的要求。施工设计的内容如下：

1）确定设备型号、规格、数量及其在车间的布置和详细的安装尺寸。

2）完成工艺设备和起重运输设备的安装设计。

3）提出厂房、构筑物和公用专业（采暖、通风、给排水、动力、电气、安全环保、职业安全卫生、信息化）施工设计的工艺要求、图样和说明。

4）确定车间设备的基础和地下构筑物的结构、尺寸等。

5）绘制车间管线汇总图。

6）确定车间工艺投资。

热处理车间设计的主要内容及工作流程如图6-1所示。

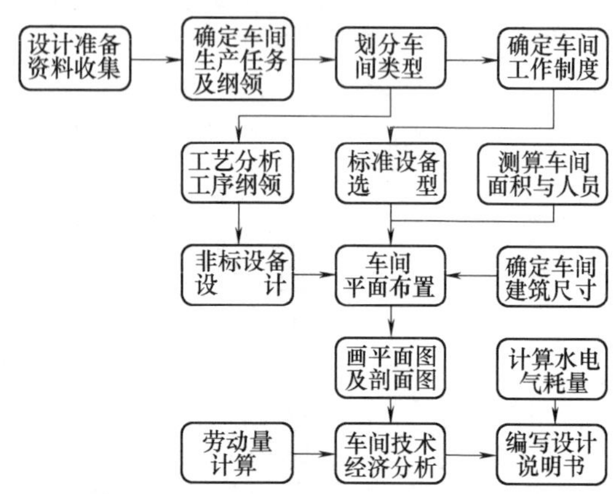

图6-1 热处理车间设计的主要内容及工作流程

6.2 热处理车间分类

1. 按工件分类

1）原材料及毛坯热处理车间（或称第一热处理车间）：承担锻件、铸件毛坯热处理任务，主要实施

㊀ 唐逾、张开华也参与了本章的修订工作。

退火、正火、调质等预备热处理工艺。这类车间也可附设在锻造、铸造等车间内。

2）半成品及成品热处理车间（或称第二热处理车间）：承担产品最终的热处理任务，主要实施淬火回火、渗碳、感应淬火等热处理，以达到产品最终技术要求。这类车间常独立设置，与机械加工车间相邻或设在机械加工车间内。

3）工具及机修件热处理车间：一般承担自制工具及机修件的毛坯热处理和最终热处理。

2. 按工艺及设备分类

1）可控气氛热处理车间。

2）感应热处理车间。

3）真空热处理车间。

3. 按生产规模分类

1）小型热处理车间：热处理件年生产纲领≤1000t。

2）中型热处理车间：热处理件年生产纲领为1000~3000t。

3）大型热处理车间：热处理件年生产纲领>3000t。

4）重型热处理车间：重型、矿山机器厂等重型工厂热处理车间。

6.3 热处理车间生产任务和生产纲领

1. 生产任务

根据项目设计要则规定的产品技术要求、产量和车间分工表，确定热处理车间承担的生产任务。

2. 生产纲领

生产纲领指车间承担的热处理件年生产量，是根据项目产品产量，以及单台产品热处理件的数量、重量和零件热处理工艺要求，同时结合产品特点、企业生产工艺水平确定的备（废）品率计算出产品热处理纲领，然后加上辅助专业提出的工具机修件数量（有协入件的热处理车间还要加上协入作件数量）综合编制而成的。它决定了车间的规模，是确定工艺和选择设备的依据。热处理车间纲领以重量（吨/年）表示，个别工艺，如高、中频表面淬火件以件数（件/年）表示。在编制纲领表时，应将零件及工具机修件等热处理纲领分别列出，见表 6-1。

表 6-1　热处理车间生产纲领

产品名称及型号规格			年产量/台	热处理件重/t				备　注
				每台	全年	备(废)品	合计	
产品	1							
	2							
	3							
		合计						
自制件	1	工具						
	2	机修						
		合计						
协入件	1							
	2							
		合计						
		总计						

3. 工序纲领

根据产品零件的热处理工艺要求按工序分类统计计算。

4. 辅助生产纲领

自制工具、机修件的热处理生产纲领，应由工具和机修车间的规模确定。

6.4 车间工作制度及年时基数

1. 工作制度

热处理车间的工作制度应根据车间的规模、生产特点、工艺水平和类型区别对待、合理确定，以达到充分利用设备、节约能源、便于组织生产的目的。

对一般中小件的综合热处理车间或工段及高、中频热处理工段，采用二班工作制；对部分生产周期长的，如渗碳、回火、碳氮共渗、氮化等工艺设备及连续生产线，宜采用二班工作制或三班工作制。

对大型零件热处理车间及大量生产的热处理车间，采用三班工作制，有的车间或设备双休日不停产，采用连续工作制。

对加工流水线上的热处理设备，采用的工作制度应与整条流水线的生产班次相适应。

对小型热处理工段，由于任务量小、负荷低，并且无就近协作可能的，可采用一班工作制，个别设备采用二班或三班工作制。

2. 年时基数

1）设备设计年时基数。设备设计年时基数指在规定的工作制度下，工艺设备在一年内工作的总小时数扣除设备维修、保养等停机时间损失，见表 6-2。

2）工人设计年时基数。热处理车间工人年时基数见表 6-3。

表 6-2　热处理车间设备设计年时基数

设备类别及名称	工作性质	工作班制	全年工作日/天	每班工作时数/h			年时基数/h		
				一班	二班	三班	一班	二班	三班
一般设备	间断	一、二、三	250	8	8	6.5	1960	3800	5230
感应加热装置等复杂设备	间断		250	8	8	6.5	1920	3680	5010
	间断		250	6	6	6	1455	2820	4100
热处理生产线及自动线等大型、复杂设备	间断	二、三	250	8	8	6.5	—	3680	5010
	短期连续	三	250	8	8	8	—	—	5340
	长期连续	三	354	8	8	8	—	—	7220

表 6-3　热处理车间工人设计年时基数

工作环境分类（GB/T 51266）	全年工作日/天	每班工作时数/h				年时基数/h			
		一班	二班	三班		一班	二班	三班	
				间断性生产	连续性生产			间断性生产	连续性生产
二类工作环境	250	8	8	6.5	8	1780	1780	1445	1780

6.5　工艺设计

1. 工艺设计的基本原则

热处理车间工艺设计是热处理车间设计的中心环节，是设备选择的主要依据。热处理车间工艺设计的基本原则如下：

1）符合国家和项目所在地的行业发展规划和产业政策要求。

2）在满足产品技术要求的前提下，选择的工艺设备技术先进可靠、绿色安全、经济适用。

3）积极稳妥地应用新工艺、新设备、新材料、新结构。

4）积极推广应用少、无氧化热处理工艺，如可控气氛热处理、真空热处理及感应热处理、复合表面处理等先进工艺。

5）积极应用清洁或少污染热处理技术，减少和防止环境污染，改善操作环境。

6）积极应用新型节能工艺和设备，推进重点用能设备节能增效。

7）积极提升自动化、智能化程度，充分提高设备利用率，提高劳动生产率，减轻工人劳动强度。

8）应用计算机控制技术，提升信息化、数字化程度，实现对产品工艺参数、工艺过程及产品参数的自动采集、分析、控制与管理。

9）在满足正常使用和安全间距的前提下，设备布置尽量紧凑，以缩短物流距离，节约厂房用地。

2. 工艺设计的内容

热处理车间工艺设计的主要内容有。

1）分析产品零件的工作条件、失效形态和技术要求。

2）制订热处理零件的加工路线，确定热处理工序。

3）制订热处理工艺方案。

4）计算热处理各工序的生产纲领。

3. 零件技术要求的分析

零件技术要求是产品零件设计者通过对产品零件的服役条件和失效分析而制订的，因此在工艺设计时，应根据产品零件的工作条件和主要的失效形态，优化热处理工艺，以满足零件实际使用要求。

4. 零件加工路线和热处理工序的设置

零件加工路线是零件从毛坯生产、加工处理到装配成产品所经过的整个加工过程。零件的加工路线是车间生产组织的基础。它涉及零件加工制造的总体方案、工序的组合和工序间的配合。

一般可参考以下几种情况，考虑热处理在加工路线中的地位。

1）铸件的正火、退火，一般在铸造后进行。

2）大型自由锻件和加工余量过大的大型铸锻件，应在粗加工后进行调质处理。

3）调质件、化学热处理和表面淬火件，应在机械加工后进行。

4）标准件，一般于机械加工后进行热处理。

5. 热处理工艺方案的制定

通常应根据产品的技术要求，提出几种可靠的热处理工艺方案进行对比性论证，选择出最佳的工艺方案。对比性论证的主要内容有：

1）对产品零件技术要求的适应性、工艺的先进性和可靠性、热处理质量的稳定性。

2）物料及能源供应条件。

3）设备、厂房的投资及折旧。

4）生产运行成本和维护费用。

5）对环境及劳动安全、卫生的影响。

6. 热处理工序生产纲领的计算

热处理工序生产纲领（退火、正火、渗碳等）是根据车间生产任务和热处理工艺过程统计出来的，它是计算热处理设备数量的依据。零件热处理工序生产任务的计算见表 6-4。

表 6-4　零件热处理工序生产任务的计算

序号	产品名称	年热处理件重量/t	加热倍数	热处理车间工序纲领/t																	
				退火	正火	渗碳	渗氮	碳氮共渗	渗金属	淬火			回火			表面淬火	时效	冷处理	抛丸	喷丸	发蓝
										油	水	空气	高温	中温	低温						
1																					
2																					
3																					

6.6　热处理设备的选型与计算

设备选择的基本原则是质量安全可靠，能生产出优质的产品，具有高的生产效率、低的生产成本和良好的作业环境。

1. 热处理设备选型的依据

1）零件热处理工艺要求、技术条件。

2）零件的形状、尺寸、重量和材质。

3）零件生产量和人员劳动量。

4）热处理所需的辅料及能源供应条件。

5）车间劳动安全卫生和环保要求。

6）设备投资和运行成本。

7）与前后工序的关系和衔接。

8）企业及车间的智能化、自动化、机械化、物流和管理要求。

9）项目所在地及企业的特殊要求和条件。

2. 热处理设备选型的原则

（1）少品种大批量生产的热处理设备选型　对于少品种大批量热处理件的生产，应根据工艺要求，优先考虑组建各类全自动热处理生产线，选用安全可靠、生产率高、运行成本低的连续式热处理设备。

（2）批量生产的热处理设备选型　对于批量热处理件的生产，原则上应以连续式热处理生产线为主，但由于处理件的品种规格较多，工艺和生产量常需调整，因此所选设备应便于工艺和生产调整。

（3）多品种单件生产的热处理设备选型　对于多品种单件热处理件的生产，宜采用周期式热处理设备，或者以周期式热处理设备组建局部机械化、自动化联动线的方式。

3. 热处理炉的选型

（1）热处理炉型的选择　选择热处理炉型时，应根据热处理件特点、工艺要求和批量，合理选择炉型。以下是几种常用炉型的选择方案：

1）对于汽车齿轮类渗碳件，当大批量生产时，一般选用推杆式连续渗碳淬火自动线；当中批量生产时，选用密封箱式炉组成联动线；当小批量生产时，应优先选用密封箱式炉完成渗碳淬火，尽量避免井式渗碳炉在空气介质中入油淬火带来的表面氧化脱碳。

2）对于轴承类零件，根据零件大小，一般选用辊底式炉、铸链式炉、推杆式炉或网带式炉组成自动生产线，而滚珠多选用鼓形炉组成的自动生产线。

3）对于长轴件，大批量时选用辊底式炉生产线（也可选用感应淬火回火自动生产线）；小批量时选用井式炉或台车炉。

4）对于大件及长板件，选用步进式炉或台车式炉。

5）对于中小标准件，选用铸链炉、网带式炉、振底炉。

6）对于工、模具及刃具，优先选用真空炉，也可选用流态炉、盐浴炉。

7）对于钢带等退火件，推广应用保护气氛罩式炉、井式炉和箱式炉。

（2）设备加热能源的选择　电加热控温可靠，加热工艺保证性好，但运行过程一旦出现加热元件问题，需全线停产检修，不如燃气生产线，可局部维修，不影响整线生产。

在燃气（燃油）加热过程中，炉膛氛围是少氧状态，有利于控制氧化脱碳。但是，燃气加热炉管路多，阀门多，操作繁杂，出现故障的概率大，维修量大，而且会产生二氧化硫、氮氧化物污染。

设备选型时，应进行多方面的比较，选择合适的能源形式，如图 6-2 所示。

能源选择
- 生产成本：同等热值条件下，电能比柴油、重油、液化石油气、天然气的成本高
- 因地制宜：西南地区和油田附近，可考虑用天然气；石油化工厂附近，可考虑用液化石油气；电力丰富地区，可用电；大、中城市可用电，也可根据实际用一部分其他燃料
- 操作、控温与维护：用电方便，用天然气及液化石油气次之，用液、固燃料不方便
- 工艺要求
  - 整体加热：用电、用燃料均可
  - 表面加热：火焰加热采用氧气＋乙炔，感应加热用电，激光、电子束加热用电
  - 真空加热：用电
- 环境影响：电干净，煤气及液化石油气次之，油、煤污染大

图 6-2　能源选择影响因素

（3）热处理炉生产率　热处理炉生产率指某热处理炉在一个小时内可完成某热处理工序零件的重量，即 kg/h。它与炉型、炉膛尺寸、工艺类型、零件装夹方式等因素有关。常用炉型单位炉底面积的平均生产率见表 6-5。

表 6-5　常用炉型单位炉底面积的平均生产率

（单位：$kg/m^2 \cdot h$）

炉子类型	退火	正火、淬火	回火	气体渗碳
箱(室式)炉	40~60	100~120	80~100	
推杆式炉	60~70	120~160	100~125	35~45
输送带式炉		120~160	100~125	
立式旋转炉		100~120	80~100	
台车式炉	35~50	60~80	50~70	
双台车式炉	60~80	120~140	100~120	
振底式炉		140~180	100~120	

平均生产率是热处理炉在一般正常生产条件下所达到的生产率。热处理炉产品样本所标出的生产率数值通常是该设备可能完成的最大生产率。车间设计时，应根据零件或代表产品实际排料计算设备的平均生产率。几种典型设备的平均生产率按如下方法计算：

1）周期式作业炉的平均生产率 P(kg/h) 按下式计算：

$$P=\frac{m}{T}A$$

式中　m——炉子一次工件装载量（kg）；

T——工件在炉内停留时间（h）；

A——该设备的附加系数（一般 A 取 1.02~1.2）。

2）推杆式炉的平均生产率 P(kg/h) 按下式计算：

$$P=\frac{60}{t}MNA$$

式中　M——一个料盘装载的工件重量（kg）；

N——一次推入的料盘数量（个）；

t——推料周期（min）；

A——该设备的附加系数（一般 A 取 1.1）。

3）传送带式炉的平均生产率 P(kg/h) 按下式计算：

$$P=\frac{L}{T}MA$$

式中　L——传送带在炉内的长度（m）；

M——每 1m 传送带工件装载量（kg）；

T——工件从入炉到出炉的总时间（h）；

A——该设备附加系数（一般 A 取 1.1）。

4. 感应加热设备的选择

（1）频率选择　频率按下式选择：

$$\frac{15000}{X_K^2}<f<\frac{250000}{X_K^2}$$

式中　f——电流频率（Hz）；

X_K^2——淬硬层深度（mm）。

感应加热所需电流频率取决于产品零件对淬硬层深度的要求。表 6-6 列出了根据不同的淬硬层深度推荐的感应淬火频率与设备。

表 6-6　根据不同的淬硬层深度推荐的感应淬火的频率与设备

推荐的频率与设备	淬硬层深度/mm						
	1	1.5	2	4	6	10	20
最高频率/kHz	250	100	60	15	7	2.5	0.625
最低频率/kHz	15	7	4	1	0.42	0.15	0.035
最佳频率/kHz	60	25	30~40	8	2.5	1	工频

（2）功率确定

1）同时加热淬火时，设备功率的计算如下：

$$P=\frac{P_0}{\eta}S$$

式中　P——设备的功率；

P_0——单位功率；

S——加热表面积；

η——设备效率，$\eta=\eta_1\eta_2$，η_1 是感应器效率，η_2 是淬火变压器效率。

常用感应淬火设备的效率见表 6-7。

表 6-7　常用感应淬火设备的效率

序号	项　目	η [3]	η_1	η_2
1	中频设备淬圆柱形零件	0.64	0.8	0.8
2	中频设备淬平板形零件[1]	0.64	0.8	0.8
3	高频设备淬圆柱形零件	0.64	0.8	0.8
4	高频设备淬平板形零件[2]	0.44	0.5	0.8

① 指带有导磁体的感应器。
② 指不带导磁体的感应器。
③ η 值根据不同产品进行调整。

2）连续加热淬火时，设备功率的计算如下：

$$P=\frac{\pi DhP_0}{\eta}$$

式中　D——零件直径（cm）；
h——感应器有效宽度（cm）；
η——设备效率。

单位功率是选择设备功率的主要计算指标。单位功率有有效功率、加热功率和额定功率之分，通常设计工作所用的单位功率为额定功率。表 6-8 列出了单位功率的经验数值。

根据表 6-8 中所列数据，常用功率的感应加热电源可同时加热的面积见表 6-9 和表 6-10。

表 6-8　单位功率的经验数值　（单位：kW/cm²）

频率/kHz	1.0	2.5	8.0	30~40	200~300
连续加热	4.0~6.0	3.0~5.0	2.0~3.5	1.6~3.0	1.3~2.6
同时加热	2.0~4.0	1.4~2.8	0.9~1.8	0.7~1.5	0.5~2.0

表 6-9　中频电源设备可同时加热的面积

电源频率/kHz		2.5			8.0		
输出功率/kW		100	160	250	100	160	250
最大加热面积/cm²	轴类	200	350	550	300	450	700
	空心轴类	250	450	650	350	550	950
合适加热面积/cm²	轴类	100	180	300	120	200	350
	空心轴类	120	200	350	160	250	400

表 6-10　高频电源设备可同时加热的面积

振荡功率/kW	30	60	100	200
最大加热面积/cm²	90	180	300	600
合适加热面积/cm²	30	60	100	200

（3）电源选型

1）中频电源。以前采用的效率较低的中频发电机已被淘汰，代之以可控硅中频（KGPS）电源及绝缘栅双极晶体管（IGBT）电源，普遍用于工业生产。

2）高频电源。以前采用的电子管高频振荡电源已由 MOSFET（金属-氧化物-半导体场效应晶体管）电源及 SIT（静电感应晶体管）电源所替代。MOSFET 电源及 SIT 电源与电子管高频振荡电源相比，具有体积小、效率高、控制方便、使用寿命长、安全性高等突出特点。

就目前 IGBT 感应加热电源的制造水平来看，国际上达到了 1200kW/180kHz，国内为 500kW/50kHz；MOSFET 感应加热电源的制造水平，国际上大致为 1000kW/400kHz，国内为（10~250）kW/(50~400) kHz。

电源的控制也已经由模拟控制、模数混合控制逐步转为全数字控制。

感应加热电源的选型与应用见表 6-11。

表 6-11　感应加热电源的选型与应用

加热电源类别	频率范围	有效淬硬层深度 $f=62500/X_K^2$	应　用	变频电源装置
工频感应淬火	50Hz	10~20mm	>300mm 工件的淬火，轧辊、火车车轮	不需要
中频感应淬火	(1~10) kHz 常用(2.5~8) kHz	2~10mm	大模数齿轮（m=6~8mm）、凸轮轴、曲轴、其他轴类工件	KGPS 中频电源、IGBT 中频电源

（续）

加热电源类别	频率范围	有效淬硬层深度 $f=62500/X_K^2$	应　　用	变频电源装置
超音频感应淬火	(10～100)kHz 常用(30～70)kHz	2～3.5mm	凸轮、花键轴，齿轮（m = 2.5～6mm）	同高频
高频感应淬火	(100～1000)kHz 常用(200～300)kHz	0.5～2mm	小模数齿轮（m<2.5mm）、中小型轴类工件	电子管式、IGBT 式固态高频电源、SIT 电源、MOSFET 电源

5. 辅助设备的选择

（1）可控气氛发生装置　应根据热处理工艺及项目所在地供应条件选择。随着现代可控气氛检测和控制技术的发展，应尽量采用炉内直生式气氛。

（2）冷却系统的计算

1）淬火槽容积按下式计算：

$$V=\frac{PC(t-t_0)}{C_1(t_0'-t')\gamma\times1000}$$

式中　V——淬火液的容积（m^3）；

P——同时淬入工件质量（kg）；

$t-t_0$——淬入工件的温度差，一般工件为 850℃-100℃ = 750℃，重型工件和锻模为 850℃-200℃ = 650℃；

$t_0'-t'$——淬火液在淬火前后的温度差；

γ——淬火液密度（g/cm^3），油为 0.9，水为 1；

C_1——淬火液的比热容［kJ/(kg·℃)］，水为 1，油为 0.45；

C——淬火钢件的平均比热容［kJ/(kg·℃)］，采用 0.628。

淬火槽容积指标见表 6-12。

表 6-12　淬火槽容积指标

（单位：$m^3/t_{工件}$）

淬火	淬火油槽	淬火水槽
一般工件	7	6
锻模	6	5

为便于制造和操作方便，在实际生产中，淬火水槽与淬火油槽一般采用相同尺寸。以上计算的容积还需考虑淬火液温度升高的体积膨胀及淬火工件的体积。

2）油冷却系统的计算

① 油冷却器面积 F（m^3）按下式计算：

$$F=\frac{Q\times0.9}{K\Delta tT}$$

式中　Q——油冷系统中淬火油槽同时吸收热量的总和（kJ）；

0.9——考虑 10%的热量由液面及管道散失；

K——油冷却器传热总系数［kJ/(m^2·h·℃)］，管式冷却器的 K，铁管为 160，铜为 200；

Δt——油水算术平均温度差（℃），一般地区为$\frac{80+40}{2}$℃ $-\frac{18+28}{2}$℃ = 37℃，夏季水温较高地区为$\frac{80+40}{2}$℃ $-\frac{28+34}{2}$℃ = 29℃；

T——淬火油冷却间隔时间，成批大量生产及中小型车间为 1～2h，单件小批生产的重型热处理车间为 4h、6h、8h。

② 循环油量 V_1（m^3/h）按下式计算：

$$V_1=\frac{Q}{C_1(t_0'-t')\gamma\times1000T}$$

③ 集油槽的容积 V_2（m^3）按下式计算：

V_2 = 1.2(V_1+全车间循环淬火油槽总容积)

（3）清洗设备　清洗设备有连续式、室式、槽式等清洗机和清洗槽。多数清洗机是与淬火设备配套使用的，作前清洗或后清洗用。应根据热处理件的批量和淬火炉的操作方式选择。

（4）清理及强化设备　清理及强化设备主要作为清理零件热处理后表面的氧化皮或进行表面强化用。这类设备的主要技术规格见热处理设备手册。

（5）矫直设备　热处理后的弯曲工件需要用手动或机械矫直。小型零件用手动螺旋压床或齿条压床，中型、大型零件用液压机。一般零件所需矫直机的参数见表 6-13。

表 6-13　一般零件所需矫直机的参数

零件直径/mm	矫直机压力/t	矫直机型式	平均生产率/(件/h)	零件状态
5～10	1～5	手动	70～90	调质
>10～20	5～25	液压	60～80	调质
>20～30	10～30	液压	50～70	调质

（续）

零件直径/mm	矫直机压力/t	矫直机型式	平均生产率/(件/h)	零件状态
30~60	15~50	液压	30~40	调质
50~70	25~63	液压	15~20	调质
80~200	50~100	液压	10~15	φ200 正火

（6）起重运输设备　起重运输设备应根据设备安装、修理、工艺所需起吊运输最大重量及工艺平面布置确定。起重运输设备类型、适用范围及选择原则见表 6-14。

表 6-14　起重运输设备类型、适用范围及选择原则

设备类型	常用规格	主要适用范围	选择原则
桥式起重机	>5t	大型设备维修，大型零件运输、装卸	一般厂房每 50m 选用 1 台
梁式起重机	1~5t	中小型设备维修，中小型零件运输、装卸	每一跨可选用 1 台
电动葫芦	0.25~1t	井式炉组，小型热处理车间表面淬火组、酸洗、发蓝生产线的起重运输，工序衔接	根据工作量，每条生产线可选用 1 台
悬臂起重机	0.25~1t	工作量较大的局部地区或桥式、梁式起重机达不到的地区	为某项设备及工艺专设
悬挂起重机	≤2t	大量生产车间运输，生产设备之间运输	
辊道		大量生产中工序间连接，连续生产线上夹具、料盘的输送	
平板车		车间或跨间大型零件运输及过跨	
电瓶车、叉车、手推车		各车间之间零件运输，车间内运输，小件车间之间运输	
组合式起重机	0.25~1t	生产设备之间运输	根据工作量，每条生产线可选用 1 台
无轨自动转运装置		工序之间、工段之间零件转运	通过物流量计算确定

考虑空中布置管线便于工艺设备调整和降低厂房造价，热处理车间总的发展趋势是尽量取消行车。

6. 设备需要量的计算

设备需要量可根据热处理工序生产纲领和设备生产能力计算出设备年负荷时数，再计算出设备需要量。

（1）设备年负荷时数　对某一生产产品，设备年负荷时数 G 为：

$$G=Q/p$$

式中　Q——该设备年需完成的生产量（kg/年）；

p——该设备的生产率（kg/h）。

（2）设备数量计算　设备需要量 C 为

$$C=G/F$$

式中　F——每台设备年时基数（h）；计算的 C 值，一般不是整数，取整数为 C'。

（3）设备负荷率　设备负荷率 K 为

$$K=\frac{C}{C'}\times 100\%$$

热处理车间设备的计算样表见表 6-15。

表 6-15　热处理车间设备的计算样表

设备名称	工件名称	工序名称	年生产量/kg	设备生产能力/(kg/h)	设备年负荷时数/h	设备年时基数/h	设备数量/台		设备负荷率(%)
							计算值	采用值	
2	3	4	5	6	7	8	9	10	11

合理的设备负荷率一般规定为，三班制的为 75%~80%，二班制的为 80%~90%。由于现阶段我国热处理设备的可靠性已有效提升，为充分利用设备，在具备条件的情况下，设备负荷率可提高到 80%以上。

6.7　热处理车间智能化

热处理车间智能化的核心是基于热处理数值模拟技术仿真真实热处理，建立车间工艺决策系统、智能控制系统及信息化管理系统。

1. 热处理车间工艺决策系统

该系统是在热处理数值模拟、材料数据库、冷却介质数据库、热处理设备数据库、零部件管理数据库等基础上构建的。

这方面国内起步较晚，但已有单机和生产线采用模拟工艺仿真应用。

2. 热处理车间智能控制系统

（1）设备的数字化、智能化　热处理车间设计中采用的主要和关键设备应具有信息采集、工艺控制、设备运行状态及能效监控、远程故障诊断等功能和相应接口，车间改造项目中原有主要和关键设备也应实施数字化、智能化改造，以利于实现车间智能化控制。

（2）热处理车间智能物流 热处理车间物流优化的核心是实施智能物流。

1）机器人装/卸料。使用机器人自动装/卸料。

2）AGV/RGV 智能转运装置。AGV（无轨自动转运装置）主要用于较长距离工序之间的物料转运，无需轨道，转运灵活。

热处理车间常用 AGV 类型如图 6-3 所示：

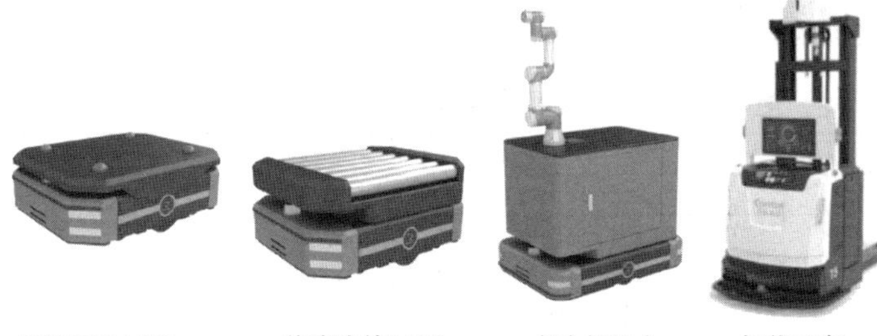

图 6-3 热处理车间常用 AGV 类型

RGV（有轨自动转运装置）主要用于生产线上不同工序设备之间的物料转运。转运装置在导轨上运行，使用电缆或滑轨供电，如图 6-4 所示。

图 6-4 采用 RGV 的热处理车间

（3）热处理专家系统 根据热处理工艺或零件特点开发专家系统，如可控气氛渗碳专家系统、淬火冷却专家系统、低压真空渗碳专家系统等。专家系统包括工艺编制、工艺仿真、工艺优化等内容。

3. 热处理车间信息化管理系统

热处理车间的生产信息化管理主要采用制造执行系统（MES）。MES 可为企业提供包括制造数据管理、计划排程管理、生产调度管理、库存管理、质量管理、设备管理、工具工装管理、采购管理、成本管理、项目看板管理、生产过程控制、底层数据集成分析、上层数据集成分解等功能模块。

热处理车间的 MES 主要实现如下功能：

1）设备运行状况监控与管理。对热处理设备运行时间、空置时间及维保情况等进行记录、统计，建立数据库。

2）工艺参数的采集及控制。采集热处理工艺的温度、气氛、时间、渗碳层深度、表层碳含量等参数，并通过产品质量反馈信息来优化工艺参数。

3）生产调度数据收集统计。自动统计每台设备的生产炉数、工件品种、数量等，计算生产率。

4）建立产品质量数据库。记录产品的硬度、渗层、金相组织等检测数据，对产品进行全生命周期追溯。

5）能源、物料消耗监控与分析。记录热处理生产使用的电、气、油及各种工艺介质等的耗量，进行统计分析。

6.8 车间位置与设备平面布置

1. 总平面布置

（1）厂房间的安全卫生间距 一般车间考虑采光、自然通风要求的间距要满足消防、环保等现行规范的要求，同时应≥10m。随着钢结构厂房的推广应用，对少、无污染的热处理车间也可与机械加工车间、装配车间组建成联合厂房。

在总体布局上，热处理车间与其他建筑物之间相互间距需满足 GB 50016—2014（2018 年版）《建筑设计防火规范》规定的防火间距。同时，还需满足 GBZ 1—2010《工业企业设计卫生标准》第 5.3.1 条规定，即相邻两建筑物的间距不宜小于二者中较高建筑物的高度。

（2）防振间距 热处理车间应与锻造车间、铁路等保持一定的防振间距或采取相应的隔振措施。防振间距见表 6-16。

（3）热处理车间的位置选择

1）热处理车间在厂区中的位置：

① 热处理车间产生有害气体，如蒸汽、油烟、粉尘等，应位于机械加工、装配等车间的下风向（按项目建设地主导风向）。

表 6-16　防振间距　（单位：m）

振源		热处理车间	高频间	试验室	检验站
锻锤	<1t		80	30～60	30～60
	1～2t	40～50	120	50～90	50～90
	≥3t	50～70	150	70～100	
活塞式空气压缩机[①]				20	20
氧气机				20	20
铁路				15～20	15～20

① 现在常用的螺杆式压缩机由于振动和噪声小，不受此限制，可直接布置在车间辅房内。

② 考虑日晒的影响，热处理车间应尽可能采用南北向。

③ 考虑通风良好，最好与当地主导风向垂直。

④ 应在锅炉房、铸、锻、电镀车间及大量产生灰尘和废气场所的上风向。

⑤ 应与锻锤等振源保持足够的距离。

⑥ 应尽量靠近联系密切的车间布置，以缩短零件运输距离。

⑦ 应根据企业规模和发展需要，考虑适当的发展余地。

2）热处理车间在联合厂房内的位置：

① 应尽量靠近联系密切的车间，确保物流便捷。

② 热处理车间至少有一面靠外墙，车间纵向、天窗与主导风向尽量垂直，以利通风。

③ 应有单独通向外部的门和通道。

④ 外部有布置室外设施（如循环水池、油池等）的场地和空间。

2. 车间设备平面布置

1）车间设备平面布置的原则。

① 车间内的设备布置、工艺流程，车间进出口及通道位置等应根据企业运输路线及与邻近车间的关系来设计。

② 大型连续式设备及机组的布置一般应尽量布置在同一跨度内，有利于使用起重运输设备。

③ 若车间只有一面靠外墙时，大型设备应尽量靠内墙布置，以利采光和通风。

④ 设备布置应符合工艺流程的需要，工件的流向应尽可能由入料端流向出料端，避免交叉和往返运输。

⑤ 在工艺流程基本顺畅的情况下，可按设备类型分区布置；车间应留出必要的通道，通道的宽度一般为 2～4m。

⑥ 设备应尽量排列整齐，箱式炉以炉口取齐，井式炉以中心线取齐。

⑦ 应考虑半成品、成品存放地和渗碳件、回火件存放地及夹具、吊筐等堆放面积。

⑧ 车间内隔间应尽量集中布置，喷砂间应尽量靠外墙。

⑨ 有地坑和基础的设备要注意柱子的影响。

⑩ 需要起重运输工具的设备，应布置于起重机的有效工作范围内。

2）设备的间距。炉子后端距墙或柱的距离：一般箱式炉为 1～1.2m，后端有烧嘴的燃气炉和燃油炉一般为 1.2～1.5m，可控气氛炉应留出辐射管取出的距离。

炉子之间的距离（一般是炉子外壳间的距离，燃气炉和燃油炉应为两炉外侧管道间的距离）：小型炉为 0.8～1.2m，中型炉为 1.2～1.5m，大型炉为 1.5～2m，连续式炉为 2～3m。

井式炉间的距离：小型炉为 0.8～1.2m，中型炉为 1.2～1.5m，大型炉为 2.5～4m，井式炉地坑坑壁离车间内墙的距离为 1.2～1.5m;

连续式炉的炉前、炉后通道及零件堆放地：锻件热处理连续炉，炉前为 6～8m，炉后为 8～12m；连续气体渗碳炉，炉前为 4～6m，炉后为 2～3m；一般连续式炉，前后为 4～6m。

炉子与淬火槽的距离：一般炉子为 1.5～2m，大型锻模热处理炉为 2～3m。

3）主要设备操作高度。井式炉炉口高度为 0.4～0.6m，箱式炉炉口高度为 0.8～0.9m。

4）设备平面布置图。设备平面布置图一般采用 CAD 软件或同类软件按照 1∶100 的比例进行绘制，以体现车间及设备的位置关系，但该方式难以表达高度方向上的位置关系。因此，现在也有采用三维仿真软件进行车间布置图的绘制。

5）常用图例及案例。热处理车间平面布置图中常用的图例可参考表 6-17 所列样式。热处理车间平面布置示例如图 6-5～图 6-10 所示。

表 6-17　热处理车间平面布置图中常用的图例

序号	名称	图例	序号	名称	图例
1	新增工艺设备	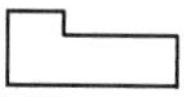	29	舒适空调	S
2	原有工艺设备	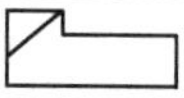	30	0.3MPa 压缩空气供应点	
3	不拆迁的原有工艺设备		31	0.6MPa 压缩空气供应点	
4	预留工艺设备位置	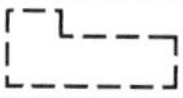	32	天然气供应点	T
5	单独基础工艺设备	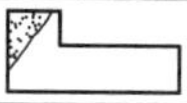	33	可控气氛供应点	K
6	控制柜	K	34	氨气供应点	AQ
7	温度控制柜	W	35	乙炔供应点	YI
8	工作台	G	36	蒸汽供应点	Z
9	水泥工作台	SG	37	氮气供应点	DQ
10	瓷砖工作台	CG	38	液化气供应点	YH
11	操作工人位置		39	吸热式气氛供应点	XR
12	动力配电柜		40	放热式气氛供应点	FR
13	桥式起重机	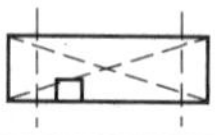	41	循环水点	XH
14	梁式起重机	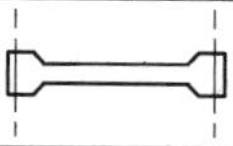	42	供水点	S
15	梁式悬挂起重机	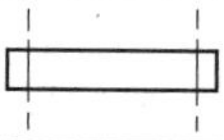	43	排水点	X
16	电动葫芦	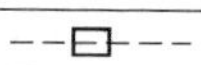	44	化学污水排水点	H
17	壁行起重机	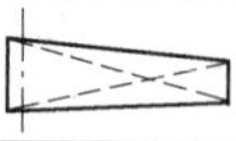	45	燃油供应点	RY
18	墙式悬臂起重机		46	供油点	Y
19	柱式悬臂起重机	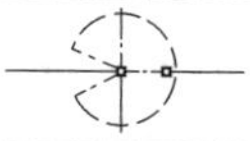	47	排油点	PY
20	电动平板车	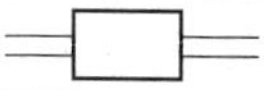	48	排气点	P
21	上起重机平台梯子	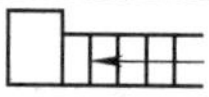	49	排烟点	PY
22	毛坯、半成品、成品堆放地		50	除尘	
23	地坑及网纹盖板	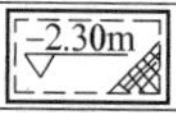 -2.30m	51	电源接线点	
24	封顶隔断	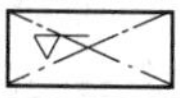	52	单相接地插座	
25	地漏		53	三相接地插座	
26	洁净空调	TK			
27	全室通风	TF			
28	局部通风	TF			

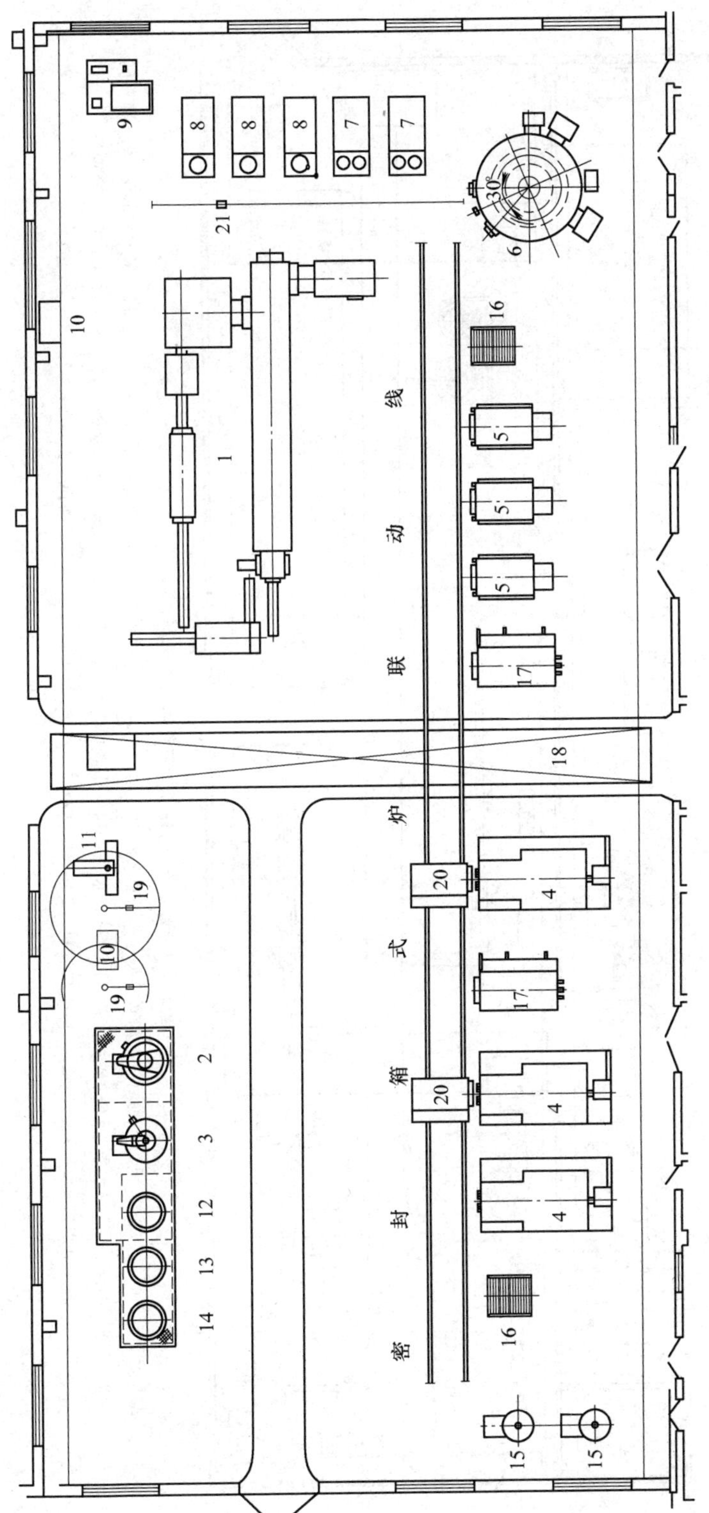

图 6-5　热处理车间平面布置示例 1

1—连续式气体渗碳淬火回火自动线　2—井式回火电阻炉　3—井式渗碳炉　4—密封箱式炉　5—箱式回火炉　6—转底式光亮淬火炉
7—心轴淬火装置　8—淬火压床　9—循环油槽　10—检验平台　11—矫直机　12—淬火油槽　13—碱洗槽　14—清洗槽　15—吸热式气氛发生器
16—备料台　17—清洗机　18—桥式起重机　19—平衡起重机　20—推拉料小车　21—手动单轨起重机

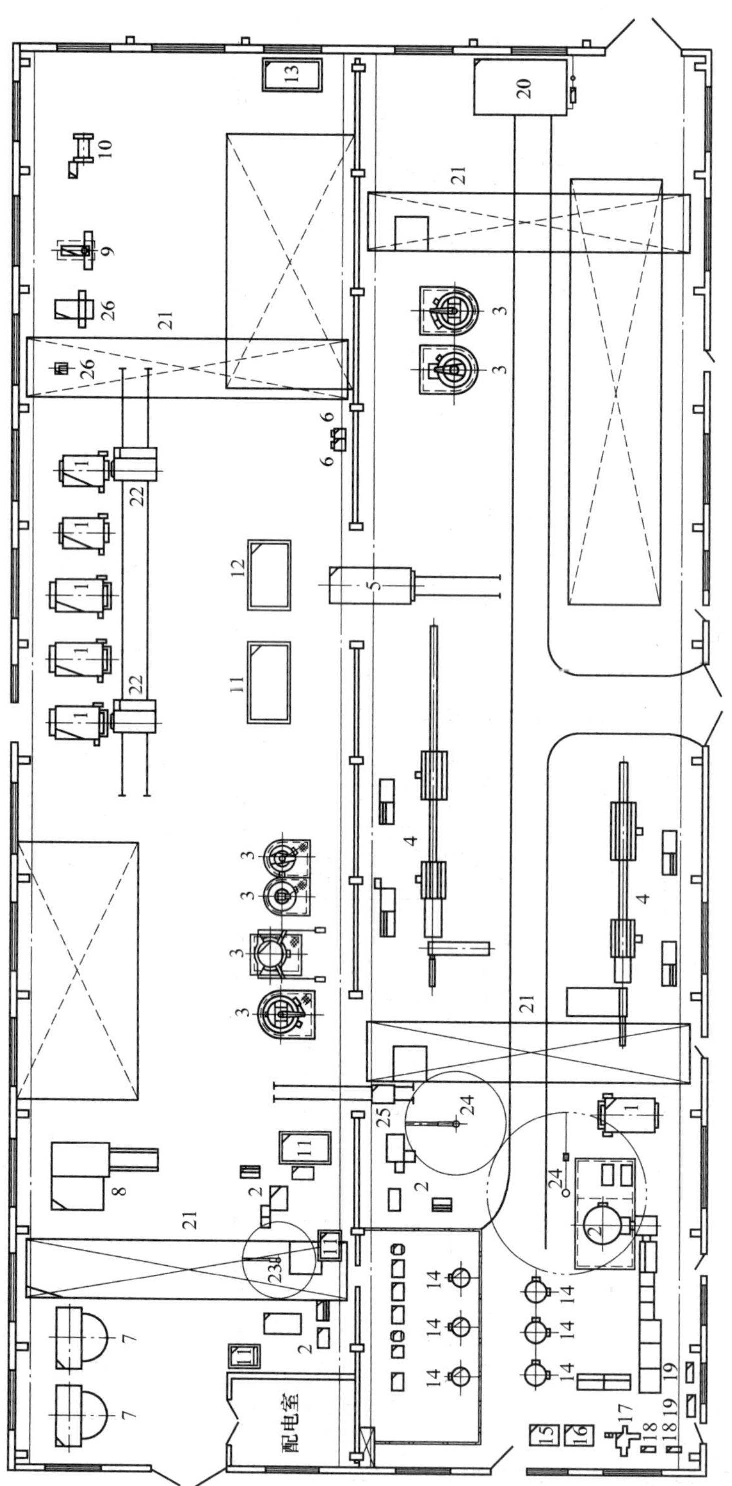

图 6-6　热处理车间平面布置示例 2

1—箱式电阻炉　2—淬火机床　3—井式回火电阻炉　4—中频淬火回火自动线　5—台车式电阻炉　6—实验电阻炉　7—抛丸机　8—清洗机　9—矫直机　10—摩擦压力机　11—水槽　12—淬火油槽　13—循环水槽　14—中频电源　15—淬火水槽　16—冷却水槽　17—工具模床　18—砂轮机　19—电焊机　20—油槽　21—桥式起重机　22—推拉料小车　23—摇臂吊架　24—平衡吊　25—平板车　26—硬度计

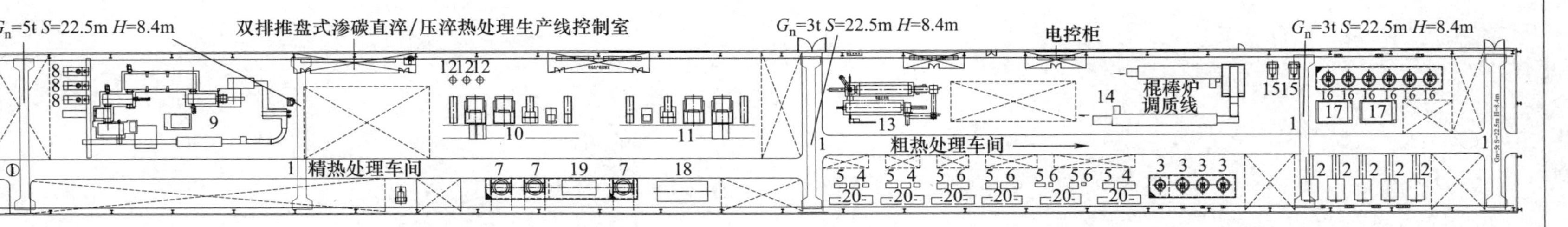

图 6-7 热处理车间平面布置示例 3

1—梁式起重机 2—台车式电阻炉 3—井式回火炉 4—中频电源 5—淬火机床 6—超音频电源 7—井式渗氮炉 8—淬火压床 9—双排推盘式渗碳直淬/压淬热处理生产线 10—密封箱式炉联动生产线 11—密封箱式炉联动生产线 12—吸热式气氛发生器 13—等温正火生产线 14—连续式棍棒炉调质线 15—单柱液压机 16—井式回火炉 17—淬火槽 18—超声波清洗机 19—渗氮冷却油池 20—空气冷却器

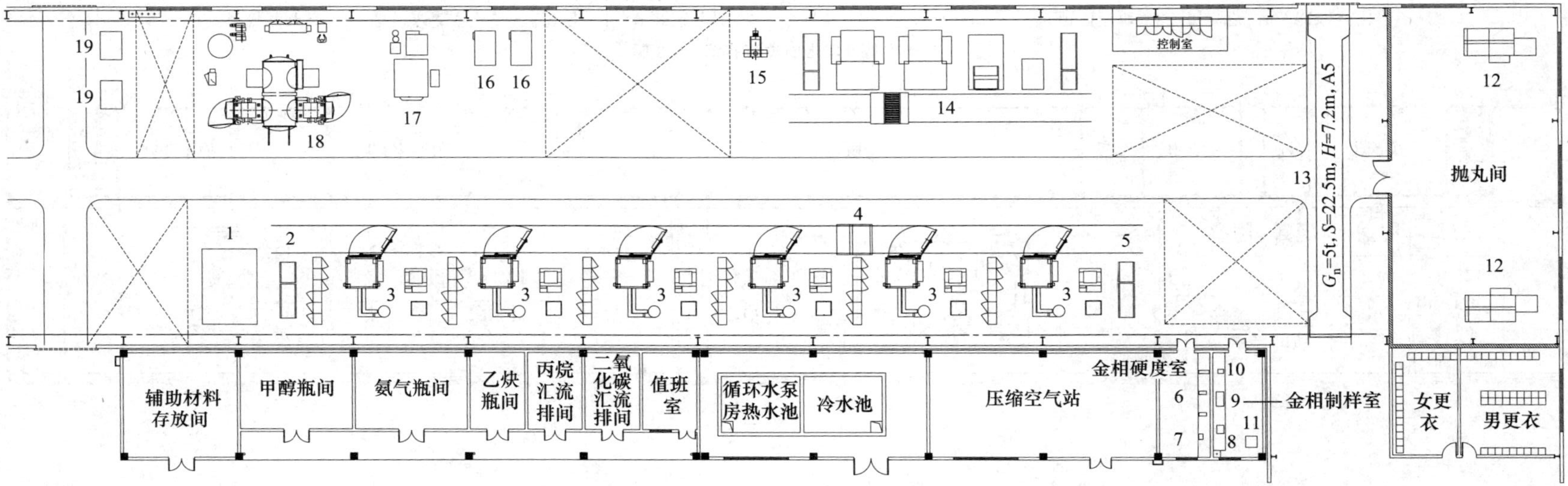

图 6-8 热处理车间平面布置示例 4

1—超声波清洗机 2—升降料台 3—真空渗氮炉 4—装/卸料车 5—辊道式料台 6—硬度计 7—金相显微镜 8—金相试样切割机 9—金相磨光机 10—金相镶嵌机 11—砂轮机 12—抛丸机 13—电动单梁起重机 14—密封箱式炉联动生产线 15—单柱液压机 16—箱式回火炉 17—真空炉清洗机 18—真空淬火炉 19—超低温深冷箱

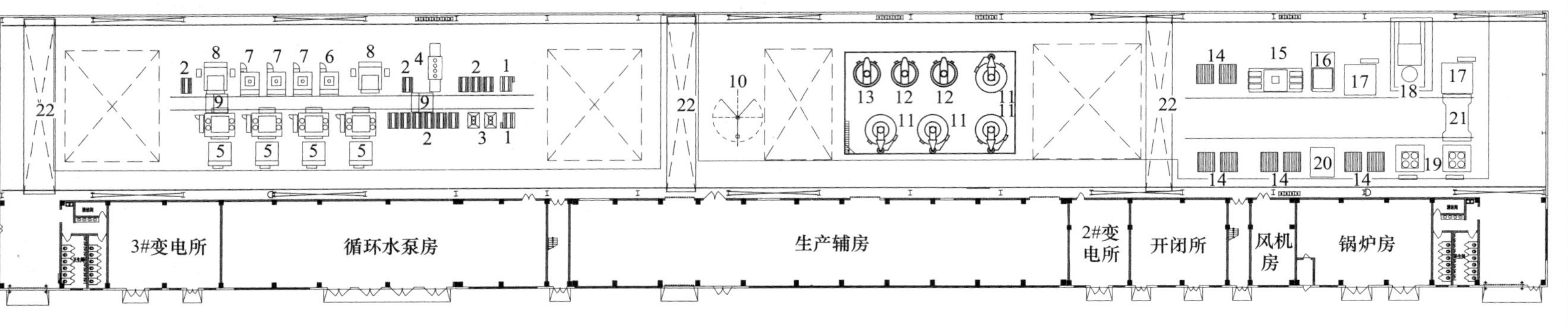

图 6-9 热处理车间平面布置示例 5

1—备料升降台 2—固定备料台 3—风冷台 4—热装风冷台 5—多用炉 6—高温回火炉 7—低温回火炉 8—清洗机 9—双向料车 10—悬臂起重机 11—井式渗碳炉 12—井式高温回火炉 13—井式缓冷炉 14—装/卸料台 15—淬火油槽 16—清洗机 17—箱式淬火加热炉 18—压淬机床 19—低温箱式回火炉 20—风冷台 21—进出料小车 22—桥式起重机

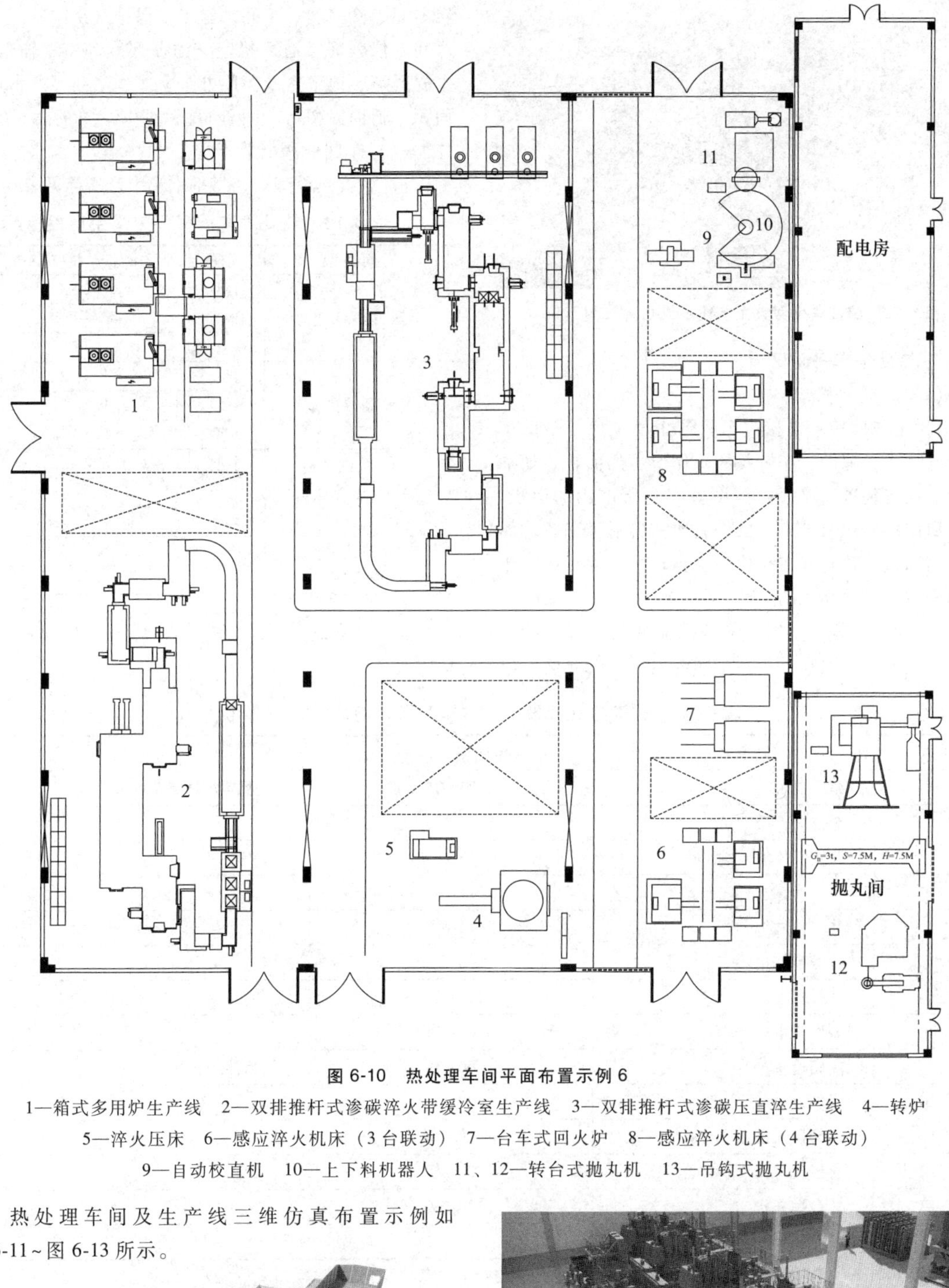

图 6-10　热处理车间平面布置示例 6

1—箱式多用炉生产线　2—双排推杆式渗碳淬火带缓冷室生产线　3—双排推杆式渗碳压直淬生产线　4—转炉　5—淬火压床　6—感应淬火机床（3 台联动）　7—台车式回火炉　8—感应淬火机床（4 台联动）　9—自动校直机　10—上下料机器人　11、12—转台式抛丸机　13—吊钩式抛丸机

热处理车间及生产线三维仿真布置示例如图 6-11~图 6-13 所示。

图 6-11　热处理车间三维仿真布置示例

图 6-12　多用炉生产线三维仿真布置示例

图 6-13　感应淬火回火生产线三维仿真布置示例

3. 热处理车间面积

（1）车间面积

1）生产面积：指相应车间各主要工序、辅助工序及与生产、辅助工序有关的操作所占的面积，如加热炉、加热装置、淬火槽等设备本身所占用的面积、操作所需的面积及工人在操作时所需的通道面积均属于生产面积。矫直、在线检验也算在生产面积内。生产面积占车间总面积的 70%～80%。

2）辅助面积：根据相应车间需要而设置的相关配套功能所占的面积，包括车间配电室、变频间、电容器间、检验间、车间试验室、保护气氛制备间、机修间、仪表间、通风机室、油循环冷却室、辅料库、主要通道、地下室及车间办公室、生活间等所占用的面积。辅助面积占车间总面积的 20%～30%。

（2）车间面积概算指标

1）各类热处理车间每平方米生产指标见表 6-18。

表 6-18　热处理车间每平方米生产指标

车间类型	规模	生产指标/[t/(m^2·年)]
锻件热处理	小型	2～3
	中型	3～4.5
	大型	5～6
半成品热处理	小型	1.5～2.0
	中型	1.8～2.5
	大型	2.5～3.0
综合热处理	小型	0.8～1.2
	中型	1.0～1.5
	大型	1.7～2.1
标准件热处理	—	3.0～4.0
齿轮热处理	—	1.0～2.0

2）各类热处理设备所占车间面积指标见表 6-19。

表 6-19　各类热处理设备所占车间面积指标（仅供参考）

序号	设备名称	占用面积/(m^2/台)	备　注
1	箱式电炉	25～35	包括淬火油槽及堆放面积
2	盐浴炉	20～30	
3	井式气体渗碳炉	15～25	
4	井式回火炉	15～25	
5	井式淬火炉	15～25	
6	输送带式电炉	108～216	
7	推杆式电炉	108～216	
8	振底式电炉	108～216	
9	高频设备①	60～70	包括淬火机床
10	中频设备①	20～90	
11	齿轮淬火机床	20～30	
12	喷砂机、清洗机	20～30	
13	转台抛丸机	20～30	
14	矫直机	15～25	

① 为传统高、中频设备所占面积，采用静态高、中频电源时，其面积相应减少。

3）车间通道面积约占车间总面积 10%。

4）成品仓库面积可根据生产规模及存储周期依下式计算：

$$A=\frac{qd}{H}$$

式中　A——仓库面积（m^2）；

d——零件存放天数，大批量生产时，毛坯热处理车间为 10～12 天，小批单件生产时为 6～7 天，成品热处理车间为 3～5 天，具体存放天数可按企业实际管理水平确定；

q——生产任务（t/天）；

H——每平方米仓库面积荷重，大型锻件为 2～2.5t，中小型锻件为 1～5t，成品件为 1.0～1.5t。

6.9　热处理车间建筑物与构筑物

1. 对建（构）筑物的要求

(1) 防火要求　根据 GB 50016—2014（2018 年版）《建筑设计防火规范》的规定，热处理生产在火灾危险分类中属“丁”类，厂房的耐火等级通常为二级。要求建筑物的墙、隔墙、地面、顶棚等必须耐火，通常为钢筋混凝土或钢结构。

(2) 防爆要求　对于用液体、气体作为燃料或可控气氛原料的热处理车间，需采取必要的防爆措施和设置泄压面积，且泄压面积的设置应避开人员集中的场所和主要通道。

(3) 通风要求　热处理车间存在油烟、蒸汽、热气、有害健康的气体及粉尘等，因此要求采光充足，自然通风良好。厂房最好是独立建筑，至少有一长边靠外墙，每跨厂房最好有天窗（气楼）。

2. 厂房建筑模数

建筑模数是统一与协调各种建筑尺寸的基本标准尺度单位。我国规定建筑的基本模数为 100mm，以 M_0 表示。

3. 柱网、柱距、跨度

厂房平面柱网是厂房纵横坐标的定位轴线。厂房柱距一般采用 6m 或 6m 的倍数。钢结构厂房可适当加大，一般为 6～9m；当起重机起重量不大时，钢结构厂房的柱距一般选 7.5m 较经济。

厂房跨度≤18m 时宜采用 3m 的倍数，厂房跨度>18m 时宜采用 6m 的倍数。

热处理车间的柱距与跨度取决于生产规模、设备类型和平面布置。当采用钢结构厂房时，其跨度和柱距可根据工艺需要由结构专业做出技术经济比较后确定。

4. 厂房高度

厂房高度指屋架下弦（或屋盖结构件的最低点）及起重机轨顶距车间室内地面的高度，分别以屋架下弦底面标高和轨顶标高表示（室内地面标高为±0.000）。自地面至柱顶和自地面至支承起重机梁的牛腿面的高度均应为 300mm 的倍数，自地面至起重机轨顶高应为 600mm 的倍数。工艺设计通常只提出起重机轨顶的高度要求，此高度可用下式表示：

$$H_1 = h_1 + h_2 + h_3 + h_4 + h_5$$

式中　H_1——吊车轨顶面的高度（mm）；

h_1——车间内设备，隔墙或检修工件的高度（以多数设备高度为基准）（mm）；

h_2——运行时吊运的工件距生产设备的安全操作距离，一般≥500mm；

h_3——最大吊件的高度（mm）；

h_4——吊索最小高度（mm）；

h_5——吊钩与起重机轨顶的最小距离（mm）。

屋架下弦高度按下式计算：

$$H = H_1 + h_6 + h_7$$

式中　H——屋架下弦高度（mm）；

H_1——起重机轨顶面的高度（mm）；

h_6——轨顶至起重机顶面尺寸，由起重机规格表中查得（mm）；

h_7——屋架下弦至起重机顶面间安全间距，h_7≥220mm（由起重机类型决定）。

厂房高度取决于产品的工艺需要和设备类型。井式炉应尽可能置于地坑内，以降低厂房高度。在通常情况下，屋架下弦高度的确定可参考表 6-20。

表 6-20　屋架下弦高度的确定

车间情况	下弦高度/m
不设起重机的单件小批生产车间	6～7
设有起重机的成批生产车间	8～9
大批大量流水生产且有桥式起重机车间	10～11
需要特殊高度的车间，如有较长轴件的车间	计算决定

5. 门洞

门洞设计要满足生产、消防安全、人流疏散及建筑模数等要求。

门按制作材料分类，有木门、钢门；按开启形式分类，有平开门、推拉门、折叠门、提升门、卷帘门、翻转门等。对要求高的区域，还可采用感应遥控门。

门洞的净宽应大于运输工具、产品、设备等宽度 600mm 以上，洞口净高应大于运输工具、产品、设备等高度 300mm 以上。对一些特大型设备的出入，可以预留门洞，待设备进入后再封墙。各种大门一律向外开。当厂房长度较大时，需在车间两端或中部开门。常用门洞尺寸见表 6-21。

表 6-21　常用门洞尺寸

通行要求	单人	双人	手推车	电瓶车	轻型卡车	中型卡车	重型卡车	汽车起重机
洞口宽度/mm	900	1500	1800	2100	3000	3300	3600	3900
洞口高度/mm	2100	2100	2100	2400	2700	3000	3900	4200

6. 窗

窗的尺寸一般为300mm的倍数，也可设计成带形窗，具体由建筑专业确定。

7. 隔断及封顶

热处理车间内除一般生产区，有时还设有高频间、中频间、喷砂间、喷丸间、检验室、仪表间、办公及辅料库等。为隔断粉尘、有害气体的侵入和降低噪声危害，必须进行隔断及封顶。

隔断面积的大小按工艺需要决定，最好以柱距为基准。一般采用砖墙隔断。

封顶高度主要视设备及起重设备的高度决定。喷砂间等的封顶高度通常采用4.5m，检验间、仪表间、办公室的封顶高度通常采用3.6m。

8. 高频间

1）位置：高频间应单独设置，其位置应放在车间的上风向和非发展方向的一端，远离油烟、灰尘和振动较大的设备。

2）封顶：高频间的封顶高度不低于4.5m。

3）门、窗：应设置足够数量的窗户，以利采光及自然通风。高频间门的尺寸（宽×高）一般为2.1m×2.7m。

4）高频间屏蔽：高频间一般采用六面ϕ1mm钢丝，制成5mm×5mm的钢丝网，或者用0.5~0.6mm厚的钢板进行屏蔽；门、窗用双层钢丝网屏蔽；金属屏蔽层必须接地，以保安全。凡引入屏蔽间的管道，其四周应与屏蔽层焊牢，并采取措施切断屏蔽层与管道系统的导电连接。电源必须经过滤波器，然后引入屏蔽间，以抑制通过导线传播干扰。

若高频设备已自带屏蔽措施，并且满足国家环保及职业卫生规范要求，则可直接布置在车间内，不再单独建造房间。热处理设备生产现场高频辐射的电场强度应≤20V/m，磁场强度应≤5A/m。

9. 地面载荷及地面材料

热处理车间的地面载荷取决于生产设备及工件重量，可参照表6-22设计。

热处理车间的地面材料要求耐热、耐蚀、耐冲击，应根据车间生产工艺选择，见表6-23。

表6-22　地面载荷

部门名称	地面载荷/(t/m^2)	部门名称	地面载荷/(t/m^2)
试验及辅助部门	0.5~1.0	大批大量流水生产半成品热处理	2.0~3.0
工具、机修备件热处理部门	1.0~2.0	大批大量流水生产毛坯热处理部门	3.0~5.0
综合性热处理部门(中、小件)	1.5~2.0		

表6-23　热处理车间的地面材料

部门名称	地面材料				
	混凝土	环氧地坪	耐磨地坪	耐酸水泥	地砖
毛坯热处理	√		√		
半成品热处理	√		√		
辅助热处理	√		√		
喷砂间	√		√		
酸洗间				√	
盐浴炉间			√		
高中频间			√		
理化试验室		√			√

10. 地下构筑物

如果有些热处理设备需安装在地坑或地下室，地坑应不影响厂房柱子基础。若地下构筑物深度超过地下水位时，要做防水处理。

6.10　车间公用动力和辅助材料消耗量

热处理车间需消耗各种动力和辅助材料，包括电力、燃料、压缩空气、蒸汽、水、油类、盐类、化学热处理渗剂及保护加热气体等。这些物料的供应、储存、输送等设施，多数由工厂动力部门统一设置和管理，有些需在车间内设中间储存地（或库）。车间设计时，必须计算其消耗量，提供给有关公用专业进行设计。

根据工厂公用专业设计的需要，车间动力及辅助材料消耗量计算，需提供如下计算项目。

1）各类设备所需动力的小时最大消耗量，此数据主要用于计算该设备支管。

2）各类设备所需动力的小时平均消耗量，此数据主要用于计算该设备全年动力消耗。

3）单台设备各类动力年消耗。

4）汇总的各类动力的车间小时平均消耗量，此数据用于计算车间各类动力年消耗量。

5）汇总的各类动力的车间小时最大消耗量，此数据用于计算车间各类动力干管。

汇总的各类动力的车间年消耗量，作为车间各类动力消耗数据，经全厂汇总后作为计算全厂能量消耗的依据。

1. 电气

热处理车间电气资料包括设备明细表和工艺平面布置图，以及车间工艺设备年耗电量。

（1）用电设备的接线　对于固定的用电设备，应在平面布置图上标出电源进线的位置；当接线点在地面 1 m 以上或地面以下时，应注明标高。

对于移动式用电设备，应注明其工作区域及供电方式（如滑触线或电缆）。

对于电动葫芦、梁式和门式起重机及电动平板车，应在工艺平面布置图上标出滑触线起止位置和电缆供电点位置。

（2）安装容量　用电设备的安装容量指其额定功率或额定容量。

对于一般用电设备或只带一般降压用变压器的设备，如以电动机为动力的设备及电阻炉等，安装容量以 kW 为单位；对于带专用变压器的设备，如高频电源、磁粉检测机等，安装容量以 kV · A 为单位。

（3）电源种类、电压、相数和频率　当设备需要的电源不是一般常用的交流（电压 380V，频率 50Hz）时，应在设备明细表的技术规格栏注明。

（4）防火、防爆、屏蔽、接地　对于存放易燃、可燃或易爆物质的场所及存在易燃易爆的气体或大量粉尘的场地，应注明贮存物品的名称、数量或气体（粉尘）的成分和含量。

当工作场地存在腐蚀性气体、蒸汽或特别潮湿，以及存在高温、强烈振动或辐射时，应予注明。

（5）照明　热处理车间工艺设计人员仅需提出车间的照明要求和照明区域等资料，由电气专业设计人员依据车间特性和照明面积进行计算和设计，统筹考虑工作地的照明、局部照明和事故照明等。

（6）车间电能耗量计算　热处理车间用电设备电能耗量的计算方法有按设备负荷时数计算和按产品产量计算两种方式。由于按设备负荷时数计算耗电量困难较多且误差较大，一般按单位产品产量作为耗电指标计算。

由于热处理能耗与工艺参数、设备类型、规格、车间组织模式等都有密切的关系，难以准确测算。粗略计算时，可依据单位重量工件耗电量指标和车间生产量计算。表 6-24 列出了各热处理工序加热 1kg 金属所需各类能源的耗能指标。

表 6-24　各热处理工序耗能指标

工序	温度范围/℃	电能/(10^6J/kg) $Q=3.6\times10^6$J/(kW · h)	天然气/(m^3/kg) $Q=35000$kJ/m^3	煤气/(m^3/kg) $Q=5024$kJ/m^3	重油/(kg/kg) $Q=41868$kJ/kg
淬火	800~850	1.44~1.80	0.07~0.1	0.5~0.7	0.08~0.09
淬火	~1300	2.16~2.88	0.1~0.11	0.7~0.8	0.1~0.12
正火	860~880	1.80~2.16	0.09~0.11	0.6~0.8	0.08~0.09
碳氮共渗	840~860	2.16~2.52	0.1~0.11	0.7~0.8	0.09~0.1
气体渗碳	900~920	2.88~4.32	0.14~0.17	1.0~1.2	—
固体渗碳	900~920	6.40~6.12	0.4~0.57	2.8~4.0	0.4~0.5
短时间退火	850~870	2.16~2.52	0.1~0.13	0.7~0.9	0.1~0.12
长时间退火	850~870	3.60~5.40	0.29~0.34	2.0~2.4	0.2~0.25
高温回火	500~600	0.90~1.08	0.04~0.07	0.3~0.5	0.05~0.06
低温回火	180~200	0.36~0.54	0.02~0.03	0.15~0.2	—
时效	100~120	0.14~0.18	—	—	—

2. 燃料消耗量计算

对热处理车间燃料消耗量，当粗略计算时，可依据单位重量工件消耗燃料指标和燃料炉生产量计算；当详细计算时，应依据各燃料炉的燃料消耗量进行计算和统计。

3. 压缩空气消耗量计算

热处理车间压缩空气消耗量是以温度为 20℃、绝对压力为 101.3kPa 时的自由空气占有的体积为标准计算的。

（1）连续稳定用气设备耗气量计算

1）设备小时最大耗气量。连续稳定用气设备小时最大耗气量指设备开动时的单位时间耗气量，相当于设备连续开动 1 小时的耗气量。一般设备每次用气时间是较短的，可将设备开动时的耗气量除以开动时间作为设备小时最大耗气量 $q^s_{\max}$（m^3/h）：

$$q^s_{\max}=\frac{q^s}{T}$$

式中　q^s——设备开动时间内的耗气量（m^3）；

T——设备开动时间（h）。

2）设备小时平均耗气量　连续稳定用气设备小时平均耗气量指设备以小时平均生产率运行时每小时的耗气量，其数值等于班耗气量的小时平均值。设备小时平均耗气量 q_p^s（m^3/h）可按下式计算：

$$q_p^s = K_1 q_{max}^p$$

式中　K_1——用气设备利用系数，见表6-25；

q_{max}^p——设备小时最大平均耗气量。

表6-25　用气设备利用系数 K_1

用气设备名称	利用系数 K_1
一般用途吹嘴	0.05~0.2
喷砂与喷丸	0.5~0.8
溶液搅拌	0.1~1.0
风动工具	0.2~0.4
气动夹具	0.04~0.08
喷淋装置	0.05~0.1

（2）不均衡用气设备耗气量计算

1）设备小时最大耗气量。不均衡用气设备小时最大耗气量等于设备在单位时间耗气量最大的操作过程的耗气量除以该过程的时间。

2）设备小时平均耗气量。不均衡用气设备的小时平均耗气量 q_p^s 等于设备以小时平均生产率工作时的小时耗气量，即

$$q_p^s = nq_0$$

式中　q_0——每一工作循环的耗气量（m^3）；

n——在设备平均生产率时的每小时工作循环次数。

3）炉门升降气缸压缩空气耗气量。气缸工作用压缩空气耗气量可依据气缸的容积、单位时间内启动次数和所用的压力进行计算。炉门升降气缸压缩空气耗气量可按表6-26提供数据进行计算，其他气缸推动机械也可参考此表数据进行估算。

各类用途喷嘴压缩空气耗气量见表6-27。

表6-26　炉门升降气缸压缩空气耗气量

气缸直径/mm	拉力/kN	气缸行程/mm	工作行程时间/s	工作行程耗气量/(m^3/次)	小时最大耗气量/(m^3/h)	小时平均动作次数/次			
						5	10	20	40
						小时平均耗气量/(m^3/h)			
80	2.0	300	1.5	0.016	24	1.0	1.1	1.2	1.4
		500	2.5	0.026		1.1	1.2	1.3	1.7
		1000	5	0.053		1.3	1.4	1.8	2.8
100	3.2	300	1.5	0.025	40	1.1	1.2	1.3	1.7
		500	2.5	0.041		1.2	1.3	1.6	2.2
		700	3.5	0.058		1.3	1.5	2.0	2.9
		800	4	0.066		1.3	1.6	2.1	3.2
		1000	5	0.083		1.0	1.7	2.5	3.9
125	5.3	500	2.5	0.064	62	1.3	1.6	2.1	3.2
		700	3.5	0.090		1.0	1.8	2.6	4.2
		900	4.5	0.116		1.5	1.9	2.9	5.0
		1000	5	0.129		1.6	2.1	3.2	5.6
160	9.0	500	2.5	0.107	102	1.5	1.7	2.7	4.7
		700	3.5	0.150		1.8	2.3	3.6	6.4
		900	4.5	0.193		1.9	2.7	4.5	8.1
		1000	5	0.214		2.0	2.9	4.9	9.0
		1200	6	0.257		2.2	3.4	6.7	10.6

表6-27　不同用途喷嘴压缩空气耗气量

喷嘴直径/mm	用　途	压力/kPa	小时最大耗气量/(m^3/h)	小时平均耗气量/(m^3/h)
5	吹干热处理零件	300~400	42	8.4
5	吹扫工作台面	300~400	42	4.2
5	高温盐浴炉吹扫盐蒸气	300~400	25	25
5	搅拌淬火液	300~400	98	40
5	渗碳炉烧炭黑	500~600	96	3
10	喷砂	300~400	280	200
10	喷丸	500~600	390	300
13	喷丸	500~600	480	360

各设备压缩空气年消耗量=小时平均消耗气量×设备负荷率×设备年时基数。

车间压缩空气年消耗量=各设备年消耗量之和×不正常损耗系数（一般取 1.3~1.4）。

4. 生产用水量计算

（1）热处理车间设备用水要求 热处理车间除高、中频设备冷却用水，其余设备对水质无特殊要求，一般生活用水即可满足要求。热处理设备的用水要求见表 6-28。

根据目前各地自来水水质情况，除个别地区，均可满足感应加热设备的用水要求，若达不到要求的标准，可采用蒸馏水，或者采用离子交换树脂软化水。

表 6-28 热处理设备的用水要求

使用场合	水压/kPa	水温/℃		水质要求	可否循环
		进水	出水		
一般场合	120~250	<28	<50	自来水	—
高频设备冷却水	120~200	20	<40	总硬度为 1.7 度，电阻>4000Ω/cm³	可
高频淬火用水	200~300	20~30	—	自来水	可
中、工频设备冷却水	200~300	10~30	≤40	自来水	可
电容器冷却水	200~300	10~30	<50	总硬度≤10 度	可
淬火变压器冷却水	200~300	10~30	<50	总硬度≤10 度	可
中频淬火用水	400~500	20~40	—	自来水	可
可控硅变频装置	120~200	≤30	≤40	总硬度≤8 度	可
喷液淬火	400~500	≤20	—	—	可

（2）热处理车间工艺用水量 淬火工序循环水量计算：

$$S=\frac{PC(t-t_0)}{C_1(t_0'-t')\times1000}$$

式中 S——循环水量（m^3/h）；

P——平均生产率（kg/h）；

$t-t_0$——淬入工件的温度差；

$t_0'-t'$——循环水进水与回水的温度差；

C_1——水的比热容 kJ/(kg · ℃)，为 1；

C——淬火钢件平均比热容，采用 0.628kJ/(kg · ℃)。

热处理工艺用水量通常按工序每吨工件水消耗量指标进行概略计算，见表 6-29。车间用水应尽可能循环使用。

（3）感应加热设备用水量 感应加热设备冷却用水量按设备产品样本的规定，可参考表 6-30。

表 6-29 工序每吨工件水消耗量指标

工 序	消耗量指标/(m³/t)	备 注
钢件淬火	6~8	供水温度 15~20℃
	10~12	供水温度 20~30℃
淬火油冷却	12~15	供水温度 15~20℃
高温回火冷却	3~4	—
铝合金固溶处理冷却	2~2.5	—
淬火冷却用碱盐水	0.25	—
工件清洗	0.3~0.5	—
防锈液	0.1~0.15	—
表面淬火冷却	2.0	—
	0.5	—

表 6-30 感应加热设备冷却用水量（不含负载变压器和感应器冷却用水量）

名 称	规 格	用水量(m³/h)
全固态感应加热电源	JGP30	0.030
	JGP45	0.050
	JGP50	0.050
	JGP75	0.060
	JGP100	0.075
	JGP150	0.085
	JGP200	0.115
	JGP250	0.150

（续）

名 称	规 格	用水量(m^3/h)
电子管式高频感应加热电源	GPC10-C2	0.80
	GP30A-C2	1.6
	GP60-CR 13-2	2.9
	GP100-CM	3.2
	GP200-C2	5.0
超音频感应加热电源	CHYP60-C2	2.6
	CHYP100-C2	3.8
	CHYP100-C3	4.0
KGPS中频感应加热电源	KGPS-100/2.5	13
	KGPS-160/8	18
	KGPS-250/2.5	25
IGBT中频感应加热电源	50kW	1.9
	100kW	4.2
	200kW	4.5
	300kW	6.0
	400kW	7.2
	500kW	8.4

感应淬火用水的常用压力为200~300kPa，淬火冷却水需要量见表6-31。

5. 可控气氛原料消耗量计算

各种可控气氛的原料消耗量见表6-32。

表6-31 感应淬火冷却水需要量

淬火水压力/kPa	淬火面积/cm^2	冷却水需要量/[$10^{-3}m^3$/(cm^2·s)]
100	34~88	0.023~0.016
200	34~88	0.0325~0.023
300	34~88	0.04~0.028
400	34	0.045

表6-32 各种可控气氛的原料消耗量

气氛类型		天然气消耗量/(m^3/m^3)	丙烷消耗量/(kg/m^3)	丁烷消耗量/(kg/m^3)	液氨消耗量/(kg/m^3)	其 他
吸热式气氛		0.196(0.138kg/m^3)	0.147	0.149	—	—
放热式气氛	淡型	0.124	0.091	0.094	—	乙醇0.2kg/m^3
	浓型	0.164	0.121	0.124	—	—
氨分解气氛		—			0.379	—
制备氮气氛	工业氮和氢催化(淡型)	0.167	0.122	0.121	—	—
	放热式气氛净化(浓型)	0.189	0.137	0.138	—	—
	氨燃烧	—	—	—	0.228	—
滴注式气氛		—	—	—	—	各种有机液0.5kg/m^3

6. 蒸汽消耗量计算

热处理车间使用的蒸汽为饱和蒸汽、常用压力为200~400kPa。蒸汽的比热容一般取较低数值，即2100kJ/(kg·℃)。表6-33列出了各类液槽蒸汽消耗量的概算指标。

蒸汽小时平均消耗量可按最大消耗量的30%~50%计算。车间蒸汽最大小时消耗量为各设备小时最大消耗量之和乘以同时使用系数。

表6-33　各类液槽蒸汽消耗量的概算指标

液槽类型	加热方式	蒸汽消耗	加热温度/℃							
			30	40	50	60	70	80	90	100
			蒸汽消耗量/(kg/m³)							
酸洗、清洗、中和、皂化、发蓝槽	蛇形管	小时最大	43	64	85	107	135	158	181	209
		小时平均	2.7	4.9	7.8	11.8	17.2	24.4	34.4	47.8
淬火水槽、高频循环冷却	直接加热	小时最大	—	—	55	70.5	86	102	117	133
		小时平均	—	—	—	—	—	—	—	—
洗涤，流动热水槽	蛇形管	小时最大	—	—	85	107	135	158	181	204
		小时平均	2h换一次		46	60	75	92	111	131
		小时平均	3h换一次		34	44	55	70	85	102

7. 采暖、空调、通风及排烟净化系统

(1) 采暖　北方地区热处理车间冬季温度保持在12~15℃，非工作时间内保持在5℃。一般采用散热器采暖，由锅炉房热水或市政蒸汽供热，靠近炉子的地方一般不用布置散热器。天然气供应充足的地方，可采用燃气辐射采暖。

(2) 空调　热处理车间内一般不设置空调。车间内的生产线控制室、车间办公室、检测间等房间可设置舒适性空调，采用分体空调机，控制温度范围为25℃±5℃。

(3) 全室通风及岗位降温　热处理车间通风换气次数为4~6次/h。

热处理工人操作区域要设置局部降温吹风设施，一般采用移动式风扇。

(4) 局部通风及排烟净化系统　对热处理设备产生的废气通过集风罩收集，经过净化系统处理达标后排至室外。净化处理设施及排放指标要求按照项目批复的环评报告实施。热处理车间需要设置局部排风的常见位置如下：① 盐浴炉、油浴炉；② 淬火油槽；③ 喷砂、喷丸；④ 清洗机、清洗槽；⑤ 井式炉地坑；⑥ 中高频淬火机床；⑦ 压淬机床；⑧ 可控气氛热处理设备。

8. 辅助材料消耗量计算

热处理车间辅助材料很多，主要是各种工艺材料，如化学热处理渗剂、加热介质、冷却介质等，它们的消耗量常按生产经验数据进行概略的估算。当消耗量较大时，由公用设计部门设计相应的输送管道和仓库等；当消耗量较少时，则在车间内设置堆放地。

6.11　热处理车间的职业卫生、职业安全

热处理车间是一个存在潜在触电、爆炸、灼伤、火灾和毒害危险的工作场所，因此在车间设计过程中应严格按照职业安全卫生和环境影响报告书的要求进行设计和配置。

1. 车间职业卫生

(1) 热处理生产常见的有害因素　热处理生产常见的有害因素有热辐射、电磁辐射、噪声、粉尘和有害介质等，其来源和危害程度见表6-34。

表6-34　热处理生产常见有害因素的来源和危害程度

类　别	来　源	危害程度
热辐射	高温炉；炽热工件、夹具和吊具	造成疲劳、中暑、衰竭
电磁辐射	高频电源	造成中枢神经系统功能障碍和自主神经失调
噪声	喷砂、喷丸；加热炉的燃烧器；真空泵、压缩机和通风机；中频发电机；超声清洗设备	长期处于高强度噪声(>90dB)会造成听力下降
粉尘	1)喷砂时的石英砂、喷丸时的粉尘 2)浮动粒子炉的石墨和氧化铝粉 3)固体渗剂	长期处于高浓度粉尘作业会引起尘肺
有害介质	1)盐浴炉烟雾 2)甲醇、乙醇蒸气、氨气、丙烷、丁烷、甲烷、一氧化碳等泄漏气体 3)强酸、强碱的挥发物 4)油蒸气 5)氟利昂、三氯乙烯、四氯化碳等挥发物	造成慢性伤害、引发各种慢性疾病

（2）职业病防护措施　车间设计中有关职业卫生所采取的主要措施和配置的设施包括工作场所办公室、生产卫生室（浴室、存放室、盥洗室、洗衣房等）、生活室（休息室、食堂、厕所）、妇女卫生室等，具体按 GBZ 1—2010 中的规定执行，该标准为强制性标准。

2. 车间职业安全

（1）热处理生产常见的危险因素　热处理生产常见的危险因素有易燃物质、易爆物质、毒性物质、高压电、炽热物体及腐蚀性物质、制冷剂、坠落物体或迸出物等，其来源和危害程度见表 6-35。

表 6-35　热处理生产常见危险因素的来源和危害程度

类　别	来　源	危害程度
易燃物质	1）淬火和回火用油 2）有机清洗剂 3）渗剂、燃料和制备可控气氛的原料，如煤油、甲醇、乙醇、乙酸乙酯、异丙醇、丙酮、天然气、液化石油气、发生炉煤气、氢等	1）油温失控超过燃点即自行燃烧，易酿成火灾 2）有机液体挥发物和气体燃料泄出后遇明火即燃烧
易爆物质	1）熔盐 2）固体渗碳剂粉尘 3）渗剂、燃料、可控气氛 4）火焰淬火用氧气和乙炔气 5）高压气瓶、储气罐	1）熔盐遇水即爆炸，硝盐浴温度超过600℃或与氰化物、碳粉、油脂接触即爆炸 2）燃气、碳粉在空气中的浓度达到一定极限值遇明火即爆炸 3）气瓶、储罐遇明火或环境温度过高易爆炸
毒性物质	1）液体碳氮共渗、氮碳共渗和气体氮碳共渗用的原料及排放物，甲苯、二甲苯、甲酰胺、三乙醇胺 2）气体渗碳的排放物：一氧化碳 3）盐浴中的氯化钡、亚硝酸钠和钡盐渣	造成急慢性中毒或死亡
高压电	感应设备；一般工业用电	电击、电伤害甚至死亡
炽热物体及腐蚀性物质	1）加热炉 2）炽热工件、夹具和吊具 3）热油、熔盐 4）激光束 5）硫酸、盐酸、硝酸、氢氰化钠、氢氧化钾	1）热工件、热油、熔盐和强酸、强碱使皮肤烧伤 2）激光束使皮肤及视网膜烧伤
制冷剂	氟利昂、干冰乙醇混合物、液氮	造成局部冻伤
坠落物体或迸出物	工件装运、起吊，工件矫直崩裂，工件淬裂	造成砸伤或死亡
密闭空间	封闭炉膛、炉坑、储油罐、油槽	缺氧、窒息、中毒或死亡

（2）安全防护措施　车间设计中有关劳动安全所采取的主要防范措施和设施（如防火、防爆、防震、防尘、防毒、防腐蚀、设备的安全间距及防机械伤害，防暑降温、防噪声、防振动、防辐射、防电气伤害等）。

1）防火、防爆。在存放易燃、易爆物质的库房和可能产生易燃、易爆因素的设备及工艺作业场地，应按有关规定配备相应的消防设备和器材，必要时应设危险气体泄漏报警仪。

2）防尘、防毒。对产生粉尘和毒性物质的工艺作业场地应制订切实可行的监测制度，配备监测设备。对毒性物质应制订严格的使用、保管和回收制度，并备有必要的防毒面具。

6.12　热处理车间的环境保护

热处理车间存在着对人身和环境有害的物质，主要有废气（如二氧化硫、硫化氢、氧化氮、一氧化碳、粉尘等）、废水（含碱、油、盐废水等）、放射性物质及噪声等环境污染源。在车间设计阶段，必须依据建设项目环境影响报告书的要求，采取可靠的防治措施。

1. 热处理污染物的分类和来源（见表 6-36）

表 6-36　热处理污染物的分类和来源

类别	污　染　物	来　源
废气	一氧化碳	燃料或气氛燃烧、气体渗碳及碳氮共渗等
	二氧化硫	燃料或气氛燃烧、渗硫及硫氮碳共渗
	氮氧化物	燃料或气氛燃烧、硝盐浴、碱性发黑

（续）

类别	污染物	来源
废气	氨	渗氮、氮碳共渗及碳氮共渗等
	氰化氢及碱金属氰化	液体渗碳、液体碳氮共渗及氮碳共渗
	氯及氯化物、氟化物	高温及中温盐浴、渗硅、渗硼及渗金属等
	烷烃、苯、二甲苯、甲醇、乙醇、异丙醇、丙酮、三乙醇胺、苯胺、甲酰胺、三氯乙烯等有机挥发性气体	气体渗碳及碳氮共渗剂、保护气氛加热等
	油烟	淬火油、回火油
	盐酸、硝酸硫酸蒸气	酸洗
	粉尘、烟尘	燃料炉、各种固体粉末法化学热处理、喷砂和喷丸
废水	氰化物	液体渗碳、碳氮共渗及硫氮碳共渗等
	硫及其化合物	渗硫及硫氮等多元共渗
	氟的无机化合物	固体渗硼及渗金属
	钒、铬、锰及其化合物	渗钒、渗铬、渗锰
	有机聚合物	有机淬火冷却介质
	残酸、残碱	酸洗、脱脂
	石油类	淬火油、脱脂清洗
固体废物	氰盐渣	液体渗碳、碳氮共渗及硫氮碳共渗等盐浴
	钡盐渣	高温及中温盐浴
	硝盐渣	硝盐槽、氧化槽
	酸泥	酸洗槽
	含氟废渣	固体渗硼剂
噪声	噪声	燃烧器、真空泵、压缩机、通风机、抛丸、喷砂和喷丸
电磁辐射	电磁辐射	中频、高频、超音频感应加热设备

2. 热处理污染物的排放要求及防治措施

（1）废气

1）对燃料或气氛燃烧、气体渗碳及碳氮共渗等产生的废气，集中收集后燃烧处理，通过排气筒高空排放。对渗氮或氮碳共渗废气，应先裂解后排放或采取点燃方式处理，再通过排气筒高空排放。

2）对生产过程中产生的油烟，采用油烟捕集器收集，并经过油烟净化处理达标后高空排放。

3）对抛丸、喷丸等生产过程中产生的粉尘（烟尘），集中收集，通过除尘器处理达标后高空排放。

4）对无组织排放的有毒有害气体，凡有条件的，均应加装引风装置，进行收集，改为有组织排放，并按照环境影响报告书中的措施进行处理，达标后高空排放。

热处理企业排放的废气污染物应经治理达标后排放，排放达到 GB 16297—1996 中二级标准和 GB/T 30822—2014 中的规定。热处理废气中污染物的浓度限值见表 6-37。

表 6-37　热处理废气中污染物的浓度限值

序号	污染物	最高允许排放浓度/(mg/m^3)	排气筒高度/m	最高允许排放速率/(kg/h)二级	无组织排放监控浓度限值/(mg/m^3)
1	二氧化硫	550	15	2.6	0.40
			20	4.3	
			30	15	
2	氮氧化物（以 NO_2 计）	240	15	0.77	0.12
			20	1.3	
			30	4.4	
3	一氧化碳	—	15	75	—
			20	95	
			30	160	

（续）

序号	污染物	最高允许排放浓度/(mg/m³)	排气筒高度/m	最高允许排放速率/(kg/h)二级	无组织排放监控浓度限值/(mg/m³)
4	颗粒物	120	15	3.5	1.0
			20	6.9	
			30	23	
5	非甲烷总烃	120	15	10	4.0
			20	17	
			30	53	
6	挥放性有机化合物	80	15	2.0	—
7	氨	—	15	1.17	1.0

注：污染物最高允许排放浓度和最高允许排放速率为排气筒处测得的排放参数。

（2）废水　热处理车间产生的废水均应进行收集，经管网排放至厂区污水处理站进行处理。热处理企业排放废水处理应达到 GB 8978—1996 中二级标准和 GB/T 30822—2014 中的规定后排放。热处理废水中有害物质的最高容许排放浓度见表 6-38。

表 6-38　热处理废水中有害物质的最高容许排放浓度

序号	有害物质	最高容许排放浓度/(mg/L)
1	悬浮物(SS)	150
2	化学需氧量(COD)	150
3	氰化物(以 CN^- 计)	0.5
4	硫化物(以 S 计)	1.0
5	氟化物(以 F^- 计)	10
6	氨氮	25
7	石油类	10

（3）固体废物　热处理产生的固体废物主要是盐浴固体废物，以及固体渗碳废渣、喷砂废砂和喷丸废钢丸等。

1）喷砂、喷丸、流态粒子炉应设置粉尘和颗粒收集装置。

2）对盐浴固体废物、固体渗碳废渣等有害固体废物，集中收集后按当地环保部门相关规定处置，或者交有固体废物经营资格的单位处置。

3. 噪声和电磁辐射

1）热处理设备配套的风机、电动机、油泵等选用符合国家噪声标准的设备。

2）抛丸、喷砂和喷丸设备布置在独立的房间内。

热处理企业的厂界环境噪声排放应符合 GB 12348—2008 中规定的 3 类排放，昼间噪声排放限值≤65dB（A），夜间噪声排放限值≤55dB（A）。热处理车间工作场所噪声排放限值≤85dB（A）。

3）中频、高频、超音频感应加热设备自身应具有屏蔽电磁辐射的措施，满足生产现场高频辐射的电场强度≤20V/m、磁场强度≤5A/m 的要求。

6.13　节约能源与合理用能

1. 节能措施

（1）热处理工艺

1）企业应持续优化热处理工艺，在保证安全、环保和质量的前提下，优先采用节能热处理工艺和工艺材料。

2）热处理工艺和过程控制应符合 GB/T 32541—2016 中的有关规定。

（2）热处理设备

1）应采用国家鼓励使用的热处理设备。

2）不应有国家明令淘汰的落后工艺装备。设备选型时，应杜绝选用《高耗能落后机电设备（产品）淘汰目录》中的产品，如热处理铅浴炉、热处理氯化钡盐浴炉、插入式电极盐浴炉、重质耐火砖炉衬热处理炉、中频发电机感应加热电源等。

3）重视设备的更新改造。对役龄在 10 年以上的热处理设备应进行更新改造。购置新设备应选用绿色热处理设备。

（3）公用措施

1）工艺及设备冷却采用循环水系统。

2）选用节能型变压器、风机、水泵等公用设备。

3）动力站房靠近能源负荷中心布置。

2. 能耗

车间所需各种能源的消耗量见表 6-39。

表 6-39　各种能源的消耗量

序号	能源种类	技术要求		消耗量				折标煤量/t	备注
		温度/℃	表压力/MPa	单位	小时平均	小时最大	全年		
1	煤								
2	电量								

（续）

序号	能源种类	技术要求		消耗量				折标煤量/t	备注
		温度/℃	表压力/MPa	单位	小时平均	小时最大	全年		
3	天然气								
4	水								
⋮	⋮								
	合　计								
	车间电力安装容量				××kW	××kVA			

注：能源种类包括煤、电、燃气、石油制品、蒸汽、压缩空气、水、氧、乙炔等。

6.14　热处理车间人员定额

1. 人员分类

热处理车间工作人员包括生产工人、辅助工人、工程技术人员、管理人员和服务人员。

1）生产工人指直接从事热处理工艺及设备操作的工人。

2）辅助工人指生产工人以外直接为热处理生产服务的工人，如热处理件准备工、电工、钳工、仪表工、起重运输工等。

3）工程技术人员指从事技术工作的人员。

4）管理人员指从事车间企业管理的人员。

5）服务人员指维护车间生产、生活环境的人员，如清洁工等。

2. 生产工人计算

每类设备所需生产工人数量：

基本生产工人数量＝设备年负荷时数×每台设备所需的基本生产工人数量/工人年时基数，车间生产工人计算指标见表 6-40。

随着车间自动化、智能化水平的提高，有些工序的操作已经逐步被机械手、机器人替代，车间需要的工人数量显著减少。因此，车间人员计算指标应根据车间的自动化水平进行调整。

3. 车间其他人员计算

车间其他人员的计算通常以基本生产工人为基数，按指标做概略计算。表 6-41 列出了车间其他人员计算指标。

表 6-40　车间基本生产工人计算指标

序号	设备类型	热处理工序	每台设备所需的基本生产工人数量/人
1	箱式电炉	淬火	0.5～1
		正火、退火	0.5
2	盐浴炉	预热、淬火	1～1.5
3	井式回火炉	回火	0.3～0.5
4	井式气体渗碳炉	渗碳	0.5～1
5	井式加热炉	淬火、正火	1
6	台车式炉	正火、退火	2
7	推杆式炉	淬火、回火	2
8	推杆式渗碳炉	气体渗碳	1～1.5
9	输送带式炉	淬火、回火	1～2
10	转底式炉	淬火	1
11	高频设备	淬火	2（内含电工 1 人）
12	淬火机床	淬火	1
13	冷处理设备	冷处理	0.5～1
14	喷砂（丸）机	清理	1
15	清洗机	清洗	1
16	矫直压床	矫直	1

表 6-41　车间其他人员计算指标

序号	人员类别	占基本生产工人比例（%）	备注
1	辅助工人	30～40	
2	工程技术人员	10～12	
3	管理人员	4～5	
4	服务人员	1～2	
5	检验人员	4～7	不计入车间工作人员内

6.15 热处理车间主要数据、技术经济指标和设计工作说明

1. 工艺投资概（估）算

热处理车间工艺投资概（估）算见表6-42。

2. 主要数据和技术经济指标

热处理车间的技术经济指标包括车间的生产纲领、工序纲领、车间面积（包括生产面积和辅助面积）、主要设备（炉子和加热装置等）数量、车间人员的数量，以及单位面积年产量、每个生产工人的年产量、劳动量、单位产品投资、综合能耗等。

车间主要数据及技术经济指标见表6-43。

表6-42　热处理车间工艺投资概（估）算

序号	项目名称			国内设备		国外设备			合计	备注
						金额				
				费率(%)	人民币/万元	费率(%)	人民币/万元	外币/万美元		
1	利用原有设备原值									
2	新增投资	新增设备	设备原价							
			设备运杂费							
			设备安装费							
		利用原有设备二次费用	设备拆迁费							
			设备安装费							
		新增投资合计								
3	工艺总投资									
4	设备基础费	新增设备基础								不计入工艺总投资费中
		利用原有设备基础								
		小　计								

注：1. 工具器具费、模具费及生产用家具费由经济专业统一考虑，但如果是新建厂或新建车间，此部分投资较大，工艺专业与经济专业协调，如经济专业同意将此部分费用计入工艺总投资，则在投资概算表中应增加此部分费用。
2. 设备基础费由工艺设计人员与土建专业共同协商后计入土建工程费用之中。

表6-43　车间主要数据及技术经济指标

序号	名　　称		单　　位	数　　据	备　　注
	主要数据				
1	年产量		台(套、件)		
			t		
2	年总劳动量	台时	h		
		工时	h		
3	设备总数		台		
	其中主要生产设备		台		
	其中新增主要生产设备		台		
4	车间总面积		m^2		
	其中生产面积		m^2		
	其中新增车间面积		m^2		
5	人员总数		人		
	其中	工人	人		
		生产工人	人		
	其中新增人员总数		人		
6	电力安装容量		kW		
			kVA		
7	综合能耗		t标煤		
8	工艺总投资		万元		含外汇:××万美元
	其中新增工艺投资		万元		含外汇:××万美元
	……				

（续）

序号	名　称		单　位	数　据	备　注
技术经济指标					
1	每一工人年产量		台(套、件)		
			t		
2	每一生产工人年产量		台(套、件)		
			t		
3	每台主要生产设备年产量		台(套、件)		
			t		
4	每平方米车间面积年产量		台(套、件)		
			t		
5	每平方米车间生产面积年产量		台(套、件)		
			t		
6	每台主要生产设备占车间生产面积		m^2		
7	每台(套、件)产品劳动量	台时	h		
		工时	h		
	每吨(平方米)产品劳动量	台时	h		
		工时	h		
8	主要生产设备的平均负荷率		%		
9	每台(套、件)产品占工艺总投资		万元		
	每吨产品占工艺总投资		万元		
10	每台(套、件)产品综合能耗量		t 标煤		
	每吨产品综合能耗量		t 标煤		

3. 设计工作说明

设计工作基本完成后，应在交付设计主要成果文件的同时给出相关说明文件，就车间设计阶段由于客观条件限制（如资金额度、车间面积、产品条件等）而尚未得到完全解决的问题进行说明，并提出解决相应遗留问题的方法及建议。

参 考 文 献

[1] 机械工业第三设计研究院. 热处理车间设计手册［M］. 重庆：机械工业第三设计研究院，1986.

[2] 中国机械工业勘察设计协会. 机械工业建设工程设计文件深度规定：JBJ 35—2004［S］. 北京：机械工业出版社，2004.

[3] DOSSETT J L，TOTTEN G E. 美国金属学会热处理手册：B 卷 钢的热处理工艺、设备和控制［M］. 邵周俊，樊东黎，顾剑锋，等译. 北京：机械工业出版社，2020.

[4] 金荣植，热处理节能减排技术［M］. 北京：机械工业出版社，2016.

[5] 全国热处理标准化技术委员会. 金属热处理生产过程安全、卫生要求：GB 15735—2012［S］. 北京：中国标准出版社，2013.

[6] 中华人民共和国公安部. 建筑设计防火规范：GB 50016—2014［S］. 北京：中国计划出版社，2018.

[7] 全国热处理标准化技术委员会. 绿色热处理技术要求及评价：GB/T 38819—2020［S］. 北京：中国标准出版社，2020.

[8] 全国能源基础与管理标准化技术委员会. 热处理生产燃料消耗计算和测定方法：GB/T 19944—2015［S］. 北京：中国标准出版社，2016.

第7章　热处理节能、环保与安全

广东世创金属科技股份有限公司　董小虹　常玉敏　梁航

7.1　热处理节能

节能是应用技术上可行、经济上合理、环保与社会上可以接受的方法，有效利用能源资源。因此，节能不是消极地减少能源消耗量，而是在生产中充分发挥能源利用的潜力，从而用最少的能源消耗获得最大的社会经济效益，因此节能可以促进生产的可持续发展。

7.1.1　热处理节能的几个基本因素

1. 能源利用率与能耗

（1）能源利用率　热处理操作是通过加热和冷却来完成的工艺过程，因此需要把燃料、电力转化为热能来加热工件，这就出现一个能源在转换为热能的过程中和热能在加热工件的过程中，有多少能源或热能是施加到工件上并被吸收，有多少能源或热能是在转换过程中或加热过程中损失掉了。通常将前者称为有效热，将后者称为热损失。有效热与投入的总能量之比称为热效率，有效利用的能源与投入的总能量之比称为能源利用率，所以节能的本质就是提高能源利用率。

（2）能耗　能耗的计算方法多数以单位产品为对象，也有以某工艺或某设备为对象，甚至以某行业产品或整个国民经济产值为对象，以比较各产品、各工艺、各设备、各行业类型在国民经济产值中的能源消耗状况。能耗是一个综合能量消耗指标，也是衡量所用工艺及设备先进程度的指标，在工艺设计中也常作为估算能量需要量的依据，它是节能最直接、最重要的指标。表7-1列出了各种热处理炉的能耗分等。这些数据表明，同类型的热处理炉能耗可能会存在很大的差别。

表7-1　各种热处理炉的能耗分等

炉型		规格	单位	可比单耗指标		
				一等	二等	三等
传送式连续炉			kW·h/t	≤330	>330~390	>390~470
振底式连续炉				≤340	>340~400	>400~480
推送式连续炉				≤370	>370~460	>460~560
滚筒式连续炉				≤390	>390~480	>480~600
箱式多用炉		额定功率≤45kW		≤540	>540~680	>680~840
		额定功率>45~75kW		≤480	>480~630	>630~760
		额定功率>75kW		≤440	>440~560	>560~700
井式炉	中温炉	额定功率≤75kW		≤460	>460~590	>590~700
		额定功率>75~125kW		≤420	>420~550	>550~650
		额定功率>125kW		≤400	>400~510	>510~600
	回火炉	额定功率≤36kW		≤210	>210~270	>270~320
		额定功率>36kW		≤190	>190~250	>250~290
	气体渗碳（氮）炉	额定功率≤35kW		≤1400	>1400~1550	>1550~1700
		额定功率>35~75kW		≤1000	>1000~1230	>1230~1400
		额定功率>75kW		≤950	>950~1090	>1090~1200
箱式炉		额定功率15~30kW		≤400	>400~540 -	>540~660
		额定功率>30kW		≤350	>350~480	>480~600
台车炉		额定功率>65kW		≤390	>390~530	>530~650
热处理电热浴炉		>1000℃		≤680	>680~900	>900~1050
		>700~1000℃		≤650	>650~850	>850~1000
		>350~700℃		≤300	>300~400	>400~500
		<350℃		≤165	>165~210	>210~290
辊底炉		电加热	kW·h/t	<300	>300~400	>400~520
		燃料加热	kg标准煤/t	<60	>60~100	>100~170
罩式炉		电加热	kW·h/t	≤330	>330~370	>370~450
		燃料加热	kg标准煤/t	≤110	>110~140	>140~200

我国热处理工艺能耗指标在不同的地区和企业，由于装备水平和管理水平的差异，相差比较大，各地也都没有精确的统计数据。

2. 热效率与加热次数

（1）热效率 热效率指加热设备在一定温度下满负荷工作时，加热工件所需的有效热量与总耗热量的百分比，通常按热平衡法计算热效率。热效率主要用于衡量设备有效利用能源的状况，反映设备的先进程度。表7-2列出了几种类型热处理电阻炉的热效率。

表7-2 几种类型热处理电阻炉的热效率

规格和参数	箱式周期炉	井式周期炉	输送带式炉	振底式炉
正常处理量/(kg/h)	160(装炉量400kg)	220(装炉量500kg)	200	200
设备用电/kV·A	63	90	110	80
供给热量/(kW/h)	56	62	78	50
热效率(%)	39	43	35	54
炉墙散热(%)	31	23	36	36
夹具等的吸热(%)	19	29	18	0
被处理件吸热(%)	39	43	35	54
可控气氛所带的热(%)	6	4	6	10
其他(%)	5	1	4	—
处理温度/℃	850	850	850	850
全加热时间/min	90	90	40	40

（2）加热次数 加热次数指一个产品在从原料到制成成品的加工过程中，需经几次加热才能完成。这个数值严格地说不是指标，但它是考核工艺先进程度、能耗合理性的一个重要依据。减少产品加热次数是制造产品过程中节能的重要方向。由于锻造、铸造成形技术的发展，以及热处理与前后工序衔接技术的进步，可使产品的加热次数显著减少。例如，带齿轮的减速器轴的制造工艺可以是，原材料经一次加热辊锻成形，随即利用余热进行调质处理。此工艺过程可省去数次重复加热。

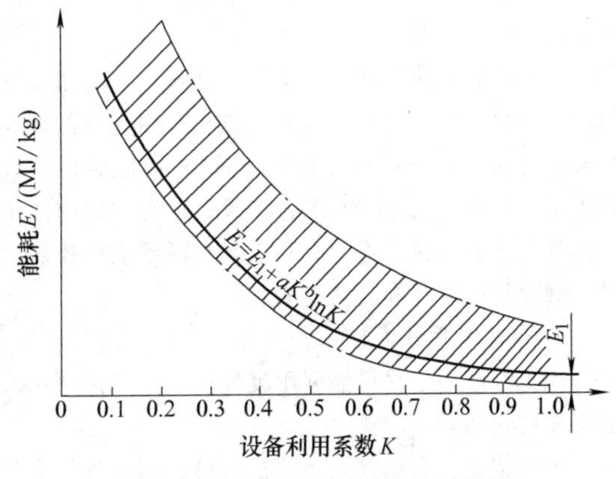

图7-1 热处理能耗与设备利用率的关系

3. 设备负荷率与设备利用率

（1）设备负荷率 设备负荷率是设备装炉量占设备额定生产量的比例，通常以实际装炉量和额定装炉量的百分比来表示。

（2）设备利用率 设备利用率则被定义为加热设备每年实际开工天数与规定的年工作天数的百分比。

这两个指标不是节能的直接指标，但与节能有密切关系。

热处理的能耗随设备利用率的下降而增大，如图7-1所示。

4. 生产率与产品质量

（1）生产率 生产率指设备在单位时间内可完成的生产量。这常是工厂生产追求的指标，以求用较少的设备和人力生产更多的产品。这个指标虽然不是节能的直接指标，但高生产率的设备会带来良好的节能效果。根据这个指标要求，希望产品生产系统化、连续化和大型化，要求组织有规模、有批量的生产，以产品为对象，各工序互相配合衔接，组织生产线，形成无人操作的生产，从而最大限度地综合利用能源，减少能源消耗，提高生产率和劳动生产率。例如，大型双排渗碳自动线，其中渗碳连续式炉为双排料盘，生产率成倍提高。

（2）产品质量 产品质量通常指产品的合格程度，作为指标有成品率（废品率）、返修率及产品使用寿命。产品质量不是节能直接指标，但对节能有重大影响。若产品的使用寿命提高一倍，这不但可减少生产一个产品的能量消耗，而且会获得相关的巨大经济效益。例如，切削刀具涂覆TiN后，可显著提高使用寿命和切削速度。当切削速度加快一倍，就表明一台切削机床可以顶两台机床使用，其节能的效果就不仅限于切削刀具本身的节能了。提高产品质量与节能有很大的关系，但从节能角度讲，仍希望在保证质量的前提下，力求消耗最少的能源。

7.1.2　热处理节能的基本策略和途径

1. 处理时间最小化

在满足产品技术要求的前提下，可采用以下措施减少能耗：以局部热处理代替整体热处理；以表面加热替代透烧加热；简化热处理工艺流程，减少热处理工序；优化热处理工艺，以缩短加热时间。

2. 能源转化过程最短化

尽可能直接利用能源直接加热工件，以减少能源在转化为热能或热能在加热工件过程中的能量损失。

主要措施：直接加热替代间接加热，直接加热装置替代间接加热炉，如采用感应加热、等离子加热、接触电阻加热、火焰加热等；高能束热处理替代一般热处理，如采用激光、电子束、离子束、电火花、太阳能等进行热处理。

3. 能源利用效率最佳化

要求热处理时能源利用达到最高效率，热损失减到最低。

主要措施：采用高热效率的热处理炉；采用优良的燃料燃烧装置，使燃料充分燃烧；采用先进的控制装置和方法，合理控制燃料燃烧及空气/燃料值，控制供电，控制工艺过程及工艺参数；减轻炉内耐热金属构件及工装夹具的重量；采用耐火纤维或轻质砖炉衬，减少炉子散热和蓄热损失。

4. 余热利用最大化

在生产过程中尽可能利用废气余热、工件余热及上工序的余热。

主要措施：采用高效率的换热器，回收废气余热预热燃用空气及工件等；利用锻造、铸造的余热进行热处理；热处理生产线中各设备间热能要综合利用。

5. 热处理节能的基本途径

（1）提高热处理生产的能源管理水平

1）合理地组织与调度车间生产，力求集中连续地生产。

2）加强热处理生产过程的工艺技术管理和生产技术管理。

3）在保证零件热处理质量的前提下，对所应完成的热处理任务进行全面的经济分析，核算生产成本，制订合理的热处理能源利用指标。

4）建立能源管理制度，包括记录和分析报告制度及奖惩制度。

（2）推广高效、节能的热处理工艺

1）采用形变热处理工艺，将压力加工（锻、轧等）和热处理工艺有效地结合起来，可同时发挥形变强化与热处理强化的作用，以获得单一的强化方法所不能得到的综合力学性能。

2）充分利用锻造余热进行热处理，如锻热淬火等。

3）采用表面或局部热处理代替整体热处理。

4）对一些简单零件，采用自回火代替炉中加热回火。

5）采用复合热处理，在一次热处理加热过程中实现两种或两种以上的热处理。

6）对碳的质量分数为0.5%的钢激光淬火，代替局部渗碳淬火。

7）提高渗碳温度，采用真空化学热处理及各种催渗方法加速化学热处理过程。

8）采用离子轰击进行物理气相沉积，以提高工件质量，并可取得节能效果。

9）缩短加热保温时间。

10）降低加热温度。对亚共析钢，在 $Ac_1 \sim Ac_3$ 温度范围内两相区进行加热淬火。

（3）采用高效节能热处理设备

1）用高效节能的晶体管高频、超音频感应加热设备代替真空电子管高频、超音频感应加热设备，提高设备效率。

2）对要求局部热处理的零件，采用超音频、高频感应加热设备，代替盐浴加热炉加热。

3）合理选择炉型，连续式炉比周期式炉好，圆形炉膛比方形炉膛好。

4）尽可能采用蓄热少、绝热性好的轻质耐火炉衬，如用耐火纤维对炉衬进行节能改造等，采用密封炉体结构，防止漏出热气和吸入冷空气，减少热损失，提高热效率。

5）在炉衬上涂覆红外辐射涂料。

6）采用远红外加热炉进行热处理，可缩短升温时间，并且无环境污染。

7）加强设备的管理和维护工作，保证持续高效运转。

7.1.3　热处理工艺与节能

1. 热处理工艺的能耗等级

热处理能耗限值：在标准规定的测试条件下，各种热处理工艺在额定工况下所允许的能耗最高值。

热处理可比用能单耗：根据不同的热处理产品，按相关规定将生产的合格产品折算成可比标准产品（折合质量），计算得出实际生产耗能量与产品折合质量的比值，称为可比用能单耗，其单位为kW · h/kg。

按可比用能单耗，不同热处理工艺能耗等级按

表7-3分为三等，各种工艺热处理能耗限值应不高于能耗等级“三等”的规定。

表7-3 热处理工艺能耗分等

热处理工艺	可比用能单耗/(kW·h/t)		
	一等	二等	三等
淬火	≤220	≤250	≤280
正火	≤240	≤275	≤310
退火	≤240	≤275	≤310
球化退火	≤285	≤325	≤365
去应力退火	≤130	≤150	≤170
不锈钢固溶热处理	≤395	≤450	≤505
铝合金固溶热处理	≤130	≤150	≤170
高温回火(>500℃)	≤130	≤150	≤170
中温回火(250~500℃)	≤110	≤125	≤140
低温回火(<250℃)	≤90	≤100	≤110
时效(固溶热处理后)	≤90	≤100	≤110
气体渗碳淬火(渗层深度为0.8mm)	≤350	≤400	≤450
气体渗碳淬火(渗层深度为1.2mm)	≤440	≤500	≤560
气体渗碳淬火(渗层深度为1.6mm)	≤615	≤700	≤785
气体渗碳(渗层深度为2.0mm)	≤835	≤950	≤1065
真空渗碳(渗层深度为1.5mm)	≤440	≤500	≤560
气体碳氮共渗(渗层深度为0.6mm)	≤310	≤350	≤390
气体氮碳共渗	≤130	≤150	≤170
气体渗氮(渗层深度为0.3mm)	≤395	≤450	≤505
离子渗氮	≤330	≤375	≤420
感应淬火	≤110	≤125	≤140

2. 热处理工艺能耗的测试方法

测试应在正常热处理生产运行工况下进行，监测测试时间为一个生产周期。

(1) 可比用能单耗的测试 实际生产用能量：在一个生产周期内供给热处理设备本体加热元件的电能和直接用于该电炉的附加装置的耗电量合计为实际消耗能量 W(kW·h)。

产品的实际质量：一个生产周期热处理的各种合格产品（工件）的实际质量 m_i(kg)，其中 $i=1,2,3,\cdots,n$，为产品（工件）品种。

测试周期的折合质量 m_z 按式（7-1）计算：

$$m_z = \sum_{i=1}^{n} m_i K_1 K_2 K_3 \tag{7-1}$$

式中 K_1——产品（工件）工艺材质系数，按表7-4确定；

K_2——热处理工艺加热方式系数，按表7-5确定；

K_3——热处理工艺装载系数，按表7-6确定。

表7-4 产品（工件）工艺材质系数 K_1

工件材质	低中碳钢或低中碳合金结构钢	合金结构钢	高合金钢	高速工具钢
合金元素总含量(质量分数,%)	≤5	5~10	≥10	—
K_1	1.0	1.2	1.6	3.0

表7-5 热处理工艺加热方式系数 K_2

加热方式		空气炉	气氛炉	真空淬火炉
系数	周期炉	1	1.2	1.5
	连续炉	0.9	1.08	1.35

表7-6 热处理工艺装载系数 K_3

净装炉量	30%额定装载量	45%额定装载量	60%额定装载量	75%额定装载量
系数	1.6(1.8)	1.4(1.6)	1.2(1.4)	1.0(1.2)

注：感应淬火按 $K_3=1$ 计。

(2) 产品可比用能单耗的计算　测试周期内合格产品的可比用能单耗 b_k 按公式 (7-2) 计算：

$$b_k = W/m_z \tag{7-2}$$

式中　b_k——热处理可比用能单耗 (kW · h/kg)；

W——实际消耗能量 (kW · h)；

m_z——折合质量。

7.1.4　热处理设备节能

热处理设备分为主要设备和辅助设备两大类。主要设备用于完成热处理的加热和冷却工序，也是消耗能源最大的设备；辅助设备则用于完成各种辅助工序、生产操作、动力供应、安全生产等各项任务。对于热处理用炉，其节能的基本要求是有较高的热效率、均匀的温度场、较高的炉膛面积和体积的有效利用率、较小的炉衬蓄热损失、较快的升温速度。

热处理设备的能源消耗主要从热处理炉可比用能单耗、炉体的表面温升、空炉升温时间、空炉损耗功率比、单位产品能耗等几方面来评价考核。

(1) 可比用能单耗　评价热处理设备能耗高低的其中一项重要指标就是热处理炉的可比用能单耗。热处理炉按可比用能单耗分为一等、二等、三等，可比用能单耗达不到三等的属等外。热处理炉应配备能耗计量仪表 (如电度表等)，满足能耗测量要求。

1) 电炉可比用能单耗是以统计期内每吨合格热处理件折合质量计算的平均单耗，按公式 (7-3) 计算：

$$b_k = \frac{W}{G_z} \tag{7-3}$$

式中　b_k——统计期内某炉 (机组) 可比用能单耗 (kW · h/t)；

W——统计期内该炉 (机组) 总耗能量 (kW · h)；

G_z——统计期内该炉 (机组) 合格热处理件总折合质量 (t)。

说明：

① 统计期内单台热处理炉总耗能量包括炉子升温、工件加热、保温、待料及炉子本体辅助设备耗电。

② 统计期内热处理机组总耗能量，除包括组成该机组的各台热处理炉耗能，还应包括机组上的清洗、干燥、淬火槽、传动装置等耗能。

③ 供热处理炉或机组用的保护气体发生装置耗能不计入在总耗能内。

2) 燃料炉可比用能单耗按式 (7-4) 计算：

$$b_{k2} = \frac{Q_{DW}^{Y} B\alpha}{29308 G_z} \tag{7-4}$$

式中　b_{k2}——统计期内某炉可比用能单耗 (kg 标煤/t)；

Q_{DW}^{Y}——燃料低位发热值 (kJ/Nm^3)；

B——统计期内该炉燃料总耗量 (Nm^3)；

α——燃料系数见表 7-7。

G_z——统计期内该炉合格热处理件总折合质量 (t)。

表 7-7　燃料系数

燃料名称	燃料低位发热值 $Q_{DW}^{Y}/(kJ/Nm^3)$	α
燃料油	40193～46055 ($9600～11000kcal/Nm^3$)	1.00
发生炉煤气	5234～5652 ($1250～1350kcal/Nm^3$)	0.95
发生炉煤气	586～9211 (1400～2200kcal/标 m^3)	1.00
城市煤气 焦炉煤气	14654～17585 ($3500～4200kcal/Nm^3$)	1.14
天然气	34541～41868 ($8250～10000kcal/Nm^3$)	1.10

3) 热处理件折合重量的计算。经工艺系数、工件品种系数、设备类型系数修正后的合格热处理件质量称为折合质量。热处理件加热所用的料筐、料盘或夹具等不计入折合质量。

统计期内各种工件折合质量之和称为总折合质量，按公式 (7-5) 计算：

$$G_z = \sum (G_i K_1 K_2 K_3 K_4 K_5 K_6 K_7 K_8 K_9 K_{10} K_{11} K_{12}) \tag{7-5}$$

式中　G_z——总折合质量 (t)；

G_i——某种合格热处理件实际质量 (t)；

K_1——折算工艺系数；

K_2——加热方式系数；

K_3——生产方式系数；

K_4——工件尺寸系数；

K_5——装填系数；

K_6——品种系数；

K_7——设备系数；

K_8——渗层系数；

K_9——单重系数；

K_{10}——车间类别系数；

K_{11}——工件回火温度系数；

K_{12}——辅助工序修正系数。

（2）炉体的表面温升　表面温升指电阻炉在最高温度下的热稳定状态时，炉体外表面指定范围内任意点的温度与环境温度的差。在额定温度下工作的热处理炉炉体表面温升要求见表 7-8。

表 7-8　在额定温度下工作的热处理炉炉体表面温升要求

炉型		额定温度/℃	表面温升/℃					
			炉壳			炉门或炉盖		
			一等	二等	三等	一等	二等	三等
间歇式电阻炉（箱式炉、井式炉、台车炉、密封箱式多用炉、底装料立式多用炉、罩式炉、电热浴炉等）		350	33	36	40	35	40	50
		650	35	40	50	40	45	50
		950	40	45	50	55	60	65
		1200	50	60	70	60	70	80
		1350	60	70	80	70	80	90
		1500	70	80	90	80	90	100
连续式炉（网带式、链带式、推送式、辊底式等）		650	40	45	50	50	55	60
		950	45	50	55	60	65	70
真空电阻炉	内热式	≤1350	25	30	35	25	30	35
	外热式	≤1000	40	45	50	40	50	60

注：额定温度超出表列温度范围的电阻炉，应在其能耗分等标准中另行规定。

热处理炉表面温升的测量方法：

1）受热或受电磁场影响的构件表面温度用热电偶或可给出可靠读数的其他温度测量装置测量。它们的传感器应与被测表面接触良好。当需要自动记录表面温度时，推荐用铂电阻温度计和相应的温度记录仪。

2）在电阻炉最高工作温度下的热稳定状态时，用表面温度计或其他能给出可靠读数的测温装置先测出电阻炉的表面温度，然后减去测量时的环境温度即得到表面温升。

3）测量点的位置应在炉门（或炉盖）、炉壳（炉顶、炉侧、炉后），操作手柄（或手轮）等外表面任意点上，但距炉门口和炉盖口附近、加热元件和热电偶引出孔的边缘、炉衬穿透紧固件中心 75mm 的范围内除外，距非金属加热元件引出孔和观察窗边缘 90mm 的范围内也除外。

（3）空炉升温时间　空炉升温时间通常指在额定电压下，把一台经过充分干燥的没有装炉料的电阻炉，从冷态合闸加热到试验温度所需的时间。对多控温区的电阻炉，指所有控温区都达到试验温度的时间；对于配备调压器或变压器等的电阻炉，指按企业产品标准中规定的升温程序进行升温所需的时间。热处理炉空炉升温时间要求见表 7-9。

表 7-9　热处理炉空炉升温时间要求

炉型	额定温度/℃	有效加热容积/m^3	升温时间/h
箱式炉	950	≤0.2	≤0.5
		>0.2~1.0	≤1.0
		>1.0~2.5	≤1.5
	1200	≤0.2	≤1.5
		>0.2~1.0	≤2.0
		>1.0~2.5	≤2.5
台车炉	950	≤0.75	≤1.2
		>0.75~1.50	≤1.5
		>1.50~3.00	≤2.0
井式炉	750	≤0.3	≤0.5
		>0.3~1.0	≤1.0
		>1.0~2.5	≤1.5
	950	≤0.2	≤1.0
		>0.2~1.0	≤1.0
		>1.0~2.5	≤2.0
底装料立式多用炉	950	≤0.2	≤1.0
		>0.2~1.0	≤2.0
		>1.0~2.5	≤2.5

（4）空炉损耗功率比　空炉损耗功率是没有装炉料的电阻炉，即炉体部分在最高工作温度下的热稳定状态时所损失的功率。

空炉损耗功率比（R）是空炉损耗功率（P_0）与额定功率（P_c）的百分比，即 $R=P_0/P_c\times100\%$。

热处理炉空炉损耗功率比要求见表 7-10。

表 7-10　热处理炉空炉损耗功率比要求

小类名称	系列名称	额定功率/kW	额定温度/℃	空炉损耗功率比(%)		
				一等	二等	三等
间歇式电阻炉	箱式炉	≤75	950	≤20	≤23	≤26
		>75	950	≤18	≤22	≤25
	井式炉	≤75	950	≤19	≤23	≤26
		>75	950	≤18	≤22	≤25
	台车炉	≥65	950	≤20	≤25	≤30
	密封箱式多用炉	≥75	950	≤18	≤24	≤30
	罩式炉	≥90	950	≤20	≤22	≤25
	电热浴炉	≥30	950	≤33	≤36	≤40
连续式电阻炉	网带式、链带式、推送式、辊底式等连续式炉	≥60	950	≤30	≤34	≤38
真空电阻炉	真空淬火炉、真空回火炉、真空热处理和钎焊炉、真空烧结炉、真空渗碳炉、真空退火炉	≥40	950	≤23	≤26	≤30

注：1. 当额定温度低于 800℃时，空炉损耗功率比乘以系数 0.9；当额定温度高于 1050℃时，空炉损耗功率比乘以系数 1.15。

2. 对特大型或有特殊要求的电阻炉，由供需双方自行商定。

（5）单位产品能耗　除表 7-1 所列炉型，其他加热设备（如真空热处理炉、感应加热设备等）的能源消耗用单位产品能耗来考核，电热设备单位产品能耗一般用综合工艺电耗基准值来考核，燃料加热设备单位产品能耗一般用综合工艺燃料消耗基准值来考核。电热设备实际单位产品能耗应小于等于综合工艺电耗基准值，燃料加热设备实际单位产品能耗应小于等于综合工艺燃料消耗基准值。电热设备综合工艺电耗基准值计算方法可参考 GB/T 17358—2009《热处理生产电耗计算和测定方法》，燃料加热设备综合工艺燃料消耗基准值可参考 GB/T 19944—2015《热处理生产燃料消耗计算和测定方法》。

1）电热设备综合工艺电耗基准值按 GB/T 17358—2009《热处理生产电耗计算和测定方法》计算。

对包含有多种热处理工艺的热处理车间，其综合工艺电耗按式（7-6）计算：

$$N_z = N_1 T_1 + N_2 T_2 + N_3 T_3 + \cdots + N_n T_n \tag{7-6}$$

式中　N_z——热处理综合工艺电耗（kW·h/kg）；

N_1，N_2，N_3，…，N_n——各种热处理工艺电耗（kW·h/kg）；

T_1，T_2，T_3，…，T_n——各种热处理工艺处理的合格热处理件质量占总合格热处理件质量的百分比。

2）燃料加热设备综合工艺燃料消耗基准值按 GB/T 19944—2015《热处理生产燃料消耗计算和测定方法》计算。

对包含有多种热处理工艺的热处理车间，其热处理综合工艺燃料消耗按式（7-7）计算：

$$R_z = R_1 T_1 + R_2 T_2 + R_3 T_3 + \cdots + R_n T_n \tag{7-7}$$

式中　R_z——热处理综合工艺燃料消耗定额（kJ/kg）；

R_1，R_2，R_3，…，R_n——各种热处理工艺燃料消耗（kJ/kg）；

T_1，T_2，T_3，…，T_n——各种热处理工艺的合格热处理件质量占总合格热处理件质量的百分比。

7.1.5　热处理的余热利用

余热利用作为热处理节能的重要手段，越来越得到广泛的重视。由于热处理炉等设备在生产过程中会排出大量的热能，而余热利用正是将这部分能量进行再利用的重要节能程序，有很高的经济价值。

1. 采用烟气预热助燃空气

烟气带走的热量占热处理炉总供热量的 30%～50%。回收从炉内排出的烟气热量，并加以充分利用，是降低炉子能耗，提高炉子热效率的重要措施。

在炉子上回收烟气余热最有效和应用最广的是换热器。目前推广应用的高效换热器有喷流辐射换热器、波纹管插入式管式换热器、网吸面辐射换热器、传输对流换热器等，它们具有综合传热系数高的特点。一般情况下，预热风温每提高 100℃，可节约燃料 5%。实践证明，预热温度在 350℃以上最合理。但是，由于热处理工艺的独特性，周期间歇式操作较多，当预热风温达最高时，炉子马上转入保温、降温阶段，换热器真正的效益体现并不十分充分，而且随着热处理炉自动控制技术的发展，自动控制和调节阀的采用，气体介质的温度也会受到限制，也就限制了预热风温的提高。因此，需要合理选择性价比较高的换热器才能达到应有的效果。图 7-2 所示为各类燃烧器和换热器在不同烟气温度下的热能利用率。

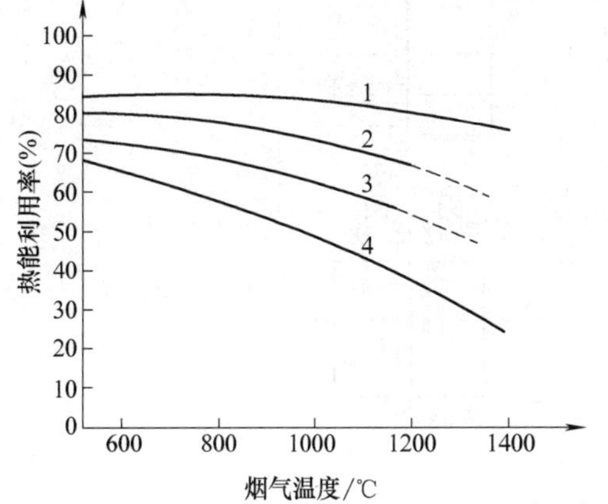

图 7-2　各类燃烧器和换热器在不同烟气温度下的热能利用率

1—蓄热式燃烧器　2—优化换热器

3——般换热器　4—冷风燃烧器

目前用得较多的换热器有：

（1）辐射换热器　以辐射传热为主，用于排出的烟气温度>800℃的炉子。

（2）喷流换热器　以对流传热为主，主要用于中温炉，是将被预热介质高速喷吹到换热器换热管壁上，因而提高了传热系数，换热效率高，但动力损失大。

（3）板式换热器　以对流传热为主，主要用于中温炉。其结构是将耐热钢板冲压成形，两块钢板焊接成一个换热单元，由多个换热单元组成换热器。具有单位体积小、换热面大、动力损失小等优点。

（4）管式换热器　以对流换热为主，适用于烟气温度<1000℃。管子材质根据不同烟气温度可选用耐热钢、不锈钢、渗铝钢管和普通钢管。

（5）热管换热器　它是回收低温烟气余热的有效装置。这是新型的工业炉炉尾废气利用装置，可替代空气换热器，将传统的换热介质——空气改变为水，产生的水蒸气可供生产使用，从而既满足了生产的需要，又节约能源，减少环境污染，创造了经济效益。

图 7-3 所示为空气预热温度与燃料节省率的关系。

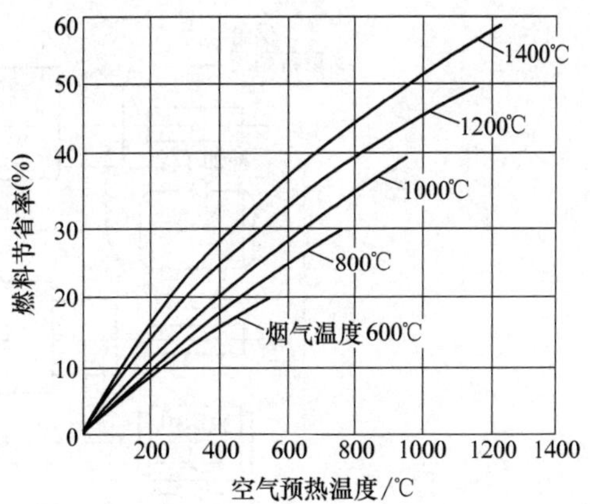

图 7-3　空气预热温度与燃料节省率的关系

2. 铸造、热轧、锻造等工序与热处理有机结合

将锻造、热轧、铸造及热处理工序有机地结合在一起，用其余热进行处理，这不但可减免重复加热、提高设备利用率、缩短生产周期，还可节能、降低成本，提高工件的综合性能及质量，更为明显的是减少污染，有利于环境保护。例如，某拖拉机零件，原锻造后使其自然冷却，再采用重新加热+保温+介质冷却的淬火处理，其平均电耗为 1.25kW · h/件，而现锻造后利用其余热进行淬火处理，可免去再加热工序，按 20 万件/年计算，可节电 2.5 万 kW · h/年；更可喜的是因避免重新加热带来的重复污染，取得了明显的经济和社会效益。

3. 生产线热能综合利用

图 7-4 所示为渗碳生产线能源综合利用的系统。渗碳炉排出的废气，输入燃烧脱脂炉作为其热源，脱脂炉由加热室和油烟燃烧室组成，其能源的综合利用如图 7-5 所示。带油脂的工件在加热室内被加热至 500℃，使油脂蒸发汽化，汽化的油烟被引入油烟燃烧室，在 800℃以上温度下完全燃烧。燃烧气体的潜热通过散热板传入加热室，排出的废气又通过换热器预热燃烧用的空气。脱脂后废气还可输入回火炉，作其部分热源。脱脂后的工件被加热到 500℃，此工件上的热量又被带入渗碳炉内。

放热式可控气氛发生装置通常在热处理炉外另行设立，在发生装置内所产生的热量被炉壳的冷却水带走。为利用这部分热量，有一种设计在金属管内产生放热式气体的装置，这些金属管被安装在连续热处理炉的加热区段。当放热式气体在金属管内反应产生热量时，就通过金属管壁向炉内辐射，加热工件。此热量的利用，使该连续式热处理炉节能 40%～50%。

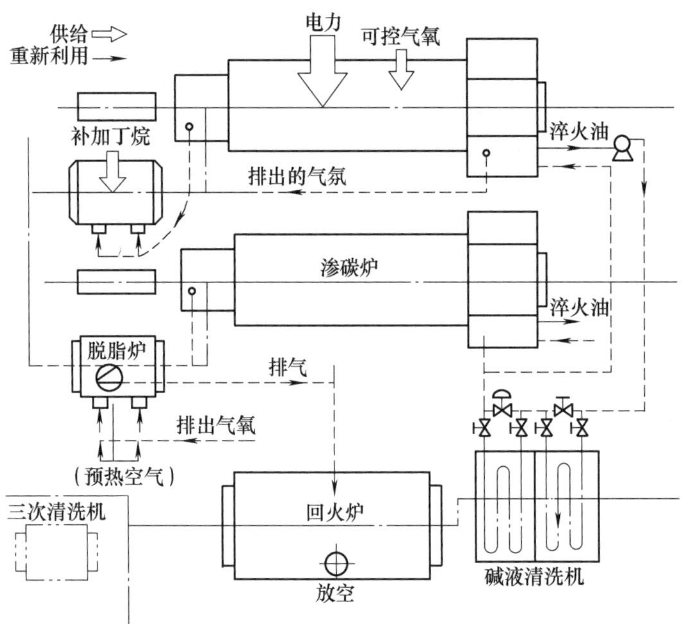

图 7-4　渗碳生产线能源综合利用的系统

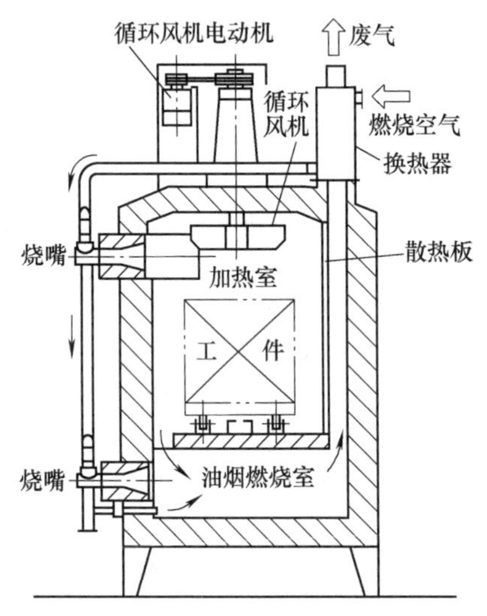

图 7-5　燃烧脱脂炉能源综合利用

4. 废气通过预热带预热工件

废气预热工件最简便和有效的办法是延长连续式炉预热带。预热带节能效果（燃料节约率）与预热带长度和燃烧带长度之比有关，如图 7-6 所示。

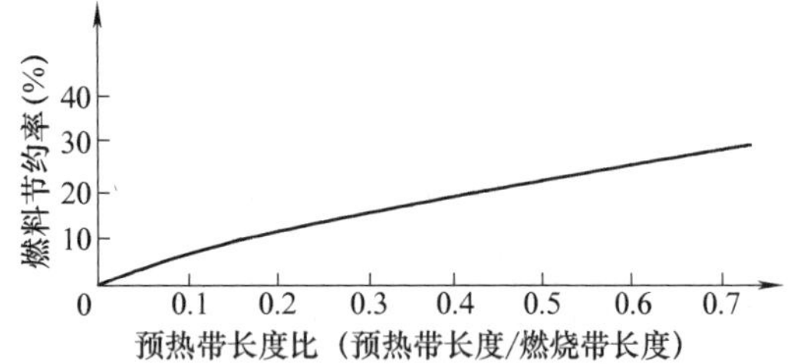

图 7-6　设有预热带的悬链式退火炉的燃料节约率

7.1.6　热处理工辅具的节能

1. 工辅具能耗的产生

工装夹具、料筐、料盘随炉升温要吸收能源，产生不必要的消耗。另外，工辅具自身经过烧损报废，又产生出消耗。因此，在保证工艺正常进行的前提下，应尽量减少它们的使用。工辅具的能耗主要有以下几方面：

（1）材料选择不当　工装夹具及构件随炉升温的热损失量随构件重量的加重而增加。我国许多工装夹具及构件常为了降低材料费而选用较低档次的材料，用增大其结构尺寸质量的办法来弥补其强度的不足，结果造成能源的巨大浪费。例如，JW-35A 井式气体渗碳炉，炉内耐热构件由 CrMnN 钢砂型铸造，全部耐热构件的重量达 481.1kg，而该炉工件最大装炉量≤100kg，构件的质量为工件的 4.8 倍，即其加热能耗为工件加热能耗的 4.8 倍。工装夹具（如料盘等）与工件一起经受加热和冷却，并在炉气氛作用下经受压缩和拉伸载荷。当材料选用不当，设计不合理，制造质量差时，料盘极易损坏，从而带来能源的周期性消耗。

（2）操作不当　在生产中，常因工装夹具变形后仍强行使用，导致在强力拖动下把炉内构件拖坏，甚至损坏炉子，造成停炉和炉子大修的经济损失。

2. 减少工辅具能耗的措施

（1）根据服役条件选用材料　在生产中，制造厂商或使用者常简单地依据钢铁样本标明的许用温度选用材料。以925~1010℃温度范围为例，我国许多产品样本标明ZG30Cr24Ni7SiNRE、ZG40Cr25Ni20Si2钢可满足此温度范围要求，因前者比后者便宜，故此常选前者。ZG30Cr24Ni7SiNRE是因加入N而减少Ni含量的，但一些小冶炼厂并不具备加N的技术，而炼成为ZG30Cr24Ni7SiNRE钢，或者用废不锈钢再添加铬合金炼成，是不合格的耐热钢，选用时要慎重。

（2）合理的设计　设计内容包括选材、形状和尺寸设计等。合理的工辅具设计都应进行强度计算、能耗和成本及寿命的估计。例如，料盘必须有足够的强度和截面尺寸，以保证有较长的使用寿命：加大截面尺寸可延长使用寿命，但同时也带来加热时能源的浪费和成本的提高。因此，应将料盘的材料、结构尺寸、使用中热能消耗结合起来设计，把有足够的寿命和最小的质量一起衡量。

我国常用的料盘和构件的厚度一般为16~20mm，而进口的料盘和构件多采用较优质的材料，厚度一般仅8~12mm，并且有较好的节能经济效果。

为了节能，炉用构件还应考虑其热交换的效果，如马弗罐，通常应做成带波纹的，以增加其辐射面积，也有助于消除热胀冷缩所造成的应力，防止马弗罐的变形和开裂。马弗罐的壁厚也应适当，因为热能是靠马弗罐传递热量到马弗罐内壁而加热工件的，这必然造成马弗罐内外壁的温度降，这种温度降与马弗罐的厚度成正比。因此，对马弗罐的材料、壁厚和成本必须结合起来设计。

辐射管与马弗罐相似，为提高其传热效率，要求具有较薄的壁厚并经加工后使用。辐射管加工成光滑的表面，有利于避免集中腐蚀点或加速腐蚀；光洁、光滑的内表面可防止炭黑沉积和应力集中。

（3）铸件和锻造合金焊接件对节能的影响　工装夹具和构件是采用铸件还是锻造合金焊接件对节能有很大影响。采用耐热钢板焊接炉罐可明显地减轻炉罐重量，缩短热处理工艺时间，提高热效率，节省电能。显然，在这种情况下，采用耐热合金焊接件是可取的，但这并不说明在任何条件下焊接件都比铸件好。在要求壁厚以提高强度、刚度或传递推送重型载荷时，或者在某些气氛下，形状复杂的构件焊缝会过早破坏，则不能使用焊接件。

铸造合金与同样成分的锻造合金相比，有较高的强度、较小的变形，更适用于要求高温强度和因蠕变或应力断裂而失效的工装夹具及构件，但多数工装夹具和构件是因热疲劳脆性断裂而失效的，这时锻件具有较高的耐热疲劳性，在温度波动的情况下寿命较长。铸造耐热合金和锻造耐热合金的镍、铬含量是相近的，但对锻造耐热合金的碳含量，标准规定$w(C) \leqslant 0.25\%$，许多规范定为$w(C) < 0.05\%$，使其具有良好的焊接性。铸造合金的碳含量则可较高，一般为$w(C) = 0.25\% \sim 0.50\%$。铸造合金的材料成本比锻造合金低，但铸造合金截面尺寸较大，受铸造技术限制，近来已不断地发展离心铸造和精密铸造使铸造截面尺寸明显地减小，也提高了铸件的质量。锻造合金的截面尺寸不受限制，也很少产生内部和外部缺陷。

7.1.7 生产管理节能

1. 生产管理节能的基本任务

通常认为，自然、劳动和资本是生产的三要素。自然主要指能源和原材料；劳动即是人从事生产经营活动；资本指投入生产的资金和资金转化的各种机器设备。一切生产活动都在于处理这三者之间的关系。

从节能的角度讲，一个合理的生产活动，应选用能耗最低的工艺和设备，以替代能耗高的设备和劳动量大的操作；组织操作者最有效地利用设备；使能源和原材料得到最充分的利用，获得性能优良的产品，这是生产管理最基本的原则。

生产管理方面的节能在于：

1）避免违反工艺及设备操作规程的操作，以减少产品废品率和次品率。

2）提高设备利用率、运行效率和热效率。

3）杜绝或减少产品生产工艺所需的能源以外的能源消耗，减少非工艺操作和非工艺操作时间的能源浪费，如停炉期间的能源浪费等。

4）分析在产品生产中能源和原材料利用状况，提出节能的技术决策。

5）统计和考核生产产品的能耗，对比国家、同行业或企业能耗指标，采取技术和行政措施，达到先进指标。

2. 生产管理节能的基本措施

（1）建立节能的管理体制　在保证零件热处理质量的前提下，对所应完成的热处理任务进行全面的经济分析，核算生产成本，从产品、工艺操作、设备及各生产岗位等方面，制订合理的热处理能源利用指标。

（2）统计能源使用情况

1）每天记录各设备能源使用量。

2）计算各种产品、工艺、设备的单位能耗。

3）统计工艺操作时间和非操作时间的能耗。

（3）生产调度

1）尽量使热处理炉连续开炉或定期满载开炉，提高设备利用率，减少停炉时的能源浪费。表7-11列出了提高设备负荷的节电效果。

表7-11　提高设备负荷的节电效果

设备负荷率(%)	节电效果	
	全年节约用电/亿kW·h	节电比例(%)
23	0	0
30	5.6	23.4
40	10.2	42.6
50	12.9	54.0
80	17.0	71.0

2）合理选择炉型，合理调剂工厂产品进度，同温度回火的产品可统一协调进行。

3）确定最佳装炉量，过少的装载会使设备负荷率降低，造成能源的浪费；过多的装载会引起设备能耗的增加，因此需要选择最佳装炉量。通常，最佳装炉量为最大装炉量的60%~75%。

4）协调工序间的生产，及时把工件转移到下道工序，尽量做到工件余热利用。

5）开展生产协作，当产品热处理量不足于独立开炉时，应委托热处理专业厂生产。

（4）设备维护和保养

1）定期维修各种热处理炉，炉衬破损，炉门、炉盖密封损坏等，都会增大热损失。

2）定期清扫燃烧器，保持其良好的雾化状态和燃烧状态。

3）定期进行电路维护，防止外电路接触不良、电缆过细等造成能耗，甚至发生事故。

4）定期进行管路维护，防止管路阀门等泄露，造成浪费。

5）定期进行计量仪表及控制元件维护，定期检查热电偶、氧探头等传感元件、热工仪表及电磁阀等各种控制执行元件的动作准确性和误差，避免检测失误，导致返工或报废造成的能耗。

6）定期进行台车、行车装置的维护，减少进出炉不便造成的能耗。

（5）设置检测、记录和控制装置

1）对各种设备的能源进行定量管理，设置电力、燃料、水、蒸汽、气等计量装置。

2）对燃烧过剩空气量进行监测，配备氧量计或二氧化碳浓度计，自动检测和调节空气燃料比值。

3）实现计算机随机检测、显示和控制。

（6）节能分析

1）定期对各设备、产品施工和生产车间进行热平衡分析，找出能源浪费的根源。

2）进行热处理生产成本的计算。

3）分析产品单耗。

（7）提出节能决策　根据节能分析，提出全面的节能治理决策，包括长期和短期计划、目标和具体措施。提出节能的技术方案，应注意所提技术方案的技术先进性、实用性和经济性。

7.2　热处理环境保护

7.2.1　热处理生产的环境污染与危害

环境污染是全人类都关心的话题，只有保护环境才能实现可持续发展。随着环境污染的日趋严重，我国已从法律上进行了规范化，实行“一票否决制”，生产中环保不达标，实行限期改造、甚至停产或搬迁。因此，在热处理生产中充分了解环境污染产生的原因，认识其危害，寻找更好的保护措施十分必要。

热处理生产中产生的有害因素有两大类，既有化学性有害因素，又有物理性有害因素。对其系统而全面的认识、了解，并采取有效措施进行控制，对防止污染、保护环境、节约能源具有很大的现实意义。

1. 热处理污染物的分类和来源

热处理对环境的污染分为化学性污染和物理性污染，主要来源见表7-12。

2. 化学性有害因素对环境的影响

热处理作业环境中存在有毒物质、毒气和粉尘等化学性有害物质，如硝酸、氯化钠和氯化钡，以及其他金属盐；在工作中会蒸发各种有害气体，如工件的化学清洗及表面化学热处理使用的乙醇、煤油、汽油、丙酮等；在燃料燃烧时会排出烟气、粉尘等；在进行喷砂时，会产生大量的二氧化硅粉尘等。这些化学性有害因素，不仅会对环境造成污染，而且是不安全因素的根源。

（1）气态污染物　气态污染物种类繁多，主要有硫氧化合物（如SO_2）、氮氧化合物（如NO_x）、氧化物（如CO）、碳氢化合物（如HCN）及卤化物（如氯化氢）等。

1）一氧化碳（CO）在常温下为无色、无臭、无刺激的有毒气体，它来源于燃料不完全燃烧产物、渗碳气氛及可控气氛的排出和泄漏。CO吸入人体后，轻者出现眩晕、心悸等症状，重者昏迷、窒息。当发现有中毒现象时，应及时把中毒者送到空气流通的地方进行人工呼吸或送医院抢救。

表 7-12 热处理环境污染的主要来源（摘自 GB/T 30822—2014）

类别	污染物		主要来源
化学性污染	废气	一氧化碳	燃料或气氛燃烧、气体渗碳及碳氮共渗等
		二氧化硫	燃料或气氛燃烧、渗硫及硫碳氮共渗
		氮氧化物	燃料或气氛燃烧、硝盐浴、碱性发黑
		氰化氢及碱金属氰化	液体渗碳、气体和液体碳氮共渗及氮碳共渗
		氨	渗氮、氮碳共渗、硫氮碳共渗等
		氯及氯化物、氟化物	高温及中温盐浴、渗硅、渗硼及渗金属、物理及化学气相沉积、酸洗、热浸镀锌及热浸镀铝助镀剂等
		烷烃、苯、二甲苯、甲醇、乙醇、异丙醇、丙酮、三乙醇胺、苯胺、甲酰胺、三氯乙烯等有机挥发性气体	气体渗碳及碳氮共渗剂、保护气氛加热、有机清洗剂等
		油烟	淬火油、回火油、零件加热
		盐酸、硝酸、硫酸蒸汽	酸洗
		苛性碱及亚硝酸盐蒸汽	氧化槽、硝盐浴、碱性脱脂槽
		粉(烟)尘	燃料炉、各种固体粉末法化学热处理、热浸镀锌及热浸镀铝、喷砂和喷丸
	废水	氰化物	液体渗碳、碳氮共渗及硫氮碳共渗等
		硫及其化合物	渗硫及硫氮等多元共渗
		氟的无机化合物	固体渗硼及渗金属
		锌及其化合物	热浸镀锌及渗锌
		铅及其化合物	热浸镀锌、防渗碳涂料
		钒、铬、锰及其化合物	渗钒、渗铬、渗锰
		钡及其化合物	残盐清洗、淬火废液
		有机聚合物	有机淬火冷却介质
		残酸、残碱	酰洗、脱脂
		石油类	淬火油、脱脂清洗
	固体废物	氰盐渣	液体渗碳、碳氮共渗及硫氮碳共渗等盐浴
		钡盐渣	高温及中温盐浴
		硝盐渣	硝盐槽、氧化槽
		锌灰及锌渣	热浸镀锌
		酸泥	酸洗槽
		含氟废渣	固体渗硼剂、粉末渗金属剂
		混合稀土废渣	稀土多元共渗剂及稀土催渗剂
物理性污染	噪声		燃烧器、真空泵、压缩机、通风机、喷砂和喷丸
	电磁辐射		中频、高频、超音频感应加热设备

2）二氧化碳（CO_2）为无色、无味的无毒气体，但在高浓度 CO_2 的封闭室内也会导致人缺氧、窒息。CO_2 是燃料燃烧的产物，排放量最大的是煤的燃烧。CO_2 在大气层大量的积存，使得该气层对地表长波热辐射吸收能力加大，导致地表温度及气温升高，即出现温室效应。

3）二氧化硫（SO_2）是无色、有强烈刺激性的气体。燃料中的硫经燃烧后形成 SO_2，其中一部分可能进一步氧化生成 SO_3，后者的毒性比前者大 7 倍。SO_3 与大气中的水分相结合形成硫酸烟雾，SO_2 会使人的呼吸器官受损。

4）二氧化氮（NO_2）是有刺激性臭味的红棕色气体。一氧化氮和二氧化氮主要是燃料燃烧的产物，一氧化氮在空气中易氧化为二氧化氮。二氧化氮能溶于水而形成硝酸，对人的眼睛、鼻、呼吸道有侵蚀作用。

5）氨（NH_3）是一种无色有强烈刺激性臭味的气体，极易溶于水而成为氨水，呈碱性。大气中的氨对眼膜、鼻黏膜、口腔、上呼吸道有强烈刺激作用。氨主要来源于渗氮的废气和泄漏。若被氨强烈刺激眼、鼻等部位，要及时用水冲洗。

6）氰氢酸（HCN）是无色剧毒的液体，气态称氰化氢，有苦杏仁味。碳氮共渗时会产生 HCN，盐浴化学热处理渗剂中的氰化物会吸收空气中的水和二氧化碳分解生成 HCN。慢性中毒者呈现头晕、头痛、乏力等症状，重者危及性命。使用产生 HCN 的设备应密闭，排出的废气应高温裂解（最好在触媒作用下）燃烧掉。

7）氯化氢（HCl）是一种无色、有刺激性的气体，极易溶于水。酸洗液中的盐酸能挥发出氯化氢蒸气，它与空气中的水结合形成盐酸雾，危害人体的呼吸道、支气管和肺等部位。

8）氟化氢对人体的危害与氯化氢相似。另外，当氟与骨骼或体液中的钙相结合时会形成难溶的氟化钙，会导致软骨症，也会使牙齿钙化不全，牙釉质受损。渗硼剂会挥发出氟化氢气体。

9）甲醇（CH_3OH）蒸气是甲醇挥发物，略带乙醇气味，有毒。吸入高浓度的甲醇蒸气会呈眩晕、恶心、视力减退等症状，口服 15mL 可致双眼失明，20~400mL 导致死亡。甲醇与水互溶，所以当眼及皮肤有中毒现象时，可用大量水冲洗。甲醇是化学热处理常用剂。

10）苯蒸气是苯的挥发物，有特殊的芳香气味，有毒，难溶于水。苯蒸气被吸入或皮肤吸收会引起中毒，呈现眩晕、恶心、昏迷、甚至死亡等症状。苯有时在渗碳处理中应用。

（2）烟尘与粉尘

1）烟尘。烟尘是燃料燃烧过程中产生的，其粒径一般为 0.01~1μm，很轻，由热气流带起飞扬。燃煤的烟尘最为严重，有烟黑和粉尘，烟黑中的碳含量高达 96.2%（质量分数），是在加煤后炉内出现周期性低温缺氧燃烧工况下煤的挥发不完全燃烧的产物。煤产生的烟尘量平均为 20g/kg 煤，燃料油产生的烟尘量约为 0.1g/kg，脏煤气（未经除尘的煤气）本身含有烟尘。烟尘中大于 10μm 的颗粒很快落到地面，小于 10μm 的悬浮在大气中。烟尘妨碍植物光合作用，并伤害人的呼吸道和心血管。

2）粉尘。粉尘是悬浮在气体中的细小固体粒子，通常是在固体物料的破碎、研磨、装载、输送等机械过程及煤的燃烧过程产生的。热处理车间的粉尘有喷砂的粉尘、化学热处理的粉尘、粉煤的制备和燃烧的粉尘等。粉尘粒径一般为 1~200μm 的固体微粒，其中较大的在重力作用下易沉降，较小的则在空气中悬浮。粉尘对人体的危害随尺寸变小而增大。粒径<2μm 的粉尘能使肺伤害，造成硅肺，而粒径>5μm 的粉尘危险性较小。

（3）水源污染　水源污染的主要根源是工业废水。热处理车间的废液、废水若不加处理而直接排放会造成水源污染。热处理车间的废液有酸洗液、发蓝液、工件清洗液、淬火冷却介质等。在这些废液中含有酸、碱物质，有机液，油剂等。在废淬火冷却介质中，还带有从工件上脱落的金属氧化皮等有毒、有害物质。

（4）固体废物　污染环境的固体废物指有毒性、腐蚀性、易燃性和放射性的废物。热处理车间污染环境的废弃物主要有从盐浴炉内捞出的废渣和固态化学热处理的废渗剂。这些废渣含有氯化钡、亚硝酸盐，也可能有氯化盐等有毒和腐蚀性的物质。固体废物常未经处理而埋入地下，自身虽不易扩散，但经过若干年雨水的渗透，会在当地发生污染，影响当地水质、土壤、植被等。有毒物也可能因接触或误食而直接危及人身和动物的安全。因此，宜按废弃物的类别，采取有针对性的处理后再予以处置。

3. 物理性有害因素对环境的影响

（1）噪声污染　噪声是各种不同频率、不同强度的声音无规律的杂乱组合。工业噪声的种类很多，通常分为以下三类：

1）空气动力性噪声。这类噪声是由压力突变引起气体扰动而发生的尖叫声。在热处理车间有燃料燃烧喷嘴、压缩空气喷嘴、喷丸喷砂喷嘴、风机等发出的尖叫声。

2）机械噪声。这类噪声是固体振动产生的声音。在热处理车间有空气压缩机、传动机械、机床、振动时效装置等振动产生的噪声。

3）电磁噪声。这类噪声是由电磁场脉冲、磁场伸缩、引起电器部件振动的声音。在热处理车间有中频发电机、高频振荡器、变压器、控制柜中的继电器和交流接触器等的振动噪声。噪声会使人造成噪声性耳聋，引发人生理病变，如神经、心血管、视觉器官、消化及内分泌等系统的病变。若长时间接触持续时间长且达 90dB（A）以上的噪声，还会对人体生理造成更大危害。

（2）电磁场辐射、放射性辐射及热辐射　指某些物质或装备散发的电磁辐射和放射性辐射对人体造成危害的污染。在热处理生产和产品检测中产生这类辐射的有：

1）由高频交变电流而产生的射频辐射（一般认为，电流频率达 105Hz 以上的电磁场为射频电磁场）。

2）在金属材料检测设备运行中发射的 X 射线或 γ 射线。

3）在高能束热处理中，电子束、离子束的电压高达数万伏，一般当电压高至 15kV 时，就可能产生 X 射线。

4）热处理中各种加热体都产生辐射热射线。热射线因频率低，对人身不造成病变性伤害，主要是可能对皮肤造成灼伤。近来有提出热污染的观念，这种观点认为，能源燃烧发出的热量除被利用的有效热，大量无用热散发到大气中，造成地球温度的升高，是对大气的一种污染。长期受射频辐射会因电磁场作用发生热效应，导致生物体局部损伤，发生中枢神经系统机能障碍和自主神经紧张及失调症状，如头昏、疲劳、食欲不振等。X 射线、γ 射线的辐射会损伤肠道系统，呈现恶心呕吐、腹泻等，其严重性取决于照射量。在使用高频加热设备的车间中，高频电磁场对人体的危害也不可忽视。长期接触会对人体心血管和神经系统造成功能失调和紊乱。因此，隔噪、降噪、对高频辐射电源的场所施行金属网络的整体屏蔽，以及对高频变压器实行单元屏蔽等都是改善作业环境，提高热处理作业环境条件安全化的必要措施。

7.2.2　热处理的环境保护要求

GB/T 30822—2014《热处理环境保护技术要求》规定了热处理行业环境保护的污染物分类及污染物的控制与排放技术要求监督管理等，适用于从事热处理生产的车间和工厂，也适应于工业企业新建、改建和扩建热处理项目的环境影响评价、环境保护工程设计及生产过程的污染物防治和管理。

（1）总体要求　新建、改建、扩建和技术改造项目的热处理建设项目，应编制审查环境影响报告书（表）。环境影响报告书（表）的内容、格式和要求，应符合环境保护部门的有关规定。

（2）废气控制

1）热处理生产车间应设立废气收集、治理和有组织排放设备。排放设备应按照设计规范设计，其排气筒最低允许高度为 15m，并应高出邻近 200m 半径范围的建筑物 3m 以上。

2）企业大气污染物的时间加权平均容许排放限值（PC-TWA）：氨气 20mg/m^3、苯 6mg/m^3、二氧化氮 4.5mg/m^3、二氧化硫 5mg/m^3、一氧化碳 20mg/m^3、炭黑粉尘 4mg/m^3、石墨粉尘 4mg/m^3 等，其他容许排放浓度限值见 GB/T 27946—2011《热处理工作场所空气中有害物质的限值》中表 2、表 3 的规定。

3）生产过程中产生的油烟，应在车间安装油烟捕集器或油烟清洁器，将含油的气体经过净化处理或回收后再排出。

4）严格控制废气的无组织排放，对无法避免的无组织排放，其排放源周围大气中所承受的有害物质浓度应符合 GB 16297—1996、GB/T 27946—2011 及相关法律、法规的规定。

5）对无组织排放有毒有害气体的，凡有条件的，均应加装引风装置，进行收集、处理，改为有组织排放。新扩改项目需从严控制，一般情况下不应有无组织排放存在。

6）废气的监测取样点应设在无害化处理装置排出口处；未安装无害化处理装置的，取样点设在排放浓度最大排放口处。

（3）废水控制

1）企业含油废水应进行去（除）油处理，使油水分离达到污水净化，不允许用稀释的方法来达到规定的浓度标准。

2）热处理生产车间应设置污水收集装置和污水处理设施，并尽可能使处理后的污水循环再用。

3）当污水处理设备发生故障时，应及时修复。设备修复期间应采取临时措施，仍达不到排放标准则不得排放，应妥善贮存，待处理合格后方可排放。

4）废水的监测取样应符合 GB 8978—1996 的规定，并应注意生产工艺和排水量的变化，以使水样具有足够的代表性。

（4）固体废物的控制

1）热处理固体废物的收集、贮存、运输、利用和处置，应采取防扬散、防流失、防渗漏或其他防止污染环境的措施，不得擅自倾倒、堆放、丢弃、遗撒固体废物。

2）禁止向江河、湖泊、运河、渠道、水库及其最高水位线以下的滩地和岸坡等法律、法规规定禁止倾倒、堆放废弃物的地点倾倒、堆放固体废物。

3）危险废物应进行无害化处理。若暂没有条件的可专设具有防水淋、防扩散、防渗漏的贮存场所。对积存的危险废物，应统一送往当地环保部门指定的单位。

4）热处理一般固体废物应分类贮存，不得混入有害固体废物。热处理企业对于积存的一般固体废物，应按当地环保部门相关规定处置，或者交给有固体废物经营资格的单位集中处置。

（5）噪声控制　热处理车间各类生产装置发出的噪声对近邻区影响所波及的整个范围，噪声值以 1 类声环境功能区（居民住宅、医疗卫生、文化教育、科研设计、行政办公）为例，不得超过昼 55dB（A）、夜 45dB（A），其他类声环境功能区噪音限值见 GB 12348—2008《工业企业厂界环境噪声排放标准》的规定。

（6）电磁辐射控制

1）拥有功率超过 GB 8702—2014《电磁环境控制限值》规定的（如中频电源等效辐射功率大于300W，高频电源等效辐射功率大于100W）豁免水平的感应加热设备的企业或个人，应向所在地区的环境保护部门申报、登记，并接受监督。

2）新建或购置豁免水平以上的感应加热设备的企业或个人，应事先向环境保护部门提交环境影响报告书（表）。

（7）监督管理　热处理企业需建立和健全环境监测职能部门及管理制度，建立污染源档案，按规定定期对污染物进行监测。

7.3 热处理安全生产

7.3.1 热处理生产的危险因素和有害因素

1. 热处理生产常见的危险因素

热处理生产常见的危险因素有易燃物质、易爆物质、毒性物质、高压电、炽热物体及腐蚀性物质、制冷剂、坠落物体或迸出物、限制区域等，其来源和危害程度见表7-13。

2. 热处理生产常见的有害因素

热处理生产常见的有害因素有热辐射、电磁辐射、噪声、粉尘和有害气体等，其来源和危害程度见表7-14。

表7-13　热处理生产常见有害因素的来源和危害程度

类别	来　源	危害程度
易燃物质	1)淬火和回火用油 2)有机清洗剂 3)渗剂、燃料和制备可控气氛的原料:煤油、甲醇、乙醇、乙酸乙酯、异丙醇、丙酮、天然气、丙烷、丁烷、液化石油气、发生炉煤气、氢等	1)油温失控超过燃点即自行燃烧,易酿成火灾 2)有机液体挥发物和气体燃料泄漏遇明火即燃烧
易爆物质	1)熔盐 2)固体渗碳剂粉尘 3)渗剂、燃料、可控气氛 4)火焰淬火用氧气和乙炔气 5)高压气瓶、储气罐	1)熔盐遇水即爆炸。硝盐浴温度超过600℃或与氰化物、碳粉、油脂接触即爆炸 2)燃气、碳粉在空气中的浓度达到一定极限值遇明火即爆炸 3)气瓶、储罐遇明火或环境温度过高易爆炸
毒性物质	1)液体碳氮共渗、氮碳共渗和气体氮碳共渗用的原料及排放物:氰化钠、氰化钾、氢氰酸、甲苯、二甲苯、甲酰胺、三乙醇胺 2)气体渗碳的排放物:一氧化碳 3)盐浴中的氯化钡、亚硝酸钠和钡盐渣	造成急慢性中毒或死亡
高压电	1)感应设备 2)一般工业用电	电击、电伤害甚至死亡
炽热物体及腐蚀性物质	1)加热炉 2)炽热工件、夹具和吊具 3)热油、熔盐 4)激光束 5)硫酸、盐酸、硝酸、氢氧化钠、氢氧化钾	1)热工件、热油、熔盐和强酸、强碱使皮肤烧伤 2)激光束使皮肤及视网膜烧伤
制冷剂	氟利昂、干冰乙醇混合物、液氮	造成局部冻伤
坠落物体或迸出物	1)工件装运、起吊 2)工件矫直崩裂 3)工件淬裂	造成砸伤或死亡
限制区域	1)封闭炉膛 2)炉坑 3)储油罐 4)油槽	缺氧、窒息、中毒或死亡

表7-14　热处理生产常见有害因素的来源和危害程度

类别	来　源	危害程度
热辐射	1)高温炉 2)炽热工件、夹具和吊具	造成疲劳、中暑、衰竭

（续）

类别	来　源	危害程度
电磁辐射	高频电源	造成中枢神经系统功能障碍和自主神经失调
噪声	1）喷砂、喷丸 2）加热炉的燃烧器 3）真空泵、压缩机和通风机 4）中频发电机 5）超声波清洗设备	长期处于高强度噪声（>90dB）会造成听力下降
粉尘	1）喷砂时的石英砂、喷丸时的粉尘 2）浮动粒子炉的石墨和氧化铝粉 3）固体渗剂	长期处于高浓度粉尘作业会引起硅肺
有害气体	1）盐浴炉烟雾 2）甲醇、乙醇蒸气、氨气、丙烷、丁烷、甲烷、一氧化碳等泄漏气体 3）强酸、强碱的挥发物 4）油蒸气 5）氟利昂、三氯乙烯、四氯化碳等挥发物	造成慢性伤害、引发各种慢性疾病

7.3.2 热处理厂房和作业环境的安全

1. 厂房建设

1）热处理的厂房应该是独立的建筑物，也可建在大型厂房的一端或一侧，但要采取隔离措施。

2）生产装置地基要满足承载和振动等要求，地基内不允许渗出地下水，同时要设置集水坑，对易发生水灾的地区要增加自动排水装置。

3）地面强度要满足生产组织、物料储运等的承载要求，地面应耐热、耐蚀和抗冲击。

4）厂房要有足够的高度，合理设置天窗和通风口，满足通风和采光要求。厂房内和产生危害物质的区域，如浴炉、淬火槽、清洗槽、废气燃烧排放口等处应有足够能力的排风装置。

5）对于感应设备、激光束、电子束、等离子束、喷丸和喷砂等设备应隔成独立的区域，满足危险工作区域的特殊要求。

6）液氨、液化石油气、丙烷、丁烷等危险化学生产物料的存储和放置区域必须符合《危险化学品安全管理条例》。原料气的输送管道必须沿墙架空，保持一定的安全距离，稳固铺设。

7）加热装置和淬火油槽的地坑要彼此隔开，地坑的壁面和坑底应防水防渗漏，在坑底设置排水坑，必要时应设置自动排水装置，同时坑槽面应铺设安全盖板。

8）厂房应设避雷装置。厂房内必须设置足够数量的消防栓及灭火设备，安全疏散出口应能满足人员紧急疏散和消防车进入的要求。厂房内部应设置集中的有效的接地装置，以确保用电设备的安全使用。

2. 作业环境

1）工作场所空气中的有害物质应符合 GB/T 27946—2011 的规定，通风条件必须形成对流。

2）热处理车间中的有害因素应符合相关法律和法规的有关规定。

3）各操作工位的光照度要求分为一般照明、局部照明和混合照明，同时厂房应备有应急照明灯。

4）车间内生产设备、物料存放地点的布置应方便人员操作，通道宽度应便于车、人行驶。设备至墙壁间的距离，设备与设备之间的距离应有足够的间距。

5）对有烟气排放的设备，应设置专门的排烟管道或油烟处理装置，烟气要达标排放。

6）对可能危及人身安全的设备或区域必须设置安全标识，安全标识应符合 GB 2893—2008《安全色》、GB 2894—2008《安全标志及其使用导则》的规定。

7.3.3 生产物料和剩余物料的使用与储存安全

1. 生产物料

热处理生产中常用的危险和有害的生产物料主要有：①气体燃料；②各种可燃的制备气氛；③易燃的有机液体；④硝盐；⑤三氯乙烯。应优先采用无危害的生产物料，严格按限制使用有剧毒的氰盐、钡盐作为热处理生产物料。危险和有害的生产物料应按该产品的安全要求使用和保管。

2. 剩余物料

热处理生产中产生的危险和有害的剩余物料主要

有：①有毒的气体燃烧产物；②盐浴炉的蒸发气体；③泄漏的有毒气体和液体有机化合物；④带油脂和盐的淬火废液和清洗废液；⑤老化的淬火油；⑥硝盐的废盐及废盐渣；⑦喷砂、抛丸的粉尘。危险和有害的剩余物料应严格执行 GB/T 27945.1—2011《热处理盐浴有害固体废物的管理　第 1 部分：一般管理》、GB/T 27945.2—2011《热处理盐浴有害固体废物的管理　第 2 部分：浸出液检测方法》和 GB/T 27945.3—2011《热处理盐浴有害固体废物的管理　第 3 部分：无害化处理方法》的规定。

7.3.4　生产装置的使用安全

热处理车间使用的生产装置应符合 GB 5083—1999《生产设备安全卫生设计总则》的有关规定。

1. 电阻炉

电阻炉应符合 GB 5959.1—2019《电热和电磁处理装置的安全　第 1 部分：通用要求》和 GB 5959.4—2008《电热装置的安全　第 4 部分：对电阻加热装置的特殊要求》的有关规定。电阻炉加热区内应至少有一支热电偶用于超温保护。对于人工进出料操作的电阻炉，应具备炉门（或炉盖）打开时的自动切断电热体和风扇电源的功能。渗碳炉要有良好的密封性。井式炉炉压应不低于 200Pa，箱型和推杆型炉炉压不低于 20Pa。可控气氛多用炉淬火室应设安全防爆装置，炉门应设防护装置。通水冷却的电阻炉应安装水温、水压报警装置，当出现不正常情况时应能断电，并及时报警。对于保护气氛和可控气氛炉，应具备超温自动切断加热电源、低温自动停止通入生产原料气并报警的功能。淬火室内应安装惰性气体（如氮气）应急通入口，并应保证充分流量。整条生产线运行中所有相关动作都应设置电气安全联锁装置和相关程序互锁。当设备发生故障或工艺参数异常时，应发出声光报警信号，可采取手动方式及时排除故障和修复工艺参数，必要时可采用故障自诊断系统和远程监控系统。

2. 燃料炉

燃料管道应设总阀门，每台设备上应设分阀门。通入炉内的气、油管道要有压力调节阀、压力超高超低自动截止阀。在燃烧器前应有火焰逆止器。

3. 盐浴炉

硝盐炉应用金属坩埚或用黏土砖砌筑炉衬。硝盐炉应配备自动控温仪表和超过 580℃ 的报警装置，以及仪表失控时的主回路电源自动切断装置，同时至少应有两支热电偶，一支控温，一支监控。等温和分级淬火硝盐炉应配备冷却和搅拌装置。炉膛底部应设放盐孔，并设应急用的干燥的熔盐收集器。

4. 感应加热装置

感应加热装置应符合 GB 5959.3—2008 和 GB/T 10067.3—2015 的要求。高频设备必须屏蔽，其上的观察窗口应敷金属丝网，对裸露在机壳外的淬火变压器也应加以屏蔽。作业部位高频辐射的电场强度不超过 20V/m，磁场强度不超过 5A/m。高压部分要有防触电的特别防护装置。当外壳门打开时，主回路电源应自动切断。中频发电机应配备空载限制器，在出现较长间歇时仅使发电机负载断路，而不停止发电机运转。控制按钮和开关要置于明显和容易触到的位置。同一台设备供给数个工作点时，可采用集中控制的工作台，但在每个工作点须设有急停按钮。

5. 等离子体热处理设备

等离子直流高压的外露部分要有可靠的防护措施，炉体要接地。应有可靠的密封系统，排出的废气应达标后排放。

6. 激光热处理设备

激光装置工作间的入口处应设红色警告灯。激光器的明显部位应标有“危险”标志。激光装置的导光系统应有可靠的机、电、水、气安全联锁装置。除加工工件，激光装置的其他部位必须密封。

7. 真空热处理设备

真空炉的排抽气系统中应配备与电源联锁的自动阀门。设备应具有安全防爆装置。所有排空装置应具有排气管道，并将气体排放到室外。贮气罐应具有安全阀装置。工件传递中的各个运行机构应有可靠的联锁保护装置。控制柜应有电源急停装置。

8. 热处理冷却装置

等温分级淬火和回火油槽应配备加热、冷却、搅拌和循环装置。大型淬火油槽槽口四周还应设置氮气或二氧化碳灭火装置。淬火油和回火油的工作温度至少应比其开口闪点低 80℃ 以上。油槽在非工作状态时，加热器发热体应安装在油面 150mm 以下。

9. 冷处理装置

冷处理装置应防止制冷剂的泄漏。设备上要有避免人身受到制冷剂伤害的保护装置。

10. 热处理辅助设备

（1）气体发生装置　气体燃料和制备气氛通常都是可燃气体，具有爆炸的危险。常用的可燃气体在规定的燃烧温度下，其空气中的浓度应不在表 7-15 规定的范围。

吸热式气体发生炉应配备大于 750℃ 方能通气的安全控制系统。吸热式、放热式和氨制备气体发生炉的管路都应安装火焰逆止器。各种气体发生炉都应具

表 7-15 可燃气体和空气混合的爆炸范围和燃烧温度

气体类型(体积分数,%)	爆炸范围(燃气在空气中的体积分数,%)		燃烧温度/℃
	下限	上限	
氢	4.00	74.20	510~590
甲烷	5.00	15.00	650~705
丙烷	2.37	9.50	466~518
一氧化碳	12.50	74.20	610~658
吸热式气(20%CO,40%N_2,40%H_2)	8.50	71.80	—
氨气解气(25%N_2,75%H_2)	5.40	73.10	—

备当用气量降至零时不影响其正常工作的措施。用液氮作为制备气氛的原料时，氨的管路系统严禁用铜和铜合金材料制造。放热式气氛发生炉若采用乙醇胺作为二氧化碳的吸收剂时，应考虑乙醇胺对管路系统中金属材料的腐蚀性。

（2）清洗设备　清洗设备应采用无危害的清洗剂。当超声清洗设备的声强超过 80dB 时应采取降低噪声的措施。

（3）喷砂、喷丸设备　优先采用湿法喷砂设备。应有良好的除尘系统。

（4）矫正装置　应设有避免工件断裂伤人的防护装置，机动压力机应有压力限定装置。

（5）夹具、工装及辅助设施　夹具、工装在热处理状态下应有足够的强度和刚度。在高温状态下使用的工装，一般应选用耐热钢制造。在所有机械传动裸露部分和电器接头裸露部分都应安装防护罩。炉体应设置固定扶梯，炉顶周围应设置脚踏板，方便操作人员炉顶工作；超过安全高度 2m 以上，应设置安全护栏。淬火起重机应配备备用电源或其他应急装置。对吊具和吊绳，应定期检查，强制更换。

7.3.5 热处理工艺作业过程的安全

1. 一般要求

操作人员必须穿戴适宜的个体防护用品。各种加热炉的使用温度不得超过额定最高使用温度，装炉量（包括工装、夹具）不得超过规定的最大装炉量。操作前应认真检查设备的电气、测量仪表、机械保护装置，严禁设备带故障工作。工作场所应保护清洁、整齐和有序。

2. 整体热处理

新安装和大修后的电阻炉应按 GB 10067.4—2005 的规定，用 500V 兆欧表检测三相电热元件对地（炉壳）和各相相互间的绝缘电阻，不得低于 0.5MΩ；控制电路对地（在电路不直接接地时）的绝缘电阻应不低于 1MΩ。

人工操作进出料的简易箱式电炉、井式电炉装炉出炉过程中应切断加热电源。可控气氛、保护气氛加热炉在通入可燃生产物料前应用中性气体充分置换掉炉内空气，或者在高温条件下通过燃烧燃尽炉内的空气。

往炉内通入可燃生产原料时，要求排气管或各炉门口的引火嘴能正常燃烧。设备使用中不得人为打开或检修设备的安全保护装置。若需检修，必须停止向炉内通入可燃生产原料，确认炉内可燃气氛已燃尽或已充分置换完成后再进行操作。

在下列情况下，应向炉内通入中性气体或惰性气体（即置换气体）：

1）工艺要求在炉温低于−750℃向炉内送入可燃原料前。

2）炉子启动时或停炉前。

3）气源或动力源失效时。

4）炉子进行任何修理之前，中断气体供应线路时。

停炉期间，为防止可燃原料向炉内缓慢渗漏，可以在每一管路上设置两处以上关闭阀或开关。

3. 表面热处理

（1）表面淬火　感应设备周围应保持场地干燥，并铺设耐 25kV 高压的绝缘橡胶和设置防护遮拦。严格按设备的启动顺序启动感应设备。当设备运转正常后方可进行淬火操作。感应设备冷却用水的温度不得低于车间内空气露点的温度。感应设备加热用的感应器不得在空载时送电。氧-乙炔火焰淬火用的氧气瓶和乙炔气瓶在使用中应注意：气瓶应与火源保持 10m 以上的距离，并应避免暴晒、热辐射及电击，气瓶之间的距离应保持在 5m 以上；应有防冻措施，当瓶口结冻时可用热水解冻，严禁用火烤，不应用有油污的手套开启氧气瓶；应装有专用的气体减压阀，乙炔的最高工作压力禁止超过 147kPa；瓶中的气体均不应用尽，瓶内残余压力不应小于 98~196kPa。火焰淬火用的软管应采用耐压胶管，胶管的颜色应符合 GB 7231—2003 的有关规定，与乙炔接触的仪表、管子等零件，禁止使用纯铜或 $w(Cu)>70\%$ 的铜合金制造。火焰淬火的每一淬火工位的乙炔管路中都应设管路回火逆止器，并应定期清理。激光淬火时，工件表面一般需预先涂刷吸光涂层，但禁止使用燃烧时产生油烟及反喷物的涂料。

（2）化学热处理　使用气体渗剂、液体渗剂（包括熔盐）和固体渗剂时，应严格按该产品的安全使用要求进行操作。使用无前室炉渗碳，在开启炉门时应停止供给渗剂；使用有前室炉时，在工艺过程中严禁同时打开前室和加热室炉门；停炉时应先在高温阶段停气，然后打开双炉门，使炉内可燃气体烧尽。在以上两种情况下开启炉门的瞬间，操作人员均不得站在炉门前。气体渗碳、气体碳氮共渗和氮碳共渗时，炉内排出的废气应燃烧处理后达标排放。渗氮炉应先切断原料气源并用中性气体充分置换炉内可燃气体，在无明火条件下方可打开炉门（罩）。

4. 盐浴热处理

盐浴炉启动时，应防止已熔部分的盐液发生爆炸、飞溅。使用的工件、夹具等应预先充分干燥，严禁将封闭空心工件放入盐浴中加热。用于轻金属热处理的亚硝酸盐和硝酸盐浴炉，在空炉时的盐浴温度应不超过 550℃。处理镁合金轻金属时，其盐浴的最高允许温度应符合表 7-16 的规定。应避免轻金属埋入盐浴中的黏土沉积物中时引起爆炸。向浴槽中加入新盐和脱氧剂，应完全干燥，分批、少量逐步加入。前后工序所用盐浴成分应能兼容，严禁将硝盐带入高温盐浴。浴炉附近应备有灭火装置和急救药品，浴炉起火时应用干砂灭火。与有毒性盐浴剂接触过的工具夹、容器、工作服及手套均应进行消毒处理。

表 7-16　处理镁合金轻金属时盐浴的最高允许温度

镁含量(质量分数,%)	盐浴最高允许温度(不大于)/℃	镁含量(质量分数,%)	盐浴最高允许温度(不大于)/℃
≤0.5	550	>4.0~5.5	435
>0.5~2.0	540	>5.5~10.0	380
>2.0~4.0	490		

5. 真空热处理

通电前应测量电热元件对地（炉壳）的绝缘电阻值，在炉体通水的情况下，应不低于 1kΩ 时方可送电。对多室真空炉，为避免热闸阀反向受力，加热室压力应低于预备室压力。在向炉内通入氢或氮氢混合气体时，炉内密封应达到规定的泄漏率。使用高真空油扩散泵时，扩散泵真空度达到 10Pa 时方可通电加热扩散泵油，而停泵时扩散泵油应完全冷却后方可停止排气。炉温高于 100℃时不应向炉内充入空气或打开炉门。停炉前炉内温度应低于 350℃时方可停电断水。真空油淬炉冷却室内油气排空之前，严禁充入空气或打开炉门。

7.3.6　热处理生产安全卫生防护技术措施

热处理作业场所都应制订安全、卫生防护技术措施，并按照 GB 12801—2008《生产过程安全卫生要求总则》的基本要求执行。

1. 防护用品

应定期向热处理操作人员发放劳动防护用品，防护用品应符合 GB 39800.1—2020 的规定。在液体碳氮共渗、盐浴硫碳共渗、硼砂熔盐渗金属及作业环境中使用过的防护用品，应严格管理，统一洗涤、消毒、保管和销毁。

2. 防火防爆

在存放易燃、易爆物质的库房和可能产生易爆、易爆因素的设备及工艺作业场所应按有关规定配备相应的消防设备和器材，必要时应设危险气体泄漏报警仪。

3. 防尘防毒

对产生粉尘和毒性物质的工艺作业场所应制订切实可行的监测制度。对毒性物质应制订严格的使用、保管和回收制度，并备有必要的防毒面具。对在粉尘、有毒环境中的作业人员，应严格执行防护、休息、就餐、洗漱及污染衣物洗涤管理制度。

4. 防止作业环境气象异常

应按热处理生产特点，采取相应措施，以保证车间和作业环境的气象条件符合防寒、防暑、防湿的要求。

5. 密闭空间

当人员进入密闭空间工作时，需告知进入人员将会可能遇到的危险。应在人员进入密闭空间前进行强制通风，确保有毒气体和水蒸气等指标保持在对人体无害的水平，必要时进行相应危险气体的检测。确保空气中的 $\varphi(O_2)>19.5\%$。穿戴适宜的个体防护用品。人员进入密闭空间时，需有人看护，并积极监控区域内的安全性。

6. 设备检修

维修人员进入现场或工作前，要充分认识到可能发生的危险，采取针对性的安全措施，如断电、停气、停水、降温、通风、换气、卸去载荷等，并做好防护准备。

7. 安全监督

热处理生产场所应设置必要的检测仪器，监督危险和有害物质的水平。热处理场所使用的安全防护装置、闭锁装置及自动控制系统等，应按相应的标准或技术文件定期检查其完好程度，不应任意废止不用或拆除。使用有危害的气体时，应加强对排气通风装置的检查工作。硝酸盐和亚硝酸盐的混合物盐浴均应设有熔盐过热的预报装置。

7.3.7　热处理生产安全卫生管理措施

1. 基本要求

热处理车间应实施以保证生产过程安全、卫生为目标的现代化管理。其基本要求为：发现、分析和清除生产过程中各种危险和有害因素；制订相应的安全、卫生规章制度；对各类人员进行安全、卫生知识的培训、教育；防止发生事故和职业病。

2. 人员要求

（1）健康要求　心理、生理条件应能满足工作性质要求；应定期进行体检，其健康状况必须符合工作性质的要求。

（2）技能要求　经过安全、卫生知识培训和考核，合格后持证上岗；熟悉热处理生产过程中可能存在和产生的危险和有害因素，了解导致事故的条件，并能根据其危害性质和途径采取防范措施；了解本岗位的工作内容及其与相关作业的关系，掌握本专业或本岗位的生产技能，掌握完成工作的方法和措施；掌握消防知识和消防器材的使用及维护方法；掌握个体防护用品的使用和维护方法；掌握应急处理和紧急救护方法。

3. 安全、卫生管理机构

按国家有关规定建立和健全安全、卫生管理组织。安全、卫生管理组织应按国家及有关规定进行检查和监督，制订必要的规章制度，实行全面、系统的标准化管理。

参考文献

[1]　金荣植．热处理节能减排技术［M］北京：机械工业出版社，2016.

[2]　全国能源基础与管理标准化技术委员会．热处理生产电耗计算和测定方法：GB/T 17358—2009［S］．北京：中国标准出版社，2009.

[3]　全国能源基础与管理标准化技术委员会．热处理电炉节能监测：GB/T 15318—2010［S］．北京：中国标准出版社，2011.

[4]　全国热处理标准化技术委员会．热处理工作场所空气中有害物质的限值：GB/T 27946—2011［S］．北京：中国标准出版社，2012.

[5]　全国热处理标准化技术委员会．热处理环境保护技术要求：GB/T 30822—2014［S］．北京：中国标准出版社，2014.

[6]　全国工业电热设备标准化技术委员会．清洁节能热处理装备技术要求及评价体系：GB/T 36561—2018［S］．北京：中国标准出版社，2018.

[7]　全国热处理标准化技术委员会．绿色热处理技术要求及评价：GB/T 38819—2020［S］．北京：中国标准出版社，2020.

[8]　全国热处理标准化技术委员会．金属热处理生产过程安全、卫生要求：GB 15735—2012［S］．北京：中国标准出版社，2013.

第8章　热处理工艺材料与淬火冷却介质

武汉材料保护研究所有限公司　张良界

好富顿（上海）高级工业介质有限公司　姚继洪

奎克化学（中国）有限公司　马敏

热处理工艺材料指为了保证对金属材料或工件进行加热、保温、冷却及化学热处理等工艺过程的实施，使其获得预期的化学成分、组织结构与性能及表面状态所需要的各类物质，主要包括各种热处理原料气体、热处理用盐、化学热处理渗剂、热处理涂料、热处理淬火冷却介质等。

8.1　热处理原料气体

由原料气体制备的保护气氛和可控气氛是金属材料在热处理加热时的重要载体。常用热处理原料气体主要有氧化性气体（空气及氧）、还原性气体（氢、一氧化碳及碳氢化合物）及中性气体（氮、氩及氦等）。制备和产生可控气氛的原料气体包括氢气、氮气、氨气、天然气、油田气、液化石油气、城市煤气、乙炔、甲醇裂解气及空气等。

8.1.1　氢气

氢气（H_2）常用作热处理保护气体，用于低碳钢、不锈钢、电工钢和有色金属的光亮退火，以及碳化钨、碳化钛和粉末冶金制品的烧结保护。

氢气的摩尔质量为2.016g/mol，密度为0.0899kg/m^3，熔点为-259℃，沸点为-252.8℃，着火温度为572℃；与空气混合爆炸极限的下限$\varphi(H_2)=4.0\%$，上限$\varphi(H_2)=75.0\%$；发热值高值为12800kJ，低值为10790kJ。

氢气是无色无味可燃的还原性气体，它主要以化合状态存在于各种化合物中。氢在各种液体中溶解甚微。在常温下不活泼，但在高温或有催化剂存在时则十分活泼，能燃烧并能与许多非金属和金属直接化合。

所有瓶装氢气都含有微量的水分和氧气，还可能存在微量的甲烷、氮气、一氧化碳和二氧化碳等杂质，其含量随制备方法而异。工业氢的技术要求见表8-1。

表8-1　工业氢的技术要求

（摘自GB/T 3634.1—2006）

项　　目	优等品	一等品	合格品
氢纯度(体积分数,%)	≥99.95	≥99.50	≥99.00
氧含量(体积分数,%)	≤0.01	≤0.20	≤0.40
氮加氩含量(体积分数,%)	≤0.04	≤0.30	≤0.60
游离水/(mL/40L瓶)	—	无游离水	<100
露点/℃	-43	—	—

氢气钢瓶的使用、运输和储存应符合气瓶安全监察规程的规定，不得与氧气瓶或氧化剂气瓶同车运输，车上禁止烟火，要有遮阳设施，防止暴晒。应存放于无明火、远离热源和通风良好的地方。钢瓶涂绿色漆，瓶装压力为15MPa。

8.1.2　氮气

氮气（N_2）作为热处理用气体，在1000℃以下是稳定的，属中性气体；在1000℃以上，氮气能对钢铁起渗氮作用。氮气作为氮基气氛的主体气，主要用于钢件光亮退火、淬火、渗碳及碳氮共渗、有色金属的光亮或无氧化退火，以及粉末冶金产品的烧结保护。

氮气摩尔质量为28.0134g/mol，密度为1.2507kg/m^3，熔点为-209.86℃，沸点为-195.8℃。其化学性质不活泼，为无臭无味无色的气体，在一般温度下（200~1000℃）处于稳定状态，无毒、不燃烧、不爆炸，但在高温下，氮能与某些金属或非金属化合，并能直接与氢和氧化合。工业氮的技术要求见表8-2。

表8-2　工业氮的技术要求（摘自GB/T 3864—2008）

项　　目	指标
氮气(N_2)纯度(体积分数,%)	≥99.2
氧(O_2)含量(体积分数,%)	≤0.8
游离水	无

热处理用的高纯度氮气，是在普通的深冷空气分离装置中增加一个高纯氮塔而提取的，纯度大于99.999%（体积分数），常以液氮供应，液氮需要使用特殊装置储存。热处理用高纯度氮气还可由分子筛制氮机或中空纤维膜制氮机制取后，再经净化处理而得。空气中氮含量过高时，人会因缺氧而窒息，因此工作场所空气中氧气的体积分数不应小于19%。

氮气钢瓶的使用、运输和储存应符合相关气瓶安全监察规程的规定，涂黑色漆，瓶装压力为 15MPa。

8.1.3　氨气（液氨）

氨气（NH_3）是气体渗氮和离子渗氮的渗氮剂。氨分解气氛和氨燃烧气氛可用作钢件、粉末冶金件和铍青铜件加热的保护气氛，也可用作淬火、渗碳、碳氮共渗气氛的载体气。

氨气的摩尔质量为 17.03g/mol，密度为 0.7710kg/m³，常温下加压即可液化成无色的液体（临界温度为 132.4℃，临界压力为 11.22MPa），沸点为-33.5℃。氨易被固化成雪状的固体，熔点为-77.7℃。

氨气是一种无色的气体，具有强烈的刺激气味。氨溶于水、乙醇和乙醚，高温时会分解成氮和氢，有还原作用。在有催化剂存在时，氨可被氧化成一氧化氮。液氨的技术要求见表 8-3。

表 8-3　液氨的技术要求（摘自 GB 536—2017）

项目	优等品	一等品	合格品
氨含量(体积分数,%)	≥99.9	≥99.8	≥99.0
残留物含量(体积分数,%)	≤0.1(重量法)	≤0.2	≤1.0
水分(质量分数)	≤0.1%	—	—
油含量	≤5mg/kg(重量法) ≤2mg/kg(红外光谱法)	—	—
铁含量	≤1mg/kg	—	—

氨气有强烈刺激性，对人体器官，如眼、耳、喉都有伤害。装液氨的槽车和钢瓶应耐压 2.94～3.43MPa，并符合 JT/T 617.1—2018《危险货物道路运输规则　第 1 部分：通则》的规定。装液氨的钢瓶应涂黄色油漆。

8.1.4　丙烷

丙烷（C_3H_8）可用作制备吸热式和放热式气氛的原料气，主要用于工件渗碳、碳氮共渗、氮碳共渗，以及退火、正火、淬火和回火。

丙烷的摩尔质量为 44.09g/mol，密度为 0.5005kg/m³，熔点为-187.6℃，沸点为-42.17℃。丙烷的发热值为 90730kJ/m³，着火温度为 505℃，着火温度下限的体积分数为 2.4%，上限的体积分数为 9.5%，理论燃烧温度为 1977℃。

丙烷在常温、常压下为气体，可加压液化。丙烷是易燃易爆物质，在运输、储存时，应遵守安全操作规程并采取防护措施。

8.1.5　丁烷

丁烷（C_4H_{10}）作为热处理原料气，其用途和丙烷基本相同。

丁烷的摩尔质量为 58.12g/mol，密度为 0.5783kg/m³，熔点为-138.3℃，沸点为-0.5℃。丁烷的发热值为 118490kJ/m³，着火温度为 431℃，着火温度下限的体积分数为 1.8%，上限的体积分数为 8.4%，理论燃烧温度为 1982℃。

丁烷的特性、运输及储存等方法和丙烷基本相同。

8.1.6　液化石油气

液化石油气作为热处理原料气的用途与丙烷、丁烷相同。作为制备可控气氛的原料气，丙烷、丁烷或丙烷+丁烷的含量应在 95%（体积分数）以上，烯烃含量应小于 5%（体积分数），C_5 以上的重烃应控制在 3%（体积分数）以下，硫含量应小于 0.187g/m³。

液化石油气简称液化气，是石油化工厂的副产气，其主要成分是丙烷（C_3H_8）、丁烷（C_4H_{10}）及少量丙烯（C_3H_6）、丁烯（C_4H_8）等。液化石油气气态时比空气重，一般密度为 1.5～2.0kg/m³。

液化石油气通常经加压液化后装入储气瓶中。在运输、储存时，应遵守安全操作规程并采取防护措施。

8.1.7　天然气

天然气可用作制备吸热式和放热式气氛的原料气，主要用于渗碳、碳氮共渗、工件光亮退火、淬火及粉末冶金件烧结等。

天然气主要成分为甲烷（CH_4），约占 97%（体积分数），密度为 0.73kg/m³，熔点为-284℃，沸点为-162℃，着火温度约为 645℃，一般在压力 4.64MPa、温度-82℃下被液化。天然气一般无毒，但对人的呼吸有窒息作用。开采后的天然气要经过脱硫、脱水、脱油处理，脱硫后天然气中硫含量应小于 20mg/m³。

天然气一般采用管道以气态输送，或者经压缩为液态装瓶运输。

8.1.8　乙炔

乙炔（C_2H_2）可用于低压渗碳工艺，采用乙炔渗碳剂，在低压下易裂解，碳利用率高，渗透性强。

对小直径深孔、不通孔工件内壁渗碳效果好，还可防止生成炭黑和焦油。

乙炔是易燃气体，熔点为-81.8℃（119kPa），沸点为-83.8℃（升华），微溶于水，溶于乙醇、丙酮、氯仿、苯，混溶于乙醚，引燃温度为305℃，爆炸上限体积分数为82%，爆炸下限体积分数为2.5%，在液态和固态下或在气态和一定压力下有猛烈爆炸的危险，受热、振动、电火花等因素都可以引发爆炸，因此不能在加压液化后贮存或运输。

乙炔的包装通常是溶解在溶剂及多孔物中，装入钢瓶内，储存于阴凉、通风的易燃气体专用库房，远离火种、热源。库温不宜超过30℃。应与氧化剂、酸类、卤素分开存放，切忌混储。采用防爆型照明、通风设施。

8.1.9　甲醇

甲醇（CH_3OH）裂解气也是一种常用的热处理原料气。裂解气氛可以实现对中、高碳钢的光亮热处理，也可用于低碳钢渗碳并控制表层碳浓度。

甲醇的相对分子质量为32.04，沸点为64.7℃，是无色、有乙醇气味、易挥发的液体，密度为$0.7918g/cm^3$，沸点为64.7℃，熔点为-97℃，爆炸上限体积分数为44.0%，爆炸下限体积分数为5.5%。

甲醇易燃，其蒸气与空气可形成爆炸性混合物，遇明火、高热能引起燃烧爆炸；与氧化剂接触发生化学反应或引起燃烧；在火场中，受热的容器有爆炸危险。甲醇能在较低处扩散到相当远的地方，遇明火会引着回燃，燃烧分解为一氧化碳和二氧化碳。

8.2　热处理用盐

热处理盐浴用盐包括加热基盐和盐浴校正剂。

热处理盐浴作为加热介质，可以完成多种热处理工艺，如淬火及回火加热、分级淬火、等温淬火冷却、局部加热及化学热处理等，具有加热速度快、温度均匀和不易氧化脱碳等优点，

热处理盐浴用盐应具有适宜的熔点、足够高的沸点和较宽的工作温度范围。在工作温度范围内，盐浴应具有低的挥发性、良好的流动性和导电性、足够的稳定性，并且不应腐蚀工件、电极、坩埚及炉衬。

盐浴按成分种类，可分为中性氯化物盐浴、硝盐浴和硼盐浴等；除盐浴，还有碱浴和金属浴等；按加热、冷却等不同工艺，还可分为高温、中温、低温盐浴。渗碳、碳氮共渗、渗氮、渗硼及渗金属等盐浴将在化学热处理渗剂中介绍。

校正剂用于盐浴的脱氧，应具有脱氧效果好、不爆炸、不易结壳、熔盐清澈、流动性好、易除渣、不腐蚀和不黏附工件，以及工件上的残盐容易清洗等特点。

8.2.1　热处理盐浴基本成分

热处理常用盐浴成分及工作温度见表8-4和表8-5。

表8-4　淬火预热、高温和中温加热用盐浴的成分及工作温度

盐浴成分配比(质量分数,%)	熔点/℃	工作温度/℃
$100MgF_2$	1261	1300~1650
$100BaCl_2$	960	1050~1350
$95BaCl_2+5MgF_2$	940	1000~1350
$95BaCl_2+5NaCl$	850	950~1200
100NaCl	808	850~1100
100KCl	772	800~1000
50NaCl+50KCl	670	700~1000
$50BaCl_2+50NaCl$	660	680~980
$50BaCl_2+50KCl$	650	680~980
$50BaCl_2+30KCl+20NaCl$	560	580~900
$50KCl+30CaCl_2+20NaCl$	530	580~880
$50KCl+50Na_2CO_3$	590	600~880
$60CaCl_2+40NaCl$	505	540~800
$50CaCl_2+30BaCl_2+20NaCl$	455	480~780

表8-5　等温淬火、分级淬火和回火用盐浴的成分及工作温度

盐浴成分配比(质量分数,%)	熔点/℃	工作温度/℃
$100NaNO_3$	308	325~550
$100KNO_3$	334	350~550
$100NaNO_2$	281	300~550
$100KNO_2$	297	325~550
100KOH	360	400~550
100NaOH	322	380~540
$50NaNO_2+50KNO_3$	137	150~500
$50NaNO_3+50KNO_3$	220	325~550
65KOH+35NaOH	155	200~500
80KOH+20NaOH,另加$6H_2O$	140	150~350

热处理盐浴可以采用一种单质盐或两种及两种以上单质盐混配组成。一般在配制盐浴时，根据工艺加热情况可以从熔盐熔度图（即组成-熔点图）中选出最适宜的熔盐配比，通常希望选择混合熔盐最低熔点（共晶点或固溶体最低熔点）的组成配比，因为这种混合盐具有熔点最低、流动性好、导热和导电性高等优点。

盐浴的流动性对热处理工件的质量有很大影响。

盐浴的流动性不好，易造成工件传热慢，加热时间延长。出炉时工件黏附盐量多，耗盐量大，并使冷却效果变差。盐浴的流动性由熔盐的黏度来决定，试验证明，温度越高，熔盐黏度越小，流动性越好；黏度越大，流动性越差。大约温度每升高 1℃，黏度降低约 2%。值得注意的是，盐浴体系中若混入固态粒子，如 Al_2O_3、MgO 或 SiO_2 等，形成多相体系时，黏度会突然增大。例如，NaCl-KCl 盐浴在 790℃时黏度为 1.3×10^{-3}Pa · s，若加入质量分数为 2%的 Al_2O_3，则黏度会变为 1.4×10^{-1}Pa · s，即黏度增大百倍以上。因此，从黏度角度看，盐浴捞渣越彻底越好。

8.2.2　热处理盐浴使用范围

高、中、低温热处理盐浴使用范围：

1）高温盐浴用盐指在 950℃以上使用的单一或多种基盐并配入校正剂的混合盐。

这类盐适用于合金钢，高速工具钢的淬火加热。氯化钡、氯化钠及氯化钾新盐在使用前须经脱水处理，氯化钡应在 500℃温度下保温 3~4h，氯化钠和氯化钾应在 400℃温度下保温 2~4h，氯化钡属剧毒品，应按有关规定存放和保管，钡盐渣需经无害化处理后方可排放。

2）中温盐浴用盐指在 650~950℃使用的基盐或多种基盐配入校正剂的混合盐。中温盐浴适用于碳素钢、合金钢的淬火加热及高速工具钢的淬火预热。

3）低温盐浴用盐指在 650℃以下使用的混合盐。

低温盐浴适用于钢件的回火、分级淬火或等温淬火，必要时应定期检验硝盐浴的化学成分，其中氯离子的含量一般不超过 0.5%（质量分数）。

严禁将硝盐带入高温盐浴中，在较高温度下（595℃）硝盐会分解，可引起火灾或爆炸。虽然硝盐不燃烧，但具有氧化性，可助燃，应严禁将油、木炭及碳酸盐等还原性物质带入硝盐中，以免发生爆炸。硝盐应按有关规定存放，并由专人保管。

8.2.3　盐浴校正（脱氧）剂

中温和高温盐浴在使用过程中，受代入杂质、水分及盐浴液面和空气接触等因素影响，会不断氧化变质，导致被加热工件的氧化和脱碳。为此，应定期添加校正剂，以保持或恢复盐浴的加热质量，防止和减少工件氧化和脱碳。

盐浴中的氧及氧化物以 BaO、H_2O、O_2 的危害最大，其次是 CO_2、Na_2O、K_2O、Fe_2O_3，以及其他杂质，如硫酸盐等。通常，校正剂如果能有效地除去 BaO，并严格工艺规范，防止带入水分，就基本上能够达到较好的脱氧效果。

盐浴校正剂按使用温度可分为中温盐浴校正剂和高温盐浴校正剂，前者工作温度为 700~1000℃，后者工作温度高于 1000℃。按校正剂组成可分为由一种物质组成的单一校正剂和由两种或两种以上物质组成的复合校正剂，其中高温盐浴校正剂和中温盐浴校正剂原则上可相互通用。任何一种单一校正剂都可以作为复合校正剂的原材料。JB/T 4390—2008《高、中温热处理盐浴校正剂》规定了盐浴校正剂的质量要求及试验方法。常用盐浴单一校正剂的脱氧反应及使用性能见表 8-6。

表 8-6　常用盐浴单一校正剂的脱氧反应及使用性能

校正剂	脱氧反应	使用性能
木炭(C)	$C+[O]\rightarrow CO\uparrow$ $C+2[O]\rightarrow CO_2\uparrow$ $2C+Na_2SO_4\rightarrow 2CO_2\uparrow+Na_2S$	适用于中温盐浴，除脱氧，还可除去腐蚀性较强的硫酸盐
碳化硅(SiC)	$SiC+3[O]\rightarrow SiO_2+CO\uparrow$ $SiO_2+BaO\rightarrow BaSiO_3\downarrow$	用于中温盐浴。单独使用效果较弱，可与 TiO_2 混合使用
硅胶、硅砂(SiO_2)	$BaO+SiO_2\rightarrow BaSiO_3\downarrow$ $FeO+SiO_2\rightarrow FeSiO_3\downarrow$	与 TiO_2 配合用于高温盐浴，脱氧效果较好。对电极有腐蚀作用
硅钙铁合金成分(质量分数)为：60%~70%Si，20%~30%Ca，余为 Fe	$2Ca+O_2\rightarrow 2CaO$ $Si+O_2\rightarrow SiO_2$ $Ca+BaO\rightarrow CaO+Ba$	适用于中温盐浴，速效性弱，持效性较好。与 TiO_2 混配可用于高温盐浴，延长有效时间
镁铝合金(Mg-Al)	$BaO+Mg\rightarrow Ba+MgO\downarrow$ $3Na_2O+2Al\rightarrow 6Na+Al_2O_3$ $Al_2O_3+Na_2O\rightarrow 2NaAlO_2\downarrow$	适用于中温盐浴，具有脱氧、脱硫的强烈速效性，但持效时间较短，1~2h
二氧化钛(TiO_2)	$TiO_2+BaO\rightarrow BaTiO_3\downarrow$ $TiO_2+FeO\rightarrow FeTiO_3\downarrow$	适用于高温盐浴，速效性显著，持效性较差，通常与硅胶 1∶1(质量比)配比使用

（续）

校正剂	脱氧反应	使用性能
钛粉(Ti)	$Ti+O_2 \rightarrow TiO_2$ $TiO_2+BaO \rightarrow BaTiO_3 \downarrow$	适用于中温及高温盐浴,脱氧作用强烈
无水硼砂($Na_2B_4O_7$)	$Na_2B_4O_7 \rightarrow 2NaBO_2+B_2O_3$ $B_2O_3+BaO \rightarrow Ba(BO_2)_2 \downarrow$ $B_2O_3+FeO \rightarrow Fe(BO_2)_2 \downarrow$	中温、高温盐浴适用,但效果较弱。对炉壁、电极有腐蚀
氟化镁(MgF_2)	$MgF_2+BaO \rightarrow BaF_2+MgO \downarrow$	中温、高温盐浴均适用,脱氧效果良好,捞渣方便

8.3　化学热处理渗剂

化学热处理可以使材料表面形成具有某些特殊性能（高硬度、减摩、抗咬合、抗疲劳、耐蚀）的改性层，渗剂是实现化学热处理工艺的必备材料，其种类繁多。常用于生产的化学热处理渗剂有氮碳共渗剂、渗硫剂、渗锌剂、渗硅剂、渗铝剂、渗硼剂及渗金属（铬、钒、钛、铌等）剂等。

对渗剂的化学性能要求是：成分稳定、活性高、有害杂质和腐蚀物少，对空气污染相对较轻，对操作者无毒害作用，盐浴易调整，在工件上附着时易清除，有机液体渗剂成分稳定且容易裂解。

8.3.1　氮碳共渗剂

氮碳共渗剂是组分中含有氮、碳元素，在共渗温度（500~600℃）下能对工件同时进行渗氮和渗碳，并以渗氮为主的介质。

1. 气体氮碳共渗剂

气体氮碳共渗剂主要有以下三类：

1）以氨气为主，添加吸热式气氛、放热式气氛、醇类裂解气、二氧化碳等任何一种气体组成的混合气。

2）采用甲酰胺、乙酰胺、三乙醇胺、尿素等含氮有机物，与甲醇、乙醇等以不同比例配制的滴注式渗剂。

3）炉外预先热分解或直接通入炉内尿素。常用气体氮碳共渗剂的组成见表 8-7。

2. 盐浴氮碳共渗剂

此类渗剂由基盐和再生盐组成。常用的基盐由氰酸钠、氰酸钾、碳酸钠、碳酸钾混合组成，盐浴的活性常用氰酸根 CNO^- 浓度来度量。再生盐用于调整盐浴成分，可将不断积累的碳酸盐转变为氰酸盐，以保持和恢复盐浴活性。早期的再生盐采用氰化钠或氰化钾，后逐步被氰酸盐和尿素所替代。目前常用的再生盐由密隆［Melon，分子式（C_6N，H_3）$_n$］、氰尿酸 $(CONH)_3$ 等含氮、碳元素的高熔点有机物组成。密隆是目前最理想的再生剂，它的再生有效元素氮和碳的质量分数高达 98.6%，再生效率为尿素的两倍多，其熔化温度与盐浴工作温度基本相同。几种典型的盐浴氮碳共渗剂的组成见表 8-8。

表 8-7　常用气体氮碳共渗剂的组成

类　型	共渗剂组成	备　注
氨气+通入式气氛 （体积分数）	50%NH_3+50%吸热式气氛 50%~60%NH_3+40%~50%放热式气氛 50%NH_3+50%放热-吸热式气氛 50%~60%NH_3+40%~50%CH_4 或 C_3H_8	排出的废气中有剧毒的 HCN,应经处理后排放
	40%~95%NH_3+5%CO_2+0~55%N_2	添加氮气有助于提高氮势和碳势
滴注式渗剂 （质量分数）	50%三乙醇胺+50%乙醇 100%甲酰胺 70%甲酰胺+30%尿素	渗氮活性大小顺序:尿素>甲酰胺>三乙醇胺
尿素 （质量分数）	100%尿素(直接加入 500℃以上的炉中或在炉外预先热分解后通入内)	完全分解时炉气组成(体积分数)为 25%CO+25%N_2+50%H_2

3. 离子氮碳共渗剂

离子氮碳共渗剂一般由氨气（液氨）+含碳介质（乙醇、丙酮、二氧化碳、甲烷、丙烷等）组成。少量的碳有助于提高渗层硬度和耐磨性，但含碳介质增加到一定比例，渗层中将会出现 Fe_3C 而造成渗层硬度大幅度下降。所以，离子氮碳共渗气氛中的碳浓度应严格控制。通常情况下，氨气+含碳介质组成的离子氮碳共渗剂中，含碳介质的体积分数应控制在下列指标内：丙酮<1%，甲烷<3%，二氧化碳<5%，乙醇<10%。

表 8-8 几种典型的盐浴氮碳共渗剂的组成

类型	盐浴组成(质量分数)或商品盐名称	获得氰酸根 CNO^- 的方法	控制成分(质量分数)		备 注
			CNO^-	CN^-	
尿素+碳酸盐	55% $(NH_2)_2CO$ + 45% Na_2CO_3 50% $(NH_2)_2CO$ + 30% K_2CO_3 + 20% Na_2CO_3	由尿素和碳酸盐反应： $2(NH_2)_2CO+Na_2CO_3 \rightarrow 2NaCNO + 2NH_3\uparrow + CO_2\uparrow + H_2O$	18%~45%	5%~10%	原料无毒，反应产物有毒，成分波动大，活性不稳定
有机聚合物型	德国 Degussa 商品盐 TF1(由碳酸盐与尿素反应合成)	xCO_3^{2-} +REG-1 (或 Z-1) $\rightarrow yCNO^- + NH_3\uparrow + zCO_2\uparrow$	33%~36%	≈2.5%	低氰盐浴，处理效果稳定
国产无污染共渗盐	38%~41% CNO^-，M^+ (M^+ 为 K^+、Na^+、Li^+ 之和) 44%~46%，14%~18% CO^{2-}	$2CNO + O_2 \rightarrow CO_3^{2-} + 2(N) + CO$ $2CO \rightarrow CO_2 + (C)$	32%~37%	≤0.8%	盐浴无污染，成分均匀稳定，处理效果好

8.3.2 QPQ 复合处理工艺材料

QPQ 技术是要先后在氮碳（硫）共渗盐浴和后氧化盐浴两种盐浴中处理工件的一种复合热处理技术，它是盐浴氮碳共渗后在氧化盐浴中氧化、冷却（quench）+表面抛光（polish）+盐浴氧化、冷却（quench）这一套复合处理工艺的简称，QPQ 工艺流程为：装卡→清洗（除油）→预热→氮碳共渗→氧化→清洗→抛光→氧化→清洗→干燥→浸油等工序，QPQ 复合处理工艺流程如图 8-1 所示。QPQ 处理后，渗层组织是氮化物和氧化物的复合，表面性能是耐磨性和耐蚀性的复合。

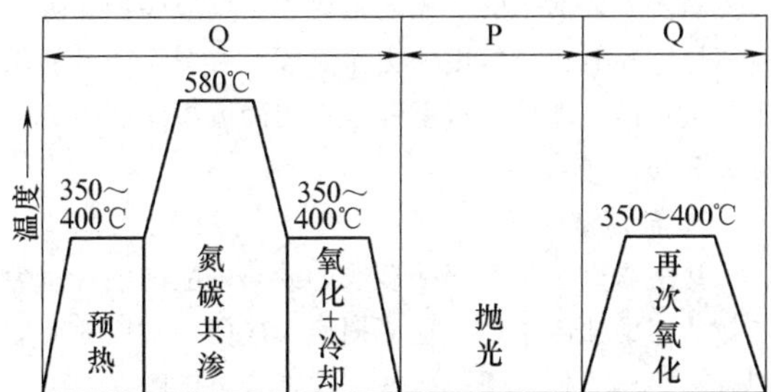

图 8-1 QPQ 复合处理工艺流程

为了彻底解决传统盐浴氮碳共渗法的氰化物污染问题，在 20 世纪 70 年代中期，法国摩擦学（HEF）研究所和德国迪高沙公司相继开发了全新的无公害的盐浴氮碳共渗技术。法国液压机械和摩擦学研究所开发了 Sursulf 无污染硫氰共渗新工艺，其主要特点是在氰根含量不超过 0.8%（质量分数）的熔盐中，将硫氮碳渗入工件表面，赋予钢铁件减摩、抗咬死、耐磨和抗疲劳性能，而且通过添加 CR2 再生盐使熔盐成分稳定，从而保证被处理件具有良好而稳定的强化效果。德国 Degussa 公司也研究开发了 Tenifer TF-1 法，工件经过 TF-1 浴的氮碳共渗处理后，再经过 AB1 盐浴氧化工件带入的少量氰盐。美国 Kolene 公司在工件进行了盐浴渗氮和氧化以后，还对工件表面进行了抛光，工件抛光后再进行一次氧化处理。科林公司把这一过程称为 QPQ 处理。QPQ 处理后的工件表面兼具了极高的耐磨性、耐蚀性、减摩性和抗疲劳性，并且工件的变形极小。QPQ 工艺技术适用于各种钢铁材料，包括各种结构钢、工具钢、耐热不锈钢、纯铁、铸铁、铸钢及各种铁基粉末冶金件，也适用于多种行业的机械产品，包括汽车、摩托车、工程机械、农业机械、化工机械、纺织机械、机床、仪器仪表、枪械齿轮、工模具等。

我国的 QPQ 热处理技术研究始于 20 世纪 80 年代，武汉材料保护研究所独立开发研究了提高机械零件表面耐磨性、减摩性的硫氮碳共渗加后氧化复合处理技术，成都工具研究所有限公司也同期独立开发了提高工件和工具表面硬度和耐磨性的表面复合处理技术。

QPQ 工艺材料包括基盐、再生盐、氧化盐。

1）由于与工件发生反应和加热时自然分解，氮化盐浴氰酸根在使用过程中会不断下降，下降幅度与处理工件多少、氮化温度的高低、保温时间的长短有关。在正常生产条件下，氰酸根的质量分数应保持在 30%以上。

2）当氮化盐浴中的氰酸根含量低于要求值时，应向盐浴中加再生盐，以提高其氰酸根含量。补加再生盐可在 5min 内将熔盐成分调整到最佳范围，定量补加公式为

$$G=K(Y-X)M\%$$

式中 G——需补加的再生盐量；

Y——要求达到的 CNO^- 含量；

X——已陈化熔盐中的 CNO^- 含量；

M——熔盐的重量；

K——经多次测试并按高斯分布的置信区间求出的补偿常数。

再生盐的添加量也可通过试验确定。根据试验计算，如果按氮化盐浴的 1%添加再生盐，则可以升高氰酸根值 0.6%。由于大量生产条件下，影响因素比较复杂，因此计算数值只能作为参考。

3）氧化盐浴可将氮碳共渗工件上黏附的微量残盐溶解，并将 CN^- 及无毒的 CNO^- 转变为 CO_3^{2-}，从而达到清洗用水无污染排放的目的。此外，由于氧化盐具有强氧化性，可迅速将氮碳共渗层表面的 Fe 离子相转化为耐蚀性优良的 Fe_3O_4 相。几种商品 QPQ 复合处理工艺用盐见表 8-9。

表 8-9　几种商品 QPQ 复合处理工艺用盐

工艺名称	工艺用盐		备　注
	氮碳（硫）共渗盐	氧化盐	
德国 QPQ	基盐 TF1 再生盐 REG-1	AB1	氮碳共渗工艺为 560～590℃×1～3h，用于获得耐磨渗层。氧化工艺为 370～400℃×10～20min，用于增加渗层致密度，获得更耐磨耐蚀的美观黑色膜，并减少残盐的氰根浓度
法国 ARCOR	基盐 CR4（含硫） 再生盐 CR2	SL-1	
中国 LTC	基盐 J-1，J-2 再生盐 Z-1	Y-1	

8.3.3　渗硼剂

金属材料可以在固体、液体（盐浴）和气体三类活性介质中进行渗硼。欧美国家多采用固体渗硼，在我国固体渗硼和盐浴渗硼均有较多应用。目前，工业规模上很少采用气体渗硼。

1. 固体渗硼剂

固体渗硼剂分为粉末、粒状和膏状三类。粉末固体渗硼剂由供硼剂、活化剂和填充剂组成，粒状和膏状渗硼剂还需加入水玻璃、纤维素、黏土或糖浆等黏结剂制成粒状和膏状。粒状渗硼剂可以减少粉末渗硼剂装箱操作时的粉尘，并减少渗硼工件表面渗剂的黏附和结块。膏状渗硼剂可以涂覆在工件局部表面，在装箱或保护气氛加热条件下实现局部渗硼。

供硼剂是在渗硼过程中提供活性硼原子的组分，其中在我国使用较多的是硼铁、硼砂和碳化硼。不同供硼剂的硼含量不同，因而在渗硼剂中所占的比例也不同。碳化硼中的硼含量高，易于获得厚的渗层和脆性较大的双相（$FeB+Fe_2B$）渗层组织；硼铁合金粉和硼砂则容易得到单相 Fe_2B 或以 Fe_2B 为主的渗硼层，渗层脆性较低。目前国内使用的商品固体渗硼剂主要是以硼铁或硼砂为供硼剂的粒状渗硼剂。几种常用供硼剂的物理性质见表 8-10。

表 8-10　常用供硼剂的物理性质

名称	化学式	硼含量（质量分数，%）	密度/（g/cm³）	熔点/℃
非晶态硼	B	95～97	2.35	2050
碳化硼	B_4C	78	2.51	2450
硼铁合金	Fe-B	≥17	7.6～7.8	>1150
硼酐	B_2O_3	37	2.46	450
无水硼砂	$Na_2B_4O_7$	20	2.37	740

渗硼的活化剂能在渗硼温度下与供硼剂反应，促进活性硼原子产生，提高渗速。常用的活化剂有氟硼酸钾、氟铝酸钠、氟硅酸钠、氟化钙、氟化铝、氯化铵、碳酸钠、碳酸氢铵等。其中，氟硼酸钾和氟硅酸钠在我国应用较广，氟铝酸钠、氟化铝和碳酸盐在欧美应用较多。采用后者的优点是在渗硼过程中放出的有毒氟化物烟气较少，而且不易造成渗硼剂结块。当渗硼剂以硼砂为供硼剂时，还需加入硅、钙、铝、硅铁或铝铁等还原剂以产生活性硼原子。

固体渗硼剂中的填充剂主要用于调节硼势，防止渗剂烧结和氧化，常用的固体渗硼剂有碳化硅、氧化铝、氧化镁、碳粉、石墨等。常用固体渗硼剂的组成见表 8-11。

2. 盐浴渗硼剂

盐浴渗硼剂是在以硼砂或硼砂与硼酸的混合盐为基盐的熔融盐浴中加入还原剂而形成的。常用的还原剂有碳化硅、铝、镁、硅铁、硅钙合金、硼铁、碳化硼等，其中硼铁和碳化硼还可作为渗硼盐浴的供硼剂。为了提高盐浴的流动性，通常加入一定比例的氯化物（NaCl、KCl）、氟化物（NaF、KF）及碳酸盐（Na_2CO_3、K_2CO_3）等作为稀释剂。硼砂盐浴渗硼剂具有成本低、效率高、渗后可直接淬火等优点，但也存在盐浴黏度大、工件表面黏附残盐不易清洗、渗硼能力易衰减老化等缺点。

在中性基盐（NaCl、KCl、$BaCl_2$ 等）中加入碳化硼或硼砂及还原剂组成中性盐浴渗硼剂，可以很好地改善盐浴流动性及工件渗硼后表面残盐的清洗状况，但目前尚未在工业中大量应用。常用盐浴渗硼剂的组成见表 8-12。

表 8-11 常用固体渗硼剂的组成

渗剂组成(质量分数)	渗硼工艺		渗硼层	
	温度/℃	时间/h	深度/μm	组织
5% B_4C+5% KBF_4+90% SiC	850~950	4~6	60~150	FeB+Fe_2B
2% B_4C+5% KBF_4+93% SiC	850~950	4~6	30~80	Fe_2B
98%~99% B_4C+1%~2% AlF_3	850~950	4~6	60~200	FeB+Fe_2B
5% KBF_4+25% FeB20+70% SiC	850~950	4~6	50~85	Fe_2B
5% Na_3AlF_6+25% FeB20 +70% Al_2O_3	850~950	4~6	50~85	Fe_2B
3% Na_2CO_3+7%Si+30% $Na_2B_4O_7$+60%石墨+黏结剂	900~960	4~6	60~100	Fe_2B
20%FeB20+20% $Na_2B_4O_7$+15% KBF_4+45%SiC+黏结剂	850~950	4~6	60~120	Fe_2B+FeB
40% B_4C+40%高岭土+20% Na_3AlF_6+乳胶	800~1000	4~6	40~150	FeB+Fe_2B
50% B_4C+35%NaF+15% Na_2SiF_6+桃胶液	900~960	4~6	60~120	FeB+Fe_2B
50% B_4C+25% CaF_2+25% Na_2SiF_6+胶水	900~950	4~6	80~100	FeB+Fe_2B

表 8-12 常用盐浴渗硼剂的组成

渗剂组成(质量分数)	渗硼工艺		渗硼层	
	温度/℃	时间/h	深度/μm	组织
75% $Na_2B_4O_7$+15% Na_2CO_3+10% B_4C	850~1000	4~6	50~160	FeB+Fe_2B
70% $Na_2B_4O_7$+10%NaF+20%SiC	900~1000	5~8	60~100	Fe_2B
80%~85% $Na_2B_4O_7$+10%NaF+5%~10%Al	900~1000	5~8	60~150	Fe_2B+FeB
60% $Na_2B_4O_7$+15% H_3BO_3+15% Na_2CO_3+10%FeSi75	850~1000	5~8	60~100	Fe_2B+FeB
40% $K_2B_4O_7 \cdot 5H_2O$+20% H_3BO_3+15%NaF+15% K_2CO_3+10%Mg	800~1000	4~6	40~180	FeB+Fe_2B
80%NaCl+15% $NaBF_4$+5% B_4C	850~950	3~6	40~100	Fe_2B+FeB
24% $Na_2B_4O_7$+12%FeB20+26%NaCl+38% $BaCl_2$	900~950	3~6	40~80	Fe_2B

8.3.4 渗铬剂

渗铬主要用于提高零件的耐磨性、抗高温氧化性和耐蚀性。对于碳质量分数小于0.3%的低碳钢进行的渗铬为软渗铬，渗层组织主要为高铬固溶体，硬度为200~250HV0.1，可提高零件的耐蚀性和耐高温氧化性；对于碳质量分数大于0.3%的中、高碳钢及预渗碳、预渗氮钢进行的渗铬为硬渗铬，渗层组织为铬的碳化物或氮化物，硬度为1200~1800HV0.1，既耐磨，又耐蚀和耐高温氧化。工业应用的渗铬工艺主要有固体渗铬、固体气相渗铬和盐浴渗铬。

1. 固体渗铬剂和固体气相渗铬剂

固体渗铬剂主要由供铬剂、活化剂和填充剂组成。供铬剂常用铬粉、铬铁粉、三氧化二铬等，活化剂可以采用氯化物（NH_4Cl、$AlCl_3$、NaCl）、氟化物（NH_4F、AlF_3、KF、NaF、KHF_2）、溴化物（NH_4Br）和碘化物（NH_4I、NaI）等卤素化合物中的一种或几种，填充剂一般采用氧化铝、陶土、高岭土等耐热材料。含有较多疏松孔隙的陶土是较好的填充剂，它在渗铬过程中可以吸收较多的渗铬介质，使活化剂的反应速度较为平缓，并且在渗铬剂再次使用时释放出吸收的活性介质，从而延缓渗剂的老化变质。渗铬剂使用4~5次后应补加20%（质量分数）的新渗剂和活化剂。通常认为采用碘化物作为活化剂效果最好，这是因为反应形成的 CrI_2 是不稳定的，CrI_2 在冷却过程中会分解析出碘和铬，使渗剂得以再生而保持活性。另外，碘化物对铁腐蚀性小，并且不易潮解，因此渗层表面更光洁。添加少量钒、钛等元素的铬合金粉末作为供铬剂，不仅可以降低渗层的脆性，而且使渗层具有更好的抗剥落性和抗疲劳性能。采用碳化铬（Cr_3C_2）、碳化铝（Al_4C_3）等含碳介质作为填充剂，不仅可以防止工件因渗罐密封不严造成氧化、脱碳、漏渗等渗铬缺陷，而且更易获得希望获得高硬度的 Cr_7C_3 型［w(C) 为9%］碳化物层，而不是 $Cr_{23}C_6$ 型［w(C) 为5.68%］渗层。

常用固体渗铬剂的组成见表8-13。

固体气相渗铬剂通常由铬或铬铁+氟化铵或氯化铵等固体粉末或颗粒混合物组成。固体气相渗铬在高温下向炉内通入氟化氢、氯化氢、氯气、氢气等气体与渗铬剂反应，生成活性气态 CrF_2、$CrCl_2$ 等含铬卤化物蒸气。卤化物蒸气在工件表面发生热化学反应析出活性铬原子，并不断向工件内扩散。由于渗剂不与工件直接接触，能得到较好的表面质量。但由于采用 H_2、Cl_2、HCl 这类易爆有毒的气体，实际生产中应用不多。几种固体气相渗铬剂的组成见表8-14。

表 8-13　常用固体渗铬剂的组成

序号	渗铬剂组成(质量分数)	处理工艺		渗层深度/μm	备　注
		温度/℃	时间/h		
1	60% FeCr65 + 39.8% 陶土 + 0.2% NH_4I	980~1100 (低碳钢) 850~1000 (中高碳钢)	5~10	25~100 (渗层为 α 固溶体) 5~25 (渗层为碳化物)	英国 D.A.L 法;加碘盐有助于渗剂抗老化
2	60%Cr+37% Al_2O_3+3%HCl				盐酸法;将盐酸与铬粉混合反应生成 $CrCl_2$
3	50%~60% Cr(或 FeCr70)+38%~49% Al_2O_3+1%~2%NH_4I 或 NH_4F				铵盐法;渗层中出现 Cr_2N 相,对渗层疲劳性能有不良影响
4	50%~60% Cr+35%~48% Al_2O_3+2%~5% AlF_3	900~1000	5~10	10~50	不含铵盐,用于各类碳素钢及合金钢
5	60%Cr(或 FeCr70)+2%~5% NH_4Cl+0~5% KBF_4+1%~2% NH_4F+Al_2O_3(余量)	900~1000	5~8	10~30	添加黏结剂制成粒状使用
6	75% Cr+25% Na_3AlF_6+硅酸乙酯 97%Cr+3%NH_4Cl+硅酸乙酯	1000~1200	2~3min	25~75 (低碳钢)	调成膏状涂覆于工件表面,高频感应加热,实现快速局部渗铬
7	渗铬剂(以钒和稀土改性的铬合金渗剂)、再生剂(由稀土化合物及碘盐组成)	850~1000	4~6	30~100 (低碳钢) 10~20 (中高碳钢)	可重复使用 15~20 次,成本低。渗铬表面光洁致密,抗剥落及抛光性优异,渗层硬度为 1200~1800HV0.1

表 8-14　几种固体气相渗铬剂的组成

序号	渗铬剂组成(质量分数)	处理工艺		渗层深度/μm	备　注
		温度/℃	时间/h		
1	30%~60%Cr+40%~60%高岭土+3%~10%NH_4F+H_2	1050~1100	2~6	50~100 (低碳钢)	法国 ONERA 法。渗罐底部放置粉状渗剂,顶部通氢气
2	60% Cr(或 FeCr65)+20% Cr_2O_3+18%Al_2O_3+2%NH_4Cl+H_2	1050	12	35~55	日本专利。装箱后定时通入氢气。用于低碳钢、不锈钢
3	$CrCl_2$+N_2(或 H_2+N_2)	1000	4	40	日本专利,用于 42CrMo 钢。氯化亚铬($CrCl_2$)需预先制备
4	Cr(或 FeCr70)+H_2+HCl	1000~1100	5~6	20~100	将氢气通过发烟盐酸形成 H_2+HCl 混合气再通入渗罐。有爆炸危险
5	Cr(或 FeCr70)+Cl_2 或 HCl	1000~1100	5~6	20~80	不含氢气,无爆炸危险,但有毒性和腐蚀性

2. 盐浴渗铬剂

盐浴渗铬剂分氯化物盐浴渗铬剂和硼砂盐浴渗铬剂两种类型。氯化物盐浴渗铬剂通常采用氯化钡、氯化钠或它们的混合盐作基盐;硼砂盐浴渗铬剂可以采用四硼酸钠、四硼酸钾或它们的混合盐作基盐。供铬剂常采用铬粉(Cr)、氧化铬(Cr_2O_3)或氯化亚铬($CrCl_2$)。在盐浴中加入铝粉、硅钙稀土合金、碳化铝等还原剂,以保持渗铬盐浴的活性。

研究表明,在由氯化物组成的中性盐浴中加入 $CrCl_2$ 获得的渗铬结果最稳定,加入 $CrCl_3$ 则不能发生渗铬过程。市场上很少有商用 $CrCl_2$ 供应,通常是将工业 $CrCl_3$ 还原为 $CrCl_2$。这一过程可以采用将 $CrCl_3$ 与 NH_4Cl 混合在一起,加热至 800~830℃ 进行反应来完成,反应产物基本上是 $CrCl_2$。采用中性盐浴渗铬的缺点是盐浴对坩埚的腐蚀较为严重。在硼砂盐浴中渗铬的工艺主要用于形成高硬度的碳化物层,这种工艺是 TD 工艺的一种。常用盐浴渗铬剂的组成见表 8-15。

8.3.5　渗钒剂

对碳含量较高[通常 $w(C)>0.4\%$]的材料进行渗钒处理,可以获得具有高硬度、高耐磨性的表面碳化钒覆层。渗钒方法分为固体法和盐浴法,常用渗钒剂的组成见表 8-16。

表 8-15 常用盐浴渗铬剂的组成

序号	渗铬剂组成(质量分数)	处理工艺		渗层深度/μm	备注
		温度/℃	时间/h		
1	5% ~ 15% Cr(或 FeCr65) + 85% ~ 95% $Na_2B_4O_7$	950~1050	4~8	5~20	硼砂盐浴黏稠度较大,工件粘盐较多
2	10% ~ 15% Cr_2O_3 + 5% Al + 80% ~ 85% $Na_2B_4O_7$				
3	15% ~ 20% Cr_2O_3 + 5% Al + 10% NaF + 65% ~ 70% $Na_2B_4O_7$	900~1000	4~8	5~20	加入 NaF,增加盐浴流动性
4	20% ~ 30% $CrCl_2$ + 70% ~ 80% $BaCl_2$	950~1000	1~5	5~15	中性盐浴,渗速较快
5	20% Cr(经盐酸活化) + 20% NaCl + 60% $BaCl_2$				

表 8-16 常用渗钒剂的组成

方法		渗钒剂组成(质量分数)	处理工艺		渗层深度/μm	备注
			温度/℃	时间/h		
固体法	1	50% FeV50 + 48% Al_2O_3 + 2% NH_4Cl	950~1000	4~8	10~20	用于 $w(C)>0.4\%$ 的各类钢及 $w(Co)\geq 10\%$ 的硬质合金
	2	50% FeV50 + 47% Al_2O_3 + 2% NH_4Cl + 1% CaF_2				
	3	60% FeV50 + 30% Al_2O_3 + 5% NaF + 5% NH_4Cl + 黏结剂	900~950	4~6	10~15	制成膏剂用于局部渗钒
	4	70% FeV50 + 5% Al_2O_3 + 5% B_4C + 10% KBF_4 + 10% CaF_2 + 黏结剂				
盐浴法	1	10% ~ 20% FeV50 + 80% ~ 90% $Na_2B_4O_7$	900~1100	4~8	5~15	硼砂盐浴,即 TD 工艺
	2	44.4% FeV50 + 22.2% KCl + 22.2% NaCl + 11.2% Al_2O_3	950~1000	4~7	5~15	中性盐浴
	3	10% V_2O_5 + 48.3% $BaCl_2$ + 20.7% NaCl + 9% NaF + 9% SiCaRE + 3% BaF_2				

1. 固体渗钒剂

固体渗钒剂常采用钒铁粉作为供钒剂，再加入一定比例的氧化铝、氧化镁等惰性材料，以及氯化铵、氟化钠、氟化钙、氟硼酸钾等卤化物型的活化剂配成粉末渗剂，再加入虫胶液、硝基纤维素等黏结剂可以制成膏状渗剂。通常将工件与渗剂一起装入密封容器内进行固体渗钒。碳化钒渗层的抗氧化温度约为500℃，因此渗钒后应冷却至500℃以下方能开盖取出工件。为了获得足够的基体硬度，渗钒后的工件一般要重新淬火。淬火加热时，要采取真空加热或保护加热的方法，以防止渗层氧化剥落。

2. 盐浴渗钒剂

渗钒盐浴主要有中性盐浴（氯化物盐浴）和硼砂盐浴两种类型。硼砂盐浴渗钒又称 TD 覆层工艺，最早由日本丰田公司发明。熔融的硼砂具有溶解金属氧化膜的作用，可对工件表面进行清洁和活化，有利于钒原子的吸附和扩散。硼砂盐浴的缺点是黏度大，流动性差，处理后的工件粘盐较多，既造成浪费，也给残盐清洗带来一定困难，而且硼砂对耐热钢坩埚有一定腐蚀性，使坩埚使用寿命受到一定限制。为了克服以上缺点，国内外均研究了以氯化钡、氯化钠、氯化钾等为基盐的中性盐浴渗钒工艺。中性渗钒盐浴黏度较小，流动性较好，并且可以采用内热式电极在耐火砖炉胆内进行。目前，应用于工业生产的盐浴渗钒剂主要采用硼砂盐浴。

8.3.6 渗钛剂

渗钛主要用于提高低碳钢的耐蚀性，以及提高中、高碳钢的耐磨性。渗钛可用固体法、盐浴法或化学气相沉积法进行。由于钛的化学性质十分活泼，它与氧的亲和力大于钒、铬、铌，采用常规固体法或盐浴法渗钛时，很难防止渗剂的氧化失效，因此渗钛的工业应用远不及渗铬、渗钒或渗铌广泛。目前制备钛的氮化物或碳化物覆层主要采用气相沉积法（CVD

或 PVD)。常用渗钛剂的组成见表 8-17。

8.3.7　硼铝及多元金属共渗剂

硼铝、硼硅、铬钛、铬钒等二元及多元共渗适用于处理有耐热和耐蚀要求的工件。实践证明，适当的二元或多元共渗可以提高工件表面的综合性能，达到渗入单一元素所不能满足的性能要求。对钢件同时进行两种或两种以上元素共渗时所用的介质称为共渗剂。常用二元及多元共渗剂的组成见表 8-18。

表 8-17　常用渗钛剂的组成

方法	渗钛剂组成(质量分数)	工艺	渗层深度/μm	备　注
固体法	75%FeTi30+15%CaF_2+4%NaF+6%盐酸	1000℃×6h	10~20	渗层主要为 TiC,硬度为 2400~3800HV
	50%FeTi30+40%Al_2O_3+5%NH_4Cl+5%过氯乙烯			
	50%FeTi45+46%SiO_2+2%$CuCl_2$+2%NH_4Cl			
盐浴法	40% FeTi45 + 40% NaCl + 10% Na_2CO_3 + 10%Al_2O_3	1000℃×5h	3~15	试验应用
	66.5%KCl+28.5%$BaCl_2$+4%K_2TiF_6+1%Ti			
气相沉积法	$TiCl_4$+CH_2+H_2	800~1000℃	—	TiC 涂层,硬度为(20~27)×10^3HV
	$TiCl_4$+N_2+H_2	650~1700℃	—	TiN 涂层,硬度为(20~27)×10^3HV

表 8-18　常用二元及多元共渗剂的组成

种类		共渗剂组成(质量分数)	特　性
硼基共渗	硼铝	20% B_4C + 60% FeAl65 + 14% Al_2O_3 + 4% $Na_2B_4O_7$ + 2%NH_4Cl 5%B_4C+40%FeAl65+50%SiC+2%KBF_4+3%AlF_3	提高渗层的耐磨性、耐热性能,多用于铝合金压铸、热挤压模具
	硼铬	5%B+50%FeCr60+44%Al_2O_3+1%NH_4Cl 70%$Na_2B_4O_7$+15%B_4C+15%Cr_2O_3	改善渗硼层脆性,提高渗层耐蚀性和抗高温氧化性
铬基共渗	铬铝	45%Cr+5%Al+49%Al_2O_3+1%NH_4Cl 50%CrAl+49.5%Al_2O_3+0.5%NH_4F	改善高温合金的抗高温氧化及抗高温腐蚀性能,适用于燃气轮机部件
	铬铝硅	15%Cr+5%Al+79.4%SiC+0.4%NH_4Br+0.2%$AlCl_3$ 30%Cr+8%Al+60%Al_2O_3+2%Si,另加 0.5%NH_4F, 0.3%CrF_3	
	铬钒	40%FeCr60+20%FeV50+38%Al_2O_3+2%NH_4Cl 10%Cr_2O_3+10%V_2O_5+75%$Na_2B_4O_7$+5%Al	用于提高渗铬层的耐磨损和抗剥落性能

8.3.8　TD 金属碳化物覆层处理剂

TD 覆层（toyota diffusion coating）工艺是日本丰田汽车公司发明的一种金属表面强化方法，它是将工件浸入含有碳化物形成元素（Cr、V、Nb 等）的硼砂熔盐中加热，使工件基体中的碳与盐浴中的碳化物形成元素通过热扩散反应结合，形成 $Cr_7C_3/Cr_{23}C_6$、VC、NbC 等超硬碳化物覆层。TD 覆层处理工艺设备简图见图 8-2。

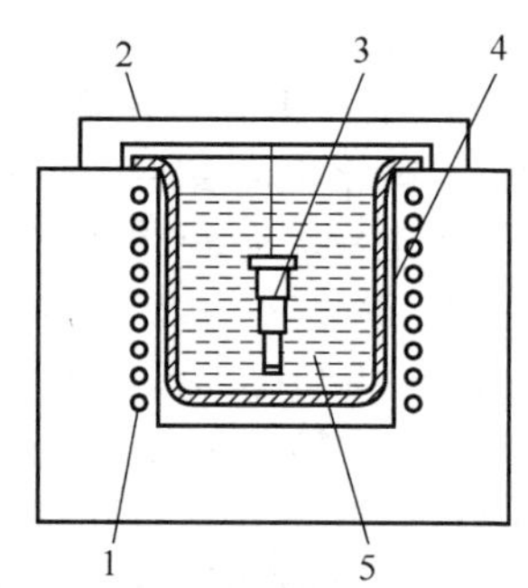

图 8-2　TD 覆层处理工艺设备简图
1—加热源　2—炉盖　3—被处理件　4—坩埚　5—熔盐

TD 覆层是一种利用扩散过程的表面硬化工艺，碳化物覆层中的碳来自工件基体中的碳元素向表面的扩散，因此要求工件基材中碳的质量分数应在 0.4%以上。TD 覆层工艺获得的表面硬化层的主要特点是高硬度、低摩擦因数、耐磨损、耐腐蚀、与基体冶金结合、抗剥落。目前应用于工业的 TD 超硬覆层主要为盐浴法获得的 VC、NbC 及 Cr_7C_3 覆层，并以 VC 覆层为主。VC 覆层的硬度为 2600~3800HV，用于模具可显著提高寿命。不同表面处理工艺覆层的性能对比见表 8-19。

TD 盐浴主要由硼砂基盐、碳化物形成元素、还原剂等组成。根据覆层种类，可选用 Fe-V、V_2O_5、Fe-Nb、Nb_2O_5、Cr、Fe-Cr、Cr_2O_3 等合金粉末或金属氧化物粉末作为碳化物形成元素的供给物质。可采用 Al、Ca、B、B_4C、Fe-B、Fe-Al 等作为还原剂，加入盐浴中以保持盐浴的活性。几种 TD 盐浴的组成及覆层性能见表 8-20。

表 8-19　不同表面处理工艺覆层的性能对比

分类	TD	渗硼	CVD	PVD	镀硬铬	渗氮
处理方法	盐浴法	固体或盐浴	化学气相沉积	物理气相沉积	电镀	气体法
处理温度/℃	900~1000	900~1000	900~1000	400~600	40~80	500~600
覆层组织	VC	Fe_2B、FeB	TiC、TiCN	TiN、CrN	Cr	Fe-N
覆层厚度/μm	5~15	10~100	3~15	1~5	20~50	10~20
覆层硬度 HV	2600~3800	1200~1700	2300~3800	2000~2300	900~1000	900~1200
覆层结合力	优	优	良	差	差	良
耐磨性	优	良	优	良	一般	一般
耐热性	一般	优	一般	一般	一般	良
工件变形	有	有	有	微	无	微

表 8-20　几种 TD 盐浴的组成及覆层性能

序号	TD 覆层剂组成(质量分数)	覆层种类	覆层性能			备　注
			深度/μm	硬度① HV0.1	耐热温度/℃	
1	10% ~ 15% FeV50 + 85% ~ 90% $Na_2B_4O_7$ 10%V_2O_5+5%Al+85%$Na_2B_4O_7$ 15%$NaVO_3$+5%B_4C+80%$Na_2B_4O_7$	VC	5~15	2600~3800	500	用于拉深、冲压等冷作模具,可提高寿命数十倍
2	10%FeNb50+90%$Na_2B_4O_7$ 10%Nb_2O_5+5%Al+85%$Na_2B_4O_7$	NbC	5~15	2800~3800	600	与 VC 覆层性能相近
3	10%Cr+90%$Na_2B_4O_7$ 15%Cr_2O_3+5%Al+80%$Na_2B_4O_7$	Cr_7C_3+$Cr_{23}C_6$	5~20	1200~1700	900	耐磨性低于 VC、NbC,耐高温性能优良,可用于热作模具、玻璃模具
4	ArVin TD Center Nova3(钒基三元共渗盐浴)	VC+其他	5~15	4200~4600	—	合金覆层;超过以往工艺获得的覆层硬度
5	Ion bond TD-Plus(钒铌共渗盐浴)	VC+NbC	5~15	4000~4200	600	合金覆层;耐磨损及抗剥落性能优于单一 VC 覆层
6	钒基合金盐浴	VC+其他	5~15	2600~3900	600	微合金覆层;易抛光至镜面,硬度超过硬质合金。盐浴可无限重复使用,环保无污染

① 覆层硬度因基材不同会有一定差异。

8.3.9　渗硫剂

渗硫是一种不产生表面硬化效果，但具有优异的润滑效应和抗咬合磨损性能的表面减摩处理方法。目前用于工业的渗硫工艺主要有气体（离子）渗硫和低温盐浴（电解）渗硫。

1. 气体（离子）渗硫剂

气体或离子渗硫可采用固态硫蒸发形成的硫蒸气、硫化氢气体或二硫化碳气体作为渗剂。在普通气体渗氮炉或离子渗氮炉内即可进行低温（180~280℃）或中温（500~600℃）气体及离子渗硫。在渗硫气氛中，通入氢气或氩气有助于形成较厚的 FeS 层。几种常用气体渗硫介质的物理性质见表 8-21。

2. 低温盐浴（电解）渗硫剂

低温渗硫可以在熔融的液态硫或含硫水溶液中进行。低温电解渗硫是在硫氰酸钾、硫氰酸钠、硫氰酸铵（或硫脲）等含硫介质组成的低熔点盐浴中进行，工件为阳极，盐槽为阴极，在盐浴中添加少量的亚铁氰化钾和铁氰化钾，渗硫效果更显著。

低温盐浴渗硫具有处理温度低、时间短、工件不变形的特点，缺点是盐浴易老化，使用寿命短。几种常用低温盐浴渗硫剂的组成见表 8-22。

表 8-21　几种常用气体渗硫介质的物理性质

名称	相对分子质量	密度/(g/cm^3)	熔点/℃	沸点/℃	性状
硫(S)	32.06	2.07	-119	444.6	黄色晶状固体
硫化氢(HS)	34.08	1.19	-85.6	-60.7	有毒无色气体
二硫化碳(CS_2)	76.14	1.26	-111.6	46.3	易燃无色、液体

表 8-22　几种常用低温盐浴渗硫剂的组成

渗硫剂组成(质量分数)		工艺参数		
		温度/℃	时间/min	电流密度/(A/dm^2)
电解盐浴	75%KSCN +25%NaSCN [可另加 0.1%$K_4Fe(CN)_6$+0.9%$K_3Fe(CN)_6$]	180~200	10~20	1.5~2.5
	70% $Ca(SCN)_2$+20% NaSCN +10% NH_4SCN	180	10~20	4~5
	30%~20%NH_4SCN+70%~80%KSCN	180~200	10~20	3~6
熔融硫浴	99%S(硫黄)+1%I(碘)	130~160	180~300	加碘可降低硫浴黏度
水溶液	5%S+45%NaOH+50%H_2O	110~150	60	150℃以上易形成 FeS_2

8.3.10　渗硅剂

渗硅主要用于提高钢铁材料的耐蚀性、电工钢的导磁性，以及钼、钨、铜、铌、钛等有色金属的抗高温氧化性能。渗硅剂分为气体渗硅剂、固体渗硅剂和盐浴渗硅剂

常用的气体渗硅剂为四氯化硅（$SiCl_4$）和甲硅烷（SiH_4），以氢气、氮气、氨气或氩气为载气，可在 900~1100℃温度下渗硅。在四氯化硅介质中渗硅时，所形成的渗层深度往往是不均匀的，且多孔、性脆，与基体结合不良。使用甲硅烷渗硅时，能使 20 钢获得致密无孔的含硅铁素体渗层。

固体渗硅剂可采用硅粉、硅铁、碳化硅、硅钙合金等含硅物质的粉末。为防止渗剂烧结及黏附于工件表面，可向渗剂中加入氧化铝、氧化镁、耐火土、石墨等填充剂。活化剂可选用氯化铵、氟化钾、氟化钠等。几种固体渗硅剂的组成见表 8-23。

盐浴渗硅剂通常采用碱金属硅酸盐或中性盐为载体，并加入硅、硅铁、硅钙、碳化硅等含硅物质和氟化钠、氟硅酸钠等活性还原剂组成。几种盐浴渗硅剂的组成见表 8-24。

表 8-23　几种固体渗硅剂的组成

序号	渗硅剂成分(质量分数)	渗硅工艺		渗层深度/μm	备　注
		温度/℃	时间/h		
1	40%~60%FeSi70+38%~57%石墨+3%NH_4Cl	1050	4	95~110(中低碳钢)	渗剂松散,不黏附工件
2	80% FeSi65 + 8% ~ 18% Al_2O_3 + 2%~12%NH_4Cl	1100	4	90~130(中低碳钢)	活化剂加入量超过 1%(质量分数)时,渗层中形成多孔的 Fe_3Si 相
3	97%Si+3% NH_4Cl	900~1050	4	50~120(难熔金属)	用于钼、钨、钛、铌等金属抗高温氧化
4	40%Si+59%Al_2O_3+1%NH_4Cl	800~900	4	500~1000(铜及铜合金)	纯铜处理后，耐 800℃高温氧化寿命提高 10 倍

表 8-24　几种盐浴渗硅剂的组成

序号	盐浴成分(质量分数)	处理工艺		渗层深度/μm	备　注
		温度/℃	时间/h		
1	33% Na_2SiO_3 + 50% NaCl + 17% SiC	950~1050	2~6	40~200(工业纯铁)	可获得无孔隙含硅铁素体

（续）

序号	盐浴成分(质量分数)	处理工艺		渗层深度/μm	备　注
		温度/℃	时间/h		
2	53% Na_2SiO_3 + 27% NaCl + 20% SiCa	950~1050	2~6	50~435(工业纯铁)	渗层组织为含硅铁素体+多孔 Fe_3Si 相
3	60% Na_2SiO_3 + 30% NaCl + 10% FeSi75	950~1050	2~6	45~310(工业纯铁)	
4	33% NaCl + 33% KCl + 14% Na_2SiF_6+20%Si	900~950	6~10	20~35(Mo、W、Nb 等)	生成耐高温的二硅化物层
5	35%NaCl+35%$BaCl_2$+30%SiCa	950~1000	6~10	30~50(Mo、W、Nb 等)	

8.3.11　渗锌剂

工业上常用的渗锌方法有固体（粉末）渗锌和热浸渗（镀）锌两种。

1. 固体（粉末）渗锌剂

固体（粉末）渗锌剂的主要成分是锌粉，其中加入氧化铝、硅粉或氧化锌等填充物，防止锌粉烧结和黏附工件表面。渗剂中可以加入少量氯化铵、氯化锌或氯化锌铵作为活化剂，以加速渗锌过程。渗锌剂使用前应烘干，含水量应低于 1%（质量分数）。粉末法渗锌通常是在静止或转动的密封容器中进行，在氢气、氮气或真空中渗锌有助于提高渗速，并延长渗锌剂的使用次数。锌粉的密度为 7.14g/cm^3，熔点为 419.4℃，是具有很强还原性能的活泼金属。粉末渗锌剂的使用温度一般在锌的熔点附近。渗剂使用多次后，其活性会降低，与此同时，渗剂的耐热性会得到一定程度提高，这就使渗锌过程可以在更高的温度下进行，而不必担心渗剂的烧结和熔化。为了保持粉末渗锌剂的活性，应定期补充一些新的锌粉（5%~10%，质量分数）。粉末渗锌适用于标准件、粉末冶金件、铜合金或铝合金件。常用粉末渗锌剂和热浸渗锌剂的组成见表 8-25。

表 8-25　常用粉末渗锌剂和热浸渗锌剂的组成

工艺		渗锌剂成分(质量分数)	处理工艺		渗层深度/μm	备　注
			温度/℃	时间/h		
粉末渗	1	50%Zn+48%~49%Al_2O_3+1%~2%NH_4Cl	340~440	2~6	25~70	钢铁材料在 360℃ 以下渗锌，渗层呈银白色光泽，塑性好；380℃ 以上，渗层为浅灰色，塑性降低。用于铜及铝合金渗锌，可增加其耐磨性
	2	20%~50%Zn+50%~80%Al_2O_3	340~440	2~6	30~80	
	3	50%Zn+30%Al_2O_3+20%ZnO	340~440	2~6	20~70	
热浸渗	1	100%Zn，另加 0.1%~0.15%Al，≤1%Sn	450~500	0.1~5min	30~100	最佳锌液温度为 450~460℃，应避免在 490~530℃ 区间热浸渗，以防渗层出现脆性相及锌液溶铁过多
	2	95%~97%Zn+3%~5%Al	450~500	0.1~5min	30~100	

2. 热浸渗（镀）锌剂

目前单一的热浸锌浴已基本不用，最常用的是以锌为基，适量添加铝、镁、硅、锡、锑、铅和稀土等合金元素组成的熔融锌浴。其中，铝是锌浴中最主要的合金元素，它可以显著提高渗层的耐蚀性和表面光泽度，并增加渗层的塑性；硅、镁可改善渗层在海洋及含硫工业大气环境下的耐蚀性；添加锡、锑、铅等元素有助于改善锌层的光泽，获得美丽的锌花。常用热浸渗锌剂的组成见表 8-25。

热浸渗锌常用的助渗工艺是微氧化还原法（森吉米尔法）和熔剂法。微氧化还原法多用于带钢、薄板的连续式热浸渗。国内的铁塔构件、水暖及五金标准件等热浸渗锌件大多采用手工操作的熔剂法。助渗熔剂一般为氯化铵或氯化铵+氯化锌水溶液。小五金件渗镀后，为防止锌层结瘤，可采用离心机甩去余锌，或者快速淬入氯化铵水溶液中“爆炸”去除余锌。

8.3.12　渗铝剂

渗铝主要用于提高金属材料的抗高温氧化和耐蚀性。目前用于工业生产的渗铝工艺有粉末渗铝、固体气相渗铝、料浆渗铝和热浸渗（镀）铝等。

1. 粉末渗铝剂

粉末渗铝剂由供铝剂、活化剂和填充剂组成。供铝剂通常采用铝粉、铝铁合金粉（铝质量分数为60%～80%）。活化剂（催渗剂）通常采用氯化铵或其他卤素化合物，如氟化铵、氟化氢铵、溴化铵等。填充剂可用煅烧过的氧化铝或高岭土。粉末渗铝可在密封的渗箱内进行。为了获得表面质量优良的渗铝件，可将渗箱放在通氮气、氢气或氩气保护的渗罐内进行渗铝，这种方法可用改良的井式气体渗碳炉实现。粉末渗铝剂在使用过程中，随着使用次数增加，铝含量不断降低，须不断补加 60%～80%（质量分数）的新渗剂。

2. 固体气相渗铝剂

固体气相渗铝剂是将固态铝粉、铝屑或铝铁粒与氟化氢铵、氯化铵等活化剂反应，生成气态卤化物，在渗铝炉罐内与工件发生气相化学反应，而分解出活性较大的新生态铝原子，在高温下渗入金属件的表面。固体气相渗铝与粉末渗铝的机理是相同的，只是气相渗铝时工件与渗剂不直接接触，因此工件表面更光洁，而且消除了粉尘，提高了生产率。固体气相渗铝可以在井式气体渗碳炉内进行，最好采用氩气保护加热。

3. 料浆渗铝剂

料浆渗铝剂由粉剂和黏结剂按比例混合并球磨而成。按形成渗铝层的原理可分为熔烧型渗铝剂和扩散型渗铝剂两类。熔烧型渗铝剂采用纯铝粉调制成浆料涂覆于工件表面，在高温下通过铝熔融成液态与工件表面互熔而形成渗铝层，其原理与热浸渗铝相同；扩散型渗铝剂则用铝粉或铝铁粉与填充剂、活化剂一起调制成浆料，在高温下通过气相化学反应生成活性铝原子渗入工件表面形成渗铝层，其原理与粉末渗铝相同。料浆法渗铝剂可采用硝基纤维素、醋酸纤维素等溶剂型黏结剂，也可采用聚乙烯醇、乙二烯等水基黏结剂。几种常用渗铝剂的组成见表 8-26。

表 8-26　几种常用渗铝剂的组成

序号		渗铝剂组成(质量分数)	处理工艺		渗层深度/μm	备　注
			温度/℃	时间/h		
粉末法	1	50% Al + 49.5% Al_2O_3 + 0.5%NH_4Cl	800～950	2～6	100～500	渗层较粗糙，且有铝粉粘连，已较少采用
	2	15% Al+84% Al_2O_3+0.5% NH_4Cl+0.5%KHF_2	850～1050	4～10	100～600(中低碳钢) 30～50(镍基、钴基合金)	降低渗剂中铝粉含量、增加氧化铝含量或用铝铁合金代替纯铝粉，均可改善工件表面质量
	3	35% AlFe20+63.5% Al_2O_3+1%NH_4Cl+0.5%KHF_2				
	4	98%～99.5% Al(或 AlFe20)+0.5%～2%NH_4Cl				
	5	2%～10% Al(粒度 5μm)+0.1% NH_4Cl，余为 Al_2O_3，也可另加 0.1%NaF、0.1%KHF_2	860～950	5～8	10～35(镍基合金)	用于涡轮叶片渗铝，通过采用超细铝粉、降低铝粉及活化剂加入量获得优良渗层。渗层厚度一般不超过 38μm，避免出现裂纹
固体气相法	1	99%～99.5% AlFe30(ϕ10～ϕ30mm 块状)+0.5%～1%NH_4HF_2	950	1.5～5	5～20(镍基合金)	渗剂活化：将氟化氢铵溶于水后浸泡铝铁块，然后于 300℃ 以下烘干。ϕ700～ϕ900mm 炉罐内应放入经活化的铝铁块 80～100kg，并通氩气保护加热
	2	96%～99% AlFe20(150 目)+1%～4%NH_4Cl	950	2～5	16～22(镍基合金) 190～230(铁锰铝合金)	用纯铝粉替换 Al-Fe 合金粉，渗速将增大 1 倍
料浆法		5% Al + 92% AlFe40 + 3% NH_4Cl+黏结剂	950～980	6～8	30～45(镍基合金)	料浆厚度≥0.3mm，氩气保护加热

4. 热浸渗（镀）铝剂

热浸渗（镀）铝剂主要有纯铝和铝硅合金两种类型，其成分应满足 GB/T 18592—2001《金属覆盖层 钢铁制品热浸镀铝　技术条件》的规定。

热浸镀铝工艺过程由前处理→预镀→热浸铝→校检→扩散处理→清理→检验等组成。为防止铝液表面氧化，并对镀件进行预镀处理，常用 40%～48%KCl+35%～40%NaCl+10%～12%Na_3AlF_6 的熔盐覆盖铝液，当热浸渗（镀）铝剂为铝或铝硅时，使用温度分别是 730～780℃或 680～740℃。

8.4　热处理涂料

8.4.1　热处理保护涂料

热处理保护涂料用于金属材料在热处理工艺过程中，对材料进行保护并防止产生表面氧化、脱碳及元素贫化和渗入，使金属产品质量得到保证。单件、小批量生产大型零件的锻造、轧制、热处理中，为避免在氧化性气体中加热时的氧化和脱碳，可在表面涂以保护涂料。这些涂料大都由各种玻璃料、金属氧化物、滑石粉、膨胀土、黏合剂等无机物组成。钢件加热时涂料熔化，在其表面形成一层牢固的不透气玻璃状物，使金属表面得到保护，在 800～1200℃范围内可防止空气对钢的氧化和脱碳。

JB/T 5072—2007《热处理保护涂料一般技术要求》规定了金属热处理保护涂料的一般技术要求和涂料性能的检验方法。

良好的保护涂料应满足以下性能要求：①在常温下具有良好的涂覆工艺性和储存稳定性；②在工作温度下能形成连续、致密、耐高温的釉质保护层；③在高温下有较高的化学稳定性，对基体材料无腐蚀及化学反应作用；④热处理后易于去除；⑤环保无毒，价格便宜。

热处理保护涂料通常由黏结剂（低温成膜物质）、瓷釉剂（高温成膜物质）、填充剂及悬浮剂等组成。黏结剂用于将涂料各组分黏结成膜，并赋予涂料良好的流平性及涂覆性能。黏结剂含量一般控制在涂料固体总量的 7%～20%（质量分数）。含量过高，涂层易起泡，保护性差；含量过低，涂层黏结强度低，不易涂覆。常用黏结剂有醇溶性酚醛树脂、虫胶、纯丙乳液、苯丙乳液、有机硅等有机物，以及硅酸钠、硅酸钾、硅溶胶、磷酸盐等无机物。瓷釉剂的主要作用是使涂料在高温下形成连续致密的釉质保护膜。瓷釉剂主要组成为玻璃料，通常占涂料固体总量的 50%（质量分数）左右。玻璃料一般是由 SiO_2、B_2O_3、Al_2O_3、Na_2O、K_2O、SiC、B_4C 等熔烧后粉碎研磨制成，或者直接混配后球磨制成。填充剂主要用于调节涂层的软化温度和膨胀系数，并改善涂层的耐热性能。常用填充剂有 Cr_2O_3、TiO_2、MgO、Al_2O_3、ZrO_2、氧化稀土等高熔点氧化物，以及高岭土（$Al_2O_3 \cdot 2SiO_2 \cdot 2H_2O$）、滑石粉（$3MgO \cdot 4SiO_2 \cdot H_2O$）、莫来石粉（$Al_2O_3 \cdot 2SiO_2$）等天然矿物原料。悬浮剂用于防止涂料中密度大的组分沉淀结块，并调节涂料的黏稠度。常用悬浮剂有改性膨润土、增稠剂等。几种已知成分的热处理保护涂料组成和抗氧化防脱碳涂料的组成分别见表 8-27 和表 8-28。其中，玻璃料的组成见表 8-29。

表 8-27　几种热处理保护涂料的组成

序号	涂料组成（质量分数）	使用温度/℃	用　途
1	30.7% 03 玻璃料+22.1% 05 玻璃料+9.3%氧化锌+2.5%膨润土+20%虫胶液+15.4%醇基溶剂	650～700	用于钛合金处理及热成形，空冷自剥落
2	32% 03 玻璃料+20% 04 玻璃料+12%云母氧化铁红+2.5%膨润土+24.5%虫胶液+9%醇基溶剂	800～900	
3	20% 04 玻璃料+15%11 玻璃料+8%云母氧化铁红+4%氧化铬+10%滑石粉+3%膨润土+20%虫胶液+20%醇基溶剂	850～950	用于合金结构钢淬火，油冷剥落
4	10% 03 玻璃料+10% 04 玻璃料+26% 11 玻璃料+6%氧化铝+2%氧化铬+4%滑石粉+2%膨润土+20%虫胶液+20%醇基溶剂	950～110	用于不锈钢及耐热合金热处理，空冷自剥落
5	3% 03 玻璃料+6% 04 玻璃料+35% 11 玻璃料+11%钛白粉+3.0%膨润土+21%虫胶液+21%醇基溶剂	850～900	用于合金钢热处理，热处理后自剥落

被保护的工件表面必须清洁，不得有锈斑、油脂、脏物等。可采用喷砂清理或清洗剂清洗，清理后应及时涂覆。可根据被保护工件的尺寸、形状和面积的大小，选用浸涂法、刷涂法或喷涂法。一般浸涂法适用于形状简单的小工件整体保护或端头的局部保护；刷涂法适用于大工件的局部保护；喷涂法适用于

表 8-28　抗氧化防脱碳涂料的组成

	指标	100	110	202
成分(质量分数,%)	SiO_2	85	85	25
	Al_2O_3	5	5	12.5
	Na_2SiO_3	10	—	—
	K_2SiO_3	—	10	10
	Cr_2O_3	—	—	12.5
	SiC	—	—	20
	$KAlSi_3O_8$	—	—	10
	另加 H_2O	40	25	12～15
适用温度/℃		800～1000	800～1000	800～1200

表 8-29　玻璃料的组成

四种组成指标		05	03	04	11
成分(质量分数,%)	SiO_2	6	20	70	40
	B_2O_3	16	15	8	—
	PbO	75	50	—	—
	Al_2O_3	—	5	4	20
	K_2O+Na_2O	3	8	15	25
	TiO_2	—	2	—	—
	CaF_2	—	—	3	—
	SiC	—	—	—	15
熔炼温度/℃		950～1000	1100	1200	1350
熔炼时间/min		20～30	40～60	180～240	420～480
烧结温度/℃		450～500	550～600	750～800	1050～1100

形状复杂和大中工件的整体保护或局部保护。

工模具和钢件用 0.05mm 厚的 18-8 不锈钢箔包裹，使其和工件贴紧，并排出其中的空气，然后在空气炉中加热保持后，直接浸入油中淬火，既能淬到要求硬度，又可避免氧化脱碳，使工件保持光洁或光亮。若能精心操作，钢箔可以多次使用。这种保护方法被称为"包装热处理"，在日本和我国深圳、香港地区有广泛应用。

8.4.2　化学热处理防渗涂料

热处理防渗涂料在化学热处理过程中起着阻止渗剂中的活性元素渗入工件表面的作用，将化学热处理防渗涂料涂覆于工件局部需要防渗的部位。防渗涂料主要由阻渗剂、黏结剂及悬浮剂等组成。按防渗作用可分为防渗碳、防碳氮共渗、防渗氮、防渗硼、防渗铬及防渗铝涂料等。JB/T 9199—2008《防渗涂料技术条件》规定了防渗涂料的一般技术要求。

防渗涂料首先应具有显著的防渗性能，同时要求涂料在热处理后易于清除。防渗面经化学热处理后，应具有显著的防渗性能，防渗面应能进行常规切削加工。防渗碳及防碳氮共渗涂料的防渗性能用阻硬率 h 表示，规定 $h \geq 80\%$ 为合格。h 值按下式计算：

$$h=\left(1-\frac{x-y}{y}\right)\times 100\%$$

式中　y——工件心部硬度；

x——工件防渗面硬度。

防渗氮及防渗铬、防渗铝、防渗硼涂料的防渗性能，规定以涂覆防渗涂料的工件防渗表面最高硬度不高于 320HV0.1 或 320HV10 为合格。

1. 防渗碳（碳氮共渗）涂料

钢铁件的局部渗碳和碳氮共渗是一种非常重要的热处理工艺。对于渗碳件要求保持良好塑韧性的部位，通常不允许有渗碳层。以往在渗碳生产中，对不需要渗碳的部位，一般采用局部镀铜防渗或预留加工余量，将工件整体渗碳后再局部切除渗碳层的方法。上述两种方法都存在很大的弊端：前者需要专门的电镀设备且工艺烦琐，易造成环境污染；后者浪费材料和工时，并且不易控制预留切除余量。作为一种简单易行的改进方法，防渗碳涂料近几十年来在国内外得到了普遍应用。目前，实际应用于工业生产的防渗碳涂料大多为专业厂家生产的商品涂料，一些涂料的防渗可靠性能已经超过传统的镀铜防渗工艺（见图 8-3）。

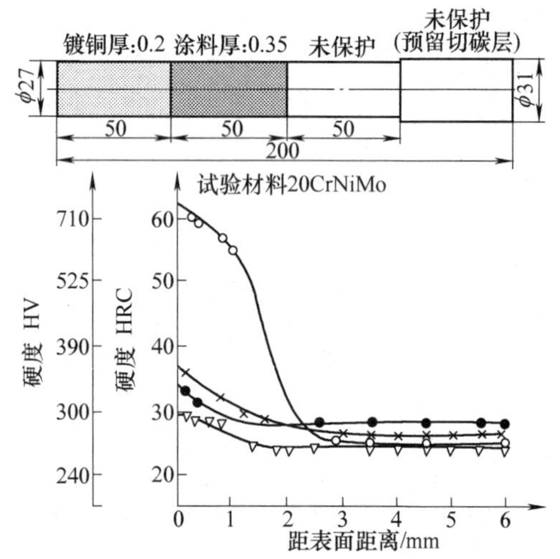

图 8-3　不同防渗碳工艺防渗效果对比

○—未保护　▽—涂料防渗

●—镀铜防渗　×—切除渗碳层

特别是以硼酸盐为基的水溶性防渗涂料，由于具有渗碳后残留涂层能在热水中方便地清除干净的特点，非常适合在大批量连续渗碳生产中用于螺纹、内孔、软花键等部位防渗。常用水性防渗碳及防碳氮共渗涂料组成见表 8-30。

表 8-30　常用水性防渗碳及防碳氮共渗涂料的组成

序号	产地	涂料组成(质量分数)	稀释剂	涂层去除方式	性能特点
1	—	30% CuO + 20%滑石粉 + 50%水玻璃	水	喷砂或机加工	900~1000℃气体渗碳防渗
2	国产	48.8% SiO_2 + 20.5% SiC + 6.8% CuO+7.4%K_2SiO_3+16.5%H_2O	水	喷砂或机加工	930~950℃气体渗碳防渗
3	国产	29.6% Al_2O_3 + 22.2% SiO_2 + 22.2%SiC+7.4%K_2SiO_3+18.6%H_2O	水	喷砂或机加工	1000~1300℃高温渗碳防渗
4	国产	10%~15% TiO_2+30%~35%高岭土+8%~10% $Na_2B_4O_7$+5%~8% Cr_2O_3+25%~30% K_2SiO_3	水	喷砂或机加工	850~1000℃气体或真空渗碳及碳氮共渗防渗
5	国产	40%~50% H_3BO_3+10%~15% $Mg(BO_2)_2$+25%~30%水性胶+水(余量)	水	热水	800~960℃气体或真空渗碳及碳氮共渗防渗。适用于螺纹内孔及花键部位渗层在 3mm 以内的防渗
6	德国	2.5%~25% CuO+10%~25% Na_2SiO_3+硅酸盐填料(余量)	水玻璃液	喷砂或机加工	用于 6mm 渗层深度以内深层渗碳的防渗
7	德国	硼酸盐+水性树脂漆	水	热水	热后涂层易于清除,为水性环保涂料
8	美国	硼酸盐+水性树脂漆	水	热水	

2. 防渗氮（氮碳共渗）涂料

防渗氮（氮碳共渗）涂料主要用于钢铁件在气体渗氮或氮碳共渗时局部防渗。工件某些部位经渗氮或氮碳共渗硬化后会影响工件的使用寿命和质量，并增加机械加工难度。为此，对于不需要渗氮的部位必须采取防渗保护。常用防渗氮及防氮碳共渗涂料的组成见表 8-31。

表 8-31　常用防渗氮及防氮碳共渗涂料的组成

序号	产地	涂料组成(质量分数,%)	稀释剂	去除方式	性能特点
1	德国专利	35~65Sn,25~55Cu,10~20聚醋酸乙烯胶	熔剂	粉化刷除	500~600℃气体渗氮防渗
2	波兰专利	50B_2O_3,20高岭土,20有机胶,10溶剂	溶剂	水洗	500~680℃气体渗氮及氮碳共渗防渗
3	美国专利	高岭土 66,Na_2SiF_6 12 水玻璃 22	水	喷砂	580℃盐浴氮碳共渗防渗
4	国产	Sn+Cr_2O_3+水性胶液	水	粉化刷除	500~700℃气体渗氮或氮碳共渗防渗
5	国产	Sn+Cr_2O_3+TiO_2+有机胶液	水	粉化刷除	500~650℃离子渗氮防渗
6	国产	35~45SiO,15~20PbO,5~10B_2O_3,10~15Cr_2O_3,20~30Na_2SiO_3	水	—	用于渗氮罐内壁抗老化,提高氨分解率

8.5 淬火冷却介质

8.5.1 水及盐溶液

水不仅价廉易得、无残留，而且可通过不断补充控制液温。水作为介质，环保安全（无烟、无毒、无火灾危险），但也有以下不足之处：

1）淬火槽、工装、吊具容易锈蚀。

2）系统可能滋生细菌。

3）冷却特性较难控制。

添加防锈剂能改善防锈性能，添加杀菌剂可抑制细菌滋生。

水冷却特性差表现在以下几个方面：

1）随水温升高，蒸汽膜阶段显著加长，最大冷却速度急剧降低（见图 8-4），工件淬火可能产生软点或硬度不足。

2）蒸汽膜稳定性与工件表面粗糙度有关。在平面或光滑表面上吸附性强，但在尖角、粗糙表面、缺陷及截面变化处，蒸汽膜易破裂，进入沸腾阶段，工件各部冷却差异加大，增加变形和开裂倾向。

3）对流冷却速度快。与矿物油相比，水在对流阶段冷却速度快，马氏体相变残余应力大，变形和开裂危险明显变大，如图 8-5 所示。

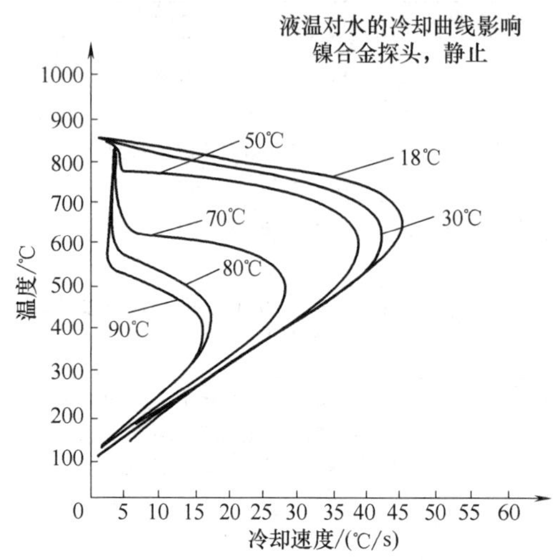

图 8-4 温度对水冷却特性的影响

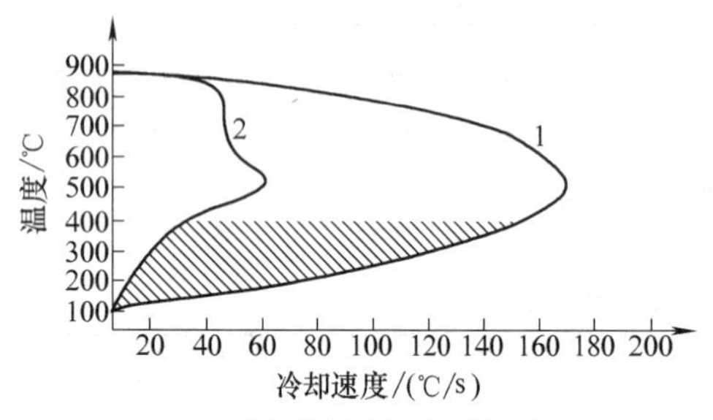

图 8-5 水在对流阶段冷却速度过快

1—水 2—常规冷速油

注：温度为 40℃，强烈搅拌。

为降低水淬火冷却时蒸汽膜的稳定性，可采取如下措施：

1）有效冷却，保持较低水温。

2）加强搅动。

3）添加无机盐或碱。通常使用的无机盐或碱有氯化钠（NaCl），典型质量分数为 10%；氢氧化钠（NaOH），典型质量分数为 3%。淬火过程中，微小盐晶沉积在工件表面并在局部高温下剧烈振荡，产生强烈扰动，破坏了蒸汽膜或降低其稳定性，冷却速度快而均匀。NaCl 会腐蚀系统装置，并有一定的环境毒性，应限制或停止使用。目前已有专用盐类，如好富顿公司生产的 Aqua-Rapid A 等。

通过控制温度、有效搅拌及添加盐类添加剂，能降低水冷却蒸汽膜的稳定性，但很难改善对流阶段冷却速度快的缺点，故水冷淬火工件形状应尽可能简单、无尖角、无易造成应力集中的部位、无缺陷等。一般仅限于低碳钢、低合金钢、低合金渗碳钢的淬火冷却及表面局部淬火冷却，或者截面非常大厚工件的淬火冷却。

实际生产中还有使用氯化钙（$CaCl_2$）和硝盐溶液的，以期部分改善水在对流阶段冷却速度快的缺陷。$CaCl_2$ 溶液的冷却性能与浓度和液温有关，它在一定程度上能减少工件变形与开裂，较适合小件、薄形、形状复杂及容易淬裂的结构钢和低合金钢零件等，对大件的淬火效果还需要观察，如果搅拌不足，容易出现淬不硬和淬不透的情形。对三硝水溶液，通常使用饱和溶液，如可使用配方（质量分数）为 $25\% NaNO_3+20\% NaNO_2+20\% KNO_3+35\% H_2O$。配制时，需注意控制溶液密度。碳素钢淬火时，密度控制在 1.40~1.45g/cm^3；低合金钢淬火可调至较高一些，一般为 1.45~1.50g/cm^3。亚硝酸盐可能形成致癌物，应严格限制使用。

8.5.2 淬火油

在发现石油前，植物油、鱼油和动物油，特别是鲸鱼油都曾作为淬火冷却介质使用过。大约在 1880 年，好富顿公司率先开发了第一代矿物油基的淬火油。高品质淬火油需选用高温稳定性好的基础油，配以精选润湿剂和制冷剂，以获得所需要的冷却特性；在此基础上，还需要添加性能良好的抗氧化剂，以保证能在高温下长时间连续使用。为方便其后的水洗操作，还可添加乳化剂。

1. 淬火油的分类

可按冷却速度、使用温度和残留去除难易程度对淬火油进行分类。

（1）按冷却速度分类 淬火油冷却速度大小直接影响淬后硬度和淬硬层深度。按冷却速度大小，淬火油分为普通淬火油、中速淬火油、快速淬火油三个级别。

1）普通淬火油。一般不含制冷剂，冷却速度缓慢，淬火变形小。通常用于淬透性足够高的材料。高合金钢及工具钢大都选用普通淬火油淬火。

2）中速淬火油。添加有制冷剂，冷却速度适中，被广泛用于中、高淬透性及对变形有较高要求工件的淬火冷却。

3）快速淬火油。添加有特殊制冷剂，冷却速度快。用于低淬透性工件或大截面中等淬透性及要求较高强度工件的淬火冷却。

（2）按使用温度分类 淬火油使用温度高低直接影响淬火油使用寿命、淬火冷却速度、黏度及带出量、工件变形。按使用温度，淬火油可分为冷油和热油或分级淬火油。

1）冷油。冷油设计在 100℃ 以下使用，具有相对较大冷却能力。

2）热油。热油设计在高达 200℃下使用，添加有高效抗氧化剂，淬火变形微小，也称为分级淬火油。

3）分级淬火是将淬火油加热并保持在较高温度，一般为 100~200℃，工件淬入介质中后持续到整个工件温度达到平衡状态，然后取出空冷至室温的过程。

工件在淬火冷却过程中，表面比心部冷却快。当表面冷至 *Ms* 温度发生马氏体转变时，心部仍处于较高温度，有良好塑性而能够协同变形，故会随表面马氏体转变协同发生膨胀变形；继续冷却，当心部达到 *Ms* 温度发生马氏体转变时，周围已是一层转变了的硬而脆的马氏体“壳”，并不能随同心部发生协同膨胀变形，导致表面最终承受了心部给予的拉应力，称之为残余组织应力，其原因在于表面和心部因温度差异导致的相变不同时性。温度差异本身也会因热胀冷缩的不同时性而导致残余热应力。冷却时表面冷却快，收缩变形，但心部温度较高，仍具有变形塑性，会协同一起收缩，但当心部继续冷却收缩时，表面温度已经很低，塑性大为降低，无法协同收缩。因此，残余热应力的结果是表面承受心部给予的压应力。应力的作用结果是产生变形。以上分析说明，残余应力及变形的根本原因是温度的不同时性导致的相变不同时性和热胀冷缩不同时性。要减少变形，就要减少工件各部位的温度差异。热油或分级淬火能够有效减少表面和心部的温度差异，从而能有效减少变形。如图 8-6 所示，表面和心部在冷却过程中存在较大温差，而图 8-7 显示，工件在热油或分级温度等温后，表面温度和心部温度趋于一致，再取出缓慢冷却，其表面和心部的温差会显著减小，残余应力和变形也会大幅度降低。

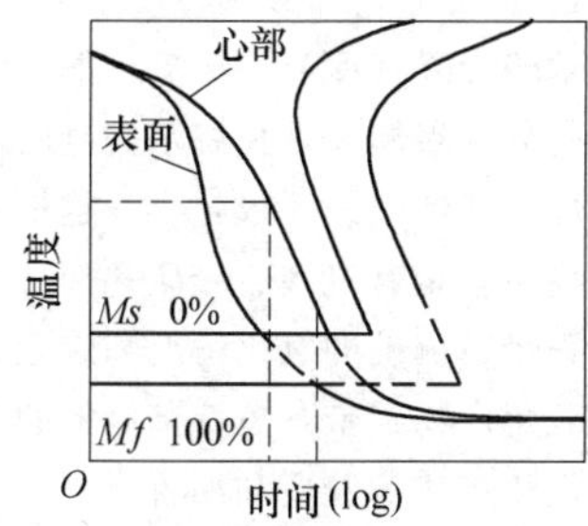

图 8-6　淬火冷却中的表面与心部温度差异

热油在高温下使用，其配方及物理特性与冷油不同。基础油热稳定性要求高，并要配以性能优异的复合抗氧化剂，方能有效阻止或延缓其氧化和老化。

（3）按去除的难易程度分类　有些应用条件下

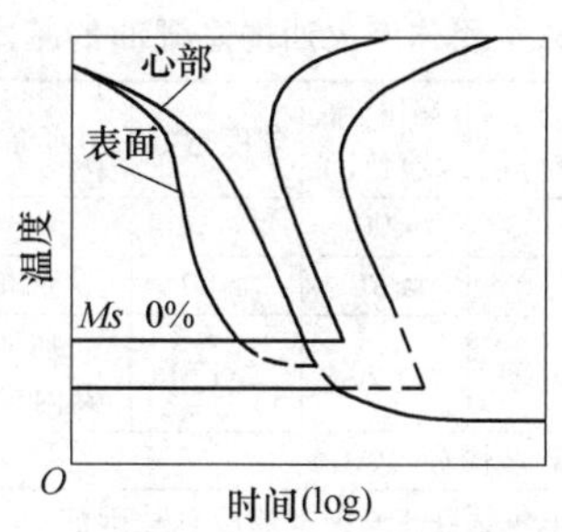

图 8-7　分级淬火减小表面与心部温度差异

要求淬火油易用水清洗。按照残油去除难易程度，可分为水洗淬火油和一般淬火油。水洗淬火油中加入了乳化剂，不会明显影响油的冷却速度，但却可在清水中方便地洗去，不必使用碱性清洗剂或去脂溶剂。

2. 淬火油的组成

淬火油由基础油和添加剂组成。

（1）基础油　淬火油所用基础油来源于石油的炼制或裂解物合成的矿物油。石油本身是一个混合物，没有固定化学成分和结构，不同的来源导致性能相差悬殊。提炼过的矿物油中主要含有三类碳氢化合物，即烷烃、环烷烃和芳香烃，前两个为饱和烃。国际上一般将基础油划分为五类：

Ⅰ类基础油——Ⅰ类基础油是精炼程度最低的。通常不同碳链的混合物不是或是很少是单一的成分组成。Ⅰ类基础油饱和烃含量小于 90%（质量分数，下同），硫含量>0.03%，黏度指数为 80~120。

Ⅱ类基础油——Ⅱ类基础油市场上现在比较常见。它在挥发性、氧化稳定性、闪点等一些润滑性能上表现出良好的特性。而且倾点、低温动力黏度等特性也有优秀的表现。Ⅱ类基础油饱和烃含量≥90%，硫含量≤0.03%，黏度指数≥80。

Ⅲ类基础油——Ⅲ类基础油是基础油分类中最高级别的矿物基础油。虽然它没有经过化学处理，但可以提供广泛的特性，既有分子的均匀性，也有分子的稳定性。Ⅲ类基础油饱和烃含量≥90%，硫含量<0.03%，黏度指数≥120。

Ⅳ类基础油——Ⅳ类基础油是聚 α 烯烃（PAO）和化学处理的合成基础油。它有非常稳定的化学结构和高度单一的分子链条。

Ⅴ类基础油——Ⅴ类基础油包括了前四类基础油之外的所有其他基础油。Ⅴ类基础油通常不作为基础油使用。但可给别的基础油增加有益的特性。

用作淬火油的基础油的基本参数见表 8-32。基础油的主要指标有黏度、黏温性质、闪点和氧化安定性等，见表 8-33。

表 8-32　用作淬火油的基础油的基本参数

基础油类别	w(S)(%)	w(饱和烃)(%)	黏度指数	备　注
Ⅰ	>0.03	<90	80~120	溶剂精制油
Ⅱ	≤0.03	≥90	≥80	加氢裂解油
Ⅲ	≤0.03	≥90	≥120	加氢异构化油聚内烯烃
Ⅳ	聚 α 烯烃(PAO)			
Ⅴ	不包括在Ⅰ~Ⅳ中的所有基础油			

基础油黏度与馏分的沸点和化学组成直接相关。馏分沸点高，黏度大。从成分上讲，环烷烃黏度较大，芳香烃次之，脂肪烃的黏度较小，异构烷烃黏度与正构烷烃相似。结构相似时，单、双环烷烃的黏度比单、双芳香烃的黏度大。

淬火油的基础油要求具有高的黏度指数。黏度指数 VI（viscosity index）反映黏度随温度的变化情况。黏度指数高，则黏度随温度变化小，反之亦然。一般来说，级别越高的基础油因为精炼程度更高，杂质更少，因此具有更稳定的化学结构和更高的黏度指数。就成分来说，环烷基油的黏度指数低，黏度指数最高的是石蜡基油，但目前利用深度加氢工艺和烯烃合成新工艺，能获得很高黏度指数（VHI）和超高黏度指数（UHI）的基础油。正构烷烃的黏度指数可高达 180，但凝点高，呈固体石蜡状，不能用于淬火；异构烷烃的黏度指数低于正构烷烃，凝点也随之降低，分子侧链多的异构烷烃黏度指数最低；环烷烃和芳香烃的黏度指数视它们的烷基侧链不同而变动。

表 8-33　基础油的主要指标

指　标	项　目	指标范围	检测方法
基础理化指标	外观	报告	目测
	色度/号	报告	GB/T 6540
	运动黏度(40℃和 100℃)/(mm²/s)	报告	GB/T 265
	黏度指数	≥90	GB/T 1995
	闪点(开口)/℃	≥150	GB/T 3536
	燃点/℃	≥170	GB/T 3536
	倾点/℃	≤-5	GB/T 3535
	水分	痕迹	GB/T 260
	铜片腐蚀(100℃×3h)/级	≤1	GB/T 5096
	密度(20℃)/(kg/m³)	报告	GB/T 1884
	机械杂质(质量分数,%)	无	GB/T 511
	酸值/(mgKOH/g)	≤0.03	GB/T 4945、GB/T 7304
	烷烃含量(质量分数,%)	≥85	ASTM D 2140
	硫含量(质量分数,%)	≤0.03	GB/T 17040
氧化性指标	氧化安定性(起始氧化温度)/℃	≥180	SN/T 3950
环境影响指标	诺亚克挥发量(质量分数,%)	报告	SH/T 0059、SH/T 0731

闪点是一个安全指标，同时也是油品的挥发性指标。闪点低的淬火油，挥发性高，容易着火，安全性较差。淬火油因为使用温度和反复接触高温工件，需要相对较高闪点的基础油。一般来说，淬火油的使用温度至少低于油闪点 50℃。

基础油的氧化安定性对淬火油也是至关重要的。淬火油不断与热工件接触而氧化，铜、铁等金属又会加速油氧化。氧化变质的淬火油不仅色泽变深，黏度和酸值增加，冷却性能恶化，还会有油泥、积炭产生，这些物质容易黏附在工件表面，需要在工艺中增加抛丸环节除去。基础油中烷烃比较稳定，而环烷烃和芳香烃则较易氧化。虽然饱和烷烃比较稳定，但在较高的温度下，也会氧化生成低分子的醇、醛、酮或酸（羧酸）等含氧化合物；带支链的异构烷烃氧化生成羟基酸，深度氧化后，生成胶状沉淀的氧化缩合产物。环烷烃的氧化一般在环与侧链连接的叔碳原子处发生，然后扩展至相邻碳原子处，最终导致环断裂，生成羟基酸、醛（酮）、酸等，进一步氧化还会生成内酯和高分子聚酯。带长烷基侧链的环烷烃，氧化近似于烷烃，环烷烃的环数越多，越易氧化。芳香烃的氧化产物主要是有机酸、胶质和沥青质；带长烷基侧链的芳香烃，侧链的氧化情况和烷烃相似，生成酸性和中性氧化产物；带有短烷基侧链的芳香烃及多环芳香烃的氧化产物为胶质和沥青质。

综合对黏度、黏度指数和抗氧化性能的要求，淬火油基础油的理想组分应是少环带长直烷基侧链的烷烃。

随着对环保方面的关注增多，基础油挥发（VOC）也成为淬火油性能衡量的一个指标。常用的方法是诺亚克，见表 8-33。一般来说，油的挥发与其闪点有一定正比关系，闪点越高，相同黏度下基础油的挥发量越小。组成上讲，黏度相同的情况下，环烷烃的闪点要比直链烷烃的挥发高。碳链分布也是表征基础油挥发量的一个方法，相同的黏度下，碳链分布越宽，挥发量越大。

（2）添加剂　根据不同添加剂的种类，可以将矿物淬火油分成很多系列，如快速淬火油、光亮淬火油、分级淬火油、真空淬火油和水洗淬火油等。

添加剂的主要种类有如下几种：

1）制冷剂。制冷剂能够破坏蒸汽膜的稳定性，增加油对金属的润湿性。制冷剂受热分解，分解灰分沉积在工件表面，作为沸腾的形核核心，促进沸腾阶段的到来，从而提高了冷却速度。Totten 等人认为，淬火油冷却速度与油的润湿能力有关。Hampshire 认为，油中加入制冷剂实际上也是增加油的润湿能力，使沸腾阶段尽快到来，从而提高最大冷却速度。图 8-8 所示为接触角和最大冷却速度的关系，润湿能力越好，最大冷却速度越大。

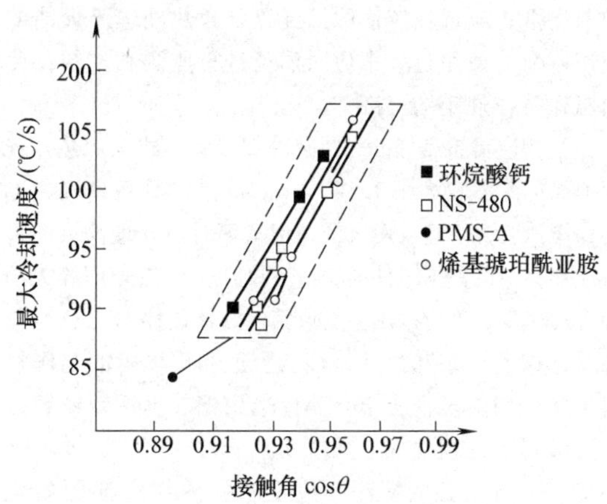

图 8-8　接触角和最大冷却速度关系

2）抗氧化剂。抗氧化剂有链反应中止型和过氧化物分解剂型两种，前者通过活泼氢原子与自由基作用生成稳定化合物，使氧化反应链中断，如酚型和芳胺型化合物；后者则在使用过程中能分解过氧化物，达到中止油品氧化的作用，如 ZDDP。

3）光亮剂。光亮剂大都是一些热稳定性好、无灰分的表面活性剂或清净分散剂。淬火过程中，它能结合油品中的氧化产物或不溶物，将其分散成小分子，使其不容易沉降，而且这类分子可以润湿金属表面，避免沉积物在工件表面黏着。它一般具有很好的溶解能力和置换作用，对氧化产物表现出很强的吸附作用。

4）乳化剂。为使淬火油随后的清洗变得容易，可在淬火油中加入乳化剂，主要应用在一些使用温度高、黏度大的淬火油中。

添加剂的发展方向是多功能复合添加剂。另外，要求添加剂环保性能良好，停止使用钡类等有害添加剂，避免对使用环境及随后的废物处理带来困难。

综上所述，淬火油的要求特性、指标要求及实现途径如图 8-9 所示。

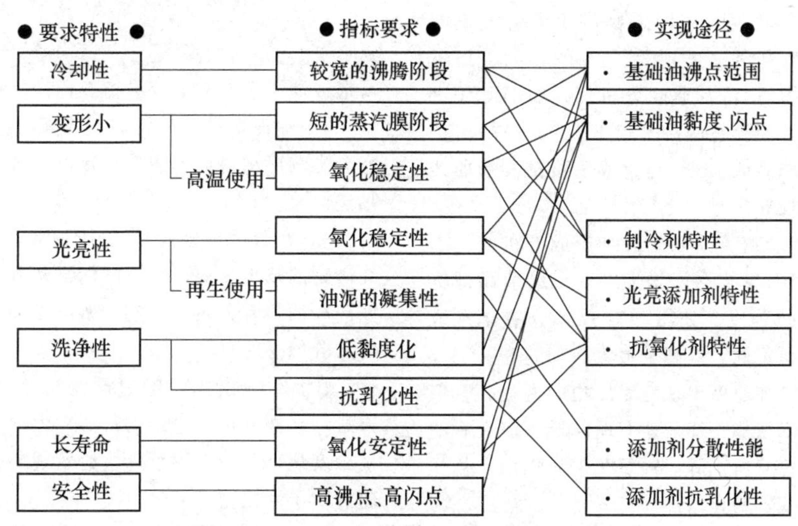

图 8-9　淬火油的要求特性、指标要求及实现途径

3. 淬火油的使用维护

氧化、污染、添加剂消耗等都会影响淬火油的性能，所以淬火油的使用、检测、维护和更换应该纳入热处理工艺规范中。

（1）淬火油的使用　根据油品供应商的指导文件，选择合适的油温和工件比热容比例。在满足安全的前提下，应选择较低的油温以延长热处理淬火油的使用寿命。使用过程中应对油温进行监测和控制，使油温保持在规定的范围。

油槽应具备良好的加热及冷却装置。建议加热器表面加热负荷不宜大于 1.5W/cm²。油槽应具备良好的循环和搅拌装置。建议用泵或螺旋桨等对热处理淬火油进行搅拌，并可根据工件的材质、尺寸调整热处理淬火油的流动速度。不应采用空气或其他气体搅拌。

冷却器、泵和搅拌元件、管道和槽体等的制作材料不宜使用铜及铜合金。建议选用钢、不锈钢或经镀镍、镀锡的处理件。

（2）淬火油的检测　应定期检测淬火油的物化指标。如果使用方不具备相应的检测设备，可委托供应商或相关院所进行检测。淬火油的使用状态可参照下述性能指标的检测进行判断。

1）黏度。氧化、热分解或污染物都可能引起淬火油的黏度变化。油质劣化，黏度一般会上升，并伴有冷却特性的改变。

2）闪点。油品最高使用温度应比开口闪点至少低 50℃。使用中的闪点变化关乎使用安全且反映淬火油中可能有污染或氧化发生。

3）水含量。淬火油需避免混入水分，并且建议水含量控制在 0.05%（质量分数）以下，特殊情况下可能要求更加苛刻。水的混入不仅影响使用安全，也会影响淬火油冷却性能，如图 8-10 所示。含水可能造成淬火软点、变形甚至开裂。0.5%（质量分数）或以上的水含量，在淬火中因急剧汽化产生大量泡沫，可能导致火灾甚至爆炸。

4）冷却特性。用冷却速度分析仪，如 IVF 仪进行分析。应注意，实验室的冷却曲线只有比较价值，所以要保证相同的测试条件，并注意和标准参考曲线对比，看是否出现异常。

5）酸值或中和值。油氧化最终形成有机酸，引起酸值（用 mgKOH/g 表示）增加，所以酸值高低标志着淬火油的氧化程度，如图 8-11 所示。氧化形成物降低了蒸汽膜稳定性，提高了最大冷却速度，工件变形加大，最大冷却速度出现的温度也明显提高，但实际硬化能力并未增加，往往还有所降低，淬火后的硬度和力学性能也有所下降。因氧化聚合作用，氧化物在工件的表面残留明显增加。

6）皂化值。皂化值衡量油中不饱和碳氢化合物的含量，不饱和烃可被氧化形成油泥。测定皂化值也能帮助判断淬火油的氧化程度。皂化值还可用来衡量油中脂肪酸类添加剂的含量。

7）沉淀值。沉淀值高，表明在操作条件下，容易形成油渣，工件上容易留有污渍。

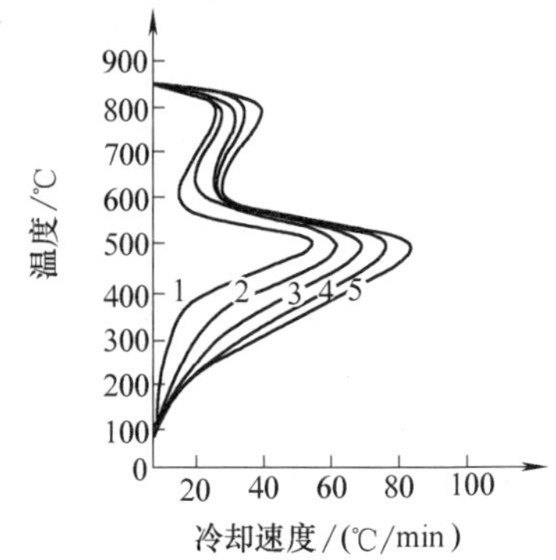

图 8-10　油中水含量对冷却速度的影响

1—$w(H_2O)=0$　2—$w(H_2O)=0.05\%$

3—$w(H_2O)=0.10\%$　4—$w(H_2O)=0.15\%$

5—$w(H_2O)=0.20\%$

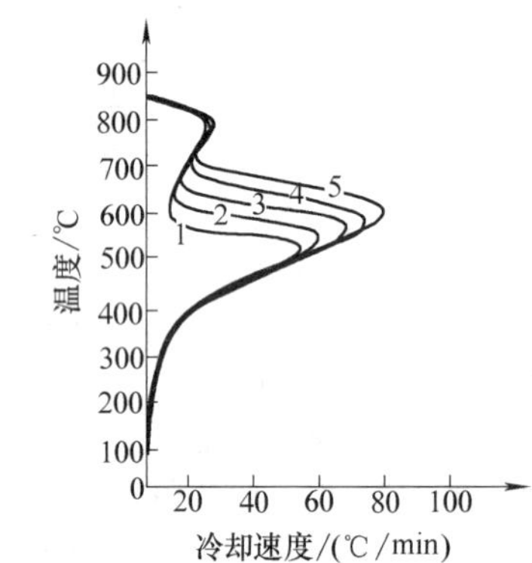

图 8-11　酸值与冷却速度和温度的关系

1—0.03mgKOH/g（新油）　2—0.18mgKOH/g

3—0.39mgKOH/g　4—0.54mgKOH/g

5—0.69mgKOH/g

8）油泥含量。油泥是油氧化聚合反应的结果，它会影响冷却特性，降低加热器冷却效率，引起工件粘连污斑。

9）灰分。灰分衡量油中不完全燃烧物的含量。纯矿物油几乎无灰，污染增加，灰分通常也增加。一些淬火油含有金属添加剂，所以新油也可能具有较高的灰分值。

10）红外分析。通过配制标准油样，建立定量方法。红外分析可直接测量油中添加剂的含量，判断是否变化，利用它还可以检查发现是否由于氧化等有新的物质形成。

（3）淬火油的维护　当淬火油的检测数据发生变化时，可以通过一定的维护延长其使用寿命。

1）油中杂质含量的控制。用户应采取有效措施防止淬火油受到污染。每半年至一年应进行沉淀或过滤净化处理，并清理油槽及循环系统中的粉屑、氧化皮、油泥和淤渣等杂质。

2）油中含水量的控制。当油中含水量大于 0.05%（质量分数）或超过特别约定，或虽未达到控制规定，但将影响产品质量和使用安全时，可采用加热脱水（或其他）方法进行处理。加热温度为 100~120℃，在有循环和搅拌的条件下保持 2~4h。如有必要可重复此操作。

3）油中气体含量的控制。新油在使用前需加热到规定温度，并应在有循环或搅拌的条件下采用加热的方法去除油中的气体。一般冷淬火油的加热温度为 80~100℃，热淬火油的加热温度为 90~110℃，时间为 24~72h。

4）热处理淬火油的特性调整。当热处理淬火油出现特性变化时，可根据供应商的指导意见，采用复合添加剂等进行调整，以满足使用要求。

（4）淬火油的更换　不同的油品因产品特性、使用管理等可能会存在不同的使用年限。一般来说，当淬火油出现表 8-34 所列指标变化且经过维护也达不到要求时，就意味着需要换油了。

表 8-34　淬火油更换指标

项　目	更换指标
运动黏度(40℃)	比新油增加±50%
水分(质量分数)	≥1%
酸值增加值/(mgKOH/g)	比新油增加 1~1.5
冷却特性	补充冷却速度调整添加剂也不能得以改善时
最大冷却速度/(℃/s)	调整后仍低于新油 15 以上时
最大冷却速度对应温度/℃	调整后仍低于 550 或低于新油 50 以上时

8.5.3　聚合物淬火液

聚合物淬火液是由有机聚合物加入防腐剂，防锈剂及消泡剂而制成的水溶液淬火冷却介质，使用方便，一般通过进一步的稀释使用。目前商业化的有机聚合物主要有四类，即聚烷撑乙二醇（polyalkylene glycol，PAG）、聚丙烯酸钠（sodium polyacrylate，PAAS）、聚乙烯吡咯烷酮（polyvinyl pyrrolidone，PVP）和聚乙基恶唑啉（polyethyl oxazoline，PEO）。

通过选择不同种类的聚合物淬火液的浓度、槽液温度和搅拌强度，可以非常灵活地获得不同的冷却性能。

1. 聚合物淬火液的优点

聚合物淬火液的优点表现在环保、技术和生产等几个方面。

（1）环保方面

1）消除火灾危险。

2）清洁、安全的工作环境。淬火或回火过程中无烟雾，地面无油污。

（2）技术方面

1）冷却速度灵活可调。通过改变浓度、槽液温度和搅拌强度，能在相当大的范围内调节冷却速度，适应不同淬透性、不同厚度工件和热处理要求的淬火冷却。

2）减少淬火软点。聚合物具有润湿性，可避免在感应淬火过程中因水的稳定的蒸汽膜而出现的淬火软点。

3）减少应力及变形。均匀一致的聚合物膜可减少伴随水冷出现的较大温度梯度及残余应力，减少变形。对铝合金固溶处理，减少变形的作用尤为突出。

4）更能包容水分混入。只要不严重影响到工艺要求所设定的浓度，可以容许相对多量的水分存在，而淬火油即使混入微量水分，也会造成淬火软点、变形甚至开裂等问题的出现。

（3）生产方面

1）降低成本。因为是稀释使用，所以一次投入成本低于淬火油。由于这类淬火液的黏度通常都低于淬火油，因此在同等淬火负载下的带出量和添加量也低于淬火油。

2）易于清洗。残留聚合物会在高温下完全分解，形成水蒸气及二氧化碳，工件可直接回火，不必再经清洗或蒸汽脱脂，降低了工序成本。低温回火或时效处理时，残留聚合物不能完全分解，但可以用清水方便地去除。

3）降低冷却过程中淬火槽液的温升。聚合物淬火液的比热容几乎是淬火油的两倍，相同淬火负载下的槽液温升大约只有淬火油的一半。

2. 聚合物淬火液的冷却机制

聚合物的水溶性特点对其冷却性能有重要影响。对高聚物溶解过程的热力学分析表明，只有当聚合物与溶剂的内聚能密度或溶度参数 δ 相近或相等时才能溶解。溶度参数差 $|\delta_1-\delta_2|=1.7\sim2.0$ 时，则不能溶解（δ_1、δ_2 分别是聚合物和溶剂的溶度参数），但这个条件并不是充分的。

从热力学可求出聚合物溶液开始相分离的临界互溶温度 $T_{临界}$（也称为逆溶温度或浊点）为

$$T_{临界}=\frac{\theta_F}{1+\frac{C}{M^{1/2}}}$$

式中　θ_F——聚合物的溶解度；

C——常数；

M——聚合物的相对分子质量。

聚合物淬火液的冷却特性与在冷却过程中工件周

围形成的聚合物膜或聚合物富集层的特性、厚度及其黏度密切相关。聚合物相对分子质量越大、黏度越大或浓度越高，则聚合物膜就越厚，冷却速度也就越慢。因此，虽然同属于聚合物淬火液，但冷却性能表现可能相差甚大。除浓度，系统搅拌和淬火液温度也显著影响工件表面聚合物膜，从而显著影响冷却速度。通过严格控制浓度、温度和搅拌强度，可适应不同淬透性钢种的淬火冷却需要。

一般认为，聚合物淬火液的冷却机制与矿物基淬火油大致相同。如图8-12所示，当炽热工件刚浸入聚合物淬火液中时，工件表面形成蒸汽膜，冷却速度较慢。在这层蒸汽膜中不仅有水蒸气，而且还有聚合物或聚合物的富集层，它可以是聚合物从水中脱溶（有逆溶特性的聚合物淬火液）而形成，也可以是由于周围所含水分蒸发而形成（非逆溶性的聚合物淬火液）。由于此时的传热主要靠辐射传热和通过蒸汽膜传热（辐射传热所占比例较小），所以冷却速度较慢。随着工件温度降低，富含聚合物的蒸汽膜破裂，淬火冷却介质直接接触热工件，冷却速度加快。聚合物淬火液在冷却过程中，既有水分吸热变成气体，又有聚合物析出妨碍传热，因此聚合物淬火液的冷却能力比水差。聚合物淬火液的蒸汽膜阶段有时很短，甚至不出现而直接进入核沸腾阶段。

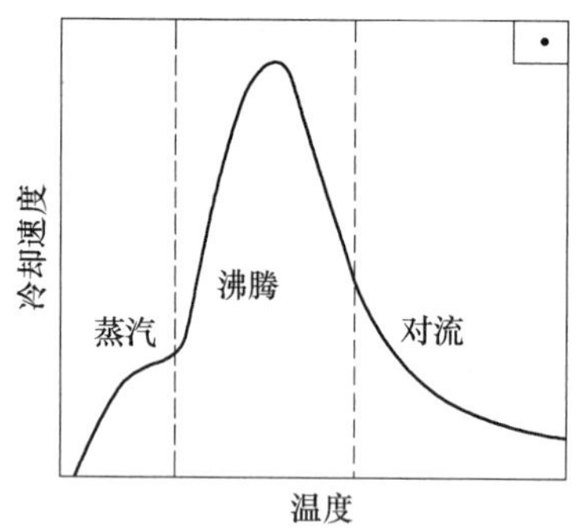

图8-12　聚合物淬火冷却介质的冷却过程

在冷却的第三阶段，即对流阶段，热传递主要靠对流实现，该阶段的冷却速度快慢不仅与介质黏度密切相关，而且与聚合物的回溶程度有关。回溶程度随聚合物结构或相对分子质量不同而相差甚远。图8-13所示为模拟工件在聚合物淬火液中的冷却过程。由图8-13可以看出，几个阶段在试样上可以同时出现。Totten等人用润湿概念来解释聚合物的冷却过程。

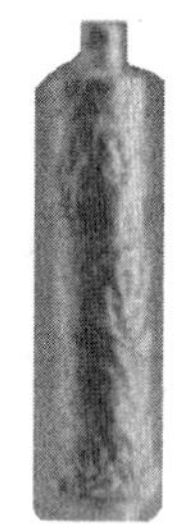
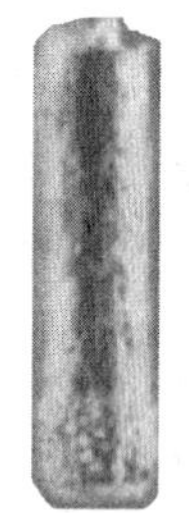
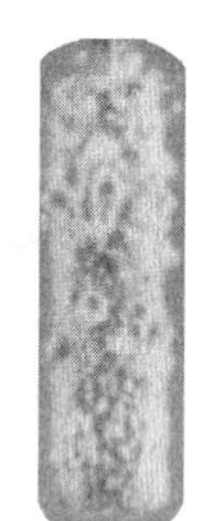
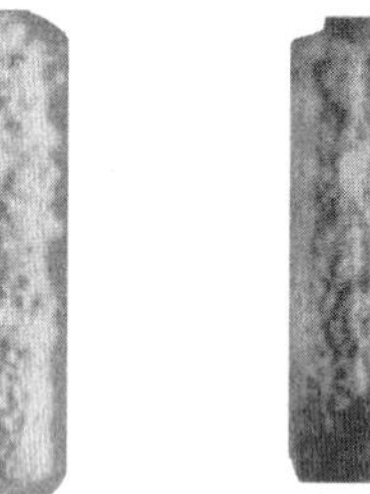

图8-13　工件在聚合物淬火液中的冷却过程

在聚合物淬火液中，除聚合物，一般还含有很多添加剂，如pH维持剂、防锈剂、消泡剂和杀菌剂等，以满足不同的要求。

3. PAG类聚合物淬火液

PAG类聚合物是目前使用最为广泛的聚合物淬火液，主要应用场合有钢件整体淬火、感应加热喷淋淬火和铝合金固溶处理。

PAG类聚合物具有逆溶性，室温下可完全溶于水，高温时逆溶析出。依据相对分子质量和分子结构的不同，逆溶温度范围为60~90℃。

（1）冷却特性　PAG类聚合物淬火液的冷却速度主要是通过改变浓度、液温和搅拌强度来调整，以满足不同淬透性钢种的淬火冷却需要。

1）浓度。浓度影响淬火过程中附着在工件表面的聚合物膜厚度，从而影响冷却速度。如图8-14所示，随浓度提高，最大冷却速度及对流冷却速度降低。在有搅拌条件下，浓度对蒸汽膜阶段的影响不大。

5%（质量分数）PAG类聚合物淬火液增加工件表面润湿性，淬火冷却更加均匀，可以避免感应淬火喷水冷却时易出现的淬火软点缺陷。10%~20%（质量分数）的PAG类聚合物淬火液的冷却速度稍快于快速淬火油，适合于低淬透性钢或要求获得高力学性能的淬火需要。浓度为20%~30%（质量分数）的PAG类聚合物淬火液的冷却速度适应面较宽，可用于高淬透性钢的淬火冷却。

2）温度。温度对PAG类聚合物淬火液冷却速度的影响如图8-15所示。在有搅拌的条件下，液温对蒸汽膜阶段影响不大，但最大冷却速度随槽液温度的升高而降低。PAG类聚合物淬火液应在逆溶温度以下使

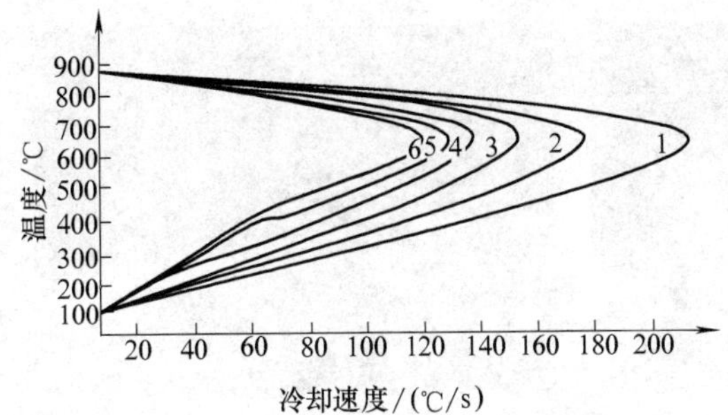

图 8-14　浓度对 PAG 类聚合物淬火液冷却速度的影响

1—5%（质量分数）　2—10%（质量分数）

3—15%（质量分数）　4—20%（质量分数）

5—25%（质量分数）　6—30%（质量分数）

注：液温为 40℃，强烈搅拌。

用，一般使用温度为 30~40℃，最高不应超过 55℃。

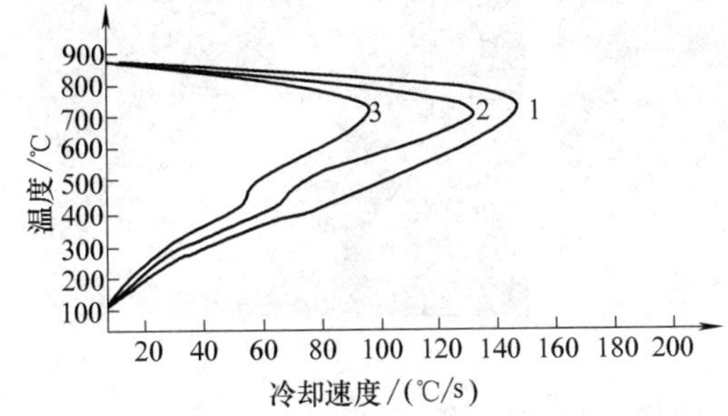

图 8-15　温度对 PAG 类聚合物淬火液冷却速度的影响

1—20℃　2—40℃　3—60℃

注：淬火液浓度为 25%（质量分数），强烈搅拌。

3）搅拌。搅拌对所有 PAG 类聚合物淬火液的冷却特性都有显著影响。搅拌除确保槽内淬火液温度均匀，同时也影响冷却速度（见图 8-16）。搅拌强度（流量）加大，将缩短蒸汽膜阶段，提高最大冷却速度。搅拌对对流阶段冷却速度的影响相对较小。

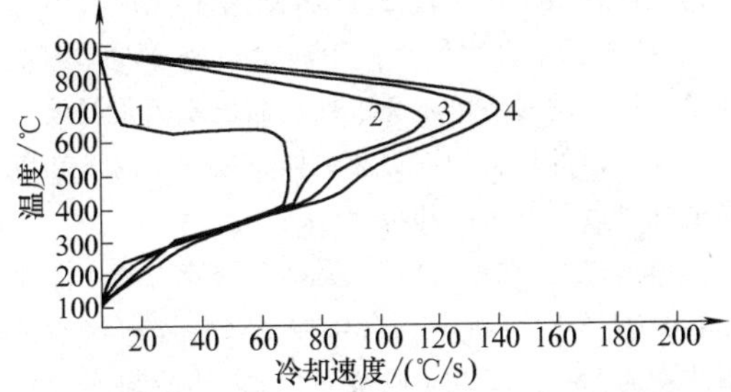

图 8-16　搅拌对 PAG 类聚合物淬火液冷却速度的影响

1—静止　2—0.8m/s　3—1.6m/s　4—2.4m/s

注：淬火液浓度为 25%（质量分数），液温为 40℃。

（2）典型应用

1）钢件整体淬火。最初选择用 PAG 类聚合物淬火液的目的是减小油淬的油烟和火灾危险，后因其冷却速度可调及较好的经济性而使其应用范围不断拓宽。PAG 类聚合物淬火液适用的钢种范围较宽，包括碳素钢、硼钢、弹簧钢、结构钢、马氏体不锈钢、低中合金渗碳钢和复杂截面的高合金钢等。具体到工件，从截面尺寸小至 1mm（针、弹簧卡环螺纹、紧固件）、大到 10t 或大直径的轴、环锻件等都有成功应用，如螺栓、轴承、曲轴、弹簧、钢棒、线圈、高压气缸、一般锻件、农机零件、汽车零件等。PAG 类聚合物淬火液可用于多种热处理设备上，包括连续式网带炉、流态炉、转底/振底炉等设备的敞开式淬火槽中。图 8-17 所示为 PAG 类聚合物淬火液在钢件整体淬火中的应用实例。

2）表面淬火。PAG 类聚合物淬火液广泛用于感应淬火或火焰淬火工艺中，是水或矿物油、可溶性油的最佳替代品，使用浓度为 5%~15%（质量分数），能消除水淬软点，减少变形，并对感应设备提供防锈保护。典型应用零件有齿轮、曲轴、凸轮轴、驱动轴、大直径回转齿圈、风电偏航齿圈、轴承圈和管/棒材淬火等，PAG 类聚合物淬火液在表面淬火中的应用实例如图 8-18 所示。

3）铝合金固溶处理。PAG 类聚合物淬火液已经被广泛用于取代水（热水）在铸造或变形铝合金的薄或超薄的板材、航空零件、发动机缸体与缸盖和汽车轮毂等的固溶处理中。

铝合金固溶处理时需要极快的冷却速度，以抑制淬火时中间相的析出，获得高浓度的 GP 区，从而达到所需的力学性能、抗晶界腐蚀和应力腐蚀性能。与纯水相比，PAG 类聚合物淬火液用于铝合金固溶处理时，在保持相同力学性能的同时可以显著减少或消除水（热水）冷却时的变形，这对航空工业所用到的，无论是铸造还是变形铝合金有着重要意义。图 8-19 比较了 AA2024-T4（AA2024 是美国牌号，相当于我国的 2A12）铝薄板分别经 30℃的纯水和浓度为 12%（质量分数）的 PAG 类聚合物淬火液冷却后的变形。结果显示，PAG 类聚合物淬火液淬火后的变形得到大幅度改善。

用于大尺寸铝合金铸锻件淬火的 PAG 类聚合物淬火液的浓度一般为 10%~20%（质量分数），薄板一般为 25%~40%（质量分数）。PAG 类聚合物淬火液可与空气炉、盐浴炉一起使用。对盐浴加热的须注意，盐带入后可能影响到浓度的测量，需要进行相应补偿和校正。

4. ACR 类聚合物淬火液

ACR 类聚合物淬火液具有类油的冷却特性，因而可用于高淬透性合金钢的淬火冷却。

a)

b)

c)

图 8-17　PAG 类聚合物淬火液在钢件整体淬火中的应用实例
a）25%（质量分数）浓度用于传动轴淬火　b）20%（质量分数）浓度用于机车轮毂淬火　c）15%（质量分数）浓度用于大直径曲轴淬火

a)

b)

c)

图 8-18　PAG 类聚合物淬火液在表面淬火中的应用实例
a）大型钻管喷淋淬火　b）汽车联轴器的感应淬火　c）大直径回转齿圈的感应淬火

a)

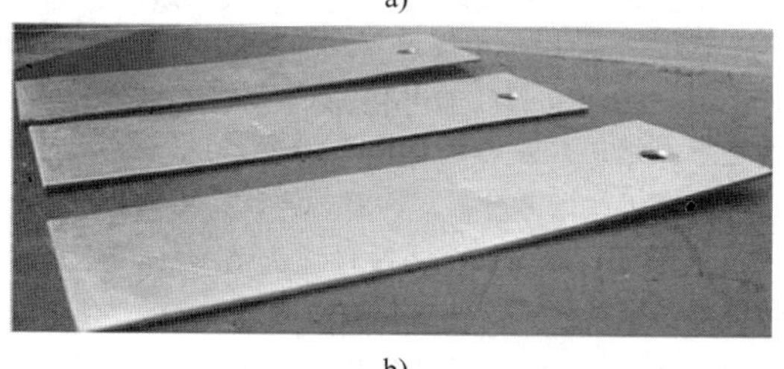
b)

图 8-19　纯水及 PAG 类聚合物淬火液对铝合金薄板固溶淬火后变形的比较
a）板厚 1.6mm 的 AA2024-T4 铝合金于 30℃水淬，平均变形量（三块板）为（36.36±27.60）mm　b）板厚 1.6mm 的 AA2024-T4 铝合金于 40℃的 12%（质量分数）PAG 类聚合物淬火液中淬火，平均变形量（三块板）为（5.77±2.04）mm

（1）冷却特性　ACR 类聚合物淬火液无逆溶性，其冷却特性取决于表面所形成的一层高黏度富含聚合物的包覆膜，这层膜使得在珠光体转变温度区具有非常缓慢的冷却速度，同样也降低了对流阶段的冷却速度，使之具有类油特性。利用 ACR 类聚合物淬火液表现出的缓慢的高温冷却阶段的冷却速度，可用来代替传统的铅浴索氏体化处理。当用于正火时，因为可以在 ACR 类聚合物淬火液中获得快速冷却，不仅提高了效率，同时还可避免工件表面出现氧化脱碳。

同其他的聚合物淬火液一样，浓度、温度和搅拌强度都显著影响其冷却特性。

1）浓度。浓度对 ACR 类聚合物淬火液冷却速度的影响如图 8-20 所示。ACR 类聚合物淬火液通常使用浓度为 15%～25%（质量分数），其冷却速度接近普通淬火油。

2）温度。槽液温度升高，蒸汽膜阶段延长，最大冷却速度降低，如图 8-21 所示。ACR 类聚合物淬火液的使用温度一般为 60～90℃。过高的液温会导致系统的蒸发损失过快。

3）搅拌。如图 8-22 所示，搅拌强度（流量）对

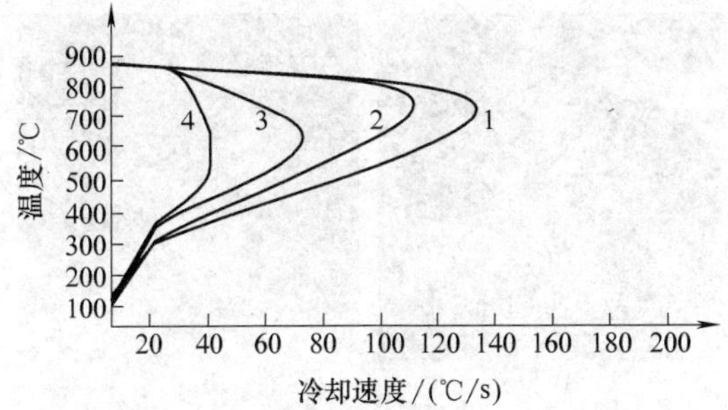

图 8-20　浓度对 ACR 类聚合物淬火液冷却速度的影响

1—10%（质量分数）　2—15%（质量分数）

3—20%（质量分数）　4—25%（质量分数）

注：液温为 40℃，强烈搅拌。

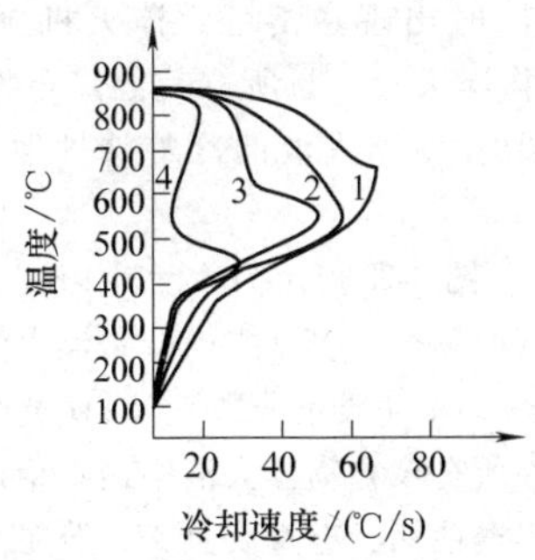

图 8-21　温度对 ACR 类聚合物淬火液冷却速度的影响

1—20℃　2—40℃　3—60℃　4—80℃

注：淬火液浓度为 20%（质量分数），强烈搅拌。

ACR 类聚合物淬火液冷却性能很敏感。静止状态下，ACR 类聚合物淬火液的蒸汽膜阶段较长。随搅拌的加剧，蒸汽膜阶段缩短，最大冷却速度明显提高。因此，使用 ACR 类聚合物淬火液，搅拌尤为重要。

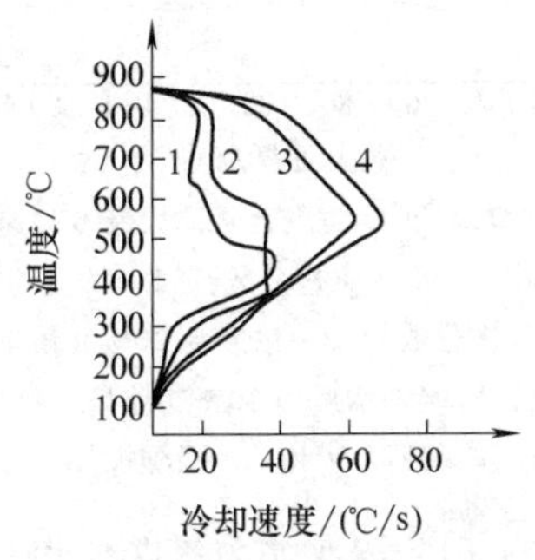

图 8-22　搅拌对 ACR 类聚合物淬火液冷却速度的影响

1—静止　2—0.8m/s　3—1.6m/s　4—2.4m/s

注：淬火液浓度为 20%（质量分数）。

（2）典型应用　由于具有与油相似的淬火特性，ACR 类聚合物淬火液可用于高淬透性钢的淬火，包括石油工业无缝钢管（42CrMo）、铸锻件、大模数合金钢齿轮及大直径曲轴（42CrMo 和 40CrNiMo）、高碳铬磨球等。图 8-23 所示为 20%（质量分数）浓度 ACR 类聚合物淬火液用于高合金钢石油钻杆的整体淬火。

图 8-23　20%（质量分数）浓度 ACR 类聚合物淬火液用于高合金钢石油钻杆的整体淬火

5. PVP 类聚合物淬火液

PVP 类聚合物淬火液无逆溶性，也具有与油相似的冷却特性。低浓度时，可用于低淬透性调质钢的淬火，高浓度时可用于如模具钢、马氏体不锈钢等高合金钢的淬火。

（1）淬火特性　与其他类型的聚合物淬火液一样，PVP 类聚合物淬火液冷却特性的表现同样与浓度、温度和搅拌强度相关。

1）浓度。图 8-24 所示为浓度对 PVP 类聚合物淬火液冷却速度的影响。PVP 类聚合物淬火液通常使用浓度为 10%～25%（质量分数），在这个范围内，PVP 类聚合物的冷却性能与油相似。

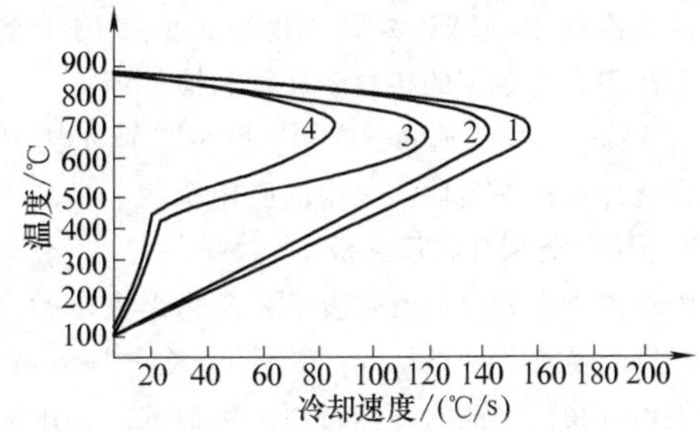

图 8-24　浓度对 PVP 类聚合物淬火液冷却速度的影响

1—10%（质量分数）　2—15%（质量分数）

3—20%（质量分数）　4—25%（质量分数）

注：液温为 40℃，强烈搅拌。

2）温度。PVP类聚合物淬火液的冷却性能同样受液温的影响。如图8-25所示，随液温的升高，蒸汽膜时间延长，最大冷却速度降低。PVP类聚合物淬火液的正常使用温度一般为60~80℃，过高的使用温度将导致系统蒸发损失加快。

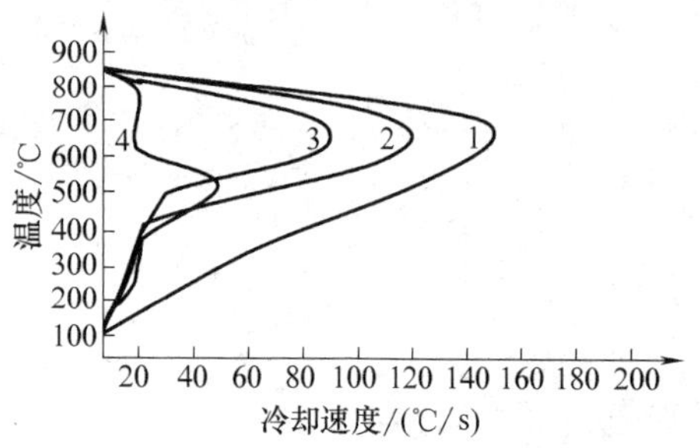

图8-25　温度对PVP类聚合物淬火液冷却速度的影响

1—20℃　2—40℃　3—60℃　4—80℃

注：淬火液浓度为20%（质量分数），强烈搅拌。

3）搅拌。PVP类聚合物淬火液的蒸汽膜稳定性不如ACR类聚合物淬火液，但搅拌仍很重要（见图8-26），以确保均匀的淬火特性及槽液温度。

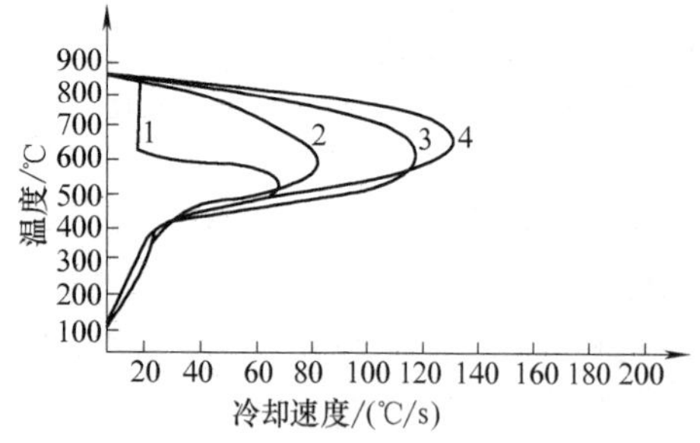

图8-26　搅拌对PVP类聚合物淬火液冷却性能的影响

1—静止　2—0.8m/s　3—1.6m/s　4—2.4m/s

注：淬火液浓度为20%（质量分数），液温为40℃。

（2）典型应用　PVP类聚合物淬火液具有与油相似的冷却特性，因此其应用范围可扩展到高淬透性钢的淬火冷却中。PVP类聚合物淬火液多用于钢铁工业中高碳高合金钢的棒材、轧材和锻件淬火，使用浓度为15%~25%（质量分数）。图8-27所示为PVP类聚合物淬火液在整体淬火中的应用实例。

6. PEO类聚合物淬火液

PEO类聚合物淬火液代表了聚合物淬火液的最新技术，目前仍属于专利产品。在所有聚合物淬火液中，PEO类聚合物淬火液的冷却特性最类似油，应用前景好。低浓度下的PEO类聚合物淬火液的冷却速度介于水和油之间，可用于中低淬透性钢工件的淬火冷却。PEO类聚合物淬火液残留的是极易去除的干膜，故尤其适合铸钢类的曲轴、凸轮轴等的感应淬火。

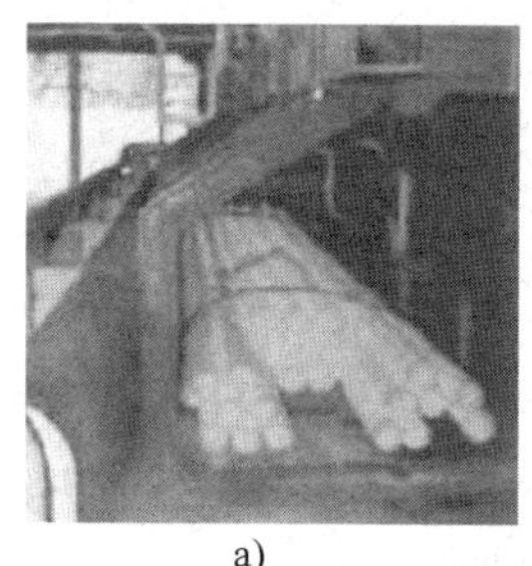

a)

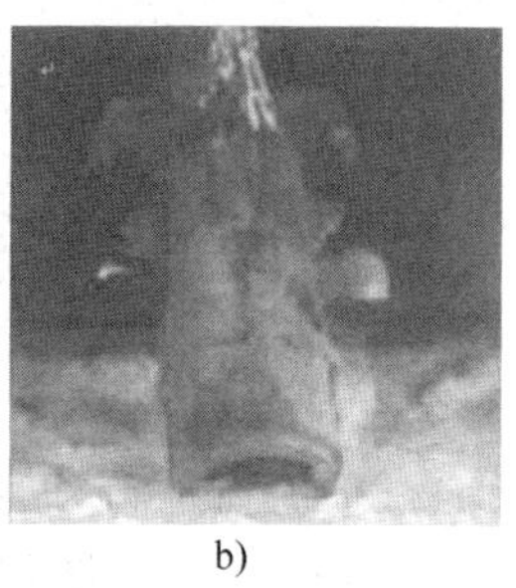

b)

图8-27　PVP类聚合物淬火液在整体淬火中的应用实例

a）22%（质量分数）浓度PVP类聚合物淬火液用于马氏体不锈钢棒　b）高合金铸钢件用PVP类聚合物淬火液淬火

（1）冷却特性　PEO类聚合物淬火液在60~65℃温度范围时出现逆溶性，淬火机制非常类似PAG类聚合物淬火液。与所有其他聚合物淬火液一样，PEO类聚合物淬火液的冷却特性取决于浓度、温度和搅拌。

1）浓度。图8-28所示为浓度对PEO类聚合物淬火液冷却速度的影响。PEO类聚合物淬火液的使用浓度一般为5%~25%（质量分数）。PEO类聚合物淬火液的蒸汽膜在所有聚合物淬火液中最不稳定，这对感应淬火及低淬透性钢具有重要意义，但在对流阶段时冷却速度又很慢。15%~25%（质量分数）范围内的冷却速度与油非常类似，故又可用于高合金钢的淬火。

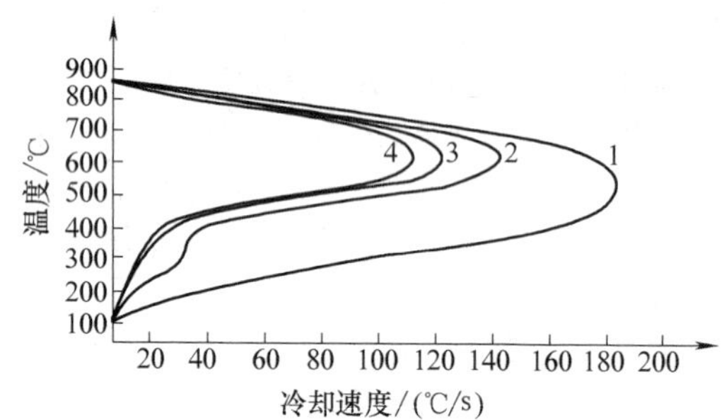

图8-28　浓度对PEO类聚合物淬火液冷却速度的影响

1—浓度为5%（质量分数）　2—浓度为10%（质量分数）　3—浓度为20%（质量分数）　4—浓度为30%（质量分数）

注：液温为40℃，强烈搅拌。

2）温度。图8-29所示为温度对PEO类聚合物淬火液冷却速度的影响。由于PEO类聚合物淬火液具有逆溶性，因此淬火液需要有效的冷却。使用温度一般应控制在30~40℃范围内，不宜超过50℃。

3）搅拌。与所有聚合物淬火液一样，搅拌对PEO类聚合物淬火液的冷却速度有显著影响，如图8-30所示。由于PEO类聚合物淬火液的蒸汽膜易破裂，稍加搅拌蒸汽膜阶段就完全消失，这有利于低淬

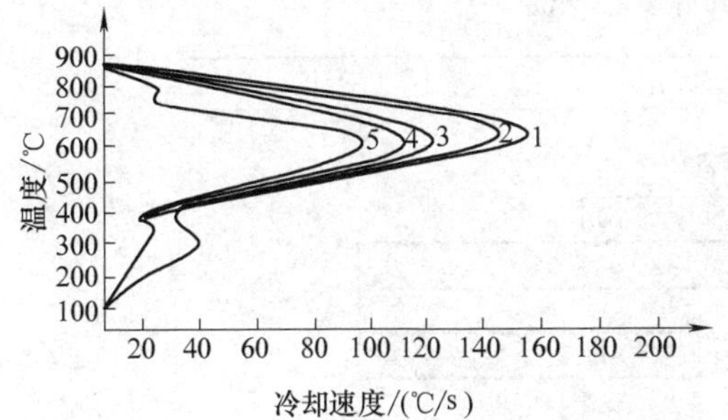

图 8-29　温度对 PEO 类聚合物淬火液冷却速度的影响

1—20℃　2—30℃　3—40℃　4—50℃　5—60℃

注：淬火液浓度为 20%（质量分数），强烈搅拌。

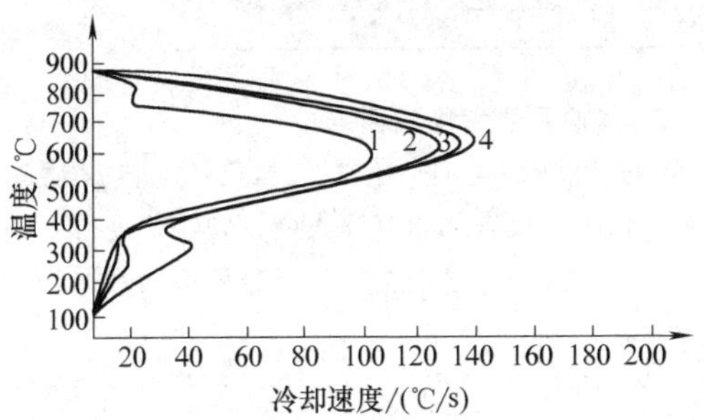

图 8-30　搅拌对 PEO 类聚合物淬火液冷却速度的影响

1—静止　2—0.8m/s　3—1.6m/s　4—2.4m/s

注：淬火液浓度为 20%（质量分数）、液温为 40℃。

透性钢的淬火。

（2）典型应用　PEO 类聚合物淬火液具有冷却速度灵活可调、蒸汽膜容易破除、对流冷却速度慢，以及无黏着等优点，因此应用广泛，淬火后残留的干硬膜对后续工件转运及加工没有影响。图 8-31 所示为 PEO 类聚合物淬火液应用实例。其典型应用如下：

1）感应、火焰淬火。用 5%～10%（质量分数）的淬火液可取代 PAG 类聚合物淬火液或淬火油对钢和球墨铸铁件进行感应淬火或火焰淬火，典型淬火工件有汽车凸轮轴、曲轴、齿轮及石油钻管等。

2）低淬透性工件淬火。PEO 类聚合物淬火液蒸汽膜阶段短，利于低淬透性工件淬火。10%（质量分数）的 PEO 类聚合物淬火液在连续式网带炉中已成功地用于螺栓、螺钉等紧固件淬火。

3）合金钢锻件、铸件和棒材淬火。PEO 类聚合物淬火液的对流阶段冷却速度慢，适用于高淬透性合金钢淬火，如马氏体不锈钢线、棒材，AISI 410 和 430 系列铸件或锻件，高碳高铬钢的磨球和衬板等，使用浓度为 15%～25%（质量分数）。

4）球墨铸铁淬火。质量分数为 15%～20% PEO 类聚合物淬火液可用于球墨铸铁工件的淬火。

a)

b)

图 8-31　PEO 类聚合物淬火液应用实例

a）用于流水线作业的凸轮轴淬火　b）20%（质量分数）浓度 PEO 类聚合物淬火液用于高合金钢棒淬火

8.5.4　淬火冷却介质的选择

选择合适的淬火冷却介质需要考虑特定的应用条件及热处理性能要求，大体上可以从以下两个方面考虑：一是淬火冷却介质的冷却性能，二是其他需要考虑的因素。

1. 淬火冷却介质的冷却性能

在淬火冷却介质选择中，工件材料和形状、尺寸具有决定性作用。表 8-35 列出了不同淬火冷却介质的 H 值范围。对于材料淬透性低、形状简单的工件，应该选择 H 值高的淬火冷却介质，反之，应该选择 H 值低的淬火冷却介质，直至选择热油淬火。

如图 8-32 所示，根据测得的冷却曲线，单从蒸汽膜阶段的长短来确定淬火冷却介质的淬硬能力并不合适，仅用最大冷却速度来衡量也不全面，因为最大冷却速度的作用，不仅在其数值大小，还在于最大冷

表 8-35　不同淬火冷却介质的 *H* 值

淬火冷却介质		*H*值
水	盐水	5.0……2.0
	清水	2.0……0.9
聚合物水基淬火液	PAG类	2.0……0.7
	PEO类	2.0……0.3
	ACR类	0.9……0.3
	PVP类	0.9……0.3
淬火油	快速油	0.9……0.8
	中速油	0.8……0.5
	常规油	0.5……0.3
	燃油	0.3……0.2
工件淬透性大小及形状复杂性对*H*值要求		← 碳素钢 —— 淬透性 —— 高合金钢 → 厚件简单形状　形状复杂性　薄件复杂形状

却速度出现的温度，只有当最大冷却速度出现的温度和奥氏体等温转变图鼻尖温度接近时，才能最大限度地发挥作用。Segerberg 利用回归方法，提出了淬火冷却介质淬硬能力 HP（hardening power）的计算公式：

$$HP = 91.5 + 1.34T_{vp} + 10.88v_{550} - 3.85T_{cp}$$

式中　T_{vp}——上特性温度，即从膜沸腾到核沸腾的转换温度（℃）；

v_{550}——550℃时的冷却速度（℃/s），见图 8-32；

T_{cp}——下特性温度，即从泡沸腾到对流传热的转变温度（℃）。

Deck 等人针对 Inconel 探头提出了另外的 HP 计算公式：

$$HP(HRC) = 99.6 - 0.17T' + 0.19v_{400}$$

式中　T'——冷却曲线上泡沸腾和对流阶段的转变温度（℃）；

v_{400}——400℃时的冷却速度（℃/s）。

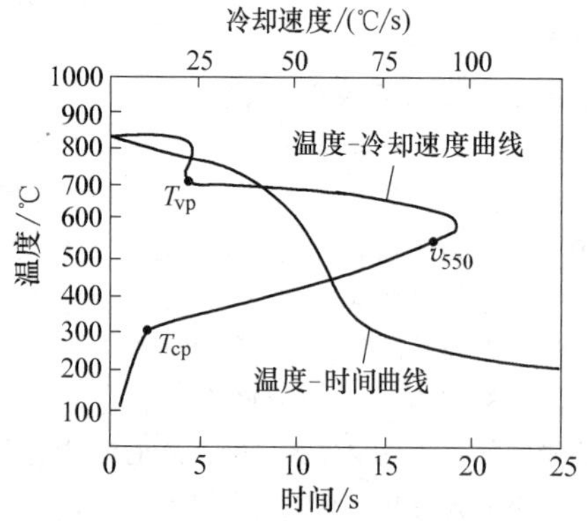

图 8-32　Segerberg 公式中的参数含义

2. 其他需要考虑的因素

（1）加热炉类型　大多数加热炉与淬火油配合使用，若改用聚合物水基淬火液，则需要进行一些结构上的改动或采用预防措施，以避免水汽对加热气氛的影响。

1）一体式加热淬火炉。内部炉门需良好密封，维持炉内加热区正压力，以防止水蒸气对炉内气氛影响。

2）连续式炉。淬火料口上需用喷射液体密封，防止水蒸气对炉内气氛污染。

3）盐浴炉。高温残盐带入淬火液中影响浓度测量和改变冷却特性，一般不推荐使用聚合物淬火液。低温盐浴加热的铝件固溶处理冷却，可用 PAG 类聚合物淬火液，但要定期监控盐的累积量。

（2）淬火冷却系统　淬火冷却介质的搅拌强度及其均匀性是淬火冷却系统设计时需要特别考虑的因素。此外，淬火冷却介质的循环方法和槽液温度控制都会影响淬火冷却特性，因而会影响淬火冷却介质的选择。

（3）淬火方法　间歇淬火时，通常先在冷却速度快的介质中冷却一定时间，然后转入第二种冷却速度慢的介质中。例如，大锻件可先在水中冷却一定时间，然后转入聚合物淬火液中继续冷却，以减慢对流阶段的冷却速度。第一种淬火冷却介质也可采用聚合物淬火液，第二种淬火冷却介质用空气，以减少淬火变形与开裂。

喷淋淬火时，淬火冷却介质通过喷嘴直接喷到加热的工件上，此时一般不宜采用矿物基淬火油进行冷却，可以考虑聚合物淬火液。

（4）变形控制　复杂截面的薄工件易产生淬火变形。控制淬火变形的常用方法有压淬、使用慢速淬火冷却介质、热油或等温淬火等。

(5) 安全环保　油淬烟雾及火灾危害在改用聚合物淬火液后即可消除，故在条件允许的情况下，应尽量使用聚合物淬火液。

3. 使用淬火冷却介质时的常见问题及原因

图 8-33 和图 8-34 所示分别为淬火油和聚合物淬火液使用中可能出现的问题分析，供现场人员参考。

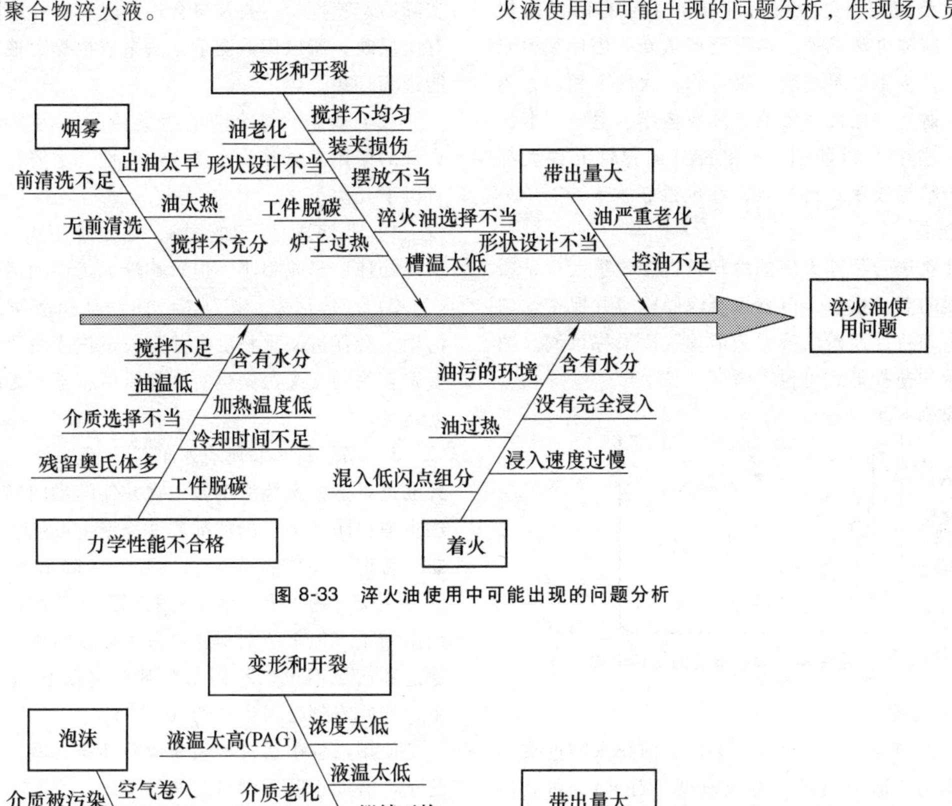

图 8-33　淬火油使用中可能出现的问题分析

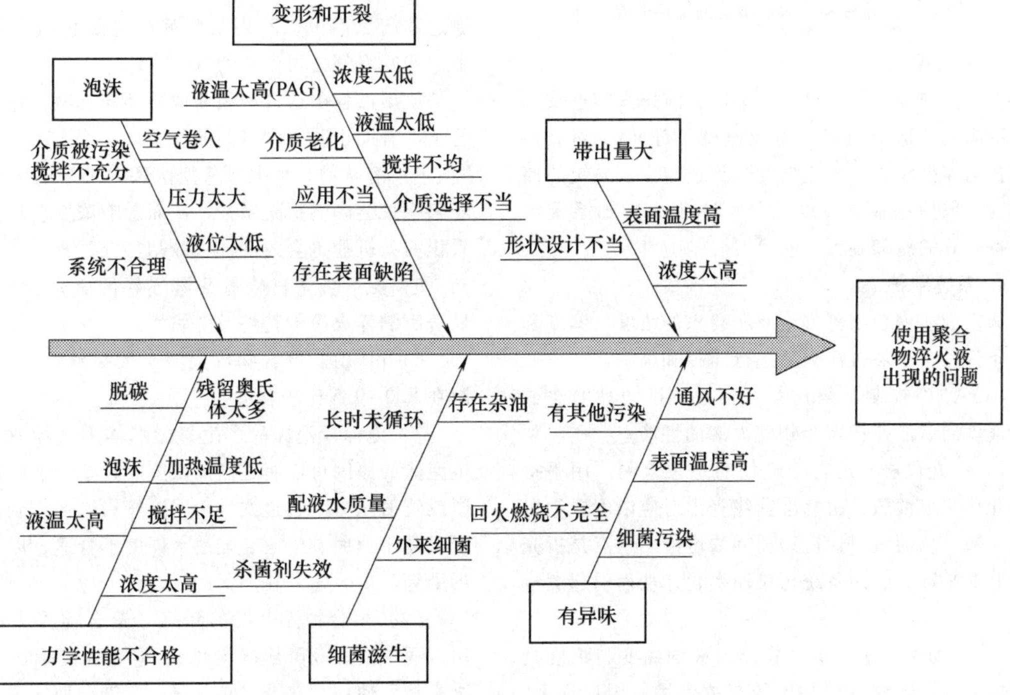

图 8-34　聚合物淬火液使用中可能出现的问题分析

8.5.5　聚合物淬火液冷却系统的安装、维护与控制

1. 更换程序

现将水、油更换为聚合物淬火液，根据实际情况可能需要对系统做相应改动。

(1) 系统清洗　淬火油系统应彻底清洗，清除掉沉淀物及残油，否则残油、残渣不仅污染聚合物而影响浓度控制，还可能影响冷却速度。在加入聚合物淬火液原液之前，管路及冷却系统需先用清洗剂循环清洗，然后用清水漂洗干净。加入时应尽量在搅动最激烈处，并保持一定的循环时间，以便混合均匀。

（2）系统相容性 现有液槽如果涂有酚类或树脂类漆，应喷丸清除掉，若需要可重新采用环氧树脂漆。软木及皮革密封材料与聚合物淬火液不相容，不宜使用。避免使用镀锌液槽，环氧树脂、尼龙、聚乙烯和 PVC 塑料可以使用。聚氨酯外的弹性元件大都可用，丁腈橡胶密封材料兼容性也很好。

2. 搅拌

搅拌对聚合物淬火液的冷却特性影响很大。希望获得剧烈的湍流搅拌，以缩短蒸汽膜阶段并保持均匀一致的冷却特性及槽内液温。搅拌强度最好可调。图 8-35 所示的搅拌形式可供参考。

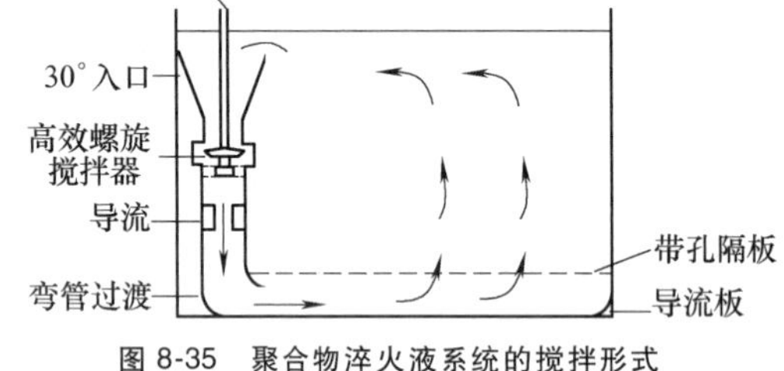

图 8-35 聚合物淬火液系统的搅拌形式

3. 温度控制

需要控制聚合物淬火液的温度，防止水的过量蒸发，从而维持适当的淬火冷却速度。对 PAG 和 PEO 类聚合物淬火液，为防止温度达到逆溶点，系统的使用温度一般应控制在 50℃ 以下。为此，冷却系统需要具备有效的冷却装置。

4. 系统维护

选定合适聚合物淬火液及所要求的浓度、温度和搅拌条件后，还需对淬火液进行监控和维护。

（1）浓度控制 采用折光仪法、运动黏度法或冷却速度测试法监控聚合物淬火液的性能。

1）折光仪法。适合于现场的每天检测。用手持式折光仪测出读数，由标准曲线查出对应浓度或乘以折光系数，从而可以快捷地得到浓度值。缺点是折光系数并非常数，会因系统污染而变化，从而引起测量误差。

2）运动黏度法。聚合物淬火液的黏度与浓度具有对应关系，因此可用黏度控制浓度。使用过程中，聚合物因机械降解和热降解等会导致黏度变化，从而影响冷却速度，所以黏度法监控更具有积极意义。

3）冷却速度测试法。直接测量淬火冷却介质的实际冷却速度。污染及聚合物的降解会在冷却速度上有所反映，所以用该测量方法来监控淬火液的冷却性能最为理想。

（2）聚合物淬火液的污染控制 污染会缩短淬火液的使用寿命并改变其冷却特性。主要污染物可能有以下几类。

1）非溶固体。如铁屑、烟尘等不溶于淬火液，对冷却速度影响很小，但影响淬火工件的清洁度。

2）液体污染。切削液、防锈剂和液压油等液体污染，会促进微生物滋生并延长蒸汽膜阶段。不同类型聚合物的交叉污染也对冷却特性有不利影响，应尽力避免。

3）微生物。和所有水剂淬火液一样，聚合物淬火液也可能使系统滋生微生物并伴随难闻气味，也会逐步消耗防锈剂等添加剂。真菌滋生可能会阻塞过滤器、管道及喷淋淬火设备的喷嘴，降低系统冷却效率。在聚合物淬火原液中一般都配加杀菌剂，以抑制细菌滋生，但杀菌剂本身也带来环保问题。已有生物稳定性产品面世，不用杀菌剂却能防止微生物的滋生，如好富顿公司生产的 AQ 145。

使用过程中通过不间断地循环淬火液，保持有氧的条件有助于防止厌氧菌的繁殖。

4）溶解物。水中及从盐浴炉中带来的无机盐不断累积将会影响折光系数，从而影响浓度测控。较多累积的无机盐也会改变淬火冷却特性。

5）氨（如来自碳氮共渗气氛的氨）。氨污染会显著影响淬火冷却特性及防腐性。

6）pH 值。聚合物淬火液一般呈碱性，pH 应控制在 8.0~9.5 比较合适。

7）泡沫。泡沫的产生将影响淬火冷却效果。产生泡沫的原因可能有过高的浓度、过于激烈的搅拌强度或喷射压力、管道漏气、回液管口未伸入到液面以下或高于液面、生菌、配液水硬度不合适，以及杂油污染等。

（3）聚合物淬火液的降解 聚合物淬火液在使用过程中会逐渐降解（老化），老化速度取决于聚合物类型、使用频率及维护状况。污染会加速聚合物的降解，因此聚合物淬火液的维护保养工作很重要。

参考文献

[1] 全国热处理标准化技术委员会. 金属热处理标准应用手册［M］. 3 版. 北京：机械工业出版社，2016.

[2] 樊东黎，徐跃明，佟晓辉. 热处理工程师手册［M］. 3 版. 北京：机械工业出版社，2011.

[3] 潘健生，胡明娟. 热处理工艺学［M］. 北京：高等教育出版社，2009.

[4] 机械制造工艺材料技术手册编写组．机械制造工艺材料技术手册［M］．北京：机械工业出版社，1992.

[5] TOTTEN G E，HOWES M A H．Steel Treatment Handbook［M］．New York：Marcel Dekker，Inc．1997.

[6] TENSI H M，STICH A．Characterization of Quenchants［J］．Hear Treatment，1993（5）：25-29.

[7] LALLEY K S，TOTTEN G E．Considerations for proper quench tank agitator design［J］．Heat Treatment of Metals，1992（1）：8-10.

[8] 杨淑范．淬火冷却介质［M］．北京：机械工业出版社，1990.

[9] 陈春怀，周敬恩．聚合物淬火冷却介质的应用［J］．中国有色金属学报，2001（11）：25-28.

[10] 颜志光．新型润滑材料与润滑技术［M］．北京：国防工业出版社，1997.

[11] 吕利太．淬火冷却介质［M］．北京：中国农业机械出版社，1982.

第9章 热处理设备常用的材料及基础构件

江苏丰东热技术有限公司 束东方 朱小军

热处理设备常用的材料有砌筑炉墙用的耐火材料、隔热材料，炉内金属构件所需的耐热金属材料，电热元件所需的电热材料，炉壳所需的金属材料，以及炉内气体管路、水冷系统、淬火系统、真空系统等所需的各种标准材料。

9.1 耐火材料

耐火材料一般指耐火度在1580℃以上的无机非金属材料，包括天然矿石及按照一定的目的要求经过一定的工艺制成的各种产品。具有一定的高温力学性能、良好的体积稳定性，是各种高温设备必需的材料。

9.1.1 耐火材料的主要性能

1. 耐火度

耐火度是耐火材料在高温下抵抗熔化的性能。将试样磨碎到粒度<0.2mm，用糊精调配并制成等边三角锥，在规定的加热条件下与标准锥弯倒情况相比较，直到试锥顶部因受温度及本身重量影响面弯倒接触底平面时的温度即为耐火度。

2. 荷重软化温度

荷重软化温度指耐火材料试样在0.2MPa压力下，以一定的升温速度加热至开始软化变形0.6%的温度。此外，还标注压缩变形4%或6%的温度，试样尺寸为ϕ36mm×50mm。

3. 常温耐压强度

常温耐压强度是耐火制品在常温下单位面积上所承受的极限压力，表示成品料的质量、组织结构是否均匀致密、制品抵抗冲击能力的强度指标。

4. 密度

密度是包括全部气孔（开口气孔、闭口气孔、连通气孔）在内的单位体积耐火制品的质量（g/cm^3或kg/m^3）。

5. 热稳定性

热稳定性指耐火制品耐急冷、急热而不破坏的能力，标准的测定方法是将试样加热到850℃，保持40min，然后放到流动的冷水中冷却3min，再将试样重新加热冷却，直到试样失重20%（或破碎）的次数。

6. 重烧线变化

重烧线变化是耐火制品在高温下长期使用，产生再结晶和进一步的烧结现象所引起制品的不可逆残余收缩或膨胀。

7. 高温化学稳定性

高温化学稳定性是在高温下抵抗炉气、熔盐、金属氧化物等侵蚀的能力。

9.1.2 常用的耐火制品

1. 黏土质耐火砖

黏土质耐火砖是以耐火黏土作原料，将一部分黏土预先煅烧成熟料，与另一部分生耐火黏土配合，经过配料、混合、成形、干燥、焙烧等生产工序制造而成。其主要成分（质量分数）：SiO_2为50%~60%、Al_2O_3为30%~40%。该砖的特点是：热震稳定性较好，耐急冷急热次数为10~15次，随熟料及粗颗粒含量的增加而提高；耐火度为1580~1770℃，随$w(Al_2O_3)/w(SiO_2)$的比值增大而提高，随杂质含量的增大而降低；该砖属弱酸性或接近中性的耐火材料，缺点是荷重软化温度不高，使用温度不超过1350℃。

2. 高铝砖

高铝砖由高铝矾土、硅线石、天然或人造刚玉、工业氧化铝等经配料、混合、成形等工序，最后经高温焙烧而成。高铝砖的$w(Al_2O_3)$一般为48%~75%，其特点是其耐火度、荷重软化温度都比黏土质耐火砖高，使用温度为1400~1650℃；属中性耐火材料，抗渣性和热震稳定性较好，其缺点是热稳定性较差，重绕线收缩较大。

3. 隔热耐火砖

隔热耐火砖又称轻质耐火砖，指各种质量轻、密度小、气孔率高、热导率低的耐火砖。该类砖按不同的生产方法，如掺入可燃物烧尽法、泡沫法、化学法等制成各种不同的轻质耐火砖。隔热耐火砖的材质有黏土质、高铝质、硅质及镁质等。隔热耐火砖的特点是体积密度小、比热容低、重烧线变化小，热导率比黏土质耐火砖低1/2~2/3，用该砖砌筑的炉体热效率高。

4. 刚玉质制品

刚玉质制品是以$w(Al_2O_3)$>95%、高温矿物相为

刚玉质或 $w(Al_2O_3)>80\%$、高温矿物相为刚玉-莫来石质的高纯度高铝制品。该类制品是以天然高铝矾土和人造合成原料（电熔刚玉、工业氧化铝）为主要原料，经高温烧结而成。

刚玉质制品的特点是耐火度和荷重软化温度高，使用温度为 1600~1700℃，热稳定性好，高温下重烧线收缩小，化学稳定性好，对各种熔渣的抗蚀能力强。

刚玉制品一般用作电阻炉的热电偶管、高温炉的绝缘子、搁砖，也可作为推杆炉的滑轨等构件。

5. 石墨制品

普通石墨制品是用天然石墨作原料，添加耐火黏土作结合剂制成的产品，该类制品有很高的耐火度和荷重软化温度。优质石量、高强石量、高纯石墨等可制作电热元件，使用温度为 2200~3000℃。

石墨制品可加工性好，常温强度比金属低，但强度随温度升高而加强，1700℃时的强度超过所有氧化材料和金属材料。但是，石墨制品在大气中加热易氧化，一般多在保护气体炉和真空炉中使用。

6. 抗渗碳砖

抗渗碳砖用于砌筑渗碳炉，可以为黏土质也可为高铝质，严格控制氧化铁 $w(Fe_2O_3)\leqslant 1\%$。因渗碳炉内还原气氛中的 H_2 和 CO 会使氧化铁发生还原性反应，在砌体中产生 Fe、Fe_2C、C 等新生结构而使体积膨胀，引起砖层破坏、疏松、剥落，使其强度大幅度下降。

抗渗碳砖分轻质和重质两种。重质抗渗碳砖用于无罐气体渗碳炉的炉膛内表面层和受负荷较大易磨损的部位，轻质抗渗碳砖用于无罐气体渗碳炉的隔热层。

7. 氧化铝空心球砖

氧化铝空心球砖以氧化铝空心球作骨料，添加一定量的氧化铝粉，再加入 5%（质量分数）的 $Al_2(SO_4)$ 水溶液［含量为 20%（质量分数）］为结合剂，经混炼、成形、烧结等工序制成。该砖耐高温，热导率低，热震稳定性和强度较好，同时密度小，比热容低，在还原性或氧化气氛中有较好的化学稳定性，适用于高温炉的保温材料。

8. 碳化硅制品

以黏土结合的碳化硅制品，碳化硅的含量为 40%~90%（质量分数）；以二氧化硅结合的碳化硅制品，碳化硅的含量为 85%（质量分数）左右。应用范围较广，可制成炉管、炉盘、炉膛、导轨、棚板等。

以氮化硅结合的碳化硅制品，$w(SiC)\geqslant 70\%$、$w(Si_3N_4)\geqslant 20\%$，具有良好的耐磨性、极好的抗热震性和良好的抗氧化性，抗折强度为黏土结合碳化硅制品的 2 倍，主要用于高炉炉底、高炉内衬及各种炉窑的隔焰板、燃烧室内衬和换热器等。

高铝碳化硅砖是一种高级复合耐火材料，具有耐高温、强度高、热稳定性好、耐蚀及耐冲刷的优点，广泛用于加热炉、冶炼炉。该种制品的 $w(SiC)\geqslant 13\%$、$w(Al_2O_3)\geqslant 60\%$。

再结晶的碳化硅制品，$w(SiC)$ 为 99%，体积密度为 2.55kg/cm^3，热导率高，耐急冷急热性、高温化学稳定性和耐磨性都好，常用作炉罐、加热板、匣钵和电热元件。

碳化硅制品及其性能见表 9-1；赛隆（sialon）结合碳化硅（SiC）砖、刚玉砖的性能见表 9-2；主要耐火材料的性能见表 9-3。

表 9-1 碳化硅制品及其性能

性能指标	黏土结合碳化硅制品	二氧化硅结合碳化硅制品	氮化硅结合碳化硅制品	高铝碳化硅制品
体积密度/(g/cm^3)	2.4~2.6	2.6	≥2.6	≥2.7
显气孔率(%)	15~25	15	≥20	≤20
化学成分(质量分数,%)	SiC:60~85 Fe_2O_3:1~3	SiC:85	SiC≥70 Si_3N_4≥20 P·Si≤1.0 Fe_2O_3≤1.5	SiC≥13 Al_2O_3≥60
常温耐压强度/MPa	24~98		≥150	≥90
常温抗折强度/MPa	10~30	30	≥30	
高温抗折强度(1400℃)/MPa	5~20	25	≥40	
最高使用温度/℃	1450	1550	1600	
窑具厚度/mm	30~50	30~50	15~25	
使用次数(1400℃)/次	30~40	40~50	150~200	
比热容(1400℃)/[kJ/(kg·℃)]	1.21	1.2	1.2	
热导率(1400℃)/[W/(m·℃)]	4.5	4.2	17	
线胀系数(常温~1400℃)/K^{-1}			4.1×10^{-6}	

表 9-2　赛隆结合碳化硅砖、刚玉砖的性能

性能指标		Si_3N_4 结合碳化硅砖	赛隆结合碳化硅砖	赛隆结合刚玉砖
w(SiC)(%)　≥		72	70	80(Al_2O_3)
w(Si_3N_4)(%)　≥		20	5(N)	5(N)
w(Fe_2O_3)(%)　≤		0.7	0.7	0.7
体积密度/(g/cm³)　≥		2.65	2.65	3.1
显气孔率(%)　≤		16	16	16
常温耐压强度/MPa　≥		150	150	120
抗折强度/MPa	常温　≥	42	42	12
	高温(1400℃×0.5h)　≥	45	42	20
荷重软化温度(0.2MPa、0.6%)/℃　>		1700	1700	1700
抗热震性(1100℃水冷)/次　≥		30	30	30
用　途		高炉炉身下部、炉腰、炉腹内衬、流化床锅炉内衬等	钢铁工业高炉炉身下部、炉腰、炉腹内衬	高炉陶瓷杯及炉腰、炉腹等内衬

表 9-3　主要耐火材料的性能

材　料	密度/(kg/dm³)	比热容/[kJ/(kg·℃)]	热导率/[W/(m·℃)]	平均线胀系数/K^{-1}	最高工作温度/℃
黏土质耐火砖	2.1	$0.84+2.72\times10^{-3}T$	$0.84+0.58\times10^{-3}T$	$(4.5\sim6)\times10^{-6}$	1350~1400
黏土质隔热砖	1.3	$0.837+0.264\times10^{-3}T$	$0.407+0.349\times10^{-3}T$	0.1%~0.2%	1300~1350
	1.0		$0.291+0.256\times10^{-3}T$		1300
	0.8		$0.22+0.426\times10^{-3}T$		1250
高铝砖	2.5	$0.84+0.264\times10^{-3}T$	$2.09+1.86\times10^{-3}T$	$(5.5\sim5.8)\times10^{-6}$	1450
	2.3				1400
	2.1				1300
镁砖	2.8	$1.05+0.293\times10^{-3}T$	$4.65-1.75\times10^{-3}T$	$(14\sim15)\times10^{-6}$	1450
刚玉砖	2.8	$0.84+0.42\times10^{-3}T$	—	$(8\sim8.5)\times10^{-6}$	1700
	3.5	$0.88+0.42\times10^{-3}T$			1700
镁铝砖	2.75	—	—	10.6×10^{-6}	1650
抗渗碳砖	2.14	$0.88+0.23\times10^{-3}T$	$0.698+0.639\times10^{-3}T$	—	—
	0.88		$0.15+0.128\times10^{-3}T$		
碳砖	1.5	0.837	$3.139+2.093\times10^{-3}T$	$(5.2\sim5.8)\times10^{-6}$	2000
红砖	1.6	$0.879+0.23\times10^{-3}T$	$0.814+0.465\times10^{-3}T$	—	700

注：T 为制品的平均温度（℃）。

9.1.3　不定形耐火材料

常用的不定形耐火材料有耐火浇注料、耐火可塑料、耐火捣打料、耐火涂料及耐火泥浆等。

1. 耐火浇注料

耐火浇注料是不烧的耐火材料，与烧成的耐火制品相比，其耐火度接近或稍低，荷重软化温度低，线胀系数较小，重烧线收缩较大，常温强度高，耐崩裂性好。

耐火浇注料由耐火骨料和结合剂组成混合料，加水或其他液体调配后经浇注、振动、捣打施工，不需加热即可凝固硬化。

根据 Al_2O_3 含量，将黏土质和高铝质致密耐火浇注料分为 NTJ-40、NTJ-45、GLJ-50、GLJ60、GLJ-65、GLJ70、GLJ80 七个牌号。牌号中的 NT、GL、J 分别为黏土、高铝、浇的汉语拼音首字母。数字代表 Al_2O_3 含量。黏土质和高铝质致密耐火浇注料的理化指标见表 9-4。

2. 耐热钢纤维增强耐火浇注料

耐热钢纤维增强耐火浇注料是在耐火浇注料中掺入短而细的耐热钢丝，具有较好的热稳定性和抗机械冲击、抗机械振动及耐磨性，适用于加热炉的耐磨部位，使用寿命比不掺耐热钢纤维的同类浇注料提高 2~5 倍。

耐热钢纤维用 w(Cr) 为 15%~25%、w(Ni) 为 9%~35%的耐热钢制作，耐热钢纤维的使用温度允许高于其临界氧化温度。钢纤维长度与平均有效直径之比在 50~70 范围。钢纤维直径为 0.4~0.5mm。钢纤维掺入量越多，增强浇注料的高温韧性和强度将越高，一般的掺入量为 2%~8%（质量分数）。

表 9-4　黏土质和高铝质致密耐火浇注料的理化指标（摘自 YB/T 5083—2014）

<table>
<tr><td colspan="2" rowspan="2">项　目</td><td colspan="7">指标</td></tr>
<tr><td>NTJ-40</td><td>NTJ-45</td><td>GLJ-50</td><td>GLJ-60</td><td>GLJ-65</td><td>GLJ-70</td><td>GLJ-80</td></tr>
<tr><td colspan="2">$w(Al_2O_3)$(%)　≥</td><td>40</td><td>45</td><td>50</td><td>60</td><td>65</td><td>70</td><td>80</td></tr>
<tr><td colspan="2">耐火度/CN　≥</td><td>164</td><td>170</td><td>170</td><td>172</td><td>172</td><td>172</td><td>178</td></tr>
<tr><td>体积密度/(g/cm^3)　≥</td><td rowspan="3">110℃×24h</td><td>2.05</td><td>2.10</td><td>2.15</td><td>2.30</td><td>2.40</td><td>2.45</td><td>2.65</td></tr>
<tr><td>常温抗折强度/MPa　≥</td><td>4.0</td><td>4.0</td><td>4.0</td><td>5.0</td><td>6.0</td><td>6.0</td><td>7.0</td></tr>
<tr><td>常温耐压强度/MPa　≥</td><td>25</td><td>25</td><td>25</td><td>30</td><td>35</td><td>35</td><td>40</td></tr>
<tr><td colspan="2">加热永久线变化
（试验温度×3h）(%)</td><td colspan="2">±0.8
（1300℃）</td><td>±0.8
（1350℃）</td><td colspan="3">±0.8
（1400℃）</td><td>±0.8
（1500℃）</td></tr>
</table>

3. 轻质耐火浇注料

轻质耐火浇注料以轻质多孔耐火材料为骨料和掺合料，加入结合剂组成混合料，加水后施工。轻质耐火浇注料的特点为质轻，热导率低，施工时比轻质耐火砖省工省力。该浇注料常用于炉子的隔热层及炉盖内衬等。

4. 耐火可塑料

耐火可塑料是耐火骨料、结合剂和增塑剂组合的混合料，是一种具有可塑性的泥料和坯料，可以直接使用。耐火可塑料主要采用捣打法、振动法施工，在高于常温的加热条件下硬化。可塑料具有高温强度高和热震稳定性好等特点，使用时耐剥落性强。它的缺点是施工效率较低。硅酸铝质耐火可塑料广泛用于各种工业炉的捣打内衬和用作窑炉内衬的局部修补，修筑整体炉衬时常与锚固件配合使用。

5. 耐火泥浆

各种耐火砌体除个别部位（如镁砖炉底等）采用干砌，绝大多数均采用耐火泥浆砌筑。质量优良的耐火泥浆应具有一定的工作性能，并且在以后的烘烤、加热及操作期间内应使耐火砖彼此牢固、砖缝致密，能抵抗高温和炉气、炉渣的侵蚀。

耐火泥是砌筑耐火制品所用泥浆的干料成分。耐火泥的成分、抗化学侵蚀性、热膨胀率等应接近被砌筑的耐火制品所对应的性能。砌筑炉体时应掺入一定量的水做成泥浆，使其具有一定的粘接稳定性、透气性、耐火度和强度。

9.1.4　耐火纤维

1. 耐火纤维的特点

耐火纤维也称陶瓷纤维。该种纤维可加工成毯、毡、线、绳、带、板等形状的制品。耐火纤维有以下的特点：

（1）耐高温　普通硅酸铝耐火纤维的长期使用温度可达 1000℃，氧化铝和氧化锆纤维的长期使用温度可达 1400℃，而一般玻璃棉、矿渣棉、石棉等的使用温度仅为 580~830℃。

（2）热导率低　耐火纤维在高温时的热导率很低，在 1000℃时仅为黏土质耐火砖的 20%，为隔热耐火砖的 38%，用耐火纤维制作炉墙，其厚度可减少一半左右。

（3）密度小　耐火纤维的密度小、重量轻，仅为一般耐火材料的 1/10~1/20，为普通隔热材料的 1/5~1/10。

（4）蓄热量少　用耐火纤维制作的炉墙，其蓄热量仅为一般炉子的 1/4 左右，因而炉体的升温时间短。

（5）抗热震性能好　由于耐火纤维柔软，有弹性，耐急冷急热性能优良，抗热震能力强。

（6）绝缘性能好　隔声效果优良，可作高温绝缘材料和消声材料。

（7）化学稳定性好　在热处理设备中不受一般酸碱的侵蚀。

（8）耐压能力差　不能用于铺炉底，耐高速气流的冲刷能力差。

2. 耐火纤维的类别

（1）硅酸铝耐火纤维　硅酸铝耐火纤维以天然矿物（高岭土或耐火黏土）的熟料为原料，如焦宝石耐火土熟料，有的要再加入其他添加剂，在电弧炉或电阻炉内熔化，并经炉底的小孔流出形成稳定的流股，用压缩空气喷吹法或离心甩丝法，将熔融液体急剧分散冷却形成纤维。它是非晶质耐火纤维，在高温下使用会转化为结晶体，使性能变脆，体积收缩。根据 Al_2O_3 含量的不同，耐火分为普通硅酸铝耐火纤维和高纯硅酸铝耐火纤维。

（2）高铝耐火纤维　高铝耐火纤维是在一般硅酸铝原料的基础上添加 Al_2O_3 形成高氧化铝成分，经电炉熔融喷吹成超细纤维。耐火度有提高，仍属非晶质纤维。

（3）含锆耐火纤维　该产品是在硅酸铝原料基础上添加 ZrO_2 成分制成的纤维，仍属非晶质纤维。

(4) 多晶氧化铝纤维 该产品主要是 $w(Al_2O_3)$ 为70%左右的莫来石质纤维，$w(Al_2O_3)$ 为95%左右的氧化铝纤维和氧化锆纤维，是微晶结构。采用胶体法和先驱体法制造，工作温度高达1600℃，适用于高温炉窑。

3. 耐火纤维的性能

硅酸铝耐火纤维的化学成分及使用温度见表9-5。硅酸铝耐火纤维的基本形态是散棉，散棉经过二次加工制成毡、板、毯、折叠制块、绳、纸及砖等。耐火纤维根据不同使用场合采用不同配方和工艺制成真空成形制品，这种成品强度较好，化学结构不变。

表9-5 硅酸铝耐火纤维的化学成分及使用温度（摘自GB/T 16400—2015）

分类温度号	1号	2号	3号	4号	5号	6号
成分类型	普通型(C)	标准型(S)	高纯型(P)	高铝型(A)	含锆型(Zr)	含铬型(Cr)
$w(Al_2O_3)$	≥40.0%	≥43.0%	≥43.0%	≥52.0%	$w(Al_2O_3+SiO_2+ZrO_2)$≥99.0% $w(ZrO_2)$≥15.0%	$w(Al_2O_3+SiO_2+TCr_2O_3)$≥99.0% 总铬($TCr_2O_3$)≥1.2% 六价铬[Cr(Ⅵ)]≤0.1%
$w(Al_2O_3+SiO_2)$	≥95.0%	≥97.0%	≥98.5%	≥98.5%		
棉的粒径大于0.212mm的渣球含量	≤20.0%					
分类温度/℃	1000	1200	1250	1350	1400	1500
推荐使用温度/℃	≤800	≤1000	≤1100	≤1200	≤1250	≤1350

9.2 隔热材料

热处理设备中经常使用的隔热材料有硅藻土及其制品、矿渣棉及其制品、蛭石及其制品、岩棉制品和耐火纤维及其制品（详见耐火材料）等。

隔热材料应具备密度小、热导率低和较高的使用温度等性能，而且要易于施工、价格便宜。常用隔热材料的主要性能见表9-6。

表9-6 常用隔热材料的主要性能

材料名称	密度/(kg/m^3)	允许工作温度/℃	比热容/[kJ/(kg·℃)]	耐压强度/MPa	热导率/[W/(m·℃)]
硅藻土砖	500±50	900			$0.105+0.233\times10^{-3}T$
硅藻土砖	550±50	900			$0.131+0.233\times10^{-3}T$
硅藻土砖	650±50	900			$0.159+0.314\times10^{-3}T$
泡沫硅藻土砖	500	900			$0.111+0.233\times10^{-3}T$
优质石棉绒	340	500			$0.087+0.233\times10^{-3}T$
矿渣棉	200	700	0.754		$0.07+0.157\times10^{-3}T$
玻璃绒	250	600			$0.037+0.256\times10^{-3}T$
膨胀蛭石	100~300	1000	0.657		$0.072+0.256\times10^{-3}T$
硅酸钙板	200~230	1050			$<0.056+0.11\times10^{-3}T$
硅藻土粉	550	900			$0.072+0.198\times10^{-3}T$
硅藻土石棉粉	450	800			0.0698
碳酸钙石棉灰	310	700			0.085
浮石	900	700		10~20	0.2535
超细玻璃棉	20	350~400			$0.0326+0.0002T$
超细无碱玻璃棉	60	600~650			$0.0326+0.0002T$
膨胀珍珠岩	31~135	200~1000			0.035~0.047
磷酸盐珍珠岩	220	1000			$0.052+0.029\times10^{-3}T$
磷酸镁石棉灰	140	450			0.047

注：热导率公式中的 T 为制品的平均温度（℃）。

9.3 耐热金属材料

热处理设备使用的耐热金属材料有耐热钢、耐热铸钢、耐热铸铁、优质碳素钢、合金结构钢及低合金高强度结构钢等。

9.3.1 耐热钢

耐热钢指在高于450℃条件下工作，并具有足够的强度、抗氧化、耐蚀性和长期的组织稳定性的钢种。耐热钢包括热强钢和抗氧化钢。还有一类含镍量很高的耐热钢，在高温下有很高的热强性能和更好的抗氧化性能，这类钢在我国归入高温合金中。

1. 热强钢

在高温条件下具有足够的强度并有一定的抗氧化性能的钢种。常用的热强钢有珠光体热强钢、马氏体热强钢和奥氏体热强钢。

(1) 马氏体热强钢　该类钢有较好的热强度和耐蚀性，以及良好的减振性，如 12Cr13、20Cr13 等，其抗氧化性和减振性能好，可在 450℃ 以下长期工作。加入钨、钼、钒等强化元素，可以制造在 650℃ 以下长期工作的构件。含铬、硅的马氏体热强钢，如 42Cr9Si2、40Cr10Si2Mo，其抗氧化性和耐烟气腐蚀性能都有了提高，可以在 800℃ 以下长期工作。

(2) 奥氏体热强钢　该类钢含有较多的合金元素，尤其是含有镍和铬，在此基础上加入钨、钼、铌、钛等元素以提高其热强度，形成一系列的奥氏体热强钢，该类钢的热强度高，塑性、韧性好，抗氧化性强。常用的有 14Cr23Ni18、45Cr14Ni14W2Mo 等，该类钢可在 600~850℃ 范围内长期使用。

2. 抗氧化钢

在高温下能保持良好的化学稳定性。因能抵抗氧化和介质的腐蚀而不起皮的钢，故又称为耐热不起皮钢。常用的抗氧化钢有铁素体抗氧化钢和奥氏体抗氧化钢。

(1) 铁素体抗氧化钢　该类钢的抗氧化性能及耐含硫气体的腐蚀性能好。因铬含量高，其构件表面在高温下能形成一层致密的氧化膜，能有效阻止构件表面继续氧化，但该类钢在高温下有晶粒长大变脆的倾向，不宜制作承受冲击载荷的构件。常用的有 12Cr5Mo、10Cr17、06Cr13Al、16Cr25N 等，该类钢适用于在 800~900℃ 以下条件下工作的构件。

(2) 奥氏体抗氧化钢　该类钢有较高的热强性和良好的韧性和抗渗碳性，可以在 850~1200℃ 的高温下工作，常用的有 16Cr23Ni13、20Cr25Ni20、16Cr25Ni20Si2 等。在该类钢中加入锰和铝即为铁-铝-锰钢，可在 850~900℃ 以下工作。在该类钢中加入锰和氮，可扩大和稳定钢中的奥氏体区域，即为铬-锰-氮钢，如 26Cr18Mn12Si2N、22Cr20Mn9Ni2Si2N 等，该类钢有好的抗氧化性、抗硫腐蚀性和抗渗碳性，高温时效后仍有较高的冲击性能，可在 850~1000℃ 高温下工作。

3. 耐热钢的特性和用途

耐热钢的特性和用途见表 9-7。耐热钢的弹性模量、热导率和线胀系数见表 9-8。耐热钢的高温力学性能见表 9-9。

表 9-7　耐热钢的特性和用途

类型	序号	牌　号	特性和用途
奥氏体型	1	53Cr21Mn9Ni4N	适于制造以经受高温强度为主的炉用部件
	2	22Cr21Ni12N	适于制造以抗氧化为主的炉用部件
	3	16Cr23Ni13	承受 980℃ 以下反复加热的抗氧化钢，适于制造加热炉部件，重油燃烧器
	4	20Cr25Ni20	承受 1035℃ 以下反复加热的抗氧化钢，适于制造炉用部件、喷嘴、燃烧室等
	5	12Cr16Ni35	抗渗碳、渗氮性大的钢种，可承受 1035℃ 以下反复加热。炉用钢料、石油裂解装置
	6	06Cr15Ni25Ti2MoAlVB	适于制造耐 700℃ 高温的风机叶轮、螺栓、叶片、轴等
	7	06Cr18Ni9	通用耐氧化钢，可承受 870℃ 以下反复加热
	8	06Cr23Ni13	比 06Cr18Ni9 耐氧化性好，可承受 980℃ 以下反复加热的炉用部件
	9	06Cr25Ni20	比 06Cr23Ni13 抗氧化性好，可承受 1035℃ 加热的炉用部件
	10	06Cr17Ni12Mo2	高温具有优良的蠕变强度，适于制造热交换器用部件，高温耐蚀螺栓
	11	45Cr14Ni14W2Mo	有较高的热强性，适于制造承受重载荷的炉用部件
	12	26Cr18Mn12Si2N	有较高的高温强度和一定的抗氧化性，并且有较好的抗硫及抗增碳性。适于制造吊挂支架，渗碳炉构件、加热炉传送带、料盘、炉爪等
	13	06Cr19Ni13Mo3	高温具有良好的蠕变强度，适于制造热交换器用部件
	14	06Cr18Ni11Ti	适于制造在 400~900℃ 腐蚀条件下使用的部件，高温用焊接结构部件
	15	06Cr18Ni11Nb	适于制造在 400~900℃ 腐蚀条件下使用的部件，高温用焊接结构部件
	16	06Cr18Ni13Si4	具有与 06Cr25Ni20 相当的抗氧化性和类似的用途
	17	16Cr20Ni14Si2	具有较高的高温强度及抗氧化性，对含硫气氛较敏感，在 600~800℃ 有析出相的脆化倾向，适于制作承受应力的各种炉用构件
	18	16Cr25Ni20Si2	
铁素体型	19	16Cr25N	耐高温腐蚀性强，1082℃ 以下不产生易剥落的氧化皮，适于制造燃烧室
	20	06Cr13Al	由于冷却硬化少，适于制造退火箱、淬火台架
	21	022Cr12	耐高温氧化，适于制造要求焊接的部件、炉子燃烧室构件
	22	10Cr17	适于制造 900℃ 以下耐氧化部件，散热器，炉用部件、油喷嘴

（续）

类型	序号	牌　　号	特性和用途
马氏体型	23	12Cr5Mo	能抗石油裂化过程中产生的腐蚀。适于制造再热蒸汽管、石油裂解管、炉内吊架、紧固件
	24	42Cr9Si2	有较高的热强性，适于制造炉子料盘、辐射管吊挂
	25	40Cr10Si2Mo	有较高的热强性，适于制造 850℃以下工作的炉用构件
	26	80Cr20Si2Ni	适于制造以耐磨性为主的炉内构件
	27	14Cr11MoV	有较高的热强性、良好的减振性及组织稳定性。适于制造高温风机的叶片
	28	12Cr12Mo	适于制造汽轮机叶片
	29	18Cr12MoVNbN	适于制造高温结构部件
	30	15Cr12WMoV	有较高的热强性、良好的减振性及组织稳定性
	31	22Cr12NiWMoV	适于制造高温结构部件
	32	12Cr13	适于制造 800℃以下耐氧化用部件
	33	13Cr13Mo	适于制造耐高温、高压蒸汽用机械部件
	34	20Cr13	淬火状态下硬度高，耐蚀性良好
	35	14Cr17Ni2	适于制造具有较高程度的耐硝酸及有机酸腐蚀的零件、容器和设备
	36	13Cr11Ni2W2MoV	具有良好的韧性和抗氧化性能，在淡水和湿空气中有较好的耐蚀性
沉淀硬化型	37	05Cr17Ni4Cu4Nb	适于制造燃气透平压缩机叶片、燃气透平发动机绝缘材料
	38	07Cr17Ni7Al	适于制造高温弹簧、膜片、固定器、波纹管等

表 9-8　耐热钢的弹性模量、热导率和线胀系数

牌　　号	物理性能	在下列温度时的数据								
14Cr11MoV	弹性模量 E/MPa	20℃	200℃	300℃	400℃	500℃	550℃			
		0.2×10^{5}	2.1×10^{5}	2.01×10^{5}	1.9×10^{5}	1.77×10^{5}	1.68×10^{5}			
	线胀系数 $\alpha/10^{-6}℃^{-1}$	20～200℃	20～500℃	20～600℃						
		11.4	11.9	12.3						
15Cr12WMoV	弹性模量 E/MPa	20℃	300℃	400℃	500℃	580℃				
		2.16×10^{5}	2.0×10^{5}	1.9×10^{5}	1.8×10^{5}	1.7×10^{5}				
	线胀系数 $\alpha/10^{-6}℃^{-1}$	20～100℃	20～200℃	20～300℃	20～400℃	20～500℃	20～600℃			
		—	1.05～1.04	10.7	11.0～11.1	11.2～11.5	11.6～11.8			
	热导率 λ/[W/(m·℃)]	100℃	200℃	300℃	400℃	500℃	600℃			
		0.059	0.060	0.062	0.063	0.064	0.065			
42Cr9Si2	弹性模量 E/MPa	—								
	热导率 λ/[W/(m·℃)]	100℃	300℃	600℃	800℃					
		16.75	20.10	22.19	22.19					
	线胀系数 $\alpha/10^{-6}℃^{-1}$	20～100℃	20～200℃	20～300℃	20～400℃	20～500℃	20～600℃	20～700℃	20～800℃	20～900℃
		11.5	11.5	12.3	14.0	14.4	14.5	14.4	16.1	9.6
12Cr5Mo	弹性模量 E/MPa	25℃	315℃	425℃	540℃					
		2.11×10^{5}	1.93×10^{5}	2.06×10^{5}	1.72×10^{5}					
	热导率 λ/[W/(m·℃)]	100℃	300℃	500℃	600℃					
		36.43	34.75	33.49	32.66					
	线胀系数 $\alpha/10^{-6}℃^{-1}$	0～425℃	0～485℃	0～540℃	0～650℃	0～705℃				
		12.3	12.5	12.7	13.0	13.1				

（续）

牌　号	物理性能	在下列温度时的数据									
45Cr14Ni14W2Mo	弹性模量 E/MPa	20℃	300℃	400℃	500℃	600℃	700℃	800℃			
		1.81×10^5	1.47×10^5	1.44×10^5	1.41×10^5	1.27×10^5	0.91×10^5	0.475×10^5			
	线胀系数 $\alpha/10^{-6}℃^{-1}$	20～100℃	20～200℃	20～300℃	20～400℃	20～500℃	20～600℃	20～700℃			
		16.6	17.2	17.7	17.9	18.0	18.6	18.9			
	热导率 λ/[W/(m·℃)]	100℃	200℃	300℃	400℃	500℃	600℃	700℃	800℃	900℃	
		0.038	0.042	0.046	0.049	0.053	0.057	0.061	0.066	0.072	
12Cr13	弹性模量 E/MPa	20℃	200℃	300℃	400℃	500℃	550℃				
		2.21×10^5	2.1×10^5	2.02×10^5	1.93×10^5	1.83×10^5	1.68×10^5				
	热导率 λ/[W/(m·℃)]	100℃	200℃	300℃	400℃	500℃					
		25.12	25.96	26.80	28.05	28.89					
	线胀系数 $\alpha/10^{-6}℃^{-1}$	20～100℃	20～200℃	20～300℃	20～400℃	20～500℃					
		10.5	11.0	11.5	12.0	12.0					
16Cr20Ni14Si2	热导率 λ/[W/(m·℃)]	20℃	100℃								
		12.7	14.1								
	线胀系数 $\alpha/10^{-6}℃^{-1}$	20～200℃	20～400℃	20～600℃							
		16.6	17.5	18.3							
16Cr25Ni20Si2	弹性模量 E/MPa	20℃									
		2.03×10^5									
	热导率 λ/[W/(m·℃)]	20℃	500℃								
		14.65	18.84								
	线胀系数 $\alpha/10^{-6}℃^{-1}$	20～100℃	20～300℃	20～500℃	20～800℃	20～1000℃					
		15.5	16.5	17.5	18.5	19.5					
26Cr18Mn12Si2N	弹性模量 E/MPa	—									
	热导率 λ/[W/(m·℃)]	—									
	线胀系数 $\alpha/10^{-6}℃^{-1}$	17～122℃	120～207℃	207～308℃	308～400℃	400～500℃	500～600℃	600～700℃			
		15.277	17.69	18.91	19.67	21.11	22.11	21.11			
22Cr20Mn9Ni2Si2N	线胀系数 $\alpha/10^{-6}℃^{-1}$	13～100℃	13～200℃	13～300℃	13～400℃	13～500℃	13～600℃	13～700℃	13～800℃	13～900℃	13～1000℃
		15.6	16.5	16.8	17.5	17.9	18.5	18.7	18.9	19.1	19.8
	热导率 λ/[W/(m·℃)]	—									
	弹性模量 E/MPa	—									
53Cr21Mn9Ni4N	弹性模量 E/MPa	20℃	600℃	700℃	800℃						
		2.129×10^5	1.499×10^5	1.449×10^5	1.101×10^5						
	热导率 λ/[W/(m·℃)]	20℃	800℃								
		14.24	24.7								
	线胀系数 $\alpha/10^{-6}℃^{-1}$	20～100℃	20～200℃	20～300℃	20～400℃	20～500℃	20～600℃	20～700℃	20～800℃		
		12.2	14.5	15.7	16.5	17.1	17.6	18.1	18.6		
14Cr23Ni18	弹性模量 E/MPa	20℃									
		2.1×10^5									
	热导率 λ/[W/(m·℃)]	20℃	100℃	500℃	1100℃						
		13.82	15.91	18.84	31.82						
	线胀系数 $\alpha/10^{-6}℃^{-1}$	20～100℃	20～300℃	20～500℃	20～800℃	20～1000℃					
		15.5	16.5	17.5	18.5	19.5					

（续）

牌　号	物理性能	在下列温度时的数据							
20Cr13	弹性模量 E/MPa	20℃	100℃	200℃	300℃	400℃	500℃	600℃	
		2.33×10^5	2.18×10^5	2.12×10^5	2.04×10^5	1.93×10^5	1.84×10^5	1.72×10^5	
	线胀系数 $\alpha/10^{-6}℃^{-1}$	20～100℃	20～200℃	20～300℃	20～400℃	20～500℃			
		10.5	11.0	11.5	12.0	12.0			
	热导率 λ/[W/(m·℃)]	100℃	200℃	300℃	400℃	500℃			
		0.053	0.056	0.059	0.061	0.063			
13Cr11Ni2W2MoV	弹性模量 E/MPa	20℃	300℃	400℃	450℃	500℃	550℃		
		2.0×10^5	1.75×10^5	1.65×10^5	1.57×10^5	1.45×10^5	1.25×10^5		
	线胀系数 $\alpha/10^{-6}℃^{-1}$	20～100℃	20～200℃	20～300℃	20～400℃	20～500℃	20～600℃		
		11.0	11.3	11.6	12.0	12.3	12.5		
	热导率 λ/[W/(m·℃)]	20℃	100℃	200℃	300℃	400℃	500℃	600℃	700℃
		0.05	0.053	0.057	0.061	0.065	0.067	0.068	0.069

表9-9　耐热钢的高温力学性能

牌　号	热处理制度	高温力学性能						备　注
		温度/℃	R_m	R_{eL}	A	Z	a_K/(J/cm²)	
			MPa		(%)			
14Cr11MoV	1050℃油冷或空冷，720～740℃空冷（持久强度试验1000℃油淬，700℃空冷）	20	700	500	15		60	有较好的热强性，良好的减振性和较小的线胀系数，适于制造汽轮机和燃气轮机的叶片
		400	600	450	15		80	
		450	560	420	15		80	
		500	480	400	15		80	
15Cr12WMoV	1000～1020℃油冷，680～700℃空冷	20	890	750（$R_{p0.2}$）	15	58	90	热强性较高，在580℃左右有较高的持久强度和持久塑性，热加工性能良好
		300	750	630	15	63	150	
		400	690	600	14	62	150	
		500	580	530	14	78	120	
		550	510	480	19	71	90	
		600	400	380	23	88	130	
13Cr11Ni2W2MoV	1000～1020℃油淬，560～580℃回火	20	1100～1280	950～1100	10～16	50～60	70～150	该钢属于低镍马氏体-铁素体不锈热强钢，有较高的强度和良好的韧性，广泛用于制造600℃以下及高湿度条件下工作的轴、叶片、压缩弹簧等
		300	1050～1150	950～1000	10～16	50～60	80～150	
		400	950～1100	850～920	10～16	50～60	80～150	
		450	950～1050	800～880	10～16	50～60	80～150	
		500	800～900	700～770	12～18	55～65	100～160	
		550	750～850	470～530	13～18	55～65	100～160	
45Cr14Ni14W2Mo	1170℃×45min水冷，760℃×5h空冷	500	636 646	—	20.5 21.6	48.4 45.5	81 80	在700℃以下有良好的热强性能，在800℃以下有良好的抗氧化性，广泛用于制造柴油发动机的进气阀、排气阀等
		600	568 609	—	19.6 17.2	50.1 51.8	88 85	
		200	332 328	—	22.4 23.5	56.8 65.5	100 110	
		800	241 237	—	32.0 47.6	61.7 65.2	110 114	
20Cr13	1000～1050℃油淬，720～750℃回火	20	720	520	21.0	65.0	65～175	属于马氏体不锈耐热钢，有较好的耐蚀性和热强性，较好的消振性，适于制造透平机零件
		300	555	400	18.0	66.0	200	
		400	530	405	16.5	58.5	205	
		450	495	380	17.5	57.0	240	
		500	440	365	32.5	75.0	250	
		550	350	285	36.5	83.5	223	

（续）

牌　　号	热处理制度	高温力学性能						备　　注
		温度/℃	R_m /MPa	R_{eL} /MPa	A (%)	Z (%)	a_K/(J/cm²)	
42Cr9Si2	1040℃ × 30min 油冷，750℃ × 2h 油冷	200	908~923	—	21~21.8	60.7~61.6	—	1）42Cr9Si2 属于马氏体耐热钢，在 800℃以下有良好的抗氧化性能，低于 650℃有足够的热强性能。此钢主要用于制作内燃机的进气阀和工作温度低于 650℃的排气阀，可用于制造低于 800℃的抗氧化构件，如热处理炉的料盘、辐射管吊挂等 2）R_{eL} 项的数值为 $R_{p0.2}$
		400	800~853	—	21.6~24.2	64~66.4	—	
		500	538~550	445~457	38.8~45.0	82.5~85.5	207.8	
		550	420~425	343~345	46.8~49.4	90.0~90.3	—	
		600	319~321	235~243	54.4~60.4	94.2~94.7	237~249.9	
		650	234~241	148~161	41.2~73.8	95.2~96.4	—	
		700	151~152	88~89	80.4~81.8	97.8	272	
		750	85~100	—	101~147	—	—	
		800	65~68	—	111.2	—	—	
		900	35~37	—	104~124.8	—	—	
		1000	53~64	—	25.4~42.6	36.0~42.8	—	
40Cr10Si2Mo	1040℃ × 30min 油冷，750℃回火、2h 空冷	300	911	—	17.2	53.3	—	1）40Cr10Si2Mo 属于马氏体耐热钢，适于制造内燃机的进气阀和 700℃以下的排气阀，可以用于制造在 850℃以下工作的炉用构件 2）R_{eL} 的数值为 $R_{p0.2}$
			873		19.2	51.0		
		500	545	456	33.2	72.5	144	
			586	459	33.0	72.5	136	
		550	515	433	41.6	84.0	—	
			480	400	41.4	81.5		
		600	384	320	48.8	91.0	153	
			398	316	49.2	91.0	159.7	
		650	289	205	57.8	95.6	—	
			291	202	53.6	94.3		
		700	204	123	57.8	96.1	208	
			196	125	57.8	95.8		
		750	129	72	64.0	98.2	—	
			128	74	72.0	98.2		
		900	51	—	179.2	—	—	
			60		139.2			
		1100	29	—	93.6	—	—	
			34		83.6			
12Cr13	1030 ~ 1050℃ 油淬，680 ~ 700℃ 回火空冷	20	711	583	21.7	67.9	150	12Cr13 属于半马氏体热强钢，有一定的热强性，良好的减振性。在淡水、海水、蒸汽及湿空气中有很好的耐蚀性，750℃开始出现剧烈氧化 适于制造汽轮机零件及其他耐腐蚀件
		300	657	564	14.1	66.0	185	
		500	534	453	17.3	69.5	189	
		550	455	428	19.8	73.3	—	
		600	330	320	27.3	85.2	191	

（续）

牌　　号	热处理制度	高温力学性能						备　　注
		温度/℃	R_m	R_{eL}	A	Z	a_K/	
			MPa		(%)		(J/cm²)	
16Cr20Ni14Si2	—	700	346~364	—	29.7~36.3	33.7~44.5	—	—
		800	179~221	—	26.0~48.0	35.0~70.3	—	
		900	104~113	—	50.0~56.7	46.8~67.4	—	
		1000	46~69	—	50.5~80	62.5~93.0	—	
14Cr23Ni18	固溶处理后进行试验	20	670	330	35	51	156.8	该钢属于奥氏体型耐热钢，有很好的抗高温氧化性能、耐蚀性及抗渗碳性，最高使用温度为1150℃，在空气中连续使用的最高温度为 1040℃，间断工作温度为 1120℃。该钢适于制造在高温下工作的炉用构件（如辐射管等），也可制造在 750℃工作的燃气轮机叶片
		300	540	240	26	47	156.8	
		400	560	230	28	42	156.8	
		500	540	210	28	43	176.4	
		600	460	200	24	45	176.4	
		650	400	200	22	46	186.2	
		700	330	200	22	34	176.4	
		800	200	170	23	34	176.4	
16Cr25Ni20Si2	1100 ~ 1150℃水冷或空冷	600	440	130				该钢属于奥氏体型耐热钢，抗氧化、抗渗碳性较好，最高使用温度达 1200℃，连续使用温度为1150℃，间歇使用温度为 1050~1100℃。该钢适于制造加热炉的各种构件，如辐射管、炉辊筒、燃烧室构件
		700		110				
		800		90				
		900		70				
		1000	75	50				
26Cr18Mn12Si2N	1100 ~ 1150℃、40min，空冷	700	407~451		20.0~28.0	14.5~28.0		该钢属于铬锰氮型奥氏体不锈钢，有较好的抗氧化性、耐硫腐蚀和抗渗碳性。可长期在 950℃以下使用，适于制造加热炉传送带、退火炉底盘、炉底板及渗碳炉罐
		800	287~319		16.7~24.5	14.6~27.3		
		900	183~212		22.2~23.0	24.9~45.8		
		1000	89~106		47.5~60.3	50.0~69.4		
22Cr20Mn9Ni2Si2N	1100 ~ 1150℃，水冷（固溶处理）	700	≥350		≥15			该钢属于 Cr-Mn-Ni-N 型奥氏体抗氧化耐热钢，可在 850~1000℃使用，有较好的高温强度、抗氧化性能，良好的抗渗碳性及耐急冷急热性能。该钢适于制造渗碳炉和加热炉耐热构件及盐浴炉坩埚
		900	140~160		20~60			
		1000	80~90		35~67			

（续）

牌　　号	热处理制度	高温力学性能						备　　注
		温度/℃	R_m	R_{eL}	A	Z	a_K/	
			MPa		(%)		(J/cm²)	
53Cr21Mn9Ni4N	1170℃、40min，水冷，750℃，5h空冷	500	≈744	≈331	≈33.4	≈37.5	≈63	1）该钢属于 Cr-Mn-Ni-N 系奥氏体耐热钢，其高温强度、高温硬度和耐 PbO 腐蚀性能良好，价格便宜，广泛用于制造内燃机排气阀 2）R_{eL} 的数值应为 $R_{p0.2}$
		600	≈654	≈293	≈28.3	≈48.2	≈59	
		700	≈500	≈272	≈24.8	≈30.5	≈55	
		800	≈341	≈247	≈19.8	≈44.5	≈95	

9.3.2　耐热铸钢及合金

耐热铸钢及合金的化学成分见表 9-10，其力学性能见表 9-11。

表 9-10　耐热铸钢及合金的化学成分（摘自 GB/T 8492—2014）

材料牌号	主要元素含量(质量分数,%)								
	C	Si	Mn	P	S	Cr	Mo	Ni	其他
ZG30Cr7Si2	0.20~0.35	1.0~2.5	0.5~1.0	0.04	0.04	6~8	0.5	0.5	
ZG40Cr13Si2	0.30~0.50	1.0~2.5	0.5~1.0	0.04	0.03	12~14	0.5	1	
ZG40Cr17Si2	0.30~0.50	1.0~2.5	0.5~1.0	0.04	0.03	16~19	0.5	1	
ZG40Cr24Si2	0.30~0.50	1.0~2.5	0.5~1.0	0.04	0.03	23~26	0.5	1	
ZG40Cr28Si2	0.30~0.50	1.0~2.5	0.5~1.0	0.04	0.03	27~30	0.5	1	
ZGCr29Si2	1.20~1.40	1.0~2.5	0.5~1.0	0.04	0.03	27~30	0.5	1	
ZG25Cr18Ni9Si2	0.15~0.35	1.0~2.5	2.0	0.04	0.03	17~19	0.5	8~10	
ZG25Cr20Ni14Si2	0.15~0.35	1.0~2.5	2.0	0.04	0.03	19~21	0.5	13~15	
ZG40Cr22Ni10Si2	0.30~0.50	1.0~2.5	2.0	0.04	0.03	21~23	0.5	9~11	
ZG40Cr24Ni24Si2Nb	0.25~0.50	1.0~2.5	2.0	0.04	0.03	23~25	0.5	23~25	Nb:1.2~1.8
ZG40Cr25Ni12Si2	0.30~0.50	1.0~2.5	2.0	0.04	0.03	24~27	0.5	11~14	
ZG40Cr25Ni20Si2	0.30~0.50	1.0~2.5	2.0	0.04	0.03	24~27	0.5	19~22	
ZG40Cr27Ni4Si2	0.30~0.50	1.0~2.5	1.5	0.04	0.03	25~28	0.5	3~6	
ZG45Cr20Co20Ni20Mo3W3	0.35~0.60	1.0	2.0	0.04	0.03	19~22	2.5~3.0	18~22	Co:18~22 W:2~3
ZG10Ni31Cr20Nb1	0.05~0.12	1.2	1.2	0.04	0.03	19~23	0.5	30~34	Nb:0.8~1.5

（续）

材料牌号	主要元素含量(质量分数,%)							
	C	Si	Mn	P	S	Cr	Mo	Ni	其他
ZG40Ni35Cr17Si2	0.30~0.50	1.0~2.5	2.0	0.04	0.03	16~18	0.5	34~36	
ZG40Ni35Cr26Si2	0.30~0.50	1.0~2.5	2.0	0.04	0.03	24~27	0.5	33~36	
ZG40Ni35Cr26Si2Nb1	0.30~0.50	1.0~2.5	2.0	0.04	0.03	24~27	0.5	33~36	Nb:0.8~1.8
ZG40Ni38Cr19Si2	0.30~0.50	1.0~2.5	2.0	0.04	0.03	18~21	0.5	36~39	
ZG40Ni38Cr19Si2Nb1	0.30~0.50	1.0~2.5	2.0	0.04	0.03	18~21	0.5	36~39	Nb:1.2~1.8
ZNiCr28Fe17W5Si2C0.4	0.35~0.55	1.0~2.5	1.5	0.04	0.03	27~30		47~50	W:4~6
ZNiCr50Nb1C0.1	0.10	0.5	0.5	0.02	0.02	47~52	0.5	①	N:0.16 (N+C):0.2 Nb:1.4~1.7
ZNiCr19Fe18Si1C0.5	0.40~0.60	0.5~2.0	1.5	0.04	0.03	16~21	0.5	50~55	
ZNiFe18Cr15Si1C0.5	0.35~0.65	2.0	1.3	0.04	0.03	13~19		64~69	
ZNiCr25Fe20Co15W5Si1C0.46	0.44~0.48	1.0~2.0	2.0	0.04	0.03	24~26		33~37	W:4~6 Co:14~16
ZCoCr28Fe18C0.3	0.50	1.0	1.0	0.04	0.03	25~30	0.5	1	Co:48~52 Fe:20 最大值

注：表中的单个值表示最大值。

① *a* 为余量。

表 9-11　耐热铸钢及合金的力学性能（摘自 GB/T 8492—2014）

牌　　号	规定塑性延伸强度 $R_{p0.2}$/MPa ≥	抗拉强度 R_m/MPa ≥	断后伸长率 A(%) ≥	布氏硬度 HBW	最高使用温度①/℃
ZG30Cr7Si2					750
ZG40Cr13Si2				300②	850
ZG40Cr17Si2				300②	900
ZG40Cr24Si2				300②	1050
ZG40Cr28Si2				320②	1100
ZGCr29Si2				400②	1100
ZG25Cr18Ni9Si2	230	450	15		900
ZG25Cr20Ni14Si2	230	450	10		900
ZG40Cr22Ni10Si2	230	450	8		950
ZG40Cr24Ni24Si2Nb1	220	400	4		1050
ZG40Cr25Ni12Si2	220	450	6		1050
ZG40Cr25Ni20Si2	220	450	6		1100
ZG45Cr27Ni4Si2	250	400	3	400③	1100
ZG45Cr20Co20Ni20Mo3W3	320	400	6		1150
ZG10Ni31Cr20Nb1	170	440	20		1000
ZG40Ni35Cr17Si2	220	420	6		980
ZG40Ni35Cr26Si2	220	440	6		1050
ZG40Ni35Cr26Si2Nb1	220	440	4		1050
ZG40Ni38Cr19Si2	220	420	6		1050

（续）

牌　号	规定塑性延伸强度 $R_{p0.2}$/MPa ≥	抗拉强度 R_m/MPa ≥	断后伸长率 A(%) ≥	布氏硬度 HBW	最高使用温度①/℃
ZG40Ni38Cr19Si2Nb1	220	420	4		1100
ZNiCr28Fe17W5Si2C0.4	220	400	3		1200
ZNiCr50Nb1C0.1	230	540	8		1050
ZNiCr19Fe18Si1C0.5	220	440	5		1100
ZNiFe18Cr15Si1C0.5	200	400	3		1100
ZNiCr25Fe20Co15W5Si1C0.46	270	480	5		1200
ZCoCr28Fe18C0.3	④	④	④	④	1200

① 最高使用温度取决于实际使用条件，所列数据仅供用户参考，这些数据适用于氧化气氛，实际的合金成分对其也有影响。
② 退火态最大 HBW 硬度值，铸件也可以铸态提供，此时硬度限制就不适用。
③ 最大 HBW 值。
④ 由供需双方协商确定。

9.3.3　耐热铸铁

耐热铸铁件的化学成分、力学性能及用途见表 9-12。

9.3.4　热处理工装

热处理工装是承载热处理过程中的工件，或者为减少及防止热处理工件在处理过程中的变形的工具，热处理工装与热处理设备密不可分，并随着热处理新工艺、新设备的发展而不断进步。一般与工件一起在炉内加热及冷却，其所带走的热量占总热量的 15%～30%，所以对其结构需要进行结构轻量化设计，以减少不必要的热损失。

工装在使用过程中经受反复的加热及冷却过程，需要具备以下特点：

1）耐热变形。在承载满足工艺要求数量工件的情况下，工装的变形量尽量小。

2）工装重量轻。在保证热强度等技术要求的前提下，重量轻的热处理工装在节能环保、实际操作使用等方面，意义更大。

3）装载更多的工件。在保证热处理质量和遵守热处理设备要求的前提下，做到装料量最大化，发挥设备潜能、提高生产率。

4）较长的使用寿命。寿命越长，工装的使用成本就越低。

5）为更好地提高工件的热处理质量，热处理工装应该不断地优化自身的结构及性能，合理布置结构间隙及热处理产品间的匹配。

热处理工装在使用时应该注意以下几点：

1）工装负荷不能超过规定载荷，载荷分布要均匀。

2）搬送工装吊装工件时要轻吊轻放，不得使工装承受剧烈冲击。

3）一般料盘在使用过程中可以正反交替使用，避免产生凹曲变形。

4）定期对工装进行修补，工装长期使用在温度剧烈变化的场所，裂纹不可避免，定期适当进行修补裂纹，可以大幅度延长工装的使用寿命。

5）不能超出工装规定的使用温度。

6）不能将工装用于配套设备以外的其他用途。

一般热处理工装材料采用优质耐热铸钢（如 ZG40Cr25Ni20Si2）成形浇注，也可采用普通耐热钢材料（如 16Cr25Ni20Si2）焊接。随着材料研究的不断发展，碳纤维材料做成的热处理工装在真空热处理中也得到广泛应用。

焊接工装主要优点是无须制作模具，制造周期短，形状可以按需定制，价格便宜；缺点是强度低，质量小、使用寿命短，对于小批量、多品种的工件可以采用焊接工装。铸造工装主要优点是强度高、质量大、使用寿命长；缺点是非标准品需要重新制作模具，制造周期长，价格高。

铸造工装又可细分为整体铸造工装和组合铸造工装。整体铸造工装具有使用方便快捷的特点，但产品种类多时需要各种工装，一次性投资大。组合铸造工装由插杆、齿框、齿条、隔套、吊杆等组合而成，适用于各种类型的工件，一次性投资小。

热处理工装按形状可分为料盘、料筐、料架、吊具等。

1. 料盘

料盘是用来承载和输送炉料入炉并一起加热的托盘，主要用于箱式炉、推盘炉、井式炉等。料盘可以单独承载大型工件，也可以与插杆、组合料筐结合，

表 9-12 耐热铸铁件的化学成分、力学性能及用途（摘自 GB/T 9437—2009）

铸铁牌号	化学成分(质量分数,%)						高温短时 R_m/MPa	室温		使用条件	应用举例
	C	Mn	Si	Cr(Al)	P	S		最小抗拉强度 R_m/MPa	硬度 HBW		
HTRCr	3.0~3.8	≤1.0	1.5~2.5	0.50~1.00	≤0.10	≤0.08	550℃ 225 600℃ 144	200	189~288	在空气中耐热温度到550℃	炉条、高炉支架式水箱、金属模、玻璃模
HTRCr2	3.0~3.8	≤1.0	2.0~3.0	1.00~2.00	≤0.10	≤0.08	500℃ 243 600℃ 166	150	207~288	在空气中耐热温度到600℃	煤气炉内灰盆、矿山烧结车挡板
HTRCr16	1.6~2.4	≤1.0	1.5~2.2	15.00~18.00	≤0.10	≤0.05	800℃ 144 900℃ 88	340	400~450	在空气中耐热温度到900℃,在室温及高温下有耐磨性,耐硝酸腐蚀	退火罐、煤粉烧嘴、炉栅、水泥焙烧炉零件、化工机械零件
HTRSi5	2.4~3.2	≤0.8	4.5~5.5	0.50~1.00	≤0.10	≤0.08	700℃ 41 800℃ 27	140	160~270	在空气中耐热温度到700℃	炉条、煤粉烧嘴、模热器针状管、锅炉梳形定位板等
QTRSi4	2.4~3.2	≤0.7	3.5~4.5	—	≤0.07	≤0.015	700℃ 75 800℃ 35	420	143~187	在空气中耐热温度到650℃,含硅上限时到750℃,抗裂性较比HTRSi5好	玻璃窑烟道闸门、加热炉两端管架、玻璃引上机墙板
QTRSi4Mo	2.7~3.5	≤0.5	3.5~4.5	Mo:0.5~0.9	≤0.07	≤0.015	700℃ 101 800℃ 46	520	188~241	在空气中耐热温度到680℃,含硅上限时到780℃,高温力学性能较好	罩式退火炉导向器、烧结炉中后热筛板、加热炉吊梁
QTRSi5	2.4~3.2	≤0.7	>4.5~5.5	—	≤0.07	≤0.015	700℃ 67 800℃ 30	370	228~302	在空气中耐热温度到800℃,含硅上限时到900℃	煤粉炉烧嘴、炉条、辐射管、烟道闸门、加热炉中间管架
QTRAl4Si4	2.5~3.0	≤0.5	3.5~4.5	(4.0~5.0)	≤0.07	≤0.015	800℃ 82 900℃ 32	250	285~341	在空气中耐热温度到900℃	烧结机篦条、炉用构件
QTRAl5Si5	2.3~2.8	≤0.5	4.5~5.2	(5.0~5.8)	≤0.07	≤0.015	800℃ 167 900℃ 75	200	302~363	在空气中耐热温度到1050℃	烧结机篦条、炉用构件
QTRAl22	1.6~2.2	≤0.7	1.0~2.0	(20.0~24.0)	≤0.07	≤0.015	800℃ 130 900℃ 77	300	241~364	在空气中耐热温度到1100℃,抗高温硫蚀性好	链式加热炉炉爪、黄铁矿焙烧炉零件,锅炉用侧密封块

注：1. 硅系、钢系耐热球墨铸铁件一般应进行消除应力的热处理。

2. 在使用温度下，耐热铸铁的平均氧化增重速度不大于 0.5g/(m^2·h)，生长率不大于 0.2%。

代替标准料筐和料架承载小型工件。插杆料盘可以根据工件不同设计不同的插杆、组合料筐，具有使用灵活的特点。料盘的主要形式如图 9-1 所示。

2. 料筐

料筐是用来给炉罐或炉子加热室装料的容器，适于辊底炉、井式炉及普通料盘上组合料筐等，主要用于盛放各种散件或平铺件。料筐的主要形式如图 9-2 所示。

3. 料架

料架是用来支撑热处理工件并按照热处理工艺要求摆放的热处理工装。主要在料盘的基础上与插杆、横档、搁架、隔圈等组合使用，使工件按照一定的方式将工件隔开。料架的主要形式如图 9-3 所示。

4. 吊具

吊具是用来起吊装有热处理工件的料盘、料筐等在热处理设备间移动的热处理工装，主要用于井式炉，一般位于料盘、料筐的中心或四周，便于整体起吊。吊具的主要形式如图 9-4 所示。

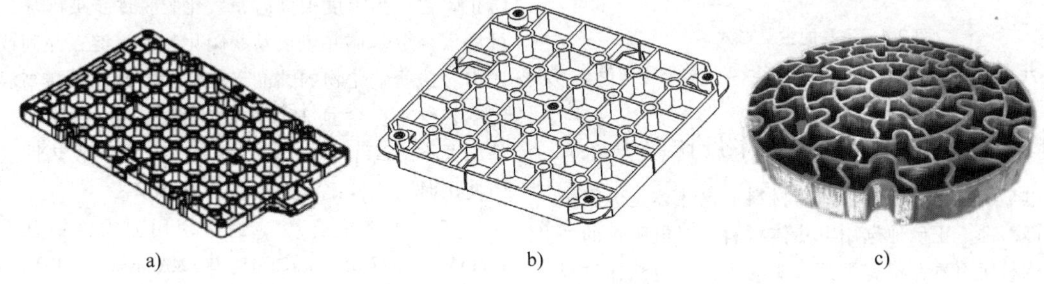

a)　b)　c)

图 9-1　料盘的主要形式

a）箱式炉料盘　b）推盘炉料盘　c）井式炉料盘

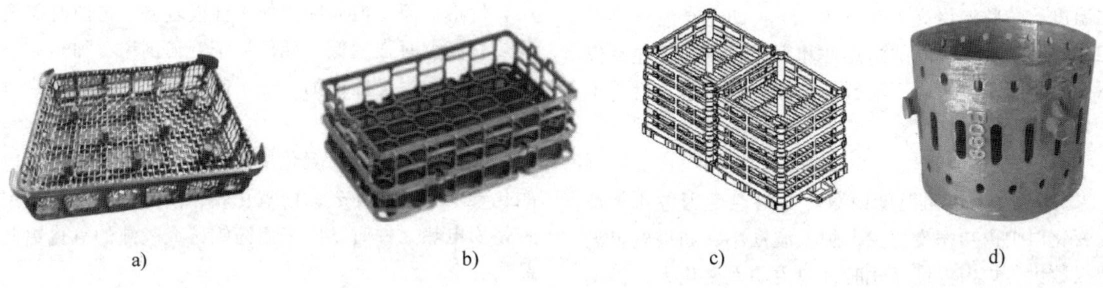

a)　b)　c)　d)

图 9-2　料筐的主要形式

a）焊接料筐　b）耐热钢铸造料筐　c）在料盘上的叠加料筐　d）井式炉铸造料筐

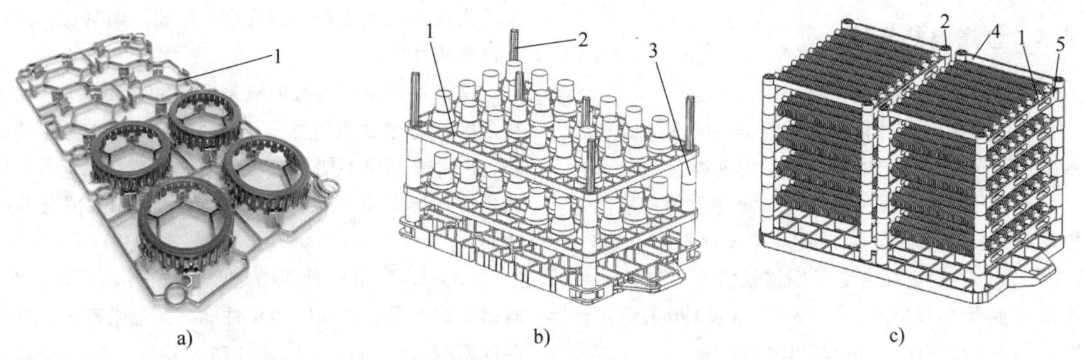

a)　b)　c)

图 9-3　料架的主要形式

a）平放工件料架　b）轴类竖放料架　c）隔圈套放料架

1—料架　2—插杆　3—隔圈　4—横档　5—搁架

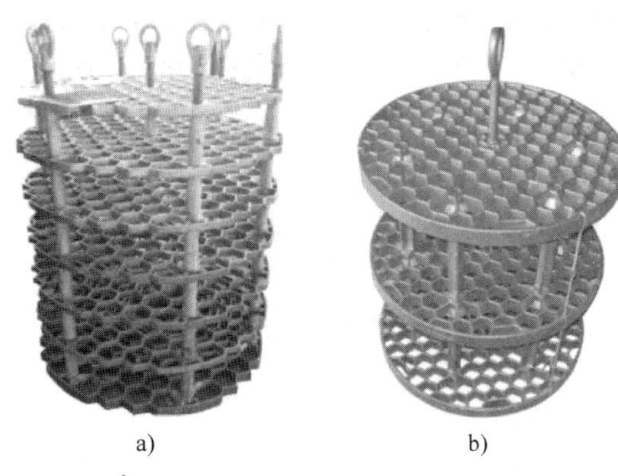

a)　　b)

图 9-4　吊具的主要形式

a）井式炉工装的四周吊具　b）井式炉工装的中间吊具

9.4　电热材料及基础构件

电热材料是制造电热体的材料，电热体是电阻炉的关键部件，正确地选用电热体材料，对电阻炉的加热性能和使用寿命都有极其重要的意义。电热体材料分为金属和非金属两大类。电热体材料应具备下列技术性能：

1）良好的高温力学性能和化学稳定性。电热体的温度比炉膛温度高 100~150℃，长期在高温条件下工作，必须具备良好的耐热性和高温强度，即在高温下变形小、不塌陷、不断裂、抗氧化，与耐火材料不发生化学反应。

2）高的电阻率。

3）较小的电阻温度因数。电阻温度因数小，炉温变化时炉内功率变化少，炉温波动小；如果电阻温度因数大，炉内温度变化时，炉内功率变化大，温度波动大，就应安装调压变压器。

4）低的热胀系数。

5）良好的可加工性。

9.4.1　金属电热元件

1. 金属电热材料

常用的金属电热材料有镍铬合金和铁铬铝合金，在真空中和保护气氛中也使用钼、钨和钽。

（1）镍铬合金　镍铬合金分二元合金和三元合金两种，二元合金基本是镍和铬，铁含量只有 0.5%~3%（质量分数），三元合金是镍铬铁合金。经常使用的镍铬合金有 Cr15Ni60、Cr20Ni80、Cr20Ni80Ti3（曾用牌号）、06Cr23Ni13、06Cr25Ni20 等。

镍铬合金在空气中加热后，表面形成一层较硬的 Cr_2O_3 保护膜并紧附在合金基体上，熔点比合金基体高，能经受交替性的加热和冷却，耐蚀性强，高温时力学性能好，常温时易于加工和焊接，电阻率大，电阻温度因数小，功率稳定，最高使用温度达 1100℃。

镍铬合金在空气中长期加热，氧化膜逐渐增厚，当电热元件的截面积减少 20%时就应更换。在含硫气氛中加热时，镍含量越高，对硫的亲和力越强，高温下元件表面生成硫化镍的熔液区，通过该区硫可渗到合金内部产生晶间腐蚀，最后形成熔点相，明显地缩短了电热元件的使用寿命。在含碳气氛中加热时，当温度不很高时，元件表面的氧化膜在一段时间内能防止碳化；当温度很高时，氧化膜将逐步被破坏，碳可渗入合金基体并生成某些碳化物而沉淀在晶间或晶体内，这些碳化物的共晶点较低，能使元件在高温下产生裂纹。在含氢 15%的放热性气氛中使用时，元件温度不应高于 930℃；在含一氧化碳的吸热性气氛中使用时，元件温度不应高于 1010℃。

（2）铁铬铝合金　经常使用的铁铬铝合金有 1Cr13Al4、Cr17Al5、0Cr25Al5、0Cr24Al6RE、0Cr13Al6Mo2、0Cr27Al7Mo2 等。铁铬铝合金的熔点比镍铬合金高，在空气中加热后表面形成一层 Al_2O_3 保护膜，其熔点比合金基体高。这种合金电阻率大，电阻温度因数小，价格低廉，但质脆，加工性能较差，弯曲时需要预热；高温时强度低，元件易于变形倒塌；加热后合金晶粒长大，脆性增加，经不起冲击和弯曲；维修时比较困难。

酸性耐火材料及氧化皮在高温下与铁铬铝合金发生化学反应，破坏表面的氧化膜，因此在高温炉使用铁铬铝电热元件时，应采用高铝砖或较纯的氧化铝制品支托。

在氮气中使用铁铬铝合金时，其使用温度比在空气中低，因铁、铝与氮的亲和力强，高温时氧化铝保护膜被破坏，生成氮化物。同时，由合金内部分离出来的铝也形成氮化物，使合金中的铬、铝贫化，降低了抗氧化性能。

铁铬铝合金在含硫的氧化性气氛中没有影响，但在含硫的还原性气氛中，合金氧化膜的致密性被破坏，使合金基体不能抵抗硫的侵蚀。在含碳气氛中的使用情况与镍铬合金在含硫气氛中的使用情况基本相同。

（3）钼　钼的纯度在 99.8%左右，呈银灰色，坚韧，耐高温；高温时力学性能好，电阻率低，电阻温度因数大。为使电热元件功率稳定，必须安装调压器。

钼易氧化，在空气中 200℃保持金属光泽，300℃呈钢灰色，400℃呈微黄色，600℃在金属表面形成黏附的黑色氧化膜，在 300~700℃范围内是稳定的 MoO_2，700℃以上生成 MoO_3 升华。

高温时，钼在真空及纯氢、氩、氦等惰性气体中很稳定；在水蒸气、二氧化硫、氧化亚氮和氧化氮中均发生氧化。低于 1100℃时，钼在二氧化碳、氨气、氮气中较稳定；高于 1100℃时，钼在一氧化碳和碳氢化合物中发生碳化。

钼对高温的硫化氢具有耐蚀性，对 200℃的氯气、450℃的溴、800℃的碘蒸气都有良好的耐蚀性，室温时对氟不耐蚀。

钼的线胀系数小，强度高，加工性能较差，加工较粗（厚）的型材时应预热到 400℃；对任何截面尺寸的钼，都不应在低于脆性转化点（纯钼为 18~38℃）下进行加工，否则将失去塑性；钼在再结晶温度（纯钼为 1007℃）以上加热后，室温时强度降低而脆性增加，很难进行再加工，这种特性经任何热处理也不能逆转。

（4）钨　钨的熔点比钼高，硬度大，高温力学性能好，电阻率小，电阻温度因数大，加热过程中必须使用调压器。

钨在空气中常温时较稳定，500℃以上开始氧化，1200℃开始挥发；在干氢中稳定，在湿氢中 1400℃以下稳定；在煤气中 1300℃表面生成碳化物，钨适宜在氩气、氦气中加热，也适于在真空中工作，2000℃以上钨与氮将生成氮化钨。

钨的加工性能较差，弯曲和铆接时要预热，焊接必须在真空或保护气氛中进行。

（5）钽　钽的熔点为 2900℃，最高使用温度为 2500℃，电阻率比钼、钨高，电阻温度因数大，加热过程中必须使用调压器。

钽适于在氩、氦气体中工作；在真空度≤1.33×10^{-2}Pa 及温度低于 2200℃以下工作；在空气中 400℃开始氧化，600℃剧烈氧化；在氮气中变脆。

钽的加工性能好，可制成各种形状。焊接需在真空或保护气氛中进行。

电热元件在可控气氛中的长期使用温度见表 9-13。高电阻电热合金电阻温度因数见表 9-14。电热合金主要物理性能见表 9-15。几种高温电热材料的性能见表 9-16。电热材料与耐火材料的反应温度见表 9-17。

表 9-13　电热元件在可控气氛中的长期使用温度

牌号	可控气氛							
	空气	还原气氛氢或分解氨	含氢 15%（体积分数）的放热式气氛	一氧化碳吸热式气氛	渗碳气氛	含硫的氧化性或还原性气氛	含铝锌的还原性气氛	真空
	长期使用温度/℃							
Cr20Ni80	<1150	<1180	<1150	<1010	不[①]	不	不	<1150
Cr15Ni60	<1010	<1010	<1010	<930	不	不	不	<1010
Cr20Ni35，余为 Fe	<930	<930	<930	<870	不	<930	<930	—
0Cr23Al5 余为 Fe	<1150	<1150[②]	不	不	不	含硫氧化性气氛可用	不	—
0Cr25Al5A	1300（干空气） 1100（湿空气）	1300（氢） 1100（分解氨）	1100	1000	—	—	—	—
0Cr24Al6RE	1400（干空气） 1200（湿空气）	1400（氢） 1200（分解氨）	1150	1050	—	—	—	—
Mo	不[③]	<1650	不	不	不	不	不	<1650
W	不	氢气中<2480	不	不	不	不	不	2000
碳化硅	<1450	<1200	<1370	<1370	不	<1390	<1370	不
石墨	不	<2480	不	<2480	<2480	含硫气氛可用	<2480	2000

① 表面经陶瓷材料镀层处理后可以应用。
② 使用前需经过氧化处理。
③ 表面镀 MoS_2 后可以使用；表内“不”字表示完全不能应用。

表 9-14　高电阻电热合金电阻温度因数（修正系数）（摘自 GB/T 1234—2012）

合金牌号	20℃	100℃	200℃	300℃	400℃	500℃	600℃	700℃	800℃	900℃	1000℃	1100℃	1200℃	1300℃
Cr20Ni80	1.000	1.006	1.012	1.018	1.025	1.026	1.018	1.010	1.008	1.010	1.014	1.021	1.025	—
Cr30Ni70	1.000	1.007	1.016	1.028	1.038	1.044	1.036	1.030	1.028	1.029	1.033	1.037	1.043	—
Cr15Ni60	1.000	1.011	1.024	1.038	1.052	1.064	1.069	1.073	1.078	1.088	1.095	1.109	—	—
Cr20Ni35	1.000	1.029	1.061	1.090	1.115	1.139	1.157	1.173	1.188	1.208	1.219	1.228	—	—
Cr20Ni30	1.000	1.023	1.052	1.079	1.103	1.125	1.141	1.158	1.173	1.187	1.201	1.214	1.226	—
1Cr13Al4	1.000	1.005	1.014	1.028	1.044	1.064	1.090	1.120	1.132	1.142	1.150	—	—	—
0Cr20Al3	1.000	1.011	1.025	1.042	1.061	1.085	1.120	1.142	1.154	1.164	1.172	1.180	1.186	—
0Cr23Al5	1.000	1.002	1.007	1.014	1.024	1.036	1.056	1.064	1.070	1.074	1.078	1.081	1.084	1.084
0Cr20Al6RE	1.000	1.002	1.005	1.010	1.015	1.021	1.029	1.035	1.039	1.042	1.044	1.046	1.047	1.047
0Cr25Al5	1.000	1.002	1.005	1.008	1.013	1.021	1.030	1.038	1.040	1.042	1.044	1.046	1.047	1.047
0Cr21Al6Nb	1.000	0.997	0.996	0.994	0.991	0.990	0.990	0.990	0.990	0.990	0.990	0.990	0.990	0.990
0Cr24Al6RE	1.000	0.995	0.993	0.990	0.988	0.986	0.984	0.982	0.980	0.978	0.976	0.976	0.975	0.975
0Cr27Al7Mo2	1.000	0.992	0.986	0.981	0.978	0.976	0.974	0.972	0.970	0.969	0.968	0.968	0.967	0.967

表 9-15　电热合金主要物理性能（摘自 GB/T 1234—2012）

合金牌号	元件最高使用温度/℃	熔点（近似）/℃	密度/(g/cm³)	电阻率（20℃）/(μΩ·m)	比热容/[J/(g·K)]	热导率（20℃）/[W/(m·K)]	平均线膨胀系数 α（20℃～1000℃）/$10^{-6}K^{-1}$	组织	磁性
Cr20Ni80	1200	1400	8.40	1.09	0.46	15	18.0	奥氏体	非磁性
Cr30Ni70	1250	1380	8.10	1.18	0.46	14	17.0	奥氏体	非磁性
Cr15Ni60	1150	1390	8.20	1.12	0.46	13	17.0	奥氏体	弱磁性
Cr20Ni35	1100	1390	7.90	1.04	0.50	13	19.0	奥氏体	非磁性
Cr20Ni30	1100	1390	7.90	1.04	0.50	13	19.0	奥氏体	非磁性
1Cr13Al4	950	1450	7.40	1.25	0.49	15	15.4	铁素体	磁性
0Cr20Al3	1100	1500	7.35	1.23	0.49	13	13.5	铁素体	磁性
0Cr23Al5	1300	1500	7.25	1.35	0.46	13	15.0	铁素体	磁性
0Cr20Al6RE	1300	1500	7.20	1.40	0.48	13	14.0	铁素体	磁性
0Cr25Al5	1300	1500	7.25	1.42	0.46	13	15.0	铁素体	磁性
0Cr21Al6Nb	1350	1510	7.10	1.45	0.49	13	16.0	铁素体	磁性
0Cr24Al6RE	1400	1520	7.10	1.48	0.49	13	16.0	铁素体	磁性
0Cr27Al7Mo2	1400	1520	7.10	1.53	0.49	13	16.0	铁素体	磁性

表 9-16　几种高温电热材料的性能

性　能	温度/℃	钼	钨	钽
最高使用温度/℃	—	2000（保护气） 1650	3000（保护气） 2500	2200
密度/(g/cm³)	—	10.2	19.6	16.6
熔点/℃	—	2600	3400	2900
比热容/[kJ/(kg·℃)]	20	0.259	0.142	0.142
	1000	—	—	0.159
	1500	—	0.184	—
	2000	0.334	0.196	0.184
电阻率/μΩ·m	0	0.045	0.05	0.15
	900	0.278	0.298	0.505
	1000	0.301	0.326	0.541
	1200	0.356	0.386	0.614
	1300	0.385	0.411	0.650
	1400	0.418	0.451	0.688
	1500	0.452	0.486	0.722

（续）

性　能	温度/℃	钼	钨	钽
电阻率/μΩ·m	1600	0.488	0.523	0.758
	1800	0.564	0.594	0.831
	2000	0.651	0.671	0.903
	2200	—	0.761	1.012(2300℃)
	2400	—	0.82	1.084(2500℃)
	2600	—	0.88	—
辐射能/(W/cm^2)	1027	1.43	2.57	2.73
	1127	3.18	3.84	3.95
	1227	4.53	5.54	5.47
	1327	6.3	7.03	7.36
	1427	8.5	10.5	10.1
	1527	11.3	14.2	13.3
	1627	14.8	18.6	17.1
	1727	19.2	24	21.6
	1827	24.4	30.4	27.1
	1927	30.7	38	34.2
	2027	24.4	47	42.2
	2127	30.7	57.5	51.3
	2227	38.2	69.5	62.4
	2327	—	83.4	75.4
	2427	—	99	89.9
	2527	—	117	105.5
	2627	—	137	123
	2727	—	160	—
	2827	—	185	—
	2927	—	214	—
	3027	—	244	—
电阻温度因数/($10^{-3}℃^{-1}$)	—	4.75	4.8	3.3
线胀系数/$10^{-6}℃^{-1}$	20	5.5	4.44	6.5
	50	—	—	6.6
	1000	—	5.10	—
	1500	—	—	80
	2000	—	7.26	—
热导率/[W/(m·℃)]	20	146.3	—	—
	500	—	96.1	—
	1000	98.6	117	46.4
	1500	—	133.8	42.2
	2000	—	148.4	39.7
蒸汽压/Pa	1500	1×10^{-6}	—	—
	2000	4×10^{-3}	—	6.6×10^{-6}
	2500	1.3	—	4×10^{-3}
蒸发速度/[$mg/(cm^2\cdot h)$]	1530	3.1×10^{-4}	1.3×10^{-10}	—
	1730	3.6×10^{-2}	5.3×10^{-8}	5.9×10^{-6}
	1930	180	7.5×10^{-6}	3.5×10^{-4}
	2130	—	4.6×10^{-4}	1.1×10^{-2}
	2330	—	1.4×10^{-2}	2×10^{-1}
	2530	—	2.7×10^{-1}	2.5

（续）

性　能	温度/℃	钼	钨	钽
发射率(黑度)	727	0.096	—	0.136
	1027	—	0.158	0.63
	1227	0.157	0.192	0.184
	1427	0.179	0.222	0.205
	1627	0.199	0.25	0.223
	1827	0.22	0.274	0.24
	2027	0.239	0.295	0.254
	2227	—	0.312	0.269
	2427	—	0.327	0.282
	2627	—	0.34	—
	2827	—	0.352	—
	3027	—	0.362	—
布氏硬度 HBW	—	烧结状　150~160	烧结状　200~250	45~600
弹性模量/MPa	—	279490~294200 (钼丝)	343233~272653 (钨丝)	—
抗拉强度/MPa	—	钼丝(退火) 785~1177 钼丝(未退火) 1373~2550	锻拉钨条 343~1471 退火钨丝 110 未退火钨丝 1765~4070	退火钽丝 32~46 未退火钽丝 88~125

表 9-17　电热材料与耐火材料的反应温度　（单位:℃）

材料	Al_2O_3	BeO	MgO	ThO_2	ZrO_2	黏土砖	碱性耐火材料	石墨
钼	1900	1900①	1600①	1900①	2200 烧结	1200	1600	1200 以上生成碳化物
钨	2000①	2000①	2000①	2200①	1600①	1200	1600	1400 以上生成碳化物
钽	1900	1600	1800	1900	1600	1200	1200	1000 以上生成碳化物

① 真空度为 1.3×10^{-2}Pa 时，比表中数据低 100~200℃。

2. 金属电热元件结构

金属电热元件材料通常轧制成线材和带材，有的也可铸成异形截面，线材和带材可制成螺旋线、波形线和波形带等形状。

螺旋线可安装在炉墙的搁砖上、炉底的沟槽内和炉顶的弧形槽中，也可装在耐火材料制作的套管上；波形线和波形带多悬挂在炉墙上，也可安装在搁砖上或炉底沟槽内，波形带还可安装在炉顶的 T 形槽内。

在炉温相同、单位炉膛面积的安装功率相同、电热元件使用寿命相同的条件下，电热元件的材料消耗量以波形线为最少，波形带次之，螺旋线最多。电热元件所需的电压以螺旋线为最高，波形线次之，波形带最低。因此，在选用波形线或波形带时，应考虑采用降压变压器的可能。为保证电热元件在高温下工作具有一定的强度，必须对电热元件进行合理的设计。表 9-18 列出了几种常用电热元件的结构关系尺寸。

表 9-18　几种常用电热元件的结构关系尺寸

类别	结构形式	关系尺寸				
螺旋线	D　s　d $s\geqslant 2d$	元件材料	下列温度(℃)时的$\frac{D}{d}$值			
			<1000	1100	1200	1300
		铁铬铝	6~8	5~6	5	5
		镍铬	6~9	5~8	5~6	—

（续）

<table>
<tr><th>类别</th><th>结构形式</th><th colspan="7">关系尺寸</th></tr>
<tr><td>波形线</td><td></td><td colspan="7">$h=\left(\frac{1}{4}-\frac{1}{6}\right)H, s>6d, \theta=10°\sim20°$
镍铬合金　$H=200\sim300$mm
铁铬铝合金　$H=150\sim250$mm</td></tr>
<tr><td rowspan="10">波形带</td><td rowspan="10">$s\geqslant2d$
$r=(4\sim8)a$</td><td rowspan="4">安装方式</td><td rowspan="4">电阻带宽度 b/mm</td><td colspan="5">最大 H 值/mm</td></tr>
<tr><td colspan="2">镍铬</td><td colspan="3">铁铬铝</td></tr>
<tr><td colspan="2">元件温度/℃</td><td colspan="3">元件温度/℃</td></tr>
<tr><td>1100</td><td>1200</td><td>1100</td><td>1200</td><td>1300</td></tr>
<tr><td rowspan="3">悬挂</td><td>10</td><td>300</td><td>200</td><td>250</td><td>150</td><td>130</td></tr>
<tr><td>20</td><td>400</td><td>300</td><td>270</td><td>230</td><td>200</td></tr>
<tr><td>30</td><td>450</td><td>350</td><td>420</td><td>280</td><td>250</td></tr>
<tr><td rowspan="3">水平放置</td><td>10</td><td>200</td><td>160</td><td>180</td><td>140</td><td>120</td></tr>
<tr><td>20</td><td>270</td><td>220</td><td>250</td><td>175</td><td>150</td></tr>
<tr><td>30</td><td>320</td><td>270</td><td>300</td><td>200</td><td>170</td></tr>
</table>

3. 金属电热元件的计算

计算电热元件前，应确定好炉子的安装功率、供电线路电压、电热元件材料和电热元件的连接方式。

电热元件的尺寸可按表 9-19 所列进行计算，算出电热元件的尺寸和每相长度，再根据表 9-18 算出不同结构形式电热元件的具体尺寸。

（1）螺旋线电热元件尺寸　每圈螺旋线长度为

$$L_q=\pi D$$

每相电热元件圈数为

$$n=\frac{1000L_x}{L_q}$$

螺旋节距为

$$s=\frac{L_1}{n}$$

式中　L_1——螺旋长度，即炉内安装每相螺旋线的总长度（mm）；

L_x——每相电热元件的长度（m）；

D——螺旋平均直径（mm）。

表 9-19　电热元件尺寸计算表

计算参数	联结方式	
	星形Y	三角形△
相功率/kW	$P_x=\frac{P}{3}$	$P_x=\frac{P}{3}$
相电压/V	$U_x=\frac{U}{\sqrt{3}}$	$U_x=U$
相电流/A	$I_x=\frac{10^3P_x}{U_x}=\frac{10^3P}{\sqrt{3}U}$	$I_x=\frac{10^3P_x}{U_x}=\frac{10^3P}{3U}$
线电流/A	$I=I_x=\frac{10^3P}{\sqrt{3}U}$	$I=\sqrt{3}I_x=\frac{10^3P}{\sqrt{3}U}$
相电阻/Ω	$R_x=\frac{U_x^2}{10^3P_x}$	$R_x=\frac{U_x^2}{10^3P_x}$
20℃时相电阻/Ω	$R_{20}=\frac{\rho_{20}}{\rho_t}R_x$	$R_{20}=\frac{\rho_{20}}{\rho_t}R_x$

（续）

计算参数	截面形状	
	电阻丝	电阻带
截面尺寸/mm	$d=34.4\sqrt[3]{\dfrac{P_x^2\rho_t}{U_x^2W_y}}$	$a=\sqrt[3]{\dfrac{10^5\rho_tP_x^2}{1.88m(m+1)U_x^2W_y}}$
每相长度/m	$L_x=\dfrac{R_xA}{\rho_t}$	$L_x=\dfrac{R_xA}{\rho_t}$
截面积/mm^2	$A=\dfrac{\pi d^2}{4}$	$A=0.94ab=0.94ma^2$
每相元件重量/kg	$G=gL_x$	$G=gL_x$
元件实际单位表面功率/(W/cm^2)	$W_b=\dfrac{10^3P_x}{\pi dL_x}<W_y$	$W_b=\dfrac{10^2P_x}{2(a+b)L_x}<W_y$

注：a—电阻带厚度（mm）；b—电阻带宽度（mm）；d—电阻丝直径（mm）；m—$b/a=5\sim18$；g—每米元件重量（kg/m）；U—线电压（V）；P—安装功率（kW）；W_y—元件允许的单位表面功率（W/cm^2）；ρ_{20}、ρ_t—20℃及 t℃时元件的电阻率（μΩ·m）。

（2）波形线电热元件尺寸　每个波的长度为

$$L_b=2\left(\pi\frac{h}{\cos\theta}+H-\frac{2}{\cos\theta}\right)$$

每相电热元件的波数为

$$n=\frac{1000L_x}{L_b}$$

波形线波距为

$$s=\frac{L_b}{n}$$

式中　H——波形高度（mm）；

h——波形弧高（mm）；

L_b——波形线长度，即炉内安装每相波形线的总长度（mm）。

（3）波形带电热元件尺寸　每个波的长度为

$$L_b=2(\pi r+H-2r)$$

每相电热元件的波数为

$$n=\frac{1000L_x}{L_b}$$

波形线波距为

$$s=\frac{L_b}{n}$$

式中　H——波纹高度（mm）；

r——波纹弯曲半径（mm）；

L_b——波形带长度，即炉内安装每相波形线的总长度（mm）。

（4）金属电热元件的单位表面功率　在一定炉温下，电热元件单位表面功率的选择是否合适，直接关系到电热元件的表面温度及其使用寿命，因而是计算电热元件的重要参数。

在理想条件下，即假定炉墙的热损失为零，电热元件和炉内被加热工件是两个完全平行的无限大平面。电热元件的单位表面功率 W_1（W/cm^2）按下式计算：

$$W_1=\sigma\left[\left(\frac{T_1}{100}\right)^4-\left(\frac{T_2}{100}\right)^4\right]\times10^{-4} \quad (9\text{-}1)$$

式中　T_1——电热元件的热力学温度（K）；

T_2——被加热工件的热力学温度（K）；

σ——导出辐射系数［W/($m^2\cdot K^4$)］。

$$\sigma=\frac{5.68}{\dfrac{1}{\varepsilon_g}+\dfrac{1}{\varepsilon_d}-1}$$

式中　ε_g——被加热工件的发射率（黑度）；

ε_d——电热元件的发射率（黑度）。

当考虑电热元件与炉膛内表面之间辐射热交换时，导出辐射系数按下式计算：

$$\sigma=\frac{5.68}{\dfrac{1}{\varepsilon_g}+\dfrac{A_g}{A_C}\left(\dfrac{1}{\varepsilon_d}-1\right)} \quad (9\text{-}2)$$

式中　A_g——工件朝向电热元件的表面积（m^2）；

A_C——电热元件占据的炉膛表面积（m^2）。

按式（9-2）算出的在理想条件下［$\varepsilon_g=\varepsilon_d=0.8$，$\sigma=3.786$W/($m^2\cdot K^4$)］电热元件的单位表面功率 W_1、单位炉墙功率 P 与电热元件温度及工件温度的关系如图 9-5 所示。

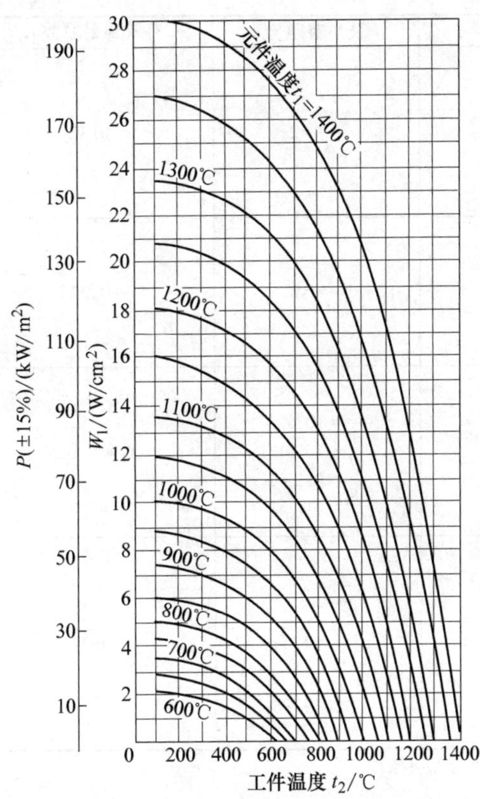

图 9-5　理想条件下电热元件的单位表面功率 W_1、单位炉墙功率 P 与电热元件温度及工件温度的关系

炉墙的热损失实际上并不等于零，炉膛有室状、圆筒形。电热元件有线状、带状等，电热元件和被加热工件实际上也不是两个平行的无限大平面，被加热工件有各种不同的材料，其发射率（黑度）也不都是等于 0.8；同时电热元件的单位表面功率还与工件尺寸、电热元件节距、导出辐射系数及有效辐射系数等因素有关。电热元件实际允许的单位表面功率按下式计算：

$$W_y = W_1\ \alpha_x \alpha_j \alpha_d \alpha_c \tag{9-3}$$

式中　W_1——理想条件下元件允许的单位表面功率（$\mathrm{W/cm^2}$）；

α_x——电热元件的有效辐射系数，见表 9-20；

α_j——电热元件的节距系数，见表 9-21；

α_d——导热辐射系数的影响系数，见表 9-22；

α_c——工件尺寸系数，见表 9-23。

对于间断操作的电阻炉，当采用无触点连续控温时，工件对电热元件的温度影响小，α_d 和 α_c 均为 1；当采用有触点控温时，工件尺寸和黑度对电热元件的温度将产生影响，当 $A_g/A_c>0.3$ 时应计入 α_d，$A_g/A_c\leqslant 0.3$ 时不计入 α_d。

安装在炉底的电热元件因有炉底板的屏蔽作用，在相同的单位表面功率下，电热元件的温度比安装在炉墙上的要高。为了保持电热元件的使用寿命，其单位表面功率要降低 20%~50%，见表 9-24。

表 9-20　电热元件的有效辐射系数 α_x

电热元件类型	安装示意图	最小节距比	有效辐射系数 α_x
波形线	d　l	$\frac{l}{d}=2.75$	0.68
波形带	b　l	$\frac{l}{b}=0.9$	0.4
炉顶槽中波形带		$\frac{l}{b}=0.9$	0.34
套管上的螺旋线	d　s	$\frac{s}{d}=2$	0.32

（续）

电热元件类型	安装示意图	最小节距比	有效辐射系数 α_x
搁砖上的螺旋线	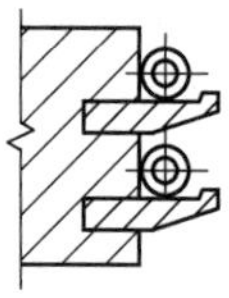	$\frac{s}{d}=2$	0.32
炉顶槽中的螺旋线	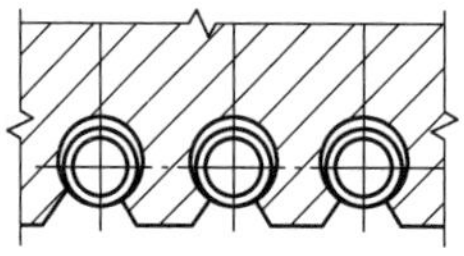	$\frac{s}{d}=2$	0.22
电阻带与炉壁平行	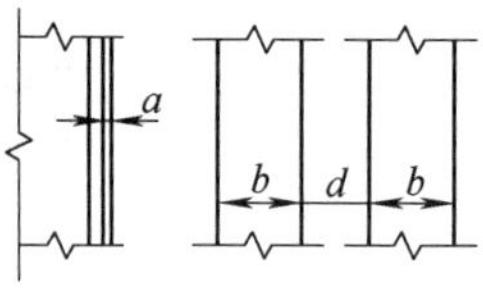	$\frac{b}{a}=10$ $\frac{d}{b}=0.2\sim2$	0.49~0.5
炉底槽中的螺旋线	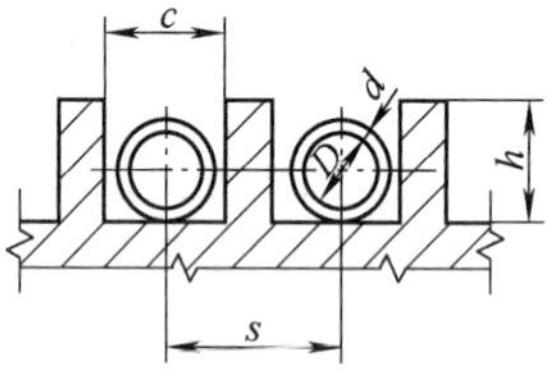	$\frac{s}{d}=2$ $\frac{s}{c}=1.5$ $\frac{h}{c}=1.5$	0.34

注：1. α_x 适于炉壁热损失很小，对流传热忽略不计，以辐射传热为先决条件。

2. 电阻带元件的 α_x 适用于 $m=\frac{b}{a}\geqslant10$，$m<10$ 时，α_x 将由 0.4 增大到 0.68。

表 9-21 电热元件的节距系数 α_j

电热元件类型	节距比 $\left(\frac{s}{d}、\frac{l}{d}、\frac{l}{b}\right)$													
	0.5	1	1.5	2	2.5	3	3.5	4	4.5	5	5.5	6	6.5	7
	节距系数 α_j													
螺旋线 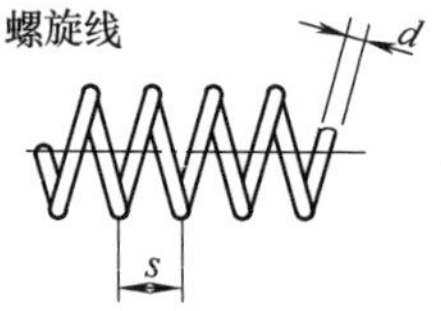	—	0.525	0.75	1	1.23	1.4	1.54	1.69	1.81	1.91	—	—	—	—
波形线 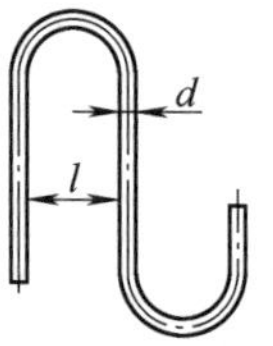	—	—	0.72	0.825	—	1.04		1.15	—	1.23	—	1.25	—	1.25
波形带 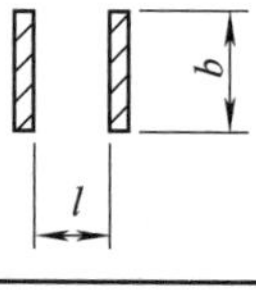	0.6	1.05	—	1.65	—	1.9	—	2	—	2.1	—	2.15	—	—

表 9-22　导热辐射系数的影响系数 α_d

导出辐射系数 σ	1	2	3	4
导热辐射系数的影响系数 α_d	0.3	0.6	0.9	1.2

表 9-23　工作尺寸系数 α_c

A_g/A_c	0.3	0.4	0.5	0.6	0.7	0.8
工作尺寸系数 α_c	0.35	0.47	0.59	0.72	0.86	1

注：A_c—电热元件占据的炉膛表面积（m^2）；A_g—工件朝向电热元件的表面积（m^2）。

表 9-24　炉底加热元件表面功率降低率

炉底板材料	耐热钢	刚玉	碳化硅	黏土砖
单位表面功率降低率(%)	20~30	30~40	30~40	40~50

例：在可控气氛热处理电阻炉中，电热元件为在搁砖上的 0Cr25Al5 螺旋线，$s/d=2$，被加热工件为表面未被氧化的钢，$\varepsilon_g=0.45$；工件温度为 850℃，电热元件温度为 1050℃；$A_g/A_c=0.8$，求电热元件采用的单位表面功率。

解：$W_y=W_1\alpha_x\alpha_j\alpha_d\alpha_c$

由图 9-5 求得 $W_1=5.5\text{W/cm}^2$；由表 9-20 求得 $\alpha_x=0.32$；由表 9-21 求得 $\alpha_j=1$；由表 9-23 求得 $\alpha_c=1$；由式（9-2）求得 $\sigma=2.35$；由表 9-22 求得 $\alpha_d=0.705$。

所以 $W_y=5.5\times0.32\times1.0\times0.705\times1\text{W/cm}^2=1.24\text{W/cm}^2$

多数化学热处理介质对电热元件表面的氧化膜起腐蚀破坏作用，所以在这些介质中使用时应采用较低的单位表面功率。

进行概略计算时，对在氧化气氛中加热的金属电热元件可参考表 9-25 选取单位表面功率。

表 9-25　金属电热元件的单位表面功率 W_y 值

电热元件材料	炉温/℃							
	600	700	800	900	1000	1100	1200	1300
	单位表面功率/(W/cm²)							
0Cr17Al5	2.6~3.2	2.0~2.6	1.6~2.0	1.1~1.5	0.8~1.0	0.5~0.7	—	—
0Cr25Al5	—	3.0~3.7	2.6~3.2	2.1~2.6	1.6~2.0	1.2~1.5	0.8~1.0	0.5~0.7
Cr15Ni60	2.5	2.0	1.5	0.8	—	—	—	—
Cr20Ni80	3.0	2.5	2.0	1.5	1.1	0.5	—	—
Cr20Ni80Ti3	—	—	2.2	1.7	1.3	0.7	0.5	—

4. 电热元件寿命计算

通常把电热元件截面积氧化率达到 20%，或者电热元件的电阻增加 25%、功率降低 20%时使用时间作为电热元件的使用寿命。使用寿命为 10000h 时，各种电阻合金的氧化速度与温度的关系（在空气中）如图 9-6 所示，直径为 1mm 的电阻丝的使用寿命如图 9-7 所示，任意直径的电热元件的寿命可按下式计算：

$$\tau=\tau_1 d \tag{9-4}$$

式中　τ_1——直径为 1mm 的电热丝的使用寿命（h/mm）；

d——电热元件的直径（mm）。

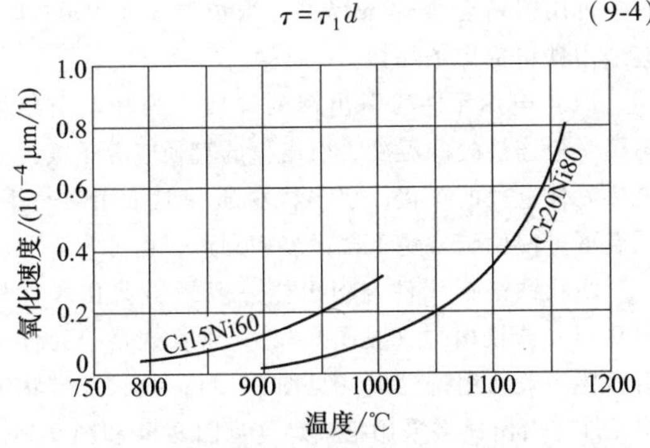

图 9-6　各种电阻合金的氧化速度与温度的关系（使用寿命 10000h）

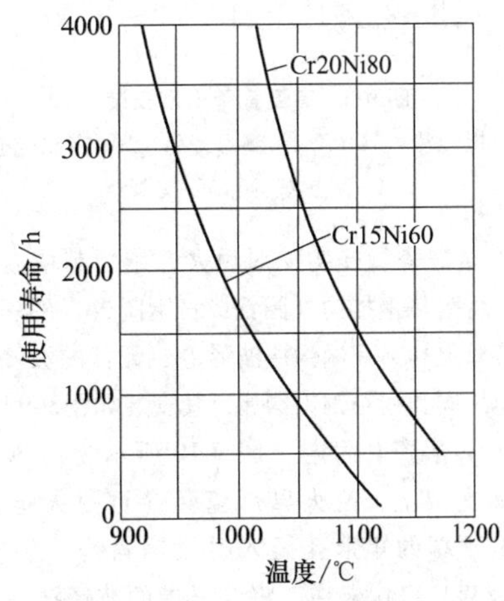

图 9-7　直径为 1mm 的电阻丝的使用寿命（氧化到原截面积的 20%）

带状电热元件的使用寿命按下式计算：

$$\tau = 1.75\alpha\tau_1 \quad (9\text{-}5)$$

式中　α——电阻带的厚度（mm）。

上式适于 $b/a>10$ 的电阻带。

5. 电热元件的固定

在炉墙上安装电热元件有多种固定方式。波形线和波形带是用耐热合金钩或陶瓷钉固定在炉墙上，螺旋线电热元件则放在搁砖上并用砌在炉墙内的耐热合金钩钩住。安装在炉顶的电热元件一般安装在炉顶的耐火砖沟槽内，螺旋线电热元件还可绕在悬挂于炉顶的陶瓷管上，炉底电热元件均放在耐火砖砌的沟槽内。上述固定方式见表 9-20 所列的安装示意图。

对于耐火纤维炉衬，电热元件的固定也有多种形式。

（1）高温瓷管支承　将螺旋状电阻丝套在高温瓷管上，瓷管两端放在用耐热钢螺栓固定在支架上的高温瓷套上，瓷管长度为 400~100mm，直径约 30mm，耐热钢螺栓直径为 6~8mm，瓷管应具有良好的高温抗折性能和足够的高温激冷性能。高温瓷管支承安装如图 9-8 所示。

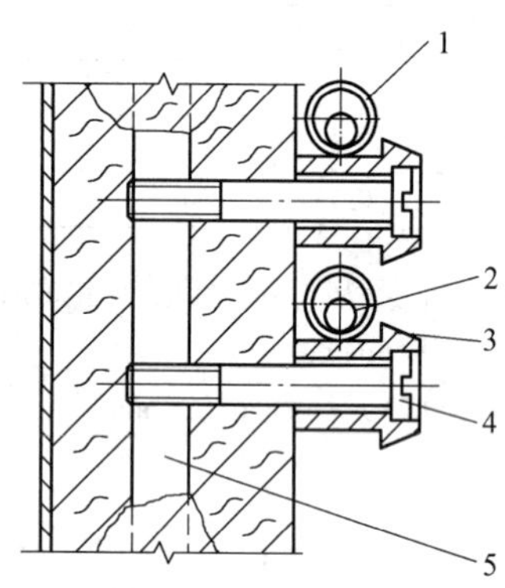

图 9-8　高温瓷管支承安装
1—螺旋状电阻丝　2—高温瓷管　3—高温瓷套
4—耐热螺栓　5—支架

（2）镶嵌瓷管挂钩　对耐火纤维预制块内的耐火陶瓷管，将耐热钢挂钩（圆钢或扁钢制成）的一端挂在耐火陶瓷管上，另一端钩住波形电热元件的波峰，元件的波谷也用同类耐热钢钩钩住，其安装如图 9-9 所示。

（3）异形瓷套固定　图 9-10 所示为耐热钢扁钩焊在金属支架上，耐火异形瓷套穿过耐火纤维预制块，使其顶端的矩形孔插入耐热钢扁钩并旋转 90°，使异形瓷套与扁钩卡住，将波形带的波峰挂在异型瓷套上，波形带下端的波谷也用同样方法套在下方的异形瓷套上。不同之处在于，下方异形瓷套顶端的矩形孔与上方的异形瓷套的矩形孔相差 90°。

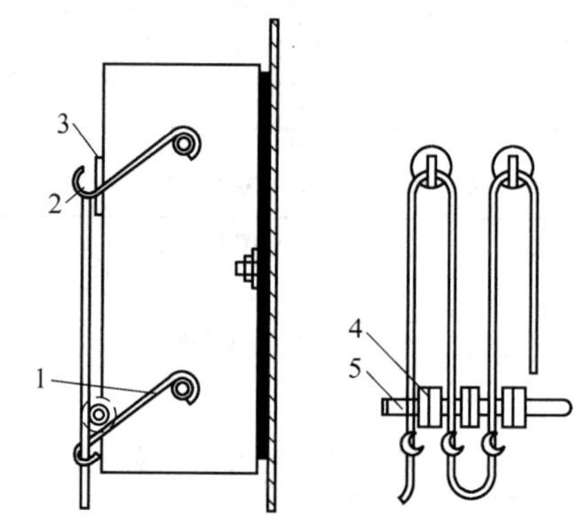

图 9-9　镶嵌瓷管挂钩及安装
1—耐火陶瓷管　2—耐热钢钩　3、4—瓷垫圈　5—瓷管

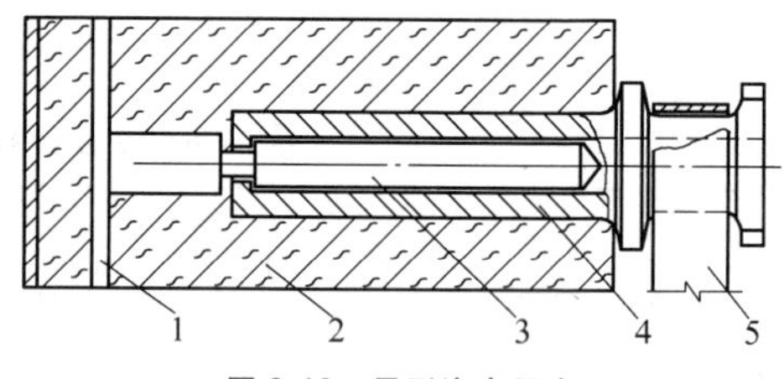

图 9-10　异形瓷套固定
1—支架　2—耐火纤维预制块
3—耐热钢扁钩　4—异形瓷套　5—波形带

6. 电热元件的连接

电热元件之间、电热元件与引出棒之间用焊接方法连接；引出棒与金属炉架之间用连接装置连接；引出棒与电缆之间则通过接线板连接。

铁铬铝合金为单相铁基固溶体组织，焊接时会使晶粒粗大，而且不能用热处理方法使其细化，因此要求快速焊接，以限制受热范围及其过热程度，一般采用焊条电弧焊，最好用氩弧焊；镍铬合金焊接性能好，可用焊条电弧焊或氧乙炔焊，所有焊条应与电热元件材料相同。对于铁铬铝元件，当炉温低于 950℃ 时，可用镍铬合金焊条焊接；当炉温高于 950℃ 时，应采用铁铬铝焊条焊接。

（1）电热元件与引出棒的焊接　为降低引出棒与接线板连接处的温度，引出棒的直径应等于或大于电热元件直径的 3 倍。引出棒材质一般采用耐热钢，低温下可使用碳素钢，截面多为圆形，也可为矩形。

线状铁铬铝元件与引出棒一般采用钻孔焊（见图 9-11）或铣槽焊（见图 9-12）；带状铁铬铝元件与引出棒一般采用铣槽焊（见图 9-13）；线状及带状镍铬元件与引出棒多采用搭接焊（见图 9-14 和图 9-15）。为保证焊接区电热元件的强度，搭接焊时端部应留有 5~10mm 的不焊接区。

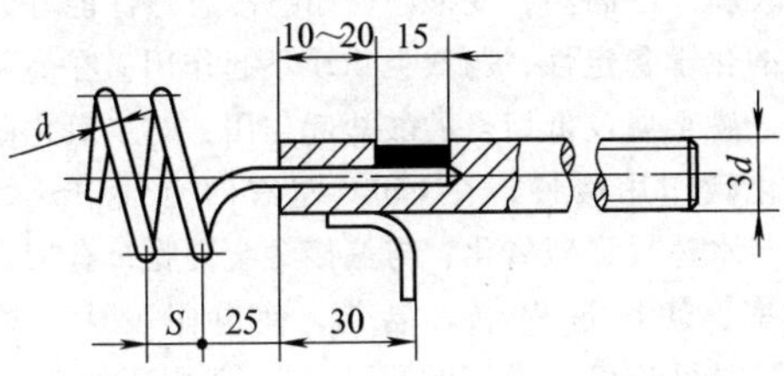

图 9-11　线状铁铬铝元件与引出棒钻孔焊

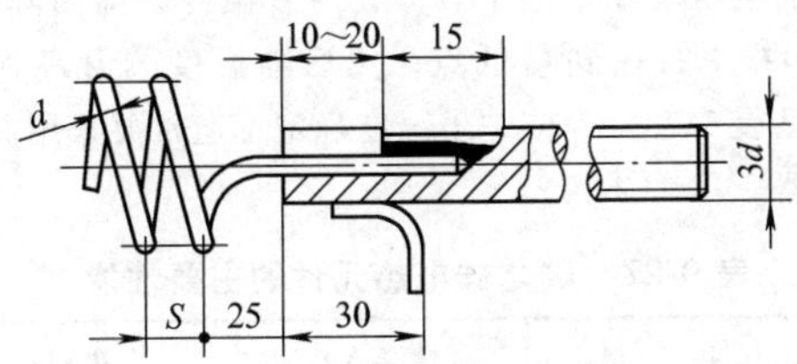

图 9-12　线状铁铬铝元件与引出棒铣槽焊

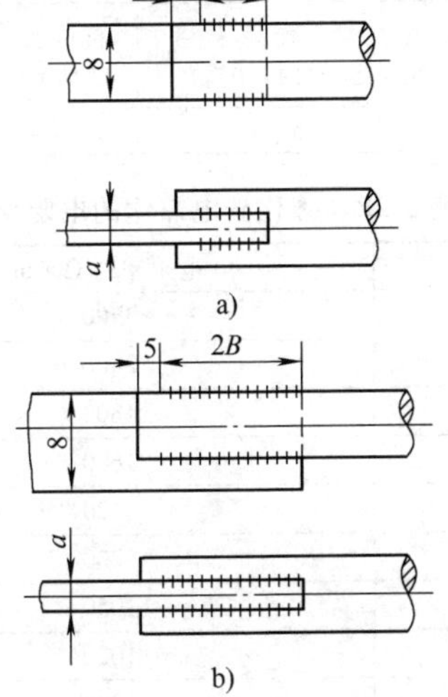

图 9-13　带状铁铬铝元件与引出棒铣槽焊

a）电阻带宽边等于引出棒直径 a

b）电阻带宽边大于引出棒直径 a

B—带状元件与引出棒搭接焊的焊缝长度（下同）

当采用低碳钢为引出棒时，线状镍铬元件及铁铬铝元件与引出棒的焊接均采用搭焊（图 9-16）；带状元件（镍铬、铁铬铝）与引出棒的焊接参见图 9-13 及图 9-15。任何一种焊接，焊接处在炉墙内所处的温度均不应超过 600℃。否则产生氧化皮脱落后由造成元件短路的危险。

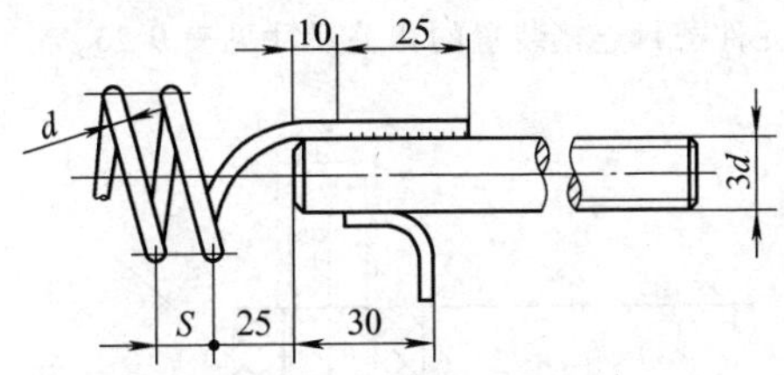

图 9-14　线状镍铬元件与引出棒搭接焊

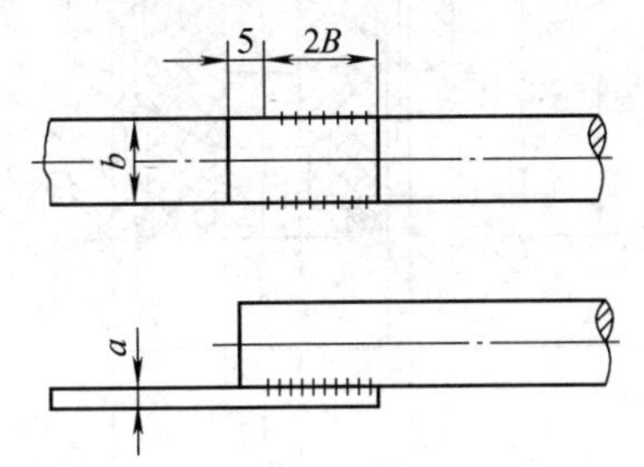

图 9-15　带状镍铬元件与引出棒搭接焊

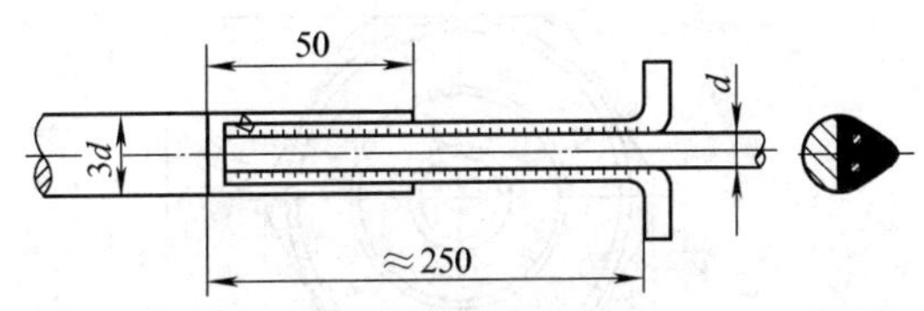

图 9-16　线状元件（镍铬、铁铬铝）与低碳钢引出棒的搭接焊

（2）电热元件间的焊接　线状铁铬铝元件间的焊接一般采用钻孔焊（见图 9-17a）或铣槽焊（见图 9-17b）；线状镍铬元件间的焊接采用搭接焊（见图 9-17c）；带状镍铬元件及铁铭铝元件间多采用搭接焊（见图 9-17d）。

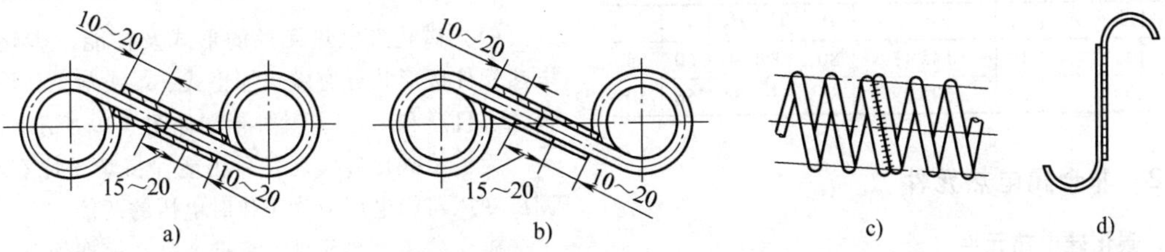

图 9-17　电热元件间的焊接

a）钻孔焊　b）铣槽焊　c）、d）搭接焊

（3）引出棒与金属炉壳的连接　引出棒与炉壳的连接必须保证密封、牢固、绝缘和拆卸方便，图9-18所示为引出棒连接装置。引出棒插在中心，用绝缘子及密封填料与金属壳体绝缘并密封，用螺母与炉壳固定，引出棒端头有金属接线板与电缆连接。电热元件密封连接装置的相关尺寸见表9-26。

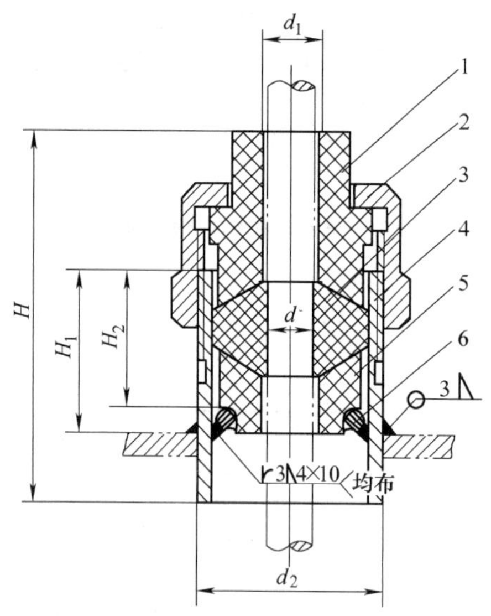

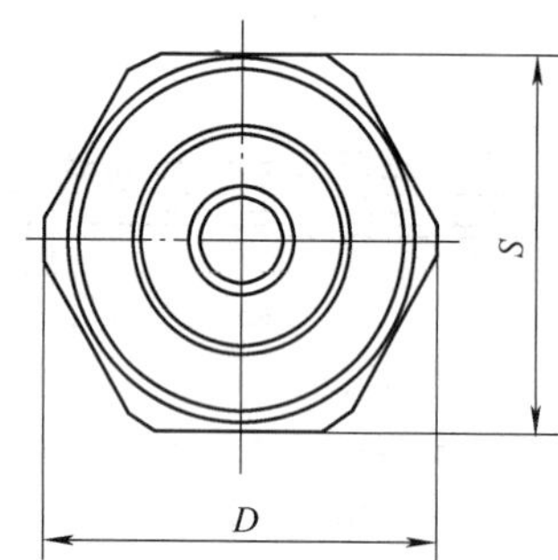

图9-18　引出棒连接装置

1—绝缘子　2—螺母　3—填料
4—管座　5—绝缘子　6—挡圈

表9-26　密封连接装置的相关尺寸

（单位：mm）

引出棒直径 d	d_1	d_2	H	H_1	H_2	D	S
12	14	ϕ45×3	80	38	30	60	55
20	22	ϕ50×3.5	85	43	34	66	60

9.4.2　非金属电热元件

1. 碳化硅电热元件

碳化硅电热元件一般做成棒状和管状，是碳化硅的再结晶制品，w(SiC)>94%，熔点为2227℃，硬度大，较脆，耐高温，变形小，耐急冷急热性能好，有良好的化学稳定性，与酸类物质不起作用。在高温下对碱、碱金属及低熔点的酸盐起作用，对二氧化碳及一氧化碳作用缓慢；在650℃左右的空气中开始氧化，与水蒸气强烈氧化；与氢接触会变脆；有较大的电阻率，使用过程中易老化，使电阻变大；炉温1400℃时可连续工作2000h左右，多用于高温电阻炉。碳化硅电热元件的主要性能见表9-27。碳化硅电热体的电阻率在常温下较大，随着温度升高而降低，到900℃左右达到最低点；然后随温度的升高而增大，见表9-28。为使炉子温度稳定，通常要采用调压变压器。

表9-27　碳化硅电热元件的主要性能

最高工作温度/℃	密度/(g/cm^3)	热导率/[W/(m·℃)]	比热容/[kJ/(kg·℃)]
1500	3~3.2	23.26	0.71

电阻率/μΩ·m	线胀系数(20~1500℃)/10^{-6}℃$^{-1}$	抗拉强度/MPa	抗弯强度/MPa
1000~2000	5	39.2~49	70~90

表9-28　碳化硅电热体的电阻率

温度/℃	电阻率/μΩ·m
20	3700
100	2400
200	1802
300	1600
400	1320
500	1200
600	1050
700	1020
800	1000
900	980
1000	1000
1100	1020
1200	1050
1300	1200
1400	1320
1500	1450

（1）碳化硅电热元件的形式及性能　碳化硅棒电热元件按形状分有端头加粗式、端头与工作段等直径式、Π形和W形。其外形图如图9-19所示。

为了使碳化硅棒老化后仍能保持炉子原有功率，调压变压器的电压应为工作时电压的两倍。

碳化硅棒电热元件有标准产品，根据炉温、安装功率和炉膛尺寸，即可算出所需电热元件的数量和通过元件的电流和电压。表9-29列出了碳化硅棒电热元件的规格尺寸及电气性能。不同直径的碳化硅棒电热元件在不同温度时的电阻率如图 9-20 所示。碳化硅棒电热元件允许的单位表面功率如图 9-21 所示。碳化硅棒电热元件常用的单位表面功率见表 9-30。

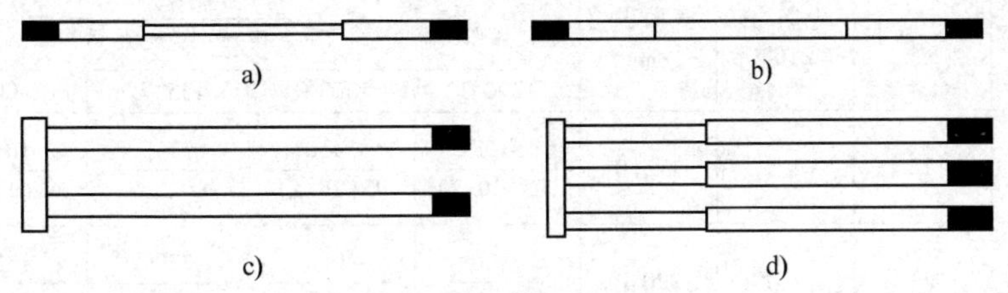

图 9-19　碳化硅棒电热元件的外形

a）端头加粗式碳化硅棒　b）等直径碳化硅棒　c）Π形　d）W 形

表 9-29　碳化硅棒电热元件的规格尺寸及电气性能

规格尺寸/mm ($d/l_1/l_2$)	总长 L/mm	冷端直径 D/mm	1400℃时电阻/Ω (±10%)	有效表面积/cm²	不同炉温下每根碳化硅棒的功率、电压、电流 功率/W / 电压/V(电流/A)				
					1200℃	1300℃	1350℃	1400℃	1500℃
6/60/75	210	12	2.2	11.5	207/21(9.7)	160/19(8.5)	115/16(7.2)	70/12.5(5.6)	45/10(4.5)
6/100/75 6/100/130	250 360	12	3.5	19.0	342/35(9.9)	265/30(8.8)	190/26(7.3)	114/20(5.7)	72/16(4.5)
8/150/85 8/150/150	320 450	14	3.6	38.0	684/50(13.4)	525/43(12.2)	380/37(10.3)	228/28.5(7.9)	145/23(6.3)
8/180/60 8/180/85 8/180/150	300 350 480	14	4.4	45.0	810/60(13.6)	635/53(12.0)	460/45(10.2)	270/34.5(7.9)	170/27.5(6.2)
8/200/85 8/200/150	370 500	14	4.8	50.0	900/66(13.7)	700/58(12.1)	500/49(10.2)	300/38(7.9)	185/30(6.2)
8/250/100 8/250/150	450 550	14	6.2	63.0	1134/84(13.5)	880/74(11.9)	630/62(10.1)	385/49(7.9)	240/38.5(6.2)
8/300/85	470	14	7.4	75.0	1350/100(13.5)	1050/88(12.0)	750/75(10.1)	450/58(7.8)	285/46(6.2)
8/400/85	570	14	10.0	100.0	1800/134(13.4)	1400/119(11.9)	1000/100(10.0)	600/77(7.7)	380/62(6.2)
12/150/200	550	18	1.7	56.5	1017/42(24.5)	795/37(21.4)	565/31(18.2)	340/24(14.2)	215/19(11.3)
12/200/200	600	18	2.2	75.0	1350/55(24.8)	1050/48(21.8)	755/41(18.5)	450/31.5(14.3)	285/25(11.4)
12/250/200	650	18	2.8	94.0	1692/69(24.6)	1320/61(21.6)	940/51(18.4)	565/40(14.2)	355/31.5(11.3)
14/200/250 14/200/350	700 900	22	1.8	88.0	1584/54(29.7)	1230/47(26.2)	880/40(22)	530/31(17.2)	340/25(13.7)
14/250/250 15/250/350	750 950	22	2.2	110.0	1980/66(30)	1540/58(26.6)	1100/49(22.4)	665/38(17.3)	420/30.5(13.8)
14/300/250 14/300/350	800 1000	22	2.6	132.0	2376/79(30.2)	1850/69(26.7)	1320/59(22.4)	785/45(17.4)	500/36(13.9)

（续）

规格尺寸/mm ($d/l_1/l_2$)	总长 L/mm	冷端直径 D/mm	1400℃时电阻/Ω (±10%)	有效表面积/cm^2	不同炉温下每根碳化硅棒的功率、电压、电流 功率/W / 电压/V(电流/A)				
					1200℃	1300℃	1350℃	1400℃	1500℃
14/400/250 14/400/350	900 1100	22	3.5	176.0	3168 / 105(30.7)	2450 / 93(26.4)	1750 / 78(22.5)	1060 / 61(17.4)	675 / 48.5(13.9)
14/500/250 14/500/350	1000 1200	22	4.4	220.0	3960 / 132(30)	3080 / 116(26.4)	2200 / 99(22.4)	1320 / 76(17.3)	835 / 60.5(13.8)
14/600/250 14/600/350	1100 1300	22	5.2	264.00	4752 / 157(30.2)	3700 / 139(26.6)	2650 / 118(22.6)	1580 / 91(17.4)	1000 / 72(13.9)
18/250/250 18/250/350	750 950	28	1.3	141.0	2538 / 57(44.2)	1970 / 51(38.8)	1410 / 43(32.8)	840 / 33(25.5)	535 / 26.5(20.3)
18/300/250 18/300/350 18/300/400	800 1000 1100	28	1.7	170.0	3060 / 72(42.4)	2380 / 64(37.2)	1700 / 54(31.5)	1020 / 41.5(24.5)	645 / 33(19.5)
18/400/250 18/400/350 18/400/400	900 1100 1200	28	2.3	226.0	4068 / 97(42.1)	3160 / 85(37.2)	2260 / 72(31.4)	1360 / 56(24.3)	860 / 43.5(19.4)
18/500/250 18/500/350 18/500/400	1000 1200 1300	28	2.7	283.0	5094 / 117(43.4)	3840 / 102(37.6)	2860 / 88(32.6)	1700 / 68(25.1)	1080 / 54(20)
18/600/250 18/600/350 18/600/400	1100 1300 1400	28	3.4	340.0	6120 / 144(42.4)	4760 / 127(37.6)	3400 / 107(31.8)	2040 / 83(24.5)	1295 / 66.5(19.5)
18/800/250 18/800/350	1300 1500	28	4.6	450.0	8100 / 193(42.0)	6300 / 170(37.0)	4500 / 144(31.3)	2700 / 111(24.3)	1710 / 88.5(19.3)
25/300/400	1100	38	1.0	236.0	4248 / 65(65)	3360 / 58(58)	2400 / 49(49)	1410 / 37.5(37.5)	900 / 30(50)
25/400/400	1200	38	1.3	314.0	5652 / 86(65.9)	4400 / 75(58.5)	3140 / 64(49.2)	1900 / 50(38.0)	1200 / 39.5(30.4)
25/600/500	1600	38	2.0	470.0	8460 / 130(65)	6700 / 116(58)	4800 / 98(49)	2820 / 75(37.5)	1800 / 60(30)
25/800/500	1800	38	2.6	628.0	11304 / 171(65.9)	8800 / 150(58.5)	6300 / 128(49.2)	3800 / 100(38.0)	2400 / 79(30.4)
30/900/500	1900	45	1.9	850.0	15300 / 171(98.7)	11900 / 151(79)	8500 / 127(67)	5100 / 98.5(51.7)	3230 / 78.5(41.2)
30/1000/500	2000	45	2.0	942.0	16956 / 184(92.1)	13190 / 161(80.2)	9420 / 137(68.5)	5650 / 106(53.2)	3580 / 84(42.3)
30/1200/500	2200	45	2.4	1130.0	20340 / 221(92.1)	15820 / 194(81)	11300 / 165(69)	6780 / 128(53)	4295 / 101.5(42.3)
30/1500/400	2300	45	3.0	1413.0	25434 / 276(92.1)	19780 / 243(81)	14130 / 206(68.6)	8480 / 159(53.2)	5370 / 127(42.3)

注：d—工作段直径（mm）；l_1—工作段长度（mm）；l_2—冷端长度（mm）。

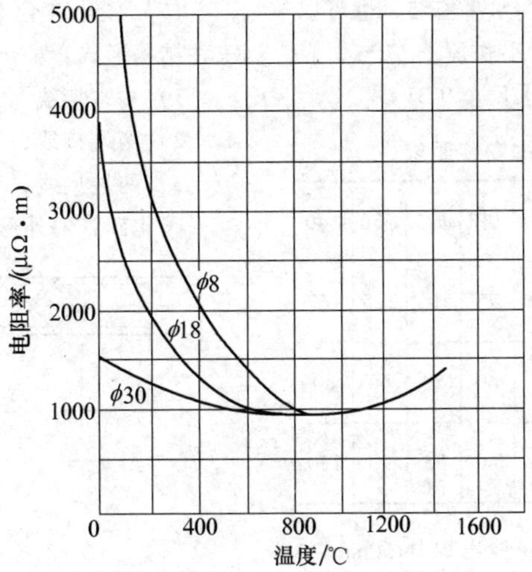

图 9-20　不同直径碳化硅棒电热元件在不同温度时的电阻率

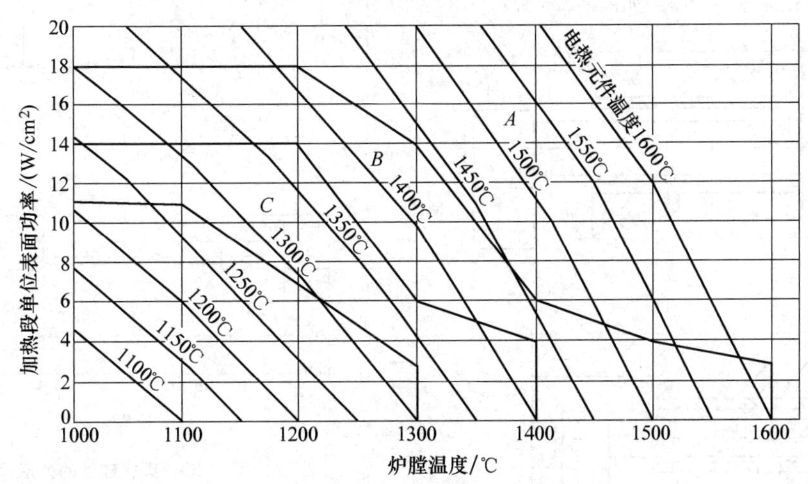

图 9-21　碳化硅棒电热元件允许的单位表面功率

A—在大气中　*B*—$\varphi(H_2)$<20%的氮气或煤气不完全燃烧的生成气

[$\varphi(H_2)$= 20%，$\varphi(CO)$= 10%~15%，$\varphi(CO_2)$= 4%~7%，其余为 N_2]

C—$\varphi(H_2)$>20%的氮气和纯氮

表 9-30　碳化硅棒电热元件常用的单位表面功率

元件温度/℃	炉温/℃														
	20	100	200	300	400	500	600	700	800	900	1000	1100	1200	1300	1400
	单位表面功率/(W/cm²)														
500	1.75	1.69	1.54	1.25	0.76	—	—	—	—	—	—	—	—	—	—
600	2.87	2.81	2.65	2.36	1.88	1.12	—	—	—	—	—	—	—	—	—
700	4.46	4.39	4.23	3.94	3.46	2.70	1.58	—	—	—	—	—	—	—	—
800	6.62	6.56	6.40	6.11	5.63	4.87	3.75	2.17	—	—	—	—	—	—	—
900	9.42	9.36	9.20	8.91	8.43	7.67	6.55	4.97	2.8	—	—	—	—	—	—
1000	13.10	13.04	12.88	12.50	12.11	11.35	10.23	8.65	6.48	3.68	—	—	—	—	—
1100	17.72	17.66	17.50	17.21	16.73	15.86	14.85	13.27	11.10	8.30	4.62	—	—	—	—
1200	23.51	23.45	23.23	23.00	22.52	21.74	20.64	19.06	16.83	14.09	10.41	5.79	—	—	—
1300	30.57	30.51	30.35	30.06	29.58	28.82	27.70	26.12	23.35	21.15	17.47	12.85	7.05	—	—
1400	39.12	39.06	38.90	38.61	38.13	37.28	36.25	34.67	32.50	29.70	26.02	21.40	15.61	8.55	—
1500	49.37	49.31	49.16	48.86	48.38	47.62	46.50	44.93	42.78	39.95	36.27	31.65	25.88	18.74	10.23

碳化硅棒电热元件可以在炉内水平安装，也可以垂直安装。碳化硅棒的发热段（工作段）应与炉膛的有效尺寸相符合，具体安装要求见表 9-31。

表 9-31　碳化硅棒的具体安装要求

碳化硅棒工作段直径 d/mm	$\phi6$	$\phi8$	$\phi12$	$\phi14$	$\phi18$	$\phi25$	$\phi30$	$\phi40$
碳化硅棒最小中心间距/mm	25	35	50	60	75	105	125	160
碳化硅棒中心距炉墙距离/mm	15	20	25	30	40	50	60	80
碳化硅棒中心距工作边缘距离/mm	20	25	40	45	60	75	90	120

为便于安装，碳化硅棒冷端应伸出炉外 50mm 左右，冷端与衬套间应留有适当间隙，如图 9-22a 所示；炉墙较厚时，碳化硅棒冷端安装如图 9-22b 所示。

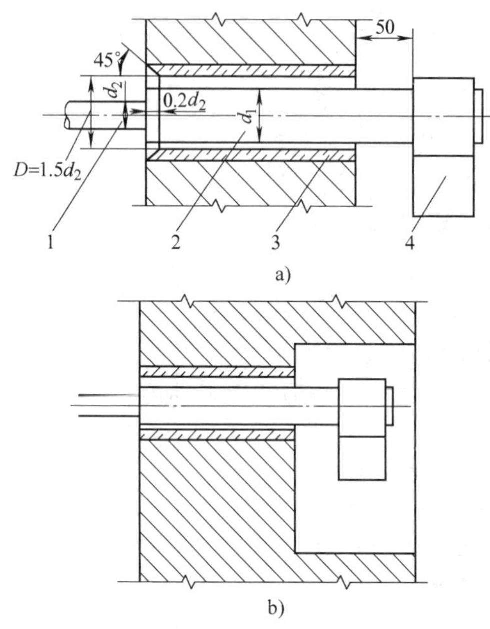

图 9-22　碳化硅棒冷端安装

a）用于一般炉膛　b）用于较厚炉膛

1—热端　2—冷端　3—衬套　4—连接板

（2）碳化硅管电热元件　碳化硅管电热元件有三种结构形式：

1）一端接线，工作段有双头螺纹。

2）两端接线，工作段有单头螺纹。

3）两端接线，工作段为直管，两端管径加粗。

碳化硅管的外形尺寸如图 9-23 所示。

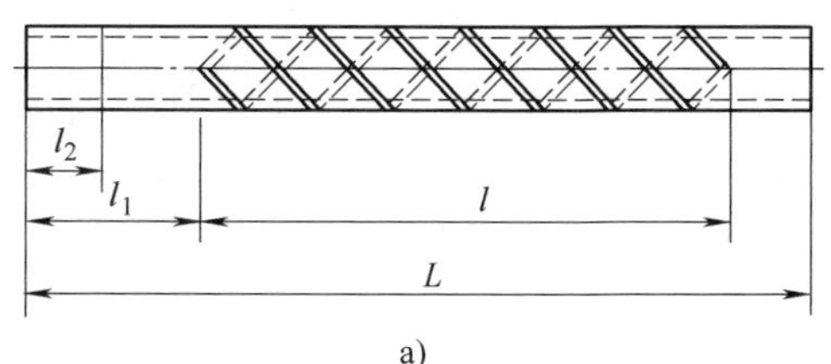

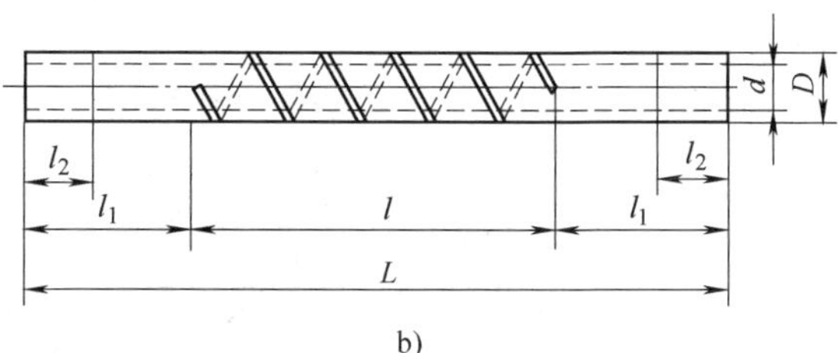

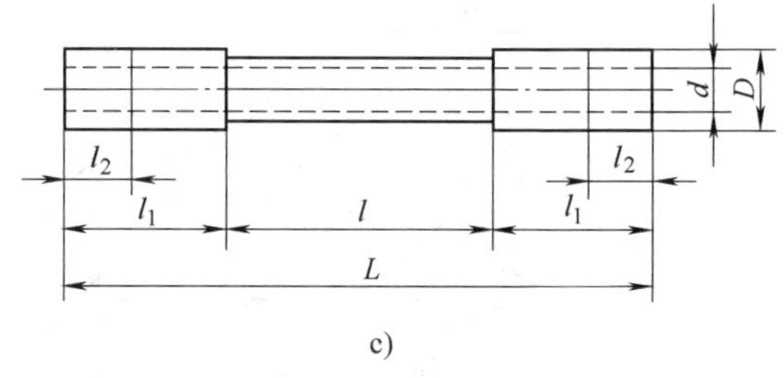

图 9-23　碳化硅管的外形尺寸

a）一端接线　b）两端接线

c）两端接线无螺纹

L—碳化硅管全长　l—发热段长度

l_1—冷端长度　l_2—喷码段长度

D—管外径　d—管内径

碳化硅管的标准电阻及发热段表面积见表 9-32。

碳化硅管一般多垂直悬挂在炉顶上，因管上有螺纹槽，进线和出线可在同一端接线。为确保两线间绝

表 9-32　碳化硅管标准电阻及发热段表面积

序号	发热段尺寸/mm		1400℃设计标准电阻/Ω			发热段表面积/cm^2	序号	发热段尺寸/mm		1400℃设计标准电阻/Ω			发热段表面积/cm^2
	外径/内径	长度	单螺纹	双螺纹	无螺纹			外径/内径	长度	单螺纹	双螺纹	无螺纹	
1	$\phi40/\phi30$	200	6	7.5	0.35	251	6	$\phi50/\phi40$	400	6.5	8	0.55	628
2	$\phi40/\phi30$	300	6.5	8	0.45	377	7	$\phi50/\phi40$	500	7	8.5	—	785
3	$\phi40/\phi30$	400	7	8.5	—	503	8	$\phi60/\phi50$	200	5	6.5	—	377
4	$\phi50/\phi40$	200	5.5	7	0.35	314	9	$\phi60/\phi50$	300	5.5	7	0.35	565
5	$\phi50/\phi40$	300	6	7.5	0.45	471	10	$\phi60/\phi50$	400	6	7.5	0.45	754

（续）

序号	发热段尺寸/mm		1400℃设计标准电阻/Ω			发热段表面积/cm^2	序号	发热段尺寸/mm		1400℃设计标准电阻/Ω			发热段表面积/cm^2
	外径/内径	长度	单螺纹	双螺纹	无螺纹			外径/内径	长度	单螺纹	双螺纹	无螺纹	
11	φ60/φ50	500	6.5	8	0.55	943	28	φ80/φ70	1000	8.5	—		2512
12	φ60/φ50	600	7	8.5	—	1130	29	φ90/φ80	300	5	6	—	848
13	φ70/φ60	300	5	6.5	0.35	659	30	φ90/φ80	400	5.5	6.5	—	1130
14	φ70/φ60	400	5.5	7	0.45	879	31	φ90/φ80	500	6	7	—	1413
15	φ70/φ60	500	6	7.5	0.55	1100	32	φ90/φ80	600	6.5	7.5	—	1695
16	φ70/φ60	600	6.5	8	—	1320	33	φ90/φ80	700	7	8	—	1980
17	φ70/φ60	700	7	8.5	—	1540	34	φ90/φ80	800	7.5	8.5	—	2260
18	φ70/φ60	800	7.5	—	—	1758	35	φ90/φ80	900	8	—	—	2543
19	φ70/φ60	900	8	—	—	1978	36	φ90/φ80	1000	8.5	—	—	2826
20	φ70/φ60	1000	8.5	—	—	2193	37	φ100/φ90	300	5	6	—	924
21	φ80/φ70	300	5	6	—	754	38	φ100/φ90	400	5.5	6.5	—	1256
22	φ80/φ70	400	5.5	6.5	—	1005	39	φ100/φ90	500	6	7	—	1570
23	φ80/φ70	500	6	7	—	1256	40	φ100/φ90	600	6.5	7.5	—	1885
24	φ80/φ70	600	6.5	7.5	—	1510	41	φ100/φ90	700	7	8	—	2200
25	φ80/φ70	700	7	8	—	1760	42	φ100/φ90	800	7.5	8.5	—	2510
26	φ80/φ70	800	7.5	8.5	—	2010	43	φ100/φ90	900	8	—	—	2826
27	φ80/φ70	900	8	—	—	2261	44	φ100/φ90	1000	8.5	—	—	3140

缘，安装时应在接线端装入高温绝缘性能可靠及化学稳定性好的高铝陶瓷塞［$w(Al_2O_3)>80\%$］。管端外面用高铝质卡瓦箍紧。碳化硅管与炉壁的垂直安装结构如图 9-24 所示。

碳化硅管水平安装时，加热段端头应插入炉墙的不通孔中，如图 9-25 所示。

为使碳化硅管有效地传热，碳化硅管与最靠近炉墙的距离不应小于 38mm 或两倍管径，碳化硅管的中心间距不应小于管径的两倍。

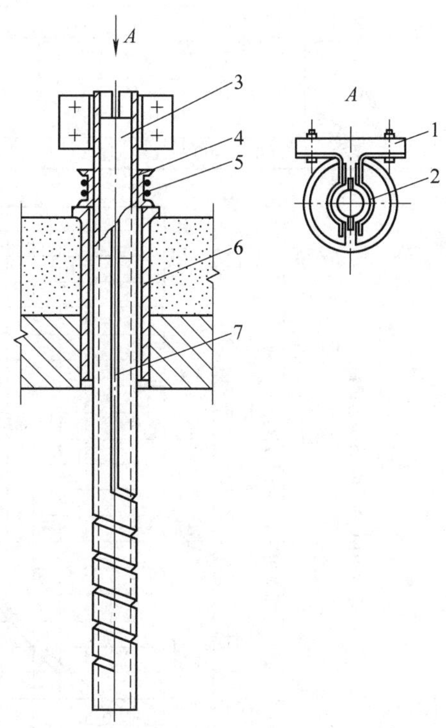

图 9-24 碳化硅管与炉壁的垂直安装结构

1—接线板 2—夹子 3—陶瓷塞 4—卡瓦 5—金属箍 6—衬套 7—碳化硅管

2. 硅钼电热元件

硅钼电热元件是用粉末冶金方法制成的。在炉内高温下加热时，与空气接触的表面生成一层 SiO_2 氧化膜，该膜耐氧化性、耐蚀性好，适用的工作温度为 1200～1650℃。硅钼电热元件室温时硬脆，韧性差，抗弯、抗拉强度较好。1350℃以上会变软，有延伸性，耐急冷急热性好，冷却后恢复脆性；在 400～800℃范围内会发生低温氧化，致使元件毁坏，应避免在此温度范围内使用。

硅钼电热元件适于在空气、氮及惰性气体中使用。还原性气氛氢能破坏其保护膜，但可在 1350℃以下的温度中使用。应避免在含硫和氯的气体中工作。

使用硅钼电热元件的电炉，炉膛材料宜选用酸性或中性的耐火材料，避免选用碱性的耐火材料。

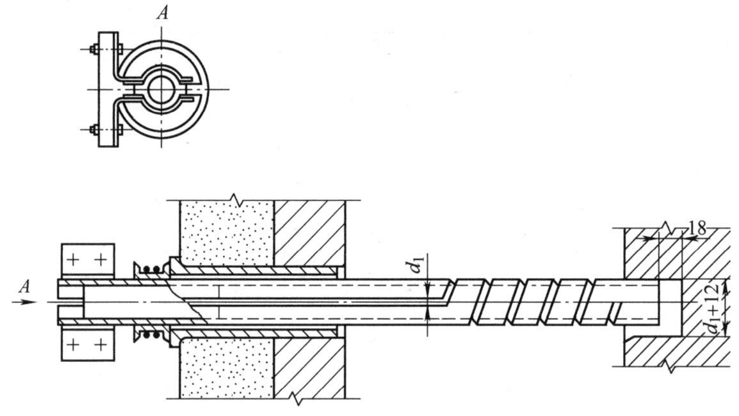

图 9-25　碳化硅管的水平安装

硅钼电热元件在各种气氛中的最高使用温度见表 9-33，在真空中的最高使用温度如图 9-26 所示。硅钼电热元件的电阻特性如图 9-27 所示。硅钼电热元件允许的最大单位表面功率与炉温的关系见图 9-28 和表 9-34。

表 9-33　硅钼电热元件在各种气氛中的最高使用温度

气　　氛	He Ar Ne	O_2	N_2	NO	NO_2
最高使用温度/℃	1650	1700	1500	1650	1700
气　　氛	CO	CO_2	湿气露点（10℃）	干 H_2	SO_2
最高使用温度/℃	1500	1700	1400	1350	1600

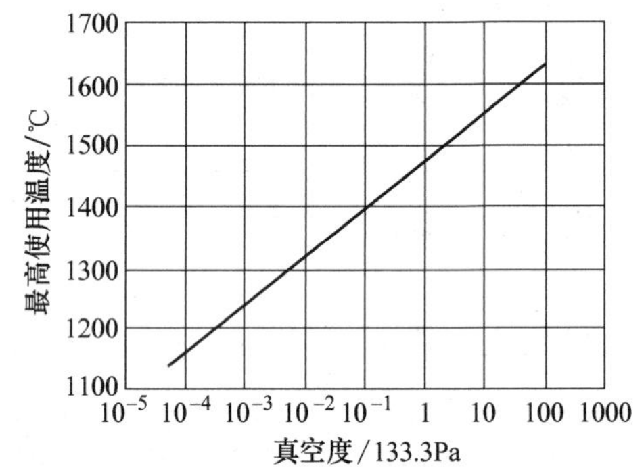

图 9-26　硅钼电热元件在真空中的最高使用温度

硅钼电热元件一般垂直悬挂在炉顶上，如图 9-29 所示，进线、出线均在一端连接。安装时，应调整好固

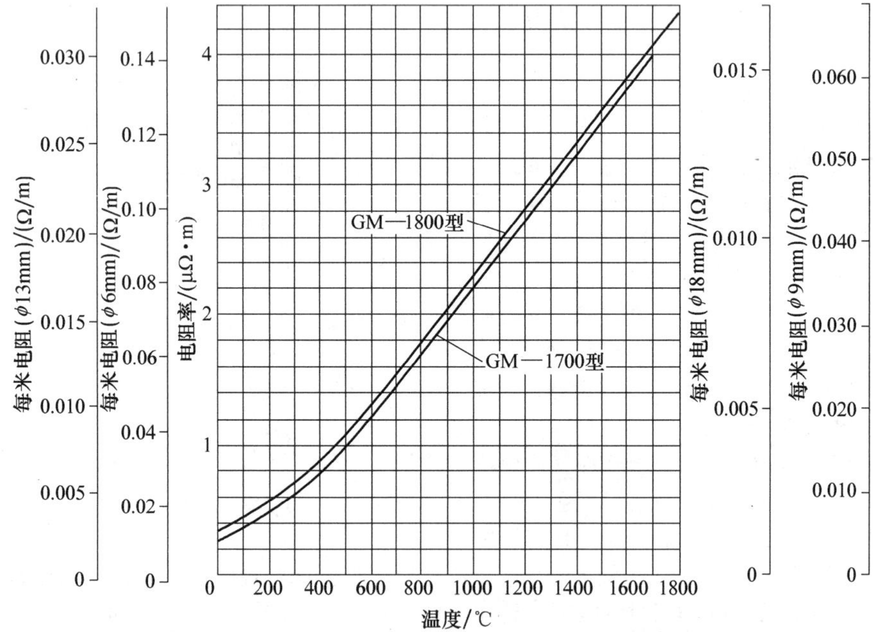

图 9-27　硅钼电热元件的电阻特性

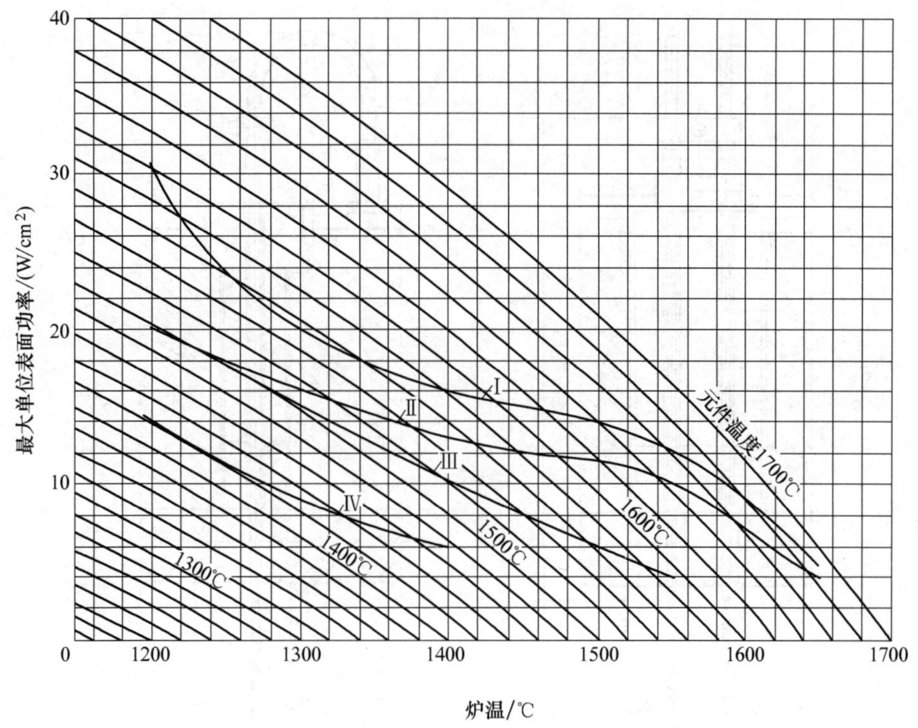

图 9-28　硅钼电热元件允许的最大单位表面功率与炉温的关系

Ⅰ—垂直安装连续加热　Ⅱ—垂直安装间断加热　Ⅲ—水平安装连续加热　Ⅳ—水平安装间断加热

表 9-34　硅钼电热元件允许的最大单位表面功率与炉温的关系

（单位：W/cm^2）

炉温/℃	最大单位表面功率（垂直安装）		最大单位表面功率（水平安装）	
	连续加热	间断加热	连续加热	间断加热
1200	30	20	20	14
1300	20	16	15	9
1400	16	13	10	6
1500	14	11.5	6	
1550	12	10	4	
1600	9	7		
1650	5	4		

注：加热段 ϕ6mm，$L=1$m；加热段表面积 $A=188.5\text{cm}^2$；
加热段 ϕ9mm，$L=1$m；加热段表面积 $A=282.7\text{cm}^2$。

定夹子的松紧程度；然后将元件放在塞砖内［塞砖由两半块拼成］，拆除活动夹子，再将元件和塞砖一起插入炉顶预留孔内。调整好位置后装上铝夹子，缝隙内填入能耐高温和绝缘的耐火纤维。

水平安装时，需用高铝砖块将元件热端垫起，以防受热弯曲。

安装时，两个元件间的中心距离不应小于元件两连接端的中心距，一般为 50mm；元件距炉墙、炉底的距离不小于 25mm。

3. 石墨电热元件

石墨电热元件可以分别用普通石墨、优质石墨、高强石墨、高纯石墨和碳纤维强化碳等制成。石墨电热元件能耐高温，在保护气氛中可达 3000℃，在真空中（$1.33\sim1.33^{-2}$Pa）可达 2200℃，热解石墨涂层元件可达 3000℃。

石墨电热元件的可加工性好，易于切割。常温下强度比金属低，但可随温度升高而增强，到 1700～1800℃时，其强度超过所有的氧化材料和金属材料。温度≤3000℃时几何尺寸稳定，到达 3600℃时开始升华。

石墨电热元件与其他元件相比，其密度、比热容、线胀系数均较小，而电阻率、热导率、单位表面功率则较高。石墨的热导率随温度升高而降低。石墨的抗热震性、耐崩裂性比其他非金属元件好。石墨在 500℃以上氧化严重，适于在真空和保护气氛中工作。

石墨电热元件可以制成棒、管、板、筒等形状，也可制成 U 形、W 形和螺旋形，如图 9-30 所示。高纯石墨可织成带和布，使其加热面积增加。石墨棒、石墨管可单根安装，也可多根构成笼形加热器。石墨筒切割上沟槽可构成单相加热元件，也可构成三相加

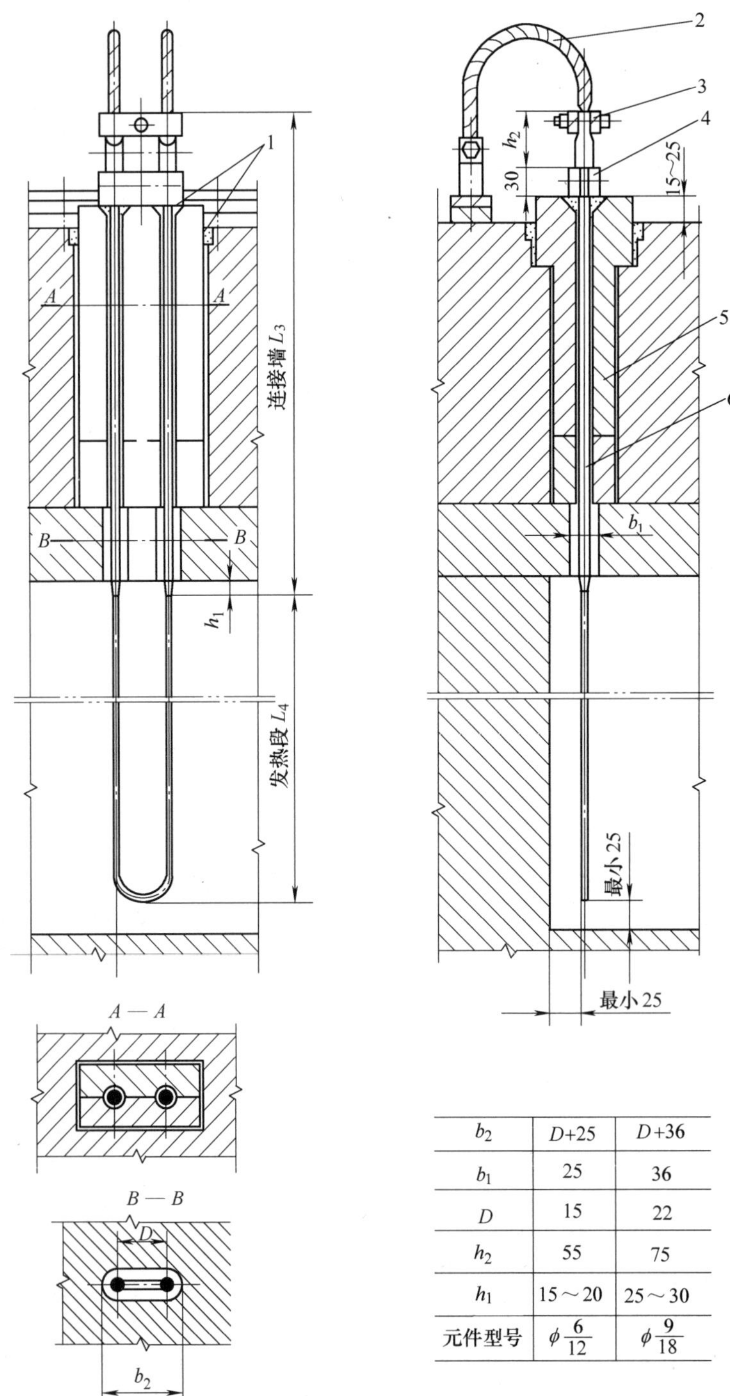

b_2	$D+25$	$D+36$
b_1	25	36
D	15	22
h_2	55	75
h_1	15～20	25～30
元件型号	$\phi\frac{6}{12}$	$\phi\frac{9}{18}$

图 9-29　硅钼电热元件垂直安装

1—耐火纤维　2—拉线　3—固定夹子　4—铝夹子　5—塞砖　6—硅钼元件

热元件，不同直径的石墨筒可以组成同心的双层筒状加热元件。

石墨电热元件的电阻率大，普通石墨在常温时为 6~8.5μΩ · m，纯石墨为 2~5μΩ · m。电阻率随温度不同而略有变化，石墨电热元件的主要性能见表 9-35，石墨棒电阻率的实测值见表 9-36。石墨带电阻与温度

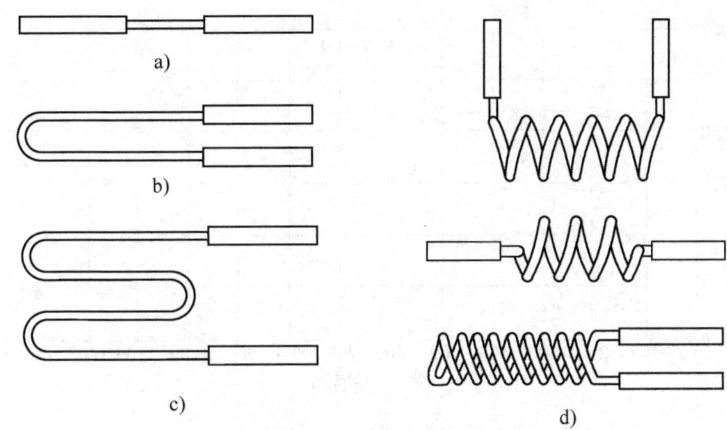

图 9-30　石墨电热元件

a）棒状　b）U 型　c）W 形　d）螺旋形

注：1. 发热段直径（mm）为 8、12、15、20、32。

2. 发热段最大长度：棒 3000mm，U 形 1800mm，W 形 1800mm。

3. 螺旋形，内径可达 500mm，螺旋高度可达 1000mm。

表 9-35　石墨电热元件的主要性能

性　　能	石墨电极	德国西格利石墨电极	CFC 碳纤维增强石墨 CC1501G
密度/(g/cm^3)	2.2	1.53～1.6	1.4～1.45
孔隙率(%)	22～26	—	20～25
抗弯强度/MPa	8～13	11～13.5	210～250
抗压强度/MPa	17～22	—	—
抗拉强度/MPa	—	—	260～330
电阻率/μΩ·m	6～10	7.5～9	25～30
线胀系数/10^{-6}℃$^{-1}$	3～4	0.8～1.2	4～7.8
比热容/[J/(g·℃)]	0.63	—	—
热导率/[W/(m·℃)]	34.88～104.65	140～170	2.5～7/18～21
饱和蒸汽压/Pa	1.3×10^{-4}(2000℃)	—	—
允许的单位表面功率/(W/cm^2)	30～40	—	—
黑度	0.95	—	—
弹性模量/MPa	电极石墨 824/753.7① 优质石墨 808/984① 高纯石墨 800/980①	—	—

① 分子—垂直轴线；分母—平行轴线。

表 9-36　石墨棒（ϕ10mm×500mm）电阻率的实测值

温度/℃	700	800	900	1000	1100	1200	1300
电阻率/μΩ·m	19.8	19.8	19.8	19.7	19.7	19.6	19.6

的关系如图 9-31 所示。碳纤维强化碳及石墨电阻率的关系如图 9-32 所示。石墨元件允许的单位表面功率与温度的关系如图 9-33 所示。普通石墨电极高温性能见表 9-37。

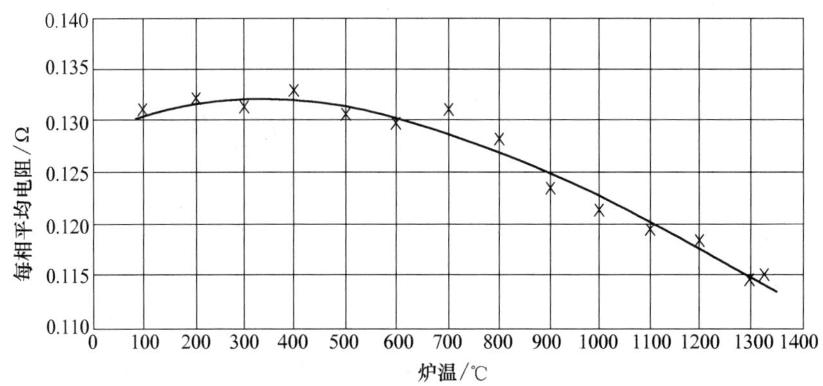

图 9-31　石墨带电阻与温度的关系

注：带宽 55mm，长 1210mm，4 带并联

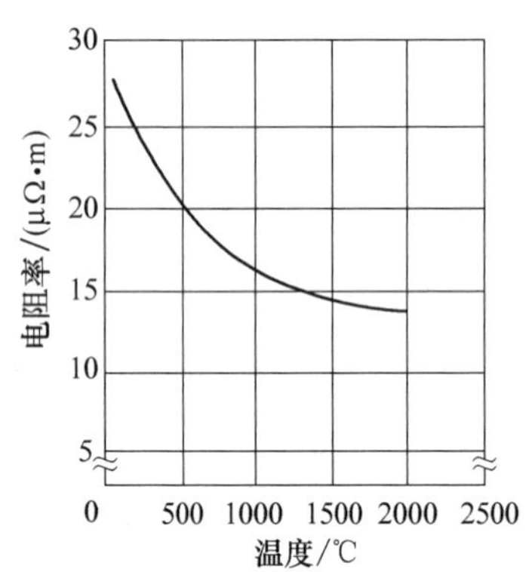

图 9-32　碳纤维强化碳及石墨电阻率的关系

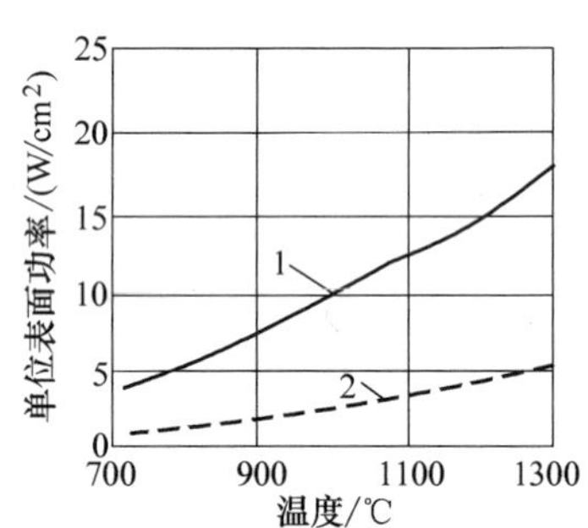

图 9-33　石墨元件允许的单位表面功率与温度的关系

1—石墨棒　2—石墨带

表 9-37　普通石墨电极高温性能

温度/℃	比热容/[J/(g·℃)]	热导率/[W/(m·℃)]	发射率(黑度)ε	温度/℃	比热容/[J/(g·℃)]	热导率/[W/(m·℃)]	发射率(黑度)ε
20	0.71	—	—	1500	—	29.5	0.7(1527℃)
200	1.17	—	—	1600	—	29	0.715(1670℃)
400	1.47	—	—	1700	2.09	—	—
600	1.67	—	—	1800	2.14	28.47	0.727
800	1.84	—	0.58(727℃)	1900	—	28.34	0.734
927	—	34.53(900℃)	0.62	2000	2.18	28.34	0.74
1000	1.88	33.29	0.635	2100	—	28.26	0.745
1127	—	32.02(1100℃)	0.65	2200	—	—	0.75
1200	1.93	31.19	—	2300	—	—	0.755
1327	—	30.47(1300℃)	0.68	2400	—	—	0.76
1400	2.01	29.89	0.69(1427℃)	2500	—	—	0.76

9.4.3　管状电热元件

管状电热元件由金属管、螺旋状电阻丝及导热性、绝缘性好的结晶氧化镁等组成，可用来加热空气、油、水，预热金属模具，熔化盐、碱及低熔点合金等。管状电热元件具有热效率高、寿命长、力学性能好、安装方便、使用安全等优点。

图 9-34 所示为管状电热元件的结构。根据需要可弯成 U 形、波浪形、螺旋形等形状，元件截面则有圆形、椭圆形、矩形和三角形等。

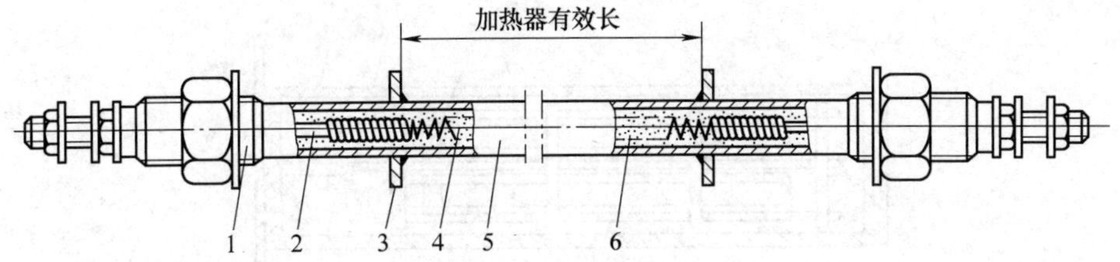

图 9-34　管状电热元件的结构

1—管端封口　2—引出棒　3—垫圈　4—电阻丝　5—金属管　6—绝缘填料

9.4.4　辐射管

辐射管有电热辐射管和燃气加热辐射管两大类。辐射管的电加热器和燃气烧嘴都安装在辐射管内部，与炉内的气氛隔绝，不受炉内气氛腐蚀。辐射管主要用于可控气氛炉、搪瓷焙烧炉及其他有腐蚀性气体的工业炉。

辐射管的管体应具有抗氧化、耐蚀及足够的高温力学性能，热导率大，线胀系数小，能抵抗高温下的温度波动。常用的管体材料有 06Cr18Ni13Si4、26Cr18Mn12Si2N、16Cr20Ni14Si2、14Cr23Ni18、16Cr25Ni20Si2、ZG35Cr26Ni13、ZG40Cr25Ni21、ZG40Cr30Ni20、ZG30Ni35Cr15 等。

1. 电热辐射管

电热辐射管有多种结构形式，常用的有单根螺旋加热器式（见图 9-35）、多根螺旋加热器式（见图 9-36）及电阻带加热器式（见图 9-37），这几种电热辐射管的性能见表 9-38。

2. 燃气加热辐射管

燃气加热辐射管一般主要由管体、烧嘴、预热器组成，有的辐射管内还装有分散气流的填充物、点火器或火焰稳定器等。燃气加热辐射管根据不同类型可垂直安装，有的也可水平安装。辐射管的表面功率一般采用 3.5～4.6W/cm^2，容积负荷一般采用 0.7～1.7W/cm^2，横截面负荷一般采用 465～870W/cm^2。在可控气氛炉内，辐射管的表面温差一般不超过 50～60℃。

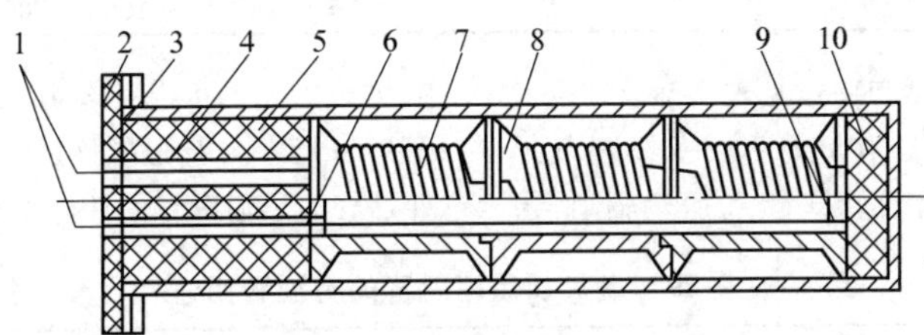

图 9-35　单根螺旋加热器式辐射管

1—引出棒　2—盖板　3—垫圈　4—绝缘子　5—管体　6—前固定环　7—电阻丝　8—螺旋瓷管　9—后固定环　10—垫板

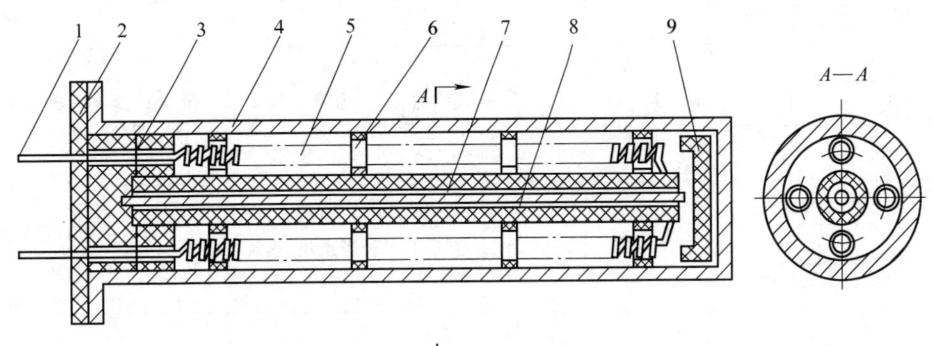

图 9-36　多根螺旋加热器式辐射管

1—引出棒　2—盖板　3—绝缘子　4—管体　5—螺旋电阻丝　6—瓷管　7—耐热绝缘芯棒　8—耐热钢芯棒　9—端部绝缘板

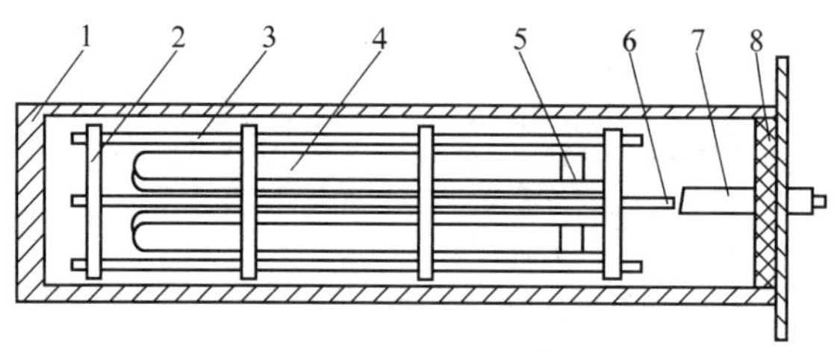

图 9-37 电阻带加热器式辐射管

1—管体 2—陶瓷支撑盘 3—绝缘套管 4—电阻带（6~8 条） 5—电阻带 6—引出棒 7—套管 8—衬砖

表 9-38 电热辐射管的性能

辐射管形式	单根螺旋加热器		多根螺旋加热器	电阻带加热器
电热体材料	0Cr25Al5	Cr20Ni80	0Cr25Al5	0Cr25Al5
电热体截面/mm	$\phi4\sim\phi8$	$\phi4\sim\phi8$	$\phi5$	2.5×30
工作电压/V	220/380	220/380	220	28~31 （4 档变压器）
电热体表面功率/(W/cm²)	1.5~1.55	1.8~1.9	1.4~1.5	1.6~1.95
辐射管表面功率/(W/cm²)	1.5~2.0	1.5~2.0	最高 2.26	1.6~2.0
辐射管功率/kW	8~12	8~12	10~14	12.6~15.5
辐射管体材质	14Cr23Ni18、06Cr18Ni13Si4、16Cr20Ni14Si2 16Cr25Ni20Si2、26Cr18Mn12Si2N			
管壁厚度/mm	4~8			
管体外径/mm	100~150			
辐射管长度/mm	一般有效长度为 1000~1700			

燃气加热辐射管的类型和用途见表 9-39。

除表 9-39 所列类型，还有 P 形和三叉形燃气加热辐射管。图 9-38 所示为套管式燃气加热辐射管，图 9-39 所示为 U 形燃气加热辐射管（发生炉煤气），图 9-40 所示为 U 形燃气加热辐射管（天然气），这几种燃气加热辐射管的性能见表 9-40。

表 9-39 燃气加热辐射管的类型和用途

名称	示意图	表面负荷/(W/cm²)	热效率(%)	特 点	用 途
三叉形		4.7~5.8	40~50	结构简单，使用方便，热效率较低	用于炉温≤1000℃的室式、连续式热处理炉，垂直安装
P 形		4.7~5.8	60~75	结构复杂，内管材质要求严，造价贵，热效率较高	用于炉温≤1000℃的室式、井式、连续式热处理炉，垂直安装
U 形		3.5~4.7	55~65	结构较简单，应用普遍，空气、煤气便于预热，热效率较高	用于炉温≤1000℃的各种炉型，一般水平安装
W 形		3.5~4.0	55~65	单个烧嘴可获得较大的传热面积，热效率较高	用于炉温≤900℃的立式炉、转底式炉，水平安装

（续）

名称	示意图	表面负荷/(W/cm²)	热效率(%)	特　点	用　途
O 形		3.5~4.0	50~60	结构随炉型而定，制造复杂，温度分布不均	用于炉温≤900℃的罩式炉，水平安装

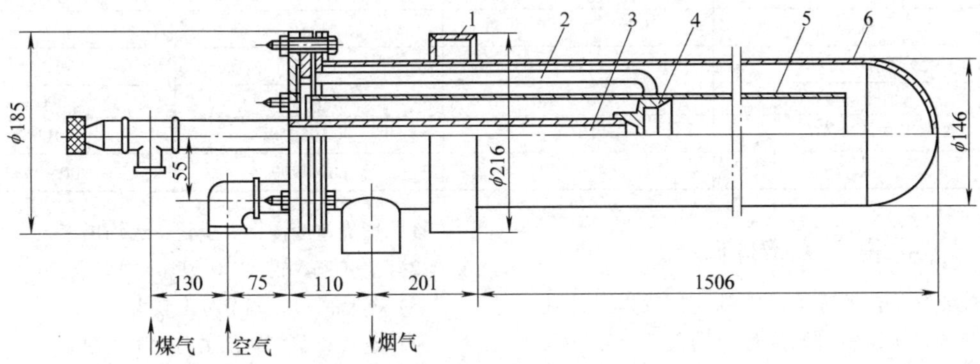

图 9-38　套管式燃气加热辐射管

1—密封刀　2—管状空气预热器　3—燃气导管　4—喷嘴　5—内管　6—外管

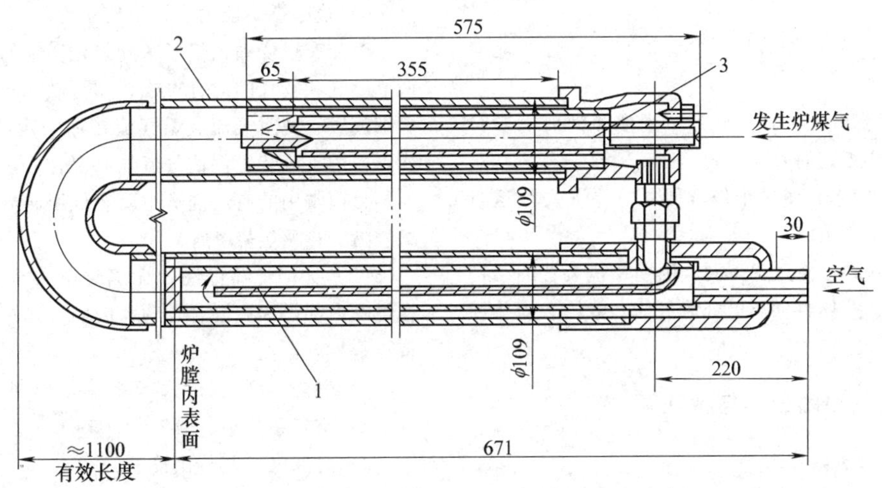

图 9-39　U 形燃气加热辐射管（发生炉煤气）

1—预热器　2—管体　3—燃气装置

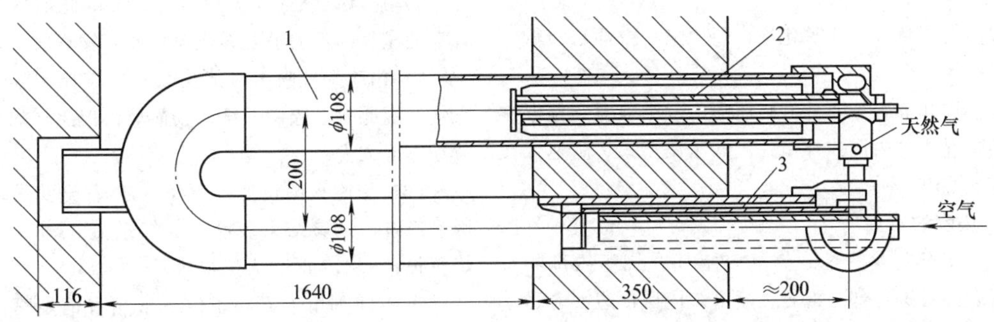

图 9-40　U 形燃气加热辐射管（天然气）

1—管体　2—燃气装置　3—预热器

表 9-40　几种燃气加热辐射管的性能

辐射管名称		套管式	U 形	
燃料	种类	发生炉煤气	发生炉煤气	天然气
	低发热量/(kJ/m³)	6070	5233~5652	34959
	管前压力/kPa	2.5~3	9~11	5~8
燃烧能力/(m³/h)		13~14	30~35	2.5~5.2
空气	耗量/(m³/h)	23~25	34~41	31~62.5
	混合比		1.16	
	管前压力/kPa	1.7~2	2.5	10
	预热温度/℃	800~900	350~400	300
管壁平均温度/℃		1010	1052	1100
烟气温度/℃		640~700	800~900	900~950

9.5　燃烧装置及构件

燃烧装置是热处理炉以燃料（一般以天然气为主）为热源，实现燃料燃烧过程的装置。燃料装置应满足以下基本要求：

1）在规定的热负荷条件下保证燃料的完全燃烧。

2）具有一定的调节比，燃烧过程要稳定，能向炉内连续供热。

3）火焰燃烧的方向、外形、刚性和铺展性要符合炉型和加热工艺的要求。

4）结构简单，使用维修方便，能保证安全运行并能满足环保要求。

各种燃料的燃烧过程不同，因而燃烧装置的结构也各不相同，按燃料种类可分为气体、液体和固体燃烧装置。

9.5.1　燃气烧嘴分类与特性

1. 燃气烧嘴的分类

按照燃烧方式分为有焰烧嘴和无焰烧嘴。

按照火焰形状分为平焰、直氧、扁焰、短焰和长焰烧嘴。

按照火焰特性分为氧化焰、还原焰、中性焰、低氧化氮烧嘴。

按供风和混合方式分为高压喷射、半喷射、预混式、半预混式、内混或外混式、低压涡流式、高速或亚高速式烧嘴。

2. 烧嘴的特性

（1）有焰烧嘴特性　燃气与空气在烧嘴内部不进行混合或只进行部分混合，喷入炉内后再边混合边燃烧，因而火焰较长并有明显的轮廓。

有焰烧嘴的特点：

1）燃烧速度慢，火焰长，火焰黑度大。

2）空气系数较大，一般 $\alpha=1.1\sim1.25$。

3）不易回火，调节范围较大。

4）空气和燃气的预热温度不受限制。

5）所需燃气压力较低，一般为 500~3000Pa，但需要设置助燃风机及其输送管道。

6）烧嘴燃烧能力大，结构紧凑。

改变有焰烧嘴火焰形状和强化燃烧的基本方法是调节燃气和空气的混合方式，如将燃气和空气分成许多细流股，使空气流、燃气流按照一定的角度相交，或者使用旋流装置促使气流加剧混合等。

目前常用的有焰烧嘴主要有低压涡流式烧嘴、平焰烧嘴、自预热烧嘴等。

（2）无焰烧嘴特性　无焰烧嘴由于燃气和空气在烧嘴内部已预先混合均匀，因而火焰短而透明，其特点是：

1）燃烧速度快，火焰短，火焰黑度小。

2）空气系数小，般 $\alpha=1.03\sim1.05$。

3）易回火，调节比较小。

4）空气与燃气的预热温度受限，不能超过燃气的着火温度。

5）通常以燃气作为喷射介质，因此燃气需具有较高的压力，不需设置燃烧风机及其输送管道。

6）由于燃气喷射时能从大气中按比例吸入助燃空气，因此自动控制系统比较简单，但燃气的发热量波动不能太大；

（3）影响火焰长度的因素　火焰长度受多方面因素影响，试验结果表明，空气系数 $\alpha<1.1$ 时，火焰拉长；$\alpha>1.4$ 时，火焰很短。

表 9-41 列出了不同条件下常用有焰烧嘴的火焰长度。

表 9-41　不同条件下常用有焰烧嘴的火焰长度

烧嘴形式及出口直径 d①/m	煤气种类及发热量 Q_d/(kJ/m^3)	空气系数 α	煤气 温度/℃	煤气 流速/(m/s)	空气 温度/℃	空气 流速/(m/s)	火焰扩散环境及温度/℃	火焰长度/m	火焰长度为喷出口直径的倍数
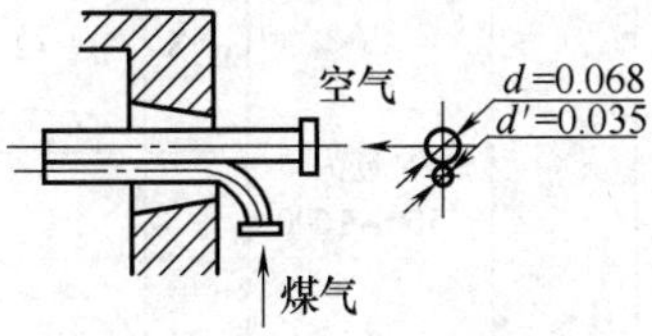 空气 煤气 d=0.068 d'=0.035	焦炉煤气 15000	1.01	14	10.1	0	10.5	炉膛内 800~1250	4	114
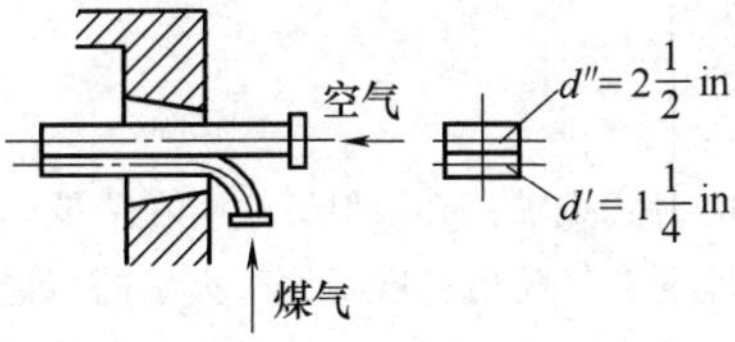 空气 煤气 $d''=2\frac{1}{2}$in $d'=1\frac{1}{4}$in	—	1.01	—	10.1	—	11	炉内	—	≈42
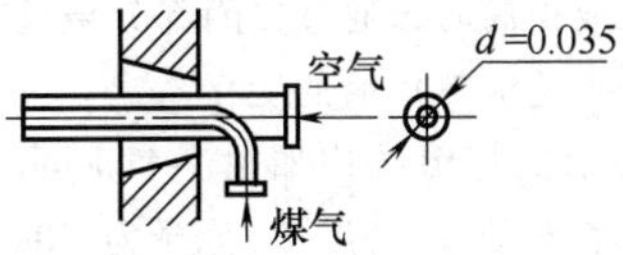 空气 煤气 d=0.035	焦炉煤气 15000	0.98	14	10.1	0	10.8	炉膛内 800~1250	2.4	68.5
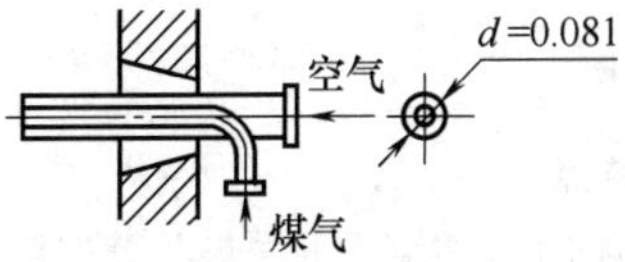 空气 煤气 d=0.081	焦炭发生炉煤气 4000	1.15~1.2	0	20	0	30	炉膛内 800~1250	2.2	27
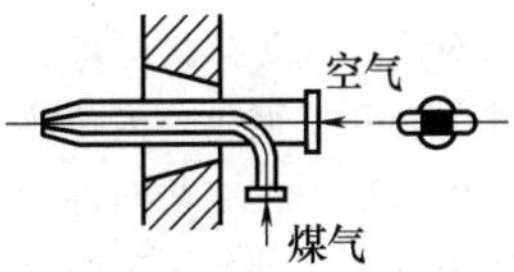 空气 煤气	焦炉煤气 15000	1.01	14	25.6	0	21.8	炉膛内 800~1250	1.1	85.2
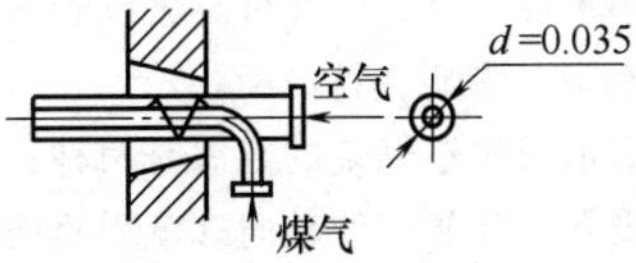 空气 煤气 d=0.035	焦炉煤气 15000	0.99	14	10.1	0	10.1	炉膛内 800~1250	1.3	37.2
		1.18	14	10.1	0	12		1.03	29.4
		1.71	14	10.1	0	17.4		0.68	19.4
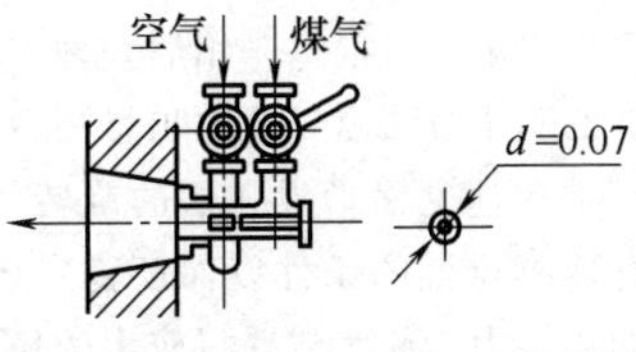 空气 煤气 d=0.07	焦炉煤气 15000	0.98	14	11.2②	0	—	炉膛内 800~1250	0.7	1.0
		1	14	11.4②	0			0.55	7.9
		1.18	14	13②	0			0.18	2.6

（续）

烧嘴形式及出口直径 d①/m	煤气种类及发热量 Q_d/(kJ/m³)	空气系数 α	煤气 温度/℃	煤气 流速/(m/s)	空气 温度/℃	空气 流速/(m/s)	火焰扩散环境及温度/℃	火焰长度/m	火焰长度为喷出口直径的倍数
	天然气 36000	1.0	20②	14.9②	—	—	炉膛内 1500～1600	1.8	12
		1.07	20②	15.9②				1.2	8

① d 为换算直径。

② 指混合物的温度及流速。

9.5.2　高压喷射式烧嘴

高压喷射式烧嘴基于喷射原理，利用燃气喷口喷出的高速气流将燃烧所需的空气按比例吸入。其特点是：空气、燃气可按比例调节，即燃气压力变化时仍能按比例吸入燃烧所需的空气量；空气系数小，一般 $\alpha=1.03\sim1.05$；燃烧温度高，易获得高温燃烧区，对燃用发热量低的煤气最为有利；操作简单，不需设置风机及空气管道系统（采用预热器且系统阻力大于 300Pa 时除外）。

采用高压喷射式烧嘴时应注意以下问题：

（1）烧嘴回火　下列情况时烧嘴易产生回火。

1）当烧嘴前煤气压力降低至回火压力，或者因燃气流量调节不当使混合出口速度低于火焰传播速度时。

2）燃气中焦油及灰分含量较多，在烧嘴内壁有大量沉积。

3）烧嘴内壁表面过于粗糙或烧嘴中心度安装偏差大。

4）煤气的预热温度过高。

（2）烧嘴的空、燃气比例失调　下列情况时烧嘴的空、燃气比例易失调。

1）燃气发热量波动过大，造成空气量过剩或不足。

2）使用热风时，空气通道阻力过大，造成吸入空气量不足。

3）炉内正压过大，造成吸入空气量不足。

4）空气或燃气的预热温度波动大，造成空气量过剩或不足。

5）燃气不洁净，由于烧嘴内沉积过多的煤气含尘物而破坏了烧嘴的几何尺寸。

因此，对喷射式烧嘴，必须保证烧嘴在最低热负荷时不回火，即混合气喷出速度要大于火焰的传播速度。混合气出口速度过快，则烧嘴易脱火。为适应大炉子的供热制度，应按能量小数量多的原则选用烧嘴。当热负荷很低或很高时，通过关闭部分烧嘴或开启全部烧嘴的方法来适应热负荷的变化。

天然气高压喷射式烧嘴结构如图 9-41 所示。天然气高压喷射式烧嘴的燃气压力范围为 30kPa～180kPa，空气系数 $\alpha=1\sim1.05$，调节比为 1∶3，烧嘴喷头不需要水冷。

9.5.3　平焰烧嘴

1. 平焰烧嘴特点

平焰烧嘴喷出的不是直焰而是紧贴炉壁向四周均匀伸展的圆盘形平火焰，能在很大的平面内形成均匀的温度场，并具有很强的辐射能力。

平焰烧嘴主要以对流方式传热给炉墙，以辐射方式传热给被加热工件，有利于强化炉内传热过程和实现均匀加热，避免工件过烧，在工艺允许的条件下可提高加热速度，缩短工件与烧嘴的布置距离。对室式加热炉可降低炉膛高度，对台车式加热加可以减少烧嘴配置数量或缩小炉膛宽度，因此可显著改善加热质量，提高炉子生产率，降低燃料消耗。

现有平焰烧嘴形成平焰燃烧的方法有两种：一种是在烧嘴出口处设置挡流板，使轴向气流受阻而沿炉壁径向散开形成平火焰；另一种是利用旋转气流配合喇叭形通道而形成平火焰。目前多采用后一种方法。

取得平焰燃烧的基本方法是气流喷出烧嘴后的径向速度必须远大于轴向速度而形成强烈的旋转气流，而且在火焰根部有连续点燃的条件以保证稳定燃烧。由旋转气流产生的离心力，使气流获得较大的径向速度，当气流动能足以克服气流径向压差的反压力和气流黏度阻力时，在喇叭形烧嘴砖的配合下气流充分扩展，在附壁效应作用下气流向炉墙表面靠拢，因而形成平展气流。

2. 平焰烧嘴分类

按供入烧嘴的气体压力不同，平焰烧嘴分高压和低压两种；按旋流方式分单旋流和双旋流两种；按壳体类别分蜗壳式和套管式两种；按助燃空气供入方式分鼓风式和引射式两种。

平焰烧嘴结构如图 9-42 所示，适用的天然气发热量为 35000～42000kJ/Nm^2，烧嘴调节比达 1∶6。

3. 平焰烧嘴安装

1）烧嘴可安装在炉顶或炉侧墙。

2）烧嘴间距根据工艺要求与烧嘴性能确定，一般可取 1～2m。

3）对于炉底面积较大、炉膛较矮的炉子，可在炉顶安装多排烧嘴，只要烧嘴间距接近火焰直径，喷出气流的旋转方向可任意选定。

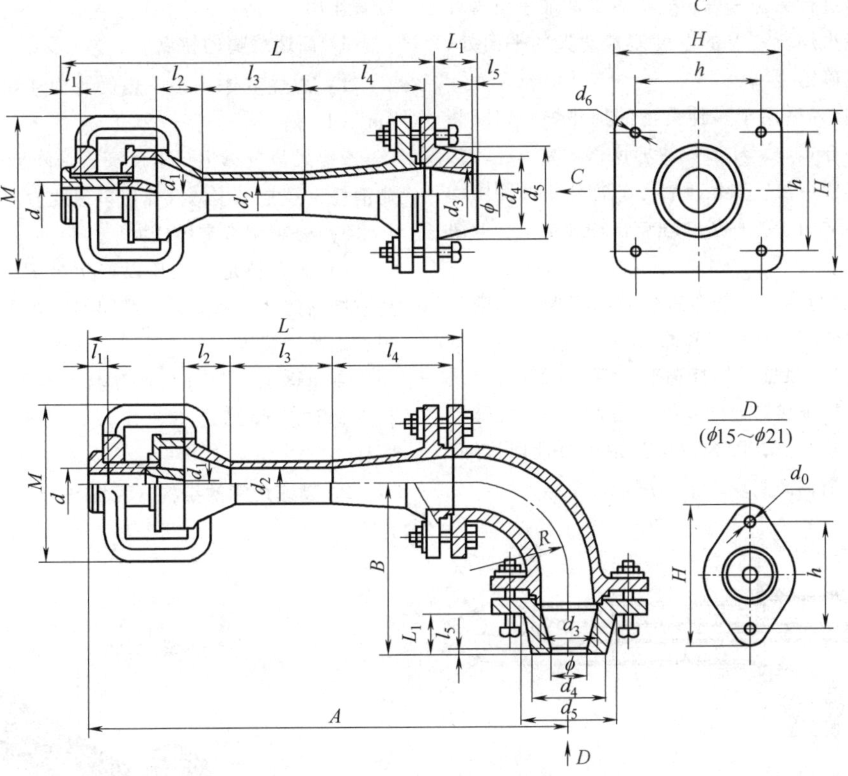

图 9-41　天然气高压喷射式烧嘴结构

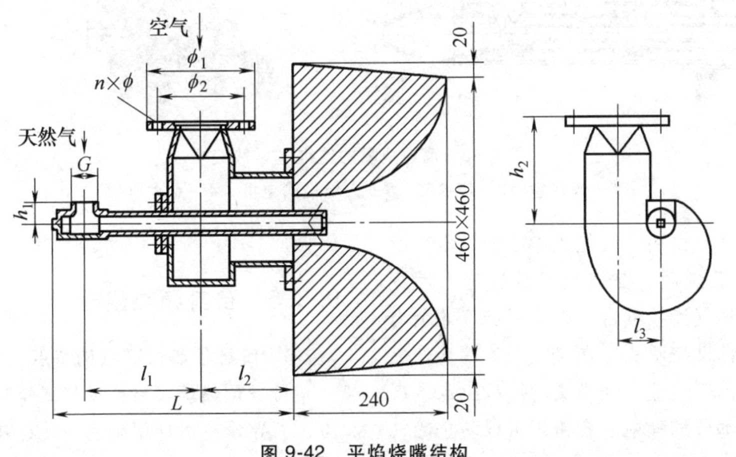

图 9-42　平焰烧嘴结构

4）炉墙较厚时，可将燃气管喷口相应延长插入砌体内，以延迟混合和燃烧，燃气管应用耐热钢制作。

5）烧嘴安装在炉顶上时需考虑隔热和热膨胀问题，空气、燃气接管最好采用软管加膨胀节。

4. 平焰烧嘴的使用注意事项

采用平焰烧嘴时，要根据炉型类别、排烟口布置要求等条件进行合理布置：

1）采用平焰烧嘴的加热炉，特别是室式炉，其炉膛高度要比常规炉型低，应根据工艺要求及烧嘴离工件最短距离进行综合考虑。烧嘴离工件最短距离可考虑为双驼峰火焰所带有的温度差被消失的平面处，一般通过实测确定。

2）平焰烧嘴适用于多种类型的加热炉，如安装于室式炉、推杆式炉、环形炉的炉顶；安装于连续式加热炉的均热段炉顶；安装于台车式加热炉两侧墙的中部；一般不适用于各种热处理炉，特别是中、低温热处理炉。

3）要注意与排烟口的布置位置相协调，原则是保证气流均匀分布而不形成短路。

4）采用自身预热平焰烧嘴时，需采用双层炉顶结构，即将空气预热器连同双旋流套管式平焰烧嘴置放在煤气预热器内侧，配合双层拱顶进行迂回排烟，既不需引射排烟，又实现了平焰燃烧。

9.5.4 高速烧嘴

高速烧嘴是燃料与助燃空气在燃烧室或燃烧坑道内基本实现完全燃烧，燃烧后的高温气体以>100m/s的速度喷出，从而强化对流传热，促进炉内气流循环，达到均匀炉温的目的。

通过加大一、二次风量，燃气量保持不变或风量不变，通过减少燃气量，可使燃烧室气体出口温度降低至与工件加热温度相接近，从而实现对烟气温度的调节，对防止工件过烧、提高加热质量和节约燃料有显著作用。

1. 高速烧嘴的特点

1）燃烧室体积小，热负荷为$4\times10^7\sim4\times10^8$kJ/($m^3\cdot h$)。

2）燃烧气体出口速度高，为降低噪声和减少动能消耗，经常采用的气体出口速度为80~120m/s。

3）烧嘴调节空燃比大。

4）为保持足够正压以产生高的气体出口速度，高速烧嘴的燃烧室必须是密闭的，并需配备自动点火和火焰监测装置。

高速烧嘴一般分高速等温（不带二次风）烧嘴和高速调温烧嘴（带二次风）两种，常用的为后一种。

2. 高速烧嘴的结构（见图9-43）

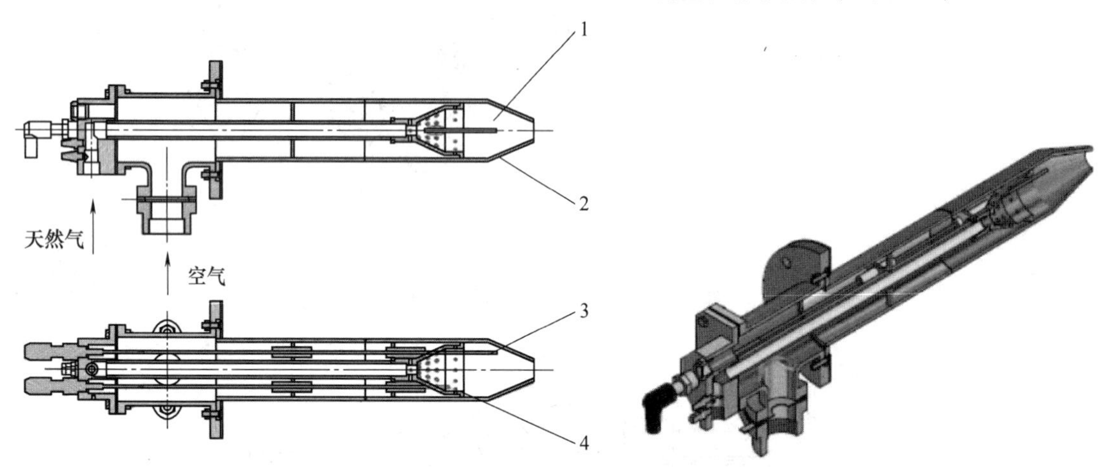

图9-43 高速烧嘴的结构（天然气）

1—燃烧室 2—烧嘴筒 3—火焰检测电极 4—点火电极

该烧嘴使用天然气由后下端进入中心管，压缩空气由下侧入口进入燃烧筒，在挡盘打散后进入燃烧室，促使空气、天然气连续混合，在压缩空气的余力推动下喷出烧嘴筒前部烧嘴头，在烧嘴头外部充分燃烧，并形成高温、高压气流。烧嘴头的形状决定了火焰的形状。烧嘴头部分的喷射混合机理可以防止燃气回火。

9.5.5 自身预热烧嘴

1. 自身预热烧嘴结构特点

自身预热烧嘴又称换热式烧嘴，是将烧嘴、换热器、引导管有机地组合为一体，具有结构紧凑、热效率高和节能显著的特点。一般用于单根一字型辐射管的加热。自身预热烧嘴结构如图 9-44 所示。

1）烧嘴是自身预热烧嘴的主体，燃气由芯部燃气导流管引导进入燃烧室，助燃空气通过空气引导管与换热器的间隙加热后进入燃烧室。

2）换热器一般为多层环缝结构，利用烟气热进行预热助燃空气。由于传热面积大，筒体较短，尤其高温部分置于炉墙之内，故散热损失少，换热效率高。

3）空气引导包括空气引导管内外两部分。空气引导管内部的作用是确保热空气与燃料充分混合燃烧；空气引导管外部则与辐射管或烟气引导管构成烟气通道，使烟气经空气引导管外部与辐射管或烟气引导管之间的空隙进入燃烧室。

4）烟气引导管利用高速喷射空气流造成的负压（抽力）面使烟气经过烟气通道后排出烧嘴以外。引导管的抽力根据换热器阻力进行设计，并通过控制排除烟气量的大小调节炉膛压力。

2. 自身预热烧嘴的应用（见图 9-45）

自身预热烧嘴常用于 I 形管辐射管、P 形管辐射管和双 P 形管辐射管。

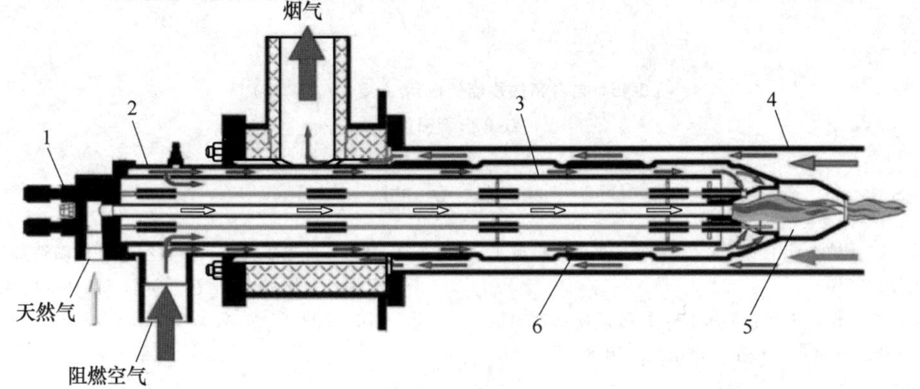

图 9-44　自身预热烧嘴结构（天然气）

1—烧嘴芯　2—外壳　3—空气引导管　4—辐射管或烟气导向管　5—燃烧室　6—换热器

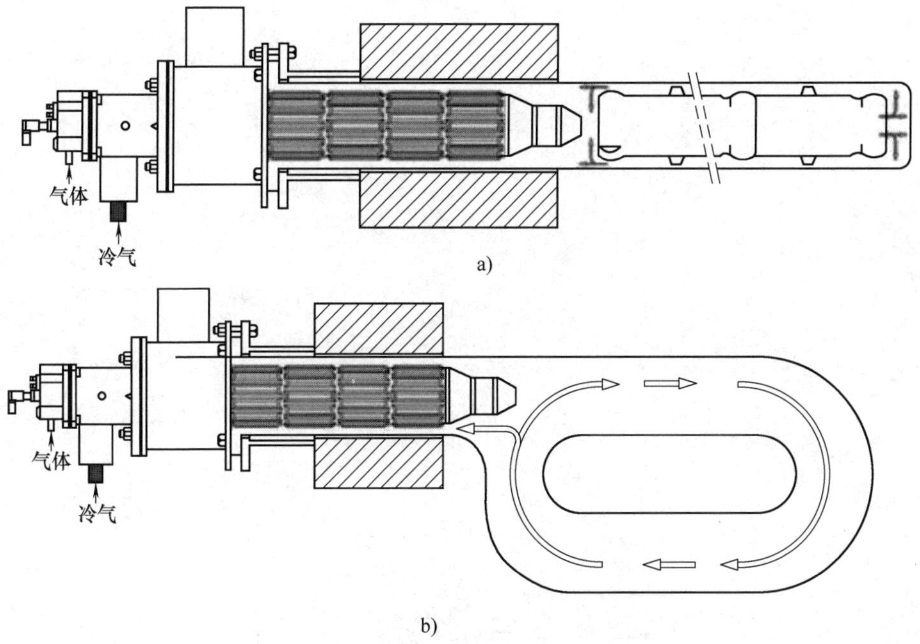

图 9-45　自身预热烧嘴的应用（天然气）

a）I 形管辐射管　b）P 形管辐射管

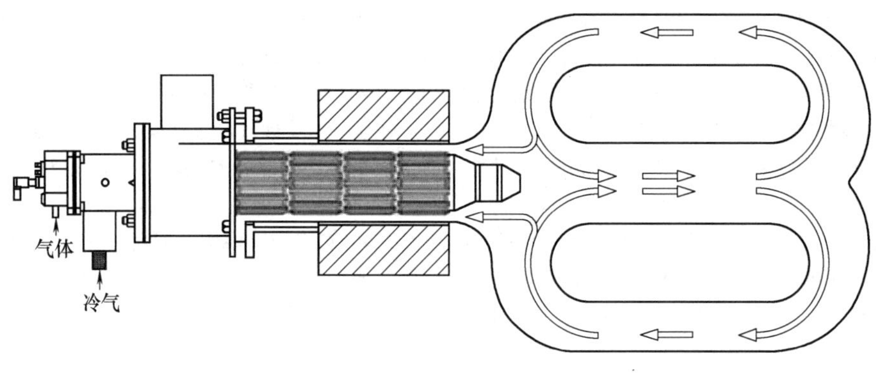

c)

图 9-45　自身预热烧嘴的应用（天然气）（续）

c）双 P 形管辐射管

参 考 文 献

[1]　王秉铨. 工业炉设计手册［M］. 3 版. 北京：机械工业出版社，2010.

[2]　闻邦椿，机械设计手册：第 1 卷　机械设计基础知识［M］. 6 版. 北京：机械工业出版社. 2018.

[3]　中国标准出版社第三编辑室. 机械制造加工工艺标准汇编：金属热处理卷［M］. 北京：中国标准出版社，2009.

第 10 章　可控气氛热处理炉

可控气氛热处理炉指可按预定要求进行炉气成分控制的热处理设备，可实现金属件的无氧化、无脱碳、无增碳加热，或者按要求进行渗碳、渗氮等可控气氛的化学热处理，它是目前国内外中高档热处理的主流设备，符合节能减排要求，具有热处理工艺稳定性好、质量重现性高、自动化控制程度高、节能环保等优点。

可控气氛热处理炉通常按作业方式进行分类，包括箱式多用炉、底装料立式多用炉、井式可控气氛炉、气体渗氮及氮碳共渗炉、推杆式和辊底式连续可控气氛炉、输送带式连续炉、转底式和环式连续可控气氛炉、罩式热处理炉等，本章将从基本结构、主要参数、技术规范、安全操作、维护保养等方面对以上炉型进行叙述。

10.1　可控气氛箱式多用炉

江苏丰东热技术有限公司　高彬彬　邓乔枫

可控气氛箱式多用炉可满足多品种、小批量产品热处理的要求。配备温度及气氛自动控制系统、自动操作系统，实现了工艺的可复制性，提高了热处理的产品质量；产品淬火转移在炉内进行，可减少产品氧化，实现光亮淬火；可与清洗机、回火炉、料台、转移小车等组成联合生产线，提高生产率，提升热处理车间的自动化水平，改善工作环境。

箱式多用炉适于金属件的渗碳、碳氮共渗、正火、保护气氛加热淬火等精密可控气氛热处理，在航空航天、军工、机械、轴承、五金、汽车制造等行业得到广泛应用。

10.1.1　可控气氛箱式多用炉的基本结构和工作流程

箱式多用炉一般以加热炉最大装载量和炉膛有效尺寸划分为不同型号，见表 10-1。

1. 箱式多用炉的基本结构

箱式多用炉由加热室、前室（淬火室）、前门、隔热门（中门）、升降机、淬火槽、缓冷顶、防爆装置及控制装置等组成，如图 10-1 和图 10-2 所示。

表 10-1　箱式多用炉型号及处理能力

型　　号	UBE-600	UBE-1000	FBQ-1500	FBQ-3000	BBH-6000
工作区长度/mm	1200	1200	1200	1500	1800
工作区宽度/mm	600	760	900	1500	1500
工作区高度/mm	600	800	900	1200	1500
工作高度/mm	1200				
最大装载量（含料盘夹具）/kg	600	1000	1500	3000	6000
油槽容积/L	4900	8000	15000	27000	49500
功率/kW	130	210	248	326	590
工作温度/℃	800~930				
最高温度/℃	950				
温度均匀性/℃	±5(800~900℃,9 点测温)				
炉温回复时间/h	≤1.5		≤2		≤4
温度控制精度/℃	±1				

注：加热方式可选电加热、燃气加热。

通过升降机的上升和下降完成产品的淬火或空冷；淬火槽循环泵将淬火液抽出，经过水冷/空冷热交换器进行冷却；隔热门的作用是将前室和加热室隔开，减少加热室的热量损耗；炉前停止行程开关用于推拉机构自动对位。意外发生时，防爆盖打开，压力向上释放，保护设备前操作者的安全；同时，前室安全氮气注入口向设备内注入氮气，尽可能隔离空气和油面，以免接触。

箱式多用炉还根据需要配备缓冷顶：采用缓冷工艺时，渗碳后的产品被提升到缓冷顶，通过炉壁的循

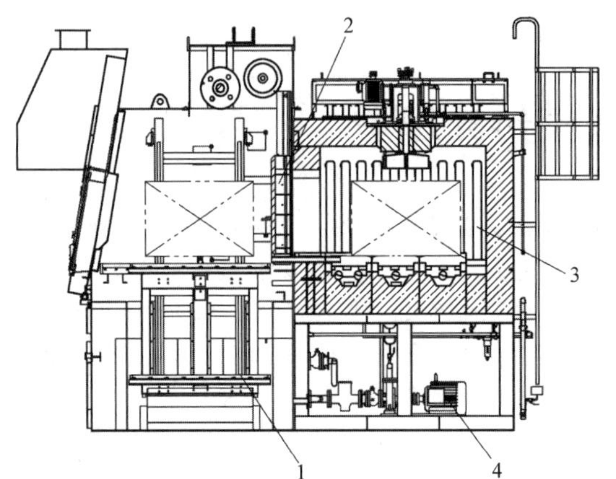

图 10-1　箱式多用炉剖视图

1—升降机　2—隔热门　3—加热室辐射管
4—淬火槽循环泵

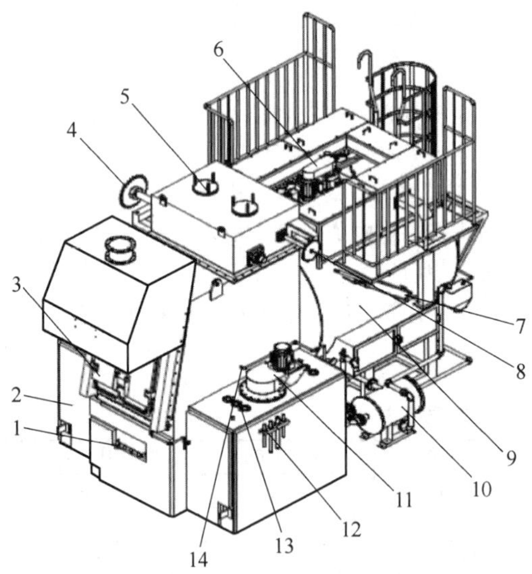

图 10-2　箱式多用炉

1—炉前停止行程开关　2—淬火槽　3—前门
4—升降机提升轴　5—防爆盖　6—加热室搅拌
7—隔热门气缸　8—隔热门提升轴　9—加热室
10—换热器　11—淬火槽搅拌　12—安全销
13—淬火槽加热器　14—前室安全氮气注入口

环水/油，使产品得以冷却。箱式缓冷型多用炉如图 10-3 所示。

2. 加热室

1）炉壳由钢板和型钢焊接而成，整个炉壳应具有足够的强度、刚度和良好的密封性，气体进出口、热电偶和加热元件安装处应采用密封结构。

2）炉衬的材料和结构应能满足炉的性能要求，应由抗渗碳砖、绝热砖和耐热陶瓷纤维砌筑而成。

3）在炉内两侧安装了电热辐射管式发热体。

4）加热室搅拌风扇安装在加热室的上部，其作用是使加热室的气氛分布均匀；风扇轴由耐热铸钢制造，安装部位有水冷轴承衬套，这样可以防止轴承由于过热而损坏，如图 10-4 所示。

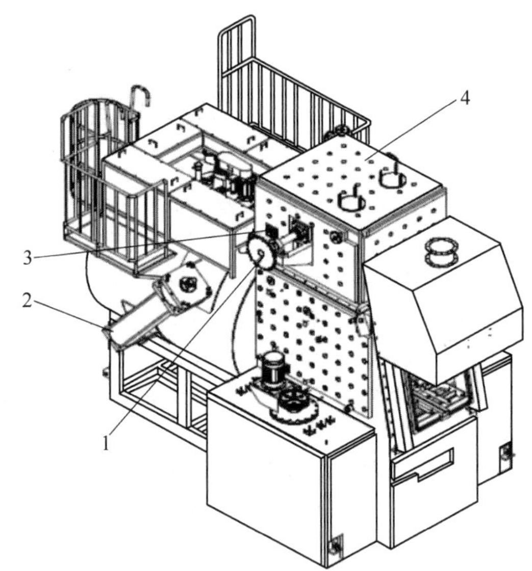

图 10-3　箱式缓冷型多用炉

1—升降机提升轴　2—升降机气缸
3—隔热门提升轴　4—缓冷顶

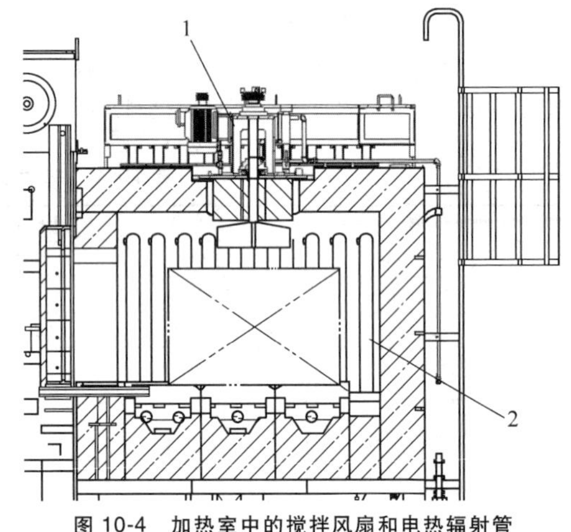

图 10-4　加热室中的搅拌风扇和电热辐射管

1—加热室搅拌风扇　2—电热辐射管

5）电热辐射管应满足多用炉的工作要求，加热元件的安装应牢固，在正常工作条件下不应产生位移和松动；电热辐射管应能方便地拆卸和更换。辐射管外壳一般采用 Cr25Ni20 钢制造，加热元件采用 Cr20Ni80 或 FeCrAl 发热丝，辐射管用法兰牢固安装在炉壳上。

6）工件、料具由炉内推拉机构在加热炉中转移，推拉机构应能保证将装载工件的料具准确推送到加热炉的有效加热区范围内。

7）隔热门通过气缸或电机机构实现升降，与炉体采用陶瓷纤维盘根密封，炉门在最高温度下应不变形并保证良好密封。

8）炉气循环系统应配备具有耐蚀耐热材料风叶的风机和导风板，保证炉气强迫循环。风机轴应有良好的密封和可靠的冷却，当风机因故障停转时，应能自动切断加热电源。风机与气体循环系统应轴向分布，以保证气氛均匀分布和气体的高传送速度。

3. 前室

1）前室主要由槽体、淬火槽加热系统、搅拌系统、冷却系统、循环系统、升降机构和液位控制装置等组成。加热系统、冷却系统和循环系统使冷却介质温度实现自动控制，并配备有超温报警系统；淬火槽的升降机构保证工件下落及上升平稳可靠，并有防止越位的安全措施；淬火槽容积应能保证在最大装载量的情况下满足淬火冷却介质的温升要求。

2）淬火转移时间为工件自加热炉中开始移出至完全浸没在淬火冷却介质中的时间，应该尽量短。

3）淬火槽配有电加热管加热，淬火槽外侧四周还设有陶瓷纤维材料保温层。淬火槽冷却系统包括空气/油或水/油换热器和油循环泵等，其最低冷却能力可使最大装载量下的工件淬火后，在下一炉工件淬火前使液温重新降低到设定的淬火液温。淬火槽的液面上方可以设置表面吹氮气保护装置，以减少淬火液燃烧时液面的空气量。

4）当工件需要缓冷时，缓冷室可通入一定压力的氮气以维持炉压并冷却工件，防止冷却时工件氧化脱碳。冷却槽壁内通入冷却水或油冷却。可通过变频循环风扇调节冷却速度，保证工件均匀冷却。

5）淬火槽可配备强力搅拌系统，搅拌速度变频可调，同时可对淬火槽导流方式、搅拌强度、淬火液温度和冷却模式等参数进行组合，优化淬火冷却方案和工艺参数，最大限度地控制工件畸变。

6）当进行渗碳处理时，加热室的气氛（气体）通过中门到达前室，并在其上方的排出口引燃，排出口设置有引火烧嘴。

7）正常生产时，淬火室内的混合炉体如有大量空气混入会有爆炸危险，因此在淬火室上方留有防爆孔。

4. 温度控制

渗碳（含碳氮共渗，下同）淬火炉最高工作温度一般为 1000℃，经特殊设计可达 1050℃，有效加热区温度均匀性通常为±5℃。

温度控制系统由控温仪表、记录仪表、超温报警装置和供电装置等组成，温度控制系统应能够满足 GB/T 9452—2012、GB/T 30825—2014、AMS-2750F 和 CQI-9 等相关标准要求。

5. 碳势控制

渗碳气氛的碳势采用氧探头测量，通过碳控仪进行控制，碳势控制精度≤±0.05%。

渗碳淬火炉气氛为可控渗碳气氛，主要有氮气+甲醇+富化气、甲醇+富化气（即滴注式气氛）、RX 气+富化气、富化气+空气（即直生式气氛）

6. 加热炉操作流程

（1）淬火流程　前门火帘开、前门开，产品进入前室，前门和前门火帘关，产品在前室换气等待，换气时间到后送入加热室进行加热、渗碳，渗碳工艺完成后，中门开、产品从加热室转移到升降机轨道上，升降机下降，产品进入淬火槽淬火。淬火时间到后，升降机上升，开始沥油，沥油时间到后，发出搬出提示。

（2）缓冷流程　加热室进行加热、渗碳，渗碳工艺完成后，中门开、产品从加热室转移到升降机轨道上，升降机上升，产品进入缓冷室。缓冷时间到后，升降机下降，发出搬出提示。

7. 动态碳势控制和智能化控制

可选配智能化计算机控制系统，实现对温度、碳势和时间等因素的全过程实时测量控制，具有动态碳势控制功能，并配置多媒体生产线监控和管理系统、报警及对策系统、在线帮助功能。

10.1.2　预抽真空可控气氛箱式多用炉

1. 预抽真空可控气氛箱式多用炉的特点和用途

预抽真空可控气氛箱式多用炉利用真空密封取代火帘装置，以消除工件进炉过程中带入的空气，提高渗碳质量，并可缩短工艺周期，降低辅助燃料消耗，提高生产率。

与传统多用炉相比，预抽真空可控气氛箱式多用炉可以减少进炉空气带入造成的气氛干扰，减少内氧化；采用真空密封取代火帘装置，减少了碳排放，提高了热处理产品质量，延长了淬火油寿命。由于前门无火帘，作业环境更加安全、清洁。

预抽真空可控气氛箱式多用炉加工表面由于未受到炉门火帘烘烤，表面质量更好，产品渗碳均匀，晶界氧化少。

2. 预抽真空可控气氛箱式多用炉结构组成

与传统的箱式多用炉相比，预抽真空可控气氛箱式多用炉增加了中间过渡室和真空抽气系统，如图 10-5 和图 10-6 所示。工件通过推拉机构送入前室后进行真空排气、氮气置换；然后通过炉内驱动装置送入加热室，进行加热及渗碳处理。渗碳处理完成后通过炉内驱动装置送入前室，通过升降机进行油淬。淬火完成后，升降机上升，沥油后进行真空排气、氮气置换，工件搬出至推拉机构。

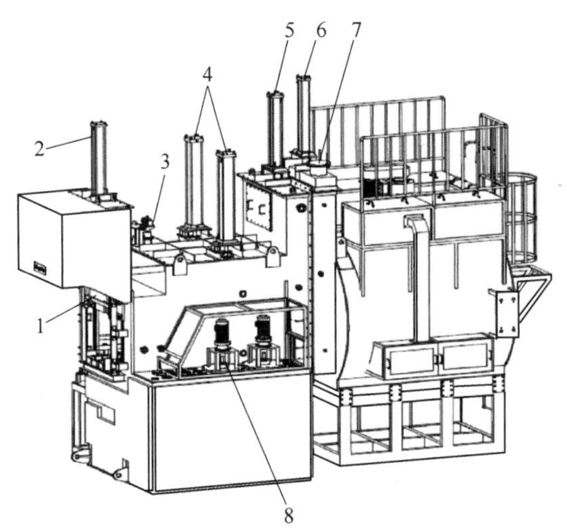

图 10-5　预抽真空可控气氛箱式多用炉构造

1—入口门　2—入口门气缸　3—料盘检测　4—升降机气缸　5—出口门气缸　6—隔热门气缸　7—防爆盖　8—油槽搅拌

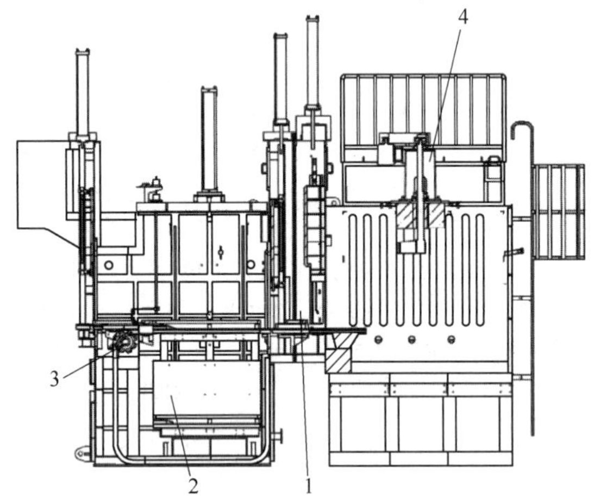

图 10-6　预抽真空可控气氛箱式多用炉剖视图

1—中间过渡室　2—升降机　3—前室内驱动　4—加热室搅拌

3. BBH 系列预抽真空可控气氛箱式多用炉主要部件

1）加热室由隔热门装置、炉内气氛搅拌装置、辐射管、碳化硅导轨、热电偶、氧探头和滴注装置等组成。炉膛由高性能抗渗碳保温材料构筑而成。中间过渡区用于排出炉气，并将加热室和前室相互隔开。

2）前室采用真空气密结构，为预抽真空换气室兼淬火槽，极限真空度可达到 100Pa，由前室本体、真空入口门、真空出口门、淬火升降机、内驱动装置、真空排气系统、真空测量装置、残氧检测装置和料盘检测等机构组成。

3）真空排气系统：前室起隔绝加热室可燃气氛和空气的作用，当工件送入前室时，有空气混入前室，在送入加热室前应将前室空气用真空泵抽出，再用中性的氮气复压后，再将工件送入加热室。工件从加热室搬出时，有可燃气混入前室，直接将工件从前室搬出是很危险的，因此搬出工件前也需要真空排气过程。

4）中间过渡室：位于前室出口门与加热室隔热门之间的过渡连接空间，在中间过渡室上设有废气排放装置及安全装置，安全装置包括防爆装置、中间过渡室快速充氮装置（简称超级排气）。当隔热门和出口门关闭后，被加热后的气体收缩或真空排气时出口密封损坏时，中间过渡室将形成负压，炉内将有因吸入空气而发生爆炸的可能，因此当检测到炉内负压时，超级排气电磁阀打开，直接充入大量的氮气，直至负压解除。

10.1.3　箱式多用炉生产线

箱式多用炉生产线通常由可控气氛加热炉、清洗机、回火炉、推拉车、装卸料台、操作系统、电气控制系统和气氛控制系统等组成，可按预定工艺自动完成对工件的渗碳、淬火、调质和正火等热处理工艺。整条生产线能实现数字化、自动化运行。

1. 箱式多用炉生产线的结构组成

典型箱式多用炉生产线如图 10-7 所示。

将待处理工件放置到装料台上，通过推拉车将其送到清洗机内进行预清洗，然后再送入加热炉中进行渗碳、淬火。完成后再转移到清洗机进行后清洗，将淬火油洗净后，送入回火炉进行回火。回火结束后转移产品到卸料台，通过人工将热处理后的产品卸出。

箱式多用炉生产线的组成和技术规格见表 10-2。

表 10-2　箱式多用炉生产线的组成和技术规格

组成名称		技术规格
多用炉	加热室	常用温度为 800~950℃，最高 1000℃
	前室	油槽最高工作温度为 200℃
		缓冷槽，带保护气氛（选配）
		预抽真空前室（选配）
回火炉		工作温度为 150~750℃
清洗机		水系清洗机
		碳氢溶剂清洗机
推拉车		自动推拉车
		智能机器人
装卸料台		单工位料台、双工位料台、三工位料台等
控制系统		半自动控制系统
		计算机全自动控制系统

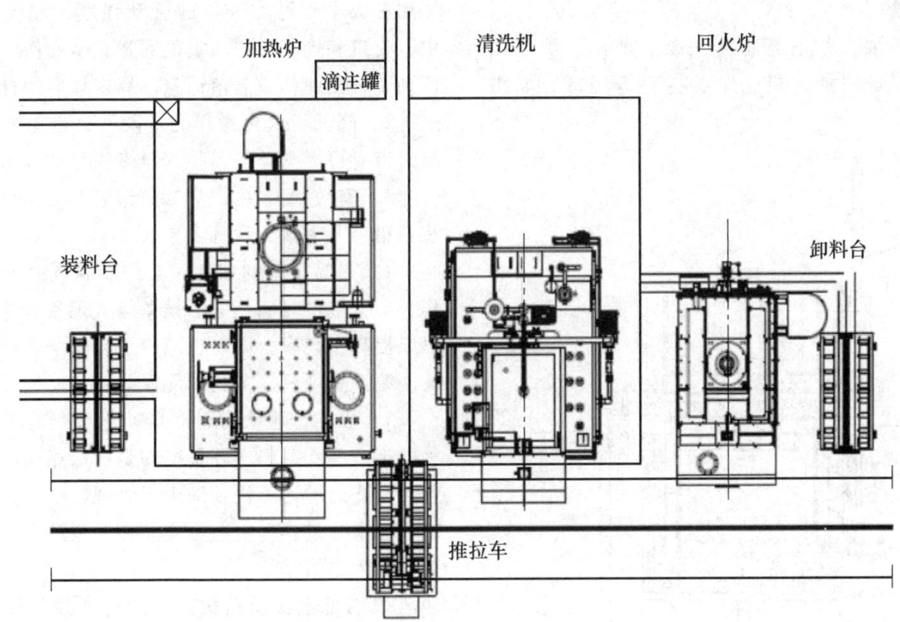

图 10-7　典型箱式多用炉生产线

2. 清洗机

常见的多用炉生产线配套用真空水剂清洗机如图 10-8 所示。这是一种集清洗、干燥为一体的单室真空水系清洗机，工件在清洗室内进行碱液喷淋、碱液浸泡（发泡），然后切换漂洗、喷淋、清洗，最后进行真空干燥。该清洗机设有废油回收装置，清洗机工作温度一般为 60~80℃。真空水剂清洗机及各部件俯视图如图 10-8、图 10-9 所示。

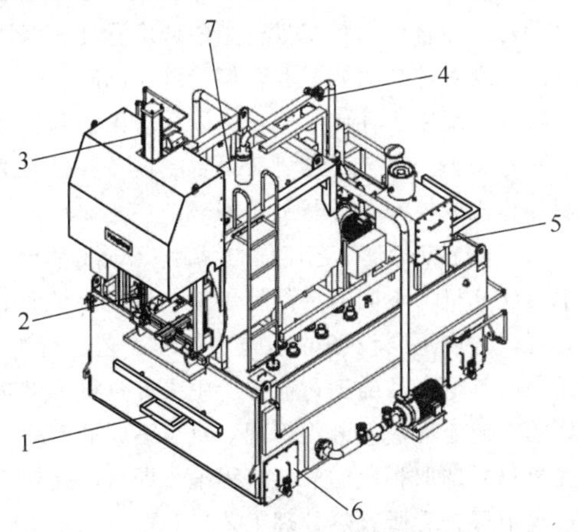

图 10-8　真空水剂清洗机

1—炉前行程开关架　2—前门　3—前门气缸　4—复压阀　5—油水分离器　6—点检口　7—清洗室

将工件送入清洗机后，清洗处理自动开始：首先用清洗液喷淋，将淬火后工件表面附着的油洗掉；然后关闭排水阀门，将清洗液抽到清洗室以浸泡工件。

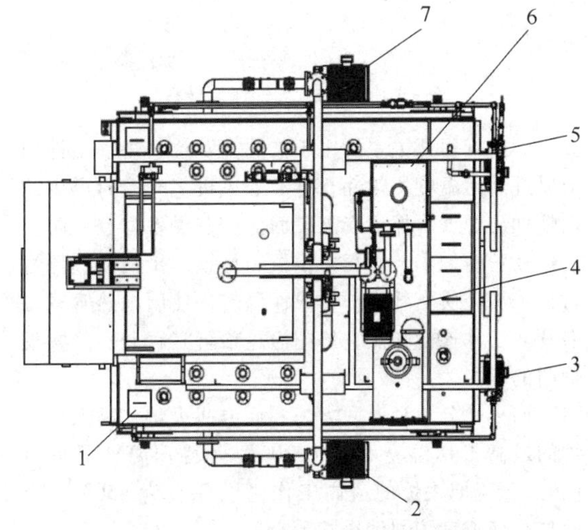

图 10-9　真空水剂清洗机各部件俯视图

1—清洗剂注入口　2—清洗液喷淋泵　3—清洗液循环泵　4—真空泵　5—清水循环泵　6—气液分离筒　7—清水循环泵

浸泡时，通过真空负压吸入空气，在清洗液中形成微气泡，增强清洗效果。清洗结束后，通过清水喷淋，将残留在产品表面的清洗液漂洗干净；然后通过真空将工件表面残留水分清除，完成清洗干燥，准备回火。

清洗结束后，清洗液循环泵及油水分离器开始工作，将清洗液中混合的油水混合物分离，清洗液返回清洗槽，废油排出。

3. 回火炉

回火炉主要由炉前行程开关架、前门、炉顶搅拌、加热器、排油烟风机、保温材料等组成，如图 10-10 所示。

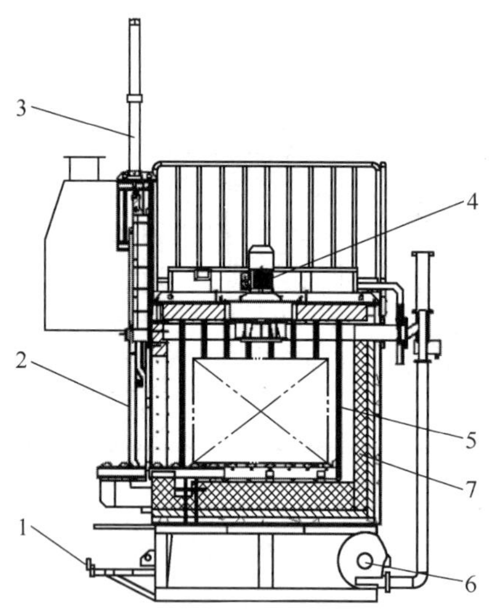

图 10-10　回火炉的组成

1—炉前行程开关架　2—前门
3—前门气缸　4—炉顶搅拌　5—加热器
6—排油烟风机　7—保温材料

炉前行程开关主要用于推拉车对位；炉顶搅拌用于促进炉内温度均匀性；排油烟风机将升温时产生的油烟抽出炉外，保证产品表面清洁及设备安全，防止油烟在炉内聚集。炉壳由钢板和型钢焊接而成，保温材料采用轻质全纤维炉衬或保温砖，使用电热管或辐射管对工件进行加热，炉门通过顶置气缸升、降实现炉门的开、关。

回火炉分为高温回火炉和低温回火炉，高温回火炉的最高工作温度一般为 700℃（特殊温度另外订制），低温回火炉的最高工作温度一般为 450℃。有效加热区温度均匀性通常为±5℃。

回火炉用于产品淬火后回火，产品进入回火炉后，搅拌和温度控制接通，升到设定温度后开始计时保温，等到回火保温时间结束后发出报警，提示回火完成。

10.1.4　智能全自动箱式多用炉生产线

近年来，随着智能制造技术的迅速发展，传统的可控气氛多用炉生产线技术也有了长足的进步，由最初的机械化操作向自动化、智能化方向发展，使得这种传统的炉子组合生产方式得到了更广泛的应用。

1. 智能全自动箱式多用炉生产线的优点

1）智能自动化技术的发展解放了生产力，降低了用工成本和操作人员的劳动强度，大幅度减少了中、夜班和周末工作人员的数量，从而使人们又重新回到了日出而作、日落而息、周末休假的自然状态。

2）降低了人工操作的危险性，避免了操作者直接对带有可燃气体的可控气氛多用炉的装出炉操作。

3）有效地避免了人工操作容易出现的误操作、装料错误及丢漏工序等现象。

4）提高设备利用率，节约能源。由于不存在操作人员交接班时间造成的设备等人现象，智能自动线可以提高生产率，同时也减少了设备空运行时间造成的能源浪费现象，节约了能源。

5）以前普遍认为智能自动化生产线不适合多品种的生产模式，但实际情况却是恰恰相反。智能自动化生产线通过计算机辅助生产管理，由计算机代替人脑管理生产过程，更适合多品种的生产方式，而且效率高，无差错。

2. 智能全自动箱式多用炉生产线与传统的机械化生产线的主要区别

1）生产线各设备之间及其与料台之间的炉料转移和装出料过程由料车自动完成，无需操作人员操作。

2）中央控制系统会自动判断生产线上每台设备的工作情况，按照产品的工艺流程自动分配炉料到不同的设备并执行特定的工艺过程。当所有工艺过程完成后，自动将炉料放回储料台上，等待卸料。

3. 智能管理系统的组成

智能管理系统采用一台中央计算机对生产线上的各台设备、储料台和料车进行集中调度管理。该计算机可以实现对炉料的调配和存储管理，同时可以对工艺流程进行编制、存储、管理，以及对工艺流程进行记录和打印生产报告，还可对每台主设备各自的工艺控制计算机或控制器进行工艺下载。

（1）炉料热处理工艺流程的编制、存储和管理　通过中央计算机为不同的产品编制工艺流程。每个工艺流程可以选取不同设备的不同热处理工艺进行组合，从而完成特定产品的工艺流程。中央计算机可以对编制好的工艺流程进行分组管理。对于不同的产品，操作人员只要选取相应的工艺流程编号即可。此外，生产过程中可查看所有热处理工艺，并可对未发生的工艺进行临时修改。

（2）自动排产　当操作人员对渗碳齿轮选择了一个工艺流程编号，并且将炉料放在进出料台上以后，中央计算机将根据这个工艺流程和各台设备的当前状态进行自动排产，并且起动料车至进出料台取料，按顺序对各台设备自动进行装出料操作。工艺流程完成后，料车会将炉料送回料台等待卸料。

炉料处理一般采用先来先处理的原则进行排产。操作人员也可以指定炉料的优先等级，优先等级高的炉料将优先进行处理。

（3）自动料车　由于料车承担了每台设备之间及其与料台之间的转运和装出料操作，其稳定可靠性非常关键。为确保运行安全，每台料车的两侧均装有安全边缘开关，遇到任何物体时，料车将自动停车。料台区域的周围装有护栏，以确保人员安全。

（4）料车定位系统　料车定位采用激光测距传感器和光电开关双重验证定位的方式。由于是无人化自动运行，料车在每台设备和料台位置停车时定位必须准确。为确保定位准确又不影响料车的移动速度，根据激光测量的距离，当远离定位点时，料车的行走采用快速移动模式；当接近定位点时，自动切换为慢速。料车到位后还有感应探头进行位置复核，以确保定位正确。

（5）炉料和设备管理　生产过程中可以在中央计算机人机界面中查到任何一盘炉料，并能查阅其何时已完成某些工艺和经过某些设备，当前执行的工艺、预计完成时间、所在位置，后续需要执行的工艺和预计完成时间。当某台设备发生故障或需要维护时，可在人机界面将该设备的状态设置成“维修模式”，这样这台设备将不参与生产，其他设备可正常按全自动模式运行。

（6）炉料文档的生成和管理　生产的每盘炉料将自动生成“生产工艺流程”“热处理程序”和“工艺参数历史曲线”等 PDF 文件，可随时查阅、打印。

（7）故障报警信息　将在人机界面中实时显示生产过程中的故障报警，有些故障报警只有在人工确认排除后工艺才会继续执行。所有消除过的报警将被记录在系统的报警清单中，以便后续查阅。

（8）用户权限管理　可根据用户生产管理组织结构设置不同用户的系统使用权限，每个用户拥有自己的用户名和密码。

（9）工艺、文档管理上位机　该上位机装有一套计算机语言开发的应用系统，可以放在现场或管理办公室，查阅当前生产状态，检索所有历史炉料的文档，并可统计分析各设备的故障报警率、设备利用率等。

4. 智能全自动箱式多用炉生产线平面布置

智能全自动箱式多用炉生产线可以采用单向布置形式，也可以采用双向布局形式。图 10-11 所示为常见的智能全自动箱式多用炉生产线的平面布置。

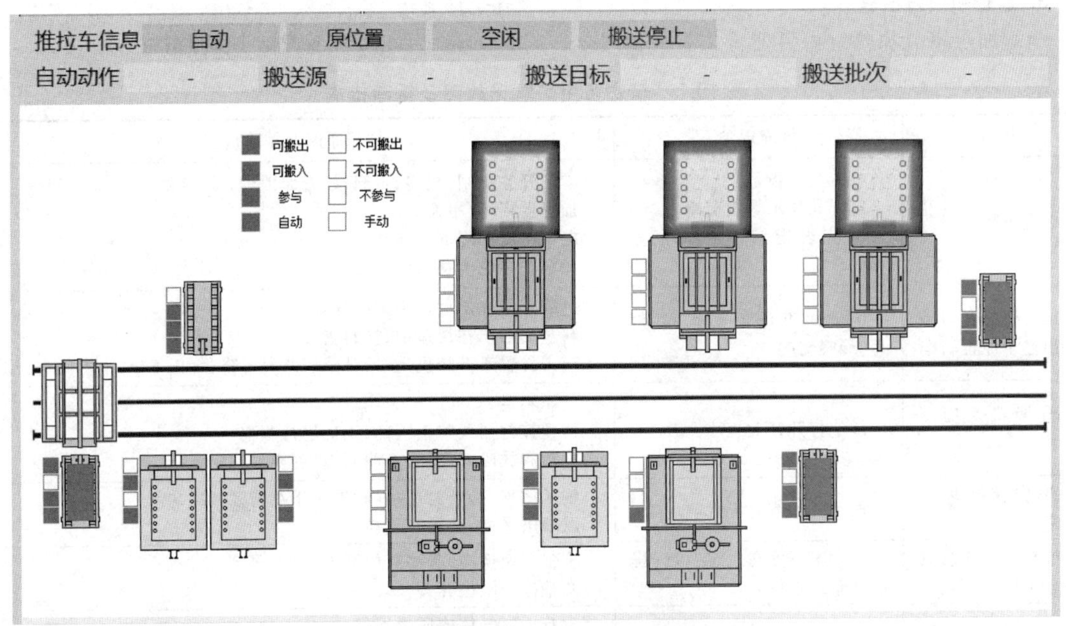

图 10-11　智能全自动箱式多用炉生产线的平面布置

10.1.5　可控气氛箱式多用炉的安全操作

1. 安全要求

操作人员在操作设备前须经过培训，掌握设备的性能、结构和安全操作等方面的知识，经考核合格后发放操作证，凭证上机操作。

根据设备操作手册制订设备安全及故障应急预案。

2. 设备的安全操作

设备上设有急停按钮，只锁定机械功能。与工艺过程相关的其他功能（搅拌，循环系统，加热等）不会停止。要重启设备，需释放急停按钮并确认复位。

（1）加热炉加热室相关要求　因为是可控气氛炉，当炉子未达到要求的安全温度 750℃ 以上或因为停电等原因使温度由高温降低至 750℃ 时，应切断渗碳气氛的气源。

安全热电偶具有防止加热室超温的功能，当热电偶超温时，加热自动关闭。

炉顶搅拌电动机设有断路保护，并可配置旋转检测开关检知，当断路器跳闸或搅拌旋转检测异常发出警报时，请维修人员确认、恢复设备正常运行。

（2）加热炉前室　安全热电偶具有防止淬火油过热的功能，当热电偶超温时，加热自动关闭。

油槽搅拌电动机设有断路保护，并可配置旋转检测开关检知，当断路器跳闸或搅拌旋转检测异常发出警报时，请维修人员确认、恢复设备正常运行。

应配备淬火液液位自动检测装置，当液位低于设定的最低安全液位时，系统报警。

（3）电源故障　当电源发生故障，炉子停止加热并降温时，炉子可自动进行充氮气置换。

3. 危险和预防措施

（1）加热室　加热室内可能聚集有残留气氛，能使人窒息、中毒。进入加热室前，需确保加热室内没有残留气氛，并进行充分的强制通风换气，经气体检测合格后，方可进入。

进入加热室维修时，必须插入门、升降机安全销。

如果炉子冷到 750℃ 以下（维护、停止炉子），气氛介质供给管路手动球阀必须关闭，防止电磁阀没有完全关闭导致气氛介质泄漏到设备内引起爆炸危险。

炉子长时间停产前，加热室必须彻底烧尽并关闭可燃气氛。

（2）前室　保证淬火油内无水与有机物，这些物质有引起淬火油燃烧的危险（必须定期对淬火液中的水含量进行分析）。

确认防爆口应一直可靠有效。

进入前室时需确认前室气氛完全被空气置换。

4. 异常情况处理

如果在生产中发生停电，应沉着冷静地分析工件在炉中处于什么状态，然后采取相应措施。

1）确保安全，及时充入安全氮气，不让空气进入炉内，以免发生爆炸。

2）在保证安全的前提下，考虑不损坏设备和不让工件氧化。

箱式多用炉常见故障及排除措施见表 10-3。

表 10-3　箱式多用炉常见故障及排除措施

故障	故障现象	故障原因及排除措施
炉温下降	电流表无指示 窥视孔显示炉内黑暗 电流表指针不在规定量程内	空气开关跳闸、短路、过载，检查原因后方可合闸 加热器损坏，更换 电源电压下降低于 380V 接线柱接触不良，重新紧固
推拉链在送进或拉出途中停止动作	电动机继电器动作，红灯亮，蜂鸣器响	过载。减少工件至规定的数量 料盘变形卡在滑道中，换料盘 当工件置于升降机上时，升降机略微下降：气压不足，电磁阀有泄漏
升降机及门不上升	即使打开开关也不上升	气压不足 速度控制器调整不正确，正确进行调整 电磁阀故障或烧坏，查明原因，更换
炉内搅拌风扇异常	振动强烈或有异常响声	轴承磨损，必要时更换（检查一下润滑油及冷却水） 风扇不平衡，必要时更换
推拉车横向移动停车不准	推拉车不停在规定位置（提前停车或越位）	调整减速换向，起动限位开关 调整停止限位开关
火帘异常	无法燃烧或燃烧不足	没有燃料气体或压力不足 由于断线或损坏，电磁阀不动作，查明原因，必要时更换
油温异常	油温不升高或油温过高	发热体损坏，必要时更换 温度计故障，更换 换热器中冷却水不足，增大冷却水流量 油搅拌机不旋转，可能局部过热 工件过多

10.1.6　可控气氛箱式多用炉的维护保养

可控气氛箱式多用炉的维修保养包括检查、保养（维护）、修理（小修）。通过定期检查，及时掌握设备各个零部件的（正常）磨损情况。在定期保养时，需及时更换磨损件。

1. 安全说明

1）对设备进行保养和检查时，应当遵守设备零部件的安全说明及所属的规定。

2）所有设备内、外的维护和修理工作只准在停电、停气等动力源并在无压力状态下进行。

3）对设备进行维护和修理时需将设备全部断电，采取防止意外合闸的保险措施：主开关上锁保险，或者在主开关旁挂警告牌。

4）只准在已插入了安全销的状态下从事加热炉的检修工作。

5）不得将人体或某个部位伸入运动部位。

6）为防止眼睛和皮肤受伤，请佩戴防护镜和手套。

7）工作结束之后，必须检查所有安全和保护装置是否完好或功能是否完善。

2. 定期检修

1）定期检修内容以表格形式列出，每工位一份表格，表格内容为简图和检修元件清单。

2）定期检查维护主要包括日检、周检、月检、半年检和年检。

3）在日、周、月、半年或一年栏中检查或（和）更换元件的频率，列有控制或要进行维修的类型。

4）维修不一定需要停止整条生产线，可在设备工作的情况下执行周期表中允许运行的维修，在相应工位不运行时执行周期表中工位不运行的维修。

3. 日检内容

1）各原料气是否充足。

2）火帘用的液化气是否足够。

3）如果是滴注式设备，检查滴注盘上加压用氮气压力是否充足。

4）检查淬火液的量。

5）各冷却部位的冷却水是否流畅。

6）链条导向槽内有无杂物。

7）电压和电流的检查。

8）温度计的读数和记录状况。

9）引火烧嘴的燃烧状态。

10）检查推拉小车的对位情况。

11）检查泵运转情况，包括泄漏和噪声。

12）确认空气压力、供给水的压力。

4. 周检内容

1）检查热电偶和温度控制器。

2）线路和管道接点检查。

3）必要时补充淬火液。

4）空气滤清器的排水。

5. 月检内容

1）检查加热室内情况，必要时对加热室进行烧炭及清扫。

2）检查加热室内导轨及耐热变形情况。

3）检查热电偶和温度控制器。

4）检查线路和管道接点。

5）对轴承及链条驱动部位加注润滑油。

6）检查空气过滤器及油雾器油。

7）检查泵回路各过滤器，必要时清理。

6. 半年检内容

1）检查链轨的磨损情况，必要时修理。

2）确认门的密封情况。

3）检查配线（端子）、配管的松紧度，必要时拧紧。

4）检查热电偶及仪表的有效性。

7. 年检内容

1）检查各仪表的有效性。

2）检查各检测元件的有效性。

3）检查炉膛状况。

4）检查搅拌风扇状况。

5）检查辐射管状况。

6）检查控制盒及电缆连接情况，必要时拧紧。

7）检查控制盒的污染情况，必要时清理。

8）检查安全装置的情况，必要时修理。

10.1.7　典型产品应用

1. UBE600 半轴从动齿轮渗碳淬火+回火生产线

行业：工程机械

产品名称：半轴从动齿轮

材料：20CrMnTiH 钢

生产线组成：600kg 箱式多用炉+清洗机+回火炉+升降台+推拉车。通过触摸屏上的搬入、搬出按键完成产品的热处理过程。

半轴从动齿轮的热处理工艺参数见表 10-4，UBE600 半轴从动齿轮生产线及产品处理结果如图 10-12 所示。

2. FBQ3000 后驱动齿轮渗碳淬火生产线

行业：工程机械

产品名称：后驱动齿轮

材料：20CrMnMo 钢

生产线组成：FBQ 后驱动多用炉+清洗机+回火炉+升降台+推拉车。

后驱动齿轮的热处理工艺参数见表 10-5，FBQ3000 后驱动齿轮生产线及产品处理结果如图 10-13 所示。

表 10-4　半轴从动齿轮的热处理工艺参数

客户名称				零件名称	半轴从动齿轮	
材料	20CrMnTiH 钢			处理方式	渗碳+淬火+回火	
技术要求	表面硬度	80.1～82.8HRA		硬化层深度	0.6～0.8mm	
	心部硬度	273～441HV30		其他要求		
加热炉	UBE-600	清洗机	VCM-600	回火炉	BTF-600	
碳控仪表	CPG2000	φ(CO)(%)	φ(甲醇)= 33%	碳势修正		

	升温		900℃		850℃	
C_p(%)	—		1.00	0.80	0.80	
时间/min	不定	30	200	85	不定	30
丙烷/(L/min)	不控		5	5	5	5
平衡空气/(L/min)	不控			10	10	10
氨气/(L/min)	—					
纯甲醇气氛/(mL/min)	甲醇60					

油冷30min，油搅拌转速50Hz，油温60℃，沥油30min

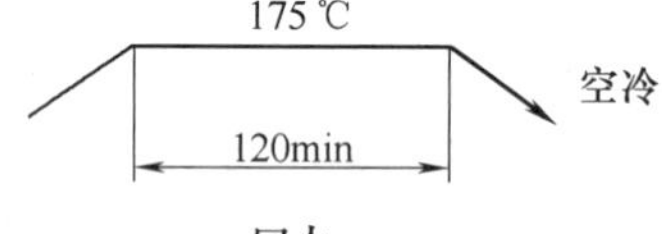

回火

检验结果	表面硬度	心部硬度	有效硬化层深度	金相组织
	82.2HRA	370-440HV30	0.7mm	—

图 10-12　UBE600 半轴从动齿轮生产线及产品处理结果

表 10-5　后驱动齿轮的热处理工艺参数

客户名称				零件名称		减速机齿轮 M9	
材料	20CrMnMo 钢			处理方式		渗碳淬火	
技术要求	表面硬度	56～60HRC		有效硬化层深度		1.8～2.2mm	
	金相组织	—		心部组织		—	
加热炉	FBQ-3000	程序号	12#	淬火油	华立	回火炉	BTF-3000

	800℃		920℃ 均热	920℃ 强渗	920℃ 扩散	830℃
C_p(%)	—		—	1.1	0.75	0.75
设定时间	1h		30h	12h	6h	2h
氨气				—		—

回火：180℃，6h；180℃，4h

（续）

<table>
<tr><td colspan="2">油品厂家:北京华立</td><td colspan="2">油品型号:今禹 Y15-11</td></tr>
<tr><td rowspan="3">油温:60℃</td><td>油搅拌转速:50Hz</td><td rowspan="3">油冷时间:
20min+20min+20min</td><td rowspan="3"></td></tr>
<tr><td>油搅拌转速:50Hz</td></tr>
<tr><td>油搅拌转速:40Hz</td></tr>
</table>

图 10-13 FBQ3000 后驱动齿轮生产线及产品处理结果

检测结果：表面硬度为 58～59HRC

有效硬化层深度为 2.2mm（淬火后，用试棒检测）

3. BBH2000 预抽真空可控气氛电动机轴渗碳淬火+回火生产线

行业：工程机械

产品名称：电动机轴

材料：20CrMoTi 钢

全自动生产线组成：24 库位生产线立库+2000kg BBHG 预抽真空燃气加热炉+HWBV 真空溶剂清洗机+BTF 箱式回火炉+升降台+推拉车。操作人员将只负责从立库上料及下料，中间的热处理过程（清洗、加热、淬火、回火）全部由上位机+PLC 自动控制完成。

电动机轴的热处理工艺参数见表 10-6，BBH2000 预抽真空可控气氛电动机轴生产线及产品处理结果如图 10-14 所示。

表 10-6 电动机轴的热处理工艺参数

<table>
<tr><td>客户名称</td><td colspan="3"></td><td>零件名称</td><td colspan="2">电动机轴</td></tr>
<tr><td>材料</td><td colspan="3">20CrMoTi 钢</td><td>处理方式</td><td colspan="2">渗碳+淬火+回火</td></tr>
<tr><td rowspan="2">技术
要求</td><td>表面硬度</td><td colspan="2">600～850HV10</td><td>硬化层深度</td><td colspan="2">0.35～0.8mm</td></tr>
<tr><td>心部硬度</td><td colspan="2"></td><td>其他要求</td><td colspan="2"></td></tr>
<tr><td>加热炉</td><td>BBHG-2000</td><td>清洗机</td><td>HWBV 真空溶剂清洗机</td><td>回火炉</td><td colspan="2">BTF-2000</td></tr>
<tr><td>碳控仪表</td><td>2604</td><td>φ(CO)(%)</td><td>φ(甲醇)= 33%</td><td>碳势修正</td><td colspan="2">—</td></tr>
</table>

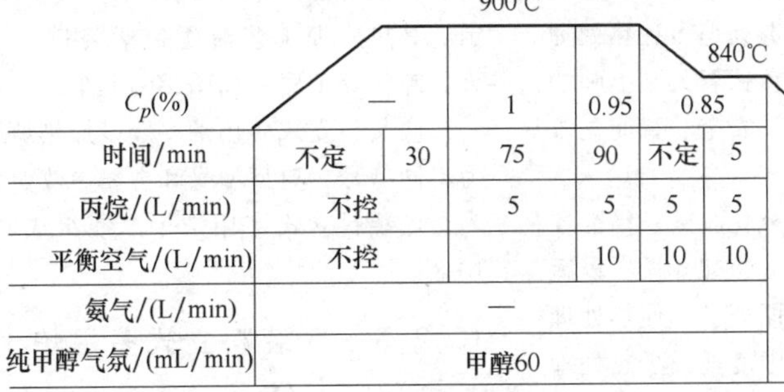

180℃

空冷

120min

回火

<table>
<tr><td rowspan="2">检验结果</td><td>表面硬度 HV10</td><td>心部硬度 HV</td><td>有效硬化层深度/mm</td><td>金相组织</td></tr>
<tr><td>728/726/721</td><td>41.3/41.7/41.6</td><td>0.57</td><td>—</td></tr>
</table>

图 10-14　BBH2000 预抽真空可控气氛电动机轴生产线及产品处理结果

10.2　底装料立式多用炉

广东世创金属科技股份有限公司　董小虹　王桂茂　陈志强

10.2.1　底装料立式多用炉的特点和用途

底装料立式多用炉是可控气氛热处理的重要发展，是一种新型可控气氛热处理多用途炉。底装料立式多用炉使用开口朝下的倒立炉膛，利用气体热动力学的科学原理密封炉膛；使用耐热钢密封炉罐，不使用存在大量孔隙的砖质或陶瓷纤维炉膛，具有换气速度快、气氛建立速度快的特点。底装料立式多用炉与淬火槽、清洗机、回火炉、料台、装出炉转移料车、控制系统组成多种自动生产线。底装料立式多用炉生产线采用独立的模块化设计，可控气氛加热渗碳炉、淬火槽、清洗机、回火炉、料台、料车均为独立的模块结构，可实现一台加热炉配置多个淬火槽或两台加热炉共用一个淬火槽组合；热处理工件直接进入加热室加热和直接从加热室进入淬火槽淬火，不需要经过中间过渡室；工件从加热室到淬火槽的转移时间短。合理配置的底装料立式多用炉生产线可实现保护加热淬火、渗碳、保护加热正火、球化退火等多种热处理工艺，适用的工件从小到几克的钓鱼钩至大到上吨的工件，在提高工件质量、节能降耗、安全、智能化等方面有很多独特的优点。

底装料立式多用炉除具有少无氧化脱碳、精准控制特点，还可通过选择各种不同淬火冷却介质，以适应不同材料和零件对淬火冷却的不同要求，使热处理零件获得最佳的性能和质量、最大限度地减少热处理畸变。底装料立式多用炉具有温度均匀、气氛恢复与转换快的特点，可以完成保护淬火、渗碳等多种工艺快速转换，提高生产率，降低成本，还可以实现无内氧化渗碳、表面碳势可控的薄层与超薄层渗碳等高质量化学热处理。底装料立式多用炉技术也是代替盐浴炉和铅浴炉热处理、减少环境污染、实现清洁热处理的最佳方案。该炉型采用模块积木式设计，用户可以灵活选择配置，适应各种不同生产规模和批量。底装料立式多用炉可以用于金属零件的渗碳、碳氮共渗，超薄层渗碳、渗氮、氮碳共渗，保护气氛淬火、调质、退火、正火、回火、固溶和时效等，适用于航空航天、军工、机械、石化、轴承、五金等多种行业热处理，解决了困扰我国热处理行业的多项关键技术，提高了热处理质量，获得了显著的经济、社会效益。

10.2.2　底装料立式多用炉生产线的结构组成

底装料立式多用炉生产线由可控气氛底装料立式淬火加热炉、清洗机、回火炉、装卸料装置、装卸料台、操作系统、电气控制系统、气氛控制系统及废气废液收集处理装置等组成，可以分为可控气氛渗碳生产线、可控气氛保护热处理生产线和可控气氛渗氮生产线，可以在多种可控气氛下按预定工艺自动完成对工件的渗碳、渗氮、淬火、调质、退火、回火、正火、固溶和时效等热处理工艺。一般除装卸料工作外，整条生产线能实现智能化、数字化、自动化运行。典型的底装料立式多用炉生产线如图 10-15 所示。其热处理工艺流程包括装料、加热、转移、淬火、卸料等工序，如图 10-16 所示。

底装料立式多用炉一般以加热炉最大装载量划分为不同型号，典型型号和主要参数如表 10-7 所示。

底装料立式多用炉生产线组成和技术规格见表 10-8。

10.2.3　底装料立式多用炉生产线的关键部件

1. 底装料立式加热炉

（1）结构　加热炉为倒置井式炉结构，主要由炉壳、炉衬、加热元件、炉罐、炉塞、料具托持机构、升降机构、移动装置、炉气循环系统和测温装置等组成。

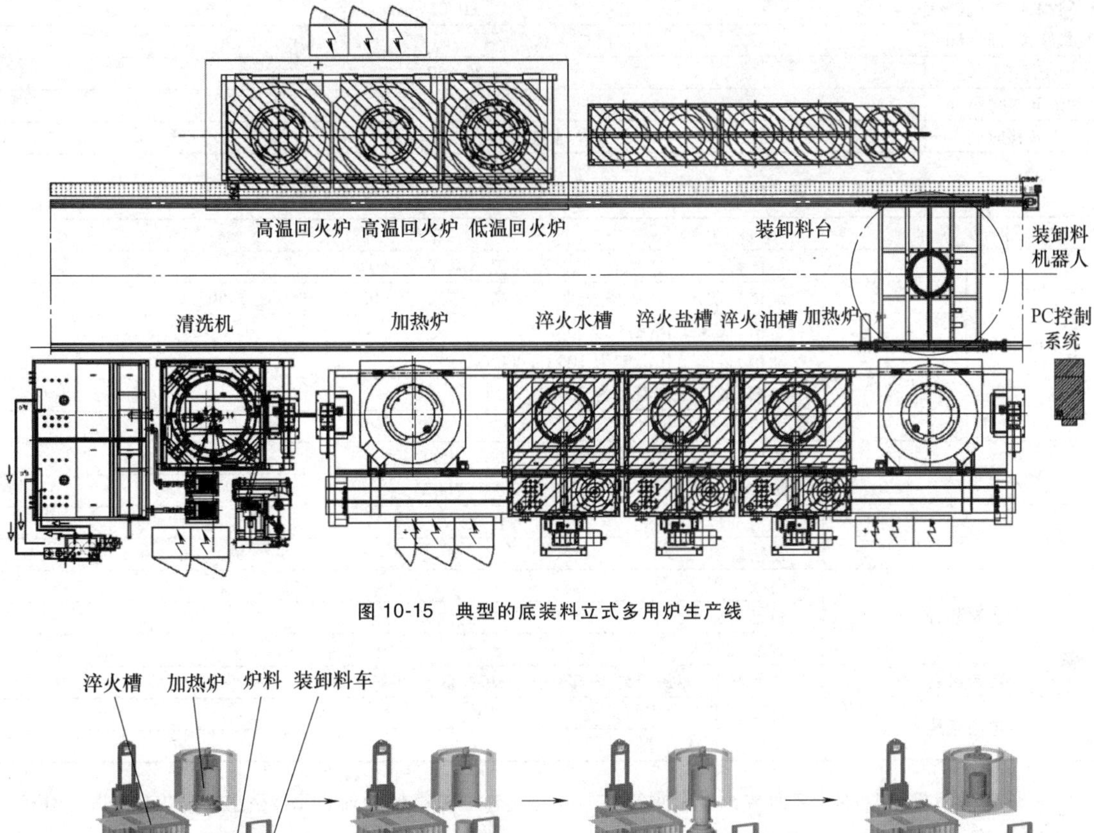

图 10-15　典型的底装料立式多用炉生产线

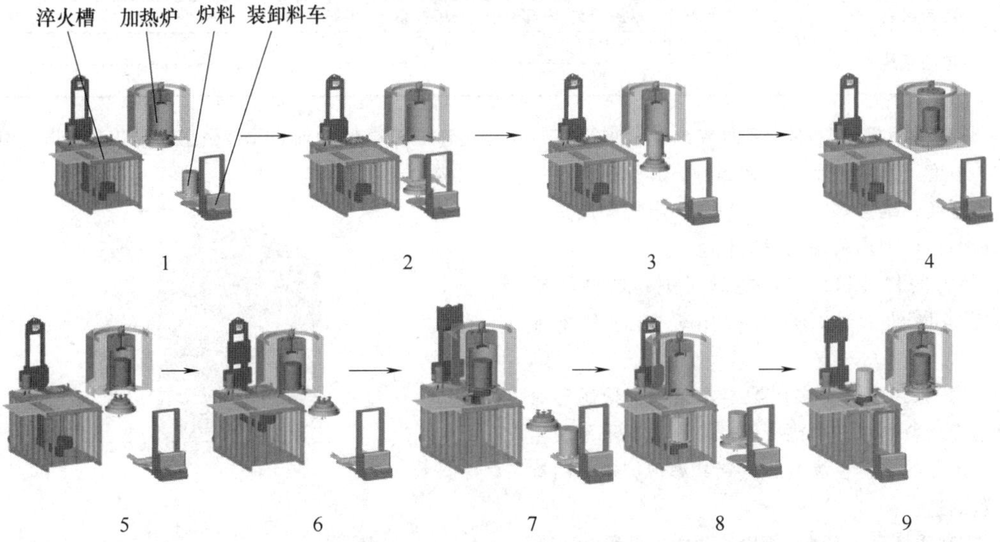

图 10-16　底装料立式多用炉热处理工艺流程

1~3—装料　4—加热　5、6—转移　7、8—淬火　9—卸料

表 10-7　底装料立式多用炉的典型型号及主要参数

型号	SP50	SP80	SP150	SP300	SP500	SP800	SP1000	SP1500	SP3000	SP7000
装载量/kg	50	80	150	300	500	800	1000	1500	3000	7000
有效加热区高度/mm	300	600	700	700/1100	700/1100	900/1500	1000	1500	3300	4000
有效加热区直径或截面尺寸/mm	300×300	300×300	400×400	ϕ500	ϕ700	ϕ900	ϕ900 ϕ950 ϕ1100	ϕ1100	ϕ2000	ϕ2000
最高使用温度/℃	1100	1100	1100	1100	1100	1050	1050	1050	1000	1000
炉温均匀性/℃	±(5~10)(能满足 GB/T 9452—2012、GB/T 30825—2014、AMS-2750F 和 CQI-9 的要求)									
温度控制精度/℃	±1.0									
碳势控制精度 C_p(%)	±0.05									
气氛转换时间/min	w(C)=0.2%← →w(C)=1.2%≤10									
表面温升/℃	40~50									
空炉升温时间/h	1.5~2.0									
淬火转移时间/s	≤15(从加热室到完全进入淬火冷却介质)									

表 10-8　底装料立式多用炉生产线组成和技术规格

组成名称		技术规格
多用炉	加热炉	炉体移动式或炉塞移动式,最高工作温度为 850℃
		炉体移动式或淬火槽移动式,最高工作温度为 950℃、1050℃、1150℃
	淬火槽	水槽,最高工作温度为 60℃
		油槽,最高工作温度为 100℃、200℃
		盐槽,最高工作温度为 350℃、500℃
		缓冷槽,带保护气氛
回火炉		炉体移动式,最高工作温度为 350℃、700℃
		炉塞移动式,最高工作温度为 350℃、700℃
清洗机		油清洗机
		盐清洗机
装卸装置		电动叉车
		自动机械手
		智能机器人
装卸料台		单卸料台、双卸料台、3 卸料台、4 卸料台、8 卸料台等
控制系统		计算机半自动控制系统
		计算机全自动控制系统

1）炉壳由钢板和型钢焊接而成，整个炉壳应具有足够的强度、刚度和良好的密封性，其炉底固定炉罐，便于更换、维修。气体进出口、热电偶和加热元件引出棒的出口处均采用密封结构。

2）炉衬的材料和结构应能满足炉体的性能要求，除易碰撞的部位，全部采用轻型耐火纤维材料。

3）炉罐采用能满足多用炉工作条件及使用寿命的耐热合金材料制成，炉罐应保证工作温度下不产生有碍正常工作的变形。渗氮和氮碳共渗炉炉罐采用抗渗氮材料制造。

4）在高质量耐热钢炉罐倒置炉膛中（见图 10-17），应避免炉气与炉衬和加热元件接触，使炉衬和加热元件免受炉气影响，可使炉气快速恢复和转换。气体进出口、热电偶和加热元件引出棒的出口处均采用密封结构。

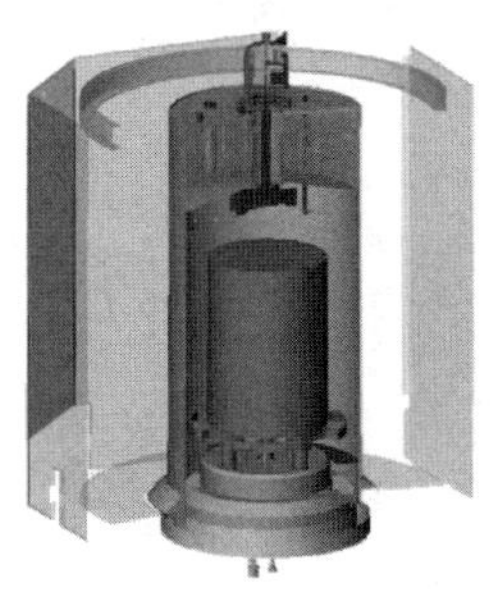

图 10-17　炉膛

5）加热元件应满足多用炉的工作要求，元件的安装应牢固，在正常工作条件下不会产生移位和松动，加热元件能方便拆卸和更换。加热元件为镍铬合金丝绕制而成，用瓷管牢固安装在隔热炉衬内，如图 10-18 所示。在正常工作条件不会产生松动和移位，同时能很方便地拆换。

图 10-18　加热元件

6）工件料具由炉底托持机构或吊装机悬吊在加热炉中加热和转移，这些机构应能保证装载工件的料具准确保持在加热炉炉罐有效加热区范围内。

7）炉塞机构由炉塞和炉塞升降机组成。炉塞由升降机提升或下降，以方便关闭或开启炉门。炉塞由钢结构的塞盘和耐火材料组成，并有炉温均匀性检测口、炉气和试样取样孔。炉塞与炉体采用石英砂密封或陶瓷纤维盘根密封，炉塞在最高温度下应保证不变形和良好的密封。

8）炉体传动机构可以采用双梁滑动机构，也可采用门式运行机构。炉体传动系统应保证在最大装载量的情况下，炉体能平稳、及时、准确地行走到淬火槽上方和返回，并有防止越位的安全措施，如图 10-19 所示。处理的工件在炉内加热状态下转移到淬火槽上方，转移过程中通保护气保护，保证工件转移过程中不产生氧化脱碳，温度降低符合工艺要求。

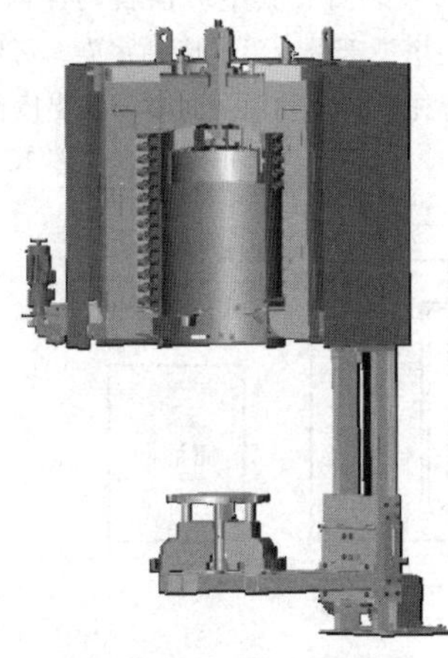

图 10-19　炉体传动机构

9）炉气循环系统包括耐蚀耐热材料风叶的风机和导风罩，保证炉气强迫循环，如图 10-20 所示。风机轴应有良好的密封和可靠的冷却，当风机因故障停转时，能自动切断炉加热电源。风机与气体循环系统轴向分布，以保证气氛均匀分布和气体的高传送速度。

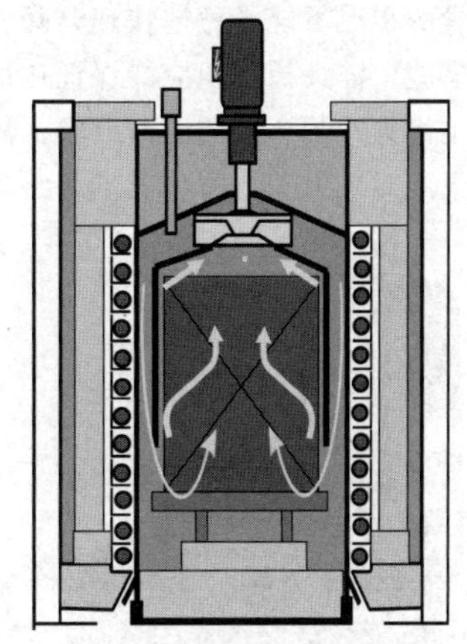

图 10-20　炉气循环系统

（2）温度

1）渗碳（或碳氮共渗）淬火炉最高工作温度为 1150℃，渗氮（或氮碳共渗）炉最高工作温度一般为 700℃。

2）渗碳、淬火炉有效加热区温度均匀性通常为 ±5℃、±8℃、±10℃三个档次。渗氮炉有效加热区温度均匀性通常为 ± 3℃、± 5℃。温度均匀性应满足 GB/T 9452—2012、AMS-2750F、GB/T 30825—2014 的要求。加热炉的控温和记录系统应满足 GB/T 32541—2016 的要求。

（3）气氛

1）渗碳气氛的碳势采用氧探头控制，碳势控制精度≤±0.05%。渗氮气氛氮势采用氢探头、氢分析仪或氨红外仪控制，氮势控制精度为氨分解率波动≤±1%。

2）底装料立式多用炉的具有良好的密封性，保持炉内正压，并可以适当调整炉压。渗碳炉、淬火炉采用密封砂密封；渗氮炉采用硬化纤维带或耐热橡胶两道密封。

3）渗碳、淬火炉气氛为可控渗碳气氛，主要有氮-甲醇+富化气、甲醇+富化气、吸热式气氛、放热式气氛+富化气、直生式气氛。

4）渗氮炉气氛为可控渗氮气氛，主要有氨裂解气氛+氨气、氨裂解气氛+氨气+二氧化碳（或丙烷）。

2. 淬火槽

（1）一般要求

1）淬火槽主要由槽体、加热系统、冷却系统、循环系统、升降机构和槽盖、液位控制装置等组成，如图 10-21 所示。加热系统、冷却系统和循环系统使介质温度能实现自动控制；淬火槽内升降机构应保证工件下落、上升平稳可靠，升降装置的设计应能保证在最大装载量的情况下能平稳地快速升降，并有防止越位的安全措施；淬火槽容积应能保证在最大装载量的情况下满足淬火冷却介质的温升要求，淬火槽上方配有槽盖，不用时可封盖，防止灰尘等污染。

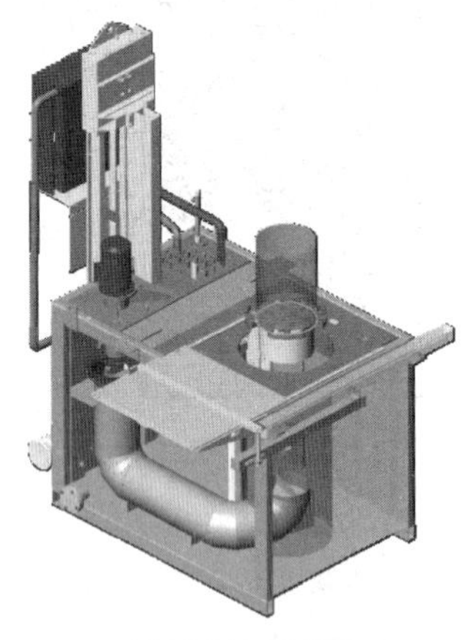

图 10-21　淬火槽

2）底装料立式多用炉可配备多个不同的淬火槽，包括水、盐水、聚合物水溶液、冷油、200℃热油、350℃或 500℃盐浴淬火槽、气冷槽。

3）淬火转移时间≤15s，淬火转移时间为工件自加热炉中开始移出至完全浸没在淬火冷却介质中的时间。

4）液体淬火槽的加热系统与冷却系统的相互配合使槽内液体介质的温度在室温到最高使用温度范围内的任一设定温度下温度的变化维持在±10℃的范围内，并且都配备超温报警系统。

（2）淬火油槽、水槽

1）淬火油槽配有电加热管加热，温度高的油槽内槽四周还设有陶瓷纤维材料保温层。

2）淬火油槽、水槽冷却系统包括空气冷却型换热器和油循环泵等，其冷却系统应能使在最大装载量下工件于 950℃以下淬火时，淬火油、水的最高温升不超过 20℃。

3）淬火油槽的油面上方应设置表面吹氮气保护装置，以减少淬火油燃烧时油面的空气量。

4）淬火水槽内槽用不锈钢制成。

（3）淬火盐槽

1）淬火盐槽的冷却系统采用槽壁夹层鼓风冷却，或者用储备盐槽循环交换冷却方式冷却，其冷却系统应能使重量在最大装载量的工件于 950℃下淬火时，淬火冷却介质的最高温升不超过 10℃。

2）淬火盐槽内槽用不锈钢制成。

（4）气（缓）冷槽

1）气冷槽通入一定压力的氮气（或氩气）冷却工件，缓冷槽通入保护气（氮气或氩气）或抽真空防止冷却时氧化脱碳。

2）冷却槽壁内通入冷却水冷却。

3）通过变频循环风扇调节冷却速度，保证槽内工件均匀冷却。

3. 清洗机

清洗机为室式，前端设有室门，在水平向上装料和出料，主要由清洗槽、清洗液槽、喷淋系统、烘干系统等组成，全部由不锈钢制造。根据清洗对象的不同选用不同型号，用于油类清洗选用双清洗槽型，用于盐类清洗选用三清洗槽型。清洗机设有废油回收装置或盐回收装置，对清洗后的清洗剂中废油或盐进行回收，清洗机最高工作温度一般为 50~80℃。

SP 型底装料立式多用炉对油清洗废水采用专利技术高塔溢流回收装置，其中废油自动浮向高塔上方，慢慢溢出，高塔下部的水没有废油污染，可以抽回清洗槽再次用于清洗，循环利用。同时，溢出废油量少且混入的水分较少，容易处理后再利用（见图 10-22）。

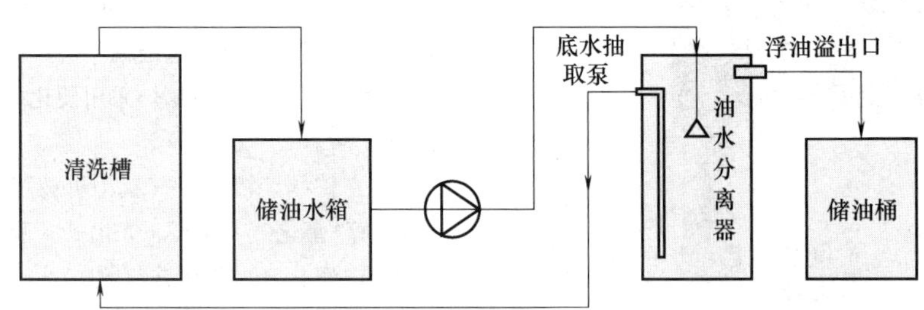

图 10-22　油清洗废水处理装置

对于盐清洗废水采用浓缩液加热分离法，将废水中的盐加热蒸馏，变成固态盐，放回盐浴淬火槽重新使用，而这种废液中水蒸发冷却后变成净水，重新用于清洗，同时水蒸气冷却的热量用于清洗水的加热，实现了余热回收利用，基本达到零排放（见图 10-23）。

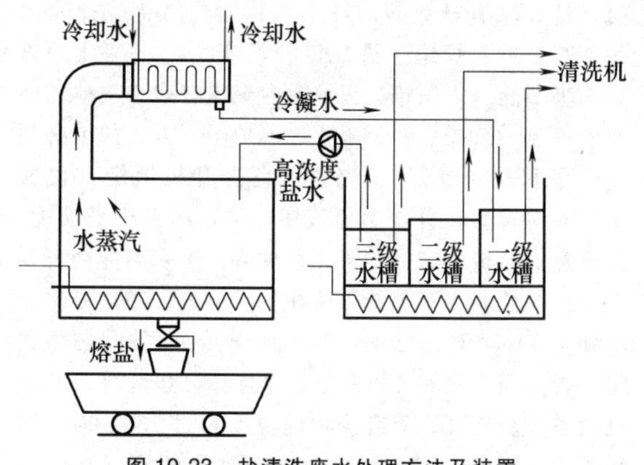

图 10-23　盐清洗废水处理方法及装置

4. 回火炉

1）回火炉可为罩式或底装料立式结构，也可以采用其他结构形式，主要包括炉壳、炉衬、加热元件、提升机构、炉气循环系统及快速风冷系统等，如图 10-24 所示。炉壳由钢板和型钢焊接而成；炉衬采用轻质全纤维；加热采用电阻加热元件；提升机构用于提升或降落炉体或炉塞，以关闭或开启炉门；循环风机和导风装置等组成炉气循环系统，保证炉气和炉温均匀，并具有充氮或其他保护气保护功能；快速风冷系统在回火加热保温后向炉体与炉罐间通入冷却风，使回火工件快速冷却，以减少或避免回火脆性，提高生产率。

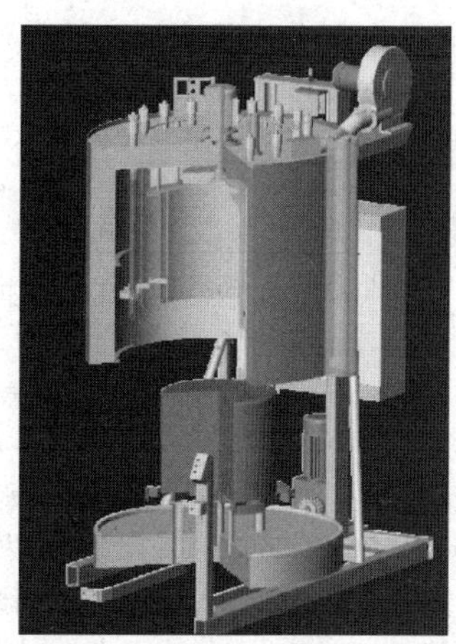

图 10-24　回火炉

2）回火炉可分为高温回火炉和低温回火炉，高温回火炉的最高工作温度一般为 700℃（特殊温度另外订制），低温回火炉的最高工作温度一般为 350℃。回火炉应能达到 GB/T 9452—2012、GB/T 30825—2014、AMS-2750F 和 CQI-9 的要求。

5. 控制系统

控制系统主要由气体控制系统、电气控制系统和计算机控制系统组成。

（1）气体控制系统　渗碳、淬火炉气氛控制系统由氧探头、碳势控制仪、流量计、控制阀、电磁阀等组成。渗氮炉气氛控制由氢探头、氢分析仪或氨红外分析仪、氮势控制仪、质量流量计、控制阀等组成。

（2）电气控制系统　电气控制系统包括温度控制系统和运行控制系统。温度控制系统由控温仪表、记录仪表、超温报警装置和供电装置等组成，温度控制系统应满足 GB/T 9452—2012、GB/T 30825—2014、AMS-2750F 和 CQI-9 等相关标准要求。运行控制系统由可编程控制器、电动机、行程开关、电磁阀等组成，以保证实现安全操作和运行。电气控制系统由电气控制柜和电气控制盒组成。每台设备有一个控制柜或控制盒，控制盒放置在设备旁，能方便地进行手动和自动操作，各状态应能互锁，保证设备安全。

（3）计算机控制系统

1）生产线按自动程度可分为半自动控制系统和全自动控制系统，半自动化控制中装卸料过程需要相关人员手动操作，全自动控制系统中所有的生产工序完全通过计算机控制系统完成。

2）计算机控制系统可即时对生产和工艺全过程进行控制和记录，对生产线运转过程中发生的故障即时触发警报，并按照故障级别，能自动采取相应的安全动作，以减低危害。

3）为保证计算机控制系统的可靠度，同时免受实际恶劣工作环境的影响，计算机控制系统应配备独立可控的恒温环境。

6. 装卸料装置

装卸料装置由装卸料车和装卸料台组成。装卸料车根据预先设定程序从装卸料台、底装料立式加热炉、清洗机、回火炉处自动装卸料，实现自动化生产。

装卸料车可以是手动叉车、自动机械手、智能机器人。这些装卸料装置均应保证准确地将工件和料具在加热炉、淬火槽、清洗机、回火炉及装卸料台上完成装卸和运送。

装卸料台根据生产量和工艺流程可配一个或多个。如果是配有智能机器人的生产线，装卸料台配备的个数应与设备同时下达执行的工艺数相匹配。根据需要可在装卸料台上设计称重或限重装置。

10.2.4　底装料立式多用炉的安全操作

1. 总的要求

操作人员在操作设备之前，须经过培训，掌握设备的性能、结构和安全操作等方面的知识和技能后才能上机操作；进行作业时，严格遵守 GB 15735—2012《金属热处理生产过程安全、卫生要求》中的各项要求，操作时必须穿戴好相应的劳保防护用品；根据设备操作手册制订相应的设备安全及故障应急预案。

2. 设备的安全操作

一般设备在相应位置都设置有多个急停按钮，急停按钮只锁定机械功能（如炉子转移、提升装置、炉塞和清洗机门等），与工艺过程相关的其他功能（炉子风机、过程调节、槽内循环器、加热等）则不会停止。重新起动设备，需经检查确认可以安全运行机械动作后释放急停按钮并按下复位按钮。

1）加热炉：包含淬火炉和回火炉，淬火炉升温达到 750℃ 裂解温度时，方可向炉内通入甲醇，并且通入甲醇前要先通入氮气净化炉罐；当炉子温度低于 750℃ 时，需通入氮气净化炉罐并停止通入甲醇。

注意事项：①为保证搅拌电动机和密封的可靠性，要保证冷却水的供应，预防冷却失效损坏设备；②手动关闭炉塞时必须要专注，同时操作人员应确保自己非常熟悉这个过程的每一步，在确保安全时再进行手动操作；③装料时必须要定位准确；④留意砂封的火焰是否均匀，适当补充密封砂；⑤注意设备的最高使用温度。

2）淬火槽：使用淬火油槽、淬火盐槽及淬火水槽时要注意液位是否在要求的高度范围内，否则要及时补充或降低液位，以保证工件浸没其中，也要保证淬火时淬火液不会溢出。淬火槽设置有槽盖与提升机构安全联锁装置，保证槽盖必须是在打开状态下提升装置才能升起。

注意事项：①出于安全，淬火时要求搅拌器必须要以一定的速度运行，如果没有检测到搅拌转动，炉子不会执行淬火动作；②操作人员到油槽旁边工作时要戴保护目镜，以防高温飞溅和着火；③留意液位（上盖板平面到液位 150~200mm），不要过高或过低；④手动操作提升机时注意盖板是否已经打开。

3）电源故障操作：当电源发生故障时，炉子会自动进行氮气净化，如果设备关闭或自动净化完成，需关闭氮气旋塞（防止氮气罐排空出现危险）。

3. 危险和预防措施

（1）主炉（气体分配+甲醇泵）　使用时的注意事项：①检查所有管子的气密性，避免任何爆炸危险；②炉温未达到 750℃，决不能通入气体（爆炸危险）；③甲醇罐不能暴露在阳光下；④当向槽内注油时，要戴安全眼镜，以防止油飞溅入眼；⑤炉子加热前，打开风机密封圈的冷却水供给，防止烧掉密封圈；⑥未拆除炉罐上进气口和没有用空气净化炉罐时，决不能进入炉罐，因炉罐内聚集有残余气体，能使人窒息；⑦操作时，不要进入炉子下方，如果必须到炉塞下方（维修），先要保证提升机锁定（机械销）在最高位，并按急停按钮，锁定所有机械功能；⑧注意炉料被锁定在炉罐几秒钟后，炉塞可能会自动下降；⑨装卸小车不能停留在炉塞下方；⑩如果炉子冷到 750℃ 以下（维护、停止炉子），甲醇阀必须关闭，否则当阀没有 100%气密时会有爆炸危险；⑪一旦设备重新起动，只有当炉内温度超过 750℃ 时，甲醇阀才能打开；⑫保证砂封内有足量砂子（均匀的火焰），否则有危险（大火焰时）；⑬必须注意所有符号及警示标志。

（2）主炉装料　主炉装料时应注意的事项：①在炉塞上装料时，炉塞温度非常高（红色），操作人员必须站在装料车架后；②装料时，禁止进入炉塞下方区域，这是因为炉塞还没有达到最低位置；③装料过程必须完全监控，并且必须按步骤控制提升机所有升起炉料架的位置（装料车架上的箭头），否则会有危险；④炉塞上炉料底座栅格的居中必须用目测来控制，否则将炉料锁定在炉罐时会有危险；⑤必须注意所有符号和警示标志。

（3）淬火槽　淬火槽分为淬火油槽、淬火盐槽和淬火水槽等。

1）使用淬火槽前应注意：①淬火槽内的水、油、盐处于加热保温状态，未戴保护手套，不要触碰淬火槽；②油、盐淬火槽应保证槽内无水与有机物，这些物质有引起油、盐飞溅的危险；③淬火槽都安装有液位控制器，指示器上有一个箭头显示需要注意的液位；④淬火槽装有空气换热器，未戴保护手套，不要接触空气散热器；⑤当淬火槽需加水、油、盐时，操作人员要戴安全手套和面部安全防护罩（安全护目镜是不够的）。

2）淬火槽淬火过程中应注意：①炉料从淬火槽提出时，操作人员必须戴安全手套和安全防护罩（安全护目镜是不够的）；②炉体转移到淬火槽前，确保淬火槽提升机上无炉料，升起提升机目测提升机上有无炉料；③将炉体转移到淬火槽前，目测淬火槽液位是否正确（不能太高）；④整个淬火过程必须进行搅拌，这样可以保证好的淬火效果，且避免淬火液的过热；⑤炉体转移前，炉塞必须处于打开状态，炉塞很热，靠近会有烧伤危险；⑥炉体在轨道上运行时，应保证炉体的转移过程无障碍（碰撞危险）；⑦操作人员必须注意，淬火过程中不能靠近炉体，应该站在安全区域（存在危险）；⑧为避免火灾和淬火液的溅出及燃烧，淬火油（盐）应防水（必须定期对油做分析，参照油供应商的技术说明书）；⑨严格按照装卸小车提取炉料的规范进行操作（提升和降落时叉齿的高度）；⑩沥水油、盐后炉料仍是热的，严禁触摸。

（4）回火炉　回火后的工件还很热，严禁触摸。

10.2.5　底装料立式多用炉的维护保养

1. 日常维护

日常维护主要是操作人员对设备进行例行检查，有些故障可通过简单检查发现，如观察炉子不同部件的工作情况，大多数可在设备运行过程中完成。日常维护工作还包括每周检查，这些检查在每周轮班开始时进行，操作人员应提前规划好要执行检查的内容，以减少工作量。

2. 专业维修人员的定期检修

专业维修人员要清楚各个工位（部件）潜在的危险及相应的安全措施。专业维修人员定期检修项目见表 10-9。

表 10-9　专业维修人员定期检修项目

维护项目	时间间隔	保养维护工作内容
减速机	每周	1)目测是否有漏油现象 2)检查减速电动机有无异常运转声音或振动
	每 3 个月	1)检查油位 2)除掉灰尘
	每 2 年	更换润滑油
	长期	整体检查,维修
提升链轮、链条	每周	1)检查油脂是否充满 2)检查是否有异常运转声音
	每 3 个月	1)检查油脂 2)除掉灰尘
	每年	1)更换润滑油 2)检查链条张力是否合适 3)检查磨损情况
	长期	整体检查、维修
提升机定位、炉体行走定位	每周	1)目测提升、行走定位是否正常 2)检查是否有定位块,是否有松动、脱落
	每半年	1)目测提升、行走定位是否正常 2)检查定位块是否有松动、脱落
	每年	1)检查提升、行走定位是否正常 2)检查定位块是否有松动、脱落,各行程开关是否正常
	长期	整体检查、维修
各行走轮	每 3 个月	加润滑油
管路、电路、气路	日常	目测是否有漏水、漏气及损坏现象
	每 3 个月	整体检查、维修
	每 2 年	整体检查,更换老化管路、电路

注：详细维护保养参见说明书。

10.2.6　底装料立式多用炉应用实例

1. 柔性智能化热处理生产线

柔性智能化热处理生产线 SP1500 是将多台加热炉、冷却槽、清洗机等通过集中控制软件组合为自动化运行的热处理生产单元，能够根据实际使用要求，合理配置设备，实现柔性化生产，而且自动化程度高，可实现预清洗、淬火、回火、清洗、冷却等的一站式自动化生产，同时，能够完全实现可控气氛保护下的淬火、渗碳、调质、退火和正火等多种热处理工艺，达到无氧化或无脱碳要求，实现洁净热处理，保证多批次产品质量的一致性好。

（1）基本参数　柔性智能化热处理生产线的基本参数见表 10-10。

（2）柔性智能化热处理生产线的组成　该线由多个模块组成，分别是可控气氛高温炉（底装料立式电加热多用炉）2 台、淬火油槽 1 个、淬火油水槽（油淬水淬两用）1 个、气冷槽（气冷和风冷两用）1 个、真空清洗机 1 台、高温回火炉 2 台、低温回火炉 1 台、冷水槽 1 个、装卸料机器人 1 台，以及装卸料台、尾气处理系统、智能化控制与管理系统、集控中心、信息化管理平台等（见图 10-25 和图 10-26）。

表 10-10　柔性智能化热处理生产线的基本参数

参　　数	指　　标	参　　数	指　　标
工作区尺寸/mm	ϕ900×1500	低温回火炉数量/台	1
额定装载量/kg	1500(含工装)	低温回火炉最高温度/℃	370
可控气氛高温炉数量/台	2	低温回火炉工作温度/℃	150~350
可控气氛高温炉最高温度/℃	1050	真空清洗机数量/台	1
可控气氛高温炉工作温度/℃	760~1020	淬火油槽数量/个	2
高温回火炉数量/台	2	气冷槽数量/个	1
高温回火炉最高温度/℃	750	水冷槽数量/个	1
高温回火炉工作温度/℃	350~700	总功率/kW	1271
装卸料机器人数量/台	1		

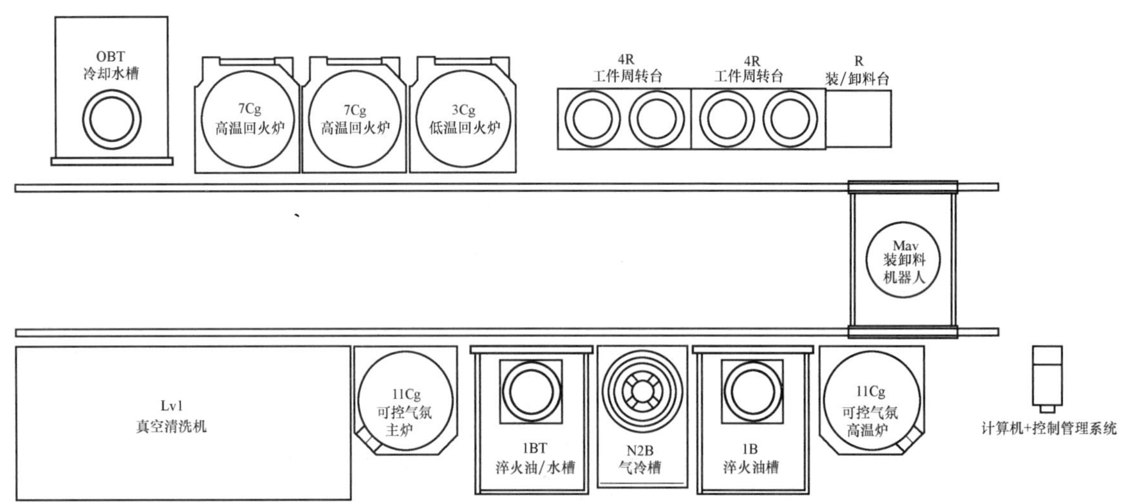

图 10-25　柔性智能化热处理生产线组成

图 10-26　柔性智能化热处理生产线现场图片

2. 多功能底装料立式多用炉生产线

多功能底装料立式多用炉生产线 SP1000 以 U 形方式布置：沿长度方向布置成两条线，一条线上包括加热淬火炉+淬火水槽+气冷槽+淬火油槽+加热淬火炉，另一条线上包括 PC 管理控制系统+高温回火炉+高温回火炉+油清洗机+4R 工件周转台+4R 工件周转台+R 工件周转台+R 工件周转台+装卸料机器人（走铺设在地面上的钢板轨道，布置在两条线的中间)，由自动的装卸料机器人（叉臂可 180°旋转）在两条线上按程序自动转移工件，以完成自动化生产，如图 10-27 和图 10-28 所示。该生产线符合航空标准和 AMS 2750F 的 C 类仪表各项要求。企业对底装料立式多用炉生产线进行了温度系统精度校验、炉温均匀性测试、碳势控制测试、渗层均匀性测试、硬度均匀性测试，各项性能指标均达到技术要求。多功能底装料立式多用炉生产线的基本参数见表 10-11。

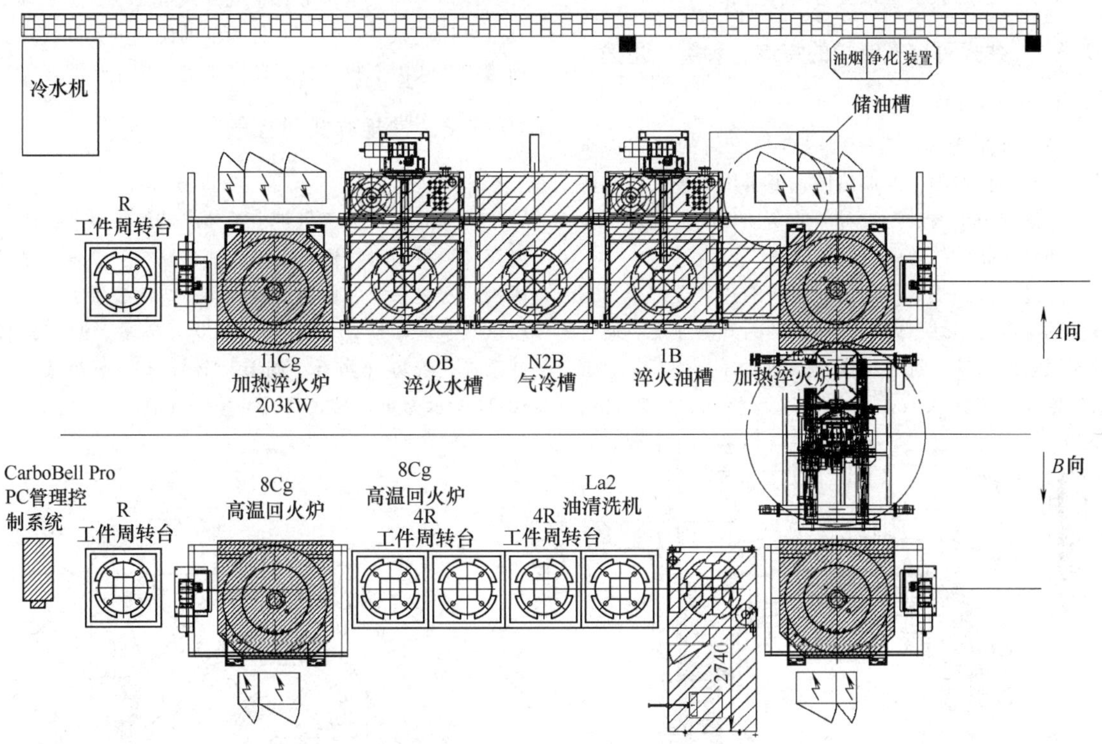

图 10-27　多功能底装料立式多用炉生产线组成

图 10-28　多功能底装料立式多用炉生产线现场图片

该生产线适用工艺如下：

1）自然气氛下的加热淬火（固溶）。

2）油淬，最高油温 100℃；水淬，最高水温 60℃；气冷正火（空气内冷却≤40℃）。

3）回火（时效、退火）。

4）热水喷淋清洗和热风烘干。

5）多项工艺，如淬火（固溶）+油淬+清洗+回火（时效）+气冷、淬火（固溶）+气冷+回火（时效）+气冷、淬火（固溶）+水淬+回火（时效）+水淬连续运行。

采用多功能底装料立式多用炉生产线后，通过工艺改进，提高了生产率和质量，降低了生产成本。

表 10-11　多功能底装料立式多用炉生产线的基本参数

参　　数	指　　标
工作区尺寸/mm	ϕ1000×1100
额定装载量/kg	800（含工装）
加热淬火炉数量/台	2
加热淬火炉最高温度/℃	1200
加热淬火炉工作温/℃	800~1150
高温回火炉数量/台	2
高温回火炉最高温度/℃	800
高温回火炉工作温度/℃	400~800
淬火水槽数量/个	1
气冷槽数量/个	1
淬火油槽数量/个	1
油清洗机数量/台	1
装卸料机器人数量/台	1
总功率/kW	1074

10.3　井式可控气氛炉

江苏丰东热技术有限公司　褚会东

10.3.1　井式可控气氛炉的特点、种类、用途

1. 特点和用途

井式可控气氛炉是一种内含导流筒的井式渗碳炉，具有垂直的圆柱形加热区，可采用保护气体对流加热。这种炉子通过先进可靠的自动控制，实现了稳定、经济、高效的渗碳、碳氮共渗、渗氮。

通过对流加热的方式使低温段的热处理过程具有最佳的温度均匀性，同时提高工件的升温速度。通过对流风扇使渗碳气氛在工作区强制循环，从而使渗碳更均匀。用氧探头对炉内气氛进行检测，实现自动控制。

2. 分类

井式可控气氛炉分为常规井式可控气氛炉和预抽真空可控气氛井式炉，并且和辅助设备——井式淬火油槽、井式清洗机、井式回火炉等组成生产线。

10.3.2　常规井式可控气氛炉

1. 组成

常规井式可控气氛炉由炉体、波纹炉罐、波纹导风筒、炉衬、耐热钢炉底座、加热系统、炉盖、循环风机、密封系统、炉盖启闭机构、快冷装置、工艺介质供气系统、冷却水系统、温度（测量、调节）控制系统、碳势（测量、调节）控制系统等组成。图 10-29 所示为单臂吊式井式可控气氛炉。

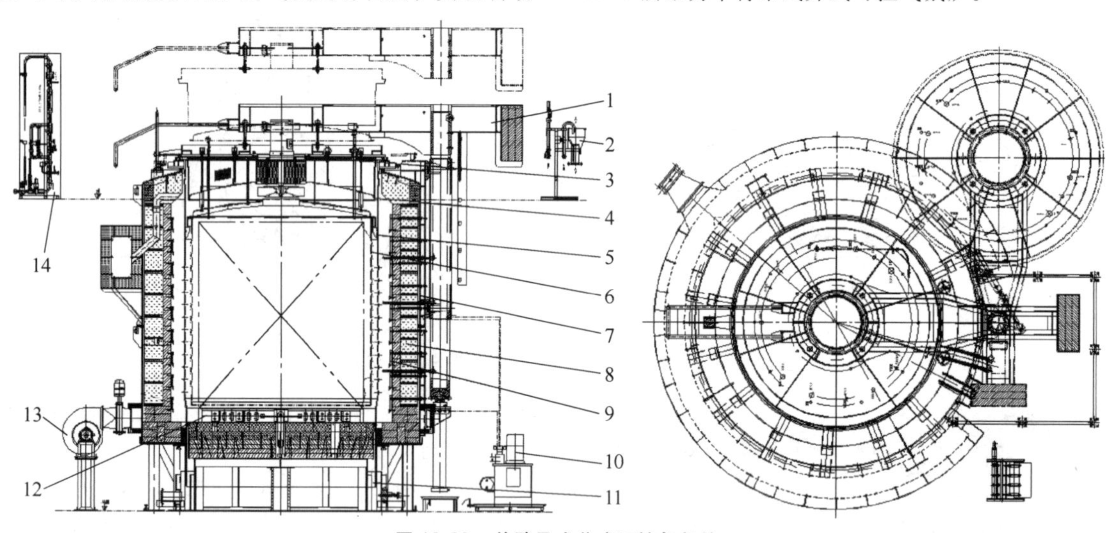

图 10-29　单臂吊式井式可控气氛炉

1—提升旋转机构　2—冷却水系统　3—搅拌系统　4—炉盖　5—炉罐　6—导风筒　7—炉壳　8—炉衬　9—加热元件　10—液压站　11—密封冷却油箱　12—炉底支撑　13—快冷系统　14—工艺介质供气系统

2. 炉体

炉体呈圆柱形，由钢板焊接而成，垂直安装放置。波纹炉罐由耐热不锈钢（06Cr25Ni20）制成，为圆柱形结构。波纹炉罐支撑于炉壳上部，可以自由向下伸展，插在下部油密封箱内。由波纹炉罐将加热腔与处理工件完全隔开，所以波纹炉罐内容易获得清洁、可再生的气氛。波纹导风筒由耐热不锈钢（06Cr25Ni20）制成，为圆柱形结构，悬挂在波纹炉罐内壁上，配合安装在炉盖上的循环风机及导流罩，对炉胆内的气体进行循环，提高了加热速度、保证了气氛均匀性，同时实现了炉胆内工作区好的温度均匀性。

侧面炉衬由耐火纤维制作的组块砌筑而成，为圆形结构。底部炉衬由高强度支撑砖砌筑而成，被处理工件和工装都由炉底炉衬支撑。

耐热钢底座由耐热不锈钢浇铸而成，底座具有支撑和导流结构设计，以支撑工件和保障气氛流动的均匀性。

3. 炉盖

炉盖由钢板制作而成，由导风上盖、保温包和密封法兰组成，密封法兰的反面为水冷式结构。炉罐法兰与炉盖法兰采用盘根密封。保温包采用预压紧的抗渗陶瓷纤维，球形封头状导风上盖用吊杆吊挂在炉盖法兰上。炉盖上设有多个压紧装置，以保证炉盖与炉罐密封可靠。在炉盖中央设置一个循环风机安装孔。炉盖上装有升降导向装置。炉盖上还设有进、排气口，工艺介质供气口，废气燃烧装置、主控温热电偶、氧探头、测压装置、定碳口、试样口等。炉盖配

备一套强力搅拌循环风扇，通过对炉内气氛的强力搅拌循环来提高炉内的温度均匀性及气氛均匀性。

加热元件由高电阻电热合金带绕制成“之”字状，悬挂在耐火纤维组块上，由陶瓷螺钉固定。

密封系统指波纹炉罐底部和炉底支撑之间的密封，隔绝空气接触。可采用两种密封方式，即油密封和波纹管密封。油密封采用内外水冷却。油密封系统由密封油槽、储油槽、液位控制、控温系统、油泵、管道及阀门等组成。当油位高于设定液位时，油通过溢流口自动回到储油槽中；当油位低于设定液位时，通过油泵对密封槽补油。波纹炉罐和炉底之间用波纹管连接，马弗罐的热膨胀被波纹管消化，同时保证炉罐内气氛和外部空气隔绝。

炉盖启闭机构可分为两种，即单臂吊式和龙门架式。炉盖升降及旋转机构框架由型钢制作而成，通过液压缸的驱动，完成炉盖的升降和旋转动作。水、电、气管线通过可移动法兰软连接，随炉盖升降和旋转。龙门架由型钢制作而成，通过减速机驱动来完成炉盖的升降动作，龙门架的转移采用双减速机完成驱动。图 10-30 所示为龙门架式大型井式可控气氛炉。

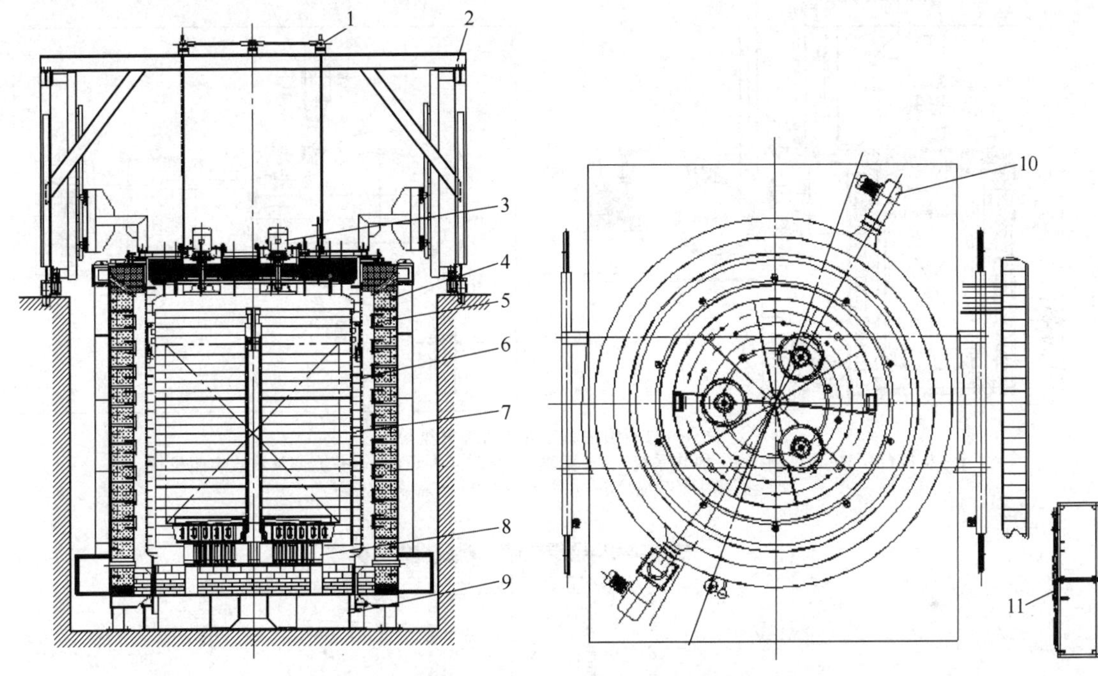

图 10-30　龙门架式大型井式可控气氛炉

1—螺旋升降系统　2—龙门架　3—搅拌系统　4—炉壳　5—炉衬　6—炉罐　7—导流筒　8—炉底支撑
9—密封冷却油箱　10—快冷系统　11—工艺介质供气系统

快冷系统主要由变频风机、隔热阀门、气缸及相应的阀门、管道组成。风机将常温空气从炉子底部吹入炉壳保温层内，对波纹炉罐外层进行冷却，热空气从炉子上侧经管道排到室外。

波纹炉罐上部法兰下部设有冷却水系统，保证炉口密封圈部分一直处于低温状态，保证炉盖的密封。工艺介质的供给和控制系统安装在一个流量柜内，主要由各类介质流量计和电磁阀组成。测量系统主要由温度测量、碳势测量和碳势校准等组成。

10.3.3　预抽真空井式可控气氛炉

预抽真空井式可控气氛炉是产品进入炉内后，先抽真空，然后用氮气充入后开始建立气氛，这样大幅度缩短了建立气氛的时间，节约能源和开机时间，降低了运行成本。图 10-31 所示为预抽真空井式可控气氛炉。

预抽真空井式可控气氛炉由炉体、耐真空炉罐、装料台、导风筒、炉盖及炉盖启闭机构、加热系统、真空系统、强制内冷系统、强制外冷系统、工艺介质供气系统、冷却水装置、控制系统等组成，可以完成工件的渗碳、碳氮共渗和渗氮。

炉体呈圆柱形，由钢板焊接而成，垂直安装放置，内含炉胆、加热元件和热绝缘材料。装料通道在炉子的上方，并安装一个集成了搅拌装置和气体通入系统的炉盖。炉盖通过气缸驱动升起，再手动向一边移开。耐真空炉罐由耐热不锈钢 06Cr25Ni20 制成，为圆柱形水平结构。底部有支架，炉胆可以自由向上伸展。加热元件和绝缘材料安装在炉胆外面，炉胆内容易获得清洁、可再生的气氛。

真空系统由真空泵、真空排气阀、皮拉里真空计等组成。工件搬入加热室后，用真空泵快速将炉内空气抽出，再用氮气置换，然后建立气氛，可以加快气氛建立速度并减少能耗。

工艺介质供气系统安装在一个集成面板上，并通过管道、软管及阀门连接到炉盖上的介质入口。

10.3.4 井式清洗机、井式淬火油槽、井式回火炉

1. 井式清洗机

井式清洗机由槽体、发泡装置、喷淋系统、加热装置、油水分离装置、液位控制系统及自动补水装置、槽盖平移机构、污水排放装置、加热控制系统、机电控制系统等组成。图10-32所示为井式清洗机。

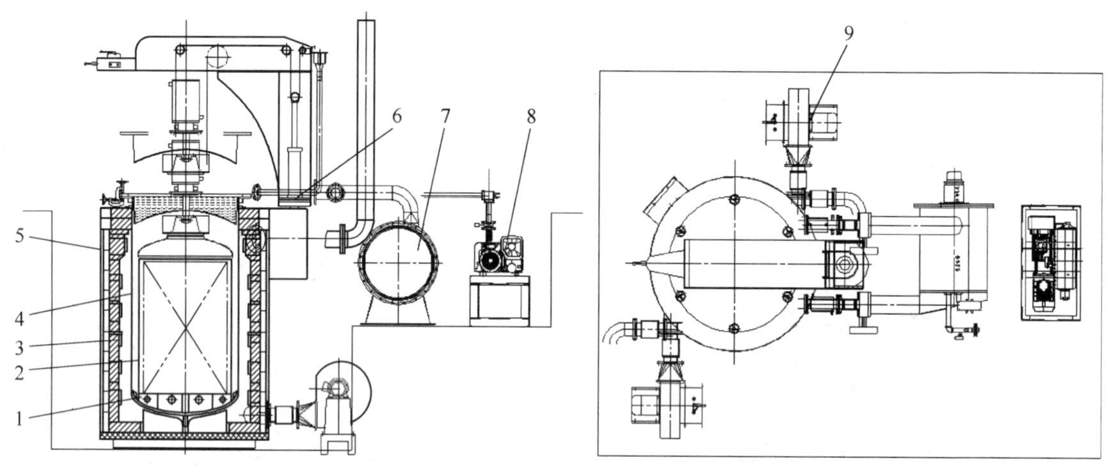

图10-31 预抽真空井式可控气氛炉
1—装料台 2—导风筒 3—加热系统 4—耐真空炉罐 5—炉体 6—炉盖及炉盖启闭机构 7—强制内冷系统 8—真空系统 9—强制外冷系统

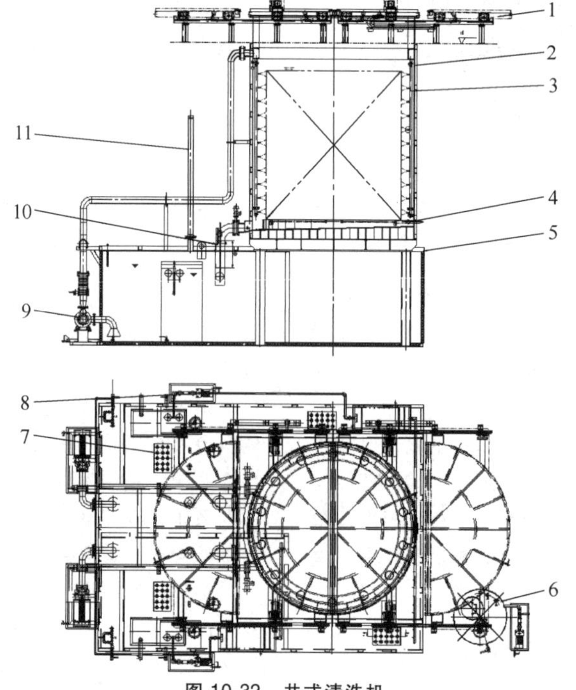

图10-32 井式清洗机
1—槽盖平移机构 2—槽体（清洗室） 3—喷淋系统 4—发泡装置 5—槽体（储水槽） 6—排污桶 7—加热装置 8—油水分离器 9—喷淋泵 10—液位控制系统 11—排气管

清洗流程：工件进入清洗室，炉门关闭，清洗开始→碱水喷淋、碱水浸泡（发泡）、浸泡静置一定时间后，用溢流泵补水去除表面浮油→碱水排水→清洗水喷淋、静置干燥、出炉。

2. 井式淬火油槽

井式淬火油槽由槽体、支座、油搅拌系统、导流筒、油循环冷却系统、油加热系统、排烟装置、充氮灭火装置、控制系统等组成。工件落在淬火油槽的支座上，淬火油槽的淬火油通过油搅拌装置送至工件周围，对工件进行快速冷却淬火。淬火油冷却系统包含高温油泵和风冷式换热器，保证淬火油在规定的工艺时间恢复到设定温度，等待下一炉产品的淬火。图 10-33 所示为井式淬火油槽。

控制系统包括温度测量、调节控制系统，由热电偶、控温仪表等组成。

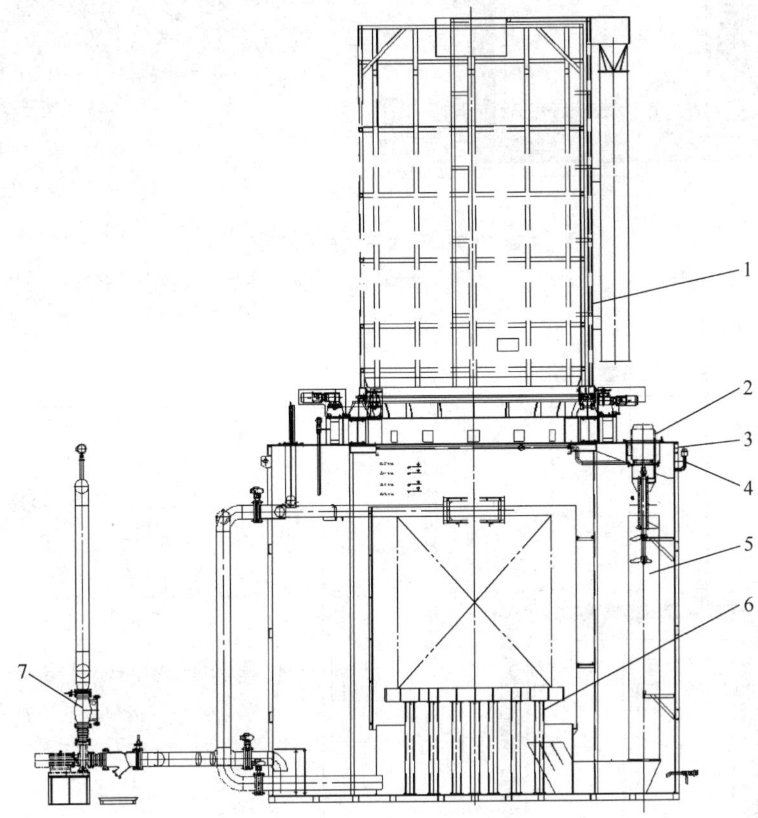

图 10-33　井式淬火油槽

1—集油罩　2—油槽搅拌　3—液位报警　4—槽体　5—导流筒　6—炉底支撑　7—油槽冷却循环泵

3. 井式回火炉

井式回火炉由炉壳、炉衬、炉底、加热元件、导风筒、炉盖、循环风机、炉盖升降及平移机构、温度（测量、调节）控制系统组成，适用于工件在氮气保护下进行高、低温回火。图 10-34 所示为单臂吊式井式回火炉。

炉壳由钢板和型材组焊而成。在炉壳上设有与炉盖密封的密封盘根。炉衬由轻质陶瓷纤维和高强度抗渗碳耐火砖砌筑而成。墙体热面为耐火砖，底部作为承重砌体砌有高强度轻质耐火黏土砖。炉底为气密性钢板组焊件，在炉底内砌有耐高温、高强度的耐火保温砌体，在砌体上装有耐热钢底座，工件和料具可直接放在该底座上。加热元件由高电阻电热合金丝绕制成之字状，由挂钉悬挂在耐火砖上。导风筒为耐热钢板组焊件，筒身滚轧成波纹状，筒外焊有多套支撑件，直接放在炉底的支撑上。炉盖由优质钢板制作而成，含导风上盖、保温包和密封法兰。炉罐法兰与炉盖法兰采用盘根密封。在炉盖中央设置一个循环风机安装孔。炉盖上装有升降导向装置，并配备一套强力搅拌循环风扇，通过对炉内气氛的强力搅拌循环来提高炉内的温度均匀性。

炉盖启闭机构也可分为两种，即单臂吊式和龙门架式。它们的结构与井式可控气氛炉一样。图 10-35 所示为龙门架式井式回火炉。

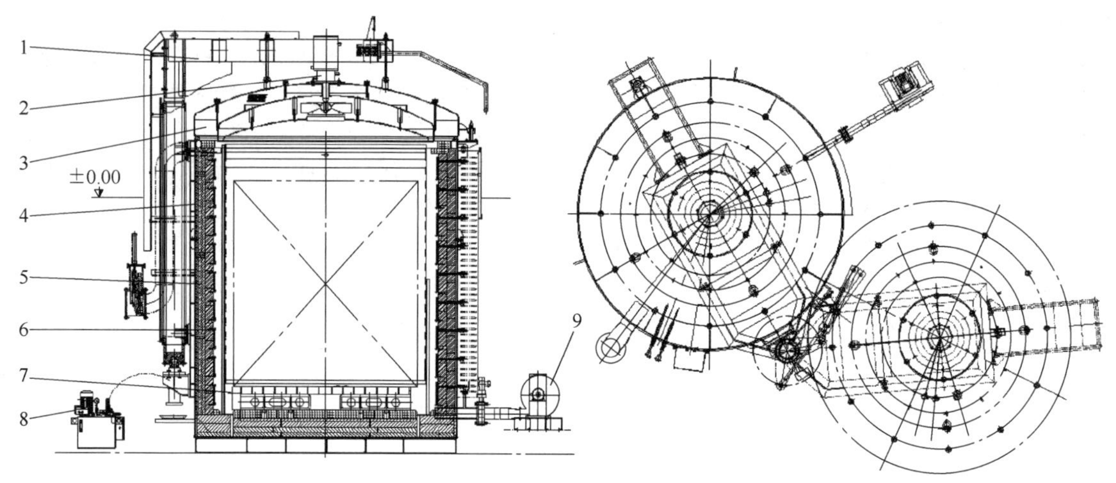

图 10-34 单臂吊式井式回火炉

1—提升旋转机构 2—搅拌系统 3—炉盖 4—壳盖 5—炉衬 6—加热系统 7—炉底支撑 8—液压站 9—快冷系统

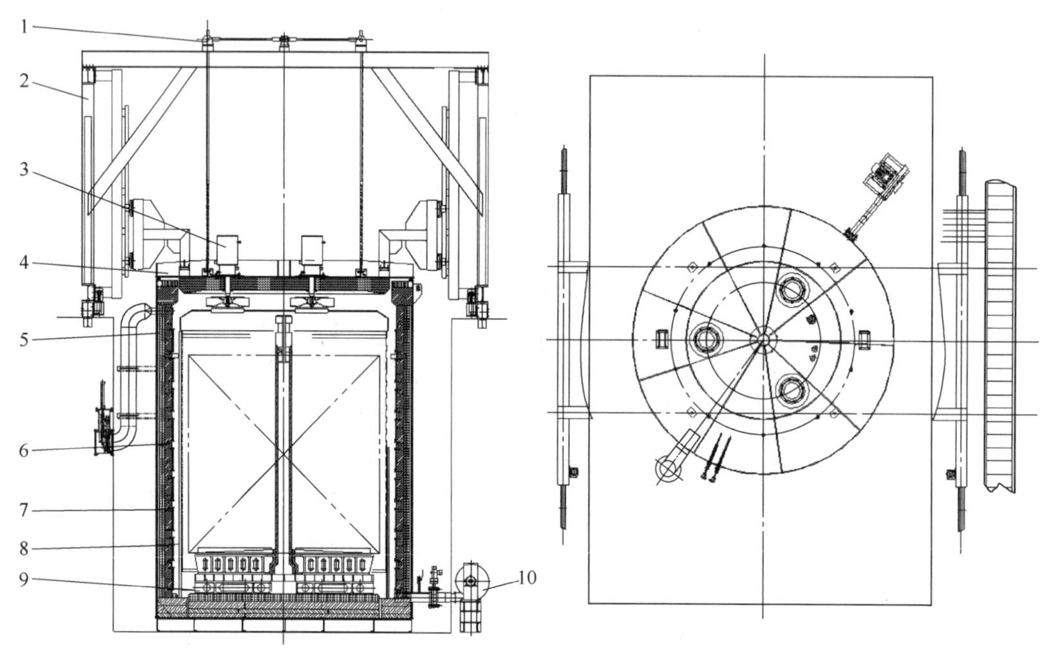

图 10-35 龙门架式井式回火炉

1—螺旋升降系统 2—龙门架 3—搅拌系统 4—炉盖 5—炉壳 6—炉衬
7—加热系统 8—导风筒 9—炉底支撑 10—快冷系统

控温系统由热电偶、控温仪表、记录仪、调功器组成。导风筒内设两支双偶热电偶，分别接控温仪表、记录仪和超温报警装置；罐外每区设两支双偶热电偶，分别接控温仪表、记录仪和超温报警装置。采用筒内主控、筒外联控和监测的方式进行控温，并由PID调节进行控制。

10.3.5 井式可控气氛炉的安全操作与维护保养

1. 井式可控气氛炉的安全操作

1）确认库房甲醇、丙烷正常，炉体冷却水正常流通，将加热炉炉盖关闭，压紧块压好。

2）接通控制柜内所有空气开关，将触摸屏置于“井式炉”“渗碳炉”“电动机”界面，搅拌风扇设为“自动”，温度控制设为“自动”，快冷风机根据工艺要求置于“自动”或“断开”。

3）炉口灭火氮气根据需要接通或断开，其余电磁阀均置自动，处理中不需要选择 ON 或 OFF，基准空气、烧炭空气、氮气电磁阀、丙烷电磁阀、平衡空气电磁阀、甲醇（小流量）阀设为自动，甲醇（大流量）阀设为“自动”。打开控制柜上记录仪的记录开关。

4）将工艺程序切换为升温工艺程序，在温度上升的同时工艺氮气会打开，确认氮气流量，等炉温大于 750℃将废气口小火嘴点燃，到报警界面按下警报复位，确认甲醇已经接通。

5）确认加热炉报警界面无警报。在触摸屏红外仪界面将红外仪采样阀接通，对应的加热炉采样泵也接通。红外仪界面中 CO 含量为设定值的 18%～21%（体积分数）时方可送入工件。

6）油槽温度控制接通，其余均设为“自动”。确认油槽报警界面无报警。

7）在运行工艺号内选择对应工件的油槽工艺。

8）工件搬出加热炉后如果后续有工件要进炉，将加热炉保持在 850℃，通入甲醇和氮气等待下次进料；如果暂时没有工件，可以将炉盖打开、关闭几次，等炉内气氛燃烧干净后将温度断开，将甲醇管路球阀全部关闭。

2. 井式可控气氛炉的维护保养

维护保养包括检查、保养、修理（小修），通过定期的检查，可以及时掌握设备各个零部件的（正常）磨损情况。在任何时候都必须进行的定期保养工作中，要对磨损件进行更换，这样就可以避免因发生故障而付出更高的代价。

为了安全和避免危险的发生，应严格遵守相关规定。

1）定期检修内容以表格形式列出，每工位一份表格，表格内容为简图和检修元件清单。

2）定期检查、定期维护主要包括日检、周检、月检、半年检、年检。

3）在日、周、月、半年或一年栏中列有检查或（和）更换元件的频率，以及控制或要进行维修的类型。

4）维修时不需要停止整个设备，在设备工作的情况下执行周期表中允许运行的维修，在相应工位不运行时执行周期表中工位不运行的维修。

5）井式炉定期检查和定期维护内容。

① 每日检查内容：烧嘴用的燃气是否足够；检查密封油的液位（如果是油密封的话）；各冷却部位的冷却水是否流畅；电压表和电流表的检查；检查温度计的读数和记录状况；检查引火烧嘴的燃烧状态；检查压缩空气的压力；检查废气燃烧装置的状态。

② 每周检查内容：必要时对井式炉内进行清扫；检查热电偶和温度控制器；线路和管道接点检查；补充井式淬火槽内淬火油；检查指示灯的情况及上升/下降位置进度，必要时调整或更换。

③ 月检内容：检查井式炉内导流筒、工装及其他耐热钢件变形情况；检查热电偶和温度控制器；检查炉壁保温层是否脱落；检查加热元件是否有变形；线路和管道接点检查；检查搅拌轴承及炉顶起吊链条驱动部位是否正常并加注润滑油；空气过滤器及油雾器油的检查；检查泵回路各过滤器，必要时清理。

④ 半年检内容：确认炉盖密封及其冷却水路循环系统是否正常；检查配线（端子）配管的松紧度，必要时拧紧；检查热电偶及仪表的有效性。

⑤ 年检内容：检查各仪表的有效性、各检测元件的有效性、炉膛状况、搅拌风扇状况、加热元件状况；检查控制盒及电缆连接情况，必要时拧紧；检查控制盒的污染情况，必要时清理；检查安全装置的情况，必要时修理。

10.3.6　大型井式可控气氛炉应用实例

大型井式可控气氛炉风电齿轮渗碳淬火。井式炉有效空间为 ϕ2500mm×2700mm，装载量为 20000kg/炉，材料为 18CrNiMo7-6（欧洲牌号，相当于我国的 17Cr2Ni2Mo）钢。

风电齿轮渗碳淬火工艺参数见表 10-12，风电齿轮处理结果如图 10-36 所示。

表 10-12　风电齿轮渗碳淬火工艺参数

客户名称			零件名称	风电齿轮
材料		18CrNiMo7-6	处理方式	渗碳淬火
技术要求	表面硬度	58～62HRC	有效硬化层深度	4～5.8mm
	心部硬度	—	显微组织（体积分数，%）	马氏体+残留奥氏体(1～4)+碳化物(1～3)

（续）

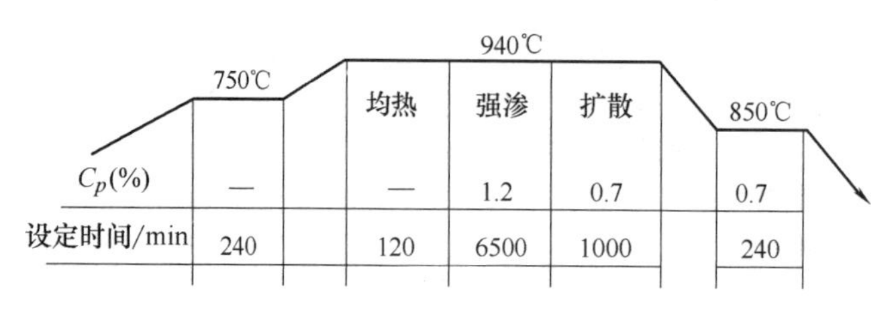

油温:80℃	搅拌转速:600r/min	0.5h
	搅拌转速:200r/min	1h

170℃

480min

回火

检验结果	表面硬度	有效硬化层深度
	60HRC	4.8mm

图 10-36　风电齿轮处理结果

10.4　气体渗氮及氮碳共渗炉

益发施迈茨工业炉（上海）有限公司　冯耀潮　丁礼

渗氮及氮碳共渗工艺能显著提高工件的表面硬度、耐磨性、疲劳强度和耐蚀性，而且渗氮的温度比渗碳低得多，热处理变形小，因而广泛应用于机床主轴、汽车的轴和齿轮、工模具和刀具等零部件的热处理。

气体渗氮是向密闭的炉室内通入氨气或氨气+惰性气体，加热到500~700℃并保温，使氮原子渗入工件表面，形成金属氮化物，从而改变金属表面的组织和性能。这种工艺称为渗氮。实现气体渗氮工艺的热处理设备称为气体渗氮炉。气体氮碳共渗是向密闭的炉室内同时通入氨气和含碳气体，加热到500~700℃并保温，使氮、碳原子同时渗入工件表面，以渗氮为主，渗碳为辅。实现气体氮碳共渗工艺的热处理设备称为气体氮碳共渗炉。

工艺温度在500~580℃范围内的渗氮和氮碳共渗为铁素体渗氮和铁素体氮碳共渗，工艺温度在600~700℃范围内的为奥氏体渗氮和奥氏体氮碳共渗。奥氏体渗氮后一般需要油冷，才能达到选择这种工艺所期望的效果。

由于大多数气体渗氮炉都有渗氮和氮碳共渗的功能，在后续的叙述中如果没有特别指出，只用气体渗氮炉这一名称。

10.4.1　气体渗氮炉的种类、结构及特点

1. 渗氮炉的种类

从炉料运动方向区分，可以分为卧式渗氮炉、井式渗氮炉及罩式渗氮炉。

从工艺过程炉压高低来区分，可以分为常压（实际为微正压）渗氮炉和真空（负压）渗氮炉。真空渗氮炉又分为热壁炉和冷壁炉。热壁炉在金属炉罐外安装有加热器，通过炉罐壁的传热实现对炉气和工件的间接加热；冷壁炉在一个水冷的真空密封的外壳内设置加热室，在加热室内安装加热器，直接对炉气和工件加热。

从一个工艺段内的炉压变化情况上来分，可以分为恒压（炉压波动不大）渗氮炉和脉冲渗氮炉。恒压渗氮炉并不表示需要采取专门的特殊措施来保证恒

定的炉压，而只是表示炉压波动不大，且并非有意为之；脉冲渗氮炉的脉冲指的就是炉压脉冲，这种脉冲式的炉压波动是有意而为之，且幅度较大，如从深度比较大的负压到微负压或微正压。这种大幅度炉压变化需要采用快速充气和快速抽真空才能实现。

显然，预抽真空、真空及脉冲渗氮炉的炉室必须是金属制成，并且应具有足够的气密性和承受较大深度负压的稳定结构。这种金属制成的炉室在热处理行业中称为炉罐。这就是说，凡工作区需要进入负压状态的炉子，都是带金属炉罐的炉子。相反，如果工作区不进入负压状态，则不一定需要金属炉罐。由于金属表面对于氨气的分解具有催化作用，为了降低工艺过程的氨气消耗，在没有必要时应当避免使用金属炉罐。

凡是具有预氧化和后氧化功能的炉子，一般也都是带气密金属炉罐的炉型。因为由非金属（通常为耐火纤维或炉砖炉衬）构成的炉室或非气密的金属壁炉室，预氧化和后氧化时通入炉室的空气、水蒸气或柠檬酸等介质会进入耐火纤维或耐火砖炉衬，水蒸气和柠檬酸蒸气还会在炉壳内壁凝结成液体。这些进入炉衬的预氧化和后氧化介质对于后续的渗氮过程是有害的，通过一般氮气吹扫置换方法在有限的时间内也是难以置换干净。所以，只有采用气密的金属炉罐，才能防止预氧化和后氧化介质进入炉衬。

不带密封金属炉罐的渗氮炉也可称为箱式渗氮炉。显然，如前所述，在箱式炉中将难以进行预氧化或后氧化工艺。

类似渗碳用的推盘式和辊底式连续炉结构，也可用作渗氮炉或氮碳共渗炉，只需要配置与渗碳不同的气氛系统和不同的废气后燃装置即可。另外，用于渗氮的炉子对密封性和安全性要求更高，一般必须采用真空换气的过渡室进行进出料。

2. 渗氮炉的结构及特点

(1) 卧式预抽真空渗氮炉的结构及特点　这种炉型可用叉车或推拉式装卸料车装卸料，带气密的金属炉罐，炉料间接加热；配置具有一定的耐氨气的真空系统，装料后和预氧化后可以通过抽真空置换空气，出料前也可以通过抽真空把炉气置换成空气；可以进行预氧化、后氧化工艺；渗氮工艺过程在微正压下进行，可以通过氢探头在线测量氢含量而实现可控气氛渗氮；可以对炉罐外吹空气进行间接快速冷却，也可配置一个外置式冷却器把炉气抽出炉外冷却。可见，这种炉型是一种工艺功能较全的炉型。由于需要气密金属炉罐和真空系统，所以这种炉型的制造成本比箱式炉高得多。

(2) 箱式渗氮炉的结构及特点　这种炉型也可用叉车和推拉式装卸料车装卸料；不带气密的金属炉罐，炉室隔热材料就是工作室的边界，采用辐射管间接加热；不配置真空系统，只能通过通氮气置换空气；在较短时间内无法通过氮气置换排出预氧化进入炉衬的空气和后氧化进入炉衬的水蒸气，因而不能进行预氧化和后氧化工艺；渗氮工艺过程在微正压下进行，可以通过氢探头在线测量氢含量，计算并控制炉内氮势，进行可控气氛渗氮；可以通过一个伸缩式内置冷却器进行快速冷却，也可配置一个外置式冷却器把炉气抽出炉外冷却。虽然这种炉型不能进行预氧化和后氧化工艺，但该炉型的制造成本比预抽真空的炉型低。

(3) 油冷箱式渗氮炉的结构及特点　这种炉型的炉体结构和渗碳淬火的箱式多用炉基本一致，只是炉门密封性比渗碳淬火炉要求更高，一般需要选用硅橡胶密封材料。除气氛系统采用渗氮气体，还要采用适合含氨尾气的后燃系统。为满足炉子的安全性要求，进料后，冷室需要进行充分的氮气置换，油冷期间也需要对加热室和冷室进行氮气置换。即使中门为密封设计，这些氮气置换也是必须的，因为无法排除炉内中门密封失效的可能性。单用换气时间估计氮气置换是否充分是不够的，至少需要时间和氮气流量两个因素来监控氮气置换程度。油冷后的工件还需要清洗，所以这种炉型要配备后清洗机。只有为了实现必须进行快速冷却的渗氮工艺时才选择油冷箱式渗氮炉，如奥氏体渗氮后进行油冷。奥氏体渗氮和氮碳共渗油冷后一般也需要时效回火，故生产线还需要配备回火炉。油冷箱式渗氮炉难以实现带前氧化或后氧化的渗氮和氮碳共渗工艺。

(4) 热壁真空渗氮炉的结构及特点　这种炉型的炉体结构和预抽真空炉基本相同。由于真空渗氮炉在中等负压下进行渗氮或氮碳共渗，即在工艺过程中边通气边抽气，故炉子必须配置耐氨气的真空系统（一般采用干泵），还需要配置适合负压下运行的气氛搅拌循环风机。由于目前市场上还没有成熟的能在负压条件下测量氢含量的氢探头，因此真空渗氮炉尚不能进行可控气氛渗氮，但渗氮的结果可以通过通气流量和炉压进行干预，这种干预只能通过长期经验积累予以指导，并须通过工艺试验进行验证。一般来说，在一定通气流量和负压下，炉内可以实现一个稳定的较低的实际氮势。因此真空渗氮炉适合需要抑制化合物层厚度的渗氮工艺。

(5) 冷壁真空渗氮炉的结构及特点　这种炉型是在水冷的真空密封外壳内设置加热室，在加热室内安排加热器。在加热室和冷壁之间可以设置内置冷却器，在冷却阶段，可以利用气氛循环风扇、内置的冷却器和冷壁的冷却面积对炉料进行快速冷却。由于内置加热室的尺寸比热壁炉的加热室尺寸小得多，内置加热室的壳体也比较薄，耐火材料的总质量小，故蓄热量小。在相同的占地面积情况下，冷壁炉的冷却速度最快。冷壁炉的控制原理及所能实现的工艺过程与热壁炉相同，但冷壁炉不能采用水进行后氧化，原因是水蒸气会在冷壁凝结而难以排除。

（6）脉冲渗氮炉的结构及特点　脉冲渗氮炉的炉体结构和真空渗氮炉基本相同，也分为热壁炉和冷壁炉。脉冲渗氮炉与真空渗氮炉的主要不同表现在两个方面：一方面需要配置流量较大的工艺介质流量计和真空泵系统，以实现快速抽气和充气；另一方面，快速排气也需要配置较大容量的尾气后燃装置。由于充气后炉内氢含量是一个逐步增加的变量，因此脉冲渗氮炉也不能进行可控气氛渗氮，但渗氮结果可以通过脉冲周期和脉冲压力幅度进行干预，这种干预只能通过长期经验积累予以指导，并须通过工艺试验进行验证。脉冲渗氮炉的主要特点是通过抽气和充气使炉料内各处能得到新鲜氨气，故适合密集装料和带有较深盲孔的工件。尽管脉冲渗氮炉既可以是热壁炉，也可以是冷壁炉，但冷壁炉不可避免地会有大量氨气充入加热室和冷壁之间的空间而不能发挥渗氮作用，故冷壁炉的氨气消耗大。

（7）井式渗氮炉的结构及特点　这种炉型的基本结构和井式渗碳炉类似，需要用起重机械装卸料，适合需垂直装料的长杆类工件的渗氮，炉料间接加热。如果是封头悬空的炉罐或采用带弹性膨胀节的炉罐，再配置耐氨气的真空系统，就相当于一个垂直安装的预抽真空炉型，能实现和预抽真空渗氮炉同样的功能，但井式炉需要开挖地坑，备料、卸料、装炉、出炉操作都不方便。因此，只有当被处理工件为长杆类并须垂直装料时才选择井式炉。

（8）罩式渗氮炉的结构及特点　这种炉型基本上相当于一个倒装的井式炉，但安装于地面以上。装卸料时需要用起重机械把炉体和炉罐提起移开，再用起重机械装卸料。当被处理工件为须垂直装料的长杆类时，一般选择井式炉，但由于安装场地不能开挖大型地坑，而车间高度比较高时，可选用罩式炉代替井式炉。罩式炉一般都带气密的金属炉罐，炉料间接加热，配置耐氨气的真空系统，就相当于一个垂直倒立的预抽真空炉型，能实现和预抽真空渗氮炉同样的功能。但是，罩式炉要求车间的高度比较高，起重机械起吊高度至少大于炉台高度+炉料高度+炉罩高度，备料、卸料、装炉、出炉操作也不方便。因此，只有当被处理工件为长杆类并须垂直装料但车间又不易开挖地坑时才选择罩式炉。

（9）推盘式和辊底式连续渗氮炉的结构及特点　这种连续炉的渗氮或氮碳共渗区与渗碳炉的渗碳区基本相同，但为了满足气氛的安全要求和车间环保要求，进出料端须配置真空换气室。由于渗氮区比较长，这种炉型一般不带金属炉罐，因为金属炉罐的纵向膨胀量比与之气密性配合炉壳大很多，导致无法安装气氛搅拌风扇。如果要进行预氧化和后氧化，则需要设置必要炉区，分段进行。炉段之间需要设置真空换气室以防串气。如果采用水蒸气进行后氧化，那么后氧化段必须带金属炉罐，并采用单风扇纵向气流的搅拌方法。预氧化可以在和渗碳炉相同的预氧化炉中进行。由于连续渗氮炉的各区炉体在生产过程中始终处于各自的工作温度，没有炉体反复加热冷却过程，故能耗最低，但推盘式和辊底式连续渗氮炉仅适用同工艺的大批量生产，而且一旦炉内发生阻碍炉料运动的故障，就会造成全线停产，甚至造成大量被处理工件报废。

油冷箱式、井式、推杆式和辊底式连续渗氮炉可以结合上述各种炉型主要特点及本章的 10.1 节、10.3 节、10.5 节和 10.6 节内容加以理解。本节将重点介绍卧式预抽真空渗氮炉、箱式（气冷）渗氮炉、真空渗氮炉、井式渗氮炉和罩式渗氮炉。

10.4.2　卧式预抽真空渗氮炉

1. 概述

卧式预抽真空带罐渗氮炉采用前面装卸料设计形式，炉料从同一端装入和卸出。可以采用手动或电动叉车进行装卸料，也可以采用装卸料小车进行自动装卸料。根据装卸料方式的不同，炉内支撑结构可以采用耐热轨道支撑或耐热钢制造的滚子结构。除实现渗氮和氮碳共渗工艺，还可以配置预氧化和后氧化功能。炉子最高工作温度为 750℃。图 10-37 所示为卧式热壁预抽真空带炉罐的渗氮炉结构，表 10-13 列出了其规格及技术参数。图 10-38 所示为生产现场的卧式预抽真空渗氮炉。

2. 炉体结构及加热系统

炉壳可以是圆形的，也可以是方形，一般用钢板及型材焊接而成，壳体的前、后壁应采用厚钢板，因为炉料、马弗罐及罐内结构件的重量都将作用在前后炉壁上。炉壳前壁还应当焊接一个经机械加工的厚法兰，用于安装马弗罐时与马弗罐前法兰配合。炉壳后壁设有开口，以便马弗罐尾部通过。循环风机安装于马弗罐尾部，风机安装法兰与马弗罐尾部法兰对接。

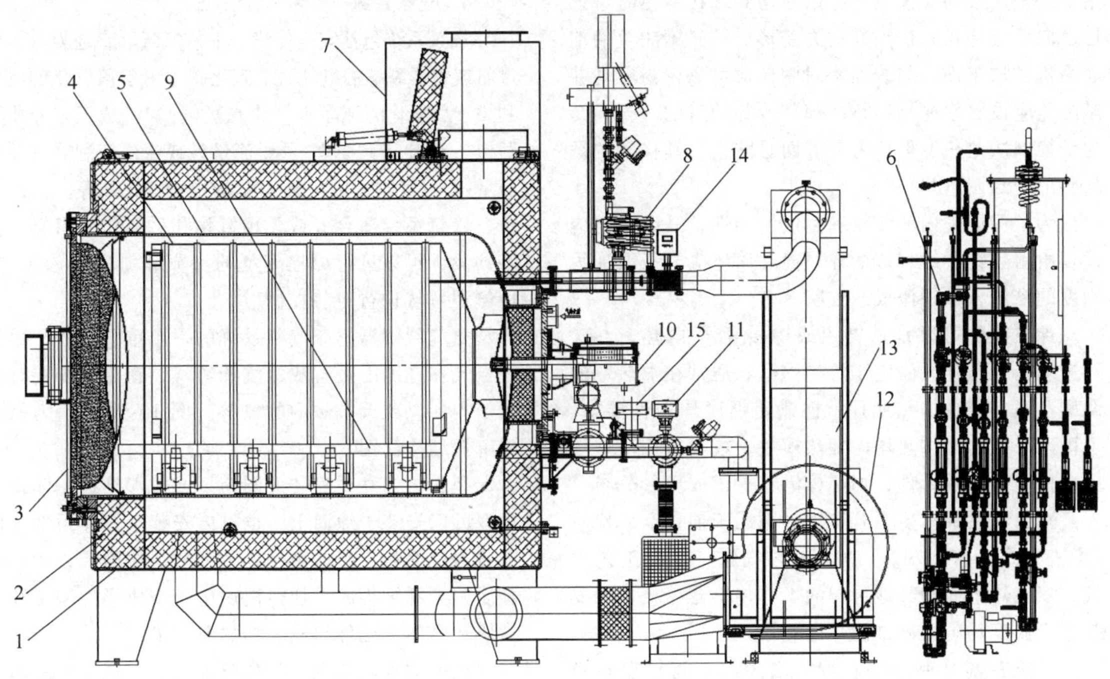

图 10-37　卧式热壁预抽真空带炉罐的渗氮炉结构

1—炉壳　2—炉衬　3—炉门　4—导流筒　5—马弗罐　6—气氛面板　7—外冷排烟罩　8—废气排放系统　9—炉床　10—循环风机　11—真空系统　12—罐外冷却系统　13—罐内冷却系统　14—氢探头　15—防爆盖

表 10-13　卧式热壁预抽真空带炉罐的渗氮炉的规格及技术参数

规　　格	装载量 /kg	炉内有效尺寸(长×宽×高) /mm	最高温度 /℃	加热功率 /kW	极限真空度 /Pa
6/4/4-E	300	600×400×400	750	60	500
9/6/6-E	600	900×600×600	750	90	
12/9/9-E	1500	1200×900×900	750	140	
18/12/10-E	3000	1800×1200×1000	750	285	
20/12/12-E	5000	2000×1200×1200	750	300	

图 10-38　生产现场的卧式预抽真空渗氮炉

炉衬一般由陶瓷纤维构成，并通过锚固件固定在炉壳上。这种炉衬材料的蓄热量低，隔热效果也好。施工后的陶瓷纤维表面应喷涂特殊的耐高温涂料，提高了其抵抗外冷空气的冲刷能力，从而具有较长的使用寿命。

炉门的隔热层厚度应近似等于前炉墙的厚度，以保证炉子的温度均匀性。炉门的炉衬应为金属铠装设计，避免气氛进入炉衬，同时金属铠装结构应能抵抗抽真空造成的内外压差。炉门可采用旋转开关或垂直开关。炉门压紧通过气动或电动驱动旋转锁紧圈实现，也可以采用多点压紧的方法。炉门橡胶密封圈应安装在炉门一侧，避免在马弗罐法兰开挖密封槽。炉门上的密封槽也应采取水冷措施，对密封圈进行间接冷却。

圆形马弗罐为耐热钢板和滚压封头的组焊件，马弗罐的法兰和炉壳法兰通过螺栓固定在一起。马弗罐尾部应采用滚动支撑方式，以便马弗罐在受热时可以自由向后方伸长，避免其受力变形。马弗罐法兰的前面为机械加工面，与炉门密封圈形成可靠密封。马弗罐法兰应设置水冷槽进行冷却，冷却的目的一方面是为了控制法兰热变形，另一方面是防止与其接触的炉门唇形密封圈过热。

为了保证炉内的气氛和温度均匀性，马弗罐内应设置由耐热钢板组焊成的导风筒。筒体应当采取加大刚度的措施，如辊压成波纹状。

加热元件可以是铁铬铝或镍-铬合金电热丝/带，通过陶瓷钉悬挂并固定于炉衬内壁，通常在加热室的两侧及底部布置加热元件就能满足温度均匀性要求，也可以采用内嵌加热丝的加热模块，或者采用从炉子后端插入的加热元件，加热体沿着炉罐成环形分布。

马弗罐后部有多个开口，分别用于抽真空、快冷（即外置式快速冷却）、通入工艺气氛、排出工艺废气、安装热电偶和其他选配的工艺传感器等，也可安装用于温度均匀性测试的热电偶馈入件。

加热腔（马弗罐外和炉壳之间的空间）设有双支热电偶，其中一支热电偶用于加热腔的控温，另一支热电偶用于加热腔的超温报警。马弗罐内安装有主控双支热电偶，其中一支热电偶用于炉温（工艺温度）的控温，另一支热电偶用于炉温超温报警。炉温控制一般采用间接控制，即炉温控制器的输出用于改变加热腔的动态设定温度，加热腔的控制器根据加热腔的实际温度和动态设定温度，通过加热调功器来调节加热功率。

3. 真空系统

真空系统用于装料后对炉罐进行快速换气，即在升温开始前通过抽真空和紧接着的氮气回充，把炉罐内的空气置换成氮气。用抽真空替代传统的长时间向炉罐内通保护气（如氮气）以吹扫置换罐内的空气，不但能显著缩短换气时间，省时省气，而且换气更加彻底。

通过预抽真空，在炉内造成负压状态，也有利于工件表面污物及清洗剂残留物的蒸发和清除，从而起到进一步清洁工件表面、提高产品质量的作用。

通过抽真空，可以在预氧化后对炉罐进行快速换气。另外，在工艺结束后出料前，也可以利用真空系统对炉罐进行真空换气，把冷却阶段的炉气置换成空气。尽管在冷却阶段伴随着氮气吹扫，但当吹扫氮气流量不够大和冷却时间短（装载量少）的时候，在冷却结束时，仍有刺鼻的残留氨气味，通过开门前的抽真空和回充空气，可以大幅度改善操作人员的工作环境。

4. 气氛系统

气氛系统包括安全氮气、工艺氮气、直通氨气、经过氨裂解器裂解的氨气、二氧化碳、用于预氧化的空气和用于后氧化的纯净水（或水蒸气）。一般工艺介质管路包括球阀、减压阀、浮子流量计或流量控制器（质量流量计）、针阀、单向阀、气动/电动截止阀等。

气氛系统适合有或无预氧化和后氧化的渗氮或氮碳共渗，可以进行可控气氛的渗氮和氮碳共渗工艺，用氨裂解气进行氮势控制。

氨气裂解器属于气氛系统的一个重要部件，用于将氨气在高温下裂解成氮气和氢气，在工艺需要时通入炉内，以此调节炉内的氮势。图10-39所示为氨气裂解器结构简图。

裂解炉为立式安装的圆筒形或方形结构，体积小巧，可以安装于地面上，也可以安装于炉体顶部，以节省占地面积。壳体由钢板及型材焊接而成，炉衬由轻质耐火纤维构成。加热模块由真空成形的陶瓷纤维模块和电加热元件组成，加热温度最高可达1050℃。

在反应罐内装有氨气裂解催化剂，氨气在高温下通过裂解催化剂的催化作用而分解，裂解气再通过密闭管道进入渗氮炉的炉罐内，参与罐内氮势调节。

氨气裂解器进气管路配有浮子流量计或流量控制器、电磁阀、针阀、止回阀、截止阀等。当炉内氮势高于设定值时，向马弗罐内通入氨气裂解气或增大氨气裂解气的通入量，以降低氮势；当炉内氮势低于设定值时，停止向马弗罐内通入氨气裂解气或减少氨气裂解气的通入量，以提高氮势。

5. 后燃装置

后燃装置用于对渗氮炉排出的含有氨气和氢气的废气进行主动燃烧，由带火焰检测的执勤点火头、环形燃烧灶、燃气控制阀、点火控制器、点火变压器、必要的燃气/空气管路的球阀及电磁阀等组成。

炉子的气氛系统与后燃装置联锁，只有在后燃装置执勤点火头点燃的情况下，才能真正向炉内通入可燃性气体（氨气）。执勤点火头应具有停电保持功能，从而在停电时继续维持点燃状态，燃烧由安全氮气从炉内置换出来的废气。

6. 冷却系统

标准配置的冷却系统：在炉体下端设有冷却风进入管道，当工艺过程结束后，可通过鼓风机向加热腔（马弗罐外侧）鼓入空气，以冷却炉膛和炉罐，从而加快工件的冷却速度，热风通过炉体上部的排放阀排出。在冷却过程中，马弗罐内循环风机始终保持运转，罐内热的气氛通过罐壁与罐外冷空气进行热量交换，使马弗罐和炉料降温。

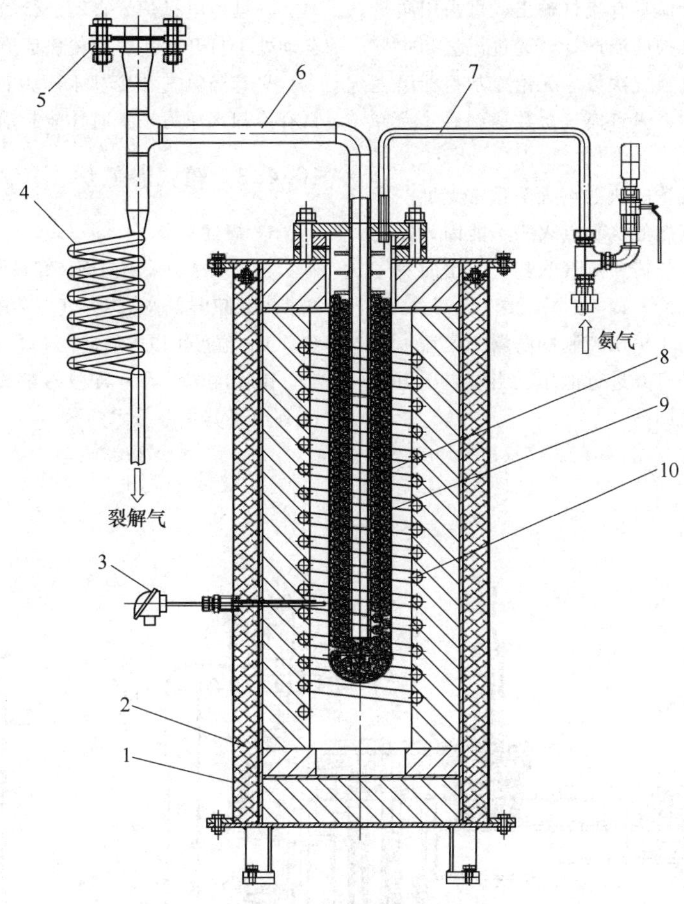

图 10-39　氨气裂解器结构简图

1—壳体　2—炉衬　3—热电偶　4—冷却盘管　5—防爆盖　6—裂解气出气管　7—氨气进气管　8—催化剂　9—反应罐　10—加热模块

在渗氮工艺过程结束后可以进行预编程的冷却，以实现工件的快速冷却，大幅度缩短处理周期，增大炉子的生产能力。

此外，还可配置一个外置式快速冷却系统，该系统为全真空密封安装，通过特制耐氨的密封风机将炉罐内的气氛经过一个水冷换热器抽出并送回炉罐。高温气体经过冷却器冷却后返回炉罐内，直接对炉内工件进行强制冷却，这样可以显著提高工件的冷却速度，尤其是中低温阶段的冷却速度，提高生产率。该系统包括真空密封水冷高压鼓风机、真空挡板阀、一个真空密封的水/气换热器及相应的管路等。外置式快速冷却系统与炉罐之间的连接采用金属波纹管结构，马弗罐在升温和降温过程中伸缩时，波纹管靠自身的压缩和伸长量来补偿马弗罐的伸长和收缩量，避免马弗罐伸缩受阻。

7. 测量和控制设备

控制仪器和可编程控制器（PLC）安装在单独的一个电气控制柜中。可编程控制器的触摸屏和专用渗氮软件系统的操作面板安装于控制柜上，用于工艺编程及炉子状态模拟显示。

炉温由 K 型铠装热电偶进行测量，通过真空密封法兰从炉罐后部插入炉罐，补偿导线把热电偶与温度控制仪连接起来。

炉内标配带有 3 个工件偶（铠装热电偶），用于在新工艺试验时测量炉料 3 个不同位置的实际温度。另外，炉子还配备一个最多有 9 个铠装热电偶安装孔的热电偶馈入件，用于炉温的均匀性测试。

采用氢探头测量气氛的氢含量，采用专用的氮势计算和控制模块进行氮势计算和控制。

8. 工件传输

工件进出炉由人工操作电动/手动叉车进行装卸料，对于全自动生产线，可通过自动装卸料车进行装卸料。

9. 安全装置

渗氮后的冷却阶段必须对炉罐进行充分的氮气吹

扫，吹扫氮气的流量计应具有流量输出，可采用质量流量计或带浮子位置监控的流量计。通过流量和吹扫时间计算氮气吹扫量和换气次数。无论冷却目标温度和设定的时间是否到达，只有换气次数达到后才允许进入开门出料程序。

只有在废气燃烧装置的执勤点火头正常点燃的情况下才能起动炉子。点燃的执勤点火头不能因为停电而熄灭，因为停电后炉子需要氮气吹扫，吹出的炉气仍然需要点燃烧掉。

炉子还带有一个用于炉压控制的防爆泄压盖，当炉内压力高时，泄压盖打开进行泄压；当炉内压力恢复正常时，泄压盖自动回落。

一旦停电，炉子自动进行氮气吹扫，废气排放阀自动处于打开状态，以便保证氮气吹扫的有效进行。

只有当氮气和冷却水压力正常时设备才可起动，只有冷却水压力正常时才能起动加热系统。

10.4.3　箱式渗氮炉

1. 概述

箱式渗氮炉采用前面装卸料设计形式，炉料从同一端装入和卸出。适合以氨气为主体气氛的渗氮和氮碳共渗。工作温度可以方便地在 150~750℃范围内调节。

图 10-40 所示为典型的箱式渗氮炉结构，表 10-14 列出了其主要技术参数。

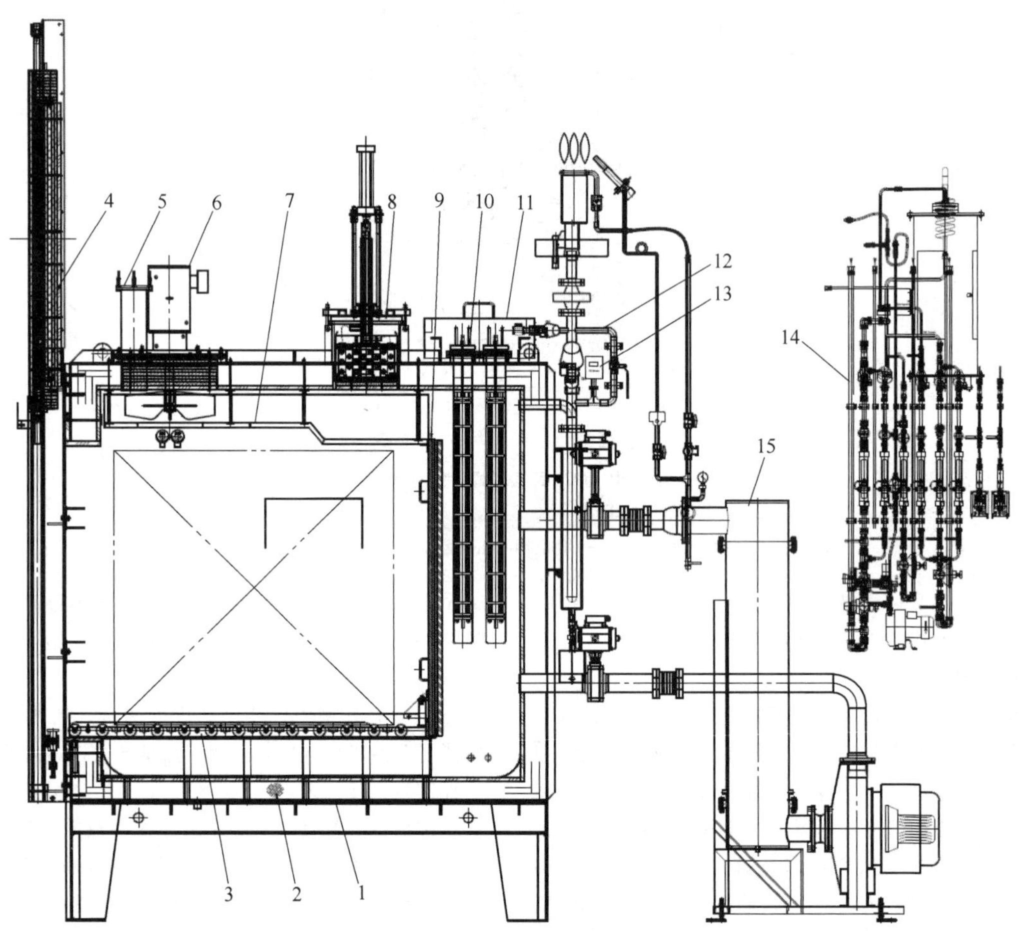

图 10-40　典型的箱式渗氮炉结构

1—炉壳　2—炉衬　3—炉床　4—炉门　5—防爆盖　6—循环风机　7—导风系统　8—顶冷系统　9—隔热屏　10—加热器　11—加热器保护罩　12—废气排放系统　13—氢探头　14—气氛面板　15—快速冷却系统

表 10-14　箱式渗氮炉的主要技术参数

规格	额定装载量 /kg	炉内有效尺寸(长×宽×高) /mm	额定温度 /℃	额定加热功率 /kW
1/1-E	600	910×610×610	750	54
2/2-E	1000	1220×760×760	750	84

（续）

规格	额定装载量 /kg	炉内有效尺寸（长×宽×高） /mm	额定温度 /℃	额定加热功率 /kW
3/3-E	1500	1220×910×910	750	100
4/3-E	2500	1520×1220×910	750	126
5/4-E	5000	1800×1500×1060	750	150

2. 炉子结构

加热室为单工位，分为前后两区，前区为工作区，后区安装加热系统。前后两区通过隔热屏隔开。炉衬由耐火纤维和陶瓷纤维板组成，并分别用固定杆与炉壳固定。

加热室有一个垂直的钢制前门，用于装卸料，该门由气缸驱动垂直上下开门或关门并压紧密封。对于大型炉子（主要指高度），当车间净高度受限时，该门也可以由减速电动机和齿轮齿条驱动。

3. 加热室

在炉底上装有进出炉料辊道，以减小推拉料时的阻力。炉顶配有导风套，为了保证炉内气氛强力循环和有效的热传递，根据炉膛大小不同，在炉顶的导风套内安装了一个或两个耐热钢的循环风扇，这个风扇由安装在炉顶的真空密封水冷电动机驱动。

风扇吸入通过炉料的气体，迫使它经过位于炉体后壁与隔热屏之间的加热系统后再到达辊道底部，然后穿过辊道再到达炉料。强力的炉内气氛循环保证了整个工作区良好的温度均匀性。

电加热或气加热辐射管垂直安装在后壁与隔热屏之间，若加热器损坏需要更换，可以很容易地将损坏的加热器垂直抽出，然后再装上新的加热器。前后区之间隔热屏的作用是防止加热系统对炉料的直接辐射而影响温度均匀性。

4. 气氛系统

气氛系统包括安全氮气、工艺氮气、直通氨气、经过氨裂解器裂解的氨气、二氧化碳。一般工艺介质管路包括球阀、减压阀、浮子流量计或流量控制器、针阀、单向阀、气动/电动截止阀等。

气氛系统适合渗氮和氮碳共渗，也可以进行可控气氛的渗氮和氮碳共渗，用氨裂解气进行氮势控制。

由于这种箱式炉的炉衬为纤维结构，进入炉衬的空气吹扫耗时较长，因此这种炉型不适合进行带预氧化的渗氮和氮碳共渗。同样，进入炉衬的水汽会在炉壁凝结成水珠，难以通过氮气吹扫而排除，故该炉型也不适合进行后氧化。

5. 后燃装置

箱式渗氮炉也必须配置和预抽真空渗氮炉类似的后燃装置，参见 10.4.2 节有关内容。

6. 冷却装置

对于炉膛尺寸较短的箱式渗氮炉，可以配置和预抽真空渗氮炉类似的外置式快速冷却系统，参见 10.4.2 节有关内容；对炉膛尺寸较长的箱式渗氮炉，可以在炉顶循环电动机和加热元件之间配置升降式内置水冷换热器。冷却时，换热器下降到导风套内，对炉气进行冷却；在升温和工艺保温阶段，将换热器提起到炉衬内，以免在炉内被加热到高温状态，无法直接进行通水冷却。

7. 测量和控制设备

控制仪器和可编程控制器（PLC）安装在单独的一个电气控制柜中，电源线可以从上下或侧面连接。控制系统除没有与预抽真空有关的软硬件，其余与预抽真空渗氮炉相似。

8. 工件传输

工件进出炉子通过自动装卸料车进行装卸料。对于小型炉子，也可以用叉车装卸料。

9. 安全装置

装料后，在升温阶段必须对炉膛进行充分氮气吹扫，吹扫氮气的流量计应具有流量输出，可采用质量流量计或带浮子位置监控的流量计。通过流量和吹扫时间计算氮气吹扫量和换气次数。无论炉温和设定的时间是否到达，只有换气次数达到后才允许通入氨气等可燃气体。

渗氮后的降温阶段也必须对炉膛进行充分氮气吹扫，无论冷却目标温度和设定的时间是否到达，只有换气次数达到后才允许开门出料。

只有在废气燃烧装置的执勤点火头正常点燃的情况下才能起动炉子。点燃的执勤点火头不能因为停电而熄灭，因为停电后炉子需要氮气吹扫，吹出的炉气需要点燃烧掉。

炉子还应有一个防爆泄压盖，当炉内压力高时，泄压盖打开进行泄压。

只有当氮气和冷却水压力正常时设备方可起动，只有冷却水压力正常时才能起动加热系统。

10.4.4　真空渗氮炉

1. 概述

如 10.4.1 节所述，真空渗氮炉分为热壁炉和冷壁炉两种。热壁炉的炉体结构和10.4.2节的预抽真空卧式渗氮炉基本相同，冷却方式也相同。冷壁炉是在水冷的真空密封外壳内设置加热室，在加热室内部布置加热器。在加热室和冷壁之间可以设置内置冷却器，在冷却阶段，可以利用气氛循环风扇、内置的冷却器和冷壁的冷却面积对炉料进行快速冷却。图10-41所示为冷壁真空渗氮炉。冷壁炉不能采用水蒸气进行后氧化，原因是水蒸气会在冷壁凝结而难以排除。

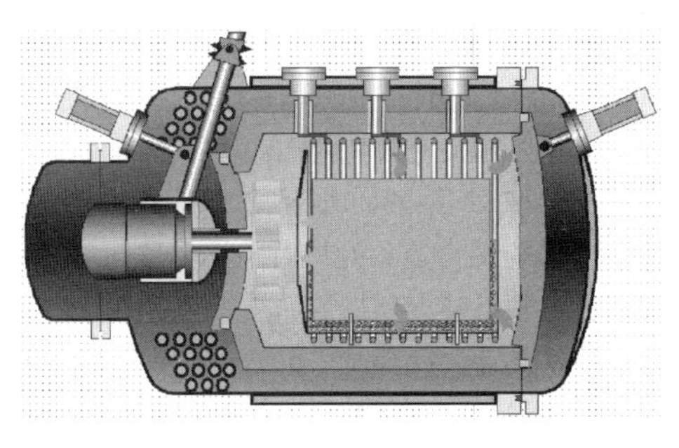

a)

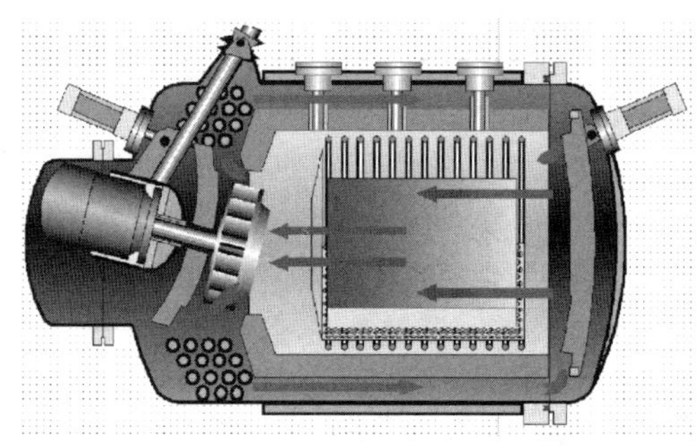

b)

图10-41 冷壁真空渗氮炉

a）工艺阶段 b）冷却阶段

由于真空渗氮炉在中等负压（30kPa~40kPa绝对压力）下渗氮或氮碳共渗，即在工艺过程中边通气边抽气，故炉子必须配置耐氨气的真空系统（一般采用干泵）。炉子的废气燃烧装置需要接在真空泵的出口。如果真空泵也要用于渗氮工艺段结束后炉罐快速换气，则废气燃烧装置的处理能力要与真空泵抽速匹配。图10-42所示为真空渗氮炉的排气系统。

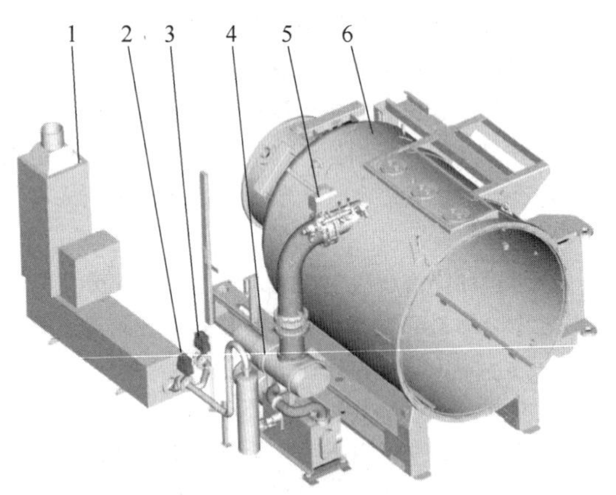

图10-42 真空渗氮炉排气系统

1—后燃装置 2—切换阀 3—切换阀
4—真空泵组 5—真空挡板阀 6—冷壁炉壳

由于目前市场上还没有成熟的能在负压条件下测量氢含量的氢探头，因此真空渗氮尚不能进行可控气氛渗氮或氮碳共渗，但渗氮的结果可以通过氨气流量和炉压进行干预，这种干预只能通过长期经验积累予以指导并须通过工艺试验进行验证。一般来说，在一定通气流量和负压下，炉内可以实现一个稳定的较低的实际氮势，因此真空渗氮炉适合需要抑制化合物层厚度的渗氮和氮碳共渗。

2. 炉压控制

在真空泵和炉罐之间管道上设置一个大蝶阀和一个旁通调节阀，当进行预抽真空和彻底换气时打开大蝶阀，在真空渗氮阶段关闭大蝶阀，用旁通调节阀控制炉压。炉压对渗氮结果有一定的影响，所以炉压也作为工艺程序的一个工艺参数。

3. 气氛系统和渗剂流量控制

气氛系统包括工艺氮气、氨气和二氧化碳。真空渗氮炉的渗氮和氮碳共渗结果受渗剂流量影响，渗剂流量成为重要的工艺参数，因此主要渗剂应采用流量控制器，以便工艺编程时编入渗剂流量，也可配置用于预氧化的空气介质管路和用于后氧化的水管路（仅热壁炉），预氧化和后氧化用管路采用开关控制阀和玻璃转子流量计即可。热壁炉的后氧化废气经与真空泵并联的管道排出。

4. 气氛循环风机

由于是中等负压下渗氮，需要配置适合负压下运行的气氛搅拌循环风机，但循环风机在升温和冷却阶段都要工作，功率要能满足常压常温条件下运行的要求。

5. 安全装置

装料关门后和预氧化后必须抽真空回充氮气。

炉罐与外界不能设置断电打开的常开控制阀，要配置不间断电源，保证突然停电时能打开氮气吹扫阀以对炉罐进行氮气吹扫，同时要打开炉罐到废气燃烧装置的和真空泵并联的一路管道的控制阀，使氮气能把炉气吹到后燃装置。

只有在废气燃烧装置的执勤点火头正常点燃的情况下才能起动炉子。点燃的执勤点火头不能因为停电而熄灭，因为停电后炉子需要氮气吹扫，吹出的炉气需要点燃烧掉。

炉子还应有一个防爆泄压盖，当炉内压力高时，泄压盖打开进行泄压。

只有当氮气和冷却水压力正常时设备方可起动，只有冷却水压力正常时才能起动加热系统。

脉冲渗氮炉一般是在真空渗氮炉的基础上，通过增加真空泵的抽速、废气燃烧装置的处理量、增大气氛系统的通气量和增加相应的控制模块而得到。在渗氮和氮碳共渗阶段，反复对炉罐进行抽气和充气，使炉料内部和工件的长孔及盲孔内有机会获得新鲜渗剂，从而改善密集装料的炉料和具有长孔及盲孔的工件渗氮和氮碳共渗结果的均匀性。

为了提高效率，因尽快抽气和充气，因此脉冲渗氮炉和恒压真空渗氮炉相比，真空泵的抽速、废气燃烧装置的处理量、气氛系统的介质流量计的量程要加大。

尽管抽气的目标真空度和充气的目标压力可以设定成不同的值，但一般情况下都可以采用固定的参数，关键是充气终了的绝对压力与抽气终了的绝对压力的比值或脉冲压力幅度要足够大，一般充气终了的绝对压力与抽气终了的绝对压力的比值要大于或等于10。常用抽气终了的绝对压力为 5kPa~10kPa，充气终了的绝对压力为 50kPa~110kPa。

抽气过程的时间、随后的充气时间和充气后的保持时间为一个脉冲周期。在同一工艺段，抽气和充气时间变化不大，脉冲周期长短主要取决于充气后的保持期。脉冲渗氮和氮碳共渗的实际有效工艺时间主要是充气后的保持时间。在每个脉冲的保持期内，实际氮势是变化的且由高变低。在充气的保持期内，循环风扇需要运转，为了避免循环电动机反复起动，一般循环风扇在整个脉冲阶段保持运转。

增加脉冲压力幅度和缩短脉冲周期，实际平均氮势增加，反之实际平均氮势降低。脉冲幅度增加，将改善渗氮和氮碳共渗的均匀性。因此，脉冲渗氮通过脉冲幅度和脉冲周期来调整气氛的氮势和均匀性，从而达到目标渗氮和氮碳共渗结果。

脉冲渗氮炉也可执行带氧化工艺的渗氮和氮碳共渗，热壁炉也可执行带常压水蒸气后氧化的渗氮和氮碳共渗。

脉冲渗氮炉的安全措施和真空渗氮炉类似，炉罐对外不能使用断电打开的常开阀，也要通过不间断电源来控制意外停电时的氮气吹扫和排气阀，并且安全氮气吹扫时的排气阀也必须和真空泵并联。

脉冲渗氮炉的真空系统成本是预抽真空渗氮的4~6倍，废气燃烧系统和气氛系统的成本也较高，因此只有在需要提高长孔和盲孔内外的渗氮和氮碳共渗均匀性的情况下，才选择脉冲渗氮炉。

10.4.5　井式渗氮炉

井式渗氮炉的结构是具有一个井式炉膛，并在井式炉炉膛中再增加一个密封炉罐，专为周期作业的渗氮、氮碳共渗等所用，采用起重机械从炉子顶部进行装卸料。

图 10-43 所示为井式渗氮炉结构。

1. 炉体结构及加热系统

（1）炉壳　由钢板及型材焊接成形，在炉底设快冷进风道，炉口上部设排风管道。为保证炉壳具有足够强度，炉底设置大型型钢加强底座，炉壳外侧设置若干环形加强筋与竖筋。炉壳上开有必要的热电偶与电热体引出棒安装孔。炉体或炉盖上留有用于炉温均匀性检测接口。

（2）炉衬　分为侧墙炉衬和炉底炉衬。侧墙炉衬由隔热陶瓷纤维毯、陶瓷纤维组块和锚固件等组成，经固化处理的陶瓷纤维组块能承受高温炉气的反复冲刷。炉底炉衬分为承重和非承重两种设计，非承重设计的炉底炉衬由陶瓷纤维毯、陶瓷纤维组块和锚固件等组成，承重设计的炉衬由轻质耐火砖、高强度重质砖通过耐火水泥砌筑而成，能承受较大负载。

（3）加热系统　加热元件均匀布置在炉墙的周围，对于装料尺寸较大的加热区，自上而下分成多个加热区，每一个加热区均设有控温和超温报警热电偶。

（4）工件支承底座　采用耐热钢焊接而成，用于支承工装及炉底的炉气导流循环，通过多套耐热钢锚固件与炉底固定，防止吊装工件时将其带起而砸坏炉底。

2. 马弗罐

马弗罐由马弗筒、炉口法兰、冷却水套及封头等组成，马弗罐采用耐热钢板经卷成圆筒状后与法兰密焊连接，可长期在渗氮气氛中使用。炉罐炉口法兰采用夹层结构，中间通冷却水以保护密封装置。炉罐上设有氮气、二氧化碳、氨气和氨裂解气等进气口，以及测压装置、排气口、冷却水管路和预抽真空接口等。

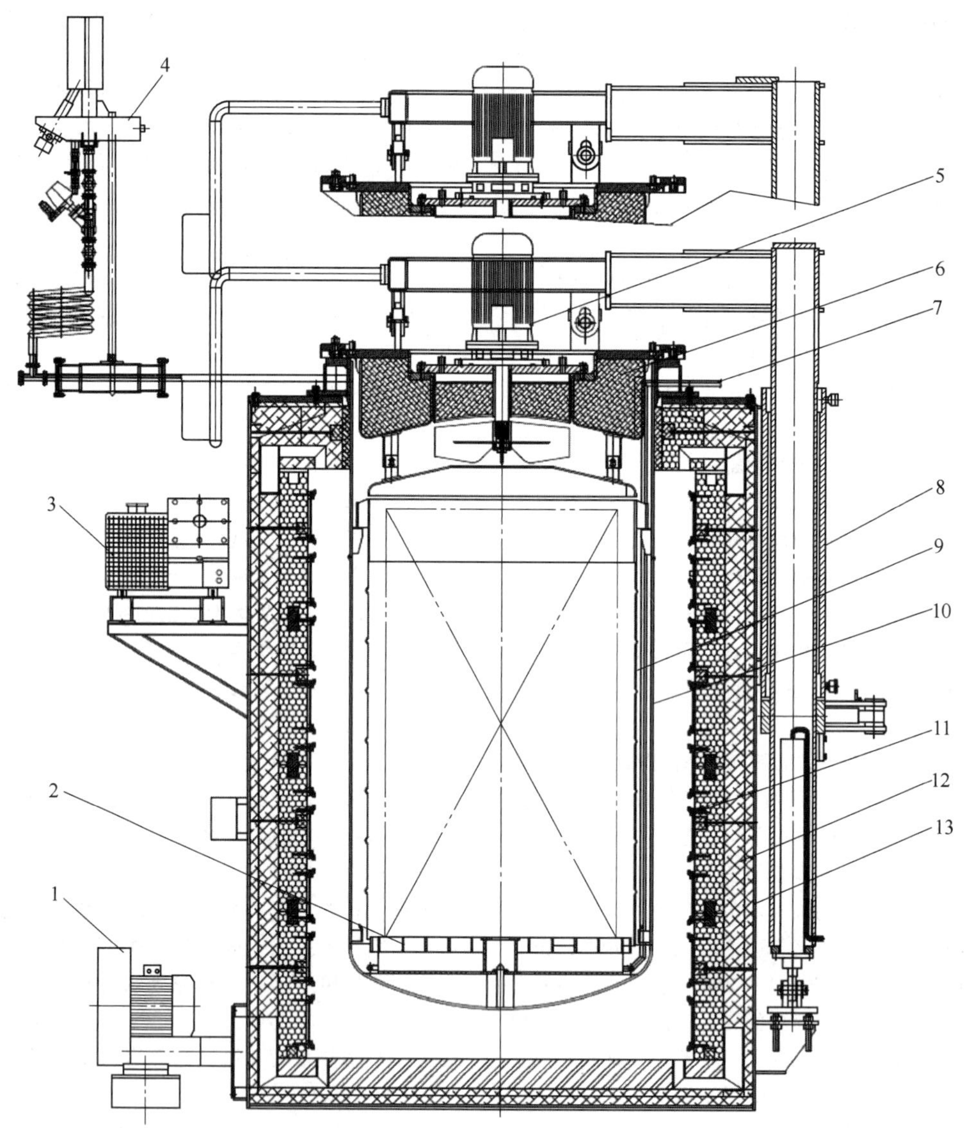

图 10-43　井式渗氮炉结构

1—快冷系统　2—工件支撑底座　3—真空系统　4—废气排放系统　5—循环风机　6—炉盖　7—气氛引入管　8—炉盖升降机构　9—导流筒　10—炉罐　11—加热器　12—炉衬　13—炉壳

3. 炉盖及其升降机构

炉盖为水冷密封法兰式结构，炉盖上设有锁紧装置，保证炉罐口与炉盖之间受力均匀。炉罐口水冷法兰中间敷设有耐热橡胶密封圈，以保证炉盖与马弗罐的密封和炉盖运行水平度要求。在生产过程中，要求无炉气泄漏，确保车间环境不受污染。炉盖上装有导向装置，保证升降时炉盖正确到位。炉盖可以采用液压或电动装置进行升降，其升降和旋转为悬臂式轴心传动机构，通过液压缸或减速电动机实现炉盖的自动旋转。

4. 循环系统

循环系统包括电动机、风叶、导风板和导流筒，循环系统应能保证炉内气氛的有效循环，其功率和风叶设计应充分考虑炉内气氛和温度的均匀性，同时还要便于维修。循环电动机采用气密性耐蚀电动机，保证在使用中运转平稳，噪声小。风叶、导风板和导风筒采用耐热钢制作而成，电动机轴采用冷却水强制冷却。导流筒卷压成波纹状，筒外焊装支撑件，用于吊挂定位。导流筒挂在马弗罐的内壁上，与炉盖上的导风板和对流风机、炉底支承底座形成一个炉内的气氛对流系统。

5. 冷却系统

冷却系统由鼓风机和风道组成，安装于地坑中的鼓风机将室内冷空气从炉体下部风道鼓入马弗罐与隔热层之间（加热腔内）进行快速冷却。炉体上方安装有排放阀，将热风通过管道排出车间，该系统使炉罐和工件一同降温冷却。

6. 气氛系统

气氛系统包括安全氮气、工艺氮气、直通氨气、经过氨裂解器裂解的氨气和二氧化碳等，以及用于预氧化的空气和用于后氧化的纯净水。一般工艺介质管路包括球阀、减压阀、浮子流量计或流量控制器、针阀、单向阀及气动/电动截止阀等。

氨气裂解器属于气氛系统的一个重要部件，用于将氨气在高温下裂解成氮气和氢气，通入渗氮炉内，以此调节炉内的氮势。氨气裂解器结构简图参考图 10-39。

氨裂解器为立式安装的圆筒形或方形结构，体积小巧，可以安装于地面上。壳体由钢板及型材焊接而成，炉衬由轻质耐火纤维构成，加热模块由真空成形的陶瓷纤维模块和电加热元件组成，加热温度最高可达 1050℃。

在反应罐内装有氨气裂解催化剂，氨气在高温下通过裂解催化剂的催化作用而分解，裂解气再通过密闭管道进入渗氮炉的炉罐内，参与炉内氮势调节。当炉内氮势高于设定值时，向炉内通入氨气裂解气或增大其通入量，以降低氮势；当炉内氮势低于设定值时，减少氨气裂解气的通入量直至停止。

7. 后燃装置

井式渗氮炉后燃装置和预抽真空渗氮炉类似，参见 10.4.2 节有关内容。

8. 测量与控制系统

温度测量及调节系统由热电偶、控温仪表、调功器等组成。罐内设一根主控双支热电偶，罐外各分区设控温双支热电偶。采用罐内主控、罐外联控和监测的 PID 调节控制方式。罐内、罐外热电偶各有一支接至控温仪表，由仪表输送各区的模拟量信号，经过程序计算后过零触发可控硅模块，实现控温的 PID 调节和控制。罐内热电偶的另一支用于罐内温度记录，并输出开关量信号，以实现炉温的监测和超温报警控制。

9. 工件传输

采用车间起重机械从炉子顶部进行装卸料。

10. 安全装置

渗氮和氮碳共渗后的冷却阶段必须对炉罐进行充分的氮气吹扫，吹扫氮气的流量计应具有流量输出，并配有监控装置。通过流量和吹扫时间计算氮气吹扫量和换气次数。无论冷却目标温度和设定的时间是否到达，只有换气次数达到后才允许进入开盖出料程序。

只有在废气燃烧装置的执勤点火头正常点燃的情况下才能起动炉子。点燃的执勤点火头不能因为停电而熄灭，因为停电后炉子需要氮气吹扫，吹出的炉气需要点燃烧掉。

炉子还带有一个防爆泄压盖，当炉内压力高时，泄压盖打开进行泄压；当炉内压力恢复正常时，泄压盖自动回落。

一旦停电，炉子自动进行氮气吹扫，废气排放阀自动处于打开状态，以便保证氮气吹扫的有效进行。

只有当氮气和冷却水压力正常时设备方可起动，只有冷却水压力正常时才能起动加热系统。

10.4.6　罩式渗氮炉

罩式渗氮炉是一个炉底固定，炉体（带炉衬和电热元件的加热罩）可移动的炉子。图 10-44 所示为罩式渗氮炉结构。

罩式渗氮炉可以看作是一个上下颠倒的井式炉。在这种设计中，马弗罐倒扣在原来的炉盖上，而原来的炉盖变成了炉底，这个炉底可以承受工装、工件、马弗罐及整个钟罩的所有重量。由于马弗罐和钟罩可以移开，使得大工件的装载、处理和卸载变得更为容易。固定底座配有气氛进出口、控温热电偶、循环风扇、电力及控制装置的引出线等。待渗氮件被装进工装料筐中，然后放置在炉底的工作区，大工件则可以直接放在底部。罩式渗氮炉的密封系统与井式渗氮炉所采用的结构类似，炉子的重量不直接作用于密封件，而是施加于支承面上。热量由加热罩提供，加热罩被扣到马弗罐上面，置于马弗罐底部的平台部分。热量随着气氛循环以对流和辐射的形式通过罐壁传递到工件。冷却时可以将加热罩换成冷却罩，将炉罐四周热空气向上吸并由罩顶排出，以实现冷却，冷却罩顶部的风扇可使热空气强制流动。

通常设有比加热罩和冷却罩数量更多的底座，以更有效地利用罩，提高生产率。在装炉后的升温及渗氮过程中，可以在其他底座上做装料准备。在渗氮结束后的冷却及卸料过程中，加热罩可以移到已装料的底座上立即进行加热。是否使用冷却罩并不影响渗氮质量，但可以提高渗氮炉的生产率，并改善热处理操作人员的工作环境。

罩式渗氮炉的气氛引入管、控制系统、后燃装置等请参考 10.4.2 卧式预抽真空渗氮炉的相关描述。

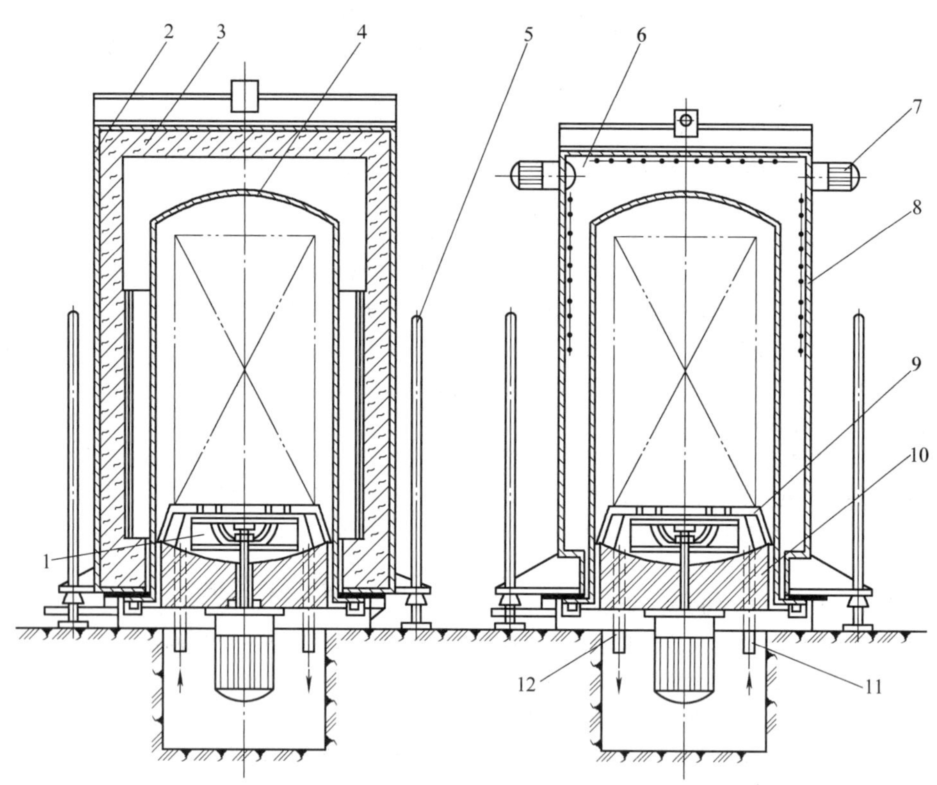

图 10-44　罩式渗氮炉结构

1—循环风扇　2—加热罩外壳　3—炉衬　4—内罩（马弗罐）　5—导向装置　6—冷却装置　7—鼓风装置　8—喷水系统　9—底栅　10—底座　11—气氛引入管　12—抽真空系统

10.5　推杆式连续可控气氛炉

长春一汽嘉信热处理科技有限公司　牟宗山　夏金龙

10.5.1　推杆式炉的特性、用途及结构

推杆式炉（也称为推盘炉）依靠推料机构输出驱动力来克服料盘与炉内导轨之间摩擦阻力来改变料盘的位置，将料盘推入炉内或推出炉外。料盘在炉膛内运行时相对静止，出炉淬火时，有的是料盘倾倒将工件倒入淬火冷却介质中，有的是工件和料盘一起出炉或共同进入淬火槽中冷却。

推杆式炉对工件的适应性较强，便于与淬火槽、清洗机和回火炉等组成生产线，广泛用于淬火、正火、退火、渗碳和碳氮共渗等热处理工艺。

推杆式炉的主要特点是产品质量稳定且一致性好，生产成本低，广泛应用于汽车、拖拉机、工程机械等领域的产量大、技术要求相近的各种齿轮、轴、销等工件的热处理。这类炉子的主要缺点是料盘反复加热和冷却，造成能源浪费，料盘损耗较大。此外，对不同品种的工件实施不同技术要求时，需要推入一定数量空料盘来调整工艺，因此工艺适应性较差。

1. 推杆式炉的炉体结构

推杆式连续炉炉体结构如图 10-45 所示。推杆式炉的炉体结构与周期式炉大体相似，但在炉膛尺寸、炉底导轨、炉门及进料装置等方面有所不同。

炉膛有效长度可按生产率和推料周期来计算：

$$L_{有效}=\frac{pta}{g}$$

式中　$L_{有效}$——炉膛有效长度（m）；

p——炉子的生产率（kg/h）；

t——工件总加热时间（h）；

a——料盘沿炉子纵向的长度（m）；

g——每盘工件的质量（kg）。

炉膛的有效长度还应考虑推料机构的推力和防止料盘推动时拱起，特别是在停炉前采用放置废件的空料盘顶出装有工件的料盘时，若炉膛过长则料盘容易拱起，因此炉膛的有效长度一般为 10~12m。

推杆式炉根据不同的工艺要求需要按工艺过程将

炉子划分为不同的工艺区段，各工艺区段之间采用双横拱墙隔开，使各区形成相对独立的温度及气氛控制区。

炉膛宽度可按下式计算：

$$B=Nb+S(N+1)$$

式中　B——炉膛宽度（m）；

N——料盘的排数；

b——料盘沿炉子横向的宽度（m）；

S——料盘与炉墙的距离或双排炉的两块料盘之间的距离（m）。

S 值与炉膛有效长度有关，当炉膛有效长度小于 10m 时，S 值取 75～100mm；当炉膛有效长度大于 10m 时，取 100～250mm。较长的炉子，料盘比较高，S 值应取上限，以改善热交换的效果。

炉膛高度的确定方法与箱式渗氮炉相同。

2. 炉底导轨

推杆式炉常用的导轨结构如图 10-46 所示。

图 10-46a 所示为分段式碳化硅直导轨，常用于推杆式渗碳炉和碳氮共渗炉的主导轨，导轨安放在轨座砖上，轨座砖带有凸台，卡在导轨底部固定。这种导轨形状简单，分段制作，加工、安装方便，但制作精度要求较高。图 10-46b 所示为耐热钢分段直导轨，

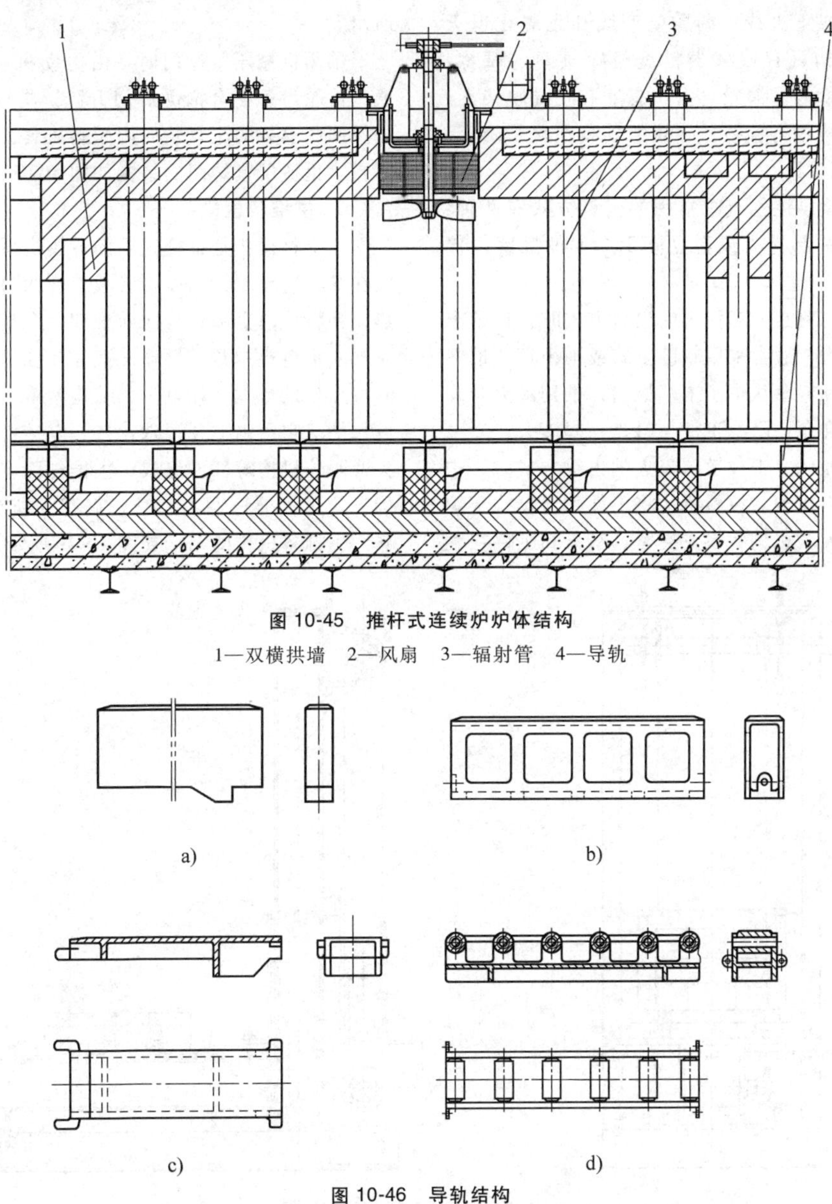

图 10-45　推杆式连续炉炉体结构

1—双横拱墙　2—风扇　3—辐射管　4—导轨

图 10-46　导轨结构

a）分段碳化硅直导轨　b）耐热钢分段直导轨　c）耐热钢直导轨　d）耐热钢滚轮式导轨

常用于推杆式渗碳炉和碳氮共渗炉的进出料段。通过螺栓将导轨连接成一体，放置在轨座砖上，轨座砖再卡在砌体上。这种结构使用可靠，但每段质量大，安装维修不便。上述的分段导轨，除进出料两端在靠近炉门侧需固定，其余各段均不固定，让其自由胀缩，但应防止导轨在使用中发生异动、翘起和倾倒。两根导轨的接头处应有倒角过渡，并留有膨胀缝。图 10-46c 所示为耐热钢直导轨，常用于推杆式等温正火线、推杆式调质生产线和推杆式无氧化退火炉等，导轨靠首位两段卡槽固定连接，导轨安装在轨座砖上。图 10-46d 所示为耐热钢滚轮式导轨，常用于等温正火线、调质生产线和无氧化退火炉等。这种结构可有效减少料盘与导轨间的摩擦，延长料盘使用寿命。滚轮自由状态安装在导轨架上，导轨架通过螺栓进行连接，导轨架安装在轨座砖上。

3. 出料端设计

推杆式连续可控气氛炉常用的出料方式有两种，即工件和料盘一起淬火或料盘倾倒，工件散落入淬火槽。

采用工件与料盘一起淬火的出料方式时，炉子末端设有推料机构，通常采用软链条式或平衡杆式推料机构，将工件和料盘从炉子末端推出，推到淬火升降台上；然后升降台下降，工件与料盘一起淬火。

采用料盘倾倒、工件散落淬火的出料方式时，炉子尾部装有翻料机构。拉料机构将工件和料盘拉至炉尾翻料机上，夹紧机构将料盘夹紧，料盘和工件在翻料机上自动翻转，使料盘上工件散落入淬火槽内，空料盘翻转归位并由拉料机构拉倒至侧面滚道上。

4. 进料炉门设计

推杆式炉进料炉门设计常用有两种方式，即底装料升降炉门和机械压紧炉门。

采用底装料升降炉门时，工件和料盘由推料机构推到前室下方的装料门上，底装料炉门由电动机、减速机驱动，推动底装料门向上升起关闭前室，配合柔性加压密封结构，确保底装料门完全密封。这种设计可减少能源消耗，避免炉外空气进入炉内，对温度和碳势产生干扰。底装料升降炉门的结构如图 10-47 所示。

采用机械压紧炉门时，由电动机、减速机驱动，通过齿轮齿条啮合推动炉门升降。炉门降到底部时，炉门两侧安装的压紧轮向内倾斜压紧，确保炉门完全密封。机械压紧炉门的结构如图 10-48 所示。

5. 主推料机构

主推料机构是推杆式炉的专用机械推料机构，安装在炉子进料端，用以将装载工件的料盘推入炉内加热，并将炉内全部料盘向前推动一个盘位。

主推料机构常用循环球滚珠丝杠结构，这种结构的特点是推力大、耗电少、结构紧凑，具有全功率的可靠性。它由内循环滚珠丝杠、电动机、减速机、推头及限位机构等部件组成。主推杆固定后，加限位机构，防止主推杆左右移位，确保主推料机构运行可靠。主推料机构的结构如图 10-49 所示。

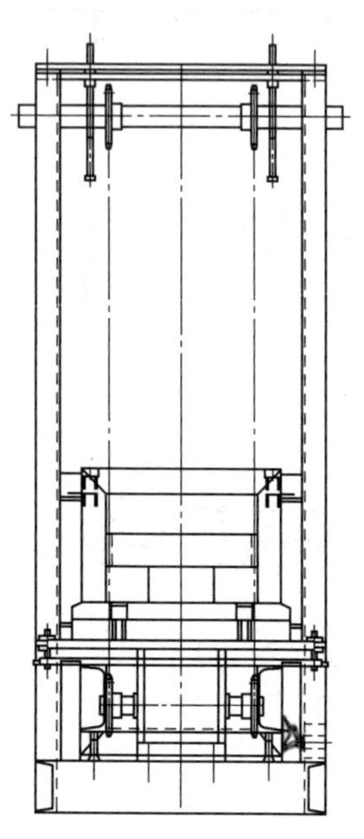

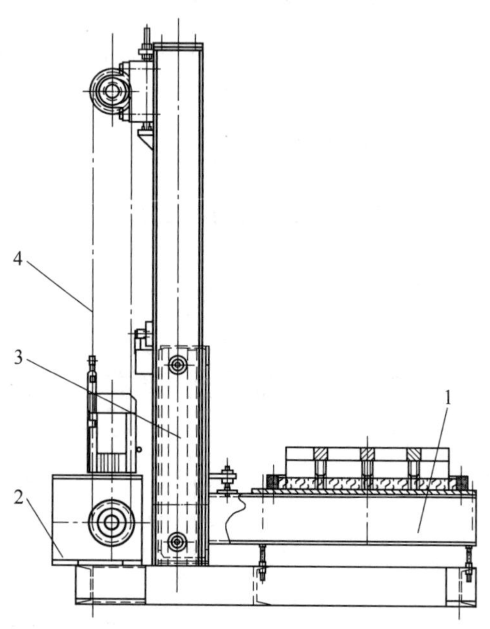

图 10-47　底装料升降炉门的结构

1—炉门　2—减速机　3—炉门架　4—链条

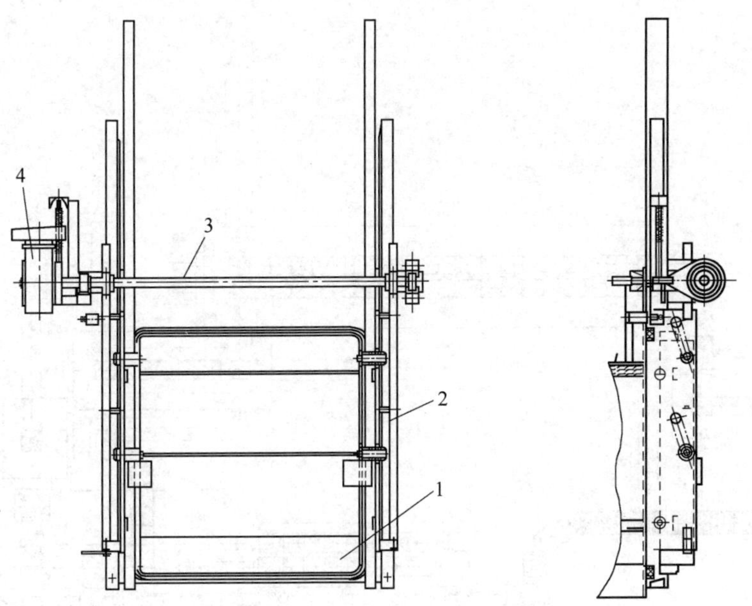

图 10-48　机械压紧炉门的结构

1—炉门　2—齿条　3—传动轴　4—减速机

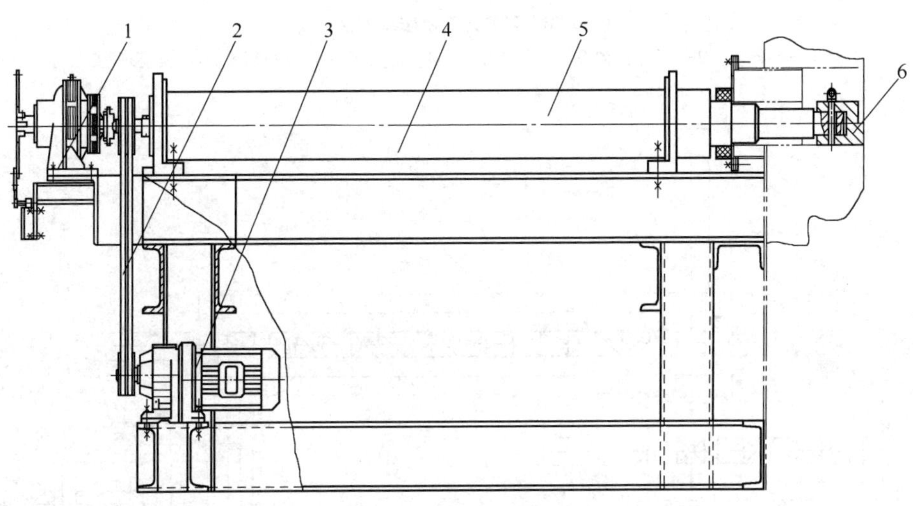

图 10-49　主推料机构的结构

1—限位机构　2—带　3—减速机　4—导向筒　5—滚珠丝杠　6—推头

10.5.2　推杆式渗碳及碳氮共渗生产线

表 10-15 列举了国内常用的单、双排推杆式渗碳及碳氮共渗生产线的主要技术参数（其生产线见图 10-50 和图 10-51）。

表 10-15　推杆式渗碳及碳氮共渗生产线的主要技术参数

设备名称	单排碳氮共渗生产线	单排渗碳生产线	单排渗碳压淬生产线	双排渗碳生产线	双排渗碳压淬生产线
用途	碳氮共渗直淬回火	渗碳直淬回火	渗碳直淬或压淬回火	渗碳直淬回火	渗碳直淬或压淬回火
最大生产能力/(kg/h)	150~200	250~300	250~300	500~600	500~600
料盘尺寸/mm (长×宽×高)	560×560×50 或 600×600×50	560×560×50 或 600×600×50	560×560×50 或 600×600×50	560×560×50 或 600×600×50	560×560×50 或 600×600×50
最大装料高度/mm	600	700	700	700	700
温度控制区数/个	3	5	6	5	6
碳势控制区数/个	2	4	4	4	4

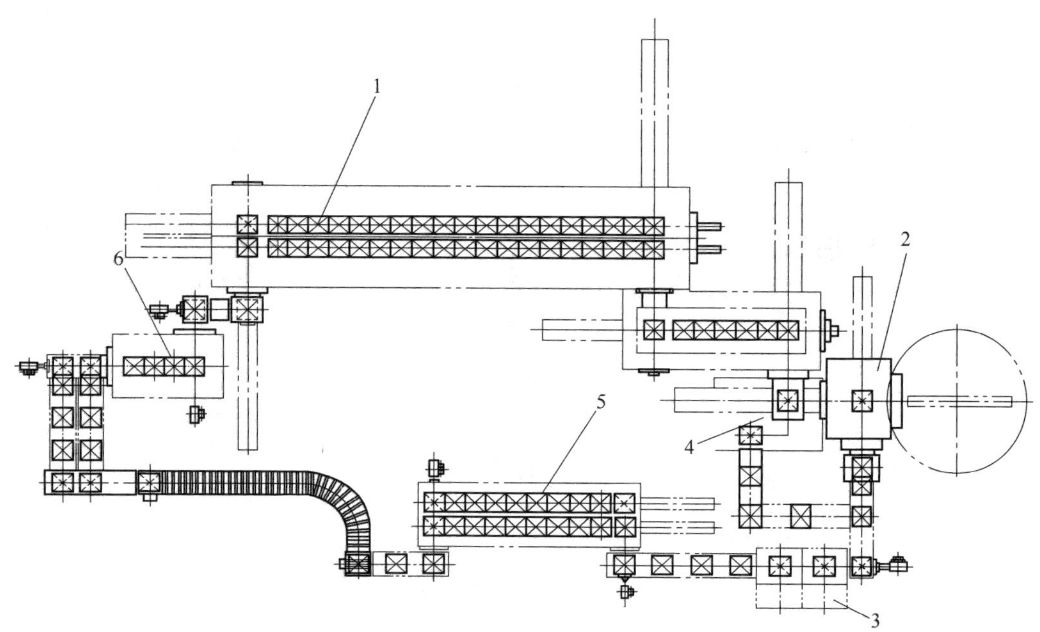

图 10-50　双排连续渗碳压淬生产线

1—渗碳炉　2—压淬保温室　3—清洗机　4—淬火槽　5—回火炉　6—预处理炉

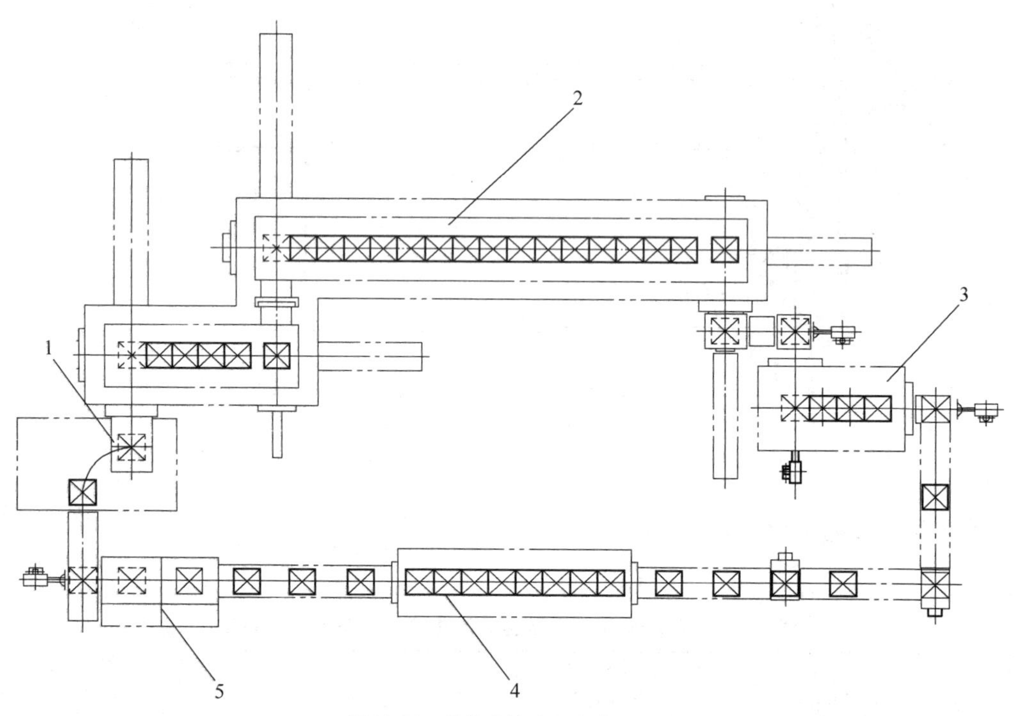

图 10-51　单排连续碳氮共渗生产线

1—淬火槽　2—碳氮共渗炉　3—预处理炉　4—回火炉　5—清洗机

1. 推杆式渗碳炉及碳氮共渗炉结构

图 10-52 所示为常用推杆式渗碳炉及碳氮共渗炉炉膛结构形式。

(1) 炉子区段划分　工件和料盘在连续炉运行的过程就是工件在执行工艺的过程，因此连续炉需按工艺过程把炉子划分为不同的工艺区段。渗碳炉常划

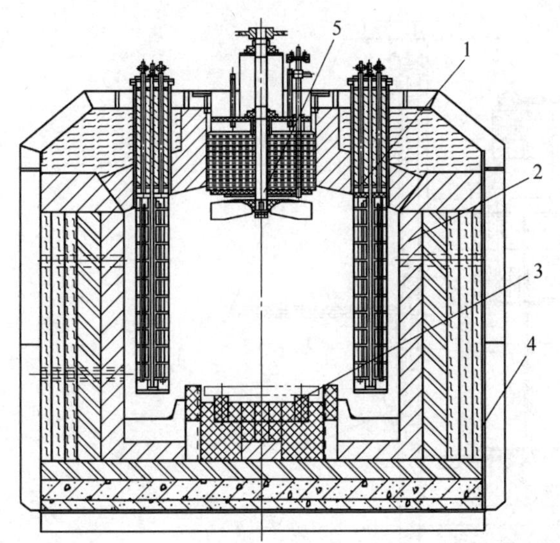

图 10-52　常用推杆式渗碳炉及碳氮共渗炉炉膛结构形式

1—辐射管　2—炉衬　3—导轨　4—炉壳　5—风扇总成

分Ⅰ区为加热区、Ⅱ区为预渗区、Ⅲ区为强渗区、Ⅳ区为扩散区、Ⅴ区为保温淬火区。碳氮共渗炉常划分Ⅰ区为加热区、Ⅱ区为碳氮共渗区、Ⅲ区为保温淬火区。各区之间采用双横拱墙隔开，使各区段形成相对独立的温度和碳势控制区。根据使用要求和使用条件不同，渗碳炉常用炉型有直通式、二段式和三段式，碳氮共渗炉常用炉型有直通式和二段式。分段式炉膛即将加热区或保温淬火区单独做成一个独立炉膛，采用中间炉门将其与中间炉膛隔离，可有效地提高各区温度和碳势的稳定性及控制精度。渗碳炉常在Ⅱ～Ⅴ区安装大直径、低转速、大流量的立式离心风机，促进炉内气氛均匀。风扇轴采用油冷自循环系统或水冷换热器系统，保证正常运行和润滑。

（2）电加热元件布置　电加热辐射管常布置在炉膛两侧，以便炉顶安装风扇和进气管路。辐射管外套管常用 Cr25Ni20Si2 耐热钢离心铸造或焊接制造，加热芯多采用 Cr20Ni80 或 FeCrAl 电热合金制造。

（3）导轨和料盘　渗碳炉及碳氮共渗炉导轨有金属导轨和非金属导轨，金属导轨常用 Cr25Ni20Si2 耐热钢制造，多安装在炉膛的进料端和出料端，为防止导轨翘起、移位，常用拉杆固定到炉底支架上。炉膛内导轨常用碳化硅材质制造，以便延长导轨使用寿命，改善料盘与导轨的摩擦性能。由于进料端和出料端温差变化较大，不易采用碳化硅导轨。

料盘常用 Cr25Ni20Si2 耐热钢或 Cr25Ni35 高电阻电热合金制造，料盘的结构应精细化设计，防止产生应力集中，导致出现早期开裂和变形。

（4）进出料方式　推杆式渗碳炉及碳氮共渗炉常用侧进出料方式，优点是热炉气不易溢出，进出料时不易造成炉内温度和碳势波动。

根据冷热气体交换，热气上升现象，渗碳炉及碳氮共渗炉通常用底进料前室，工件和料盘在前室下方装料。当炉门下降开启时，冷空气由于密度大，主要集中在炉门口下部，仅少量冷空气进入前室内部，这样可以明显缩短前室换气时间，减少炉内渗碳气体的大量外溢，对炉内电能消耗和碳势波动影响很小。

推杆式渗碳炉及碳氮共渗炉也常用侧出料方式，工件和料盘由推料机构从保温淬火区最后一个空位推到后室的淬火升降台上，内炉门下降，淬火升降台降入淬火冷却介质中。这种出料方式即可实现光亮淬火，又能对炉内温度和碳势影响最小。

（5）防爆措施　渗碳炉及碳氮共渗炉的前后室均安装防爆盖，前室、后室炉门及各排气口均设置点火装置，点火装置与前后室炉门开启联锁。

2. 预处理炉

预处理炉是用于对渗碳及碳氮共渗件表面进行预备热处理的，预备热处理常用温度为 450～500℃。经过预备热处理后能清除工件表面的油脂，起到脱脂作用。另外，预备热处理可使工件表面形成一层很薄的氧化膜，提高渗碳的活化能力和渗碳层的均匀性。图 10-53 所示为预处理炉的结构。

3. 淬火系统

推杆式渗碳炉及碳氮共渗炉的淬火系统由淬火升降台、淬火油槽、淬火油搅拌器、油冷却循环系统、油加热系统和油位控制系统组成。油冷却循环系统常由风冷式换热器、循环泵及管路组成。

4. 清洗机

清洗机主要有单室清洗机和双室清洗机。单室清洗机常用于工件渗碳及碳氮共渗前清洗，去除工件表面油脂及铁屑等杂物，它是将工件的浸洗和喷淋集中在一室完成。双室清洗机常用于工件淬火后表面清洗，去除工件表面残留淬火油，它是将工件浸洗和喷淋在两个室完成。清洗机由喷淋喷嘴、水槽、浸洗升降台、电加热器和撇油装置等组成。

5. 低温回火炉

回火炉常用有单排回火炉和双排回火炉，单排回火炉适用于单排碳氮共渗线、单排渗碳线和长周期双排渗碳线。双排回火炉适用于双排渗碳线。回火炉形式的选择原则主要是使工件渗碳淬火后得到充分回火，淬火马氏体得到充分转变。图 10-54 所示为单排回火炉的结构，图 10-55 所示为双排回火炉的结构。

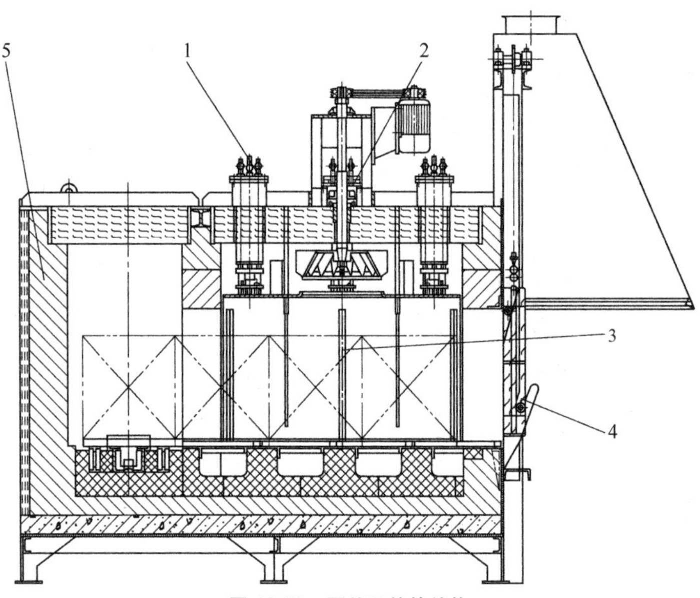

图 10-53　预处理炉的结构

1—加热元件　2—风扇　3—导流罩　4—炉门　5—砌砖体

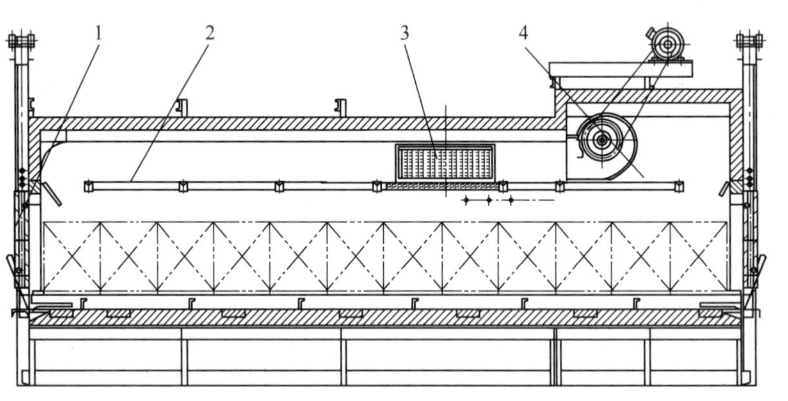

图 10-54　单排回火炉的结构

1—炉门　2—导流罩　3—加热器　4—风扇

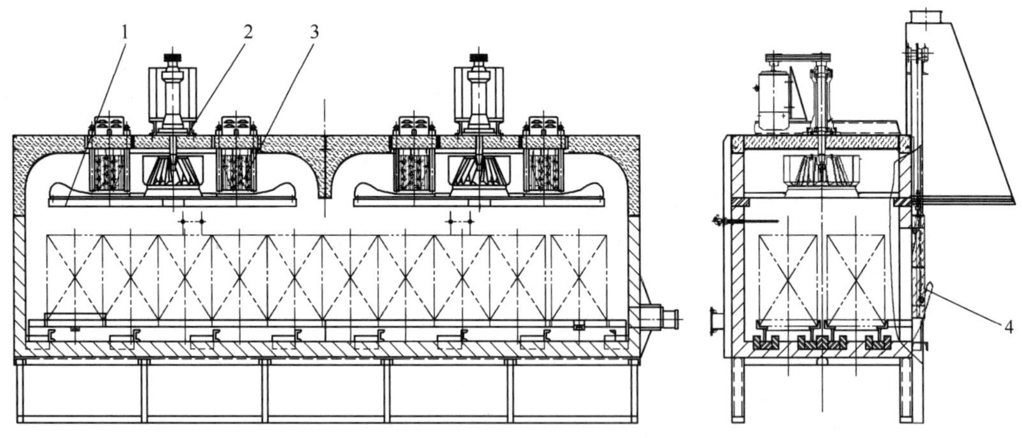

图 10-55　双排回火炉的结构

1—导流罩　2—风扇　3—加热器　4—炉门

6. 压淬保温室

保温室是为了保证对平面度和圆度有特别要求的工件，需要压床淬火而设置的。保温室由炉壳、砌砖体、进料门、压淬门、辐射管、出料盘门及限位开关装置等组成。图 10-56 所示为压淬保温室的结构。

10.5.3　推杆式可控气氛调质生产线

图 10-57 所示为推杆式可控气氛调质生产线。推杆式可控气氛调质生产线常用于已完成或部分完成机械加工工序的中碳钢或中碳合金钢半成品件或成品件

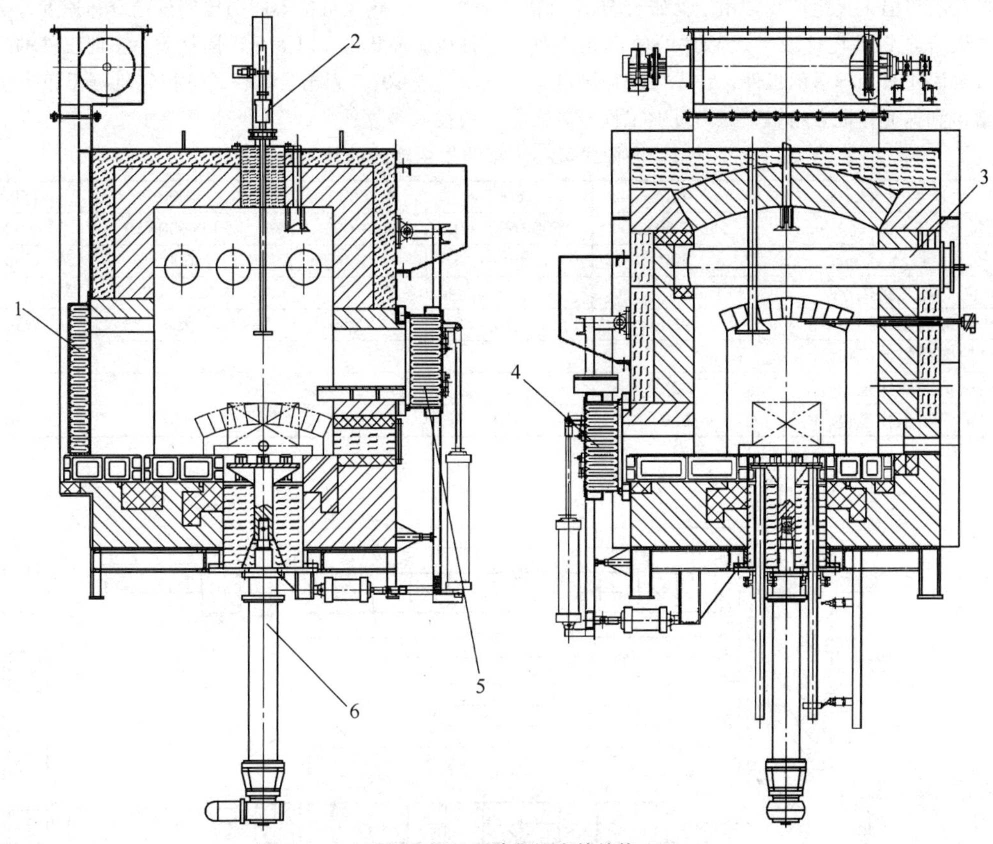

图 10-56　压淬保温室的结构

1—进料炉门　2—限位装置　3—辐射管　4—出料盘门　5—压淬门　6—升降机构

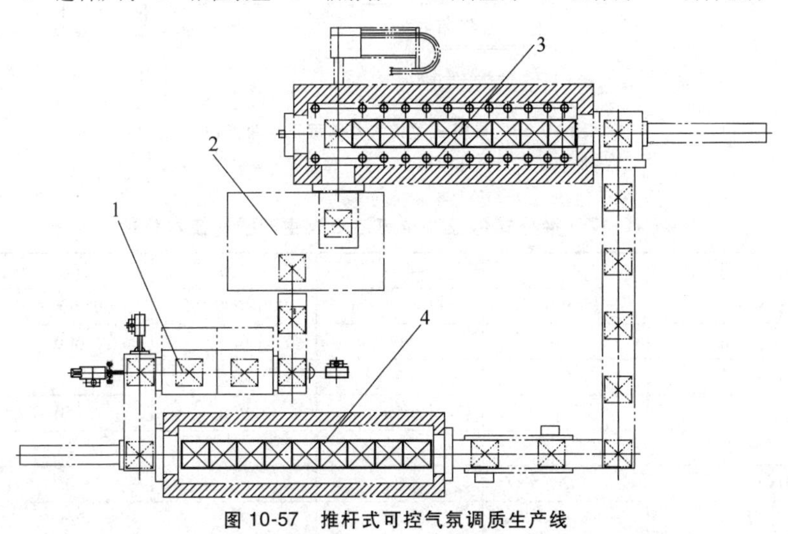

图 10-57　推杆式可控气氛调质生产线

1—清洗机　2—淬火槽　3—加热炉　4—回火炉

的调质处理，淬火冷却介质为快速淬火油。表 10-16 列出了推杆式可控气氛调质生产线的技术参数。

10.5.4　推杆式可控气氛等温正火生产线

图 10-58 所示为推杆式可控气氛等温正火线。推杆式可控气氛等温正火生产线常用于低碳合金钢、中碳钢和中碳合金钢毛坯件或半成品件的等温正火处理。通过等温正火处理后的工件，首先可获得硬度均匀的铁素体和珠光体混合组织，提高可加工性；其次晶粒均匀而细小的组织结构，可有效改善工件渗碳淬火后产生的变形。图 10-59 所示为等温正火生产线的风冷系统。高温、高压风机采用变频调速，风冷管路采用气动蝶阀进行风向转换，可实现全部下吹风冷却、全部上吹风冷却及上下交替吹风冷却等循环方式。冷、热风可按不同的比例设定冷却速度，实现多种风循环状态，以满足不同材质、不同工件的工艺要求。表 10-17 列出了推杆式可控气氛等温正火生产线的技术参数。

表 10-16　推杆式可控气氛调质生产线的技术参数

最大生产能力/(kg/h)	400	600	800	1000	1500
料盘尺寸(长×宽×高)/mm	560×560×50	600×600×50	900×600×50	900×600×50	1000×600×50
最大装料高度/mm	500	500	600	600	700
加热炉加热区段/个	2	2	3	3	3
加热炉最高工作温度/℃	950	950	950	950	950
加热炉碳势控制区段/个	1	1	2	2	2
回火炉加热区段/个	2	2	3	3	3
回火炉最高工作温度/℃	650	650	650	650	650

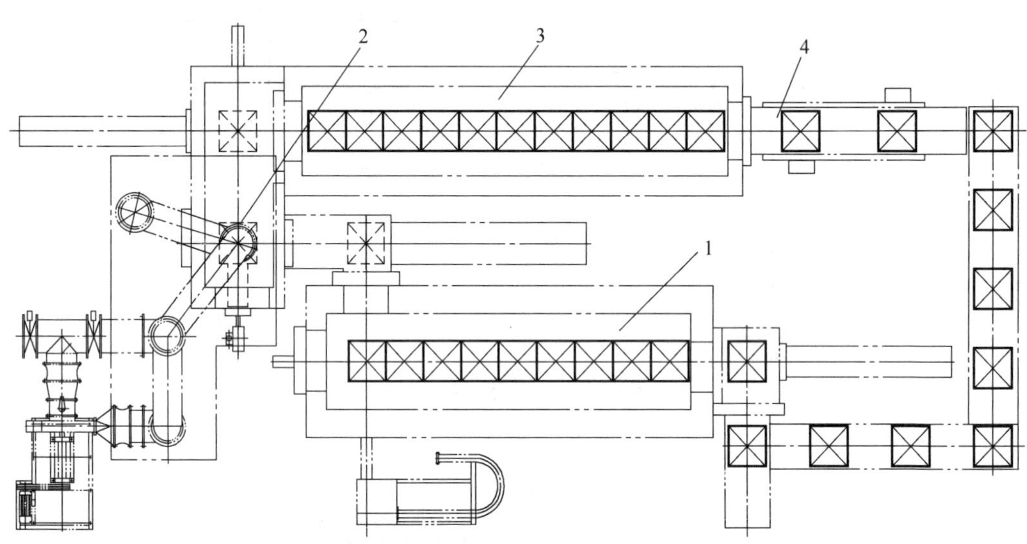

图 10-58　推杆式可控气氛等温正火生产线

1—加热炉　2—风冷系统　3—等温炉　4—风冷罩

表 10-17　推杆式可控气氛等温正火生产线的技术参数

最大生产能力/(kg/h)	400	600	800	1000	1500
料盘尺寸(长×宽×高)/mm	560×560×50	600×600×50	900×600×50	900×600×50	1000×600×50
最大装料高度/mm	500	500	600	600	700
加热炉加热区段/个	2	2	3	3	3
加热炉最高工作温度/℃	950	950	950	950	950
加热炉碳势控制区段/个	1	1	2	2	2
等温炉加热区段/个	2	2	3	3	3
等温炉最高工作温度/℃	700	700	700	700	700
风冷室最高工作温度/℃	650	650	650	650	650

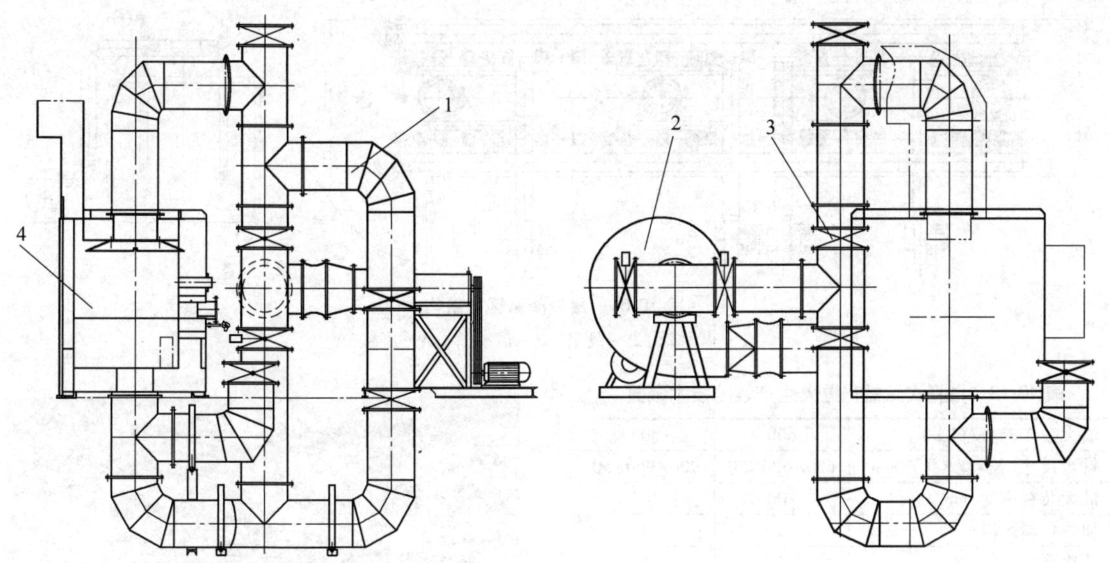

图 10-59　等温正火生产线的风冷系统

1—风冷管　2—风机　3—蝶阀　4—风冷室

10.5.5　推杆式无氧化退火生产线

图 10-60 所示为推杆式无氧化退火生产线。推杆式无氧化退火生产线常用于低碳钢、低碳合金钢、中碳钢及中碳合金钢毛坯件或半成品件的无氧化退火处理。通过无氧化退火，实现材料在性能和显微组织上的预期变化，如成分均匀化、细化晶粒、消除应力等。毛坯件还可通过光亮退火获得利于冷变形或改善可加工性，并为下道工序进行显微组织做准备，或者使零件尺寸稳定化。

推杆式无氧化退火生产线用于工件无氧化退火处理：工件从进炉到出炉全过程通有保护气氛，由进料推杆推入加热炉Ⅰ、Ⅱ、Ⅲ区加热保温，完成加热保温后由出料推杆送入Ⅳ、Ⅴ、Ⅵ、Ⅶ缓冷降温区段，进行保护气氛下的缓冷降温处理，直至到温出炉。前后室均采用抽真空气氛置换工艺、气密焊接及密封连接工艺，两道密封门，可大幅度降低保护气氛的耗量。加热炉采用辐射管加热，缓冷段布置立式风冷管，维修更换方便。图 10-61 所示为缓冷降温区的结构。表 10-18 列出了推杆式无氧化退火生产线的技术参数。

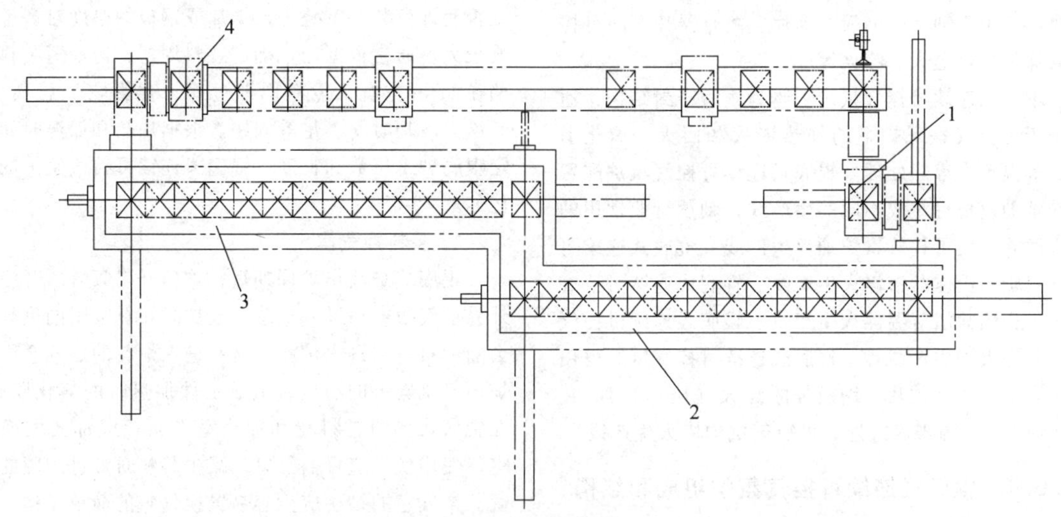

图 10-60　推杆式无氧化退火生产线

1—真空前室　2—加热炉　3—缓冷炉　4—真空后室

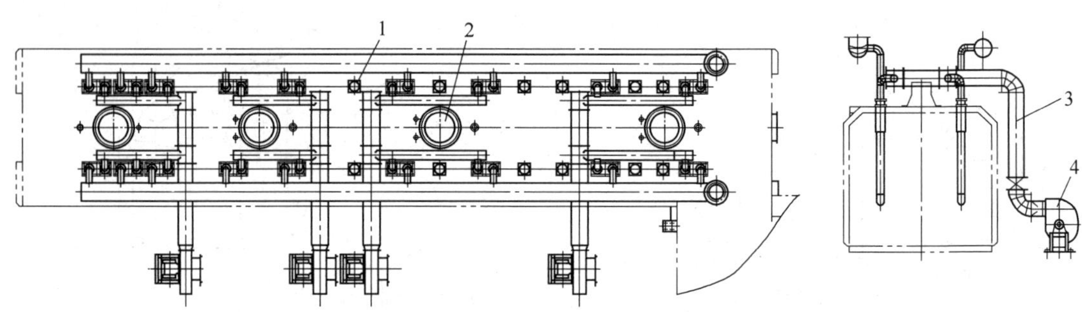

图 10-61　缓冷降温区的结构

1—辐射管　2—风扇　3—风冷管　4—风机

表 10-18　推杆式无氧化退火生产线的技术参数

最大生产能力/(kg/h)	600	800
料盘尺寸(长×宽×高)/mm	600×600×50	900×900×50
最大装料高度/mm	700	700
加热保温区段/个	3	3
缓冷降温区段/个	4	4
加热段最高工作温度/℃	950	950
缓冷段最高出冷温度/℃	300	300

10.6　辊底式连续可控气氛炉

中国机械工程学会热处理分会　徐跃明

广东世创金属科技股份有限公司　殷汉奇　苏宇辉

辊底式炉使用旋转的辊棒传递工件，完成工件从装料到加热、保温、淬火或退火、出炉等工序的转移。使用辊棒旋转传动转移工件，减少了料盘料具的使用，节能效果显著，特别适合大批量工件的热处理。辊底式炉在冶金行业得到广泛应用，常用于板材、棒材、管材、线材等的退火、淬火等，机械制造行业广泛用于轴承、钢板、锯片、离合器片等的可控气氛保护加热退火、淬火等。

辊底式连续可控气氛炉炉体为气密密封结构，通常用于可控气氛保护下的加热淬火和回火、球化退火、等温正火等热处理。辊底式连续可控气氛炉配置不同辅助设备可组成不同的生产线，轴承行业常用的有辊底式连续可控气氛炉油淬生产线、辊底式连续可控气氛炉马氏体盐浴淬火生产线、辊底式连续可控气氛炉贝氏体盐浴等温淬火生产线、辊底式连续可控气氛球化退火炉生产线等。辊底式连续可控气氛炉也用于离合器膜片、锯片、钢板等的淬火（压淬）加热。图 10-62 所示为辊底式连续可控气氛炉淬火生产线。

图 10-62　辊底式连续可控气氛炉淬火生产线

10.6.1　辊底式连续可控气氛炉组成和结构

辊底式连续可控气氛炉由上料台、换气室、加热室、保温室、过渡室、淬火槽或冷却室、卸料台和控制系统等组成。

辊底式连续可控气氛炉通常使用氮基可控气氛、甲醇滴注气氛或氮气保护气氛，使用氧探头和碳势控制仪表对炉内气氛碳势进行控制。

辊底式连续可控气氛炉的产量通常根据加热工件的结构形状和对畸变的要求确定，如轴承套圈装料时是否允许套装、重叠等，锯片或钢板的厚度对产量影响较大。通常根据产量确定装料周期，但最短装料周期在 8min 左右，装料周期过短，会影响炉膛换气，有淬火冷却时间不足等问题。根据加热和保温时间确定辊底炉工位数和长度。辊底式连续可控气氛炉的结构如图 10-63 所示。

1. 装料换气室

辊底式炉装出炉周期短，炉门开启频繁，开门时外界空气很容易进入炉膛，装炉时炉料吸附的氧气也会随炉料一起进入炉膛，这些进入炉膛的氧气会影响炉内气氛碳势的稳定，造成工件加热时的氧化脱碳。在辊底式炉的进料端和加热室之间一般都要配换气室，使用换气室置换气氛，减少装料时带进炉膛的氧气。换气室的结构应为容易置换气氛的简单结构，当有隔热炉衬，换气室空间应尽可能小，可减少换气气体耗量，增加换气效果。

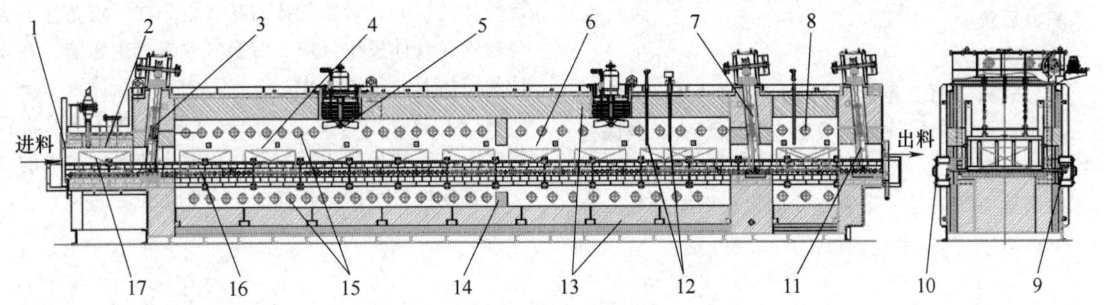

图 10-63　辊底式连续可控气氛炉的结构

1—装料换气室炉门　2—换气室　3—加热室炉门　4—加热室　5—循环风机　6—保温室　7—过渡室炉门　8—过渡室　9—辊棒传动　10—辊棒密封　11—过渡室出料炉门　12—氧探头、热电偶　13—炉衬　14—隔离墙　15—加热辐射管　16—辊棒　17—炉料

换气方式有置换换气、真空换气和吹扫换气等。带密封门结构的换气室换气量应达到换气室容积的5~7倍。置换换气时中门为不密封炉门，真空换气室中门为密封炉门。装料口没有密封门的换气室应有足够的长度和气体流速，使用气帘或遮挡帘，减少装料时空气的进入。

（1）置换换气室　置换换气室是通过通入氮气将装料时带进炉内的空气排出，或者靠炉内排出气体将装炉时带进的空气排出，减少装炉时进入加热炉内的氧气。置换换气室的结构如图 10-64 所示。

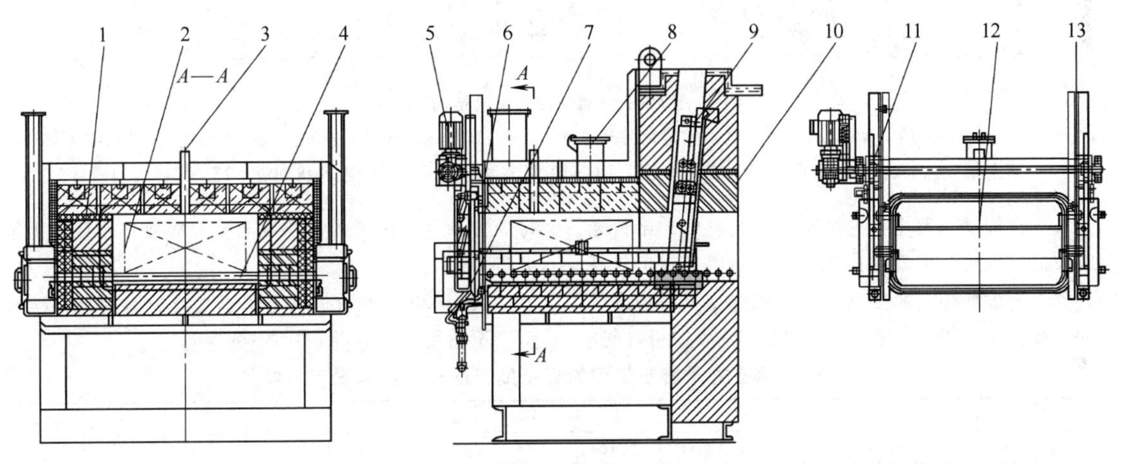

图 10-64　置换换气室的结构

1—炉衬　2—炉料　3—排气口　4—辊棒　5—炉门驱动电动机　6—炉门密封　7—炉门火帘系统　8—压力释放装置　9—中间炉门　10—加热室　11—炉门驱动系统　12—装料炉门　13—炉门导向装置

置换换气室在装料后通入高压氮气或大流量氮气置换换气室空气。置换换气室一般和加热室连通，中间炉门不密封，加热室的气氛通过置换换气室排出。每立方米容积置换换气次数与残存气量见表 10-19。

表 10-19　每立方米容积置换换气次数与残存气量（置换气体纯度 100%）

换气次数/次	0	1	2	3	4	5	6	7	8	9	10
残存气体量/L	1000	368	135	50	18	6.7	2.5	0.91	0.34	0.12	0.05
残存气体百分比(%)	100	36.8	13.5	5.0	1.8	0.67	0.25	0.091	0.034	0.012	0.005

置换换气参数计算如下。

根据单位时间内所减少的残存气体量＝单位时间内置换气体所带出的残存气体量，得

$$QV/V_0 = -\mathrm{d}V/\mathrm{d}t$$

式中　V_0——炉膛容积（L）；

Q——置换气体流量（L/min）；

t——置换时间（min）；

V——被置换气体残存量（m^3）。

积分后得　　$V/V_0 = e^{(-Qt/V_0)}$

换气次数为　　$N = Qt/V_0$

该公式只适用于光滑容器壁，如钢板壁容器等，不适用于带孔隙结构炉衬的容器壁，如耐火砖或陶瓷纤维炉壁等。

使用置换换气时，置换气纯度也会影响换气后残存气体的组分，置换气体的某些组分在一定条件下会与被置换气体发生反应，对换气效果产生影响，在设计和使用时要予以考虑。

（2）真空换气室　真空换气是使用真空泵将换气室的空气抽出，再回充氮气，减少装料时带入的氧气。真空换气室的结构如图 10-65 所示。

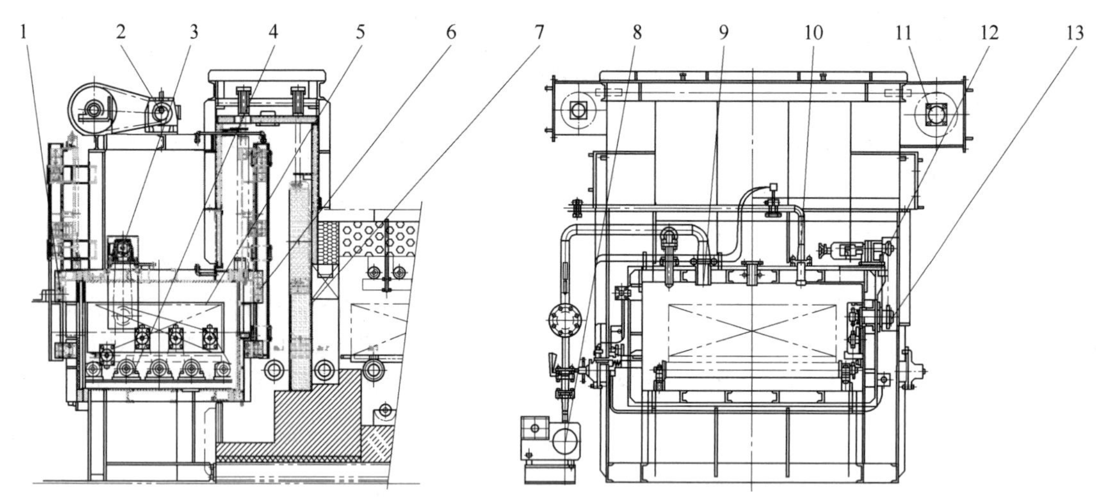

图 10-65　真空换气室的结构

1—外密封门　2—外门驱动电动机　3—真空室辊棒驱动电动机　4—真空室辊棒　5—炉料　6—内密封门　7—中间炉门　8—真空泵　9—真空室抽气口　10—氮气回充口　11—中门驱动电动机　12—辊棒传动链　13—辊棒传动密封

真空换气室一般用在温度较低的装料端，出料端温度较低时也可使用真空换气室，但对出料温度较高的炉型，一般使用过渡换气室，以减少出料对炉内气氛的影响。应用气态方程对真空换气参数进行计算。每立方米容积炉膛的真空度与换气次数和残存气体量见表 10-20。

表 10-20 中的数据仅适用于光滑炉壁的真空换气室，不适用于有孔隙炉衬的换气室。

表 10-20　每立方米容积炉膛的真空度与换气次数和残存气体量

换气次数 N/次	0	1	2	3	4	5	6	7	8	9	10
真空度/Pa	101325	37310	13710	5046	1855	683	251	92	34	12	4
残存气体量/L	1000	368	135	49.8	18.3	6.7	2.48	0.91	0.34	0.12	0.04

（3）其他换气方式　对因工件或其他原因造成不能使用置换换气室和真空换气室的辊底式炉，可使用其他换气方式，如吹扫换气、反应换气等，以减少装料时带入炉膛的空气。

2. 加热室

辊底式炉一般使用电加热或天然气加热，加热功率由加热炉料所需功率和炉体空耗功率确定。加热室的工位数根据加热时间和装料周期确定，装料周期和装料量确定产量。控温区数根据需要确定。各区之间使用炉门或隔墙隔离，以减少温度和气氛的相互影响。根据加热工件情况确定是否需要循环风扇。

含氢可控气氛加热室炉衬为抗渗碳砖和陶瓷纤维的复合炉衬，炉底使用重质抗渗碳砖和硅钙板、陶瓷纤维复合炉衬；两侧炉墙为轻质抗渗碳砖和硅钙板、陶瓷纤维毯的复合炉衬，侧墙炉衬的热短路有辊棒、加热辐射管、炉衬锚固件、观察孔等；炉顶是高纯陶瓷纤维砌块和陶瓷纤维毯复合炉衬，炉顶的热短路有循环风扇、热电偶、炉衬锚固件、辐射管架支撑等。

使用氮气保护的加热室炉衬可用全陶瓷纤维炉衬。

用于保护加热的辊底式炉，加热区长，工位数多，一般加热区采取多区控温；保温区短，工位数少，一般为一区控温。

辊底式炉是在炉温到达设定值和炉膛气氛建立后开始装料。在开始装料时，加热室在设定的加热温度状态，工件装入加热室后，工件和炉膛温度相差很大，炉膛对工件的辐射传热较大，工件升温速度很快。随着炉料的不断装入，加热区前端辐射管提供的功率小于工件吸收的热量，炉膛温度下降以降低炉膛向炉料的辐射传热，直到辐射管提供的热量和炉料吸收的热量、炉体损耗的热量达到平衡，炉膛的温度才能维持在一个稳定的温度场；随着炉料的不断装入和推进，炉料的温度逐渐升高，炉料和炉膛的温差减小，炉膛向炉料的辐射传热减少，辐射管提供的功率大于炉料吸收的热量，炉膛温度升高，最终炉膛温度能维持在某一平衡温度场，加热区末端的温度达到或接近设定值。加热区的温度场在开始装料前是前部和后部的温度基本一致的一个温度场，在连续装料状态下，是一个前端低后端高的温度场，加热区控温热电偶的位置将影响炉体的平衡温度和辐射管的加热空断比。随着新炉料的不断装入，低温炉料将影响前一盘温度较高炉料的温度，前一盘高温炉料和后装入低温炉料的临近部位温度会降低。

由于工件温度低，一般情况下加热室只通入氮气，不通甲醇或丙烷。加热室前段的辊棒有快速传动功能，装料时工件能快速从换气室进到加热室。加热室的结构如图 10-66 所示。

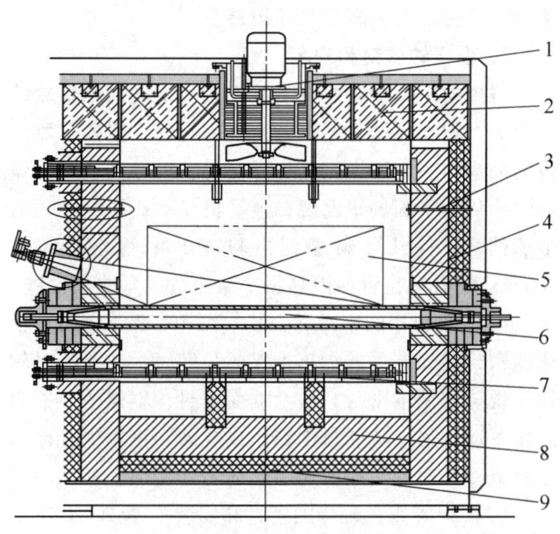

图 10-66 加热室的结构

1—循环风扇 2—炉顶炉衬 3—抗渗碳砖炉墙 4—陶瓷纤维炉衬 5—炉料 6—辊棒 7—加热辐射管 8—炉底抗渗碳砖 9—炉底陶瓷纤维

3. 保温室

保温室工位数根据工件保温时间和装料节拍确定。保温室一般有气体循环风扇，保温室气氛为氮气+甲醇或氮气+丙烷气，甲醇或丙烷气从保温室通入。气氛通入点和通入量应确保炉内气氛流动合理，不会形成气氛死区。

保温室炉衬和加热室一样，含氢的氮基气氛使用抗渗碳砖和陶瓷纤维复合炉衬，氮气保护气氛的辊底式炉也可使用陶瓷纤维炉料。

保温室的控温热电偶一般位于保温室末端，保证工件淬火时的温度，控温热电偶位置不当，会影响工件淬火时的温度。

保温室和加热室之间设有隔离墙，以减少保温室和加热室的温度和气氛的相互影响。

4. 过渡室

为防止或减少工件出炉时淬火槽的盐雾、水汽、空气或油烟进入炉膛，影响炉内气氛，在出料门和保温室之间设有过渡室。过渡室有独立的炉门，保护加热淬火炉使用独立炉门隔断保温室和淬火槽，球化退火炉出炉时的炉料温度低，过渡室可采用真空换气室。

图 10-67 所示为淬火炉过渡室。出炉时，保温室门打开，炉料从保温室进入过渡室，保温室门关闭，淬火室门打开，炉料从过渡室快速转移到淬火槽升降台。

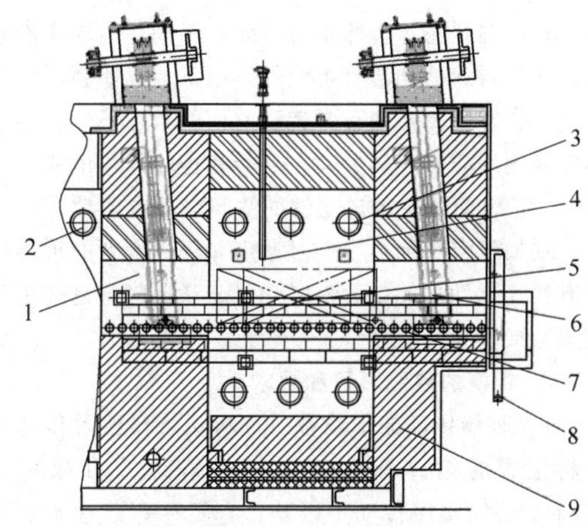

图 10-67 淬火炉过渡室

1—保温室炉门 2—保温室 3—加热辐射管 4—控温热电偶 5—炉料 6—淬火室炉门 7—辊棒 8—翻转辊道 9—炉衬

10.6.2 辊底式连续可控气氛炉关键构件

1. 辊棒（辊子）及其传动系统

辊底式炉使用的辊棒有实心辊棒和空心辊棒，辊棒材料有耐热钢和陶瓷，辊棒传动方式有单辊单驱和多辊联合驱动方式。辊棒传动系统如图 10-68 所示。

单辊单驱是每根辊棒都有一个驱动电动机，这种方式可灵活调节各区长短，实现快进和慢进速度变换。

多辊联合驱动是多根辊棒使用一个电动机驱动，有链轮链条驱动和齿轮驱动等方式。链轮链条驱动有张紧轮，配合电磁离合器实现快进和慢进速度变换。多辊联合驱动分进料驱动、快进驱动、慢速驱动、过渡室驱动、快出驱动。从换气室到加热室、保温室到过渡室、过渡室到淬火槽使用快速传动。辊棒间距应保证在炉料运行的极限状态，每个工位炉料至少能和 3 根以上辊棒接触。

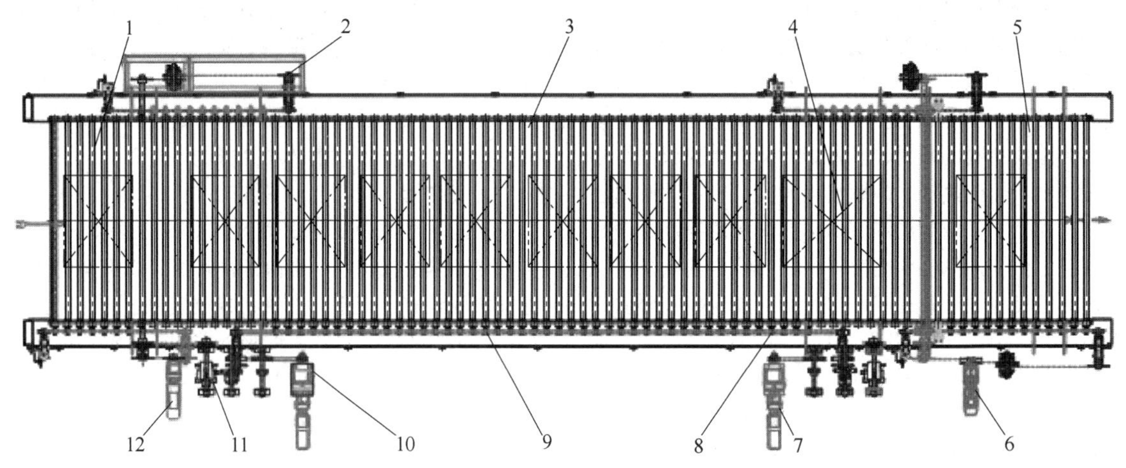

图 10-68　辊棒传动系统

1—换气室　2—传动链轮组　3—加热保温室　4—炉料　5—过渡室　6—过渡室传动装置　7—正转传动装置　8—链条链轮润滑　9—传动链条和链轮　10—反转传动装置　11—电磁离合器　12—进料传动装置

在高温状态，辊棒不可以停止不动。当辊棒静止时，在炉料载荷和自身重量的作用下，辊棒会产生弯曲变形；在辊棒不能正常转动前行的状态下，辊棒必须能实现反转和正转摆动，反转和正转的角度应大于 180°，炉料两侧应留出足够的空间以适应摆动。

在换气室和加热室、过渡室和淬火槽处的辊棒传动有快速传动功能，装料时炉料能从换气室迅速进入加热室或淬火槽。

2. 辊棒的检测项目和要求

1）辊棒传动的平稳性：炉料从装料位置传送到出料位置的偏离量小于 20mm 为正常，如果大于 20mm，说明辊棒传动不平稳，有辊棒弯曲或辊道平面不平等问题。

2）辊棒的弯曲：观察辊棒运行是否平稳，是否有颤动，如有颤动说明辊棒有弯曲。

3）辊棒的平行度和垂直度：观察辊棒两端和轴承接触处的磨损情况，磨损不均匀说明辊棒接触不好。

4）辊棒的矫正：当发现辊棒有弯曲时，需要停炉取出并矫正棍棒，或者更换符合要求的辊棒。

5）炉内辊棒的监控：如发现辊棒停止，应立即检查、分析原因，及时排除故障。

6）传动链条的检查：每次加热过程中都应监测链条的张紧情况，如果链条膨胀松弛，必须把链条缩短。在高温炉的紧链器旁安装有指示标识，当链条达到或超过标识时，就应当缩短链条。

3. 辊棒的密封和安装

辊棒的密封和安装有多种方式。受高温和辊棒结构影响，辊棒的密封不是完全气密封的，需要采取一些辅助措施，如通入氮气加强密封。辊棒安装时要保证辊棒传动平面的平面度，电动机传动或链轮传动的平稳性，工件从装料端到出料端的偏移不得超过 20mm。要有防止辊棒因热胀冷缩而造成弯曲的措施。

（1）小辊棒的密封和安装　图 10-69 所示为小辊棒的密封和安装方式。小棍棒的长度短，载荷相对较轻，辊棒使用轴密封和法兰端面密封，辊棒的一端为链轮驱动，另一端能自由膨胀或收缩，可减少辊棒因加热或冷却时的热胀冷缩引起的弯曲变形。

（2）中等直径辊棒的密封和安装　图 10-70 所示为中等直径辊棒的密封和安装方式。辊棒密封为端盖密封，辊棒两头支撑在轴承上，能自由伸缩，减少辊棒热胀冷缩引起的弯曲变形。

（3）大辊棒的密封和安装　图 10-71 所示为大辊棒的密封和安装方式。为减轻辊棒重量，辊棒为空心结构，冷端辊棒采用缩颈结构，直径较小，以减少辊棒的热短路。辊棒自由端可以自由膨胀收缩，可减少热胀冷缩引起的辊棒变形。辊棒采用轴密封和端盖密封，以确保密封效果。

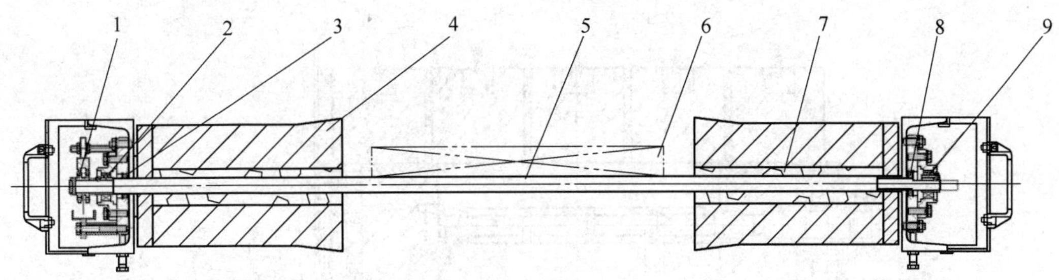

图 10-69　小辊棒的密封和安装方式

1—传动链轮　2、9—轴承　3—密封　4—炉衬　5—辊棒　6—炉料　7—填充陶瓷纤维　8—辊棒密封

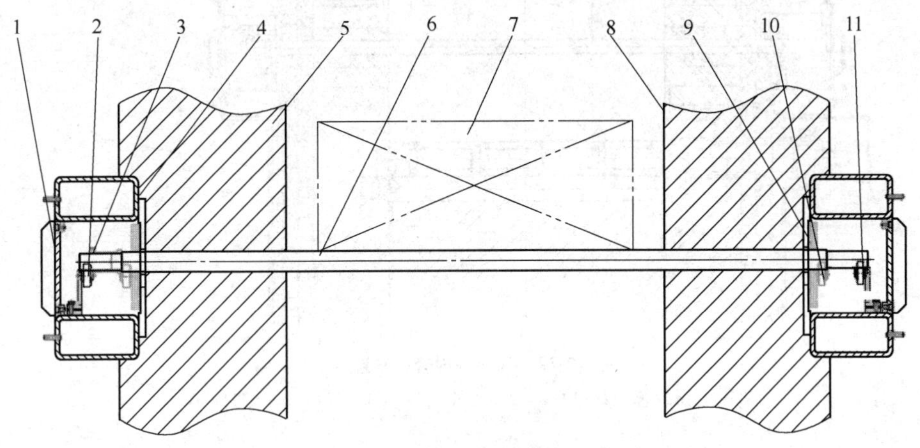

图 10-70　中等直径辊棒的密封和安装方式

1—密封端盖　2、10、11—支撑轴承　3—驱动链轮　4—支架　5、8—炉衬　6—辊棒　7—炉料　9—支撑板

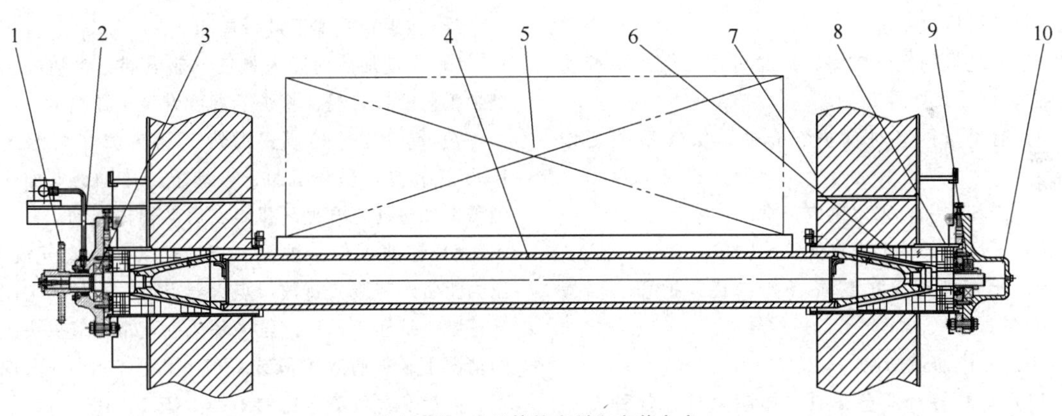

图 10-71　大辊棒的密封和安装方式

1—驱动链轮　2—辊棒密封润滑　3、9—轴承　4—空心辊棒　5—炉料　6—绝热材料　7—炉墙　8—密封　10—密封盖

4. 加热辐射管

加热辐射管布置在炉料的上下两侧，辐射管和工件有合适的辐射距离，辐射管的辐射角度和辐射覆盖面应合理，如图 10-72 所示。a 为上辐射管中心到炉料距离，b 为炉料高度，c 为下辐射管中心到炉料距离。根据所需的加热能力、加热速度要求、保温温度要求选择合适的加热功率和加热元件数量，加热元件布置应合理。针对不同结构炉型选用合适的气氛循环风扇，以确保炉温均匀性。

10.6.3　辊底式连续可控气氛炉的安全操作

1. 准备工作

（1）起动准备　在起动前，需做到如下准备工作。

1）起动操作前熟悉说明书，清楚操作顺序，明白每一个操作的正常状况和非正常状况可能产生的后果。

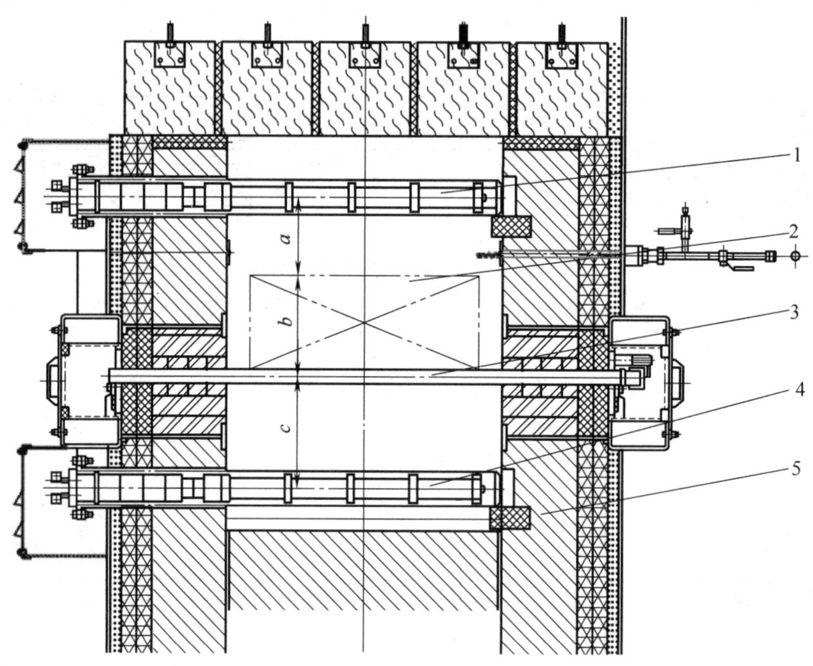

图 10-72　加热辐射管的布置

1—上辐射管　2—炉料　3—辊棒　4—下辐射管　5—炉衬

2）检查网络电压是否正常。

3）打开炉门。

4）开启排风系统。

5）有足量的氮气贮备，随时可用，供气系统功能正常。

6）有足量的各种保护气介质，供气系统工作正常。

7）冷却水和自来水供应正常。

8）各运动部件上没有无关的物体（如工具等）。

9）所有外部保护装置（如护栏、护盖、挡板等）齐备。

10）工作通道畅通。

11）备好各种应急工具，如应急灯、各种专用工具等。

12）各种安全消防设施齐全。

13）有足够的待处理工件。

（2）炉子起动

1）清理炉子，移除所有传动设备（传输带、工作区域和工作通道）上所有和炉子无关的物品。

2）检查炉膛是否有可燃物泄漏，是否有异味，如有可燃物泄漏，必须先通入 7 倍炉膛容积的氮气置换炉气。在通入 7 倍炉膛容积氮气前，不可通电加热，不可点燃火帘，不可点燃废气排放口的点火器。

3）接通供气管路，通入氮气。

4）检查控制电力供应，打开主开关。

5）在手动模式下进行检测。

6）起动加热前通入氮气，热电偶正常情况下按烘炉工艺曲线升温，将炉子温度升至工作温度。

7）起动辊棒传动：天然气加热炉在炉温达到 100℃后，打开循环机组，启动辊棒传动；电加热炉则需在加热前打开循环机组，启动辊棒传动。

8）起动供气：炉温在 750℃以上，氮气流量、压力正常时将废气排放口点火器点燃；在炉门关闭密封正常、炉压正常、气氛循环风扇正常、氧探头正常的情况下，可通入甲醇或氮气+甲醇、氮气+丙烷气氛，丙烷和氮气流量比例不得大于 1 : 100；供气后，观察废气排放口的燃烧情况和碳势控制仪表的氧探头毫伏值上升情况。

（3）烘炉　新炉启用、炉衬大修或长时间停炉后需要烘炉，烘炉工艺曲线如图 10-73 所示。烘炉升温过程中，各级温度的保温时间根据停炉时间有所不同，见表 10-21。新炉或炉衬大修按停炉一年烘炉；停炉时间少于一个月，炉温降到室温的按停炉一个月升温；炉温降到对应等温温度的，按等温温度的上一个等温温度升温等温；炉温在 750℃以上的可直接升到工作温度，恢复气氛后进入工作状态。

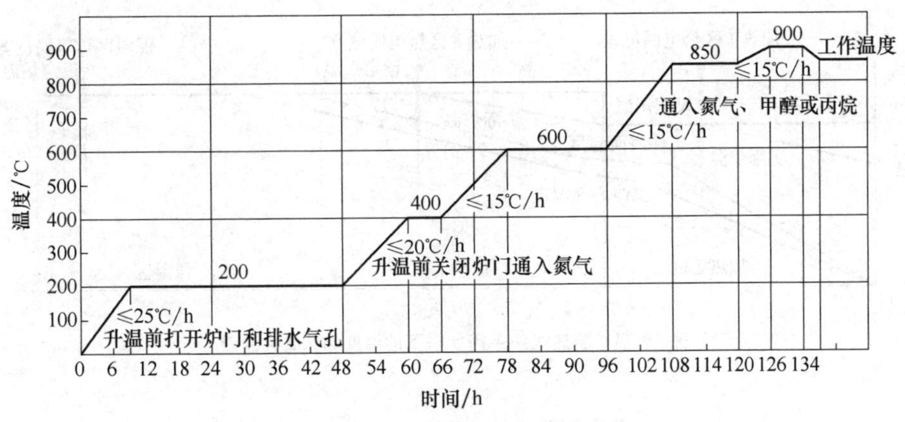

图 10-73　烘炉工艺曲线

表 10-21　烘炉升温过程中各级温度保温时间

停炉时间	温度/℃					工作温度	备　注
	200	400	600	850	900		
	保温时间/h						
一年(新炉、炉衬大修)	48	6	24	12	8	8	通电加热前先通氮气，850℃左右通入甲醇或丙烷
半年	24	6	16	8	6	8	
三个月	16	4	16	6	4	8	
一个月	12	4	12	4	4	8	

从室温加热到 200℃的升温速度不大于 25℃/h。

从 200℃加热到 400℃的升温速度不大于 20℃/h。

从 400℃加热到 600℃的升温速度不大于 15℃/h。

从 600℃加热到 850℃的升温速度不大于 15℃/h。

从 850℃加热到 900℃的升温速度不大于 15℃/h。

从最高温度降到工作温度为随炉降温。

烘炉过程中必须打开循环风扇；烘炉前必须打开前室、加热室所有的炉门，打开顶部的检修孔盖，打开所有排气堵头，起动辊棒的驱动系统及风道的风机。200℃以下（含 200℃），所有炉门及开孔必须打开，以排除潮气。只有当各开孔排出的是干燥热空气时，方可关闭各孔及炉门。

升温到 400℃后，通入氮气，检测炉子密封状况，调整氮气流量和炉压。

炉温到 850℃，关闭所有排潮气开口，安装氧探头，通入甲醇或丙烷等。通入丙烷时，丙烷流量不得超过氮气流量的 10%。

当炉内气体露点恒定不变、窥孔玻璃上无水珠、排气管的冷端无锈斑形成时，可认为炉子已干透。

烘炉前必须将氧探头卸下，待烘炉结束后再将氧探头用极慢的速度（20mm/h）插进、安装。

烘炉时注意检查管路、接口的密封情况，检查各机械运动部件的灵活性，检查辐射管电压和电流及对地电阻，检查水、气供应等。

机械动作可靠性测试也在烘炉过程中同时进行，以便及时发现并排除故障。

2. 辊底式炉的热电偶布置和温度控制

用于保护加热的辊底式炉的加热段较长，加热段温度随工件和装料量的不同也会有变化。加热段热电偶位置确定后，在装料一致的条件下，随炉料的不断装入和推进，辊底式炉的温度场会趋于一致。在一个装料周期内，同一加热区前段的温度会随装料波动，工件刚进入时，因炉料和炉膛温度相差较大，炉温会下降到一个最低点；在一个装料周期结束后，随辐射管供热量的增加和炉料的温度升高，该点达到最高温度。最高温度和最低温度的差值随炉料的推进而减小。当工件或装料量改变时，这些点也会发生变化。

热电偶位置应向前布置，炉膛温度较低，设定值不能过高，否则辐射管会一直处于加热状态。如热电偶向后布置，炉膛温度容易提前达到设定值。辐射管供热不足，会影响炉料升温速度。装料周期变化时，也会影响升温速度。当热电偶位置固定时，可通过调节各区设定温度，使辐射管的加热处于合理状态。

图 10-74 所示为辊底式炉平衡状态下的温度场和工件温度。图 10-75 所示为辊底式炉空炉状态下的温度均匀性检测曲线。辊底式炉加热保温区设有 9 个盘位，加热保温区分四区，加热Ⅰ区 3 个盘位，设定温度为 830℃；加热保温Ⅱ~Ⅳ区各两个盘位，设定温度为 830℃。

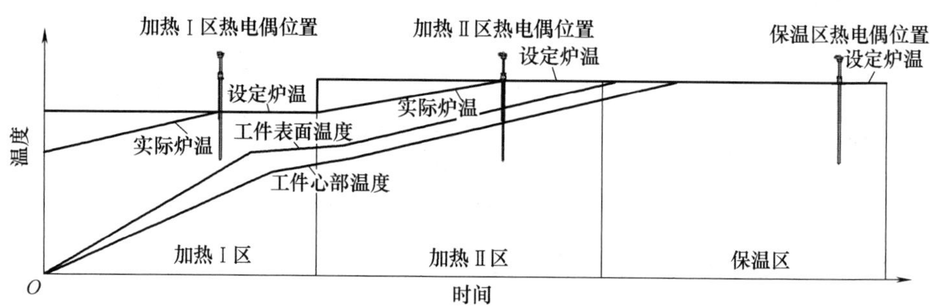

图 10-74　辊底式炉平衡状态下的温度场和工件温度

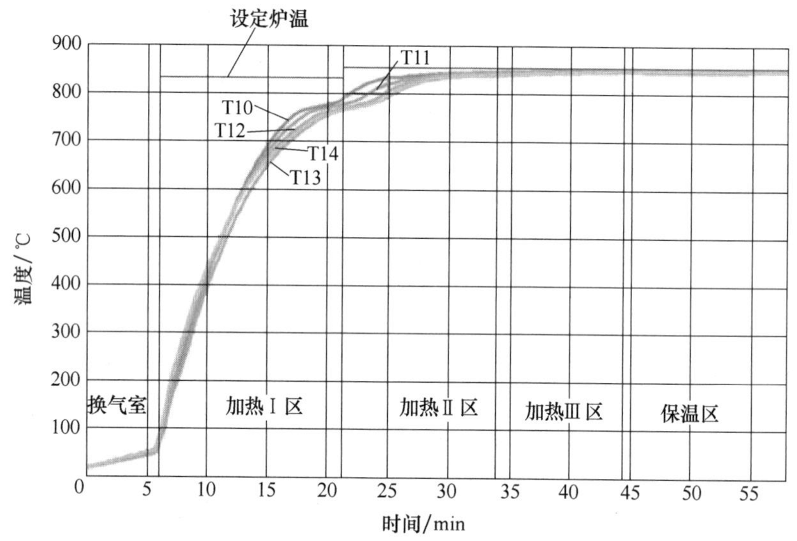

图 10-75　辊底式炉空炉状态下的温度均匀性检测曲线（北京赛唯美提供）

盘位装料尺寸为 750mm×750mm×300mm，测温黑匣子热电偶 T10～T14 捆绑在底层工件上，温度采样周期为 12s，黑匣子推进速度约为 180mm/min。

3. 气氛碳势控制和碳势控制仪表校准

用于保护加热淬火、退火或正火的辊底式炉，可使用甲醇、氮气+丙烷、氮气+甲醇或氮气+甲醇+丙烷等氮基气氛。用于保护加热时，一氧化碳含量一般小于 15%（体积分数），氢含量小于 30%（体积分数）；用于渗碳的辊底式炉，可使用甲醇裂解气氛、氮甲醇气氛或吸热式气氛，一氧化碳含量为 20%～32%（体积分数）。由于一氧化碳和氢气含量不同，气氛的渗碳速度相差很大。当使用钢箔定碳时，要注意钢箔在炉膛内的停留时间。

辊底式炉用于保护加热淬火时，加热段较长，保温段较短，装出料周期短（最短 8min），温度较低，不利于甲醇裂解；甲醇入口位于保温室的高温部位，有利于甲醇裂解，必要时可使用炉外甲醇裂解装置。辊底式炉炉膛气压要稳定，避免装出料开关炉门对炉压的影响，炉气流向应合理，以减少炉门开启和炉料带入氧气引起工件的氧化脱碳。

使用氧探头和碳势控制仪表对气氛碳势进行控制，当气氛中一氧化碳低于 15%（体积分数）时，推荐使用氧探头毫伏值控制气氛碳势，气氛碳势的校对可使用钢箔测定气氛碳势。由于氮基气氛中一氧化碳含量较低，温度低，使用钢箔测定气氛碳势时，放置时间应相应延长。推荐使用表 10-22 中所列的时间。

表 10-22　钢箔测定气氛碳势在不同气氛的放置时间（钢箔厚度不大于 0.03mm）

序号	炉膛温度/℃	CO 含量(体积分数,%)	钢箔放置时间/min	备　注
1	≤850	≤10	60	CO 含量在界限处时可适当增减
		>10～20	45	
		>20	30	

（续）

序号	炉膛温度/℃	CO 含量(体积分数,%)	钢箔放置时间/min	备　注
2	>850~900	≤10	45	
		>10~20	30	
		>20	20	
3	>900	≤10	30	
		>10~20	20	
		>20	10	

对氮基气氛的碳势控制应采取措施，减少气氛碳势的波动，避免工件表面碳含量不稳定。

4. 烧炭黑

虽然用于保护加热的可控气氛中的一氧化碳含量比渗碳气氛中低，但炉膛温度较低，在长期使用过程中，炉膛中也会析出炭黑。炉膛炭黑会对气氛控制产生一定的影响，因此需要定期烧炭黑。一般是通入空气，即可将炉膛炉壁和一些过渡区，如中间炉门的一些炭黑烧掉。

只有在下列情况下才能进行烧炭黑操作。

1）工件已全部出炉，炉膛内没有工件。

2）炉内温度为 800~850℃。

3）停止可燃气的通入。

可控气氛保护加热炉烧炭黑操作建议在停炉时进行。

在通入空气烧炭黑前，最好先通入氮气吹扫炉内气氛，再通入空气烧炭黑。防止通入空气与炉内可燃气氛反应释放热量，造成炉子超温，因此在烧炭黑的过程中，需对炉温进行持续监控，防止超温。

烧炭黑结束后，在进入正常运行前，要重新恢复炉内气氛，否则炉内的气氛容易造成工件的氧化和脱碳。先通入氮气置换炉内氧气，再按正常氮气和甲醇或丙烷通入量恢复炉内气氛。

5. 停炉

1）待炉内工件全部出炉后，停止可燃气通入，通入氮气置换炉内气氛。若需要烧炭黑，待炉温降到烧炭黑温度且氮气置换结束再通入空气烧炭黑。

2）烧炭黑结束后，将设定炉温降到室温或 0℃，停止加热，保持氮气通入，待炉温降到 400℃以下可停止氮气通入。

3）待炉温降到 200℃以下，关闭气体循环装置，打开炉门。

4）在炉温降到 200℃前，要保持辊棒的旋转。

5）关闭供气站的氮气阀。

6）切断供气管路，将管道开口封闭并妥善密封。

7）生产线上其他部件都关闭后，关闭控制柜上的主开关。

6. 辊底式连续可控气氛炉的安全操作和安全设施

辊底式连续可控气氛炉使用的原料气有氮气、甲醇、丙烷或天然气等，这些气体在炉膛内生成的气氛中含有一氧化碳、氢气、氮气和少量甲烷，一氧化碳和甲醇蒸汽是有毒气体，一氧化碳、氢气、甲醇、丙烷、甲烷是易燃易爆气体，一氧化碳、氢气、甲烷、丙烷和氮气是窒息气体，在操作、维护、维修炉子时，要按可控气氛的安全操作规定进行操作。

设备接有高压电，有触电危险；电动机、机械等有机械损伤危险，未经培训合格的人员不得操作设备；操作人员必须熟悉设备的安全操作规程，才能操作设备。

辊底式连续可控气氛炉必须配备以下安全装置：

1）紧急停止按钮。在控制柜、操作台上均应设有紧急停止按钮，供紧急情况下切断电源，停止误操作或失控状态的动作造成设备或人员的损伤。

2）安全氮气的停电常开电磁阀。在停电情况下保持开启，氮气自动通入炉内。

3）安全温度监控。炉温低于 750℃的安全。当炉温低于 750℃时，可燃气电磁阀自动关闭，氮气供给电磁阀自动打开。

4）超温监控。应有一根超温报警热电偶连接到控温仪表，当炉温高于设定温度上限值时，自动切断加热供电。

5）工艺介质切断装置。配气系统应设有可靠切断工艺介质进入炉膛的装置，防止电磁阀或手动阀泄漏造成可燃气失控进入炉膛，在停炉、入炉维修期间，必须可靠切断工艺介质供给。

6）炉门开启联锁。点火器点燃稳定燃烧后，火帘电磁阀打开，火帘稳定燃烧后炉门打开起动。

7）辊棒转动。辊棒正转受限时，辊棒自动切换到反转，防止辊棒在高温状态停止旋转而产生弯曲。

8）辊棒转动联锁。炉门未开启到位，装出料辊棒快速转动但不起动。

9）供气联锁。炉温在 750℃以上、氮气压力正常、各工艺介质压力正常、循环风扇开启、废气排放口火焰稳定燃烧、供气可以起动。

10）火焰监视装置。废气排放口必须保持火焰稳定燃烧，如果火焰熄灭，可燃气液电磁阀关闭，安全氮气自动打开。

11）高压释放装置。当炉内压力超出规定值时，防爆盖自动打开，泄放炉内高压，炉内压力低于规定值时自动关闭。

12）传动护罩。所有链传动、齿轮传动等可能造成机械损伤的部位应设有防护罩。

13）电线接头防护。所有电线接头应有防护套，防止误接触触电。

14）报警。设备应配备声光报警，提示操作人员处理故障。

15）警示标识。危险、工艺介质、电动机转向、机械运动方向等都要按规定有明确标识；辊棒传动链条的位置标识，用于链条的张紧调整。

16）维修保养时安全措施。进入炉膛时通风，防止炉衬溢出的有害气体伤害，防止炉门掉落关闭，手动操作时电动机或机械的突然起动等措施。

17）通风设施。入炉维修时，必须使用通风装置，保持炉内空气流通，防止炉膛内残留气氛和炉衬溢出气氛造成中毒和窒息。

10.6.4　辊底式连续可控气氛炉应用实例

1. 辊底式连续可控气氛炉球化退火生产线

辊底式连续可控气氛炉球化退火生产线如图 10-76 所示，由上料台、前真空换气室、加热室、保温室、冷却室、球化室、快冷室、后真空换气室、卸料台、料筐返回装置等组成。

图 10-76 所示的辊底式连续可控气氛炉球化退火生产线是某公司用于轴承套圈锻后的球化退火，尺寸（长×宽×高）49m×8m×4m，电加热总装机容量 680kVA，使用氮气加丙烷的氮基气氛，使用氧探头和碳控仪控制气氛碳势，控温精度±1℃，炉温均匀性±10℃，加热能力 2250kg/h，净产量 40t/天。

主要工艺流程：上料台装料→换气室抽真空换气→加热Ⅰ区加热→加热Ⅱ区加热→保温区保温（790～810℃）→冷却室冷至 740℃→球化室球化（740～680℃）→冷却室冷至 300℃以下→换气室真空换气→出炉卸料→料筐返回上料台。

辊底式连续可控气氛炉球化退火生产线温度均匀性检测曲线如图 10-77，生产线参数见表 10-23。

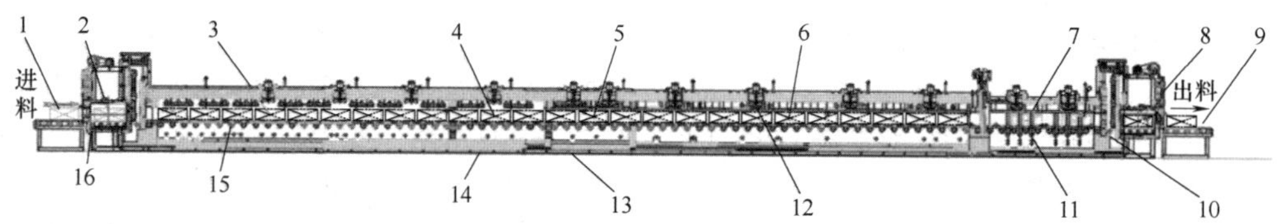

图 10-76　辊底式连续可控气氛炉球化退火生产线

1—上料台　2—前换气室　3—加热室　4—保温室　5—冷却室　6—球化室　7—快冷室　8—后换气室　9—卸料台　10—中间炉门　11—冷却管　12—循环风扇　13—隔离墙　14—加热辐射管　15—辊棒　16—换气室门

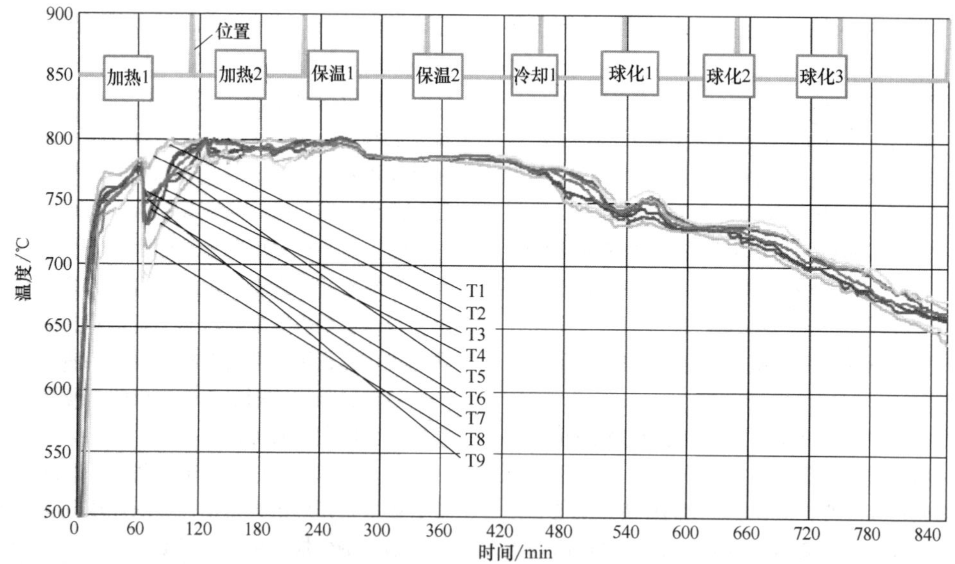

图 10-77　辊底式连续可控气氛炉球化退火生产线温度均匀性检测曲线（北京赛唯美提供）

表 10-23　辊底式连续可控气氛炉球化退火生产线参数

序号	项　目	参　数
1	生产线尺寸(长×宽×高)/mm	49000×8000×4000
2	辊底式炉炉膛容积/m^3	65
3	加热功率/kW	630
4	电动机功率/kVA	50
5	装机容量/kVA	680
6	装料方阵尺寸(工位)(长×宽×高)/mm	1500×1150×400
7	方阵最大质量(毛重)/kg	1500
8	装出料节拍/min	40
9	生产线工位数量/个	36
10	最大加热能力/(kg/h)	2250
11	氮气耗量/(m^3/h)	50
12	甲醇耗量/(L/h)	—
13	丙烷耗量/(m^3/h)	1
14	耗水量/(m^3/h)	25
15	最高温度/℃	900
16	控温区数/个	5
17	控温精度/℃	±1
18	炉温均匀性/℃	±10
19	炉表温升/℃	≤45
20	真空换气室容积/m^3	≈6
21	真空换气时间/min	≈10
22	真空度/kPa	1
23	空载损耗/kW	250
24	空载电动机消耗/kVA	30
25	氮气流量/(m^3/h)	20
26	冷却水流量/(m^3/h)	5
27	设备质量/kg	66000

为降低球化退火的能耗，开发了节能型球化退火炉。利用球化冷却段的热量预热炉料，用双层球化退火炉或双通道球化退火炉回收余热，达到节能目的。

冷却第一段从 790~810℃冷却到 740℃，每吨炉料释放约 10kW · h 热量；冷却第二段从 740℃到 680℃，每吨炉料释放约 12kW · h 热量；冷却第三段从 680℃到 300℃，每吨炉料释放约 60kW · h 热量。三个冷却段每吨炉料总共释放 82kW · h 热量，扣除炉体损耗，每吨炉料可节省一定的能耗。使用节能型球化退火炉时，要采取措施避免因利用余热带来的不利因素，如炉温均匀性、过度增加额外的能耗等。

2. 辊底式连续可控气氛炉贝氏体等温淬火生产线

辊底式连续可控气氛炉贝氏体等温淬火生产线由上料台、前转移装置、前清洗、换气室、加热室、保温室、过渡室、冷却槽、后转移装置、贝氏体等温槽、风冷台、后清洗机、转移机械手、卸料台和控制系统组成，如图 10-78 所示。

该生产线是某公司用于轴承套圈和滚动体的贝氏体等温淬火，生产线尺寸为（长×宽×高）26m×13m×6m。电加热总装机容量为 1410kVA，使用氮气加甲醇，富化气为丙烷的氮基气氛，使用氧探头和碳势控制仪表控制气氛碳势，控温精度为±1℃，炉温均匀性为±10℃，最大产量为 10t/天。辊底式连续可控气氛炉贝氏体等温淬火生产线参数见表 10-24。贝氏体等温淬火工艺流程：上料→前清洗→装料换气→加热→保温→盐槽冷却→转移→贝氏体等温转变→风冷→后清洗→卸料。

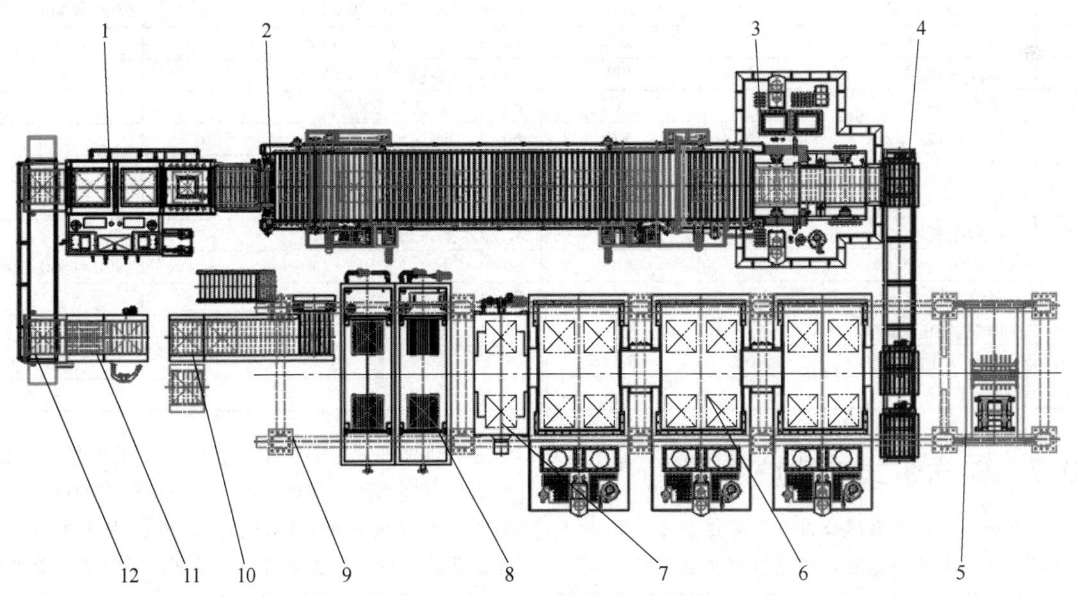

图 10-78　辊底式连续可控气氛炉贝氏体等温淬火生产线

1—前清洗机　2—辊底式连续可控气氛炉　3—冷却槽　4—后转移装置　5—转移机械手维修台　6—贝氏体等温槽　7—风冷台　8—后清洗机　9—转移机械手　10—卸料台　11—上料台　12—前转移装置

表 10-24 辊底式连续可控气氛炉贝氏体等温淬火生产线参数

序号	项目	参数
一、生产线		
1	生产线尺寸(长×宽×高)/m	26×13×6
2	装机容量/kVA	1410
3	装料方阵尺寸(工位)(长×宽×高)/mm	750×750×300
4	方阵最大重量/kg	80
5	装出炉最短节拍/min	8
6	生产线工位数/个	70
7	最大生产能力/(kg/h)	450
8	氮气耗量/(m^3/h)	60
9	甲醇耗量/(L/h)	—
10	丙烷耗量/(m^3/h)	1
11	耗水量/(m^3/h)	—
二、上料装置		
12	尺寸(长×宽×高)/mm	3200×1300×600
13	工位数/个	3
三、前清洗机		
14	尺寸(长×宽×高)/mm	3700×2700×2200
15	工位数/个	3
16	装机容量/kVA	66
17	清洗槽数/个	2
18	清洗槽容积/m^3	1.7×2
19	工作温度/℃	70~80
20	质量/kg	3600
四、辊底式连续可控气氛炉		
21	外形尺寸(长×宽×高)/mm	12725×3200×3400
22	炉膛尺寸(长×宽×高)/mm	8020×900×1254
23	炉膛容积/m^3	11
24	工位数/个	10
25	加热功率/kW	280
26	装机容量/kVA	287
27	最高温度/℃	900
28	控温区数/个	5
29	控温精度/℃	±1
30	炉温均匀性/℃	±10
31	最大产量/(kg/h)	450
32	空载损耗/(kW · h)	105
33	炉表温升/℃	≤45
34	氮气消耗/(m^3/h)	60
35	丙烷消耗/(m^3/h)	1
36	设备质量/kg	≈33000
五、冷却盐槽		
37	外形尺寸(长×宽×高)/mm	4680×3650×5870
38	有效容积/m^3	9
39	工位数/个	2
40	加热功率/kW	225
41	装机容量/kVA	241
42	最高温度/℃	250
43	控温区数/个	1
44	控温精度/℃	±1
45	氮气消耗/(m^3/h)	10
六、贝氏体等温槽		
46	外形尺寸(长×宽×高)/mm	8450×5300×3100
47	有效容积/m^3	20×3
48	工位数/个	12×3
49	加热功率/kW	225×3
50	装机容量/kVA	245×3
51	最高温度/℃	250
52	控温区数/个	1
53	控温精度/℃	±1
54	氮气消耗/(m^3/h)	—
七、后清洗机		
55	尺寸(长×宽×高)/mm	5800×1340×2500
56	工位数/个	4
57	装机容量/kVA	64
58	清洗槽数/个	1
59	清洗槽容积/m^3	10
60	工作温度/℃	70~80
61	质量/kg	—
八、冷水处理机		
62	尺寸(长×宽×高)/mm	5800×1340×2500
63	工位数	4
64	装机容量/kVA	18
65	清洗槽数/个	1
66	清洗槽容积/m^3	10
67	工作温度/℃	6~10
68	质量/kg	—
九、盐水蒸发回收装置		
69	尺寸(长×宽×高)/mm	1900×1600×2900
70	装机容量/kVA	50
71	盐水流量/(L/h)	35
72	工作温度/℃	350
73	质量/kg	—

10.7 输送带式连续炉及其生产线

江苏丰东热技术有限公司 吴石勇 沈顺飞

输送带式连续炉是通过减速机驱动输送带，在贯通式炉膛中传送（或输送）工件，对不同要求的工件进行热处理的设备。输送带式连续炉可以通入可控制气氛，以满足不同热处理要求，也可以在大气环境下进炉热处理。这类炉型广泛应用于紧固件、轴承、小型汽车零部件、传动链条、园林锯链等的调质、渗碳或等温淬火处理；锻件、热轧件的退火处理；锻件、低碳钢件的正火处理；中小产品的钎焊、烧结处理；铝合金件的加热、固溶及时效处理。其主要种类有网带式连续炉、链板式连续炉和链条式连续炉。

输送带式连续炉的优点：

1）处理量大，效率高，单位能耗低。
2）工件输送过程无冲击，无相对位移。
3）炉温均匀性好，工件受热均匀。
4）安全性高。
5）容易接入工厂智能化系统。

输送带式连续炉的缺点：
1）热处理工艺跨度小。
2）输送带单位面积承载能力差。
3）大型工件不适用。
4）输送带需要出炉装工件，冷热交替，寿命较短。
5）输送带出炉，有少量热损耗。

10.7.1　网带式连续炉

由于网带制作工艺简单，高温延展性及承载能力较好，所以应用最广，已开发出不同热处理工艺的炉型，如网带式连续渗碳淬火炉及其生产线、网带式连续退火炉、网带式连续钎焊炉、网带式连续正火炉。

1. 网带式连续渗碳淬火炉及其生产线

（1）基本功能　网带式连续渗碳淬火加热炉用于钢件在可控制的保护气氛环境下，加热到 800℃ 以上的特定温度进行渗碳、碳氮共渗或防脱碳的加热处理。

生产线通常还配有全自动的淬火槽（常用油淬、水淬、盐淬）、清洗机、回火炉，用于完成工件整个热处理流程，实现渗碳、碳氮共渗、调质或等温淬火处理。整个过程为无人干预，全部自动实现。可根据工况需要，增加辅助设备，如自动上料、自动称重、自动出料、沥油、前清洗、冷冻槽、烘干机、防锈槽及碳氢溶剂清洗机等。网带式连续渗碳淬火生产线如图 10-79 所示。

（2）工作原理及设备结构　网带式连续渗碳淬火炉主要由输送系统、气氛控制系统、加热系统、搅拌风扇、保温系统、炉体及控制系统组成，如图 10-80 所示。

网带式连续渗碳淬火炉的进料架处驱动辊上包裹着输送网带，由压紧辊与网带驱动辊紧密挤压，产生摩擦力，再通过减速机带动网带驱动辊旋转，在摩擦力的作用下驱动夹在中间的网带转动。输送网带载着工件在上层托辊的支撑下进入炉内，在尾部工件下落的大托辊处转向，从炉内由下托辊支撑至出炉（见图 10-81）。

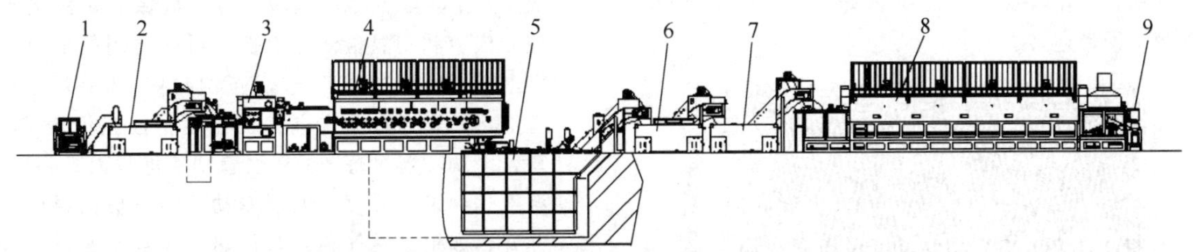

图 10-79　网带式连续渗碳淬火生产线

1—自动上料　2—前级清洗机　3—烘干室　4—渗碳淬火加热炉　5—淬火槽　6—后清洗机　7—冷冻槽　8—回火炉　9—自动出料

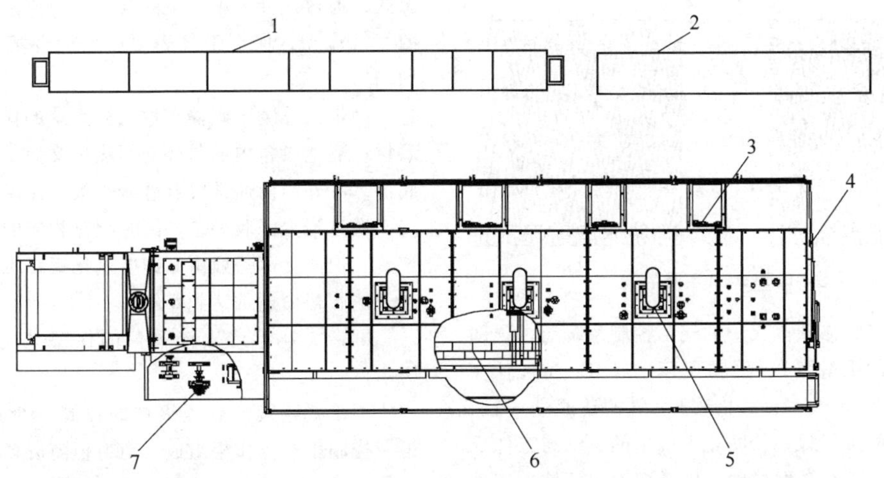

图 10-80　网带式连续渗碳淬火炉

1—控制系统　2—气氛控制系统　3—加热系统　4—炉体　5—搅拌风扇　6—保温系统　7—输送系统

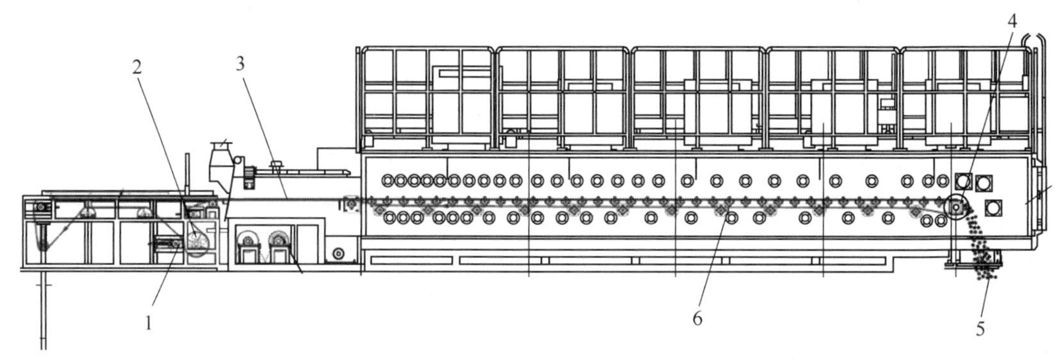

图 10-81　网带式连续渗碳淬火炉的传动

1—压紧辊　2—网带驱动辊　3—输送网带　4—网带尾辊　5—下落工件　6—炉内支撑辊

网带式连续渗碳淬火炉的输送系统由网带、电动机及托辊等组成。网带一般使用 A4 型的输送网带，网带编织完成后，通过机器折弯，使网带整体呈凵形，如图 10-82 所示；或者选用 F2 型网带，网带两侧直接焊接竖直挡板，如图 10-83 所示；也有两侧无挡边的网带，适合较大且不存在自滚的工件输送。网带寿命为 6~18 个月，影响因素较多。驱动动力使用合适速比的减速机，通过链条驱动托辊带动网带运转。

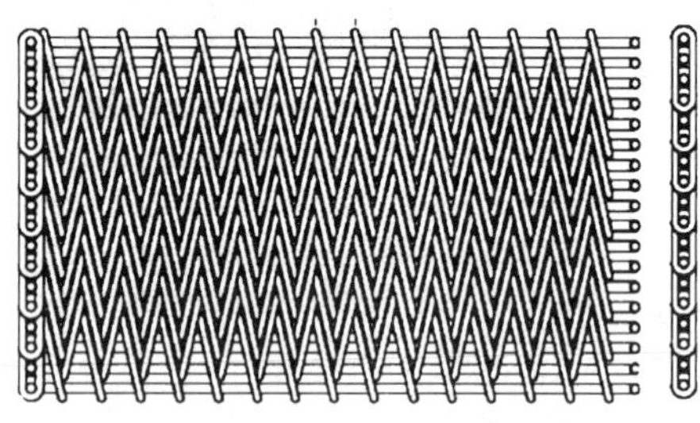

图 10-82　A4 型网带

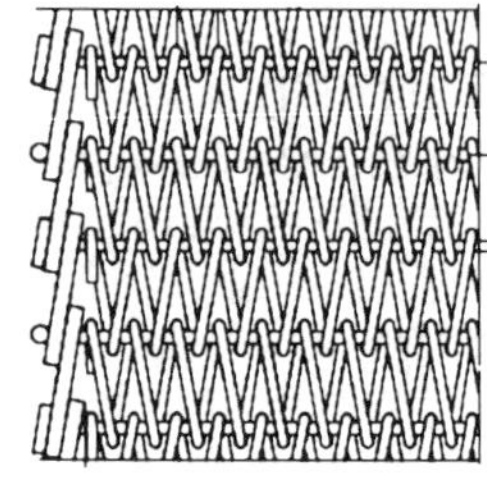
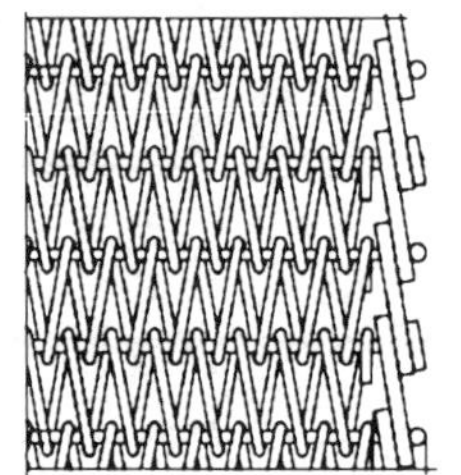

图 10-83　F2 型网带

网带式连续渗碳淬火炉的气氛控制系统通过顶部或侧面注入的甲醇（或氮气+甲醇，或 RX 气氛）在高温环境下裂解产生一氧化碳+氢气的还原性气氛，对在炉内工件进行保护，防止大气中的氧气与工件反应造成脱碳。有渗碳要求的，则需要通入丙烷，工件经过升温、扩散、降温过程进行渗碳。炉内还原性气氛通过氧探头进行控制，调质工艺通常设置一根氧探头，渗碳工艺可设置多根氧探头分别进行控制。炉内通入的保护气氛在入口处被燃烧，并形成火帘，可防止空气从入口处进入炉内。工件下落到淬火槽后产生的油烟会影响加热炉内的碳势检测，会被抽送到入口处一起燃烧。

网带式连续渗碳淬火炉的加热系统从前至后被分成Ⅰ~Ⅳ甚至更多的区域，每个区域有单独的温度控制仪表和测温检测热电偶。目前通用的加热方式有电辐射管加热和燃气辐射管加热。如果是电辐射管加热，则通过热电偶检测温度，控温仪表 PID 计算，由调功器对每区的辐射管功率进行无级调控，使温度达到设定温度，温度变动平缓，炉内温度均匀性好；如果是燃气辐射管加热，通常是通过脉冲式无序加热，以保证炉内温度的均匀性，比电辐射管加热略差。

网带式连续渗碳淬火炉的搅拌风扇通常设置在恒温区，通过搅拌风扇产生的气流，使该区域通入进来的气氛流动，保证工件表面所处的环境一致，渗碳均匀。

网带式连续渗碳淬火炉保温系统的作用是通过保温材料隔绝设备内部与外部的热量交换。炉体侧面与底部，由外向内通常设有硅酸钙板、保温砖、抗渗碳砖，通过耐火泥胶黏结，同时配有相应的锚固件固定炉砖。炉体上部一般由高纯度氧化铝纤维毯作为隔热层，炉膛寿命通常达到 5 年以上。

网带式连续渗碳淬火炉的保温系统如图 10-84 所示。

网带式连续渗碳淬火炉的控制系统通常由动力柜、控制柜、操作柜组成。动力柜内设置空开，提供整个设备动力电源及控制电源；控制柜内设置有调功器、温度控制仪表、变频器等，可对设备加热、运转

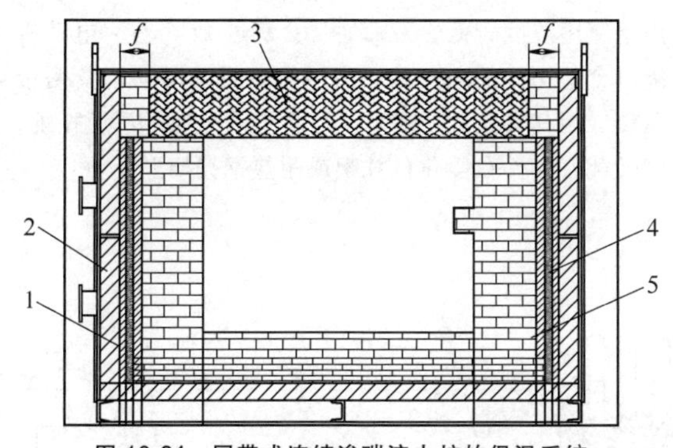

图 10-84　网带式连续渗碳淬火炉的保温系统
1—背衬板　2—硅酸钙板　3—陶瓷纤维
4—纳米板　5—高铝砖

进行控制并进行存储记录；操作柜内设有 PLC、触摸屏、记录仪等，用于操作人员对整个设备的控制及报警等信息的输出。另外，随着工业计算机的普及，越来越多的生产线采用工业计算机进行集中的数据存储、输出及生产线的控制，使设备更加智能化，可与机械手、AGV 等外部智能设备进行互连，可远程对设备进行操作和控制及故障检查。

（3）型号及参数　UNIC 可控气氛网带式连续渗碳淬火炉结构简单，密封性好，炉温均匀性好，能耗低，连续运转故障率低，因此作为输送带式连续炉的首选。可控气氛网带式连续渗碳淬火炉常见的型号及参数见表 10-25。

表 10-25　可控气氛网带式连续渗碳淬火炉常见的型号及参数

型号	有效尺寸/mm			最高工作温度/℃	加热分区/个	加热功率/kW	最大生产能力/(kg/h)	空载能耗/(kW/h)	温度均匀性/℃
	宽	高	长						
UM5042	500	80	4200	920	4	105	200	26	±5
UM6050	600	80	5000	920	4	183	300	45	±5
UM8060	800	100	6000	920	4	267	450	67	±5
UM8080	800	100	8000	920	5	337.5	650	85	±5
UM10050	1000	100	5000	920	4	273	550	70	±5
UM10067	1000	100	6700	920	4	336	700	84	±5
UM10080	1000	100	8000	920	5	381	850	95	±5
UM100100	1000	100	10000	920	6	444	1150	110	±5

2. 网带式连续退火炉

（1）基本功能　网带式连续退火炉用于工件在可控制的保护气氛环境下加热到 400℃ 以上的特定温度进行退火热处理。前后可配有自动上料、布料、称重等功能化的辅助设备。

（2）工作原理及设备结构　网带式连续退火炉的驱动由进料架处的网带驱动辊与压紧辊一起驱动输送网带运转。输送网带载着工件进入炉内进行退火处理，再经过出料架末端的辊轮从炉外向进口处运转，其传动原理图如图 10-85 所示。

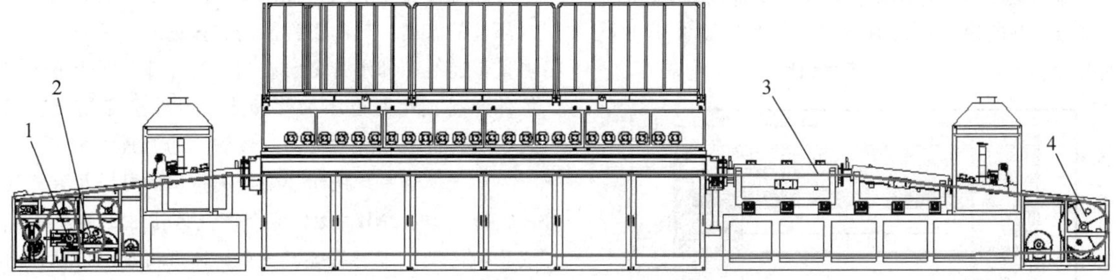

图 10-85　网带式连续退火炉的传动原理图
1—压紧辊　2—网带驱动辊　3—输送网带　4—网带尾辊

炉内常用的保护气氛有 N_2 或通过 NH_3 裂解产生的 H_2、N_2 的混合气。从设备的中部及进出口附近的位置通入，也可把气体先加热到炉内设定温度再通入炉内，以保证工件退火过程中的温度均匀性。通常配有氢探头或氧含量检测仪，以对炉内通入的气氛进行监测和控制。

网带式连续退火炉主要由控制系统、输送系统、加热系统、保温系统、炉体马弗、冷却系统、炉气燃烧系统及气氛滴注系统组成，网带式连续退火炉的组成如图 10-86 所示。

网带式连续退火炉的控制系统与网带式连续渗碳淬火炉类似，通常也由动力柜、控制柜、操作柜组成，配置及功能基本相同，也可配备工业计算机进行集中的数据存储、输出及生产线的控制，并与机械手、AGV 等外部智能设备进行互连，可远程对设备进行操作和控制及故障检查。

网带式连续退火炉的输送系统由网带、电动机及驱动辊等组成。一般使用 A4 型、K2 型、F2 型网带，由于使用温度较低，寿命通常会超过 12 个月。电动机配以合适速比的减速机，通过链条带动驱动辊及网带运转。因其气密性要求较高，主炉部分通常不设托辊，网带载着工件在碳化硅托架或耐热钢托架上拖动。

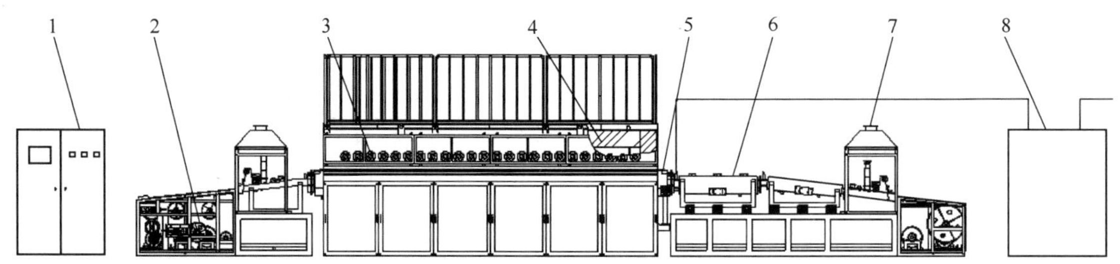

图 10-86　网带式连续退火炉的组成

1—控制系统　2—输送系统　3—加热系统　4—保温系统　5—炉体马弗　6—冷却系统　7—炉气燃烧系统　8—气氛滴注系统

网带式连续退火炉的加热系统由热电偶、变压器、加热器、调功器及温度控制器组成。网带式连续退火炉不设搅拌风扇，因此在主炉的上部及下部都设有加热区，分区更多，有利于对炉温的控制。在温控器上设定温度并通过热电偶检测炉内对应区温度。如果温度与设定值有偏差，则由调功器控制加热器的输出百分比，从而对温度进行连续控制，保证温度均匀性。变压器用于给加热器提供电源，使加热器在低压的状态下工作，主要起安全的作用。

网带式连续退火炉的保温系统主要是隔绝设备内部与外部的热量交换。炉体侧面与底部，由外向内通常设有硅酸钙板、保温砖，用耐火泥胶黏结，同时配有相应的锚固件固定炉砖。炉体上半部用高纯度氧化铝纤维毯作为隔热层，炉膛寿命通常达到 8 年以上。网带式连续退火炉的保温系统如图 10-87 所示。

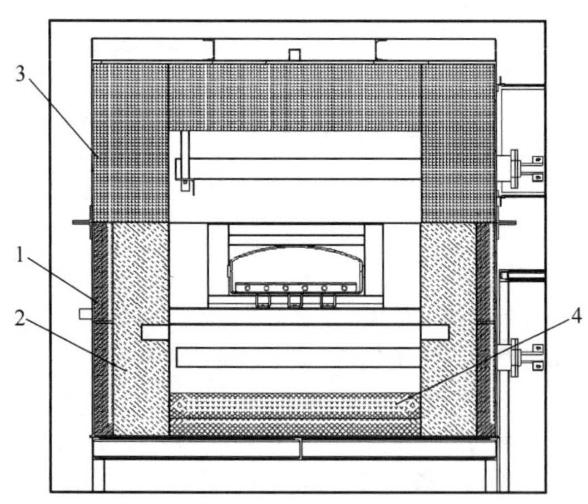

图 10-87　网带式连续退火炉的保温系统

1—硅酸钙板　2—高密度保温砖　3—陶瓷纤维　4—低密度保温砖

网带式连续退火炉炉体马弗的作用是保证温度均匀性的同时，确保保护气氛所处环境是密封的。该设备主体部分是耐热钢制成的密封马弗罐，工件在这里进行保护气氛退火处理，因此设备不设搅拌风扇，同时加热器在前后、上下方向都进行分区。因设备使用时需要停炉开炉，马弗罐在冷热交替产生的应力作用下焊缝容易裂开，导致漏气，所以需要经常关注氧含量检测仪的数值。

网带式连续退火炉冷却系统的作用是工件被加热并保持一定时间后，通过炉内冷却段使工件降温以满足退火冷却工艺，同时也避免了高温工件出炉后影响周围的环境温度。冷却系统是通过向设置在冷却段炉体外的冷却套里通入可控制的冷却水来降低这部分炉内环境的温度。热的工件从高温区进入该区域，并将热量传递给冷却水带走。冷却后的工件随网带被送到炉外卸料，此处也多为焊接水套，并且冷热交替频繁，所以也需要经常关注这段炉体的泄露情况。

炉气燃烧系统用于燃烧炉内排出的可燃及有害气体，减少 H_2、NH_3 及其他有害气体排放，避免危险或环境污染。燃烧系统设置在炉体进口及出口处，由排烟罩、自动点火器、液化气烧嘴、熄火检测装置组成。此处烧嘴的火焰为一直燃烧状态，设置在排烟罩中间，而炉内排出的气体都会经过此处，并被点燃或燃烧，然后排至室外。

网带式连续退火炉的气氛滴注系统由气源发生器、滴注控制管路、露点仪组成。因为液态氨来源简单、成本低、能耗低、效率高，是作为生产氢气、氮气的最理想原料气，所以常用氢气、氮气混合气通入炉内作保护气氛，防止工件氧化。液氨汽化后进入气源发生器（NH_3 裂解炉），并被加热到 800℃左右，在镍基催化剂的作用下发生裂解，生成 $\varphi(H_2)=25\%$、$\varphi(N_2)=75\%$。因为 NH_3 发生裂解达不到 100%，还含有其他杂质，所以裂解气需要经过纯化装置，去除生成气中的 NH_3 和其他杂质，再经过流量计、电磁阀通入设备。炉内设有露点仪，若露点仪数值发生变化，需要对气源发生器进行调整，或者对管路进行检查，调整到合适值。

（3）型号及参数

网带式连续退火炉常见型号及参数见表 10-26。

表 10-26　网带式连续退火炉常见型号及参数

型号	有效尺寸/mm			最高工作温度/℃	加热分区/个	加热功率/kW	最大生产能力/(kg/h)	空载能耗/(kW/h)	温度均匀性/℃
	宽	高	长						
UMA4560	450	90	6000	800	8	240	110	40	±5
UMA6060	600	90	6000	900	4	264	150	55	±5

3. 网带式连续钎焊炉

（1）基本功能　网带式连续钎焊炉用于钎焊件的批量钎焊。低于焊件熔点的钎料和焊件进入炉内，在氮氢保护气氛下同时加热到钎料熔化温度后，利用液态钎料填充固态工件的缝隙，从而使金属件实现连接，然后在保护气氛的环境下冷却出炉，完成钎焊。

（2）工作原理及设备结构　网带式连续钎焊炉工作原理及设备结构与网带式连续退火炉相似。它们区别是，网带式连续钎焊炉的使用温度根据钎料材质的不同，最高可达 1130℃左右，相应炉内的马弗、水冷套、加热元器件的材质需要选用更高等级的。

（3）型号及参数　网带式连续钎焊炉常见型号及参数见表 10-27。

表 10-27　网带式连续钎焊炉常见型号及参数

型号	有效尺寸/mm			最高工作温度/℃	加热分区/个	加热功率/kW	最大生产能力/(kg/h)	空载能耗/(kW/h)	温度均匀性/℃
	宽	高	长						
UMB2018	200	100	1800	800	6	52	25	10	±5
UMB2528	250	100	2800	1150	8	108	50	30	±5
UMB2532	250	100	3200	1100	6	90	80	28	±5
UMB3030	300	100	3000	1100	6	108	90	32	±5

4. 网带式连续正火炉

（1）基本功能　网带式连续正火炉用于将工件加热到 727℃以上某一特定温度，通过冷风对工件进行快速冷却的正火热处理。炉内通常为大气无保护气，也有特殊的为了减少后续其他工序或防止工件氧化脱碳进行的保护气氛正火，因其热处理成本略高，并且正火后一般都有机械加工工序，所以这种设备一般使用较少。

（2）工作原理及设备结构　网带式连续正火炉的驱动由进料架处的网带驱动辊与压紧辊一起驱动输送网带运转。输送网带载着工件进入炉内，加热到设定温度，出炉进行风冷或在炉内冷却。

无保护气氛正火炉的传动如图 10-88 所示。

有保护气氛正火炉的传动如图 10-89 所示。

网带式连续正火炉主要由输送系统、加热系统、搅拌风扇、保温系统、炉体、冷却系统及控制系统组成。若有保护气氛，则含有气氛控制系统。网带式连续正火炉的组成如图 10-90 所示。

输送系统、加热系统、搅拌风扇、保温系统、炉体、控制系统、气氛控制系统均与网带式连续淬火炉相同，不再多做介绍。

冷却系统用于对加热后需要正火处理的工件进行冷却降温，细化组织晶粒。正火的冷却速度介于淬火和退火之间。冷却方式有直接随炉冷却、出炉冷却两种。

直接随炉冷却的工件从加热炉升温后进行保温，再到冷却区进行冷却后出炉是通过一整根网带完成的。在保温区到冷却区之间有多重挡帘防止冷却区的低温气体影响保温区的工件。当工件进入冷却区后，通过大风量风机对炉内工件快速降温，吹入的冷空气经过炉顶排气罩把热量带走，从而冷却工件，完成正火过程。工件移出冷却室后，再经过一个炉外冷却风机对工件进行降温，使工件温度降到 50℃以下，以便后续操作。

出炉冷却则是两个动力系统，两根网带。工件首先被加热并保温后，从加热炉内落到炉外，在炉外由风机对工件进行冷却，完成正火过程。该结构的优点是工件加热后落到炉外可以立即进行快速冷却，正火后工件的显微组织较好。缺点是工件有掉落或滑落的过程，存在磕碰的概率。分段式正火炉的结构如图 10-91 所示。

（3）型号及参数　网带式连续正火炉常见型号及参数见表 10-28。

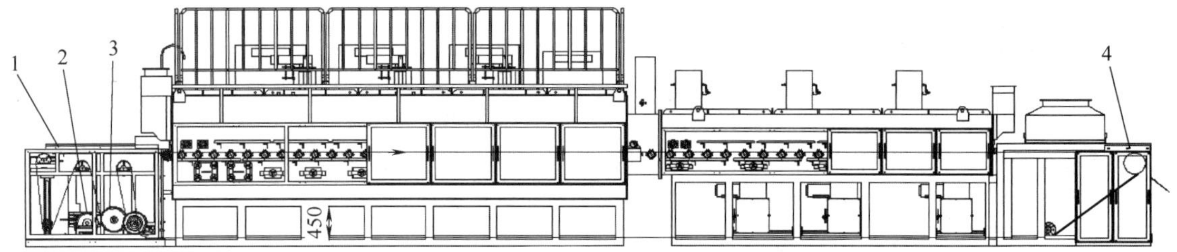

图 10-88　无保护气氛正火炉的传动

1—输送网带　2—压紧辊　3—网带驱动辊　4—网带尾辊

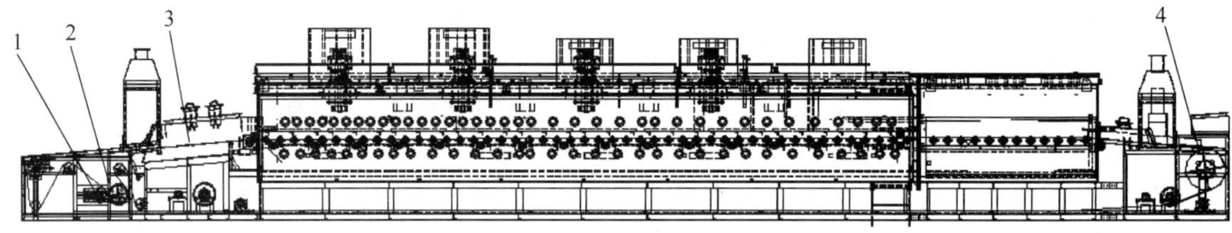

图 10-89　有保护气氛正火炉的传动

1—压紧辊　2—网带驱动辊　3—输送网带　4—网带尾辊

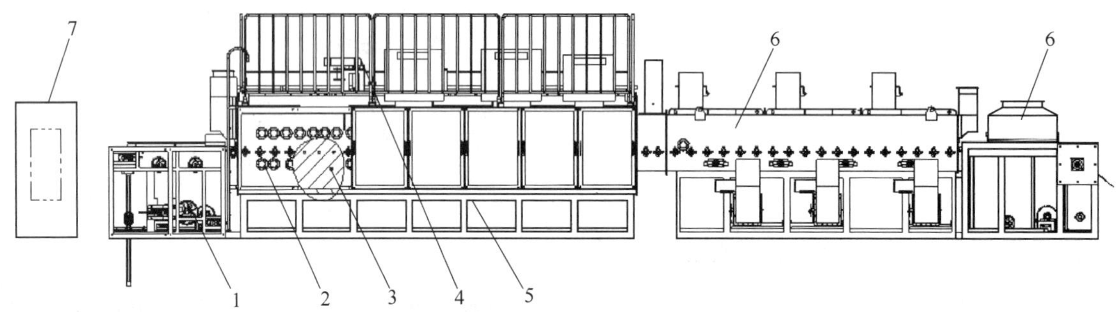

图 10-90　网带式连续正火炉的组成

1—输送系统　2—加热系统　3—保温系统　4—搅拌风扇　5—炉体　6—冷却系统　7—控制系统

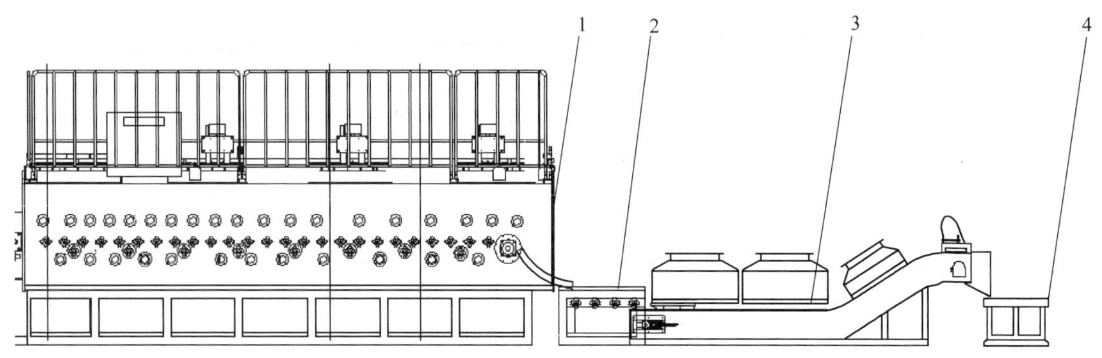

图 10-91　分段式正火炉的结构

1—正火炉　2—转移台　3—风冷台　4—料筐

表 10-28　网带式连续正火炉常见型号及参数

型号	有效尺寸/mm			最高工作温度/℃	加热分区/个	加热功率/kW	最大生产能力/(kg/h)	空载能耗/(kW/h)	温度均匀性/℃
	宽	高	长						
UMN8060	800	100	6000	900	4	260	550	70	±5
UMN8080	800	100	8000	900	4	332	800	88	±5
UMN10090	100	100	9000	900	5	388	1100	102	±5
UMN100100	100	100	10000	900	5	420	1200	113	±5

10.7.2　链板式连续炉

1. 基本功能

工件摆放在链板上送入炉内进行加热、渗碳、淬火、清洗、回火等工艺。链板式连续炉与网带式连续炉的主要区别是输送工件的输送带为一个一个链板拼接而成。该结构目前在热处理市场中需求较少，但在 20 世纪，因相关配套基础工业较薄弱，而该结构制作比较简单，使用较多。

2. 工作原理及设备结构

链板的反面装有链条，通过炉内驱动辊与从动辊来进行工件输送。

链板的结构有多节板式和整板式。多节板式链板主要用于高温炉，整板式链板可用于低温设备。整板式链板和多节板式链板如图 10-92 和图 10-93 所示。

多节板式连续炉如图 10-94 所示。

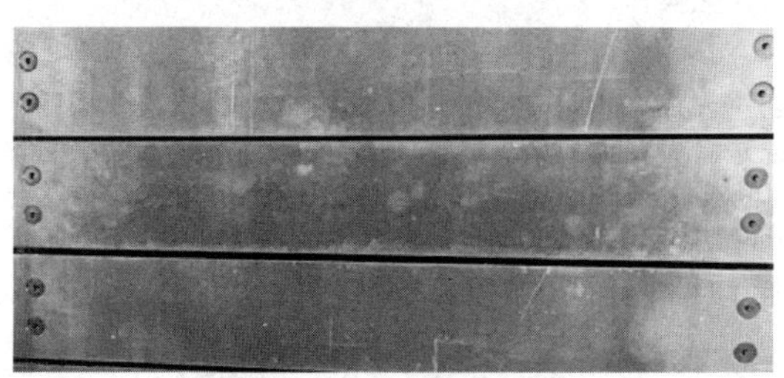

图 10-92　整板式链板

图 10-93　多节板式链板

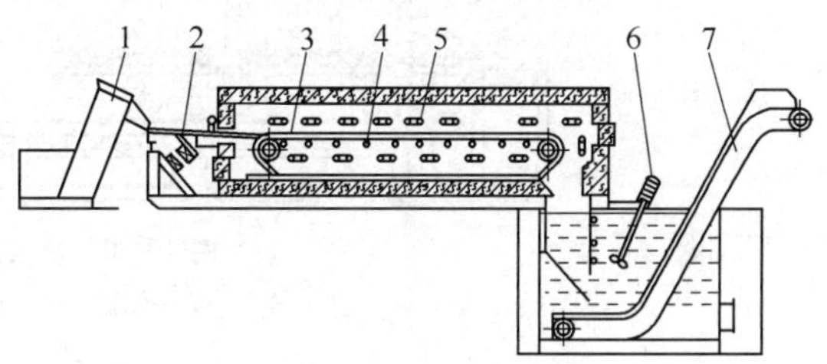

图 10-94　多节板式连续炉

1—上料机　2—振动送料机　3—链板　4—支撑辊轮　5—辐射管　6—搅拌器　7—淬火槽输送带

整板式连续炉如图 10-95 所示。

多节板式连续炉因需要在高温下传动，链板通常为铸造，质量大，驱动要求高，并且链板之间不可避免地存在缝隙，实际使用时，对于外形较小的工件容易造成混料，因此该炉在热处理设备上现在使用的越来越少。

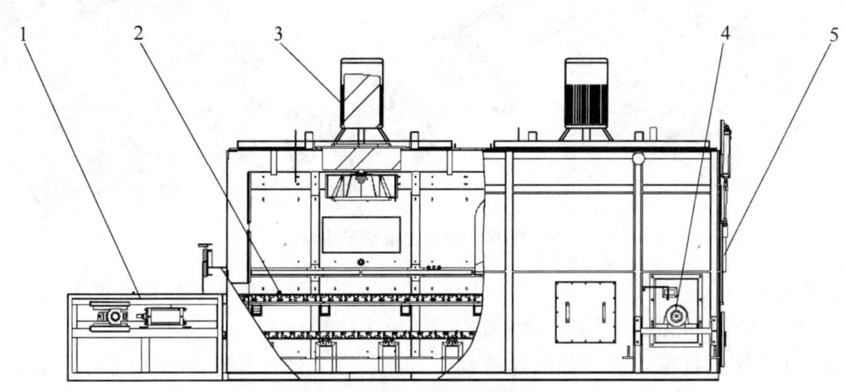

图 10-95　整板式连续炉

1—排料架　2—链板　3—搅拌风扇　4—动力轴　5—出料门

整板式因不通透，可以使炉内气流分割成上下两部分，通常利用这个特性进行需要低温快速加热的工件的升温处理，风扇吹下来的气流被反弹回去，提高了气流循环效率。

10.7.3　链条式连续炉

1. 基本功能

链条式连续炉是工件直接放置在链条上，通过链条的传动把工件带入炉内进行热处理。通常用于板状、轴类或体积较大的工件的退火、回火工艺。

2. 工作原理及设备结构

链条式连续炉由电动机输出动力，带动动力轴上多排链条一起转动，从而把放置在链条上的工件带进炉内。链条式连续炉与网带式连续炉、链板式连续炉的主要区别是承载输送工件的部件为链条。链条式连续炉的常见结构如图 10-96 所示。

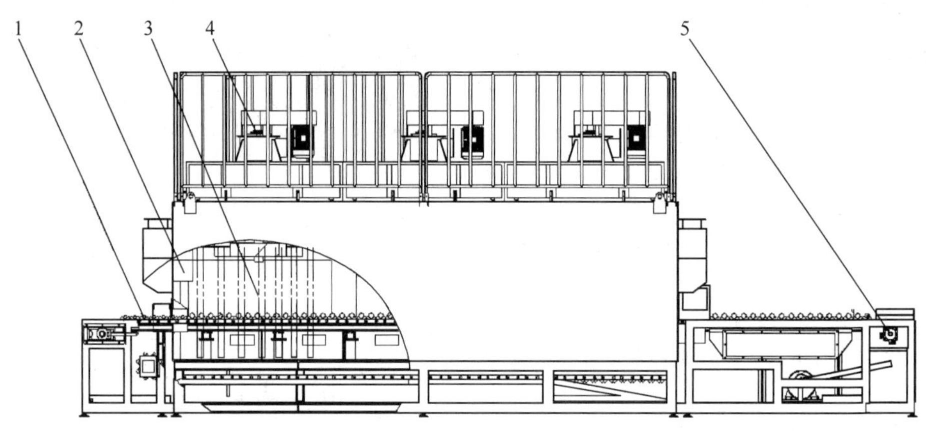

图 10-96　链条式连续炉的常见结构
1—输送链条　2—保温　3—加热器　4—搅拌风扇　5—动力轴

输送链条的结构、外形需要根据承载的工件进行选择。常见结构有双链条中间穿杆结构、单链条结构、双排链结构，如图 10-97 所示。

10.7.4　输送带式连续炉的安全操作与维护保养

1. 安全操作总要求

1）操作人员在操作设备之前，须经过培训，掌握设备的性能、结构和安全操作等方面的知识和技能后才能操作。

2）进行作业时，严格遵守 GB 15735—2012《金属热处理生产过程安全、卫生要求》中的各项要求，操作时必须穿戴好相应的个体防护用品。

3）根据设备操作手册制订相应的设备安全及故障应急预案。

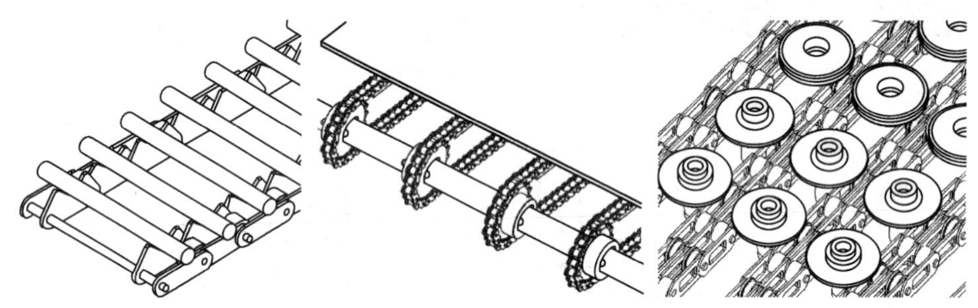
图 10-97　输送链条常见结构

2. 设备的安全操作

（1）概述　一般在设备上的相应位置上都设置有急停按钮，急停按钮只锁定机械功能（如减速机动作、电动机动作、气缸动作），与工艺过程相关的其他功能（加热、气氛滴注等）则不会停止。重新起动设备时，须经检查确认可以安全运行机械动作后释放急停按钮并按下复位按钮。设备触摸屏、工业控制计算机也设有相应报警并有记录，故障处理后，才可进行复位进行下一步操作。

（2）加热炉安全操作

1）开炉升温过程注意事项：

① 开炉升温前须确认冷却水、落料处冷却泵均已打开。

② 开炉升温须按照设备说明书阶梯升温，禁止快速升温。

③ 开炉升温到 200℃ 以上时，须打开网带运转机构及搅拌电动机。

④ 升温过程需要随时关注转动部件状态是否正常。

⑤ 加热炉升温达到 750℃ 甲醇裂解温度时，方可向炉内通入甲醇（CH_3OH），并且通入甲醇前要先通入氮气置换炉内空气，打开炉门常明火。

⑥ 甲醇通入 4h 以上可通入其他原料气。

2）使用过程注意：

① 为保证搅拌电动机和密封的可靠性，使用时关注冷却水供应是否正常。

② 随时关注网带是否有走偏、破损、倒边，如有需要及时调整修复。

③ 注意设备的最高使用温度。

④ 禁止带电、带气氛维修设备。

⑤ 更换热电偶或氧探头时需要做好防护。

⑥ 禁止不带手套触碰设备；严禁触碰辐射管、变压器非绝缘部位。

⑦ 确保常明引火烧嘴火嘴正常燃烧。

⑧ 退火炉需要检查氨气、氢气是否有泄露。

⑨ 链条炉需要随时关注链条状态。

3）停炉过程注意：

① 确定加热炉内网带上没有工件。

② 将所有区域的加热炉温度设定在 800℃。

③ 滴注电磁阀、丙烷电磁阀显示在“断开”位置。

④ 为了去除残液将滴注电磁阀设定为“断开”后，经过大约 120min 后，汽化装置的温度控制设定为“断开”（如配有甲醇汽化设备）。

⑤ 目视炉内可燃气完全烧尽，加热炉温度控制设定为“断开”。

⑥ 通入氮气吹扫炉膛并持续 20min 以上，确保炉内无残留可燃气。

⑦ 关闭排烟鼓风机的阀门，停止排烟。

⑧ 关闭滴注、丙烷的球阀。

⑨ 加热炉的网带运转、搅拌电动机在 200℃ 以下停止运行。

⑩ 冷却水在加热炉温度到 100℃ 以下时停止。

（3）淬火槽安全操作　淬火槽因淬火冷却介质不同，可分淬火油槽、液火水槽及淬火盐槽。使用时，要注意液位是否在要求的高度范围内，否则要及时补充或降低液位，以保证工件进入淬火液前都处于炉气保护空间。

1）淬火油槽、淬火水槽使用过程注意：

① 主槽、副槽液位过低须及时补液，防止加热炉气氛从工件下落通道溢出及加热器烧坏。

② 加热炉落料处冷却油泵是否正常。

③ 生产时禁止在油槽上行走。

④ 生产时禁止维护管路。

⑤ 发现网带卡住须找出原因再恢复生产。

2）淬火盐槽使用过程注意：

① 生产时禁止在盐槽上行走。

② 生产时禁止触碰、维护任何管路、盐槽设备。

③ 严禁未做劳动防护在盐槽周围施工。

④ 生产时禁止打开任何点检盖。

⑤ 如有任何机械故障，须停止生产，吊离盐槽后再进行维修。

⑥ 输送带故障时须停炉，盐转移至备用槽并清洗盐槽再进行故障排查。

⑦ 加盐时小心盐液飞溅烫伤。

（4）电源故障安全操作

1）如果配有发电机，切换到发电机供电，打开所有输送电动机，移出炉内工件并断开加热、气氛控制。

2）关闭除氮气管路的所有供气管路阀门。

3）确认断电吹扫氮气已接通，并向炉内充氮气。

（5）开关和电气控制柜

1）控制柜门只能由专人打开（如电工）。

2）触摸屏画面设置分级权限密码。

3）出现故障报警须第一时间响应。

4）维修时禁止带电操作。

3. 维护保养

设备是生产的基石，是生产加工的动力，对设备的合理使用、精心保养，可以延长设备使用寿命，降低设备故障。

为了安全和避免可能发生的危险，应严格遵守相关规定：

1）定期检修由设备操作人员和维修人员来完成。

2）使用者要经常对设备进行例行性检查的维护工作。

3）有些故障可通过简单检查查出。

4）日常性检查可以在设备周围观察炉子不同部件的工作情况。

5）大多数维护工作可在设备运行过程中完成；请在设备工作的情况下执行周期表中允许运行的维修，在相应工位不运行时执行周期表中工位不运行的维修。

6）操作者的维护工作还包括对周期表中的每周检查，这些检查在每周轮班开始时进行，操作人员提前规划好星期一早上要执行检查的内容以减轻工作量。

7）定期检修内容以表格形式列出，每个工位一份表格，表格内容为简图和检修元件的清单。

8）执行定期检查和定期维护，如每天、每周、每季度、每 6 个月、每年。

9）在定期检查、定期维护表中指定检查或（和）更换元件的频率，并列有检查、维护的形式和方法。

10）维护保养周期及相应的检查内容见表 10-29~表 10-34。

表 10-29　滴注柜维护保养计划

检查点	范　　围	方　　式	频　　率
各气体流量	设定流量±10mL/min	目视	每 4h
各气体压力	设定压力	目视	每天
管路有无泄漏	所有管路接头处	视、听	每月

表 10-30　工控机维护保养计划

检查项目	范　　围	方　　式	频　　率
加热炉每区温度	设定温度±5℃	目视	每 4h
甲醇裂解区温度	设定温度±5℃	目视	每 4h
每区碳势	设定值±0.05%	目视	每 4h
加热炉网带通过时间	设定值±5min	目视	每 4h
油槽温度	设定值±5℃	目视	每 4h
油槽网带通过时间	设定值±1min	目视	每 4h
油槽液位		目视	每 4h
回火炉每区温度	设定值±5℃	目视	每 4h
回火炉网带通过时间	设定值±5min	目视	每 4h

表 10-31　加热炉维护保养计划

检查内容	范　　围	方　　式	频　　率
氧探头基准空气	设定值±50mL/min	目视	每班
氧探头烧炭空气	设定值±0.5L/min	目视	每班
废气风机流量	设定值	目视	每班
网带蛇形	是否走偏	目视	每班
炉门高度		目视	每班
甲醇汽化器导热油液位		目视	每班
冷却水	视水镜内浮子是否动作	目视	每班
配重辊高度		目视	每周
搅拌电动机带	磨损、变形、破损状态	目视	每周
废油罐	排油	手动	每天
辐射管	加热电流三相平衡	保养	每月
托辊轴承	注油	保养	每月
搅拌轴承	注油	保养	每月
链条	注油	保养	每月
炉顶搅拌风扇	有无异响	保养	每月
废气管管路	管路残渣清理	保养	每 3 月
辐射管	180℃旋转	保养	3~6 个月
点火嘴	清理炭黑	保养	3~6 个月
废气风机清理	清理油垢	保养	每季度
残料收集盒	残料清理	保养	每季度
落料斗	变形、破损状态	保养	每半年
甲醇滴注管	拆下来清理	保养	每年
加热炉网带	截网带/更换网带		需要时

表 10-32　淬火槽维护保养计划

检查项目	范　　围	方　　式	频　　率
料斗密封槽	有油	目视	每班
油帘形状	切合	目视	每班
主槽液位		目视	每天
副槽液位		目视	每天
泵过滤器	滤网清理	保养	每周

（续）

检查项目	范　围	方　式	频　率
加热器	加热三相电流平衡	保养	每月
残料收集盒	清理	保养	每月
液帘	清理	保养	每年
淬火槽	清理	保养	每年

表 10-33　回火炉维护保养计划

检查项目	范　围	方　式	频　率
搅拌电动机带	磨损、变形、破损状态	目视	每周
搅拌电动机	有无异响	保养	每个月
搅拌轴承	注油	保养	每个月
驱动部位轴承	注油	保养	每个月
网带	蛇形及破损情况	保养	每个月
回火炉加热器	加热三相电流平衡	保养	每个月

表 10-34　工艺维护保养计划

检查项目	范　围	方　式	频　率
残料清扫	清理各落料口的残留品		处理品改变时
加热炉停炉烧炭			每周
回火炉 350℃烧油烟			6 个月

10.7.5　输送带式连续炉应用实例

1. UM10090 网带式连续渗碳淬火生产线

该项目用于各等级汽车紧固件的调质处理。10.9 级的螺栓可满足 720kg/h 的产量，8.8 级螺栓可达 1000kg/h 的产量，年产量可达 7500t。螺钉、螺栓和螺柱热处理后产品的力学性能均满足 ISO 898-1：2009（或 GB/T 3098.1—2010《紧固件机械性能　螺栓、螺钉和螺柱》或 GMW25《外螺纹紧固件的机械要求和材料要求》）中对金相组织、脱碳、抗拉强度、硬度等的要求。

（1）UM10090 网带式连续渗碳淬火生产线及其组成（见图 10-98 和表 10-35）

（2）网带式连续渗碳淬火生产线主要参数（见表 10-36）

（3）温度均匀性测试　加热炉、回火炉温度均匀性测量，温度偏差均≤±5℃，如图 10-99 和图 10-100 所示。

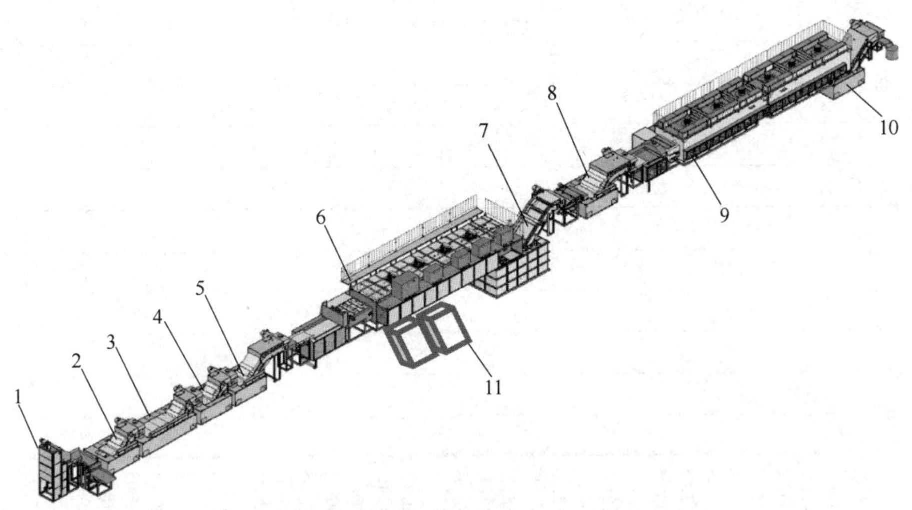

图 10-98　UM10090 网带式连续渗碳淬火生产线

1—提升上料机　2—脱脂清洗机　3—脱磷清洗机　4—冷水清洗机　5—热水清洗机　6—网带式气体渗碳渗氮炉　7—网带式淬火油槽　8—网带式清洗机　9—网带式回火炉　10—回火炉冷却水槽　11—生产线控制系统

表 10-35　网带式连续渗碳淬火生产线的组成

序号	设备内容	型　号	数　量	单　位
1	提升上料机(含自动称重)	AF1000	1	套
2	脱脂清洗机	WM1-80	1	套
3	脱磷清洗机	WM2-80	1	套
4	冷水清洗机	WM3-80	1	套
5	热水清洗机	WM4-80	1	套
6	网带式气体渗碳渗氮炉	UM-10090	1	台
7	网带式淬火油槽(含沥油机)	QM-120140	1	套
8	网带式清洗机	WM-120	1	套
9	网带式回火炉	TM-120120	1	套
10	回火炉冷却水槽	CM-120	1	套
11	生产线控制系统		1	套
12	生产线工业控制计算机系统		1	套

表 10-36　网带式连续渗碳淬火生产线主要参数

序号	名　称	炉体尺寸/mm	使用温度/℃	气　氛	时间/min	功率/kW
1	提升上料机				1	2.2
2	脱脂清洗机	宽:800	60		4	55
3	脱磷清洗机	宽:800	60		15	100
4	冷水清洗机	宽:800	30		4	10
5	热水清洗机	宽:800	65		4	85
6	网带式气体渗碳渗氮炉	宽:1000 长:9000	880	甲醇:10L/min 丙烷:2L/min 氮气:10m^3/h(气帘)	80	493
7	网带式淬火油槽	宽:1200 深:1400	60		6	85
8	网带式清洗机	宽:1200	60		4	81
9	网带式回火炉	宽:1200 长:1200	500	N_2 适量	120	495
10	回火炉冷却水槽	宽:1200	50		4	43
生产线总功率(含控制系统、输送机等)						1460

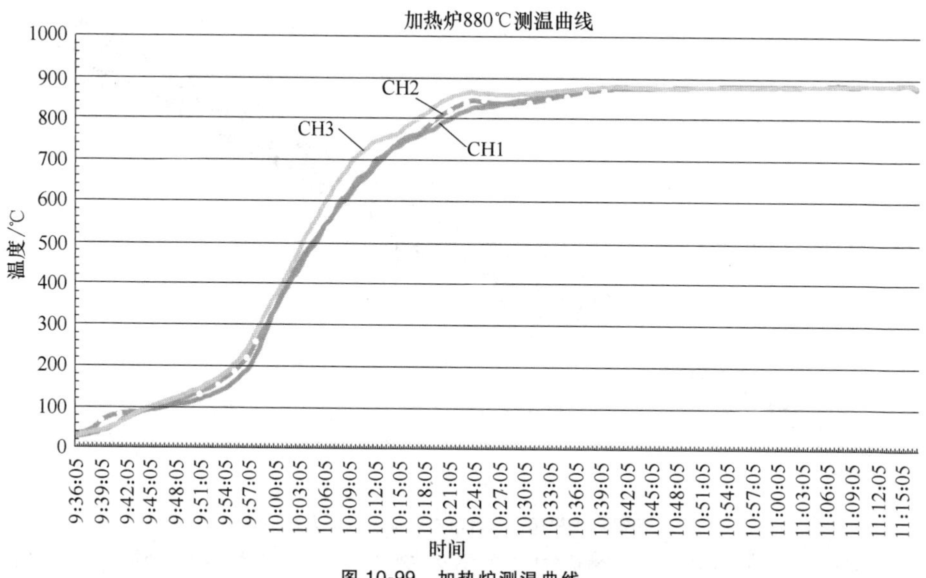

图 10-99　加热炉测温曲线

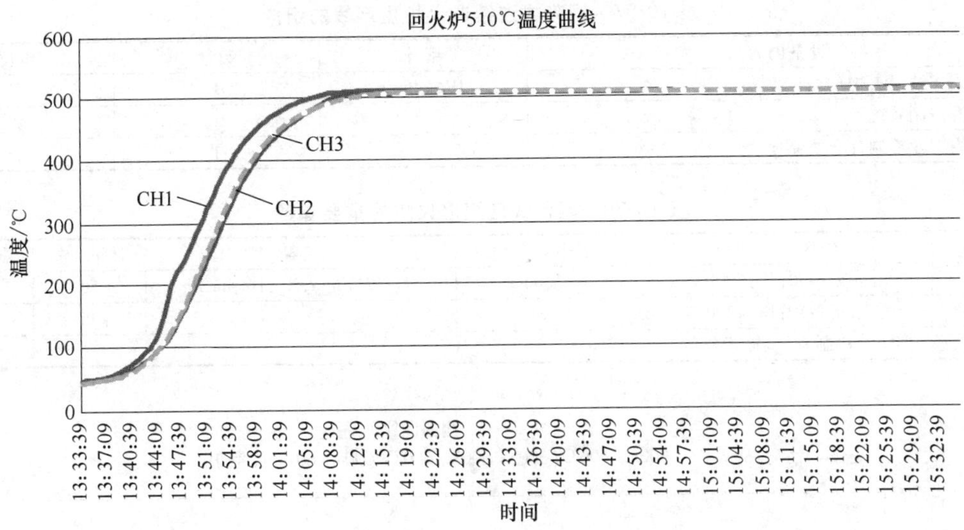

图 10-100　回火炉测温曲线

（4）淬火、回火后的产品外观（见图 10-101 和图 10-102）

2. UMA4560 网带式连续退火炉生产线

该生产线用于粉末冶金烧结后的保护气氛退火，主要处理的工件为汽车配套的零部件，产能为 100kg/h。炉体由加热区和冷却区组成，电气控制采用以西门子 1500PLC 为控制单元，配合使用的有露点仪、氧含量分析仪及质量流量计。

图 10-101　淬火后的产品外观

图 10-102　回火后的产品外观

（1）UMA4560 网带式连续退火炉生产线及其组成（图 10-103 和表 10-37）

（2）网带式连续退火炉的重要参数（表 10-38）

（3）温度均匀性测试　网带式连续退火炉温度均匀性测量，温度偏差均 ≤ ±5℃，如图 10-104 所示。

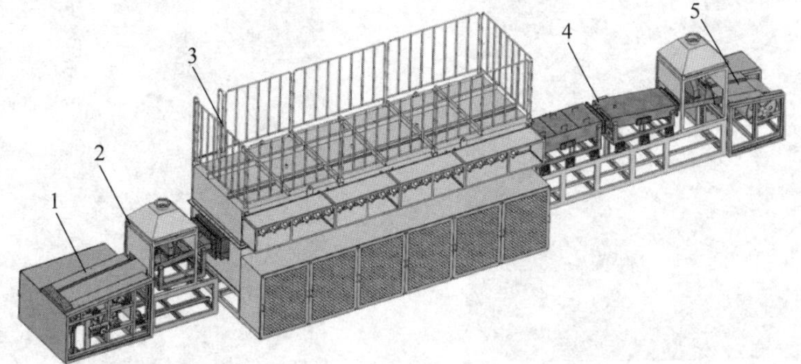

图 10-103　UMA4560 网带式连续退火炉生产线

1—驱动架　2—燃烧罩壳　3—退火炉加热丝　4—水冷室　5—出料架

表 10-37 网带式连续退火炉生产线的组成

设备内容	型号	数量	单位
网带式连续退火炉(含冷却室)	UMA4560	1	套
生产线控制系统		1	套
生产线工业控制计算机系统		1	套

表 10-38 网带式连续退火炉的重要参数

名称	炉体尺寸/mm	使用温度/℃	气氛	时间/min	功率/kW
加热室	宽:450;长:6000	600	H_2:12L/min;N_2:14.4m^3/h	50	240
冷却室	宽:450;长:4200	24		35	无
生产线总功率(含控制系统、输送机等)					240

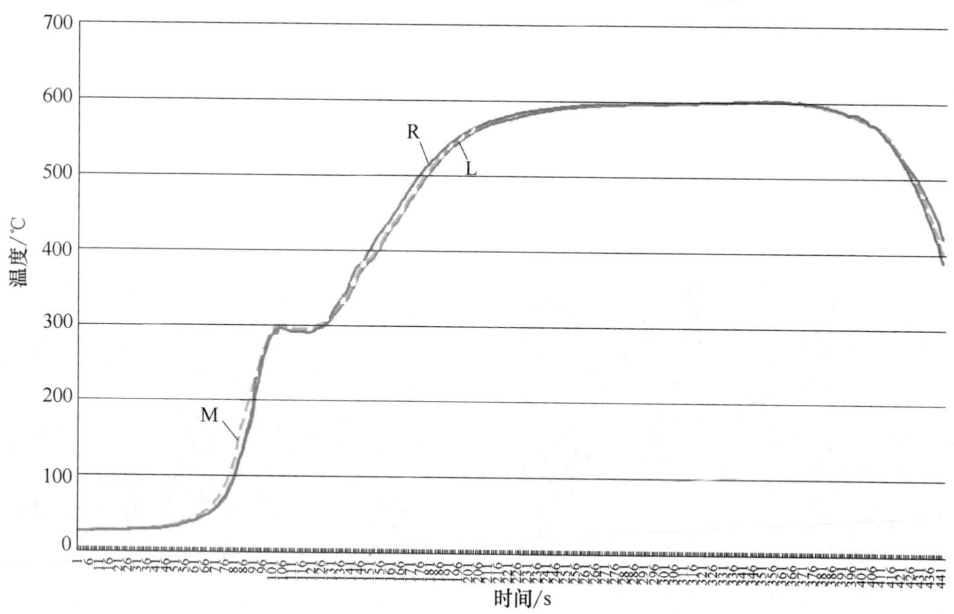

图 10-104 退火炉测温曲线

(4) 退火前、退火后的产品外观(见图 10-105 和图 10-106)

图 10-105 退火前的产品外观

图 10-106 退火后的产品外观

10.8　转底式连续可控气氛炉

中国机械工程学会热处理分会　徐跃明

广东世创金属科技股份有限公司　殷汉奇　王桂茂

转底式连续可控气氛炉常用于工件的压淬保护加热，浅层渗碳（0.3mm 左右）工件的渗碳或碳氮共渗压淬热处理，如内齿圈、弧齿锥齿轮、汽车同步器齿套、轴承套圈、锯片、离合器膜片等的压淬保护加热，通常与淬火压床、清洗机、回火炉等组成压淬生产线；也用于贝氏体等温淬火的保护加热，与淬火冷却槽、贝氏体等温盐槽或等温炉、清洗机等组成贝氏体等温淬火生产线。

转底式连续可控气氛炉可以用电加热或天然气加热，炉膛的加热段和保温段没有相互隔离装置，工件在同一炉门装入和取出，新装入的低温工件及带入的氧气会影响已经加热到温即将出炉的工件，影响出炉淬火工件的温度、表面碳含量、工件表面颜色，因此对要求高的工件应采取预防措施，并对这些影响因素产生的后果进行评估。

转底式炉有单层或多层装料方式，每一盘（工位）装料有单件或几件连续装出炉。连续装出炉时，炉门开启十分频繁，最快可达每分钟装出一次料；火帘点燃频次高，火帘消耗气量很大；频繁开启炉门，也会造成炉膛碳势波动较大。

转底式炉的特点是每次装入的工件少，炉膛空间大，炉体蓄热量大，与装炉量大的周期炉比较，转底式炉每次装料后，炉膛温度变化很小，工件的加热主要靠炉壁和炉内结构件辐射加热，工件加热速度快，加热均匀。

10.8.1　转底式连续可控气氛炉的结构与组成

如图 10-107 所示，转底式连续可控气氛炉主要由旋转炉底、气密炉膛、自动装出料装置、控制系统等组成。旋转炉底置于炉底的回转支撑上，由安装在炉子底部的驱动装置驱动炉底旋转，旋转炉底、炉体上部和炉底密封槽组成气密炉膛，装出料装置按设定的周期自动装出炉料。

根据工件大小将炉底等分成若干工位，在装料炉门处空置一个工位，可减少装入工件对出炉工件的影响，方便推拉机械手取料。

1. 炉体与炉膛密封

炉体上部架于四根支柱上，支柱上有调整高度的孔和插销，用于装配和炉内维修。炉墙使用轻质抗渗碳砖+陶瓷纤维复合炉衬，炉顶一般使用陶瓷纤维炉衬，炉底承重部位为碳化硅+抗渗碳砖，非承重部位为轻质抗渗碳砖。旋转炉底设有密封用油槽，炉体上部的密封钢板插入旋转炉底的密封油槽组成密封炉膛，最大可承受 1500Pa 炉压。

2. 加热辐射管与温度测量控制

辐射管横插在炉膛上部，辐射管与炉底距离不小于 500mm，加热段辐射管间距不大于 300mm，以保证工件得到均匀的辐射加热，保温段辐射管间距可以大些。炉衬和炉内结构件与工件的辐射角度系数很大，炉膛稳定的温度场可对工件进行快速加热。至少有三只热电偶对炉温进行监控，热电偶分别位于加热段中部、加热段尾部和保温段尾部。

3. 气氛与循环风扇

转底式炉一般使用氮甲醇气氛或吸热式气氛，单位炉膛容积一般需要 $3m^3/h$ 左右的载气流量，炉门开启频繁时耗气量增加，使用氧探头和碳势控制仪表控制气氛碳势，使用箔片定碳校对碳控系统。氧探头和定碳装置位于炉膛保温段，检测位置靠近工件，氧探头检测点和定碳片放置点的距离应尽量短。气氛循环风扇位于装出料中心线，偏离转底中心 400mm 左右。风扇靠近检修炉门，可减少装出料开门时炉门口因负压吸入空气，工艺介质入口位于气氛循环风扇旁边。废气排放口位于装出料炉门加热段一侧，有利于快速排出开炉门时带入的空气。

4. 旋转炉底

旋转炉底置于炉底的回转支撑上，使用变频电动机驱动，使用光栅定位。炉底质量较大，转动惯量大，应采取措施防止转动惯量对定位的影响。上炉体的密封钢板插入旋转炉底的油槽密封组成气密炉膛，油槽使用冷却水降温。旋转炉底的组成如图 10-108 所示。

5. 转底式炉工位数的确定

转底式炉工位数关系到工件热处理的产量和炉型选择。工位数 N 的计算公式为

$$N=\pi\times\frac{D-(2m-1)d-2(m-1)b-2c-2e}{d+a}$$

式中　D——工件直径（mm）；

m——每盘装料件数；

d——转底式炉转底直径（mm）；

a——料盘与料盘之间最小间隙（mm）（弧长根据热膨胀、转底定位精度和取料机械手精度确定，一般不小于 25mm，间隙过小会造成乱盘、卡料等故障）；

b——同一料盘上工件距离（mm），根据压淬情况确定；

c——料盘机械手取料尺寸（mm），一般取 80mm；

e——料盘与转底边缘间隙（mm）。

图 10-107　转底式连续可控气氛炉

1—上炉体　2—循环风扇　3—加热辐射管　4—维修炉门　5—工件　6—装出料炉门　7—火帘　8—旋转炉底　9—密封油槽　10—回转支撑　11—炉底旋转驱动电动机　12—上炉体支架　13—定碳装置　14、17—观察孔　15—氧探头　16—辐射管支架　18—气氛循环风扇　19—料盘　20—热电偶　21—配气架　22—炉墙　23—装出料机械手

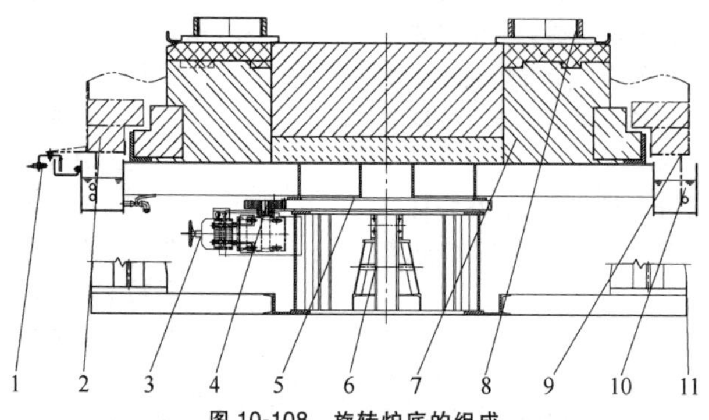

图 10-108　旋转炉底的组成

1—旋转定位　2—上炉体　3—驱动电动机　4—驱动齿轮　5—回转装置　6—炉底支架　7—旋转炉底炉衬　8—工件　9—密封插板　10—密封油槽　11—上炉体支架

根据以上公式计算的工位数有小数，实际使用的工位数 N 为整数，根据工位数 N 再反算料盘之间最小直线间隙 a：

$$a=\frac{\pi[D-(2m-1)d-2b(m-1)-2c-2e]}{N}-d$$

转底直径小、工位数少，工件直径较大时，料盘间隙 a 弧长和直线长相差较大，需予以注意。

使用推拉方式装出料时，为方便推拉料机构抓取料盘，一般情况下在炉膛内保持一个工位的空位，炉内的有效料盘数比计算出的料盘数少一个；使用上抬料盘方式出料时，有效料盘数可以和计算料盘数一致。

6. 装出料的周期

装出料的周期不能小于炉子本身完成一个周期动作的时间（至少60s），还要考虑工件压淬冷却时间。对截面有效厚度小的工件，加热时间短，可以选择较短周期；对截面较厚的工件，周期应适应延长。装出料周期 τ 的计算公式为

$$\tau=60\times\frac{t_1+t_2}{N-1}$$

式中 τ——装出料周期（s）；

t_1——加热时间（s），转底式炉装炉量少，炉温波动很小，工件加热速度很快，一般按每毫米有效截面厚度1～1.5min计算；

t_2——保温时间（min），一般保温时间按15～30min计算；

N——转底式炉工位数。

7. 产量计算

转底式炉工作制可按每天三班24h作业方式，但要考虑淬火压床模具更换等因素，因此一般按两班或每天20h计算小时产量 Q，即

$$Q=3600\times\frac{m}{\tau}$$

式中 Q——小时产量（件/h）；

m——每次（盘）装出料件数（件）；

τ——装出料周期（s）。

10.8.2 转底式连续可控气氛炉关键部件

1. 装出料炉门

装出料炉门是转底式炉动作最频繁的机构，由电动机驱动的连杆结构组成，开关门速度快。炉门使用耐热钢丝陶瓷盘根密封。门框有水冷却装置，炉门点火系统由点火嘴、火帘和火焰监视器组成，为减少开门时空气进入炉膛，火帘高度必须完全覆盖炉门口。为减少炉门火帘燃气的消耗，炉门高度按实际热处理工件的最大高度设计。装出料炉门如图10-109所示。

2. 自动装出料装置

自动装出炉料装置有推拉和上抬等几种方式。推拉自动装出料装置由电动机驱动，夹持机械手由链条传动，机械手在导轨上滑动，夹持装置由气缸驱动。自动装出料装置如图10-110所示。

10.8.3 转底式连续可控气氛炉的安全操作

转底式连续可控气氛炉是针对具体工件设计的专用炉，超出规定范围，如炉子工位数、工件直径，工件高度、炉门高度等的工件不适合使用。

1. 烘炉

新炉或炉衬大修后启用时需要先升温烘炉，烘炉按图10-111所示工艺曲线升温。

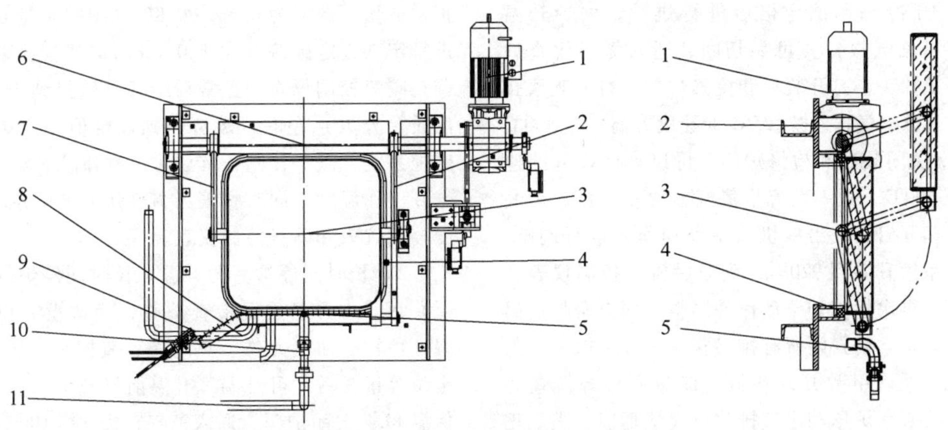

图10-109 装出料炉门

1—驱动电动机 2—右连杆 3—炉门 4—门框与密封 5—火帘 6—驱动轴 7—左连杆 8—冷却管路 9—点火器 10—燃气混合装置 11—燃气管路

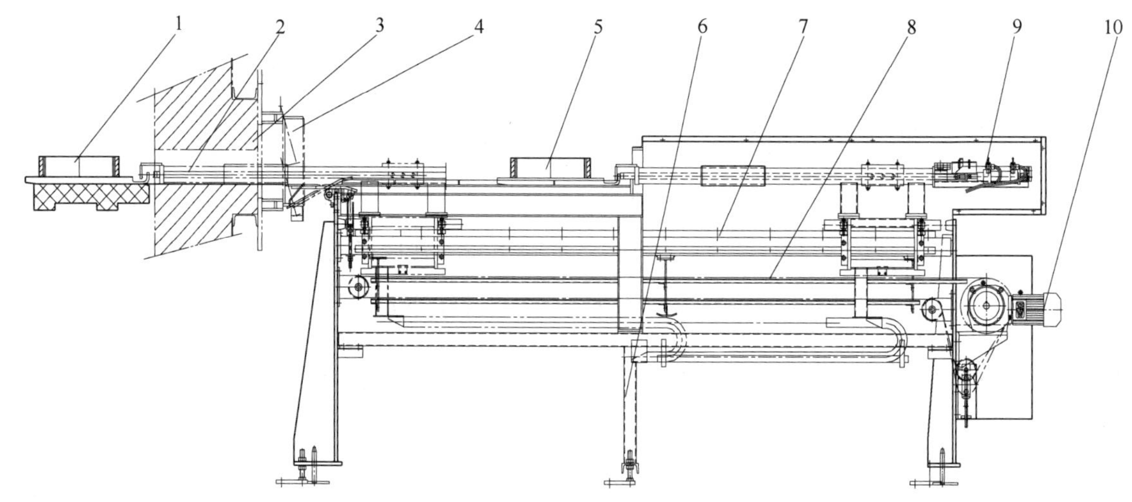

图 10-110　自动装出料装置（推拉式）

1—炉内工件　2—机械手　3—炉体　4—炉门　5—炉外工件　6—支架　7—滑轨　8—驱动链　9—夹持气缸　10—驱动电动机

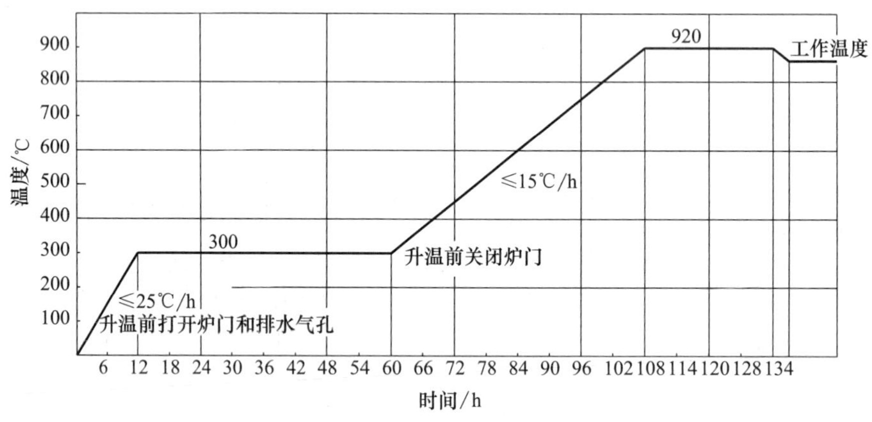

图 10-111　烘炉工艺曲线

1）炉子冷态调试合格后进行烘炉。烘炉升温前，所有可燃气接口要可靠切断，通入氮气检查炉压，拆下氧探头，打开装料和检修炉门，打开观察孔和所有炉衬排水气孔，按<25℃/h 速度升温，在 300℃保温 48h，关闭装料和检修炉门；再以≤15℃/h 的速度升温至 600℃，通入大流量氮气，检查炉压、炉底旋转、炉门开启、装出料机械手等动作并进行调整，调整好后继续升温到 920℃，到温后校准控温仪表和热电偶等；再次检查炉子动作并调整，检查密封油温度和油位，正常后封闭所有排气孔，安装氧探头，关闭观察孔，通入甲醇并调整氮气流量和甲醇流量比例；供气后观察炉压和废气排放口火焰情况，火焰正常后查看观察孔玻璃是否结露，若观察孔没有结露可通入少量富化气，观察碳势上升情况。待气氛碳势达到 0.2%（碳的质量分数）左右时可将富化气调整到正常流量，碳势为 0.6%~0.8%（碳的质量分数）时进行定碳，定碳偏差大于 0.1%时需要检测氧探头或调整碳势控制仪表。正常后继续升碳势到 1.1%（碳的质量分数）左右，碳势达到设定值后定碳并校正碳控系统，碳势控制正常后对炉衬补渗碳 6~12h，降温到工作温度，同时将碳势调整到工作碳势，校正温度控制仪表和碳势控制仪表。

2）长时间停炉后的升温。长时间停炉（三天以上）后，在升温前要检查炉膛，确认没有可燃气泄漏，炉衬、加热元件、热电偶、氧探头、密封油位、定位等正常后才可升温。升温前打开炉门，在 200℃保温 8h，关闭炉门，通入氮气，按 50~100℃/h 速度升温，炉温到 800℃后通入甲醇，炉温到工作温度后通入富化气补碳 3~6h，校准温度并定碳正常后方可进入试生产运行，待工件检测合格后方可正常运行。

如果有甲醇泄漏，解决好泄漏问题后应关闭炉门，通入炉膛 7 倍容积的氮气后方可升温。

短时间停炉后，炉膛正常情况下可以直接升温到工作温度，补碳 2h，定碳正常后进入试生产。

2. 温度控制和炉温均匀性测量

转底式连续可控气氛炉炉膛分加热段和保温段，加热段和保温段没有隔离机构，整个炉膛连通为一体，工作空间为转底靠近外边缘的圆环，中心部位是空置的非工作区。

转底式炉为一区控温，至少有 3 只热电偶监控，分布在加热段中部、加热段尾部和保温段尾部，加热段尾部的热电偶为控制热电偶。

测量炉温均匀性推荐使用黑匣子检测装置，将黑匣子的 9 只热电偶置于料盘工作区的 8 个顶点和 1 个中心点，在转底式炉达到设定温度后，按正常装炉方式将黑匣子装入炉内，热电偶按节拍随转底转动，测量每个工位的温度均匀性。空炉测量炉温均匀性时，主要是测量加热段和保温段的温度均匀性，加热段温度数据仅作参考；装料测量时只测量保温段的温度均匀性，分别记录每一工位的温度均匀性，保温段最后三盘的温度均匀性作为转底式炉的温度均匀性。测量转底式炉温度均匀性时只通氮气，氮气流量按正常工艺流量通入，不通甲醇、RX 气和富化气。图 10-112 所示为转底式炉炉温均匀性测量曲线。转底式炉的有效工位为 21 盘，转动周期为 4min，设定温度为 810℃。

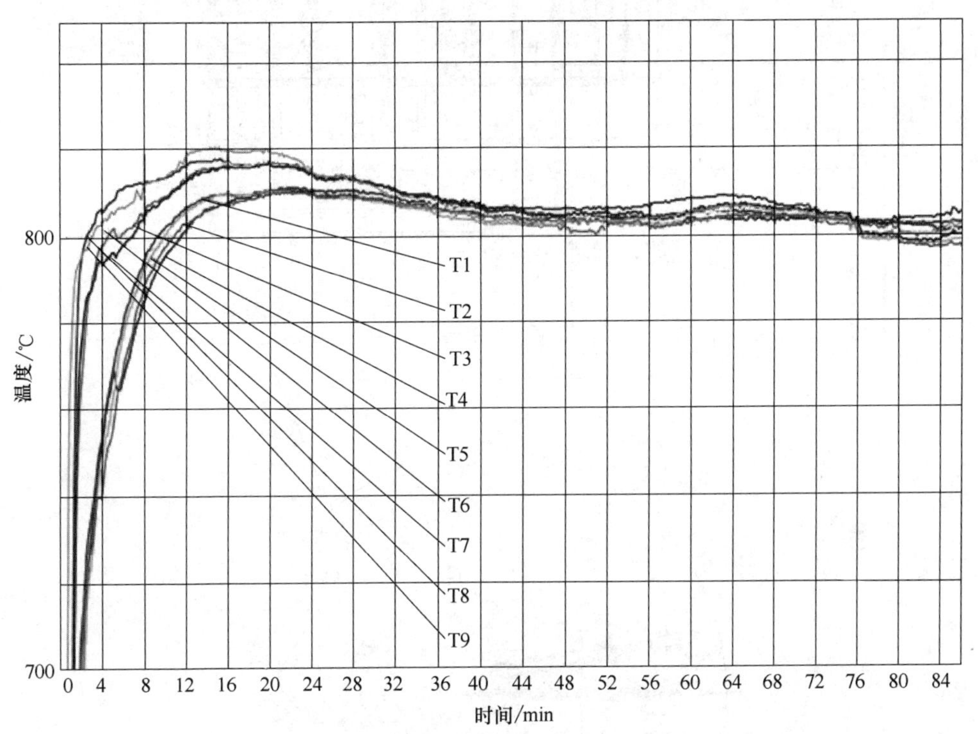

图 10-112　转底式炉炉温均匀性测量曲线（北京赛唯美提供）

3. 气氛碳势控制和碳势控制系统校正

转底式可控气氛炉一般使用氮甲醇、甲醇滴注或 RX 气氛，图 10-113 所示为 RX 气氛配气装置。富化气使用丙烷，碳势平衡气为空气，配有氨气供给装置，可用于碳氮共渗。使用氧探头和碳势控制仪表对气氛碳势进行监控，使用箔片定碳装置对氧探头和碳势控制仪表进行校正。

转底式炉装出料频繁，装出料时炉门频繁开启将大量氧气带进炉膛，造成气氛碳势波动较大，因此转底式炉要用大流量的工艺介质，富化气流量也较大。

4. 控制系统与工艺流程

（1）电气控制系统　电气控制系统用于对炉膛温度、气氛碳势、装出料机械手、炉门、炉子转底、炉料跟踪等实施控制。

温度控制系统由温度传感器、温度控制仪表、可控硅调功器等组成。

碳势控制由氧探头、碳势控制仪表、供气阀、流量计等组成。

设备的动作控制由传感器、可编程控制器、接触器、电动机或电磁阀等组成。

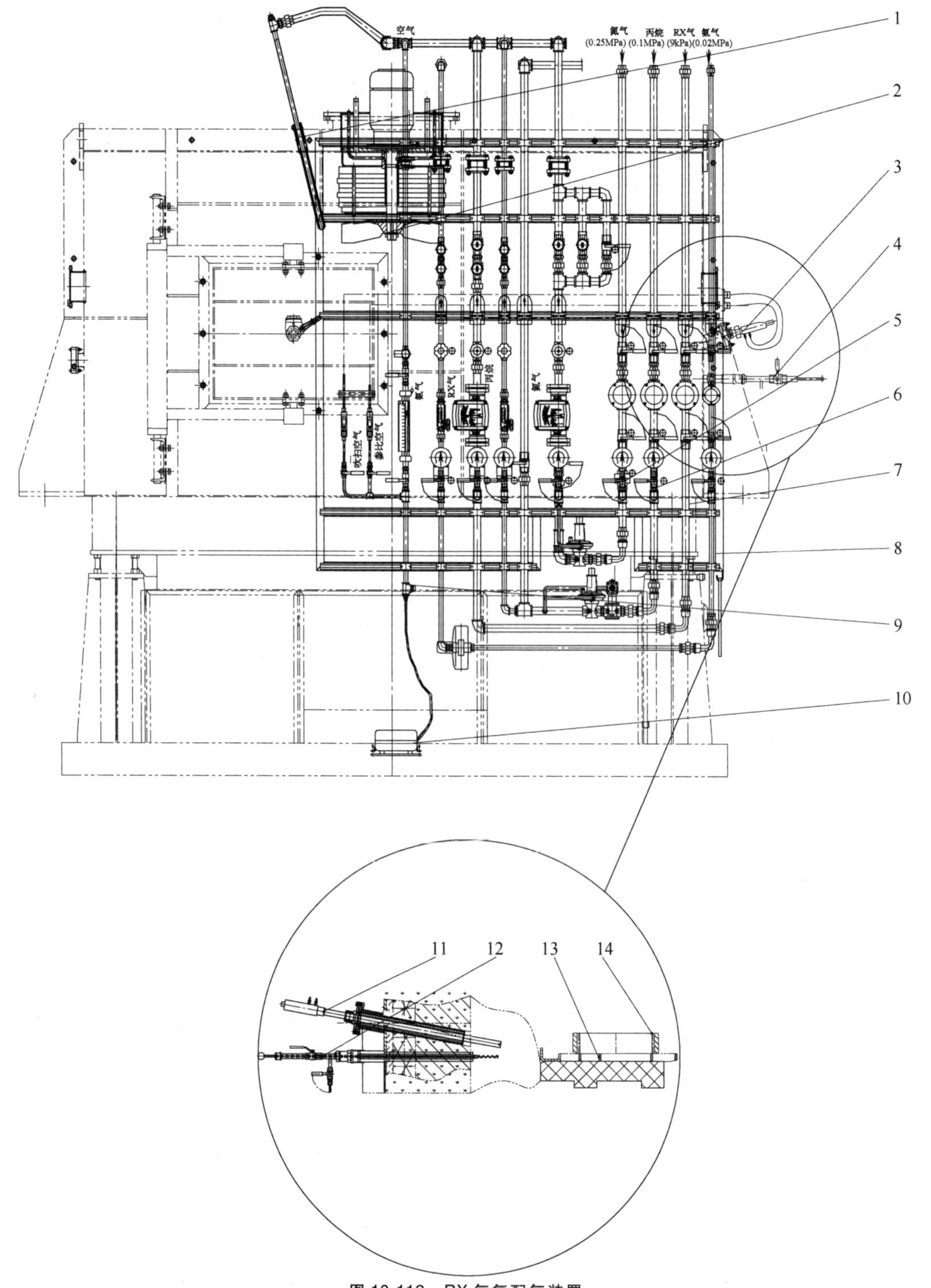

图 10-113　RX 气氛配气装置

1—工艺介质入口　2—气氛循环风扇　3、11—氧探头　4、12—定碳装置　5—氮气管路　6—丙烷管路　7—RX 气管路　8—氨气管路　9—空气管路　10—压缩空气泵　13—料盘　14—工件

（2）料盘的跟踪　在触摸屏和计算机上显示生产线上所有工位的料盘信息，从料盘装料到进炉加热、渗碳、淬火、清洗、回火、卸料的全流程图中的每个位置都有一个编号，装料时输入料盘所装工件的信息，如工件图号名称、生产批号、装盘数量、材料和热处理技术要求、操作员等，料盘获得初始位置号，

随装料周期的执行，料盘沿着生产线的位置号递进，单击触摸屏上生产线中的任意位置号，可显示该料盘的信息（如装料时间、出炉时间、当前位置号、炉膛温度、碳势、装料数量、操作员等）。

（3）可编程控制器　生产线使用可编程序控制器对所有动作实施控制，包括安全联锁、温度、碳势等，对设备运行状态、故障等实施监控。

推拉方式取料的机械手装出炉的工艺流程：点火器点火、火帘点燃、炉门打开；装出料机械手进入炉膛空位处；转底定位退出；炉底旋转到出料位置；转底定位校正；机械手夹持装置将料盘锁紧；机械手将料盘和工件拉出到料台；炉门关、点火器火帘关；将工件转移到压床工作台加压淬火；将加热工件放到料台的料盘上；转底定位退出；炉底回转一个工位到装料空位处；转底定位校正；点火器点火、火帘点燃、炉门打开；装出料机械手将工件推入炉内；夹持解锁松开；转底定位退出；转底向前转动一个工位；装出料机械手推出；炉门关闭、火帘关闭、点火器关闭，等待下一个周期。

上抬方式取料的机械手装出炉的工艺流程：点火器点火、火帘点燃、炉门打开；装出料机械手进入炉膛出料工位下方；机械手上抬分离工件；装出料机械手退出取出工件；炉门关、点火器火帘关；将工件转移到压床工作台加压淬火；将需加热工件放到装出料机械手上；点火器火帘点燃、炉门开；装出料机械手将工件送入炉内；机械手下降，将工件放到装料工位；装出料机械手退出；炉门关闭、火帘关闭、点火器关闭；转底定位退出；转底向前转动一个工位；转底位置校正，等待下一个周期。

当采用上抬方式取料时，有些工件可以不用料盘，直接将工件放到炉膛的料位上加热。

5. 转底式连续可控气氛炉的安全设施和安全操作

转底式连续可控气氛炉炉内气氛含有一氧化碳、氢气和氮气，使用的工艺介质有甲醇、丙烷、氨气等，这些气体存在爆炸、燃烧、中毒、窒息等危险；设备接有高压电，有触电危险；电动机、机械等有机械损伤危险。未经培训合格的人员不得操作设备，操作人员必须熟悉设备的安全操作规程，才能操作设备。转底式连续可控气氛炉必须配备以下安全装置。

1）紧急停止按钮。在控制柜、操作台上均设有紧急停止按钮，供紧急情况下切断电源、停止误操作或失控状态的动作造成设备或人员的损伤。

2）安全氮气的停电常开电磁阀。在停电情况下保持开启，将氮气通入炉内。

3）安全温度监控，炉温低于 750℃ 的安全。炉温低于 750℃，可燃气电磁阀自动关闭，氮气供给电磁阀自动打开。

4）超温监控。有一根超温报警热电偶连接到控温仪表，当炉温高于设定温度上限值时，自动切断加热供电。

5）工艺介质切断装置。配气系统设有可靠切断工艺介质进入炉膛的装置，防止电磁阀或手动阀泄漏造成可燃气失控进入炉膛，在停炉、入炉维修期间，必须可靠切断工艺介质供给。

6）炉底密封油监控（温度和油位监控，冷却水压）。设有密封油温度和油位监控装置，冷却水压力监控和报警装置，防止冷却油温过高蒸发老化或引起火灾，防止密封油位过低引起炉气泄漏或油位过高溢出。

7）炉门开启联锁。点火器点燃稳定燃烧后，火帘电磁阀打开，火帘稳定燃烧后炉门打开起动。

8）装出料机械手联锁。转底位置对正，转底校正装置锁定，炉门开启后，装出料机械手进入炉膛。

9）供气联锁。炉温在 750℃ 以上，氮气压力正常，各工艺介质压力正常，循环风扇开启，废气排放口火焰稳定燃烧，供气可以起动。

10）火焰监视装置。废气排放口必须保持火焰稳定燃烧，如果火焰熄灭，可燃气（液）电磁阀关闭，安全氮气自动打开。

11）高压排泄装置（防爆盖）。炉内压力超出规定值时，防爆盖自动打开，泄放炉内高压，炉内压力低于规定值时自动关闭。

12）传动护罩。所有链传动、齿轮传动等可能造成机械损伤的地方都应设有防护罩。

13）电线接头防护。所有电线接头应设有防护套，防止误接触触电。

14）报警。设备应配备声光报警，提示操作人员处理故障。

15）警示标识。危险、工艺介质、电动机转向、机械运动方向等都要按规定有明确标识。

16）维修保养时安全措施。进入炉膛时通风，防止炉衬溢出的有害气体伤害，防止炉门掉落关闭、手动操作时电动机或机械的突然起动等措施。

17）通风设施。入炉维修时，必须使用通风装置，保持炉内空气流通。炉膛内存在氮气、一氧化碳和氢气，若通气管没有可靠关断，甲醇、丙酮、丙烷、氮气等工艺介质可能泄漏进入炉膛，炉衬中吸附了大量炉气，包括一氧化碳、氮气和氢气，在停炉期间，炉衬吸附的炉气会缓慢释放到炉膛，人体吸入一氧化碳有中毒的危险，吸入氮气和氢气等有窒息的危险，可燃气碰到明火有着火的危险；炉膛温度在 750℃以下时，炉气中的可燃气和空气混合达到爆炸极限范围时，碰到明火会产生剧烈爆炸。炉膛温度降到规定的安全温度后，若需要维修人员进入炉膛检修，必须打开检修炉门，用风扇或鼓风机对准炉膛大量鼓风后，维修人员才能入炉检修。

6. 烧炭黑操作程序

正常使用情况下，可以 3~6 个月烧一次炭黑，非正常使用造成炭黑堆积，严重时必须立即烧炭黑。待工件出炉完毕，通入氮气，将炉温降至 850℃左右。打开烧炭黑空气泵，将空气通入炉内。烧炭黑一般持续 30~90min。炭黑严重时，炉温会迅速升高，可通过减少空气流量控制炉子升温速度。通常炉子温度会因为空气的通入而上升 50~80℃。温度上升超过 80℃时应该减少空气供应量或暂时彻底切断，温度下降后再继续供应空气，继续烧炭黑操作。当温度下降到设定的 850℃时，炉内炭黑已经燃烧干净。

烧炭黑结束后，关掉烧炭黑空气泵，通入氮气置换炉内气体，同时将炉温升到工作温度。在通入炉膛容积 3~7 倍氮气后，可开始通入载气（RX 气、甲醇或氮气+甲醇），待气氛碳势为 0.2%~0.3%（碳的质量分数）后，可通入富化气提升碳势补碳，补渗 2~3h，定碳校正后投入生产。

停炉烧炭黑时，将炉温降到 850℃，通入空气烧炭黑；烧炭黑结束后，保持氮气通入继续降温，待炉温降到 300℃以下打开炉门。

7. 停炉

1）短时停炉。停炉时间在一周内，将炉内工件全部取出后停止可燃气的供给，通入氮气，将炉温设定值调到 750℃，停止炉底转动，保持氮气供给，炉压不低于 200Pa，废气排放口废气不能点燃，在 750℃保温或降温。

2）长时间停炉。停炉时间较长时，将炉内工件全部取出后停止可燃气的供给，通入氮气，将炉温设定值调到 750℃，停止炉底转动，保持氮气供给，炉压不低于 200Pa，废气排放口废气不能点燃，继续降温，炉温降到 300℃以下时切断氮气体供给，打开炉门。

10.8.4　转底式连续可控气氛炉的设备维护

1. 设备日常巡视

转底式炉日常巡视包括：

1）炉温。各区炉温、每区不同热电偶温度差异和变化情况，温度记录曲线的波动情况，保温区温度是否能达到设定值，观察孔炉膛温度是否正常。

2）碳势。转底式炉碳势的波动情况，在一个装料周期内，炉子碳势能否达到设定值，在设定值稳定多长时间富化气和平衡空气的切换频次。

3）炉压。炉压是否稳定，废气排放口燃烧是否稳定，各区介质流量和介质压力是否稳定。

4）炉底密封。炉底密封油温度、油位、冷却水压力和温度是否正常。

5）炉门密封。是否漏气，炉门关闭时是否有点燃火焰或冒烟，密封条压痕是否正确，炉门是否有变形，炉门冷却水流量、温度和压力是否正常。

6）辐射加热管。辐射管加热元件是否有熔断，辐射管是否击穿，密封处有无漏气。

7）炉子表面温升。表面温度是否有异常升高现象，热短路处（检修炉门、热电偶、氧探头、观察孔等）是否变色。

8）电动机。是否有异响、振动，限位装置是否正常。

9）控制柜。柜内温度是否正常，接触器、可控硅、接头等是否正常。

10）炉底驱动。齿轮的啮合情况是否正常。

11）安全装置和安全联锁。停电、炉温低于安全温度时，氮气是否能自动通入；废气排放未点燃时，可燃气是否能切断，氮气是否能自动通入。

12）其他异常情况。

2. 关键部件和重要部件管理

1）循环风机。运转是否平稳，有无振动，是否缺润滑油，是否有漏气冒烟现象。

2）氧探头。参比气是否合理，定碳偏离情况、烧炭黑频次是否合埋，使用时间是否快到期。安装氧探头时，应采用分段插入的方法，不可以直接插入氧探头，防止氧探头因加热速度过快而造成损坏。

3）热电偶。使用时间，系统校验偏离情况，更换日期和新热电偶初次使用的校验。

3. 运动部件的润滑

所有运动部件应在规定周期内添加加润滑油，所加润滑油牌号应符合规定要求。

10.8.5　转底式连续可控气氛炉应用实例

1. 转底式连续可控气氛炉压淬生产线

（1）生产线组成　转底式连续可控气氛炉压淬生产线由上料装置、自动装出料机械手、转底式连续可控气氛炉、压床上料装置、双工位淬火压床、压床卸料装置、清洗机、回火炉上料装置、网带式回火炉、回火炉冷却装置、卸料装置组成，如图 10-114 所示。

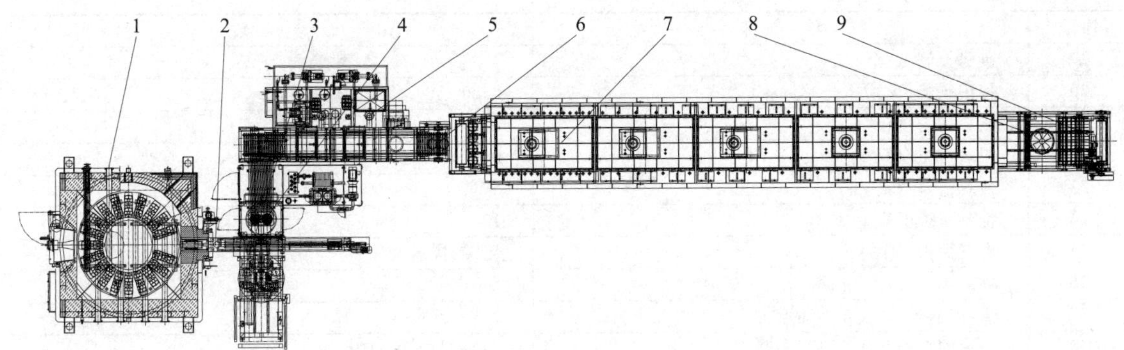

图 10-114　转底式连续可控气氛炉压淬生产线

1—转底式连续可控气氛炉　2—自动装出料机械手　3—自动上料装置　4—压床　5 清洗机　6—排料装置　7—网带式回火炉　8—冷却装置　9—卸料装置

（2）生产线参数　该生产线用于汽车同步器齿套的压淬生产，生产线占用空间尺寸（长×宽×高）为 25m×6.5m×3m，电加热，总装机容量为 269kVA，使用氮气+甲醇气氛，富化气为丙烷，使用氧探头和碳势控制仪表控制气氛碳势，控温精度为±1℃，炉温均匀性为±8℃，双工位淬火压床，直径为 200mm 同步器齿套产量为 60 件/h。

转底式连续可控气氛炉压淬生产线参数见表 10-39。

表 10-39　转底式连续可控气氛炉压淬生产线参数

序号	项　　目	参　　数
1	生产线占据空间(长×宽×高)/m	25×6.5×3
2	产量/(件/h)	ϕ200mm60
.3	生产线电动机功率/kVA	20
4	生产线控制柜功率/kVA	12
5	生产线总装机容量/kVA	269(三相四线制 380V/50Hz,控制电压 220V)
6	生产线热处理工艺流程	上料→转底式炉加热→压淬→清洗→回火→卸料
7	转底式炉尺寸(长×宽×高)/mm	5000×4400×3000
8	转底炉加热功率/kW	112
9	转底炉电动机功率/kVA	3.5
10	转底直径/mm	2300
11	转底式炉炉膛容积/m^3	3.9
12	转底式炉工位数/个	22
13	料盘尺寸(长×宽×高)/mm	500×200×30
14	装料量/(件/盘)	2
15	炉门通过宽度/mm	550
16	炉门通过高度/mm	150
17	最大装料直径/mm	500
18	最大装料高度/mm	80
19	操作标高/mm	1300
20	装出料周期/s	120
21	转底式炉最大加热能力/(kg/h)	400(室温到 860℃)
22	生产方式	三班
23	转底式炉控温区数/区	1
24	转底式炉温度测控点/个	3
25	工作温度/℃	800～880
26	最高温度/℃	900
27	炉温均匀性/℃	±8
28	温度控制精度/℃	±1

（续）

序号	项　目	参　数
29	碳势控制点/个	1
30	使用碳势(%)	0.80
31	碳势均匀度(%)	±0.1
32	甲醇流量/(L/h)	5
33	氮气流量/(m^3/h)	5
34	控制系统电容量/kVA	12
35	电气保护	接零、接地
36	安全氮气/(m^3/次)	260
37	点火烧嘴气体流量/(m^3/h)	1.5
38	淬火油槽补负压用高压氮气	1.0m^3/次,0.5MPa
39	冷却水	3m^3/h,0.2~0.3MPa,水温≤25℃
40	转底式炉压缩空气	0.3m^3/h,0.2~0.3MPa
41	淬火压床外形尺寸(长×宽×高)/mm	2000×1800×2600
42	压床装机容量(电参数)/kVA	30(三相四线制380V/50Hz,控制电压220V)
43	压缩空气压力/MPa	0.4~0.6
44	压缩空气连接值/(m^3/h)	1
45	液压系统高压系统额定压力/MPa	12
46	液压系统低压系统额定压力/MPa	4
47	液压系统油泵电动机功率/kW	7.5
48	工位数/个	2
49	最大拔模力/tf	15
50	最大压淬工件外径/mm	240
51	最小压淬工件内径/mm	50
52	最大压淬工件高度/mm	50
53	上模行程/mm	350
54	下模行程/mm	80
55	淬火油温度/℃	50~100
56	淬火油额定流量/(m^3/h)	15
57	淬火油箱有效容积/L	1000
58	淬火油加热功率/kW	13.5
59	淬火油泵电动机功率/kW	4
60	淬火油换热器油接触面积/m^2	5
61	冷却能力/kW	37.2~40.7
62	冷却水温度/℃	≤28
63	冷却水流量/(m^3/h)	9.6
64	网带回火炉外形尺寸(长×宽×高)/mm	8500×1800×2700
65	网带有效宽度/mm	1000
66	加热与保温区长度/mm	4000
67	加热功率/kW	110
68	电动机功率/kW	10
69	最高使用温度/℃	300
70	工作温度/℃	150~250
71	温控区数/区	3
72	炉内停留时间/min	60~120
73	炉温均匀性/℃	±8(在保温区段,除去炉口区域的影响)
74	温度控制精度/℃	±1(保温段)
75	炉壁温度/℃	35+室温
76	生产能力/(kg/h)	400
77	质量/kg	≈9000

（3）工艺流程　装出料机械手从转底式炉取出炉料→压淬上料机械手取料转移到淬火压床→压淬→自动上料装置将工件从自动料库取出装上料盘→装出料机械手将料盘放进转底式炉加热→转底式炉炉底转动，依次完成工件的加热和保温→压床工件转移、冷却→清洗→烘干→转移、回火→风冷→卸料。

2. 转底式连续可控气氛炉贝氏体等温淬火生产线

（1）生产线组成　转底式连续可控气氛炉贝氏体等温淬火生产线由上料装置、转底式连续可控气氛炉、自动装出炉机械手、工件转移机械手、淬火冷却槽、贝氏体等温转变槽、风冷却装置、网带式清洗机、干燥装置、卸料装置和控制系统组成，如图 10-115。

（2）生产线参数　该生产线用于某轴承公司轴承套圈的贝氏体生产，生产线占用空间尺寸（长×宽×高）为 17m×8m×3m，电加热，总装机容量为 445kVA，使用氮气+甲醇气氛，富化气为丙烷，使用氧探头和碳势控制仪表控制气氛碳势，控温精度为±1℃，炉温均匀性为±8℃，最大产量为 400kg/h。

转底式连续可控气氛炉贝氏体等温淬火生产线参数见表 10-40。

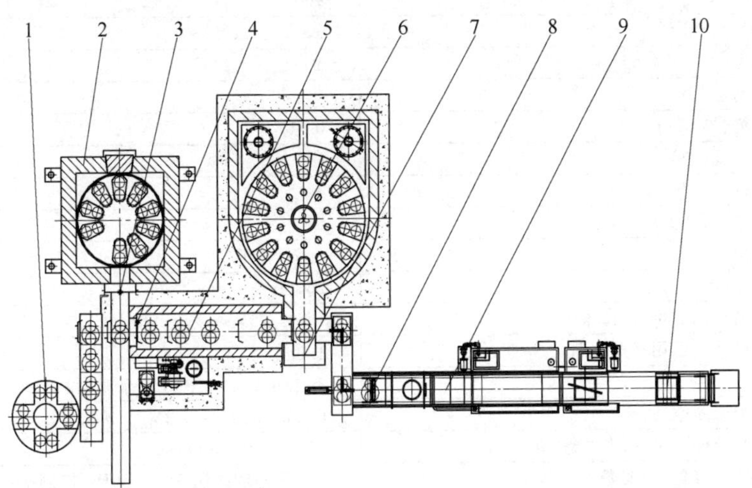

图 10-115　转底式连续可控气氛炉贝氏体等温淬火生产线

1—上料装置　2—转底式连续可控气氛炉　3—自动装出炉机械手　4、7—工件转移机械手　5—淬火冷却槽　6—贝氏体等温转变槽　8—风冷却装置　9—网带式清洗机　10—卸料装置

表 10-40　转底式连续可控气氛炉贝氏体等温淬火生产线参数

序号	项　　目	参　　数
1	生产线占据空间(长×宽×高)/m	17×8×3
2	最大产量/(kg/h)	400
3	生产线电动机功率/kVA	20
4	生产线控制柜功率/kVA	23
5	生产线总装机容量/kVA	445(三相四线制 380V/50Hz,控制电压 220V)
6	生产线热处理工艺流程	上料→转底炉加热→硝盐冷却→贝氏体硝盐等温转变→风冷→清洗烘干→卸料
7	转底式炉尺寸(长×宽×高)/mm	5000×4400×3000
8	转底式炉加热功率/kW	112
9	转底式炉电动机功率/kVA	3.5
10	转底直径/mm	2300
11	转底式炉炉膛容积/m^3	3.9
12	转底式炉工位数/个	10
13	料盘尺寸(长×宽×高)/mm	680×400×30
14	每盘装料量	工件直径小于 310mm,2 件/盘;工件直径小于 480mm,1 件/盘
15	炉门通过宽度/mm	600

（续）

序号	项　目	参　数
16	炉门通过高度/mm	290
17	最大装料直径/mm	480
18	最大装料高度/mm	150
19	操作标高/mm	1300
20	装出料周期/s	360
21	转底式炉最大加热能力/(kg/h)	400(室温到860℃)
22	生产方式	三班
23	转底式炉控温区数/区	1
24	转底式炉温度测控点/个	3
25	工作温度/℃	860
26	最高温度/℃	900
27	炉温均匀性/℃	±8
28	控温精度/℃	±1
29	碳势控制点/个	1
30	使用碳势(%)	0.80
31	碳势均匀度(%)	±0.1
32	甲醇流量/(L/h)	5
33	氮气流量/(m^3/h)	5
34	电气保护	接零、接地
35	安全氮气/(m^3/次)	260
36	点火烧嘴气体流量/(m^3/h)	1.5
37	淬火油槽补负压用高压氮气	1.0m^3/次,0.5MPa
38	冷却水	3m^3/h,0.2~0.3MPa,水温≤25℃
39	转底式炉压缩空气	0.3m^3/h,0.2~0.3MPa
40	硝盐冷却槽外形尺寸(长×宽×高)/mm	3390×1300×3000
41	冷却槽装机容量(电参数)/kVA	96(三相四线制380V/50Hz,控制电压220V)
42	冷却槽保温加热功率/kW	53
43	冷却槽熔盐加热功率/kW	36
44	电动机功率/kW	6
45	冷却槽工位数/个	5
46	冷却槽容积/m^3	5
47	冷却槽使用温度/℃	170~250
48	等温槽保温加热功率/kW	101
49	等温槽熔盐加热功率/kW	72
50	等温槽容积/m^3	13.5
51	等温槽工位数/个	48
52	等温槽工作温度/℃	230~240
53	网带式清洗机加热功率/kW	48
54	工位数/个	2
55	清洗槽容积/m^3	2.8
56	使用温度/℃	80~90

（3）工艺流程　装出料机械手将炉料从转底式炉取出→机械手将工件转移到冷却槽淬冷→上料装置将工件装上料盘→装出料机械手将炉料放进转底式炉加热→转底式炉炉底转动，依次完成工件的加热保温→机械手将冷却槽中的工件取出放到贝氏体等温槽进行贝氏体等温转变→机械手将工件从贝氏体等温槽取出到风冷却装置→清洗→烘干→卸料。

10.9　环式连续可控气氛炉

中国机械工程学会热处理分会　徐跃明
广东世创金属科技股份有限公司　殷汉奇　王桂茂

环式连续可控气氛炉（简称环式炉）常用于可控气氛保护加热淬火和等温正火，也用于渗碳淬火、渗碳缓冷正火、渗碳缓冷后二次加热淬火和渗碳压淬等热处理。环式炉配置淬火槽或淬火压床、清洗机、回火炉等组成不同的连续热处理生产线。由于环式炉尺寸空间较大，盘数多，特别适于大批量、单一品种工件的深层渗碳或保护淬火、正火、退火等热处理。环式炉生产线如图 10-116 所示。

图 10-116　环式炉生产线

环式炉与转底式炉类似，都是旋转炉底结构。环式炉的旋转炉底为圆环，炉膛空间尺寸比转底式炉大，环式炉炉膛为圆环形空间，料盘由旋转的环状炉底带动转移。

与推杆式炉生产线比，环式炉的料盘推进是依靠旋转的环状炉底，料盘之间没有挤压，而推杆式炉的料盘是由推杆推动，将料盘一盘顶一盘的方式向前移动，因此推杆式炉的料盘不能太多，防止推力过大将料盘挤压变形。JB/T 10896—2008《推杆式可控气氛渗碳线　热处理技术要求》规定，同一轨道料盘不能超过 15 盘。环式炉因为没有料盘间的挤压，环式炉的料盘数可以做到大于 15 盘。环式炉可替代推杆式炉进行渗碳或淬火加热，使用环式炉有一定延长料盘寿命的作用。

环式炉还可与推杆式炉组成生产线，如加热区、降温区使用推杆式炉，渗碳使用环式炉。

用于保护加热淬火或正火的环式炉可以不分区，加热区和保温区不用隔离。

用于渗碳的环式炉，尤其是用于渗碳层深度较深工件的渗碳时，环式炉至少分为加热区、渗碳区、高温扩散区和降温保温区四个区，区与区之间有隔离装置，以减少或避免加热区和渗碳区、渗碳区和高温扩散区、高温扩散区和降温保温区之间温度和气氛的相互影响，隔离装置应设置合理，不得影响区内的气氛循环。每区的温度都能独立控制；除加热区，每个区的碳势都能独立控制，每个区的气氛能独立循环；根据需要，加热区、渗碳区可分一区或多区。

由于环式炉的装料和出料使用同一炉门，刚装入的低温炉料和即将出炉的高温炉料相互临近，新装入的低温工件和装料时带入的空气对即将出炉工件的温度和表面碳含量会产生影响，因此在设计、制造和调试时，应根据工件要求采取合适的措施，防止工件的氧化脱碳和温度的降低。

环式炉的产量一般根据典型工件的产量和热处理技术要求设计，环式炉有最适合的热处理工件，有最佳的渗碳层深度所对应的加热区、渗碳区、高温扩散区和降温保温区的盘数，对应最佳的装出料周期和各区匹配的时间，若偏离最佳渗碳层深度，各区对应时间可能会出现不匹配情况，出现加热时间不足或过长，渗碳和扩散时间不匹配，降温保温时间不足或过长等问题；在对不同渗碳层深度的工件进行渗碳时，应对这些不匹配的参数对渗碳工件质量的影响进行评估，采取适当措施，以减少不利因素的影响，必要时改用其他炉型渗碳。

10.9.1　环式炉的结构与组成

环式炉由环形炉体、环形旋转炉底、炉底支撑、炉门、加热辐射管、循环风扇、密封油槽等组成，炉膛为一环形空间，如图 10-117 所示。

1. 环式炉炉体

环式炉炉体由气密的钢板焊接壳体和炉衬组成，炉衬由环状炉底、内环炉墙、外环炉墙和环状炉顶组成。环状炉底为旋转结构，炉底炉衬由碳化硅、抗渗碳砖、陶瓷纤维等组成；炉墙为抗渗碳砖耐火层和陶瓷纤维炉衬；炉顶使用折叠式陶瓷纤维炉衬。环式炉的炉膛由内环墙、外环墙、炉顶和旋转炉底围成的环状空间，用于渗碳的环式炉的环状空间一般分为加热区、渗碳区、高温扩散区和降温保温区四个区。

2. 加热区

加热区有一个或多个控温区，加热功率根据生产能力要求和炉体损耗确定，配备的加热功率应确保能将工件在加热区内加热到设定温度；每个加热控温区配置相应的控温热电偶、超温热电偶和安全温度热电偶，控温热电偶位置为炉膛到达设定温度点附近，每个控温区配置 1 个循环风扇，加热区的工位盘数根据工件的到温时间和装出料周期确定，加热区可不通入甲醇或 RX 气载气，加热区气氛来自渗碳区排出的部分气氛，加热区可通入氮气。加热区也可以为独立的推杆式炉，推杆式炉和环式炉之间有炉门分隔。加热区和渗碳区在同一环式炉内时，加热区和渗碳区、高温扩散区、降温保温区之间应设有隔离装置，以减少温度和气氛的相互影响。

3. 渗碳区

环式炉渗碳区为一个或多个温度控制区，每个控温区配置相应的控温热电偶、超温热电偶和安全温度

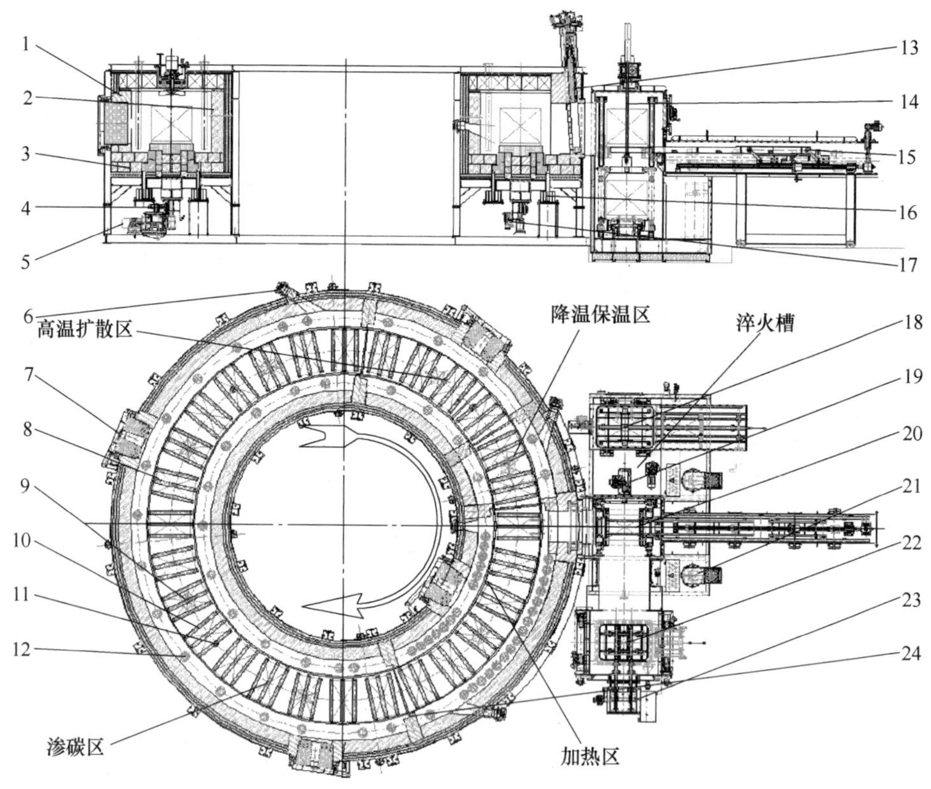

图 10-117 环式炉的组成

1—外环炉墙 2—内环炉墙 3—环形旋转炉底 4—炉底链传动 5—炉底驱动电动机 6—观察孔 7—检修炉门 8—炉料 9—循环风扇 10—热电偶 11—氧探头 12—加热辐射管 13—装出料炉门 14—淬火升降台 15—装出料机械手 16—密封油槽 17—转底定位 18—淬火槽出料台 19—淬火槽炉料转移装置 20—装出料过渡室 21—淬火槽搅拌装置 22—装料换气室 23—推料装置 24—环式炉分区隔离墙

热电偶；加热功率的配置主要考虑炉体损耗和炉体升温需要的功率；碳势控制根据工件渗碳层深浅设置一个或多个碳势控制区，并与温度控制区相匹配。每个碳势控制区配有对应的氧探头、碳势控制仪表、气氛供给系统和气氛循环风扇等；每个碳势控制区有碳势测定装置，用于各碳势控制区碳势控制仪表的校对；渗碳区的盘数根据工件渗碳层深度和产量要求确定；渗碳区碳势的设定值不能超过渗碳温度下的炭黑极限，渗碳工件的表层碳含量应达到工件的渗碳规定要求，以对渗碳工件的碳化物进行控制；渗碳区和加热区、高温扩散区应设有隔离装置，以减少气氛的相互影响。

4. 高温扩散区

高温扩散区为一个温度控制区，控温区配置相应的控温热电偶、超温热电偶和安全温度热电偶；加热功率的配置主要考虑炉体损耗和炉体升温需要的功率；碳势控制一区配有氧探头、碳控仪、气氛供给系统和气氛循环风扇；设有碳势测定装置，用于高温扩散区碳势控制仪表的校对；高温扩散区的盘数根据工件表层碳含量和渗碳层碳梯度形状的要求及装出料周期确定，高温扩散区盘数和渗碳区盘数匹配；高温扩散区和渗碳区、降温保温区应设有隔离装置，以减少气氛的相互影响。

5. 降温保温区

降温保温区为一个温度控制区，控温区配置相应的控温热电偶、超温热电偶和安全温度热电偶，控温热电偶位置应避免受上区高温工件的影响，放置在炉膛的温度平衡区；加热功率的配置主要考虑上区高温炉料带入热量、炉体损耗和炉体升温需要的功率；碳势控制一区配有氧探头、碳控仪、气氛供给系统和气氛循环风扇；设有碳势测定装置，用于降温保温区碳势控制仪表的校对；降温保温区的盘数根据工件上区温度、淬火温度要求和装出料周期确定。降温保温区和高温扩散区、加热区应设有隔离装置，以减少温度和气氛的相互影响。对渗碳层深度浅的工件，降温保温区可以和高温扩散区合并。

降温保温区一端和高温扩散区相邻，另一端和装料加热区相邻，工件经降温保温区均温和最终扩散后出炉淬火，工件温度容易受刚装炉的低温工件影响，表层碳含量也会受装炉时带入的氧气的影响，表层内氧化容易加重，因此对质量要求较高的工件，在设计和使用时都要采取措施，以减轻这些影响。

6. 甲醇滴注

使用氮气+甲醇气氛和甲醇滴注气氛时，甲醇加热、汽化、裂解要吸收大量的热，如果甲醇流量太大，会造成甲醇汽化、裂解不充分，部分甲醇滴入炉膛接触工件后才汽化裂解，会影响工件质量，因此甲醇流量较大时，应采取措施，确保滴入甲醇在接触工件前汽化裂解，防止未汽化的甲醇接触工件。气氛通入点和通入量应确保炉内气氛流动合理，不会形成气氛死区。

7. 装出料过渡室和淬火槽

装出料过渡室和淬火槽合并为一体，由装料换气室、换气室推料装置、淬火槽、淬火槽升降台、装出料机械手、出料升降台等组成，如图 10-118 所示。

炉料从预氧化炉推出送到换气室，炉料在换气室换气后由推料装置送到淬火升降台，装出料机械手将炉料从淬火升降台送到环式炉加热室，炉料经环式炉加热渗碳后，由装出料机械手取出放到淬火升降台，淬火升降台下降到淬火槽完成工件的淬火冷却，由淬火槽转移装置转移到淬火槽出料升降台，出料升降台将炉料提升到出料口，由出料口的推料装置转移到沥油冷却台，进入清洗工序。

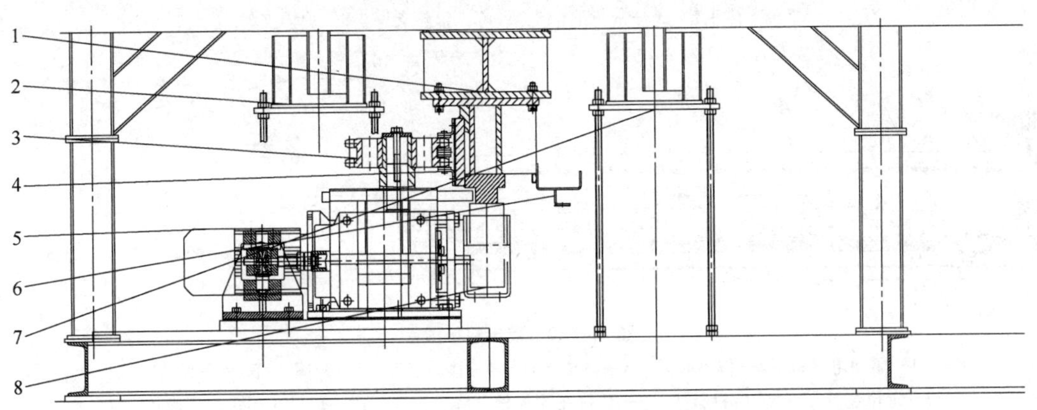

图 10-118　环式炉底驱动

1、8—环式炉底支撑　2—外环密封油槽　3—驱动链轮　4—链条　5—驱动电动机
6—光栅定位装置　7—内环密封油槽

10.9.2　环式炉关键部件

1. 环式炉炉底旋转驱动、定位和校正

环式炉炉底由链轮变频电动机驱动，由多个辊轮支撑，转底下部环有固定的链条，电动机链轮驱动链条旋转，带动环式炉底转动。对应炉内的每一个料盘工位，炉底有对应的光栅定位装置，当炉底旋转到对应工位，光栅检测到信号后，转底电动机停止转动，位置校正装置锁定后，环式炉才能开门，装出料机械手进行装出炉。由于环式炉炉底质量很大，转底起动和停止的惯性非常大，因此环式炉的精确定位很关键。由于环式炉尺寸很大，设计和使用时要考虑炉底因温度变化引起的尺寸变化及其对定位的影响。

2. 环式炉炉底支撑和导向

环式炉的炉底支架 1 支撑在多个固定的支撑辊轮 5 上（见图 10-119），支撑辊轮 5 为滚动轴承结构，阻力很小；辊轮支撑座上带导向限位辊轮 4，防止环式炉炉底跑偏。炉子加热后，炉底的热膨胀会造成环式炉炉底的不均匀变形，导向限位辊轮与旋转炉底的间隙需要调整，以适应高温和冷态两种状况。

3. 装出料机械手

装出料机械手为连杆机构，能完成升降和进退动作。装料时，装出料机械手将炉料从淬火槽位置抬起，送入环式炉加热位置放下，机械手退出完成装料。出料时，机械手进入环式炉的取料位置，将炉料抬起退到淬火槽升降台的料台上放下，机械手退出完成出炉的操作。装出料机械手如图 10-120 所示。

4. 电气控制系统

电气控制系统对炉膛温度、气氛碳势、装出料机械手、炉门、旋转炉底、循环风扇等实施控制。

温度控制系统由温度传感器、温度控制仪表、可控硅等组成。

碳势控制系统由氧探头、碳势控制仪表、供气阀、流量计等组成。

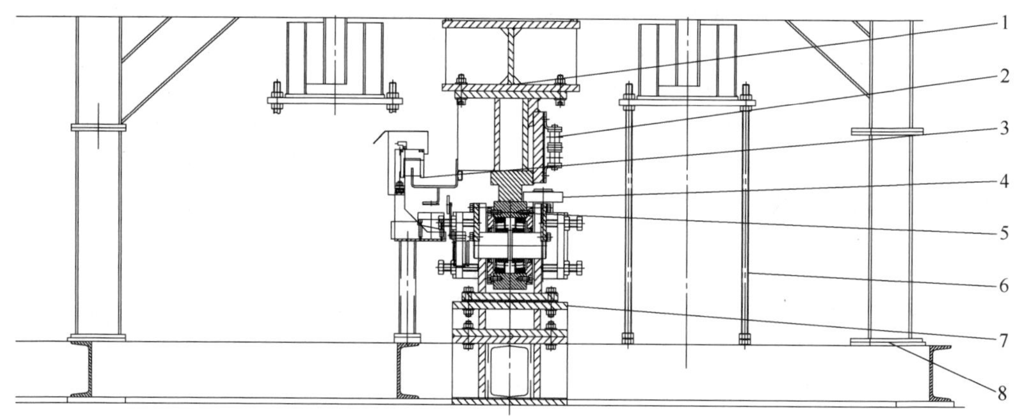

图 10-119　环式炉炉底支撑

1—环式炉炉底支架　2—转动链　3—定位光栅　4—导向限位辊轮　5—支撑辊轮　6—密封油槽支架　7—辊轮支座　8—炉体支架

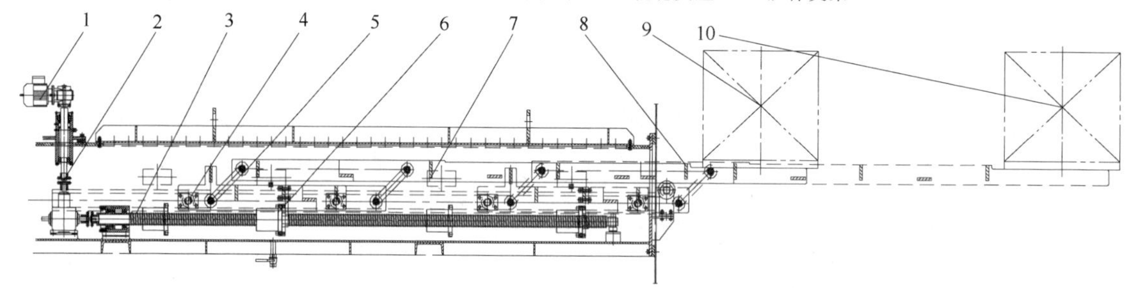

图 10-120　装出料机械手

1—驱动电动机　2—传动装置　3—滚珠丝杠　4—移动装置　5—升降连杆　6—驱动螺母　7—定位装置　8—装出料料架　9—炉料在淬火槽升降台位置　10—炉料在环式炉炉膛内位置

设备的动作控制系统由传感器、可编程控制器、接触器、电机、电磁阀等组成。

（1）料盘的跟踪　在触摸屏和计算机上显示生产线上所有工位的料盘信息，从料库到料盘装料、进炉加热、渗碳、扩散、降温淬火、清洗、回火、卸料的全流程图中的每个位置都有一个对应编号，装料时输入料盘所装工件的信息，如工件图号名称、生产批号、装盘数量、材料和热处理技术要求、操作员等，料盘获得初始位置号，随装料周期的执行，料盘沿着生产线的位置号递进，单击触摸屏上生产线中的任意位置号，可显示该料盘的信息（如装料时间、出炉时间、当前位置号、炉膛温度、碳势、装料数量、操作员等）。

（2）可编程控制器　生产线使用可编程序控制器对所有动作实施控制，包括安全联锁、供气、温度控制、碳势控制等，对设备运行状态、故障等实施监控。

10.9.3　环式炉的安全操作

1. 烘炉与供气

用于渗碳的环式炉，新炉或炉衬大修后启用时需要先升温烘炉，烘炉按图 10-121 所示工艺曲线升温。

炉子冷态调试合格后进行烘炉。烘炉升温前，所有可燃气接口要可靠切断，通入氮气检查炉压，注意密封油槽油位，拆下氧探头，打开装料和检修炉门，打开观察孔和所有炉衬排水气孔，通入大流量氮气，按升温速度≤25℃/h 升温，在 300℃ 保温 48h，关闭装料和检修炉门；再以≤15℃/h 的速度升温至 600℃，检查炉底旋转、炉门开启、装出料机械手等动作并调整，调整好后继续升温到 920℃，到温后校准控温仪表和热电偶等；再次检查炉子动作并调整，检查密封油温度和油位，正常后封闭所有排气孔，安装氧探头，关闭观察孔，通入甲醇并调整氮气和甲醇流量比例；供气后观察炉压和废气排放口火焰情况，火焰正常后查看观察孔玻璃是否结露，如观察孔没有结露可通入少量富化气，观察碳势上升情况，待气氛碳势达到 0.2%（碳的质量分数）左右时可将富化气调整到正常流量，碳势为 0.6%～0.8%（碳的质量分数）时进行定碳，定碳偏差大于 0.1%时需要检测氧探头或调整碳势控制仪表。正常后继续升碳势到 1.1%（碳的质量分数）左右，碳势达到设定值后定碳并校正碳势控制系统，碳势控制正常后对炉衬补渗

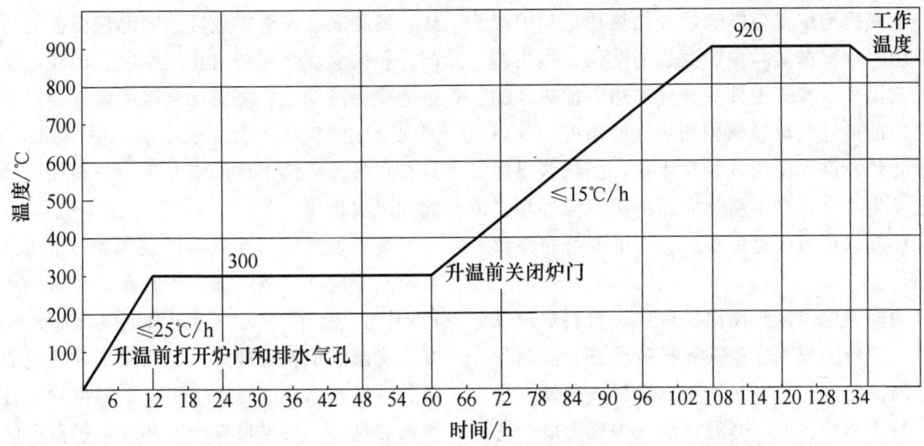

图 10-121　烘炉工艺曲线

碳 12h 左右，降温到工作温度，同时将碳势调整到工作碳势，校正温度控制仪表和碳势控制仪表后使用。

2. 炉子升温

长时间停炉（一周以上）后，在升温前要检查炉膛，确认没有可燃气或可燃液体泄漏，炉衬、加热元件、热电偶、氧探头、密封油位、定位等正常后才可升温。升温前打开炉门，在 200℃ 保温 8h，关闭炉门，通入氮气，按 50～100℃/h 速度升温，炉温到 800℃ 后通入甲醇，炉温到工作温度后再加富化气补碳 3～6h，校准温度并定碳正常后方可进入试生产运行，待工件检测合格后方可正常生产。如果有甲醇泄漏，解决好泄漏问题后应关闭炉门，通入炉膛 7 倍容积的氮气后方可升温。

短时间停炉后，炉膛正常情况下可以直接升温到工作温度，补碳 2h，定碳正常后进入试生产。

3. 炉子供气

炉子升温前，打开配气装置的氮气供给阀，通入适量氮气，一般氮气流量为 10～20Nm^3/h，供气后观察炉压，炉压应稳定在 200Pa 左右。

炉温到达 800℃ 后，加热区通入氮气，一般氮气流量为 1～3Nm^3/h；渗碳区、高温扩散区、降温保温区通入氮气和甲醇。一般情况下，渗碳区氮气流量为 1～4Nm^3/h，甲醇流量为 1～4L/h；高温扩散区和降温保温区氮气流量为 1～2Nm^3/h，甲醇流量为 1～2L/h。渗碳区气氛向加热区和高温扩散区流动，高温扩散区向降温保温区流动。供气后，观察排气口火焰燃烧情况和炉压，火焰应稳定燃烧，炉压应稳定在 200Pa 左右。

加热区、渗碳区和高温扩散区到达 900℃ 以上，渗碳区和高温扩散区可通入富化气和空气，富化气流量应适当，过大会裂解不充分并产生炭黑；碳势平衡气为空气，空气流量应适当，以避免碳势出现大的波动。

停电时要保证有充足的氮气，并能自动充入炉内。

短时停炉可将炉温降到 850～900℃，通入氮气和少量甲醇，维持炉内正压。

长时间停炉时通入氮气，待炉温降到 200℃ 后打开炉门，关闭所有气阀并有效切断可燃气通入。

4. 温度控制和炉温均匀性测量

环式炉炉膛分加热区、渗碳区、高温扩散区和降温保温区，加热段和保温段没有隔离装置，整个炉膛连通为一体，工作空间为转底靠近外边缘的环状炉膛，中心部位是空置的非工作区。

环式炉为多区控温，每区至少有 3 只热电偶监控，一只为主控热电偶，一只为超温控制热电偶，一只为安全温度控制热电偶。

加热区根据情况分为一区或多区加热，工件在加热区的加热时间要保证在最大装载量或最短装出料周期时工件能加热到温，最长装出料周期时加热时间较长，工件到温后不能及时进入渗碳区渗碳，因此最长装出料周期应适当。装出料周期短加热区较长时，加热区可分为多区控制，炉料在加热区的分区加热，合理设定各加热区温度，使辐射管处于合理的加热状态。

环式炉需要先在工作温度补碳后才能装料，初次装料时，整个加热区都在设定温度，第一盘炉料在加热区受到炉膛的巨大辐射后。加热速度很快，工件很快到达设定温度；随着炉料的不断进入，炉料吸热增加，装料处炉膛的温度降低较多，加热区末段炉膛温度接近设定值。在加热辐射管补充的热能、炉料吸收的热能和炉体损耗的热能达到平衡后，加热区炉膛形成一个稳定的温度梯度，加热区炉膛温度达到热平衡状态。装料处炉料温度低，对应的炉膛温度也较低，随着加热区炉料的推进，炉料的温度升高，炉膛温度也升高；在同一加热区内的所有辐射管加热是同时起动供热，热电偶检测位置会影响炉膛加热功率和炉膛温度场。使用时应根据实际炉膛温度的变化，适当调整各区的设定温度，保证工件的合理加热。加热区的气氛循环风扇的搅拌气流能减少加热区的温度不均匀性。如果改变炉料进入周期或装料重量，加热区温度场也会随之发生变化，会重新建立新的炉膛温度场。

渗碳区和高温扩散区是恒温区，热电偶分布在渗碳区中间部位。

环式炉的降温保温区与高温扩散区、装料炉门及加热区相邻，炉料完成加热渗碳和扩散后进入降温保温区。在降温保温区，炉料温度降低会释放热能，出料炉门打开装入新炉料时，降温保温区炉膛温度会急剧下降；炉料在降温保温区需要保持一定时间进行降温和均温，使中心部位工件和工件较大截面部位的温度均匀；装出料周期短时，需要的降温保温区间较长。降温保温区随温度的降低，气氛碳势将升高，因此降温保温区会通入较多空气平衡碳势。降温保温区热电偶的位置很关键，若热电偶位置靠近高温段，降温保温区炉膛的加热较少起动或不起动，会造成在出料段的工件温度过低；若热电偶位置靠近低温段，加热会频繁起动，造成工件降不到设定温度；不同工件或不同装载量情况下，炉料的降温速度也不一致，因此使用时要适当调整设定温度。新装入的炉料会对即将出炉的炉料的温度和表层碳含量、内氧化层产生影响，对质量要求较高工件，应对这些影响进行评估，确保热处理质量达到规定要求。

在空炉状态或中间放有空盘的情况下，如果加热区、渗碳区、高温扩散区、降温保温区之间没有隔离门，各区温度和碳势将相互影响，渗碳区、高温扩散区的碳势波动大，降温保温区的温度会降不下来，降温保温区的碳势也会受到影响；使用缩颈墙隔离时，只有在料盘装满工件的情况下，炉料在缩颈墙处才能起到隔离作用。

测量炉温均匀性推荐使用黑匣子温度检测装置，将黑匣子的 9 只热电偶置于料盘工作区的 8 个顶点和 1 个中心点，在环式炉达到设定温度后，按正常装炉方式将黑匣子装入环式炉，黑匣子和热电偶按设定周期随转底转动，测量每个工位的温度均匀性。在满载状态测量时，只测量渗碳区和高温扩散区的温度均匀性，并分别记录每一工位的温度均匀性，降温保温区的降温段只作参考，最后两盘的温度均匀性作为降温保温区的温度均匀性。空炉测量炉温均匀性时，如果各区没有隔离门分开，若各区设定温度不一致，各区温度将相互影响，降温保温区的温度达不到设定值，降温保温区的炉温均匀性仅作参考，不做评定；测量环式炉炉温度均匀性时只通氮气，氮气流量按正常工艺流量通入，不通甲醇、RX 气和富化气。

图 10-122 所示为环式炉的炉温均匀性测量曲线。环式炉共 28 个盘位，加热区 5 盘，设定温度为 860℃；渗碳扩散区 17 盘，设定温度为 920℃；降温保温区 6 盘，设定温度为 850℃。每工位设测温热电偶 9 根，每工位停留 10min，每分钟读取一次数据。从图 10-122 可知，加热区和渗碳区、高温扩散区和降温保温区的交界处温度波动较大。

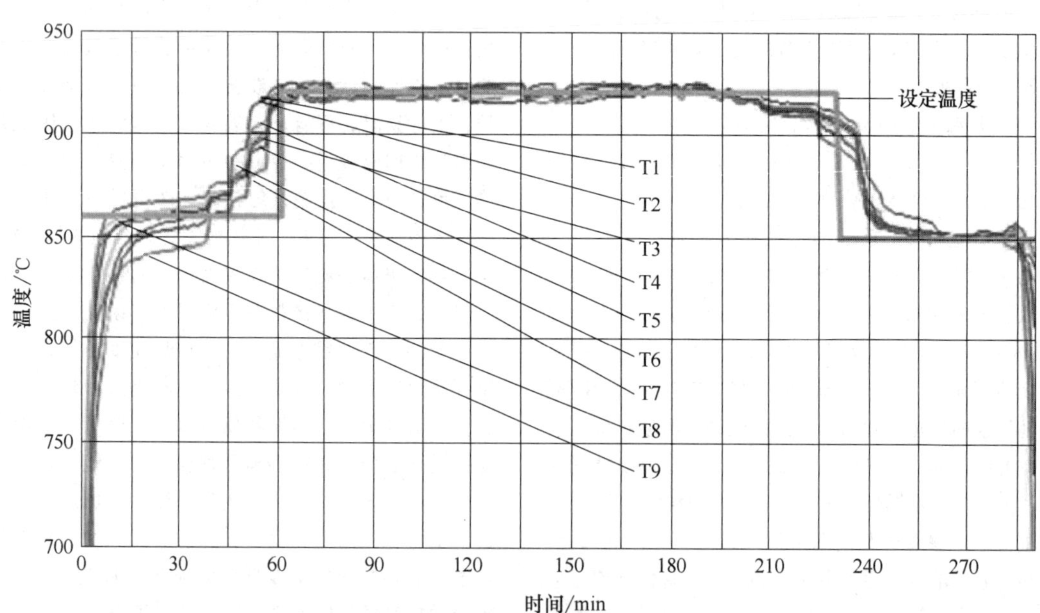

图 10-122 环式炉的炉温均匀性测量曲线（北京赛唯美提供）

5. 气氛碳势控制和碳势校正

环式炉可控气氛一般使用氮甲醇、甲醇滴注或RX气氛，富化气使可用净化天然气、丙烷或丙酮等，碳势平衡气为空气。配置氨气供给装置可进行碳氮共渗，使用氧探头和碳势控制仪表对气氛碳势进行监控，使用箔片定碳装置对氧探头和碳势控制仪表进行校正。

6. 供气系统的安全联锁和安全措施

1）停电时氮气自动通入炉内。

2）炉温低于 750℃时氮气能自动通入炉内。

3）炉温低于 750℃时可燃气自动切断。

4）供气管路有可靠切断向炉内供气的装置。

5）废气排放口未点燃时，可燃气自动关闭，氮气自动充入。

6）炉压低于设定值时，氮气自动通入，可燃气自动切断。

7. 炉膛烧炭黑

环式炉使用中会积累炭黑，渗碳气氛中的 CO 在炉膛温度较低部位（700~400℃）时会析出炭黑，通入的甲醇、丙烷或丙酮等可燃介质，裂解不充分时会析出炭黑，气氛碳势超出气氛温度下的炭黑极限也会形成炭黑。炉膛的炭黑积累到一定程度，会影响氧探头的测量精度，影响渗碳效果，因此在可控气氛炉使用一段时间后应进行烧炭黑。

通过观察废气燃烧情况、观察孔、定碳装置排气燃烧情况、淬火后工件表面颜色、氧探头反应速度等即可判断炉内是否有炭黑。

渗碳温度高时，炭黑极限也高；渗碳温度低时，炭黑极限也低。炭黑极限计算方法有多种版本，计算结果略有差异渗碳温度与炭黑极限可参考表 10-41。

表 10-41　渗碳温度与炭黑极限

渗碳温度/℃	800	820	840	860	880	900	920	940
炭黑极限 $w(C)(\%)$	0.88	0.94	1.0	1.07	1.13	1.20	1.27	1.33

烧炭黑操作程序：正常使用情况下，可以 3~6 个月烧一次炭黑；非正常使用会造成炭黑堆积，严重时必须立即停产烧炭黑。待工件出炉完毕，通入氮气，将炉温降至 850℃。打开烧炭黑空气泵，将空气通入炉内。烧炭黑一般持续 90~120min。炭黑严重时，炉温会迅速升高，可通过减少空气流量控制炉子升温速度。通常炉子温度会因空气的通入而上升 50~80℃。温度上升超过 80℃时，应该减少空气供应量或停止通入空气，温度下降后再继续供应空气，继续烧炭黑操作。当温度下降到设定的 850℃时，炉内炭黑已经燃烧干净。

烧炭黑结束后，关掉烧炭黑空气泵，通入氮气置换炉内气体，同时将炉温升到工作温度。在通入炉膛容积 3~7 倍氮气后，可开始通入载气（RX 气、甲醇、氮气+甲醇），待气氛碳势为 0.2%~0.3%（碳的质量分数）后，可通入富化气补碳，补渗 2~4h，定碳校正后投入生产。

停炉烧炭黑时，将炉温降到 850℃，通入空气烧炭黑；烧炭黑结束后，通入氮气继续降温，待炉温降到 300℃以下打开炉门，并关闭炉子电源。

8. 碳势设定

环式炉加热区可只通氮气。

渗碳区可通入氮气、甲醇、富化气或平衡空气，气氛通入点位于中部的气氛循环风扇旁；渗碳区的气氛向加热区和高温扩散区流动，流动比例根据两头的需要调整。渗碳区的设定碳势根据渗碳温度、渗碳时间、工件材料和工件形状确定，一般设定碳势不得超出渗碳温度下的炭黑极限，渗碳时工件不得出现大块状或网状碳化物。如果渗碳区和高温扩散区没有有效隔离装置，渗碳区和高温扩散区碳势相差不可过大，因两区气氛相互影响，碳势调节困难。

高温扩散区设定碳势根据工件要求确定，工件经高温扩散后渗碳层的碳梯度平缓，从表面到次表层梯度降符合相关要求，从次表层到心部的梯度降平缓。

降温保温区设定碳势根据工件表面的碳含量和次表层碳含量要求确定，设定碳势不得超过保温温度下的炭黑极限，工件表层碳含量不得超过工件材料在保温温度下的碳化物极限，防止淬火后形成网状、尖角状或块状碳化物。

9. 环式炉的装出料周期

环式炉一般适用于渗碳层较深，产量较大，品种相对单一工件的渗碳，可取代双道或多道推杆式炉的渗碳淬火，不适用渗碳层浅、批量小的工件。

环式炉装出料周期中占用时间最多的是淬火时间，因此环式炉的装出料周期取决于淬火周期。一般情况下，淬火周期不低于 10min，环式炉的装出料周期不低于 13min。

10. 不同渗碳层深度工件的切换

环式炉的加热区、渗碳区、高温扩散区和降温保温区盘数根据产量最大工件的有效截面厚度和渗碳层深度确定，对应该装出料周期的加热时间、渗碳时间、高温扩散时间和降温保温时间都是相互匹配的。不同渗碳层深度的工件有不同的装出料周期，这样会造成加热、渗碳、高温扩散和降温保温时间不匹配的情况。如果装出料周期相差不大，在切换工件时可以不用清空环式炉，直接切换装出料周期即可，但要评估切换装出料周期对渗碳层深度、表层碳含量、渗碳层碳梯度的影响。如果装出料周期相差较大，在切换装出料周期前一般将环式炉清空或部分清空，或者在安排生产时优先安排渗碳层深度相差不大的工件过渡，完成渗碳层深度相差较大工件的装出料周期切换。由长周期向短周期切换时，等长周期工件到达降温保温区后切换装出料周期，保证长周期工件的加热、渗碳和扩散。采用清空炉料方式切换装出料周期时，在加热区和渗碳区、渗碳区和高温扩散区、高温扩散区和降温保温区会出现气氛和温度的交叉影响，如高温扩散区碳势降不到设定值，会造成表层碳含量过高，降温保温区温度升高，工件在淬火时温度过高或不均匀等。在清空炉料时，需要对这些影响进行评估，对切换前和切换后的产品进行检测。

环式炉的最短装出料周期应保证最短装出料周期时工件能够在加热区加热到设定温度。如果最短装出料周期对应最大产量，加热区的加热功率应能保证工件在加热区加热到温所需能耗。高温扩散区要有足够的扩散时间，保证表层碳含量和渗碳层碳梯度达到规定要求；要有足够的降温保温时间，保证工件在淬火前温度均匀。如果工件渗碳层较浅，即使在最短装出料周期条件下，也会出现渗碳时间过长、渗碳层超深的情况，这时只有让渗碳区的工位数空置一部分，使渗碳时间和渗碳层深度匹配。

环式炉的最长装出料周期必然会造成加热时间过长，加热功率过剩，扩散和降温保温时间过长等问题，因此环式炉的最短装出料周期和最长装出料周期不能相差过大，生产过程中不能频繁切换装出料周期。

对于不同渗碳层深度的工件，应优先采用调整装出料周期来实现不同渗层深度工件的渗碳，尽量不采用降低渗碳温度的办法实现不同渗碳层深度工件的渗碳。环式炉体积庞大，炉体蓄热量非常巨大，渗碳温度的升降会消耗大量能源。

11. 不同渗碳层深度工件的同炉渗碳

环式炉的装料和出料是按照设定的装出料周期间，每出一盘炉料，再在空位处装入一盘新炉料的方式运行。对加热、渗碳、高温扩散和降温保温在同一台环式炉内的结构，只能按顺序装出炉，加热区的炉料按环形炉体转动方向顺序进入渗碳区，渗碳区、高温扩散区和降温保温区的炉料都按顺序依次进入下一工序，因此这种结构的炉型不能实现不同渗碳层深度工件的同炉渗碳。

对加热、渗碳、高温扩散为独立结构的环式炉，可以实现不同渗碳层深度工件的同炉渗碳，但要解决不同渗碳层深度工件同时转出的问题。两盘不同渗碳层深度工件同时转出时，可以优先考虑渗碳层深度浅的工件先出，渗碳层深度深的工件推后到下一个装出料周期转出，但随着时间推移，不同渗碳层深度工件的出炉时间会积累起来，出现很多盘工件需要同时转出的问题，这时不能使用优先原则顺序出炉，否则会造成渗碳层深度超差的问题。当不同渗碳层深度工件同炉渗碳时，装料时要避开多个料盘同时出炉的积累问题。

对不同渗碳层深度工件，按渗碳时间比例进料可避免料盘积累出炉问题。但在实际生产中，不同渗碳层深度工件的数量不能按渗碳相间的比例提供，对不满足比例的料盘，只能装进空盘顶替，空盘在环式炉内运行时，和空盘相邻料盘上的工件，因空盘不能隔断加热区、渗碳区、扩散区和降温区的温度和气氛，造成和空盘相邻工件在加热、渗碳、扩散和降温区的温度和碳势出现偏差，这部分工件的渗碳质量会受到较大影响，因此不同渗碳层深度工件同炉渗碳时，需要对这些影响进行评估，以避免产生质量不合格工件。

不同渗碳层深度工件的同炉渗碳，环式炉可不按次序进出料，将渗碳时间到了的炉料旋转到装出料炉口，炉底旋转的行程和频次增加，对转底的定位、运动部件的耐磨性要求都很高，在设计、制造和安装调试时需要予以注意。

12. 设备保养维护

（1）设备日常巡视　环式炉日常巡视包括：

1）炉温。各区炉温、每区不同热电偶温度差异和变化情况，温度记录曲线的波动情况，降温保温区温度是否能降到设定值，观察孔炉膛温度是否正常。

2）碳势。各区碳势的波动情况，高温扩散区和降温保温区碳势是否能稳定在设定值，富化气和平衡空气的切换频次。

3）炉压。炉压是否稳定，废气排放口燃烧是否稳定，各区介质流量和介质压力是否稳定。

4）炉底密封。炉底密封油温度、油位、冷却水压力和温度是否正常。

5）炉门密封。是否漏气，炉门关闭时是否有点燃火焰或冒烟，密封条压痕是否正确，炉门是否有变形。

6）转底支撑。热态和冷态情况下的位置差异和对中情况，辊轮和限位轮的磨损。

7）淬火油。淬火油温度、油位、循环搅拌是否正常。

8）辐射加热管。辐射管加热元件是否有熔断、辐射管是否击穿、密封处有无漏气，辐射管周围是否有颜色变化。

9）炉子表面温升。表面温度是否有异常升高现象，热短路处（检修炉门、辐射管、热电偶、氧探头、观察孔等）是否变色。

10）电动机。是否有异响、振动，限位装置是否正常。

11）控制柜。柜内温度是否正常，接触器、可控硅、接头等是否正常。

12）炉底驱动。链轮和链条的啮合情况。

13）安全装置和安全联锁。停电、炉温低于安全温度时，氮气是否能自动通入；废气排放未点燃时，可燃气是否能切断，氮气是否能自动通入。

14）其他异常情况。

（2）重要部件

1）循环风机。运转是否平稳，有无振动，是否缺润滑油，是否有漏气冒烟现象。

2）氧探头。参比气是否合理，定碳偏离情况、烧炭黑频次是否合理，使用时间是否快到期。安装氧探头时，应采用分段插入的方法，不可以直接插入氧探头，防止氧探头因加热速度过快而造成损坏。

3）热电偶。使用时间，系统校验偏离情况，更换日期和新热电偶初次使用的校验。

（3）运动部件的润滑　所有运动部件在规定周期内添加润滑油，所加润滑油牌号应符合规定。

13. 环式炉的安全设施和安全操作

环式炉炉内气氛含有一氧化碳、氢气和氮气，使用的工艺介质有甲醇、丙烷、氨气等，这些气体存在爆炸、中毒、窒息等危险；设备接有高压电，有触电危险；电动机、机械等有机械损伤危险，未经培训合格的人员不得操作设备，操作人员必须熟悉设备的安全操作规程才能操作设备。

环式炉必须配备以下安全装置。

1）紧急停止按钮。在控制柜、操作台上均设有紧急停止按钮，供紧急情况下切断电源、停止误操作或失控状态的动作造成设备或人员的损伤。

2）安全氮气的停电常开电磁阀。在停电情况下保持开启，将氮气通入炉内。

3）安全温度监控，炉温低于 750℃ 的安全。炉温低于 750℃，可燃气电磁阀自动关闭，氮气供给电磁阀自动打开。

4）超温监控。有一根超温报警热电偶连接到控温仪表，当炉温高于设定温度上限值时，自动切断加热供电。

5）工艺介质切断装置。配气系统设有可靠切断工艺介质进入炉膛的装置，防止电磁阀或手动阀泄漏造成可燃气失控进入炉膛；在停炉、入炉维修期间，必须可靠切断工艺介质供给。

6）环式炉炉底密封油监控（温度和油位监控，冷却水压）。设有密封油温度和油位监控，冷却水压力监控和报警，防止冷却油温过高蒸发老化或引起火灾，防止密封油位过低引起炉气泄漏或油位过高溢出。

7）炉门开启联锁。点火器点燃稳定燃烧后，火帘电磁阀打开，火帘稳定燃烧后炉门打开起动。

8）装出料机械手联锁。转底位置对正，炉底校正装置锁定，炉门开启后装出料机械手进入炉膛。

9）供气联锁。炉温在 750℃ 以上、氮气压力正常、各工艺介质压力正常、循环风扇开启、废气排放口火焰稳定燃烧，供气可以起动。

10）火焰监视装置。废气排放口必须保持火焰稳定燃烧，如果火焰熄灭，可燃气液电磁阀关闭，安全氮气自动打开。

11）高压排泄装置（防爆盖）。炉内压力超出规定值时，防爆盖自动打开，泄放炉内高压；炉内压力低于规定值时自动关闭。

12）传动护罩。所有链传动、齿轮传动等可能造成机械损伤的地方应设有防护罩。

13）电线接头防护。所有电线接头应有防护套，防止误接触触电。

14）报警。设备应配备声光报警，提示操作人员处理故障。

15）警示标识。危险、工艺介质、电动机转向、机械运动方向等都要按规定有明确标识。

16）维修保养时安全措施。进入炉膛时通风，防止炉衬溢出的有害气体伤害，防止炉门掉落关闭、手动操作时电动机或机械的突然起动等措施。

17）通风设施。入炉维修时，必须使用通风装置，保持炉内空气流通。炉膛内存在大量氮气、一氧化碳和氢气，若通气管没有可靠关断，甲醇、丙酮、丙烷、氮气等工艺介质可能泄漏进入炉膛，炉衬吸附了大量炉气，包括一氧化碳、氮气和氢气，在停炉期间，炉衬吸附的炉气会缓慢释放到炉膛，人体吸入一氧化碳有中毒的危险，吸入氮气和氢气等有窒息的危险，可燃气碰到明火有着火的危险，炉膛温度在 750℃ 以下时，炉气中的可燃气和空气混合达到爆炸极限范围时，碰到明火会产生剧烈爆炸。炉膛温度降到规定的安全温度后，若需要维修人员进入炉膛检修，必须打开检修炉门，用风扇或鼓风机对准炉膛大量鼓风后，维修人员才能入炉检修。

10.9.4　环式连续可控气氛炉渗碳生产线实例

1. 环式连续可控气氛炉渗碳生产线组成

图 10-123 所示为环式连续可控气氛炉渗碳生产

线，由装卸料台、前清洗机、预热炉、环式炉、淬火槽、后清洗机、回火炉、控制系统等组成。

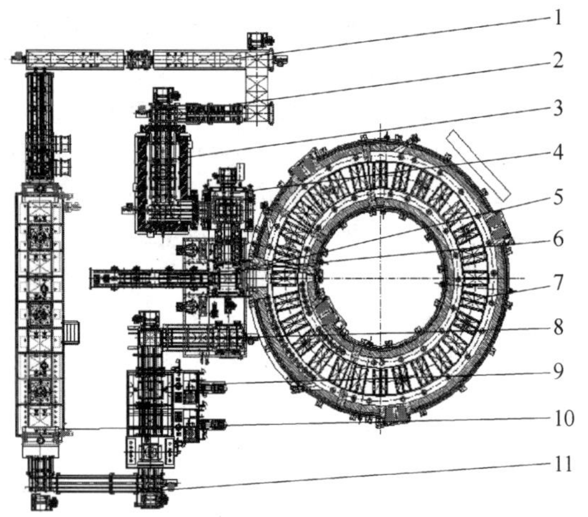

图 10-123 环式连续可控气氛炉渗碳生产线
1—装卸料台 2—前清洗机 3—预热炉 4—换气室 5—过渡室 6—装出料机械手 7—环式炉 8—淬火槽 9—后清洗机 10—回火炉 11—过渡料台

2. 环式连续可控气氛炉渗碳生产线参数

该生产线是某公司用于汽车变速箱齿轮的渗碳淬火，齿轮渗碳层深度为 1.1mm，占用空间（长×宽×高）为 19m×16m×5.1m，电加热，总装机容量为 1074kVA，使用氮气+甲醇气氛，富化气为丙烷，使用氧探头和碳控仪控制气氛碳势，控温精度为±1℃，炉温均匀性为±8℃，最大产量为 1250kg/h（渗碳层深度为 1.1mm）。环式连续可控气氛炉渗碳生产线参数见表 10-42。

3. 生产线的控制

生产线的全部动作由 PLC 控制。生产线分为多个独立控制区，按先出后进原则，按次序各自独立运行。在环式炉内，加热、渗碳、高温扩散和降温保温结构的生产线一般分为四区：

第一区为卸料台推料装置、冷却升降台、回火炉出料装置、回火炉、后清洗机推料装置、后清洗机。

第二区为淬火槽装出料升降台、淬火油槽、出料机械手、沥油台。

第三区为环式炉、装料室、装料机械手、换气室。

表 10-42 环式连续可控气氛炉渗碳生产线参数

序号	项 目	参 数
1	生产线占据空间	长 19m，宽 16m，地面上高 5.1m，地坑深 0.3m
2	产量	渗碳层深度为 1.1mm，毛重 1250kg/h
3	装机容量/kVA	1074（三相五线制 380V/50Hz，控制电压 220V）
4	炉膛容积/m^3	41
5	热处理工艺流程	上料→前清洗→预氧化→加热→渗碳→扩散降温→油淬→后清洗→回火→空冷→卸料
6	料盘尺寸(长×宽×高)/mm	800×500×50
7	装料高度/mm	700
8	装料量/(kg/盘)	最大 460（毛重）
9	生产线料盘工位数/盘	70
10	生产方式	三班连续生产
11	装出料周期/(min/盘)	15~40
12	设计渗碳层深度/mm	1.1（周期 20min，渗碳温度 930℃）
13	最短装出料周期渗碳层深度/mm	0.9（周期 15min，渗碳温度 930℃）
14	最深渗碳层深度/mm	1.7（周期 40min，渗碳温度 930℃）
15	温度控制仪表类型	D 类
16	每区热电偶数/根	3（一根炉温控制，一根超温监控，一根安全温度监控）
17	碳势控制区数/区	3（渗碳区、高温扩散区、降温保温区）

生产线参数

序号	名 称	料盘数/盘	加热功率/kW	最高温度/℃	工作温度/℃	炉温均匀性/℃	碳势(%)	碳势均匀度(%)	甲醇流量/(L/h)	氮气流量/(Nm^3/h)
18	预氧化炉	5	126	700	450	±10				
	底装出料室	1			~200					
	加热区	6	210	950	850					4

（续）

序号	名　称	料盘数/盘	加热功率/kW	最高温度/℃	工作温度/℃	炉温均匀性/℃	碳势（%）	碳势均匀度（%）	甲醇流量/(L/h)	氮气流量/(Nm^3/h)
18	强渗区	16	176	950	930	±8	1.1	±0.08	8	8
	高温扩散区	0	30	950	860	±8	0.8	±0.08	4	4
	降温保温区	6	30	950	860	±8	0.8	±0.08	4	4
	油淬火槽	2	54	150	60					
	后清洗	3	50	90	70~80					
	回火炉	12	128	350	180	±8				
	冷却	3								
	装卸料台	15								
19	电动机功率/kVA	150								
20	控制系统电容量/kVA	15								
21	电气保护	接零、接地								
22	安全氮气/(m^3/次)	260								
23	点火烧嘴/(m^3/h)	1.5								
24	淬火油槽补负压用高压氮气	1.0m^3/次，0.5MPa								

第四区为预氧化炉出料装置、预氧化炉、预氧化炉装料装置、装料台。

10.10　罩式热处理炉

江苏凯特尔节能技术有限公司　耿凯　朱品亮　马建中

罩式热处理炉是通过加热、保温、冷却工艺，使钢卷通过再结晶球化退火，达到降低钢的硬度、消除冷加工硬化、改善钢的性能、恢复钢的塑性变形能力的目的。退火时，各钢卷之间放置对流板，扣上保护罩（即内罩），保护罩内通保护气体，再扣上加热罩（即外罩），将带钢加热到一定温度保温后再冷却。罩式炉采用纯氢气或氨分解气作为退火介质，使钢卷的径向热导率较大，提高钢卷内部的传热速度，减少升温过程中钢卷的内外温差，能获得更好的力学性能；能使退火后的材料表面不脱碳、不增碳、表面光洁；由于氢气的密度较小，传热速度快，能降低能耗，提高产能。

罩式炉可满足碳素钢、食品级可锻铸铁，超深冲薄板，各种合金钢线材、高精铜板带、铜线材、钛合金薄板及 400 系列不锈钢薄板等各种退火工艺的需求。

10.10.1　罩式热处理炉的基本结构

罩式炉机组设备主要由炉台、加热罩、冷却罩、内罩、阀站、减压站、液压站、终冷台和相关公辅设备及专用工具组成。全氢燃气罩式退火炉总装结构如图 10-124 所示。

电气自动化控制部分主要由供配电系统，电气传动装置，自动化控制系统，基础自动化系统，过程自动化系统，仪表检测系统及相关辅助设施等组成。

1. 加热罩

加热罩如图 10-125 所示。其功能是为罩式炉加热提供热源。

加热罩顶部设起吊装置，底部有支撑腿，侧身带导向装置。炉壳采用高温涂料进行防腐处理；燃气接头自动对接，密封可靠；导向装置可保证加热罩正确放置，准确连接燃气系统。炉衬为全纤维轻型炉衬，采用纯耐火陶瓷纤维，热损失少，保温性能好、维修更换方便。带螺旋片的高效集中式换热器，实行集中预热，空气最高预热温度可达 480℃，既降低了烟气排放温度，又提高了火焰燃烧强度，燃烧效果好，热效率高。加热罩中上部安装一根双支热电偶，用于记录罩内温度和超温报警保护。由天然气、助燃空气管路预热系统供给烧嘴燃烧气体，并配有排烟自动对接管路系统，高速烧嘴沿加热罩筒体下方分两层、交叉水平均布，燃气总进气管配有比例阀、燃气快速切断阀，每个烧嘴进气管路配有手动调节阀和燃气电磁阀，每个烧嘴配有自动点火、火焰检测及燃烧控制装置，每个加热罩均配有电源及燃气快速接头。

2. 冷却罩

冷却罩如图 10-126 所示。其功能是为罩式炉实现退火工艺冷却。

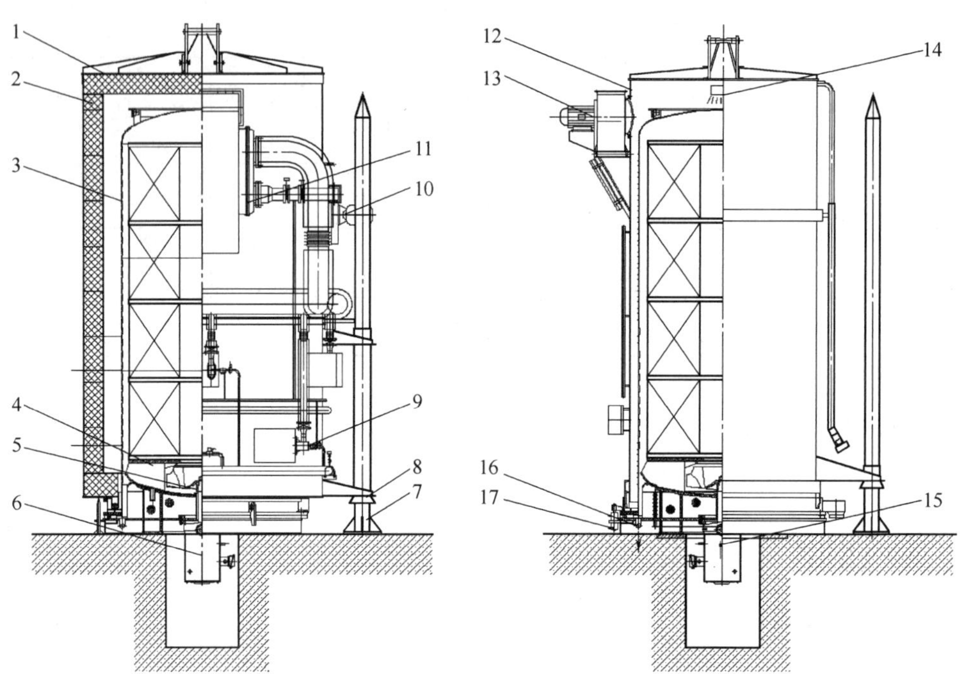

图 10-124　全氢燃气罩式退火炉总装结构示意图

1—燃气加热罩　2—保温炉衬　3—波纹内罩　4—炉台　5—炉台叶轮　6—炉台电动机　7—导向柱　8—加热罩导向耳　9—燃烧系统（烧嘴）　10—助燃风道　11—热空气交换器　12—冷却罩　13—冷却离心风机　14—冷却喷水装置　15—进气系统　16—排气系统　17—锁紧系统

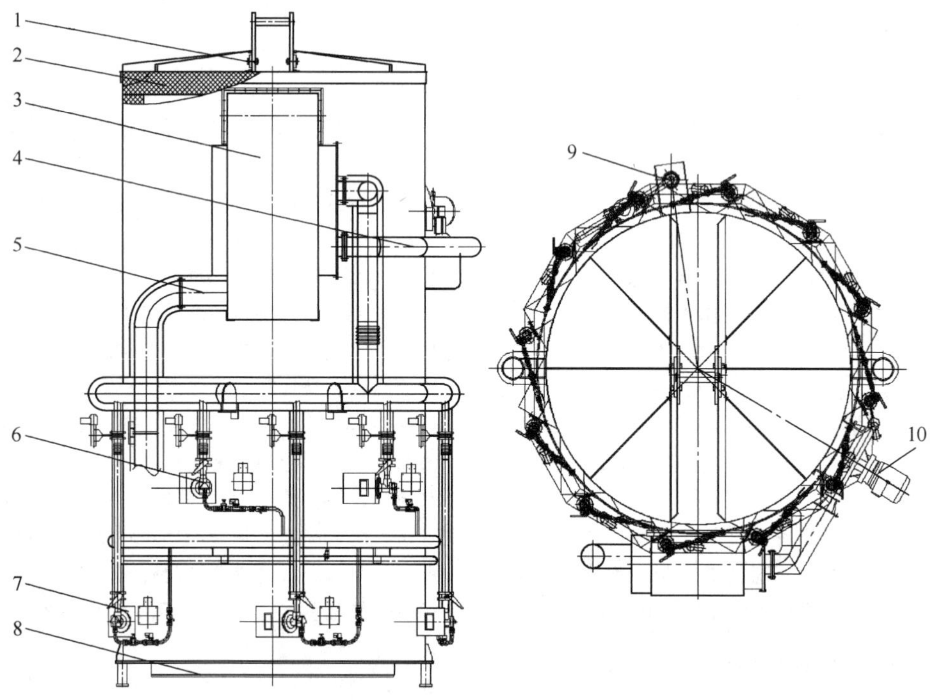

图 10-125　加热罩

1—起吊装置　2—保温炉衬　3—冷/热气体换热器　4—助燃风道　5—废气排放组件　6—燃气烧嘴　7—燃烧系统　8—密封组件　9—燃气进气组件　10—助燃风机

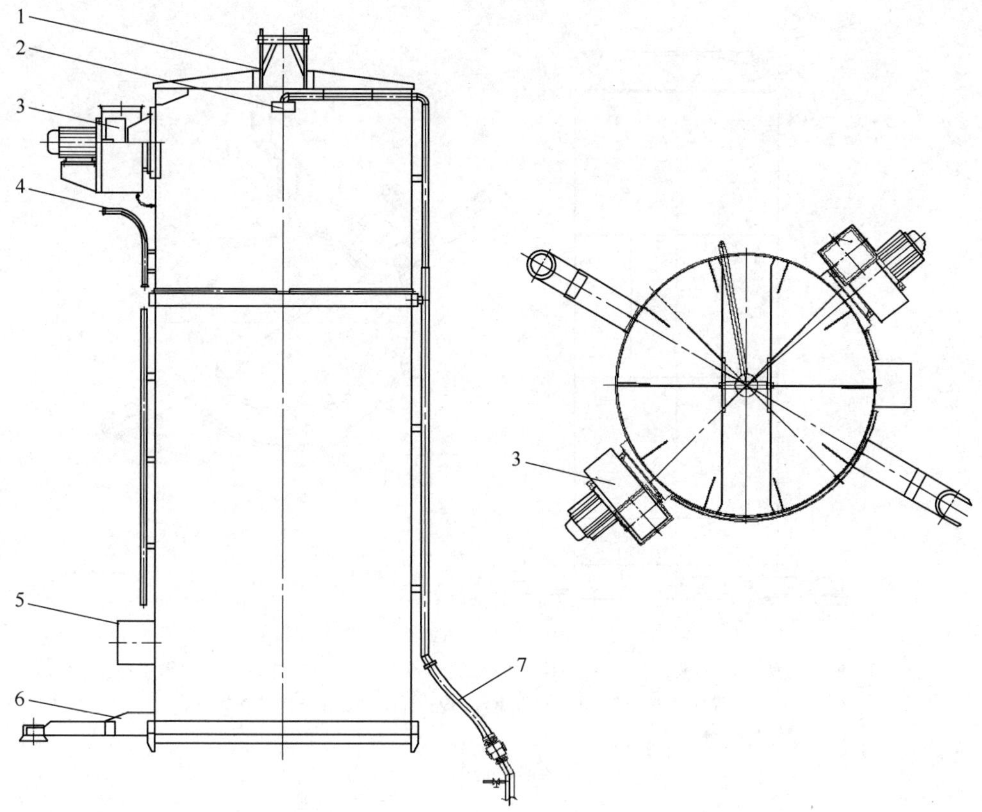

图 10-126　冷却罩

1—起吊装置　2—喷淋水组件　3—高温离心风机　4—穿线管道　5—控制箱　6—导向装置　7—进水管组件

冷却罩由耐热钢板制作，用型钢加固。下部设有支撑腿，筒体上部采用高温离心风机，风叶材质为耐热钢；顶部设有水淋喷头，可分别对内罩实施风、水冷却，加快冷却速度，提高生产率。冷却罩顶部设可起吊装置，两侧的导向装置使其能正确地放在底座上。冷却罩配有电、冷却介质手动快速接头。

3. 内罩

内罩如图 10-127 所示。其功能是为退火材料提供加热保护。

内罩筒体采用耐热不锈钢制造，筒体为横向双曲线波纹结构，既增加了内罩的强度，又增大了筒体的吸散热面积，同时还确保了保护气体的流动顺畅，减少结炭，延长了内罩的使用寿命。筒体之间的纵环焊缝均采用自动焊，并经无损检测合格。底部车加工的密封法兰，通过液压锁紧装置压在底座密封圈上，形成密闭空间。内罩法兰上设有冷却水槽和喷淋水收集槽，冷却水槽经 0.8MPa 水压试验，确保无泄漏。由于该内罩法兰采用了水冷结构，再配合炉台法兰上有水冷槽的冷却方式相比，对密封圈起到了全方位的冷却效果，改善了密封圈的工作环境，延长了密封圈的使用寿命，确保了密封的可靠性。

4. 炉台

炉台如图 10-128 所示。其功能是承载料卷，实现强对流循环传热，保证产品加热温度的均匀性。

全耐热不锈钢外壳和导流扩散系统，内填硅酸铝保温材料，设计科学，导风性能、保温性能好，连续工作不变形，用于承载工件、料卷、内罩、外罩等。内装水冷变频风机，配有耐高温主轴，叶轮材质建议采用进口材质 253MA，轴承采用瑞典进口 SKF 轴承，并进行动平衡试验。进气、排气及冷却水接口均在炉座上，炉台装有两根双支热电偶，均由炉座引入，用于料室温度监控。炉座上安装有接近开关，用以检测内罩、加热罩和冷却罩是否扣上。两个导向杆用于炉台和内罩的准确定位，炉台密封面上嵌有耐温、耐蚀的硅胶密封圈，8 套锁紧装置将内罩和炉台紧紧地夹紧在一起，保证了炉台与内罩密封的可靠性。炉座采用自动焊接，经热处理消除焊接应力后再进行精加工，确保炉台工作时不变形，密封性能可靠。

由耐热钢构成高保温层炉台座，绝热性能好。插片式导流扩散器和半敞开式的炉台座，具有抗开裂、抗变形等特点。ϕ950mm 高温变频循环风机，结合高效能的导流扩散器，最高退火温度可达 850℃，最高

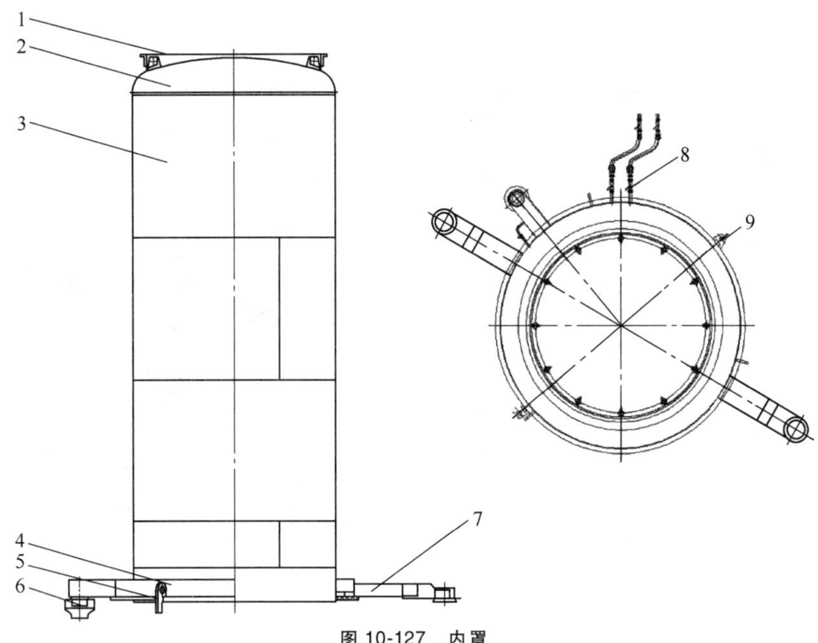

图 10-127　内罩

1—起吊圆盘　2—封头　3—波纹筒体　4—法兰水冷组件　5—支脚　6—淌水槽组件　7—导向装置　8—进出水管组件　9—开闭口定位导向装置

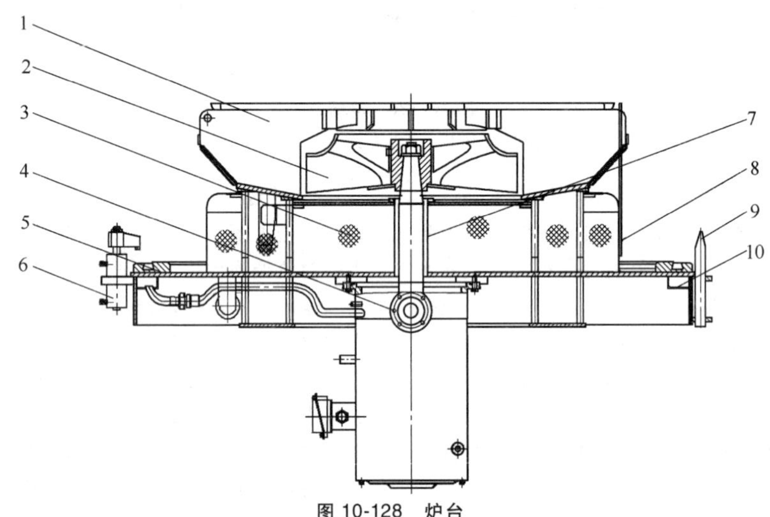

图 10-128　炉台

1—导流扩散器　2—耐热钢叶轮　3—炉座封头保温组件　4—水冷变频电动机　5—法兰组件　6—液压锁紧组件　7—电动机轴保护套　8—热电偶组件　9—导向装置　10—水冷环组件

转速为 2300r/min，最大循环风量为 130000m^3/h，风压为 4kPa，电动机功率为 22kW，并具有超温、超电流保护，工作稳定性好。

5. 阀站

阀站如图 10-129 所示。其功能是对安全气、保护性气体充填，废气及油水排放，炉内工作压力、冷却水等进行监测、控制。

每套罩式炉配置两台炉前阀站，每台阀站包括型钢支架 1 套，氮气吹扫管路和废气管路各 1 套，保护气管路及安全气保护管路 1 套，供、排水系统 1 套。每套阀架主要由燃气分路、排废气分路、充保护气分路、氮气吹扫和安全保护分路、工艺水分路、炉台冷却水分路等组成。所有介质的流量或压力均由阀站上的仪表采集并传送至 PLC 进行联锁控制。

6. 排烟系统

排烟系统如图 10-130 所示。其功能是为罩式炉提供燃烧后的烟气排放，确保罩式炉的安全运行。

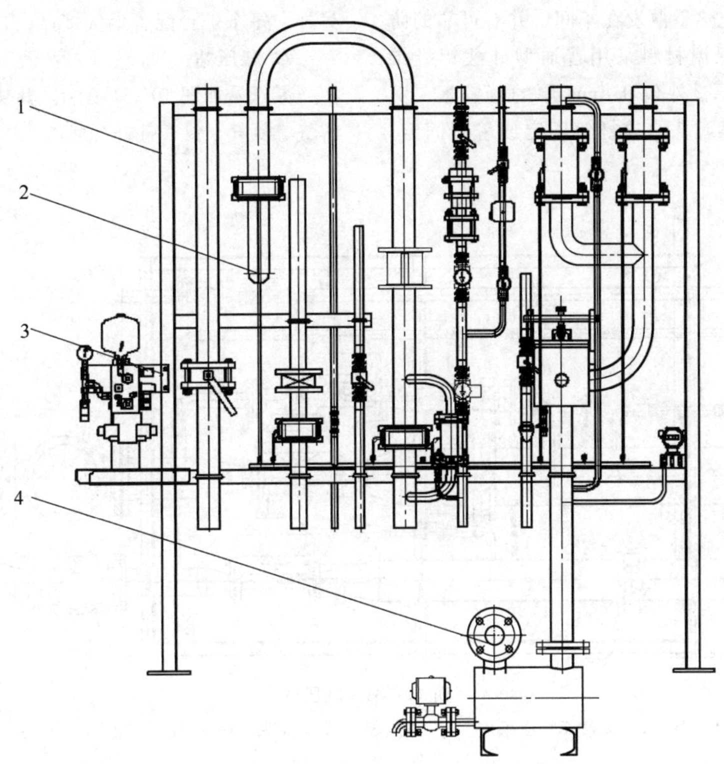

图 10-129　阀站

1—管道固定支架　2—各能源进/出气管道组件　3—液压蓄能器　4—油水分离器

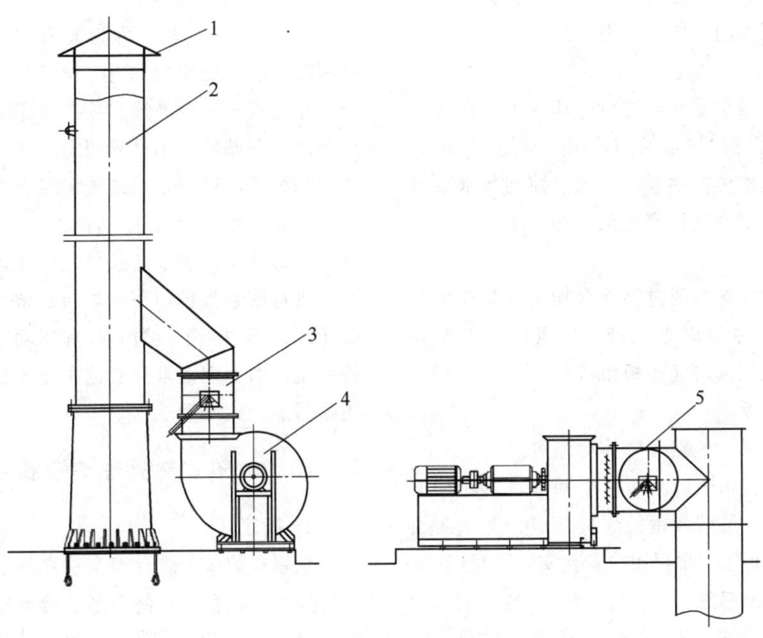

图 10-130　排烟系统

1—防水帽　2—烟囱　3—烟气出口翻板阀　4—排烟风机　5—烟气进口翻板阀

罩式炉机组的烟气排放一般情况下采用两台排烟风机（一用一备），风机叶轮为耐热钢制造，燃烧后的烟气通过各炉台的烟道接口汇总到总排烟风道，排至烟囱出口。烟道采用钢制，并用保温材料和镀锌铁皮进行包扎，以防止热量散发在车间，并有可靠的防雷接地系统。烟道保温材料采用普通型硅酸铝纤维毯，总厚度为 100mm，外包 0.4mm 厚的镀锌板，镀锌板接缝处用十字槽盘头自攻螺钉固定或铆钉固定。另外，每个炉台配备烟气接口、自动配重翻板阀。

7. 减压站

减压站如图 10-131 所示。其功能是对氢气或氨分解气、氮气、仪表气进行减压，达到退火工艺要求。

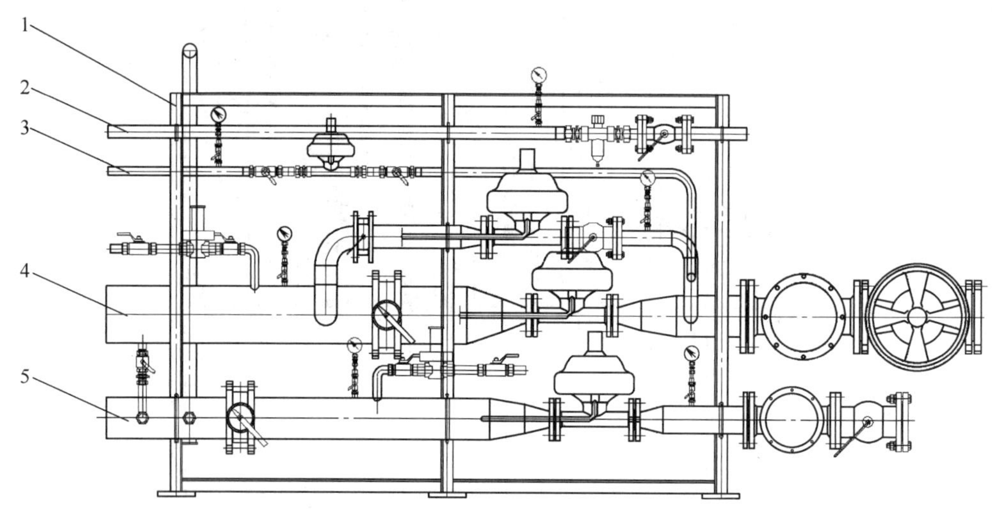

图 10-131 减压站

1—管道固定支架 2—仪表气管道组件 3—阻隔氮气管道组件 4—氮气管道组件 5—氢气管道组件

减压站主要用于将用户送来的高压气源减压至罩式炉需要的工作气源，主要设有氢气或氨分解气、氮气、阻隔氮气、仪表气等分路，各分路主要有手动控制阀门、进口减压阀门、压力仪表等组成。

8. 热水泵

功能：将炉区热水池水输送至冷却塔水管系统。

机组配备两台卧式离心泵（一用一备）及相应管道、阀门及水池液位控制系统。液位控制与水泵启停进行联锁，将热水通过管道送至冷却系统。

9. 终冷台

功能：使料卷出炉后通过终冷台加快冷却速度。

每个终冷台由冷却离心风机、导风筒、承重底板、中间对流板及顶部对流盖板组成。

10. 炉内对流板

功能：用于起吊、装料和气体对流等。

每块炉内对流板由上叶片板、中间板、下叶片板组成，设计结构为三层碳素钢板焊接而成，上下两层覆板均布在中间钢板上，根据用户炉台实际数量配置。

11. 闭路循环水系统

功能：用于炉台法兰密封圈、加热罩密封圈、炉台电动机的冷却。

该系统主要由两台水泵（一用一备）、一台蓄能器、一台板式交换器、水箱及液位控制、阀门和配套管路组成。主要用于设备冷却水的循环冷却。

12. 液压站及锁紧系统

功能：为罩式炉所有炉台锁紧装置提供压力，确保罩式炉在保护气体条件下安全运行。

设计特点：液压站为整体式，主要由液压泵（一用一备）及控制阀组、油箱系统，过滤循环系统、压力仪表和泵站连接管线等组成。该系统具备保压功能，泵站启停由计算机进行联锁控制。压力仪表均选用名优品牌。该系统能满足所有炉台正常使用。

锁紧系统主要由控制阀组、执行夹紧缸、蓄能器、压力测量仪表及连接管线等组成。压力控制与计算机进行联锁保护。每座炉台配备 8 个液压旋转锁紧液压缸，其中 4 个设置自锁保压功能，并由蓄能器维持系统压力恒定。液压管路采用不锈钢管，焊接时采用氩弧焊，无须酸洗。

10.10.2 罩式热处理炉控制系统

1. 概述

从罩式炉每个炉台完全独立且退火工艺相同的工艺特性出发，本着控制分散、管理集中的原则，每个炉台设计一套 PLC 系统。所供给的能源介质和公辅设备，单独设一套 PLC 系统。每套 PLC 配置电源模块、CPU 模块、以太网通信模块、DI\DO\AI\AO 模块，当用户需要时，操作终端可以独立对每个炉台进行监视和控制，以保证罩式炉安全、稳定的运行。多套 PLC

系统通过交换机（OSM）和光纤通信电缆接成环状工业以太网，工业以太网的通信速率为 100MB/s。采用 STEP7（博图）编程软件，STEP7 编程语言在很大程度上根据逻辑代数，不需要事先了解计算机有关术语。程序采用功能单元来组织（程序模块），模块化的编程具有简单、易查询，即使是较大的模块，能使用标准程序模块来组织，易于修改程序，试验、调试简单等特点。

罩式炉控制系统操作界面如图 10-132 所示。

2. 罩式炉主要安全检测及控制项目（表 10-43）

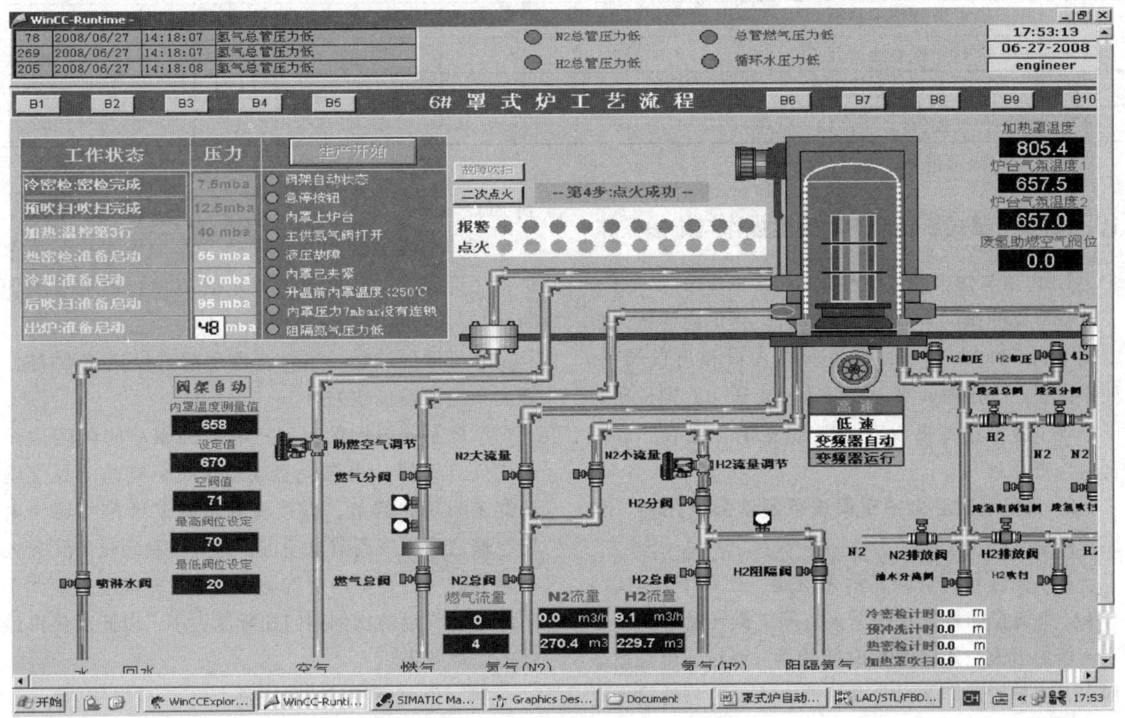

图 10-132　罩式炉控制系统操作界面

表 10-43　罩式炉主要安全检测及控制项目

序号	检测和控制（调节）项目名称	测点数量/个		对仪表（装置）的功能要求				显示仪表和操作设备安装地点	
		一个炉台	总计	累计	调节	信号	联锁	机旁盘	CRT
温度检测									
1	加热罩顶部温度	2	2			√	√		√
2	炉台料室温度	2	2			√	√		√
流量检测									
3	炉台 H_2 流量	1	1		√	√	√		√
4	炉台 N_2 流量	1	1		√	√	√		√
5	加热罩燃气流量	1	1		√	√	√		√
6	炉台冷却水流量	1	1			√	√		√
压力检测									
7	燃气压力	1	1			√	√		√
8	助燃空气压力	1	1			√	√		√
9	冷却水压力	1	1			√	√		√
10	N_2 压力	1	1			√	√		√
11	H_2 压力	1	1			√	√		√
12	内罩上炉台	1	1			√	√		√

（续）

序号	检测和控制（调节）项目名称	测点数量/个		对仪表（装置）的功能要求				显示仪表和操作设备安装地点	
		一个炉台	总计	累计	调节	信号	联锁	机旁盘	CRT
压力检测									
13	加热罩上炉台	1	1			√	√		√
14	冷却罩上炉台	1	1			√	√		√
15	密封检查压力开关	2	2			√	√		√
16	炉台锁紧压力	1	1			√	√		√
17	水液位监控（合计一高位一低位）	1	1			√	√		√

注："√" 表示包含此功能。

10.10.3 罩式热处理炉的安全操作与维护保养

1. 内罩与炉台的气密性试验

冷泄漏测试在常温下自动进行。将炉内的压力自动调节到5000Pa左右，关闭所有入口和出口阀门。如果内压在一定时间高于或低于一定压力，则说明炉子出现了泄漏；如果没有，则监视器上显示"冷态密封检查通过"。

2. 用氮气对退火炉空间进行预吹扫（用氮气置换炉内空气）

如果工作负荷空间显示无泄漏，则炉子自动以>120m^3/h流量的氮气吹扫退火空间，氮气量必须不小于4倍的退火空间，吹扫时间约为45min。在吹扫过程中，吹扫时间和流量自动监测，流量监测转换为电流信号送到PLC记录。吹扫结束后，炉台准备退火处理，加热罩就位，连接电源信号插座和燃气接头，并检查燃气接头的密封性能。检查过程自动完成，并在PLC上持续监控；然后开始起动助燃风机，送进氢气，按所选的退火程序运行。

3. 压力控制

在工艺过程中，为了使内罩保持一定压力，即高于常压以上，炉内压力实行自动控制。如果炉内压力降到安全临界值以下，氮气管线上的自动阀（常开）就打开，而通风管线和工艺用气管线上的阀关闭。工作负荷空间的压力就随着氮气的冲入而上升，同时对氮气流量进行控制。

4. 扣加热罩并点火

在预吹扫或预吹扫结束后，扣上加热罩，接近开关自动识别加热罩是否扣上。加热过程由PLC监控。

（1）温度控制　分别由炉台和加热罩测温信号来调节和监视燃烧强度。加热罩和炉台的实际温度信号与控制器的设定值进行比较得出。

（2）温度测量　炉台上和加热罩里的温度是用NiCr-NiSi热电偶测量，通过模拟输入模块把信号送到PLC。

（3）温度监控　加热罩受PLC的限温控制器保护，一旦超过加热罩温度设定值10℃，燃烧系统即断开。

为了保护炉料，当料室温度超过设定值5℃时，燃烧系统即逐步被关掉。

燃烧系统的比例控制：电动机驱动的阀门（用于燃烧空气的）由燃烧室或工作负荷空间的温度调节器来驱动和调节，直接将测量的温度信号转为电流，输送到空气调节电动机，通过控制阀位的开关大小调节进入燃烧室内空气量的大小，并由空气量大小来调节燃气量的比例阀门的开度大小，以此来获得最佳的燃烧效果。

（4）燃烧系统的安全设施

1）燃烧室预吹扫。燃烧系统起动后，用助燃空气对燃烧室进行预吹扫，吹扫时间由时间继电器控制，PLC检查这个时间继电器是否正常工作。

2）充保护气。当温度信号到达后，排放阀门关闭，充排氢气阀门自动开启，按程序所设定的大小流量充入，以保护炉料在热处理过程中不被氧化。

3）燃烧系统。由一套烧嘴管理系统控制烧嘴运行。每个烧嘴都有一个安全燃烧保护，它可自动地在点火故障或火焰熄灭的情况下关闭烧嘴阀门。

4）超温监控。如果加热罩温度超过限定设置时，一个限温控制器会将燃烧系统逐步关掉。

5. 均热保温结束前查漏（热态密封检查）

在均热结束前自动进行如下所述的查漏；程序和在常温下检漏一样。关闭氢气排放阀1min后，再关闭氢气入口阀，1min后测量并保持密封区压力，5min内压差不得高于500Pa，10min内压差不得低于1000Pa。在这种情况下，该系统被视为密封性能良好，计算机中显示"热态密封检查通过"。

6. 冷却

操作人员拨去燃气/电源信号插头，移走加热罩、扣上冷却罩、插上电源信号插头，起动冷却风机，开始辐射冷却。炉料在空冷和水冷共同作用下迅速冷却至 160℃（钢卷内的卷心温度），即相当于控制温度在 100℃以下。

在冷却开始时，冷却罩顶部的离心风机从热内罩下部抽吸冷空气，这样就将内罩表面温度降到约 300℃以下，从而避免接下来水喷淋时产生的急冷冲击和产生过多的蒸汽，延长内罩使用寿命。在空气冷却过程中，炉台风机一直高速运行（取决于所选冷却程序）。经过一定的时间（时间持续根据实际的冷却条件由温度决定）冷却风机自动关闭，开始喷水，炉台风机高速运行。当冷却至 250℃时，炉台风机可低速运转。

内部对流将热传导给内罩，内罩上的水流将热量迅速带走。整个冷却过程自动进行。

7. 出炉吹扫

在辐射冷却结束后，利用保护气体测定温度是否达到要求。达到设定温度后，就开始进行二次吹扫。如果测定温度为 100℃，则炉料中心温度约为 160℃。达到设定温度后，氮气吹扫自动开始。

吹扫时，打开氮气入口阀门，关闭氢气阀门，同时打开氮气排放阀门，吹扫氮气流量应 >120m^3/h，最短吹扫时间约为 45min。

吹扫氮气流量必须 >100m^3/h，氮气由差压流量变送器监控，时间由时间继电器监控。若两个条件同时满足，则可关闭炉台风机。5min 后再起动冷却风机，以干燥内罩。吹扫 5min 后关闭冷却风机，卸除内罩内压力，拔去插头→断开内罩管线→移走内罩→出料。

8. 安全功能

所有关键的工艺过程都有软件和附加的硬件回路监控管理。

一般性监控及安全功能：

1）必须连续不断为内罩法兰冷却槽、炉台法兰、炉台电动机提供冷却水，冷却水流量由水流量开关进行监控。冷却水流量或压力不足时，计算机报警，人工检查；停电时操作工必须将事故水引入炉台。

2）内罩的压力监控。炉内压力由压力开关进行监控，如果低于设定压力或高于设定压力，设备就会报警，并自动采取措施，低压时补氮，出口阀门关闭；高压时排放，氮气和氢气入口阀关闭。停电或出现事故时，氮气常开阀开启，阻隔氮气常开电磁阀开启，排放阀则全部关闭，以保护内罩压力，使压力守恒。

3）入口氮气流量监测。氮气入口由差压流量变送器监控。在预吹扫和吹扫期间，要监控氮气流量，如果低于 100m^3/h，设备就会报警。在确认故障后，需重新进行吹扫。

4）安全部件的监控。所有压力开关和安全环节上的传感器在内罩移动后进行自检，确定被自动检查的设备是否回到正确的位置，以及传送正确的信号。这些重要的联锁独立于 PLC 之外，直接干预工艺过程如急停按钮。

9. 故障报警装置

所有普通设备的故障报警都在计算机中显示。利用警笛对故障进行发声报警，手动进行故障认可。

1）在所有介质供给管道中和普通传动装置中，对下列情况进行报警：燃气压力低；氢气压力低；氮气压力低；炉台冷却水流量低；仪表气压力低；安全保护氮气压力低；液压泵压力低。

2）加热罩超温度报警、烧嘴熄火报警。

3）炉内超温报警。

4）炉内压力高、低报警。

5）热、冷密检失败报警。

10. 炉温均匀性测量

在测量罩式炉炉温均匀性时，至少应有 9 个测温点：一点位于离控温点不超过 150mm 处；两点分别位于中轴线上、下两端面的交点上；6 点分别位于上、中、下三端面的边缘上，每条边缘上各两点，对称分布，上、中、下端上的各点在正投影面上互相错开 60°。

测量方法：对控温点和各测温点上的温度进行循环测量。循环测量次数不少于 20 次，循环测量周期为 3min。在一个测量周期内，当测温点数少于或等于 9 个时，测量应在 1min 内完成；当测温点多于 9 个时，测量应在 2min 内完成。全部测量结束后，分别求得各点温度读数的平均值。

11. 冷热点测试时热电偶的布置

热电偶 2、4、6、8 是加热过程中的热点和冷却过程中的冷点。热电偶 1、3、5、7 是加热过程中的冷点和冷却过程中的热点，如图 10-133 所示。

12. 维护保养

1）应定期检查炉内的陶瓷纤维隔热耐火材料情况，发现损坏的要及时吊到修理架上进行修理。

2）设备常检部位：

① 加热罩密封盘根、保温炉衬的检查，防止燃气泄漏、热量损失。

② 点火电极的擦洗。

③ 阀站燃气管道过滤器清洗或更换。

④ 阀站恒压阀内浮子的清洗及油污罐子的清洁。

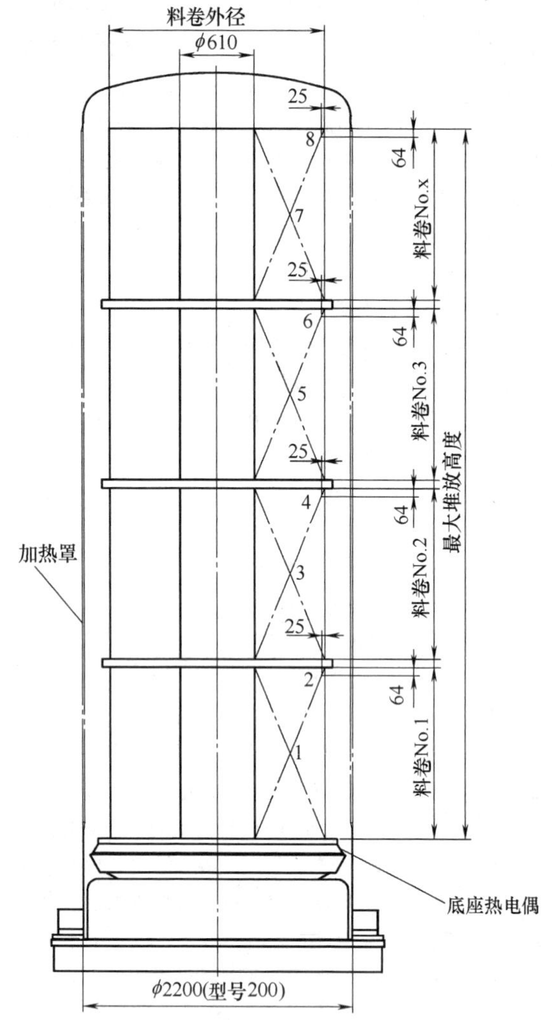

图 10-133　冷热点测试时热电偶的布置

⑤ 废气排放总管上阻火器的清洁处理。

⑥ 炉台的清洁、叶轮的检查。

⑦ 氮气、氢气过滤器的清洗或更换。

⑧ 炉台冷却水进出水温度检测。

⑨ 炉台风机的振动及各种风机的运行状况。

以上视各介质的清洁状况，一般每月检查一次。

⑩ 炉台风机的注油，名称为美孚力士化脂 MOBIL UX EP2。

⑪ 液压站的换油，名称为 46 号抗磨液压油。

⑫ 排烟风机的换油，轴承 3 号锂基润滑脂。冷却油为 N22-N46 润滑机油。

以上视设备的工作状况，一般三个月至半年检查一次。

⑬ 各类仪表、传感器每年必须校检一次。

⑭ 电器元件的检查按相关标准规定进行检查。

⑮ 烧嘴头部（喷火盘）每年检查和清洗一次。

⑯ 设备循环水路每年必须检查和清洗一次，以排除污垢。

⑰ 液压系统，包括蓄能器的压力是否为 7~8MPa，液压缸及管路是否泄漏，液压的污染状况等应每年检查一次，以确保是否需补充或更换。

⑱ 加热罩上高温电缆正常使用情况下的更换周期不低于 5 年，其他动力电缆与信号电缆的更换周期按照国家标准要求进行。

10.10.4　罩式热处理炉应用实例

退火材料牌号为 Q195、08Al、SPCC、SPCD、SPCE、MR、IF。罩式炉数量为 8 套（16 座），其参数见表 10-44。

表 10-44　罩式炉的参数

型号规格	RBG/Q7-190×480-H2
加热额定功率/kW	1750(流量为 $45m^3/h$)
加热罩额定工作温度/℃	850
内罩额定工作温度/℃	750
燃烧介质	天然气
工作区尺寸/mm	有效高度 4800(含对流板高度),有效直径 1900
最大装载量/t	80
平均装载量/t	75
炉温均匀性/℃	±5
温度控温精度/℃	±1.5
炉壳表面温升/℃	≤环境温度+45℃(不包括烧嘴区)
炉台风机功率/kW	22(变频风机额定转速为 0~2100r/min)
风叶直径/mm	950
保护气氛	纯氢气
噪声/dB	<85(退火区域 1.5m)
吊卷方式	立式夹钳
内罩起吊方式	三爪夹钳
加热罩和冷却罩的起吊方式	起重机械

参考文献

[1] 全国热处理技术标准化技术委员会. 可控气氛底装料立式多用炉热处理技术要求：JB/T 11806—2014 [S]. 北京：机械工业出版社，2014.

[2] 董小虹，王桂茂，陈志强，等. 国产底装料立式多用炉试验研究 [J]. 金属热处理，2007，32（8）：101-104.

[3] 戴瑞，李宾思，董小虹，等. 底装料立式多用炉技术应用研究 [J]. 金属热处理，2005，30（zl）：59-67.

[4] 董小虹，王桂茂，陈志强，等. 底装料立式多用炉技术 [J]. 金属热处理，2008，33（1）：63-67.

[5] 王庆乐. 瑞士 SOLO 可控气氛多用炉生产线性能分析及在我厂的实际应用 [J]. 机械工人（热加工），2003（4）：30-32.

[6] 陈志强，郭从军，张麟昌，等. 可控气氛底装料立式多用炉工艺研究//第十届中国热处理活动周论文集 [C]. 北京：中国机械工程学会热处理分会，2014.

[7] 董小虹，王桂茂，陈志强，等. 精密可控气氛渗氮技术及其设备 [J]. 金属热处理，2011，36（7）：115-120.

[8] 王桂茂，李宾斯，陈志强，等. 底装料立式多用炉的节能减排 [J]. 金属热处理，2012. 37（9）：148-152.

[9] 王秉铨. 工业炉设计手册 [M]. 3 版. 北京：机械工业出版社，2010.

[10] 韩伯群. BBHG-5000 大型预抽真空多用炉及其精密控制系统 [J]. 金属热处理，2012，37（4）：131-134.

[11] 姬俊祥，陈立奇，王强. UMS 型贝氏体等温淬火网带炉生产线的调试和应用 [J]. 热处理，2015（5）：45-48.

[12] 尹小飞. UPN 型井式气体渗氮炉及其使用性能 [J]. 热处理，2019，34（2）：46-47.

第 11 章　真空热处理炉

北京机电研究所有限公司　丛培武　周新宇
江苏石川岛丰东真空技术有限公司　王松明　杨晔
益发施迈茨工业炉上海有限公司　曾爱群　李琳

真空热处理是真空技术与热处理技术相结合的新型热处理技术。与常规热处理相比，真空热处理的零件具有无氧化、无脱碳、脱气、脱脂、表面质量好、变形小、综合力学性能高、可靠性好、寿命稳定等一系列优点。因此，真空热处理受到国内外广泛的重视和普遍的应用，并把真空热处理普及程度作为衡量一个国家热处理技术水平的重要标志。

真空热处理炉是近年来得到较大发展的先进热处理设备，真空热处理几乎可实现全部热处理工艺，如淬火、退火、回火、渗碳和渗氮。在真空淬火工艺中可实现油淬、气淬和水淬等，还可以进行真空钎焊、烧结和表面处理等。

真空热处理炉的种类较多，按用途可分为真空淬火炉、真空退火炉、真空回火炉、真空渗碳炉、真空钎焊炉、真空烧结炉等。

按极限真空度可分为中真空炉（$\geqslant 10^{-1}$Pa）、高真空炉（$10^{-2} \sim 10^{-4}$Pa）、超高真空炉（$\leqslant 10^{-5}$Pa）。

按工作温度可分为低温炉（≤700℃）、中温炉（700～1000℃）、高温炉（>1000℃）。

按作业性质可分为周期式炉、半连续炉、连续炉、生产线。

按设备结构可分为立式真空炉、卧式真空炉及组合式真空炉。

按加热方式可分为内热式真空炉、外热式真空炉。

内热式真空炉与外热式真空炉相比，其结构比较复杂，制造、安装、调试精度要求较高。内热式真空热处理炉具有可实现快速加热和冷却，使用温度高，可以大型化和自动化，生产率高及使用范围广等特点，本章主要介绍内热式真空炉。

11.1　真空技术

真空热处理所处的真空状态指的是低于一个标准大气压（1.013×10^5Pa）的气氛环境，按照真空度的不同可以分为低真空、中真空、高真空和超高真空。

11.1.1　真空度单位

在真空技术里，真空是针对大气而言的，某一特定空间内部的压力小于一个标准大气压，则通称此空间为真空或真空状态。真空度是反应真空状态下气体稀薄的程度，真空度越高，则气体压力越低，气体越稀薄；真空度越低，则气体压力越高，气体越稠密，因此通常采用压力值表示真空度。

国际单位制中规定压力的单位为帕斯卡（Pascal），简称帕（Pa），定义为 N/m^2。表示真空度的常用单位也包括托（Torr）、巴（bar）、毫巴（mbar）、毫米汞柱（mmHg）等。

常用压力单位的换算见表 11-1。

表 11-1　常用压力单位的换算

单位名称	帕[斯卡]	巴	标准大气压	托	千克力每平方厘米
单位符号	Pa	bar	atm	Torr	kgf/cm^2
Pa	1	10^{-5}	9.869×10^{-6}	7.501×10^{-3}	1.02×10^{-5}
bar	10^5	1	9.869×10^{-1}	7.501×10^2	1.02
atm	1.013×10^5	1.013	1	7.6×10^2	1.033
Torr	1.333×10^2	1.333×10^{-3}	1.316×10^{-3}	1	1.333×10^{-3}
kgf/cm^2	9.8×10^4	9.8×10^{-1}	9.7×10^{-1}	7.4×10^2	1

11.1.2　真空度划分

按照工程应用和获得条件，真空度一般划分为低真空、中真空、高真空和超高真空几个区域，见表 11-2。真空热处理设备的真空度大多在 $10^4 \sim 10^{-4}$Pa 范围内。

从表 11-3 可以看出，1.33Pa 真空气氛下的露点为-59℃，相当于 99.999%的高纯氮气或氩气，所以真空是很纯、很容易获得的气氛。通常保护气氛炉，为了实现无氧化加热，其露点一般为-30～-60℃，这只相当于 10^{-1}Pa 的真空度。从气氛纯度这一指标来看，真空炉比可控气氛炉优越得多。

表 11-2 真空度区域划分

真空区域	低真空	中真空	高真空	超高真空
压力范围/Pa	$10^5 \sim 10^2$	$10^2 \sim 10^{-1}$	$10^{-1} \sim 10^{-5}$	$<10^{-5}$
每立方厘米中气体分子数目（空气、20℃）	$2.5\times10^{19} \sim 3.3\times10^{16}$	$2.5\times10^{16} \sim 3.3\times10^{13}$	$3.3\times10^{13} \sim 3.3\times10^{9}$	$<3.3\times10^{9}$
气体流动状态	黏滞流	黏滞流与分子流的过渡域	分子流	少数气体分子运动
获得主要真空泵	机械泵	机械泵、罗茨泵	扩散泵、分子泵	分子泵、离子泵等

表 11-3 真空度和杂质含量、露点的关系

真空度/Pa	1.33×10^3	1.33×10^2	1.33×10	1.33	1.33×10^{-1}	1.33×10^{-2}	1.33×10^{-3}
杂质含量(质量分数,%)	1.32	0.132	1.32×10^{-2}	1.32×10^{-3}	1.32×10^{-4}	1.32×10^{-5}	1.32×10^{-6}
露点/℃	11	-18	-40	-59	-74	-88	-101

11.1.3 真空测量

1. 真空计分类

真空计按测量原理分类，有直接测量真空计和间接测量真空计。直接测量真空计是直接测量单位面积上的压力，分为静态液位真空计（U 型管真空计）和弹性元件真空计（压阻真空计、薄膜真空计）；间接测量真空计根据低压下与气体压力有关的物理量变化来间接测量压力的变化，这种真空计主要有压缩式真空计、热传导真空计、电离真空计和黏滞真空计等。

2. 真空炉常用真空计

(1) 电容薄膜真空计　电容薄膜真空计由电容薄膜规（压力传感器）和电子显示单元组成，电容薄膜规是利用陶瓷弹性检测薄膜在压差作用下产生形变引起电容变化，是一种高精度压力测量变送器。电容薄膜规芯结构如图 11-1 所示，虚线表示检测膜片受压后的变形。在检测膜片与固定电极的相对面，分别有金属化圆形金属平面层，使之构成平板电容器。金属平面层经电极线引出。平板电容器安装固定完成后，其电容值随陶瓷膜片的形变而变化。外部压力越大，膜片形变越大，平板电容器的极板相对距离越小，电容值越大；反之，外部压力越小，膜片形变越小，平板相对距离越大，则电容值越小。检测电路检测平板电容器的电容值，经满度、零点、温度补偿、模拟或数字电信号转换，实现真空压力的电信号检测。

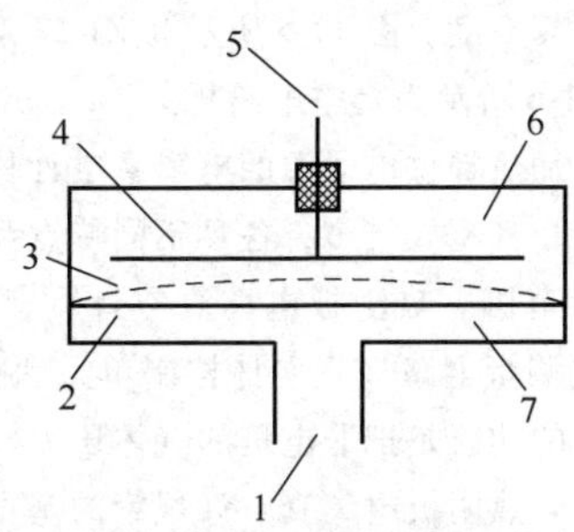

图 11-1 电容薄膜规芯结构

1—检测口 2—检测膜片 3—膜片挠曲变形 4—固定电极 5—电极引出线 6—真空腔 7—检测腔

电容薄膜真空计的测量范围是 $1.0\times10^5 \sim 1.0\times10^{-3}$Pa，精度等级为 0.25 级。其优点是测量精度高，信号稳定，抗污染能力强，暴露于大气后可以快速恢复；缺点是价格比较高。这种真空计主要应用在一些对精度要求高的场所，如半导体行业和真空镀膜行业。

电容薄膜真空计使用注意事项：

1）严格按照管脚定义接线，接错有可能会造成真空变送器的永久损坏。

2）该变送器不耐极强腐蚀。

3）该变送器只能测量压力值不超过该变送器最大量程测量值 20% 的场合，压力过大可能会造成真空变送器的永久损坏。

4）变送器最好垂直安装。

(2) 压阻真空计　压阻真空计由规管、测量显示单元和连接电缆组成，其中规管为压阻应变式传感器。压阻应变式传感器采用进口压阻芯片和经过稳定化处理的电路，配接+24V 工业电源，直接输出 0~5V 或 4~20mA 随真空变化的电信号。该压阻芯片将固态集成工艺与隔离膜片技术相结合，芯片被封装在充油腔体内，并通过不锈钢膜片和外壳将其与测量介质隔离开，同时采用温度补偿工艺，将温度补偿电阻环路制作在混合陶瓷基片上，在 0~70℃ 的温度补偿范围内提供了最小的温度误差。压阻真空计的特点是对测量介质无要求，可以广泛用于各种恶劣环境下，如污染、弱腐蚀及杂质性气体。

压阻真空计使用注意事项：

1）严格按照管脚定义接线，接错有可能会造成真空变送器的永久损坏。

2）压阻应变式传感器不耐极强腐蚀。

3）压阻应变式传感器只能测量压力值不超过该变送器最大量程测量值 15%的场合，压力过大可能会造成真空变送器的永久损坏。

4）压阻应变式传感器最好垂直安装。

（3）电阻真空计 电阻真空计也称为皮拉尼（Pirani）真空计，属于热传导真空计中的一种，它凭借热丝电阻的变化反映压力。电阻真空计主要由规管和测量线路两部分组成。电阻式规管的原理如图 11-2 所示。在规管壳内封装一个用电阻温度系数高的电阻丝制成的圆柱形热丝，热丝两端用引线引出规管，接测量线路。规管壳可用金属或玻璃制成，金属外壳具有耐用、拆卸热丝方便等优点，缺点是密封性能较差，价格高；玻璃外壳具有密封性能好、价格低等优点，缺点是易损坏。此类真空计主要应用于空调制冷、电池、真空热处理、晶体生长炉、真空排气台、真空干燥和真空存储等领域。图 11-3 所示为电阻真空规。

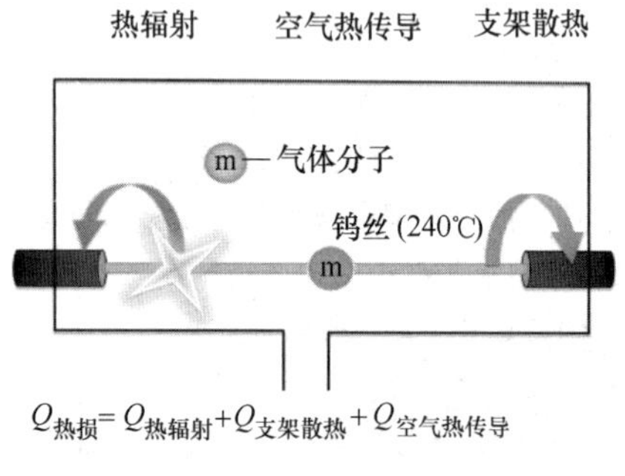

图 11-2 电阻式规管的原理

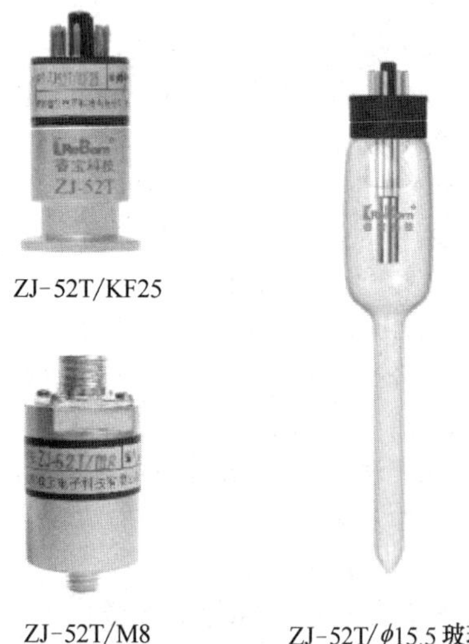

图 11-3 电阻真空规

电阻真空计分为单路电阻真空计和双路电阻真空计，其测量范围为 $1.0\times10^{5}\sim1.0\times10^{-1}$Pa，测量精度（氮气）在 1~3000Pa 范围内，单管校准曲线与标准曲线的相对偏差不超过±25%。

电阻真空计使用注意事项：

1）配套的电阻规发热材料是钨丝，若放置于高湿度环境，只需数月，钨丝就会腐蚀断裂。因此，电阻规保存时应放入干燥柜或密封存放。

2）电阻规测量具有气体相关性，因不同种类和组分的气体热导率各不相同。电阻规标准曲线是在氮气中测定的，因空气和氮气的热导率几乎相等，测量空气无须校正，测量其他气体气压则须乘上校正因子。

3）电阻规在使用过程中会受到油污、粉尘、气相沉积等污染，导致规管特性曲线发生偏离（见图 11-4）。油污、粉尘污染可以用乙醇、丙酮等有机溶剂清洗。气相沉积物污染一般没有办法去除，需要在设备设计时注意遮蔽。

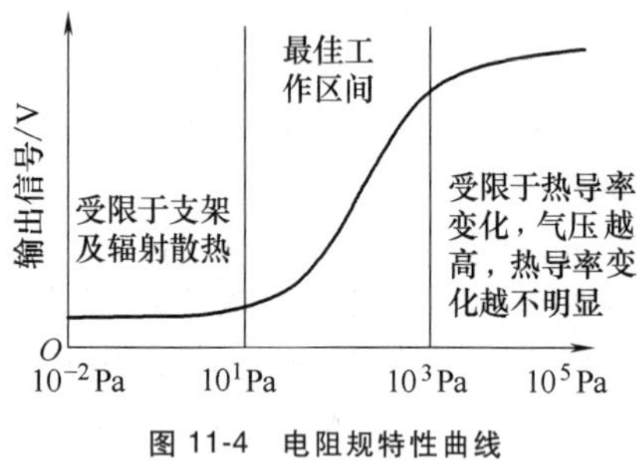

图 11-4 电阻规特性曲线

（4）电离真空计 电离真空计的工作原理是电子在电场中飞行时从电场获得能量，若与气体分子碰撞，将使气体分子以一定概率发生电离，产生正离子和次级电子。其电离概率与电子能量有关。电子在飞行路途中产生的正离子数，正比于气体密度，在一定温度下正比于气体的压力 p。因此，可根据离子电流的大小指示真空度。图 11-5 所示为 ZJ-27 型电离规的原理。图 11-6 所示为真空电离规。

由灯丝加热提供电子源的电离真空计称为热阴极电离真空计，其型式繁多，各具不同特点和适用不同的压力测量范围。热阴极电离真空计由规管（或规头）和电气测量电路（真空计控制单元和指示单元）组成。规管的功能是把非电量的气体压力转换成电量—离子电流。热阴极电离真空计规管的基本结构主要包括三个电极，如图 11-7 所示。

1）提供一定数量电子流 I_e 的灯丝（阴极 F）。

2）产生电子加速场并收集电子流的阳极 A（也

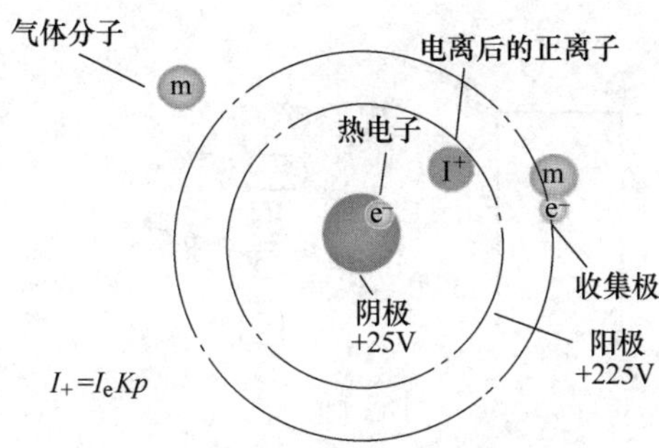

图 11-5　ZJ-27 型电离规的原理

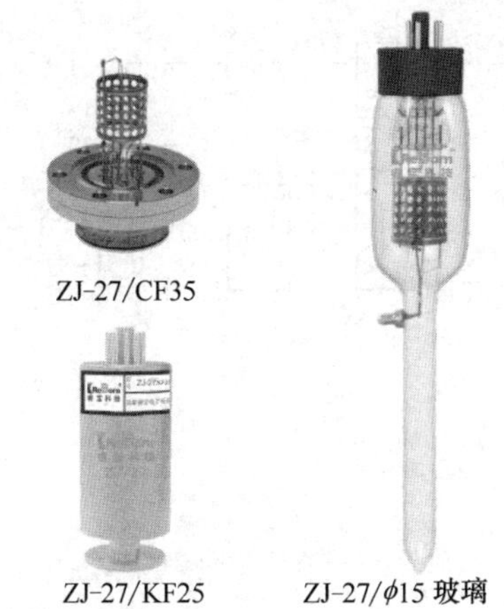

图 11-6　真空电离规

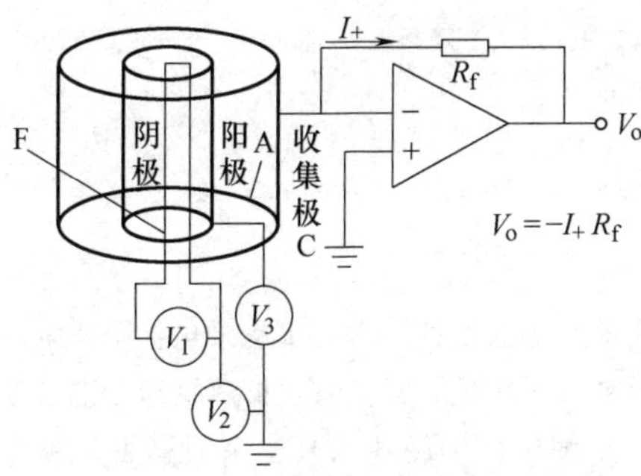

图 11-7　热阴极电离真空计规管的基本结构

V_1—阴极加热电源，受反馈回路控制，维持阴极发射电子流稳定　V_2—阴极偏置电压　V_3—阳极电压

称电子加速极）。

3）收集离子流 I_i 的离子收集极 C（相对阴极为负电位）。

离子流 I_i 与压力 p 可用下式表示：

$$I_i=KI_ep$$

式中　I_e——发射电子流；

K——规管系数（Pa^{-1}）。

在一定压力范围内 K 为一常数，若保持发射电子流 I 为一恒量时，则离子流 I_i 与压力 p 呈线性关系。

当压力高到某一值时，K 值会随压力 p 而变化，这就达到了压力线性测量上限 p_{max}，它由电极的几何结构、电极间电位分布及发射电流大小所决定。

规管系数 K 在气体压力 p 很低时仍可保持为常数，但离子流 I_i 随压力 p 降低而减小到一定限度后，将会埋没在电离真空计工作中，不可避免地存在的其他与压力 p 无关的本底电流之中，因而达到其压力测量下限 p_{min}。这种本底电流包括 X 射线光电流等，测量范围为 $4.0\sim1.0\times10^{-5}$Pa，X 射线极限<1.0×10^{-6}Pa。

（5）复合真空计　复合真空计一般是将电阻真空计和电离真空计复合在一个真空计上，该真空计主要应用于真空热处理、真空干燥、空间环境模拟、高校实验室、太阳能、制药、食品及材料等领域。复合真空计的主要参数如下：测量范围为 $1.0\times10^5\sim1.0\times10^{-5}$Pa，有效范围为 $3.0\times10^3\sim5.0\times10^{-5}$P，控制范围为 $1.0\sim1.0\times10^{-4}$Pa，精度范围为 ±25%（$1.0\times10^3\sim1.0\times10^2$Pa）、±15%（$1.0\times10^2\sim5.0\times10^{-5}$Pa）。

复合真空计使用注意事项：

1）玻璃规管在使用前，应将玻璃开封；金属规管在使用前，应将固定海绵取掉。

2）该规管不耐强腐蚀，规管最好垂直安装。

3）该规管只能测量空气和氮气，其他气体成分比例较大的场合须另外修正。

4）该规管严禁在压力高于 10Pa 的场合下长期使用，否则容易造成规管污染或灯丝损坏。污染和损坏后的玻璃规管将无法修复，金属规管的维修由损坏的情况确定。

11.1.4　真空系统

真空炉的真空系统应满足下述三个基本要求：

1）应能迅速地将真空热处理炉抽至所要求的极限真空度。

2）应能及时地排出被处理工件和炉内结构件连续放出的气体，以及因真空泄漏而渗入炉内的气体。

3）操作、安装和维修保养要简便，整个系统占地面积小。

真空热处理炉的真空系统一般由真空泵（泵组）、管道、真空阀门和真空测量仪表等部分组成。常用的真空系统如图 11-8 所示。

根据真空热处理炉的使用技术条件和所要求的真空度，选择适合的真空泵，再根据真空泵的类型、规格选配相应的真空阀门和真空管道等，从而组成所需

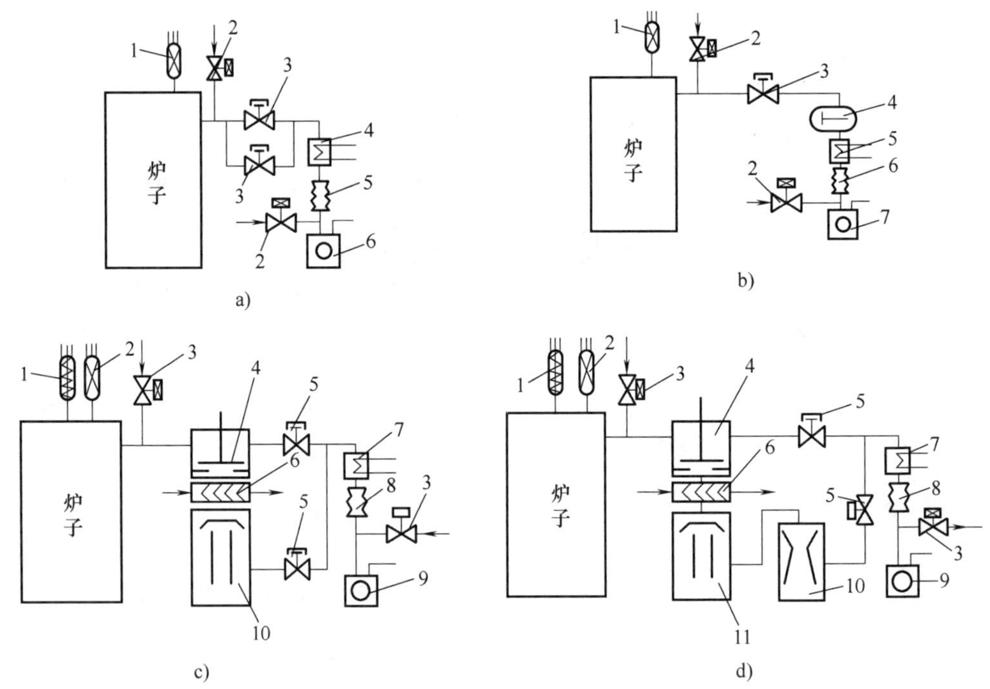

图 11-8　常用的真空系统

a) 低真空系统

1—热偶规管　2—放气阀　3—真空闸门　4—收集器　5—波纹管　6—油封式机械泵

b) 具有机械增压泵的真空系统

1—热偶规管　2—放气阀　3—真空阀门　4—机械增压泵　5—收集器　6—波纹管　7—油封式机械泵

c) 高真空系统

1—电离规管　2—热偶规管　3—放气阀　4—高真空阀　5—真空阀门　6—障板　7—收集器　8—波纹管　9—前级真空泵　10—油扩散泵

d) 具有增压泵的高真空系统

1—电离规管　2—热偶规管　3—放气阀　4—高真空阀　5—真空阀　6—障板　7—收集器　8—波纹管　9—前级真空泵　10—油增压泵　11—油扩散泵

要的真空系统。真空系统应根据实际性能要求进行相关部件的组合，各级真空泵的选择是关键，其中主泵更为关键。主泵的选择要根据以下几点：真空炉的有效容积、抽气速率要求、设备的极限真空度和工作真空度。一般而言，主泵的抽气速率应为设备必要抽气速率的 2 倍以上。

常用的真空机组有中真空机组和高真空机组。中真空机组通常是机械泵与罗茨泵的组合，极限真空度为 $10 \sim 10^{-1}$Pa；高真空机组通常是机械泵、罗茨泵及扩散泵的组合，极限真空度为 $10^{-2} \sim 10^{-4}$Pa，如选择机械泵、分子泵的组合，极限真空度可优于 10^{-4}Pa。

1. 常用真空泵

真空泵是制造真空的一种机械设备，是利用机械、物理、化学或物理化学的方法对被抽容器进行抽气而获得真空的设备。常用真空泵包括旋片泵、滑阀泵、干泵、水环泵、罗茨泵、扩散泵和分子泵等。

(1) 旋片泵　旋片式真空泵简称旋片泵，是一种油封式机械真空泵，是真空技术中最基本的真空获得设备之一。旋片泵多为中小型泵，其工作压力范围为 $1.01 \times 10^{5} \sim 1.33 \times 10^{-2}$Pa，属于低真空泵。它可以单独使用，也可以作为其他高真空泵或超高真空泵的前级泵。旋片泵有单级和双级两种，所谓双级，就是在结构上将两个单级泵串联起来。一般多做成双级的，以获得较高的真空度。

旋片泵的基本结构如图 11-9 所示。在旋片泵的腔内偏心地安装一个转子，转子外圆与泵腔内表面相切（两者有很小的间隙），转子槽内装有带弹簧的两个旋片。旋转时，靠离心力和弹簧的张力使旋片顶端与泵腔的内壁保持接触，转子旋转带动旋片沿泵腔内壁滑动。

如图 11-9 所示，两个旋片把转子、泵腔和两个端盖所围成的月牙形空间分隔成 A、B、C 三部分。当转子按箭头方向旋转时，与吸气口相通的空间 A 的容积是逐渐增大的，正处于吸气过程；而与排气口相通的空间 C 的容积是逐渐缩小的，正处于排气过程；居中的空间 B 的容积也是逐渐减小的，正处于压缩过程。由于空间 A 的容积是逐渐增大（即膨胀），气体压力降低，泵的入口处的外部气体压力大于空间 A 内的压力，因此将气体吸入。

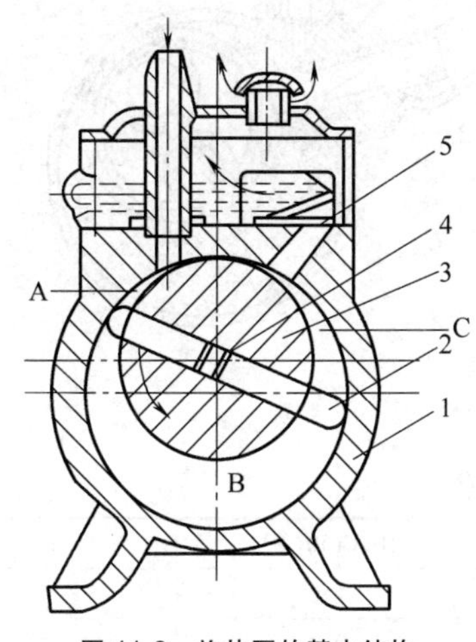

图 11-9 旋片泵的基本结构

1—泵体 2—旋片 3—转子 4—弹簧 5—排气阀

当空间 A 与吸气口隔绝时，即转至空间 B 的位置，气体开始被压缩，容积逐渐缩小，最后与排气口相通。当被压缩气体超过排气压力时，排气阀被压缩气体推开，气体穿过油箱内的油层排至大气中，由泵的连续运转达到连续抽气的目的。如果排出的气体通过气道而转入另一级（低真空级），由低真空级抽走，再经低真空级压缩后排至大气中，即组成了双级泵，这时总的压缩比由两级来负担，因而提高了极限真空度。

常用旋片泵的技术参数见表 11-4。

（2）滑阀泵 滑阀式真空泵（简称滑阀泵）同旋片泵一样，是一种油封式机械真空泵，也是一种变容式气体传输泵。滑阀式真空泵的抽气原理与旋片泵相似，但两者结构不同。滑阀式真空泵是利用滑阀机构来改变吸气腔容积的，故称滑阀泵。滑阀泵由于其结构特点，容量比旋片泵大得多，因此常常被用在大型真空设备上。滑阀泵有单级滑阀泵和双级滑阀泵两种型式。单级泵的极限真空度对小泵和大泵分别为≤0.6Pa 和≤1.3Pa（均关气镇），双级泵的极限真空度≤0.06Pa（关气镇）。抽气速率大于 150L/s 的滑阀泵多采用单级型式。这种泵可单独使用，也可作其他泵的前级泵用。

表 11-4 常用旋片泵的技术参数

型号		2X-4A	2X-8A	2X-15A	2X-30A	2X-70A
抽气速率/(L/s)		4	8	15	30	70
极限压力/Pa	气镇关	$\leqslant 6\times10^{-2}$				
	气镇开	$\leqslant 6\times10^{-1}$			≤1.33	
极限全压力/Pa		≤1			$\approx 6\times10^{-1}$	
电动机功率/kW		0.55	1.1	2.2	3	5.5
泵温升/℃		≤40				
噪声/dB		≤75	≤78	≤80	≤82	≤86
进气口径/mm		25	40	40	65	80
转速/(r/min)		450	320		450	420
用油量/L		1.0	2.0	2.8	2.0	4.2

滑阀泵主要由泵体、偏心轮、滑阀等组成。其工作原理如图 11-10 所示。

组成滑阀泵的泵体、泵盖、偏心轮、滑阀、导轨组件均为高强度铸铁制成，粗加工后经过人工时效处理消除内应力，并经精密加工，它们共同组成泵的工作室。轴为优质碳素钢制成，中间装有偏心轮，用紧固件固定，轴的一端装有平衡轮，另一端安装着泵 V 带轮，通过 V 带与电动机连接。泵的转动部分及进气部分的结合面采用橡胶封圈密封，泵体与泵盖之间用树脂或软性的平面密封胶密封。

泵的工作原理：在泵体 1 中装有滑阀 4，在滑阀内装有偏心轮 2，偏心轮由通到泵缸外的轴 3 带动旋转，轴的中心与泵缸中心是重合的，滑阀的外圆在泵缸的内表面进行滑动，滑阀上部在导轨 6 中自由地上下滑动及左右摆动，因此泵缸被滑阀分为 A、B 两个室，如图 11-10 所示。当轴按逆时针方向旋转时，则 A 室逐渐扩大，B 室逐渐缩小。滑阀上部是中空的，在 A 室侧开有长方孔，在 A 室扩大期间，气体就通过滑阀的中空部分，由长方孔流入泵腔 A 室内。当滑阀转向泵腔的上死点时，原来的 B 室消失了；继续旋转 A 室变为 B 室，在原来的 A 室位置上又形成了新的 A 室。在 B 室被压缩的最后阶段，被压缩的气体顶开排气阀 5 排出泵外，如此循环不息就形成了泵的抽排气工作。

常用滑阀泵的技术参数见表 11-5。

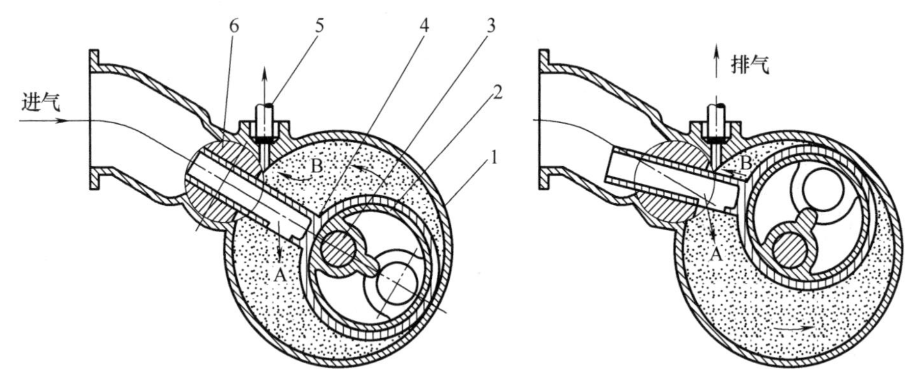

图 11-10 滑阀泵的工作原理

1—泵体 2—偏心轮 3—轴 4—滑阀 5—排气阀 6—导轨

表 11-5 常用滑阀泵的技术参数

滑阀泵型号		HG150	HGL150(F)	HGL70(F)
几何抽气速率/(L/s)		150	150	70
极限压力	Pa	0.3	0.3	0.3
	Torr	2.2×10^{-3}	2.2×10^{-3}	2.2×10^{-3}
泵转速/(r/min)		450	450	500
电动机	功率/kW	15	11	5.5
	型号	Y180L-6	Y160M-4	Y132M2-6
最大蒸汽生产率/(kg/h)		约 8.4	约 8.4	约 7.4
长期运转泵入口最大压力/Pa		1.3×10^{3}	1.3×10^{3}	1.3×10^{3}
冷却水接口		G3/4″	G3/4″	G1/2″
冷却水消耗量/(L/h)		900	900	700
润滑油	牌号	100 号真空泵油		
	储存量/kg	30	28(68)	18(42)
口径/mm	进气	100	100	80
	排气	80	80	63

（3）罗茨泵 罗茨式真空泵（简称罗茨泵）是一种无内压缩的旋转变容式真空泵，是利用两个 8 字形转子在泵壳中旋转而产生吸气和排气作用的。罗茨泵在很宽的压力范围内（1000Pa～1Pa）有很大的抽气速率，能迅速排出突然放出的气体，弥补了扩散泵和油封机械泵在 1000Pa～1Pa 范围内抽气速率小的缺陷，因此它适合作为增压泵用。但是，它不能单独地把气体直接排到大气中去，需要和前级真空泵串联使用，被抽气体通过前级真空泵排到大气中去。

罗茨泵的工作原理如图 11-11 所示。当罗茨泵工作时，需要被抽吸的气体先从罗茨泵的吸气口被真空泵吸入到转子与泵体之间，这时罗茨泵的一个转子与泵体把所抽吸的气体与吸气口分隔开，被分隔的气体通过转子连续不断地旋转过程被排到出气口。在图 11-11a 中，V 部分的空间是一个全封闭的状态，所以不会压缩和膨胀。不过，当转子的峰部旋转到出气口的附近时，由于 V 部分的真空度比出气口的真空度低，为了使相连体积里面的真空度平均，气体就会从出气口扩散到 V 部分区域，它的扩散方向和转子的旋转方向是不同的。当转子再次转动时，就会把 V 部分的气体压缩到出气口，相连部分就会吸入气体；当转子不停地转动时，一直处于上述吸气过程不停地排出吸进来的气体。这种运行过程就等于转子空间由一个最小值增大到一个最大值，随后再由最大值降低到最小值。

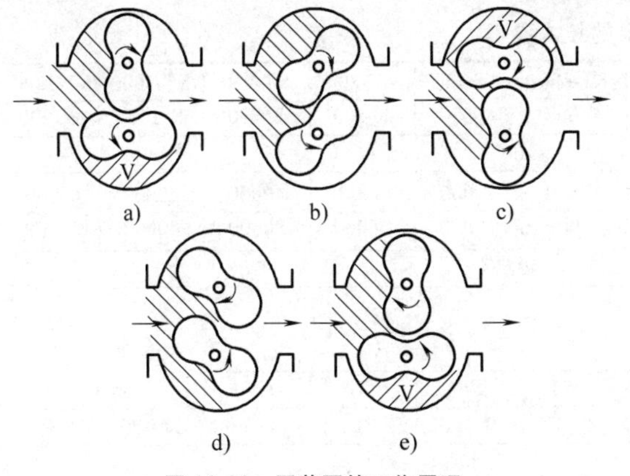

图 11-11　罗茨泵的工作原理

常用罗茨泵的技术参数见表 11-6。

（4）水环泵　水环真空泵（简称水环泵）是一种粗真空泵，它所能获得的极限真空度为 4000～2000Pa，与真空泵组成机组，真空度为 600～1Pa。

水环泵内装有带固定叶片的偏心转子，将水（液体）抛向定子壁，水（液体）形成与定子同心的液环，液环与转子叶片一起构成可变容积的一种旋转变容积真空泵。对于真空热处理设备而言，水环泵常用于真空水淬炉冷室和真空清洗机等抽真空。

表 11-6　常用罗茨泵的技术参数

型号规格		RTO. 150S RTO/W. 150S	RTO. 300S RTO/W. 300S	RTO. 600S RTO/W. 600S	RTO. 1200S RTO/W. 1200S
理论抽气速率/(L/s)		180	360	720	1450
实际抽气速率/(L/s)		150	300	600	1200
极限压力/Pa	分压力	0. 06	0. 06	0. 06	0. 06
	全压力	0. 6	0. 6	0. 6	0. 6
保护压差/Pa		5300	4300	4300	2700
最大零流量压缩比		40	40	45	50
电动机功率/kW		2. 2	3	5. 5	7. 5
电动机同步转速(50Hz/60Hz)/(r/min)		3000/3600	3000/3600	3000/3600	3000/3600
进气口直径/mm		100	160	200	250
排气口直径/mm		80	100	160	200
噪声/dB(A)		79	80	82	84
泵体外表面温升/K	RTO	≤26	≤26	≤26	≤26
	RTO/W	≤52	≤52	≤52	
冷却形式	RTO	强制内水冷	强制内水冷	强制内水冷	强制内水冷
	RTO/W	自然风冷	自然风冷	自然风冷	自然风冷

（5）扩散泵　扩散泵是获得高真空应用最广泛、最主要的设备之一，通常指油扩散泵。扩散泵是一种次级泵，它需要机械泵等作为前级泵。

扩散泵的工作原理如图 11-12 所示。扩散泵油装在泵底油锅内，通过加热使油沸腾。由于泵内已经预抽真空，压力较低，泵油可以在较低温度下蒸发，沸腾的大量油蒸气通过泵芯导流管，进入伞形喷嘴，由喷嘴将压力转化成动能，呈锥环状以超音速定向喷出。扩散泵进气口处的被抽气体分压力高于油蒸气流的分压力，被抽气体分子不断扩散到油蒸气中，油蒸气分子撞出被抽气体分子，沿着油蒸气流束方向运动。被抽气体分子碰到泵壁反射回来，再受到油蒸气流的碰撞，又重新流向泵壁。经过几次，将被抽气体压缩到低真空端，靠排气压力（临界压力）由扩压

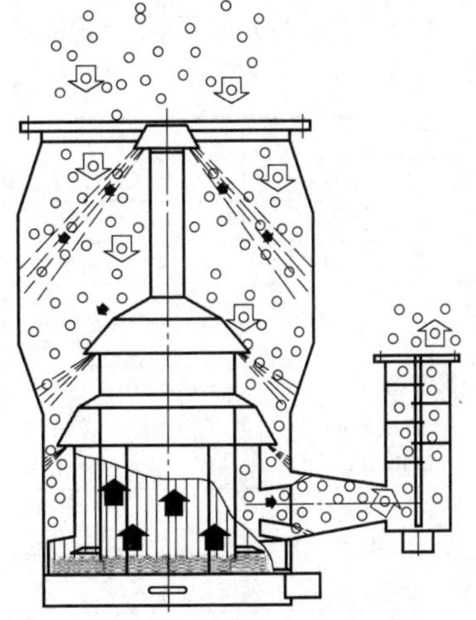

图 11-12　扩散泵的工作原理

喷嘴经前级真空泵抽走排至大气中。油蒸气喷射到冷却的泵壁上，冷凝后的泵油返回油锅中，重新被加热，循环工作，获得高真空。

扩散泵的技术参数见表 11-7。

表 11-7　扩散泵的技术参数

型号规格		KT-300/K-300	KT-320/K-320	KT-400/K-400	KT-500/K-500	KT-600/K-600	KT-630/K-630	KT-800/K-800	KT-900/K-900	KT-1000/K-1000	KT-1200/K-1200
极限压力/Pa		5×10^{-5}									
抽气速率/(L/s)		4600/4000	5000/4600	8500/7500	12000/11000	17500/16000	20000/18000	3000/26000	40000/30000	50000/40000	60000/50000
临界前级压力/Pa		40									
泵液反流率/[$mg/(cm^2 \cdot min)$]		$\leqslant 3\times10^{-2}$									
加热时间/min		≤40		≤45		≤50	≤60	≤65	≤70	≤80	
加热功率/kW		2.4~3	4~5	4~5	6~8	8~9	9~11	13~13.5	14~16	17~20	28~30
电源电压/V		220	380								
泵油型号		KS-3									
装油量/L		1~1.6	1.4~1.8	3~4	4	6~7	7~8	12~14	14~15	15~16	22
冷却水量/(L/h)		400	420	500	600	800	850	1200	1350	1500	2600
进气口径/mm		300	320	400	500	600	630	800	900	1000	1200
排气口径/mm		80	80	100	100	150	160	200	200	300	300
推荐前级泵抽气速率/(L/s)		30/15	30/15	70/30	150/70	300/70	600/70	600/150	600/150	1200/300	1200/300
外形尺寸/mm	L	695	725	885	1010	1145	1170	1520	1843	1990	2235
	B	552	590	624	773	980	1000	1228	1316.5	1405	1452
	H	726	830	925	1165	1444	1275	1870	1950	2220	2465
净重/kg		89/76	100/85	175/150	185/165	375/345	420/390	670/620	830/780	990/940	1500/1450

（6）分子泵　分子泵是利用高速旋转的转子把动量传输给气体分子，使之获得定向速度，从而被压缩、被驱向排气口后为前级抽走的一种真空泵。

分子泵有三种类型，即牵引型分子泵、涡轮分子泵和复合型分子泵。按制造结构，可分为油润滑、脂润滑和磁悬浮（单磁永磁悬浮、全磁悬浮）。分子泵的优点是起动快、节省能源、无油蒸气污染或污染很少，可获得清洁的真空。全磁悬浮分子泵无须润滑。分子泵抽真空时，气体处于分子流状态，故需要配备前级泵，一般使用旋片泵作为前级泵。随着复合分子泵的不断改进，其应用领域越来越广，在某些抽气系统上可以替代扩散泵，缩短了系统的抽气时间；当与干泵一起组合使用时，可获得无油污染的清洁真空环境。

复合分子泵的技术参数见表 11-8。

表 11-8　复合分子泵的技术参数

技术参数		JTFB-600		JTFB-1200		JTFB-1600	
高真空法兰/mm		150 CF	160 ISO-K	200 CF	200 ISO-K	250 CF	250 ISO-K
前级管道法兰/mm		40KF		40KF		50KF	
抽气速率/(L/s)		600		1200		1600	
压缩比	N_2	$>10^9$		$>10^9$		$>10^9$	
	H_2	$>8\times10^3$		$>1\times10^4$		$>1\times10^4$	
极限压力/Pa		$<8\times10^{-8}$	$<5\times10^{-7}$	$<8\times10^{-8}$	$<5\times10^{-7}$	$<8\times10^{-8}$	$<5\times10^{-7}$
电动机转速/(r/min)		24000		24000		24000	
起动时间/min		<4.5		<5		<6	
推荐前级泵抽气速率/(L/s)		4~8		8~15		15	
冷却方式		水冷（风冷）		水冷（风冷）		水冷（风冷）	
冷却水温度/℃		≤20		≤20		≤20	
加热功率/W		<250		<300		<350	

（7）干式真空泵　无油干式机械真空泵（简称干式机械泵或干泵）指泵能在大气压力下开始抽气，又能将被抽气体直接排到大气中去，泵腔内无油或其他工作介质，而且泵的极限压力与油封式真空泵同等量级，或者接近的机械真空泵。一般多用于对于油污染控制严格的无油清洁的真空系统。干式真空泵包括以下几种结构。

1）干式螺杆真空泵。干式螺杆真空泵是一种干式运行、无接触的螺杆型真空泵。它的工作原理是利用两个相平行的螺距螺杆，在泵腔中做同步高速反向旋转而产生吸气和排气作用。两螺杆经过精细动平衡处理，由轴承支撑，安装在泵壳中，两螺杆之间有一定间隙，泵工作时运行平稳，相互之间无摩擦，工作腔不需要工作介质。因此，干式螺杆真空泵能抽除含有大量可凝性气体及粉尘的气体，可以替代油封式机械真空泵、液环式真空泵、往复式真空泵等，可与罗茨泵、分子泵组成无油机组。

干式螺杆真空泵中的泵腔由两个同步反向旋转的转子和泵体、侧盖等组成。该泵使用了一对紧密啮合的左旋和右旋螺杆，通过非常少的零部件，实现很多的级数，并且获得很低的极限压力。图 11-13 和图 11-14 显示了两个转子和泵体及侧盖如何构成了若干个室并实现气体压缩。两个转子同步反向高速旋转，这些气室有规律地从泵的进气口侧往排气口侧“移动”（见图 11-14），这样气体就以低速旋流的方式运送出去。泵的持续运动不改变气体流动方向，这样就可以在一定范围内将气体夹带的微粒及蒸汽抽送出去。

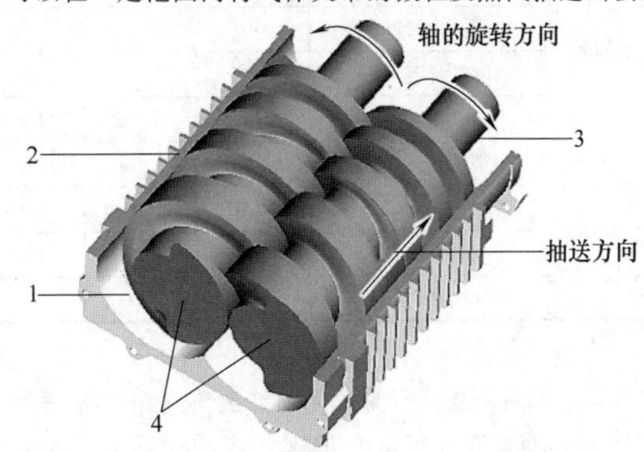

图 11-13　干式螺杆真空泵的工作原理

1—入气侧　2—外壳　3—排气侧　4—转子

与其他干式运行的压缩（缝隙密封式）真空泵一样，干式螺杆真空泵的两螺杆之间，螺杆与泵体之间要保持极为紧密的间隙，否则压力降造成的泄漏对抽气速率和可达到的极限压力都有负面影响。在工作中，干式螺杆真空泵的设计应使间隙保持在泵的运动范围以内，泵壳体采用水隔套冷却。

干式螺杆真空泵的技术参数见表 11-9。

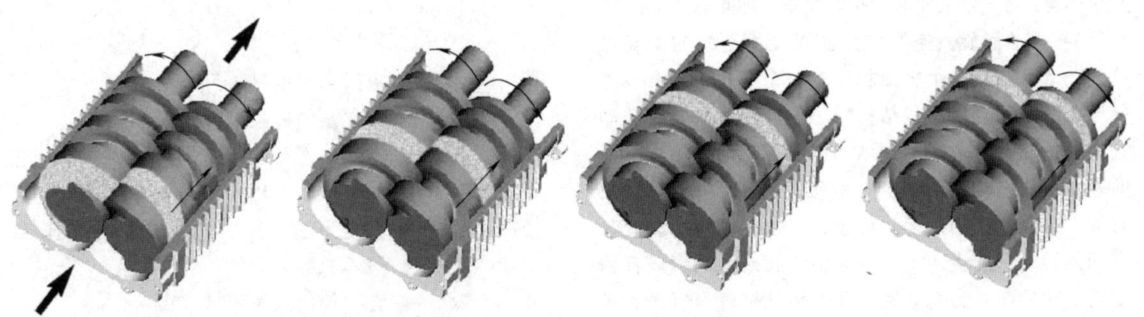

图 11-14　螺杆泵腔内的抽送动作方向

表 11-9　干式螺杆真空泵的技术参数

型　号		LGB 70	LG 70	LGB 80	LGB 110	LG 110	LGB 150	LG 150	LGB 200	LGB 230
抽气速率(50Hz)/(L/s)		70	70	80	110	110	150	150	200	230
极限全压力(50Hz)/Pa		5	5	5	5	5	5	5	5	5
最大排气压力/MPa		0.12								
配用电动机功率(50Hz)/kW		7.5	11	7.5	11	15	15	18.5	18.5	18.5
转速(50Hz)/(r/min)		2930	2930	2930		2930	2930		2930	2930
连接	进气口径/mm	65	65	65	65	100	100	100	100	100
	排气口径/mm	65	65	65	65	80	80	80	80	80
润滑剂	吸气侧润滑脂	≈2/3 的空腔								
	排气侧润滑油/L	1.2	1.2	1.2	1.2	1.8	1.8	1.8	1.8	1.8

（续）

型号		LGB 70	LG 70	LGB 80	LGB 110	LG 110	LGB 150	LG 150	LGB 200	LGB 230
冷却水	流量/(L/min)	10	10	15	15	18	20	20	20	20
	压力/MPa	0.2~0.35								
	出水温度/℃	≤40								
	接口直径/in[①]	G1/2	G1/2	G1/2	G1/2	G1/2	G1/2	G1/2	G1/2	G1/2
密封吹扫气源压力/MPa		0.05~0.1								
最高设计温度/℃	进气	≤50	≤50	≤50	≤50	≤50	≤50	≤50	≤50	≤50
	排气	120	120	120	150	160	180	180	180	180
	润滑油	70	70	70	70	70	70	70	70	70

① 1in=25.4mm。

2）无油往复真空泵。无油往复真空泵是靠活塞往复运动使泵腔（气缸）的工作容积周期性地变化来抽气的真空泵，又称活塞真空泵。无油往复真空泵的结构与往复活塞压缩机相似。工作时，吸气管接被抽真空容器，排气管直通大气。无油往复真空泵可用于真空蒸馏、真空浓缩、真空结晶、真空过滤、真空干燥和混凝土真空作业等。

3）爪式真空泵。爪式真空泵由多级转子构成，其中每级都有两个转子，两个转子反方向旋转，吸气口与泵腔接通，泵腔容积变大而吸气；当转子关闭吸气口时吸气结束，以后泵腔变小而压缩气体，当排气口打开后泵腔排气，排气口关闭时则排气完毕，如此循环工作。

4）无油涡旋真空泵。无油涡旋真空泵的涡旋盘就是一个一端与一个平面相接的一个或几个渐开线螺旋形成一个涡旋型盘状结构。一个静涡旋盘与一个动涡旋盘组成的一对涡旋盘副，构成了无油涡旋真空泵的基本抽气机构。例如，在双级无油涡旋真空泵中，有两个方向对应的固定涡旋盘，一个位于两个涡旋盘之间的转动涡旋盘。动、静涡旋盘相对运动形成容积不断变化的新月形真空腔，使气体从抽气口吸入、排气口排出，完成排气循环。

2. 各种真空泵的性能比较

（1）真空度　干式螺杆真空泵、爪式真空泵、无油涡旋真空泵的极限真空度都很高，最高均为 1~2Pa；无油往复真空泵为粗真空设备，极限真空度低，需要搭配罗茨真空泵提高极限真空度。

（2）抽气量　无油涡旋真空泵由于内部结构问题，抽气量较小，只适用于小抽气量的工艺中；干式螺杆真空泵型号齐全，可适用于大抽气量工艺中，配合罗茨真空泵可以满足不同抽气速率的需求。

（3）稳定性　干式螺杆真空泵性能稳定，噪声小，故障率低；无油往复真空泵结构简单，但噪声较大，需要经常更换滑片；爪式真空泵由于装配复杂，转子与轴不为一体，出现故障须全部重新拆解装配，从而降低了产品性能及稳定性。

3. 真空系统的配置计算

真空炉涉及真空的主要技术参数包括极限真空度、工作真空度、抽气速率和压升率等指标，合理配置真空机组、管路及阀门等是真空系统设计的关键。真空系统的主泵选择要考虑三个因素，即空载时的极限真空度、工作真空度和抽气速率。

（1）极限真空度　极限真空度是真空炉设计规定的，在空炉冷态条件下，炉内所能达到的最低压力。真空炉极限真空度 $p_{极限}$ 由下式确定：

$$p_{极限}=p_0+\frac{Q_0}{S_y}=p_0+\frac{Q_f+Q_t}{S_y}$$

式中　$p_{极限}$——极限真空度（Pa）；

p_0——真空泵的极限真空度（Pa）；

Q_0——空载状态，设备漏气和材料表面放出的气体量（Pa · L/s）；

S_y——真空炉抽气口处的有效抽气速率（L/s）；

Q_f——真空炉内总放气量（Pa · L/s）；

Q_t——真空炉内总漏气量（Pa · L/s）。

极限真空度考核设备的真空密封性能和真空机组的极限能力，是真空机组配置的重要依据。

（2）工作真空度　工作真空度是真空炉正常工作时炉内的压力，工作真空度按照热处理工艺的要求确定。真空炉正常工作时的工作真空度由下式确定：

$$p_{工作}=p_{极限}+\frac{Q_1}{S_y}=p_0+\frac{Q_0+Q_1}{S_y}$$

式中　$p_{工作}$——工作真空度（Pa）；

Q_1——工艺过程中放出的气体量（Pa · L/s）。

工作真空度总是低于极限真空度，一般工作真空度低于极限真空度一个数量级。

（3）抽气速率　抽气速率是真空炉单位时间内

所抽出的气体体积，公式如下：

$$S_p = \frac{V}{t} \times K$$

式中　S_p——真空泵抽气速率（m^3/h）；

V——真空炉的容积（m^3）；

t——要求的抽气时间（h）；

K——抽空系数。

可以用上式计算真空泵的抽气速率，并以此选配真空泵。考虑真空泵的效率，真空管道的流导损失，被抽气体的化学污染和灰分，以及预留抽气速率能力，真空泵的选择相较于计算值应适当放大。

(4) 配用真空泵机组的选择　主泵选择后，配用真空泵机组的选择有以下经验公式。

1) 机械泵与扩散泵组合时：

$$S_{机械} = \frac{1}{180} S_{扩散}$$

式中　$S_{机械}$——串联在扩散泵后的机械泵在 10^5Pa 时的名义抽气速率（L/s）；

$S_{扩散}$——扩散泵在 10^{-2}Pa 时的抽气速率（L/s）。

2) 扩散泵与罗茨泵、机械泵组合时：

$$S_{机械} = \frac{1}{300} S_{扩散}$$

式中　$S_{机械}$——串联在罗茨泵后的机械泵在 10^5Pa 时的名义抽气速率（L/s）；

$S_{扩散}$——扩散泵在 10^{-2}Pa 时的抽气速率（L/s）。

3) 罗茨泵与机械泵组合时：

$$S_{机械} = \frac{1}{6 \sim 10} S_{罗茨}$$

式中　$S_{机械}$——串联在罗茨泵后的机械泵在 10^5Pa 时的名义抽气速率（L/s）；

$S_{罗茨}$——罗茨泵的名义抽气速率（L/s）。

11.2　真空加热

真空热处理是热处理工艺的全部和部分在真空状态下进行的热处理，相比于传统的热处理工艺，真空热处理技术具有以下特点：

1) 工件在加热过程中因为处于真空状态，因此无氧化、无脱碳，对工件内部和表面具有良好的保护作用。

2) 促进金属表面的净化，具有脱气、脱脂等作用，提高整体力学性能。真空环境不仅能使金属表面的氧化物还原分解，而且有利于金属的脱气。

3) 工件变形小，稳定性和重复性好。

4) 操作安全，无污染无公害，绿色环保。

5) 合金元素蒸发。在热处理温度范围内，常压下，金属与合金的蒸发是微不足道的，但在真空下，有时很严重。常用的合金元素，如 Zn、Mg、Mn、Al、Cr 等的蒸气压较高，易蒸发。因此，真空热处理时的真空度应恰当选择。

11.2.1　真空加热原理及特点

1. 真空加热原理

热传递有三种方式，即传导、对流和辐射。真空加热是在极稀薄的气氛中进行的，对于真空状态下加热，热量传递到被加热物体上主要是单一的辐射传热。根据忒藩-玻耳兹曼定律，理想灰体传热能力 $E[J/(m^2 \cdot h)]$ 与热力学温度的四次方成正比，简称四次方定律。

$$E = C\left(\frac{T}{100}\right)^4 = 4.96\varepsilon\left(\frac{T}{100}\right)^4$$

式中　$C(4.96\varepsilon)$——理想灰体辐射系数［$J/(m^2 \cdot h \cdot K^4)$］；

ε——灰体黑度。

工程材料都与理想灰体有些偏差，为了计算方便，一般仍使用上述定律。由此可以看出，辐射效率与温度相关，温度越高，辐射效率越高。

2. 真空加热的特点

真空热处理炉加热有两个显著的特点：一是空载时的升温速度快，二是工件的加热速度慢。

由于真空炉加热室的保温层采用重量轻、隔热性能好、热容量小的隔热材料，如石墨毡、经抛光的多层钼片、不锈钢板材料，通常真空炉功率损耗仅为全功率的 1/4~1/3。真空炉空载时升温速度相当快，从室温全功率升温到 1000℃以上，一般只需 30min 左右。

工件在真空炉中加热时，加热速度慢，升温时间长，尤其是在低温预热阶段（<700℃），工件表面与炉膛温差大。工件尺寸越大，其温度滞后就越显著。

一般来说，热处理过程的加热时间应保证完成升温、保温（均温）和组织转变（奥氏体均匀化）三个过程。由于真空炉炉胆隔热层加热时蓄热量少，保温性能好，热损失小。因此，当真空炉中测量热电偶升到设定温度时，被加热的工件还远未到温，这就是所谓的真空加热“滞后现象”，如图 11-15 所示。

试验研究表明，GCr15 轴承钢 ϕ50mm×100mm 试样在真空中加热，心部到温时间为盐浴炉加热的 6 倍，为空气炉的 1.5 倍。为了解决滞后现象对工件加热的影响，每个阶段的保温时间应适当延长，如图 11-16 所示。

真空加热时间也可以通过经验公式进行计算，即

$$T_1 = 30 + (1.5 \sim 2)D$$

$$T_2 = 30 + (1.0 \sim 1.5)D$$

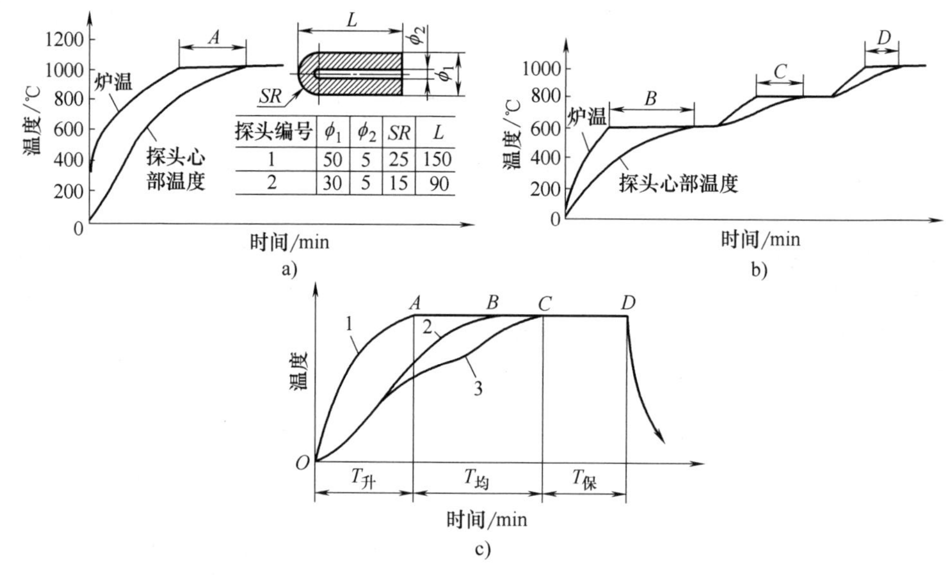

探头编号	ϕ_1	ϕ_2	SR	L
1	50	5	25	150
2	30	5	15	90

图 11-15　真空加热特性曲线

a）连续升温　b）分段升温　c）加热三个阶段

1—仪表指示值（炉温）　2—工件表面温度　3—工件中心温度

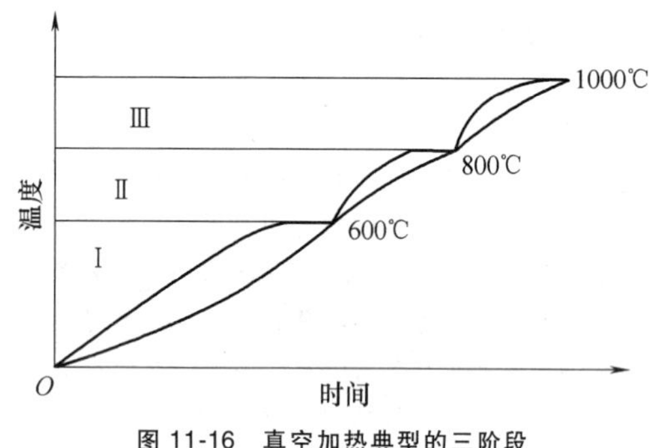

图 11-16　真空加热典型的三阶段

$$T_3 = 20 + (0.25 \sim 0.5)D$$

式中　T_1——第一次预热时间（min）；

T_2——第二次预热时间（min）；

T_3——最终加热时间（min）；

D——工件有效厚度（m）。

真空炉的加热保温时间与装载量、工件形状和有效厚度等密切相关。在生产实践中，可通过负载热电偶实测，也可通过观察孔观察，待加热工件、料筐和炉膛颜色完全均匀一致时，认定被加热工件到温。工模具淬火时，保温时间应适当延长，以便使碳化物得以溶解，充分奥氏体化。

3. 真空加热的脱气、脱脂作用

真空热处理有利于金属的脱气和脱脂。真空中加热金属时，在低温下，炉内的水分和空气中的氮、氧及一氧化碳，尤其是在工件上涂覆的油脂和其他杂质等会蒸发逸散。当温度上升到 800℃ 以上时，从工件的表面会放出氢和氮及氧化物的分解气体，完成脱气的过程。由于这种热分解而形成的蒸发逸散现象排除了工件表面上所存在的有害气体，逸散了氧化物，使金属重现光亮，特别是有害气体的排除和光亮热处理等，有利于提高工件的质量，这是其他热处理方法所不能兼备的。

真空度越高，温度越高，脱气时间越长，脱气作用越显著。一般而言，真空脱气使材料表面纯度提高，提高了材料的疲劳强度、塑性、韧性和耐蚀性。例如，钛合金、超高强度钢等都具有氢脆敏感性，真空热处理可以使材料的氢含量降至安全值以下。但有些材料真空脱气后会影响材料热处理后的性能，如高氮不锈钢，经真空脱气后反而会影响材料热处理后的性能，采用抽真空后反充高纯度的惰性气体保护效果会更好。

4. 真空加热元素的蒸发

根据相平衡理论，在不同的温度下，蒸气作用于金属表面的平衡压力（蒸气压）是不同的。温度高，蒸气压就高，固态金属的蒸发量就大；温度低，蒸气压就低。如果温度一定，则蒸气压也就有一定的值。当外界的压力小于该温度下的蒸气压时，金属就会产生蒸发（升华）现象。外界的压力越小，即真空度越高，就越容易蒸发。同理，蒸气压越高的金属也越容易蒸发。表 11-10 列出了常用金属元素的蒸气压与温度的关系。

在进行真空热处理时，常常会发现工件与工件之间或工件与料筐之间相互粘连；在处理高铬冷作模具钢或镀铬不锈钢时，表面呈橘皮状，很粗糙，而且耐蚀性明显降低。这多是由真空加热过程中的元素蒸发所导致。真空热处理时，对蒸发问题应予以足够的重视，选择恰当的工作真空度，绝不是真空度越高越好。应根据被处理金属材料中合金元素在真空热处理时的蒸气压和加热温度来选择合适的真空度，以防止合金元素蒸发逸出。

钢铁中常用的合金元素 Mn、Ni、Co 和 Cr 等，以及作为有色金属主要成分的 Zn、Pb 和 Cu 等元素，在真空中加热时很容易产生真空蒸镀，使工件之间相互粘连，以及从料筐内取出时造成障碍。另外，用 Cu 和 Ag-Mn 合金（作为钎料）对不锈钢进行真空钎焊，在 0.0133Pa 以下进行加热时，Mn 被蒸发，其成分显著变化，导致钎焊部位的强度大幅度下降。黄铜 H70 进行真空退火时，Zn 被显著蒸发，产生脱锌现象，因此要获得光亮的表面是非常困难的。但是，如果选择得当，许多缺陷是可以避免的。如 Cr12MoV 冲压模具钢，在真空度为 1.33Pa，温度为 1050℃下保温 90min 后，用 X 射线显微分析仪测定了铬元素在距离表面 150μm 范围内的分布，结果没有发现脱铬现象。这是因为，由表 11-10 可知，在 1.33Pa 下，铬的理论蒸发温度为 1205℃，当温度为 1050℃时，相应的蒸气压就低，约为 0.0133Pa，低于外界压力，所以没有产生蒸发。该例说明，只要真空度选择适宜，是可以防止合金元素蒸发的。应该指出，合金中一些蒸气压较高的元素，如 Mn、Cu、Al 等，通常是以溶解于固溶体中或以各种化合物的形式存在的，在真空中加热时挥发的方式不尽相同，但其挥发的倾向是相同的。一般说来，其蒸气压要低于纯金属的蒸气压。

在真空中加热时，还可以考虑根据金属材料的种类，通入高纯度的惰性气体来调节炉内的压力，以防止合金元素的蒸发。特别是在 1200℃以上的温度加热时，Cr、Mn 等均有较低的蒸气压，容易蒸发，更需要低真空加热。通入高纯度惰性气体不仅可以调节真空度，而且由于惰性气体的存在，形成对流循环，更有利于金属材料的均匀加热。

表 11-10　常用金属元素的蒸气压与温度的关系

金属元素	达到下列蒸气压的平衡温度/℃					熔点/℃
	0.0133Pa	0.133Pa	1.33Pa	13.3Pa	133Pa	
银(Ag)	848	936	1047	1184	1353	961
铝(Al)	—	—	—	—	1284	—
金(Au)	1190	1316	1465	1646	1867	1063
碳(C)	2288	2471	2681	2926	3214	—
钙(Ca)	463	528	605	700	817	851
镉(Cd)	180	220	264	321	—	321
铜(Cu)	1035	1141	1273	1422	1628	1038
铬(Cr)	992	1090	1205	1342	1504	1890
铁(Fe)	1195	1330	1447	1602	1783	1535
镁(Mg)	301	331	343	515	605	651
锰(Mn)	791	873	980	1103	1251	1244
钼(Mo)	2095	2290	2533	—	—	2625
镍(Ni)	1257	1371	1510	1679	1884	1455
铌(Nb)	2355	2539	—	—	—	2415
铅(Pb)	548	625	718	832	975	328
铂(Pt)	1744	1904	2090	2313	2582	1774
锡(Sn)	922	1042	1189	1373	1609	232
钽(Ta)	2599	2820	—	—	—	2996
钛(Ti)	1249	1384	1546	1742	—	1721
钨(W)	2767	3016	3309	—	—	3410
锌(Zn)	248	292	323	405	—	419
锆(Zr)	1160	1816	2001	2212	2549	1830

5. 工作真空度的选择

大多数金属是在 500～1350℃、133×10^{-1}～133×10^{-5}Pa 条件下加热的。确定加热过程的真空度时，必须综合考虑表面光亮度、除气、脱碳和合金元素蒸发等效果。光亮度与加热温度、冷却方式和介质及真空度有关。真空度与钢表面光亮度的对应关系大致如下：133×10^{-4}Pa 时，被加热试样的表面光亮度可达 85%；133×10^{-3}Pa 时，光亮度略有下降；133Pa 时，表面可生成薄氧化膜，光亮度降至 51.3%，133×100～133×200Pa 时，氧化膜增厚，光亮度为 22.8%。于 133×10^{-3}Pa 下进行加热，相当于在百万分之一以上纯度的惰性气氛中加热的保护效果，一般钢铁材料在此真空度下加热就不会氧化。合金工具钢、结构钢、轴承钢等在 900℃以下温度加热时，133×10^{-2}～133×10^{-3}Pa 以上的真空度是足够的。对于含有 Cr、Mn、Si 等的合金钢或需在 1000℃以上温度加热的钢种，应以回充氮气的方法将气压控制在 133×10^{-1}Pa 以上。沉淀硬化型不锈钢、铁镍基合金、钴基合金等，也需在中等真空度下加热淬火。当要求更高的光亮度时，需在 133×10^{-3}～133×10^{-4}Pa 下加热。钛合金等只是在为了排除所吸收的气体时，才采用 133×10^{-4}Pa 以上的高真空。铜及其合金在 133×10^{-1}Pa 加热，其光亮度就已经合乎要求了。

实践证明，在尽可能高的真空度下加热金属，并不一定能取得良好的技术经济效果。这是因为获得高真空度需消耗较多的时间和动力，还因为合金钢的某些合金元素将在高真空度下（特别在高温下更如此）产生选择性蒸发，从而使工件光亮度下降、表面变得粗糙。对细小精密、比表面积大的工件而言，表面成分的变化必然导致性能的恶化。

在真空热处理时，工作真空度要根据所处理的材料和加热温度来选择，首先要满足无氧化加热所需的工作真空度，同时考虑表面光亮度、除气和合金元素蒸发等因素。常见金属材料热处理时推荐的真空度见表 11-11。

11.2.2 真空加热、保温、绝缘常用材料

1. 真空加热功率计算

1）热平衡方程式为

$$Q_{总}=Q_{有效}+Q_{损失}+Q_{蓄}$$

式中　$Q_{总}$——加热器发出的总热量（kJ/h）；

$Q_{有效}$——有效热消耗，即加热工件及工装夹具所消耗的热量（kJ/h）；

$Q_{损失}$——无功热损失（kJ/h）；

$Q_{蓄}$——加热过程中炉子结构蓄热消耗的能量（kJ/h）。

表 11-11　常见金属材料真空热处理时推荐的真空度

材　　料	真空热处理时的真空度/Pa
合金工具钢、结构钢、轴承钢等（淬火温度在 900℃以下）	$1\sim10^{-1}$
含 Cr、Mn、Si 等的合金钢（淬火温度在 1000℃以上）	10
不锈钢，铁基、镍基、钴基合金	$10^{-1}\sim10^{-2}$
高速钢	900℃以上充入高纯氮气分压
钛合金、高温合金、磁性材料	$10^{-2}\sim10^{-3}$
铜及铜合金	13.3～133

2）有效热消耗计算：

$$Q_{有效}=Q_{工件}+Q_{工装}$$

$$Q_{工件}=GC_m(t_1-t_0)$$

式中　$Q_{有效}$——有效热消耗，即加热工件及工装夹具所消耗的热量（kJ/h）；

$Q_{工件}$——工件加热消耗热量（kJ/h）；

$Q_{工装}$——工装夹具加热消耗热量（kJ/h）；

G——炉子的生产率（kg/h）；

t_1——工件的最终温度（℃），一般取炉温；

t_0——工件的起始温度（℃），一般取室温；

C_m——工件在温度 t_1 和 t_0 时的平均比热容 [kJ/(kg·K)]。

常用金属的平均比热容见表 11-12。$Q_{工装}$ 和 $Q_{工件}$ 的计算公式相同。

表 11-12　常用金属的平均比热容

［单位：kJ/(kg·K)］

钢种	温度/℃	比热容
含 10%Ni 钢	30～250	0.4945
含 20%Ni 钢	30～250	0.4983
含 40%Ni 钢	30～250	0.5162
25%～30%Cr	13～200	0.627
0.1%～0.3%C	13～200	0.5852
钨钢	20	0.4389
不锈钢	0	0.5041
低合金钢	20～100	0.4598～0.4807

注：钢种中的百分数（%）为质量分数。

3）无功热损失计算：

$$Q_{损失}=Q_1+Q_2+Q_3+Q_4$$

式中　$Q_{损失}$——无功热损失（kJ/h）；

Q_1——通过隔热层辐射给水冷壁的热损失（kJ/h）；

Q_2——水冷电极传统的热损失（kJ/h）；

Q_3——热短路造成的热损失（kJ/h）；

Q_4——其他热损失（kJ/h）。

4）结构蓄热量的计算：结构蓄热消耗指设备从室温加热到工作温度，达到热平衡时结构件所吸收的热量。对于周期式设备，此项消耗是相当大的，对设备功率影响很大。结构蓄热是隔热层、炉床、炉壳内壁等热消耗之总和，即

$$Q_{蓄}=\frac{\sum GC_m\Delta t}{\tau}$$

式中　$Q_{蓄}$——结构蓄热量（kJ/h）；

G——结构件重量（kg）；

C_m——结构件材料的平均比热容［kJ/(kg·K)］；

Δt——结构件增加的温度（℃）；

τ——升温时间（h）。

5）设备功率的计算：用热平衡法计算设备的总功率，真空热处理炉是将电功率转变为热功率，二者应平衡，空载升温功率 $N_{空}$（kW）为

$$N_{空}=\frac{Q_{损失}+Q_{蓄}}{3595}$$

式中　3595——换算系数，3595kJ 换算对应 1kW。

炉子总功率 $N_{总}$（kW）为

$$N_{总}=K\frac{Q_{总}+Q_{损失}+Q_{蓄}}{3595}$$

式中　K——安全系数，考虑实际应用供电电压波动、加热元件电阻变化等情况，必须留有功率储备。对于周期作业的真空热处理炉，$K=1.2\sim1.3$。

6）加热体尺寸确定：

a）加热体在工作温度下的电阻为

$$R_t=\frac{U^2}{N\times10^3}$$

式中　R_t——工作温度时的热电阻（Ω）；

U——加热体的端电压（V）；

N——加热体的功率（kW）。

同时，

$$\begin{cases}R_t=\rho_t\dfrac{l}{q}\\ \rho_t=\rho_{20}(1+\alpha t)\\ q=\rho_t\dfrac{l}{R_t}\end{cases}$$

式中　ρ_t——加热体在工作温度时的电阻率（$\Omega\cdot mm^2/m$）；

l——加热体计算长度（m）；

q——加热体截面积（mm^2）；

ρ_{20}——20℃时的电阻率（$\Omega\cdot mm^2/m$）；

α——电阻温度系数；

t——温度（℃）。

b）表面负荷验算。验算表面负荷，$W\leqslant W_{允许}$（见表 11-13）。

$$W=\frac{10^3N}{F}$$

式中　W——加热功率表面负荷（W/cm^2）；

N——加热体功率（kW）；

F——加热体表面积（cm^2）。

表 11-13　常用电热元件的允许表面负荷 $W_{允许}$

电热元件	电热元件温度/℃				
	1000	1100	1200	1300	1400
	允许表面负荷 $W_{允许}$/(W/cm²)				
钼	30	25	25	20	15
钽	40	40	40	35	30
钨	40	40	40	35	30
石墨	40	40	40	35	30

有效加热区容积与加热功率的关系曲线如图 11-17 所示。

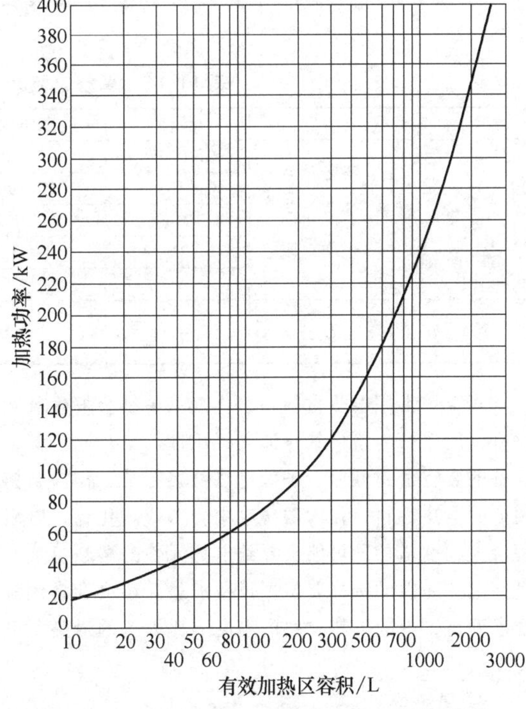

图 11-17　有效加热区容积与加热功率的关系曲线

2. 电热元件材料

与普通加热炉不同，真空炉内没有氧化气氛，并且炉内的脱气脱脂作用也有利于电热元件的长期稳定工作。电热元件材料应具备如下性能：

1）较高的电阻率。在电压一定的条件下，为了获得必需的功率，电热元件应具有较高的电阻率。电阻与材料的电阻率、长度和截面积有关，即

$$R=\rho\frac{L}{A}$$

式中　R——电热元件的电阻（Ω）；

ρ——材料的电阻率（$\Omega\cdot mm^2/m$）；

L——电热元件长度（m）；

A——电热元件的截面积（mm^2）。

由上式可见，R 和 A 一定时，L 随 ρ 的增加而减少。采用电阻率较大的材料，可使截面变大，长度变短，便于结构设计，同时节约材料。

2）较小的电阻温度系数。电热元件的电阻随着温度的变化而变化，其计算公式为

$$R_t=R_0(1+\alpha t)$$

式中　R_t——电热元件在工作温度时的电阻（Ω）；

R_0——电热元件在温度为 0℃时的电阻（Ω）；

α——电阻温度系数（$℃^{-1}$）；

t——电热元件温度（℃）。

3）足够的高温强度，使电热元件不容易断裂或损坏。

4）热膨胀系数要小，电热元件受热伸长后的长度由下式计算：

$$L_t=L_0(1+\beta t)$$

式中　L_t——电热元件在温度为 t 时的长度（m）；

L_0——电热元件在温度为 0℃时的长度（m）；

t——电热材料的温度（℃）；

β——材料的线膨胀系数（$℃^{-1}$）。

对于高温和容积较大的设备，特别是金属材质的电热元件，其受热后的伸长必须要加以重视，结构设计时要充分留有加热元件高温下伸长的余地，以及绝缘支撑件的相应结构，否则电热元件及绝缘支撑结构将会受到损坏。

5）化学稳定性好，在高温下不会与炉内气氛或保温材料发生化学反应。

6）易加工成形。

3. 常用加热材料及选择

真空热处理炉中的加热元件根据材料不同可分为金属加热元件和非金属加热元件两种。金属加热元件所用材料有镍铬合金、铁铬铝合金、铂、钼、钨和钽等；非金属加热元件所用材料有碳化硅、二氧化钼和石墨等。真空电阻炉内常用电热材料类型及特性见表 11-14。

表 11-14　真空电阻炉内常用电热材料类型及特性

类型		品种	最高使用温度/℃	特性
金属	镍铬合金	Cr20Ni80	1050	常用宽带状形式,电阻率高,电阻温度系数小,加工性好,无磁性
		Cr15Ni60	900	
	难熔金属	Mo	1700	多选用宽带状、丝状等形式,使用温度高,易氧化,电阻率低,电阻温度系数大,加工性能稍差,价格昂贵
		Ta	2200	
		W	2500	
非金属	石墨	C	>2500	多选用石墨棒、石墨管、石墨板等形式,使用温度高,电阻率低,易氧化

真空炉常用电热材料在氧化气氛中都会发生氧化反应，所以炉内严格禁止通入氧化性气氛，同时保证设备的真空密封性能，确保电热材料正常工作。金属制成的电热材料，在渗碳气氛中会形成碳化物，电阻率会大幅度增加，可能会导致电热元件的熔断。

电热元件的选择要根据设备的最高温度和常用温度来确定，一般电热材料的温度应比设备的最高温度高 100~200℃。

4. 隔热屏

炉胆的隔热屏是真空热处理炉加热室的核心部件，它起隔热、保温及减少热损失作用，也是常作为固定加热器的结构基础。隔热屏的结构形式和材料对设备的性能和加热功率有很大的影响，它除了应满足炉子的耐火度、绝热、抗热冲击和耐蚀性等要求，还应有良好的热透性，能够尽快脱气。

隔热屏基本上分为金属隔热屏和非金属隔热屏，结构多为圆筒形或方形。

（1）金属隔热屏　金属隔热屏（见图 11-18）由数层金属片、支撑杆等组成，通常根据真空炉最高温度的要求，选择不锈钢、钼或钨等材料制成。当真空炉的最高温度低于 900℃时，可以选用多层不锈钢炉胆，高于 900℃的则要选择钼、钨等材料。通常靠近电热元件的几层选用耐高温金属片，远离电热元件的几层可以选用耐热性稍差的材料，如钼+不锈钢，钨+钼+不锈钢等。

多层隔热屏的热损失计算公式为

$$Q_n=\frac{1}{n+1}Q$$

式中 Q_n——安装 n 层隔热屏后的热量（kW）；

n——隔热屏层数；

Q——加热室热量（炉子功率换算为热量）（kW）。

图 11-18 金属隔热屏

金属隔热屏的设计要点：

1）隔热屏层数的确定。由 11-15 表可见，层数越多，热损失越小。但层数越多，隔热屏结构越复杂，材料消耗越多，成本越高。同时，炉内表面积越大，不利于抽真空。通常第 1 层隔热效果为 50%，第 2 层就下降到 17%，第 3 层约为 8%。因此，隔热屏层数过多，隔热效果并不明显，一般以 4~6 层为宜。

2）材料的选择。随着层数的增加，远离电热元件的隔热屏的实际温度变低。因此，通常靠近电热元件的 1~3 层选用耐高温材料，保证在工作温度下隔热屏的耐热性能，远离电热元件的几层可选用耐热性稍差的材料。对最高温度为 1300℃ 的设备，靠近发热元件的两层选用钼片，其余可选用不锈钢材料。

3）隔热屏的厚度。为减少高温变形，隔热屏的厚度不宜过大。一般选用 0.4~0.6mm 即可。

表 11-15 隔热屏层数与隔热效果及热效率的关系

隔热屏层数 n/层	0	1	2	3	4	5	6	7	8	9	10
各层隔热效果(%)	0	50	16.7	8.3	5	3.35	2.35	1.8	1.4	1.1	0.9
热效率(%)	0	50	66.7	75	80	83.35	85.7	87.5	88.9	90	90.9

4）隔热屏的间距。加大隔热屏的间距，对于提升隔热效果影响不大，反而会压缩炉内空间，耗材耗能。同时，应避免层与层之间因变形导致相互接触，一般选用 5~10mm 即可。隔热屏之间固定连接的接触面不宜过大，以免降低隔热效果。

5）隔热屏的高温变形。受热胀冷缩的影响，隔热屏和加热元件都应预留膨胀空间，否则高温时易变形或被拉断，导致隔热屏损坏。对于大规格的设备，隔热屏应由若干小屏拼接，同时相对于方形，圆形的隔热屏对于减少变形更有利。

（2）石墨隔热屏 石墨隔热屏（见图 11-19）由多层碳毡和陶瓷纤维毡组成，具有结构简单、成本低、保温性能好和使用寿命长等优点，结构常为方形或圆筒形。考虑碳毡的保温特性，最高温度为 1300℃时，保温层的厚度不小于 50mm 即可。真空炉用碳毡应在高于设备额定工作温度的条件下进行烧结，去除碳毡内的挥发性杂质，保持炉内气氛的洁净。在炉内有气流冲刷的情况下，可以选用表面光滑且具有一定硬度的固化硬碳毡等材料；在碳毡边缝处，可采用碳碳复合材料包边，防止隔热屏的碳毡纤维飞扬。

（3）夹层式隔热屏 夹层式隔热屏是在金属制的内外屏中填充耐火纤维。这种隔热屏结构简单，保温性能好，热损失小，适合高温长时间的工作。填充的陶瓷纤维应预烧结，否则会影响炉内真空度。夹层式隔热屏可采用金属片在隔热屏的端面进行包裹，以防止填充的纤维外溢。

图 11-19 石墨隔热屏

11.3 真空油淬炉和水淬炉

真空热处理几乎可实现全部热处理工艺，如淬火、退火、回火、渗碳和渗氮。在真空淬火工艺中可实现油淬、气淬和水淬等。

11.3.1 真空油淬炉

真空油淬炉是以真空淬火油为淬火冷却介质的真

空热处理设备，具有低成本、冷却速度快、处理材料范围广的特点，适用于低合金钢、合金工具钢、模具钢、不锈钢、轴承钢、弹簧钢和不锈钢等材料的真空光亮淬火。真空油淬炉常见的结构包括卧式、立式、三室和连续式等形式，如图11-20所示。立式和卧式双室油淬真空炉，加热室与冷却油槽之间设有真空闸门，可以避免工件油淬所产生的油蒸气污染加热室，影响电热元件、炉胆材料的使用寿命和绝缘件的绝缘性。三室半连续式和连续式真空炉生产率高，能耗较低，适应批量生产需求，但其结构比较复杂，造价也较高。

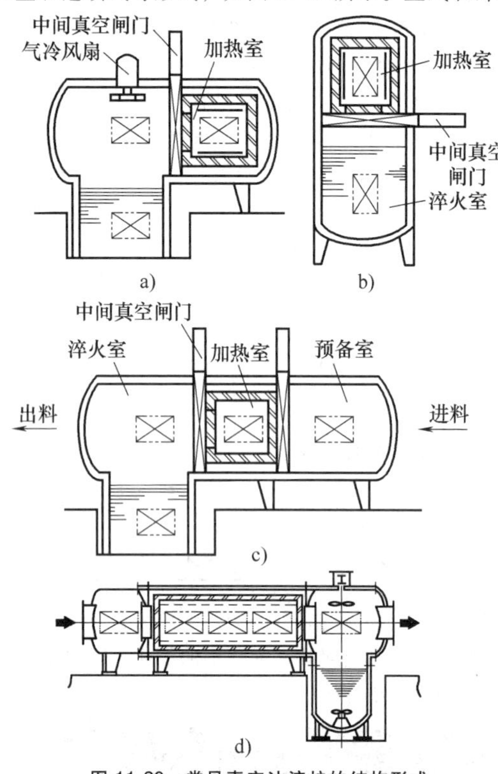

图11-20 常见真空油淬炉的结构形式
a）卧式双室 b）立式 c）三室 d）连续式

1. 卧式双室真空油淬炉

卧式双室真空油淬炉是目前使用最为广泛的真空淬火设备，根据配置不同，可以实现真空油淬、真空退火、真空烧结淬火及真空钎焊等多种功能。其主体为双层水冷结构，由炉体、炉胆、热闸阀、送取料机构、淬火机构，以及真空系统、充气系统、水冷系统、供电和控制系统等组成，如图11-21所示。

（1）炉体

1）卧式双室真空油淬炉的炉体由优质碳素钢板或不锈钢板焊接而成，采用双壁水冷或其他水冷式结构，由加热室炉体、冷却室炉体、中间闸板阀、前后炉门及炉体支架组成，炉体整体设计承载压力应不小于0.2MPa。

2）加热室炉体和冷却室炉体可采用整体式，也可以采用分体式，两室采用密封件密封及螺栓固定。分体式的优势是中间闸板阀阀框的密封面在焊接后可以进行二次加工，确保密封精度。

3）炉体上设有热电偶接口、真空规管座、炉温均匀性检测接口，以及气压保护安全阀、自动充气阀、微量充气阀、自动放气阀、气体压力显示和调节装置。

4）冷却室炉门应采用卡环式结构，采用气动或电动锁紧。

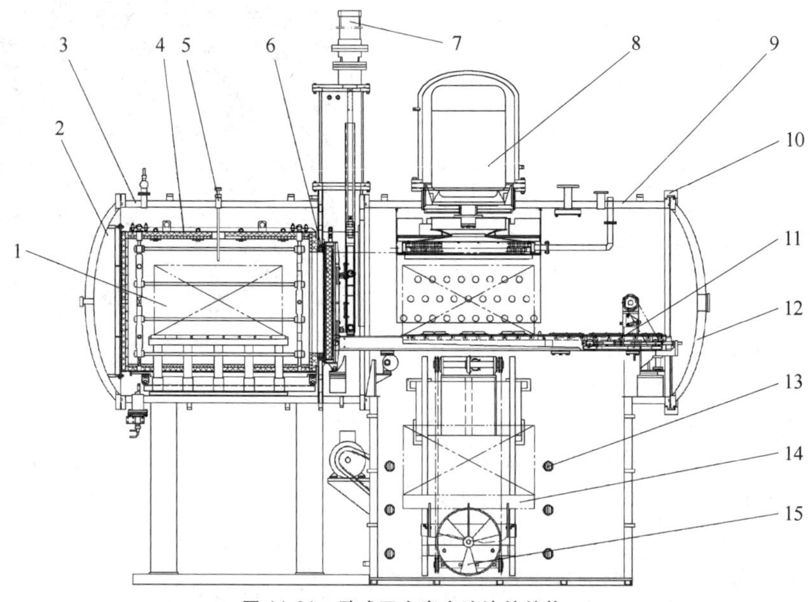

图11-21 卧式双室真空油淬炉结构
1—料筐 2—加热室炉门 3—加热室炉壳 4—炉胆 5—控温热电偶 6—热闸阀 7—热闸阀升降气缸 8—风冷装置 9—冷却室炉壳 10—炉门压紧环 11—进出料机构 12—冷却室炉门 13—油加热器 14—淬火机构 15—油搅拌器

5）加热室和冷却室之间采用垂直升降的闸板阀进行密封，一般采用电动或气动驱动。闸板阀由阀框、阀板、密封圈机构组成，为保证阀框的密封精度，应在焊接后进行二次加工。

（2）炉胆

1）炉胆是真空炉实现加热和保温的关键部件，由隔热屏、发热元件、电极、绝缘支撑件、料台等组成。真空油淬炉的炉胆可根据被处理材料的要求选择石墨结构或全金属结构。

2）料台及料台支撑要有足够的强度，在最高温度和最大负载条件下，应无明显变形。石墨料台上应安装三角形瓷件，防止料盘和石墨件直接接触而产生渗碳。

3）以加热变压器为核心，采用低电压、大电流方式向加热元件输送电能。

4）炉胆应采用整体式结构，可整体拉出炉外进行维护。

（3）送料和淬火机构（见图 11-22 和图 11-23）

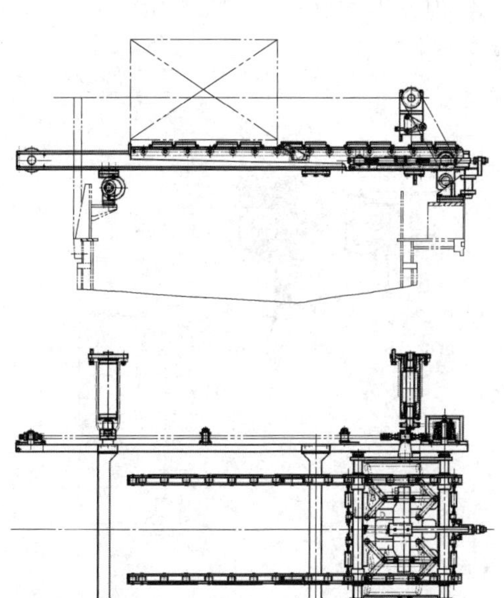

图 11-22　送料机构

1）送料机构和淬火机构配合可完成送料、取料、入油淬火三个动作。

2）送料机构可以完成升降、水平移动。装炉时，送料机构托举料筐高位进入加热室，降至低位，平稳地将料筐放在料台上，然后低位退出，进行加热。加热完成后，送料机构低位进入加热室，升至高位取料，并在高位水平退回冷却室。

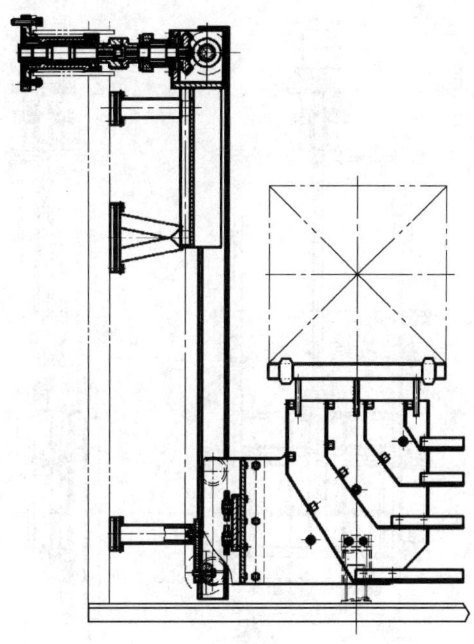

图 11-23　淬火机构

3）淬火机构负责完成工件入油淬火过程。常见的结构形式包括：①淬火机构和送料机构是一套机构，送料机构完成取料后直接入油；②淬火机构和送料机构是两套独立的机构，淬火机构完成工件的入油过程。

淬火机构分为上、中、下三个位置。取料时，淬火机构在中位等待，送料机构到位后，淬火机构升至高位托举料筐，此时送料机构可采用分叉方式或向后退出一个料筐的长度，淬火机构托举料筐降至低位入油。这种方式可有效减少送料机构上附着的淬火油，减少淬火后再次送料对加热室造成的污染。

4）送料机构和淬火机构均应有自动逻辑互锁系统，避免误操作，同时应保持工件转移过程的平稳，一般采用电动机调速的方式，起动和停止时应采用慢速，中间运行过程采用快速，保证淬火转移时间。

（4）中间闸板阀（见图 11-24）

1）中间闸板阀一般采用垂直升降式结构，由阀板、阀框、传动机构和密封圈等组成，位于真空淬火炉冷却室和加热室之间。中间闸板阀应有良好的隔热效果，同时要保证正反双向良好的密封。中间闸板阀不仅保证了产品的质量，还影响到加热室材料等重要构炉材料的使用寿命。

2）中间闸板阀阀体面向加热室一侧安装有与炉胆同材质的隔热屏，处于关闭状态时可确保加热室的保温性能。

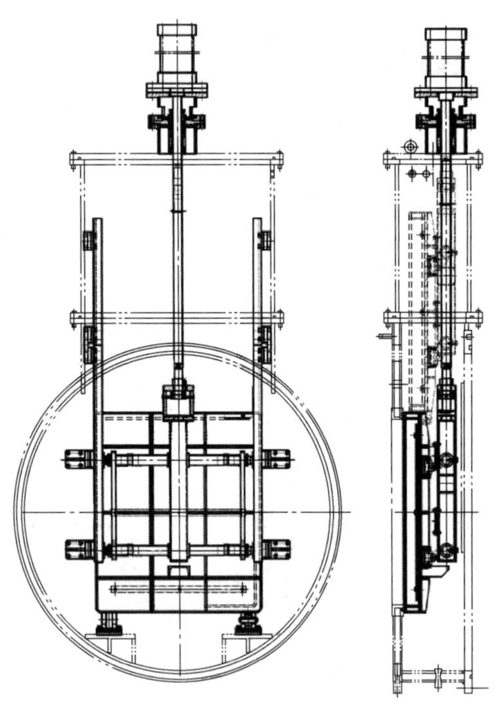
图 11-24　中间闸板阀

3）阀框在焊接去应力后应进行二次加工，以保证阀框密封面的精度和使用寿命，阀体为双层水冷结构。

4）阀板采用气动或机械传动的方式驱动，同时具有自动锁紧装置。常用四连杆机构，保证运行平稳、可靠，受力均匀，可避免长期受力不均导致的闸板变形。

（5）真空系统（见图 11-25）

1）卧式双室真空油淬炉多采用一套真空系统，抽真空管路分为两路，一路通加热室，另一路通冷却室，按照加热室的极限真空度、抽气速率的要求配置真空泵组。大型设备可配置两套真空机组，分别对加热室、冷却室单独抽真空。

2）真空系统应有逻辑互锁系统，保证真空泵按照炉内实际真空度顺序起动，避免误操作。当发生停电时，全部真空阀门都会瞬间自动关闭，保证炉内真空度。

3）如果炉内被处理工件有较强的挥发性，真空系统与炉体之间应设置捕集器，防止炉内挥发物质对设备的污染。

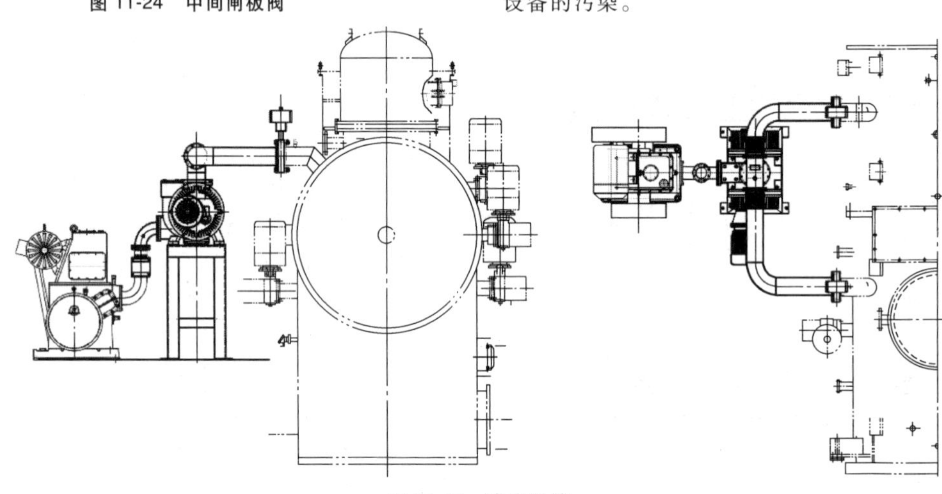
图 11-25　真空系统

4）机械泵的排气口应加装油烟净化装置。油烟净化装置内部的滤芯应定期更换。

（6）淬火油槽

1）淬火油槽位于冷却室下方，内装有真空淬火油，完成工件加热后的淬火过程。

2）淬火油槽内配备有油温控制仪表、热电偶、油加热器、油冷却器等组成油温控制系统，以提供最佳的淬火油温度和冷却速度。

3）油淬时，淬火油应保持流动。油槽内设有淬火油搅拌（油喷射）和导向机构。导向机构保证淬火油自下而上均匀通过冷却工件，保证淬火的均匀性，同时淬火油槽可以将循环过程中未经过工件的冷油和通过工件后的热油分隔开，配合导向机构，保证淬火油在炉内有序流动，而不发生乱流。

4）油搅拌机构一般由大功率离心式叶轮、炉外电动机等组成，由电动机驱动。油搅拌电动机采用变频器调速。

（7）充气和风冷系统（见图 11-26）

1）充气系统由充气阀和管路等组成。充气系统分为两路，一路通加热室，可以调节加热室分压；另一路通过大口径气动蝶阀进入冷却室，满足气冷或油淬过程的快速充气要求。

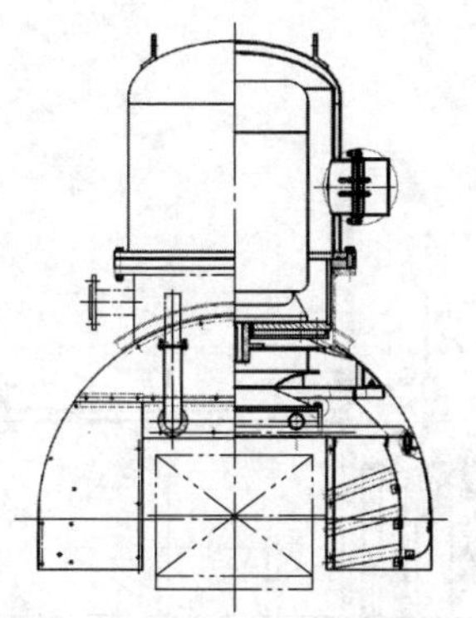
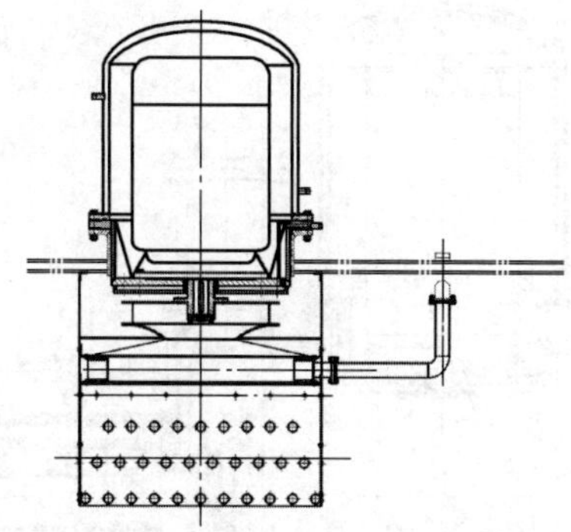

图 11-26　充气和风冷系统

2）充气系统应设有压力显示和调节装置。为保证冷却室的充气速度，应准备外部高压气源，一般应配置高压储气罐。在加热分压或气冷时，充入的气体纯度不应低于 99.995%，油淬时的充气纯度不应低于 99.5%。

3）卧式双室真空油淬炉冷却室可以实现气冷功能。气冷系统位于冷却室的上方，由电动机、风机、换热器和导风装置等组成。电动机可采用变频器起动并控制转速，起动电流小，减少对电网的冲击，冷却速度可调。

4）当工件加热结束进行气冷时，先向炉内充入惰性气体。起动电动机，气流从风机高速压向两侧的导风管并喷向工件，从工件出来的热气流通过冷却室上方回到换热器进行冷却，通过换热器冷却后的气体又被风机压向喷气嘴和工件，形成循环回路。

5）根据冷却工艺不同，气冷压力可以在 0.08～0.19MPa 范围内任意选择。

（8）电控系统

1）以智能化控温仪表、可编程控制器、加热变压器、真空计及记录仪为核心，构成包括供电、控制、记录、监视、报警保护功能在内的电控系统。

2）温度控制：

① 采用智能化控温仪表。控温精度为±0.1%，可存储多条工艺曲线，并具有比例-积分-微分（PID）参数自整定功能，同时设有独立的超温报警仪表。

② 设备温控。每个加热区主控偶为一支双芯 S 型热电偶，一芯用于控温，一芯用于记录和超温报警，同时设有温度校验偶插座。

③ 可选用纸质或电子记录仪表。用于记录控温温度、真空度等参数。

④ 设有炉温均匀性检测接口。采用专用测温组件及热电偶检测炉温均匀性。

3）动作控制：

① 动作控制采用可编程控制器。除了装、卸料，全部过程可自动控制，并备有手动操作系统。手动、自动方式可切换。

② 根据设备运行状态和安全互锁逻辑，控制系统会屏蔽或停止执行不允许的操作。

4）控制系统：

① 为使操作直观与方便，可采用触摸屏或工控机等控制方式。

② 控制系统能满足复杂的工艺所要求的各种工作方式，自动化程度高，并有故障自诊和监控功能。其原理简单明了，操作方便，具有一定电气水平的人员，均能胜任日常的维护和修理工作。

2. 卧式多室真空油淬炉

卧式多室真空油淬炉通常由加热室和多个不同用途的冷却室组合而成，常见的包括三室结构（见图 11-27）和连续式结构。三室结构一般中间为加热室，两侧分别为油淬室和预备室，该结构设备有助于提升设备的工作效率，适合批量化的生产模式。当然也可以根据真空热处理工艺的要求，选择最佳冷却方式的组合，两侧的真空室可以选择为油淬室、高压气淬室、水淬室或预备室。连续式结构采用贯通式的加热室，可以实现连续式的送料和淬火过程。

3. 立式真空油淬炉

立式真空油淬炉（见图 11-28）适用于长杆状、长筒状或圆环状工件的真空油淬热处理。相比于卧式结构，立式真空油淬炉结构复杂，主要应控制以下几点：

1）立式真空油淬炉油槽位于加热室的正下方，油蒸气极易对加热室造成污染，会影响工作真空度、炉胆隔热及绝缘材料的使用寿命，因此防止油蒸气对加热室的污染是至关重要的。

2）控制合理的转移时间，避免工件在转移过程中降温过大，影响淬火组织。

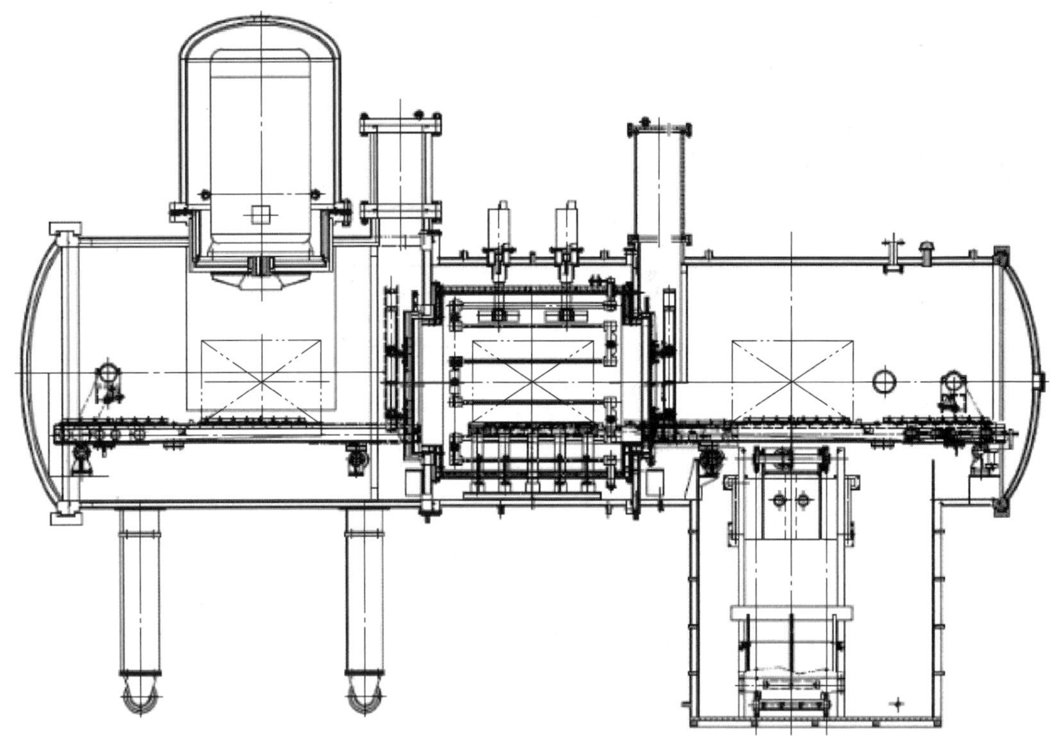

图 11-27　三室真空油淬、高压气淬炉

3）减少长杆、长筒形工件不同时入油的时间差，提高淬火冷却的均匀性，减少变形。

立式真空油淬炉多为双室结构，即加热室和淬火室，中间设有真空闸板阀密封装置，保证油蒸气的隔绝。加热室内设有立式炉胆及可移动的料台，淬火室内设有可垂直升降的转移机构，以完成装料及工件在加热室和淬火室之间的转移。转移机构应保证运行平稳，避免工件在转移过程中发生倾倒。

立式真空油淬炉多采用分体式结构，即加热室炉体和淬火室炉体可移动对接，并实现真空密封。可采用加热室固定、淬火室移动或加热室移动、淬火室固定的方式，从淬火室上方的炉口进行工件的装料和出料，加热室和淬火室移动对接时应有较高的重复定位精度；加热室和淬火室之间应保证密封的可靠性，可采用移动的炉体向固定的炉体移动压紧密封圈的方式，也可采用充气密封圈进行密封。

淬火室可以根据真空淬火油存储的位置不同，可设计为两种：一种是淬火室的底部是淬火油槽（见图 11-28a），为防止淬火油或油蒸气污染加热室，在油槽之上设有转移工位，工件装料时可以装在无油的转移工位，同时工件从加热室转移至淬火室后，在转移工位停留，等待加热室和淬火室的闸板阀完全关闭后再入油，这种设计油槽的高度比较高；另一种是设有外部储油罐（见图 11-28b），淬火室内无须设置转移工位，正常工作时淬火室内只有少量的淬火油，待工件从加热室转移至淬火室后，将储油罐的淬火油快速注入淬火室内，实现淬火，淬火完成后再抽回储油罐。淬火油可以采用搅拌、喷射等方式或不同方式的组合，提高淬火过程的均匀性。

4. 真空淬火油的选择

真空淬火油以矿物油为基础油，通过添加催冷剂、光亮剂及抗氧剂等多种复合添加剂精制而成。真空气氛下用的淬火冷却油馏程短、饱和蒸气压低、抗汽化能力强、冷却速度较快，具有良好的光亮性。

真空淬火油应具备的特性：

1）蒸气压低，蒸发量小，不污染真空热处理炉的炉膛，不影响真空操作效果。

2）具有高的光亮性和热安定性，长期使用后，淬火油中的残炭、残硫、氧气、水分、酸等很少，工件的表面质量较好。

3）高温冷却速度快，低温冷却速度适中，既能使工件获得高而均匀的表面硬度和足够的硬化层深度，也能较好地控制淬火变形。

国产真空淬火油参数见表 11-16。国产真空淬火油牌号通常分为 0 号、1 号和 2 号。1 号淬火油冷速较 2 号淬火油快，在我国应用的较广泛。0 号真空淬火油是国内最快的真空淬火油，适用于要求淬火硬度较高的较大工件的真空淬火，使用效果良好。

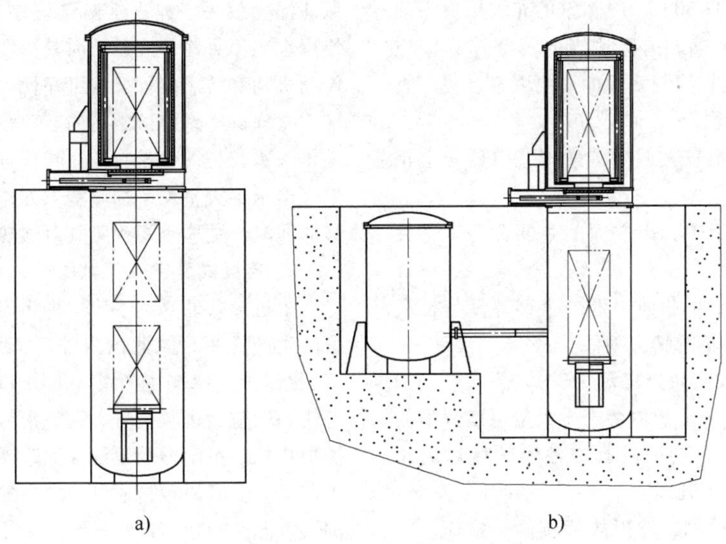

图 11-28　立式真空油淬炉

表 11-16　国产真空淬火油参数

参　　数	ZZ-0	ZZ-1	ZZ-2	检测方法
黏度(40℃)/(mm/s)	≤25	≤40	≤90	GB/T 265
闪点(开口)/℃	≥160	≥170	≥190	GB/T 3536
燃点/℃	≥180	≥190	≥210	GB/T 3536
水分	无	无	无	GB/T 260
饱和蒸气压(20℃)/kPa	$\leqslant 6.7\times10^{-6}$	$\leqslant 6.7\times10^{-6}$	$\leqslant 6.7\times10^{-6}$	SH/T 0293
热氧化安定性黏度比(%)	≤1.5	≤1.5	≤1.5	SH/T 0219
热氧化安定性残碳增加值(%)	≤1.5	≤1.5	≤1.5	SH/T 0219
特性温度/℃	≥600	≥600	≥600	SH/T 0220
时间(800~400℃)/s	4.5	5.5	7.5	SH/T 0220

5. 影响真空油淬的因素

(1) 工艺因素

1) 装炉方式。真空热处理畸变小是其一大优点，但工件摆放方式不同，其畸变量也不同。同时，工件的摆放方式对硬度均匀性也有很大的影响。由于真空热处理是以辐射方式加热的，摆放方式不好势必遮挡严重，加热效果受影响。装炉时工件不应堆放，工件之间应有适合的间隔或分层，并且工件应加以适当的固定，避免掉落。同炉处理工件尽量尺寸一致或相近，若大小不一，应选择大件在外、小件在内的装炉方式，尽可能保证各部位升温一致，减少畸变。对于细长杆，应有适当的夹具，能够悬挂放置的尽量悬挂，在高温时可减少畸变。

2) 真空加热工艺。合理设定升温速度、预热温度和时间、淬火温度及保温时间等。真空炉在低温阶段加热升温速度相对较慢，有利于缓慢释放加工应力，选择适宜的加热温度和升温速度，可减少工件心部和表面温差，有利于减少工件自身的热应力，更有利于减少变形。

3) 油淬时注意事项。油淬时要注意，转移速度尽量快，转移过程尽量平稳，同时要选择是否需要预冷，以及合适的油温、充气压力、油搅拌循环方向和速度等条件。油淬时应以工件小截面方向入油为宜。

(2) 设备因素　应对设备进行定期检测和维护，保证设备处于正常的工作状态，控温精度、炉温均匀性、压升率和转移时间等指标处于正常的数值范围内。

(3) 真空淬火油　真空淬火油初次或长期未使用时，应进行充分的脱气。脱气不彻底，会导致“突沸”现象，即当真空炉冷却室真空抽气，系统真空度高时，冷却室淬火油液面突然升高，出现类似“开锅”的情形。这主要是由于脱气不彻底，淬火油中空气或水汽等含量过高。对真空淬火油，应防止其他油品及杂质混入，特别注意不要混入水分，否则会造成油淬后工件的着色。提升淬火油的冷却性能，可以采用调整油温或淬火时通入一定压力氮气等方式，适当的油温一般为40~80℃，冷却室的充气压力一般在5×10^4Pa~1.0×10^5Pa。选择适当的真空淬火油也是保证材料处理性能和控制变形的重要因素，国产真空淬火油的选择经验如下：

① ZZ-0号适用于较大截面碳素钢、中低合金钢零件与模具淬火。

② ZZ-1号适用于中、小截面的中低合金钢零件与模具淬火。

③ ZZ-2号适用于小截面中低合金钢零件与模具淬火，用于要求变形小的精密零件。

6. 真空油淬炉安全生产提示

在真空油淬过程中，炉内会产生大量温度较高的油烟气体，处理不当，会引发真空油淬炉爆炸的风险。油淬时应注意以下几点：

1）设备应定期检测，发现故障应停炉检修。特别是密封圈出现损伤，应立即更换并检测设备的气密性能。

2）工件入油后至油淬结束开炉门取料前，人员不要在炉门前方停留。

3）油淬过程需要充气时，不得充入空气，可充入氮气或氩气等气体。

4）油淬结束后，要首先进行真空排气，排净炉内油烟气体后再放气平衡压力开炉门，切忌直接放气或强行打开炉门。

5）油淬时，一旦发现淬火室炉门有气体逸出，应立即远离。

11.3.2 真空水淬炉

真空水淬炉是以水为淬火冷却介质的真空热处理设备，适用于钛合金、不锈钢和铍青铜等材料的固溶处理，以及碳素钢、低合金钢等材料的真空淬火，包括卧式、立式和连续式等多种结构形式。对真空水淬炉，主要应注意以下几点：

1）防护水蒸气对加热室的污染。

2）许多水淬的材料对于转移时间要求苛刻，真空水淬炉的送料淬火机构要求动作速度快、定位准确、可靠性高。

3）淬火水温的控制和淬火水的快速搅拌。

1. 真空水淬炉结构

卧式真空水淬炉一般采用卧式双室结构，包括加热室和淬火室，双室之间采用中间闸板阀密封。真空水淬炉一般采用两套真空系统，一套常规真空系统对加热室抽真空，另一套采用水环泵对水淬室抽真空。真空水淬炉淬火室内壁、机构和抽真空管路等都应采用不锈钢等耐蚀材料。淬火冷却介质一般为纯水，为保证淬火效果，淬火水温建议在25℃以下，不建议使用水剂淬火冷却介质，因其挥发物容易影响炉内的传动机构和传感器探头的可靠性。

立式真空水淬炉常见的有两种结构，一种是料筐整体入水，另一种是料筐在转移过程中将工件投入水中。由于淬火室位于加热室下方，因此在保证快速转移的同时，更应重视水蒸气对加热室污染的防护。

2. 连续式真空（气氛保护）水淬生产线

单机形式的真空水淬炉采用周期式，限制了大批量的生产应用，因此国内外厂商研发了连续式真空（气氛保护）水淬生产线（见图11-29）。真空水淬生产线一般包括进料装置、真空密封的填料室、气氛保护加热炉、平筛振动系统、配置履带传送的真空密封水淬室等。其原理是通过炉膛内的均匀加热、氩气保护及恒温冷却水槽进行连续水淬热处理。这种结构的生产线非常适合钛合金、不锈钢紧固件等的水淬热处理，通过真空填料和气氛保护加热可以实现材料的无氧化加热；采用平筛振动传送工件至水淬室，可以实现单件入水，保证了入水转移速度，同时也保证了每个工件淬火性能的一致性。

图11-29 连续式真空（气氛保护）水淬生产线

11.4 真空低压渗碳炉

真空低压渗碳热处理是一项环境友好型新技术，在欧美等发达国家得到广泛应用，在国内的发展速度也很快。其节能、节材和环保等特点已经得到广泛的认可，是热处理新技术发展的主要方向之一。

1. 真空低压渗碳原理和特点

真空低压渗碳是一种新型的渗碳工艺，与传统的气体渗碳原理不同，真空低压渗碳过程无“氧”介入，碳的渗入不是靠“CO”传递，而是靠渗碳气体在真空加热过程中直接裂解实现的，同时渗碳气体压力远远低于大气压，典型的压力范围是150~3000Pa。真空低压渗碳采用的渗碳气体主要是乙炔（C_2H_2）、丙烷（C_3H_8）或甲烷（CH_4）。甲烷一般需要在1000℃以上的高温条件下才能分解，并会产生大量的炭黑，所以很少使用；早期的真空低压渗碳工艺也使用丙烷，但因丙烷的渗碳性能不如乙炔，所以目前主流技术大都采用乙炔作为原料气。渗碳气体在真空炉内的分解反应式见表 11-17。

表 11-17　渗碳气体在真空炉内的分解反应式

渗碳气体	反应式
丙烷（C_3H_8）	$C_3H_8 \rightarrow C+2CH_4$ $C_3H_8 \rightarrow C_2H_4+CH_4 \rightarrow C+2CH_4$ $C_3H_8 \rightarrow C_2H_2+H_2+CH_4 \rightarrow 2C+CH_4+2H_2$
乙炔（C_2H_2）	$C_2H_2 \rightarrow 2C+H_2$

真空低压渗碳时，渗碳气体被引入真空渗碳室，裂解产生了活性碳原子，它们自由地渗入钢的表面，而氢和剩余的碳氢化合物的副产品被真空泵排出了系统。在真空加热过程中，钢的表面保持洁净，没有气体的相互反应，碳能更快地到达钢的表面。在低压真空渗碳中，渗碳气体的裂解是非平衡反应，意味着钢表面很快能达到奥氏体中碳的饱和水平。通过脉冲式改变炉内压力，重复多个强渗和扩散步骤，能够获得希望得到的碳分布和渗层深度。

真空低压渗碳具有环境友好、可实现高温渗碳、提高渗碳速度、避免晶界氧化层、渗层易控、可对形状复杂（深孔、盲孔）零件渗碳等优点。真空低压渗碳技术的先进性具体如下所述。

（1）彻底解决晶界氧化层难题　近年来，由于对材料内氧化机理的研究，人们认识到内氧化是影响渗碳件性能和寿命的一个重要因素。金属件在渗碳过程中，氧原子扩散到基体内部，与某些易氧化的合金元素形成氧化物，使金属表面附近基体组织中的合金元素（如 Mn、Cr 等）贫化，工件的淬透性、硬度和疲劳强度降低，导致其表面出现早期失效，使用寿命缩短。晶界氧化层已成为高水平渗碳质量检验的一项内容。气氛渗碳和真空高温低压渗碳后工件表面的晶界氧化层对比如图 11-30 所示。

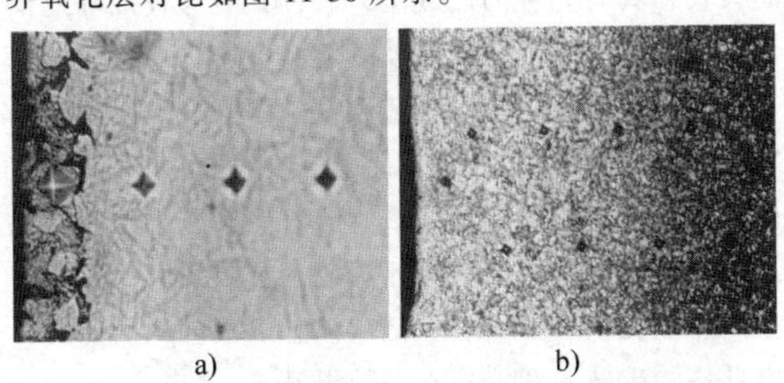

图 11-30　气氛渗碳和真空高温低压渗碳后工件表面的晶界氧化层对比
a）有晶界氧化层　b）无晶界氧化层

真空高温低压渗碳由于渗碳机理不同，渗碳过程无“氧”介入，碳的渗入不是靠“CO”传递，而是靠乙炔气直接裂解实现的（$C_2H_2 \rightarrow 2C+H_2$），确保了工件渗碳后金属表层性能的均匀一致。同时，在真空条件下，氧的分压非常低，所以真空渗碳可以说是从根本上杜绝了晶界氧化的出现，因此渗碳件表面不会产生内氧化或黑色组织，有助于提升渗碳件的疲劳强度。

（2）渗层均匀、渗碳速度快　真空低压渗碳时，真空加热有利于金属表面净化，金属表面没有阻碍渗碳的钝化膜，裂解后的活性碳原子容易被金属表面吸附、渗入并扩散，为此渗碳速度加快；没有表面氧化的阻碍，使渗层更均匀，可以获得更好的显微组织。

真空渗碳可以实现 950℃ 以上的高温渗碳，可以大幅度提升渗碳速度。如图 11-31 所示，在真空炉中获得深度为 1.25mm 的渗碳层，930℃ 渗碳需要 5h，而 1040℃ 渗碳只需 2h。

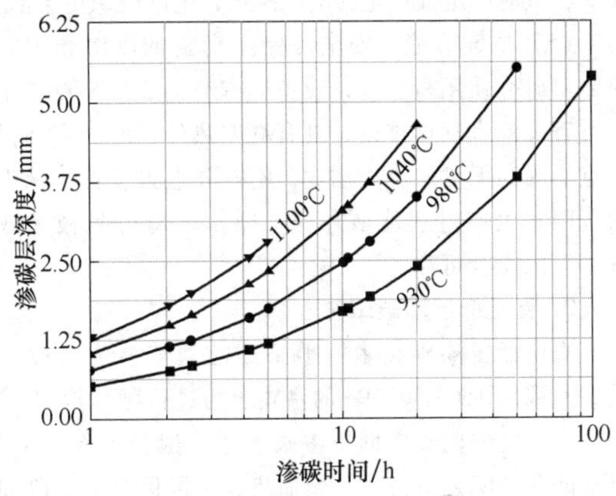

图 11-31　渗碳温度和渗碳速度关系

（3）盲孔渗碳能力强　采用乙炔作为真空高温低压渗碳气具有很强的盲孔内表面渗碳能力，有效解决了其他渗碳方式和渗碳气体对盲孔渗碳能力差的弱点。

图 11-32 和图 11-33 所示试验结果表明，乙炔（C_2H_2）的渗透能力非常强，在 90mm 细孔范围内可以得到均匀的渗层，而乙烯（C_2H_4）和丙烷（C_3H_8）均在孔口起始很短的一段距离内开始渗碳，因此在 27~90mm 范围内几乎不能获得渗碳层。

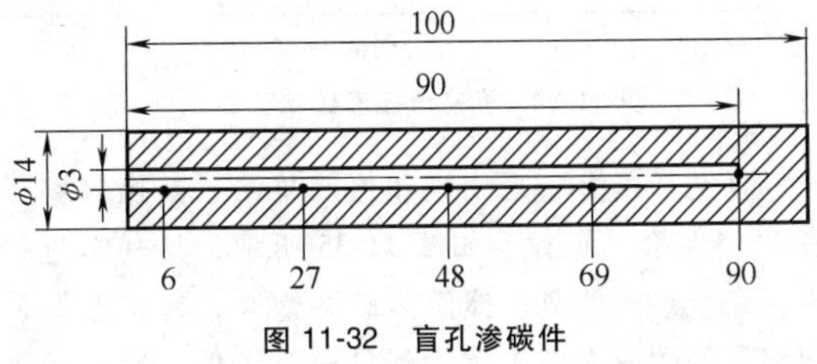

图 11-32　盲孔渗碳件

（4）起动快，工作模式灵活　真空低压渗碳设备

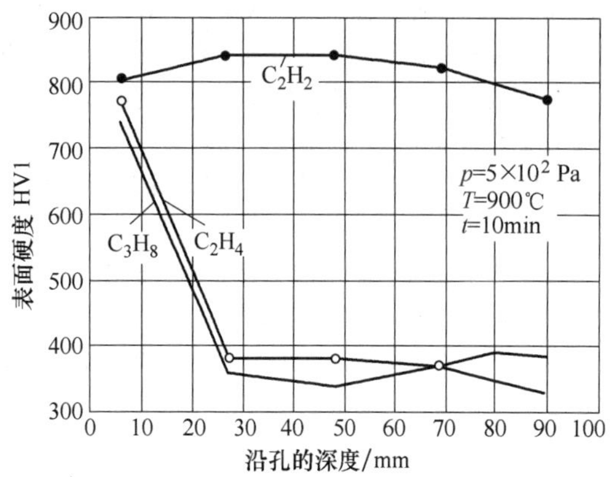

图 11-33　盲孔内表面硬度分布曲线

只需抽真空即可加热渗碳，起动速度快。真空渗碳设备不仅可以满足多品种、小批量的多工艺并行的生产模式，也能满足批量化的生产模式，生产组织更灵活。

(5) 节气节能、安全环保　真空低压渗碳工艺所需渗碳介质用量极少，设备具有节能节气特点。生产过程无温室气体排放，具有真空热处理的所有环保优点。因为无可燃废气排放，不需要点火装置，无失火危险。生产过程清洁环保，操作环境得到极大改善，更加安全可靠。

2. 真空低压渗碳工艺

真空低压渗碳技术一般采用乙炔气体为渗碳介质，并采用 150~3000Pa 的渗碳压力进行脉冲渗碳。

一个完整的真空低压渗碳工艺一般包括图 11-34 所示的几个工艺阶段：一段加热、一段保温、二段加热、二段保温、渗碳（强渗+扩散反复多次脉冲过程）、淬火。

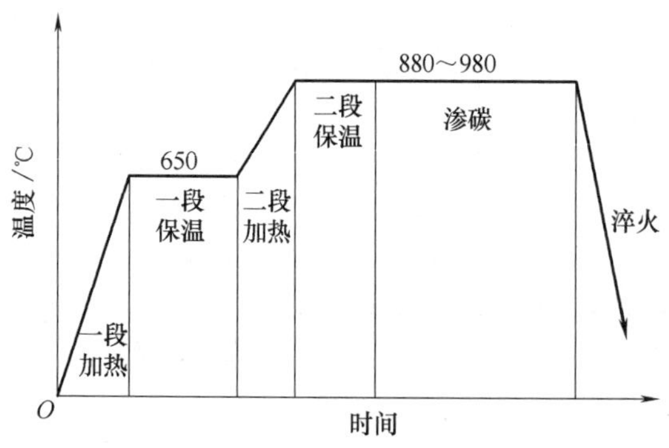

图 11-34　真空低压渗碳工艺曲线

真空低压渗碳采用饱和值调整法，其控制路径遵循 Fick 第二定律。如图 11-35 所示，其基本过程为：在强渗期使奥氏体固溶碳并饱和，在扩散期使固溶了的碳向内部扩散达到目标要求值，通过调整渗碳与扩散时间比，达到控制表面碳含量和渗层深度的目的。在饱和值调整法中，为了保证工件表面的碳含量始终比饱和值低，将渗碳过程细分为多个小的渗碳期和扩散期（即脉冲渗碳），从而避免了传统的一段式或两段式渗碳导致的表面碳化物级别过高的问题。

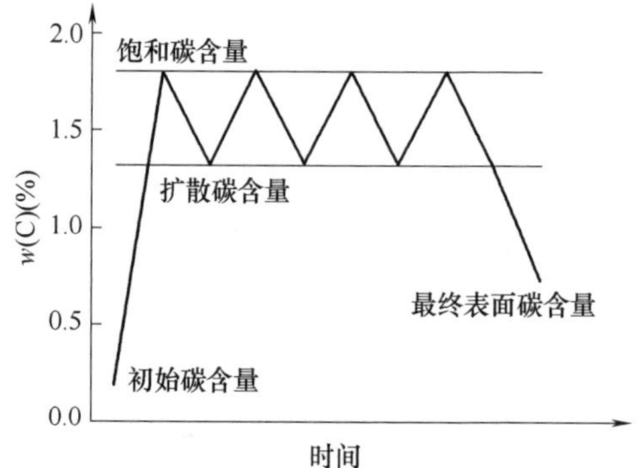

图 11-35　真空低压渗碳/扩散脉冲过程

影响真空低压渗碳工艺的因素很多，大致可以分成四大类：

1）渗碳材料固有参数。材料初始碳含量、饱和碳含量、扩散系数、富化率和合金元素等。

2）设备的特性参数。设备的容积、气体流量、抽真空时间和充气时间等。

3）渗碳要求的参数。装炉重量、表面积、渗层深度和最终表面碳含量等。

4）渗碳过程中需要控制的参数。渗碳压力、渗碳时间、扩散时间和渗碳温度等。

一般是采用试验的方法确定工艺参数，但由于影响真空低压渗碳的因素很多，这极大地限制了真空低压渗碳技术的应用。当前，各设备厂商都十分重视发展具有自主知识产权的工艺及控制软件，欧美发达国家的真空热处理装备厂商对真空低压渗碳工艺研究时间较长，具有先进的渗碳工艺软件，能够较准确地预测渗层深度、表面碳含量及碳含量分布。

国产真空低压渗碳工艺软件是国家重点研发计划“轴齿类零件真空可控气氛清洁热处理技术”的研究内容之一，它的定位是一款能够直接服务于工业热处理生产的软件，可以通过计算或工艺数据库的方式为生产企业提供成熟的真空低压渗碳工艺，从而推动真空低压渗碳技术智能化水平的提升。

根据 Fick 第二定律，假设碳在奥氏体中的扩散系数与碳含量无关，得到一维线性二阶偏微分控制方程，见式（11-1）；求解方程时，外边界为第二类边界条件，见式（11-2）；内边界为第一类边界条件，见式（11-3）；初始条件见式（11-4）。

$$\frac{\partial C}{\partial t}=D\frac{\partial^2 C}{\partial x^2} \tag{11-1}$$

$$-D\left(\frac{\partial C}{\partial x}\right)_{x=0}=J \tag{11-2}$$

$$C_{x=m}=C_0 \tag{11-3}$$

$$C(x,0)=C_0 \tag{11-4}$$

式中　C——碳含量，是求解的未知量；

D——扩散系数，与温度、合金元素等因素有关；

J——扩散通量，本质与富化率相同，可通过试验测量得到，主要与温度有关；

C_0——初始碳含量，为已知量。

扩散系数是影响计算准确性的一个非常重要物理量，主要与温度、合金元素有关，通常需要试验测定。一般来说，温度越高，原子活动能力越强，扩散速度越快，扩散系数与温度呈指数关系。除了温度，合金元素（Mn、Cr、Si、Ni 等）也对碳原子在奥氏体中的扩散有很大影响，Cr 元素不利于碳扩散，Ni 元素有利于碳扩散，而 $w(\mathrm{Mo})\leqslant 0.4\%$时有利于碳扩散，$w(\mathrm{Mo})>0.4\%$时不利于碳扩散。

渗碳阶段的强渗和扩散时间取决于渗碳温度和材料特性，一般渗碳温度范围为 930~980℃，渗碳温度越高，渗碳速度越快，渗碳总时间越短。为了控制工件的表面碳含量并实现渗层深度的预测，强渗和扩散的时间序列需要借助算法得到。

真空低压渗碳软件依据饱和值调整法的工艺控制路径。计算时，首先输入计算相关的物理量：扩散系数、富化率、初始碳含量、饱和碳含量、扩散碳含量、最终表面碳含量、渗层深度，接着进入渗碳阶段，迭代求解 Fick 扩散第二定律，得到碳含量场，直至表面碳含量达到饱和碳含量，渗碳阶段终止；然后进入微扩散阶段，迭代求解 Fick 扩散第二定律，得到碳含量场，直至表面碳含量达到扩散碳含量，微扩散阶段终止；最后假设进入终扩散阶段，迭代求解 Fick 扩散第二定律，得到碳含量场，直至表面碳含量达到最终表面碳含量，终扩散阶段终止，同时判断渗层深度是否达到目标值。若未达到，以微扩散阶段终止的碳含量场进入新的渗碳阶段，迭代求解 Fick 扩散第二定律，如此循环；若已达到，计算终止。计算时，分别记录每个循环的渗碳时间、微扩散时间、终扩散时间和渗层深度，据此可得到给定渗层深度及表面碳含量指标的工件的渗碳-扩散时间。

通过该软件，操作者可以简单设定初始条件，如材料牌号、装炉表面积、渗碳温度、渗层深度和表面碳含量等参数，即可获得完整的工艺曲线。

1）工艺数据表显示材料、渗碳温度（℃）、总渗碳时间（s）、总扩散时间（s）、渗碳总时间（s），在表中显示每一步骤的渗碳时间、扩展时间、终扩散时间和渗层深度。

2）工艺曲线涵盖加热、保温、渗碳和淬火全工艺过程，其横坐标为时间（单位为 min），纵坐标为温度（单位为℃），如图 11-36 所示。

3）表面碳含量图展现了渗碳阶段工件表面碳含量的变化情况，横坐标为时间，纵坐标为表面碳含量，如图 11-37 所示。其中 $t=0$ 时，表面碳含量为基体碳含量；最高点为设定的饱和碳含量；图示虚线 1.15%为设定的扩散后碳含量；曲线末端是设定的最终表面碳含量。

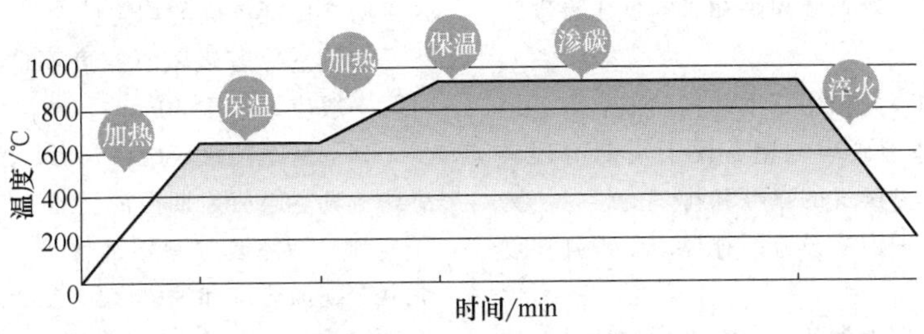

图 11-36　真空低压渗碳淬火工艺曲线

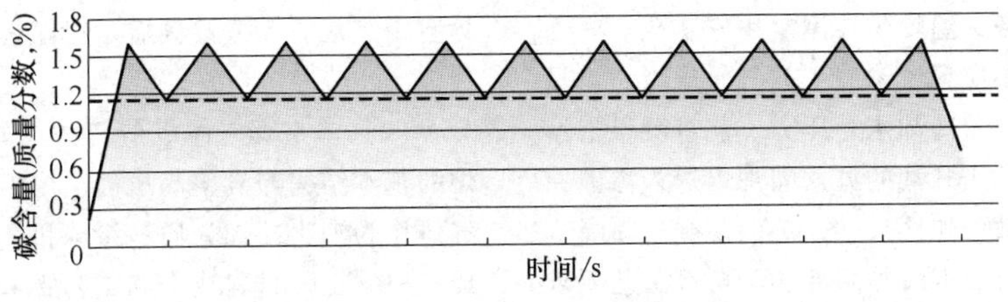

图 11-37　表面碳含量图

4）渗层深度图展现了渗碳阶段工件渗层深度（设定的有效硬化层表面碳含量的位置深度）的变化情况，其横坐标为时间，纵坐标为渗层深度，如图 11-38 所示。其中 $t=0$ 时，渗层深度为 0；在每一次强渗+微扩散结束后，渗层深度都逐渐增加；在最后一段终扩散时，渗层深度迅速增加。

5）碳浓度场图。碳浓度场图展示每一次渗碳、微扩散和假定进行终扩散后的工件表面的碳浓度梯度曲线，其横坐标为距表面的深度，纵坐标为碳浓度，如图 11-39 所示。在各个时刻，工件的表面碳浓度梯度曲线趋势均为自表面向心部递减，强渗后，工件的表面碳浓度梯度最大，表面碳饱和，渗层深度较浅；扩散后，工件的表面碳浓度梯度有所减小，表面碳浓度达到设定扩散值，渗层深度加深；终扩散后，工件的表面碳浓度梯度最小，表面碳浓度达到设定终值（满足工件表面硬度要求），渗层深度很快变深。每经一个循环，工件表面碳浓度分布越均匀，工件质量更好。

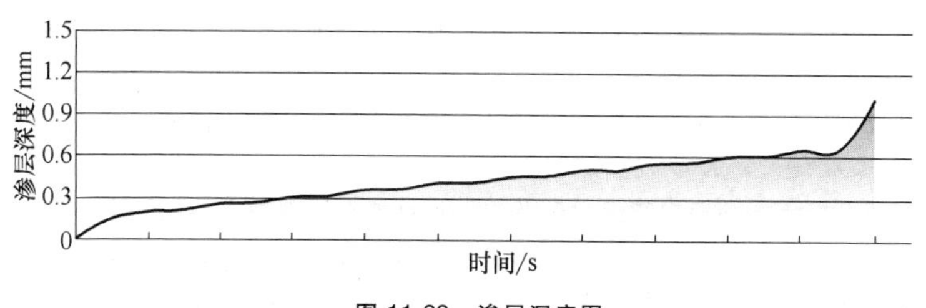

图 11-38　渗层深度图

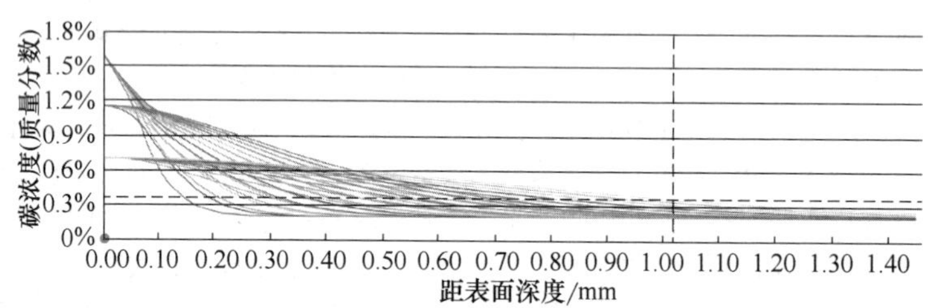

图 11-39　碳浓度场图

3. 真空低压渗碳炉的结构形式

真空低压渗碳炉根据淬火冷却方式的不同有多种结构形式，常见的有双室真空渗碳油淬炉、单室真空渗碳气淬炉、双室真空渗碳气淬炉和真空低压渗碳淬火生产线等。

真空低压渗碳炉一般采用石墨结构的隔热屏，最内层复合固化硬碳毡等硬质内壁，便于定期清理炭黑。隔热屏上设置有渗碳气的喷嘴和排气的接口。为保证渗碳的均匀性，炉内应设置搅拌风扇，搅拌速度应可调。

真空低压渗碳炉有效加热区内温度均匀性偏差应不大于±5℃，炉温均匀性应按 GB/T 9452—2012 规定测量，炉子应配备炉温均匀性测量用安装孔。

真空低压渗碳炉应配置渗碳工艺气氛压力、流量测量指示和控制，以及冷却水管压力、流量测量指示和控制系统。采用低压脉冲的方式向炉内送入渗碳原料气。根据炉子有效工作区尺寸，炉内渗碳气喷嘴应有一组或多组，并可根据装炉条件和渗层等工艺要求的不同，开启一组或多组。每组喷嘴配备有各自独立的送气系统，应能独立精确控制渗碳气送气的流量和压力，确保炉内气氛均匀。对于密集装炉的情况，渗碳气喷嘴的设计应满足有效工作区心部渗碳气氛的有效供给，保证渗碳的均匀性。

加热室冷态极限真空度不低于 6×10^{-1}Pa，抽气时间一般应不大于 30min。

真空泵组前级应配备炭黑、焦油过滤装置并定期清理，真空泵应定期换油、维护保养。

（1）双室真空渗碳油淬炉　双室真空渗碳油淬炉由渗碳加热室和油淬室组成，中间装有真空密封的隔热门。工件由油淬室炉门装入，由油淬室中的送料机构送入渗碳加热室，整个加热及渗碳过程在渗碳加热室内完成。完成渗碳后，工件被回拉至淬火室进行油淬。

（2）单室真空渗碳气淬炉　单室真空渗碳气淬炉的基本结构与真空高压气淬炉相同，采用高压惰性气体作为淬火冷却介质，渗碳和气淬都在加热室内完成。根据工件材料成本和工艺要求，一般气淬压力为 0.6~1.5MPa。高压气淬可以采用外循环或内循环方式。

(3) 双室真空渗碳气淬炉　由于单室气淬炉的渗碳和淬火都在高温加热室内完成，气淬时，除了工件，高温的渗碳室也会同时被冷却，从而大幅度降低了工件的冷却速度。为了进一步提高淬火冷却速度，以便应用于那些淬透性较低的渗碳钢材料，可以将真空低压渗碳气淬炉设计成双室结构。卧式双室真空渗碳气淬炉通常分为两个炉体，分别为加热室和快冷室，如图 11-40 所示。

与单室炉一样，双室真空渗碳气淬炉采用高压惰性气体作为淬火冷却介质，但气淬过程不在渗碳室内完成，而是在单独的冷却室内完成。由于气淬室不再需要加热和保温功能，使其具有更多空间改善冷却功能，因此对于相同的高压气淬压力，双室炉的冷却速度比单室炉要快得多，同时淬火室的压力也可以进一步提高（可达 2MPa）。

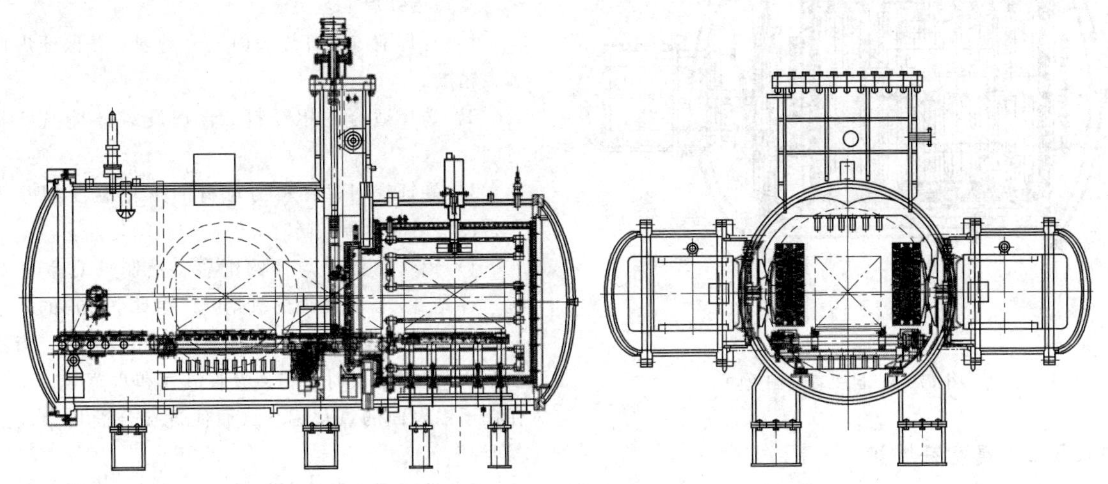

图 11-40　双室真空渗碳气淬炉

11.5　真空回火炉、钎焊炉及烧结炉

11.5.1　真空回火炉

真空回火工艺可以将真空淬火的优点（产品不氧化、不脱碳、表面光亮等）进一步保持下来，如果中高温回火不采用真空回火，将失去真空淬火的许多优越性。现在，对于高合金钢等的真空高温回火已经成为回火工艺的首选。

1. 真空回火的光亮性

金属在一定温度下加热，与气氛中的氧发生反应，可以生成氧化物。当金属氧化物加热时，在特定条件下，也会分解成金属，并放出氧气。其化学反应式如下：

$$MeO_2 = Me + O_2$$

反应的方向与金属性质、加热温度及气氛中的氧分压有关。当气氛中的氧分压大于金属氧化物的平衡分解压时，反应由右向左进行，即氧化反应。反之，则由左向右进行，为还原反应。钢中常见元素的平衡分解压随着温度的升高而增大，真空回火一般的温度为 300~700℃，较淬火所在的高温区间更容易形成氧化，导致表面着色。

为实现真空回火的光亮性，应注意以下几点：

1) 保证设备的压升率足够低。

2) 尽可能采用较高的真空度。一般而言，真空回火炉的极限真空度都达到 10^{-3}Pa 级别。

3) 在真空油淬后，应充分洗净工件表面的油脂，并充分干燥。

4) 真空炉内应保持干燥，平时应减少开炉门的时间，并应抽真空放置。

5) 真空回火炉隔热屏应尽量采用吸气能力较弱的金属材质。

2. 真空回火的加热

真空回火的加热温度一般为 300~700℃，较低的炉温导致辐射传热的效率偏低，会出现工件加热缓慢、均热时间过长等问题。所以，真空回火炉应具备载气加热功能，向炉内通入高纯的保护气体，并采用风机搅拌，实现对流加热，增加热传递能力。

3. 真空回火炉基本结构

真空回火炉一般为单室结构。卧式真空回火炉如图 11-41 所示，该回火炉采用机械泵、罗茨泵和扩散泵三级高真空系统。隔热屏为多层不锈钢片制成，炉内设有对流加热搅拌风机，并设有快速冷却风冷系统。

根据材料回火的技术要求，以及避免回火脆性的要求，真空回火炉也可以选择高压气冷、油冷等形式的设备。

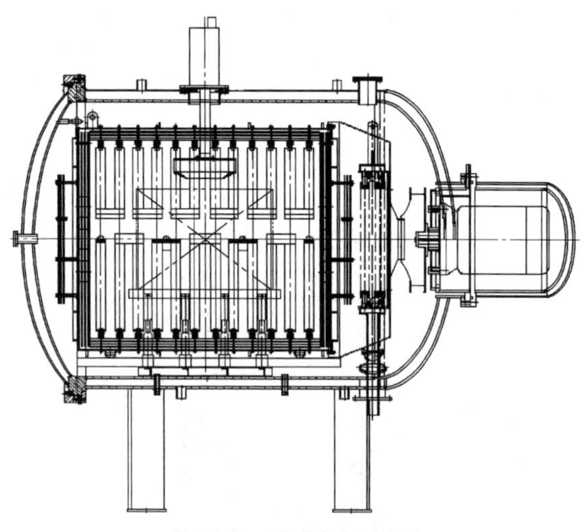

图 11-41 卧式真空回火炉

11.5.2 真空钎焊炉

真空铝钎焊是一种在真空加热状态下，用熔点比基体金属低的钎料填充基体金属间隙而形成牢固结合的焊接方法，填充基体金属微小间隙的过程是靠毛细管吸力完成的。随着航空航天、汽车工业、电子工业等行业的迅速发展，真空钎焊也得到长足的发展。真空钎焊具有以下优点：

1）真空钎焊不会熔化接头的基体材料，钎焊材料可以选择适当的形状，有效减少应力集中，提高疲劳强度。

2）钎焊后的焊件变形小，容易保证焊件的尺寸精度。

3）在抽真空的过程中，毛细管接头路径可有效清除夹带的气体，从而更完全地润湿接头。

4）真空钎焊的过程是无污染的，可以获得更高质量的钎焊接头。

5）真空钎焊可以一次完成形状复杂的多条钎缝的钎焊，生产率高。

真空钎焊炉可分为真空铝钎焊炉、真空高温钎焊炉和真空扩散焊炉。

（1）真空铝钎焊炉 真空铝钎焊炉用于铝合金制件的真空钎焊。由于铝合金的熔点较低，与焊材的熔点接近，因此真空铝钎焊炉要求控温精确，并且炉温均匀性好，一般要求≤±3℃。同时，为保证钎焊效果，设备要有较高的真空度和较大的抽气速率，一般要求工作真空度在 10^{-3}Pa 级。为保证较高的炉温均匀性，常见的真空铝钎焊炉隔热屏一般为方形结构，并采用多区加热。根据设备的有效加热区大小，在隔热屏的六面均设有一区或多区发热体，通过分区加热控制技术保证温度场的均匀。在钎焊过程中，为避免挥发物对真空系统造成污染，应在扩散泵和炉体之间安装镁捕集器，保证真空系统的寿命和可靠性。

真空铝钎焊工艺要求：

1）钎焊前应对钎焊表面充分清理，并保证焊件装夹精度。

2）选择适合的铝钎料，合理设定钎焊温度和时间。

3）硬钎焊时，钎料与母材的熔化温度相差不大，设备不能超温，同时应保证炉温均匀性。

4）铝真空钎焊与镁的配合。铝制件真空钎焊时，首先要去除铝表面的氧化膜，铝真空钎焊的一个关键组成部分是使用镁作为填充合金和添加剂。当镁在570℃左右蒸发时，它会吸收氧气和水蒸气，减少存在于铝表面的氧化铝，从而促进接合面均匀加速“润湿”。

5）真空铝钎焊炉内部应洁净，同时真空系统应具备足够的抽空能力。

（2）真空高温钎焊炉 真空高温钎焊可以焊接同种金属，也可以焊接异种金属，如不锈钢和钛合金的钎焊。根据被焊接材料的要求，可选用铜基、镍基或银基等不同材质的焊材。一般而言，采用铜基钎料，真空钎焊炉多选用石墨隔热屏，中真空系统；采用镍基、银基钎料，真空钎焊炉多选用金属钼+不锈钢隔热屏，高真空系统。

（3）真空扩散焊炉 真空扩散焊炉主要由真空炉体、加热室、真空系统、油压系统、炉体支架及控制系统等组成，其结构如图 11-42 所示。

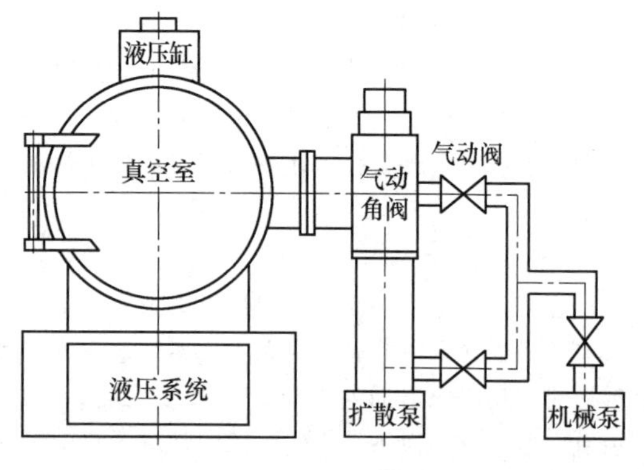

图 11-42 真空扩散焊炉结构

液压系统是真空扩散焊炉的关键，应对工件实施准确、持续稳定和均匀的压力。根据炉膛尺寸可以设置一个或多个压头，每个压头的压力均可独立调节，压头的材料可以选择石墨或金属材质。

11.5.3　真空烧结炉

由于烧结材料和工艺的不同，烧结工艺和装备的要求也不尽相同。

(1) 真空烧结淬火炉　真空烧结淬火炉的结构与真空油淬炉相近，可以完成硬质合金的真空烧结和烧结后直接淬火。

(2) 单室真空烧结炉　常规的单室真空烧结炉可用于烧结钕铁硼等材料。对于注射成型零件的烧结，需要采用真空脱蜡烧结炉，它可以完成中低温脱蜡和高温烧结两个工艺环节。真空脱蜡烧结炉有一套单独的脱蜡系统，由真空机组、排蜡管道和集蜡容器等组成，通过排蜡管道，蜡会以液态形式流入集蜡容器内并进行收集。

11.6　真空退火炉

将工件加热至适当温度，保持一定时间，然后缓慢冷却的热处理工艺称为退火。在退火过程中，有一段或多段是在低于大气压力的低压环境中进行的，称之为真空退火。能够产生低于大气压力的低压环境的退火炉，称之为真空退火炉。

有些工件进行退火热处理时需要防止氧化、脱碳、着色、元素挥发等不良作用。通常要防止这些不良作用，一般可以采取两种方式：一种是通入保护性气氛或惰性气氛；另一种是采用真空热处理的方式。尤其是在高温下，真空退火方式是有效防止氧化和脱碳的最佳手段。由于高温环境下，氮气、氩气和氦气等惰性气体也会与金属发生反应，并且这些惰性气体通常价格高且难以回收再利用，增加了生产成本。随着航空、航天工业的发展，一些高活性金属，如钛、锆、不锈钢等，也增加了真空退火炉的需求。

真空退火炉主要适用于需要低于大气压的少/无氧化环境下的退火处理，如等温退火、去应力退火、再结晶退火、球化退火和光亮退火等，也包含一些常规退火工艺设备不能应对的热处理工艺，如磁性处理、固溶处理和特殊用途合金处理（通常需要一段或多段控制冷却速度）等。一般具备以下工作条件的设备即可称之为真空退火炉：

1）炉内能够达到并维持低于大气压力的低压环境。

2）热处理保温过程中能够维持设备内环境为低压或保护气氛。

3）冷却需要在少/无氧化环境下进行，同时为了提高设备使用效率，炉内工件可以快速冷却。

11.6.1　真空退火炉的基本类型

真空退火炉的分类方式多样，在此仅按照行业内通常的分类方式做具体叙述。

按照加热器分布位置，可以分为内热式和外热式。在真空热处理设备领域，目前内热式真空设备发展较为迅速和完善，所以本节所介绍的真空退火炉以内热式真空退火炉为主。所谓外热式真空退火炉，即将加热器布置于真空退火炉的炉罐外部。

按照炉体结构形式，可以分为卧式炉、立式炉。其中，卧式炉由于易于与其他设备形成联动生产线，所以发展较多，立式炉在特殊产品的领域应用也是很广泛的。

按照炉体工作区数量，可以分为单室型、双室及多室型真空退火炉。当真空加热室与冷却室为同一个空间时，就是单室型真空退火炉；当被设计成双室或多个相互分隔的空间时，即为双室或多室型真空退火炉。

按照作业周期，可以分为周期式、半连续式，其中周期式多为单室炉，半连续式多为三室以上真空炉。由于不同真空度的真空室之间需要用隔热门和密封门区隔开，故真空炉无法实现连续式不停顿的生产。

按照工作温度，可以分为中低温式（850℃以下）、高温式（850~1300℃）和超高温式（1300℃以上）。通常，中低温式炉型应对去应力退火、软化退火等常规退火要求，而高温、超高温式炉型应对再结晶退火、完全退火、固溶、钎焊、烧结及难熔金属退火等高温复杂及特殊热处理工艺要求的工艺场景。

按照工作真空度，可以分为低真空式（1.33×10^{-1}~1333Pa）、高真空式（1.33×10^{-5}~1.33×10^{-2}Pa）和超高真空式（1.33×10^{-6}Pa以下）等。

按照加热器种类，可以分为石墨式、耐高温金属式等。

按照隔热层材料，可以分为石墨式、金属式、陶瓷式等。

11.6.2　卧式真空退火炉

表 11-18 列出了两种不同结构和性能的卧式真空退火炉的技术参数。

1. VKT 型卧式真空退火炉

VKT 型卧式真空退火炉如图 11-43 所示。

表 11-18　典型卧式真空退火炉的技术参数

炉型	有效加热区尺寸/mm	装载量/kg	最高温度/℃	炉温均匀性/℃	极限真空度/Pa	压升率/(Pa/h)	加热功率/kW
VKT	1000×1000×1200	2000	1300	≤±5	$5×10^4$	<0.5	300
NVPT	800×800×1300	800	850	≤±5	$7×10^{-3}$	<0.3	135

图 11-43　VKT 型卧式真空退火炉

VKT 型卧式真空退火炉主要用于合金钢、工具钢等的无氧化退火、回火，并可以用于真空钎焊处理，以及一些特种材料的退火、回火等。此炉型配备强制冷却系统和对流加热系统，能够显著提升生产率。该设备具有如下特点：

1）加热室内部结构及加热元件均为石墨材料。

2）配备了对流风扇，该设备在工艺周期的低温升温阶段可以采用传热效率更高的对流加热模式。

3）有三个区域独立控制加热功能，使设备的前中后三个区域实现不同输出功率，能够保证最大限度地实现满炉装料时的炉温均匀性。

4）配备了强制冷却系统，包含换热器和强制冷却风机，能够在炉内实现强制冷却，提高设备利用率和生产率。

2. NVPT 型卧式真空退火炉

NVPT 型卧式真空退火炉如图 11-44 所示。NVPT 型卧式真空退火炉能够实现负压加热和负压冷却，即可以保证整个退火工艺保持在负压下，从而更好地保证处理产品不被氧化。

图 11-44　NVPT 型卧式真空退火炉

1）加热器采用圆周配置、分区独立控温，可提高温度均匀性。

2）加热室采用陶瓷纤维保温材料并敷贴金属内面，其强度高，变形量小，寿命长，维修方便，同时容易得到洁净的加热环境。

3）采用对流加热方式提高低温加热效率，也可选择全真空加热，实现光亮热处理。

4）设计柔性化，易于并线生产。

3. 卧式真空退火炉常见的结构及特点归纳如下：

1）炉壳和真空泵系统。与其他真空炉一样，为真空炉提供密封的真空系统。

2）加热室。可以设计成方形、圆形或多边形。内热型真空炉的加热器布置在加热室内部，加热器可以采用棒形、板形等各种便于散热和加工的形式。

3）气体流通路线。炉内气体流通主要分两种情况：第一种是对流加热时的气体流通，在低温段使炉内升温更均匀、传热更高效；对流风扇通常安装在炉门位置，气流只在加热室内对流循环。第二种是快速冷却阶段的气体流通，典型的气体流通路线如图 11-45 所示：冷却风机起动，将炉内传热气体吸入位于加热室外的换热器区域，经过换热器冷却后的气体再通过相关挡板和盖板的开启关闭配合，实现冷却气体的向上或向下的对流冷却。

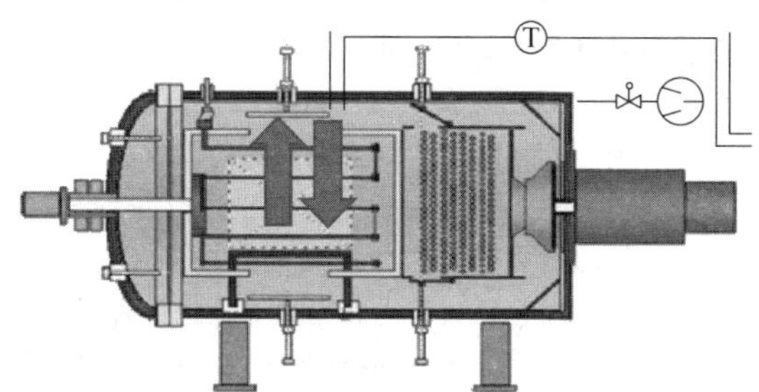

图 11-45　快速冷却阶段典型的气体流通路线

4）安全互锁系统。对于温度的测量和监控，必须要有测温热电偶和超温报警热电偶；对于国家规定的压力容器设备，需要安装压力检测及控制系统，也要安装安全泄压阀；对于电源及控制系统，需要有必要的过载保护；对于加热器和真空排气系统，要有必要的金属挥发物排除系统；对于冷却水回路，必须要有流量和压力感应；对于真空密封门，要有必要的锁定装置，避免人为强行打开的可能。

5）对于具体的产品，需要选配不同的真空系统和加热室材料。

11.6.3　立式真空退火炉

由于装料方式的改变，使立式炉可以实现大尺寸和大装载量产品，尤其是超长尺寸产品的真空热处理。立式真空退火炉一般根据装料方式分为两种，即底装料立式真空退火炉和顶装料立式真空退火炉，其技术参数见表 11-19。图 11-46 所示的 VPQR 型立式真空退火炉是底装料立式真空炉。

1. VPQR 型立式真空退火炉

VPQR 型立式真空退火炉的结构特点：圆柱形加热区，可进行气体冷却、回火、退火处理；模块化加热器和绝热层为石墨制，加热器安装固定在绝热层上；冷却气体圆周喷射；载料台采用旋转结构，可以在加热及冷却过程中使产品旋转，从而有效控制产品变形；底部装料采用悬挂式的四轴升降结构，稳定耐用；使用碳碳复合材料制作冷却喷管，提高耐受高温的能力；使用碳碳对流风扇，具备对流加热能力。

表 11-19　立式真空退火炉的技术参数

炉型	有效加热区尺寸/mm	装载量/kg	最高温度/℃	炉温均匀性/℃	极限真空度/Pa	压升率/(Pa/h)	加热功率/kW
VPQR	ϕ1400×1800	2000	1320	≤±5	7×10^{-3}	<0.5	450
VKL	ϕ800×3000	800	1300	≤±5	5×10^{-3}	<0.5	320

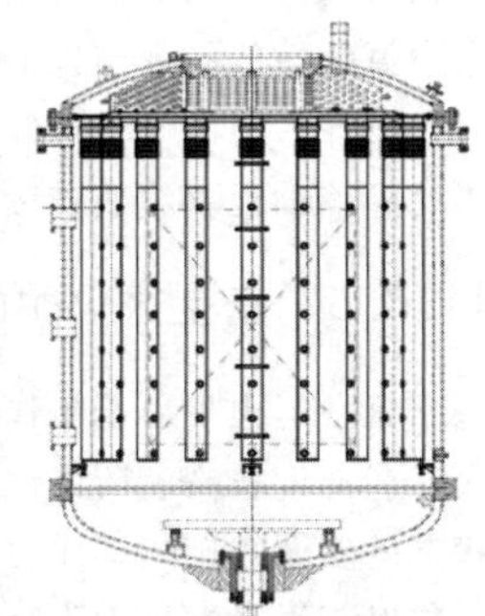

图 11-46　VPQR 型立式真空退火炉

为了提高热处理产品的加热及冷却均匀性，使用了特制的圆周冷却系统。由于使用了延长布置的加热器和非均匀布置的冷却喷口，所以能够明显降低大型环形模具的变形。

2. VKL 型立式真空退火炉（见图 11-47）

VKL 立式真空退火炉的结构特点：采用立式电阻加热设计，圆柱形热区，可进行气体淬火、回火、退火、时效等真空热处理；圆形石墨制加热区；换热器位于气体循环风扇和加热室之间；可以实现分压加热。

该炉型采用双对流风扇设计，在炉体的顶部和底部均安装对流风扇，在提升低温加热效率的同时还能提高冷却时的均匀性。

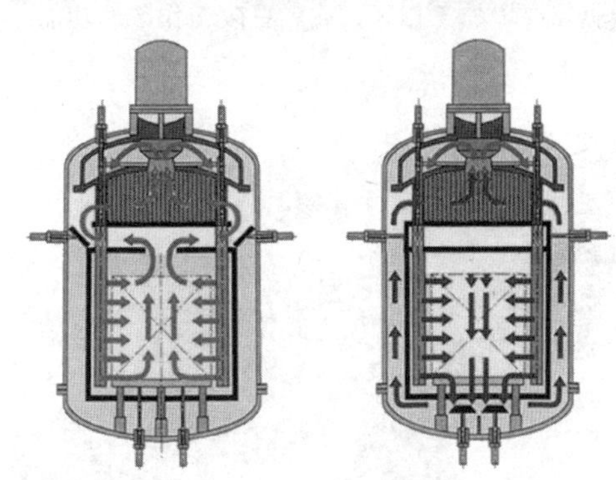

图 11-47　VKL 型立式真空退火炉及气流通道

11.6.4　双室及多室真空退火炉

当需要批量连续生产、多种加热或冷却方式混合使用时，就需要用到双室或多室型真空退火炉，如双室、三室、四室甚至四室以上的真空炉。多室炉相比单室炉有许多优点，如能够提高生产率，保持加热室真空，保证主加热室温度，缩短升温时间等。表 11-20 列出了典型多室真空退火炉的技术参数，图 11-48 所示为 PQ-2C 型双室真空退火炉。

表 11-20　多室真空退火炉的技术参数

炉型	有效加热区尺寸/mm	装载量/kg	最高温度/℃	炉温均匀性/℃	极限真空度/Pa	压升率/(Pa/h)	加热功率/kW
PQ-2C	600×600×900	600	1300	≤±5	7×10^{-3}	<0.3	180
GQ	900×1200×1800	2000	1300	≤±5	7×10^{-3}	<0.3	450

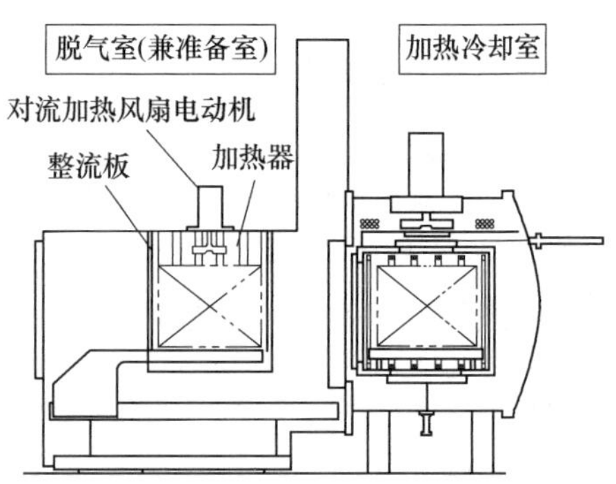

图 11-48　PQ-2C 型双室真空退火炉

1. 双室真空退火炉

双室真空退火炉的结构特点：冷却室对被处理产品冷却的同时，加热室能够继续保温，达到低能耗连续运转；冷却室可实现 0.28MPa 的加压冷却；模块化设计，能够搭配不同的冷却模块；冷却室具有加热功能，以便去除待处理产品上附着的水分及其他易挥发的污染物。

2. 多室真空退火炉

图 11-49 所示为 GQ 型多室真空退火炉。其工作区可以分为三室，即预备室、预热室和均温室，也可以根据需要增加工作区，或者更改工作区的功能。

图 11-49　GQ 型多室真空退火炉

该设备的高温型号不仅具备真空退火功能，还可以配备真空渗碳室和气冷室，成为多室半连续真空渗碳型炉。

GQ 型多室真空退火炉的结构特点：模块化设计，可选多种功能搭配使用；能够保证最终处理工作室中氧化性气氛处于极低水平，实现光亮热处理；嵌入式设计，使该设备可以和其他机械加工设备或其他热处理辅助设备组成连续型生产线，提高生产率。

11.6.5　真空退火炉的安全操作与维护保养

真空退火炉由于工作状态处于负压，并且通常退火工艺温度较高，所以该炉型需要考虑至少两种操作状态的安全规则，即压力和高温下的安全操作。

对于需要在压力下运行的设备，应考虑的是压力变化导致的危险和工作气体环境导致的危险，如压力过冲和气体窒息等。

1. 安全操作注意事项

首先，安全操作的出发点在于操作者，真空炉的操作人员必须在进行充分的安全培训之后才能上岗操作；其次，需要认识并注意识别炉体上的各种类型的警示、警告和危险标志。

真空设备可以预见的主要危险点和安全操作对策有以下几方面。

1）使用氮气及氩气时，由于缺氧而给人带来的伤害：需要人员进入炉内前将门打开至少 30min，并运转换气风扇和保证车间的通风，以便炉内原来密闭空间的气氛充分置换。当使用氩气等比空气密度大的气体时，容易在炉体下部集聚残留气体，所以仅仅将门打开并不能完全换气。当人员需要进入炉内时，应确认炉内的氧气含量，如果 $\varphi(O_2)\leq18\%$ 就再次抽真空，待炉内处于开放大气下并用风扇等进行强制换气，直到炉内 $\varphi(O_2)>18\%$，方可进入炉内操作。

2）旋转设备的卷入：在旋转设备的旋转部位安装安全可靠的安全防护罩，并定期检查其完好性。

3）接触通电的加热器而导致触电：安装安全防护罩；在调整、修理、检查等需要接触加热器时，务必切断电源。

4）炉门开闭动作导致的夹压：当炉门处于打开状态时，挂上门铰链的门锁装置。

5）接触高温部分导致的烫伤：安装隔热防护装置或安全防护罩；由于调整、修理、检查等情况需要拆卸防护罩而必须接触时，确保高温部分冷却后再进行；从加热室中取出工件及进行加热室检查时，确保其冷却后再进行。

6）所有作业者及设备使用者须持证上岗并定期考核。

2. 维护保养注意事项

对于真空退火炉的维护保养，需要注意以下这些问题。

1）炉内有灰尘、铁屑时，需要使用环保且易挥发的清洗剂清理干净；在清洁后，需要确保炉内干燥，必要时采取加热烘炉措施。

2）设备外仪表有各种接头的位置，需要保持干燥和清洁。

3）工件、工装等进炉前，需要确保清洁，建议配套环保清洗设备，对工件、工装等清洗干净后再进炉。

4）真空泵组的维护保养需要遵循定期、专人、备件的原则，即为了保证泵组的寿命和效率，需要定期维护保养；维护保养人员需要具备专业知识或相关资质，相关维修保养耗材需要备足备件。

5）禁止在带电状态下（安全电压下可以）维修保养设备。

6）进入炉内维修保养时，必须两人一组，一人在外，一人在内。

11.6.6　真空退火炉应用实例

真空退火炉最常见的应用是真空光亮退火，还有一些应用，如磁性退火、固溶处理等。

1. 轴承钢产品真空球化退火

某型发动机进排气凸轮，材料牌号为 100Cr6，相当于我国的 GCr15。该工件使用 VKT 真空退火炉进行中间热处理工序。

为了提升中间等温段后降温至孕育段的效率，该设备带有对流加热功能，能够保证从等温孕育段降至球化孕育段时温度均匀降低，并且降温等温时间大幅度缩短。设备后部附带的快速冷却系统，能够在工件温度降至设定温度后启动，保证工件温度快速降至出炉温度，提升生产率。

该工件真空球化退火工艺曲线如图 11-50 所示。

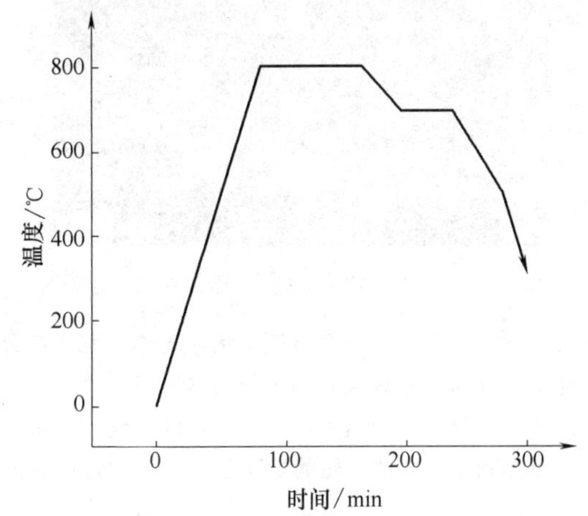

图 11-50　真空球化退火工艺曲线

真空球化等温退火工艺采用 800℃ 保温后降至 700℃ 球化温度并保温，随后缓慢降温至 500℃ 并快速冷却出炉。图 11-51 所示为该工件真空球化退火后的心部组织状态。

图 11-51　真空球化退火后的心部组织状态　500×

图 11-52 所示为非真空加热（氮气对流加热）球化退火表层组织。从图 11-53 可以看到，珠光体球化率低，只有 60%～70%，表面出现 6～18μm 厚的脱碳层，而且出现大量的大尺寸片状珠光体，尺寸为 80～90μm。由于片状珠光体严重影响工件的力学性能，所以非真空加热状态处理无法满足其设计性能。后续经过工程验证和装车实验，转入真空退火炉生产。

图 11-53 所示为该型发动机凸轮使用真空加热球化退火后的表层组织。从图 11-53 可以看到，经过真空球化等温退火后，珠光体球化率为 85%～95%，并

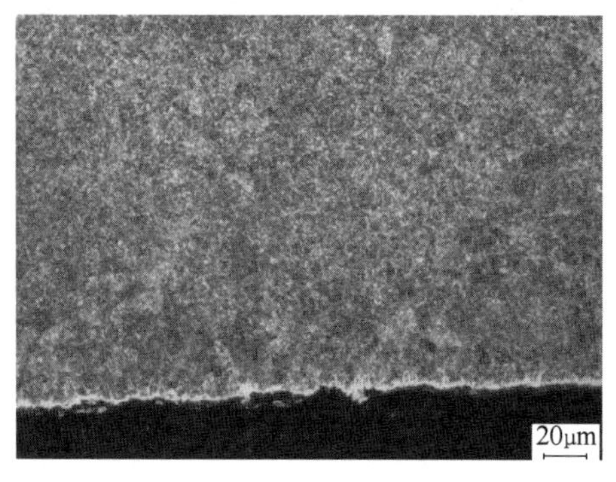

图 11-52　非真空加热球化退火表层组织　500×

图 11-53　真空加热球化退火后的表层组织　500×

且表面没有脱碳，也没有出现片状珠光体，完全符合设计中对中间热处理状态的组织要求。从图 11-54 所示的满负荷装炉的炉温均匀性曲线可以看到，在实际装载量达到 15000 件凸轮的情况下，相关均匀性数据能够达到设计要求，相比使用多用炉进行球化退火而言，不仅仅能够避免增碳、脱碳，还能保证更高的球化率。由于温度均匀性的性能优异，从而使片状珠光体从 80～90μm 减至没有。

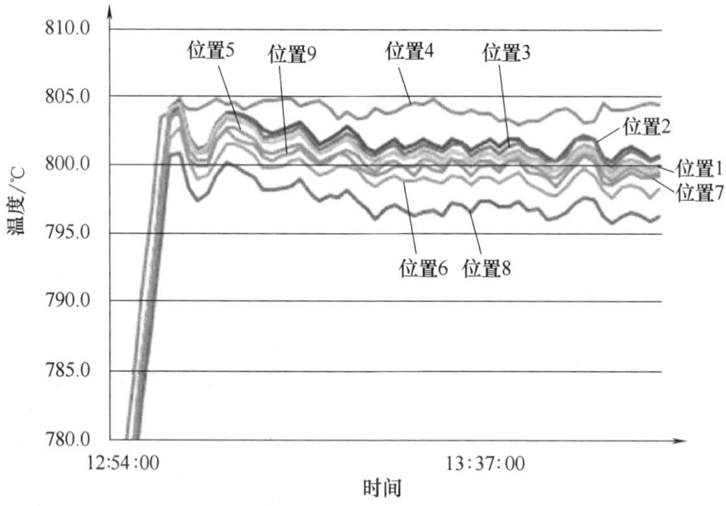

图 11-54　满负荷装炉产品九点位置炉温均匀性测试曲线

2. 特殊用途合金真空退火

真空退火炉的另一大应用是特殊用途合金材料的退火，通常有磁性合金、弹性合金、膨胀合金及阻尼合金等。由于这些特殊合金材料附加值较高，并且冶炼、加工等工序对材料的纯度、着色、物理、力学性能有着不同的需要，所以这类材料大多采用真空退火或保护气氛退火。

对于特殊用途合金，有许多情况需要控温冷却，这就需要真空退火炉来处理。其中，升温和保温段都是常规要求，而在冷却段有阶段冷却速度要求，有些情况下需要在不同的温度段达到不同的冷却速度。

（1）精密阻尼合金的真空控制冷却退火　图 11-55 所示为阻尼合金工件的真空退火，其工艺曲线如图 11-56 所示。由于在低温区对流加热传热效率更高，所以使用了保护气体对流加热，在高温区使用传热效率更高的辐射加热；在冷却时由于需要控制冷却速度为 10℃/h，因此需要回充保护性气氛，进行控

图 11-55　阻尼合金工件的真空退火

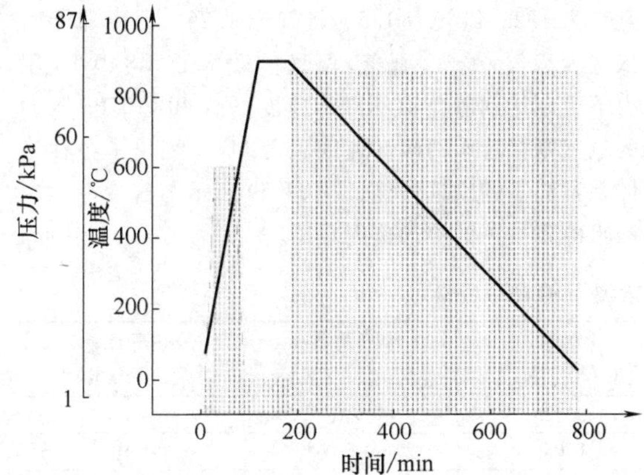

图 11-56　阻尼合金工件真空退火工艺曲线

温冷却。

从图 11-56 可以看到，该设备在低温段使用 50kPa 的分压加热，并起动对流风扇，达到提升热量传输效率的目的；在保温段 600℃以上，由于工艺需要，采用了真空加热；冷却阶段回充气氛至压力为 75kPa，根据实际控温情况，系统通过变频冷却风扇，调节冷却速度。

（2）传感器用 1J85、1J86 铁镍合金真空控温变冷速退火　该型号产品，原来需要使用还原性气氛——氢气退火，由于氢气易燃、易爆、不便储存的特性，后来转入真空退火炉中处理，能够完全实现产品的设计使用电磁性能。

图 11-57 所示为某型传感器用铁心的真空退火工艺曲线。该工艺需要在真空加热条件下进行，根据具体的装载量确定最终保温时间（4~6h）。随后的冷却分为两个阶段，第一阶段要求的冷却速度为 100~200℃/h，第二阶段要求在 600℃以下，快速冷却到出炉温度。

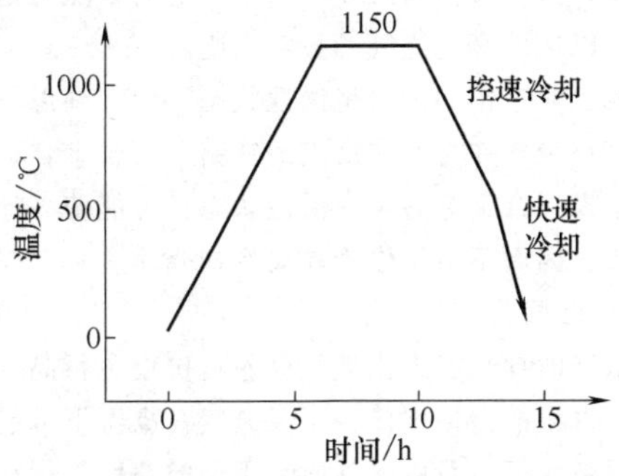

图 11-57　某型传感器用铁心的真空退火工艺曲线

11.7　真空高压气淬炉

常见的热处理淬火冷却介质有盐浴、水及其溶液、油和气体等，其淬火冷却速度依次降低。真空高压气淬炉是在真空油淬炉和真空水淬炉的基础上发展起来的，始于 20 世纪 70 年代，随着气淬炉设计的逐步完善和气淬压力的进一步提高，真空气淬工艺可处理的材料范围进一步扩大，可淬硬的工件尺寸也得到提高。得益于低压渗碳技术在近十多年来的飞速发展，使真空高压气淬炉可以应用到以前只有在多用炉等设备中才能处理的各种渗碳钢，如各种汽车、飞机用齿轮等。

尽管真空加热解决了加热过程中工件表面的氧化问题，但真空油淬或水淬的冷却速度过快，而且不可控制或很难控制，这对工件的变形控制不利，也无法进行在某个设定温度下的等温淬火。对于高速钢和模具钢，真空油淬还可能有表面增碳问题，这些缺点都限制了真空油淬设备的应用。

图 11-58 所示为液体和气体在不同温度阶段的冷却速度。液体在整个冷却过程中分为蒸汽膜、沸腾和对流三个阶段，在这三个阶段的冷却速度各不相同：在沸腾阶段的冷却速度是最快的，这造成了液体在整个冷却过程中的冷却速度很不均匀，使淬火工件变形可能性增大，甚至可能开裂。气体因为只有对流阶段，在整个冷却过程中冷却速度相对均匀，这可以明显降低工件的变形倾向，并防止开裂。

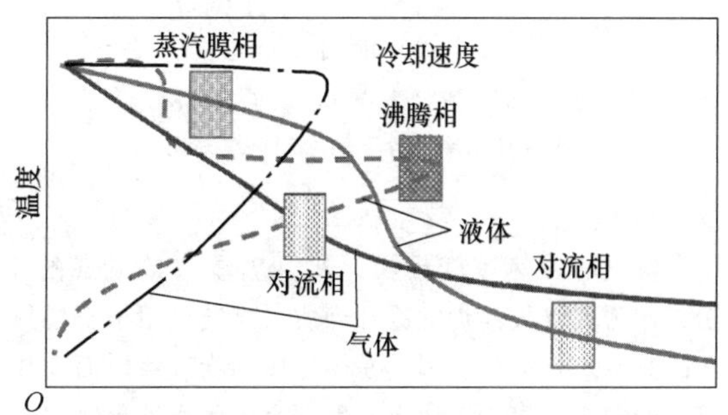

图 11-58　液体和气体在不同温度阶段的冷却速度

真空高压气淬炉的工作原理是让工件在真空环境中完成加热并保温后，将惰性气体快速注入炉内，使其达到高压（通常为 0.6~2MPa）状态，并通过炉内气体循环系统使气体在工件表面快速流动，带走工件的热量，让其快速冷却下来，实现淬火目的。

真空高压气淬工艺有以下主要优点：

1）工件表面质量好，无氧化，无增碳。

2）淬火时冷却速度相对均匀，因而工件畸变较小。

3）淬火冷却速度可控性好，可以实现等温淬火。

4）淬火后不需要清洗工序。

5）淬火冷却介质为惰性气体，可以回收利用或直接排放，避免油气污染，有利于环保。

11.7.1　不同气体冷却介质的特点

真空高压气淬炉的冷却介质有氮、氩、氦和氢气等，常用介质为氮气和氩气。在相同条件下，采用上述气体冷却工件所需要的冷却时间，如氢气为 1，则氦气为 1.2、氮气为 1.5、氩气为 1.75，即冷却能力依次为氢气>氦气>氮气>氩气。氮气在 20×10^5Pa 压力下可以达到静止油的冷却速度，而 40×10^5Pa 压力的氢气则接近水的冷却速度。表 11-21 列出了各种气体在常温下的物理性能，图 11-59 所示为气冷、油冷和水冷条件下的冷却速度对比。

表 11-21　各种气体在常温下的物理性能

气体种类	密度/(kg/m^3)	摩尔质量/(kg/mol)	比热容/[J/(kg·K)]	传热系数/[$W/(m^2\cdot K)$]	热导率/[W/(m·K)]
氩气	1.669	40	0.52	177×10^{-4}	16×10^{-3}
氮气	1.170	28	1.04	259×10^{-4}	23×10^{-3}
氦气	0.167	4	5.19	1500×10^{-4}	143×10^{-3}
氢气	0.084	2	14.30	1869×10^{-4}	162×10^{-3}

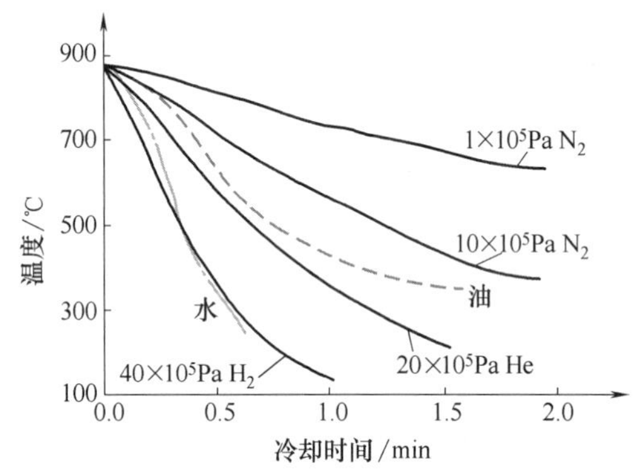

图 11-59　直径为 40mm 工件在气冷、油冷和水冷条件下的冷却速度对比

1. 氢气

氢气的传热速度最快，其导热能力是氮气的 7 倍，作为真空气淬炉的冷却介质，氢气可用于石墨热区的真空炉。另外，因其易燃易爆的物理性能而存在较大的安全隐患，工业上一般不直接用作淬火冷却介质。由于氢气的高活性，高温下可以快速还原金属表面的氧化物，并防止其进一步氧化，通常可以将体积分数<5%的氢气加入氮气或氩气中成为混合气，用于高温洗炉或保护工件不被氧化。

2. 氦气

氦气属于稳定的惰性气体，其导热能力是氮气的 6.2 倍，是高压气淬热处理工艺非常理想的淬火冷却介质，近几年已受到关注并得到成功的应用，ALD 公司已经在其热处理工厂使用氦气进行高压气淬工艺。由于氦气的密度低，在同样淬火压力下所需循环电动机的功率比氮气低许多，所以不需要配备大功率的电动机，可以降低设备的制造成本。但是，因为氦气获取困难且价格高昂，如果作为淬火冷却介质，需要配套成本较高的氦气回收系统，以降低淬火冷却介质消耗的成本。所以在工业应用中，到目前为止，氦气通常只用于真空炉的检修或维护保养时的检漏介质，还较少作为气冷淬火冷却介质使用。随着氦气回收系统越来越广泛的开发和使用，其作为理想的高压气淬介质会得到更加广泛的使用。

3. 氮气

氮气是最常用的气体淬火冷却介质，尽管其导热能力较差，但容易获得且价格低廉。通常选择 99.9995%（即 5 个 9）纯度以上的高纯氮气用于高压气淬，在考核各气体种类对冷却速度的影响时，也均以氮气的冷却速度为参考对象。

直至 20 世纪末，氮气资源还没有成规模地商业化，热处理所需要的氮气需要由安装在工作现场的制氮机制取，并加以提纯，但往往纯度不够稳定，加上制氮机可能出现故障而无法正常提供氮气，可能影响正常的热处理生产。现在高纯氮气已经完全商业化，使用厂家只需要购买氮气缓冲罐，并租赁液氮储罐和汽化器，氮气供应商可以按照用户的需求随时送液氮上门，以保证高纯氮气的正常供应。

氮气对常用的钢材呈惰性状态，但在高温下，对那些容易吸气并与气体反应的钛锆及其合金，以及一些镍基高温合金等易呈现活性状态，可能使被淬火材料渗氮，因而不适于作为淬火冷却介质。

4. 氩气

氩气的导热能力比氮气更差且价格也很高，但氩气属于真正的惰性气体，不像氮气在高温下可能使被淬火材料渗氮，所以氩气通常用于航空航天行业中钛合金类零件及一些镍基高温合金的热处理，可用作保护气体；对冷却速度要求不高时，也可作为淬火冷却介质。氩气的密度是氮气的 1.43 倍，在同样的淬火压力、搅拌叶轮直径和转速的情况下，所需搅拌电动机的功率比氮气要大，这会增加设备的制造成本。

因氩气密度比空气大，容易聚集在低洼地带，如工作现场的厂房有地坑等低洼区域，需要设置有效的通风设备，防止氩气在低洼区域处聚集，造成人员窒息；也可以在打开炉门前，将炉内的氩气抽真空排放到室外，并充入氮气，避免氩气在工作场所聚集。

5. 混合气

有研究表明，氦气和其他气体（如氮气或氩气）在一定比例下的混合气体比纯氦气的传热性能更好，如体积分数为 80% 的氦气和 20% 的氮气混合后的传热系数比体积分数为 100% 的氦气可提高 20%~30%，这给混合气体用于真空高压气淬提供了可能性，期待得到更好的应用前景。

11.7.2　影响气淬炉性能的主要因素

相对于其他用途的真空炉，高压气淬炉更加强调设备的快速冷却能力，以便达到所处理材料的相变临界冷却速度。其冷却方式主要是通过循环气体的强制对流传热将工件表面的热量带走，工件内部的热量则通过传导方式传导到表面，热量传导速度则和材料成分及内外温度梯度有关。一台高压气淬炉中工件的冷却时间 t 可以表达为

$$t=\frac{Wc_{p_1}}{Ah}\ln\frac{T_1-T_f}{T_2-T_f} \tag{11-5}$$

式中　T_1、T_2——分别为工件起始温度和经冷却时间 t 后的温度；

W——炉料质量；

c_{p_1}——工件比热容；

A——工件表面积；

h——传热系数；

T_f——气体经换热后进入炉膛的温度。

其中传热系数 h 与淬火气体的性质和流过工件的气体质量流量等有关，可以用简化方程表示为

$$h=\frac{K_1c_{p_2}GP_1}{DP_2} \tag{11-6}$$

式中　K_1——常数；

c_{p_2}——冷却气体比热容；

G——冷却气体质量流量，为气体密度 d 和体积流量 Q 的乘积，其中密度和气体种类及压力 p 有关；

P_1——指数；

D——冷却表面的外径；

P_2——指数。

上面两式表明，工件冷却所需的时间取决于三类主要因素：

1）炉料因素，包括炉料质量 W、工件比热容 c_{p_1} 和工件表面积 A；

2）冷却介质因素，包括冷却气体比热容 c_{p_2} 和密度 d；

3）设备因素，包括冷却气体压力 p、体积流量 Q、气体经换热后进入炉膛的温度 T_f。

以上三类影响因素可表示为

冷却速度=被处理炉料因素×冷却介质因素×设备因素

1. 炉料因素

炉料因素的影响主要为炉料质量、装炉方式、工件材质、尺寸形状及炉料对冷却气体流通能力的影响，如空心工件还是实心工件等。这些因素取决于所处理工件的属性和对设备的使用状态。

（1）炉料质量和装料方式　工件材质相同时，整炉炉料质量（含工装）越小，需要带走的炉料总蓄热量越少，淬火冷却速度越快；对于同样尺寸的工件，疏装比密装的冷却速度更快，因为疏装更容易让高速气流通过炉料，从而增大工件的有效冷却表面积。

（2）工件材质　工件的材质不同，其比热容不同，同样质量的材料所蓄热量不同。不同材质具有不同的热导率，低热导率材料的内部热量较难传导到工件表面让淬火气流带走，因而其冷却速度较慢。另外，不同材质的工件的淬透性不同，所需要的临界冷却速度也就不同。真空高压气淬技术在工模具钢领域内应用最为成功，就是因为工模具钢大多为高合金钢，具有较高的淬透性，所需要的临界冷却速度较低。随着高压气淬技术的进一步发展，如增高气淬压力或采用双室真空炉，冷却速度继续得到提高，能够淬透的材料范围将进一步扩大。

（3）工件尺寸、形状和内部结构　工件的横截面尺寸越小，其内部热量传导到表面的速度越快，越容易被带走，因而冷却速度越快，越容易被淬透；若工件为空心件，具有通孔，高压气流容易通过其内部，相当于提高了淬火过程中的冷却面积，冷却速度得以提高。

2. 冷却介质因素

冷却介质对气淬的影响主要是冷却气体的类型，一般有氮气、氩气、氦气和氢气，或者它们的混合气。各种冷却介质的性能及其对真空高压气淬炉应用范围的影响见 11.7.1 节，在此不再赘述。

3. 设备因素

设备因素主要包括真空气淬炉的最高淬火气体压力（气体密度）、气体流量和流速、换热器的换热能力，以及外部冷却水的温度、压力和流量等。

（1）气体压力　从式（11-6）可以得知，当其他条件相同时，高压气淬炉的换热系数 h 和冷却气体的质量流量 G 成正比，而质量流量是气体密度 d 和体积流量 Q 的乘积。增高炉内压力可以提高冷却气体的密度，从而增加气体的质量流量，提高传热系数，从工件上带走的热量更多，冷却速度更快。

图 11-60 所示为氮气传热系数与气体压力及气流速度的关系。从图 11-60 可以看出，气体淬火冷却介质的传热系数和其压力及流速成正比，当流速相同时，将淬火气体压力提高 50%，从 2MPa 提高到 3MPa，传热系数也可以提高约 50%，基本呈现线性关系。

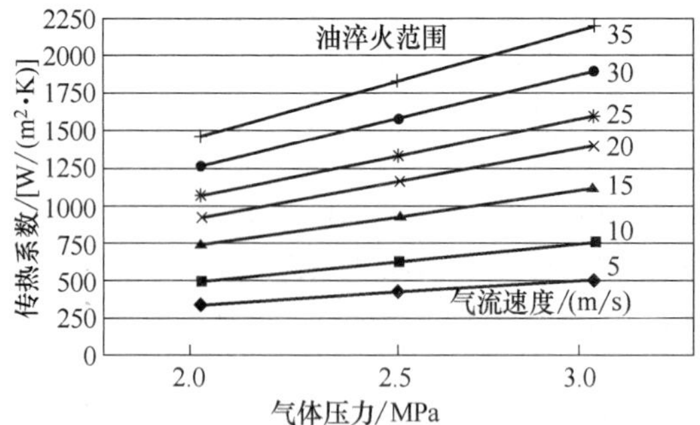

图 11-60　氮气传热系数与气体压力及气流速度的关系

（2）气体流量和流速　式（11-6）同样表明，当气体压力相同时，其换热系数和体积流量成正比。从图 11-60 也可以看出，当压力相同时，将流速提高一倍，从 10m/s 提高到 20m/s，传热系数可以提高约 80%。对于高压气淬炉，气淬时喷嘴离工件表面都有一定的距离，此距离越大，到达工件表面的流速越低，工件的冷却速度也越慢。提高流速，则可以使更多气体到达工件表面，提高工件的冷却速度。

所以，为了提高气淬时工件的冷却速度，除重视气体压力，还应该考虑冷却介质的体积流量和流速，这需要增大风机的流量和气体通过喷嘴系统时的压差。喷嘴出口气体的平均流速为

$$v=\frac{Q}{\pi n r^2} \qquad (11\text{-}7)$$

式中　Q——风机流量；

r——喷嘴半径；

n——喷嘴数量。

当喷嘴直径和喷嘴数量一定时，喷嘴出口的气体流量由风机流量决定，流速则由气体压差决定。增加气体流量和提高气体压差都需要加大风机的功率，其功率变化为

$$N=Q-\Delta P \propto P-Q^3 \qquad (11\text{-}8)$$

式（11-8）表明，功率变化对气体流量比气体压力更为敏感。当气体压力增加 1 倍时，风机功率也需要增加 1 倍；但当气体流量增加到原来的 2 倍时，风机功率却需要增加到原来的 8 倍。因此，增加气体流量需要为气淬炉制造投入更高的成本。

（3）换热器的换热能力　水冷换热器是真空高压气淬炉中重要的组件之一，工件的热量最终需要通过换热器传递到炉外，在工件与换热器的换热过程中，淬火气体是换热介质，气体在被冷却工件表面吸入热量，在换热器表面放出热量。如果换热器的换热性能不好，气体在其表面流过后不能使其温度有效降低，即热量不能有效释放，就会影响其回到工件表面后从工件重新吸热的效果，从而影响气淬过程中工件的冷却速度。

换热器从淬火气体中吸收热量后，通过热传导将热量传递给换热器内部的冷却水，由冷却水再将热量带到炉外，换热器的换热量可以表示为

$$Q=K_{换}\ S_{换}(T_{气}-T_{水}) \qquad (11\text{-}9)$$

式中　$K_{换}$——换热器的有效换热系数；

$S_{换}$——换热器的有效换热面积；

$T_{气}$——换热器外表面气体的平均温度；

$T_{水}$——换热器内部冷却水的平均温度。

从式（11-9）可以看出，要提高换热器的换热能力，就需要改善其换热系数，并尽量增大换热面积。换热系数和换热器的结构及材质有关，一般使用不锈钢、铝材或纯铜管材制作换热器，显然热导率最高的纯铜是最好的材料。换热器的有效换热面积越大，换热能力越强；换热器外表面气体和内部水温差越大，换热能力越强。所以，对于同样材质（热导率）和结构（导热面积）的换热器，其内部冷却水的温度和流量对炉内工件的冷却速度也有较大的影响，这就要求为真空高压气淬炉配备高效的外围冷却水系统，尽量降低水温，并保证足够的流量。

11.7.3　真空高压气淬炉的基本结构和特点

现代高压气淬炉基本采用内热式真空炉。与其他用途的真空炉类似，真空高压气淬炉可以分为卧式真空高压气淬炉和立式真空高压气淬炉两大类。卧式真空高压气淬炉的结构如图 11-61 所示，其外形如图 11-62 所示。炉子的进出料则利用另配的手动或电动的叉车来完成。

1. 炉壳

炉壳采用冷壁式设计，一般为带水冷夹层的双层结构，因为需要抽真空并在气冷时承受很高的正压，一般采用圆筒形结构，由锅炉钢板焊接而成。炉壳有两个重要功能：

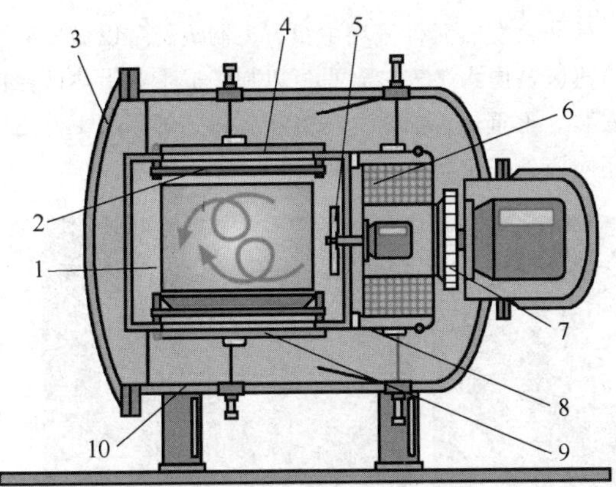

图 11-61　卧式真空高压气淬炉的结构
1—热区　2—加热系统　3—炉门　4—上部翻板
5—热区对流风机　6—换热器　7—快冷风叶
8—换热器翻板　9—底部翻板　10—炉壳

图 11-62　卧式真空高压气淬炉的外形

1）达到真空加热工艺所需要的真空度，因此它是一个真空容器，应具有良好的真空密封性。检验炉壳的密封性可以用泄漏率表示。泄漏率定义为单位时间内渗入炉内的气体量，当然也有一小部分气体来自炉内材料自身放出的残留气体。对于某特定容器，以压力升高值乘以容器的体积计算，常用单位为 mbar · L/s。在实际应用中，尤其是航空领域，由于热处理工艺更关注炉内的分压值，一般将压升率作为真空炉密封性的验收指标，如定义压升率指标为≤0.27Pa/h。

2）由于此类真空炉多用于高压气淬，因此需要炉壳能够承受高压气淬时的最高气体压力。目前最高气淬气体压力可以达到 2MPa（绝对压力），因而炉壳是一个压力容器，必须由具有相应压力容器资质的公司制造，按照国家压力容器制造标准，经过严格的各项制造工艺和质量检验，并出具压力容器制造的相关资料，由用户到当地安监部门报备后才能投入使用。炉门将通过液压或电动方式与炉壳锁闭，并可承受气淬所需要的高压。

炉子装料和出料在炉子前端进行，炉料由装/卸料叉车送入炉内。料盘或料筐放在叉车传送叉上，以手动或电动方式放到真空炉加热室内的料架上。

2. 真空系统

真空系统用于获得高压气淬炉在升温前所需要达到的真空度，应满足以下几个基本要求：

1）能迅速地在设定的时间内将真空炉抽至所需要的极限真空度。

2）能及时排出工件和炉内结构件连续放出的残留气体，以及以因真空泄漏而渗入炉内的气体。

3）节能，可靠性高，故障率低，占地面积小。

4）使用操作、安装及维修保养方便。

真空系统包括真空泵、真空阀门、真空测量仪表和管道等。工模具行业所使用的高压气淬炉强调的主要性能是冷却速度，对极限真空度的要求不是太高，只要求到达到中真空状态，一般极限真空度为 0.1Pa 数量级，工作真空度则为 1.0Pa 数量级，所以只需配置前级机械真空泵（如旋片泵或滑阀泵）加第二级罗茨泵即可满足要求。许多航空零部件的热处理工艺则需要高真空，极限真空度一般要求达到 10^{-3}Pa 数量级或以上，除了机械泵和罗茨泵，还需要配备油扩散泵。对于需要洁净真空环境的工件，需要配置分子泵。

3. 热区

热区也称为隔热屏，是真空炉加热室，它同时起到加热和隔热保温的作用，是真空炉最关键的部件之一。对于单室真空高压气淬炉，炉料的加热与冷却都在热区内完成；对于双室真空高压气淬炉，热区只用于炉料加热和保温，完成保温后，炉料被转移到另一个单独的淬火室（冷室），冷却过程在淬火室内完成。选择双室真空高压气淬炉的主要目的是为了进一步提高炉子的冷却速度，即淬火能力。因为在单室真空炉中，炉料和热区的隔热材料都一起被加热并吸收热量，淬火时需要同时冷却炉料和热区隔热材料，使炉子的最大冷却速度受到限制。而在双室炉中，冷却是在单独的冷态淬火室完成的，需要带走的总热量明显减少，因而可以大幅度提高炉子的冷却速度；另一方面，由于双室真空炉的淬火室没有加热和保温系统，室内空间可以更好地布置冷却系统，如增大换热面积，设计更有效的气流方式，从而提高冷却速度。

真空高压气淬炉的热区可以根据其某些特性来分类，按照隔热和加热材料划分，可以分为石墨热区和全金属热区；如果按照热区的截面形状划分，则可分为方形热区和圆形热区。这两大要素也可以组合，如一台炉子的热区可以是方形石墨热区或圆形石墨热区，也可以是方形金属热区或圆形金属热区。

（1）石墨热区　典型的石墨热区如图 11-63 所示。碳素钢结构的壳体，内部隔热层通常为石墨硬毡或软毡，发热元件采用中粗石墨制成，可以做成棒状沿热区轴向水平安装，也可以加工成带状沿热区径向安装。承重炉床通常为等静压石墨，炉床和工件之间用陶瓷条或金属钼条进行分隔。

a)

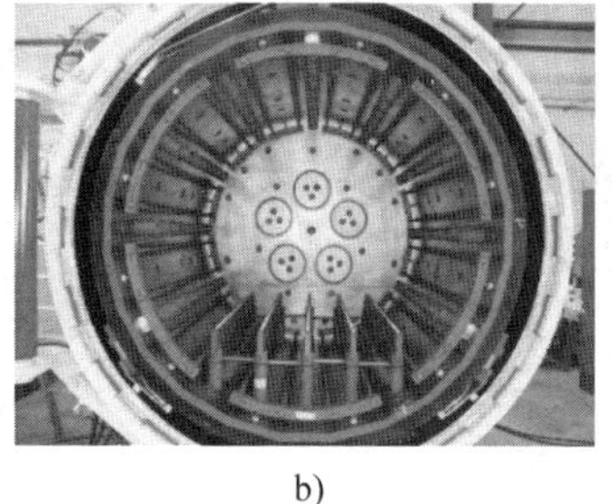

b)

c)

图 11-63　典型的石墨热区

a）石墨方形炉膛　b）、c）石墨圆形炉膛

石墨毡材料具有材料密度小、热导率低、耐热冲击性能好和易加工等优点，用石墨毡制成的热区保温效果好，成本相对低廉，而且寿命较长。为了防止石墨毡中的纤维掉落，将石墨毡压制成板，然后在表面贴一层柔性石墨纸或 CFC 保护板，贴上了石墨纸或 CFC 保护板的石墨硬毡，能一定程度耐合金蒸气侵蚀，并承受炉内在淬火冷却过程中的高压气流或炉内细小颗粒的冲刷。

由于石墨毡对气流的阻隔作用，在热区所有舱门和喷嘴都闭合的情况下，热区具有一定的气密作用，热区内部的气体不容易排出，因而适合配备对流加热功能，以便改善工件在低温加热时的温度均匀性，并提高加热速度。石墨毡为多孔材料，虽然提升了热区的保温效果，但其自身也储存了大量热量，淬火时这部分热量需要从石墨毡内释放出来，这会降低炉子的冷却速度。因此，在其他炉子参数相同的条件下，石墨热区的高压气淬炉的冷却能力比同规格全金属热区要差。

（2）金属热区　典型的金属热区如图 11-64 所示。不锈钢结构的壳体，根据使用温度不同，从内到外分别挂置耐温性能由高到低的不同材料，每层之间留有 5~10mm 的间隙。靠近加热带的最内层一般采用钼镧合金，然后过渡到纯钼，再到最外层的不锈钢薄板作为隔热材料。根据传热学上“遮热板”原理，充分利用金属在真空、高温状态下的“白度”来反射热量，从而达到隔热保温的目的。热区的金属反射层数越多，保温效果越好，但材料成本也将随之增加，第一层辐射板的隔热效果约为 50%，第二层为 17%，第三层为 8%，依次递减。所以，热区层数也不必过多。对于最高炉温在 1350℃ 以下的真空炉金属热区，一般采用 5~6 层就够了。热区的最内层为发热元件，也用钼镧合金板制成，发热元件材质的好坏直接影响加热系统的寿命。底部炉床支撑梁因需要承受全部炉料的重量，同样需要采用高温强度好的钼合金制作。

图 11-64　金属热区

金属热区的优点是热区整体质量较小，且薄壁金属隔热板热容很低，因而整个热区的蓄热量和热惯性都较小，工件在金属热区中淬火冷却相对于同规格的石墨热区可以达到更快的冷却速度。

另外，钼及其合金自身蒸气压很高，在真空状态下对工件几乎没有污染，相对石墨热区来讲比较“干净”。

金属热区的缺点也很明显，相对于石墨热区，钼及钼镧合金材料昂贵，使金属热区造价偏高。由于其隔热原理依赖于反射，加热和保温阶段的热损失比石墨热区高约 30%，因而能耗偏大，金属热区所需配置的加热功率比同规格的石墨热区要高许多。另外，相对石墨热区，金属热区的使用寿命也偏短。由于钼材在炉内工作过程中不断被加热和冷却，发生再结晶相变，其晶粒粗大而变脆，使热区内各层产生不可逆的高温变形。当热区多层金属屏之间无法保持有效间隔时，其高温反射保温效果变差，炉子的能耗会进一步增大，有时需要更换整个热区。

（3）圆形热区　热区的形状对炉子的加热性能影响通常较小，但对冷却性能却有较大影响。圆形热区的冷却喷嘴沿着热区圆弧呈 360°分布，如图 11-65 所示。这种布置使喷向工件的气体流量更大，冷却速度也更高，这对于需要快速冷却的尺寸较大的模具是非常有利的，可以使工件从各方向同时得到较均匀的冷却；但对于密装的小工件来说，炉料心部位置无法达到和外部相同的冷却速度，炉料不能得到均匀冷却。冷却气流到达工件后由冷却风机抽向炉膛后部，进入换热器，由换热器内流经的冷却水将气体中的热量带走，然后再由热区外面通过喷嘴喷向工件。

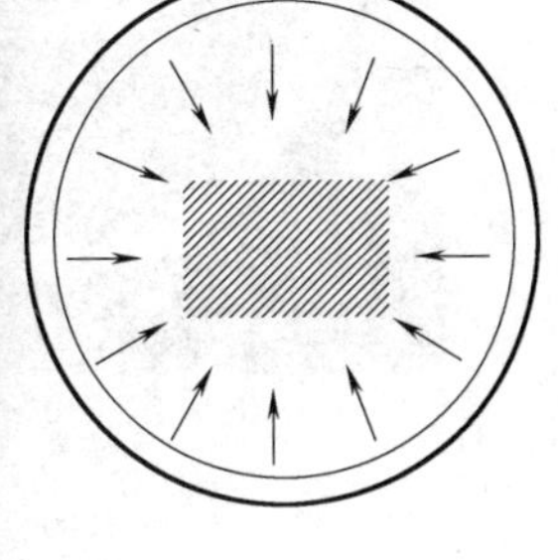

图 11-65　圆形炉膛及气淬时气流分布

为了改善圆形炉膛的冷却方式，易普森公司将圆周上的气流回路分为四个通道，每个通道可以单独或同时打开，这样就得到了图 11-66 所示的几组气流形式，部分改变气流方向，从而达到调整不同部位冷却速度的效果。德国施迈茨公司则将热区的喷嘴在圆周方向上分成 4 组，每组单独由外部一个气缸驱动打开或关闭，并由工艺程序控制，实现热区内气流方向的调整。

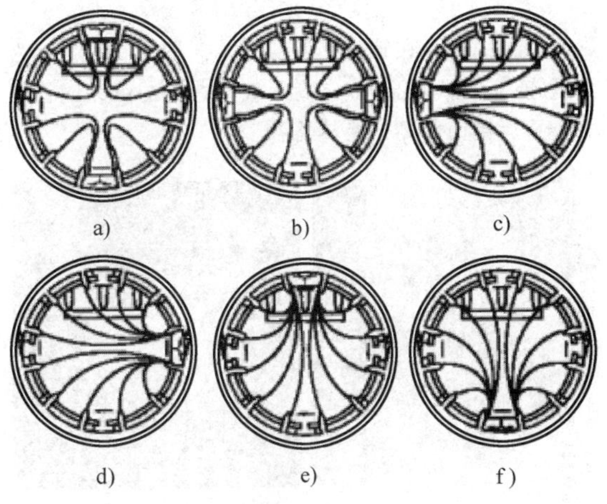

图 11-66　气流形式

a)、b）上下、左右交替喷气　c)、d）左、右交替喷气　e)、f）上、下交替喷气

（4）方形热区　方形热区强制冷却气流在特定方向流动，可在上下方向流动，也可在左右方向流动，或兼而有之，如图 11-67 所示。该炉型在气体流动方向的冷却效果很好，容易穿透工件之间的空隙到达热区的另一面。另外，方形热区可以设计气流分配板，使冷却气流在整个平面上均匀地吹向工件，并可在由程序设定的时间内更换气流方向，使工件上下或左右被交替冷却，从而改善工件的冷却均匀性，减小变形。

因此，真空高压气淬炉热区的形式和形状，需要结合工件的实际大小、形状、装炉方式、摆放角度来整体考虑，择优选择。

（5）对流加热系统　根据热传递的原理，低温阶段（850℃以下）的传热以对流为主，高温阶段则以辐射为主。真空炉的对流加热系统最早由德国施迈茨公司设计并实施，如图 11-67 所示。对流加热主要靠炉内的对流风机完成，对流风机一般安装在热区的后墙或前门上，其工作方式是在真空炉达到设定的真空度后，往炉内充入一个大气压左右的惰性气体；在加热过程中，惰性气体通过对流风机的搅拌被送往炉内各处的工件，从而将加热元件的热量快速传递给所有工件，改善加热过程中炉内各处的温度均匀性。

图 11-68 所示为装炉量为 400kg 的真空炉在低温升温阶段对流加热与辐射加热的对比。当只用辐射加热时，炉料外部和心部都达到设定的 500℃ 用时约 270min，并且时间差为 110min。采用对流加热，总时间缩短为约 110min，内外时间差也缩小为 40min，这充分体现了对流加热在低温阶段的辅助作用。

对流加热需要热区有一定的气密性，以确保热量不会散到热区以外，石墨热区的气密性相对较好，所以对流加热通常配置在真空炉的石墨热区内部。金属热区通常不建议设置对流加热装置，因为此时如果采用对流加热，多层薄板之间由于气体的加入会变成板对板换热器，而且换热系数很高，从而导致热区隔热层功能失效。

图 11-67　方形炉膛及气淬时气流分布

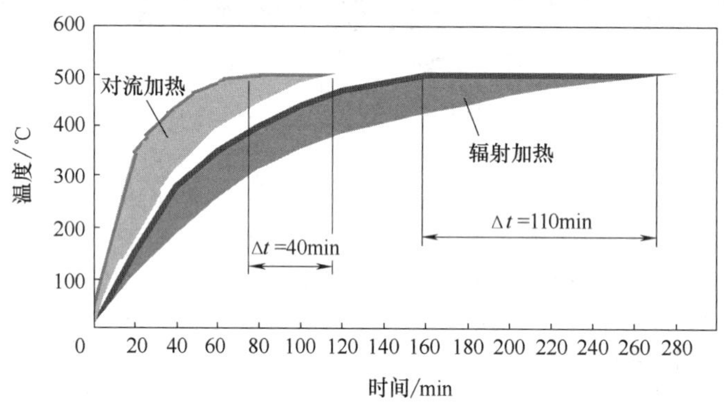

图 11-68　对流加热与辐射加热的对比

4. 冷却系统

高压气淬炉需要达到很高的冷却速度，才能保证工件被淬透。加热时需要将加热元件产生的热量通过对流或辐射方式快速带给工件，冷却时则需要将工件中的热量快速带到炉外，因此需要一套高效的冷却系统。

如前所述，气淬炉的冷却速度除与气体介质种类和炉内压力有关，还和炉子的冷却系统设计有很大关系。冷却系统包括气流喷嘴系统、气流循环搅拌系统、换热器、外部冷却水供给系统等。气流喷嘴系统已在关于热区的描述中详细介绍，在此不再赘述。

（1）气流循环搅拌系统　气流循环搅拌系统决定淬火过程中炉内气体的循环量，包括搅拌风机和风叶，以及炉内气流风道。如 11.7.2 节中所述，为了提高气淬时的冷却速度，除应考虑气体压力，还应考虑冷却介质的体积流量和流速，这需要采用大流量风机和高流速的喷嘴来提高气淬炉冷却速度。

（2）换热器　换热器一般由纯铜管或铝管绕制焊接而成，由于纯铜的热导率比铝高很多，因此通常采用纯铜作为换热器材料。换热器的性能除与材质有关，换热面积的大小也决定了换热效率。为了增大换热面积，一般会在管材上增加翅片。图 11-69 所示为德国施迈茨公司用于真空高压气淬炉中的由纯铜管碾压翅片焊接而成高效换热器。

图 11-69　由纯铜管碾压翅片焊接而成的高效换热器

（3）外部冷却水供给系统　如 11.7.2 节所述，真空高压气淬炉换热器外表面气体和内部冷却水温差越大，换热能力越强，冷却速度也越快。所以，换热器内部冷却水的温度和流量对炉内工件的冷却速度也有较大的影响，要求为真空高压气淬炉配备高效的外围冷却水系统，尽量降低水温，并保证足够的流量。当因为环境温度太高，不能将换热器的进水温度降低到所需温度时，也可以给冷却水箱加装一台冷水机组。

外部冷却水系统由冷却塔、水箱、水泵和管道等组成。为了避免换热器管道内壁产生水垢，一般要求使用蒸馏水或去离子水。传统的冷却水系统一般采取开式冷却塔和水箱，冷却水容易被大量蒸发而需要经常补水，水质也容易被污染。先进的冷却水系统已采用闭式冷却塔和水箱，即保证了水质，也不需要经常补充冷却水。

（4）内置换热器与外置换热器　真空炉内置冷却器的最大优点是设备的紧凑性，在车间占地面积小，每炉淬火所需要消耗的气体也最省。其缺点是换热器位于炉膛后部，如果换热器因故障需要维修或更换，必须将整个热区拆出来。

另一方面，外置冷却器则需要更大的占地面积，淬火时除需要将整个炉体充满气体，还需要将外部冷却器和相应管路充满气体，因而所消耗的气体更多；但其最大的优点是维修方便，不需要拆卸炉内的热区。当然，也可以将换热器面积做得更大，以增加换热能力。

随着现代制造水平的提高，炉内换热器质量已大幅度提高，高端真空炉的换热器已极少出现漏水等故障，冷却风机和轴承的耐温性能也大大提高。所以，现代真空炉大多采用内置冷却器的结构。

（5）等温冷却功能　高端的高压气淬炉可以实现等温冷却功能，炉料在完成奥氏体化并保温之后，启动快速冷却系统，根据程序中的设定值在短时间内（如 1min）使温度迅速下降至所设定的等温温度，这时快速冷却过程中止，“等温”功能被激活，炉料表面温度不再随时间而下降，而是在设定的等温温度值上下一定范围内波动，一直到炉料心部温度也到达等温温度区间，这时的炉温、工件表面温度和工件心部温度都处于等温温度范围内，“等温”过程结束，冷却风机重新启动，使炉温继续快速下降，实现对工件的淬火。

11.7.4　卧式单室真空高压气淬炉

卧式单室真空炉将加热和冷却功能集中在同一个真空室内，因而设备体积小，占地面积少，但因为加热室和工件需要同时被加热和冷却，影响了炉子的最高冷却速度。

以石墨方形热区为例，典型的卧式单室真空气淬炉如图 11-70 所示：

其内部结构组件主要有：

1）热区。装载工件，加热工件，对工件气流分配导向。

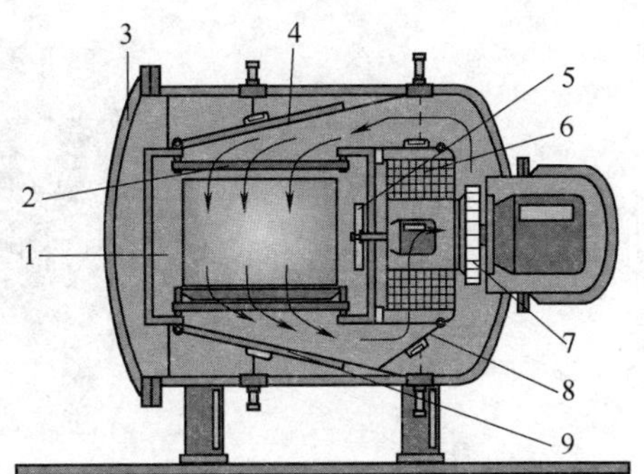

图 11-70　卧式单室真空气淬炉

1—热区　2—加热系统　3—炉门　4—上部翻板　5—热区对流风机　6—换热器　7—快冷风叶　8—换热器翻板　9—底部翻板

2）对流风机。低温段加热时，热区内气流循环，提高加热速度，改善温度均匀性。

3）换热器。工件淬火过程中带走热量。

4）冷却风机。热区工件和换热器之间气流的驱动，让气体在两者循环。

5）气缸机构（方形热区）。驱动热区舱盖和换热器舱盖，改变气流方向。

热区除了承载工件，加热工件，还具备气流分配导向功能，其内部各部件功能如下：石墨加热系统通常用中粗石墨材料制成。该加热系统由石墨制成的石墨连接块，悬挂于热区前部及后部，连接块之间通过中粗石墨加热棒连接，加热棒通常均匀分布在热区四面，部分大功率的炉子会在前后两面也设置加热器。加热元件形式多种多样，有圆棒、方形或加热带，各有利弊。石墨加热系统应该可靠悬挂，并与热区其他部件保持绝缘。卧式真空炉中的石墨加热元件、喷嘴和炉床如图 11-71 所示。

石墨炉床通常用等静压石墨制成，横梁具有良好的抗折弯性能，横梁上方设置开槽，安装陶瓷条或钼棒，防止工件料盘和石墨横梁发生粘连。

风栅通常用碳纤维增强碳板或石墨板制成。其作用是让进入热区的气流形成气帘效果，让吹向工件的气流提速，增强换热效果。通常风栅都设置在舱盖进出风口处。

先进的卧室单式气淬炉通常都会带有气流换向功能，如上下风向切换、左右风向切换。其主要作用是改善冷却时工件对面两侧的冷却均匀性。该装置通过气缸拉动热区舱盖和一些翻板，改变风道，让冷却气流流动方向发生改变。

表 11-22 列出了卧式单室真空高压气淬炉的主要技术参数，其中一种为方形炉膛，另一种为圆形炉膛。

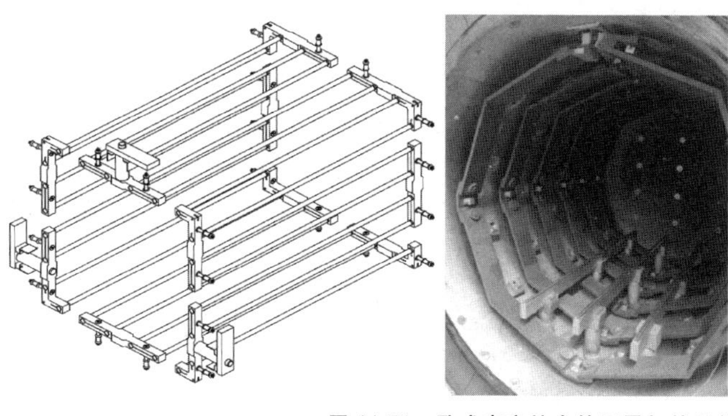

图 11-71　卧式真空炉中的石墨加热元件、喷嘴和炉床

表 11-22　卧式单室真空高压气淬炉的主要技术参数

规格型号	方形炉膛 IU140/1F 669-1MPa,2R	圆形炉膛 IU210/1F 9912-1.3MPa,RD
有效区尺寸(长×宽×高)/mm	900×600×600	1200×900×900
最大装载量/kg	800	2500
最高温度/℃	1350	1350
工作温度范围/℃	300~1200	300~1200
炉温均匀性(空炉,300~650℃对流,650℃以上真空加热)/℃	≤±5	≤±5
加热功率/kW	140	210
热区结构	方形热区	圆形热区
冷却方式	上下对吹	360 圆周方向+前炉门
冷却压力(绝对压力)/MPa	1	1.3
冷却电动机功率/kW	200	320
电动机转速/(r/min)	1500/3000 双速或变频	600~3000 变频
启动方式	低速启动后转高速或变频启动	变频启动
机械真空泵抽气速率/(m^3/h)	200	300
罗茨泵抽气速率/(m^3/h)	1000	2000
极限真空度/Pa	5	5
工作真空度/Pa	50	50
泄漏率/(Pa · L/s)	5	5
常用循环水流量/(m^3/h)	9	12
快速冷却水流量/(m^3/h)	45	75

11.7.5　卧式双室真空高压气淬炉

为了进一步提高冷却速度，以便应用于那些淬透性较低的材料，一些真空高压气淬炉被设计成双室。卧式双室炉通常分为两个炉体，分别为加热室和冷却室。

加热室和普通的卧式单式真空炉类似，但该加热室通常不再需要设置冷却用的舱盖，也不再需要气流喷嘴。在加热室底部有一套传输装置，以便将工件从加热室输送至气淬室。

独立的气淬室，空间更加充裕，通常会放置比普通单室淬火炉更大的换热器和冷却风机。工件被送入冷却室后，离换热器的距离很近。气淬时单位时间内循环次数远高于单室气淬炉，因而大大增加了冷却气体的体积流量。

加热室和冷却室之间设置有中间门，其作用是隔断加热室热量但不能影响输送机构的转运，中间门落下时要保证加热室后墙能封闭，以及热量不能从加热室后墙缝隙处传出。典型的双室真空高压气淬炉如图 11-72 所示。

相对于单室炉，双室炉的优点显而易见。由于有独立的冷却室，热区被封闭，工件在冷却时不会受到热区自身蓄热的拖累，再配以更大面积的换热器和风机后，双室真空高压气淬炉的冷却速度明显快于单室炉。

11.7.6　立式真空高压气淬炉

对于部分长杆类零件，零件的长度远大于零件的截面直径，如风电长轴件等，采用卧式放置，会导致其在加热过程中因为自重而弯曲；又如航空航天系统

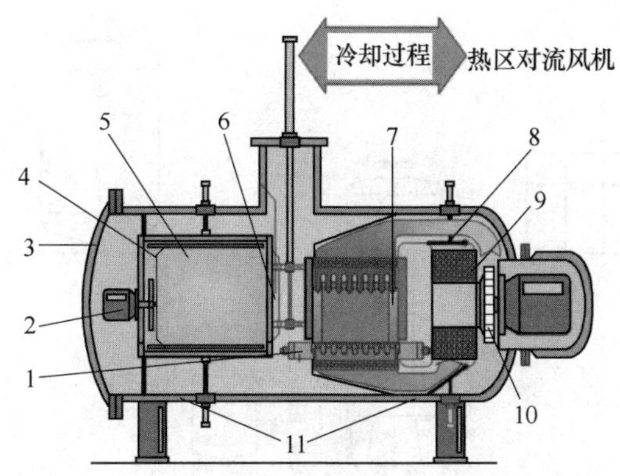

图 11-72　双室真空高压气淬炉

1—转移小车　2—对流电动机　3—炉门　4—加热系统　5—加热室　6—加热室炉门锁紧装置　7—气冷室　8—换热器翻板　9—换热器　10—快冷风叶　11—双室炉炉壳

薄壁筒形零件，如果卧式放置，会导致其外形变为椭圆。而立式真空气淬炉可使这类零件立放，从而解决上述问题。

图 11-73 所示为一台典型的立式真空高压气淬炉。一般来说，立式炉设有一个架高的钢结构平台，而炉子就像一台卧式真空炉竖着放置一样，炉门朝下立在平台上，炉口下地面铺设钢轨，炉门兼作料车，自带动力可以在钢轨上行走。当炉门携带着工件走到炉口下指定位置时，炉子的丝杠提升装置会将整个炉盖连同工件一起提升；当炉门走到指定位置和炉身对接后，炉门锁圈将锁紧。

立式真空高压气淬炉的优点是适于长轴类或圆筒状零件，可以防止工件变形，但由于存在钢结构平台、炉盖行走机构及提升机构等，导致其制造成本高于卧式真空炉，因此该炉型只针对特定工件。另外，其炉体高度较高，往往会和用户厂房中的桥式起重机发生干涉。解决的办法可以让风机与换热器外置，降低炉子高度，也可以挖地坑，让炉子平台高度降低，但这些措施都会进一步增加炉子的制造成本。

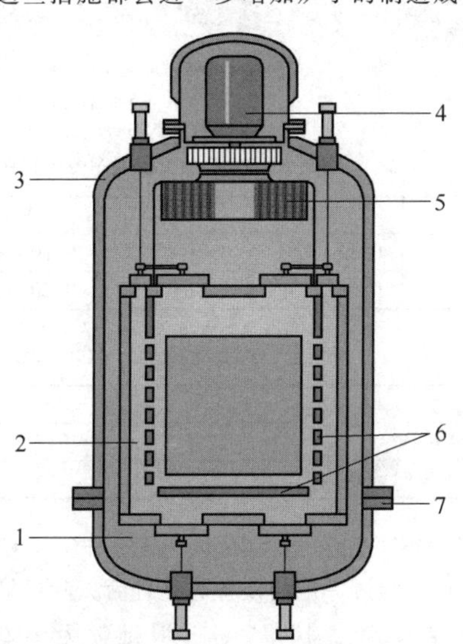

图 11-73　立式真空高压气淬炉

1—炉底　2—热区　3—带水冷夹层的炉壳　4—快冷风机　5—换热器　6—加热元件　7—炉门锁圈

11.7.7　井式真空高压气淬炉

井式真空高压气淬炉类似于将立式真空炉颠倒过来，外观也类似于可控气氛炉中的井式炉。它设置于较深的地坑内，其炉门口朝上设置，如图 11-74 所示。

井式真空高压气淬炉适合那些超长的杆件，当其长度远大于直径时，如果仍然设计成立式真空炉，其炉体高度也将远大于炉体直径，这会使炉体不够稳定，在底部平台上容易翻倒而造成事故。这时可以将真空炉设计成井式炉的结构，炉体大部分处于深井内，打开炉盖后从上方装料。

11.7.8　典型材料和工件的高压气淬热处理工艺

1. 热作模具钢真空高压气淬热处理

（1）化学成分和临界点　典型的热作模具钢，如 4Cr5MoSiV（H11）和 4Cr5MoSiV1（H13）等钢的化学成分和临界点见表 11-23 和表 11-24。其中，4Cr5MoSiV1 钢是一种被广泛应用的热作模具钢，有较高热强度和硬度，在中温条件下有很好韧性和耐冷热疲劳性能，不容易产生热疲劳裂纹，而且可以抵抗熔融铝的冲蚀，是一种很好的压铸模材料。

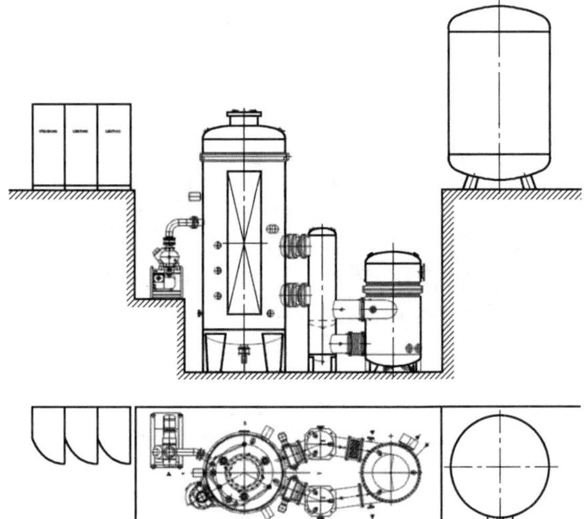
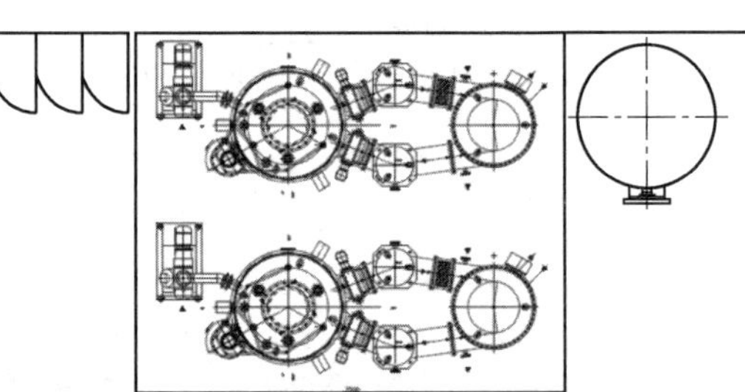

图 11-74　井式真空高压气淬炉

表 11-23　4Cr5MoSiV 和 4Cr5MoSiV1 钢的化学成分（质量分数）　（%）

牌号	C	Si	Mn	Cr	Mo	V	P	S
4Cr5MoSiV	0.33~0.43	0.80~1.20	0.20~0.50	4.75~5.50	1.10~1.60	0.30~0.60	≤0.03	≤0.03
4Cr5MoSiV1	0.32~0.45	0.80~1.20	0.20~0.50	4.75~5.50	1.10~1.75	0.80~1.20	≤0.03	≤0.03

表 11-24　4Cr5MoSiV 和 4Cr5MoSiV1 钢的临界点　（单位:℃）

牌号	Ac_1	Ac_3	Ar_1	Ar_3	Ms	Mf
4Cr5MoSiV	853	912	720	773	310	103
4Cr5MoSiV1	860	915	775	815	340	215

（2）热处理工艺　4Cr5MoSiV1 是一种空冷硬化的热作模具钢，经过一定的预备热处理后，其最终热处理的淬火温度超过 1000℃，一般推荐为 1020~1050℃，传统的热处理工艺为空冷、盐浴淬火或真空油淬，现在大多采用真空高压气淬+回火的热处理工艺，以便得到更好的组织性能和较长的使用寿命。

现代压铸模具一般尺寸较大，大型铝压铸模的质量可达 3t 以上，所选的真空炉需要具备很高的冷却速度，前面提到的石墨热区圆形炉膛的真空高压气淬炉可以满足此要求。真空炉中 4Cr5MoSiV1 钢典型的淬火工艺曲线如图 11-75 所示。

1）加热升温。加热升温时，特别是在低温阶段，应尽可能采用正压下的对流加热，保证炉内炉温的均匀性和较快的工件加热速度，也可以减少工件的变形。对于尺寸较大的模具，由于心部和表面的温差较大，需要进行分段升温，达到内外均温的效果。加热温度的选用原则：要求韧性较好的模具，可取下限温度；要求热硬性好的模具，可取上限温度。

2）冷却和淬火。工件在进行足够长时间的保温后进行快速冷却，冷却所需要的氮气压力与气淬炉的性能和工件尺寸大小有关，表 11-25 列出了 4Cr5MoSiV1 模具钢推荐的气体压力。对于大型模具或尺寸差别较大的模具，除需保证足够的冷却速度，还需尽量采用分级等温冷却，以避免模具变形和开裂，等温温度可选择在 430~470℃ 范围。

表 11-25　4Cr5MoSiV1 模具钢推荐的气体压力

单件质量/kg	气体压力/MPa	分级等温
<500	0.4~0.7	需要
500~1000	0.6~0.9	需要
>1000	0.7~1.2	需要

真空高压气淬炉的等温冷却是一个由真空炉自动控制的冷却过程，至少需要配置三支能参与控制的测温热电偶，分别测量炉温 T、工件表面温度（T_s）和

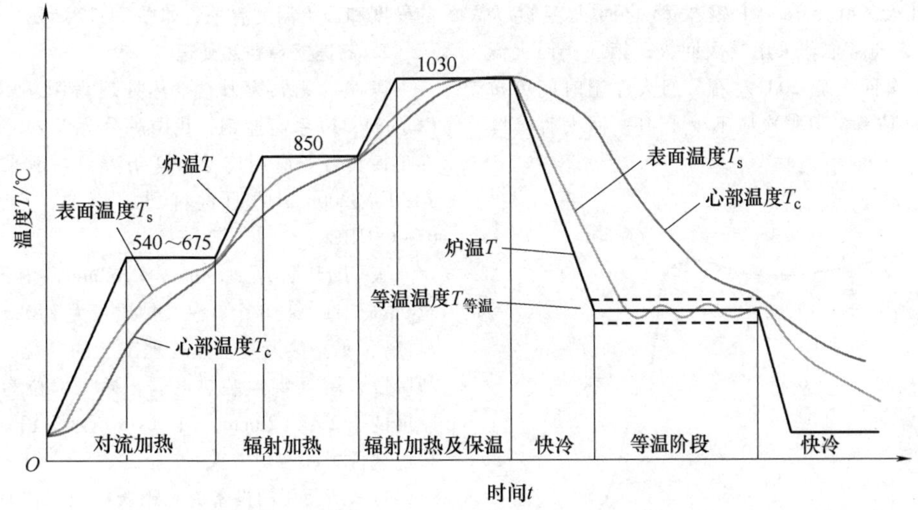

图 11-75　真空炉中 4Cr5MoSiV1 钢典型的淬火工艺曲线

工件心部温度（T_c），其控制过程如下：

① 真空炉升温和保温阶段由炉温热电偶控制，经保温后的炉料在快速冷却开始后，炉温 T 迅速降低，并最先达到所设定的等温温度（$T_{等温}$），但此时工件表面温度（T_s）和工件心部温度（T_c）都还高于炉温许多，炉温将保持不变，等待工件温度继续降低。当工件表面温度（T_s）进一步降低到所设定的等温温度（$T_{等温}$）+上偏差值（如 10℃）时，等温过程启动，系统温度控制由工件表面热电偶接管。

② 当 T_s 低于等温温度（$T_{等温}$）+下偏差值（如 -10℃）时，系统将关闭冷却功能，并启动加热程序使炉子重新升温，以便维持 T_s 处于所设的等温温度（$T_{等温}$）+上下偏差值以内。

③ 如果 T_s 超过等温温度（$T_{等温}$）+上偏差值，则系统启动冷却风机，继续冷却。

④ 以上加热和冷却过程循环反复，直至工件的心部温度（T_c）也进入系统设定的等温温度（$T_{等温}$）+上下偏差值以内，等温过程结束。

等温过程结束后，系统立即重新进入快速冷却阶段进行淬火。此时工件的内外温度已基本一致，从而大幅度减低了工件内部的应力，避免了模具开裂。图 11-76 所示为尺寸为 300mm × 300mm × 300mm 的 4Cr5MoSiV1 模具钢在施迈茨卧式高压气淬炉中处理的典型工艺曲线。

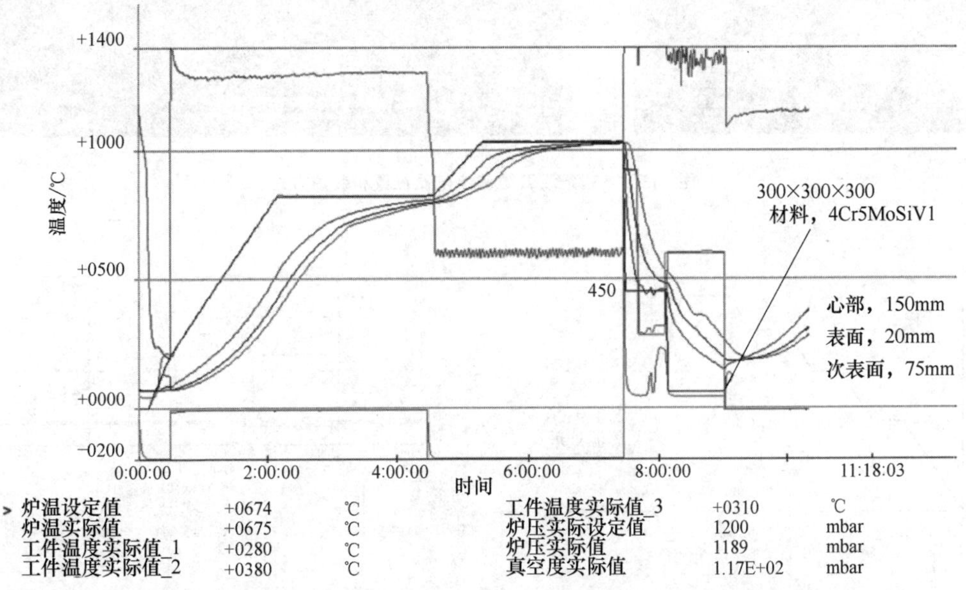

图 11-76　4Cr5MoSiV1 模具钢在施迈茨卧式高压气淬炉中处理的典型工艺曲线

3）回火。4Cr5MoSiV1 钢推荐的回火温度为 530~580℃，通常推荐采用二次回火，第二次回火温度应比第一次回火低 20℃ 左右。回火保温时间可按照 1h/25mm 估算，但每次应不少于 4h。回火后模具的硬度和回火温度有关，如图 11-77 所示。

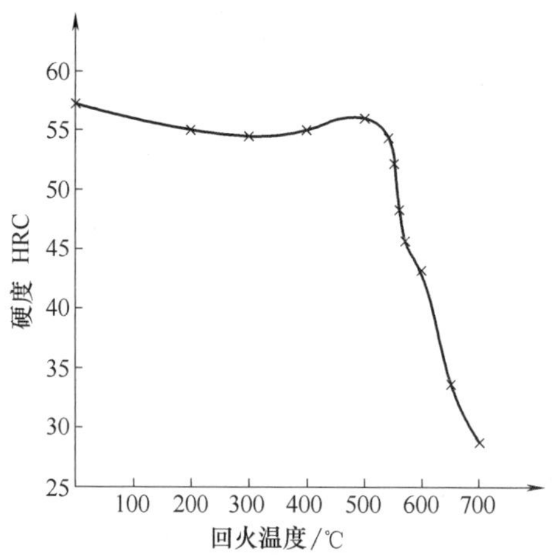

图 11-77　4Cr5MoSiV1 模具钢回火温度和硬度曲线

2. 高速钢真空热处理

以 M42 锯条滚刀真空热处理为例，M42 属于含 Co 的 W-Mo 系高速钢，我国牌号为 W2Mo9Cr4VCo8，在工模具行业应用广泛。锯条滚刀一般采用外径为 ϕ190~ϕ200mm 的原材料加工而成，产品硬度为 67~68HRC。

滚刀尺寸为 ϕ190mm×160mm，内孔直径为 ϕ60mm，每炉装 9 个，总装炉质量为 240kg 左右（含料盘）。锯条滚刀真空热处理工艺的升温、保温和冷却阶段采用 N 型铠装热电偶，插入部位为滚刀有效厚度的 1/2，约 20mm。图 11-78 所示为锯条滚刀铠装热电偶位置和装炉方式。

工艺所使用的设备为施迈茨高压气淬真空炉，方形石墨炉膛，最高冷却压力为 1MPa，并采用等温冷却工艺，最终采用 1160℃ 保温 60min，用 0.8~0.9MPa 气体压力冷却，在 300℃ 等温 1h 左右，然后快速冷却到室温（见图 11-79）。采用 550℃ 高温三次回火。

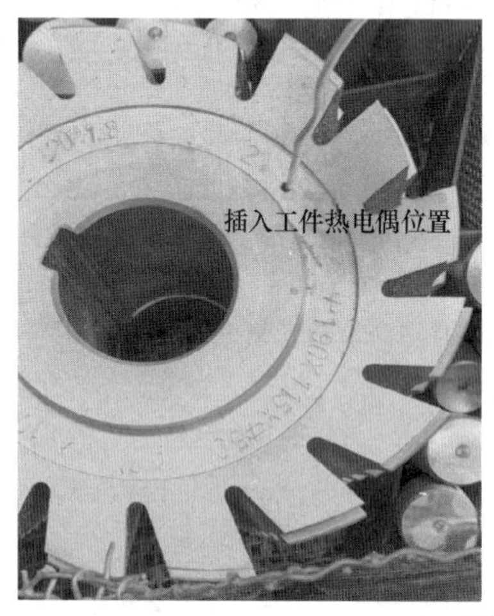

图 11-78　锯条滚刀铠装热电偶位置和装炉方式

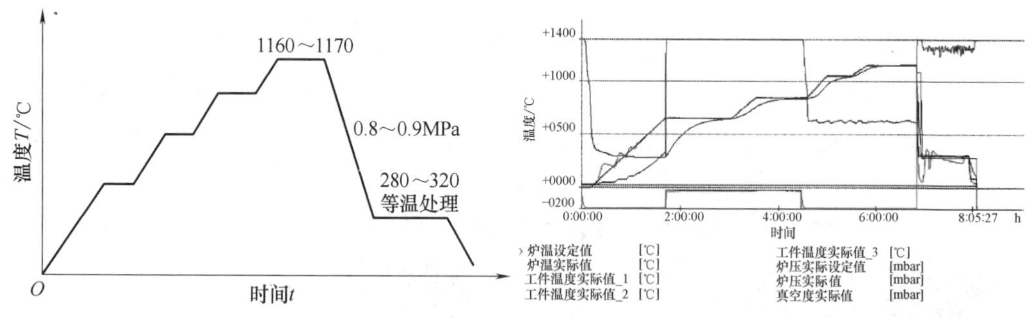

图 11-79　锯条滚刀真空高压气淬温度工艺设定和记录曲线

11.8　真空热处理生产线

面对各类金属材料，以及对零件热处理精度和性能的不同要求，真空热处理技术拥有多种工艺和装备与之匹配。以往的国内外真空热处理设备制造商大多提供的是真空热处理单机设备，以单一功能、周期式运行为主，很难满足多工艺兼容性和批量化生产的要求。

随着真空热处理技术的发展，客户对真空炉的功能多样性、连续生产和装备的自动化、数字化提出更高的要求，因此真空热处理生产线技术应运而生。真空热处理生产线具有很高的自动化水平，具备来料识别、工艺制订、智能排产及物料传送等多种功能，既可以满足多品种小批量的生产模式，也可以满足单一品种大批量的生产模式，是今后真空热处理装备发展的重要方向之一。

1. 单机连线真空热处理生产线

根据工艺要求配置真空热处理设备主机和相关配套设备，每个设备完成一个或多个工艺环节，采用炉外自动料车完成物料在不同设备之间的转移，实现真空热处理设备的成组连线，如图 11-80 所示。

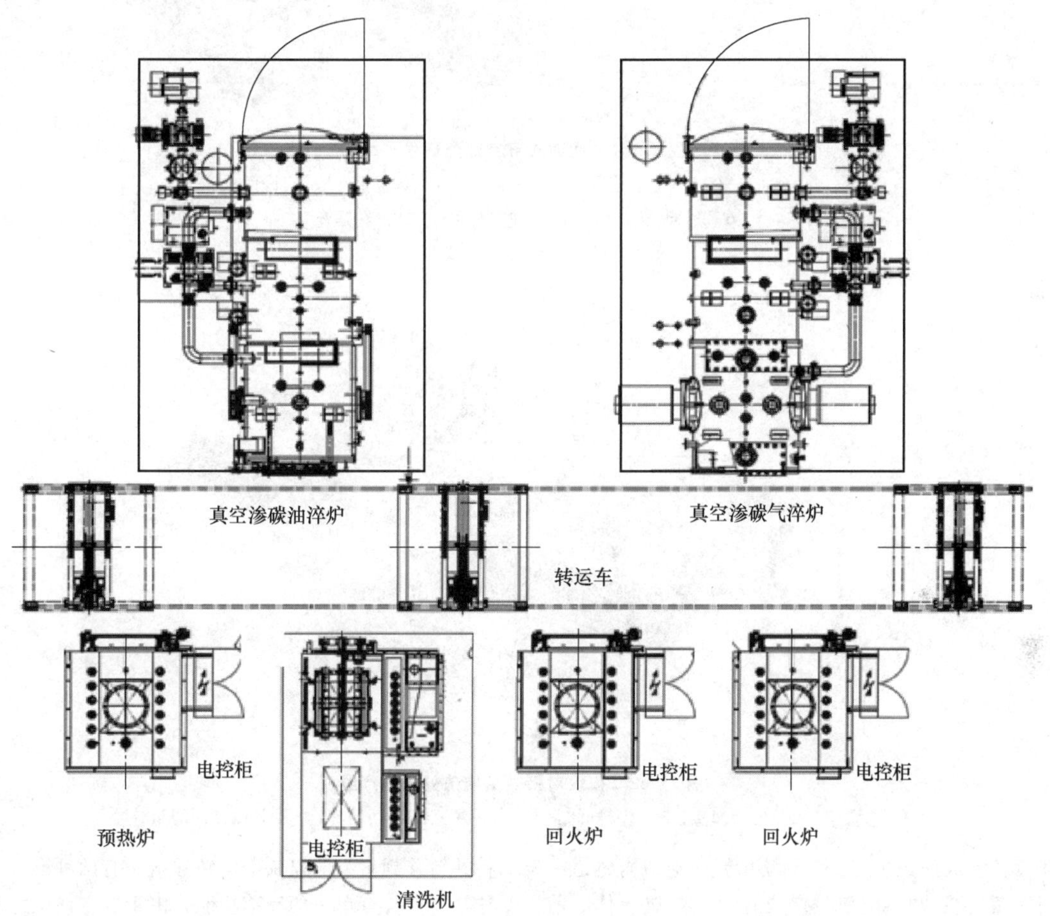

图 11-80　单机连线真空热处理生产线

2. 模块化真空热处理生产线

欧美地区的真空炉制造企业已经研发出模块化真空热处理生产线，可以将渗碳、淬火和回火功能配置于单独的模块，然后将各模块联成一条自动化生产线。各模块数量的多少根据真空热处理的工艺及零件的产量而定。可根据实际工艺、工序及产能变化情况，进行生产线各模块的增加和调整。生产线具备可拓展性以满足实际工艺路线或产能的改变，无须全部重新购置，提升了生产线的适用性。

模块化真空热处理生产线的基本结构有两大类，即通道式和模块对接式。图 11-81 所示为通道式真空热处理生产线，图 11-82 所示为模块对接式真空热处理生产线。

(1) 通道式真空热处理生产线　这种结构的特点是建造一个总的真空通道，在通道两侧可以对接安装任意数量、各种功能的炉子模块，如真空渗碳室、

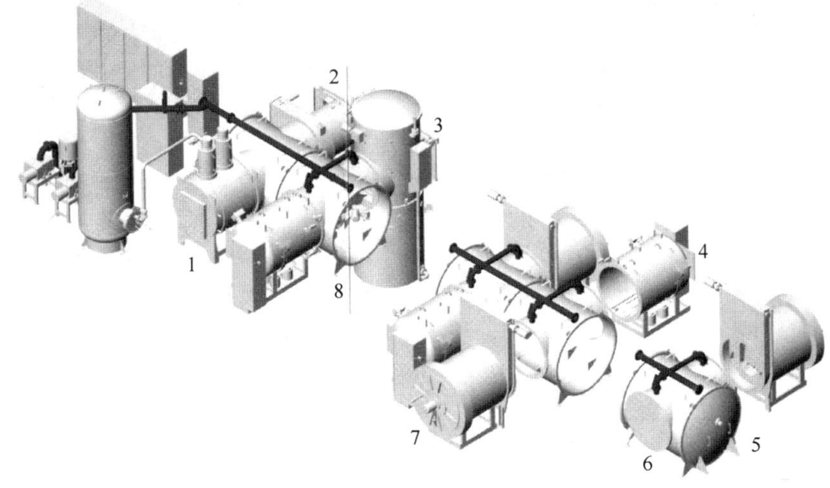

图 11-81　通道式真空热处理生产线

1—气淬室　2—进出料室　3—油淬室　4—高温室　5—检修门
6—延伸位置　7—对流加热低温室　8—转运车

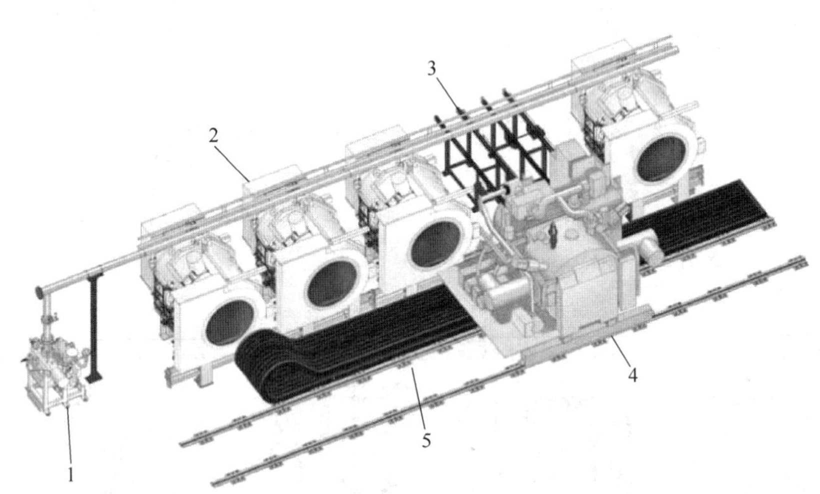

图 11-82　模块对接式真空热处理生产线

1—工艺泵组　2—热处理室　3—装料/卸料台　4—往返模块（转移/淬火室）　5—能量拖链

高压气淬室或回火炉等，各模块由置于通道内轨道上的料车负责装/卸料，使生产线有效地连成一体。前期产量较低时只需要短的通道，后期增加产量时则可以将真空通道加长，再在两侧增加所需的功能模块，使之成为一条柔性生产线。这种结构也有其局限性，由于需要使用共有的真空通道，当真空通道发生故障时，如真空泄漏或装/卸料车故障时，需要破坏真空状态，全线停产检修。

（2）模块对接式真空热处理生产线　这种结构的特点类似于箱式多用炉生产线，各功能模块相对独立，真空渗碳室、高压气淬室或回火炉各司其职，互不影响。各模块由置于公共轨道上的料车负责装/卸料并转移到后续的模块中。转移料车有两种形式：一种是料车具有单一的转移功能，由于真空渗碳室和气淬室是分开的，要求转移料车具有加热保温功能，并且需要在真空环境中加热保温，以避免工件氧化，并确保工件到达高压气淬室后的温度仍然可维持在设定的淬火温度；另一种转移料车则具有高压气淬功能，真空渗碳后的工件可以快速转移到淬火室进行淬火，料车内不再需要加热和保温功能，但由于实现高压气淬需要向淬火室内快速充气到设定的压力，转移料车需要和高压气管等相连并在轨道上平移运动，这对转移料车提出了很高的要求。

我国企业通过设备、工艺、控制系统、工艺软件等集成研发，模块化真空热处理生产线技术日益完善，也已具备设计研发并生产此类装备的技术能力。

11.9 真空热处理炉常见故障及排除方法

对真空热处理炉，除了自身的结构设计及制造质量，正确使用和经常维护保养同样非常重要，只有这样才能使设备保持最佳状态，维持其稳定性并延长使用寿命。在使用和维护真空热处理炉的过程中，经常会遇到各种故障，表 11-26 大致总结了真空热处理炉常见故障及排除方法。

表 11-26 真空热处理炉常见故障及排除方法

故障内容	产生原因	排除方法
真空泵		
真空度低	1)泵油黏度过低 2)泵油量不够 3)泵油不清洁 4)轴的输出端漏气 5)排气阀门损坏 6)叶片弹簧断裂 7)泵缸表面磨损	1)换用规定牌号的油 2)加油 3)更换新油 4)更换轴端油封 5)更换新阀片 6)更换新弹簧 7)修复或更换
泵运转出现卡死现象	1)杂物吸入油内 2)长期在高压力下工作,使泵过热、机件膨胀、间隙过小	1)拆泵修理 2)泵不宜在高压力下长期工作,加强泵的冷却
泵运转有异常噪声	1)泵过载 2)泵腔内部零件局部磨损	1)泵不宜长期在高压力下工作 2)更换磨损零件
泵起动困难	1)泵腔内充满油 2)电动机电路短路 3)电动机有故障 4)传动带太松 5)泵腔内有污物 6)泵腔润滑不良	1)停泵后应将泵内充大气 2)排除电路故障 3)检修电动机 4)张紧传动带 5)拆泵清理 6)加强润滑
喷油	1)进气口压力过高 2)油太多超过油标	1)减低进气口压力 2)放出多余的油
油温过高	1)杂物吸入泵内 2)吸入气体温度过高 3)冷却水量不够	1)取出杂物 2)进气管路上装冷却装置 3)增加冷却水流量
机械增压泵		
真空度低	1)转子与转子、转子与定子的径向间隙大,转子与端盖侧向间隙大 2)轴的输出端漏气 3)前级泵真空度低 4)泵腔内含油蒸气	1)调整间隙,修理或更换泵 2)更换轴端油封 3)修理或更换前级泵 4)清洗泵并烘干
泵运转有噪声	1)传动齿轮精度不够或损坏 2)轴承损坏 3)转子动平衡不好 4)入口压力过高	1)更换齿轮 2)更换轴承 3)转子动平衡 4)控制入口压力
油扩散泵		
抽速过低	1)泵心安装不正确 2)泵油加热不足	1)检查喷口安装位置和间隙是否正确 2)检查加热器功率及电压是否符合规定要求
真空度低	1)泵油不足或泵油变质 2)泵冷却不好 3)系统和泵内不清洁 4)泵心安装不正确 5)泵漏气 6)泵过热	1)加油,换油 2)改善冷却 3)清洗并烘干 4)检查喷口位置和间隙 5)消除漏气 6)降低加热功率,改善冷却

（续）

故障内容	产生原因	排除方法
真空炉主体及电气系统		
最高温度达不到额定值	1)隔热屏损坏 2)电热元件老化	1)检修或更换隔热屏 2)更换电热元件
绝缘电阻值低于正常使用值	1)碳纤维与电极接触 2)局部短路 3)绝缘件污染	1)消除碳纤维 2)排除短路部位 3)清洗或更换绝缘件
温度控制失灵	1)热电偶的偶丝断或污染 2)温度控制仪表故障 3)热电偶补偿导线接反或短路	1)更换热电偶 2)按仪表说明书检修 3)重接或排除
自动控制线路工作不正常	1)仪器仪表有故障,不按规定发信号 2)中间继电器工作不正常	1)检修仪表 2)检修或更换中间继电器
传送机构不动作或中途中断	1)机械压块未压行程开关 2)行程开关故障 3)电动机故障 4)液压传动机构的电磁阀故障	1)调整压块或行程开关 2)检修或更换行程开关 3)检修电动机 4)检修或更换电磁阀
对真空热处理零件质量与设备有影响的故障		
油淬工件表面不亮	1)炉子真空度低 2)淬火冷却油脱气不彻底 3)入油温度过高	1)提高炉子真空度 2)淬火冷却油脱气 3)按规定温度入油
气淬工件表面不亮	1)炉子真空度低 2)保护气体纯度不够 3)充气管路没有预抽气	1)提高炉子真空度 2)提高保护气体纯度 3)每次开炉前应把充气管路预抽干净
工件表面合金元素挥发	真空度过高	按工件材料不同控制炉子真空度

参 考 文 献

[1] 王志坚，徐成海，李福忠，等. 真空高压气淬技术和设备的进展［J］. 真空，2002（6）：14-20.

[2] 王志坚，尚晓峰. 真空高压气淬炉中淬火压力、流速和类型对冷却性能影响的数值模拟［J］. 真空，2011（6）：76-80.

[3] 阎承沛. 真空热处理工艺与设备设计［M］. 北京：机械工业出版社，2003.

[4] 潘建生，胡明娟. 热处理工艺学［M］. 北京：高等教育出版社，2009.

[5] 陈再枝，蓝德年，马党参. 模具钢手册［M］. 北京：冶金工业出版社，2020.

第12章　感应热处理设备

盐城高周波热炼有限公司　孙戌东　王晖　陆叶星

将金属工件置于感应器或感应加热线圈中，当一定频率的交流电通过感应器或感应加热线圈时，就产生强大的交变磁场，处于交变磁场中的金属工件产生一定的感应电流，形成涡流，由于趋肤效应和涡流的作用，迅速加热金属工件表面。这个过程由感应加热装置完成，感应加热装置由感应加热电源、感应器及感应机床三部分组成。

12.1　感应加热电源

对于金属材料，感应加热效率最高、速度最快，且低耗环保，已经广泛应用于各行各业对金属材料的热加工、热处理、热装配及焊接、熔炼等工艺中。感应加热电源由两部分组成，一部分是提供能量的交流电源，也称变频电源；另一部分是完成电磁感应能量转换的感应线圈，称感应器。

感应加热不但可以对工件进行整体加热，还能对工件进行局部的针对性加热；可实现工件的深层透热，也可只对其表面、表层集中加热；不但可对金属材料直接加热，也可对非金属材料进行间接加热等。因此，感应加热技术必将在各行各业中应用越来越广泛。

12.1.1　感应加热用中高频电源的发展趋势

1）以晶闸管为主功率器件的中频电源仍然不会退出历史舞台，仍将垄断大功率（几千千瓦以上）的中频电源领域，将是10t、12t、20t炼钢或保温用中频电源的主流设备。

2）小功率晶闸管中频电源（功率容量小于1000kW）将随着对效率及炼钢质量要求的不断提高，而逐渐减小使用量，但它们在淬火、弯管等领域仍将使用一段时间。

3）主功率器件为集成门极换向型晶闸管（IGCT）及门极关断晶闸管（GTO）的感应加热用中频电源将与主功率器件为晶闸管的中频电源展开激烈的竞争，并逐渐缩小前者的市场份额。

4）中高频（频率>10~30kHz）领域使用的中频电源将以绝缘栅双极晶体管（IGBT）为主要器件，其单机容量将随着IGBT自身容量的不断扩大而不断扩大，并获得越来越大的使用范围。

5）高频（频率>100kHz）领域的感应加热电源将以金属—氧化物—半导体场效应晶体管（MOSFET）为主要器件，伴随着MOSFET制造工艺的不断进步和突破，以MOSFET为主功率器件的高频电源将获得广泛的应用，其容量将不断扩大。

6）感应加热用中频电源的冷却技术将获得较大突破，解决水冷方式对使用者带来的漏水、水质处理等不便，但这也许要经过很长的时间。

7）感应加热用中频电源的配套件将不断进步，更加标准化、更加系列化，给高中频电源的制造和维修带来更大的方便。

8）感应加热用中频电源的单机功率容量将不断扩大，有望突破10MW，其工作频率将越来越高。

9）与感应加热用中高频电源配套的限制电网干扰、保证电网绿色化的电磁干扰（EMI）抑制技术，功率因数校正技术将获得广泛应用，并进一步改善中高频感应加热电源的输出波形和效率。

10）静电感应晶体管（SIT）及静电感应晶闸管（SITH）器件将在我国中高频电源领域获得应用，并填补我国至今没有自行开发应用这些器件制作的中高频感应加热电源的空白。

11）中高频感应加热电源的起动方式、控制技术将再获得突破，并进一步提高这类电源的性能，采用新型控制策略的中频电源将获得大范围应用。

12）现代感应加热电源的功率和频率范围很广，图12-1所示为晶闸管（SCR）电源、IGBT电源和MOSFET电源的功率和频率的关系。从图12-1可以看出，各种电源间有重叠区域，可以综合考虑后而加以选用。频率低于10kHz的电源称为中频感应加热电源，频率为10kHz~100kHz的称为超音频感应加热电源，频率高于100kHz的称为高频感应加热电源。按照功率器件SCR、MOSFET和IGBT率特性及功率容量来看，SCR主要应用于中频感应加热，功率等级在5000kW左右，频率等级在8kHz左右；就目前IGBT感应加热电源的制造水平来看，国际上达到了2000kW/180kHz，国内为500kW/50kHz，MOSFET感应加热电源的制造水平国际上大致为1000kW/400kHz，国内为300kW/(100~400) kHz。

当今已有许多类型和型号的现代感应加热电源可

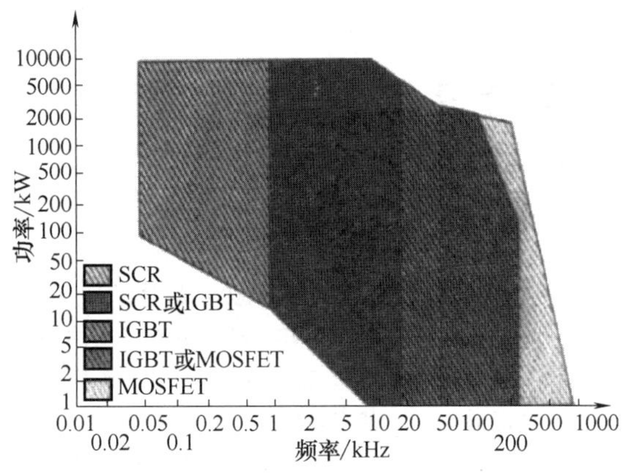

图 12-1　电源功率与频率的关系

以满足各种感应热处理工艺的需求，不同的热处理工艺对频率、功率等的要求有所不同。

12.1.2　晶闸管中频感应加热电源

晶闸管中频感应加热电源又称可控硅中频电源，是 0.4kHz~10kHz 频段主要的感应加热电源，也是大部分钢材感应加热快速热处理采用的电源。晶闸管中频感应加热电源从电路结构上划分有两种类型，即并联逆变中频感应加热电源和串联逆变中频感应加热电源。

晶闸管并联逆变中频感应加热电源　晶闸管并联逆变中频电源具有负载适应能力强、工作稳定可靠、过电流保护特性好、电源功率大等优点，是应用最广泛的中频电源。晶闸管串联逆变中频感应加热电源现在已被新型电源，如晶体管超音频感应加热电源替代。

晶体管超音频感应加热电源指频率在 10kHz~100kHz、采用新型晶体管组成逆变电路的电源。IGBT 晶体管是具有代表性的晶体管，具备 MOS 器件和双极型器件的优点：通态电压低，高输入阻抗，开关速度快和通流能力强等。采用这种器件构成的逆变电路电源，称为 IGBT 超音频感应加热电源。

电阻性负载的三相桥式全控整流电路（见图 12-2）是工业中应用最为广泛的一种整流电路，它实质是一组共阴极与一组共阳极的三相半波可控整流电路的串联。习惯将其中阴极连接在一起的三个晶闸管（VS_1、VS_3、VS_5）称为共阴极组；阳极连接在一起的三个晶闸管（VS_4、VS_6、VS_2）称为共阳极组。三相整流变压器采用 Dy 联结，于共阳极组在电源正半周导通，流经变压器二次绕组的是正向电流。共阴极组在电源负半周导通，流经变压器二次绕组的是反向电流。因此，在一个周期中，变压器绕组中没有直流磁动势，这有利于减小，在压器磁通、电动势中的谐波。此外，习惯上希望晶闸管按从 1~6 的顺序导通，为此将晶闸管按图示的顺序编号，即共阴极组中与 a、b、c 三相电源相接的三个晶闸管分别为 VS_1、VS_3、VS_5，共阳极组中与 a、b、e 三相电源相接的三个晶闸管分别为 VS_4、VS_6、VS_2。三相桥式全控整流电路必须用双窄脉冲或宽脉冲触发，其移相范围为 0°~120°，最大导通角为 120°。它主要用于对电压控制要求高或要求逆变的场合。

三相桥式全控整流电路由六只晶闸管组成，VS_1、VS_2、VS_3、为共阴极组，VS_4、VS_5、VS_6 为共阳极组。电阻性负载的三相桥式全控整流电路如图 12-2 所示。

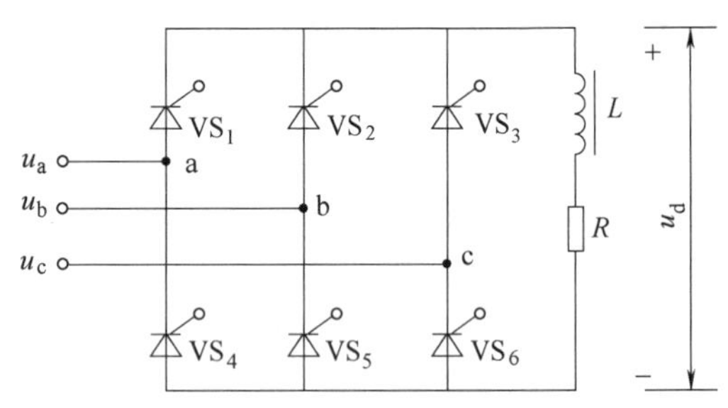

图 12-2　电阻性负载的三相桥式全控整流电路

在交流电源的一个周期内，晶闸管在正向阳极电压作用下不导通的电角度称为控制角或移相角，用 α 表示；导通的电角度称为导通角，用 θ 表示。在三相可控整流电路中，控制角的起点不是在交流电压过零点处，而是在自然换流点（又称自然换相点），即三相相电压的交点。当采用双窄脉冲触发时，触发电路每隔 60°依次同时给两个晶闸管施加触发脉冲，每周期的触发顺序如图 12-3 所示。

$$\begin{matrix} VS_1 \\ VS_5 \end{matrix} \rightarrow \begin{matrix} VS_1 \\ VS_6 \end{matrix} \rightarrow \begin{matrix} VS_2 \\ VS_6 \end{matrix} \rightarrow \begin{matrix} VS_2 \\ VS_4 \end{matrix} \rightarrow \begin{matrix} VS_3 \\ VS_4 \end{matrix} \rightarrow \begin{matrix} VS_3 \\ VS_5 \end{matrix}$$

图 12-3　脉冲触发顺序

（1）$\alpha=0$　当 $\alpha=0$ 时，晶闸管在自然换流点得到触发脉冲，其波形如图 12-4 所示。

（2）$\alpha=60°$　当 $\alpha=60°$ 时，晶闸管在自然换流点之后 60°得到触发脉冲，其波形如图 12-5 所示。

α 在 0~60°范围内时，输出电压 U_d 的波形是连续的，晶闸管的导通角 $\theta=120°$ 保持不变（不随控制角 α 变化而变化）。

（3）$\alpha=90°$　当 $\alpha=90°$ 时，晶闸管在自然换流点之后 90°得到触发脉冲，其波形如图 12-6 所示。

其余类推。

电感性负载的三相桥式全控整流电路波形如图 12-7 所示。

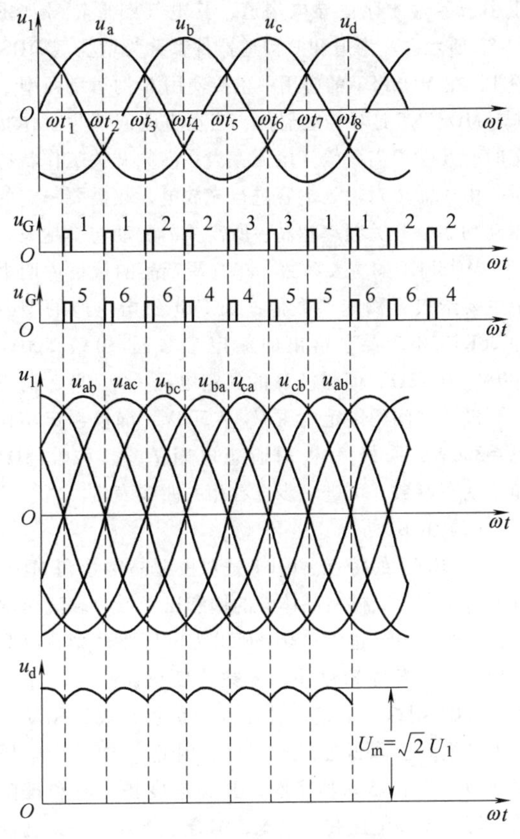

图 12-4　α=0 时的波形

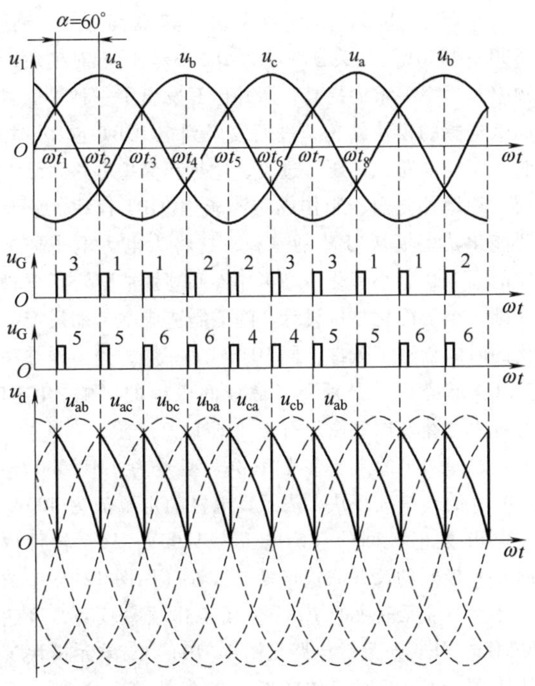

图 12-5　α=60°时的波形

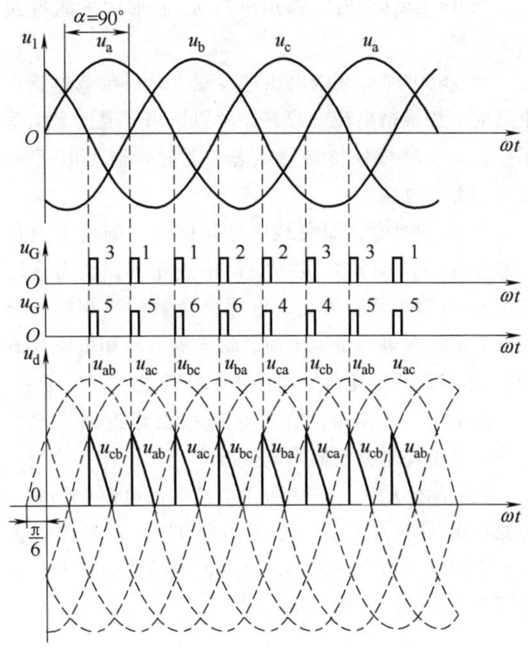

图 12-6　α=90°时的波形

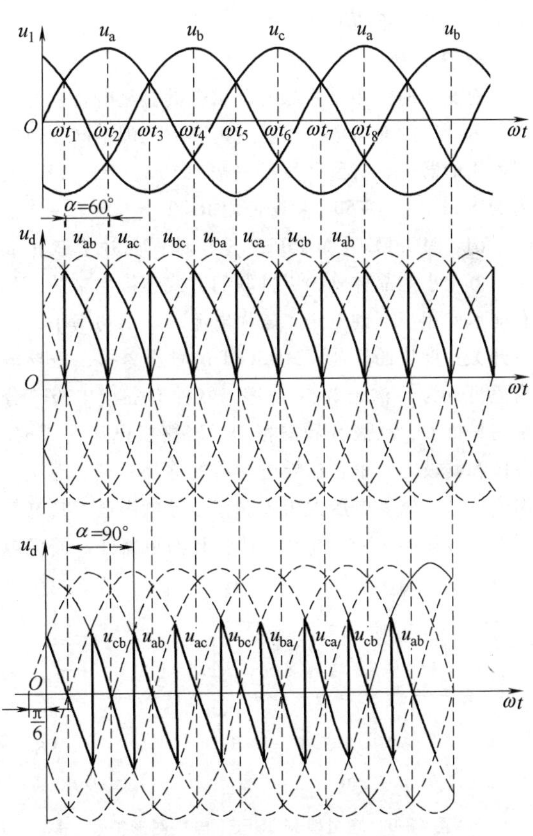

图 12-7　电感性负载的三相桥式全控整流电路波形

当 $0 \leqslant \alpha \leqslant 60°$ 时，输出电压 u_d 波形同电阻性负载时一样。

当 $\alpha > 60°$ 时，在线电压过零变负时，负载电感产生感应电势维持电流的存在，所以原来导通的晶闸管不会截止，继续保持导通状态。此时，输出电压 u_d 波形中有负电压。

当 $\alpha = 90°$ 时，如负载电感足够大，则输出电压 u_d 波形中正向面积和负向面积接近相等，输出直流电压 u_d 近似为零。可见，电感性负载的三相桥式全控整流电路在电感足够大时，最大有效移相范围只有 90°，晶闸管的导通角 θ 则保持 120°不变。

由于电感的作用，负载电流 I_d 波形近似为水平直线，晶闸管电流近似为矩形波。

在实际应用中，三相桥式全控整流电路控制角 α 的变化范围不宜太宽（通常 $\alpha < 60°$），因为控制角大，会使输入功率因数小、输入电流谐波分量大，对电网产生比较严重的干扰。

12.1.3　固态感应加热电源

1. 三相桥式全控整流电路

三相桥式全控整流电路和晶闸管中频感应加热电源基本相同，不再介绍。

2. 逆变部

逆变部的作用是将顺变部出来的直流电转换为工作所需频率的交流电。根据使用频率范围不同，逆变部使用的器件也有所区别。一般（100～400）kHz 使用 MOSFET，（1～50）kHz 使用 IGBT。

（1）MOSFET　MOSFET 是在单面晶片上制作成千上万个小的晶体管，以并联的方式连接起来的，具有能承受相当高的电压、较大电流、驱动功率小，以及开关速度快的性能。MOSFET 的种类繁多，按导电沟道可分为 P 沟道和 N 沟道。器件有三个电极，分别为栅极 G、源极 S 和漏极 D。当栅极电压为零时，源极和漏极之间就存在导电沟道的称耗尽型。对于 N 沟道器件，栅极电压大于零时存在导电沟道，其电气图形符号如图 12-8a 所示；对于 P 沟道器件，栅极电压小于零时才存在导电沟道，其电气图形符号如图 12-8b 所示。N 沟道和 P 沟道器件都称为增强型 MOSFET，在 MOSFET 的应用中主要使用 N 沟道增强型。

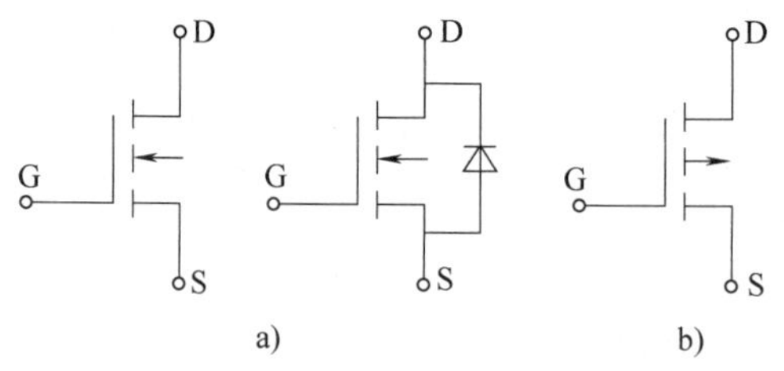

图 12-8　增强型 MOSFET 电气图形符号
a）N 沟道　b）P 沟道

MOSFET 是场控型器件，当在直流或低频工作状态时，几乎不需要输入电流；当在高频开关工作状态时，由于需要对输入电容进行充放电，故需要一定的驱动功率。开关频率越高，所需要的驱动功率越大。

MOSFET 的主要参数：在有些产品的规格说明书中主要给出了额定参数值，如 Fuji 公司生产的型号为 2SK1020 产品，给出的额定参数是 30A、500V、300W、0.18Ω，即漏极 D 的额定电流 $I_d = 30A$，漏极 D-源极 S 之间的额定电压 $U_{dss} = 500V$，漏极额定功耗 $P_d = 300W$，漏极-源极的通态电阻 $R_{ds(on)} = 0.18\Omega$。如需动态参数，可进一步查看相关曲线表格。

（2）IGBT

1）IGBT 的特点。IGBT 是双极型晶体管和 MOSFET 的复合。双极型晶体管的饱和压降低，载流密度大，但驱动电流也大；MOSFET 为电压驱动型，故驱动功率小，载流密度小，开关速度快，但导通压降大。IGBT 则综合了这两种器件的优点，成为驱动功率小且饱和压降低的新型器件。因此，IGBT 为电压驱动型，具有驱动功率小，开关速度快，饱和压降低，可承受高电压和大电流，综合性能好等一系列优点，已成为当今应用最为广泛的半导体器件。目前，除单管 IGBT，已批量生产一单元、二单元、四单元和六单元的 IGBT 标准型模块，其最高水平已达 1800A/4500V，开关频率可达 100kHz。随着对模块的频率和功率要求的提高，国外已开发出了一种平面式的低电感的模块结构，进而发展到把 IGBT 芯片、控制和驱动电路、过压、过流、过热和保护电路封装在同一绝缘外壳内，制作成为智能化 IGBT 模块。它是智能化功率模块 IPM 的一种，这将为电力电子逆变器的高频化、小型化、高可靠性和高性能奠定了器件基础，也为简化整机设计、降低制造成本、缩短产品化的时间创造了条件。同 MOSFET 一样，当工作在高频开关状态时，必须要考虑极间电容的影响。IGBT 的等效电路及电气图形符号如图 12-9 所示。

2）IGBT 的主要参数举例。型号为 1MBI400VF-120-50 的一单元模块，表示集电极额定电流为 400A，集电极-发射极间的额定电压为 1200V，D 是器件内部 C-E 极间的反并联快恢复二极管（见图 12-9c 中的 VD）。一单元模块的 IGBT 使用工作频率较高，可达 50kHz（外观及等效电路见图 12-10），二单元模块等使用在 8kHz 以下工作频率（外观及等效电路见图 12-11）。

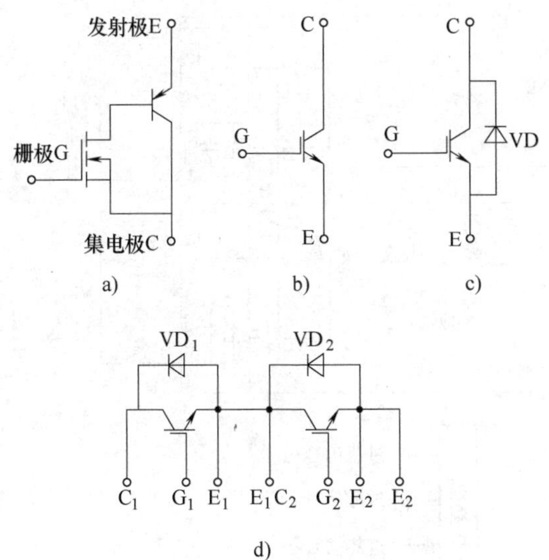

图 12-9　IGBT 的等效电路及电气图形符号

a）等效电路　b）电气图形符号　c）内含反并联二极管的电气图形符号　d）二单元模块电气图形符号

图 12-10　一单元 IGBT 模块外观及等效电路

图 12-11　二单元 IGBT 模块外观及等效电路

3. MOSFET 与 IGBT 逆变电源

一般输出功率小于 20kW 的 MOSFET 与 IGBT 逆变电源采用单相交流电源供电，大于 20kW 的采用三相交流电源供电。由于频率的原因，一般高频电源多采用 MOSFET（100kHz～400kHz），超音频电源多采用 IGBT（频率为 0.5kHZ～50kHz）。

（1）MOSFET 高频逆变器　用于感应加热的高频逆变器主要有电压型串联谐振逆变器和电流型并联谐振逆变器。在使用 MOSFET、IGBT 等具有自关断能力的功率晶体管作开关器件的逆变器中，中小功率多采用电压型串联谐振逆变器，大功率多采用电流型并联谐振逆变器。由于功率晶体管在功率、控制性能和可靠性设计方面取得的进步，使高频电源的额定输出功率达到 600kW，频率达到 400kHz，逆变器效率为 85%～90%，整机效率为 74%～77%。

1）电压型串联谐振逆变器。图 12-12 所示为振荡功率为 30kW，工作频率为（50～150）kHz 的 MOSFET 高频电源电路，为电压型串联谐振逆变电路（电流控制）。为提高输出功率，各桥臂采用两管并联。为解决管子之间的均流问题，应采取措施为：①VM_1～VM_4 是由 MOSFET 组成的管组，每组应选用特性一致，特别是通态电阻一样的器件并联；②各 MOSFET 管分别串接栅极电阻；③驱动信号功率应足够大；④四个桥臂的布局与安装要使其散热条件相同，以保证工作温度尽量相同等。

与 MOSFET 器件 D-S 极间反并联的二极管是器件内部的快恢复二极管，它有与 MOSFET 开关速度相匹配的恢复时间，其耐压与允许电流也相一致，作用是为外部电路的无功电流提供通路，与之相并联的电阻和电容是吸收回路。

负载回路 L、R、C 是串联谐振电路。在谐振状态下，电容器 C 与淬火变压器初级线圈上的电压是 u_{ab}（矩形波）的基波电压 u_1 的 Q 倍，Q 是串联谐振电路的品质因数。

Q 受加热工件的物理状态和淬火变压器结构及线圈形状匝数的影响，一般为 3～7。

Q 过小不容易产生震荡，需要使用串联交流电抗等方式增加 L 值进而增加 Q 值。

Q 过大，整合部电容电压耐压值要求会成几何倍数增加，制造维护成本增加。

2）逆变器驱动电路。驱动电路是以集成 PWM 控制器 SC3525 为核心的电路组成，由驱动器 1～4 输出触发信号 u_{g1}～u_{g4}。与晶闸管逆变器不同，由于 MOSFET 具有自关断能力，因而不用启动和换流电路，只要在 MOSFET 的栅极加上导通和截止触发脉冲即可正常工作。逆变器的上、下桥臂的栅极驱动应遵守先关断后开通的原则，因而工作桥臂轮换时，它们的触发脉冲之间存在时间死区 t_s。触发电路也可采用专用驱动器芯片，如 UC3706 和 UC3708 组成。

由于三相整流桥为不可控三相整流电路，u_0 的值不可控。因而，不能通过改变直流电压 u_0 的办法来改变输出功率。当被加热工件的物理状态发生变化（如体积大小、工件温度、感应器尺寸与形状变化）

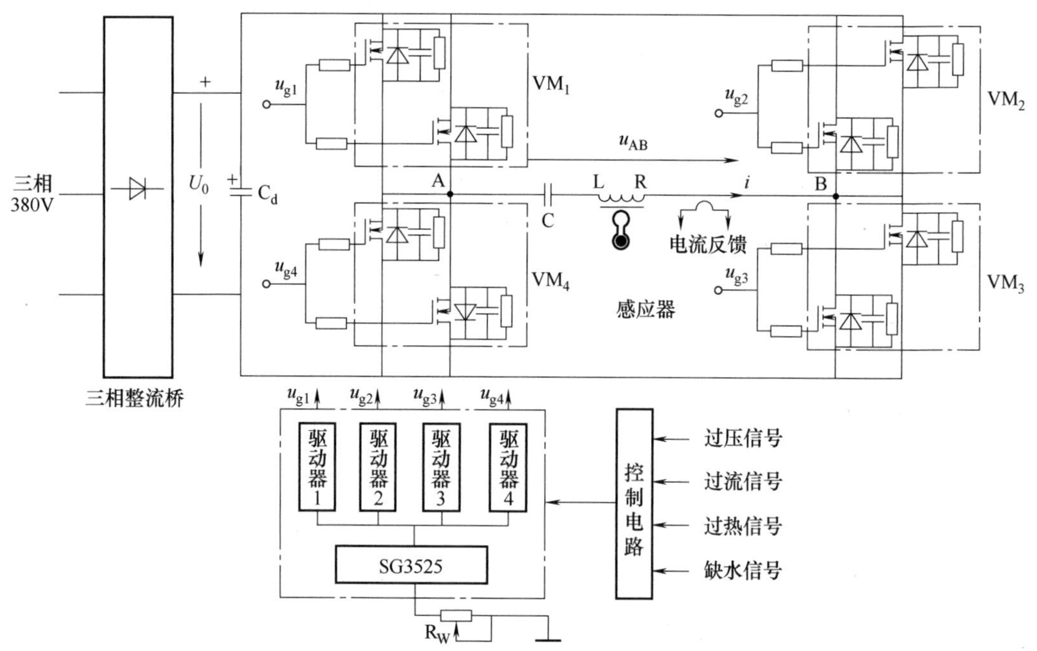

图 12-12　MOSFET 高频电源电路

时，L、R、C 串联谐振电路的固有谐振频率 f_0 将发生变化。为使工作频率 f 尽量接近 f_0，即功率因数 $\cos\phi$ 应尽量接近于 1，以获取最大的功率输出。为此，可手动调整 R_W 从而调节 SG3525 的脉冲宽度调制（PWM）波的频率来跟踪 f_0 的变化，电源装置面板上的“输出功率调节”实际是手动调节 R_W。目前，已在技术上实现了采用单片机不结合数字电位器（代替 R_W）来进行频率的自动跟踪。

（2）IGBT 超音频逆变器　下面以电压型串联谐振逆变电路为例介绍其工作原理。电压型串联谐振逆变电路如图 12-13 所示。该电路为单相逆变桥与 L、R、C 负载谐振回路组成的串联式逆变电路。

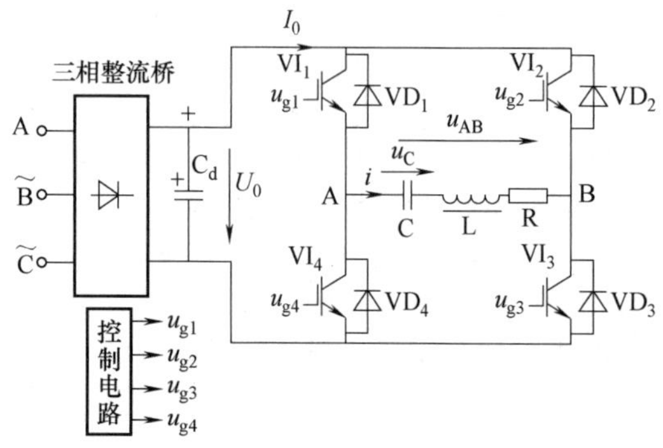

图 12-13　电压型串联谐振逆变电路

1）电路工作原理。三相交流电经三相整流桥整流，再经滤波电容 C_d 滤波供电给逆变电路。以 IGBT 为功率开关器件的 $VI_1 \sim VI_4$ 组成逆变器的桥臂，$VD_1 \sim VD_4$ 分别为四只 IGBT 器件内部的反并联快恢复二极管，它们为逆变桥提供换流通路。$u_{g1} \sim u_{g4}$ 分别是 $VI_1 \sim VI_4$ 开关器件的触发脉冲。为避免逆变器上、下桥臂直通，换流过程必须遵循先关断后开通的原则。因此，在上、下桥臂 IGBT 触发脉冲的上升沿之间必须留有足够的时间死区 t_s，触发脉冲与电量波形如图 12-14 所示。图中，u_1 是 u_{AB} 的基波电压，i_1 是串联电路 i 的基波电流。

由于 L 和 C 要进行能量交换，即电流是连续的，因此当 VI_1 和 VI_3 由导通变为截止，或者 VI_2 和 VI_4 由导通变为截止时，与 IGBT 反并联的快恢复二极管在时间 t_s 将承担续流的任务。具体的换流情况见图 12-14 中波形和导通器件的顺序。图 12-14 所示为 IGBT 逆变桥工作在 $\cos\phi=1$ 的理想状态，即串联谐振状态（$f=f_0$）下的波形。由于换流是在电流为零的附近完成，因而开关损耗小，当工作频率 f 偏离谐振频率 f_0 时，开关损耗将增大。为了估算逆变器的振荡功率及转换效率，可忽略换相过程，则 u_{AB} 近似为矩形波，将其展开成傅氏级数，即

$$u_{AB}=\frac{4u_0}{\pi}\left(\sin\omega t+\frac{1}{3}\sin3\omega t+\frac{1}{5}\sin5\omega t+\cdots\right) \tag{12-1}$$

基波电压有效值为

$$U_1=\frac{4u_0}{\sqrt{2}\pi} \tag{12-2}$$

设基波电流为 i_1 有效值为 I_1，则输出功率 P_0 为

$$P_0 = U_1 I_1 \approx 0.9 U_0 I_0 \tag{12-3}$$

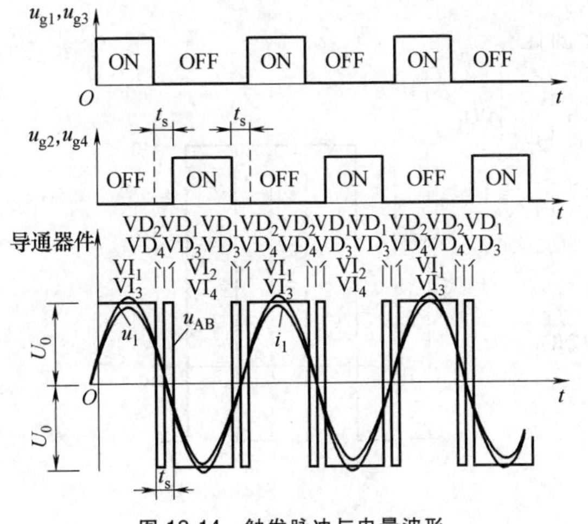

图 12-14 触发脉冲与电量波形

举例，设 $U_0=500V$，$I_0=230A$，$f=10kHz$，则 $P_0=0.9\times500\times230W=103.5kW$

以上是最理想的状态，一般一组 IGBT 可以达到这个关系。多组并联直流电压会比 $0.9U_1$ 小，这属于正常现象。为调节输出功率，需要调整直流电压 U_0，此时三相整流电路要设计为三相可控硅整流电路。可控硅整流是通过调整导通角和 $\cos\phi$ 来调节直流电压 U_0，并通过逆变出力端取样变压器检测输出频率功率与设定条件进行对比，根据程序设定值动态调整出力。

2）驱动电路。IGBT 和其他功率半导体器件一样，驱动电路是决定其工作可靠性、稳定性和器件寿命的关键因素之一。为此，对驱动电路有如下的要求：

① 驱动电路必须能向栅极提供幅值足够高的正向电压 u_{CE}，一般为 12~15V。

② 能提供负向栅极电压（负栅压）。负栅压有利于快速消灭存储电荷，从而有利于缩短关断时间，一般取-5~-10V。

③ 能输出前后沿陡峭的脉冲，内阻要小，能输出较大的峰值电流，以使输入电容能快速充放电，缩短开关时间，减小开关损耗。

④ 抗干扰能力要强，对被驱动的 IGBT 具有保护功能。

3）满足上述要求的模块化电路有多种系列产品，现以某 EXB 系列产品为例，介绍其主要特性与应用。EXB 系列产品的综合技术参数见表 12-1。

表 12-1 EXB 系列产品的综合技术参数

EXB 系列产品		标准型		高速型	
		EXB850 Ⅰ	EXB851 Ⅱ	EXB840 Ⅲ	EXB841 Ⅳ
最高直流供电电压/V		25	25	25	25
驱动电路最大延迟时间/μs		4	4	1.5	1.5
最高工作频率/kHz		10	10	40	40
最大驱动能力/A	IGBT, $BV_{CES}=600V$	150	400	150	400
	IGBT, $BV_{CES}=1200V$	75	300	75	300
推荐栅极电阻 R_{G1}/Ω		15	5(400A)	15	5(400A)
			3.3(400A)		3.3(400A)

注：BV_{CES} 为静态集电极与发射极之间的最高电压。

图 12-15a 所示为 EXB841Ⅳ驱动模块电路与 IGBT 相连接的电路，其工作原理如下：

① 当驱动脉冲到达三极管 V_1 基极时，EXB841 Ⅳ的第 15 脚→14 脚有 10mA 电流流过，经内部电路提升电压幅度后，在第 3 脚与 1 脚之间输出驱动脉冲 u_{g1}，其波形如图 12-15b 所示，正向幅度为 15V。当驱动脉冲为零时，在 IGBT 器件 VI_1 管的 G_1 极与 E_1 极之间为-5V 电压，这有利缩短关断时间。

② IGBT 的短路或过流保护。在 IGBT 正常饱和导通情况下，$U_{CE}\approx3V$，此时高反压快恢复二极管 VD_H 导通，EXB841Ⅳ的第 5 脚为高电位，光电耦合管 VO_1 无过流保护信号输出，EXB841 Ⅳ继续正常工作。当 IGBT 过流或短路而退出饱和工作区时，U_{CE} 将升高至 4~5V。此时 VD_H 截止，从而导致第 5 脚电位为 0V，于是 VO_1 管有过流保护信号输出。此信号将使驱动电路在很短时间内停止输出驱动脉冲 u_{g1}，保护了 IGBT（VI_1 管）不致因过流或短路而损坏。

③ R_{G1} 的数值可按照表 12-1 中的推荐值进行选用。EXB841Ⅳ的输出端至 IGBT 栅极的引线要使用绞线。

④ 对于逆变桥臂的其他 IGBT（VI_2、VI_3、VI_4）的驱动电路，其工作原理是一样的，但要注意，$u_{g1}\sim u_{g4}$ 的波形要按图 12-15 中的关系提供给相应 IGBT 的输入端；四个 EXB841Ⅳ的直流电压源（$U_{G1}\sim U_{G4}$）是相互绝缘的独立电源。

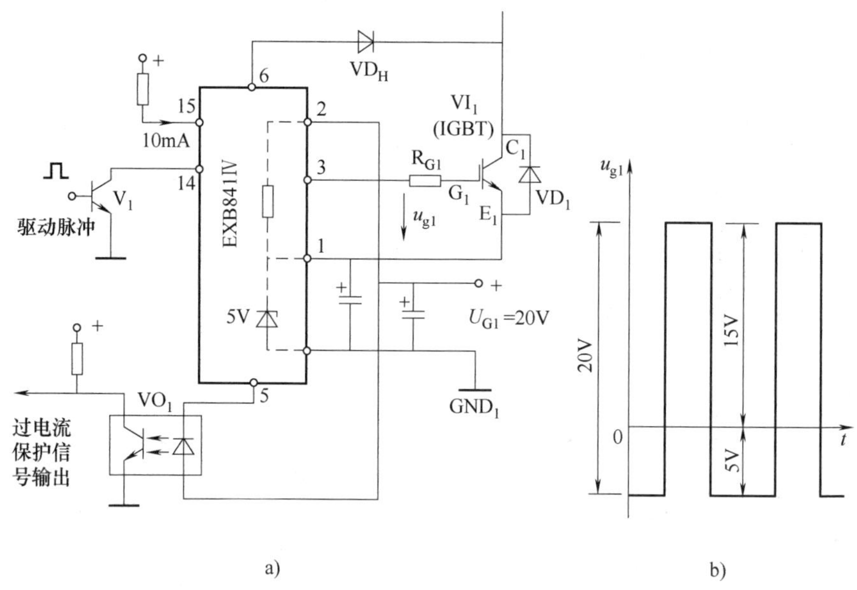

图 12-15　驱动电路及脉冲波形

a）驱动电路　b）脉冲波形

如果不采用成品驱动模块，或者在不能满足设计要求的情况下，也可根据自己的技术要求设计驱动电路。

（3）IGBT 的保护

1）IGBT 的缓冲电路（吸收电路）。IGBT 感应加热电源的保护措施除了去过压、过流、超温、水压过低等各种保护措施，还必须引入 IGBT 缓冲电路。功率开关器件的损坏，不外乎是器件在开关过程中遭受了过量 du/dt、di/dt，或瞬时过量功耗的损害而造成的。缓冲电路的作用就是改变器件的开关轨迹，控制各种瞬态过电压，降低器件开关损耗，保护器件安全运行。通用的三种 IGBT 缓冲电路如图 12-16 所示。其中，图 12-16a 所示为单只低电感吸收电容构成的缓冲电路，适用于小功率 IGBT 模块；图 12-16b 适用于较大功率 IGBT 模块；图 12-16c 适用于大功率 IGBT 模块。缓冲电路设计时的推荐值见表 12-2。

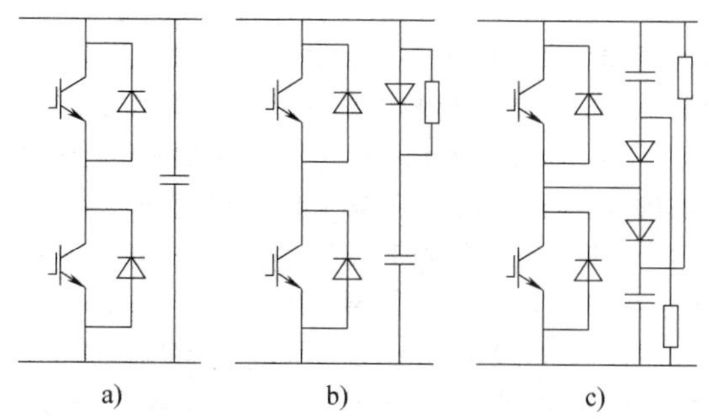

图 12-16　通用的三种 IGBT 缓冲电路

2）IGBT 的过电压吸收。对于 100kW 以上的固态感应加热电源，为了更有效地防止 IGBT 的 C-E 极间的过电压击穿而损坏，除了安装缓冲电路，还在逆变电路的每个桥臂的 IGBT 的 C-E 极间安装氧化锌压敏电阻器（ZnO）。氧化锌压敏电阻器是一种半导体陶瓷压敏电阻器，具有优异的稳压和电涌吸收能力。另外，大功率水冷平面厚膜电阻也可以胜任。（如 UXP300、UXP600 系列）

3）能量反馈回路。对于大功率固态电源，当 LC 谐振回路的功率因数 $\cos\phi$ 较小时，需要提供一条无功能量反馈回电网的通路。这就要求在三相可控整流电路中，加入由大功率二极管组成的反接三相桥路。

4. MOSFET 与 IGBT 逆变电源的谐振电容器（或槽路电容器）

感应加热装置的输出回路除了消耗有功功率，还要“吸收”无功功率，如果这些无功功率都由电源供给，必将影响它的有功功率，不但不经济，而且会造成电压质量低劣。由谐振电容器和电感组成的谐振回路将大大地改善这一性能。在固态电源的桥式逆变器中，广泛采用并联谐振和串联谐振，其中电容器就是一种无功功率补偿装置，在并联谐振回路中称并联补偿，在串联谐振回路中称串联补偿。谐振回路中的电容器又称槽路电容器，在感应加热装置中，槽路电容器通常是由单只电容器组合而成。

（1）RFM 型电力电容器　RFM 电力电容器是板间采用全膜结构的电力电容器，它符合 IEC 60110：1998

表 12-2 缓冲电路设计时的推荐值

模块类型	推荐设计值				
	主母线电感/nH	缓冲电路类型	缓冲电路回路电感/nH	缓冲电容/μF	缓冲二极管
10~50A 6-Pack	200	a	20	0.1~0.47	
75~2000A 6-Pack	100	a	20	0.6~2.0	
50~200A 2-Pack	100	b	20	0.47~2.0	
200~300A 2-Pack	50	b	20	3.0~6.0	
300~600A 2-Pack	50	c	15~30	0.5	600V:RM50HG-12S 1200V:RM25HG-24S
400A 1pack	50	c	12	1.0	600V:RM50HG-12S 1200V:RM25HG-24S (2 只并联使用)
600A 1pack	50	c	8	2.0	600V:RM50HG-12S(2 只并联使用) 1200V:RM25HG-24S(2 只并联使用)

和 GB/T 3984—2004《感应加热装置用电力电容器》，其型号表示方法如图 12-17 所示。电力电容器用于感应加热设备中，以提高功率因数，改善回路的电压或频率等特性，有水冷和自然冷却两类，其额定电压覆盖的范围为 0.25~3kV，额定容量为 160~2000kVA，额定频率为 40~70000Hz。

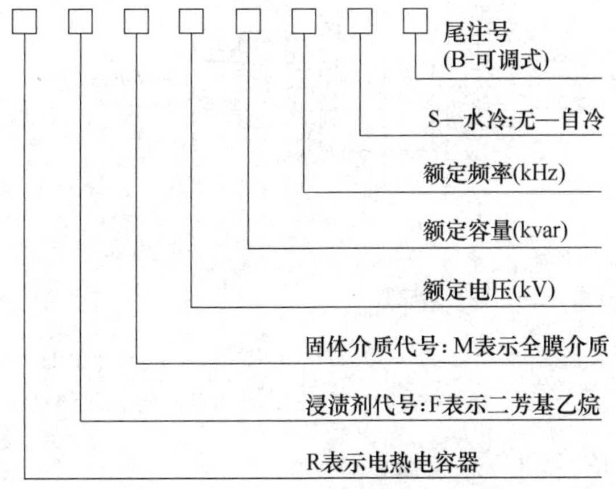

图 12-17 RFM 型电力电容器型号表示图

由电工原理得知，电容器的电容量和电流与无功功率，电压和频率之间有如下的关系：

$$C=\frac{Q}{2\pi U^2} \quad I=2\pi fCU=\frac{Q}{U}$$

式中 C——额定电容值（μF）；

I——额定电流（A）；

Q——电容器的额定（无功）功率（kVA）；

U——电容器的额定电压（kV）；

f——额定频率（kHz）。

（2）其他无极性薄膜电容器 并联谐振回路中电感 L 和电容 C 所承受的电压约等于直流电源电压（单相约为 220V，三相约为 500V），回路电容采用 RFM 型电力电容器较合适。串联谐振回路中电感 L 和电容 C 要承受（3~7）倍品质因数的直流电源电压。因此，回路电容 C 往往采用数目较多的单只电容器来组成。

12.2 感应器

12.2.1 感应加热的原理

感应加热是利用电磁感应加热的原理（见图 12-18），当感应线圈中通入一定频率的交流电时，在其内外将产生与电流变化频率相同的交变磁场。金属工件放入感应线圈内，在磁场作用下，工件内就会产生与感应器频率相同而方向相反的感应电流。由于感

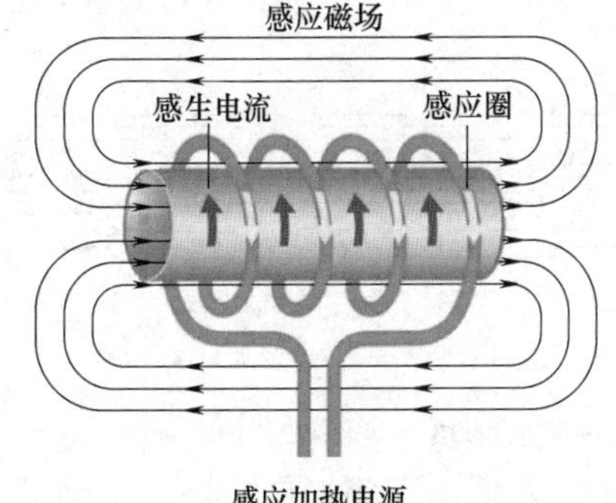

图 12-18 感应加热原理

应电流沿工件表面形成封闭回路，通常称为涡流。此涡流将电能变成热能，将工件表面迅速加热。

12.2.2 感应加热的应用

感应加热已广泛用于各类工件的表面淬火处理。在实际应用中，不同工件的淬硬层深度要求不同，因此感应加热的应用也不尽相同（见表 12-3）。

12.2.3 感应加热方式

1. 扫描式加热（见图 12-19）

通过感应器固定、工件移动，或者工件固定、感应器移动的方式对工件表面进行加热。主要对象为轴类工件，其中也分为两种：①感应器与冷却水套一体（见图 12-19a）；②感应器与冷却水套单独安装（见图 12-19b）。它的优势在于可以在移动过程中对指定部位进行分段加热。

2. 单侧加热式（见图 12-20）

单侧加热线圈一般为半圆形或鞍形线圈，其冷却形式也有多种，如独立水套喷淋或浸入淬火液等。它的优势在于动作节拍快，变形量相对较小。

表 12-3 按淬硬层深度分类的感应加热应用举例

类别	淬硬层深度/mm	应用举例	常用频率/kHz
高频感应加热	0.5~2.0	用于要求淬硬层较浅的中、小型零件	100~450
超音频感应加热	2.5~3.5	用于模数为 3~6mm 的齿轮、花键轴、链轮等	20~100
中频感应加热	2.0~10.0	用于承受较大载荷和磨损的零件，如大模数齿轮、尺寸较大的凸轮	200~20
工频感应加热	>10.0~15.0	用于要求淬硬层深的大型零件和钢材的穿透加热，如轧辊、列车车轮等	50~100Hz

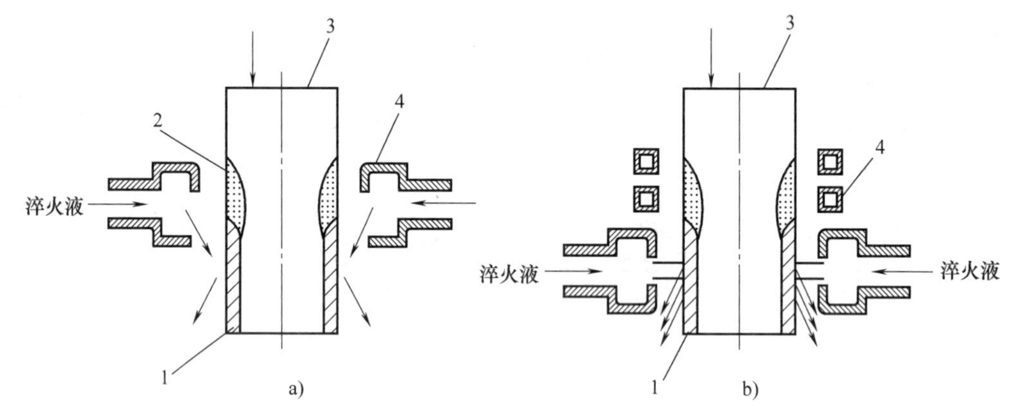

图 12-19 扫描式加热

1—硬化层 2—加热层 3—被加热工件 4—感应器

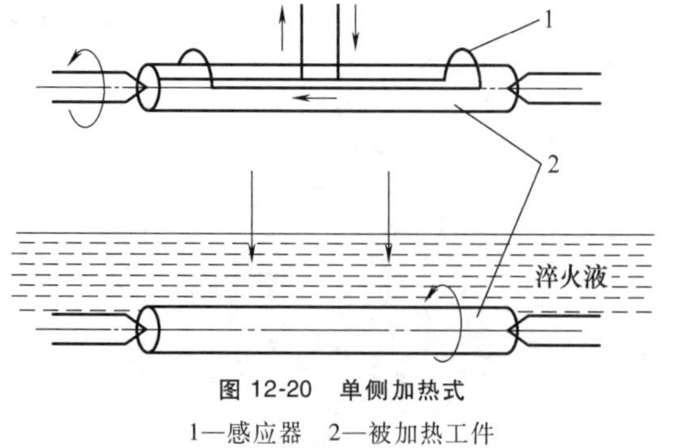

图 12-20 单侧加热式

1—感应器 2—被加热工件

3. 一发式加热（见图 12-21）

根据工艺要求，设计对应的线圈，移动到加热位置后进行定置加热、冷却。与扫描式加热一样，根据水套的形式分为一体型（见图 12-21a）与单独型（见图 12-21b）。它的优势在于加热时间短，效率高。

12.2.4 感应器设计

1. 感应器的设计理论

（1）趋肤效应 感应器上通过的中高频电流是走表面的。对于纯铜，在通水冷却的情况下，电流在铜中的透入深度为 δ（cm）。

$$\delta \approx 5.03\sqrt{\frac{\rho}{\mu f}}$$

式中 ρ——电阻系数；

μ——透磁率；

f——电流频率（Hz）。

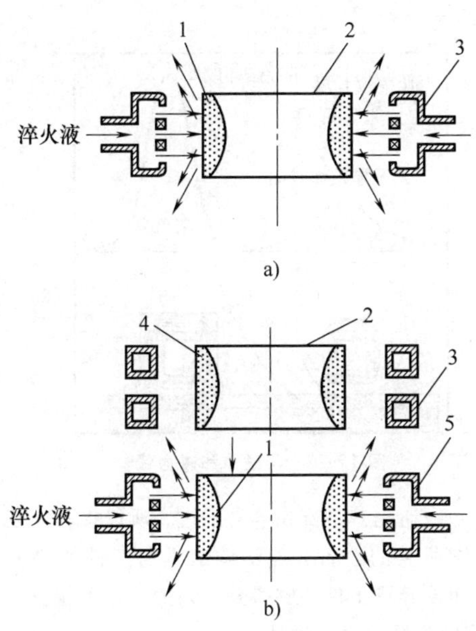

图 12-21　一发式加热

1—硬化层　2—被加热工件　3—感应器　4—加热层　5—冷却环

从上式可以看出，频率越高，趋肤效应越显著。

感应器有效圈导体铜管壁厚的选用以透入深度的 2.2 倍最为合适（见表 12-4），此时导体的电阻最小。

表 12-4　铜导体最佳厚度

频率 /Hz	最佳厚度 /mm	标准厚度 /mm
50	16.4	16
60	15.0	16
150	9.4	10
500	5.1	6
1000	3.6	4
3000	2.1	3
5000	1.6	2
10000	1.2	1.5
30000	0.66	1.0
100000	0.36	1.0
300000	0.21	1.0

（2）邻近效应　导体交变电流的分布受邻近导体内交变电流的影响，这种现象称为邻近效应。邻近效应基本上有以下两种情况：

1）两平行导体电流相等、方向相反时，电流集中在导体相互靠近的内侧（见图 12-22a）；

2）两平行导体电流相等、方向相同时，电流集中在导体相距最远的外侧（见图 12-22b）。

（3）环状效应　高频电流通过环状导体时，最大电流密度分布在环状导体内侧，这种现象称为环状效应（见图 12-23）。环状效应对于加热工件外表面非常有利，但对于内孔的加热十分不利，因为此时感应电流远离工件表面，导致加热效率显著降低。

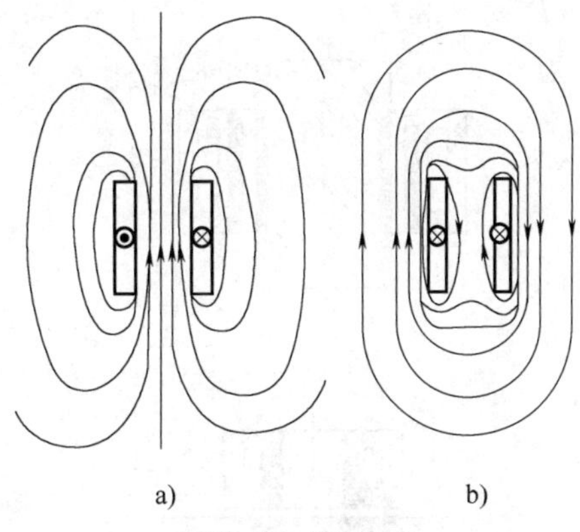

图 12-22　邻近效应

a）电流方向相反　b）电流方向相同

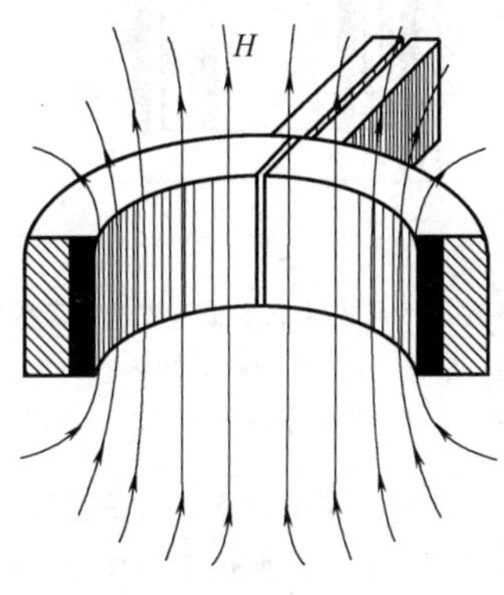

图 12-23　环状效应

依据邻近效应及环状效应，各种加热形式的感应器与被加热工件的电磁关系如图 12-24 所示，并且不同电磁关系产生的电磁效率不同。

1）外表面感应加热时，由于环状效应与邻近效应一致，效率最高（见图 12-24a）。

2）平面感应加热时，由于环状效应与邻近效应不完全一致，效率较低（见图 12-24b）。

3）内孔感应加热时，由于环状效应与邻近效应相反，效率最低（见图 12-24c）。

（4）尖角效应（涡流集中现象）　感应加热时，对工件的尖角、小孔、小圆弧处有时会产生涡流集中现象，使这些部位产生过热甚至烧熔，当电流频率增大时，此现象更为显著。这种现象就是尖角效应。

设计感应器时，要充分考虑尖角效应带来的后果，采取相应措施，加大导体与工件间隙或用导磁体屏蔽等。

（5）电流走捷径的特性　电流走捷径，是因为

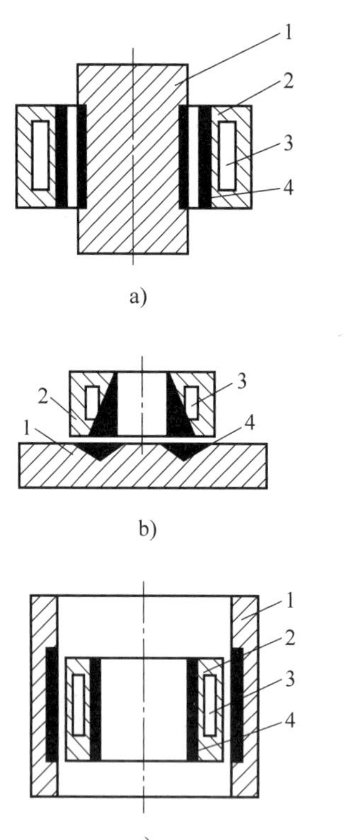

图 12-24　各种加热形式的感应器与被加热工件的电磁关系
a）外表面感应加热　b）平面感应加热　c）内孔感应加热
1—被加热工件　2—电磁作用现象　3—感应器　4—涡流

此处电阻小。因此，在设计感应器铜板厚的部位和直径很小的有效圈时要考虑此因素。图 12-25 所示为曲轴感应器电流走捷径趋势。另外，在电流通过的路径上尽量不要打孔。

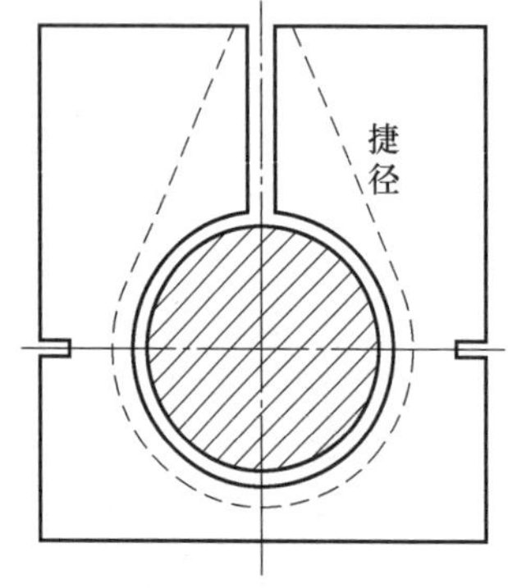

图 12-25　曲轴感应器电流走捷径趋势

（6）导磁体的利用　当感应器的一些部位安装磁性材料以减少磁阻时，感应器产生的总磁通量相同但磁力增加，因此效果偏好（见图 12-26）。导磁体的优势在表面加热自不必说，在内孔加热或平面加热那样的低效率的情况下，更可以得到显著的效率改善。

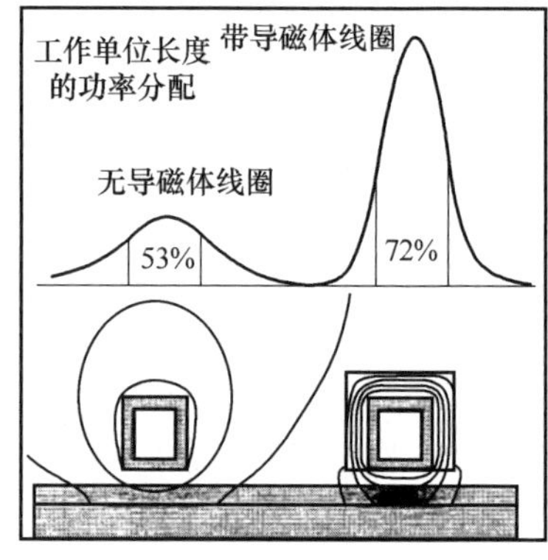

图 12-26　导磁体和磁力线

由于磁通比其他部位容易通过，所以将其安装在感应线圈所需的位置，能够调节贯通工件的磁通分布，从而使异形工件能够得到均匀的加热形状。

2. 感应器的尺寸设计

1）首先需要确定加热的方式，通过被加热工件的长度与直径比 β 来判断是采用移动加热还是采用定置加热。再根据表 12-5 的选择基准进行判断。

$$\text{加热方式的选择}\quad \beta=\frac{\text{工件的长度}}{\text{直径}}$$

表 12-5　加热方式的选择基准

β	加热方法
>3	移动加热
>1～3	一发式定置加热+移动加热
≤1	一发式定置加热

2）其次需要确定感应器的形状及其与工件的间隙，以一发式感应淬火为例（见表 12-6）。

表 12-6　外侧一发式感应器与被加热工件的高度差　（单位：mm）

频率/kHz	线圈和工件的高度差	
	间隙不足 2.5mm	间隙 2.5mm 以上
3～20		h=0～3
30～400	h=1～3	h=0～2
	h=3～7	

3）感应器尺寸的相互关系。以图 12-27 所示的

外周线圈为例，感应器尺寸的相互关系为

$$\frac{L_b}{W_b} \ll \frac{\pi D_c}{W_c}$$

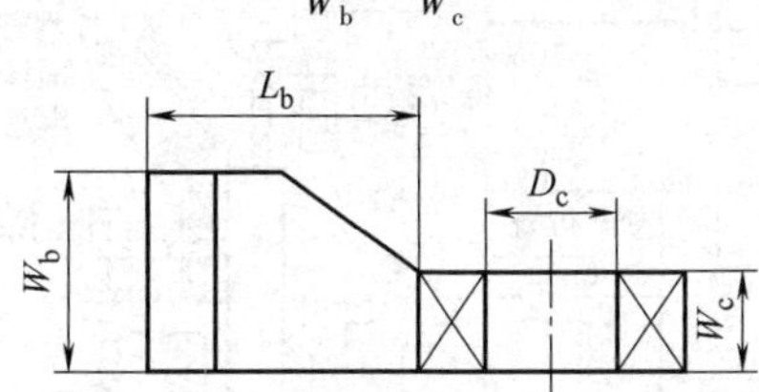

图 12-27 感应器外周线圈部分尺寸

3. 感应器的冷却

感应器在淬火时是一个急冷和急热的过程，加热对感应器会造成一定的损耗，因此需要一定量的冷却水，也就是线圈的必要冷却水，将它控制在理想的温差范围内。

必要冷却水量的计算：感应器冷却水温度上升，理想值 Δt 为 20℃以下，当超过 30℃时，内部的一部分成为沸腾状态，冷却效果变得非常差。因此，需要提高流速，使感应器内表面难以形成气泡是很重要的。

必要流量：

$$Q=\frac{加热功率\times(能量损失率/100)}{温升\times0.07}$$

计算示例：

加热功率为 100kW，感应器能量损失率为 40%，温升 20℃，则

$$Q=\frac{100\times(40/100)}{20\times0.07}\mathrm{L/min}=29\mathrm{L/min}$$

12.2.5 感应器失效的形式

1. 感应器有效圈烧伤或烧断

感应器有效圈烧伤或烧断的原因如下：

1）冷却不足或未通水冷却，后者一般是操作失误，而冷却不足，却是需要认真分析原因。

2）感应器承受了过大的功率。

2. 接触面烧伤

接触面烧伤的原因如下：

1）接触表面平整度、表面粗糙度不够或表面有氧化皮。

2）接触不良（未能有效压紧）导致接触电阻增大、发热，加剧氧化，最终导致接触面打火烧伤。

3. 感应线圈通电后与工件相碰

感应线圈通电后与工件相碰的原因如下：

1）设计间隙太小。

2）误操作。（设备感应器有触碰报警功能，当线圈和工件触碰的瞬间，切断电源，保护电源装置和感应器）

12.2.6 感应器的使用和维护

1）感应器尾板需紧贴淬火变压器连接端子，接触面需清洁、光滑且无氧化，80%以上面积应贴合良好。

2）感应线圈上设备使用前，需在检测治具上检验，确保尺寸吻合。

3）感应器安装后，需使用治具检验感应器与工件的相对位置关系，确保同心度和相对位置关系。

4）水路连接很关键，确认通水良好后才允许通电。

5）感应器冷却水需使用纯水以免产生水垢而引起堵塞，感应器进水温度不得高于 30℃，出口温度不得高于 60℃。

6）定期清理感应线圈上的氧化皮，防止感应器和工件发生触碰报警。

12.3 感应淬火机床

12.3.1 感应淬火机床的特点及用途

1. 感应淬火机床的特点

1）感应器和工件相对运动，无接触，无切削力。感应器相对工件在工作时有电磁力的作用，因此机床只承受电磁感应，不承受切削负载，基本上是空载运行。主轴传动所需功率小，但空载行程要求快速，以减少机动时间，提高生产率。

2）机床与感应器、汇流排、变压器相邻近部分，因受高、中频电磁场的作用，因此要求保持一定距离，并且应选用非金属或非磁性材料制造。金属构架邻近电磁场的，要制造成开路结构，防止产生涡流而发热。

3）防锈与防溅结构。凡淬火冷却介质能溅到的运动零件、托架、床身框架等部件，均应考虑防锈或防溅措施。因此，淬火机床工作区的零部件，有耐蚀性要求，防护套、防溅玻璃门等是不可或缺的。

4）从作为热源的观点来看：①因为热源是电，所以无污染；②被加热物自身发热；③可局部加热任意部位；④根据频率及投入功率，可任意改变硬化层深度；⑤因为有大功率集中的可能，所以在同一装置上容易处理各种加热温度的钢种。

5）从应用方面：①时间短，脱碳少；②直接加热，热效率高；③可均一的流动作业；④短时间加热，变形比较小，而且可以修正；⑤加热时间短，工

序缩减；⑥机械加工线中可嵌入热处理，自动线中同样可以；⑦机器维护费、运转费根据机种不同会有区别，但总体来说很便宜；⑧安装、移动相对容易。

2. 感应淬火机床的用途

感应淬火机床，根据其目的和被加热物形状有着千差万别，但根据用途分类可分为两大类，如图12-28所示。

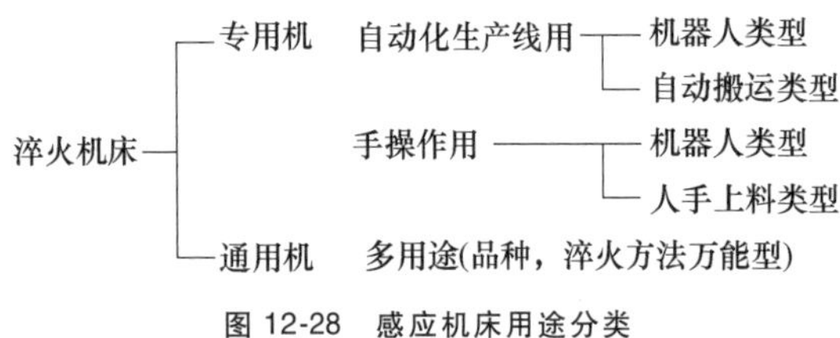

图12-28　感应机床用途分类

（1）通用机的典型案例　立式通用淬火机床（见图12-29）。对象工件为轴类零件，采用工件移动的方式进行扫描淬火，根据工件直径的大小可采用一体式冷却和分体式冷却。其系统构成如图12-30所示。

图12-29　立式通用淬火机床

（2）专用机的典型案例　齿轴专用淬回火机床（见图12-31），根据工件尺寸及淬火要求专门设计的针对专一工件的机床，其工装夹具具有专一性。其系统构成如图12-32所示。

12.3.2　感应淬火成套设备的组成

感应淬火成套设备（见图12-33）由四大部分组成，即电源装置、淬火装置、控制装置和冷却装置。

1. 电源装置

（1）受电盘　转换适合高频电源装置的受电电压的装置。

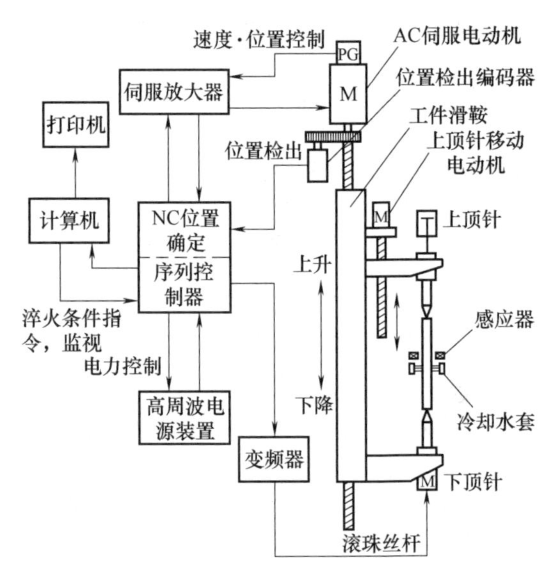

图12-30　立式通用淬火机床的系统构成

图12-31　齿轴专用淬回火机床

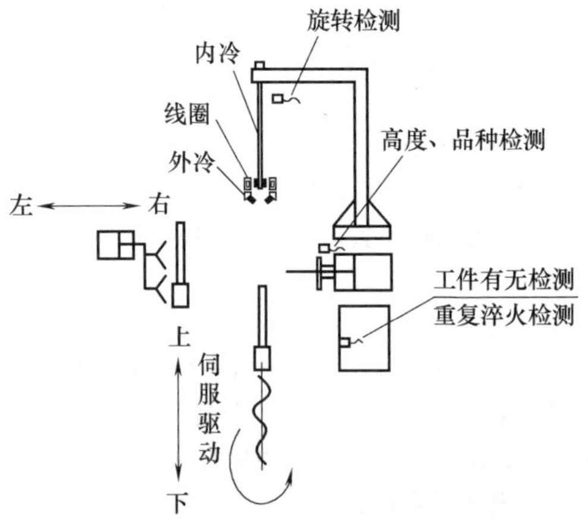

图12-32　齿轴专用淬回火机床的系统构成

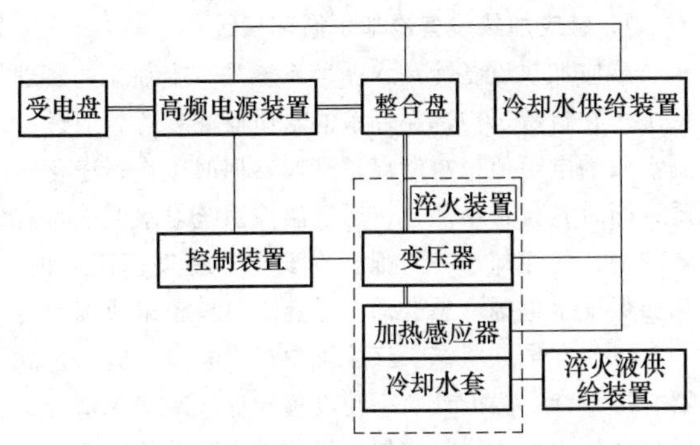

图 12-33　感应淬火成套设备的组成

（2）高频电源装置　符合淬火条件的额定高频发生器。

（3）整合盘　高频电源的输出与线圈的输出之间的协调、整合。

2. 淬火装置

（1）变压器　用于调整加热感应器所需电流的变压器。

（2）加热感应器　利用高频电流产生交变磁场，在被加热物的表面直接进行加热，高频热处理的重要项目。

（3）冷却水套　热处理所需冷却水的喷射。

3. 控制装置

控制装置指控制加热功率、加热时间、冷却时间、装置的动作等的装置。

4. 冷却装置

（1）冷却水供给装置　机器各电气部件装置及感应器冷却的设备。

（2）淬火液供给装置　加热所需淬火冷却介质的供给装置。

12.3.3　感应淬火机床简介

现代的感应淬火机床越来越趋于高效、节能、功能多、可靠性高、自动化等，因此必须采用大量先进的、具有较高技术含量的机械、电气外购部件，其中的主要部分介绍如下。

1. 机械运动系统

（1）步进电动机及其驱动系统　步进电动机是靠控制系统发出的脉冲信号经过驱动放大来实现步进电动机的旋转。这种系统价格低廉，使用简单方便，目前在感应淬火机床上使用非常广泛。其缺点是驱动力矩一般不大，起动旋转力矩大。

（2）伺服电动机及其驱动系统　伺服系统是一种相对技术水平较高的驱动系统，在感应淬火机床上通常使用计算机控制下的交流伺服。伺服系统具有驱动力矩大、起动性能好的优点，但价格较高。

（3）直线移动导轨　直线移动导轨是一种机械传动效率高、移动速度快、运动直线性好的传动单元，多在一些小型通用淬火机床或淬火变压器移动的感应淬火机床上使用。

（4）同步齿形带　同步齿形带可以实现两轴之间的定传动比传动，结构简单，重量轻，通常用于感应淬火机床下顶尖（或主轴）旋转系统或升降电动机到升降丝杆之间的运动传递。

（5）减速机　减速机为同轴式结构，减速比大，单级传动比为 50~350，机械间隙小，传动精度高，多用于感应淬火机床的分度传动。

（6）滚珠丝杆　滚珠丝杆极其轻便灵活，当应用在立式通用感应淬火机床上时，必须有防止自行下降的防滑装置，如防滑器、失电制动器或带失电制动的电动机等。

2. 感应器配套循环-冷却系统

（1）感应器快换夹头及水路快换水嘴接头　由于通用感应淬火机床的加工工件经常变换，更换感应器频繁，使用感应器快换夹头，可以快速实现感应器电路和冷却水路一次接通。使用快换水嘴接头，可以改变以往更换感应器时要对软连接管进行捆扎的麻烦。

（2）换热器　感应淬火机床一体化的淬火液循环冷却系统，通常储液量为 0.6m^3 左右。为了保证在淬火过程中大量的热量被及时从淬火冷却介质中带走，就需要装配换热器。

（3）流量开关　流量开关是一种根据流量大小输出开关信号的计量元件，又称流量继电器。在感应淬火机床上，当感应器冷却水量低于一定值时，流量开关起缺水起动保护作用。

（4）流量计　可以对淬火液流量进行定量测量。涡轮流量计应用较多，它是一种流体振动型流量计，与自动补偿流量仪相配套，可以实现液流的压力、温度自动补偿和计算，使淬火工件达到要求的冷却效果。

3. 自动控制系统

（1）电缆保护拖链　在淬火变压器移动的感应淬火机床中，为了便于淬火变压器的连接水路与电缆的随动，通常将其有序地置于一种重量轻、折弯灵便的电缆保护拖链中。在感应淬火机床上使用的拖链通常由铝合金或工程塑料制造。

（2）接近开关　这是一种非接触式的行程检测与控制元件，主要有电感式、电容式和磁式三种。其使用原理是在一定距离范围内，运动工件处于接近快关端头时将感应出到位信号，其重复定位精度可达 ±0.1mm。

（3）旋转光栅和直线光栅　这是一种非接触式的对旋转轴的旋转（或分度）角度和移动件的移动距离进行检测与控制元件，又称光电编码器。旋转光栅通常用在异步电动机、伺服电动机或分度转盘的主轴上；直线光栅通常用在工件移动或变压器移动检测中等。

（4）光电开关　光电开关种类较多，在感应淬火机床上常用的有对射型和反射型。例如，将光电开关装在机床操作门两侧，当操作工手臂或其他物件尚未离开安全位置时起保护作用；也可通过模板控制淬硬区域；当旋转工件的径向或端面摆动超差时，也可由光电开关检测并实现加热气动保护作用（以防触碰感应器）。

（5）测量加热温度的元器件　红外和光导式测温仪均属非接触式测温装置，用在感应淬火机床上可直接测量淬火工件的感应加热温度。红外测温仪具有测温距离远、精度高等特点，有便携式、在线式和扫描式三大类。光导式测温仪具有光纤传感器尺寸小的特点，便于在线测温，可测较小加热区域，适于近距离测量。

12.3.4　感应加热装置的辅助设备

感应热处理的主要装备是感应加热电源、感应淬火机床与感应器三大部分。配合主要装备工作的辅助设备有感应加热设备冷却水循环系统（见图 12-34）、淬火冷却介质循环冷却系统，随着环保要求的普及、人工成本的提高等，排烟装置、机械手或机器人上下料也逐步进入辅助设备行列。

图 12-34　感应加热设备冷却水循环系统

1. 感应加热设备冷却水循环系统

感应加热设备冷却水循环系统是一个独立的管理系统。它自带了内部循环水的水质监测装置，通过检测水质的电阻值来控制离子交换器何时工作，净化水质，同时它自带换热器，通过温控系统对水温进行有效控制，使冷却水一直保持在要求的温度范围以内。从而保证了电源、整合部、电容组等设备组成部分可一直工作在最佳状态。该装置中还带有节流阀、过滤器、压力计、温度计、手动设置阀等。冷却水箱可选择自动供水机构，触摸屏上可控制供给水的通断。

（1）感应加热电器部件的冷却水质量标准　现代感应加热设备对冷却水的水质一般有严格要求：电阻率在 4000Ω · cm 以上；pH 为 6.7 ~ 7.8（20 ~ 25℃）；蒸发残留物质量分数在 $170\times10^{-4}\%$ 以下等，一般使用纯水即可。

（2）主要指标的影响

1）电阻率　如果此值低，则流经感应器、水冷电缆橡胶管及振荡管阳极内的冷却水流向地线的漏电流变大。

2）pH 值　从防腐蚀作用考虑，pH 值高（弱碱性）有益处，pH>7，$CaCO_3$ 等向管内的析出量增加，此析出膜对腐蚀有防止作用；pH>8，会产生铁锈；pH<6，会对黄铜产生腐蚀。

3）全硬度、钙硬度、镁硬度　这些值增高，导致管壁附着量增大，因而降低了铜管的热传导率，使铜管的温度升高，结垢会加快，会使通水截面减小，降低水流量。

4）氧消耗量　此值表示水中的微生物含量，微生物多时，管内生长藻，易导致管子堵塞，损坏仪器。此值高时，有必要灭菌。

5）氯离子含量　此值高时，会引起腐蚀破坏，对铜管进行溶解，对铁管产生锈蚀。如果此值超过 $50\times10^{-4}\%$（质量分数），有必要用脱离子装置进行处理。

（3）典型的纯水循环冷却系统　具有换热器的冷却水循环系统（见图 12-35）的组成如下：

1）冷却水箱：用塑料或不锈钢制作，以不锈钢居多。

2）循环介质：软化水。

3）不锈钢离心泵：整个循环系统的主水泵，扬程为 40m 即可。

4）过滤器：有多种结构，对软水箱用过滤器，其网眼大小可为 0.3~0.4mm。

5）压力表：为便于观察，表盘直径可选 100mm，刻度为 0~1MP（可选数字式压力传感器）。

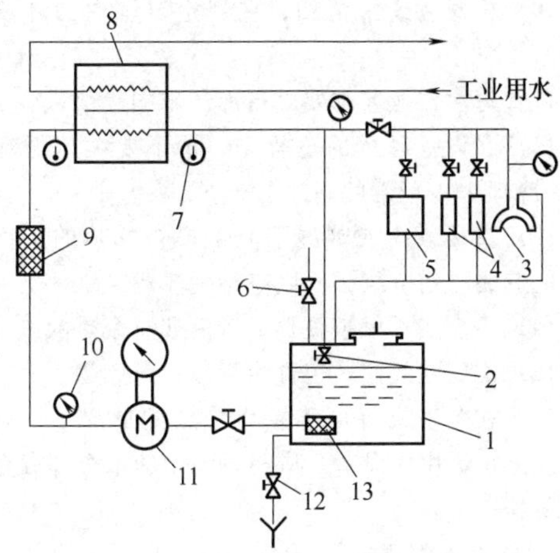

图 12-35　具有换热器的冷却水循环系统

1—冷却水箱　2—旁路阀　3—感应器　4—电容器　5—淬火变压器　6—加水阀　7—温度计　8—板式换热器　9—过滤器　10—压力表　11—水泵　12—排水阀　13—滤清器

6）换热器：目前应用普遍的是不锈钢板式换热器，这种换热器结构紧凑，换热效率高，便于安装。

7）冷却水系统的软水（一次水）：从换热器流出的出水温度一般控制在 30℃，绝对不应低于室温。低于室温时，会使受冷电器表面凝结水珠，容易损坏电器。

8）增压泵或管道泵：由于某些感应器必需供应高压冷却水，因此在冷却水系统中增设了增压泵（管道泵）装置。增加一个增压泵，将扬程提高到 100m 左右，专供感应器使用，延长感应器寿命。

2. 淬火冷却介质循环冷却系统

淬火冷却介质循环冷却系统（见图 12-36）是一个独立系统，用于对象工件加热时的冷却，使工件能够达到所需要的工艺数值。它通过数显流量计来精确控制淬火液的流量，通过温控系统来精确控制淬火液温度，从而保证了淬火液的质量，保证了工艺的稳定性。该系统中还带有节流阀、过滤器、压力计、温度计、电磁阀、手动设置阀等。冷却水箱可选自动供水机构，触摸屏上可控制供给水的通断。

淬火冷却介质循环冷却系统的组成与冷却水循环系统相似，冷却水箱采用不锈钢制作的居多，不同的是淬火冷却介质泵的容量与扬程、过滤器型号不相同。此外，淬火冷却介质对温度调节要求较高，需配备调温元件。

（1）淬火泵扬程的选择　此值由所处理钢材对淬火冷却介质喷射压力的要求确定。实验证实，喷射

图 12-36　淬火冷却介质循环冷却系统

压力越大，淬火工件表面产生的蒸气膜就不能形成，表面冷却速度加快，能得到高的淬火硬度。如果该淬火钢材要求高压淬火水冷却时，必须选用高的扬程，如 40m、50m，甚至 70m。如果所处理钢材对冷却速度要求不高时，可选用低的扬程，但一般应大于 20m。水泵扬程高，在喷液时可以通过喷液器降压，但选用的水泵扬程低时，淬火时水压低。因此，一般扬程选择 40m 以上较合理。

（2）过滤器的重要性　淬火冷却介质循环冷却系统中的过滤器或滤网是一个重要器件，无此器件会导致感应器喷液孔堵塞，严重时会堵塞管道。淬火冷却介质中普通纤维的直径常为 70~100μm，滤网孔的尺寸取决于喷液孔的尺寸，如直径为 2.5mm 的喷液孔，滤网孔即应小于 2mm；1.5mm 的孔，滤网孔应小于 1.0mm 等。滤网孔过小，则增大阻力，并需加大通道截面积，也应避免。

（3）淬火液温度控制　采用水冷却机和板式换热器对循环水路上的淬火液进行冷却，确保温度在控制范围内，保证淬火效果。

淬火液水槽内有水位上下限感应器，超出水位下限，设备停止动作。水槽内配有油水分离器、磁性分离器，应保证淬火液能正常排污。

以上两个循环系统工作时，需要通过换热器将产生的热量带走。在工业生产中，冷水侧的水一般选择用冷却塔（水温 32~35℃）或冷水机（15~20℃）（见图 12-37）来提供。

3. 淬火机床的排烟系统

感应加热时，如果工件表面带有少量的油污，加热时会产生油烟。当工件采用喷液淬火时，会产生水汽，影响工作环境。因此，感应淬火机床上方需设置排烟装置，通过吸风管，将油烟、水汽排出，由此改善车间的作业环境。现代化的感应淬火机床随机装有

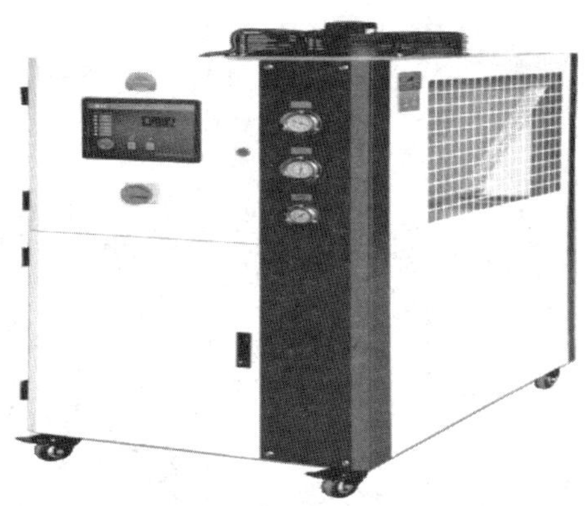

图 12-37　工业冷水机（带压缩机）

排烟装置。

4. 装/卸料机械手或机器人

机械手或机器人装卸工件有多种设计：

1）立式感应淬火机床装/卸料机械手。

2）工件装卸完全用机器人操作，汽车零件感应淬火使用的较多。

此外，也有立式通用感应淬火机床配置机器人参与感应热处理，机器人将一个二匝的感应器进行依次平面扫描，使一块塑料板变色，虽然使用电源功率只 3kW，但也可以看出机器人在感应热处理中的应用趋势。

12.3.5 感应淬火机床的安全操作与维护保养

1. 操作要求

1）供应源（电力、接地、冷却水、淬火液、润滑油油压、压缩空气气压等）应使用规定范围内的原料。

2）不要在卸下保护罩、防水罩及外板的状态下作业，也不要在开着门的状态下运行。

3）不要在保护回路（装置）变更、除去、开路的状态下运行。

4）在设备动作时，不能用手触摸可动部分。

5）不要靠近正在通电的高电压回路（指示有高电压的场所）。

6）高频电源主开关接通的状态下，绝对不能触摸输出导线、线圈等。

7）确认运行中发生异常时，立即按下紧急停止按钮，使运行停止。

8）运行过程中发生故障时，故障指示灯点亮，停止运行；消除故障后，操作各个按钮，切换各个操作，使之返回到起动位置。

9）请加工规定范围内的工件。

10）机器应经常清扫，在规定范围内的环境下使用。

11）每次作业前都要进行冷却水的确认。

12）在设备运行的过程中，请不要关闭循环水（机器冷却水）配管的阀门。

13）直接触摸或戴湿手套触摸被加热的工件都有可能造成灼伤事故，所以应特别注意。

14）不能用手触摸被热处理后残有余热的工件。

15）不能在线圈、工件附近放置可燃物。

16）在冬季或有可能发生冻结的情况下，对于长时间停止不用的设备，应将设备中的水全部放完或采取防冻措施。

2. 检查调整要求

1）应采取防止其他作业人员进入的措施。

2）作业时，应正确穿戴用于作业时的保护用品（安全帽、安全鞋、保护眼镜、手套等）。

3）进行检查、调整作业时，必须由两人以上进行（必要时打暗语）。

4）因为指示灯有出现故障的时候，请不要完全依赖指示灯。不要贸然断定只要指示灯熄灭电源就断电。

5）检查各机构时，要将高频电源、控制柜等主开关断开。

6）因为断路器一次侧有外加电压，故应十分注意。

7）应采取防止电源（高频电源主开关、控制柜主开关等）接通的措施。

8）应进行停电的确认（用检测电压的验电器检测）。

9）应采取高压电路的接地措施（如果可能的话，低压回路也采取接地措施）。

10）应进行电容器等残留电荷的消除作业（接地线）。

11）存在残压的机构（油压、空压、水压）要消除其残压后再进行检查调整作业。

12）复电前，一定要进行部件的安装是否有失误，以及“漏装、漏拧”“工具是否带出”“接地措施是否解除”“保护罩、防水罩、外板是否安装”“保护回路是否复位”等各项检查。

13）在动作进行的过程中，必须进行检查调整时，不要靠近电压的外加部位，也不要进入机器动作的范围内。

14）必须进行保护回路（联锁）的变更、除去、断开等作业时，一定要十分注意作业人员的安全及机器的误动作；作业结束时，请务必返回到正规的状态。

15）在外板、门、罩等安全部件卸下的状态下，不得不进行外加电压、机器动作、加热操作时一定要确保作业人员的安全，小心设备误动作。

16）在进行设备调整的过程中，当离开现场时，要切断控制柜及高频电源的主开关，并采取防止主开关接通的措施。

17）操作线圈时一定要慎重，注意不要使其变形。

3. 定时进行保养点检

表 12-7 列出了感应淬火机床常规的保养点检项目。表 12-8 列出了自动运行前的调整和点检项目。

表 12-7　常规的保养点检项目

频度	项　目	内　容
每日运行前		根据自动运行前的调整点项目进行检查
每日运行后	清扫	1）清扫机器内外面及线圈上的污垢 2）除去动作部分的水分
每周	1）线圈座安装螺栓的拧紧确认 2）各过滤器的清扫 3）顶针的检查 4）淬火液喷射孔的清扫 5）向指定场所的给油	1）检查线圈座等安装螺栓有无松动 2）清扫机器冷却水、淬火液、各系统的过滤器 3）确认顶针尖端部有无磨损、振动 4）目视确认淬火液喷射孔有无堵塞 5）给机器中指定场所加润滑油
6 个月	1）驱动部的检查 2）带张紧确认 3）连接部的检查 4）油盘、水槽等清扫 5）橡胶软管的检查	1）检查经常动作的机构部分、动作部分的螺栓是否松动 2）确认传送用马达同步带有无松动 3）检查铜排、电缆连接部的螺栓是否松动 4）除去各油盘内的油、污水及机器内部残留的异物和冷却水箱内的污垢等 5）检查是否从软管连接处漏水，确认软管夹箍是否拧紧。如果有开裂、表面磨损劣化等情况，应更换新品
1 年	1）变压器终端冷却管的清扫 2）流量开关、压力开关的检查 3）消耗品的检查	1）从排水口通入空气以除去水垢等 2）检查确认各机器处于正常工作状态 3）磨损显著时，应进行必要的修正更换

表 12-8　自动运行前的调整和点检项目

调整和点检项目	内　容
条件设定值、监视内容等的确认	确认条件设定值、监视内容等是否与条件表上的数据相同
线圈变形、漏水及外观的点检	1）检查线圈有无变形、变色及裂纹 2）检查线圈是否附有氧化物、碎屑等 3）检查线圈安装是否牢固 4）检查线圈座处是否漏水 5）检查工件和顶针的位置关系是否良好 6）检查线圈及线圈周边有无漏水 7）检查线圈安装螺栓有无松动 8）检查线圈座、线圈端子上有无污垢堆积
机器冷却水通水的确认	1）将主球形阀完全打开 2）因停止阀等已被调整完毕，请不要再调整 3）用流量开关等确认各部的冷却水流通 4）确认保护装置是否正常动作
动作确认	1）检查各机构动作，确认动作确实流畅 2）确认各部分有无漏水
淬火液量的调整	1）用流量传感器确认淬火液在空载时流量达到设定流量 2）确认从水套喷射的淬火液是否均一，当有堵塞时，将水套孔疏通 3）确认淬火液的浓度

12.3.6　感应淬火机床应用实例

感应淬火机床的传动形式目前以全机械式为主，主要采用 T 形丝杠、滚珠丝杠、直线移动导轨等多种形式，全机械式传动具有移动速度稳定、定位精度高、易实现变速移动等优点。

感应淬火机床按移动部分的机械结构形式可分为滑板式和导柱式两种。滑板式是我国应用数量最多的结构形式，其床身往往采用经过时效处理的铸造或焊接结构，承载能力大，稳定性好，可以加工较大、较重的工件，适应范围最广，但其具有床身笨重、滑动阻力大、导轨加工复杂等缺点。

1. 轴用立式感应淬火机床

轴用立式感应淬火机床根据工位可分为单轴、双轴，为提高生产率，发展了四轴等，采用多轴与多工位感应淬火机床是发展方向之一。根据移动方式，又可分为工件移动及线圈移动两种。

下面以轴类工件（见图 12-38）为例，简单介绍几种立式感应淬火机床的工艺要求。

（1）双轴通用立式淬火回火机（工件移动型）（见图 12-39）　根据用户的需要，定制上下行程、轴数、高频电源装置容量等的淬火回火机床，主要参数见表 12-9。更换线圈、夹具，可对多种工件进行热处理。

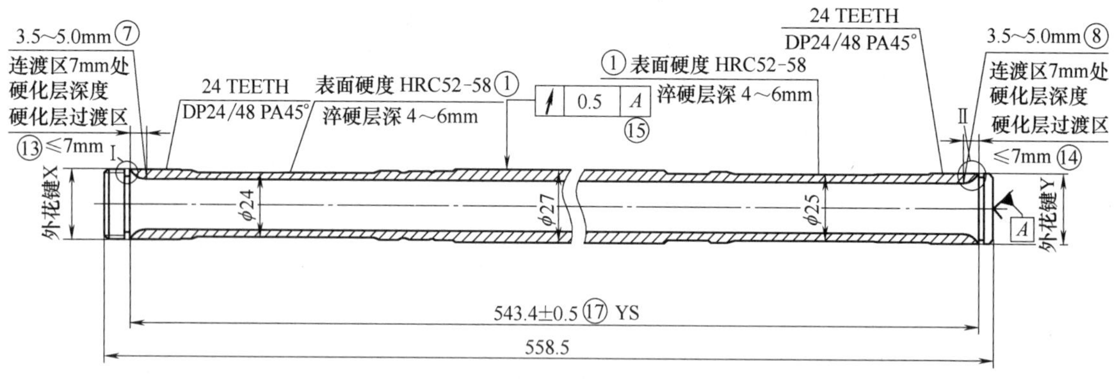

图 12-38　轴类工件及淬火工艺要求

图 12-39　双轴通用立式淬火回火机

表 12-9　双轴通用立式淬火回火机主要参数

机械规格	搭载工件：300~1250mm 上下行程：650mm · 1000mm · 1350mm 轴数：2 轴
电源规格	300kW，10kHz
动作循环	步骤（程序）控制 可进行任意热处理
机床尺寸（宽×长×高）	2000mm×2000mm×3800mm

（2）工件移动型四轴通用立式淬火机床（见图 12-40）　轴类量产的主要机型，两轴联动，生产率高，配合机械手上下料，可以做到完全自动化生产。其主要参数见表 12-10。

表 12-10　工件移动型四轴通用立式淬火机床主要参数

淬火工件长度/mm	500
淬火工件直径/mm	30
主轴转速/(r/min)　≤	200
零件移动速度/(mm/s)　≤	165
移动定位精度/mm	0. 2/200
滑鞍驱动电动机	HG-SR202
电源规格	120kW-80/150kHz
淬火液水槽容量/L	2000

（3）线圈移动型四轴通用立式淬火机床（见图 12-41）　除了具有四轴通用机床的优点，同工件移动型相比，设备的高度更低，只是高频电源的整合与变压器软连接时淬火效果可能会受到影响。其主要参数见表 12-11。

表 12-11　线圈移动型四轴通用立式淬火机床主要参数

淬火工件长度/mm	800mm
淬火工件直径/mm	35mm
主轴转速/(r/min)≤	200r/min
滑鞍移动速度/(mm/s)≤	165mm/s
移动定位精度/mm	0. 2mm/200mm
滑鞍驱动电动机	HG-SR352
电源规格	300kW-10kHz
淬火液水槽容量/L	2500L

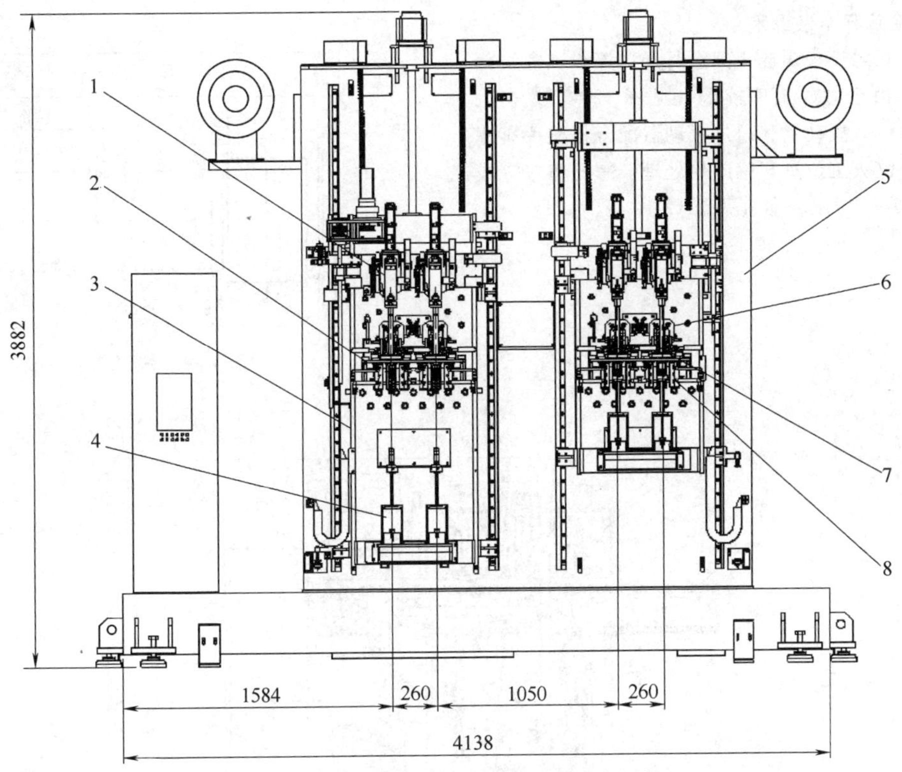

图 12-40　工件移动型四轴通用立式淬火机床

1—上顶针部　2—线圈托具　3—滑鞍部　4—上顶针部　5—设备本体　6—线圈尾夹　7—淬火线圈　8—喷淋水套

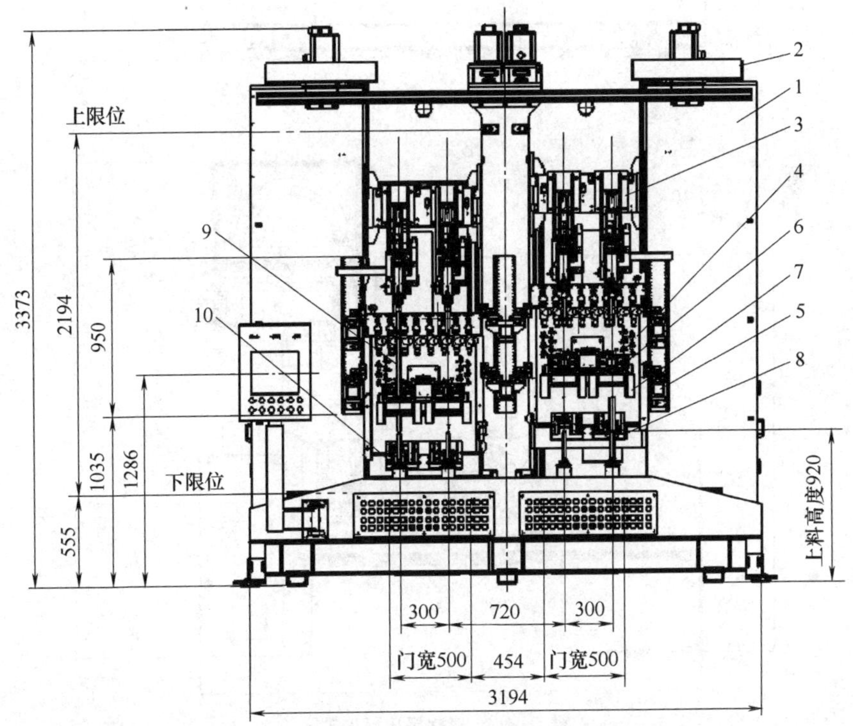

图 12-41　线圈移动型四轴通用立式淬火机床

1—设备本体　2—配重装置　3—上顶针部　4—滑鞍部　5—防歪装置　6—感应线圈　7—喷淋水套　8—辅助上料装置　9—工件　10—下顶针部

2. 螺栓感应淬火机床

该机床只对淬火螺栓头部进行局部淬火，螺纹部不可淬火。由于对象工件较小（见图 12-42），在上料时将工件倒入振动器，通过振动器配合机械手有序将工件送至淬火工位进行感应热处理。螺栓感应淬火机床如图 12-43 所示，参数见表 12-12。

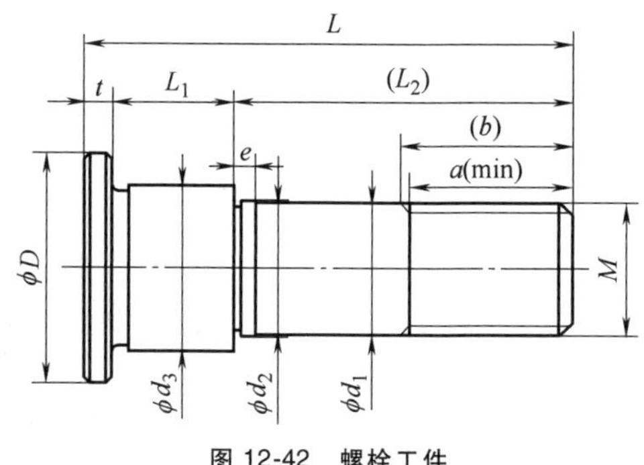

图 12-42　螺栓工件

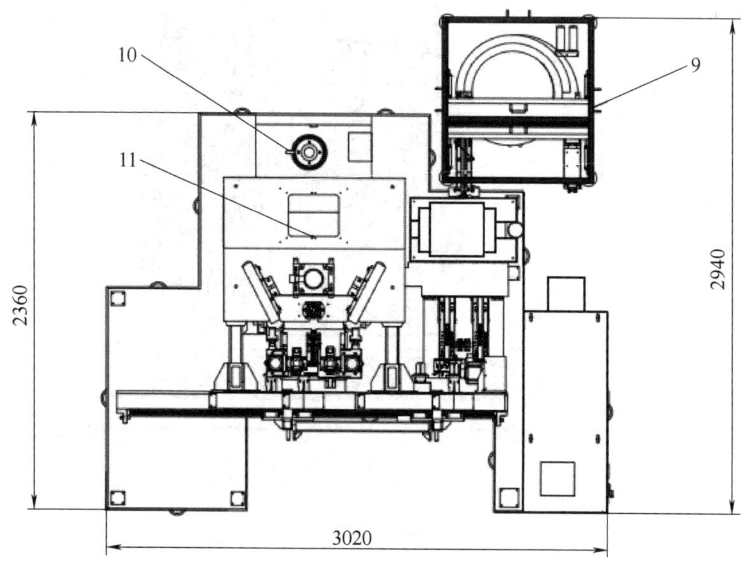

图 12-43　螺栓感应淬火机床

1—设备本体部　2—左右搬送部　3—线圈连接部　4—上下搬送部　5—下顶尖部　6—上顶尖部　7—直线振动器　8—控制柜　9—圆形振动器　10—返送水槽　11—整合盘部

表 12-12　螺栓感应淬火机床参数

项　　目	参　　数	备　　注
淬火工件长度/mm	35.9～65.8	淬火长度为 9～18
淬火工件直径/mm	17.2～36.1	淬火直径为 12.45～27.1
主轴转速/(r/min)	200	
滑鞍驱动电动机/kW	2.0	
上顶尖驱动电动机/W	60	
下顶尖驱动电动机/W	60	
节拍/(s/件)	30s/2 件	双轴机型
电源规格	160kW-200kHz	
配置淬火液水槽容量/L	1500	

12.4　感应热处理生产线

目前，针对某些工件或材料设计制造的专用感应热处理生产线种类繁多，下面列举两例。

12.4.1　等速万向联轴器短轴感应热处理生产线

1）等速万向联轴器短轴及热处理要求如图 12-44 所示。其沟部淬火感应器如图 12-45 所示，轴部淬火感应器如图 12-46 所示。

2）生产线工艺流程：工件上料→搬入粗定位部→搬送至精定位部→沟部淬火加热→沟部淬火冷却→搬送至轴部托架→搬送至辅助冷却→搬送至轴部淬火→轴部淬火加热→轴部冷却→搬送至搬出部→出料。

3）生产线组成：300kW/25kHz 沟部淬火电源、300kW/10kHz 轴部淬火电源、自动切换盘、感应淬火机床（见图 12-47）及冷却配套装置等。等速万向联轴器短轴感应淬火设备的主要参数见表 12-13。

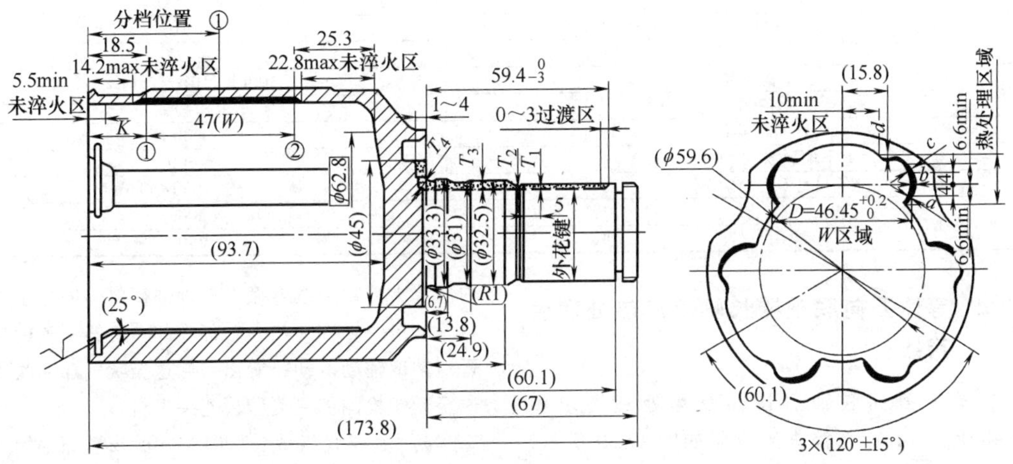

图 12-44　等速万向联轴器短轴及热处理要求

T、*K*、*W*—用户检测位置及序号

注：括号内的数值为相关尺寸。

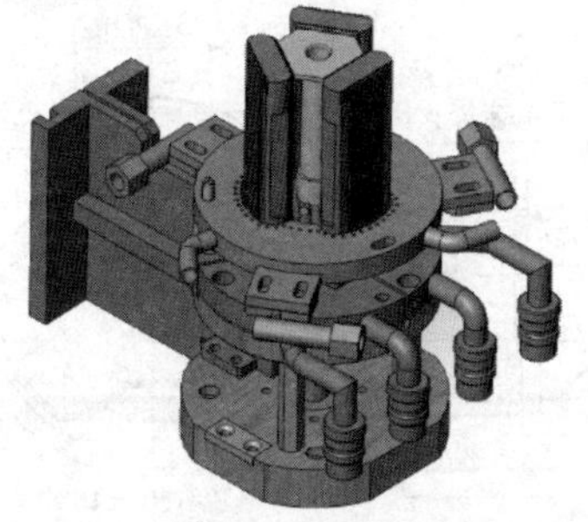

图 12-45　短轴沟部淬火感应器

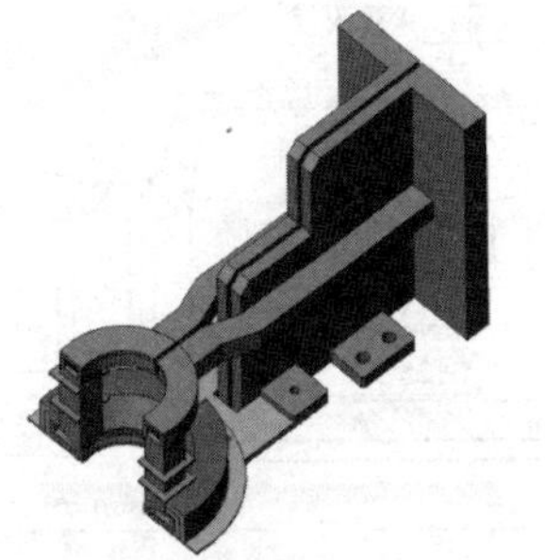

图 12-46　短轴轴部淬火感应器

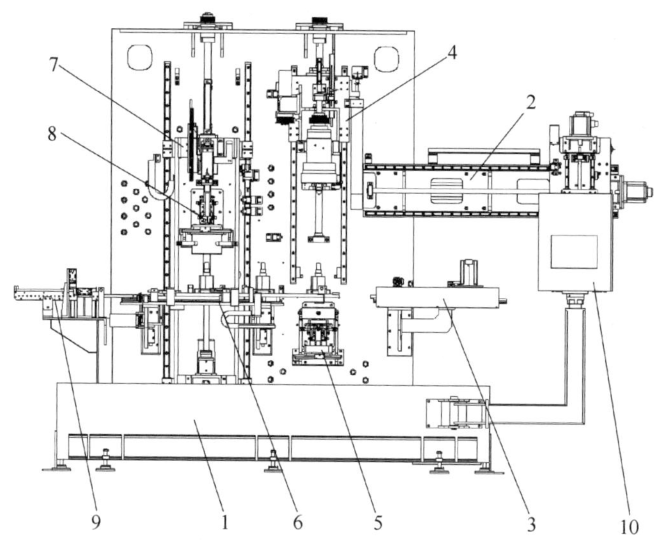

图 12-47　等速万向联轴器短轴感应热处理生产线

1—底座　2—上料搬送　3—工件定位部　4—沟部淬火驱动部　5—沟部淬火感应器　6—中间搬送部　7—轴部淬火驱动部　8—轴部淬火感应器　9—搬出部　10—触摸屏

表 12-13　等速万向联轴器短轴感应淬火设备的主要参数

项　目		参　数
淬火工件尺寸/mm	杯部直径	60～100
	高度	≤250
电源参数		300kW/10Hz/25kHz
电源控制方式		电压控制
节拍/(s/件)		≤30
上下驱动速度/(mm/s)		≤300
设备尺寸(长×宽×高)/mm		2730×1650×3080
转速/(r/min)	沟部	300
	轴部	200

12.4.2　等速万向联轴器长轴感应热处理生产线

1）等速万向联轴器长轴及热处理要求如图 12-48 所示。其沟部淬火感应器如图 12-49 所示，轴部淬火感应器如图 12-50 所示。

2）生产线工艺流程：工件上料→搬入位置决定部→摆臂搬送至沟部淬火上顶针部→沟部淬火加热→沟部淬火冷却→摆臂搬送至轴部待料→搬送至轴部上料→旋进→轴部加热→轴部冷却→旋转至辅助冷却位置→轴部辅助冷却→旋出→搬送至吹气部→吹气→搬送至刻印检测部→刻印检测→出料。

3）生产线组成：500kW/40kHz 沟部淬火电源、500kW/10kHz 轴部淬火电源、自动切换盘、感应淬火机床（见图 12-51）及冷却配套装置等。等速万向联轴器感应淬火设备的主要参数见表 12-14。

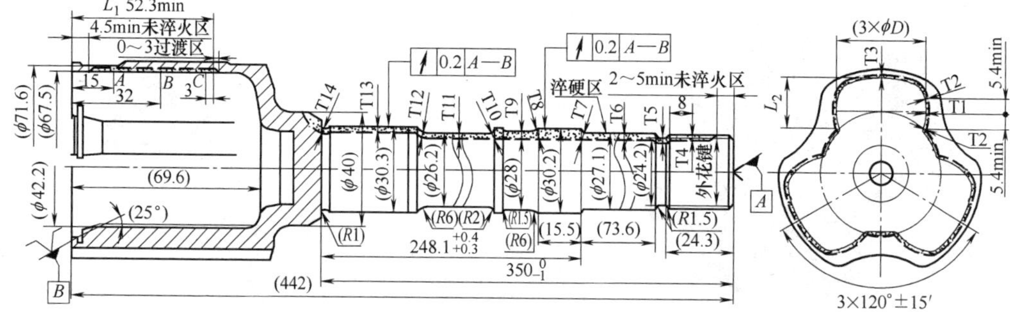

图 12-48　等速万向联轴器长轴及热处理要求

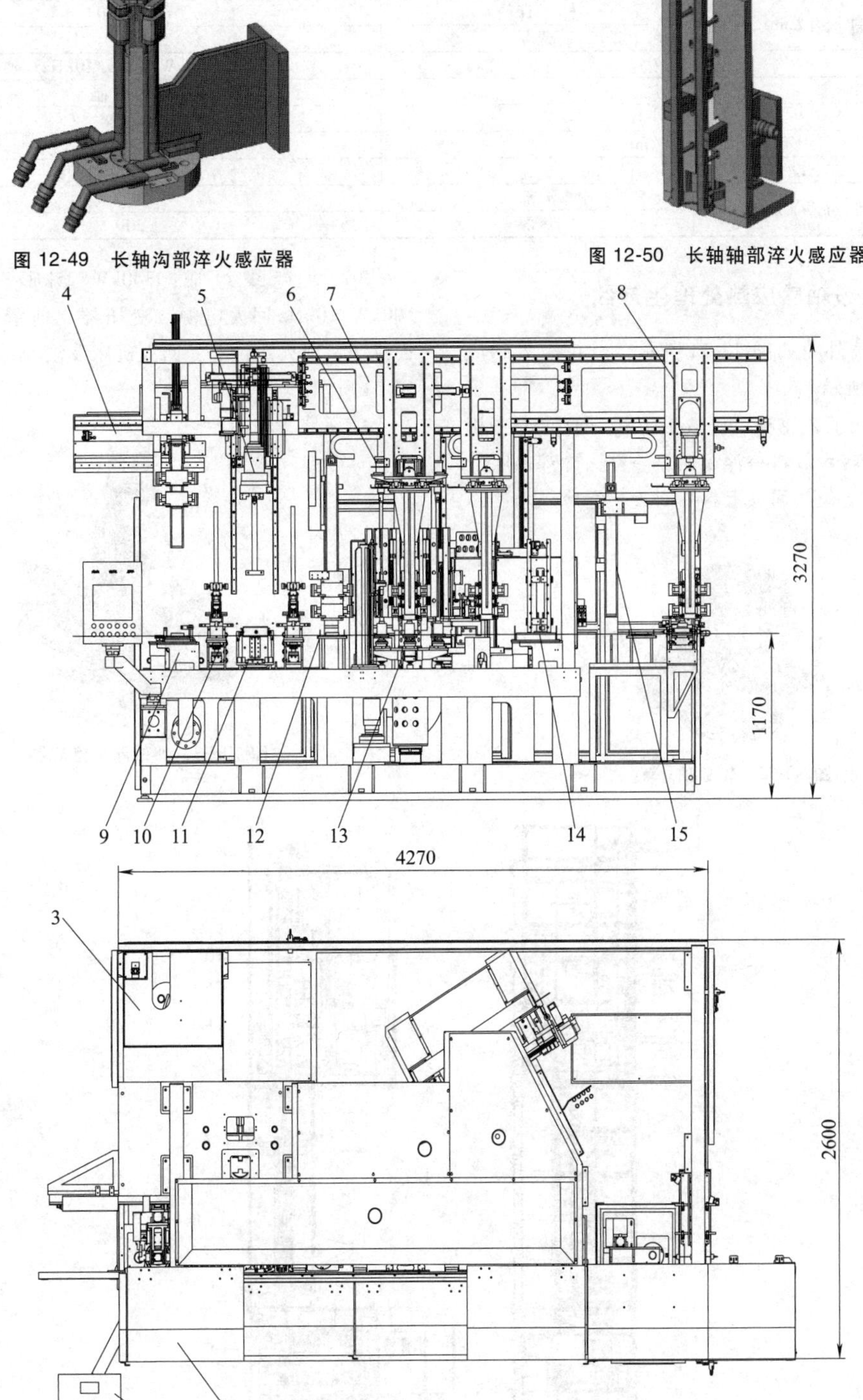

图 12-49　长轴沟部淬火感应器

图 12-50　长轴轴部淬火感应器

图 12-51　等速万向联轴器长轴感应热处理生产线

1—触摸屏　2—罩壳　3—返送水槽　4—搬入部　5—沟部淬火上顶针部　6—上顶针部　7—机内搬送部　8—搬出部　9—位置决定部　10—沟部摆臂搬送　11—淬火线圈部　12—轴部淬火待料部　13—轴部淬火下顶针部　14—吹气部　15—刻印检测部

表 12-14　等速万向联轴器感应淬火设备的主要参数

项　目		参　数
淬火工件尺寸/mm	杯部直径	60~120
	高度	≤750
电源参数		500kW/10Hz/40kHz
电源控制方式		电压控制
节拍/(s/件)		≤30
上下驱动速度/(mm/s)		≤300
设备尺寸(长×宽×高)/mm		4270×2600×3270
转速(r/min)	沟部	300
	轴部	200

12.4.3　轮毂轴感应热处理生产线

1）轮毂轴外轮如图 12-52 所示，外轮淬火感应器如图 12-53 所示。

2）生产线工艺流程：机械手上料→前清洗→机械手搬送→旋转台放料→淬火加热→淬火冷却→吹气搬出→回火前定位→回火上料→回火→空冷→水冷→机械手搬出。

图 12-52　轮毂轴外轮

3）生产线组成：300kW/25kHz 淬火电源、100kW/10kHz 回火电源、变压器、前清洗水箱、淬火机床、回火定位部、回火机床及温控系统等，如图 12-54 所示。

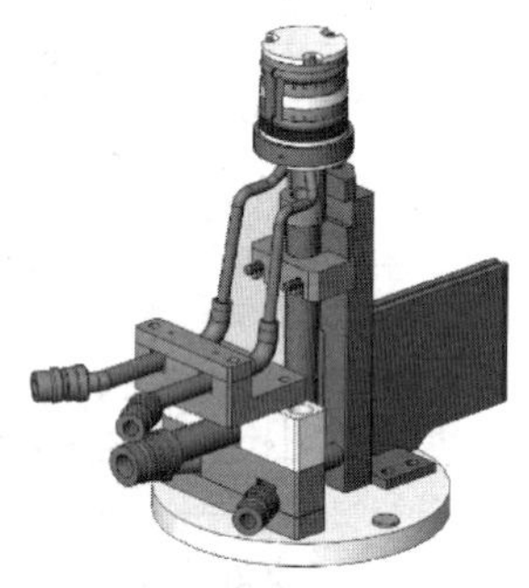

图 12-53　外轮淬火感应器

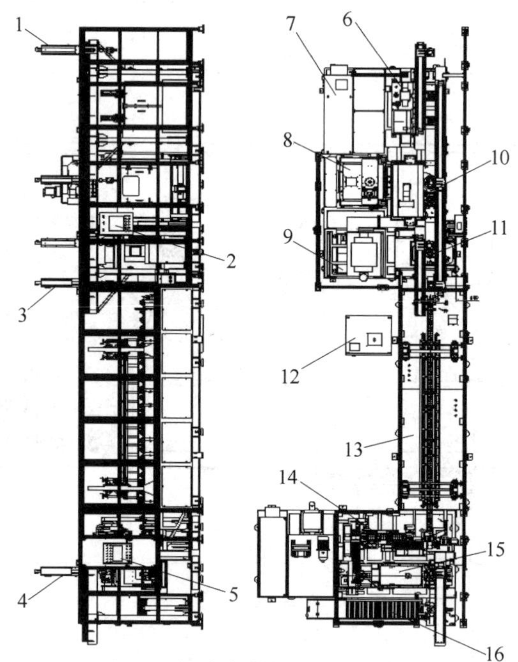

图 12-54　轮毂轴感应热处理生产线

1—搬入机械手　2—淬火控制盘　3—机内搬送机械手　4—搬出机械手　5—回火控制盘　6—清洗机　7—淬火控制盘　8—淬火变压器部　9—返送水槽　10—旋转台　11—回火前定位　12—回火电源　13—回火线圈架台　14—回火空冷部　15—回火水冷部　16—回火 NG 品料道

参考文献

[1] 朱会文，沈庆通. 感应热处理的历史、现状与发展：感应热处理技术路线图 [J]. 金属加工（热加工），2014（25）：891.

[2] 赵秀华. 现代感应热处理加工的特征 [J]. 金属加工（热加工），2015（1）：96.

[3] 沈庆通. 感应热处理技术 60 年回顾 [J]. 金属加工（热加工），2016（4）：329.

[4] 刘平. 齿类零件感应热处理 [J]. 金属加工（热加工），2014（1）：74.

[5] 黄俊，王兆安. 电力电子变流技术 [M]. 3 版. 北京：机械工业出版社，2003.

[6] 潘天明. 现代感应加热装置 [M]. 北京：冶金工业出版社，1996.

[7] 北京机电研究所. 先进热处理制造技术 [M]. 北京：机械工业出版社，2002.

第 13 章　离子热处理设备

青岛科技大学　赵程

离子化学热处理是在炉内低压环境中，利用直流气体辉光放电产生的等离子体激活反应气体，气体中的正离子轰击欲处理工件（阴极）的表面，起到净化工件表面并加热的作用，同时使氮、碳或其他合金元素渗入工件内部的化学热处理技术。

离子化学热处理技术的工业化应用起始于 20 世纪 60 年代。与传统的气体化学热处理技术相比，离子化学热处理具有渗速快、处理温度范围宽、组织容易控制、渗层质量高、工件变形小、运行成本低、节能、无污染等一系列优点，但处理设备相对比较复杂，对操作人员的要求也比较高。

离子渗氮是研究最早、应用最成功的离子化学热处理技术，后来在离子渗氮的基础上又成功研发了离子氮碳共渗、离子渗碳、离子渗硫、等离子体增强化学气相沉积、离子渗金属和活性屏离子渗氮等多项离子化学热处理新技术。

13.1　离子热处理基础

13.1.1　等离子体基础

物质的原子、分子或分子团之间是以不同的力或键力结合在一起的，根据分子间结合力的不同构成不同的聚集态。随着温度的升高，分子的热运动加剧，导致分子间的相互作用变弱，使物质从固态转变为液态、气态，直至等离子状态，图 13-1 所示为物质状态与温度之间的关系。由图 13-1 可见，当温度超过 10000K 后，物质只能是以等离子态形式存在，譬如太阳就是一个高温等离子体的巨大团块。

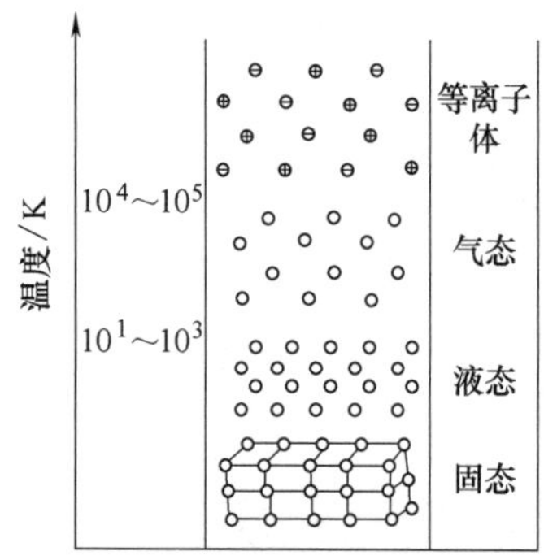

图 13-1　物质状态与温度的关系

等离子体是由离子、电子和中性粒子组成的一种处于电离状态的电离气体，被称为物质的第四态。获取等离子体的方法很多，如核聚变产生的高温导致气体分子和原子相互发生剧烈的热运动碰撞，使中性气体几乎全部被离解为离子和电子而生成等离子体。在低压气体中施加高压电场，气体中存在的少量自由电子在电场作用下发生定向加速运动，如果运动中的电子与原子发生碰撞，使原子中的电子由低能级轨道跃迁到较高能级的轨道，这个过程称为激发（见图 13-2a）；如果电子与原子碰撞使原子外层的电子摆脱原子核的束缚成为自由电子，这个过程就称为电离（见图 13-2b）。电离所产生的电子又会进一步使其他中性原子发生激发或电离，结果气体空间就会存在大量的离子、电子、原子和中性粒子，形成等离子体。若等离子体中的粒子（离子和中性粒子）温度与电子温度相等，这种等离子体称为热等离子体，或称为平衡等离子体；若等离子体中的粒子温度接近常温，而电子温度为 10^3～10^4K 时，这种等离子体称为低温等离子体，或称为非平衡等离子体。离子化学热处理是在直流电场（也有少数采用其他电场，如微波、射频等）产生的低温等离子体中进行的化学热处理，如离子渗氮、离子渗碳、等离子体增强化学气相沉积等。

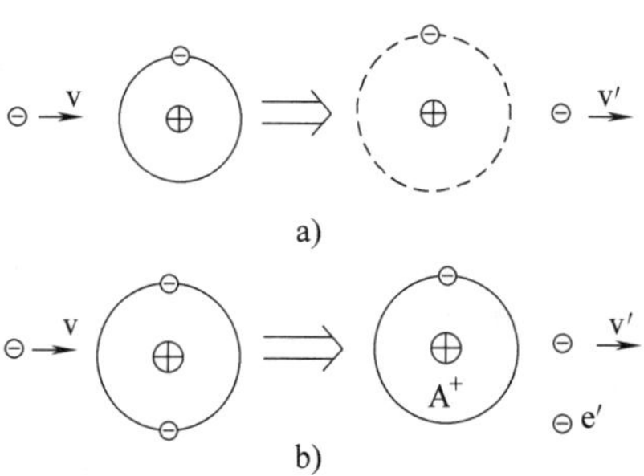

图 13-2　电子与原子碰撞发生的激发和电离
a）激发　b）电离

13.1.2　低压气体放电

1. 低压气体放电伏安特性

在两端接有可调直流电压的低压气体放电管（见图 13-3）内，阴阳极间电压与电流关系的伏安特性曲线如图 13-4 所示。根据各个区域的放电特点，该曲线可分为五个区域。

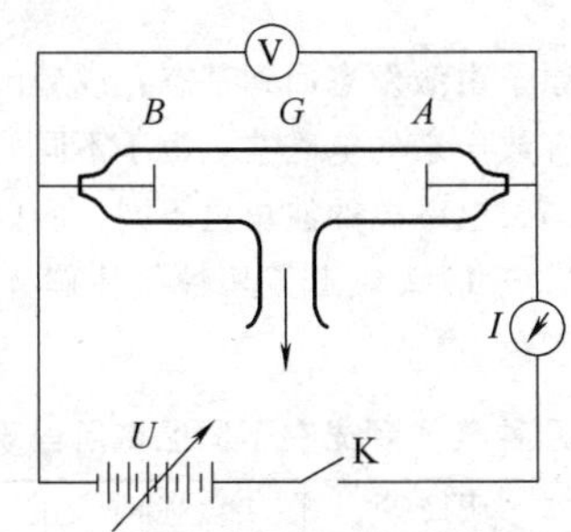

图 13-3　气体放电管

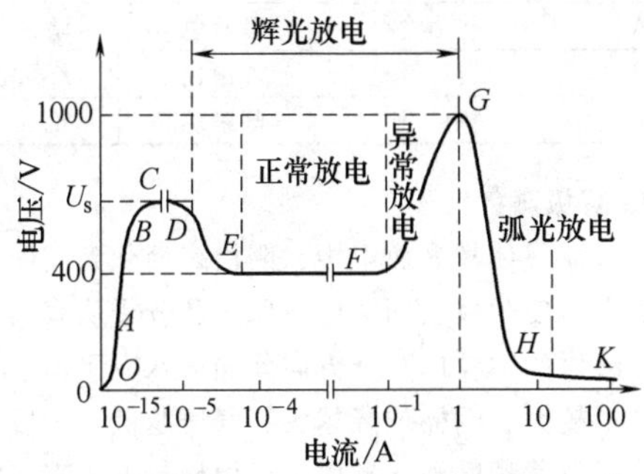

图 13-4　气体放电伏安特性曲线

（1）它激放电区（*OC* 段）　气体本来是不导电的，但由于宇宙射线或其他原因，少量气体分子能以游离状态存在。当两极间加上一定的电压后，这些为数不多的正离子向阴极运动，电子向阳极运动，形成极弱的电流（10^{-18}A~10^{-2}A），电流与电压近似呈线性关系。

（2）自激放电区（*CE* 段）　当电压达到曲线中 *C* 点时，运动的电子已获得足够的动能使气体分子游离，这时两极间的电压骤然降低，电流突然上升，放电空间开始出现辉光，放电点由 *C* 点过渡到 *E* 点，进入正常辉光放电区。

C 点的电压称为点燃电压。对于一定种类的气体和电极材料来说，点燃电压与气体压强和电极间距离的乘积有关，即

$$U_s=f(pd)$$

式中　U_s——点燃电压；

p——气体压力；

d——电极间距离。

其函数关系如图 13-5 所示的巴邢曲线。由图 13-5 可见，在某一特定的 *Pd* 值有一最小的点燃电压 U_{min}。

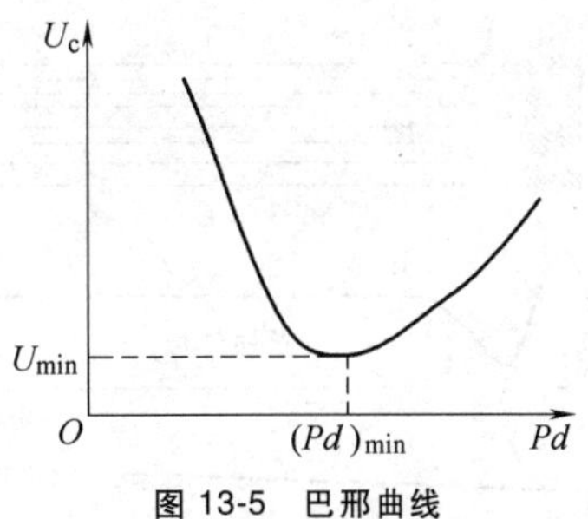

图 13-5　巴邢曲线

表 13-1 是以铁作阴极，不同气体的最低点燃电压和相应的 *Pd* 值。离子渗氮的点燃电压一般为 400~500V。

表 13-1　不同气体的最低点燃电压和相应的 *Pd* 值

气体种类	U_{min}/V	$(Pd)_{min}$/Pa · mm
空气	269	692
H_2	198	1197
N_2	215	557
Ar	475	475
NH_3	655	655

（3）正常辉光放电区（*EF* 段）　在正常辉光放电区，两极间的电压降保持不变，或者说电流密度保持不变，覆盖在阴极表面的辉光面积渐渐扩大，直至整个阴极表面都覆盖了辉光。

（4）异常辉光放电区（*FG* 段）　当阴极表面都覆盖了辉光后再增加电压，气体放电就进入异常辉光放电区，这时两极间流过的电流密度随电压的升高而增大。离子渗氮就是工作在异常辉光放电区。

（5）弧光放电区（*GK* 段）　如果极间电压达到或超过 *G* 点，或由于其他的原因，电流会急剧增大，两极间电压陡降至几十伏，形成弧光放电。弧光放电一旦产生，辉光全部熄灭。

在离子渗氮过程中，即使电压低于 *G* 点也有可能发生弧光放电。这是因为渗氮件表面一些未清理干净的铁锈、油污、棉毛等杂物会产生强烈的场致电子发射，使辉光放电立即转成弧光放电。弧光放电容易烧伤工件或烧毁直流电源，所以在离子渗氮过程中一旦形成弧光放电，应立即切断直流辉光放电电源，熄灭电弧。

2. 辉光放电特点

直流辉光放电的特征是在放电气体中出现了数个明暗不同的区间（见图 13-6），这是由于低压气体辉光放电所特有的空间电荷分布引起的。

气体辉光放电从阴极到阳极的光层按顺序可分为八个明暗光区，它们分别是：

（1）阿斯顿暗区　电子刚离开阴极时速度还很

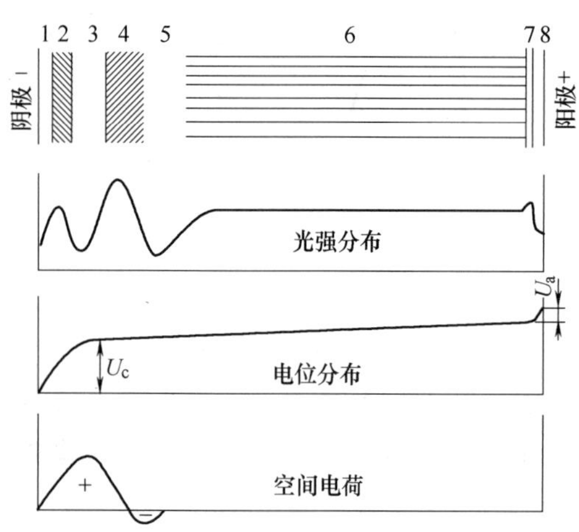

图 13-6　直流辉光放电中的光强、电位和电荷分布

1—阿斯顿暗区　2—阴极辉光区　3—阴极暗区　4—负辉区　5—法拉第暗区　6—正柱区　7—阳极暗区　8—阳极辉区

小，不能产生激发，所以没有发光现象。

（2）阴极辉光区　电子被加速到足以产生激发的能量，因而产生辉光。

（3）阴极暗区　电子速度进一步加快，气体发生电离，激发减少，发光变弱。

以上三个区是直流辉光放电最重要的区域，在这个区域内阴极位降、电场强度、离子密度、光亮度等变化很大，称为阴极位降区 d_k，其厚度与电流密度 i 和气体压力 p 有关。

$$d_k=\frac{a}{\sqrt{i}}+\frac{b}{p}$$

式中　i——电流密度；

p——气体压力；

a、b——常数。

（4）负辉区　来自阴极位降区的电子因多次受到非弹性碰撞被减速，电场急剧减弱。在该区产生大量的激发发光和复合发光，所以此处辉光强度最大。

（5）法拉第暗区　大部分电子在负辉区损失了能量，无法再进行激发和电离，因此光度很弱。

（6）正柱区　此区域内正离子和电子密度相等，又称等离子区。这一区间电场强度极小，在气体放电中起到传导电流的作用。

（7）阳极暗区　电子被阳极吸引，离子被排斥而形成的暗区。

（8）阳极辉区　电子在阳极前被加速，气体发生激发和电离，形成阳极辉光且覆盖整个阳极。

在上述的八个放电区中，前四个区是维持辉光放电不可缺少的区域。当阳极板向阴极移动时，阴极位降区厚度 d_k 保持不变，只是正光柱区逐渐缩短。只有当阳极板移到负辉区和阴极暗区的界面后，辉光才会自动熄灭。

辉光是原子由激发态回到基态，或者由电离态回到复合态时释放出来的电磁波。由于不同的气体释放出的能量不同，电磁波的波长也不同，所以辉光的颜色也就不同。表 13-2 列出了几种气体辉光在不同区域所呈现的颜色。

表 13-2　几种气体辉光在不同区域所呈现的颜色

气体	阴极层	负辉区	正柱区
空气	桃红色	蓝色	红色
H_2	红茶色	淡蓝色	桃红色
N_2	桃红色	蓝色	红色
Ar	桃红色	暗蓝色	暗红色
O_2	红色	黄白色	红黄色
NH_3	桃红色	蓝紫色	桃红色

3. 阴极溅射

在直流气体辉光放电中，阴极表面受到高能正离子的轰击，使阴极表面的中性原子和分子从表面分离出来，溅射的颗粒以直线方向朝四面八方飞出。正离子的质量越大、阴极位降越大、气压越低、阴极温度越高，溅射就越剧烈，溅射量近似地与电流密度的平方成正比。

在离子渗氮过程中，阴极溅射可以使工件表面得到具有高活性的洁净表面，容易使氮原子吸附并渗入工件内部。离子轰击也使渗氮件表面产生高密度位错，氮原子不仅可以沿晶界扩散，还可以穿过铁素体晶粒向内部扩散。另外，在离子渗氮初期，工件表面就能形成富氮相，使渗氮件表面有一个比较大的氮浓度差，所以离子渗氮初期的速度比气体渗氮速度快。

正离子轰击阴极表面还能将离子的部分动能转变成工件加热的热能，在离子渗氮过程中，单凭离子轰击就能将工件加热到离子渗氮的温度。离子渗氮工件的本身是发热体，对离子渗氮技术来说有利有弊，利是加热效率高，弊是存在工件温度不均匀、炉内空间温差大、工件准确测控温难、大小件不能混装等难以克服的问题。

4. 空心阴极放电

在气体辉光放电时，如果工件表面有直径约 $2d_k$ 的深孔，孔内壁的负辉区就会重叠在一起，电子在负辉区内来回振荡，增大了电子与气体分子的碰撞概率，引起孔内更多气体分子的激发和电离，使孔内的电流密度和光强度会大大增加（见图 13-7），这种现象称为空心阴极效应，简称 HCD。

离子渗氮时若发生 HCD 现象会使孔内产生高温，

并且温度越高电流密度就越大，从而形成恶性循环，甚至会烧毁工件，所以离子渗氮件表面若有直径约 $2d_k$ 大小的孔洞或狭槽时要将其遮盖屏蔽，避免在离子渗氮过程中发生 HCD 现象。

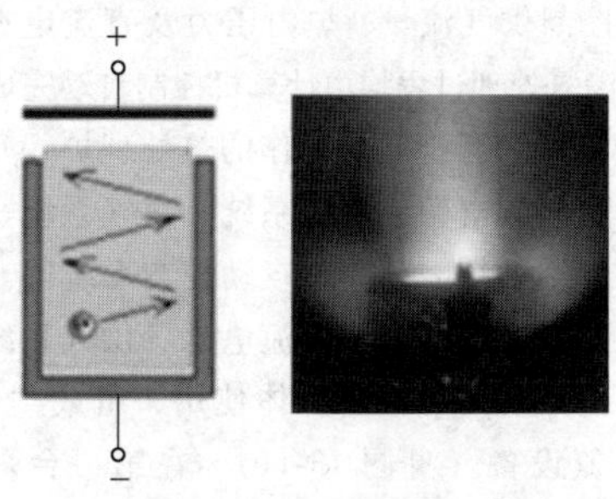

图 13-7　空心阴极效应

13.1.3　离子渗氮机理

在离子渗氮技术发展过程中，许多人对离子渗氮机理进行了研究，并提出了各种离子渗氮机理模型，其中比较认可的是 Kölbel 离子溅射与沉积渗氮模型（见图 13-8）。

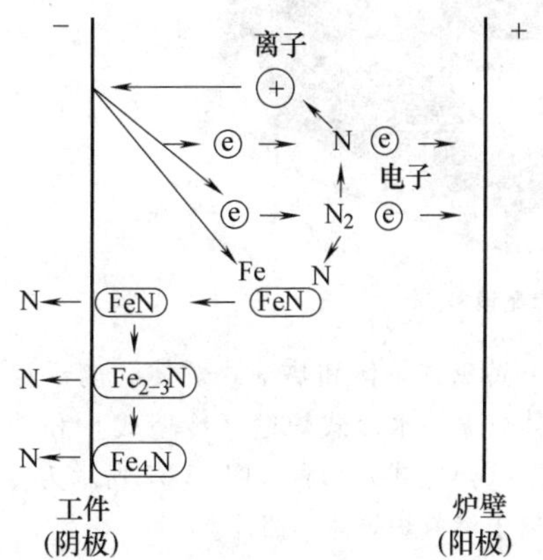

图 13-8　离子溅射与沉积渗氮模型

在离子渗氮过程中，炉内气体被电离形成由电子和离子组成的等离子体。电子在向阳极运动过程中，电子与气体分子发生非弹性碰撞，气体分子就会被分解成气体原子，进一步还会发生激发或电离，电离的 N^+、H^+、NH^{3+} 等正离子则在电场的加速下向阴极（工件）方向运动并与阴极发生碰撞。碰撞后，离子的一部分动能转化为热能，将工件加热到渗氮所需要的温度。同时，碰撞将工件表面的 Fe 和电子溅射出阴极的表面。溅射出的 Fe 与空间的氮原子结合形成中性的 FeN 分子，因背散射又重新沉积到阴极表面。由于 FeN 属于亚稳态氮化物，会在工件表面分解成含氮较低的 $Fe_{2\text{-}3}N$（ε 相）和 Fe_4N（γ′相）氮化物，同时释放出活性氮原子。这些活性氮原子一部分通过扩散进入工件表面形成渗氮层，另一部分则复合成氮分子返回等离子区。

13.2　离子渗氮设备类型与炉体结构

离子渗氮设备由真空炉体、直流电源、温控系统、供气系统、炉压控制系统、真空系统、计算机自动控制系统等几部分组成，图 13-9 所示为离子渗氮设备的基本组成。

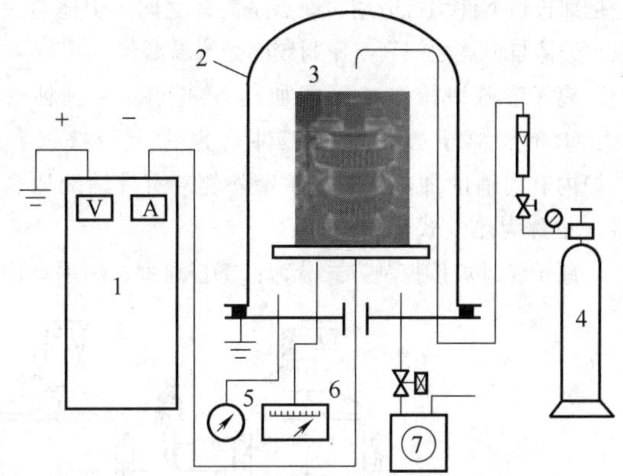

图 13-9　离子渗氮设备的基本组成

1—直流电源及控制系统　2—真空炉体　3—渗碳件　4—供气系统　5—炉压控制系统　6—温控系统　7—真空系统

13.2.1　设备类型

离子渗氮炉的炉型有钟罩式、深井式和通用式三种结构，如图 13-10 所示。

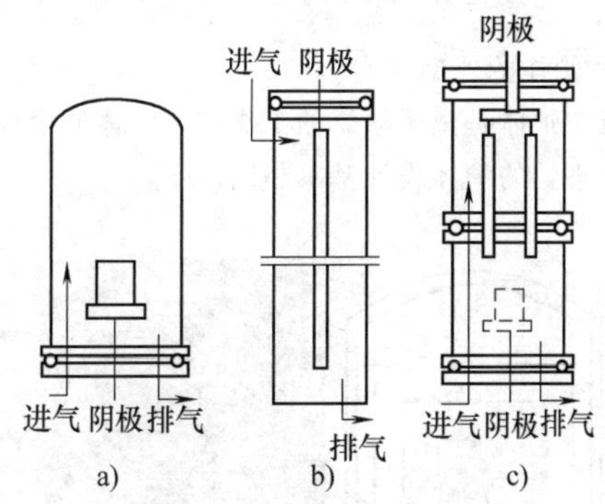

图 13-10　离子渗氮炉的炉型

a）钟罩式　b）深井式　c）通用式

钟罩式离子渗氮炉由钟罩和底盘组成，钟罩与底盘之间靠真空胶圈密封。渗氮件既可以堆放在阴极盘上，也可以利用工装吊挂不太长的轴类件。这种炉型结构简单、装炉方便、密封性好，是目前国内外用得最多的一种炉型。

井式离子渗氮炉由带底的井筒和炉盖组成，为了降低高度，便于装卸工件，井筒一般放在地坑内，炉盖略高于地平面。井式离子渗氮炉主要用于处理细长轴类件，如主轴、曲轴、丝杠等，渗氮件可以直接吊挂在炉盖上的阴极挂具上。

通用式离子渗氮炉的炉底和炉盖是与炉体分开的，炉体由几个相同高度或不同高度的圆筒组成，可根据渗氮件的长短将一个或数个圆筒上下拼接，筒与筒之间用真空胶圈密封。该炉通用性强，无论是齿轮类的盘形件还是细长轴类件均可适用，缺点是筒体之间、炉体与炉底、炉体与炉盖之间真空密封胶圈处容易漏气。

离子渗氮炉按渗氮件的加热方式可分为三种炉型：①单靠离子轰击加热工件（也称为冷壁式）；②炉内有内辅助加热器；③炉壁外侧装有外辅助加热器（也称为热壁式）。

离子渗氮炉按控制方式分为：①普通型，用手动操作供气流量，通过手动调节真空抽气蝶阀开启程度来控制炉内压力，升温时靠手动控制直流电源的输出功率，在保温时用智能温控仪输出的PID信号自动控制渗氮件的温度；②自动型，用工业控制计算机按预先编制好的工艺参数控制供气流量、炉内压力及直流电源输出功率，整个渗氮处理过程均由计算机控制自动完成。

离子渗氮炉属于周期工作的热处理炉，每套炉子都配备一套直流电源、温控系统、供气系统、炉压控制系统、真空系统、计算机自动控制系统等。对于多炉体或组合生产线，一套直流电源、供气系统、真空系统和控制系统可供两套炉体使用，组成“一拖二”的离子渗氮设备（见图13-11）。在第一台炉子进行离子渗氮处理时，操作者可以进行第二台炉子渗氮件的装卸。当第一台炉子渗氮结束并随炉冷却时，将这些控制系统切换到第二台炉子进行离子渗氮。这种交替处理模式可以缩短生产周期，提高设备的利用率。

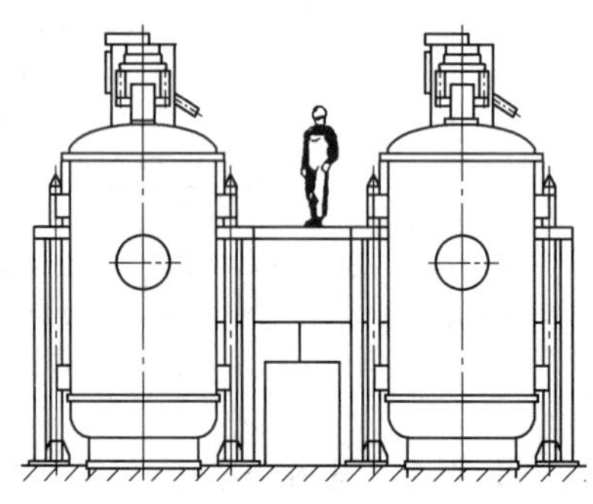

图13-11 “一拖二”的离子渗氮设备

13.2.2 真空炉体结构

1. 炉体的外部结构

真空炉体是离子渗氮的工作室，炉体的设计与真空热处理炉的炉体设计基本相同。

（1）冷壁式炉体和热壁式炉体 离子渗氮炉的真空炉体分夹层水冷式炉壁（冷壁式）和外辅助加热式炉壁（热壁式）两种，图13-12所示为冷壁式和热壁式离子渗氮炉炉体和照片。

a)

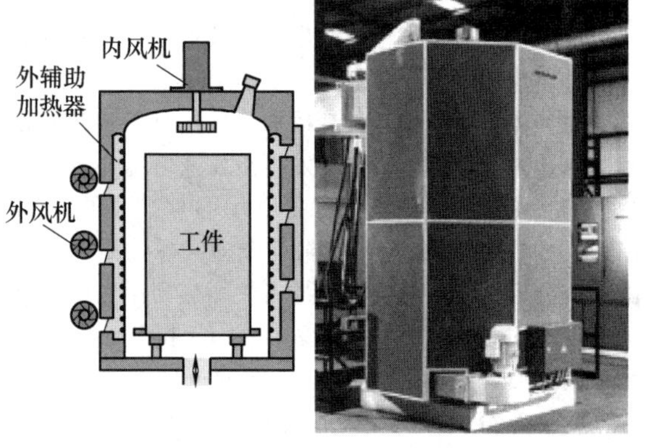

b)

图13-12 冷壁式和热壁式离子渗氮炉炉体和照片

a）冷壁式 b）热壁式

离子渗氮件的温度一般在 650℃以下，冷壁式炉体用直流或直流脉冲电源供电，渗氮件接直流电源的负极，炉壳接直流电源的正极并接地保护。这时，直流辉光放电产生的（氮、氢、氩）正离子轰击工件（阴极）的表面，可以将工件加热到渗氮所需要的温度。同时，离子辉光放电也激活了炉内的反应气体，产生的活性氮原子吸附在工件的表面并渗入钢的内部，达到渗氮的目的。

冷壁式炉体结构简单，制造成本低，但渗氮件的温度均匀性较差，靠近炉壳的工件温度比摆放在炉子中间的工件温度低。另外，水套内的冷却水要带走大量的热量，耗能较大。为了提高渗氮件的温度均匀性和节能，冷壁式离子渗氮炉内要设置 1~2 层的金属隔热屏。测试结果表明，有一层不锈钢隔热屏比无隔热屏的节电 40%；若再加一层铝合金隔热屏，节电可达 55%。

热壁式离子渗氮炉是在真空炉壳外面设置数组环形加热器（见图 13-13），这时工件主要依靠外辅助加热器加热，离子轰击对工件温度的影响比较小，直流辉光放电主要起激活气体的渗氮作用，所以对于同样有效工作尺寸的热壁式离子渗氮炉，它所需要的直流电源功率要比冷壁式的小。另外，虽然热壁式炉体结构比冷壁式的结构复杂，但热壁式的炉子具有很多优点。

图 13-13　热壁式离子渗氮炉外辅助加热器

热壁式离子渗氮炉在开启直流电源前可以先开启外辅助加热器预热工件，烧掉工件表面残留的油污、棉毛等杂质，这样在起辉时就可以大大减少“打弧”的现象，缩短离子渗氮初期阶段的溅射清理时间，提高生产率。

热壁式离子渗氮炉的外辅助加热一般是分区加热和冷却，每区炉壁的温度分别由该区对应的炉外热电偶和炉内热电偶控制（见图 13-14）。在渗氮过程中，尤其是在渗氮的保温阶段，可以利用各区的炉壁温度自动调节渗氮件的轴向温差，所以热壁式离子渗氮炉内工件的径向温度和轴向温度均匀性都优于冷壁式离子渗氮炉（见图 13-15）。

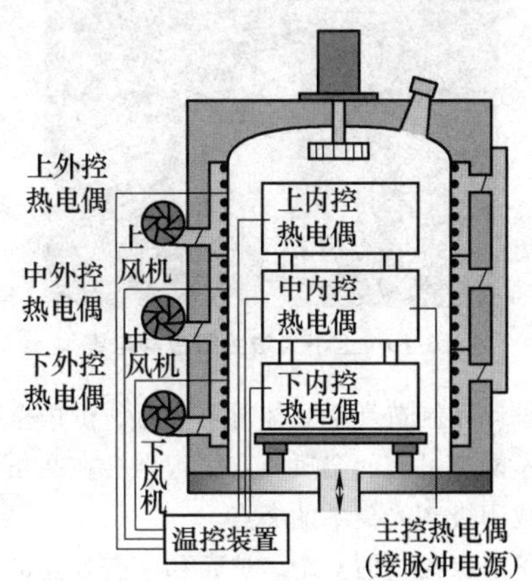

图 13-14　热壁式离子渗氮炉控温系统

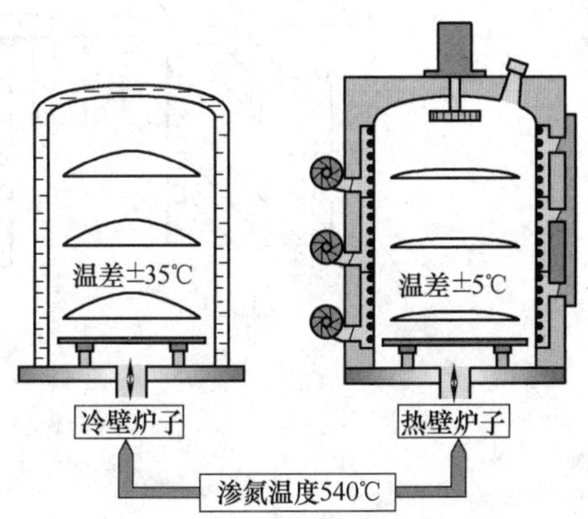

图 13-15　热壁式和冷壁式离子渗氮炉温度均匀性比较

（2）炉壳的电极性　通常离子渗氮炉的炉壳也是直流辉光放电的阳极。离子渗氮电流比较大，作为阳极的面积也要足够大，整个炉底盘和钟罩内表面都应是传输阳极电流的良导体。直流电源的阳极电缆一般压接在炉底盘上，由于炉底盘与钟罩（或炉盖）之间是用密封胶圈隔开，在装卸工件时钟罩还要吊离底盘，所以炉底盘与钟罩之间的阳极电流连电方式就显得非常重要。如果钟罩的阳极导电不良，阳极电流仅是靠炉底盘传输，炉底盘上就会因阳极电流密度过大出现较强的阳极辉光。常用的炉底盘与钟罩之间阳极连电方式是在大法兰上安装几个电接触铜块（见图 13-16），用铜块将钟罩上的阳极电流传输到炉底盘上，再通过炉底盘上的阳极电缆将阳极电流传回直流电源柜。实践证明，这种阳极连电方式要比钟罩单独用长电缆传输阳极电流的效果要好。

图 13-16 上下大法兰阳极导电铜块

在设计和制造真空炉体时要注意，炉内壁应平整光滑，不能有过高的金属凸点，否则会在凸出的尖端部位形成阳极辉光集中的亮点。

为了确保人员的安全，炉壳和所有外露的金属构件都要接地保护。需要注意的是，炉壳上的阳极电流一定要通过阳极电缆流回直流电源的阳极接线端，不能借用接地线或炉体等其他金属构件传输阳极电流。

（3）炉体的升降 离子渗氮炉的炉体升降和移动大多都是用户自行解决，这对车间里起重装置的举升高度有一定的要求，而且这种吊装方式也存在安全隐患。如果离子渗氮设备本身带有自举升降移动（或举升旋转）系统，就可以解决这些问题。尤其是对于“一拖二”的离子渗氮设备，自带的炉体举升移动系统就显得更为方便。

2. 炉体的内部结构

离子渗氮炉炉体内部的主要构件有阴极盘及阴极盘支承、阴极电极、测温热电偶、隔热屏、内循环冷却风机等，有的离子渗氮炉还有渗碳件快速冷却系统。

（1）阴极盘与阴极盘支承 离子渗氮炉内的阴极盘是用于堆放渗氮件的。阴极盘的支承要能在渗氮温度下承受数百千克，甚至数吨重的渗氮件。图 13-17 所示为几种阴极盘支承的结构。

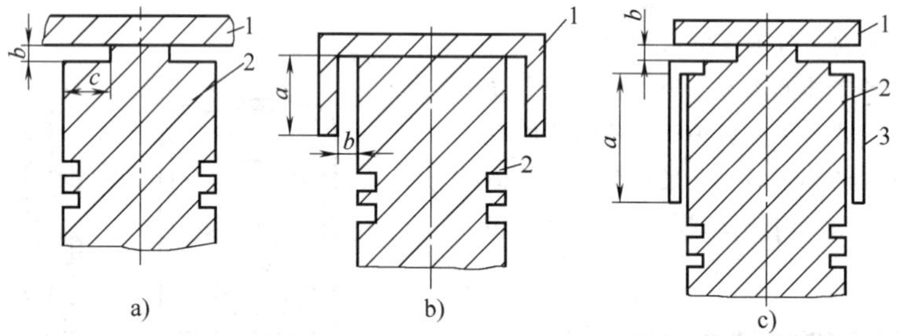

图 13-17 几种阴极盘支承的结构

a）横向保护 b）纵向保护 c）综合保护

1—气隙块 2—绝缘支柱 3—气隙套

阴极盘和阴极盘支承发生辉光放电的金属件与支承绝缘体过渡的位置必须至少有一道气隙保护，以阻断阴极辉光，防止阴极金属件与绝缘体之间发生弧光放电。气隙的间隙 b 的大小取决于炉内工作压力，一般为 0.5~0.9mm。工作压力越高，气隙 b 的间隙越小。气隙 b 的深度约为 10mm，缝隙最好朝下，避免掉入杂物引起弧光放电。

为了能在不同压力下进行离子渗氮，有的阴极支承的气隙设计成可调节气隙，通过螺纹调节改变气隙的大小。可调气隙的大小不容易掌握，而且容易变动，所以非特殊需要还是用固定的气隙比较好。

阴极支承内的绝缘体一般是用熔铸云母或陶瓷制造，裸露在外的绝缘体要定期用砂纸打磨，清除绝缘体表面溅射上的铁膜以防止短路。有的阴极支承将裸露的绝缘体外面用金属套管遮挡，防止溅射的铁粒子在绝缘体表面沉积，构成一个免维护的阴极支承。

根据阴极盘的大小和设计的承重能力，阴极盘至少有三个以上的阴极盘支承，各支承可通过调整高度螺丝，以保证各支承都能与阴极盘接触。为了避免在阴极盘支承的根部出现集中的阳极辉光，支承底部的金属件与底盘之间要用绝缘体隔离（见图 13-18）。

（2）阴极电极 阴极电极是将阴极电流输入炉内，有的阴极电极与阴极盘支承一起还起到承重的作用。阴极电极结构比较复杂，容易出现打弧、真空密封泄露等问题，所以阴极电极和阴极盘支承都是离子渗氮炉能否稳定工作的关键部件之一。

图 13-19 所示为一种堆放式阴极输电及支承装置。它的上部和阴极盘支承结构相似，在金属屏蔽套与绝缘体之间有一气隙保护结构，以阻断屏蔽套上的阴极辉光，防止屏蔽套与绝缘体之间发生弧光放电。气隙的间隙一般为 0.5~0.9mm，深约为 10mm，间隙大小取决于炉内工作压力。

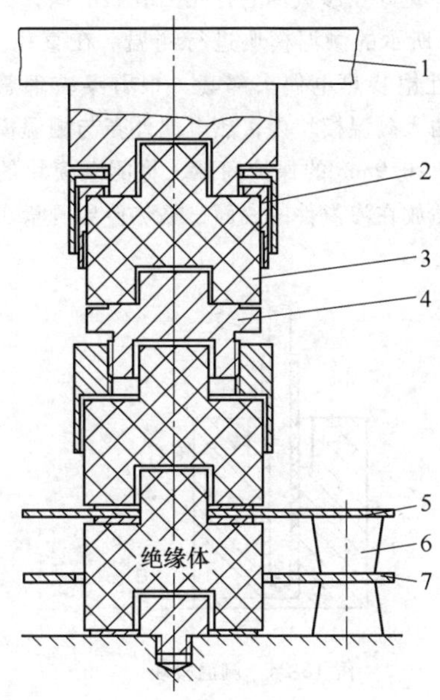

图 13-18　阴极盘支承

1—工作台　2—气隙调节组合　3—陶瓷块　4—高度调节组合　5—隔热板　6—磁柱　7—隔垫板

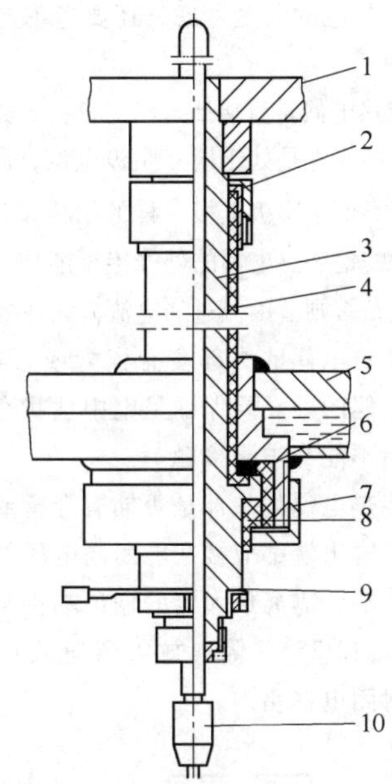

图 13-19　堆放式阴极输电及支承装置

1—工作台　2—气隙调节组合　3—电极杆　4—瓷管　5—水冷底盘　6—密封圈　7—锁紧螺母　8—四氟绝缘　9—阴极接线　10—热电偶

电极的下半部分与炉底盘之间的电绝缘件和真空密封，电绝缘件一般用聚四氟乙烯制作，聚四氟乙烯与熔铸云母之间要紧密配合，避免结合缝处发生弧光放电。

有的离子渗氮炉是单设阴极，将阴极电流输入炉内。为了保证阴极电流能可靠地传输到阴极盘，可以用薄扁钢将阴极及各阴极盘支承的屏蔽帽连接在一起（见图 13-20），这样阴极盘就可以不用固定而直接放在阴极支承上，便于渗氮件的装卸。

图 13-21 所示为一种吊挂式阴极输电装置。阴极杆 1 与瓷管 6 在炉内出口处有小于 1mm 的纵向气隙，以阻断阴极的辉光。

图 13-20　阴极支承与电极的连接

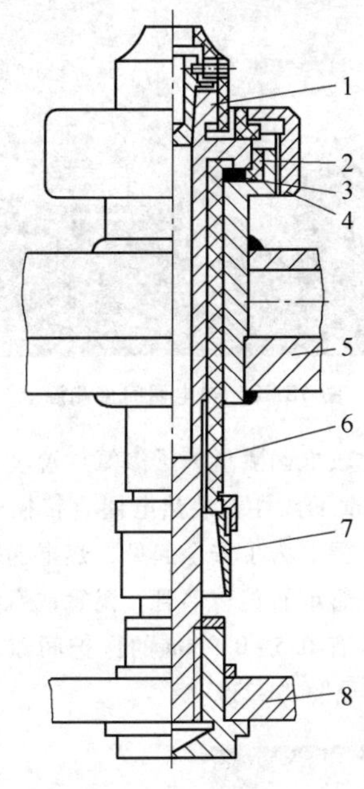

图 13-21　吊挂式阴极输电装置

1—阴极杆　2—四氟绝缘　3—密封圈　4—锁紧螺母　5—水冷炉盖　6—瓷管　7—气隙调节组合　8—吊挂盘

离子渗氮阴极杆的材料为普通低碳钢，不锈钢热膨胀系数大，不利于真空密封。电极杆的直径取决于直流电流的大小，可以按约 $0.5A/mm^2$ 的电流密度设计阴极杆的直径。

（3）测控温热电偶　热电偶是热处理中最常用的测温元件。但是，由于离子渗氮件的加热方式与传统热处理的加热方式不同，工件是靠离子轰击加热，工件本身是发热体，工件上又带有高电压并被辉光包围，若不采取特殊的隔离措施，热电偶根本无法与工件直接接触。

目前，国内有的离子渗氮炉的炉内测控温热电偶是安装在阴极底盘上（见图 13-22），热电偶隐藏在一个金属套管内，热电偶与套管之间绝缘。虽然金属套管也辉光放电加热，但热电偶测得的是套管的温度，与工件的实际温度相差比较大，这就需要操作者每隔一段时间断电熄辉，透过观察窗根据渗氮件的颜色目测渗氮温度，然后再根据目测温度调整温控仪表的设定温度实现自动控温。由于目测的温度因人而异，对渗氮的质量影响很大，所以离子渗氮准确测控温的方法一直是我国离子渗氮技术的难点之一。

图 13-22　热电偶间接测温

目前，比较准确测量离子渗氮件温度的方法是将直径为 1~3mm 的柔性铠装热电偶直接插入渗氮件的内部进行测控温。为了安全起见，热电偶头部可以套一端封闭的瓷管或石英玻璃管，瓷管或石英玻璃管与渗氮件之间应有 0.5~0.9mm 的保护间隙，保护间隙深约 10mm（见图 13-23）。

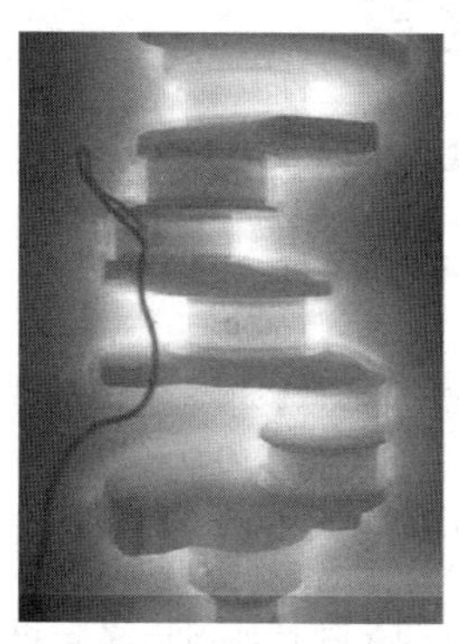

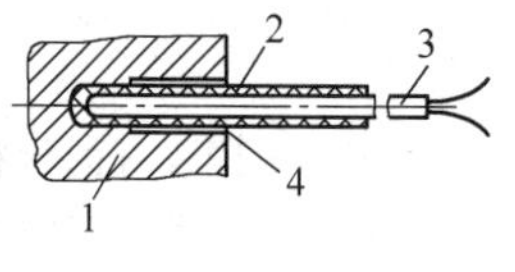

图 13-23　热电偶直接测温

1—渗碳件　2—石英玻璃管　3—热电偶　4—保护间隙

如果不允许在渗氮件上打孔插装热电偶，可以采用图 13-24 所示的测温模块进行测温。在直径为 1~3mm 的柔性铠装热电偶头部套一根石英玻璃管，石英玻璃管插入测温模块内，热电偶外壳与测温模块之间要有 0.5~0.9mm 的保护间隙，将测温模块的一个平面紧密贴放在渗氮件的表面，靠热传导测量渗氮件的温度。

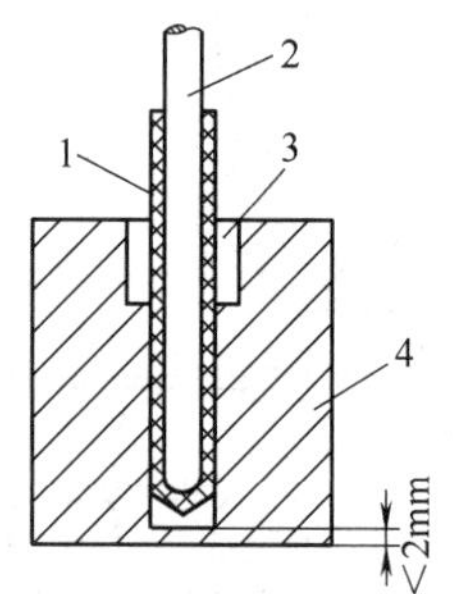

图 13-24　测温模块

1—石英玻璃管　2—铠装热电偶

3—保护间隙　4—测温头

炉内铠装热电偶的另一端需要引出炉外接控温仪表，所以炉体上应有专门的热电偶引出装置，这套装置的设计既要从电的角度考虑，还要考虑热电偶引出端的真空密封。

如果铠装热电偶是直接插入渗氮件内，这时铠装热电偶的外壳与渗氮件是处于同一阴极电位，所以热电偶引出端要按照类似于阴极电极一样的结构设计。需要注意的是，这时的铠装热电偶的外壳绝不能成为渗氮件的阴极输电导线，否则会因流过的电流太大而烧断。

如果铠装热电偶的头部套有瓷管或石英玻璃管，这时铠装热电偶的外壳要保证呈电中性状态，铠装热电偶的外壳绝不能与炉壳接触。

不管铠装热电偶的头部是否插有瓷管或石英玻璃管，热电偶的输出端都应接在能耐高电压的直流隔离放大器的输入端，隔离放大器的输出端再与智能温控仪相接（见图 13-25），隔离放大器应放在靠近热电偶输出端的封闭电器箱内。

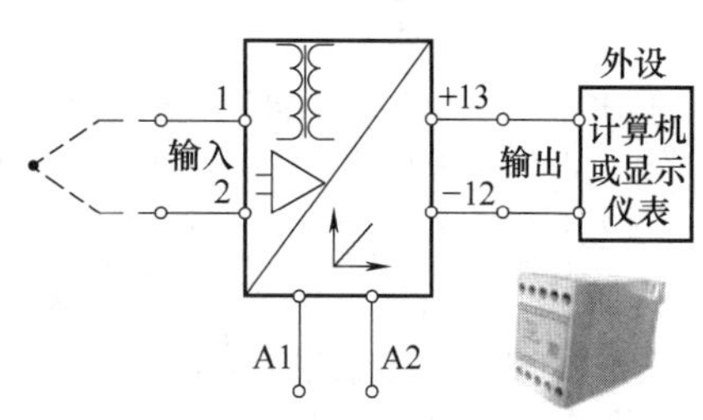

图 13-25　隔离放大器原理

(4) 进气系统　离子渗氮炉内气流的均匀性会直接影响渗氮的质量。为避免气流直接吹到工件上，并能均匀地在炉内流动，炉顶的进气口应让气体从一个莲蓬头或一个钻有不同方向小孔的环形管中喷在炉顶部的一个隔热屏上（见图 13-26），然后再流向渗氮件。隔热屏对进炉的冷气还能起到预热作用。

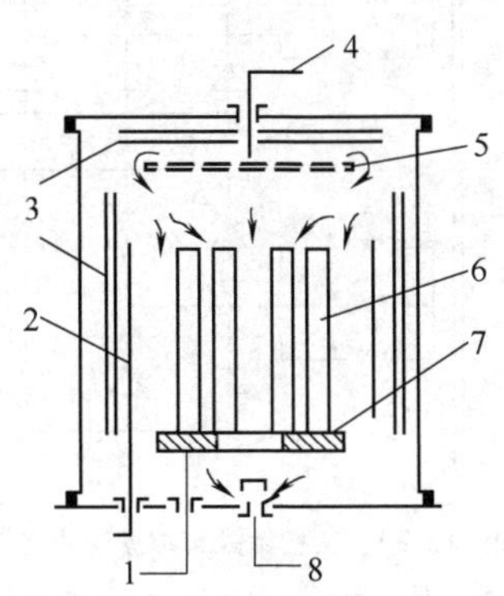

图 13-26　莲蓬头式进气口

1—阴极　2—热电偶　3—隔热屏　4—进气口　5—气体均流板　6—渗氮件　7—工作台　8—抽气口

(5) 隔热屏　在冷壁式离子渗氮炉的炉体内部设置隔热屏可以节省电能，改善工件的温度均匀性。隔热屏可以直接与炉体连接，是炉体阳极的一部分。也有的是将隔热屏作为内设阳极，这时则要求隔热屏与炉体绝缘。

(6) 水冷系统　离子渗氮炉的炉体上有很多部位需要用水冷却，如真空密封胶圈、观察窗、电极上的绝缘材料等。冷却水质的好坏会直接影响炉体的使用寿命。尤其是对于冷壁式离子渗氮炉，水冷管道的堵塞、夹层水套沉淀较厚的水垢等都会影响水冷的效果，甚至会因腐蚀造成水套漏水而导致设备报废。有的高端离子热处理炉是自带内循环水的制冷水机，以解决用户水源质量差的问题。

(7) 内冷风机　渗氮结束后，冷壁式离子渗氮炉的工件可以在真空环境中随炉冷却，待渗氮件冷至 200℃以下才能打开钟罩取出工件。工件随炉真空冷却的时间比较长，尤其是渗氮件冷至 400℃以后，冷却速度会越来越慢。为了加快工件的冷却速度，可以在炉体内部安装内循环冷却风机。工件开始冷却时，先往炉内充一定量的氮气，但炉内仍为负压，这时开启内循环冷却风机就可以加快渗氮件的冷却速度。

热壁式离子渗氮炉都装有内循环冷却风机。渗氮结束后往炉内充一定量的氮气，使炉内保持负压状态，开启炉子的内外冷却风机以加快渗氮件的冷却速度。为了进一步提高渗氮件的冷却速度，国外有的离子渗氮炉还在内循环冷却风机的风扇翅外围装了水循环换热器（图 13-27），进一步加快了渗氮件的冷却速度。

图 13-27　冷却水循环换热器

由于在离子渗氮过程中内循环冷却风机是关闭的，风扇翅和风机轴也被加热到渗氮的温度。如果渗氮结束后立即起动内循环冷却风机，瞬间大的起动力矩会使风机轴发生变形，所以离子渗氮炉的内循环冷却风机一般安装在温度比较低的炉底盘上。另外，待炉内渗氮件温度降至 400℃以下再起动内循环冷却风机，这时风机轴的刚性比较大，不易发生变形。

13.3　离子渗氮直流电源

每套离子热处理设备都配有能产生气体辉光放电的直流电源，图 13-28 所示为离子渗氮直流电源的电气原理。由图 13-28 可见，离子渗氮直流电源是由可控整流电路、脉冲电路、灭弧电路、控制单元等几部分组成。与普通的直流电源相比，离子渗氮直流电源的特点是：

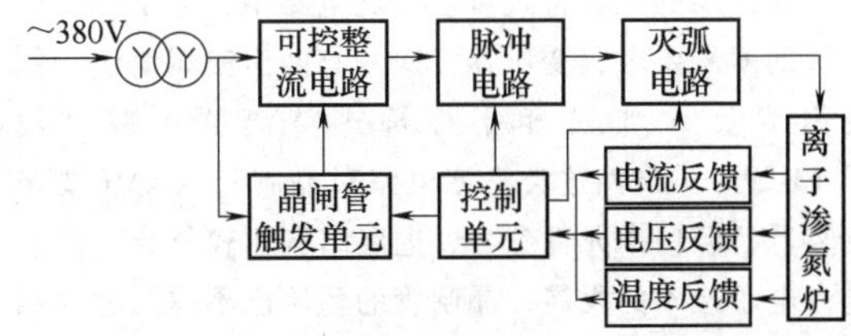

图 13-28　离子渗氮直流电源的电气原理

(1) 高电压、大电流　离子渗氮直流电源额定输出功率一般为 30~300kW，取决于炉子的有效工作尺寸，电源实际使用输出功率的大小与装载量成正比。

国内离子渗氮直流电源输出的是 0~1000V 连续可调直流电压，电源的额定输出电流 I_e 与电源额定输出功率 P_e 的关系是

$$I_e = P_e / U_m$$

式中　U_m——电源最高输出电压。

以 100kW 的直流电源为例，最高输出电压 U_m 为 1000V，该电源的最大额定电流为 100A。

由于在离子渗氮过程中实际使用的直流电压一般低于 700V，所以制约离子渗氮电源使用的不是电源的输出功率，而是电源的最大电流输出能力。国外离子渗氮直流电源的最高输出电压通常为 600～800V，在同样的电源额定输出功率情况下，国外电源的额定输出电流要比国内电源的额定输出电流大。

（2）负载特殊　根据低压气体辉光放电伏安特性曲线可知，离子渗氮电源在输出电压<400V 时不起辉，当电压超过 400V 后，炉内才开始出现辉光，电源开始有电流输出。在 0～400V 时电源相当于空载运行，但电源又要求在 0～400V 内调节电压时电压表无跳动，这时就靠电源内部整流电路并联的电阻维持电源工作。

（3）过流保护　在离子渗氮过程中，经常会出现从辉光放电转成弧光放电，瞬间产生很大的弧光放电电流，尤其是在工件起辉的初始阶段，打弧现象十分频繁，所以离子渗氮直流电源必须要有可靠的电弧识别和灭弧电路，而且反应要迅速（几微秒数量级），并在电弧熄灭后能自动恢复辉光放电。

13.3.1　可控整流电路

离子渗氮所需的能连续可调的直流电压是通过三相可控整流电路实现的。先用三相工频变压器将 380V 交流电升压，然后在变压器的二次侧进行三相桥式可控整流，最终输出 0～1000V 连续可调的直流电压。图 13-29 所示为三相桥式可控整流电路。

在早期的三相桥式可控整流电路中，为了降低晶闸管的耐压要求，变压器二次侧有两组三相绕组，用两组双反 Y 形三相半控桥式整流器串联（见图 13-29a）。虽然这类整流电路对晶闸管的耐压要求比较低，但功率元件数多，电路结构比较复杂。随着电力电子技术的发展，晶闸管的耐压已不成问题，离子渗氮电源可以采用一组三相半控桥式整流电路（见图 13-29b）。

三相桥式半控整流的晶闸管触发脉冲移相范围（即控制角 α）为 0°～180°，脉冲间隔 120°，晶闸管最大导通角为 120°。因离子渗氮直流电源三相整流后都接有大的滤波电感，所以三相桥式半控整流器的输出端需并联一个续流二极管 VD，以免在控制角 α>60°时因一个晶闸管关不断而导致失控。

三相桥式全控整流电路是用三支晶闸管替换三相桥式半控整流中的三支二极管，这时晶闸管触发脉冲

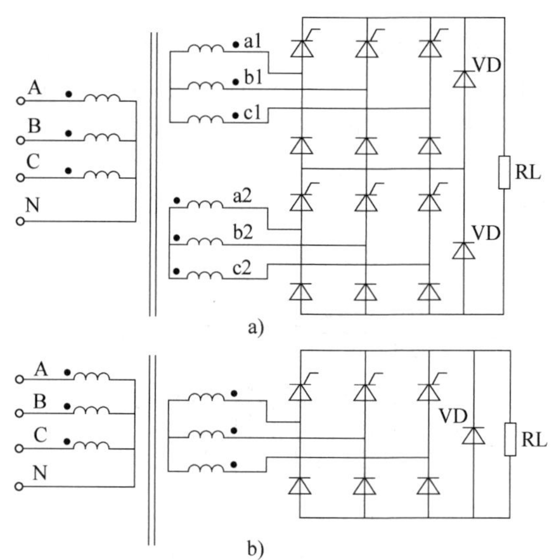

图 13-29　三相桥式可控整流电路

a）双反 Y 形串联半控桥式整流　b）三相半控桥式整流

移相范围为 0°～120°，触发晶闸管的脉冲需要采用宽脉冲或双脉冲触发。三相桥式全控整流器的输出端不需并联续流二极管。

三相交流电的周期是 360°，因此三相桥式全控整流输出的是一个 6 脉波的直流电。如果升压变压器的两个次级绕组中的一个为星形连接，另一个为角形连接，两个绕组之间就会有一个 30°的相位差，这时两套三相桥式全控整流器就会产生两组相位差也是 30°的 6 脉波直流，合到一起就成为三相 12 脉波可控整流电路（见图 13-30）。相对于三相 6 脉波可控整流，三相 12 脉波可控整流的好处是明显降低谐波电流，减少变压器和配电线缆发热，对电网影响比较小。另外，三相 12 脉波可控整流电路输出的直流电压纹波是 6 脉波可控整流电路的一半，降低了对整流滤波电路的要求。国外离子渗氮脉冲电源的整流电路大多采用三相 12 脉波的可控整流电路。

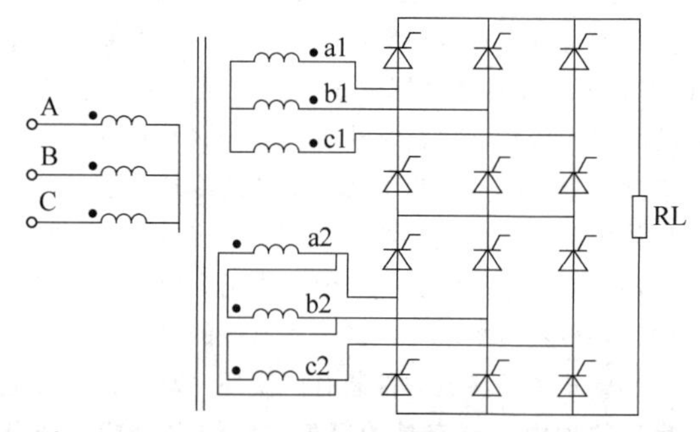

图 13-30　三相 12 脉波可控整流电路

13.3.2　直流脉冲电路

离子渗氮的升温和保温过程中，在气体比例、炉内压力等工艺参数不变的情况下，纯直流电源是通过调节输出电压的高低控制渗氮工件的温度，这时就会发生渗氮温度制约了直流电压的高低，而直流电压的高低又影响了渗氮质量的问题，所以离子渗氮直流电源存在电压、渗氮温度、渗氮质量三者之间的矛盾。从 20 世纪 80 年代起，随着大功率电力电子半导体器件绝缘栅双极晶体管（IGBT）的出现，离子渗氮电源逐渐从纯直流电源向直流脉冲电源过渡，直流脉冲电源已成为离子渗氮的主流电源。

与纯直流的离子渗氮电源相比，直流脉冲电源的优点有：

1）高频脉冲可以大幅度缩短溅射清理的时间。

2）可以实现电源的输出电压与输出功率的独立控制，使渗氮温度不再仅被直流电压所制约。

3）对有深孔、狭槽的工件，脉冲可以抑制或减少在渗氮时出现的空心阴极现象。

4）脉冲电源比直流电源节电 30%以上。

离子渗氮脉冲电源输出的电压和电流是有一定周期近似矩形的脉冲，其波形如图 13-31 所示。根据脉冲频率的控制方式，离子渗氮脉冲电源分为定频式脉冲电源和变频式脉冲电源两种（见图 13-32）。

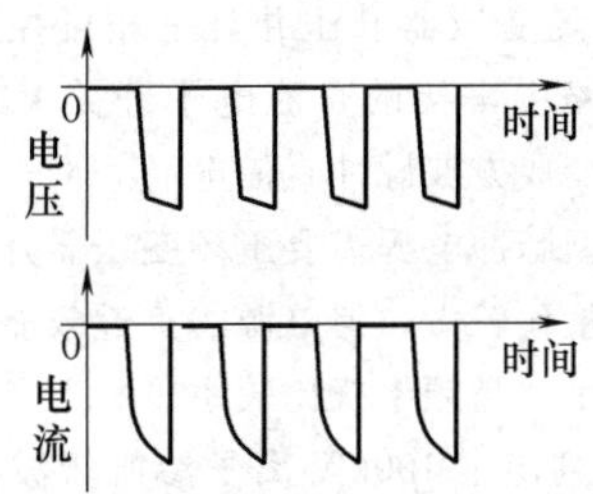

图 13-31　脉冲电源的电压和电流波形

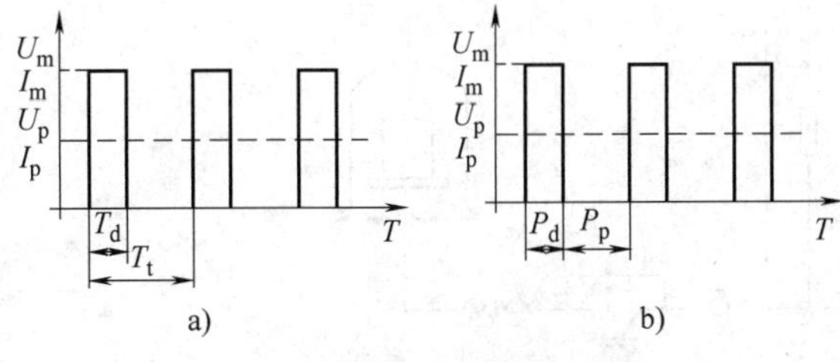

图 13-32　定频式和变频式脉冲电源的脉冲
a）定频式　b）变频式

（1）定频式脉冲电源　定频式脉冲电源是在一个固定的脉冲周期 T_t 内，脉冲宽度 T_d 连续可调。T_d 与 T_t 之比称为导通比 α（也称占空比），脉冲频率 f 为 T_t 的倒数，其表达式为

$$\alpha = T_d / T_t, \quad f = 1/T_t$$

通过调整导通比 α 可以控制脉冲电源的输出功率，改变渗氮件的加热速度。在离子渗氮的保温阶段，用智能温控仪输出的 4~20mA 信号控制导通比 α 来实现渗氮件的 PID 自动控温。

（2）变频式脉冲电源　变频式脉冲电源的脉冲导通时间 P_d 和脉冲关断时间 P_p 分别可调，这时脉冲频率 f 为

$$f = 1/(P_d + P_p)$$

所以，在调整 P_d 和 P_p 的同时，脉冲频率也随之变化。

在离子渗氮的保温阶段，变频式脉冲电源一般是脉冲导通时间 P_d 保持不变，用智能温控仪的 PID 输出的 4~20mA 信号控制关断时间 P_p 来实现渗氮件的 PID 自动控温。

脉冲电源的其他电参数还有输出功率 P、峰值电压 U_m、平均电流 I_a、峰值电流 I_m，它们之间的关系为

$$P = U_m I_a, \quad I_a = \alpha I_m$$

在离子渗氮过程中，根据不同阶段对离子渗氮工艺的要求，可以人为地调整脉冲电源的直流电压和导通比 α。例如，在渗氮的初期阶段，可以在较低的压力下用较高的电压和较小的导通比 α 加速渗氮件表面“散弧”的清理，并减少弧光放电电流对电源的冲击；在溅射清理后的升温阶段，可以适当提高压力，增加导通比 α，以加快渗氮件的升温速度。

13.3.3　灭弧电路

在离子渗氮过程中，尤其是在辉光放电的起始阶段和升温过程中，渗氮件表面不可避免会发生弧光放电，这是因为渗氮件表面残留有导电性较差的脏物，如棉花毛、油污、锈斑等容易积累电荷，引起辉光放电向弧光放电转变。这时电压从几百伏骤降至几十伏，辉光熄灭，电流急剧增加，在工件表面某一点上产生明亮的电弧，所以离子渗氮电源必须具有辉光/弧光放电识别和熄灭电弧的功能。灭弧电路应灵敏可靠、灭弧迅速，弧光熄灭后还能自动恢复到正常的辉光放电。如果电弧形成后不能及时熄灭的话，轻则渗氮件表面被烧熔，重则会因电流过大而损坏电源设备。

灭弧速度是离子渗氮电源的重要指标，电源功率越大，电弧电流上升速度就越快，需要电弧熄灭的时间应越短。大功率离子渗氮电源的灭弧时间应 $<10\mu s$。

在离子渗氮技术发展过程中，主要采用了两种灭弧电路。

（1）LC 振荡灭弧　早期的离子渗氮电源采用的是 LC 振荡灭弧，其灭弧电路和灭弧过程如图 13-33 所示。

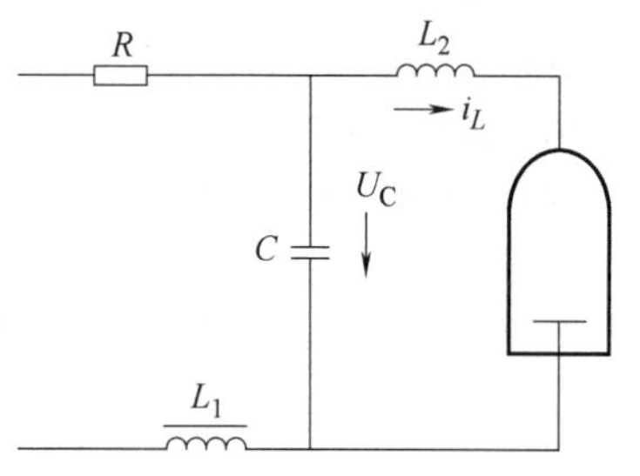

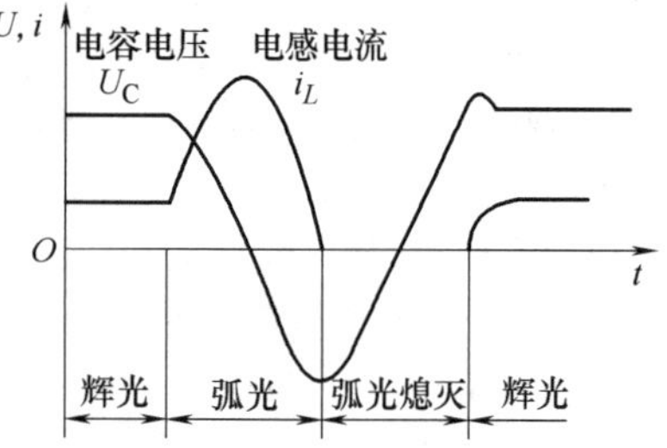

图 13-33　LC 振荡灭弧电路图和灭弧过程

辉光放电时电容器 C 已充有几百伏电压。当发生弧光放电时，阴阳极间电压突然从几百伏骤降至几十伏，电容 C 经电感 L、阳极、阴极放电。当电容放电电压降至零时，电感 L 中的电流达到最大值。由于电感线圈的惯性作用产生感应电势，使电容 C 反向充电。当电感中的电流（即阴阳极间弧光放电电流）下降到零时，弧光放电不能维持而熄灭，这时电容已被反向充电至几百伏。随后随着电源经限流电阻 R 向电容充电，电容 C 上电压由反向又逐渐变为正向，当达到点燃电压时，就会重新产生辉光放电。

LC 振荡灭弧速度取决于 L 值和 C 值，灭弧时间为 10~100ms。

LC 振荡灭弧在电容放电的一瞬间电流很大。由于在辉光放电初始阶段工件表面打弧现象非常频繁，这时要用较大的限流电阻减少电容的充电电流。随着弧光放电次数的减少，离子轰击电流的增加，可适当减小限流电阻的阻值，以提高供电效率，节省能源。

（2）直流电子开关灭弧　利用大功率可关断电力电子元器件，结合相应的辉光/弧光放电识别系统发出的关断信号，切断离子渗氮电源的直流输出供电，可以在极短的时间内熄灭电弧。直流电子开关灭弧具有灭弧速度快且无电阻耗能的优点。

早期的电子开关灭弧是采用门极关断晶闸管（GTO），采用并联和串联-并联晶闸管开关快速灭弧。现在是利用绝缘栅双极晶体管（IGBT）快速关断的功能灭弧，灭弧时间<5μs。

13.3.4　电源的主电路

由图 13-28 可知，离子渗氮电源的主电路包括三相可控整流电路、脉冲电路和灭弧电路三大部分。

离子渗氮脉冲电源的脉冲电路分为斩波器型和逆变型两种，根据电源输出的频率分为定频式和变频式两种。

（1）斩波器型定频式脉冲电源　图 13-34 所示为离子渗氮斩波器型定频式脉冲电源的主电路。三相 380V 工频电经变压器升压并且三相可控整流后，通过在直流回路中串接的直流电子开关 IGBT 的通断，将直流电转变成方波脉冲直流电。

斩波器型脉冲电源需要工频变压器升压，所以电源体积和质量比较大，但电源的抗过载能力强，电路相对比较简单，高频干扰比较小。

表 13-3 列出了 100kW 离子渗氮斩波器型定频式脉冲电源的主要技术参数。

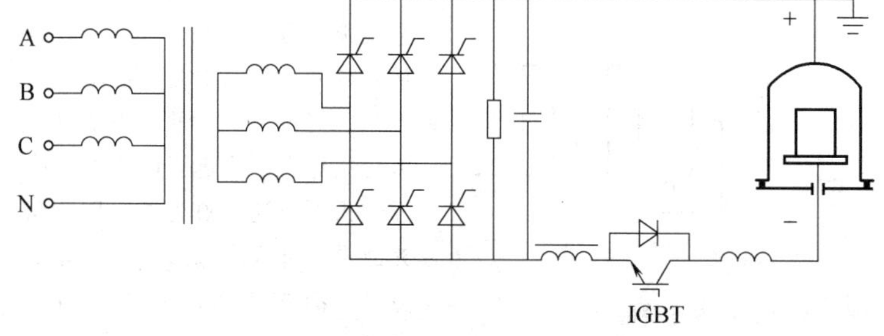

图 13-34　离子渗氮斩波器型定频式脉冲电源的主电路

表 13-3　100kW 离子渗氮斩波器型定频式脉冲电源的主要技术参数

项目	电压/V	功率/kW	最大平均电流/A	频率/Hz	导通比/α	灭弧时间/μs
数值	0~1000	100	100	1000	0.10~0.85	<10

（2）逆变型定频式脉冲电源　逆变型定频式脉冲电源的主电路如图 13-35 所示。三相 380V 工频电通过三相桥式可控整流产生 0~500V 连续可调的直流电，经 IGBT 组成的桥式逆变，生成频率约为 10kHz、脉冲宽度可调的方波交流电，然后再经过高频变压器升压、整流，最终得到频率约为 20kHz 离子渗氮高频脉冲直流电。由于采用的是高频变压器升压，大大减小了变压器的体积和质量。大功率逆变型高频脉冲电源容易对设备本身和周围设备产生干扰。

表 13-4 列出了 75kW 离子渗氮逆变型定频式脉冲电源的主要技术参数。

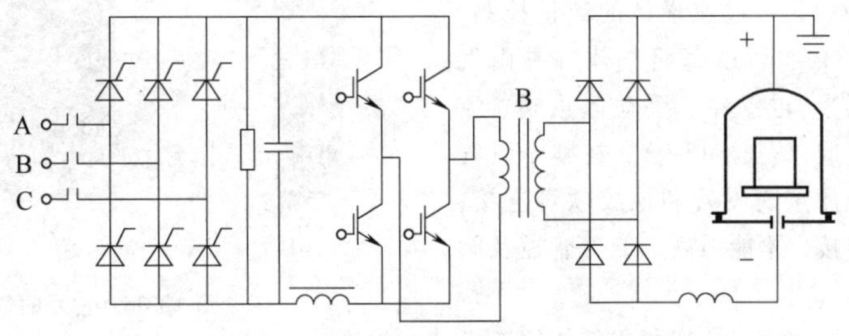

图 13-35　逆变型定频式脉冲电源的主电路

表 13-4　75kW 离子渗氮逆变型定频式脉冲电源的主要技术参数

项目	电压/V	功率/kW	最大平均电流/A	频率/kHz	导通比/α	灭弧时间/μs
数值	0~1000	75	100	20	0.10~0.85	<10

（3）斩波器型变频式脉冲电源　斩波器型变频式脉冲电源的主电路类似于图 13-34，只是用脉冲控制信号分别控制 IGBT 的导通时间 P_d 和关断时间 P_p，改变脉冲电源的输出功率。脉冲导通时间 P_d 和关断时间 P_p 调节范围分别为 10~1000μs，所以离子渗氮斩波器型变频式脉冲电源的工作频率范围为 0.5~50kHz。

13.4　离子渗氮控制系统

离子渗氮控制系统包括测控温系统、供气系统、真空系统、压力控制系统、计算机自动控制系统等。

13.4.1　测控温系统

前面已经提到，离子渗氮过程中的准确测温一直是离子渗氮技术的难点之一。除了上面已经提到的原因，离子渗氮件的温度还取决于工件的比表面积（表面积/体积）。体积大、表面积小的工件加热速度就慢；体积小、表面积大的工件加热速度就快，有时甚至可能相差近百倍，甚至就是一个齿轮也会出现齿尖温度高于齿坯温度的现象，所以将热电偶测温的端部放在工件的哪个部位作为代表渗氮温度就显得非常重要。

早期离子渗氮的测控温热电偶不是插在渗氮件上，所以热电偶测得的温度肯定会与渗氮件的实际温度有一定的偏差，这时就要随时人为关闭辉光，透过观察窗目测黑暗中渗氮件的表面颜色（在黑暗中若能隐约看到工件为暗红色时，温度大约为 510℃），然后再根据目测温度与温控仪显示的温度差值调整温控仪的设定温度实现控温。

在离子渗氮技术发展过程中，也曾采用光电测温技术进行测温，但由于辉光放电的干扰、观察窗的清洁度、渗氮件表面的状态等原因都会影响光电测温的准确度，所以光电测温也需用目测温度修正。

虽然目测温度精度差，而且无法实现自动记录和控制，但目前国内许多离子渗氮设备的用户都是将目测温度作为离子渗氮生产的主要测温方法。随着离子渗氮技术的发展，尤其是对于一些低温离子热处理技术，如工模具钢无脉状氮化物渗氮、低温离子渗硫、奥氏体不锈钢低温离子硬化处理等，工件温度都在能目测观察到的温度以下，而且这些离子热处理技术对处理温度允许波动范围又特别小，所以必须有精确的测控温技术才能满足离子热处理的需求。

目前比较准确的离子渗氮测温方法是前面介绍的细铠装热电偶直接插入渗氮件内的测温方法。为了安全起见，在热电偶头部套一根薄壁瓷管或石英玻璃管（见图 13-23）。试验证明，套有石英玻璃管的热电偶测温比热电偶直接插入工件的温度仅低几度，足以满足离子渗氮测温精度的要求。

对于有分区加热功能的热壁式离子渗氮炉，可以利用炉内的主控热电偶，以及各加热区的炉内热电偶、炉外热电偶、外冷却风机一起构成各区炉壁温度闭环自动控制系统（见图 13-14）。这时是以插有主控热电偶的工件温度作为基准温度，当其他区的工件温度与基准温度有偏差时，可以通过其他区的外加热器或外冷风机改变该区的炉壁温度进行补偿，这样就可以提高渗氮件的轴向温度均匀性。

13.4.2 供气系统

在离子渗氮过程中，要根据渗氮工艺需要向炉内输入几种不同比例的工作气体。这些气体是从气源用管道输送到气体控制柜内，通过流量计的流量控制，最后混合均匀后流入炉内，所以每路气体都是由气源、减压器、（干燥罐）、过滤器、手动截止阀、流量计、真空电磁阀等组成（见图 13-9）。在整个供气系统中，输气管道一般用金属硬管和橡胶软管连接，管接头尽量用卡套硬连接，不能泄露。氨气管道及阀门须采用不锈钢材料。

离子渗氮的用气量比较少，一般可用气体钢瓶供气，钢瓶存放应符合高压容器安全要求。离子渗氮的气体纯度应大于 99.9%，进入气体控制柜内的气体须经过减压至 0.1~0.2MPa。

国内常用氨作为离子渗氮气体，这是因为液氨钢瓶储气量大，价格便宜。由于各地供应的氨气含水量差别比较大，所以氨气要进行干燥处理。有的用户用红砖或粉笔作为氨的干燥剂，掉下来的粉末容易堵塞流量计和管道，所以氨气干燥剂最好用 5A 分子筛，并要根据氨的含水量定期进行干燥再生处理。

进入渗氮炉内的氨气在渗氮件表面分解成氢和氮，氨分解是吸热反应，所以靠近进气口的渗氮件温度要比远离进气口的渗氮件温度低。如果用氨裂解器先将氨气分解成氮氢混合气再输入离子渗氮炉内，这样就可以提高炉内轴向渗氮件的温度均匀性。例如，ϕ50mm×1100mm 长轴改用裂解氨离子渗氮，上下温差可以从 79℃ 降到 16℃。

由于国产最小的氨裂解器容量为 $5m^3/h$，而一套离子渗氮设备的用氨量一般小于 $0.3m^3/h$，所以氨裂解器比较适合有多套离子渗氮设备的用户使用。

国外离子渗氮设备都是用氢氮混合气，这样可以通过调节氢气和氮气的比例得到不同的渗氮组织（见表 13-5），如结构钢渗氮一般 $\varphi(H_2)/\varphi(N_2)\approx3$；工模具钢无脉状氮化物渗氮 $\varphi(H_2)/\varphi(N_2)>10$；需要白亮层的氮碳共渗 $\varphi(H_2)/\varphi(N_2)\approx0.3$。

表 13-5　离子渗氮气体比例对白亮层组织的影响

$\varphi(N_2)(\%)$	$\varphi(H_2)(\%)$	$\varphi(CH_4)(\%)$	白亮层
8~15	余量	—	γ′
20~35	余量	—	γ′+ε(少)
40~60	余量	—	γ′+ε(多)
75~79	余量	1~2	ε

离子渗氮的气体是通过气体流量计控制，常用的气体流量计有转子流量计和质量流量计两种（见图 13-36）。

a)

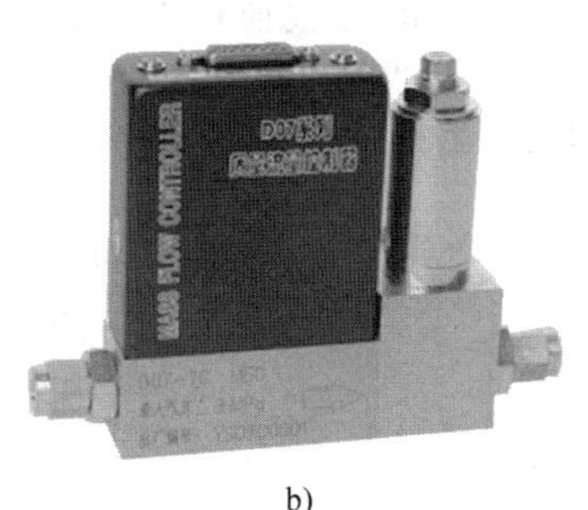

b)

图 13-36　常用的气体流量计

a）转子流量计　b）质量流量计

转子流量计读数直观，价格便宜。虽然有的转子流量计自带手动调节阀，但气密性较差，调节不灵活，最好有独立的气体流量调节针阀。

转子流量计在出厂时已在一定的温度和常压下用特定的气体进行了标定。当使用时，如果使用的气体、温度、压力等与标定的条件不同，需要按下式换算成标准状态下的气体流量值。

$$Q_2=Q_1\sqrt{\left(1+\frac{p_2}{p_1}\right)}\cdot\frac{r_1}{r_2}$$

式中　Q_1——流量计指示的流量值（L/min）；

Q_2——标准状态下气体的流量值（L/min）；

r_1——流量计标定时所用的气体密度（g/L）；

r_2——被测气体的密度（g/L）；

p_1——标准大气压（1.01×10^5Pa）；

p_2——经减压后气体的压力（Pa）。

由于玻璃转子气体流量计无法实现气体流量的自动控制，计量精度也比较差，所以现在离子渗氮炉都采用质量流量计。它的计量精度高，进气压力对气体流量影响也不大，并可实现气体流量自动控制，但质量流量计的价格比较高，对进气质量有一定的要求，尤其是含有固体颗粒的气体容易堵塞质量流量计内的毛细管。

质量流量计的进气口最好装有气体截止阀，在出气口装真空截止阀（见图 13-37），使质量流量计能在正压下使用。

国内离子渗氮炉的供气系统一般配备氨气和二氧化碳两路气体，需要注意的是，这两路气体要在炉内混合。如果这两路气体是在供气系统内部混合的话，容易反应生成固体的碳酸氢铵，堵塞管道，甚至损坏质量流量计。

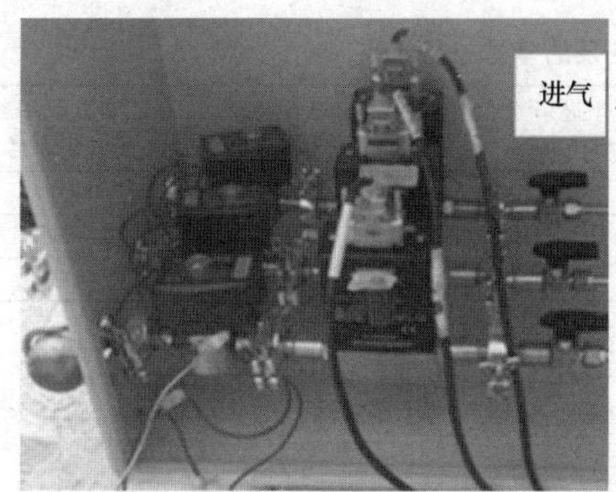

图 13-37　气体控制箱

13.4.3　真空系统

（1）真空获得　离子渗氮需要在低真空度下工作，2X 型旋片式机械真空泵即可满足要求。2X 型旋片式机械真空泵有低速（俗称皮带泵）和高速（也称直联泵）两大类。虽然直联式旋片真空泵体积小、效率高，但低速旋片真空泵耐用，容易维护，所以国内离子渗氮设备普遍采用低速旋片机械真空泵。

图 13-38 所示为单级旋片式机械真空泵工作原理，表 13-6 列出了国产 2X 型旋片式机械真空泵的基本参数，真空泵的主要技术指标有极限真空度和抽气速率（L/s）。

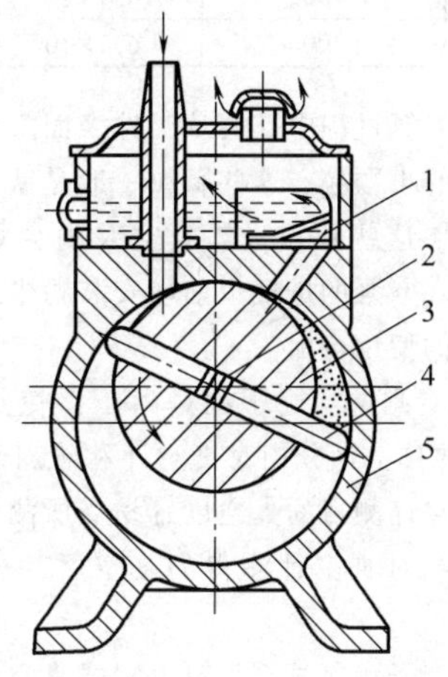

图 13-38　单级旋片式机械真空泵工作原理

1—排气阀　2—弹簧　3—转子　4—旋片　5—定子

表 13-6　国产 2X 型旋片式机械真空泵的基本参数

型　　号	2X-8	2X-15	2X-30
在 0.1MPa 时的抽气速率/(L/s)	8	15	30
极限真空度/Pa		6.7×10^{-2}	
转速/(r/min)	320	320	320
电动机功率/kW	1.1	2.2	4
进气口径/mm	50	50	63
排气口径/mm	50	50	65
外形尺寸/mm（长×宽×高）	787×431×540	787×431×540	932×648×630

机械真空泵的抽气口处必须装有电动或气动真空截止阀，阀门与真空泵电动机要同时开启或关闭。当真空泵停止工作时阀门关闭，同时空气通过真空截止阀向机械泵内充气，以避免真空泵内的泵油向真空炉内返油。

离子渗氮炉用 2X 型旋片式机械真空泵存在两个问题：一是在真空抽至 100Pa 后，随着炉内真空度的提高，真空泵抽气速率下降，延长了预抽真空的时间；二是受国产旋片式机械真空泵最大抽速的限制，大容积的离子渗氮炉不得不用两套旋片式机械真空泵并联使用。预抽真空后可关闭一套真空泵，只用一套真空泵工作。

对于大容积的离子渗氮炉，采用旋片式真空泵和罗茨真空泵组成的真空机组更合理，可以大幅度缩短预抽真空的时间。国外离子渗氮炉都是采用旋片式真空泵和罗茨真空泵组成的真空机组。

图 13-39 所示为罗茨机械真空泵工作原理，表 13-7 列出了国产 ZJ 型罗茨真空泵的基本参数。国产罗茨真空泵只能在前级真空泵抽至 1000Pa 以下才能开启；而国外的真空机组则不受此限制。

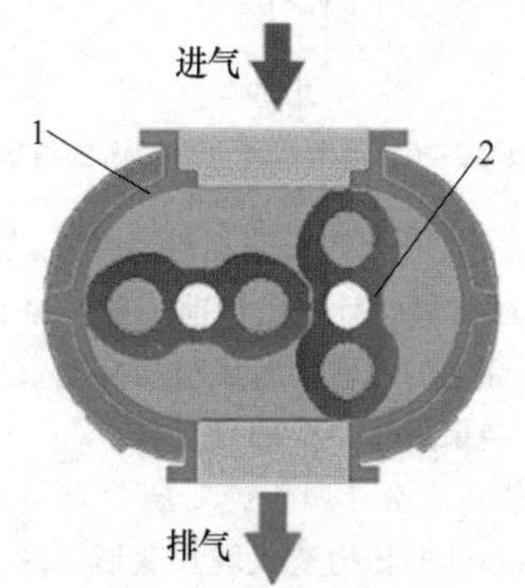

图 13-39　罗茨机械真空泵工作原理

1—泵体　2—转子

表 13-7　国产 ZJ 型罗茨真空泵的基本参数

型号	抽气速率/(L/s)	极限真空度/Pa	允许入口压力/Pa	进口直径/mm	出口直径/mm	推荐配用前级泵型号
ZJ-70	70	6.7×10^{-2}	2×10^{3}	80	50	2X-8
ZJ-150	150	6.7×10^{-2}	1.33×10^{3}	100	80	2X-15
ZJ-300	300	6.7×10^{-2}	1.33×10^{3}	150	100	2X-30

在离子渗氮过程中，会从工件表面溅射下来一些硬度比较高的小颗粒，这些颗粒一般是铁的氧化物和氮化物。如果这些颗粒进入真空泵内会划伤泵的腔体，所以在真空泵的进气口前应安装粉尘过滤器，以延长真空泵的使用寿命。

(2) 真空测量　用于测量离子渗氮炉内真空度（即压力）的真空计分相对真空计和绝对真空计两大类。相对真空计测得的真空度容易受所测气体热导率的影响，而绝对真空计测得的真空度与所测的气体无关。

常用的离子渗氮真空计有电阻式真空计和薄膜式真空计两种。

1) 电阻式真空计也称皮拉尼真空计，属于相对真空计。电阻式真空规是一种热传导式的真空计，其内部结构如图 13-40 所示。真空规内的电阻丝在恒定电压下加热，因为真空中气体分子的热导率与压力成正比，所以电阻丝的电阻值与它周围的压力有一定的对应关系，这时可以根据流过电阻丝的电流大小来测定压力，电流越大，炉内的真空度就越高。

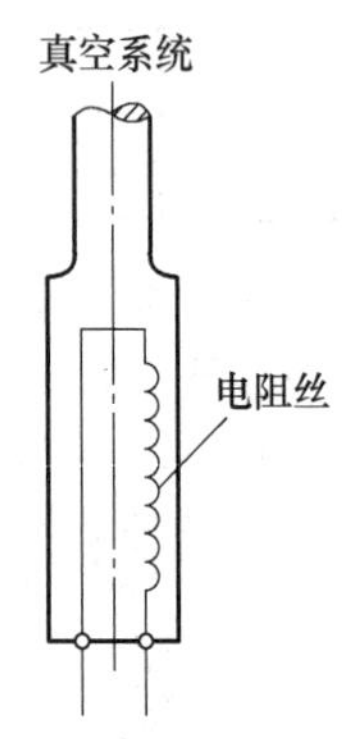

图 13-40　电阻式真空规的内部结构

电阻真空计用于低真空测量，测量范围为 $10^{5}\sim10^{-1}$Pa。电阻式真空计在出厂前一般都是在干燥的氮气或空气中标定的，使用时要根据真空室内气体的热导率对测量结果进行必要的修正。

2) 薄膜式真空计属于绝对压力真空计，它是利用膜片两侧不同的压力造成膜片变形，测其变形度或与变形有关的物理量（如电阻、电容）来确定真空度。图 13-41 所示为薄膜式真空规的内部结构。薄膜式真空规的测量范围为 $10^{4}\sim10^{-3}$Pa。

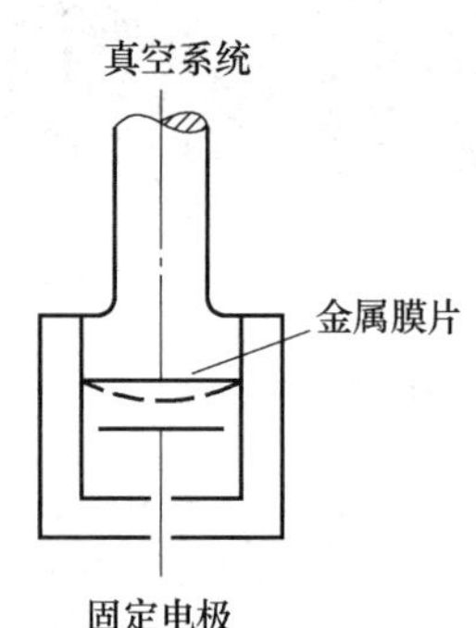

图 13-41　薄膜式真空规的内部结构

由于离子渗氮的工作气体是 H_2、N_2、NH_3、CH_4、CO_2 等混合气体，其热导率差别很大，所以离子渗氮炉的真空测量应尽量采用绝对真空计。

13.4.4　压力控制系统

离子渗氮是在低压力的环境中进行的，炉内压力对渗氮件的温度、渗氮质量有比较大的影响，所以在离子渗氮过程中，炉内压力应能根据渗氮工艺要求在一定的范围内调整，并保持稳定。

在离子渗氮过程中，实现炉内压力控制的方式主要有两种。

(1) 变频控制　由真空计、工业控制计算机、变频器和机械真空泵的电动机组成炉内压力闭环自动控制系统（见图 13-42）。当炉内压力发生变化时，根据压力传感器输出的 PID 信号，通过工业控制计算机和变频器自动调节机械真空泵的转速来保持炉压的恒定。

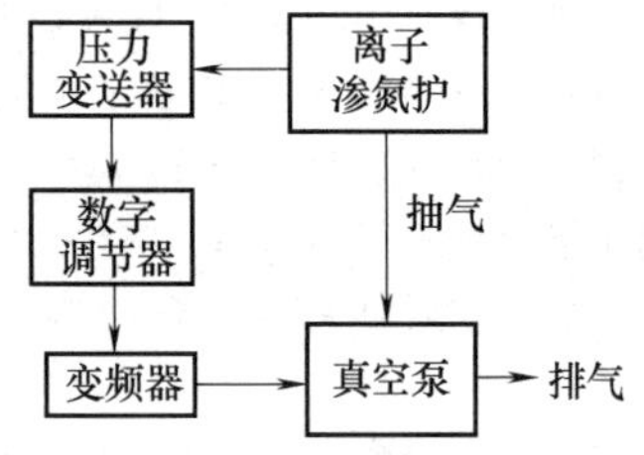

图 13-42　炉内压力闭环自动控制系统

(2) 比例调节阀控制　在真空管道上串接一个真空比例调节阀，由真空计、工业控制计算机、比例调节阀组成炉内压力闭环自动控制系统（见图 13-43）。当炉内压力发生变化时，根据压力传感器输出的 PID 信号自动调节真空比例调节阀的开启角度，用改变真空管道的抽气阻力来保持炉压的恒定。

图 13-43 炉内压力比例调节阀控制系统

国外离子渗氮炉是用直联旋片式机械真空泵，由于直联旋片式真空泵不能变频调速，所以国外离子渗氮炉都是用比例调节阀实现炉内压力的自动控制。

13.4.5 计算机自动控制系统

在设备运行过程中，所有的运行状态及工艺参数均应由工业控制计算机自动控制并实时反馈，数据库能储存各项工艺参数及历史数据，操作界面应简单、清晰、容易操作，并有完善的报警系统，设备尽量能做到无人值守。

图 13-44 所示为某离子渗氮炉的计算机的控制界面。

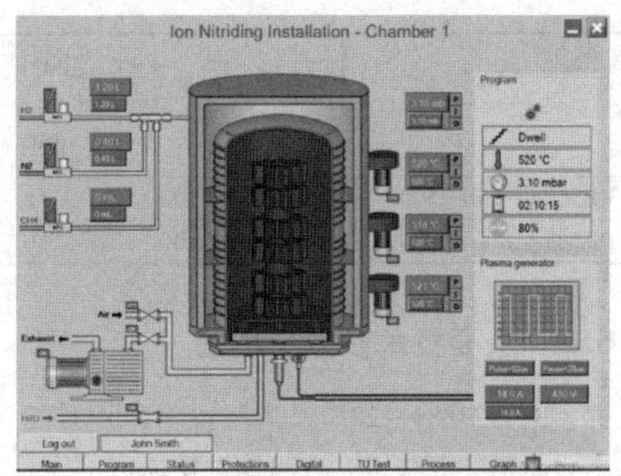

图 13-44 某离子渗氮炉的计算机控制界面

13.5 离子渗氮设备性能及要求

13.5.1 离子渗氮设备型号

我国离子渗氮设备型号一般表示为

LD—类型或特征代号—主要参数—改型代号

1）LD：离子氮化。

2）类型或特征代号：M—脉冲、Z—全自动、J—井式（不写为罩式）、N—内辅助加热式、W—外辅助外热式、B—保温式炉体。

3）主要参数：额定输出平均电流（A）。

4）改型代号：A、B、C、D 等。

国外的离子渗氮设备型号有的是表示炉内有效工作尺寸，有的则是标明脉冲电源的额定峰值电流。

表 13-8 列出了国内冷壁式离子渗氮设备的型号及规格。表 13-9 列出了 PVA（德国）热壁式离子渗氮炉的型号及规格。

表 13-8 国内冷壁式离子渗氮设备的型号及规格

型　号	LD-50	LD-75	LD-100	LD-150	LD-300
额定功率/kW	50	75	100	150	300
输出电压/V	0~1000				
额定电流/A	50	75	100	150	300
输入电源	三相 380V/50Hz				
炉膛有效尺寸①/mm	ϕ1000×1000	ϕ1200×1200	ϕ1400×1400	ϕ1600×1600	根据客户要求设计
最大加热面积/mm^2	2500	3750	5000	7500	15000
最大装载量/kg	2000	3000	4000	6000	
其他	最高工作温度 650℃，极限真空 6.7Pa，预抽真空时间 30min				

① 非标定制的离子渗氮炉可根据客户的生产纲领配备适当的炉体和配套相应的脉冲电源。

表 13-9 PVA（德国）热壁式离子渗氮炉的型号及规格

型号	有效工作区/mm	脉冲电源功率/kW	最大峰值电流/A	电压/V	导通时间/μs	关断时间/μs	最大装载量/kg
PP120ϕ700×1000	ϕ700×1000	36	120	0~800	30~1000	30~1000	1800
PP200ϕ1200×2000	ϕ900×1400	60	200				2500

（续）

型号	有效工作区/mm	脉冲电源功率/kW	最大峰值电流/A	电压/V	导通时间/μs	关断时间/μs	最大装载量/kg
PP300ϕ1400×2500	ϕ1100×1900	90	300	0~800	30~1000	30~1000	4000
PP500ϕ1800×2900	ϕ1500×2100	150	500				7000

13.5.2　主要技术参数和性能

在GB/T 34883—2017《离子渗氮》中规定了离子渗氮设备的主要技术参数和技术要求。

1. 输入电参数

离子渗氮设备一般采用50Hz的3相380V工频电源。离子渗氮设备的额定功率指的是直流电源额定输出功率（kW），不代表是设备的输入功率。设备的总功率还应包括真空泵、辅助设备、控制系统等的用电量。带有辅助加热的离子渗氮炉还要给出辅助加热的额定功率。

2. 输出电参数

国内离子渗氮炉的直流输出电压是在0~1000V范围内连续可调，要求在200V以上调节电压时，电压表应无突跳现象。

离子渗氮炉的额定电流指直流电源最大输出的平均电流I_a，这样离子渗氮电源的额定输出功率就是$1000UI_a$，所以对于离子渗氮直流电源的最高输出电压应该做到够用即可，过高的直流电压势必会降低电源的额定输出电流。

脉冲电源的输出电流包括平均电流I_p和峰值电流I_m，$I_p=\alpha I_m$。国内离子渗氮脉冲电源最大峰值电流一般为$2I_p$或更低，而国外脉冲电源最大峰值电流则是$3\sim9I_p$。脉冲电源的最大允许峰值电流I_m越大，脉冲电源在低导通比工作时的最大输出功率就越高。

离子渗氮时所需的电流与炉内渗氮件装载量成正比，渗氮件装载量越大，需要的渗氮电流就越大。由于最大的渗氮电流取决于离子渗氮电源的额定输出电流，所以对于一些体积小、表面积大的渗氮件来说，尤其是对于冷壁式离子渗氮炉，渗氮件的总表面积大小是制约离子渗氮炉装载量的主要因素。换句话讲，对于同样的直流电源输出功率，额定输出电流越大越好；对于脉冲电源来说，则是最大允许峰值电流越大越好。所以，离子渗氮脉冲电源的最大允许峰值电流的大小比额定平均电流更重要。

在离子渗氮过程中，渗氮件表面发生弧光放电是不可避免的，尤其是在冷壁式离子渗氮炉的初期工作阶段，弧光放电十分频繁，这就要求直流电源有十分可靠的灭弧功能。另外，灭弧速度也是离子渗氮电源的一个重要指标，它指从电路检测到发生弧光放电到熄灭电弧所需要的时间，一般要求控制在数微秒范围内。

3. 其他技术参数和性能

（1）真空性能　离子渗氮是在几百帕的低压下进行的，GB/T 34883—2017《离子渗氮》对离子渗氮炉的真空性能提出了以下的要求：

1）炉体的极限真空度应≤6.7Pa。我国离子渗氮炉多采用2X型旋片式机械真空泵，该泵的极限真空度为6×10^{-2}Pa。国外早已不生产大抽速的二级旋片式机械真空泵，国外生产的大中型离子渗氮炉都是采用一级旋片式机械真空泵和罗茨机械真空泵组成真空机组，极限真空度为<5Pa。

真空渗氮炉的极限真空度不仅取决于真空泵的极限真空度，还与炉子的制造质量有关，所以离子渗氮炉的极限真空度应该是真空泵的抽速与真空室漏气（或炉内放气）达到动平衡时的真空度。

2）离子渗氮炉在空炉冷态下，从大气压抽到6.7Pa所需时间应不大于30min；真空炉容积大于$4m^3$的设备预抽真空时间可以适当放宽。为了缩短预抽真空的时间，对于大容积的离子渗氮炉，采用旋片式机械真空泵和罗茨机械真空泵组成真空机组比单用两套2X型旋片式机械真空泵并联使用更合理。

3）离子渗氮炉的炉体压升率应≤7.8Pa/h；对真空系统容积大于$6m^3$的设备，压升率应适当从严。离子渗氮炉的漏气会直接影响渗氮质量和工件外观。过去对离子渗氮炉的漏气是用漏气率表示，是单位时间、单位容积的真空室压力上升速度，单位是Pa·L·h。

在测量真空室压升率时，往往是关闭炉体上的进气阀门，仅测量炉体本身的压升率。需要强调的是，在同样漏气量的情况下，供气系统的漏气要比炉体本身的漏气危害更大。

4）在工作气体最大流量情况下，真空泵要能保证动态平衡下所需的工作真空度在66.7~1066Pa范围内。

（2）额定温度　冷壁式离子渗氮炉是靠离子轰击将渗氮件加热到渗氮的温度，渗氮件本身是发热体，渗氮件周围的空间温度远低于渗氮件的温度，所以冷壁式离子渗氮炉不像传统的热处理炉一样有“炉温均匀性”的技术指标，渗氮件的温度均匀性主要取决于装炉方式和工艺操作。

虽然 GB/T 34883—2017 规定了带有辅助加热装置的热壁式离子渗氮炉子的有效加热区可以按 GB/T 9452—2012《热处理炉有效加热区测定方法》规定的方法测定，其炉温均匀性不应超过±10℃，但辅助加热的目的之一是通过调整各个区间的炉壁温度来提高炉内轴向渗氮件的温度均匀性，而不是保证炉内空间温度的均匀性，所以带有辅助加热功能的离子渗氮炉也不应强调“炉温均匀性”的技术指标。

GB/T 34883—2017 规定，离子渗氮炉的额定温度不低于 650℃。这个温度足以满足普通钢的渗氮和氮碳共渗的温度要求。虽然钛合金的离子渗氮温度在 900℃左右，只要采取适当的隔热措施，仍然可以在额定温度 650℃的炉内进行钛合金的离子渗氮处理。

（3）装载量　离子渗氮炉的装载量指在有效工作空间尺寸内渗氮件的最大装载量，一般是由炉内渗氮件的总质量或总表面积所决定的。当炉内装的是质量比较大的渗氮件时，最大装载量应低于阴极盘所允许的最大承重质量；当炉内装的是体积比较小、表面积比较大的渗氮件时，制约最大装载量的是炉内所有发生阴极辉光放电的总面积。尤其是冷壁式离子渗氮炉，直流电流密度一般约为 $2mA/cm^2$，实际输出电流应小于直流电源的额定输出电流。但是，对于脉冲电源，特别是在导通比 $\alpha<0.5$ 时，制约电源输出的往往是最大峰值电流，即实际输出峰值电流要小于电源最大允许峰值电流。所以，是脉冲电源允许的峰值电流大小决定了装载量，而不是电源的额定平均电流。

（4）冷却水耗量　离子渗氮炉对冷却水用量也提出了要求，以保证密封胶圈和电极内部耐温较低的绝缘体不会因高温而导致这些材料失效。对于冷壁式离子渗氮炉，冷却水可避免操作人员被裸露的炉壳烫伤。为了避免冷却水系统缺水和超温，离子渗氮的控制系统应有缺水和冷却水超温的报警保护装置。

离子渗氮炉冷却水的水质对炉体的使用寿命影响很大，尤其是冷壁式离子渗氮炉，最终炉体报废都是因冷却水造成的，如炉壁因锈蚀漏水、水冷套内水垢积累太厚使炉壁温度太高、杂质堵塞水道狭窄的部位造成水冷失效等。

对炉体的其他要求还有：

1）设备阴阳极间在非真空状态下应能承受工频电压 $2U_0$+1000V 的耐压试验（U_0 为整流最高输出电压），1min 而无闪烁击穿现象。

2）在大气压状态下，炉体的阴极与阳极之间的绝缘电阻应不小于 4MΩ。如果是用 1000V 兆欧表测量阴极与阳极之间的绝缘电阻，应先断开控制柜与炉体之间的阴、阳极连接线，以免损坏控制柜中的元器件。

3）在离子渗氮炉体、炉顶合适的位置可以设置 1~2 个观察窗。设置观察窗的目的不应该认为是为了目测温度，而是为了观察在处理过程中可能出现辉光异常情况时，便于观察、分析和解决问题。由于靠近观察窗附近的工件散热条件好，这个部位的工件温度可能会偏低，所以离子渗氮炉的观察窗不宜过多。为了避免观察窗附近的工件温度偏低，有的离子渗氮炉的观察窗内设置可在炉外操作的活动隔热挡板。

4）冷壁式离子渗氮炉内至少应设有两层隔热屏，以提高炉内渗氮件的温度均匀性，并起到节能的作用。

5）控制系统应设置电压、电流、导通比、温度、压力和气体流量的测量指示仪表，温度、压力和气体流量的测量指示仪表应具有控制和自动记录功能。

6）为了实现离子渗氮自动控制，减轻操作人员的工作压力和劳动强度，可以利用计算机自动控制系统预先设定各个阶段的电压、温度、压力、气体流量、时间等工艺参数，能利用温度、压力和气体流量等仪表自动运行，并对运行的工艺参数和过程进行实时记录。当在运行过程中遇到故障时，能自动报警。

13.6　离子渗氮过程

以离子渗氮为例。待渗氮件除了对渗氮前的预备热处理有一定的要求，还要经过装炉前的处理，以及装炉后的溅射清理、升温、保温和冷却等几个离子渗氮过程。

13.6.1　待渗氮件的预备热处理

离子渗氮前的工件一般要进行预备热处理，热处理的状态对渗氮层的性能有比较大的影响。GB/T 34883—2017 对离子渗氮件的预备热处理做了如下的规定。

1）一般结构钢应采用调质处理，调质回火温度应至少高于渗氮温度 30℃，以渗氮后不降低工件的基体硬度为准。

2）正火处理仅适用于对冲击韧性要求不高的渗氮件。正火的冷却速度不宜过慢。

3）工模具钢一般采用淬火加回火处理，回火温度应高于渗氮温度。

4）马氏体不锈钢、耐热钢通常采用调质处理，奥氏体不锈钢可采用固溶处理。

5）易畸变或精度要求比较高的渗氮件，在机械加工过程中应进行一次或多次去应力退火，去应力退火温度应比调质回火温度低，比渗氮温度高。渗氮件矫直后还应施行去应力退火，直到畸变量合格为止。

6）待渗氮件表面不允许有氧化脱碳层存在。

7）待渗氮件经预备热处理后的金相组织和硬度应符合相关技术要求和工艺规定。通常工件调质后表面 5mm 内游离铁素体量不得超过 5%（体积分数）。

为了便于以后的检查和分析查找原因，GB/T 34883—2017 要求离子渗氮前对待渗氮件的原始状态、外观和尺寸要有详细的记录（见表 13-10 和表 13-11）。

表 13-10　待渗氮件的状态

项　　目	记 录 内 容
材料试验数据	材料牌号、硬度、脱碳层、显微组织
毛坯制造方法	铸造、锻造、轧制、挤压、焊接
预备热处理	正火、淬火回火(包括调质)、去应力退火、稳定化处理、固溶处理、时效

表 13-11　待渗氮件的外观和尺寸

项　　目	记 录 内 容
外观	裂纹、缺陷、锈斑、黑皮
重量	单件重量(单位为 kg)及件数
尺寸及精度	渗氮件的轮廓尺寸 需渗氮部分加工余量(≤0.05mm) 需渗氮部分的表面粗糙度(≤1.6μm) 需防止渗氮的部分 尺寸、形状和位置公差 (待渗氮件的加工公差应≤渗氮件图样或工艺所规定公差的 50%)

13.6.2　待渗氮件的预处理

装炉前工件表面的预处理非常重要，预处理的好坏直接影响离子渗氮件的外观和溅射清理时间，甚至关系到离子渗氮能否顺利进行。

1. 待渗氮件的清洗

离子渗氮对工件的清洗要求比气体渗氮更加严格，既要清洗掉工件表面的棉花毛、油污、锈斑、画线遗留的紫色涂料，又要清除掉工件上的小孔内、焊接件的空腔内及组合件结合面上残存的油类等易挥发物，因为工件表面的这些污物会引起持续不断的弧光放电，延长溅射清理的时间。

离子渗氮溅射清理阶段频繁发生的弧光放电主要集中在两个温度区间：一个是在低于 100℃时发生的弧光放电，这是由于工件表面的棉花毛、油污、锈斑等杂质引起的弧光放电；另一个是在约 250℃时发生的弧光放电，这是因工件小孔内、焊接件的空腔内及组合件结合面上残存的油类等易挥发物引起的弧光放电。如果渗氮前先将待渗氮件在电阻炉内加热到约 300℃，然后再放入离子渗氮炉内，或者在热壁式离子渗氮炉先加热到 300℃，保温一段时间后再开始辉光放电，这时就会大大减少工件表面的弧光放电现象。

离子渗氮工件常用的清洗剂是汽油和工业清洗剂。汽油清洗去污迅速彻底，使用方便，但存在安全存放和安全使用等问题。

工业洗涤剂适合清洗大批量的中小件，既可以手工清洗，也可以机器清洗。清洗剂一般需加热后使用，清洗后的渗氮件需要漂洗干净，并及时烘干，以免生锈。

无论使用何种清洗剂清洗，清洗过程中还应一并除去渗氮件上的锈斑、飞边、毛刺及孔内的铁屑，尽量避免将棉纱粘在待渗氮零件上。清洗后的工件须等表面蒸发干燥后方可装炉。

2. 渗氮件的局部防护

待渗氮件存在以下几种情况时需要考虑局部防护。

1）工件上有容易产生辉光集中和空心阴极效应，而又不需要渗氮的部位要进行屏蔽，如小孔（直径约为 10mm）和窄缝沟槽。

2）不要求渗氮的部位或渗氮后还需要进行机械加工（磨削除外）的部位。遇到这种情况时，除非图样有特殊要求，待渗氮件应尽量不采取局部防渗措施，因为一是增加辅助工序；二是屏蔽处温度偏低，渗氮件受热不均容易造成变形。

离子渗氮件局部防渗方法比气体渗氮简单，一般优先考虑机械屏蔽方法，在不需要渗氮的部位盖上形状和尺寸合适的薄钢板即可。这样屏蔽板与工件处于同一电位，屏蔽板也起辉加热。虽然屏蔽板与被屏蔽部位不要求紧密配合，但应保证屏蔽边缘缝隙小于 0.5mm，因为过大的缝隙容易使缝隙内发生辉光放电，并因空心阴极效应导致局部高温。

对于一些不适合机械屏蔽防渗的部位，可以在防渗部位涂抹离子渗氮专用防渗涂料。

3. 待渗氮件的工装、夹具

对于一些特殊的离子渗氮件，需要制造一些简单合理的工装、夹具，如细长的渗氮件应尽量采用吊装以减少渗氮件变形。

13.6.3　待渗氮件的装炉

1. 待渗氮件的摆放

与气体渗氮炉不同，离子渗氮炉中的温度场是一个相对不均匀的温度场。不同的炉型、待渗氮件的形状及大小、待渗氮件的摆放位置、不同的装载量、待渗氮件与阳极之间的距离等，都会对整炉渗氮件的温度均匀性产生较大的影响。下面主要讲述工件摆放位置对渗氮温度的影响，供装炉时参考。

1）不同的炉型温度场不一样，如罩式炉的上部散热快，工件温度偏低；吊挂式井式炉则下部的温度偏低。

2）冷壁离子渗氮炉靠近炉壁的渗氮件散热快，温度可能偏低。

3）一炉内最好装相同的零件或比表面积（表面积与体积之比）比较接近的工件，否则各工件之间温差较大。

4）工件一般沿阴极盘放置一圈，中间不放工件，否则放在中间的工件温度偏高。若里圈也要摆放，可适当加大工件之间的距离。

5）工件摆放的紧密程度也会影响温度分布，距离小的周围温度将偏高。

6）工件上辉光容易集中的部位局部电流密度偏大，温度偏高。

7）起辉面积大，散热损失小的渗氮件，如内孔也起辉的工件，温度可能偏高。

8）温度可能低的工件可以放在散热条件差的地方；温度可能高的工件可以放在散热条件好的地方。

9）散热条件好的地方，工件摆放密一些；散热条件差的地方，工件间距离应适当加大。

10）离子渗氮炉内工件（阴极）与炉壳（阳极）之间的距离会影响工件表面辉光电流密度的分布，距离近者电流密度大，温度偏高。炉内压力越高，这种现象越严重。

11）套筒类工件内孔也需要渗氮时，套筒下部应架空，以便渗氮气体流动和辉光进入孔内。

12）装载量越大，达到渗氮温度所需要的功率越小，越有利于提高炉内渗氮件温度均匀性。因此，从提高生产率和节能的角度，增大装载量是合理的。

2. 辅助阴极

辅助阴极是在渗氮件温度偏低的地方或附近放置一个或数个适当形状和尺寸的钢件，渗氮时渗氮件与辅助阴极一同起辉升温。由于辅助阴极的存在及相互热辐射的影响，提高了渗氮件附近空间的温度，减少了渗氮件这一部位的散热损失，因此可以提升渗氮件该部位的温度。例如，钟罩型炉子的顶部散热条件较好，放在上部的渗氮件温度就可能偏低，这时在顶部渗氮件的上面放置一块辅助阴极，就可以提高顶部渗氮件的温度（见图 13-45）。在吊挂式井式炉处理长丝杠时，在丝杠的下部吊挂一个下辅助阴极，丝杠下端的温度就会有明显的提高（见图 13-46）。

图 13-45　上辅助阴极

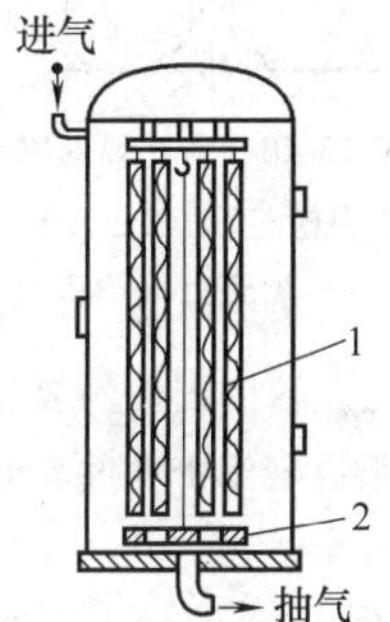

图 13-46　下辅助阴极

1—工件　2—辅助阴极

处理小型工件时，可以用一个铁笼子将全部渗氮件都罩起来（见图 13-47），利用笼子的辅助加热可以大幅度提高渗氮件的温度均匀性。

图 13-47　笼式辅助阴极

3. 辅助阳极

在渗氮件离阳极距离比较远的附近可以另设一个阳极，缩短这个工件与阳极之间的距离，这样在辉光放电时，这个辅助阳极能提高靠近它的工件表面的电流密度，从而提高该工件相应部位的温度。例如，在罩式炉膛的上部设一个可调高度的平板阳极，调整阳极板与工件之间的距离即可提高炉内上部零件的温度。

在离子渗氮炉内，摆放在炉子中间的工件距离阳极（炉壳）最远，这时可在炉子中间放置一个辅助阳极，为内侧渗氮件提供阳极电流通路。

一些直径较大的深孔件，若内孔需要渗氮，可在内孔设置辅助阳极（见图 13-48），同时还要考虑渗氮气体能在孔内均匀流动。

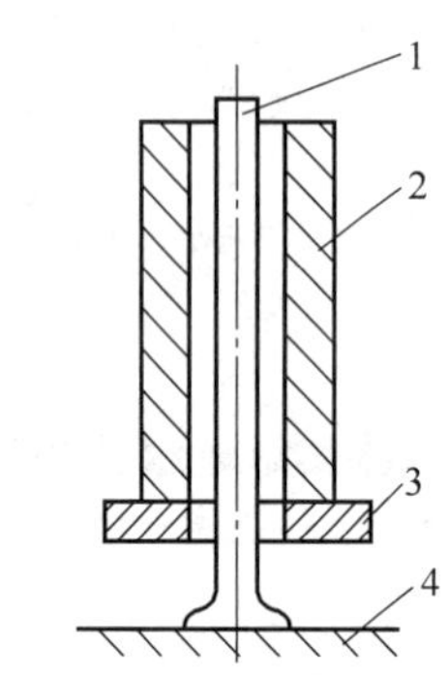

图 13-48　内孔辅助阳极

1—辅助阳极　2—工件　3—阴极盘

4—炉底盘（阳极）

需要注意的是，辅助阳极的表面积不能过小，否则辅助阳极上的阳极电流密度过高会导致辅助阳极发生热变形，甚至可能熔化。

4. 安装热电偶

为了准确测量并控制渗氮件的温度，最好的办法是将测温端套有石英玻璃管的铠装热电偶直接插入渗氮件内，热电偶的炉外接线通过隔离放大器与温控仪相接。热电偶应插在最能代表渗氮温度的渗氮件部位。

装炉结束后，仔细清理大密封胶圈上的异物，然后落下钟罩，用万用表的欧姆档测量阴极与外壳之间的电阻，阻值应大于 4MΩ。

13.6.4　离子渗氮工艺过程

为了便于理解离子渗氮的工艺过程，下面按冷壁式离子渗氮炉的手工操作顺序叙述。

在待渗氮工件装炉后，落下钟罩并开启真空泵，将真空室抽至极限真空，然后关闭真空泵上的蝶阀，测量炉体的压升率。如果设备的极限真空度和压升率都达到要求，即可通入少量工作气体，使炉内压力约为 50Pa，将直流电压设置为零且导通比最小后再接通直流电源，逐渐升高直流电压直至起辉。

1. 溅射清理阶段

渗氮件起辉后会有一段溅射打弧清理时间。根据工件清洗的干净程度和装载量的多少，打弧时间由几分钟至几小时不等。

离子渗氮是分阶段运行的，要根据每一阶段的特点选择适当的工艺参数。例如，在溅射清理阶段，一般采用高电压、低压力、低导通比，以减少打弧冲击电流。待弧光放电不频繁了，就可以进入加热升温阶段，这时可采用大功率、高导通比、高压力，以加快升温速度。在渗氮保温阶段，脉冲电源可以根据智能温控仪输出的 PID 信号，自动调节脉冲电源的导通比，实现自动控制渗氮温度。

在打弧清理阶段，操作者应能正确地判断炉内是正常打弧还是异常打弧。正常打弧一般发生在两个温度阶段：

1）在 100℃ 范围内，打弧点在渗氮件表面不断变换位置，打弧由多逐渐减少，电压、电流随之自行升高，这类打弧是由工件表面非导电脏物引起的。

2）当工件温度升至 300℃ 时，因孔洞内油污挥发引起打弧，弧点集中在孔洞周围，这时可适当减少电压、导通比和气压，以减小打弧电流。

离子渗氮出现异常打弧现象的可能性有：

1）狭缝或小孔引起的打弧，弧光连续不断。降低炉压时打弧减少；当炉压超过某一定值后又重新引起严重打弧。遇到这种情况时，首先要判断不打弧的炉压能否维持渗氮件升温、保温的需要。若能维持，则继续进行；若不能维持，只能降温打开炉子，排除打弧原因后再重新抽真空升温。

2）离子渗氮炉本身的一些部位发生异常引起的打弧，尤其是阴极或阴极支承绝缘体与阴极辉光接触的部位。这类弧光放电比较强，并且弧光持续不断。遇到这类异常打弧的现象，要立即关闭直流电源，打开钟罩找出打弧点，排除故障。这时决不能抱着侥幸的心理继续工作，以防止出现更大的问题。

2. 升温阶段

待渗氮件不再有频繁打弧的现象，即可进入快速升温阶段。

渗氮件的升温速度主要取决于工件表面的电流密度、工件的比表面积及工件的散热条件等。电流密度越大，升温速度越快。升温速度一般不宜过快，以免渗氮件受热不均匀而导致变形。

影响电流密度的主要因素是电压、压力和渗氮件的温度：

1）电压越高，电流密度越大。

2）当渗氮温度不变时，提高压力，电流密度也随之增加。当压力太低时，即使电压加到最高，电流密度也不会太大，这时要增大压力才能提高电流密度。

3）当电压、压力都不变时，温度升高能使气体密度减小，电流密度也逐渐减小。所以，在升温过程中需要随着温度的升高不断增加气体的流量或升高电压。

有外辅助加热功能的离子渗氮设备，当渗氮件温度超过 300℃就可以开启直流电源，利用离子轰击加热和外辅助加热一起，加快升温速度。

3. 保温阶段

渗氮件达到渗氮温度后，按渗氮工艺要求调整电压、气体比例和流量、压力等工艺参数，由智能温控仪通过改变导通比自动控制渗氮温度，实现在恒温下保温。

4. 冷却阶段

渗氮结束后关断直流电源，渗氮进入冷却阶段。由于离子渗氮件是在真空环境中冷却，冷却时间比较长，有的甚至长达十余小时，所以在整个离子渗氮周期内，冷却时间占的比例比较大，直接影响离子渗氮的生产率。

离子渗氮常用的冷却方法有：

1）停止供气但继续抽真空，渗氮件在真空状态下随炉冷却。真空冷却速度比较慢，而且对设备的压升率要求比较高。

2）关闭进气阀门和真空泵，工件在渗氮气氛中随炉冷却。

3）关闭真空泵，继续向炉内通入少量氮气或氨气，当充至数千帕后关闭进气阀。此法操作比较简便，渗氮件冷却速度比较快。

4）由于热壁式离子渗氮炉的炉体外面包覆着厚的保温棉，影响炉内渗氮件的冷却速度，所以热壁式离子热处理炉的炉外和炉内都需设置冷却风机（见图 13-12b）。在渗氮件冷却时，向炉内充入一定量的氮气，但炉内仍处于负压状态，这时开启内、外风机，加快渗氮件的冷却速度。

渗氮件需冷至 200℃以下方可出炉。正常的渗氮件颜色应是均匀的银灰色，过高的出炉温度会在渗氮件表面有不同深度的氧化色。

在离子渗氮的冷却阶段还有几个需要注意的问题：

1）如果能在冷壁式离子渗氮炉内装内循环风机（见图 13-49），在冷却阶段通入氮气至微负压状态，这时再开启内循环风机，就可以利用水冷炉壁大幅度加快渗氮件的冷却速度。

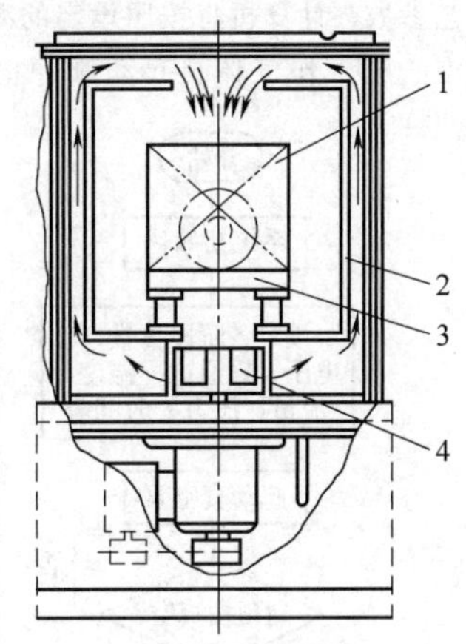

图 13-49　带内循环风机的离子渗氮炉

1—工件　2—隔热屏

3—阴极底板　4—内循环风机

2）有的热壁式离子渗氮炉设有内循环风机和换热器（见图 13-27），在渗氮件冷却的初期阶段要先往炉内通入氮气，待炉内达到一定的压力后关闭进气开启外冷风机，等炉内温度降到一定的温度（如约 400℃）后再往换热器内通水，然后再开启内循环风机冷却。过早的往换热器内通水会缩短换热器的寿命。

3）渗氮件变形往往不是发生在渗氮后的冷却阶段，为了控制畸变而炉冷至较低的出炉温度是不合理的。尤其是在渗氮件冷至低于 400℃后，渗氮件的冷却速度十分缓慢，过低的出炉温度会降低生产率和设备利用率。

4）渗氮件出炉温度高表面会有氧化色，但这层氧化膜很薄，并不影响渗氮层的性能，而且氧化膜具有减小摩擦因数的作用。

5）加快渗氮件的冷却速度不仅可以提高生产率，还可以使渗氮层有淬火时效的强化效果，有利于提高工件的疲劳强度。

渗氮结束后若不再继续离子渗氮时，应使炉体保持真空状态，以免炉膛长时间暴露于空气中，内部生锈而影响炉体的真空度。

如果离子渗氮工艺过程是靠经验和人工操作，很难保证处理工件质量的同一性，所以离子渗氮的整个过程最好是通过计算机自动控制运行，各工艺参数还可以上传到设备监控管理中心以便实时监控和管理。

图 13-50 所示为离子渗氮计算机控制工艺流程简图。首先用户可根据不同的工件和装载量，通过上位机或下位机设定工艺曲线上各段工作温度、升温速率、保温时间、电压、导通比、气体流量和配比、工作压力等工艺参数，计算机将按照设定的程序完成从开机、抽真空、充工作气体、起动脉冲电源、升电压、工件溅射打弧清理、升温、保温、降温、停机的全部控制工作，整个工艺过程都不需要用人工操作。

在渗氮过程中，自动控制系统会随时监测系统出现的异常情况。一旦出现故障，系统会自动判断并发出报警讯号，若遇到有可能危害设备的故障，设备将自动关闭并报警。

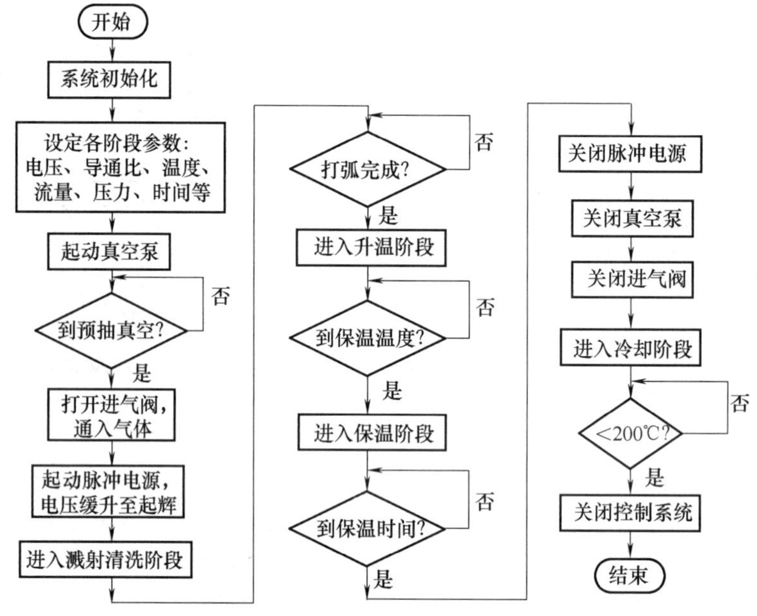

图 13-50　离子渗氮计算机控制工艺流程

13.7　离子热处理设备的维护

13.7.1　真空炉体

离子渗氮炉是在真空状态下工作的，炉子的真空状态对渗氮质量有很大的影响，尤其是渗氮件的外观质量。如果炉体的极限真空度不高，并且压升率比较大，可能是局部漏气引起的，这时要进行真空检漏。

真空检漏的步骤：

1）检查观察窗、阴极输电装置、热电偶接口、钟罩或炉盖、真空阀门、管道接头等处的密封胶圈是否松动或老化，若有松动，要旋紧或更换新的密封胶圈。

2）检查炉体、炉盖和炉底水冷夹层内侧焊缝是否泄漏。可将水放干，堵塞出水管口，留一进水管口，在管口上涂肥皂水，使其成肥皂泡，炉内抽真空，若发现肥皂泡很快内吸破裂，说明内壁有泄漏处。

3）取下钟罩或炉盖，在夹层中通入 0.02～0.04MPa 压力的水进行检漏，看焊缝是否渗水。也可以将压缩空气通入夹层，在焊缝处涂刷肥皂水，若有泄漏会有肥皂泡产生。使用压缩空气检漏时严禁超过 0.02MPa 的压力，以防发生危险。

4）如果用电阻式真空计，炉子抽至极限真空后，在密封圈、可疑焊缝等处喷洒乙醇，观察真空计的指示，若发生真空度突然上升即刻又大量下降，说明此处就有泄漏。

值得一提的是，炉体检漏应包括进气管道是否有泄露，炉子进气系统的漏气比炉体的漏气危害性更大。

离子渗氮炉的其他日常维护：

1）定期检查冷却水的供水与出水是否畅通。

2）经常检查阴极输电装置的气隙，发现有溅射物或出现“搭桥”应及时清理。

3）定期清理炉壁（或隔热屏）上的溅射沉积物，以改善渗氮件的表面质量。

4）定期擦洗观察窗玻璃上的溅射物。

5）机械真空泵的进气口都有一个 DDC-JQ 型电磁带充气真空截止阀（见图 13-51），这个阀的电源与机械真空泵是接在同一电路上的，泵的开启与停止和阀的开关同步。当真空泵停止工作时，该阀能自动

图 13-51　机械泵和带充气真空截止阀

将真空抽气系统封闭，同时通过阀尾部的小孔使泵腔与大气贯通，以避免泵油逆流。如果在起动真空泵时，因某种原因阀已打开，而泵却未转动（如传动带松动）或真空泵关闭，而阀却滞后关闭，这种情况就会造成泵油逆流，污染真空系统。所以，定期检查机械真空泵的传动带是否松动，或者检查电磁阀开闭是否灵活是十分必要的。

6）使用 3~6 个月后应更换真空泵油。

13.7.2　直流电源及控制系统

离子渗氮直流电源是在几百伏高电压下工作的，所以电气设备除一般的日常维护，还要保持电气元件的清洁，尤其是在潮湿的季节到来之前，要清理电器柜内堆积的灰尘，以防造成接触不良或短路。

离子渗氮设备的电源及控制系统比较特殊，所有的电源及控制系统的维护应该由专业人员负责完成。

离子渗氮炉其他常见故障原因分析及维修方法见表 13-12。

表 13-12　离子渗氮炉其他常见故障原因分析及维修方法

项目	现　　象	原因分析	维修方法
供气系统	流量计浮子贴玻璃管壁	氨气含水量太高	更换气源，加干燥罐
	流量计浮子自动下降	1）进气或出气管有一端堵塞 2）供气不足或没有供气	1）疏通管道 2）充分供气
真空系统	真空泵抽气时真空度上不去，关闭阀门后压升率很高	1）炉子或管道漏气 2）密封圈老化漏气	1）检漏并修复 2）更换密封圈
	真空泵抽气时真空度上不去，但压升率不高	1）真空泵油太少或老化，油不清洁 2）真空泵内腔或刮板损坏	1）加油或换油 2）修复或更换新泵
	真空泵起动困难	1）泵腔内充满油 2）传动带太松 3）泵腔内有脏物	1）停泵后应将泵内通大气 2）张紧传动带 3）拆泵清理
	真空泵喷油	1）抽气开始时进气口压力过高 2）泵内油超过油标	1）抽气初期降低进气口压力或降低抽速 2）放出多余的油
	真空泵油温过高	1）吸入气体温度过高 2）冷却水量不够	1）抽气管上装冷却装置 2）增加冷却水流量
炉体	绝缘电阻低于要求值	1）局部短路 2）绝缘件污染	1）排除短路部位 2）清理或更换绝缘件
	炉内阴极输电部位定点打弧	1）电极密封处漏气 2）保护间隙过大	1）找出漏气点，紧固 2）调整保护间隙
	外给电压加不上，电流剧增	电极绝缘损坏，有短路处	检查、排除
	温度控制失灵	1）热电偶丝断裂 2）温度控制仪故障 3）隔离放大器故障	1）更换热电偶 2）检修仪表 3）更换隔离放大器
电源及控制系统	快速熔断器烧断	过载或负载短路	检查负载线路或阴极装置是否有击穿现象

（续）

项目	现　　象	原因分析	维修方法
电源及控制系统	整流电路没有输出电压或整流输出电压不能调到最大值	三相电源缺相或相序不对	1)检查三相电源进线是否缺相 2)检查相序相位 3)检查是否有一相熔断器开路 4)检查是否有一相晶闸管器件断路
	晶闸管小负载时工作正常，大电流时失控	过载、过电流保护电路器件老化	检查保护控制电路
		晶闸管的工作环境温度过高	检查晶闸管的冷却装置
	晶闸管加上触发脉冲导通，去掉触发脉冲关断	负载断路时整流并联电阻太大，不能产生晶闸管导通时的维持电流	检查并联在负载上的电阻是否断开或阻值变大

13.8 其他离子热处理技术与设备

13.8.1 离子氮碳共渗及其后氧化

1. 离子氮碳共渗

离子渗氮可通过控制渗氮气氛的组成、渗氮温度、电参数、炉压等工艺参数控制表面化合物层和扩散层的组织结构，从而满足零件的服役条件和对性能的要求。

根据Fe-N相图，当渗氮温度低于590℃时，离子渗氮化合物层中有ε-$Fe_{2\text{-}3}N$和γ'-Fe_4N两种氮化物相。γ'相脆性小但耐磨性较差；ε相有较好的耐磨性、抗咬合性和耐蚀性，脆性大于γ'相；ε+γ'混合相的脆性最大。在N_2-H_2离子渗氮时，主要是通过调节气氛中的$\varphi(N_2)/\varphi(H_2)$的值控制渗氮层的组织（见表13-5）。

渗氮层表面形成的ε相化合物层也称为白亮层。气体渗氮时要严格限制白亮层的厚度，这是因为气体渗氮形成的白亮层在随后的冷却过程中容易出现极脆的高氮化合物ζ相，所以气体渗氮若出现较厚的白亮层要磨削掉。但是，由于离子渗氮表面的氮浓度达不到形成ζ相的氮浓度，所以离子渗氮形成的白亮层的脆性没有气体渗氮白亮层那么脆，也就不需要进行后续的磨削加工处理，即便如此，离子渗氮也不应该有较厚的白亮层。

离子氮碳共渗（俗称软氮化）得到的渗层组织是由含碳的ε相化合物层（也称白亮层）和扩散层组成（见图13-52）。氮碳共渗形成的白亮层具有良好的耐磨、抗咬合、耐蚀等性能，脆性也比较小，所以离子氮碳共渗的主要目的是获得较厚的白亮层。

若想在离子氮碳共渗中得到纯ε相化合物比较困难，一般得到是ε+γ'双相组织或含Fe_3C的白亮层。影响离子氮碳共渗化合物层结构的因素很多，有钢材化学成分和组织方面的因素，也有共渗气氛、共渗温度、共渗时间和气压等工艺方面的影响因素。

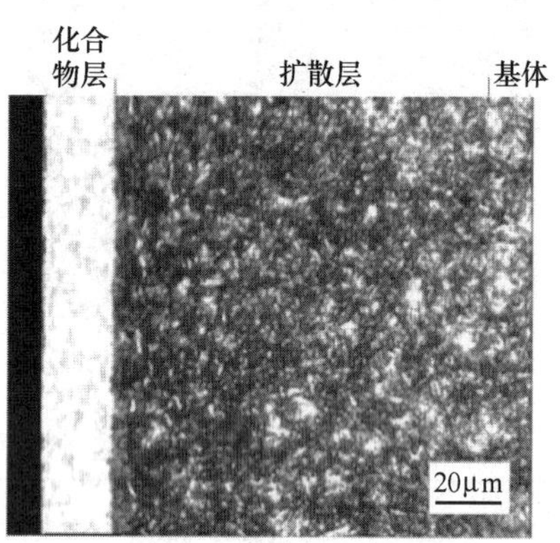

图13-52 离子氮碳共渗金相组织

（1）钢材化学成分和组织的影响　随着钢中碳含量及合金元素的增加，氮化层中ε相也随之增多。基体组织硬度高者，渗氮层表面硬度也较高，化合物层也较厚，ε相也较多。一般来说，调质态渗氮化合物层中的ε相含量比正火态的少。

（2）共渗气氛的影响　在N_2-H_2离子渗氮气氛中，$\varphi(N_2)/\varphi(H_2)$值、气体碳含量是影响化合物层相结构的最重要的因素（见图13-53）。随着$\varphi(N_2)$的增加，ε相含量增多，白亮层厚度也随之增加。

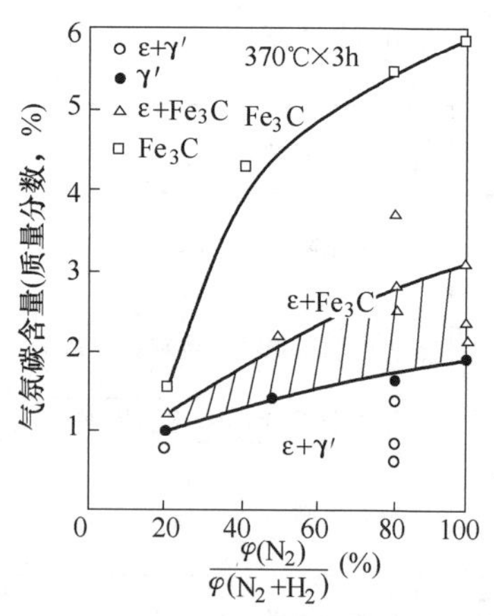

图13-53 气体配比对化合物层组织的影响

离子氮碳共渗时甲烷（CH_4）或丙烷（C_3H_8）的比例是一个非常重要的工艺参数。随着甲烷比例的增加，化合层中 ε 相含量迅速增多，白亮层增厚。如果继续提高甲烷的比例，化合物层中开始出现 Fe_3C。尤其是在低的 $\varphi(N_2)/\varphi(H_2)$ 时，过高的甲烷比例会使白亮层中出现过多的 Fe_3C，反而会使化合物层、扩散层减薄、硬度下降、脆性增大，所以离子氮碳共渗时要严格控制甲烷的比例，使之能得到 ε 单相或 ε+Fe_3C（少量）的组织。试验证明，离子氮碳共渗时丙烷最佳的比例范围一般为 1%~2%（见图 13-54）。

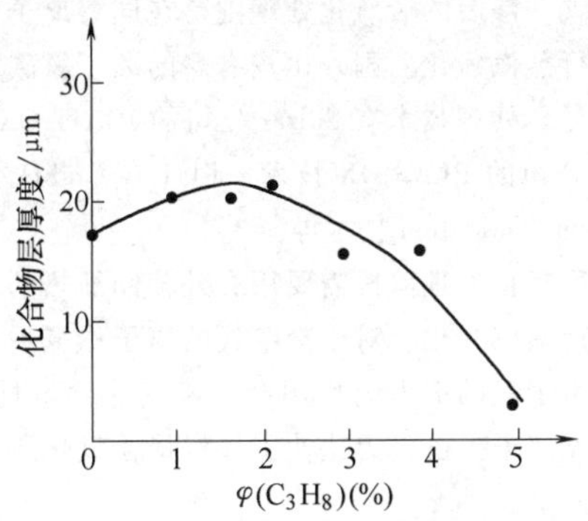

图 13-54 C_3H_8 比例对化合物层厚度的影响

虽然离子氮碳共渗也可以用 CO_2 作为含碳气体，但整个白亮层内会有疏松和孔洞，对耐蚀性不利，所以国外都是用甲烷或丙烷作为离子氮碳共渗的含碳气体。

（3）共渗温度的影响　离子氮碳共渗可以在较宽的温度范围内进行，<590℃共渗温度称为铁素体氮碳共渗；超过 590℃的氮碳共渗是奥氏体氮碳共渗。

在铁素体氮碳共渗的温度范围内提高共渗温度，一方面对氮和碳扩散有利，有利于提高扩散层的厚度；另一方面也有利于 ε 相形核长大，从而使化合物层明显增厚，硬度提高。例如，40Cr 钢离子渗氮时，从 500℃升到 570℃，化合层中的 ε 相和 γ′相均增加，但当共渗温度升至 580~600℃时，ε 相突然大幅度减少，γ′相数量猛增。

（4）共渗时间的影响　40Cr 钢化合物层厚度在渗氮初期增长较快，保温 2~4h 后生长速度逐渐减缓（见图 13-55）。

（5）气压的影响　离子渗氮化合物层的 ε 相含量和化合物层的厚度在某一最佳气压下会出现最大值，如 40Cr 钢在 530℃渗氮，气压为 400Pa 时化合物层中 ε 相含量最多，而在 570℃渗氮时，这一气压值为 530Pa。

综上所述，普通钢的离子氮碳共渗温度一般为 560~580℃，时间 3~4h，气压一般为 270~500Pa。

从图 13-53 还可以看到，ε 单相区非常狭窄，在图中仅仅是一条线，这意味着获得 ε 单相化合物层的

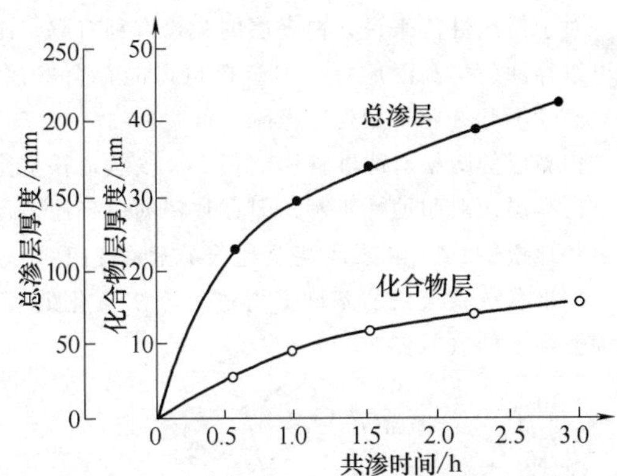

图 13-55 化合物层厚度和总渗层厚度与时间的关系

工艺性比较差，必须严格控制气氛配比才能做到，而形成 ε+Fe_3C 双相化合物层的气体配比范围相对较宽，生产上比较容易控制。Fe_3C 的存在能提高渗层的耐磨性，而且含少量 Fe_3C 的 ε 化合物层的脆性并不比纯 ε 相差。因此，离子氮碳共渗获得 ε+少量 Fe_3C 化合物层是有利而无害的。

氮碳共渗的白亮层容易出现疏松，在金相显微镜下观察，白亮层的疏松分两种类型：一种是类似于“柱状晶”，但在电子显微镜下观察则是贯穿整个白亮层的线状疏松（见图 13-56a），这种疏松是由于渗氮气氛中氧分压偏高造成的，如炉子漏气、气体含水量偏高、用 CO_2 作为含碳气体等；另一种疏松是在白亮层表层呈点状疏松，这是由于白亮层表层的氮浓度高，在冷却时高氮化合物发生分解，氮原子逸出留下的孔洞（见图 13-56b）。

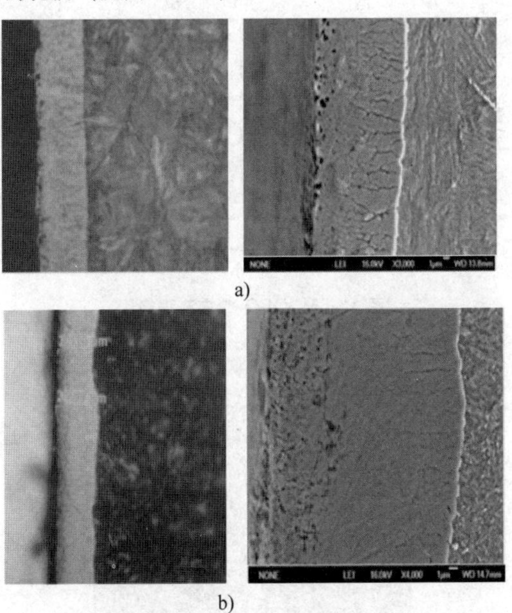

图 13-56 白亮层的疏松

a）线状疏松　b）点状疏松

对于使用性能来说，白亮层的疏松有利有弊。疏松可以存油，提高耐磨性，但疏松也可能存留磨屑，对耐磨性不利并容易划伤摩擦副。

白亮层的疏松对耐蚀性影响很大。线状疏松贯穿整个白亮层，对耐蚀性不利，但在致密的白亮层表层有点状疏松的话，耐蚀性甚至比全致密的白亮层还好。如果在点状疏松的基础上再进行一次氧化处理，耐蚀性会更佳（见图 13-57）。

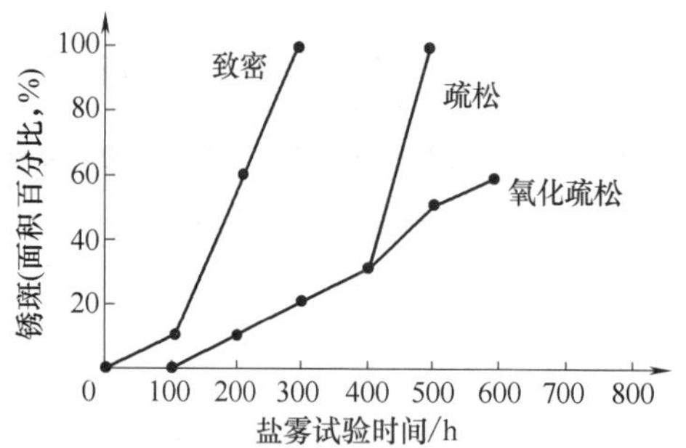

图 13-57　疏松和氧化对盐雾试验耐蚀性的影响

2. 离子氮碳共渗后的氧化处理

很多机械零件在使用时既需要耐磨又需要耐蚀。20 世纪 60 年代，德国 Degussa 公司发明了“盐浴氮碳共渗+盐浴氧化+抛光+盐浴氧化”复合处理技术，简称 QPQ 技术。图 13-58 所示为 QPQ 工艺流程简图。经氮碳共渗+后氧化复合处理的工件表面组织结构为 1~2μm 的 Fe_3O_4 氧化层+10~20μm 的 ε 相白亮层+扩散层（见图 13-59）。

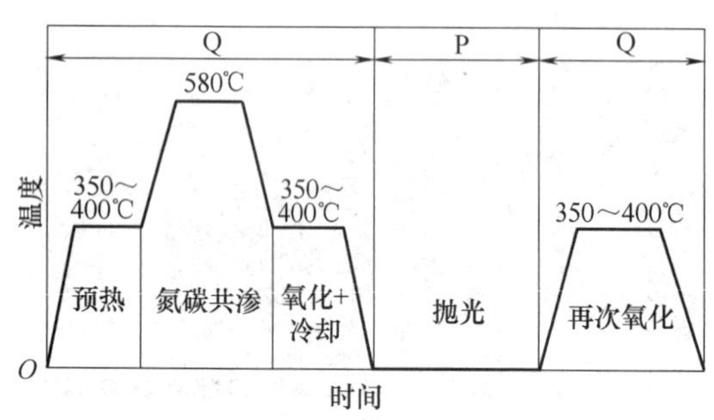

图 13-58　QPQ 工艺流程简图

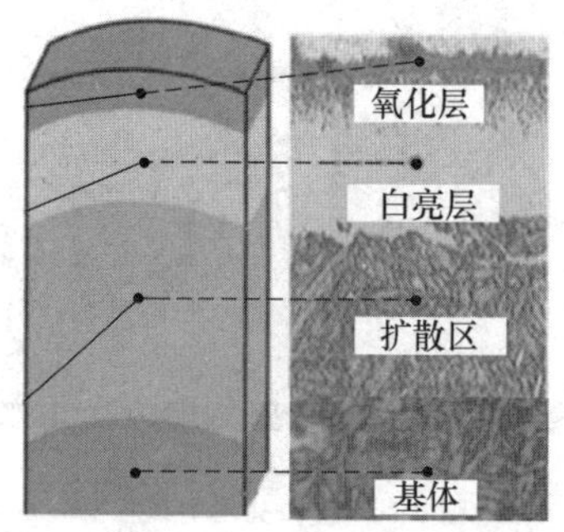

图 13-59　氮碳共渗+后氧化复合处理的组织结构

经 QPQ 处理的工件的表面耐磨性优于表面淬火、渗碳、渗氮等表面硬化处理，耐蚀性甚至可以和不锈钢相媲美，它还具有良好的疲劳强度及黑又亮的外观，是一项十分受欢迎的表面处理技术。但是，QPQ 在处理过程中不可避免地存在含氰废水排放、废盐处理、工作环境差等不利于环保的问题，现被环保部门限制使用。

QPQ 技术对环境的污染主要发生在盐浴氮碳共渗的处理过程。20 世纪 80 年代，欧洲的离子热处理工作者开始研究用离子氮碳共渗工艺取代盐浴氮碳共渗，氮碳共渗后的后氧化处理则是在同一离子热处理炉内进行蒸汽氧化。国外比较有名的离子氮碳共渗与后氧化复合处理技术有 Sulzer 公司的 IONIT OX 技术、RUBIG 公司的 PLAS OX 技术、PlaTeG GmbH 公司的 PulsPlasma Oxidation 技术等。

在后氧化处理阶段需要用有外辅助加热的离子渗氮炉进行蒸汽氧化。对于冷壁式的离子渗氮炉，通水蒸气后由于氧的消电离作用会引起气体导电性下降，这时单靠离子轰击已无法使工件保持在氧化所需要的温度。

图 13-60 所示为 Sulzer 公司离子氮碳共渗与后氧化复合处理工艺曲线。

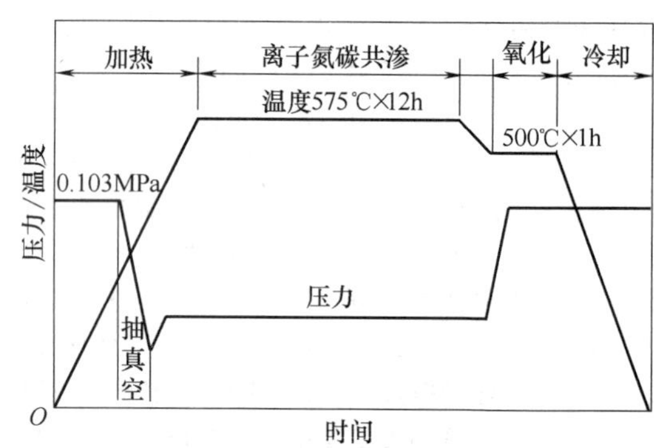

图 13-60　Sulzer 公司离子氮碳共渗与后氧化复合处理工艺曲线

盐雾试验是检验氮碳共渗与后氧化复合处理质量好坏的重要技术指标之一，盐雾试验一般可以超过 200h。

对于氮碳共渗后还要进行氧化复合处理的白亮层有较高的要求，否则盐雾试验难以达到指标。试验证明，白亮层最好大部分是致密白亮色，表层有点状疏松，而且白亮层越厚，耐蚀性越好（见图 13-61）。

氮碳共渗后的氧化处理一般是采用水蒸气氧化。根据图 13-62，水蒸气氧化温度范围一般为 480~550℃。温度高于 570℃会形成 FeO，但如果温度偏低

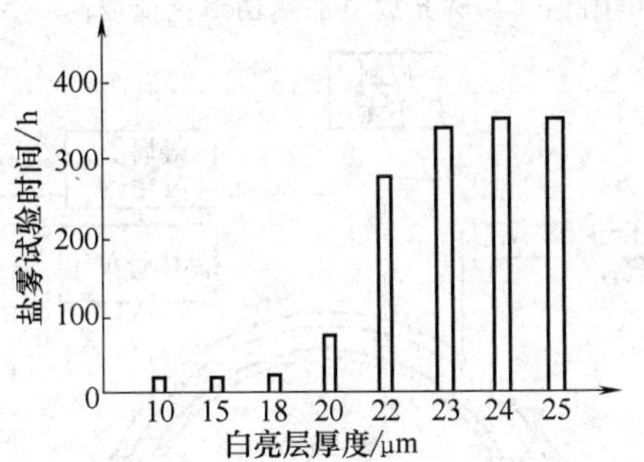

图 13-61　白亮层厚度与耐蚀性关系

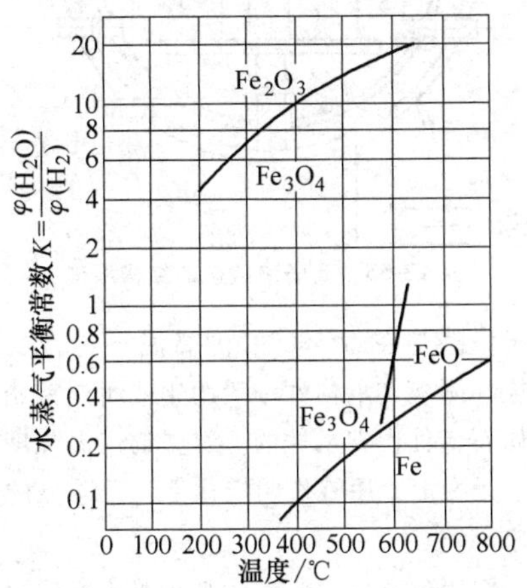

图 13-62　水蒸气平衡常数和温度的关系对铁氧化物的影响

且水蒸气量偏大时容易形成 Fe_2O_3，这种情况往往发生在蒸汽氧化的降温阶段，如果这时仍往炉内通入大量的水蒸气，就很容易使氧化形成的 Fe_3O_4 部分转变成 Fe_2O_3，出炉后的氧化膜疏松多孔并偏红色。

在氧化过程中，氧化膜的厚度取决于氧化温度和时间，温度越高、氧化时间越长，氧化膜就越厚（见图 13-63），厚的氧化膜有利于提高热处理整体的耐蚀性。

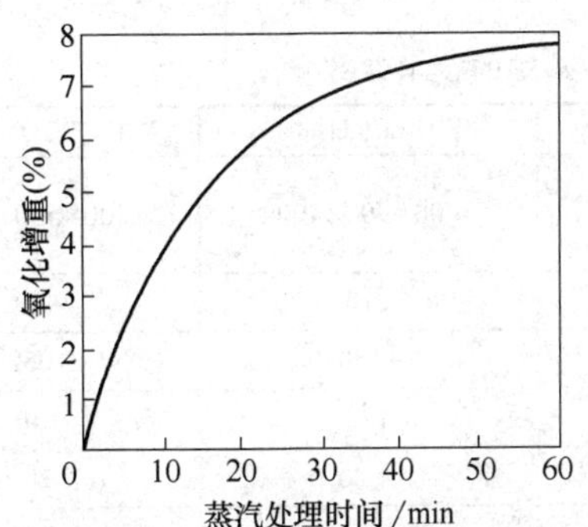

图 13-63　铁件的氧化增重与蒸汽处理时间的关系

需要注意的是，经过蒸汽氧化后，炉内和管道内残留的水绝不能影响到下一炉氮碳共渗的气氛，否则会影响到下一炉白亮层的质量。

Sulzer 公司还推出了气体氮碳共渗+离子轰击+后氧化复合处理工艺，称其为 IONIT OX 技术。它是在气体氮碳共渗后，氧化处理前增加一道离子轰击活化工序（见图 13-64），利用离子溅射清除气体氮碳共渗表面的疏松颗粒，这类似于 QPQ 的抛光工序。Sulzer 公司认为，在离子或气体氮碳共渗与氧化复合处理中，IONIT OX 工艺处理的效果最好。

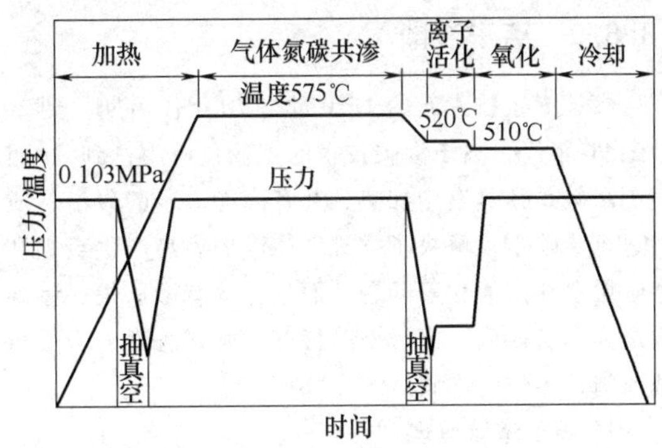

图 13-64　Sulzer 公司的 IONIT OX 工艺曲线

国外的离子氮碳共渗与后氧化复合处理已成功应用于汽车零件的表面处理，图 13-65 所示为 Sulzer 公司用于汽车球头销的离子氮碳共渗与后氧化复合处理的流程。

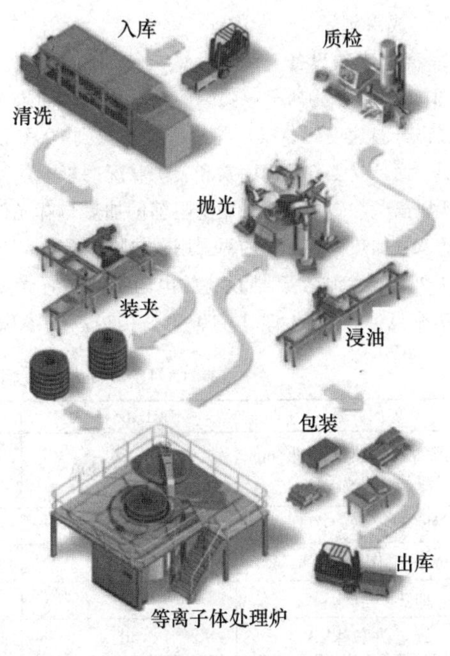

图 13-65　离子氮碳共渗与后氧化复合处理的流程

目前，气体氮碳共渗与后氧化复合处理已逐渐取代离子氮碳共渗与后氧化复合处理，这是因为蒸汽氧化后残留水对离子真空炉的绝缘和真空不利，会影响下一炉的离子氮碳共渗处理。另外，气体氮碳共渗对处理工件的尺寸、形状、大小混装、摆放等没有限制。在同样有效尺寸的炉子下，气体渗氮炉的装载量也大于离子渗氮炉。

值得一提的是，无论是用哪种处理方法，氮碳共渗与后氧化的复合处理必须是在一套设备内"一气呵成"，否则盐雾试验无法达到预期的目标。

13.8.2　离子渗碳

离子渗碳技术起始于 20 世纪 70 年代后期，到 20 世纪 90 年代，离子渗碳技术的工业化应用达到顶峰。离子渗碳是在真空中加热，并有高能离子的轰击，所以离子渗碳不仅解决了常规气体渗碳容易产生炭黑和渗碳层存在内氧化等问题，而且还具有渗速快、渗层质量高、能耗低、无污染等特点，尤其适用于承受重载或精密零件的渗碳。

1. 离子渗碳原理

离子渗碳原理与离子渗氮相似，也是在真空状态下，以渗碳件为阴极，真空炉体为阳极，在阴极与阳极之间施以直流电压产生辉光放电，在阴极（工件）位降区将渗碳气体电离，产生渗碳所需的活性碳原子或离子。碳离子在电场作用下轰击渗碳件的表面，使渗碳件表面加热，同时碳原子被工件表面吸收后向内部扩散形成渗碳层。

2. 离子渗碳设备

图 13-66 所示为离子渗碳炉的结构原理。如果单凭离子轰击升温速度慢，难以将渗碳件加热到 900℃ 以上的高温，而且受工件几何因素和装炉状况的影响炉温不匀，所以离子渗碳炉一般采用电阻辅助加热与辉光放电加热的双重加热模式，炉内衬采用碳毡隔热屏。

国外离子渗碳生产性设备的电阻加热与辉光放电加热功率比值一般是 6：1～10：1，国内离子渗碳设备的电阻加热与辉光放电加热功率比值要高一些。

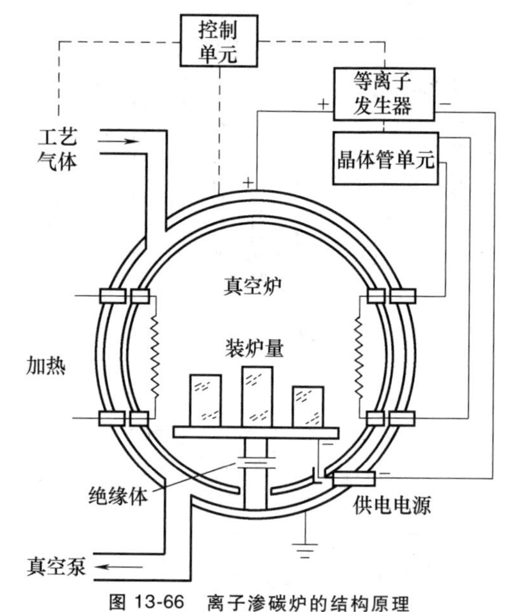

图 13-66　离子渗碳炉的结构原理

离子渗碳是在近 1000℃ 的高温下运行的，所以炉内阴极和阴极支承构件一般用钼或耐热钢制作，也有用固体石墨件作支承件的。石墨的高温强度高，在 1300℃ 下无变形，用其作阴极构件，无明显的溅射和打弧现象。

离子渗碳设备一般是自带真空淬火室的双室式结构，以便渗碳后能及时进行淬火。根据渗碳后的真空淬火方法，离子渗碳炉本身附带的淬火装置分为真空油淬和高压气淬两大类。

图 13-67 所示为 FIC 型双室真空离子渗碳油淬炉，渗碳件可以在同一个炉内完成离子渗碳和油淬工艺过程。该炉由真空炉体、加热室、真空闸阀、冷却室、淬火油槽、真空系统、渗碳气供给系统、电气控制系统及直流电源等部分组成。表 13-13 列出了国内外几种双室真空离子渗碳炉的技术参数。

离子渗碳也可以和真空气淬炉一样，在同一炉内完成从离子渗碳到高压气淬等各个工艺过程。

表 13-13　国内外几种双室真空离子渗碳炉的技术参数

型　　号	ZLCD-65-50A	ZLSC-60A	FIC-60(日本)	VIC-2KTQ(德国)
炉膛或有效加热区尺寸/mm（宽×长×高）	600×400×300	500×400×300	600×900×400	500×500×900
处理量/(kg/次)	100	40	210	400
最高工作温度/℃	1100	1300	1150	1050
加热功率/kVA	65	50	170	130
放电功率/kVA	50	15	≈20	20
极限真空度/Pa	2×10^{-4}	6.7×10^{-3}	10^{-5}	—

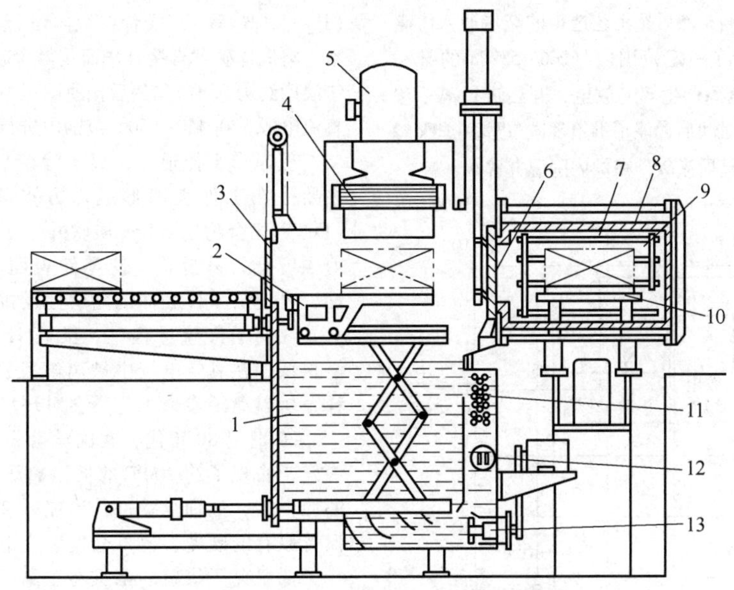

图 13-67　FIC 型双室真空离子渗碳油淬炉

1—油冷却室　2—工件运行机构　3—炉门　4—热交换器　5—气冷风机　6—中闸门　7—石墨管（阳极）　8—隔热层　9—加热室　10—炉床（阴极）　11—油冷却器　12—油加热器　13—油搅拌器

3. 离子渗碳工艺

（1）渗碳温度　常用的离子渗碳温度是 930～960℃。渗碳温度越高，渗层表面的碳浓度就越高，渗入的速度（或渗层深度）也随处理温度的升高而迅速增加，高温渗碳的节能效果也比较好。因此，对深层渗碳件或形状简单、对变形要求不高的工件，应尽量采用高温离子渗碳；对变形要求小的精密件，则宜用下限（或稍高）渗碳温度。

离子渗碳的电阻辐射加热所提供的温度可低于渗碳温度 30～80℃，此部分温差可由辉光放电加热补足，渗碳时可以通过调节电阻加热功率实现渗碳件的温度自动控制。

（2）渗碳时间　渗碳时间取决于对渗层深度的要求。渗层深度是随处理时间的延长按抛物线的规律增长，即在处理的前期，渗层深度随时间的延长而迅速增加，当到一定时间以后，渗层增长的速度就减慢。

（3）放电电流密度　渗碳层深度和表面碳浓度与放电电流密度的关系如图 13-68 所示。由图 13-68 可见，渗碳层深度与表面碳浓度均与放电电流密度成正比，所以在离子渗碳时，只需选定适当的气体及炉压，就可以通过调节放电电流密度来控制渗层的深度及表面碳浓度。对双重热源加热的设备，电流密度可为 0.5～2.5A/cm^2。在保证辉光稳定、工件温度均匀、性能满足要求，以及炉膛不出现炭黑等条件下，适当加大放电功率，对加快渗碳速度及节能都是有利的。

（4）炉内压力　炉内压力是离子渗碳重要的工

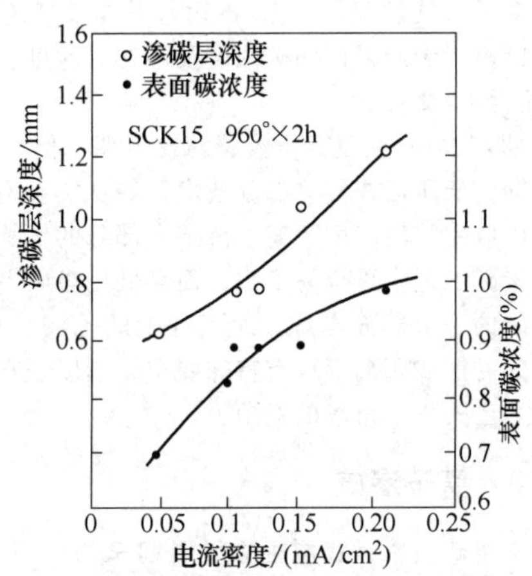

图 13-68　渗碳层深度和表面碳浓度与放电电流密度的关系

艺参数之一。在渗碳过程中，比较常用的炉内压力为 266～532Pa。

（5）渗剂　离子渗碳用的渗碳气体主要是碳氢系气体，如甲烷或丙烷。如果直接将甲烷或丙烷通入炉内渗碳容易产生炭黑，所以一般多以氢气或氩气作为载气稀释渗碳气体，将其稀释至 10%左右。若为离子碳氮共渗，可在上述供碳剂外再加体积分数为 30%以上的氮气或 14%的氨气。

（6）工艺流程　图 13-69 所示为 FIC 型离子渗碳炉常用的离子渗碳工艺流程曲线。工件经除油清洗处理后送入加热室，关闭炉门抽真空至 6.65～13.3Pa，启动电阻加热升温至 900℃以上，使工件表面脱气净化，再通少量氢气并均温一段时间；然后按工艺选定的流量通入渗碳气体，并使炉压保持在一定范围内（266～532Pa 的某一值），接通辉光放电电源产生辉光放电，开始进行离子渗碳。当渗碳到达预定时间后，停止供给渗碳气体并熄灭辉光，在真空下扩散，随后渗碳件在炉内降温并淬火。

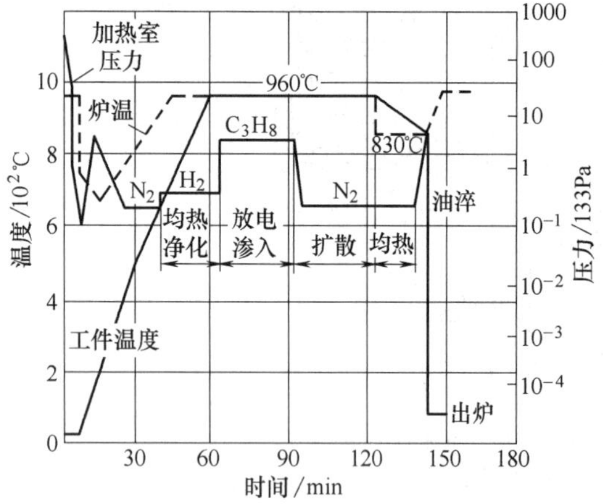

图 13-69　FIC 型离子渗碳炉常用的离子渗碳工艺流程曲线

在离子渗碳过程中，渗/扩比是其重要工艺参数之一，以控制渗层表面的碳浓度及渗层的深度，一般渗/扩比为 1∶2～3。

20 世纪 90 年代是离子渗碳的发展期，但到了 90 年代后期，低压乙炔气体渗碳技术开始从实验室阶段进入推广应用阶段。由于离子渗碳大部分的优势在低压气体渗碳工艺中更容易实现，而且低压渗碳不需要离子渗碳的直流辉光电源，对工件上的孔洞、狭槽、工件之间的摆放距离等没有特殊要求，所以现在离子渗碳技术已失去了市场的竞争力。

13.8.3　离子渗硫

离子渗硫技术是我国独立发展起来的一门技术，它是将渗硫件放在离子渗硫炉内，通入含硫气体介质（H_2S、CS_2 等），或者在炉内设置独立的固体硫蒸发室，将固体硫黄直接升华而获得含硫气氛（固体硫的升华温度约为 95℃），然后接通阴极（工件）和阳极间的直流电源，在 150～550℃范围内进行离子渗硫处理。

硫原子半径很大，离子渗硫后几乎没有扩散层，主要是在工件表面形成六方点阵结构的硫化亚铁（FeS）化合物层。FeS 质软并呈多微孔的鳞片状，抗剪强度低，易滑移，使零件表面具有良好的自润滑性，可提高零件表面的耐磨性及抗咬合性。

在离子渗硫过程中，虽然 H_2S 有害，但因其含量很低，在真空电场中被离解且被 Ar、H_2 等气体稀释，所以离子渗硫工艺不会对环境产生公害。

20 世纪 80 年代，我国学者发明了低温固体离子渗硫，实现了约 200℃的低温离子渗硫。对于一些低温回火件，如轴承钢进行渗硫处理，渗硫后零件可以保持原有的硬度，也不会发生变形。

低温离子渗硫的困难在于离子炉内的温度很难控制得准确与达到均匀，而且在 200℃这样的温度下，渗硫速度比较慢。

由于渗硫层只有结合在高硬度的基体上才能充分发挥硫化物的减摩润滑性能，因此离子渗硫前必须要先将工件进行调质处理，然后再进行渗硫。另外，为了进一步提高大载荷下零件的耐磨性，多数离子渗硫工艺是含硫的多元离子共渗，如离子硫氮共渗、离子硫氮碳共渗等。

在离子渗氮或离子氮碳共渗气氛中加入适量的含硫气体或硫蒸汽即可进行离子硫氮（碳）共渗，处理温度一般为 500～560℃，这样可以在高硬度的渗氮或氮碳共渗层的表面形成一层极薄的黑色、多微孔、质地软的 FeS 层，显著提高零件的表面硬度、耐磨性和抗咬合性，零件表面也具有良好的自润滑性。

1. 离子渗硫设备

离子渗硫的设备，除了进气系统有相应的改动，基本上还是沿用离子渗氮炉的设备，图 13-70 所示为

a)

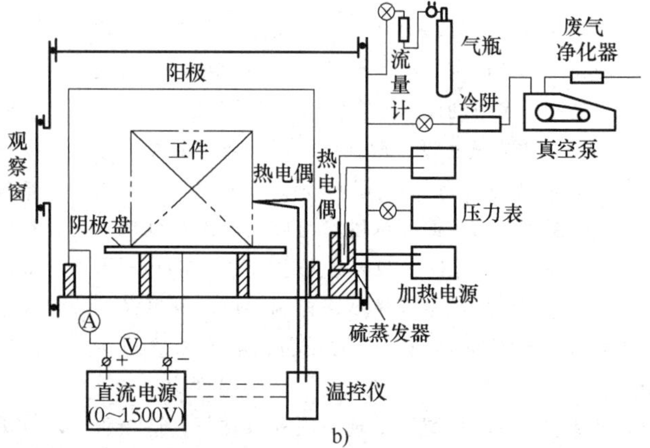

b)

图 13-70　离子渗硫设备及其工作原理

a）离子渗硫设备　b）工作原理

离子渗硫设备及其工作原理。需要注意的是，渗硫气氛中的硫或硫化氢属于腐蚀性气体，能腐蚀炉内金属构件，并使密封橡胶变质，所以离子渗硫炉的内壁和炉内金属构件，以及通入硫化氢的管道、阀门等要用奥氏体不锈钢材料制造，密封胶圈也要改用氟橡胶密封圈。如果用普通离子渗氮炉渗硫，会大幅度缩短炉子的使用寿命。

在离子渗硫过程中，硫会在炉壁和工件表面积硫，影响到下一炉次的炉内气氛中硫的百分浓度。如果用渗过硫的炉子接着渗氮，渗氮层表面会含硫，所以离子渗硫炉最好是专用炉。

2. 离子渗硫工艺

(1) 离子渗硫　用氢与氩（1∶1）作为载气，以瓶装硫化氢为硫源，在 500～560℃ 离子渗硫 2～2.5h。试验证明，硫化氢的流量是最重要的工艺参数，其最佳含量范围很窄，约为 3%（体积分数），稍微过量就会使硫化层起皱甚至剥落。

用离子渗硫处理的铸铁柴油机缸套可提高抗咬合性，缩短磨合时间，延长缸套的使用寿命。

(2) 离子硫氮共渗　常用的离子硫氮共渗工艺参数为 570℃×2h，氨与硫化氢的比例为 20∶1～30∶1。特别要注意，H_2S 的加入量不能过大，否则容易形成脆性的 FeS_2 相，表面硫化物容易剥落。

离子硫氮共渗层的组织为多层结构，最表层为含 FeS 和 $Fe_{1-x}S$ 硫化物，接着是 ε-$Fe_{2-3}N$ 和 γ-Fe_4N 化合物层，最里层是氮的扩散层。对应的硬度梯度是最外层硬度很低，次表层为高硬度区，再往里是硬度递减的扩散层。

13.8.4　活性屏离子渗氮

离子渗氮技术（简称 DCPN 技术）早已在热处理生产中得到广泛应用，并取得巨大的经济效益。但是，由于受气体辉光放电特性的影响，DCPN 技术一直存在一些难以解决的技术问题，如打弧、小孔或狭缝的空心阴极效应、渗氮件边缘的电场效应、大小渗氮件不能混装、渗氮件温度测量难、对操作人员的技术水平和经验要求高等。因此，DCPN 技术一直被热处理行业认为是一种比较难以掌握的技术，制约了这项技术在热处理生产中的广泛应用。

20 世纪 90 年代末，卢森堡工程师 J. Georges 发明了活性屏离子渗氮（through cage plasma nitriding，TCPN，或 active screen plasma nitriding，ASPN）技术，并申请了美国专利。图 13-71 所示为 ASPN 设备的工作原理，图 13-72 所示为 ASPN 设备及活性屏。

ASPN 技术是将欲处理的渗氮件罩在活性屏（笼

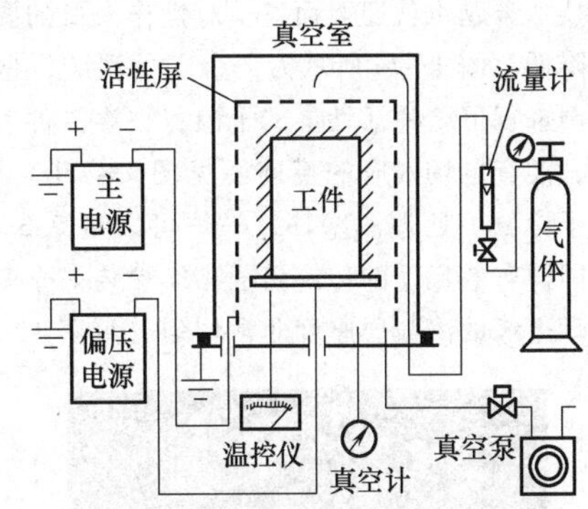

图 13-71　ASPN 设备的工作原理

图 13-72　ASPN 设备及活性屏

子）内，将原本接在渗氮件上的直流负高压 −100～−200V 的直流负偏压接在活性屏（笼子）上，活性屏（笼子）产生辉光放电，被处理的渗氮件则处于电悬浮状态。在渗氮处理过程中，活性屏（笼子）主要起到两个作用：一是在离子的轰击下活性屏（笼子）被加热，通过热辐射将工件加热到渗氮的温度，即起到一个加热源的作用；二是从活性屏（笼子）上溅射下来的一些纳米尺度的颗粒沉积在待渗氮件的表面，颗粒释放出的活性氮原子对渗氮件进行渗氮，即溅射颗粒起到渗氮载体的作用（见图 13-73）。

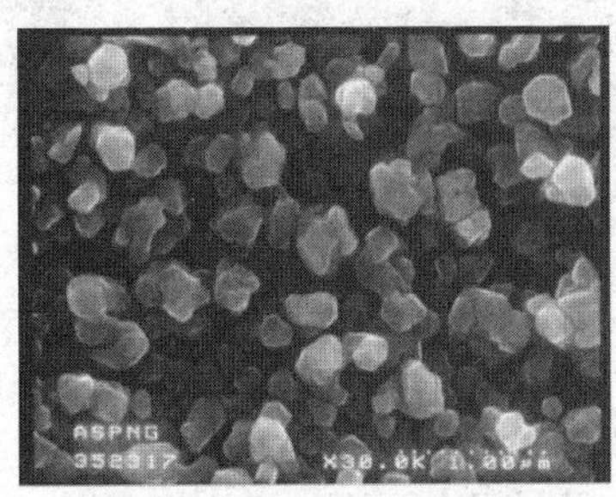

图 13-73　从笼子上溅射下来的颗粒

由于在 ASPN 处理过程中，离子轰击的是活性屏（笼子），而不是轰击渗氮件的表面，所以传统离子渗氮技术中存在的打弧、空心阴极效应、电场效应、大小渗氮件不能混装、渗氮件温度不匀、渗氮件测温困难等技术难题也就迎刃而解，对操作人员的要求也大幅度降低。图13-74所示为大小工件混装，也不需要对孔洞进行屏蔽的活性屏离子渗氮，渗氮件表面颜色均匀，没有电场效应的痕迹（见图13-75b）。用活性屏离子渗氮炉处理活塞环，一炉可以装2.3万只，不仅比同样有效尺寸的传统离子渗氮炉装得要多，而且活塞环边缘的渗氮层厚度非常均匀（见图13-76）。

图13-74　用ASPN处理的渗氮件（大小工件混装）

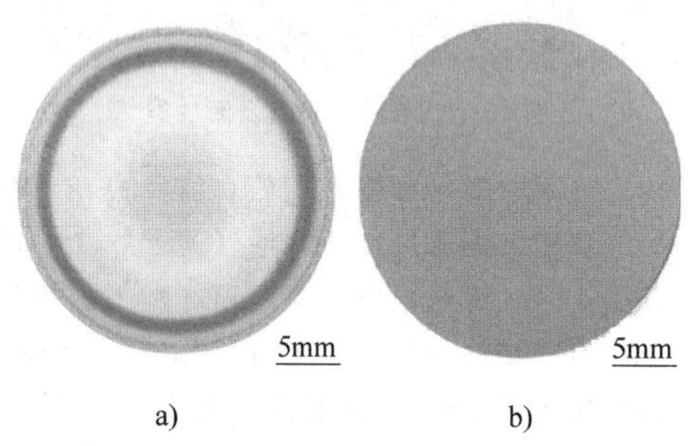

图13-75　用DCPN和ASPN处理的工件
a）DCPN　b）ASPN

图13-76　用ASPN处理的活塞环

早期的ASPN技术机理研究是在实验室的DCPN设备上进行的。由于受试验条件的限制，活性屏（笼子）的直径都小于200mm。试验发现，无论试样是处于电悬浮状态还是处于接地（与阳极同电位）状态，都能获得与DCPN一样好的渗氮效果。研究者根据他们的试验结果提出了一些不同的ASPN渗氮机理，如有人认为是穿过活性屏（笼子）的气流将笼子上溅射下来的颗粒“吹到”渗氮件的表面实现渗氮的，所以称其为TC技术（见图13-77）；也有人认为是按Kölbel离子溅射与沉积渗氮模型（见图13-8）实现渗氮的（见图13-78）。

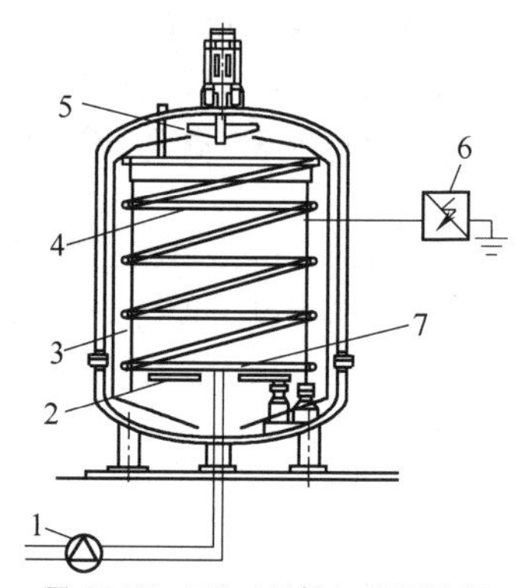

图13-77　TC（网栅）离子渗氮
1—真空泵　2—工作台　3—金属活性屏　4—气体喷射管　5—冷却风扇　6—活性屏电源　7—抽气管

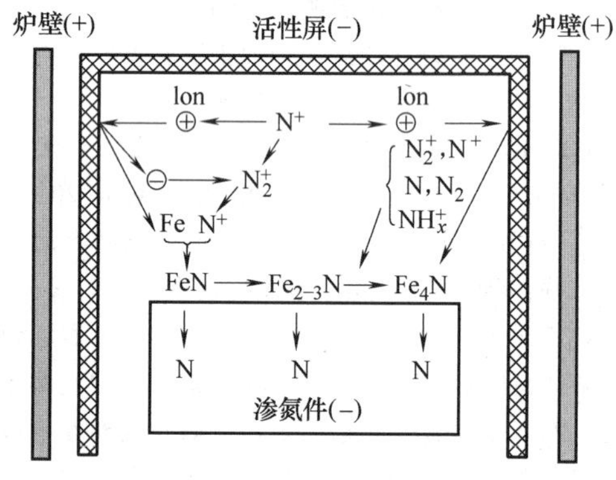

图13-78　ASPN机理

进一步研究发现，渗氮件与活性屏之间的距离对ASPN渗氮效果有比较大的影响。当渗氮试样离活性屏距离超过约70mm后，无论渗氮试样是处于电悬浮状态还是接200V以内的负偏压，试样都渗不上氮。只有当渗氮试样接有大于某一临界值的负偏压后，试样才能均匀地渗上氮（见图13-79）。根据这个试验结果，研究人员认为，在ASPN过程中，当工件与活性屏的距离小于70mm时，是靠从活性屏上溅射下来

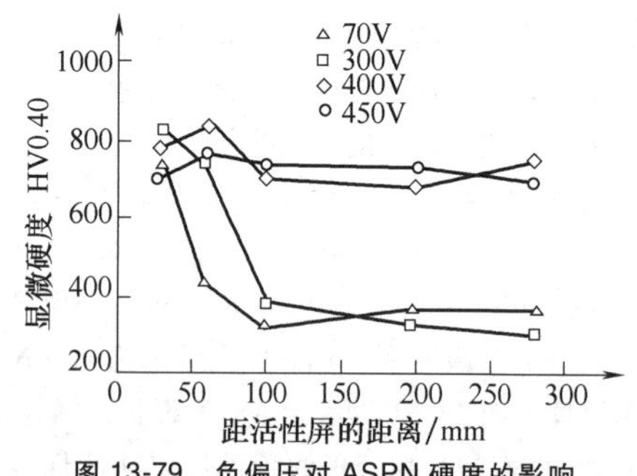

图13-79　负偏压对ASPN硬度的影响

的颗粒沉积到渗氮件表面实现渗氮的；若工件与活性屏的距离大于 70mm，工件则是利用渗氮件本身的负偏压“自溅射”起来的颗粒沉积在工件表面上实现渗氮的（见图 13-80）。

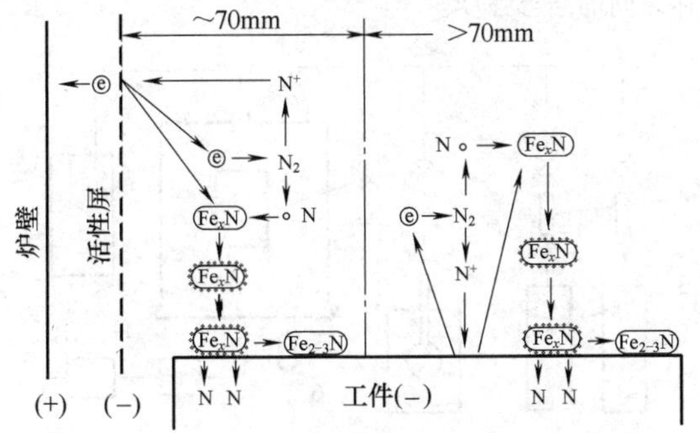

图 13-80　不同工件与活性屏距离下的 ASPN

尽管大家对 ASPN 机理有不同的解释和看法，但有一点是一致的，就是离子轰击阴极溅射起来的颗粒是 ASPN 实现渗氮的关键物质。

江苏丰东热技术有限公司、青岛丰东热处理公司与青岛科技大学三方产学研合作，2013 年研制成功新型保温式 ASPN 技术，炉壳采用保温式结构，可以降低活性屏的加热功率，加快升温速度，并使渗氮温度更加均匀。

13.8.5　双层辉光离子渗金属

双层辉光离子渗金属也是我国独立发展起来的一门新技术，图 13-81 所示为双层辉光离子渗金属工作原理。

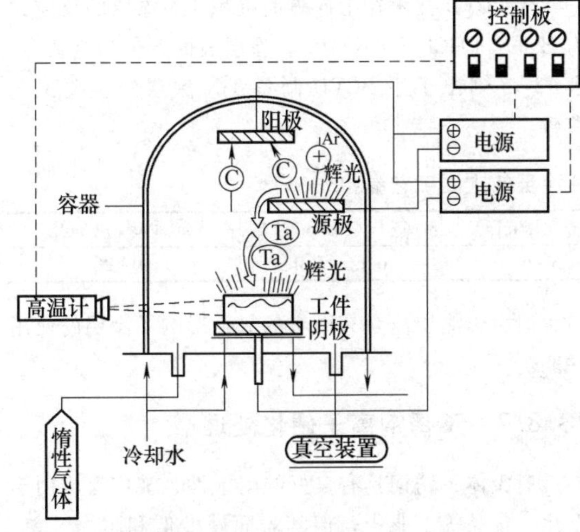

图 13-81　双层辉光离子渗金属工作原理

双层辉光离子渗金属设备是在离子渗氮设备的基础上，在其中的阴极和阳极之间设置一个第三极，该第三极是由欲渗合金元素制成，并作为渗入合金元素的供给极，故称之为源极。在源极和阳极之间和渗氮件与阳极之间各设一个可控直流电源。当真空室抽真空后，充入一定量的氩气并接通直流电源，便会在源极与阳极之间和工件与阳极之间产生两组辉光放电现象。在电场的驱动下，氩的正离子向具有负电位的源极和工件轰击，欲渗合金元素从源极表面被溅射出来，通过空间输运到达工件表面并被工件表面吸附。与此同时，工件在氩离子的轰击下被加热到高温，工件表面吸附的合金元素在高温下向内部扩散而形成具有特殊物理化学性能的合金层。

双层辉光离子渗金属的表面渗层成分可以为金属或合金材料，渗层厚度可达 1mm。渗入金属可以是 W、Mo、Ti、Zr、Cr、Pb、Pt 等单元素，也可以进行 W-Mo、Cr-Ni、W-Mo-Cr、Cr-Ni-Ti 等二元或多元共渗。

图 13-82 和图 13-83 分别所示为工业用双层辉光离子渗金属设备和炉体结构。表 13-14 列出了 100kW 双层辉光离子渗金属设备的技术参数。

图 13-82　工业用双层辉光离子渗金属设备

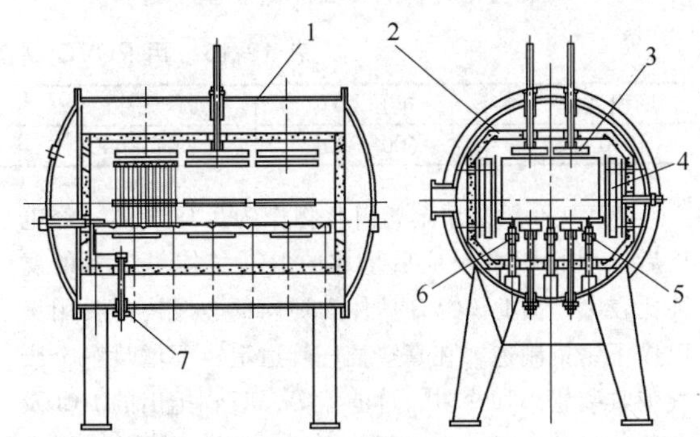

图 13-83　工业用双层辉光离子渗金属炉炉体结构

1—炉壳　2—隔热屏　3—上源极　4—辅助加热器
5—下源极　6—导轨　7—阴极

表 13-14　100kW 双层辉光离子渗金属设备的技术参数

项　　目	参　　数
加热室有效尺寸(长×宽×高)/mm	500×400×300
最大装载量/kg	150
渗氮件最高处理温度/℃	1100
源极最高工作温度/℃	1300
冷炉极限真空度/Pa	0.4
压升率/(Pa/h)	0.67
工作气压/Pa	13.33
升温时间/min(升至 1100℃)	180
辉光电源功率/kW	100
交流加热电源功率/kW	30

13.8.6　等离子体增强化学气相沉积

气相沉积技术包括化学气相沉积（CVD）、物理气相沉积（PVD）和物理化学气相沉积（PCVD）。

PCVD 是利用等离子体激活化学反应气体，大幅度降低化学气相沉积（CVD）的化学反应温度，所以该技术也称为等离子体增强化学气相沉积技术。这一技术最初被用于半导体工艺中，后来在机械行业也得到开发和应用，如在切削刀具和模具表面沉积 TiN、TiC、Ti（CN）等硬质涂层，提高工模具的使用寿命。

PCVD 的原理与离子渗氮原理相似，图 13-84 所示为 PCVD 设备的工作原理，图 13-85 所示为 PCVD 试验设备。在真空室内，工件置于低压辉光放电的阴极上，利用离子轰击使工件升至预定的沉积温度，然后通入一定配比的反应气体。在辉光放电作用下，金属卤化物气体介质被电离成金属离子和非金属离子，气-固界面发生等离子体化学反应，在工件的表面就生成了一层金属化合物的薄膜。由于整个过程是在等离子体中进行的，带电粒子间的碰撞使气体电离，反应气体被活化，为降低沉积温度、加快反应速度创造了有利的条件。另外，工件表面发生的阴极溅射为沉积薄膜提供了清洁并高活性的表面，提高了涂层与基体之间的结合强度。

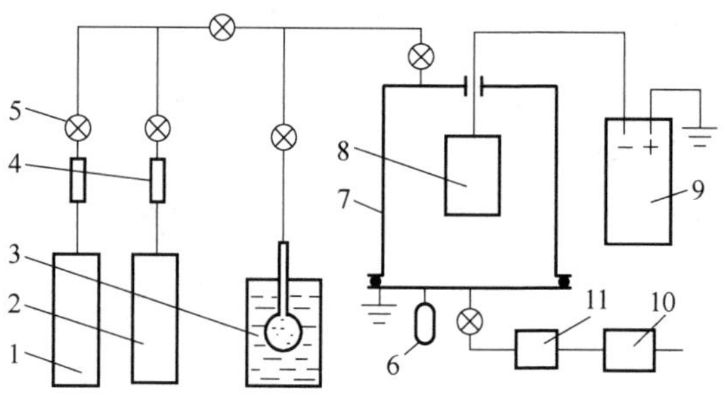

图 13-84　PCVD 设备的工作原理

1—氢气　2—氮气　3—$TiCl_4$　4—流量计　5—针阀　6—真空计　7—真空室　8—工件　9—直流电源　10—真空泵　11—过滤器

图 13-85　PCVD 试验设备

用 PCVD 技术在工件表面沉积 TiN 涂层的反应式为 $H_2+N_2+TiCl_4 \rightarrow TiN+HCl$，涂层表面颜色为金黄色。表 13-15 列出了用 PCVD 制备 TiN 涂层的主要工艺参数。

表 13-15　用 PCVD 制备 TiN 涂层的主要工艺参数

沉积温度/℃	电压/ V	沉积气压/ Pa	氢气/(L/min)	氮气/(L/min)	$\varphi(TiCl_4)$(%)
540~560	600~900	300~600	3~6	0.66~4.0	10~20

PCVD 一般是用金属卤化物作为反应气体，经电离后产生的 Cl 和反应后生成的 HCl 气体对设备的腐蚀比较大，因此 PCVD 炉体和炉内的金属构件要用奥氏体不锈钢制造，在真空抽气管道上也要增设一个废气吸收装置，如冷阱、过滤器等，吸收排出的 HCl 及杂质，以免造成对真空泵的腐蚀和污染，即使这样真空泵油也要定期更换。

与 PVD 和 CVD 技术相比，PCVD 技术的优点是沉积温度低、绕镀性好、镀层生长速度快、结合强度高，但由于涂层内含有微量的氯，影响了涂层的使用性能。

13.8.7　不锈钢离子硬化处理

奥氏体不锈钢具有良好的耐蚀性，被广泛应用于石化、食品等工业中，但其表面硬度低和耐磨性差，用这类材料制造需要耐磨性的机械零部件往往难以满足使用要求，所以人们一直都在追求如何在不降低不锈钢耐蚀性的前提下，提高其表面硬度和耐磨性。

不锈钢表面渗氮是最常用的不锈钢表面硬化处理方法。但是，由于不锈钢表面始终有一层化学稳定性极好的钝化膜，渗氮前要先去除这层钝化膜后氮原子才能渗入不锈钢内。常用的去除不锈钢表面钝化膜的方法有机械抛光法、酸洗法、炉内放置氯化铵法、离子轰击法等。机械抛光法和酸洗法都是在渗氮炉外进行，去除钝化膜后的不锈钢件在放入渗氮炉的过程中，表面不可避免地又会重新生成一层薄的钝化膜，或多或少地会阻止氮原子的渗入。在炉内放置氯化铵，可以在炉内去除不锈钢表面的钝化膜，然后进行渗氮处理。但是，氯化铵分解产生的 HCl 气体会腐蚀炉膛，缩短炉子的使用寿命。另外，氯化铵分解生成的 HCl 和 NH_3 会在排气管道的低温处重新结合成氯化铵，堵塞排气管道，使渗氮处理无法继续进行。

用离子渗氮炉对不锈钢进行渗氮处理是目前比较常用的方法。在升温阶段，可以用离子轰击溅射去除不锈钢表面的钝化膜，到温后进行离子渗氮，整个处理过程和工艺简单，对设备和环境都无污染。

传统的不锈钢离子渗氮处理温度为 550℃，渗氮后不锈钢表面的铬与氮结合形成 CrN，使不锈钢表面的硬度从 250HV 提高到 1000HV。但是，渗氮处理后的不锈钢表面贫铬，导致不锈钢表面的耐蚀性大幅度下降。

20 世纪 80 年代初，人们发现奥氏体不锈钢可以在低温下进行离子渗氮、离子渗碳和离子氮碳共渗处理。离子渗氮和离子氮碳共渗的处理温度<450℃，离子渗碳处理温度<550℃，这样可以在不锈钢表面形成一层被称为 S 相的氮或（和）碳过饱和固溶体的硬化层（见图 13-86），表面硬度大于 900HV（见图 13-87）。由于硬化层内没有铬的氮化物或碳化物析出，所以处理后的不锈钢表面的耐蚀性非但没有降低，反而比未处理的不锈钢的耐蚀性还要好。

图 13-86　316 不锈钢低温离子氮碳共渗金相照片

注：316 为美国牌号，相当于我国的 06Cr17Ni12Mo2。

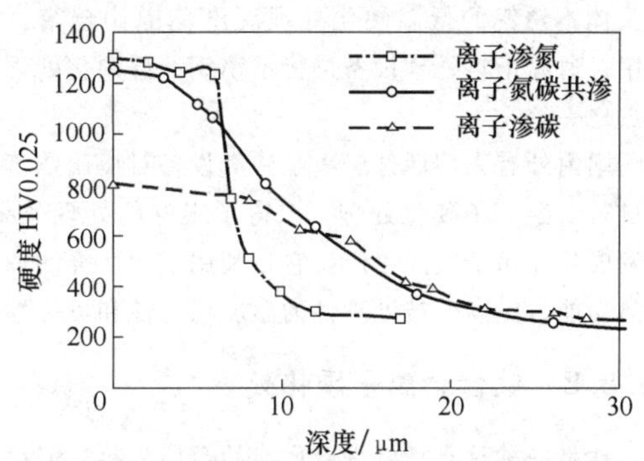

图 13-87　316 不锈钢低温离子渗氮、离子渗碳、离子氮碳共渗硬化层的硬度梯度

不锈钢低温硬化处理可以是离子渗氮、离子渗碳和离子氮碳共渗，但从硬化层的性能和处理的工艺难度看，低温离子渗碳应优于低温离子渗氮和离子氮碳共渗，尤其是低温离子渗氮的硬化层脆性比较大（见表 13-16），没有实际应用价值。

表 13-16　奥氏体不锈钢低温硬化处理工艺和性能比较

特征和工艺	离子渗氮	离子渗碳	离子氮碳共渗
处理温度/℃	420~450	480~540	420~450
硬化层深度/μm	<10	<60	<60
硬化层均匀性	不良	很好	好
表面硬度 HV	1200~1400	800~1100	1200~1400
硬度梯度	陡	缓和	前陡后缓
硬化层韧性	不好	很好	好

奥氏体不锈钢低温硬化处理最关键的工艺参数是处理温度。如果处理温度高于某一临界温度（渗氮>440℃、渗碳>540℃），铬与氮或碳容易结合形成 CrN 和 CrC，降低不锈钢表面的耐蚀性（见图 13-88）；如果处理温度比较低，渗速就慢，所以

图 13-88　有 CrN 析出的不锈钢低温离子氮碳共渗

奥氏体不锈钢的低温硬化处理温度范围比较窄，这是用普通离子热处理设备进行不锈钢低温硬化处理的难点之一。

国内外有人用活性屏离子渗氮设备对奥氏体不锈钢进行低温离子硬化处理，取得了很好的处理效果，研发成功并用于实际生产。它是利用了活性屏的辅助加热功能，提高了被处理件的温度均匀性和可控性。

13.8.8　钛合金离子硬化处理

钛是一种具有良好综合性能的金属材料，但存在耐磨性差和在还原性介质中耐蚀性差的两大弱点。钛合金离子渗氮不仅可大幅度提高钛合金的表面硬度、耐磨性、耐擦伤性，以及在还原性介质中的耐蚀性，解决了钛合金件抗咬合性差的问题，同时还保持了钛合金良好的韧性和塑性，因此在石油化工、军工、医疗器械等行业越来越多地采用经过离子渗氮的钛合金件，并取得了显著的技术经济效果。

钛合金离子渗氮温度和时间对钛合金渗氮层的影响如图 13-89～图 13-91 所示，渗氮后工件表面颜色为金黄色。

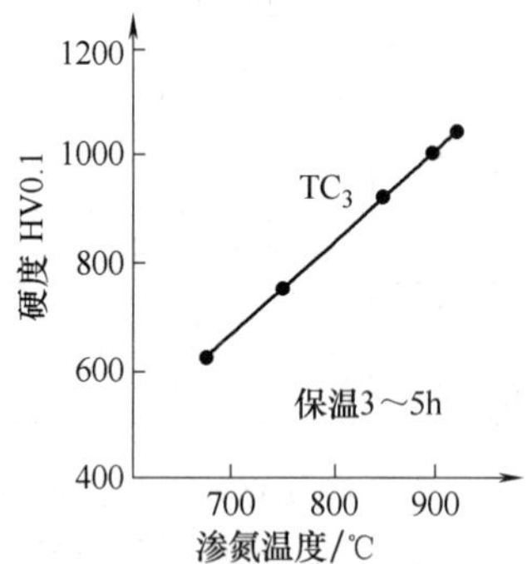

图 13-89　渗氮温度对渗层硬度的影响

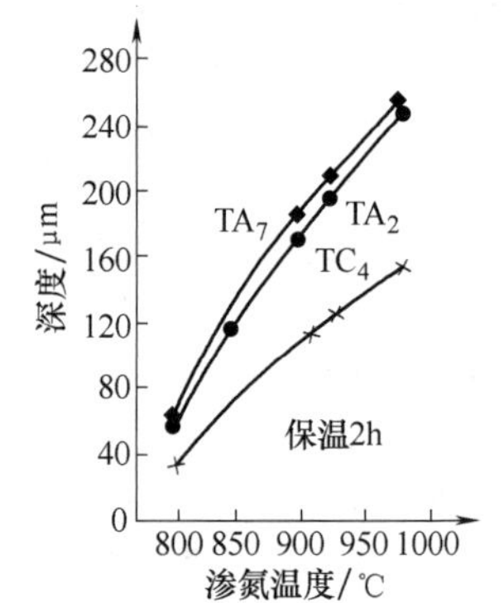

图 13-90　渗氮温度对渗层深度的影响

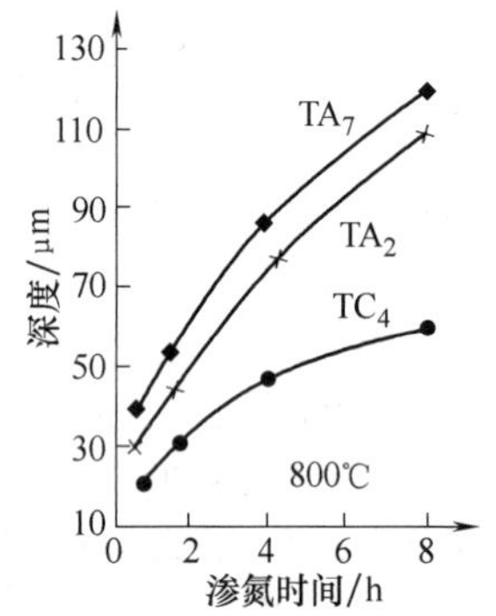

图 13-91　渗氮时间对渗层深度的影响

氢脆是钛合金离子渗氮的一个重要问题，通常采用氮氩混合气，甚至纯氮气作为钛合金的离子渗氮气体。若用含氢气体（氮氢混合气或氨气），渗氮后冷却到 600℃时应采取停氢措施，以避免发生氢脆。

钛合金的离子渗氮是在 800℃以上的高温下进行的，国外都是用有外辅助加热的离子渗氮炉进行处理，国内则是用传统的冷壁式离子渗氮炉处理。为了使炉内渗氮件能升到渗氮的温度，并保证渗氮件在高温下能有较好的温度均匀性，简单实用的措施是在工件周围设置与工件等电位的辅助阴极，其作用相当于在工件外围增加一个辅助加热源，以减小渗氮件的热辐射损失，有助于提高渗氮件的升温速度，并改善渗氮件的温度均匀性。

用于钛合金离子渗氮的设备，为了能达到约 900℃的处理温度，并且在此高温下各密封元件仍能有可靠的密封功能，必须要采取炉体的隔热措施。具体做法是在工件与炉罩之间、阴极工件台与炉底板之间，加装一层以上的全金属隔热屏。

由于钛合金离子渗氮温度高达 900℃，钛与氧又有很强的亲和力，所以在钛合金离子渗氮时，炉内的氧分压要尽可能低。影响炉内氧分压的因素主要是供气的纯度和设备的漏气率。另外，钛合金离子渗氮炉最好是专用设备，避免用该炉处理其他材料时，炉内吸附的一些有害物质对钛合金渗氮造成不良的影响。

参 考 文 献

[1]　全国热处理标准化技术委员会. 离子渗氮：GB/T 34883—2017 [S]. 北京：中国标准出版社，2018.

[2]　潘邻. 现代表面热处理技术 [M]. 北京：机械工业出版社，2017.

[3]　韩立民. 离子热处理 [M]. 天津：天津大学出版社，1997.

[4]　徐重. 等离子表面冶金学 [M]. 北京: 科学出版社, 2008.
[5]　赵程. 活性屏离子渗氮技术 [J]. 金属热处理, 2004 (4): 1-4.
[6]　孙金全, 崔洪芝, 赫庆坤, 等. 不锈钢低温渗氮/渗碳 S 相渗层技术的研究进展 [J]. 热处理技术与装备, 2013 (6): 10-16.
[7]　黄文波, 蒙继龙. 离子渗硫技术进展 [J]. 金属热处理, 2001 (7): 43-45.
[8]　李世直, 赵程, 石玉龙, 等. 等离子体化学气相沉积氮化钛 [J]. 真空科学与技术, 1989 (5): 327-331.

第 14 章　激光热处理设备

浙江工业大学 姚建华　陈智君　王梁

14.1　激光热处理技术特点

零部件通过激光热处理可以显著地提高硬度、强度、耐磨性、耐蚀性和耐高温等性能，从而提高产品的质量，延长产品使用寿命和降低成本，取得较大的经济效益。激光热处理技术有以下特点：

1）能量密度高，可以在瞬间加热、熔化或汽化各类材料，实现对各种金属和非金属的加工。

2）激光与材料的作用时间极其短暂，即加热及冷却速度快，处理效率高。在理论上，其加热速度可以达到 10^{12}℃/s。

3）采用不同功率密度、不同加热时间和光斑形状作用后，其加热效果是不相同的。因此，通过调整其工艺参数，可在材料表面获得不同的加热效果，从而形成不同的处理工艺，如表面淬火、表面熔凝、表面合金化、表面熔覆、表面非晶化及表面冲击硬化等。

4）采用激光加热金属，加热速度高达 5×10^3℃/s 以上，金属共析转变温度 Ac_1 上升 100℃ 以上，尽管过热度较大，却不会发生过热或过烧现象。激光束作用在金属表面，其过热度和过冷度均大于常规热处理，因此表面硬度也高于常规处理 5~10HRC 及以上。

5）激光表面处理对金属进行的是非接触式加热，没有机械应力作用，热影响区极小，热应力很小，工件变形也小。可以应用在尺寸很小的工件、盲孔底部等用普通加热方法难以实现的特殊部位。

6）由于高能激光束加热速度快，奥氏体长大及碳原子和合金原子的扩散受到抑制，可获得细化和超细化的金属表面组织。

7）由于激光束的作用面积小，金属本身的热容量足以使被处理的表面骤冷，其冷却速度高达 10^4℃/s 以上，因此仅靠工件自身冷却淬火即可实现马氏体的转变，而且急冷可抑制碳化物的析出，从而减少脆性相的影响，并能获得隐晶马氏体组织。

8）激光淬火处理金属表面将会产生 200~800MPa 的残余压应力，从而大幅度提高了金属表面的疲劳强度。

9）激光加热的可控性好，可实现精确控制。激光束的导向和能量传递方便快捷，与数控系统结合，可以实现高度自动化的三维柔性加工；并且可以远距离传输或通过真空室，对特种放射性或易氧化材料进行表面处理。

激光热处理技术包含激光淬火、激光熔凝、激光合金化、激光熔覆、激光非晶化、激光冲击硬化和激光化学热处理等多种表面改性处理工艺。它们共同的理论基础是激光与材料相互作用的规律，它们的主要区别是作用于材料的激光能量密度不同。激光热处理设备是实现不同激光热处理工艺的硬件执行机构，以下将介绍激光热处理设备的具体构成和分类。

14.2　激光热处理设备的构成

激光热处理设备主要包括激光器、运动机构、光学系统、激光热处理头、监测与控制系统、材料输送系统、辅助系统、成套装备等。目前，国内外激光热处理装置均已得到商业化应用，并正向小型化、自动化、柔性化方向发展。

14.2.1　激光器

1. 激光产生的基本原理

激光的英文全名为 light amplification by stimulated emission of radiation，意思是“通过受激辐射光放大”，激光的英文全名已经完全表达了制造激光的主要过程。

物质中的核外电子通常处于不同的能级，具有不同的能量。当它们与外界进行能量交换时，就会由一个能级向另一个能级跃迁。物质中处于较低能级的粒子，吸收特定频率的外界辐射场的光子能量，跃迁到较高能级，称为粒子对入射光场的受激吸收。物质中处于高能级的粒子在外界特定频率的入射光的作用下，被迫地辐射出光子而跃迁到低能级，称受激发射。在受激发射的情况下，粒子跃迁能级和频率都是确定的。辐射出的光子不仅频率与入射光相同，而且它们的相位、振动方向和发射方向上也完全一致。这些光子又会使其他粒子受激发射，形成光放大，即激光。

受激发射与受激吸收往往是同时进行的，总的效果是发射还是吸收，取决于哪种能级的粒子数占优势。一般情况下，当没有受到外界的特殊干扰或能量的激励作用时，粒子数按不同能级的统计分布服从或近似地服从玻耳兹曼分布规律：

$$N_n = -Ce^{-E_n/kT}$$

式中　N_n——能级的粒子数；

E_n——能级的能量；

C——比例常数；

T——热力学温度；

k——玻耳兹曼常数。

按照这个规律，处于较高能级的粒子数，总是少于处于较低能级的粒子数。当一定频率的外界光，入射到该体系时，处于较低能级的粒子向较高能级跃迁的总概率将大于处于较高能级的粒子向较低能级跃迁的总概率，即此时受激吸收处于支配地位，其总的效果是入射光通过这种介质后被衰减。欲在上述条件下使受激发射占优势，必须采取人为的方法，使处于较高能级的粒子数多于较低能级的粒子数。这种特殊状态称为粒子数反转。为实现粒子数反转，必须借助于外界能量，即由激光器中的激励能源提供。

2. 激光器的早期发展

1917 年，爱因斯坦提出了一套全新的技术理论，即光与物质相互作用。这一理论是说在组成物质的原子中，有不同数量的粒子（电子）分布在不同的能级上，在高能级上的粒子受到某种光子的激发，会从高能级跳到（跃迁）到低能级上，这时将会辐射出与激发它的光相同性质的光，而且在某种状态下，能出现一个弱光激发出一个强光的现象。这就是“受激辐射的光放大”，简称激光。

1953 年，美国物理学家汤斯用微波实现了激光器的前身：微波受激发射放大（英文首字母缩写 MASER）。

1957 年，古尔德创造了“laser”这个单词，从理论上指出可以用光激发原子。

1958 年，美国科学家肖洛和汤斯发现了一种神奇的现象：当他们将氖光灯泡所发射的光照在一种稀土晶体上时，晶体的分子会发出鲜艳的、始终会聚在一起的强光。根据这一现象，他们提出了“激光原理”，即物质在受到与其分子固有振荡频率相同的能量激发时，都会产生这种不发散的强光——激光。他们为此发表了重要论文，并获得 1964 年的诺贝尔物理学奖。

1960 年 5 月 15 日，美国加利福尼亚州休斯实验室的科学家梅曼宣布获得了波长为 0.6943μm 的激光，这是人类有史以来获得的第一束激光，梅曼因而也成为世界上第一个将激光引入实用领域的科学家，如图 14-1 所示。

1961 年，贾文等人制成了氦氖激光器。

1962 年，霍耳等人创制了砷化镓半导体激光器。以后，激光器的种类就越来越多。

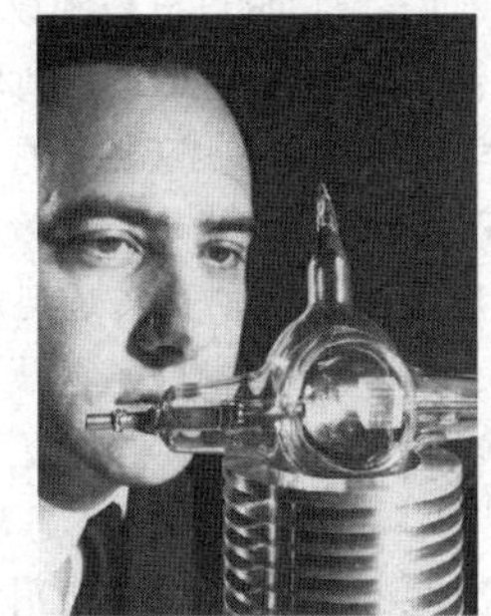

图 14-1　梅曼和红宝石激光器

3. 激光器的基本组成

激光器即发射激光的装置。按工作介质分，激光器大致可分为气体激光器、固体激光器、半导体激光器和染料激光器四大类。虽然多种多样，但都是通过激励和受激辐射产生激光，因此激光器的基本组成是固定的，通常由工作物质、激励抽运系统、光学谐振腔三部分组成，如图 14-2 所示。

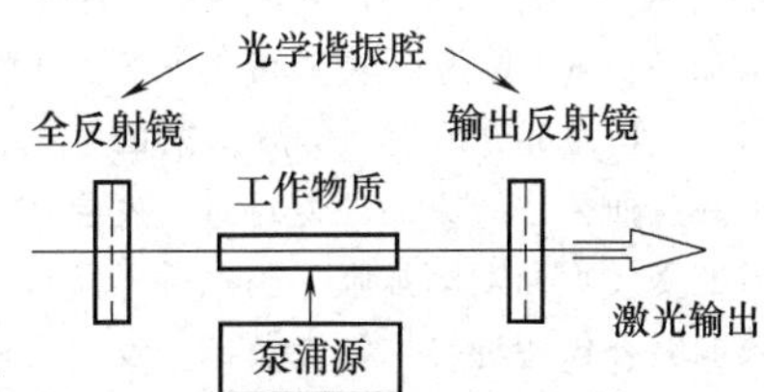

图 14-2　激光器的基本组成

（1）工作物质　工作物质指用来实现粒子数反转并产生光的受激辐射放大作用的物质体系，有时也称为激光增益媒质，它们可以是固体（晶体、玻璃）、气体（原子气体、离子气体、分子气体）、半导体和液体等媒质。对激光工作物质的主要要求，是尽可能在其工作粒子的特定能级间实现较大程度的粒子数反转，并使这种反转在整个激光发射作用过程中尽可能有效地保持下去。为此，要求工作物质具有合适的能级结构和跃迁特性。

（2）激励抽运系统　激励抽运系统指为使激光工作物质实现并维持粒子数反转而提供能量来源的机构或装置。根据工作物质和激光器运转条件的不同，可以采取不同的激励方式和激励装置，常见的有以下四种：

1）光学激励（光泵）。这种激励方式是利用外界光源发出的光来辐照工作物质以实现粒子数反转的，整个激励装置通常由气体放电光源（如氙灯、氪灯）和聚光器组成，这种激励方式也称作灯泵浦。

2）气体放电激励。这种激励方式是利用在气体工作物质内部发生的气体放电过程来实现粒子数反转的，整个激励装置通常由放电电极和放电电源组成。

3）化学激励。这种激励方式是利用在工作物质内部发生的化学反应过程来实现粒子数反转的，通常要求有适当的化学反应物和相应的引发措施。

4）核能激励。这种激励方式是利用小型核裂变反应所产生的裂变碎片、高能粒子或放射线来激励工作物质并实现粒子数反转的。

（3）光学谐振腔　光学谐振腔通常是由具有一定几何形状和光学反射特性的两块反射镜按特定的方式组合而成。作用为提供光学反馈能力，使受激辐射光子在腔内多次往返以形成相干的持续振荡；对腔内往返振荡光束的方向和频率进行限制，以保证输出激光具有一定的定向性和单色性。

谐振腔的作用取决于组成腔的两个反射镜的几何形状（反射面曲率半径）和相对组合方式；给定的谐振腔型（其对腔内不同行进方向和不同频率的光具有不同的选择性损耗特性）。

光学谐振腔的结构如图 14-3 所示，这是一个最简单的谐振腔。A、B 为两块平行的平面反射镜，A 为全反射镜；B 为部分反射、部分透射的平面镜。如果光线沿两镜面公法线方向往返行进，就会多次通过工作物质经受放大而逐渐加强。当这种增益作用足够强，以致能够补偿各种腔内损耗及部分反射镜的透射损耗时，即可形成持续的相干振荡。部分反射透镜射出的那部分光能就形成了激光辐射。

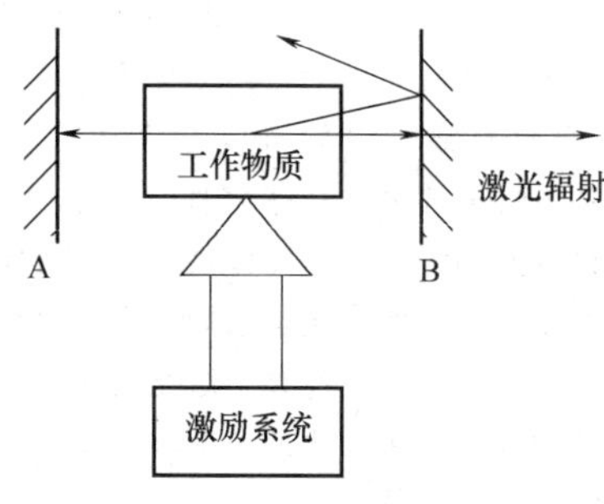

图 14-3　光学谐振腔

4. 激光的主要特性

与其他光源相比，激光具有单色性好、相干性好、方向性好和亮度高等特点。

（1）单色性好　普通光源发出的光均包含较宽的波长范围，即谱线宽度宽，如太阳光就包含所有可见光波长，而激光为单一波长，谱线宽度极窄，通常为数百纳米至几微米。与普通光源相比，谱线宽度窄了几个数量级。氦氖激光器发出的波长为 632.8nm，其 $\Delta\lambda$（光波波长变化）可小至 10^{-8}nm，一般为 10^{-5}nm，可见激光具有很好的单色性。

（2）相干性好　光波是由无数光量子组成的，从激光器中发射出来的光量子由于共振原理，在波长、频率、偏振方向上都是一致的，这就使得其具有非常强的干涉力。我们一般也将激光称作相干光。这是因为与普通光源相比，激光的相干性要强得多。

（3）方向性好　普通光源发出的光是沿着各个方向进行传播的，发散角很大。相较而言，激光的发散角却很小，几乎是沿着平行方向发射的。激光器发射的光是一种偏振光，方向固定。一个简单的案例可以直观地说明这一点：激光照水不会发生折射。在各种激光器中，气体激光器在方向性上表现最为突出，其次是固体激光器，半导体激光器在这方面的表现则稍逊一些。

（4）亮度高　所谓亮度，光学上给出的定义是，光源在单位面积上某一方向的单位立体角内发射的光功率。激光束能通过一个光学系统（如透镜）聚焦到一个很小面积上，具有很高的亮度。例如，固体激光器所辐射的激光亮度为 10^{14} ~ 10^{17}W/(cm^2)，比太阳的亮度要高几千亿倍。

5. 激光器的种类

激光可由不同的介质受激发而产生，按工作介质的不同，激光器可分为固体激光器、气体激光器、半导体激光器和染料激光器。

（1）固体激光器　用固体激光材料作为工作物质的激光器（见图 14-4）。1960 年，T. H. 梅曼发明的红宝石激光器就是固体激光器，也是世界上第一台激光器。固体激光器中常用的还有钇铝石榴石激光器，它的工作物质是氧化铝和氧化钇合成的晶体，并掺有氧化钕。激光是由晶体中的钕离子发出，是人眼看不见的红外光，可以连续工作，也可以脉冲方式工作。

图 14-4　固体激光器

固体激光工作物质由发光中心的激活离子和为激

活离子提供配位场的基质组成。一般有晶体和玻璃两大类；属于玻璃的固体激光工作物质有钕玻璃、铒玻璃；属于晶体的有 Nd：YAG 和红宝石晶体等。固体激光工作物质应具有较高的荧光量子效率、较长的亚稳态寿命、较宽的吸收带和较大的吸收系数、较高的掺杂浓度及内损耗较小的基质，也就是说具有增益系数高、阈值低的特性。固体激光工作物质还应具有光学均匀性和物理性好的特点，即激光棒无杂质颗粒、气泡、裂纹、残余应力等缺陷。在固体激光器中，激光工作物质内的粒子数反转是通过光泵的抽运实现的。目前常用的光泵源是脉冲氙灯和连续氪灯，泵浦灯发光的光谱特性应与被泵浦的工作物质的吸收光谱特性相匹配。为了提高泵浦效率，使泵浦灯发出的光能有效地会聚，并均匀地照射在激光棒上，可在激光棒和泵浦灯外增加一个聚光腔。常见聚光腔的形式有单椭圆腔、双椭圆腔、圆形腔、紧裹形腔。

固体激光器在军事、加工、医疗和科学研究领域有广泛的用途，常用于测距、跟踪、制导、打孔、切割和焊接、半导体材料退火、电子器件微加工、大气检测、光谱研究、外科和眼科手术、等离子体诊断、脉冲全息照相及激光核聚变等方面。

固体激光器的发展趋势是材料和器件的多样化，包括寻求新波长和工作波长可调谐的新工作物质，提高激光器的转换效率，增大输出功率，改善光束质量，压缩脉冲宽度，提高可靠性和延长工作寿命等。

（2）气体激光器　指以气体为工作物质的激光器。此处所说的气体可以是纯气体，也可以是混合气体；可以是原子气体，也可以是分子气体，还可以是离子气体、金属蒸气等。多数采用高压放电方式泵浦。最常见的有氦-氖激光器、氩离子激光器、二氧化碳激光器、氦-镉激光器和铜蒸气激光器等。世界上第一台氦-氖气体激光器是继第一台红宝石激光器之后不久，于 1960 年在美国贝尔实验室里由伊朗物理学家贾万制成的。由于氦-氖激光器发出的光束方向性和单色性好，可以连续工作，所以这种激光器是当今使用最多的激光器，主要用在全息照相的精密测量、准直定位上。气体激光器中较为典型的还有 CO_2 激光器和准分子激光器。

与固体、液体比较，气体激光器发出的激光均匀性好，因此气体激光器的输出光束具有较好的方向性、单色性和较高的频率稳定性，而气体的密度小，不易得到高的激发粒子浓度，因此气体激光器输出的能量密度一般比固体激光器小。这些特性使气体激光器在众多领域得到广泛应用，工业上用于多种材料的加工，包括打孔、切割、焊接、退火、熔合、改性、涂覆等；医学上用于各种外科手术；军事上用于激光测距、激光雷达，乃至定向能武器。

（3）半导体激光器　半导体激光器又称激光二极管，是用半导体材料作为工作物质的激光器。由于物质结构上的差异，不同种类半导体产生激光的具体过程也不尽相同。常用工作物质有砷化镓（GaAs）、硫化镉（CdS）、磷化铟（InP）、硫化锌（ZnS）等。激励方式有电注入、电子束激励和光泵浦三种形式。半导体激光器可分为同质结、单异质结、双异质结等。同质结激光器和单异质结激光器在室温时多为脉冲器件，而双异质结激光器室温时可实现连续工作。

半导体二极管激光器是最实用最重要的一类激光器。它体积小、寿命长，并可采用简单的注入电流的方式来泵浦，其工作电压和电流与集成电路兼容，因而可与之单片集成，并且还可以用高达 GHz 的频率直接进行电流调制以获得高速调制的激光输出。由于这些优点，半导体二极管激光器在激光通信、光存储、光陀螺、激光打印、测距及雷达等方面得到了广泛的应用。

（4）染料激光器　染料激光器是使用有机染料作为工作物质的激光器，这种工作物质通常是一种液体溶液。相比气体的和固态的工作物质，染料激光器通常可用于更广泛的波长范围。由于有宽阔的带宽，使得它们特别适合可调谐激光器和脉冲激光器。

染料激光器是由索罗金和薛弗在 1966 年分别独立发现的。

6. 激光热处理的优势

传统热处理工艺较多，如高频感应淬火、化学热处理、电镀、喷涂等，与这些传统工艺相比，激光热处理具有独特的优势：

1）激光热处理工艺实施迅速、生产率相对较高。激光热处理过程产生急热急冷，升温和降温速度为 $10^4 \sim 10^6$℃/s，固态相变在不到 1s 的极短瞬间发生。

2）热处理效果优势明显。激光能量密度较高，极快的加热冷却速度对基体热影响小，热变形小，表面粗糙度变化不大，适于高精度的零件处理。

3）强化效果明显。热处理硬化相变组织极细小，硬度明显提高且硬度分布均匀。热处理后表层组织产生极大的残余压应力分布，显著提升了零件的疲劳和冲击性能。

4）能够实现对复杂形状和特殊位置的局部热处理。由于激光束聚焦光斑小，形成的热处理加热区域相对较小，不需要对非热处理部位进行防护，工艺方式灵活，适用性较强。

5）热处理工艺绿色清洁。激光属清洁能源，热处理完全利用自冷，不需水、油等冷却介质，可避免产生污染。

6）工艺操作周期短，可控性强。激光热处理设备配有数控系统，操作方便且自动化程度高，可控地实现工艺的精确度和稳定性。

14.2.2　运动机构

激光热处理的运动机构在激光加工的过程中起着非常关键的作用。运动机构的准确性和稳定性决定了激光加工过程的准确性。目前，激光加工最常用的运动机构有两种，即数控机床和机械手。

1. 数控机床

（1）数控机床的组成　数控机床（见图 14-5）又称 CNC（computer numerical control）机床，是一种装有程序控制系统的自动化机床。其特点为激光束位置不变，工作台作 X、Y 方向移动，这样光路调整方便，导光系统能量损失少。程序控制系统能够逻辑地处理具有控制编码或其他符号指令规定的程序，并将其译码，用代码化的数字表示，通过信息载体输入数控装置。经运算处理，由数控装置发出各种控制信号，控制机床的动作以完成加工。数控机床的基本组成包括机床主体、加工程序载体、数控装置、伺服驱动装置和其他辅助装置。

图 14-5　数控机床

机床主机是数控机床的主体，包括床身、底座、立柱、横梁、滑座、工作台、主轴箱、进给机构等机械部件。

机床主体采用具有高刚度、高抗震性及较小热变形的机床新结构。通常用提高结构系统的静刚度、增加阻尼、调整结构件质量和固有频率等方法来提高机床主机的刚度和抗震性，使机床主体能适应数控机床连续自动地进行切削加工的需要。采取改善机床结构布局、减少发热、控制温升及热位移补偿等措施，可减少热变形对机床主机的影响。广泛采用高性能的主轴伺服驱动和进给伺服驱动装置，使数控机床的传动链缩短，简化了机床机械传动系统的结构，同时采用高传动效率、高精度、无间隙的传动装置和运动部件，如滚珠丝杠螺母副、塑料滑动导轨、直线滚动导轨、静压导轨等，在激光加工过程中保证了运动灵活、低速无爬行和较高的加工精度。

数控机床工作时，不需要工人直接去操作机床。要对数控机床进行控制，必须编制零件加工程序，包括机床上激光头和工件的相对运动轨迹、工艺参数（激光功率、扫描速度等）和辅助运动等。将零件加工程序用一定的格式和代码存储在一种程序载体上，通过数控机床的输入装置将程序信息输入数控系统。

数控系统是一种位置控制系统，它是根据输入数据插补出理想的运动轨迹，然后输出给执行部件，加工出所需要的零件。因此，数控装置主要由输入、处理和输出三个基本部分构成，而所有这些工作都由计算机的系统程序进行合理的组织，使整个系统协调地进行工作。

伺服系统是数控机床的重要组成部分，用于实现数控机床的进给伺服控制和主轴伺服控制。伺服系统的作用是把接受来自数控装置的指令信息，经功率放大、整形处理后，转换成机床执行部件的直线位移或角位移运动。由于伺服系统是数控机床的最后环节，其性能将直接影响数控机床的精度和速度等技术指标，因此对数控机床的伺服驱动装置，要求具有良好的快速反应能力，准确而灵敏地跟踪数控装置发出的数字指令信号，并能忠实地执行来自数控装置的指令，提高系统的动态跟随特性和静态跟踪精度。

伺服系统包括驱动装置和执行机构两大部分。驱动装置由主轴驱动单元、进给驱动单元和主轴伺服电动机、进给伺服电动机组成。步进电动机、直流伺服电动机和交流伺服电动机是常用的驱动装置。测量元件将数控机床各坐标轴的实际位移值检测出来并经反馈系统输入机床的数控装置中，数控装置对反馈回来的实际位移值与指令值进行比较，并向伺服系统输出达到设定值所需的位移量指令。

辅助装置是保证充分发挥数控机床功能所必需的配套装置，常用的激光加工辅助装置包括送粉装置、水冷装置、照明装置和气氛保护装置等。

（2）数控机床的发展趋势　在未来主要发展趋势方面，数控机床技术呈现出高性能、多功能、定制化、智能化和绿色化的发展趋势。

1）高性能。数控机床发展过程中一直在努力追求更高的加工精度、切削速度、生产率和可靠性。未来数控机床将通过进一步优化的整机结构、先进的控制系统和高效的数学算法等，实现复杂曲线曲面的高速高精直接插补和高动态响应的伺服控制；通过数字化虚拟仿真、优化的静动态刚度设计、热稳定性控制、在线动态补偿等技术大幅度提高可靠性和精度保持性。

2）多功能。从不同切削加工工艺复合（如车铣、铣磨）向不同成形方法的组合（如增材制造、减材制造和等材制造等成形方法的组合或混合），数控机床与机器人“机-机”融合与协同等方向发展；从“CAD-CAM-CNC”的传统串行工艺链向基于 3D 实体模型的“CAD+CAM+CNC 集成”一步式加工方向发展；从“机-机”互联的网络化向“人-机-物”互联、边缘/云计算支持的加工大数据处理方向发展。

3）定制化。根据用户需求，在机床结构、系统配置、专业编程、切削刀具、在机测量等方面提供定制化开发，在加工工艺、切削参数、故障诊断、运行维护等方面提供定制化服务。模块化设计、可重构配置、网络化协同、软件定义制造、可移动制造等技术将为实现定制化提供技术支撑。

4）智能化。通过传感器和标准通信接口，感知和获取机床状态和加工过程的信号及数据，通过变换处理、建模分析和数据挖掘对加工过程进行学习，形成支持最优决策的信息和指令，实现对机床及加工过程的监测、预报和控制，满足优质、高效、柔性和自适应加工的要求。“感知、互联、学习、决策、自适应”将成为数控机床智能化的主要功能特征，加工大数据、工业物联、数字孪生、边缘计算/云计算、深度学习等将有力助推未来智能机床技术的发展与进步。

5）绿色化。技术面向未来可持续发展的需求，具有生态友好的设计、轻量化的结构、节能环保的制造、最优化能效管理、清洁切削技术、宜人化人机接口和产品全生命周期绿色化服务等。

2. 机械手

机械手（见图 14-6）是一种能模仿人手和臂的某些动作功能，用以按固定程序抓取、搬运物件或操作工具的自动操作装置。特点是可以通过编程来完成各种预期的作业，构造和性能上兼有人和机械手各自的优点。机械手应用于激光加工中，通过高精度工业机器人实现更加柔性的激光加工作业。可在线操作，也可通过离线方式进行编程。可通过系统对加工工件的自动检测，产生加工件的模型，继而生成加工曲线，也可以利用 CAD 数据直接加工。可用于工件的激光表面处理、打孔、焊接和模具修复等。

图 14-6　机械手

机械手主要由三大部分六个子系统组成。三大部分是机械部分、传感部分和控制部分，六个子系统可分为机械结构系统、驱动系统、感知系统、机器人-环境交互系统、人机交互系统和控制系统。

机械结构来看，工业机器人总体上分为串联机器人和并联机器人。串联机器人的特点是一个轴的运动会改变另一个轴的坐标原点，而并联机器人的一个轴运动则不会改变另一个轴的坐标原点。并联机构定义为动平台和定平台通过至少两个独立的运动链相连接，是具有两个或两个以上自由度且以并联方式驱动的一种闭环机构。并联机构有两个构成部分，分别是手腕和手臂。手臂活动区域对活动空间有很大的影响，而手腕是工具和主体的连接部分。与串联机器人相比，并联机器人具有刚度大、结构稳定、承载能力大、微动精度高、运动负荷小的优点。

驱动系统是向机械结构系统提供动力的装置。根据动力源不同，驱动系统的传动方式分为液压式、气压式、电气式和机械式。激光加工机器人一般采用电力驱动，其特点是电源取用方便，响应快，驱动力大，信号检测、传递、处理方便，并可采用多种灵活的控制方式，驱动电动机一般采用步进电动机或伺服电动机，目前也有采用直接驱动电动机，但造价较高，控制也较为复杂，和电动机相配的减速器一般采用谐波减速器、摆线针轮减速器或行星齿轮减速器。

感知系统把机器人各种内部状态信息和环境信息从信号转变为机器人自身或机器人之间能够理解和应用的数据和信息，除了需要感知与自身工作状态相关的机械量，如位移、速度和力等，视觉感知技术也是工业机器人感知的一个重要方面。视觉伺服系统将视觉信息作为反馈信号，用于控制调整机器人的位置和姿态。机器视觉系统还在质量检测、识别工件、食品分拣、包装的各个方面得到了广泛应用。感知系统由内部传感器模块和外部传感器模块组成，智能传感器的使用提高了机器人的机动性、适应性和智能化水平。

机器人-环境交互系统是实现机器人与外部环境中的设备相互联系和协调的系统。机器人与外部设备集成为一个功能单元，如加工制造单元、焊接单元、装配单元等。

人机交互系统是人与机器人进行联系和参与机器人控制的装置，如计算机的标准终端、指令控制台、信息显示板、危险信号报警器等。

控制系统的任务是根据机器人的作业指令及从传感器反馈回来的信号，支配机器人的执行机构去完成规定的运动和功能。如果机器人不具备信息反馈特征，则为开环控制系统；具备信息反馈特征，则为闭环控制系统。根据控制原理，控制系统可分为程序控制系统、适应性控制系统和人工智能控制系统。根据控制运动的形式，控制系统可分为点位控制和连续轨迹控制。

在激光加工过程中，机械手的优点是灵活性强，适合加工多种样式的工件或较为复杂的曲线，而机床能够加工的工件样式具有一定的局限性。与机械手相比，机床加工的优势为精度较高，稳定性出色。

14.2.3　光学系统

光学系统主要包括导光系统和聚焦系统。激光传输指从激光光源到激光加工头的中间环节。目前用于激光器所生产激光的传输手段主要有反射镜和光纤两种。

反射镜多用于二氧化碳激光器，一般采用将反射镜直接插入光束的传输路径中进行方向变换，反射镜既起到光束转向作用，又起到光束传输作用。光路设计中应尽可能减少反射镜的数量，以减少激光损耗。反射镜聚焦可以与水冷元件配合使用，对激光加工过程的污染和损伤有较好的抵抗作用。抛物面聚焦反射镜对二氧化碳激光反射率可以达到 99%，效果较好。镜片加工时，通常在反射镜上镀上高反射率膜，使激光损耗降至最低。反射镜基本材料为铜、铝、钼、硅等，铜的反射率高，热导率大，工作温度不易升高，安全可靠，铜基底上镀金，可进一步提高其反射能力；缺点是材料较软，容易划伤，污染后难以清理，影响其反射能力。钼的反射率较低，但硬度高，可以反复擦拭而不会产生痕迹，常用于污染比较严重的工作条件下。

光纤多用于 YAG 激光器。在 YAG 激光传输之前，需要在光路中插入凹透镜进行扩束处理，使光束发散，提高后续聚焦透镜的焦距，增大工作距离，以便于激光加工。YAG 激光器的波长能直接穿过玻璃，因此可采用具有良好传输特性和较强热承载能力的石英玻璃作为透镜防护罩。YAG 激光可采用光纤传输，传输距离可达 20m。光纤传输具有柔性强、传输效率高、传输环节少等优点，易于将激光一次传输至多个加工工作站并实现低损耗的远距离传输，大幅度简化了激光加工系统的机械执行机构，提高了整个系统的工作可靠性，使光束传输的功率密度均匀性得到改善，加工路径更加灵活。较粗的光纤可以传输较大的激光能量，较细的光纤可以减少光束质量的变化。光纤传输的损失主要来自光纤端面的反射和耦合散射，在端面不镀膜的气耦合过程中，大约有 10% 的能量损失；对于端面镀膜的大功率光纤，激光功率传输效率可以达到 98% 以上。图 14-7 所示为激光导光系统。

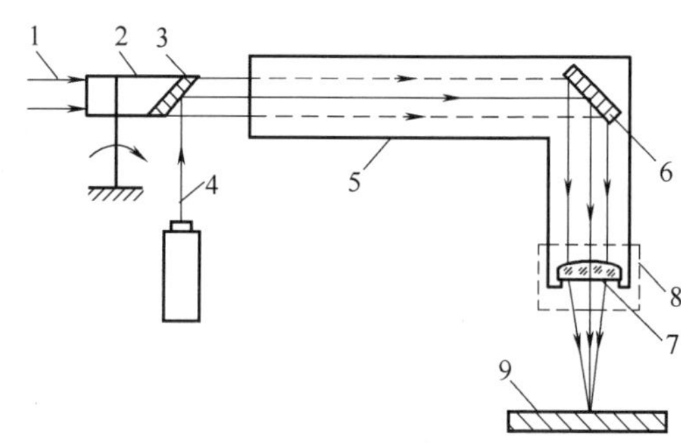

图 14-7　激光导光系统

1—激光束　2—光闸　3、6—折光镜　4—氦氖光　5—光束通道　7—聚焦透镜　8—光束处理装置　9—工件

激光束通过传输到达工件表面前，必须使光束聚焦，并调整光斑形状和尺寸，使其达到所需的功率密度与形状，满足不同类型供电加工的要求，图 14-8 所示为激光聚焦系统。通常使用透镜对激光束进行准直、整形与聚焦等操作。透镜属于光学元件，其一般失效形式主要有热破坏和热变形两种，主要是工作过程中吸收过多激光能量所致。在激光加工过程中，当激光通过透镜时，一部分能量被透镜吸收，导致透镜受热膨胀。由于光束分布不均匀，所以透镜温度分布不均匀，导致透镜各部分不均匀膨胀，其中透镜中间温度最高，膨胀最大，导致透镜折射率发生改变，引

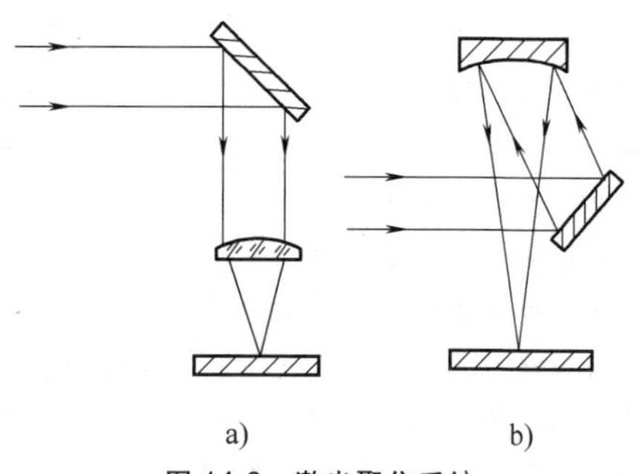

图 14-8　激光聚焦系统

a）透射式　b）反射式

起焦点位置和聚焦光斑尺寸的变化。

透镜应该选择吸热较少而散热较好的材料。采用大功率激光加工时，可以采用冷却方式控制透镜过热。透镜常用材料是锗（Ge）、硒化锌（ZnSe）、砷化镓（GaAs）。锗透镜比较便宜，但对激光吸收较大，容易产生热损伤，常用于功率<100W 的激光加工系统。砷化镓透镜吸收系数是硒化锌透镜的 7 倍，热导率是其 2.7 倍。如果透镜对激光能量以表面吸收为主，选择砷化镓透镜可以加速散热，控制温度升高，减少热变形；如果以机体吸收为主，采用硒化锌透镜可以降低对激光的吸收，减少热变形。

透镜根据设计的不同从功能上可以分为准直镜、整形镜、聚焦镜及保护镜片等。其中在大尺寸光斑的激光热处理设备领域中，主要使用准直镜与整形镜。准直镜的使用是由于采用激光光纤的铅芯直径很小，从激光器发射出的激光光束的光斑尺寸很小，发散角比较大，所以光束必须准直成平行光束，才能入射到后续的光束整形系统。准直后的平行光束的直径大小直接决定了后续光学系统透镜的尺寸大小。

通常使用激光束参量来测量判定光源光束质量的好坏，包括光束波长、功率、能量模式、散射角、偏振态、束位稳态度、脉宽及峰值功率、重复频率及平均输出功率等。激光器发出的光束在空间是以高斯光束的形式传播的。整形镜的使用是由于准直后的激光光束能量为高斯分布，在利用其进行激光淬火时，在光斑中心部分的材料更易因能量过高而熔化，光斑边缘部分的材料却因能量太低而没有实现淬火。此时，应该在系统中加入光束整形系统，准直后的平行高斯光束通过整形系统后，在加工平面上整形成能量平顶分布的光束，实现光斑范围内的均匀淬火等激光热处理。用圆锥棱镜可以直接将入射的高斯光束整形为均匀分布的圆形光斑。一个圆锥棱镜和一个普通球面镜的组合，可以将准直后入射的高斯光束整形为均匀分布的圆形光斑。

普通的球面柱面镜用于激光光束整形时，光斑仍然近似为高斯分布，而用鲍威尔棱镜整形则可以使光束的分布更加均匀。当入射光接触到鲍威尔棱镜的第一面后，会在透镜内快速聚焦，造成光束的发散角非常大，在像平面会有线型的效果；由于第一面只有在一个方向具有非球面曲率，在此方向上的出射光束直径就会等于在像平面的有效宽度。

鲍威尔棱镜（Powell lenses）是一种光学画线棱镜（非球面柱面镜），它使基模高斯激光束通过后可以最优化地划成光密度均匀、稳定性好、直线性好的一条一字线型光斑。鲍威尔棱镜画线优于柱面透镜的画线模式，能消除高斯光束的中心热点和褪色边缘分布。当约 1 mm 的准直激光光束打到鲍威尔棱镜的棱上时，如果将棱镜顶端部分放大可以看出，棱是圆弧状的，光线入射后发生折射，折射角主要由两个棱面所构成的角度决定，最后经过出射面时再发生一次折射，整个出射光线形成一道扇形光幕。除了在第一面有不同的曲率及锥形系数，在第二面也可做成不同的曲率。就功能而言，第一面的目的在于使光束在像平面会具有好的均匀性，而第二面的作用是在增加光束的发散角，但通常市场上现有的成品鲍威尔棱镜的第二面都是平面。

单个鲍威尔棱镜可将高斯光源整形为一字线形状的光束，自然而然地就会想到用两个正交的鲍威尔棱镜将高斯光源整形为方形均匀光斑。于是，继续在原来的光路中增加一个鲍威尔棱镜，两个棱镜紧贴正交放置。但是，双柱面镜光束整形因为装配时难以将柱面镜正交放置，一旦偏差一点就有可能使得整形效果变差。此时，光斑形状畸变程度不仅与各棱镜的尺寸有关，还与两个正交放置棱镜之间的距离和位置有关。棱镜的厚度决定了两个棱镜之间的最小距离，第一个棱镜的厚度越小，光斑畸变也将相对小一些。镜片顶端的曲率半径和圆锥系数会对光斑均匀性产生影响，设计时需要调整优化各个参数。发散光束只能在某一段距离范围内保持一定的形状和均匀性，一旦超出这个范围质量就会降低。图 14-9 所示为鲍威尔棱镜的光束整形。

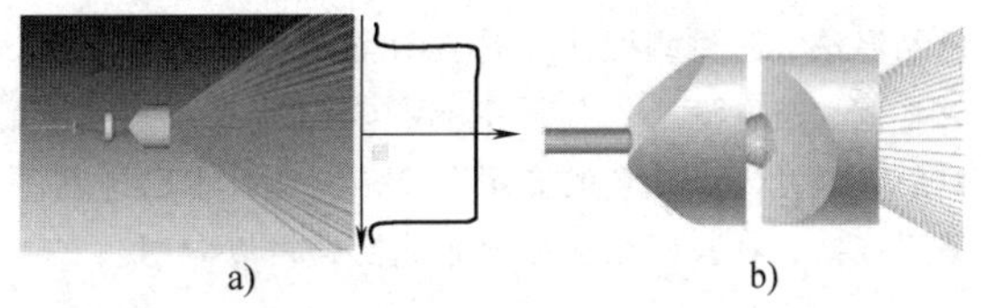

a)　　b)

图 14-9　鲍威尔棱镜的光束整形

a）单个放置　b）两个正交放置

14.2.4　激光热处理头

在激光热处理中，激光从激光器中产生之后，通过光纤传递到光学系统中，通过不同的热处理头来实现不同方式的热处理。常用的激光热处理头包括激光淬火头、激光熔覆头等。

1. 激光淬火头

激光淬火是利用激光将材料表面加热到相变点以上，随着材料自身冷却，奥氏体转变为马氏体，从而使材料表面硬化的淬火技术。激光淬火的功率密度高，冷却速度快，不需要水或油等冷却介质，是清洁、快速的淬火工艺。与感应淬火、火焰淬火、渗碳淬火工艺相比，激光淬火淬硬层均匀，硬度高（一般比感应淬火高 1~3HRC），工件变形小，加热层深度和加热轨迹容易控制，易于实现自动化，不需要像感应淬火那样根据不同的零件尺寸设计相应的感应线圈，对大型零件的加工也无须受渗碳淬火等化学热处理时炉膛尺寸的限制，因此在很多工业领域中正逐步取代感应淬火和化学热处理等传统工艺。尤其重要的是，激光淬火前后工件的变形几乎可以忽略，因此特别适合高精度要求的零件表面处理。

考虑激光淬火的使用效率，同时为了防止过烧，激光淬火头一般拥有较大尺寸光斑，光斑形状大多为方形。激光淬火设备一般配备有温控模式，为了保证激光淬火过程的精确性，需要对加工过程中的温度进行实时监测，常会采用测温仪对熔池进行实时检测。在激光淬火头（见图 14-10）中安装有高精度测温仪，对加工区域温度需要大范围的测量量程，测量数据可以采用电压或电流信号反馈给激光加工系统，从而改变输出功率。由于激光热处理区别于普通的热处理工艺，具有升温速度快、温度范围宽的特点，而传统的热电耦接触温度测量法反映的是加热工件的整体温度分布，而且热电耦会在电磁感应加热中自我加热并影响工件的温度传导，因此在激光热处理的条件下不是一种适合的测温方法。现阶段常采用 CCD 与数字图像处理相关技术来实现温控模式下的激光功率表控制。现有的 CCD 测温法主要有基于灰度 CCD 并结合窄带通滤光片的单色测温法和基于彩色 CCD 的比色测温法、三色测温法，它具有测量温度范围较宽、成本低、暗电流小、分辨率高、响应速度快等优点。目前，激光淬火工艺的应用和设备制造技术已经逐步趋于成熟，在我国很多冶金企业已经得以应用。

图 14-10　激光淬火头

激光淬火头的发展趋向于针对工件内孔等。对于传统工件内孔的激光淬火，由于需要对内孔进行圆周方向和轴向淬火，而反射至工件内孔上的激光束通常呈线束状，因此需要将激光束在圆周上扫描一周才能完成一圈淬火，加工效率低，并且激光淬火设备通常配置两组驱动装置，分别是工件旋转驱动装置与激光进给装置，或者激光旋转装置和激光进给装置，导致设备的结构臃肿，而且增加了能耗。现在的发展方向为解决工件内孔淬火的加工效率低、结构臃肿、能耗高、加工精度不足的问题。

2. 激光熔覆头

激光熔覆是一种先进的表面加工技术，它是通过送料装置在基板表面加入粉末或丝材，利用高能量密度激光束将其与基板表面熔合形成冶金结合。与传统表面处理技术相比，激光熔覆技术具有热影响区小、稀释率低、结合强度高等优点。在工件变形小、热输入小的情况下，易制得致密、耐磨、耐蚀的优质涂层。激光熔覆技术经济效益高，发展迅速，可以在一种合金的表面增加另一种或几种合金的性能，从而降低加工成本和能源消耗，提高金属件的使用性能，延长使用寿命。因此，激光熔覆技术被广泛用于零件的表面改性、破损零件的修复及增材制造，在冶金、石化、电力、航空航天等关键领域发挥着越来越重要的作用。然而，激光熔覆是一个极其复杂的动态过程，熔覆过程中有很多工艺参数会直接影响熔覆层的质量，如光斑尺寸、扫描速度、激光功率、送料速率、搭接率和气体流量等会直接影响熔覆层的宏观形貌（宽度、高度、表面光滑度等）和组织性能（力学性能、气孔杂质、组织形态等）。

激光熔覆技术的快速进步得益于大功率激光器的发展，目前已衍生出多种不同的激光熔覆头。按照熔覆的光料耦合方式，可将激光熔覆头分为旁轴送料熔覆加工头和同轴送料熔覆加工头。

对于旁轴送料熔覆加工头，其送料方向相对于中心聚焦光束有一定的倾斜角度，通过激光束的热作用将熔覆材料与基体冶金结合形成紧密涂层。这种加工头设计简单，送料喷嘴调节灵活，可快速进行单道熔覆。当熔覆材料为粉末时，经过送粉喷嘴送出的粉末稳定性较好，可以实现异形件的熔覆。旁轴送粉矩形大光斑的熔覆方式适合形状简单的零件表面大面积快速加工，极大提高了熔覆效率，但由于侧向送粉方式下的粉末束容易发散，粉末不能全部进入熔池导致粉末利用率低，未进入熔池的粉末又影响熔覆层的表面质量。此外，当扫描方向发生变化时，光粉耦合会出现明显的方向性，熔覆层质量受到极大的影响，故该加工头通常用于液压油缸、轧辊等面积较大、形状简单的加工，并且逐渐被其他熔覆方式所取代。当熔覆材料为丝材时，上述粉末发散、飞溅、利用率低等问题便迎刃而解，并且丝材为刚性输送，易于实现精确控制，材料利用率约为 100%，节能环保。然而，侧向送丝依旧不能解决熔覆的方向性问题，当进行二维和三维扫描时，熔道形貌与质量呈现各向异性。对此一些学者进行了研究，李凯斌探究侧向送丝熔覆工艺时发现，送丝方向与加工头扫描方向一致时得到的熔覆层表面相对光滑，但当两者方向相反时熔覆层形貌为瘤块状。这是因为丝材侧向输送只能受到激光束的单边照射，受热不均匀，在熔覆过程中容易卷折，而且送丝方向与加工头扫描方向不一致，会导致金属液滴滴落时的方向也具有随机性，进而导致熔覆层形貌不连续。此外，侧向丝材的光滑表面对激光的反射率较高，造成了激光功率的浪费，所以一般情况下，送丝角（丝轴与扫描方向的夹角）不超过 45°。基于上述特点，侧向送丝加工头通常用于焊接，应用前景较好。

无论是送粉还是送丝，旁轴送料激光熔覆加工头始终面临的一个大问题是加工方向受限，而同轴送料激光熔覆加工头的出现巧妙地解决了这个问题，同时加工头的其他性能也得到不同程度的优化。同轴送料熔覆加工头将熔覆材料和激光束同轴耦合输出，保证了任意方向上熔覆层质量的均匀性，但其缺点是光路复杂，造价昂贵。当熔覆材料为粉末时，按照激光束与粉束的相对位置不同，同轴送粉熔覆加工头可分为光外和光内同轴送粉熔覆加工头两种（见图 14-11）。光外同轴送粉熔覆加工头的光粉耦合方式为以激光束为中心，斜对称地分布着多个送粉嘴或环状送粉。这种类型的加工头相当于是旁轴送粉熔覆加工头在送粉嘴上的叠加，由于粉束发散角较大，飞溅较严重，各个送粉喷嘴的沉积斑点并不能完全重合，易导致粉斑尺寸较大，粉末利用率低，熔覆层质量不高等问题。光内同轴送粉的光粉耦合方式为送粉管居中。由于在保护气体的作用下，粉末垂直喷射到加工面，粉束发散角和直径均较小，极大程度地减少了熔覆过程中的粉末飞溅和熔覆层表面沾粉，从而提高了粉末的利用率和熔覆层表面的质量。由以上可以看出，光内同轴送粉熔覆加工头相比光外同轴送粉熔覆加工头更容易实现小的汇聚粉斑，更适合精密熔覆加工。当熔覆材料换成丝材时，目前采用的主要是环形光光内同轴送丝熔覆加工头，其光路结构与光内同轴送粉熔覆加工头类似，只是将送粉管换成送丝管，却很好地解决了旁轴送丝扫描方向性、受热不均匀和耦合精度差等问题。

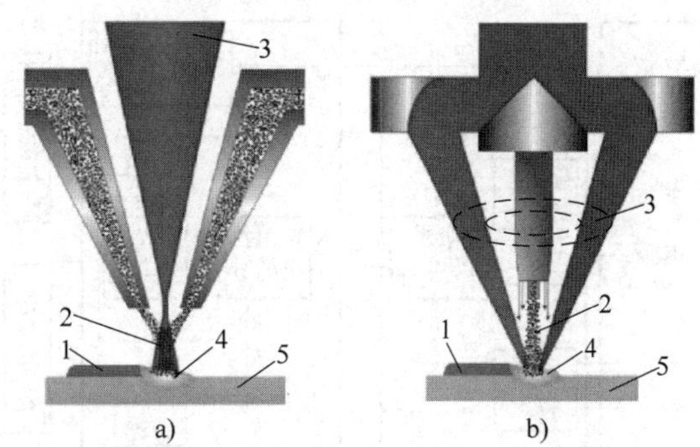

图 14-11　同轴送粉熔覆加工头光粉耦合原理

a）光外同轴送粉　b）光内同轴送粉

1—涂层　2—粉末流　3—激光束　4—熔池　5—基体

综合来看，无论是丝材还是粉料，同轴送料熔覆加工头的性能均优于旁轴送料熔覆加工头。首先，加工方向性问题的解决使得同轴送料熔覆加工头可以通过逐层沉积的方式制备结构复杂的大型结构件及梯度材料；其次，光内同轴送粉和送丝熔覆加工头精度更高，通常用于主轴、齿轮等高精度零件的表面改性和增材制造。目前，激光熔覆加工头多采用同轴送料熔覆加工头。

14.2.5　监测与控制系统

激光功率、扫描速度、光斑直径、表面状况等都会对激光热处理过程产生影响。激光热处理过程的在线监测和闭环控制，将热处理区域的状态实时反馈到系统的控制端，可通过及时调整热处理工艺参数，保证热处理质量。在热处理过程中监测与控制系统通过传感器动态采集热处理过程温度，再通过计算机、光电跟踪或布线逻辑方式实现逻辑处理，以控制工作台或导光系统按需要的运动轨迹完成加工。此外，激光材料加工装置的完整控制系统还应包括激光功率、扫描速度、光闸、气压、风机、电源、导光、安全机构等多种功能控制。激光加工装置各部分之间的控制关系如图 14-12 所示。

1. 测温传感器

由于激光能量密度高，处理区域小，热过程复杂，并伴随有大量激光能量反射、热辐射及杂质飞溅，为激光热处理过程的检测带来了很大困难，需要选择稳定性高、动态性能好、成本低的传感器。根据传感器和被测对象是否接触，测温方法分为接触测温和非接触测温。接触测温一般采用热电偶测温方法，非接触测温一般采用辐射测温的方法，主要包括单色

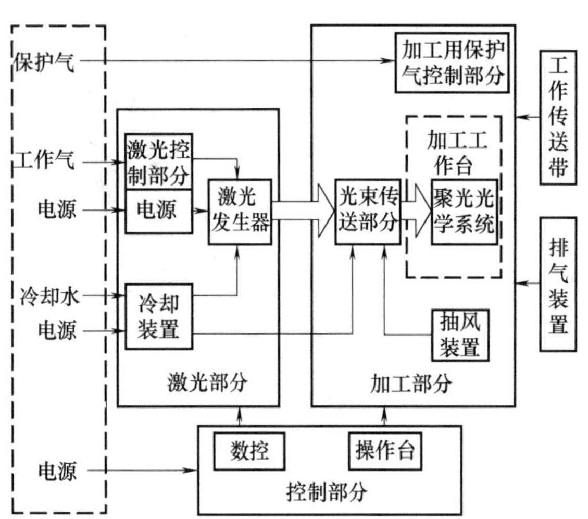

图 14-12　激光加工装置各部分之间的控制关系

测温法、比色测温法和 CCD 图像信号采集测温等。热电偶测温方法的缺点是不能够对熔池温度及周边温度进行直接测量，测量结果还不能用于温度反馈控制系统。与热电偶测温方法相比，非接触测温具有很大的优点，它可以对熔池内部及周边温度场进行直接测温，同时受环境和自身的影响较小，测温精度较高，动态响应快。

2. 气体采集监测系统

气体采集监测系统通过在各气路设置气体流量传感器和报警器，精确采集各气路的气体流量，并通过计算分析得到各路气体流量值，与设置的各路气体流量限制范围相比，判断各路气体流量是否处于异常状态，判断结果为异常时发出报警。通过对各路气体流量的精确采集和超范围报警功能，保证了各模块内气体流量的稳定性，并能有效保护光学元器件，避免直射空气产生的臭氧对光束能量的吸收减弱，可满足激光器正确运行的需求，提高了激光器各光学器件的工作稳定性和使用寿命。

3. 温度控制系统

半导体激光器温度控制系统主要由四个模块组成，即控制模块、数据采样模块、I/O 模块及驱动模块。控制模块采用单片机，它负责采集数据，然后根据单片机上的控制算法计算得到控制量的输出；数据采样模块利用温度传感器采集温度数据；I/O 模块包括键盘和液晶显示器，通过键盘设置半导体激光器的工作温度，液晶显示器则将设定的温度值和实时的温度值显示出来；驱动模块采用 MOS 管的 H 桥电路，主要用于为温控执行器 TEC 提供驱动电流。温度控制系统的工作原理如下：首先单片机采集温度传感器实时测量得到的半导体激光器阵列温度，将采集的温度值与设定温度值之间的差作为控制器的输入；然后根据选定的控制算法计算得到相应的控制量，并经过 MOS 管的 H 桥驱动电路改变输出电流的方向，驱动温控执行器 TEC 工作，实现加热或制冷半导体激光器的目的。与此同时，半导体激光器的实时温度通过热敏电阻的采集与传输又被反馈回控制器中，进而不断调整控制量的大小，使半导体激光器的温度不断逼近目标控制温度。

4. 电源调控系统

电源调控系统的功能是检测激光电源的各种电参数，如电源的输入及输出的电压、电流和激光功率等。根据输入参量判断激光器电源工作是否存在故障或需要调整，有故障的，发出故障信号到主控单元；需要做出调整的，输出调整控制信号。电源调控系统的特点是通过控制激光腔内注入的电功率来控制电源能量的输出，并按照一定的电功率上升速率来达到与反馈环节时间常数的匹配，实现激光输出的稳定，而通常激光器电源是通过电流反馈与功率反馈共同作用来达到功率控制的目的。采用注入能量的反馈方式可以同时控制激光电源输出功率的上升、下降速率，减小电流或电压急速变化对电子元件的损伤，同时根据注入能量计算出光电转换效率。若光电转换效率低于预定值的下限，则不再通过提高注入电功率来增加激光功率输出，而是输出光腔调节指令到主控单元，要求调节光腔。主控单元根据光腔调节情况进行判断，若调节光腔后现象仍然没有消除，则向安全报警系统发出故障报警信号。

5. 真空测控与充排气系统

激光器要维持气压和成分的动态稳定，必须准确检测气压大小并实时进行充排气控制。采用线性度好的传感器进行准确的气压测量，并用 PLC 对信号进行处理，实时控制系统的充排气，以实现气压的动态稳定。

6. 激光功率检测反馈及光腔控制系统

在谐振腔的后反射镜采用具有 99.6% 反射率的介质镜，并利用透过 0.5% 的激光进行激光功率检测，该检测方法具有实时、稳定、不受干扰并不对使用造成干扰的特点。光腔控制系统由单片机控制步进电动机，通过驱动精密丝杆，达到精确调整激光输出镜 X、Y 坐标的目的。M1 与 M2 分别为调节 X 轴和 Y 轴的两个三相六排的步进电动机，能对光腔进行自适应调整。利用具有 A/D 转换功能的单片机把激光检测器的输出信号进行取样后变为数字信号，程序根据激光器输出功率的变化自动调用上述子程序来控制 M1 和 M2。一般先用试探的办法调整 M1 看激光功率的变化情况，若激光功率变大，则继续沿此方向调整，反之则沿反方向调整到最大；若沿两个方向调整输出都变小，那么该位置为最佳位置：同理调整 M2，反复重复上述过程。该系统能对光腔进行自适应调整。给定激光输出功率下门限值，当激光功率偏离时，进行自适应调整；当在设定时间内无法使功率回到门限值以内时，向电源控制系统发出信号，要求加大注入功率。

14.2.6 材料输送系统

材料输送系统包括送粉器和送丝机等。

1. 送粉器

送粉器的功能是按照加工工艺的要求将熔覆粉末精确地送入熔池，并确保加工过程中粉末能连续、均匀、稳定地输送。送粉器的性能将直接影响激光熔覆层的质量。随着激光熔覆技术的发展，对送粉器的性能也提出了更高的要求。针对不同类型的工艺特点和粉末类型，目前国内外已经研制的送粉器大致可分为转盘式送粉器、沸腾床式送粉器、螺杆式送粉器、刮板式送粉器、鼓轮式送粉器、电磁振动式送粉器和毛细管式送粉器等。

（1）转盘式送粉器　转盘式送粉器是基于气体动力学原理来实现送粉功能的。该类送粉器主要由粉斗、出粉管、吸粉嘴、粉盘组成，如图 14-13 所示。粉盘上带有凹槽，整个装置处于密闭的环境中。工作时，粉末依靠自身重力作用从粉斗落入粉盘的凹槽中，电动机带动粉盘旋转，当粉末送至吸粉管处时，在气体压力的作用下粉末被送至出粉管，最终送到激光熔覆头中。

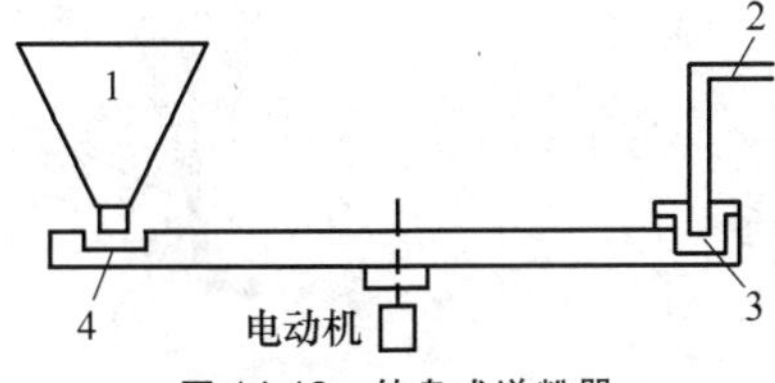

图 14-13　转盘式送粉器

1—粉斗　2—出粉管　3—吸粉嘴　4—粉盘

转盘式送粉器基于气体动力学原理，以通入的气体作为载气进行粉末输送，这种送粉器适合球形粉末的输送，并且不同材料的粉末可以混合输送，最小粉末轴送率可达 1g/min。但是，对其他形状的粉末输送效果不好，工作时送粉率不可控，并且对粉末的干燥程度要求高，稍微潮湿的粉末会使送粉的连续性和均匀性降低。

（2）沸腾床式送粉器　沸腾床式送粉器主要由粉斗、送粉轴和压力表组成，它是基于气固两相流原理实现送粉功能的。工作时，粉斗上下进气通道分别通入气体加压，粉斗内的压力与送粉轴内载气的压力形成一定的压差，在压差、粉末重力和外部振动装置的作用下，粉斗内的粉末到达轴上的小孔处并在那里达到流化状态，然后进入送粉轴中，最后在载气的作用下输送到激光熔覆头中。

（3）螺杆式送粉器　螺杆式送粉器是依据机械动力学原理来实现送粉功能的。它主要由粉末存储仓斗、传动部件、振动器、螺杆及圆管、混合器等组成，如图 14-14 所示。工作时，振动器振动，使粉末充满螺纹间隙，电动机带动螺杆旋转，使粉末沿圆管送至混合器中，然后由混合器中的载气将粉末输送到激光熔覆头中。

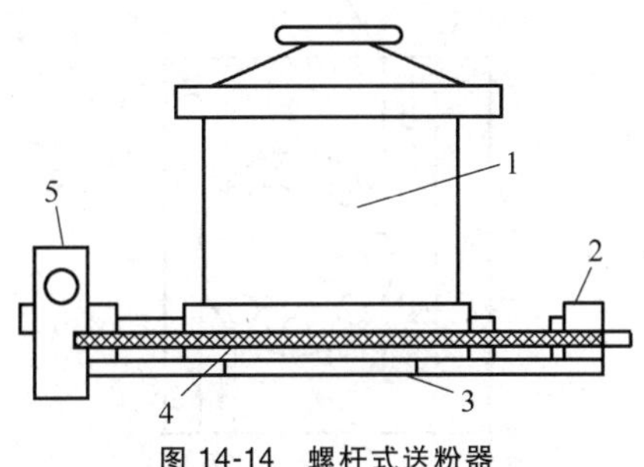

图 14-14　螺杆式送粉器

1—粉末存储仓斗　2—传动部件　3—振动器　4—螺杆及圆管　5—混合器

这种送粉器能传送粒度大于 15μm 的粉末，输送速率为 10~150g/min。比较适合小颗粒粉末输送，工作中输送均匀、连续性和稳定性高。并且这种送粉方式对粉末的干湿度没有要求，可以输送稍微潮湿的粉末，但不适用于大颗粒粉末的输送，容易堵塞。由于是靠螺纹的间隙送粉，送粉量不能太小，所以很难实现精密激光熔覆加工中所要求的微量送粉，且不适合输送不同材料的粉末。

（4）刮板式送粉器　刮板式送粉器主要由粉斗、承粉转盘、刮板、接粉斗组成，如图 14-15 所示。工作时，粉末从粉斗中依靠自身的重力和载气的压力流至承粉转盘，电动机驱动承粉转盘转动，并将粉末不断送至与承粉转盘紧密接触并固定于其上方的刮板处，刮板不断将粉末刮下至接粉斗，最终在载气的作用下将粉末通过送粉管送入激光熔覆头中。

（5）鼓轮式送粉器　鼓轮式送粉器主要由储粉斗、粉勺、送粉轮组成，如图 14-16 所示。粉末从储粉斗中落入下方的粉槽，在大气压力和粉槽内的气压作用下，粉末的堆积量在一定范围内保持动态平衡，送粉轮匀速转动，其上均匀分布的粉勺不断从粉槽内

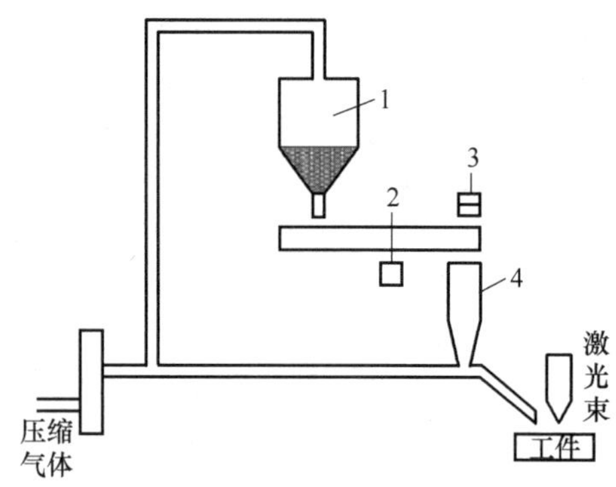

图 14-15　刮板式送粉器

1—粉斗　2—承粉转盘　3—刮板　4—接粉斗

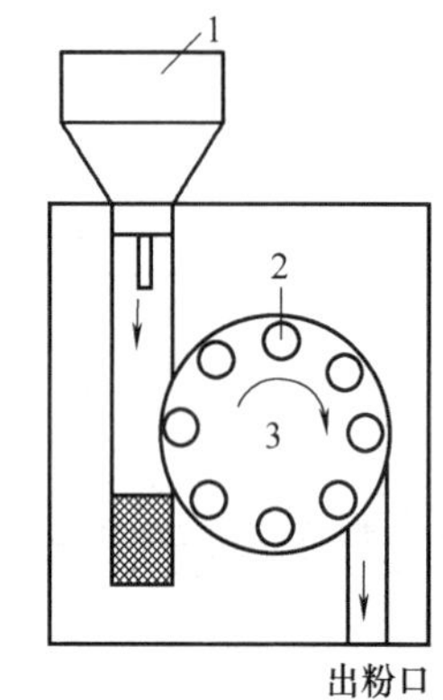

图 14-16　鼓轮式送粉器

1—储粉斗　2—粉勺　3—送粉轮

舀取粉末，然后在另一侧倒出粉末，最终粉末在自身的重力作用下从出粉口流出。

（6）电磁振动式送粉器　电磁振动式送粉器主要由电磁振动器、储粉仓、阻分器和螺旋槽等组成。工作时，电磁振动器使阻分器振动，储粉仓内的粉末沿着螺旋槽逐渐上升到出粉口，最后由载气送出。

（7）毛细管式送粉器　如图 14-17 所示，主要使用一个振动毛细管来送粉，振动是为了粉末微粒的分离。该送粉器由 1 个超声波振荡器、1 个带储粉斗的毛细管和 1 个盛水的容器组成。电源驱动超声波发生器产生超声波，用水来传送超声波。粉末存储在毛细管上方的储粉斗内，毛细管在水面下方，下端漏在容器外面，通过产生的振动将粉末打散，由重力场传送。

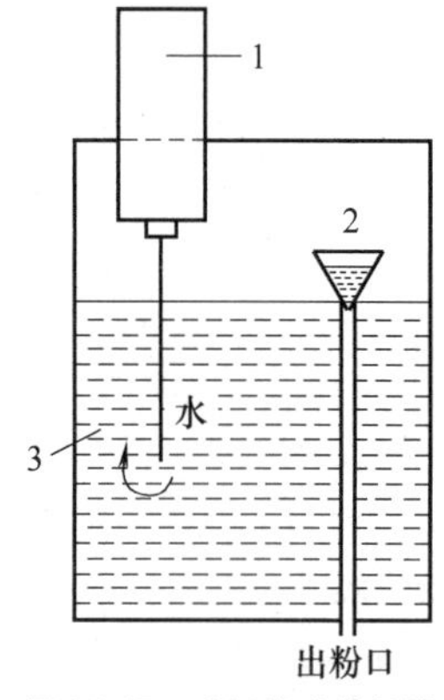

图 14-17　毛细管式送粉器

1—超声波振荡器　2—储粉斗　3—容器

毛细管送粉器能输送的粉末直径大于 0.4μm。粉末输送率最低可以达到≤1g/min。能够在一定程度上实现精密熔覆中要求的微量送粉，但它是靠自身的重力输送粉末的，因此必须是干燥的粉末，否则容易堵塞，送粉的重复性和稳定性差。对于不规则的粉末输送，在毛细管中容易发生堵塞，所以只适合于球形粉末的输送。

2. 送丝机

送丝熔覆，即通过送丝机构，将专用金属丝直接送入光斑内，与基体一起熔化并凝固，实现激光熔覆层。与送粉熔覆相比，送丝熔覆可实现熔覆材料无浪费，利用率为 100%，远高于送粉熔覆（送粉熔覆的粉末利用率平均为 75%左右）。

激光送丝熔覆方式主要分为两种，即光外旁轴送丝和光内同轴送丝，如图 14-18 所示。

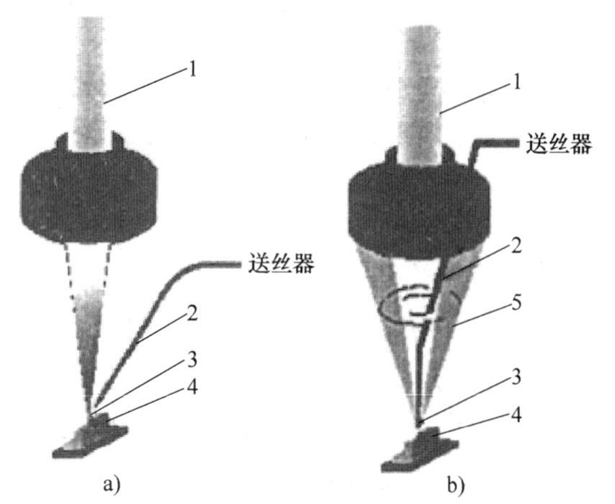

图 14-18　激光送丝熔覆

a）光外旁轴送丝　b）光内同轴送丝

1—激光束　2—丝管　3—丝材

4—熔覆层　5—环形激光束

光外旁轴送丝工艺对激光熔覆层形貌的影响因素很多，如激光功率、激光扫描速度、送丝速度、送丝方向、送丝角度、送丝位置及保护气（氩气、氮气）流速等。送丝方向、送丝角度和送丝位置的单独作用与交互作用都会对熔覆表面质量产生重要影响。当金属丝方向与工件运动方向相同、角度较小时，才能形成熔覆宽度、高度均匀、表面精度好的熔覆表面。金属丝输送到熔池前沿的熔覆表面质量要明显好于金属丝输送到熔池中央的表面质量。另外，光外旁轴侧向送丝工艺明显存在扫描方向性影响和光丝耦合不准确的问题。

光内同轴送丝工艺是一种“光束中空，丝材居中，光内同轴送丝”的工艺方案，将传统的圆锥形聚焦光束变换成为圆环锥形聚焦光束，以实现“光内同轴送丝”。该工艺主要的特点体现在以下两个方面。

（1）光束中空　即采用光路转换，将传统的圆锥形聚焦光束变换成为圆环锥形聚焦光束。中空光内空间为安放同轴送丝装备提供了无光空间。

（2）同轴送丝　侧向送丝是将金属丝通过导向管输入激光焦点位置，而导向管与激光束的轴线是存在一定夹角的，夹角的存在会引起送丝方向、角度等众多问题。环形光中空区域设置一个与激光束轴线同轴的导向嘴，将金属丝沿激光束中心线方向输送，实现光与丝在理论上的同轴，同时送丝喷嘴与激光头一体安装，保证二者联动。

14.2.7　辅助设备

热处理辅助设备包括进行工作表面清理、清洗、矫正及起重运输等操作所用的各种设备。

1. 清理设备

用来清除工件表面氧化皮等污物所用的设备称为清理设备。清理设备是热处理车间配套设备的重要组成部分，某些连续热处理生产自动线已包括清理设备。按其原理可分为化学清理设备和机械清理设备两大类。

（1）化学清理设备　化学清理设备以化学方法清除工件表面氧化皮和黏附的不溶于水的盐类（如 $BaCl_2$）。常用方法包括硫酸酸洗法、盐酸酸洗法、电解清理法及配合超声波的清理，其中用得最多的是前两种。

硫酸酸洗法采用浓度为 5%～20%（质量分数）的硫酸水溶液，酸洗温度在 60～80℃范围内。硫酸是氧化性酸，其酸洗速度低于盐酸。为加快酸洗过程，有时配合以超声波。

盐酸酸洗法采用浓度为 5%～20%（质量分数）的盐酸水溶液，酸洗温度常在 40℃ 以下。盐酸是一种还原性酸，有很强的酸洗能力。它还可能造成氧化皮下金属本体的过腐蚀，因此酸洗时常加入抑制剂（如尿素），以保护金属本体。盐酸价格较高且工件酸洗后易生锈，故生产上应用较少。

工件酸洗后，还须放入 40～50℃ 的热水中冲洗，然后放入质量分数为 8%～10% 的碳酸氢钠水溶液中中和，最后以热水冲洗。

化学清理设备主要是各种酸洗槽。为避免受酸洗液的侵蚀，酸洗槽常用耐酸材料制造。常用的有用铅皮衬里的木制酸洗槽、耐酸混凝土酸洗槽和塑料酸洗槽。为了改善劳动条件和提高生产率，有的附设有各种提升机和连续输送机。

（2）机械清理设备　这种设备利用速度很大的砂粒或铁丸喷射工件表面，或者借工件之间、工件与设备构件之间的碰撞和摩擦作用除去工件表面氧化皮，前者如喷砂机、抛丸机，后者如清理滚筒。

1）喷砂机。喷砂机的工作原理是利用高速运动的固体粒子（丸）撞击工件表面，使氧化皮脱落。通常以压缩空气作动力，粒子采用石英砂或铁丸，压缩空气压力为 0.5～0.6MPa，石英砂的直径为 1～2mm，铁丸为白口铸铁，直径为 0.5～2mm，硬度约为 500HBW，石英砂消耗量约为工件质量的 5%～10%；而铁丸仅为工件质量的 0.05%～0.1%。根据工作原理，喷砂机可分为吸力式、重力式和增压式三种。

吸力式喷砂机的工作原理如图 14-19 所示。压缩空气管 1 的末端在混合室 6 内造成很大的吸力，促使砂由吸砂管 2 吸入，一同由喷嘴 5 喷射到工件上。吸砂管的另一端与储砂斗 3 相连，并与大气相通。

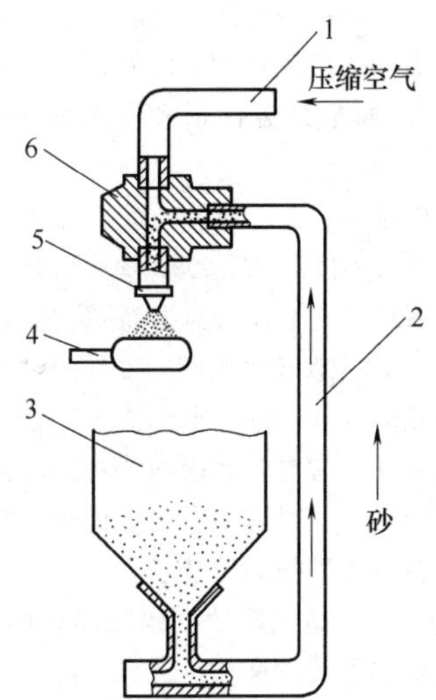

图 14-19　吸力式喷砂机的工作原理

1—压缩空气管　2—吸砂管　3—储砂斗　4—工件　5—喷嘴　6—混合室

在重力式喷砂机中，砂借自重流入混合室中，再由喷嘴喷出。增压式喷砂机则利用压缩空气给砂以压力，促使其流入混合室或吸砂管内。

喷砂设备通常会产生大量粉尘，除污染环境，也危害人体健康。近年来发展了真空喷砂机和液体机，前者把喷砂、回收、除尘集中在一个真空设备内进行，结构紧凑，操作简单，去锈迅速、干净；后者利用液体砂运动，效率高，动作准确，不产生粉尘。

2）抛丸机。抛丸机的工作原理是将铁丸装于快速旋转的叶轮中，借其旋转所产生的离心力将铁丸抛射到工件表面，使氧化皮脱落。

3）清理滚筒。清理滚筒是内壁设有筋肋的转动滚筒。将带有氧化皮的工件装入筒内，连续旋转，靠筒内工件之间和工件与滚筒筋肋的相互碰撞，除去工件表面的氧化皮。这种方法产量大，成本低，能清除铸、锻件的毛刺，但清除氧化皮不够彻底，而且会损伤工件表面刃口、螺纹、尖角等处，工作时噪声大，仅适用于各种半成品件。

2. 清洗设备

清洗工件表面黏附的油、盐及其他污物所用的设备称为清洗设备。清洗工件的方法有碱性水溶液清洗、磷酸盐水溶液清洗、有机溶剂清洗、水蒸气清洗和超声波清洗，用得最多的是碱性水溶液清洗。

碱性水溶液的成分一般是质量分数为3%～10% Na_2CO_3 或 3% NaOH。清洗温度为 40～95℃。在 NaOH 水溶液中加入质量分数为1%～5% Na_2SiO_3 或 Na_2PO_4，可提高溶液的脱脂和脱盐能力。

磷酸盐水溶液的清洗能力较弱，有脱脂作用，还可去除工件表面薄层氧化膜。例如，可采用三聚磷酸钠水溶液，附加界面活化剂和丁基溶纤剂（乙二醇—丁醚）。

利用有机溶剂（氯乙烯、二氯乙烷等）清洗工件的方法有蒸汽法和蒸汽-浸洗法。蒸汽法是将溶剂加热产生蒸汽，用来吹洗工件。为提高脱脂能力，可采用蒸汽-浸洗法，即先将较难脱脂的工件浸没在液体溶剂中脱脂，随后移入另一槽内进行溶剂蒸汽吹洗。

超声波清洗法常与各种溶剂清洗法配合使用，可去除细孔内的污垢，对清洗有明显促进作用。

清洗设备有清洗槽和清洗机。

（1）清洗槽　清洗槽的结构与淬火槽大致相同，只是在槽内增加了清洗液加热装置。清洗液一般采用蒸汽加热。蒸汽可直接通入清洗槽中加热清洗液，也可通过槽内的蛇形管间接加热清洗液，还可将管状电热元件直接安装在清洗槽中加热清洗液。采用清洗槽清洗时，将工件浸入溶液中，有时还在清洗槽底部安有空气喷头，以搅动溶液完成清洗。

（2）清洗机　清洗机装有机械化装料及运送工件的机构和清洗装置，常用的有升降台式、喷射式、滚筒式等。

3. 矫正设备

矫正设备主要用于矫正已变形的工件，常用的矫正设备有立式和卧式液压机、手搬压力机、自重压力机和各种夹具等。采用立式和卧式液压机矫直时，可一次矫直多件。矫直最好在工件淬火冷却后的温度低于回火温度时立即进行。矫直后要检查工件尺寸，合格后再进行去应力回火。

对变形的矫正可采用整形工具，矫正合格后也要进行去应力回火。矫直机的吨位大小，要根据工件外径和厚度尺寸而定；矫直机行程的选择，要依据加热炉产量多少而定。

14.2.8　成套装备

成套设备主要由两部分组成，即水冷机与除尘机，用于辅助激光加工。通过水冷机吸收激光器工作时的热量，通过除尘机解决工件加工过程产生的大量粉末。

1. 水冷机

激光器工作过程中会产生大量热量，为了保护激光器安全，维持工作介质在一定温度下保持最佳工作状态，会使用水冷机作为辅助设备对关键部件进行水冷散热。其工作原理是通过向机箱内注入一定量的水，然后通过水冷机制冷系统将水冷却，通过水泵循环冷却水到激光设备，往复循环达到制冷目的。激光设备对冷却水的电导率、耐蚀性等都有一定的要求，所以对水质的要求很高。激光水冷机主要是对激光设备的激光发生器进行水循环冷却，并控制激光发生器的使用温度，使激光发生器可以长时间保持正常工作。

水冷机的主要功能是将工作主机内的水液冷却，使其保持在一定温度范围内。水冷机主要由制冷系统、水路系统和控制系统组成。制冷系统由一套或两套相互独立的压缩机制冷系统组成，每套压缩机制冷系统包括压缩机、冷凝器、冷凝风机、热力膨胀阀、板式换热器和制冷剂管路。水冷机分为独立式水冷机和浸入式水冷机两大系列。独立式水冷机自配水泵，可独立于工作主机的水箱，通过进/出水管与水箱相连。浸入式水冷机则不配水泵，需将其安装于工作主机的水箱上方，水冷机下方的铜管浸入水箱的水中。

如图14-20所示，水冷机部件主要包括出风口、电源接口、流量报警指示灯（红色）、冷却水出口、冷却水入口、水位计、排水口和注水口等。

制冷量、水流量和增压泵扬程、热效率和水容

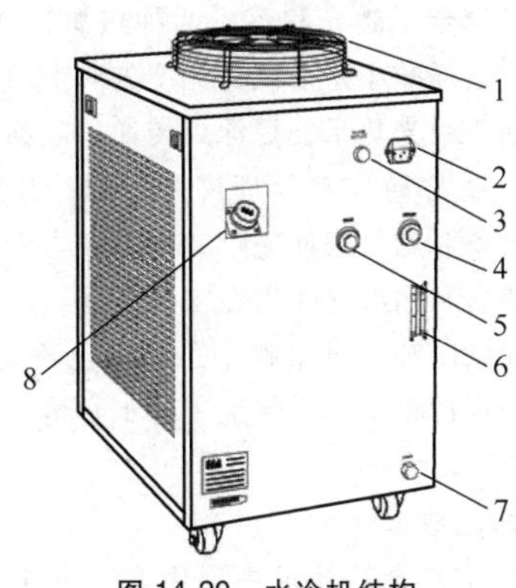

图 14-20　水冷机结构

1—出风口　2—电源接口　3—流量报警指示灯（红色）
4—冷却水出口　5—冷却水入口　6—水位计
7—排水口　8—注水口

积、温控精度，以及水质要求、水过滤和水循环系统材质等是水冷机的几个关键指标。

2. 除尘机

激光加工过程中或多或少会产生烟尘及未能完全利用的金属粉末，如果不及时处理，不但会影响加工工件质量和车间环境，而且会影响操作人员身体健康，甚至损坏价格昂贵的激光头，因此需要配备除尘装置进行除尘。烟尘主要有粒径小、有黏性、有异味等特性，既要解决粉尘颗粒的堵塞问题，又要解决异味问题，有些工况的烟尘还具有腐蚀性。

如图 14-21 所示，除尘机通过风机或气泵使机器内部的空气被抽出，这样机器内外部产生了压力差，也就是所谓的负压，负压越高，吸力越强。主要由一个漩涡气泵或风机进行抽风，杂物经吸嘴和吸尘管进入机器后，先进入一个过滤布袋，一般是无纺布的，经过初级过滤，携有细小的灰尘的空气再经过一个特制的滤清器，经二级过滤，再经风机排风口排出，基本上可以过滤掉绝大多数的烟尘粉末。

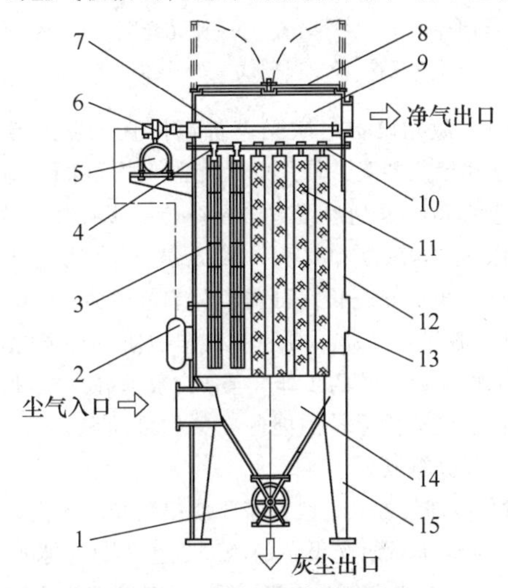

图 14-21　除尘机的结构原理

1—排灰装置　2—控制仪　3—滤袋框架　4—文氏管
5—气包　6—电磁脉冲阀　7—喷吹管
8—上盖板　9—上箱体　10—花板　11—除尘滤袋
12—除尘箱体　13—检查门　14—灰斗　15—支架

14.3　新型激光热处理设备

14.3.1　激光-感应复合热处理设备

激光热处理技术是利用高功率、高能量密度（10^4 ~ 10^5 W/cm^2）激光束对金属进行表面处理的方法，其特点是：

1）功率密度高、加热速度极快，零件变形极小，而且可以通过热处理工艺来控制变形，工件处理后不需要修磨，可以作为零件精加工的最后一道工序。

2）可以对形状复杂的零件，如不通孔、内孔、小槽、薄壁零件等进行处理或局部处理，也可根据需要在同一零件的不同部位进行不同的处理。可以克服高频感应淬火因受感应器限制难以对形状复杂零件进行表面淬火、加热区域难以控制、薄壁零件淬火易开裂的问题；对大型零件的加工，也无须受到渗碳淬火等化学热处理时炉膛尺寸的限制。

3）通用性强。由于激光聚焦深度大，淬火时对零件的尺寸、大小及表面都没有严格的限制，而现有的中高频感应淬火对各种零件都得制作合适的感应器。

4）对于某些热处理温度较高的不锈钢零件，其加热温度和熔点很接近，当使用感应器进行产品局部表面淬火时很容易烧伤夹角或不规则部位，导致零件报废，而激光热处理则不受此限制。

5）激光热处理冷却速度很快，不需要水或油等冷却介质，是清洁、高效的环保淬火工艺。

6）表面热处理组织细，硬度高，耐磨性好，能满足淬硬层深度较浅表面淬火产品。这种激光热处理技术具有其他表面淬火方式所无法实现的表面性能、组织及成分的改变，如图 14-22 所示。

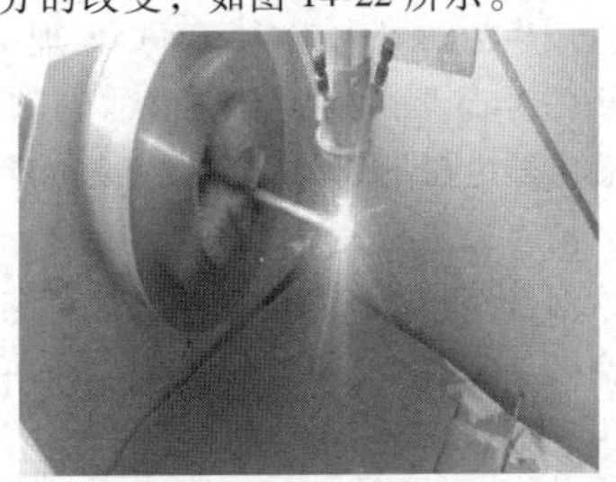

图 14-22　零件的激光淬火

电磁感应技术是现在重要的表面热处理技术工艺之一，具有加热速率快、能源消耗少、生产率高、环保、易于实现自动化和柔性制造等特点，对提高零件耐磨性、强度等力学性能有着显著影响。工业中常用感应热处理进行表面材料强化，但在进行表面强化时，存在热变形大、工件易开裂、应力大等问题。

重载轴承是重载机械设备中的重要零部件，起到支承旋转体的作用，在石油、煤矿、大型车辆、工程机械等重载设备中得到广泛应用。近年来，我国风力发电设备制造行业发展迅猛，2021 年新增风电装机量预计达到 38.3GW。风电轴承长期处于大载荷和复杂恶劣工况下，其疲劳破坏导致风力发电机组发生故障的比例较高，为了获得综合性能优良、使用寿命长的风电轴承，维持风电机组的稳定性，对主轴轴承滚道的淬硬层深度和均匀性提出了较高的要求。将电磁感应与激光两种空间形式的热源耦合，既能减少电磁感应能耗高、变形量和应力大的缺点，又能满足激光热处理在性能方面所达不到的要求，以此来改善零件的表面性能，延长零部件的使用寿命。

1. 基本功能

将感应与激光两者耦合，利用感应加热装置所提供的外加热场，调节激光加热区域的温度梯度分布，实现对激光制造过程中传热特性的调控，进而提高激光表面强化的深度。

2. 基本原理

激光热处理技术既可以通过激光光束扫描工件表面生成淬火组织，也可以通过激光光束与渗碳、渗氮、离子注入和合金化等方法结合，改变工件表层的化学成分和微观结构。激光热处理技术用激光束扫描工件表面，其光束能量被工件表面吸收后迅速升温到极高的温度，升温速度极快，为 10^5 ~ 10^6℃/S；随着激光束离开工件表面，由于热传导与热辐射的作用，工件上硬化层的冷却速率在 10^5℃/s 以上，从而实现工件表面热处理。

感应热处理主要运用焦耳-楞次定律和电磁感应定理，感应器产生交变磁场，进而在工件中产生感应涡流，完成工件的热处理。在感应加热过程中，工件内感应涡流产生的热量为工件表面热处理提供热源，因而温度场的分布是由感应器提供的电磁场所决定的。影响感应器电磁场分布的因素主要有感应频率和感应功率，前者确定最大的感应淬火深度，后者决定了材料由常温升至相变所需时间的长短。感应频率一般划分为高频、超音频、中频及工频，频率越高，感应器的最大硬化层深度也就越小。

激光-感应复合热处理技术的本质是在激光热处理的基础上耦合了激光和感应两种热源，感应为辅，激光为主，这样减小了沿试样深度方向上的温度梯度分布，有利于激光热量往更深处传递，起到深层热处理的目的。激光-感应热处理工艺过程：开始阶段是利用感应设备对工件表面进行加热，相当于一个预热的过程；然后利用激光作用在工件表面，对加热后的表面进行强制冷却，直至整个工件完全冷却至室温。在整个热处理过程中，为保证工件不会熔化，冷却模块在光斑前面即可。

3. 基本组成

激光-感应复合热处理主要由两部分组成，激光设备和电磁感应设备，如图 14-23 所示。其中还包括运动控制模块和冷却模块。

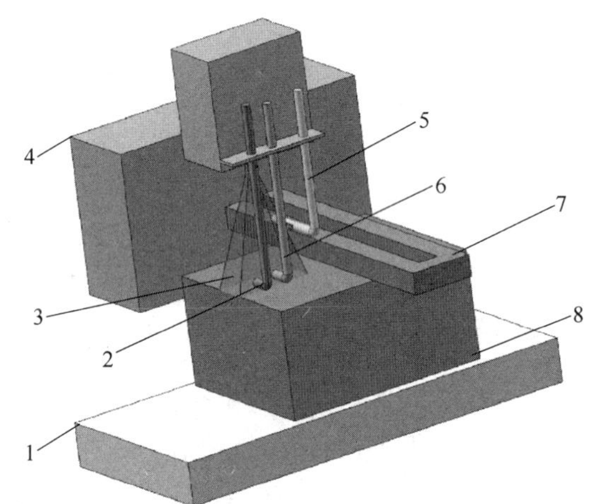

图 14-23　激光-感应复合热处理的基本组成

1—移动平台　2—水冷装置　3—激光光斑　4—感应设备
5—气帘装置　6—保护气　7—线圈　8—基体

（1）激光设备　激光设备包括激光发生器、冷却装置和聚焦装置。使用的激光器为德国 Laserline 公司制造的 LDF 系列连续输出光纤传导半导体激光器，最大激光功率为 6000W，激光波长范围为 940 ~ 1060nm，矩形光斑长宽可调，调节范围为 15 ~ 80mm。

1）激光发生器。通常由工作物质（即被激励后能产生粒子数反转的工作介质）、激励源（能使工作物质发生粒子数反转的能源，又称泵浦源）、光学谐振腔三部分组成。

2）冷却装置。一般都需要使用激光冷水机。激光冷水机主要是对激光设备的激光发生器进行水循环冷却，并控制激光发生器的使用温度，使激光发生器可以长时间保持正常工作。在激光设备长时间运行过程中，激光发生器会不断产生高温，温度过高就会影响激光发生器的正常工作，所以需要激光冷水机进行水循环冷却，实现控温；其次还需要使用空气压缩机进行空冷。

3）聚焦装置。包括变焦镜组、固定镜组和调焦机构。变焦镜组与固定镜组耦合，用于使入射的激光束聚焦，以形成聚焦光斑。调焦机构与变焦镜组连接，用于带动变焦镜组沿主光轴移动，以调节激光束的聚焦位置。聚焦装置设置于激光发射装置的发射口，激光发射装置用于产生激光束，聚焦装置用于使激光发射装置产生的激光束聚焦到目标位置。

（2）电磁感应设备　电磁感应设备主要由电源设备、淬火机床和感应器组成。电源设备的主要作用是输出频率适宜的交变电流。高频电流电源设备有电子管高频发生器和可控硅变频器两种，中频电流电源设备是发电机组。一般电源设备只能输出一种频率的电流，有些设备可以改变电流频率，也可直接用50Hz 的工频电流进行感应加热。

电源设备的选择与工件要求的加热层深度有关。对要求加热层深的工件，应使用电流频率较低的电源设备；对要求加热层浅的工件，应使用电流频率较高的电源设备。选择电源设备的另一条件是设备功率，加热表面面积增大，需要的电源功率相应加大。当加热表面面积过大时或电源功率不足时，可采用连续加热的方法，使工件和感应器相对移动，前边加热，后边冷却，但最好还是对整个加热表面一次加热，这样可以利用工件心部余热使淬硬的表层回火，从而使工艺简化，还可节约电能。可以使用超音频感应加热设备，其工作电源为三相 380V，电源最大的输出功率为 80kW，振荡频率可调，感应线圈由铜管线圈和导磁体组成，可以满足各类复杂形状工件表面的连续感应淬火要求。

淬火机床的主要作用是使工件定位并进行必要的运动。此外，还应附有提供淬火冷却介质的装置。淬火机床可分为标准机床和专用机床，前者适用于一般工件，后者适用于大量生产的复杂工件。

进行感应加热热处理时，为保证热处理质量和提高热效率，必须根据工件的形状和要求，设计制造结构适当的感应器。常用的感应器有外表面加热感应器、内孔加热感应器、平面加热感应器等。

4. 关键结构

千瓦级半导体激光器光学系统采用 8 个叠阵通过光束整形、光束合束和光纤耦合技术，实现高功率激光输出。所用叠阵由 8 个巴条在竖直方向上垂直叠加而成，每个巴条包括 19 个发光单元，每个发光单元的宽度为 100μm，相互之间的距离为 400μm；巴条输出的光束在快慢轴方向的宽度分别为 0.9mm 和 10mm，每个巴条之间的间距为 0.9mm。千瓦级半导体激光器系统光路原理如图 14-24 所示。该系统由四个激光子系统组成，其中子系统 1 和子系统 3 均由中心波长为 940nm@ 640W 的两个叠阵组成，子系统 2 和子系统 4 均由中心波长为 976nm@ 640W 的两个叠阵组成。每个子系统均由中心波长相同的两个叠阵先偏振合束，再进行光束整形。通过光束整形之后，再将中心波长不同的两个子系统进行波长合束，即将子系统 1 和子系统 2、子系统 3 和子系统 4 分别进行波长合束，再将波长合束后的两束光在快轴方向上进行空间合束，使快轴方向的光斑宽度变为原来的 2 倍，而慢轴方向光宽不变，再通过激光缩束、激光聚焦将光束耦合到光纤中。

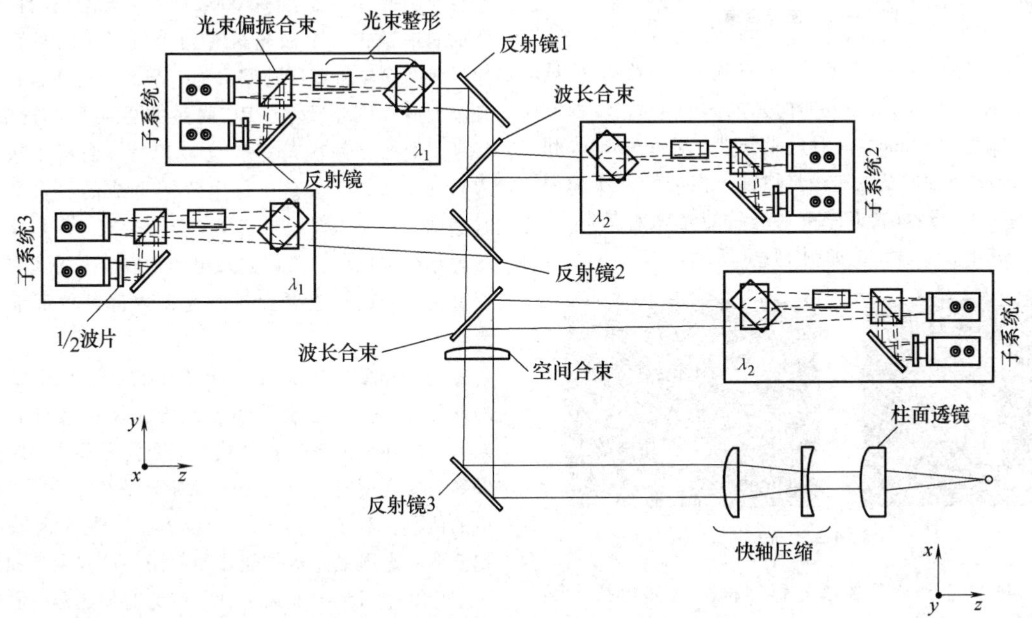

图 14-24　千瓦级半导体激光器系统光路原理

千瓦级半导体激光器光学系统由以下几个关键模块组成。

（1）千瓦级半导体激光器模块　千瓦级半导体激光器模块如图 14-25 所示。首先将两个中心波长为 940nm@ 640W 的半导体激光叠阵进行偏振合束，在实现功率倍增的同时输出的光束质量保持不变；然后通过光束整形技术来匀化快慢轴方向的光束质量，使光束经过整形光学元件后，快慢轴方向的光束质量近似相等，获得作为基础的千瓦级半导体激光器模块。

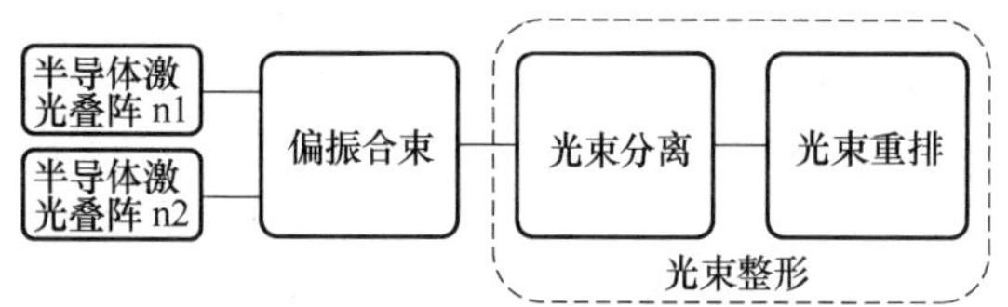

图 14-25　千瓦级半导体激光器模块

（2）多模块合束扩展功率　根据目标需求，为了进一步提高系统的输出功率，采用波长合束（见图 14-26）和空间合束。

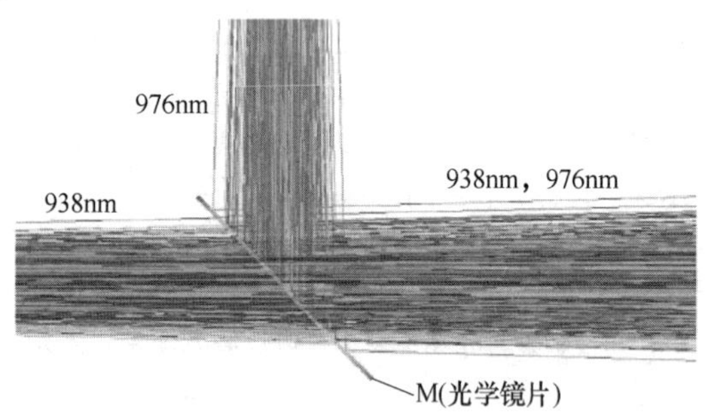

图 14-26　波长合束

（3）光纤耦合技术　叠阵输出的光束经过 310mm 的光程后，快轴方向的光宽为 30mm，慢轴方向的光宽为 16.2mm。一对焦距分别是 $f_1=-60$mm 和 $f_2=120$mm 的平凹凸柱透镜将快轴方向的光宽压缩为原来的一半，经过光束缩束系统后的光斑如图 14-27 所示。其中，光学系统如图 14-28 所示。

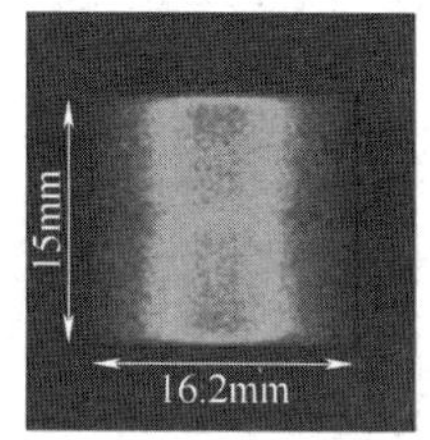

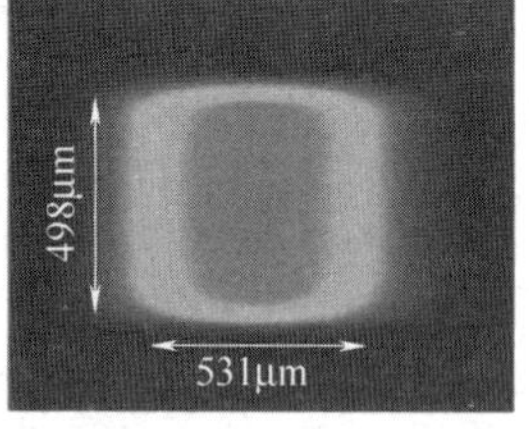

图 14-27　光斑

（4）千瓦级半导体激光器结构　总体包括光学系统、电学控制系统和机柜。其中，光学系统包括千瓦级半导体激光器模块（4 个）、光束合束、慢轴二次准直、光闸、光束缩束系统、光纤耦合系统、吸收体和用于固定模块的平台等。光束合束、慢轴二次准直、光闸、光束缩束系统、光纤耦合系统和吸收体均位于半导体激光器模块的出光方向上。

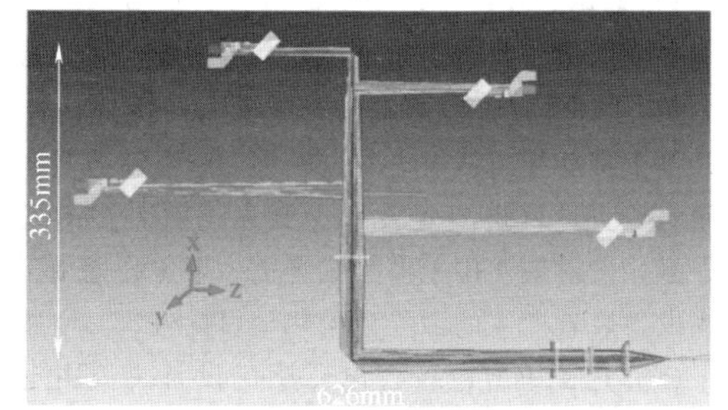

图 14-28　光学系统

5. 工业应用

现在已经有学者将外部能量场与激光所提供的热能场进行耦合，对激光所致熔池的传热或传质行为进行调控，以获得特定的调控目的，已用在激光焊接与激光熔覆领域。激光-感应复合热处理也正在逐步成熟中。

6. 维护保养

（1）激光设备　激光器在每日开机前，应检查冷却水的压力是否在合适的范围内，冷却水的温度以选用的激光器要求的水温为佳，检查激光器的水路、管接头连接处有无泄露的情况，如有应及时处理。激光器运行 2000h 后，应更换真空泵油，清洗或更换真空泵滤芯；激光器运行 5000h 后，需要给涡轮机轴承补加润滑油，一个涡轮机有两个轴承，用两管润滑油，两个涡轮机用四管润滑油。当涡轮机在运转时声音较大时，则需要与 PRC 联系并更换涡轮机轴承。每月定期擦拭两次谐振腔（玻璃管、阴极铝块、电木）上灰尘，灰尘是由静电吸附造成的，如果不及时擦拭，灰尘积聚到一定程度，会造成高压短路，使激光器严重损坏，维修起来也非常麻烦，希望引起高度重视。同时，也要擦拭激光器内部其他部件上的灰尘。

（2）电磁感应设备　选择性能良好且质量稳定的元器件，性能稳定的元器件既能保证运行的平稳性，又能使故障率大幅度减少。要注意日常的维护和保养，要定期对加热设备进行维护保养，保持工作环境的清洁，对于日常覆盖于设备上的灰尘要及时打扫。要考虑电磁感应加热器的使用环境因素，如果安装室内灰尘过大或通风不良，就会对加热器的散热效果产生不好的影响，因元器件对于灰尘是非常敏感的，环境过于糟糕会损耗元器件的寿命。要考虑电磁感应加热设备的安装因素，安装时要严格按照厂家给出的安装标准进行；电磁感应线圈的间隔距离要严格的控制，若安装不当，如距离太近或太远，就会影响加热器的使用寿命。

14.3.2　磁场激光复合热处理设备

在航空航天、能源装备、矿山机械、冶金装备等领域中，关键零部件通常需要在高压、高温、高速、重载及腐蚀介质等恶劣环境下长期工作，服役期间将不可避免地受到表面局部磨损、腐蚀及疲劳断裂等而发生失效，从而缩短零部件的服役时间，影响设备正常运行，造成重大损失，增加生产成本。激光表面热处理技术可以显著提升金属工件的硬度、强度、耐磨性、耐蚀性和耐高温等性能，从而提升产品的质量，延长产品使用寿命和降低生产成本。但是，单一的激光热处理具有急热急冷的特性，激光工艺参数调控复杂，温度控制难，表面与基体之间存在较大的温度梯度，易产生气孔、裂纹、较高的残余应力、组织不均匀等缺陷，从而影响金属工件性能的稳定可靠。

针对上述问题，通过引入外部能场，如电磁场，与激光所提供的热场耦合，对激光表面热处理的对流、传热和传质进行调控，以获得特定的调控目的。相比于传统热处理技术和单一激光表面热处理技术，磁场激光复合热处理技术具有清洁无污染、可控性强、强化效率高、淬硬层深、温升快、热变形小、温度梯度小等特点，其设备主要由磁场发生装置及激光系统构成。根据所产生的磁场特点，磁场发生装置分为以下几种类型。

1）根据所产生磁场装置可以分为永磁体式磁场发生装置和导线线圈式磁场发生装置；

2）根据磁场强度、磁场方向或两者是否均随时间变化可以分为稳恒磁场发生装置和交变磁场发生装置。

3）根据磁场频率可以分为低频交变磁场发生装置和中高频交变磁场发生装置；

4）根据磁场与激光的相对运动状态可以分为固定式磁场发生装置和随动式磁场发生装置。

1. 永磁体式磁场发生装置

目前常用的永磁体材料主要有钕铁硼磁铁、铁氧体磁铁、铝镍钴磁铁等，钕铁硼磁铁的磁感应强度一般可达到 0.5T，但其最大工作温度约为 80℃；铁氧体磁铁的磁感应强度常为 0.08~0.1T，而其工作温度可达 200℃；铝镍钴磁铁的磁感应强度为 0.2~0.3T，其工作温度可高达 600℃。

永磁体式磁场发生装置能够在两块永磁体之间产生恒定磁场，通过调整磁体大小及块数来控制磁场大小；也能够产生往复变化的交变磁场，其作用形式是步进电动机通过带轮或其他构件驱动永磁体旋转，从而使永磁体之间的磁场随时间产生正反变化，通过调整两永磁体之间的距离来控制磁感应强度，通过控制步进电动机的转速来调节交变磁场频率，如图 14-29 所示。该装置设备简单，成本较低，但其磁感应强度及频率调节不便且范围有限，同时永磁体的产磁能力会在使用过程中削减，并且因永磁体存在居里温度，激光产热也会削弱永磁体的导磁性能。

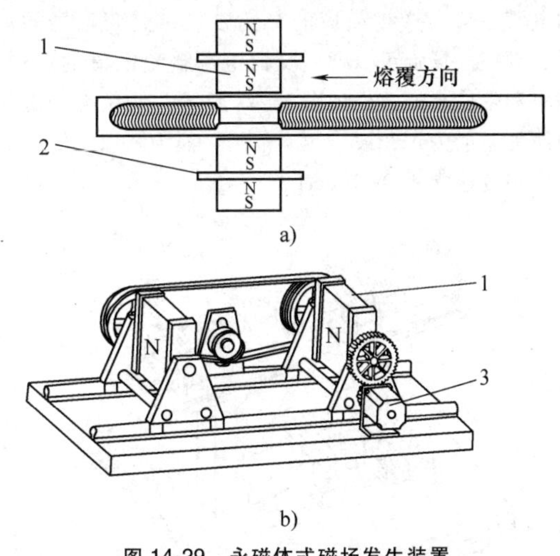

图 14-29　永磁体式磁场发生装置

a）恒定磁场　b）交变磁场

1—永磁体　2—水冷装置　3—步进电动机

2. 导磁线圈式磁场发生装置

由于电流的磁效应，通有电流的导线可以在其周围产生磁场。导磁线圈式磁场发生装置主要由漆包线、极柱等组成，如图 14-30 所示。与永磁体式电磁场发生装置相比，该装置更加灵活可控，可以通过控制供磁电流的波形来产生所需要磁场，如恒定磁场、交变磁场及脉冲磁场等。其作用形式是向导磁线圈通入特定波形电流，通过电磁感应产生所需要的磁场。

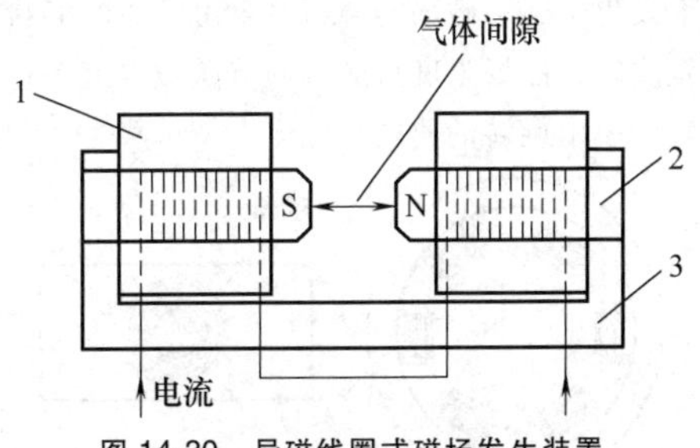

图 14-30　导磁线圈式磁场发生装置

1—漆包线　2—极柱　3—轭铁

通过调整供磁电流波形、幅值、周期来调控磁场。

虽然线圈式磁场发生装置相对于永磁体式磁场发生装置的制作较为烦琐且成本较高，但其所能提供的磁感应强度更大，频率和磁感应强度可连续调节，通过调节通入励磁线圈中电流的波形可以产生不同形式的磁场，能满足不同的试验需求，并且其磁芯的居里温度更高，不会受到激光热辐射的影响而发生消磁现象。

3. 低频交变磁场发生装置

低频交变磁场装置的励磁线圈一般由多匝漆包线绕制而成，励磁线圈通入大小或方向随时间发生变化的电流，从而产生相应的交变磁场，交变磁场的波形、频率及场强可以通过交流电源输出电流的波形、频率和幅值来调节，如图 14-31 所示。低频交变磁场的波形一般为正弦波，频率范围一般为 0~100Hz，磁感应强度通常为 0~100mT。

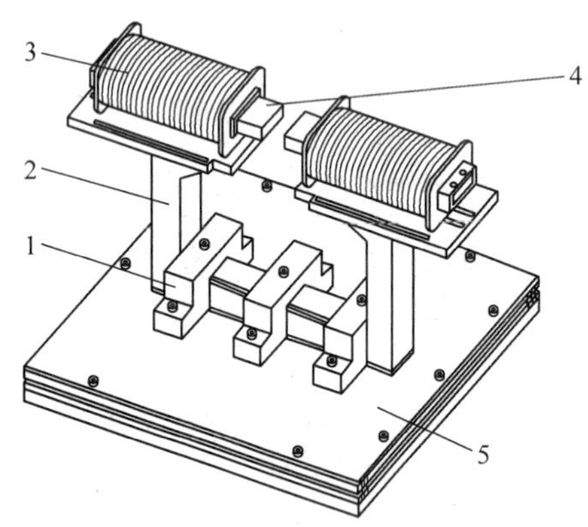

图 14-31 低频交变磁场发生装置

1—绝缘固定架 2—绝缘支撑架 3—线圈 4—铁心 5—绝缘底板

低频交变磁场包括一种磁场强度大小不发生变化、磁场环绕一轴线并以一定频率旋转的磁场。如图 14-32 所示，旋转磁场发生装置在间隔一定角度的定子铁心槽内嵌入励磁线圈，当励磁线圈通入三相交流电时，定子铁心内产生交变磁场，在电压相位差的驱动下发生旋转，磁场的分布主要由铁心的形状和安装位置决定，磁场强度可通过调节激磁电流实现，磁场旋转频率由旋转的速度决定。

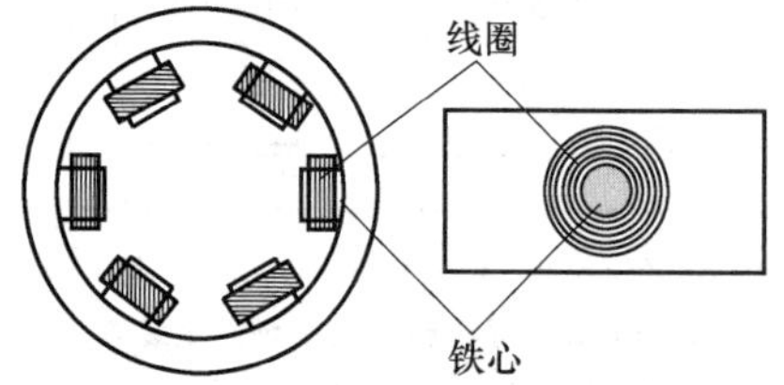

图 14-32 旋转磁场发生装置工作原理

图 14-33 所示为低频交变磁场发生模块，它由磁芯、励磁线圈、绝缘支架、绝缘固定块和绝缘底板等组成。励磁线圈卷绕在磁心上，磁心用螺栓固定在绝缘支架上，绝缘支架采用固定块固定在绝缘底板上。磁心材料选用厚度为 0.3mm 的硅钢片，用以提高低频交变磁场装置的磁场强度，降低交变磁场在磁心中的磁阻效应。励磁线圈的能量由外部恒压电源提供，恒压电源电压的可调节范围为 0~220V，频率固定 50Hz，低频交变磁场装置在磁极间隙中心处产生的交变磁感应强度的可调节范围为 0~80mT。

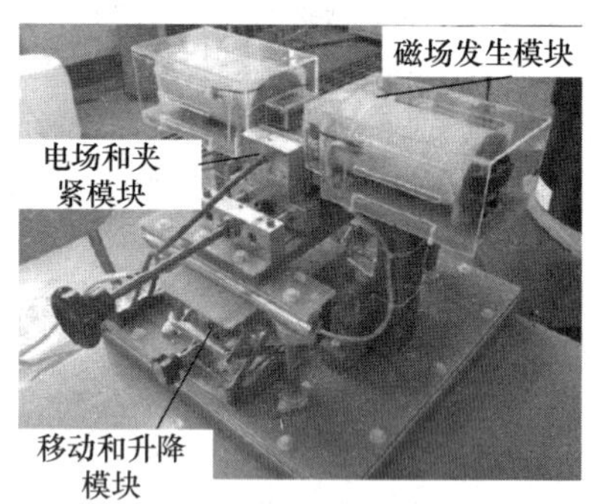

图 14-33 低频交变磁场发生模块

图 14-34 所示为旋转磁场发生装置。通过三相对称结构在定子铁心槽内嵌入励磁线圈，磁场电源为三相电源，电源的输出端与定子线圈的输入端按三相顺序连接。当三相绕组励磁线圈通入三相交流电时，会在定子的铁心内部产生周期性的旋转磁场，输出电压有效值在 5~150V 范围内可调，磁场频率在 30~500Hz 范围内可调。

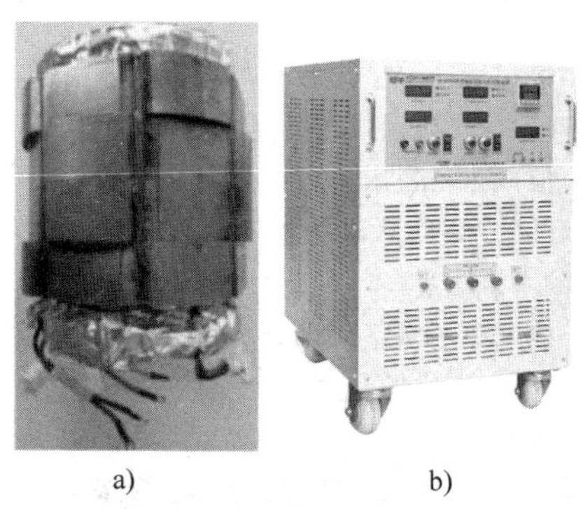

图 14-34 旋转磁场发生装置

a）定子线圈 b）电源控制装置

4. 中高频交变磁场发生装置

由于带磁心的线圈在中高频下可以看成是电阻和电感，电感与绕组匝数、工作磁通密度及磁心尺寸等相关，因而其具有大感抗和高电压的特点。如果直接用电源激励，励磁线圈两侧需要施加高达几百至几千伏的交变高压，因此很难实现。目前，中高频交变磁场发生装置的电源选择方法主要有两种：一种是工业用中高频感应加热电源，另一种是信号发生器外加功率放大器来搭建交变电源。

图 14-35 所示为感应式中频交变磁场发生装置。该装置采用型号为日本川崎 20jneh1200、厚度为 0.2mm 的硅钢叠片制作成磁心，线圈由左右两个 3.2 匝的空心铜管绕制而成，左右两线圈之间的距离为 90mm，磁心从中心线分为两部分制作，与空心铜管线圈装配后，再由 AB 胶进行粘接。感应式中频交变磁场发生装置采用中频感应电源作为激励源，当频率为 13kHz 时，可在磁极间隙内产生 246mT 的交变磁场。

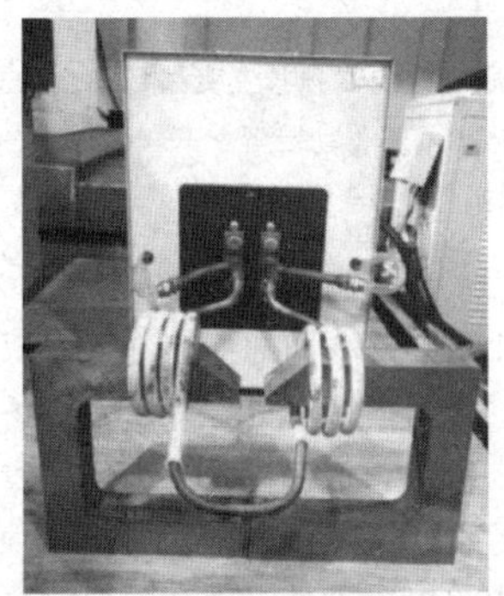

图 14-35　感应式中频交变磁场发生装置

图 14-36 所示为信号发生器外加功率放大器交变电源中高频交变磁场发生装置。该装置由 C 型磁心、初级线圈、次级线圈、电容器和功率放大器组成。C 型磁心由 0.05mm 厚的硅钢片压制而成，磁心的横截面尺寸为 20mm×20mm，两磁极间的距离为 20mm。其初级线圈直接与输出功率最大为 5kW 功率放大器连接，次级线圈与电容器相串联形成 RLC 串联电路，通过串联谐振使线圈电感上产生高电压，并通过函数信号发生器改变输出功率及频率，以此改变高频交变

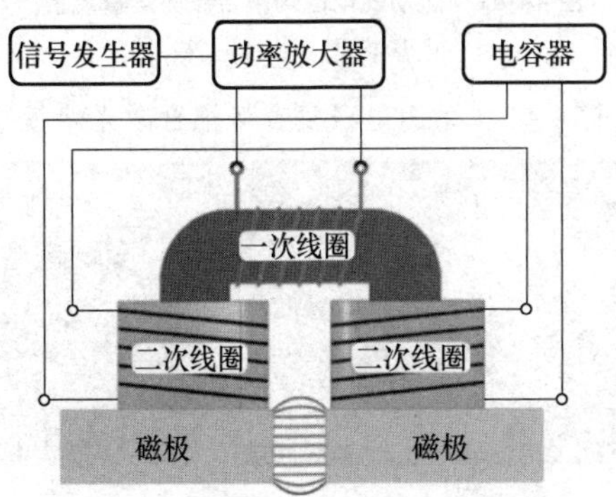

图 14-36　信号发生器外加功率放大器中高频交变磁场发生装置

磁场的磁感应强度和频率。研究结果表明，高频交变磁场根据磁极与工件的不同位置，能够产生向上的洛伦兹力支承激光焊接熔池，避免因重力引起的深熔焊熔池坍塌，向下的洛伦兹力挤压激光焊接熔池，加速熔池内气孔的排出。

中高频交变磁场发生装置中的铁心线圈可以等效为参数复杂的大电感，为使此电感中流过一定大小的正弦高频电流，电感两端需施加几百至几千伏交变高压，而该高压难以由电源直接产生。将铁心线圈与耐压电容串联构成串联谐振电路作为功率电路的负载，利用串联谐振电路谐振点的特性，实现向电感两端施加高压。电源通常采用正弦波信号发生器和功率放大器搭建，通过调节信号发生器即可改变交变磁场的频率，其磁场频率一般为 1~24kHz。

5. 电磁-激光能场耦合及其实例

电磁与激光能场耦合装置是一个复杂的系统，主要包括以下几个部分：

1）激光器（CO_2 激光器、Nd：YAG 激光器、半导体激光器、光纤激光器等）和光路系统。产生并传导激光束到加工区域。

2）送粉设备（送粉器、粉末传输通道和喷嘴）。将粉末传输到熔池。

3）激光加工平台。多坐标数控机床或智能机器人按照编制的数控程序实现激光束与成形件之间的相对运动。

4）电磁发生装置。在熔池区域产生电场和磁场，从而控制熔池液体流动。

除了上述必须的装置，还可配备以下辅助装置：

1）气氛控制系统。保证加工区域的气氛环境达到一定的要求。

2）监测与反馈控制系统。对成形过程进行实时控制，并根据监测结果对成形过程进行反馈控制，以保证成形工艺的稳定性。

工作步骤：将清洗过的试样置于工作台上，用直流电源连接试样两端，试样两侧是稳态磁场发生装置，激光头的运动是通过机械手臂控制的，在激光头上装有同步送粉嘴。当激光器出光时，直流电源同时供电，因此在试样处存在一个稳态磁场和恒定电流。在电磁与激光复合场的相互影响下，熔池会受到一个定向洛伦兹力的作用，如图 14-37 所示。

如图 14-38 所示，稳态磁场耦合激光熔覆装置的两个永久磁铁固定安装在工件的两个侧面，一个由铁磁钢制成的水冷板安装在其间，用来防止磁铁被加热到居里温度以上，激光束沿着试样长轴方向进行焊接，在激光束后方提供了保护气体，并采用挡板来阻

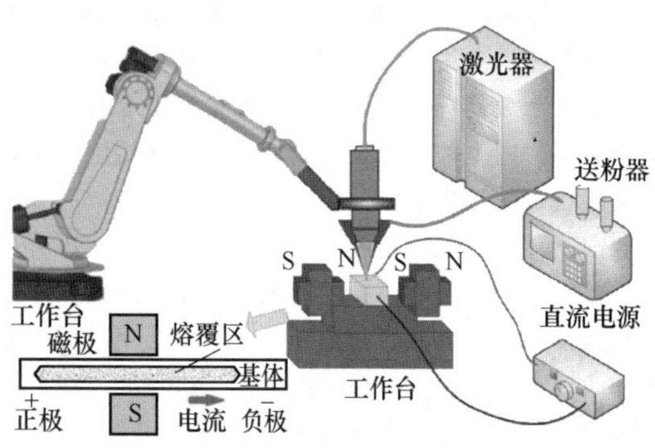

图 14-37　电磁与激光能场耦合装置

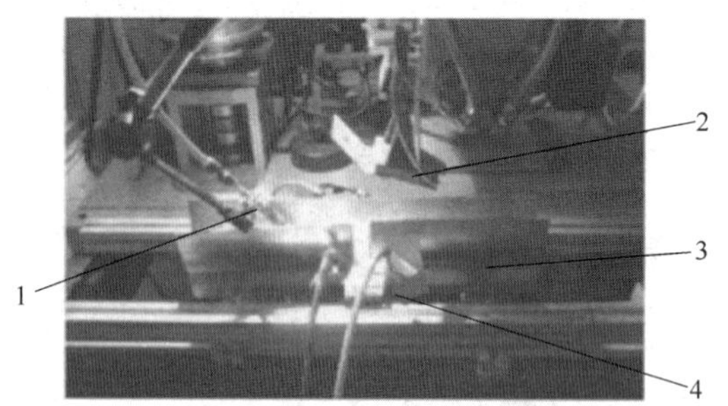

图 14-38　稳态磁场耦合激光熔覆装置

1—保护气喷嘴　2—激光手电筒

3—工件和挡板　4—水冷式永磁铁

挡操作过程中的大量飞溅物。

如图 14-39 所示，在交变磁场耦合激光熔覆装置中，由导磁材料组成的棱柱磁极直接安装在两个线圈下方，与 U 形铁心直接接触，且磁极之间的距离可连续调节至 20mm；激光头与垂直方向夹角为 18°，且在磁铁后方有一个保护气喷嘴。通过固定激光器和电磁铁移动试样以在试样表面形成焊缝，试样上表面与磁极的距离为 2mm。

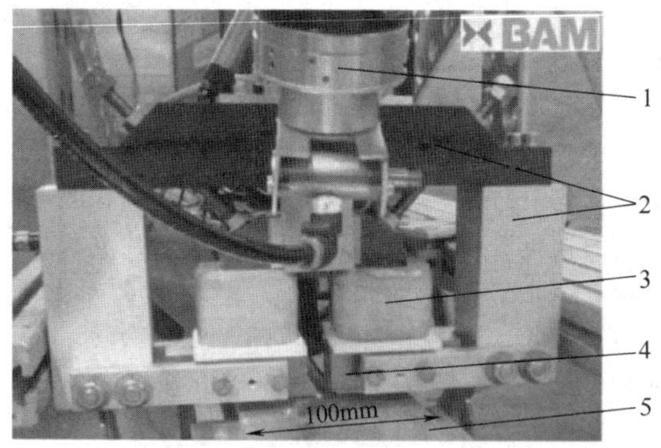

图 14-39　交变磁场耦合激光熔覆装置

1—激光器　2—支架　3—电磁线圈　4—磁极　5—工作台

交变磁场耦合激光熔覆装置大多采用结构简单、成本低的永磁式电磁搅拌结构，主要由电动机调速装置、传动机构、磁铁转盘机构、工作台机构四部分组成，如图 14-40 所示。每对磁极间的径向距离可调，由步进电动机带动转盘旋转以实现磁场的旋转，通过控制步进电动机的脉冲频率来控制磁场旋转速度。

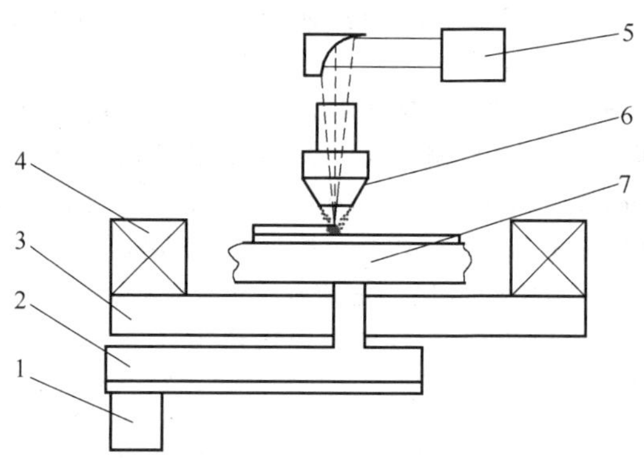

图 14-40　永磁式电磁搅拌交变磁场耦合激光熔覆装置

1—电动机　2—驱动装置　3—转盘　4—永磁铁

5—保护气　6—送粉喷嘴　7—待修复基材

图 14-41 所示为随动式电磁场耦合激光熔覆装置。该装置由磁心、励磁线圈和连接件等组成，磁心由工业纯铁制作，并用绝缘漆进行绝缘，磁场发生装置通过连接件与机床臂相连接，激光头位于磁场发生装置内侧并固定于机床臂上。在激光熔覆过程中，两磁极头位于激光头与熔覆工件之间，磁极间隙内产生的磁场作用于熔池，从而实现磁场与激光的同步耦合。

图 14-41　随动式电磁场耦合激光熔覆装置

1—电场模块　2—磁场模块

图 14-42 所示为电磁复合场耦合激光熔覆装置。

a)　　b)

图 14-42　电磁复合场耦合激光熔覆装置

a）稳态磁场装置　b）稳态电场装置

熔覆时激光束作用于试样上表面，光斑中心、粉斑中心需与试样纵向对称面重合。复合场中的磁场采用稳态磁场，由电磁铁提供。复合场中的电场，为稳态电场，可由直流电流提供。

图 14-43 所示为同轴随动式磁场发生装置，主要由锥形软磁铁心、励磁线圈和低频方波电源构成。在激光焊接过程中，磁场装置产生竖直方向的脉冲磁场，磁感线几乎与激光束同轴作用于熔池中。实验结果表明，施加低频磁场可以改善熔池内部的流动条件，增强熔池稀释。

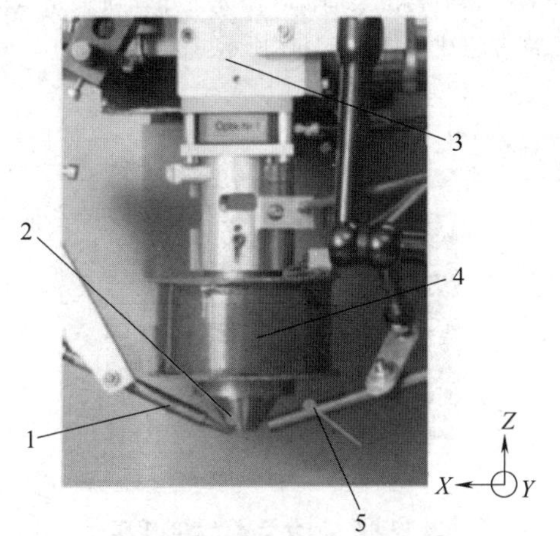

图 14-43　同轴随动式磁场发生装置

1—填充丝喷嘴　2—铁心　3—激光发生器
4—线圈　5—气体喷嘴

图 14-44 所示为脉冲电流耦合激光熔覆装置，主要由脉冲电源、电极、磁心、励磁线圈和连接件等零部件所组成。由于脉冲电流较大，通过厚陶瓷板将基体与铜电极隔开。

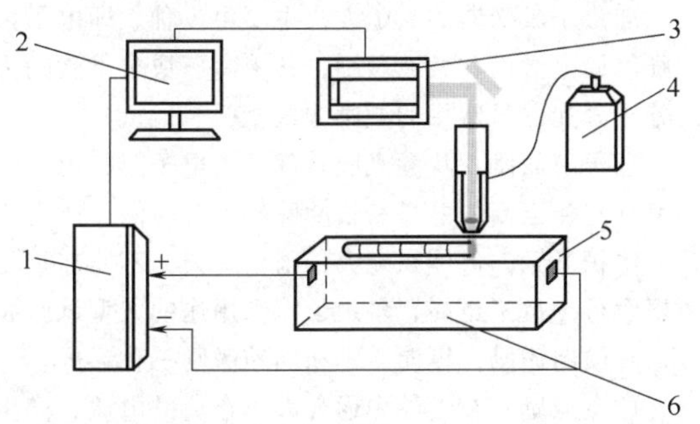

图 14-44　脉冲电流耦合激光熔覆装置

1—脉冲电源　2—工业控制计算机　3—激光器
4—送粉器　5—电极　6—基体

低压中频交变磁场辅助激光增材修复装置主要由纳米晶磁心、谐振电容器、中频电源、功率放大器、漆包线等零部件组成，可通过更换电容器来实现不同的频率，如图 14-45 所示。磁极间隙中心处和基体上表面的最大磁感应强度约为 152mT 和 120mT。该装置热稳定性良好，当中频交变磁场装置稳定运行 60s 后，磁心温度在 30~33℃范围内波动，通过风冷对装置进行降温，基体试样最高温度从 32℃上升至 87℃。该装置能对熔覆层/重熔层气孔等缺陷进行有效的抑制。

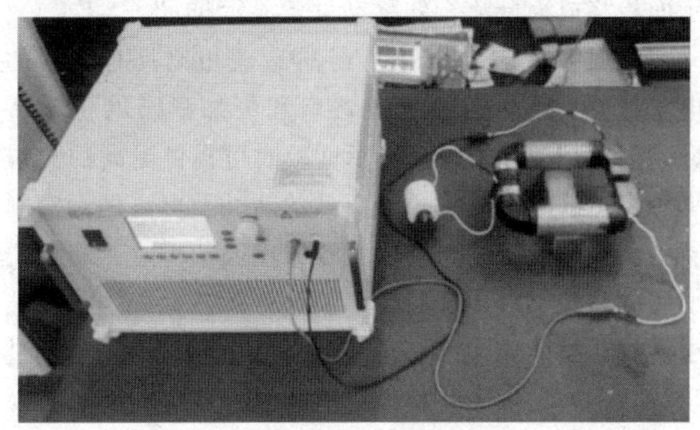

图 14-45　低压中频交变磁场辅助激光增材修复装置

14.3.3　半导体材料的激光热处理设备

随着激光设备的发展，激光热处理技术在半导体领域取得了一定应用。近年来，由于其自身所具备的灵活、可控、绿色等优势，激光热处理技术逐渐取代传统热处理技术，成为半导体领域新一代的主流热处理技术。在众多激光热处理技术中，激光退火技术在半导体领域中应用最为广泛。

与金属材料通过激光热处理显著提高硬度、强度、耐磨性、耐蚀性和耐高温等性能，从而提高产品质量，延长产品使用寿命不同，半导体材料的激光热处理主要是利用激光退火技术消除由离子注入所造成的结构性损伤。激光退火技术在硅基太阳能电池、显示面板、集成电路等领域得到应用，如改善硅基太阳能电池的电学特性，制备低温晶体硅面板、增大集成电路中材料的晶粒尺寸并减少界面缺陷以提升性能等。

1. 半导体激光退火原理

激光退火的一个显著特征是在超短的时间内（数十到数百纳秒量级）将高能量密度的激光辐照（若干 J/cm^2）投射在退火样品的一个小区域内，使样品表面的材料熔化并在随后的降温过程中自然地在熔化层液相外延生长出晶体薄膜，重构熔化层的晶体结构。在重构晶体的过程中，离子注入导致的晶格损伤被消除，掺杂杂质在高温下扩散并重新分布，杂质原子溶解于晶体，被激活释放出空穴或电子。

2. 准分子激光退火设备市场需求

在半导体材料的激光热处理中，常用的激光设备主要是准分子激光退火（ELA）设备。

以显示面板生产中所需的低温晶体硅面板为例，据显示屏供应链咨询公司（DSCC）的相关研究《2019年可折叠显示屏市场更新和展望报告》显示，现阶段市场对OLED显示面板的需求处于上升阶段，且未来几年这个趋势还会持续。可以预见，OLED显示面板将成为最流行的移动设备显示技术。

低温多晶硅（LTPS）与非晶硅相比具有更好的电学特性、更高的电子迁移率和更加稳定的化学特性，因此在制造OLED显示面板时可提供更高的分辨率和亮度、更大的视角、更低的功耗及更高的像素刷新率。在制造OLED显示面板的玻璃基板时，需要先使用沉积技术形成薄层硅，而这种工艺会产生非晶硅层。将非晶硅转化为多晶硅或单晶硅所需温度超过1200℃，远高于玻璃基板所能承受的范围。面对大规模的工业生产，常规的退火方式难以满足产品的制造需求，而激光退火可以在面板垂直方向保持一个较大的温度梯度，在给非晶硅薄膜加热的同时不会影响到玻璃基板。因此，在OLED显示面板的制造过程中，基于准分子激光的低温多晶硅（LTPS）退火是将该非晶硅层转换为多晶硅的首选方法，如图14-46所示。

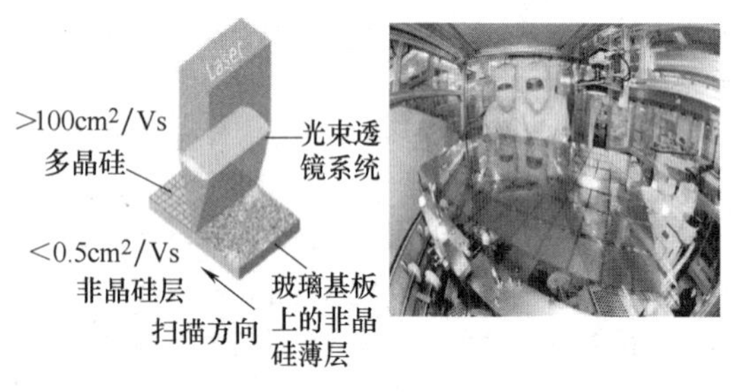

图14-46　显示面板准分子激光退火

在硅基太阳能电池、集成电路制造行业，准分子激光退火设备也有着同样的需求，可见准分子激光退火设备未来市场需求庞大。

3. 准分子激光退火设备构成

准分子激光退火设备主要包括四部分，即准分子激光器、光学系统、退火腔室及传送系统、其他（电力、冷却、控制系统等）。

（1）准分子激光器　准分子激光器的主要作用是将生活中常见的能源——电能转化为一定波长的激光。

准分子激光器是高电压泵浦的气体激光，是一种波长在紫外波段的脉冲气体激光器。之所以产生称为准分子，是因为它不是稳定的分子，在激光混合气体受到外来能量的激发所引起的一系列物理及化学反应中曾经形成但转瞬即逝的分子，其寿命仅为几十毫秒。当电激发后，惰性气体和卤素气体结合的混合气体形成的分子向其基态跃迁时发射所产生的紫外激光。准分子激光属于冷激光，无热效应，光子能量波长范围为157~353nm。最常使用的发光谱线是193nm（ArF）、248nm（KrF）、308nm（XeCl）、351nm（XeF），与一般的CO_2激光器、半导体激光器、碟片激光器等相似，由泵浦源、激光工作介质、光学谐振腔三部分组成，如图14-47所示。

图14-47　准分子激光器的组成

1—整机控制系统　2—激励源　3—谐振腔　4—放电腔　5—水、电、气辅助系

1）准分子激光器泵浦源。泵浦源的作用是对激光工作物质进行激励，将激活粒子从基态抽运到高能级，以实现粒子数反转。根据工作物质和激光器运转条件的不同，可以采取不同的激励方式和激励装置。

准分子激光器的激励方式主要由三种，即电子束激励、放电激励和微波激励，其中高压快放电激励为准分子激光器最常用的激励方式。

电子束激励：从激光腔外部注入电子束，由于电子束具有相当高的能量和快的脉冲上升时间，能实现较大体积激励。但体积庞大，结构复杂，不能高重复频率运行，价格也高，多用于特殊用途的大型试验装置，有横向激励、纵向激励和同轴激励三种形式。

放电激励：在气体中通入大小合适的电流，产生自由电子和离子，这些电荷被电场加速，通过消耗放电过程中的电功率以获得动能，通常由电子和原子碰撞时产生激发。适合小体积抽运、能量不大，重复频率较高，价格低。预电离方式包括电子束预电离、X射线预电离、紫外火花预电离和电晕预电离等。

微波激励：通过微波管将能量注入放电腔，无须预电离，体积小，容易实现长脉冲、高重复率运行。

2）准分子激光器激光工作介质。准分子激光器所使用激光工作介质为惰性气体、卤素气体和缓冲气体（一般是氖气）的混合物。一种典型的混合比例是体积分数为 2%～9%的惰性气体、0.2%的卤素气体、90%～98%的缓冲气体，其中缓冲气体主要用于传输能量。混合气体存储于高压瓶中，典型气压是 0.35～0.50MPa。工作时使用宽度为几十个纳秒的高压短脉冲对混合气进行放电激励，从而生成惰性气体的卤化物，如 ArF、KrF、XeF、XeCl 等，这些卤化物的寿命都非常短，并且基态很不稳定。

3）准分子激光器光学谐振腔。准分子激光器光学谐振腔通常由两块与激活介质轴线垂直的平面或凹球面反射镜构成。光学谐振腔选择频率一定、方向一致的光子进行最优先的放大，而把其他频率和方向的光子加以抑制。凡不沿谐振腔轴线运动的光子均很快逸出腔外，与激活介质不再接触。沿轴线运动的光子将在腔内继续前进，并经两反射镜的反射不断往返运行产生振荡，运行时不断与受激粒子相遇而产生受激辐射，沿轴线运行的光子将不断增殖，在腔内形成传播方向一致、频率和相位相同的强光束。为把激光引出腔外，可将一面反射镜做成部分透射的，透射部分成为可利用的激光，反射部分留在腔内继续增殖光子，如图 14-48 所示。

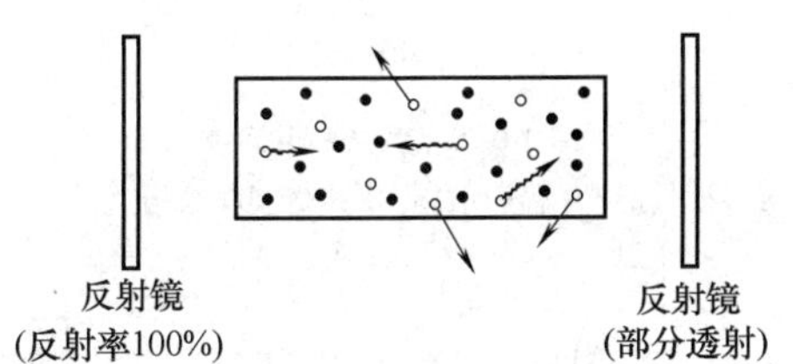

图 14-48　光学谐振腔工作原理

按组成谐振腔的两块反射镜的形状及它们的相对位置，可将光学谐振腔分为平行平面腔、平凹腔、对称凹面腔、凸面腔等。平行平面腔为准分子激光器最为常用的光学谐振腔形式。在平凹腔中，如果凹面镜的焦点正好落在平面镜上，则称为半共焦腔；如果凹面镜的球心落在平面镜上，便构成半共心腔。在对称凹面腔中，两块反射球面镜的曲率半径相同。如果反射球面镜的焦点都位于腔的中点，便称为对称共焦腔；如果两球面镜的球心落在腔的中心，称为共心腔。

准分子激光器由于其特殊的工作介质，故具备如下重要特点：

1）准分子以激发态形式存在，寿命很短，仅有 10^{-8}s 量级，基态为 10^{-13}s 量级，跃迁发生在低激发态和排斥的基态（或弱束缚）之间，其荧光谱为一连续带。

2）由于其荧光谱为一连续带，故可以实现波长可调谐运转。

3）由于激光跃迁的下能级（基态）的离子迅速离解，激光下能级基本为空的，极易实现粒子数反转，因此量子效率很高，接近 100%，并且可以高重复频率运转。

4）准分子激光属于冷激光，无热效应，是方向性强、波长纯度高、频率高、能量大、焦斑小、加工分辨率高、输出功率大的脉冲激光。

5）输出激光波长主要在紫外线到可见光段。

在准分子激光器工作过程中，混合气会出现慢性损耗，从而导致激光器性能下降。在商用激光器中，高压气瓶不是全密封的，需要定期给激光器充气，初期研制的准分子激光器充气间隔可以是 10^3～10^6 个激光脉冲，以观察到明显的性能下降为准。需要注意的是，准分子激光器会涉及有毒有害物质，因此一定要按照规定的安全程序进行操作和维护。在准分子技术发展的初期，由于卤素气体对高压气瓶的腐蚀曾经造成过严重的事故。现代的激光器已经通过材料选型解决了这个问题，电极材料选用镍或溴，不再使用基于有机材料制造的润滑、密封、绝缘材料。这些措施可以使准分子气体的寿命延长到 10^8 个脉冲量级。

准分子激光器的光学元件也需要维护，这也是决定激光寿命的第二大因素。XeCl 激光器的光学元件是使用石英或熔融石英制作的。XeF 激光器的光学元件则是使用 MgF_2，这主要是因为氟气会腐蚀石英或熔融石英，因此需定期检查准分子激光器的光学元件，当观察到光学元件有损坏倾向时，应及时维修或更换光学元件。若不能及时维护激光器的光学元件，将会影响激光器的正常使用，甚至对激光器造成更大的损害。

（2）光学系统　光学系统的主要作用是提高准分子激光束的质量。光学系统根据实际需求将准分子激光器输出的紫外波段激光进行传输、均相、扩束等，如图 14-49 所示。

光学系统主要涉及的技术有激光扩束技术、光束均匀技术和线宽压窄技术等。

1）激光扩束技术。准分子激光的近场光斑尺寸与激活区域的尺寸相匹配，长轴与短轴均存在一定的发散角，分别为 3 mrad 和 1 mrad 左右。在光束整形系统中采用激光扩束技术有以下三个作用：第一，改变原始光束的尺寸，以匹配系统的孔径；第二，对原始光束进行准直，压缩其发散角；第三，降低光斑的能量密度，防止高能激光对光学元件造成损伤。

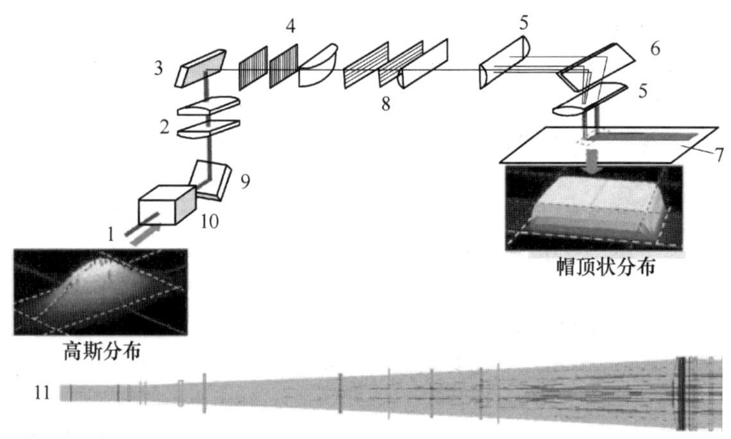

图 14-49　光学系统

1—激光　2—整束镜　3—反射镜 2　4—长轴均质器　5—长度场　6—反射镜 3　7—玻璃　8—短轴均质器　9—反射镜 1　10—衰减器　11—激光管

① 开普勒与伽利略结构。图 14-50 所示为开普勒与伽利略结构的激光扩束系统。这两种结构均采用透射式镜片，前者的目镜采用正透镜，系统中存在实焦点，可在焦点处进行空间滤波，作为望远镜时，可在焦点处安装分划板进行读数，当入射激光的功率很高时，焦点处的空气被击穿，扩束功能失效，故开普勒结构不适合高峰值功率光源的光束整形；后者的目镜采用负透镜，系统中无实焦点，与前者相比，系统结构更为紧凑，能量传递效率也更高。由于准分子激光的光斑近似于矩形，并且长轴和短轴的发散角不一致，所以需要采用两组正交的柱面激光扩束器对原始光束的两个方向分别处理，若采用一片球面物镜来代替两片柱面物镜，或者采用一片球面目镜代替两片柱面目镜，则可以实现双轴同步扩束，并且扩束倍率可根据应用需求来选择。三片式扩束系统如图 14-51 所示，它将两个相互垂直的柱面扩束系统中的两片柱面镜片替换为一片球面镜片，以获得同等的光学效力，其结构较为紧凑，在准分子激光退火设备的光束整形系统中有较高的实用价值。在某些光束整形场合需要用到缩束系统，仅需使激光由扩束系统的输出端入射即可达到目的。

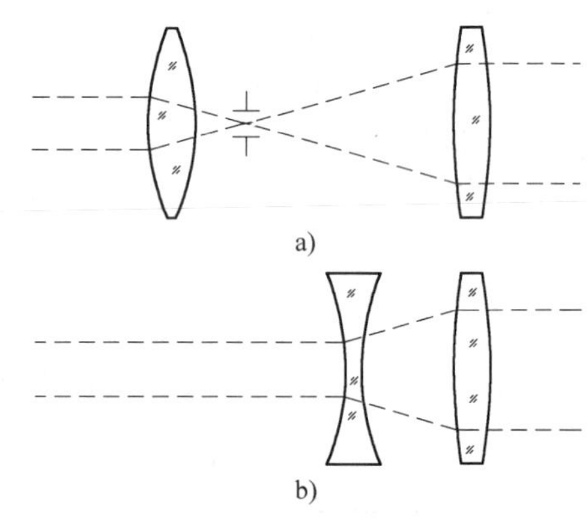

图 14-50　激光扩束系统

a）开普勒结构　b）伽利略结构

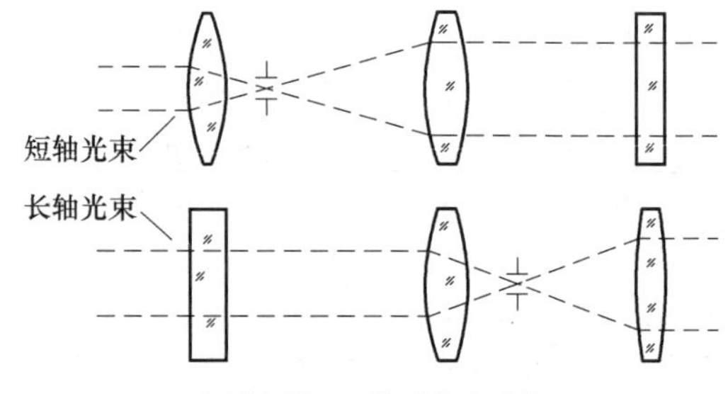

图 14-51　三片式扩束系统

② 卡塞格林和格里高利结构。图 14-52 所示为卡塞格林和格里高利结构的激光扩束系统。这两种结构的扩束器采用反射式镜片，主镜均为凹面，前者的次镜为凸镜，系统无实焦点，后者的次镜为凹镜，故可在实焦点处对入射光束质量进行优化。反射式结构无色差，适合较大口径的激光扩束，由于激光束中心存在遮拦，故可以实现极低能量损失的环形照明或分区照明。若使激光离轴入射，如图 14-52c 所示，则遮拦问题就不存在了。

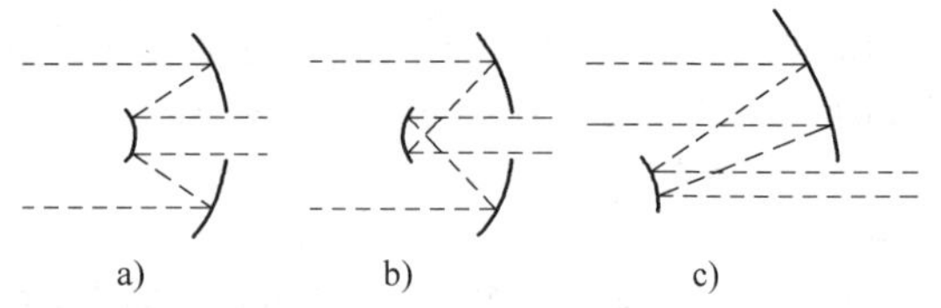

图 14-52　卡塞格林和格里高利结构的激光扩束系统

a）卡塞格林　b）格里高利　c）离轴入射情况

2）光束均匀技术。放电激励准分子激光近场光斑呈矩形，光斑短轴能量呈近高斯分布，长轴能量呈近高斯分布、近平顶分布或介于二者之间，由于均匀性较差，往往不能直接进行工程应用。此外，工作气体的老化、放电电极的损耗、谐振腔片的污染也会导致光斑质量降低，故需要对光斑进行处理，以提高其能量分布均匀性。光斑匀化方法主要分为三种，即截取法、叠加法、折射法与衍射法。

① 截取法。这种方法采用特定尺寸与形状的光阑，截取准分子激光斑的近平顶部分，以期获得满足应用需求的光斑。该方法的最大缺点在于浪费了大部分激光能量，若采用截取的部分去进行掩模投影，则激光能量的有效利用率会更低。此外，截取光斑的能量分布也会随着原始光斑的能量分布变化而变化。截取法适合对辐射剂量和能量分布要求均较低的工程应用或试验研究。图 14-53 所示为光阑截取准分子激光圆形光斑辐照掩模。

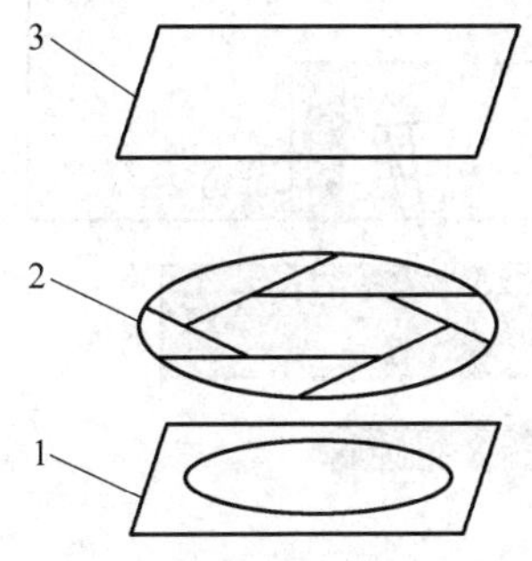

图 14-53 光阑截取准分子激光圆形光斑辐照掩模

1—掩膜 2—圆光圈
3—准分子激光原始光束

② 叠加法。这种方法的基本思路是首先将准分子激光分割为若干部分，然后将分割的部分叠加在一起，形成强弱互补，从而起到光斑匀化的作用。例如，采用一个棱镜将原始光束分割为两部分，通过合理设置棱镜的楔形角就可获得相应的叠加面，此时两束光的强弱部分形成互补；再如，采用两片对称的半凸面透镜分别对准分子激光的边缘部分进行处理，折射的边缘光在某个位置与未经处理的中间部分的光束形成强弱叠加。此外，光波导也有类似的功能。以上方法的缺点在于对原始光斑的能量分布及其对称性有特定要求，若偏离该特定分布或对称性差，则光斑匀化效果降低。图 14-54 所示为基于棱镜和半凸面透镜的光斑匀化方法。

基于透镜阵列的光斑匀化方法如图 14-55 所示。

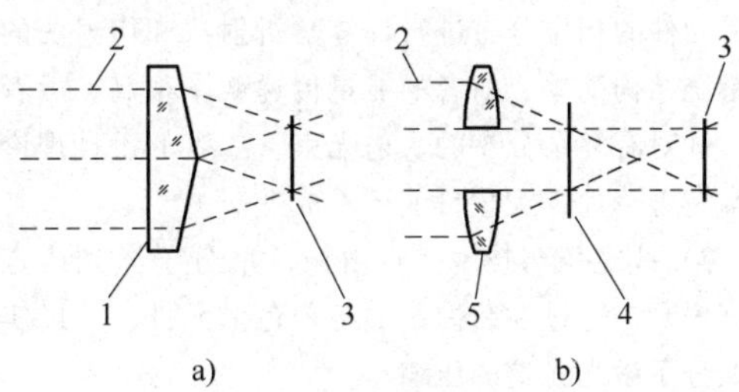

图 14-54 基于棱镜和半凸面透镜的光斑匀化方法

a）基于棱镜 b）基于半凸面透镜
1—棱镜 2—准分子激光原始光束 3—均质平面
4—焦平面 5—半凸面透镜

阵列由若干子透镜单元组成，将原始光束分为若干能量通道，这些能量通道的光能经过聚光镜后均叠加于聚光镜的焦平面处。这种方法对原始光斑的能量分布没有苛刻的要求，匀化光斑的尺寸选择也较为宽泛。原则上，单位面积上的能量通道越多，焦平面上的光斑匀化效果越好，但仍有一些会降低均匀度的问题需要考虑：首先是子透镜单元的孔径引起的衍射效应，其次是匀化光斑边缘的模糊效应，最后是均匀面的子光束间的干涉效应。此外，透镜阵列的加工也有难度，国内还没有形成相关产业。

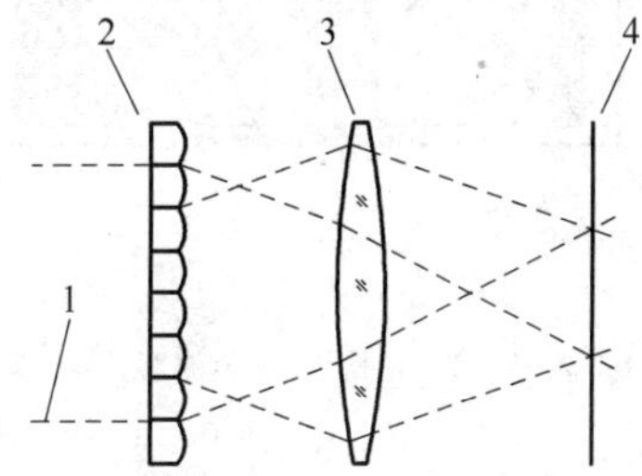

图 14-55 基于透镜阵列的光斑匀化方法

1—准分子激光原始光束 2—列阵透镜
3—聚光器 4—均质平面

③ 折射法与衍射法。折射法利用具有望远镜结构的非球面透镜组对单模高斯光束进行整形，首先对输出的具有平顶分布的光束的函数进行定义（输出光束常定义为超高斯光束或匀化洛仑兹函数），然后采用光线追迹法确定光线映射函数，最后确定非球面参数。在望远镜结构中，第一非球面镜的作用是对入射光进行调制，从而在第二非球面镜的前表面获得匀化光斑，第二非球面镜的作用是保证光束平行出射。衍射法基于光波场的标量或矢量衍射理论，建立起入射光场和出射光场间的数学模型，再通过优化算法对

衍射元件的相位分布进行计算。折射法和衍射法的整形系统结构简单，前者的能量传递效率很高，后者较差。针对有复杂分布的入射光束，二者的设计理论还有待完善，加工工艺目前还不成熟。

3）线宽压窄技术。自由振荡准分子激光线宽在数百皮米，通过在腔内添加各种色散元件，可以实现对准分子激光光谱的压缩。

线宽压窄技术的实现方法主要有棱镜组合法、标准具、光栅等。这些线宽压窄技术各有特点：棱镜组合法线宽压缩比例不高；标准具具有压缩线宽窄的特点，但标准具易损伤且受热效应影响波长漂移；光栅温度稳定性好，波长的漂移及线宽变化范围小。

如果对线宽压窄要求很高，通常采用棱镜、标准具与光栅组合法，光栅初步完成线宽压缩，标准具进行更细的线宽压缩。由于光栅法具有很高的温度稳定性，减小了波长的漂移量，由棱镜组成的扩束系统降低了标准具内的能量密度，提高了标准具的使用寿命。

（3）退火腔室　退火腔室是准分子激光退火设备对半导体材料进行激光退火的执行场所。为确保半导体产品生产过程不受粉尘、氧含量等外界因素影响，退火腔室多为密封结构。退火腔室主要包括承载半导体材料的载台、气体浓度监测系统、激光自动对焦系统，如图14-56所示。

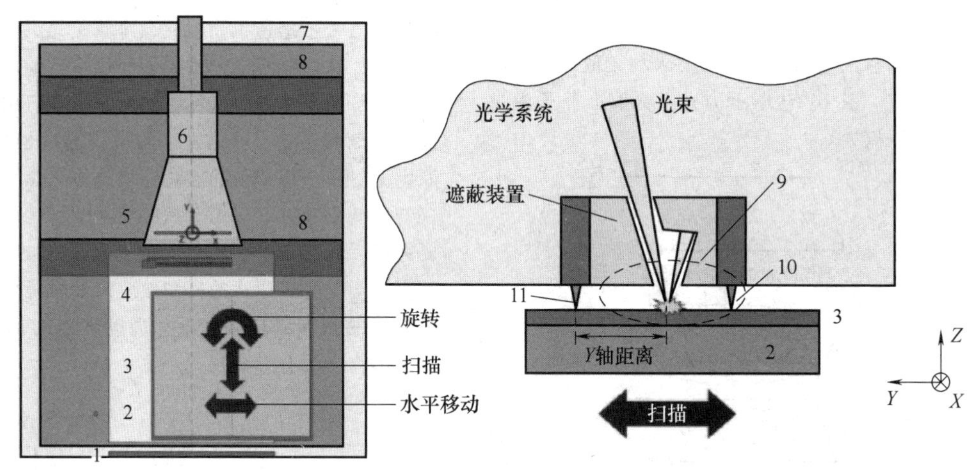

图14-56　退火腔室

1—阀门　2—夹具　3—金属板　4—激光加工　5—光束　6—镜头　7—外腔　8—连接器　9—处理腔　10—自动对焦传感器　11—遮蔽装置

1）气体浓度监测系统。气体浓度监测系统可对退火腔室内的各类气体浓度进行监测，对其进行闭环反馈控制，以确保生产半导体产品的质量。气体浓度监测系统主要依靠各类气体浓度传感器对各类气体浓度进行监测。

各类气体浓度传感器的工作原理不同，并且同一气体浓度传感器中也有原理各异的不同类型传感器。以氧气浓度传感器为例，分为氧化物半导体型、浓差电池型、极限型和伽伐尼式等。

① 氧化物半导体型。氧化物半导体型主要用于二氧化钛。外界大气中氧分压的变化会引起氧化物半导体表面的氧化或还原而导致氧化物半导体电阻的变化。二氧化钛在室温下具有很高的电阻，当气体中氧浓度减少时，氧分子脱离，使其晶体出现空穴，于是有更多的自由电子流动，材料的电阻也随之降低。

② 浓差电池型。浓差电池型主要以氧化锆为感应元件。基于固体电解质两侧氧分压的差异而产生浓差电势。感应管内表面与大气相通，外表面与废气接触。当内外侧的氧浓度差较大时，氧离子从氧分压高的一侧移向低的一侧，在电极之间会产生电动势。

③ 极限型。极限型传感器是当对 ZrO_2 固体电解质施加适当电压时，与待测气体有小孔相连的小室内氧形成的氧离子（O^{2-}）被抽到另一侧，这时在电极电路中有电流通过。增大电压，流经回路的电流随之增大，待电压超过某一数值时，电流不再增大而达到极限值，该极限电流大小与继续增加的电压无关，而

与被测环境中的氧分压成正比。

④ 伽伐尼式。伽伐尼式传感器以银作为正极，以铅作为负极，采用碱性电解液，当氧浓度发生变化时，可引起电池中电化学反应的变化。因此，根据电化学反应中电流的变化，即可实现氧浓度的测量。

2）激光自动对焦系统。根据对焦原理不同，自动对焦方法主要可分为两类，即基于成像图像对焦评价的被动式对焦方法和借助激光等辅助元件进行离焦量检测与对焦的主动式对焦方法。起初，以图像为基准的被动式对焦方法因其具有对焦精度高且不需要额外设备辅助的优点，受到国内外研究者的极大青睐并形成了熵函数、能量梯度函数等图像清晰度评价函数，以及函数逼近法、爬山搜索算法等图像处理算法，但被动式对焦过程中需要大量运算，导致其对焦速度受到极大限制。为提高对焦运算速度，越来越多的研究者开始把研究方向集中到主动式对焦方法上来。

激光自动对焦原理如图 14-57 所示。辅助激光束经过物镜照射到被测物表面，被测面与激光对焦平面有三种相对状态：一是被测面在对焦平面上方，称为正离焦；二是被测面与对焦平面重合，称为对焦；三是被测面在对焦平面下方，称为负离焦。当采用半圆激光束进行辅助对焦时，被测面与对焦平面的相对关系为正离焦、对焦、负离焦，对应的激光光斑形状分别为右半圆、小圆点、左半圆，并且光斑半径与离焦量大小呈线性关系。因此，成像传感器通过检测光斑形状及大小，即可确定被测面相对对焦面的方向与距离。

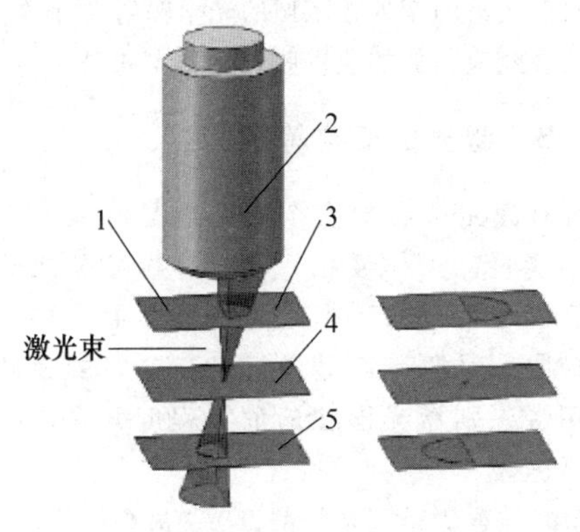

图 14-57　激光自动对焦原理

1—被测面　2—物镜　3—对焦面上方
4—对焦面　5—对焦面下方

14.4　激光热处理的安全防护

14.4.1　激光辐射的危害概述

激光是基于受激辐射光放大产生的一类特殊光，与相同光辐射功率的普通非相干光比较，由于激光发散角小，汇聚性好，因此会引起成倍的伤害。较低功率的激光长时间照射生物体，通过神经反射也可能起神经系统一系列的功能性和器质性改变。

长期从事激光作业的人员，易出现不同程度的头昏、耳鸣、恶心、心悸、失眠多梦、食欲下降、腰酸腿胀、易疲劳、烦躁或抑郁、精力不集中、记忆力减退等症状。症状的轻重及发生率与接触激光时间的长短、激光器功率的大小及周围环境等因素有关。研究发现，导致上述变化的机制可能与激光本身直接刺激神经，强闪光长期对眼反复刺激，反射性地引起大脑神经功能异常，射频磁场和噪声的影响，紫外激光阻断神经传导等多因素有关。

激光对生殖系统影响的机制可能是，激光诱发染色体内遗传信息载体 DNA 的损伤，引起遗传密码的紊乱而导致受孕胚胎的发育畸形；或者由于长期低剂量多次激光照射的累加作用，影响下丘脑和垂体的分泌功能，引起女性激素的变化，影响卵巢对垂体激素的反射功能，从而使月经失去其正常的规律。因此，应加强激光作业女性员工的安全防护。

激光作业对呼吸系统的影响未见报道，但有学者对 CO_2 激光器烧灼治疗皮肤疣、乳头状瘤和子宫内膜炎等疾病时产生灰尘颗粒进行了收集和测量。结果显示，CO_2 激光在烧灼中产生灰尘粒子，其颗粒度适宜进入气管及支气管。如果灰尘中含有乳头状瘤病毒，CO_2 激光治疗所致烟尘对外科医生可有潜在危害，术中需及时抽排烟尘。

14.4.2　激光辐射对人体的伤害

1. 激光辐射人眼损伤

早在 20 世纪 80 年代，激光作业的职业危害已受到关注。许多学者对长期从事激光器研制、生产、使用和维修的职业人员进行了健康调查，结果显示，人体多个系统有不同程度的临床改变。

激光辐射危害主要体现在对眼睛的损伤上，根据不同的损伤机理，光生物危害大致分为光化学危害和热危害。光化学效应是光照射引发的光化学反应，这种反应是分子激发态的一种独特的化学反应，中等剂量的紫外辐射和短波长光长时间照射，可能引起某些生物组织，如皮肤、眼的晶状体，尤其是视网膜的不可逆改变，从而导致器官损伤。热效应指生物组织吸收了足够的辐照能量时，照射区域内的细胞会产生烧伤。

激光直接照射可引起眼的急性损伤，慢性照射也可导致眼损伤。在对激光危害的流行病学调查中发现，许多长期从事激光作业的人员，出现眼睛干涩、疼痛、易疲劳、视物模糊、视力下降、飞蚊症等症状。眼科学检查有结膜充血、角膜点状着色改变。除眼形态学的改变，小剂量激光慢性作用对视觉功能也有一定影响。观察组的单眼视力或双眼视力低于 5.0（五分记法）的发生率高于对照组，差异有显著性。激光照排工人的视力下降，眼肌疲劳指标的集合近点距离与对照组差异有显著性。有的学者在色觉视野检查中发现，有色野缩小和色野颠倒者。

对于人眼来说，角膜对波长<315nm 的紫外辐射有较强的吸收，可能会造成角膜炎、结膜炎、白内障等；波长在 315~400nm 的紫外辐射，虽然角膜对其吸收减弱，但能被角膜后面的晶状体吸收，同样能造成角膜炎、结膜炎等损伤；波长范围在>400~1400nm 的可见光、近红外光可以穿过角膜、晶状体而到达视网膜，可能会造成视网膜灼伤，这一波段也称为视网膜危害区；同时，400~600nm 的可见光，会造成视网膜光化学危害；1400~3000nm 波长的红外线会被晶状体吸收，可能导致白内障；大于 3000nm 的红外线被角膜吸收，可能导致角膜灼伤。

眼是机体中对激光最为敏感的靶器官，眼屈光系统的聚焦作用可使到达视网膜上的激光功率密度（或辐照量）比角膜的入射量提高约 10 万倍，加之眼组织又具有丰富的色素和血管，因而极低剂量的激光辐射就可能造成眼损伤。观察激光眼损伤的剂量与效应关系，在相同照射条件下，随着激光照射剂量的增加，眼损伤发生率增多，损伤程度加重。但激光输出方式不同，造成视网膜相同程度损伤所需的照射剂量可相差几个数量级，如巨脉冲与超短脉冲激光照射，较连续和长脉冲激光损伤所需的剂量低，并且容易引起组织的爆破。因眼组织对不同波长激光的反射、吸收和透射率不同，因而不同波长激光对眼损伤的部位也不同。角膜对波长<280nm 的远紫外线吸收率接近 100%，随着波长的增加，吸收率减少，透过率增加，因此紫外激光主要造成角膜和晶状体的损伤。

由直射或镜面反射激光束所致人眼意外损伤事故，国内外报道已有百余例，其中我国报道过 60 余例。损伤部位大多在眼底视网膜，个别的是角膜损伤。损伤程度与激光强度、波长、发射方式、受照时间等因素有关，轻者表现为视网膜凝固、水肿，重者视网膜大出血、黄斑破孔，严重影响视觉功能。事故多发生在激光器问世早期，随着对激光防护意识的增强和对防护措施的改善，近年此类事故的发生率已逐渐降低。

激光辐射眼损伤受到激光辐射参数，如波长、输出方式、辐照能量、照射时间等多种因素的影响，一般说来，连续和长脉冲可见光及近红外激光主要为热作用，而紫外波段激光是通过光化学作用使一些重要生物大分子受到损伤。此外，眼的色素种类与含量多少、眼屈光状态和瞳孔大小等机体生物因素也会在一定程度上对激光辐射眼损伤产生影响。

2. 激光辐射皮肤损伤

对于皮肤来说，皮肤对紫外线的吸收深度与紫外线的波长有关，波长越短，皮肤的吸收深度越浅。由于紫外线对皮肤的穿透力较弱，波长较长的紫外波段（>315~400nm）可深入到皮肤的真皮层，>280~315nm 与 100~280nm 的紫外波段分别可到达皮肤的表皮与角质层部分，为此紫外波段可导致皮肤起红斑或皮肤癌等。>400nm 的可见光和近红外光的波段可深入皮肤的真皮和皮下层，导致皮肤灼伤。远红外线只能达到皮肤的角质层，但同样会造成皮肤灼伤。

激光对于人体皮肤的危害有光化学危害和热危害两种。不同波长的光束可能穿透表皮层和真皮层，造成立即的危害或慢性危害，其中立即危害是可见光和红外光谱范围的激光照射皮肤引起包括轻度红斑到严重水疱等生物效应。表面吸收较强的组织受到极短脉冲、高峰值功率激光照射后，普遍会出现灰白色炭化，而不出现红斑。慢性危害是重复性或慢性激光照射，如在光谱的紫外线区域的光学辐射会导致长期的激光危害效应，如加速皮肤老化和皮肤癌。

14.4.3　激光的安全等级

所有激光产品的安全标准都是将激光产品按照输出能量、工作波长、脉宽等参数分成若干个安全级别，划分的依据是与损伤阈值直接相关的辐射极限。对激光产品进行安全分级的目的是帮助使用者识别激光潜在的危害程度并采取相应的防护措施。

激光被誉为是“最快的刀”“最亮的光”“最准的尺”。为了防止人员在使用激光产品时遭受光辐射对人眼和皮肤的伤害，国际电工委员会在 1974 年 6 月成立了光辐射安全和激光设备技术委员会（IEC/TC76）。IEC/TC76 成立于 1974 年 6 月，工作范围包括制定含激光（和发光二极管）或专门使用激光设备（包括系统）的国际标准，以及激光使用时而引入的对于设备发挥其功能必要的安全因素的内容。该范围包括了把国际非电离辐射保护委员会（ICNIRP）和国际照明委员会（CIE）等国际组织关于应用于人类暴露在人造辐射源的光辐射 100nm～1mm 的限制制定在国际标准中。所有的激光安全标准都是根据激光的潜在危害性来划分的。例如，美国国家标准研究所（ANSI）的 ANSI Z136. 1—2007 把激光产品划分为四个安全等级。为规范激光产品的分类和安全等要求，我国在 1987 年制定了激光产品的国家安全标准 GB 7247—1987，并经 1995 年、2001 年、2012 等多次修订，现行的国家标准为 GB 7247. 1—2012《激光产品的安全　第 1 部分：设备分类、要求》，等同采用 IEC 60825-1：2007。根据这一标准，我国激光产品分为 1 类、1M 类、2 类、2M 类、3R 类、3B 类和 4 类共 7 种。下文主要结合国内外激光产品的安全标准，介绍激光产品的安全等级划分。这些内容对于从事激光产品使用的操作人员具有指导意义，对于从事激光应用实验场所建设和管理的人员具有参考价值。

1. 激光的等级分类

根据激光辐射的危害将其分类，并制定出相应的激光安全标准。对生物组织产生危害的相关激光参数有激光输出能量或功率、波长、曝光时间等。除以上参数，激光的分类还应与同类激光所允许的最大辐射极限一致。根据激光产品对使用者的安全程度，国内外均把激光产品的安全等级划分为以下四级：

（1）1 类和 1M 类激光　1 类是在使用过程中，包括长时间直接光束内视，甚至在使用光学观察仪器（眼用小型放大镜或双筒望远镜）时受到激光照射仍然是安全的激光器。1 类也包括完全被防护罩围封的高功率激光产品，在使用中接触不到潜在的危害辐射（嵌入式激光产品）。发射可见辐射能量的 1 类激光产品光束内视仍可能产生炫目的视觉效果，特别是在光线暗的环境中。

1M 类是裸眼长时间直接光束内视是安全的激光器。在下述条件下使用两种光学观察仪器（眼用小型放大镜或双筒望远镜）之一时，照射量超过最大允许照射量（MPE），并可能造成眼损伤：

1）对于发散激光束，如果用户为了聚集（准直）光束而将光学组件放置在距光源 100mm 的距离之内。

2）对某些直径大于规定的准直激光束。

1 类激光器的波长范围局限于光学仪器的玻璃光学材料的透光性特别好的光谱区，即 302. 5～4000nm。发射可见辐射能量的 1M 类激光产品光束内视仍可能产生炫目的视觉效果，特别是在光线暗的环境中。

1 类激光多指红外激光或激光二极管产生的不可见激光辐射（辐射波长大于 1400nm，辐射功率通常限制在 1mW），这是最低的激光能量等级。这一级通常限制为砷化镓激光和一些经过封装的激光。这一级的激光在正常操作下被认为是没有危害的，甚至输出激光由光学采集系统聚焦到人的瞳孔也不会产生伤害。这类激光在合理可预见的工作条件下是安全的，它们不会产生有害的辐射，也不会引起火灾。如果红外或紫外激光在一次激光手术的最大允许曝光时间内对皮肤和眼睛不产生伤害，通常也认为是 1 类的。大多数激光不属于 1 类，但当把它们用于手术或建成仪器时，最终的系统也可能达到 1 类标准。1 类激光在正常使用条件下不会对人类的健康带来危害，但这类产品仍需保证采用了防止工作人员在工作过程中进入激光辐射区域的设计。如果 1 类系统包括较危险的激光，操作面板必须闭锁，或者设置一个报警装置告诉操作者潜在的辐射危险。典型的 1 类激光为超市中使用的扫描仪和 CD 机中的激光二极管。

（2）2 类和 2M 类激光　2 类激光产品发射的波长范围为 400～700nm 的可见辐射，其瞬时照射是安全的，但有意注视激光束可能是有危害的。时间基准为 0. 25s 是本类别定义中所专有的，并假设对于时间稍微长些的瞬时照射，损伤的风险很低。

以下因素有助于防止在合理可预见条件下的损伤：

1）无意识的照射很少反映最坏情况的条件，如光束对准瞳孔，最坏情况的眼的适应性调节。

2）MPE 的固有安全余量，可达发射极限（AEL）以其为基础。

3）对亮光照射的自然躲避行为。

与 2M 类相比，2 类在使用光学仪器时并不增加眼损伤的风险。

然而，2 类激光产品的激光束可引起眩目、闪光盲和视后像，特别是在光线暗的环境中。暂时的视觉干扰或受惊反应可引起间接的一般性的安全问题。如果用户在安全要求苛刻的操作中，如操纵机器、在高处工作、有高电压的工作环境或在驾驶中，视觉干扰就可能特别需要留意。

用户要根据标记的指示不要凝视激光束，即通过移开头部或闭眼完成主动防护反应，并避免持续有意的光束内视。

2M 类激光产品发射可见激光束，仅对裸眼短时照射是安全的。在以下条件中，使用两种光学观察仪器（眼用小型放大镜或双筒望远镜）之一时受到照射，眼损伤可发生：

1）对于发散光束，如果用户为了聚集（准直）光束而将光学组件放置在距光源 100mm 的距离之内。

2）对某些直径大于规定的准直激光束。

然而，2M 类激光产品的激光束可引起眩目、闪光盲和视后像，特别是在光线暗的环境中。暂时的视觉干扰或受惊反应可引起间接的一般性的安全问题。如果用户在安全要求苛刻的操作中，如操纵机器、在高处工作、有高电压的工作环境或在驾驶中，视觉干扰可能特别需要留意。

用户要根据标记的指示不要凝视激光束，即通过移开头部或闭眼完成主动防护反应，并避免持续有意的光束内视。

2 类及 2M 类激光辐射功率一般较低，连续光的辐射功率通常限制在 1mW。此类激光被称为“低功率”或“低危害”激光。这类激光产品通常可由包括眨眼反射在内的回避反应提供眼睛保护。如果观察者克服对强光的自然避害反应并盯住光源看（这几乎不可能），这样才能产生伤害。通常，人都具有避害反应，所以这一类激光一般不会产生伤害。但是，应该注意，这一类激光确实是能够产生伤害的，因此对 2 类及 2M 类激光，应该贴上标签，警告人们不要盯着光束看。1 类、1M 类、2 类和 2M 类激光产品通常供演示、显示或娱乐之用。另外，还常用在测绘、准直及调平等场合。典型的 2 类激光为激光笔和激光针。

（3）3R 类和 3B 类激光　3R 类激光产品的发射辐射在直接光束内视时可能超过 MPE，但在大多数情况下损伤风险相对较低。因为 3R 类的 AEL 仅是 2 类（可见激光束）AEL 或 1 类（不可见激光束）AEL 的 5 倍。损伤的风险性随着照射持续时间的增加而增强，有意的眼照射是危险的。因为风险较低，其适用的制造要求和用户控制措施较 3B 类少。

风险有限是因为：

1）无意识的照射很少反映最坏情况的条件，如光束对准瞳孔，最坏情况的眼的适应性调节。

2）MPE 固有的安全余量。

3）可见光辐射下对亮光照射，以及远红外辐射下对角膜受热的自然回避行为。

3R 类激光产品的激光束在可见光范围内可引起眩目、闪光盲和视后像，特别是在光线暗的环境中。暂时的视觉干扰或受惊反应可能引起间接的一般性的安全问题。如果用户在安全要求苛刻的操作中，如操纵机器、在高处工作、有高电压的工作环境或在驾驶中，视觉干扰可能特别需要留意。

3R 类激光器仅宜在不可能发生直接光束内视的场合使用。

3B 类激光产品发生束内眼照射（即在 NOHD 内）时，包括意外的短时照射，通常是有害的。观察漫反射一般是安全的。接近 3B 类 AEL 的 3B 类激光器可引起较轻的皮肤损伤，甚至有点燃易燃材料的危险。然而，只有光束直径很小或被聚焦时才可能发生这种情况。

需要注意的是，存在某些理论的（但极少）观察条件，在那里观察漫反射可能超过 MPE。例如，具有功率接近 AEL 的 3B 类激光器，观察可见光辐射的真实漫反射，观察时间大于 10s，观察点在漫反射表面和角膜之间距离小于 13cm 处，在以上条件下，漫反射会超过 MPE。

一般来说，3R 类和 3B 类激光被认为是中等功率的激光和激光系统。“中等功率”或“中等危害”指在避害反应时间（通常眨眼时间为 0.25s）内能够对人眼产生伤害。正常使用 3R 类和 3B 类激光不会对皮肤产生伤害且无漫反射危害反应。使用这两类激光时，需要采取措施来保证不要直视光束或通过镜面反射的光束。典型的 3 类激光为理疗激光和一些眼科激光。

1mW 到 5mW 范围内连续可见的 He-Ne 激光属于 3R 类。3R 类激光规定连续激光的输出功率大于 500mW，对可重复脉冲激光的单脉冲能量规定为 30~150mJ（依波长而变）；3B 类激光对肉眼和皮肤会造成伤害，该类激光的漫反射光也会对眼睛造成伤害。

（4）4 类激光　4 类激光产品，光束内视和皮肤照射都是危险的，观看漫反射可能是危险的。这类激光器也经常会引起火灾。

平均功率超过 500mW 的连续或可重复脉冲激光归为 4 类，单脉冲输出的激光能量为 30~150mJ（依波长而变），激光波长是可见的或不可见的。4 类激光的功率足以使人的眼睛或皮肤瞬间受到伤害。所有四级激光设备都必须带有“危险”标志。该激光的漫反射光对眼睛或皮肤一样具有很强的危害性。4 类激光还能损坏激光附近的材料，引燃可燃性物质，使用该类激光时也和 3B 类一样需要佩戴护眼装置。4 类激光有使可燃物燃烧的可能，一般激光功率密度达到 $2W/cm^2$ 时就有引发火灾的可能。这类激光不但可以通过直视和镜面反射产生伤害，还可以通过漫反射产生危害。这类激光需要更多的限制措施和警告。大多数手术激光属于 4 类。

3R 类、3B 类或 4 类激光产品通常应用在科研试验、工程研究、激光雕刻、激光焊接、激光切割加工等需要高能量激光辐射的领域。

2. 激光产品的要求

每台激光产品（除 1 类激光产品外）应在说明标记上注明激光辐射最大输出、脉宽（如果适用）及发射波长。应在说明标记上或在产品上与该标记临近的其他位置上注明划分激光产品类别所依据的标准名称及其出版日期。在激光产品的使用、维护或检修期间，标记按其目的必须永久固定，字迹清楚，明显可见。标记应放置在人员不必受到超过 1 类 AEL 的激光辐射就能看到的位置。标记的边框及符号应在黄底面上涂成黑色，但 1 类激光器不必用此颜色组合。

在国际标准的激光产品分级中，1M 级和 2M 级激光产品中的 M 源于 magnifying optical viewing instruments，目的是将使用光学仪器进行裸眼观察的安全性进行细分。3R 级激光产品中的 R 源于 reduced requirement，目的是将原来 3 级激光产品根据对制造商和用户的要求不同进行细分。

3. IEC/TC 76 激光安全标准分类

IEC/TC 76 光辐射安全标准体系分 5 类。

第一类是激光辐射安全标准，即 IEC 60825《激光产品的安全》系列标准（13 项），已经出版了 11 项，制定中的有 2 项。

第二类是非相干（半导体发光二极管 LED）光辐射安全标准，即 IEC 62471《灯和灯系统的光生物安全》系列标准（6 项），已经出版了 4 项，制定中的有 2 项。

第三类是应用在医疗领域的光辐射安全标准，即 IEC 60601《医用电气设备》系列标准（2 项）。

第四类是为 ISO 制定的应用在机械设备领域的光辐射安全标准，即 ISO 11553《机械安全 激光加工机》系列标准（3 项）。

第五类是同 ISO 联合制定的以个人防护为目的 ISO/IEC 19818《避免眼和脸受到激光辐射的要求》标准（1 项），正在制定中。

IEC 60825《激光产品的安全》系列标准是 IEC/TC76 的主要标准：

1）IEC 60825-1《激光产品的安全　第 1 部分：设备分类、要求》由 WG1 制定和维护，在修订第 3 版 IEC 60825-1：2014 时加入了 WG8。根据光辐射危害程度建立危险等级、评估危险和确定风险控制措施，是 IEC 60825 系列的基础标准。GB 7247.1—2012 对应第二版 IEC 60825-1：2007 同等转化。

2）IEC 60825-2《激光产品的安全　第 2 部分：光纤通信系统的安全（OFCS）》由 WG5 制定和维护。标准用评估可触及位置的危险等级替代了 IEC 60825-1 中的危险分类，为制造商、安装方、服务方和运营方免受 OFCS 产生的光辐射提供预防措施、建立安全程序和提供信息。现行 IEC 60825-2：2010 是第 3.2 版，GB/T 7247.2—2018 对应此版同等转化。

3）IEC/TR 60825-3《激光产品的安全　第 3 部分：激光演示与表演指南》由 WG8 制定和维护。剧院、体育场或广场等为了追求戏剧性或艺术性效果而使用的大功率激光演示对人眼睛或皮肤造成意外伤害，此技术报告为大功率激光显示器的策划、设计、安装和实施提供规避危险的指导。现行 IEC/TR 60825-3：2008 是第 2 版 GB/T 7247.3—2016 对应此版同等转化。

4）IEC/TR 60825-4《激光产品的安全　第 4 部分：激光防护屏》由 WG7 制定和维护。规定了用来围封激光加工机的专用激光防护屏的技术要求、防护性能。适用于目视透明屏、视窗、围挡、激光防护帘和防护墙等激光防护屏。现行 IEC/TR 60825-4：2011 是第 2.2 版 GB/T 7247.4—2016 对应此版同等转化。

5）IEC/TR 60825-8《激光产品的安全　第 8 部分：激光光束对人体安全性的使用指南》由 WG4 制定和维护。为雇主、责任方、激光安全员、激光操作员在使用 3B 类或 4 类激光器和激光设备时提供安全指南。现行 IEC/TR 60825-8：2006 是第 2 版，我国医药行业标准 YY/T 0757—2009《人体安全使用激光束的指南》对应此版本同等转化。

6）IEC/TR 60825-9《激光产品的安全　第 9 部分：非相干光辐射最大允许照射量汇编》由 WG9 制定和维护。规定了安全的最大允许照射量（MPE）值，提供了人员暴露在 180nm~1mm 波长范围时避免受到非相干光辐射损伤的指导。现行 IEC/TR 60825-9：1999 是第 1 版，GB/T 7247.9—2016 对应此版同等转化。

7）IEC 60825-12《激光产品的安全　第 12 部分：用于信息传输的自由空间光学通信系统的安全》由 WG5 制定和维护。规定了点对点或点对多点自由空间光学数据传输的激光器和开放光束系统的制造指南、安全使用要求。现行 IEC 60825-12：2019 是第 2 版，WG5 在 2021 年 6 月出版了第 3 版，我国未转化此版标准。

8）IEC/TR 60825-13《激光产品的安全　第 13 部分：激光产品的分类测量》由 WG3 制定和维护。依据 IEC 60825-1：2007 为制造商、检测机构、安全员指导测量和分析激光能量发射水平，用测量可达发射限值（AELs）和最大允许照射量（MPEs）对激光产品进行分类。现行 IEC/TR 60825-13：2011 是第 2 版，GB/T 7247. 13—2018 对应此版同等转化。

随着激光技术和非相干光技术在应用领域的不断扩展，世界光辐射安全专家们一致认为，在一些新应用领域中需要对光辐射安全进行新的评估，IEC/TC 76 对光辐射安全标准制定工作做了新调整。光辐射安全标准是随着人造光技术的发展和国际标准化的需求而逐渐形成的，IEC/TC 76 致力于制定保护人身安全和防护措施的安全性标准。近年来，IEC/TC 76 制定标准思路中纳入了对老人和儿童等特殊人群在光辐射安全上的特殊需求。人们在日常生活中受到来自人造光源的照射逐渐增多，这些光对人体产生怎样的影响是世界科学家们研究的课题。如何避免人体受到光的辐射伤害、制定防护要求和检测方法是 IEC/TC 76 标准制定的发展方向。

4. 激光辐射安全标准

激光应用广泛，以激光为光源的产品种类众多，应根据产品特点，选择合适的标准对其光辐射安全进行分析。灯和灯系统（包括 LEDs），但不包括在图像投影仪中使用的灯和灯系统，应根据 IEC 62471-1 进行评价和分类；激光作为光源的图像投影仪，其评价和分类根据 IEC 60825-1《激光产品的安全 第 1 部分：设备分类、要求》或满足一定条件时的 IEC 62471-5：2015《灯和灯系统的光生物安全性 第 5 部分：图像投影仪》。可见照明产品的光辐射安全评价较为复杂，我国目前正在制定与 IEC 62368-1：2018（FDIS）对应的国家标准，这将更有利于我国激光产品的规范与出口。IEC 62368 中涉及激光照明的辐射能源分类依据的是 IEC 60825 系列和 IEC 62471 系列。对于目前国际上与光辐射安全相关的 IEC 62368、IEC 60825-1、IEC 62471-5 等标准的最新版本，我国虽然尚无对应的国家标准，但在国际标准的制定过程中，都有中国专家参与。我们将密切关注国际上与光辐射安全相关标准的动态，为激光照明产品的光辐射安全的评价做好准备工作。

为了避免单频脉冲激光在大气传输时的少量散射进入人眼，激光雷达光源也需要考虑激光辐射在人眼安全方面的问题。根据国际电工委员会 IEC 60825 国际应用标准及激光安全等级分类方法，波长为 1.4~2.6μm 的激光相对于同样能量的 1.06μm 激光，对人眼伤害较小，因此这一波段被称为人眼安全波段。人眼安全波段激光以掺铒（Er）增益介质输出的 1.6μm 波段及掺钬（Ho）增益介质输出的 2μm 波段为代表。美国国家激光安全标准 Z136. 1（2007）规定了从事激光操作的工作人员的个人最大允许照射量（MPE）。GB 7247. 1—2012 定义了最大允许照射量为人体活组织经激光辐射后立即或在稍后不引起重大伤害的激光辐射最大值，其单位为 W/m^2 或 J/m^2。MPE 水平是人眼或皮肤受到照射后即刻或长时间后无损伤发生的最大照射水平，它与辐射波长、脉宽或照射时间、处于危险状态的生物组织，以及暴露在 400~1400nm 的可见和近红外辐射中的视网膜成像的大小等有关。MPE 值要低于已知的危害水平 MPE 值。GB 7247. 1—2012 中还具体规定了人体各部位的最大允许照射量（就现有的认识水平），计算 MPE 值要参考所使用激光的安全等级、受激光辐射时间、激光辐射波长、激光的输出功率或能量、激光的脉冲持续时间和脉冲重复频率、激光的光束尺寸。表 14-1 列出了 1 类和 1M 类激光产品的可达发射极限。

表 14-1　1 类和 1M 类激光产品的可达发射极限

<table>
<tr><th rowspan="2">波长 λ/nm</th><th colspan="11">发射持续时间 t/s</th></tr>
<tr><th>10^{-13}~10^{-11}</th><th>10^{-11}~10^{-9}</th><th>10^{-9}~10^{-7}</th><th>10^{-7}~1.8×10^{-5}</th><th>1.8×10^{-5}~5×10^{-5}</th><th>5×10^{-5}~1×10^{-3}</th><th>1×10^{-3}~0.35</th><th>0.35~10</th><th>10~10^2</th><th>10^2~10^3</th><th>10^3~3×10^4</th></tr>
<tr><td>180~302.5</td><td colspan="2">$3\times10^{10}W\cdot m^{-2}$</td><td colspan="9">$30J/m^2$</td></tr>
<tr><td>302.5~315</td><td colspan="2" rowspan="2">2.4×10^4W</td><td colspan="6">光化学危害($t<T_1$)
$7.9\times10^{-7}C_2J$
热危害($t\leq T_1$)
$7.9\times10^{-7}C_1J$</td><td colspan="3">$7.9\times10^{-7}C_2J$</td></tr>
<tr><td>315~400</td><td colspan="6">$7.9\times10^{-7}C_1J$</td><td colspan="2">$7.9\times10^{-3}J$</td><td>$7.9\times10^{-6}W$</td></tr>
<tr><td>400~450</td><td rowspan="3">$5.8\times10^{-9}J$</td><td rowspan="3">$1.0t^{0.75}J$</td><td colspan="2" rowspan="3">$2\times10^{-7}J$</td><td colspan="4" rowspan="3">$7\times10^{-4}t^{0.75}J$</td><td>$3.9\times10^{-3}J$</td><td colspan="2" rowspan="2">$3.9\times10^{-5}CW$</td></tr>
<tr><td>450~500</td><td>$3.9\times10^{-4}W$</td></tr>
<tr><td>500~700</td><td colspan="3">$3.9\times10^{-4}W$</td></tr>
</table>

（续）

波长 λ/nm	发射持续时间 t/s										
	10^{-13} ~ 10^{-11}	10^{-11} ~ 10^{-9}	10^{-9} ~ 10^{-7}	10^{-7} ~ 1.8×10^{-5}	1.8×10^{-5} ~ 5×10^{-5}	5×10^{-5} ~ 1×10^{-3}	1×10^{-3} ~ 0.35	0.35 ~ 10	10 ~ 10^2	10^2 ~ 10^3	10^3 ~ 3×10^4
700~1050	$5.8\times10^{-9}C_4$J	$1.0t^{0.75}C_4$J	$2\times10^{-7}C_4$J		$7\times10^{-4}t^{0.75}C_4$J				$3.9\times10^{-4}C_4C_7$W		
1050~1400	$5.8\times10^{-8}C_7$J	$1.04t^{0.75}C_7$J	$2\times10^{-6}C_7$J			$3.5\times10^{-3}t^{0.75}C_4$J					
1400~1500	8×10^5W		8×10^{-4}J				$4.4\times10^{-3}t^{0.25}$J	$10^{-2}t$J			
1500~1800	8×10^6W		8×10^{-3}J					$1.8\times10^{-2}t^{0.75}$J	1.0×10^{-2}W		
1800~2600	8×10^5W		8×10^{-4}J				$4.4\times10^{-3}t^{0.25}$J	$10^{-2}t$J			
2600~4000	8×10^4W		8×10^{-5}J	$4.4\times10^{-3}t^{0.25}$J							
4000~10^6	10^{11}W·m^{-2}		100J/m^2	$5600t^{0.25}$J/m^2					1000W/m^2		

注：C 为修正因子，根据不同情况可在 GB 7247.1—2012 中查到相关数据。

14.4.4　激光热处理的安全防护措施

1. 基本要求

GB 12801—2008《生产过程安全卫生要求总则》对安全、卫生防护技术措施提出了 5 个方面的基本要求：

1）能预防生产过程中产生的危险和有害因素。

2）能处置危险和有害物，并降低到周围规定的限值内。

3）能从作业区排除危险和有害因素。

4）能预防生产装置失灵或操作失误时产生的危险和有害因素。

5）发生意外事故时，能为遇险人员提供自救条件。

以上 5 点要求是相当高的，其技术性也是很强的，要全面达到上述的基本要求，应从提高职工的安全生产意识，创造有安全感的劳动场所等方面增加投入。

2. 激光安全防护措施

为保证激光工作人员和其他有关人员的安全，避免受到激光辐射的伤害，对于任何投入实际应用和运转的激光器件与激光系统，都必须考虑安全使用与安全防护问题，尽可能避免和减少有害的激光辐射，减少人眼与皮肤受到激光照射的可能性。激光的防护都是将激光对人体可能的偶然伤害控制到最低限度。

激光装置不仅会伤害人的眼睛，也会烧伤皮肤。下面分别介绍一些激光仪器设备在设计、使用场地条件、人员、电安全及其他可能发生的危险方面应采取的防护措施。

工程控制可因激光在室内或室外使用而有所不同。但无论是室内还是室外使用，通常都需要使用后障或光闸阻挡激光束射出，保证处理环境有良好的照明并限制人员进入处理场所。

激光仪器或装置设计本身应尽量避免激光危险的发生，特别是高功率激光光束不能照到使用者或旁观者身上。如果在有些情况下，通过设计本身做不到这点的话，就需在使用场地建设方面、工作人员方面或其他方面采取补充措施，以防止伤害的发生。

激光仪器和装置在设计方面的安全防护措施：激光装置应被密封闭在一个壳体内，观察孔应安装滤光玻璃，出射狭缝能够遮挡，壳体与滤光玻璃要有足够的长期坚固性。要具有限制光束的装置或光收集器；使不可见光束变成可见光束；对散射光进行监测；光束的高度不要等于人眼睛的高度；装置要具有保险开关，要有表示工作危险的信号灯；装置壳体注目的地方有激光等级及危险标记。

激光仪器或装置使用场地应注意以下问题，特别是对封闭的激光装置更为重要。要选择适当的安装场地，确定激光所占用的范围，并对此范围加以限制。遮挡激光出口，并对光束进行限制，如加屏风等，使光路变成可见光，墙壁应为非反射面，注意散射光的监测，实验室门要有保险开关，有危险指示灯和危险指示标记。建议将光发（放）设备安装在常人直立且双手自然下垂时肘部高度的位置，此高度既方便操作又能使眼睛避开因操作者疏忽造成激光泄露伤害眼睛事故的发生；激光热处理系统必须根据国家标准的规定设置安全标志，标志必须在激光器的使用、维护或检修期间永久性固定。标志的字迹必须清楚，标志的位置应明显可见。

人员防护措施主要采用适当的防护眼镜，防护眼镜支架旁边也要有遮挡，使用强功率激光须穿防护服。使用者需具有符合要求的功率计和能量计，可以随时对激光装置的输出功率进行监测。必须指出，使用个人防护用品仅仅是一种补充措施，因为这些用品承受意外激光辐射的能力也是有限的。

激光装置多采用高压电源，电的安全防护也是十分重要的。这里需注意要有可靠电流回路，很好的接地和通风装置，要有工作指示灯和保险开关。

由于激光的广泛应用，许多人都可能受到激光的辐照损害。为了减少和预防这种损伤，国际、国内都对于激光安全防护制定了标准，我国国家标准与国际标准基本上是相同的。国外根据激光安全等级，设置了四种安全标志，即 NOTICE（注意）、CAUTION（小心）、WARNING（警告）和 DANGER（危险）。我国于 2001 年 6 月 1 日实施了 GB 18217—2000《激光安全标志》，2009 年 10 月 1 日实施了其替代标准——GB 2894—2008《安全标志及使用导则》。该标准对激光产品和在有激光辐射的场所中使用的激光安全标志的设计、尺寸、颜色、图形、文字说明等做了规定（见图 14-58），并对标志在激光产品和激光场所中使用给予了指导。此外，标准指出，在有进口产品的使用场所，可以按外国标准执行。实际操作中，应采取有效的防护措施和严格的操作规程。具体措施如下：

黑框黄底

上半部黄字黄圈黑底，下半部黑字红符号黄

图 14-58　常见的激光安全标志

1）工作间的入口处应安装有红色警告灯或激光标志，激光器和加工机械的明显部位应有“危险”标志、符号和警告灯。

2）操作人员应进行严格培训和安全教育，非操作人员未经许可不得进入操作间。

3）加工头应安装防反射防护罩，必要时要安装防反射镜。

4）人在观察激光加工过程时，必须戴不透过激光波长的光学防护眼镜。在装夹或调整工件时，应戴好手套，严禁将手或身体的其他部位暴露在垂直于激光束处。

5）操作间的照明要有足够的亮度，使人的瞳孔缩小，减少进人眼内的激光能量。

6）减少操作间墙壁和周围有关设备、仪器对激光的反射。

7）严禁使用燃烧时产生的油烟及反喷物的涂料，减小对聚焦镜的污染。

8）导光系统应具备可靠的机、电、水安全互联锁装置，以免损坏设备和光学元件。

9）操作前，仔细检查设备运转是否正常，水、电、气输送是否正常；完成加工后，要关闭水、电、气等的开关及阀门。

10）保护气体应干燥清洁，以免污染镜片。

11）对操作人员应定期进行身体检查和视力检查。

此外，激光装置还有其他危险性值得注意：等离子体管内紫外光，伦琴射线及等离子体管爆炸的危险。机械运动部件要稳定可靠，注意汽化物体和激光物质中毒（如染料激光的染料溶液），特别值得注意是失火的危险性。

3. 文件设置与学习

任何激光器的用户仅有激光安全标准和激光安全控制措施是不够的，还必须加强激光安全管理。在组织方面，需进行激光安全防护宣传教育、培训和监督检查工作。规章制度是生产运行的重要保证，是维持安全生产秩序、保障令行禁止的基本措施。关于激光作业，围绕行为准则、岗位作业流程、个体防护、出入管理、应急预案、个人考核等细则建立安全管理制度，覆盖公司级、部门级、作业区级三级管理体系，编制《激光作业安全管理规定》《激光作业标准书》《激光作业岗位操作规程》《激光作业设备安全操作规程》《激光作业相关安全基准》《应急预案与现场处置方案》等文件，为现场安全管理保驾护航。因此，激光用户应编制激光安全管理方案，其目的是在已有的激光安全控制措施的基础上，较好地对激光作业场所的工作进行管理和控制，以防止人员受到激光照射伤害和伴随危害的损伤。一般激光安全管理方案至少应包括以下内容：

1）明确哪些机构或人员有评价激光危害的职责和权力。

2）明确哪些机构有控制激光危害的职责和权力。

3）对激光处理系统的控制人员和管理人员（激光安全员）进行有关激光危害知识教育和激光安全防护培训的计划。

4）学习、理解并正确使用合适的标准（条例），以评价和控制激光危害。

5）若采取激光危害控制措施后仍然有潜在危害时，就应该使用个人防护用品。

6）激光处理的操作人员或在附近的工作大员对自己的责任要有明确的认识。

7）对可疑的和实际的激光事故的处理。

综上所述，激光安全管理方案就是要明确与激光安全有关的机构和人员的职责，按照安全管理方案各司其职，从而达到较好地对激光安全的宏观与微观的控制。因此，一般编制激光安全管理方案要考虑机构的设置与职责、人员的安排与培训、制订与执行规章制度等。这方面值得向德国学习，每个单位设有激光安全员。德国职业协会定期组织培训班，进行激光安全培训。激光安全员负责对本单位激光安全措施进行检查、监督和宣传教育工作。

4. 人员职责

以人为本，生命至上。现场的安全管理始终是围绕人展开的，激光生产区域的安全管理涉及技术管理人员/安全员、操作人员、维护保养人员、参观人员等。明确各类人员的安全职责，尽可能消除现场安全隐患。

1）激光技术管理员/安全员，应掌握现场安全管理技术，熟悉激光设备，具备处理应急问题的能力，参与落实日常安全基础管理工作。

2）操作人员，岗位实行双人制作业，所有激光器操作人员应该在岗位、设备安全操作规程、潜在危险、控制措施等激光安全技术培训考核合格后上岗。每天的班会上做好分析总结，不断总结激光安全管理经验，提升激光安全管理水平。同时注意，多人合作时，要严格遵守操作规程，在设备加电、送光信号前一定要提醒同伴注意，确认安全后再操作，未经培训人员不得擅自开启使用光设备。

3）维护保养人员，由于激光电源、激光头等器件的维修难度较高，在未经厂商授权、指导的情况下，不得擅自维修。公司可以与厂商协调，将设备维修维护划分成公司、部门作业区多层级进行全方位的培训学习，让参训学员掌握设备管理技术，降低因设备维护而产生的安全隐患。在野外抢修光缆进行带光熔接操作时，光信号虽然经长距离衰减后，但还具有一定的危险性，抢修人员最好全部佩戴适当的激光防护眼镜，否则需要时刻注意光芯的指向及其与眼睛间的距离，并提醒同伴避开光芯指向的区域。

4）参观人员，须实名预约登记审批，应经相关安全管理培训后，穿戴好防护用品，由专人陪同方可进入。

5）个体防护，眼睛、皮肤是保护的重点，确保眼睛不直视激光光束，皮肤不暴露于激光光束。激光热处理操作人员应配置相应光束波长防护等级的防护眼镜、防护手套，必要时需使用防护服。需要注意的是，激光热处理与传统热处理一样，会产生空气污染物及其他危害物质，必须佩带口罩。

5. 车间设置

（1）安全门设置　可以参照某些高校实验室安全门防护方式。在激光工位设置出入安全门，运用指纹或面部识别技术，在激光防护栅栏、激光热处理工位、激光电源室、激光控制室等多区域设定权限，从源头上控制无关人员进入激光区域，避免人体直接受到激光光束照射。

安全门配置安全联锁功能，操作人员在确认现场作业条件、各围栏门关闭上锁后才能发射激光，否则不能触发激光发射。

激光光束在车间内反射到不规则物体，会漫反射到人体，产生的危害同样不能忽视。目前市场上有激光功率、辐射能量测量仪器。在车间激光工位，以及周边的绿色通道、二层平台区域设置测量点，通过远程技术，在车间门口电子屏、办公室进行远程监控，能够随时掌握车间激光安全信息，可以更加科学直观地指导现场的安全管理工作。

（2）参观路线设置　激光热处理车间全面投产后，公司员工、设备服务商、专家学者及媒体采访等人员前来参观时，在车间应设置定向参观路线，组织安全教育培训、穿戴全防护装备（防护衣、口罩、耳塞、防护眼镜）。若在车间采用固定参观点模式，应设置激光安全防护玻璃，避免激光光束对人的眼睛、皮肤造成伤害。

6. 应急措施

（1）急救程序

1）只要怀疑受到激光光束照射，必须前往医务室检查。作业过程中若发现眼睛视物异常，应立即到医疗部门进行视力检查和治疗。

2）联系班组长/作业区（作业长/安全员）/部门（部长、分管领导）/公司，送往医院救援。

（2）处置方案

1）发生激光安全事故时，作业区作业长、部门部长必须第一时间亲临现场，开展救援工作，迅速判断事件的性质和危害程度，并立即向上级有关部门报告。

2）作业长立即组织人员抢救并及时向员工通报有关抢救情况，做好思想工作，确保员工情绪稳定。

3）在抢救的同时封锁现场，禁止无关人员进入现场造成二次伤害，并疏散现场围观人员。

4）第一时间将伤病人员送往激光治疗医院抢救，确定伤害程度后，联系家属，做好家属工作。

5）组织有关部门和人员召开专题会议，总结经验，吸取教训，追究有关事故责任人的责任，同时开展设备、设施安全检查，避免危害再次发生。

参考文献

[1] 王立军，宁永强，秦莉，等. 大功率半导体激光器研究进展 [J]. 发光学报，2015，36（1）：1-19.

[2] 王宽宽，陈泉安，蒋春，等. 多通道干涉大范围可调谐激光器 [J]. 半导体光电，2022，43（2）：273-279.

[3] 罗威，董文锋，杨华兵，等. 高功率激光器发展趋势 [J]. 激光与红外，2013，43（8）：845-852.

[4] 周小红，任晓明，李柱，等. 激光器光学系统光机热集成分析方法 [J]. 强激光与粒子束，2013，25（11）：2851-2855.

[5] 曹银花，张彦，邱运涛，等. 单管半导体激光器光学系统热特性 [J]. 北京工业大学学报，2017，43（7）：1086-1092.

[6] 唐舰，杨波. 基于半导体激光器的线性整形自由曲面反射镜设计 [J]. 光学学报，2015，5（2）：75-80.

[7] 张利芳. 基于单片机的激光器温度监测与报警系统设计 [J]. 电子世界，2014（5）：133.

[8] YAN Y，KÜHN O. Laser control of dissipative two-exciton dynamics in molecular aggregates [J]. New journal of physics，2012，14（10）：105004.

[9] 夏金宝，刘兆军，张飒飒，等. 快速半导体激光器温度控制系统设计 [J]. 红外与激光工程，2015，44（7）：1991-1995.

[10] 叶畅，尹昭辉，任宸锋. 双回路位差激光设备水冷系统 [J]. 机电技术，2019（2）：28-29.

[11] 孟范江，杨贵龙，李殿军，等. 大功率脉冲 TEA CO_2 激光器控制系统设计 [J]. 激光与红外，2010，40（8）：843-846.

[12] 肖珊，鲁五一. 基于 PID 控制的半导体激光器温度控制系统的设计 [J]. 激光杂志，2015，36（06）：39-42.

[13] 姚建华. 激光表面改性技术及其应用 [M]. 北京：国防工业出版社，2012.

[14] 冯益柏. 热处理设备选用手册 [M]. 北京：化学工业出版社，2012.

[15] 樊东黎. 热处理技术手册 [M]. 北京：化学工业出版社，2009.

[16] 杨继庆，李海涛. 激光的危害和防护 [J]. 科技创新导报，2008，03：123-125.

[17] 尹文新. 激光焊接与切割造成的危害及其安全技术 [J]. 电焊机，2010，40（11）：94-96.

[18] 徐锴. 广电行业中激光对眼睛的危害及预防 [J]. 视听界（广播电视技术），2011，(2)：82-83.

[19] 郭泽华，唐仕川，何丽华，等. 激光职业接触危害研究进展 [J]. 工业卫生与职业病，2015，41（6）：474-477.

[20] 全国光学和光学仪器医用光学和仪器标准化分技术委员会. 人体安全使用激光束的指南：YY/T 0757—2009 [S]. 北京：中国标准出版社，2010.

[21] 全国光辐射安全和激光设备标准化技术委员会. 激光产品的安全：第 1 部分　设备分类、要求：GB/T 7247.1—2012 [S]. 北京：中国标准出版社，2013.

[22] 李晖，刘威，孙迎军，等. 齿轮材料 40Cr 表面强流脉冲电子束改性的分析 [J]. 热加工工艺，2015，44（22）：128-131.

[23] SUMIT K，SHARMA K，BISWAS J，et al. Wear behaviour of Electron beam surface melted Inconel 718 [J]. Procedia Manufacturing，2019，35：866-873.

[24] 李昌，张大成，陈正威，等. 激光淬火技术优势及研究现状 [J]. 辽宁科技大学学报，2020，43（2）：97-103.

[25] 刘强. 数控机床发展历程及未来趋势 [J]. 中国机械工程，2021，32（7）：757-770.

[26] 莫苏新，段锦，吕蒙，等. 激光热处理高速升温过程的红外 CCD 监测方法 [J]. 红外技术，2020，42（8）：763-768.

[27] PHILIP Y，XU Z Y，WANG Y，et al. Investigation of humping defect formation in a lap joint at a high-speed hybrid laser-GMA welding [J]. Results in Physics，2019，102341.

[28] 曹嘉兆，陈永雄，陈珂玮，等. 激光熔覆加工头聚焦性能及成形工艺研究进展 [J]. 表面技术，2022，51（06）：76-88.

[29] 彭如意，罗岚，刘勇，等. 同轴送粉器喷嘴研究进展 [J]. 激光与光电子学进展，2017，54（8）：37-45.

[30] 孙爱军，汤倩，鲍曼雨，等. 热喷涂用送粉器国内外现状及发展 [J]. 热喷涂技术，2014，6（4）：8-12.

[31] KHAMIDULLIN B A，TSIVILSKIY I V，GORUNOV A I，et al. Modeling of the effect of powder parameters on laser cladding using coaxial nozzle [J]. Surface & Coatings Technology，2019，364：430-443.

第 15 章　气相沉积设备

大连理工大学　吴爱民
中国科学院沈阳金属研究所　赵彦辉
大连理工大学　张贵锋

15.1　气相沉积技术简介与基本类型

气相沉积技术是利用气相中发生的物理、化学过程，改变工件表面成分，在表面形成具有特殊性能（如超硬耐磨层或具有特殊的光学、电学性能）的金属或化合物涂层的新技术。气相沉积通常是在工件表面覆盖厚度为 0.5~10μm 的一层过渡族元素（钛、钒、铬、锆、钼、钽、铌及铪）与碳、氮、氧和硼的化合物。按照过程的本质，可将气相沉积分为化学气相沉积（CVD）和物理气相沉积（PVD）两大类。气相沉积是模具表面强化的新技术之一，已广泛应用于各类模具的表面硬化处理，主要应用的沉积层为 TiC、TiN。

气相沉积技术的应用涉及多个领域。仅在改善机械零件耐磨性、耐蚀性方面，其用途就十分广泛，如用上述方法制备的 TiN、TiC、Ti（CN）等薄膜具有很高的硬度和耐磨性，在高速钢刀具上镀制 TiN 膜可以说是高速钢刀具的一场革命，在刀具切削面上镀覆 1~3μm 的 TiN 膜就可使其使用寿命提高 3 倍以上。在一些发达国家的不重磨刀具中，有 30%~50%加镀了耐磨层。其他金属氧化物、碳化物、氮化物、立方氮化硼、类金刚石等膜，以及各种复合膜也表现出优异的耐磨性。PVD 和 CVD 法制备的 Ag、Cu、Culn、AgPb 等软金属及合金膜，特别是用溅射等方法镀制的 MoS_2、WS_2 及聚四氟乙烯膜等具有良好的润滑、减摩效果。气相沉积获得的 Al_2O_3、TiN 等薄膜耐蚀性好，可作为一些基体材料的保护膜，含有铬的非晶态膜的耐蚀性则更高。离子镀 Al、Cu、Ti 等薄膜已部分代替电镀制品，用于航空工业的零件上。用真空镀膜制备的抗热腐蚀合金镀层及进而发展的热障镀层已有多种系列用于生产中，作为离子束技术的一个重要分支，离子注入处理已使模具、刀具、工具，以及航空轴承、轧辊、涡轮叶片、喷嘴等零件的使用寿命提高了 1~10 倍。

气相沉积技术分类：从大的方面来说，主要分为物理气相沉积和化学气相沉积，物理气相沉积主要有三类，即真空蒸发镀膜、溅射镀膜和离子镀膜，化学气相沉积主要有以下几种类型，即常规化学气相沉积、热丝化学气相沉积、金属有机化合物化学气相沉积、低压化学气相沉积、等离子体增强化学气相沉积。

15.2　物理气相沉积

在物理气相沉积技术中，膜层粒子是靠真空蒸发或磁控溅射等方法得到的。利用低气压气体放电获得的低温等离子体来提高到达基体的膜层粒子的能量，有利于化合物涂层的形成，可以降低生成化合物涂层的温度。高能粒子到达工件表面，可以改善涂层质量，并可提高膜基结合力。

按沉积工艺特点的不同，PVD 分为真空蒸镀、溅射镀和离子镀，其工艺特点见表 15-1。

表 15-1　几种 PVD 工艺特点对比

技术名称	沉积气压/Pa	工件偏压/V	放电类型	沉积离子能量/eV
真空蒸镀	10^{-4}~10^{-3}	0	—	0.1~1.0
溅射镀	10^{-2}~10^{-1}	1~200	辉光放电	<30
离子镀	10^{-1}~1	50 或 1~3kV	辉光或弧光	10~100

物理气相沉积均在真空条件下进行。为了保证涂层质量，最低真空度一般应达到 10^{-3}Pa，多采用油扩散泵机组和涡轮分子泵机组。由于溅射镀和离子镀的沉积气压为 1~10^{-1}Pa，在此范围内油扩散泵抽速小、易返油，为保证抽速，一般在扩散泵和机械泵之间加增压泵。此外，随着近年来无油干式机械真空泵（又简称干式机械泵）的发展，为克服油扩散泵易返油的缺点，逐步形成了机械泵+罗茨泵+涡轮分子泵的组合，在很大程度上提高了抽速及极限真空度，使涡轮分子泵机组获得了广泛应用。

15.2.1　真空蒸发镀膜

真空蒸发镀膜层粒子的能量低，虽然不适用于沉积氮化钛等化合物涂层，但它是离子镀的基础。蒸发镀的沉积气压低，一般低于 10^{-3}Pa，工件不加负偏压。膜层原子由蒸发源蒸发后直射到工件上形成膜层。按蒸发源类型不同，分为电阻蒸发源、电子束蒸发源、高频感应蒸发源、激光蒸发源等，其特点见表15-2。

表 15-2　蒸发源的特点

蒸发方式	电压/V	电流/A	特点	应用范围
电阻蒸发	<20	10~100	蒸发速率小	低熔点金属，薄层膜
电子束蒸发	5~10kV	<1	蒸发速率大	高熔点金属或化合物，厚膜

1. 电阻蒸发源式真空蒸发镀膜装置

图15-1所示为真空蒸发镀膜装置。图15-1a所示为电阻蒸发源式真空蒸发镀膜装置，主要由真空室、真空机组、电阻蒸发器、电阻蒸发电源、工件转架及烘烤源组成。电阻蒸发源由 W、Mo、Ta 制成。

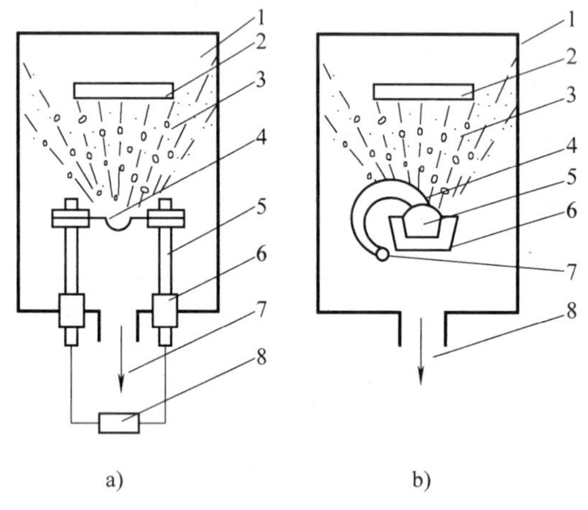

图 15-1　真空蒸发镀膜装置

a）电阻蒸发源式

1—真空室　2—工件　3—金属蒸气流　4—电阻蒸发源　5—蒸发电极　6—真空机组　7—抽气系统　8—电阻蒸发电源

b）e形电子束蒸发源式

1—真空室　2—工件　3—金属蒸气流　4—电子束　5—金属锭　6—水冷坩埚　7—电子枪　8—抽气系统

2. 电子束蒸发源式真空蒸发镀膜装置

图15-1b所示为电子束蒸发源式真空蒸发镀膜装置。主要由真空室、真空机组、电子束、电子枪电源、水冷坩埚及工件转架组成。坩埚内放置被蒸发镀的金属锭。高密度的电子束轰击到膜材金属锭上，其动能转化为热能，使膜材蒸发。

电子枪功率有1kW、3kW、6kW、10kW。枪电压为5~10kV，电流为0.1~1A。电子枪类型有直枪、磁偏转式枪，常用的是磁偏转式e形电子枪。电磁线圈产生磁场，将水冷坩埚两旁的软磁材料磁化，形成均匀磁场，磁场方向垂直电子束运动方向，电子受洛伦兹力的作用做回转运动，偏转270°后聚焦在水冷坩埚上形成斑点。电子束的回转半径与电子枪的加速电压 U 和磁感应强度 B 有关。电子偏转半径与电子运动速度成正比，电子运动速度是由电子枪加速电压 U 决定的，磁感应强度 B 的大小由线圈匝数和所通过的电流决定。在匝数不变的情况下，一般通过调节磁偏转线圈中通过的电流来调节磁感应强度 B，从而调节电子偏转半径，使电子束斑点落在金属锭的中心，也可以施加变化的电流，使电子束斑点在金属锭表面扫描。

3. 高频感应蒸发源式真空蒸发镀膜装置

利用高频电磁场感应加热膜材使其汽化蒸发的装置称为感应加热式蒸发源。图15-2所示为高频感应加热蒸发的工作原理。蒸发源一般由水冷线圈和石墨或陶瓷（如氧化铝、氧化镁等）坩埚组成，输入功率为几千瓦至几百千瓦。

将装有膜材的坩埚放在螺旋线圈的中央（不接触），在线圈中通以高频（一般为1万至几十万赫兹）感应电流，膜材在高频电磁场感应下产生强大的涡流电流和磁滞效应，致使膜材升温，直至气化蒸发。膜材体积越小，感应频率越高，如对每块仅有几毫克重的材料则应采用几兆赫频率的感应电源。感应线圈常用铜管制成并通以冷却水，其线圈功率均可单独调节。该装置主要由真空室、真空机组、高频感应蒸发器、高频感应电源、工件转架等组成。

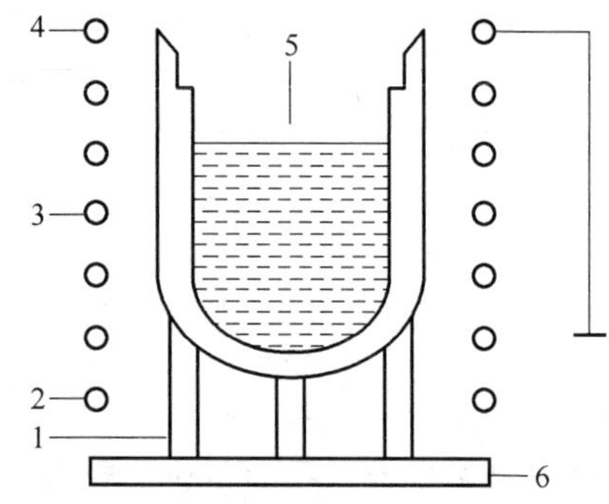

图 15-2　高频感应加热蒸发的工作原理

1—陶瓷支柱　2—高电压侧　3—射频线圈　4—接地侧　5—熔融金属　6—底座

4. 激光加热蒸发源式真空蒸发镀膜装置

激光束加热蒸发的原理是利用激光源发射的光子束的光能作为加热膜材的热源，使膜材吸热气化蒸发。激光加热可达到极高的温度，可以蒸发任何高熔点材料且蒸发速率快；采用了非接触式加热方式，激光器安装在真空室外，完全避免了来自蒸发源材料的污染，非常适宜在超高真空下制备高纯度涂层。该装置主要由真空室、真空机组、激光蒸发器、激光蒸发器电源、工件转架等组成，其工作原理如图 15-3 所示。

通常采用的激光源是连续输出光束的 CO_2 激光器，它的工作波长为 10.6 μm，在此波长下许多介质材料和半导体材料均有较高的吸收率。最好采用在空间和时间上能量高度集中的脉冲激光，以准分子激光效果最好。一般将蒸发膜材制成粉末状，以便增加对激光能的吸收。激光束加热蒸发技术是真空蒸发镀膜工艺中的一项新技术。

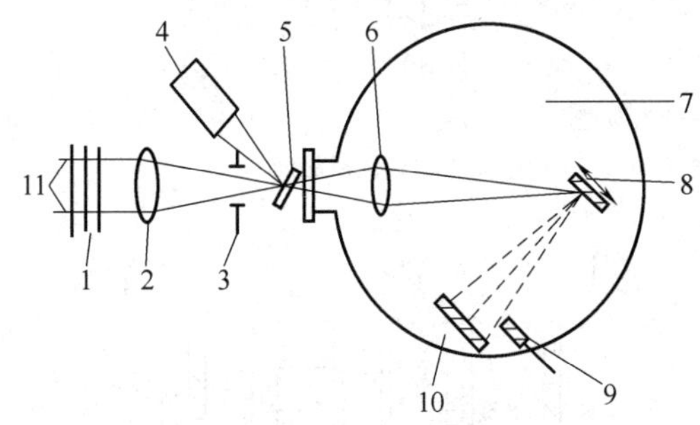

图 15-3　激光加热蒸发源式真空蒸发镀膜装置的工作原理

1—玻璃衰减器　2—透镜　3—光圈　4—光电池　5—分光器　6—透镜　7—真空室　8—靶　9—探头　10—基体　11—激光器

真空蒸发镀时，膜材原子的能量是由蒸发源获得的，即

$$\varepsilon=\frac{3}{2kT} \tag{15-1}$$

式中　ε——膜材原子的能量（eV）；

k——玻耳兹曼常数；

T——膜材的蒸发温度（K）。

当 $T=2273.15\text{K}$（2000℃）时，$\varepsilon=0.2\text{eV}$，对于金属原子，$\varepsilon\leqslant1\text{eV}$。由于能量低，真空蒸发镀的膜基结合力小。由于真空蒸发镀在高真空度下进行，膜层原子的绕镀能力差，镀膜均匀性差。

15.2.2　溅射镀膜

溅射镀膜是将沉积物质作为靶阴极，利用氩离子轰击靶材产生的阴极溅射，将靶材原子溅射到工件上形成沉积层。在镀膜室中，靶阴极接靶电流负极，通入氩气；当接通电源后，靶阴极产生辉光放电，氩离子轰击靶材，氩离子和靶材进行动量转换，使靶材原子克服原子间结合力的约束而逸出。这些被溅射下来的原子具有一定的能量，为 4~30eV，比蒸发镀的原子所具有的能量大，因此膜层的质量好，膜基结合力大，膜层粒子温度低，适合在低熔点的基材上沉积镀膜。

1. 直流磁控溅射装置

简单的直流二极型溅射镀膜的电流密度小，溅射速率小，沉积速率低。为了提高氩离子的密度，以提高沉积速率，采取了多种强化气体放电措施，如通过设置热阴极发射热电子，增加电子密度；增设高频电源，以增加电子路径；设置磁场，以约束电子运行的轨迹；增加电子在靶面上运行的路程，增加电子与氩气碰撞的概率。表 15-3 列出了各种溅射镀的工艺特点。

表 15-3　各种溅射镀的工艺特点

溅射镀名称	沉积气压/Pa	靶电压/V	靶电流密度/(A/mm^2)	沉积速率/(nm/min)
二极溅射	1~10	3	<1	30~50
热阴极溅射	10^{-1}~1	1~2	2~5	50~100
射频溅射	10^{-1}~1	0~2	2~5	50~100
磁控溅射	10^{-1}~1	0.4~0.8	5~10	200~600

由表 15-3 可知，磁控溅射镀膜沉积速率最快。磁控溅射是在二极溅射装置中设置与电场垂直的磁场。气体放电中的高能电子在垂直电磁场的约束下，受洛仑兹力的作用，做旋轮线形的飘移运动，在距靶面一定距离的空间形成电子阱，增加了电子和氩气碰撞电离的概率，从而使沉积速率提高 5~10 倍。

随靶材形状的不同及电磁场设置位置的不同，磁控靶的形状有平面形、柱状形、S 枪形及对向形。在平面靶和柱状靶后面安装的磁场，有的利用与靶面平行的磁场分量，有的利用与靶面垂直的磁场分量。下面介绍几种磁控溅射源结构的原理。

图 15-4 所示为平面磁控溅射源原理。图 15-4a 所示为靶材、磁钢、工件的相关位置，图 15-4b 所示为平面靶磁控原理。

这种磁控溅射源是磁控溅射装置中常用的靶结构，但在靶材相对的最大磁场分量的部位，氩离子轰击靶材最强，靶材的消耗最多，使靶面出现凹坑，靶面烧蚀不均匀，靶材利用率低。图 15-4c 所示为平面靶材刻蚀后的断面。这种平面靶不适用于沉积磁性材料，因为磁性材料可以造成磁短路，发挥不了磁场的作用。

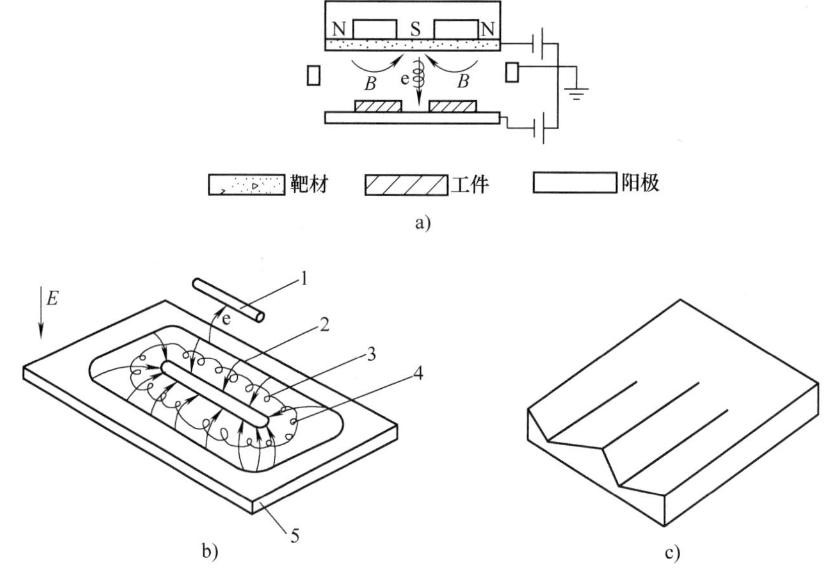

图 15-4　平面磁控溅射源原理

a）靶材、磁钢、工件的相关位置　b）平面靶磁控原理　c）平面靶材刻蚀后的断面

1—阳极　2—水平磁场　3—溅射区　4—电子轨迹　5—阴极

图 15-5 所示为平面对向磁控靶的结构原理。磁力线垂直靶面，可用于沉积磁性材料。调整整个靶的材料和靶电压，可以沉积多层膜、合金膜。

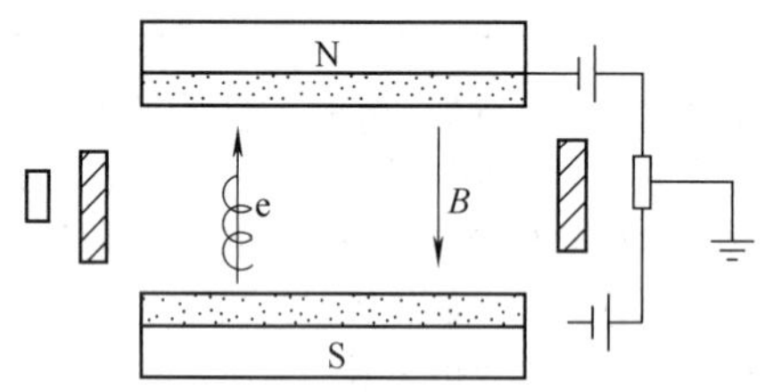

图 15-5　平面对向磁控靶结构原理

图 15-6 所示为 S 枪形磁控溅射源结构原理。靶材做成倒锥形，阳极位于靶中央，电子在电磁场作用下被约束在靶面附近，形成等离子体环，电流密度大，沉积速率可以达到 1000nm/min 左右。

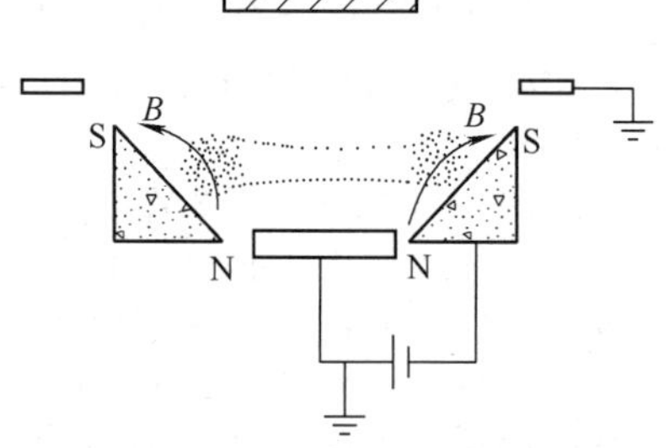

图 15-6　S 枪形磁控溅射源结构原理图

图 15-7 所示为柱状磁控溅射源的原理，如图 15-7a

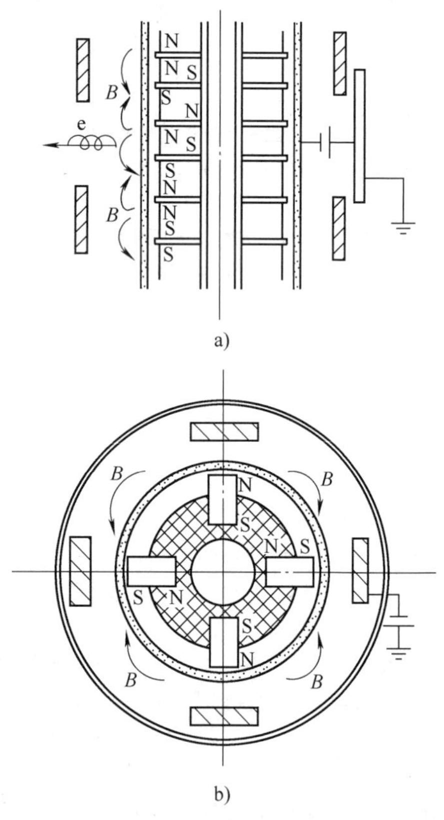

图 15-7　柱状磁控溅射源原理

a）环状磁钢柱状靶

b）条状磁钢的柱状靶

所示为采用环状磁钢的柱状靶，图 15-7b 所示为采用条状磁钢的柱状靶。环状磁钢所产生的磁力线平行于柱靶轴，电子被约束在靶面做周围运动；气体放电后，辉光放电的轨迹是与柱靶轴向垂直的光环。靶面刻蚀最严重的地方是磁环的中间部位，靶材刻蚀不均匀，靶材利用率低。

采用条状磁钢时，相邻两条磁钢的磁极性相反，磁力线垂直于柱靶面；气体放电后，辉光放电的轨迹呈与柱靶轴平行的数个光条。在电动机的带动下，条状磁钢做旋转运动，实现向 360°方向镀膜。柱状磁控溅射靶的结构简单，镀膜均匀区大，靶材烧蚀均匀，靶材利用率高。

磁控溅射镀膜的膜基结合力好，膜层组织致密，适合在低熔点基材上镀膜。但是，由于磁控溅射是在辉光放电条件下进行的，金属离化率低，大约在 1%以下；膜层粒子总体能量低，不容易进行反应沉积，获得氮化钛的难度大、工艺重复性差。一些用柱状磁控溅射源镀氮化钛的设备中加装了热阴极后，镀氮化钛的工艺可靠性得到大幅度提高。磁控溅射技术当前更多地被用于镀功能膜、幕墙玻璃膜、液晶显示器的掺锡氧化铟（ITO）膜等。

德国一家公司生产的磁控溅射镀膜机中放置两个普通的平面靶。这两个平面靶面对而立，产生气体放电后，两个靶之间的等离子体相互叠加，大幅度提高了等离子体密度，提高了金属离化率，容易反应生成氮化钛涂层。

以上所述的平面磁控溅射靶的磁场分布是均匀的，即外环磁极的磁场强度与中部磁极的磁场强度相等或相近，称之为“平衡磁控溅射靶”。这种靶结构虽然能够将电子约束在靶面附近，增加电子与氩离子的碰撞概率，但随着离开靶面距离的增大，等离子体密度迅速降低，在工件表面上不足以产生高结合力的致密膜层。为了增强离子轰击的效果，只能把工件安置在距离磁控溅射靶 5~10cm 的范围内。这样短的有效镀膜区限制了待镀工件的几何尺寸，制约了磁控溅射技术的应用范围，因此平面磁控溅射多用于镀制结构简单、表面平整的板状工件。

1985 年首次提出了“非平衡磁控溅射的概念”，即某一磁极的磁场相对于另一极性相反部分的增强或减弱，这就导致了磁场分布的“非平衡”，保证了靶面水平磁场分量，有效地约束了二次电子，可以维持稳定的磁控溅射放电。同时，另一部分电子沿着强磁极产生的垂直靶面的纵向磁场逃逸出靶面而飞向镀膜区域，这些飞离靶面的电子还会与中性粒子产生碰撞电离，进一步提高了镀膜空间的等离子体密度，有利于提高沉积速率和膜层质量。图 15-8 所示为非平衡磁控溅射靶在镀膜室中的安装。其中，图 15-8a 所示为双靶镜像磁控靶的安装；图 15-8b 所示为双靶闭合磁控靶的安装；图 15-8c 所示为四靶闭合磁控靶的安装。“非平衡磁控溅射”技术目前已完成开发阶段，并应用于工业生产，但相关研究仍在深入。

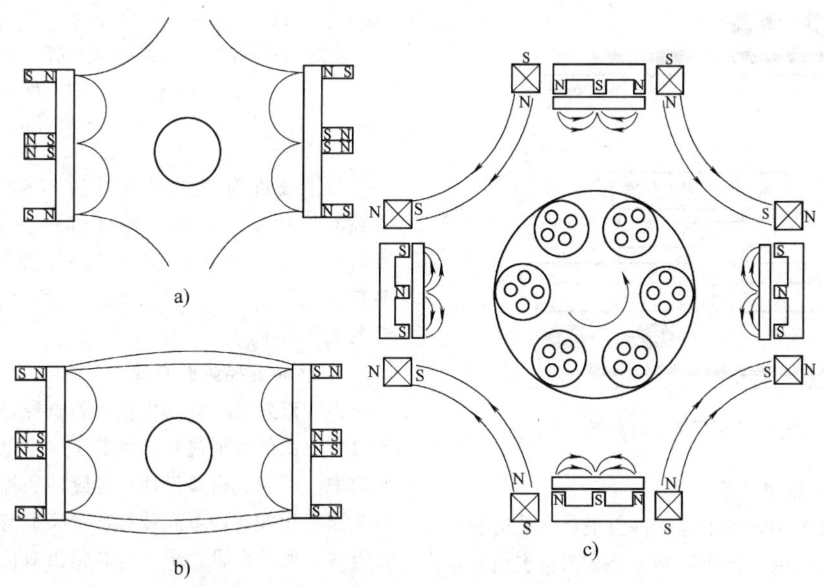

图 15-8　非平衡磁控溅射靶在镀膜室中的安装

a）双靶镜像磁控靶的安装　b）双靶闭合磁控靶的安装　c）四靶闭合磁控靶的安装

将磁控溅射源与阴极电弧源联合使用是沉积复合涂层的新机型，即在镀膜机中既安装可控电弧源，又安装非平衡磁控溅射装置。首先用电弧源产生的金属等离子体轰击工件，然后用非平衡磁控溅射源镀膜，所得涂层的硬度为 2500～3600HK。采用此种技术可以沉积 TiAlN-TiN、TiAlN-ZrN、TiAlZrN 等复合超硬涂层。

2. 中频磁控溅射装置

将直流磁控溅射电源改为交流中频电源，即成为中频磁控溅射。在中频磁控溅射过程中，当靶上所加的电压处在负半周期时，靶材表面被正离子轰击溅射；在正半周期，等离子体中的电子加速飞向靶材表面，中和了靶材表面沉积化合物层累积的正电荷，从而抑制打弧现象的发生。在确定的工作强度下，频率越高，等离子体中正离子被加速的时间越短，正离子从外电场吸收的能量就越少，轰击靶时的能量就越低，溅射速率就会下降，因此为了维持较高的溅射速度，中频溅射电源的频率一般为 10～100kHz。

图 15-9 所示为中频双靶溅射装置。在中频磁控溅射装置中，通常采用两个尺寸大小和外形完全相同的靶并排配置，也称为孪生靶。孪生靶在溅射室中是悬浮电位安装。

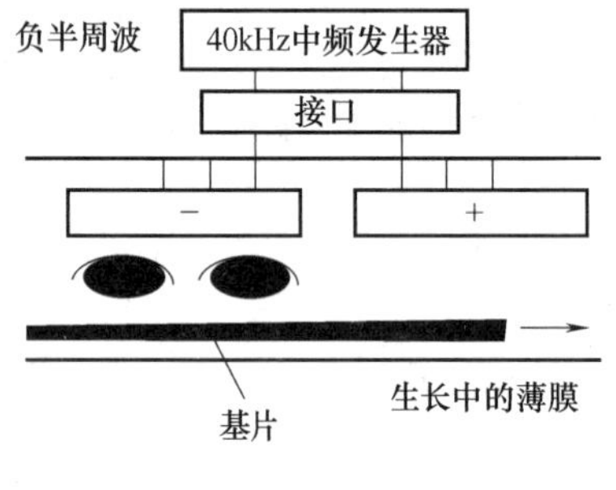

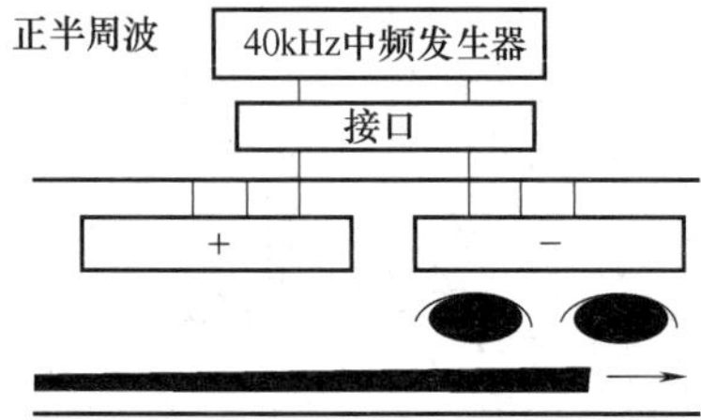

图 15-9　中频双靶溅射装置

3. 射频磁控溅射装置

射频磁控溅射用于以绝缘材料为靶材时的沉积溅射，金属靶材与反应气体作用时，会在靶材表面产生一层绝缘的氧化物，造成靶材表面的电荷积累，称为“靶中毒”，积累的电荷太多就会发生弧光放电现象。因此，当靶材为绝缘材料时，直流磁控溅射电源不能正常进行溅射。所以，射频电源巧妙地利用正负电压交替实现负电压阶段沉积、正电压阶段溅射，避免了弧光放电现象的产生。

普通的射频溅射是在二极溅射基础上发展起来的，其工作原理如图 15-10 所示。主要是用射频电源替代了原来的直流电源，从而发挥出射频电源的优势。由于射频二极溅射仍采用了二极溅射的装置，因此也存在溅射速率低、基体温度高及溅射均匀性差等缺点。

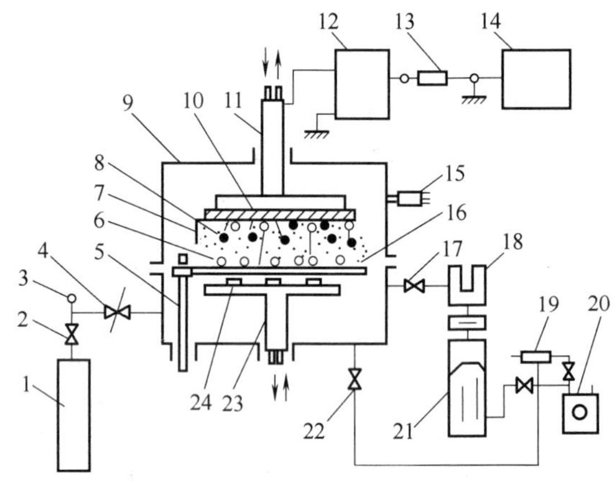

图 15-10　射频二极溅射的工作原理

1—氩气瓶　2—减压阀　3—压力计　4—可调漏泄阀　5—挡板　6—溅射原子　7—暗区　8—氩离子　9—真空室　10—阴极靶　11—射频电动机　12—匹配箱　13—功率表　14—靶电源　15—真空计　16—等离子　17—主阀　18—液氮阱　19—盖斯勒管　20—机械泵　21—扩散泵　22—预抽阀　23—基体架　24—基体

为了改进射频二极溅射的不足，发展了射频磁控溅射技术。射频磁控溅射兼备了射频和磁控溅射技术二者的优点。射频磁控溅射靶与常规射频靶的结构如图 15-11 所示，各构件的功能与磁控溅射基本相同。

4. 脉冲磁控溅射装置

由于溅射阶段只发生在射频电源正电压中，相对于直流电源的溅射过程，浪费了一半电能，降低了溅射效率。所以，需要设计一种脉冲磁控溅射电源，可以应用专用的脉冲电源或脉冲变换器与直流电源的组合电源。此外，也要求该电源输出双极性和单极性两种方式的脉冲，正脉冲用于中和靶材表面积累的正电荷，从而避免发生弧光放电，进而也防止产生阳极消失现象。

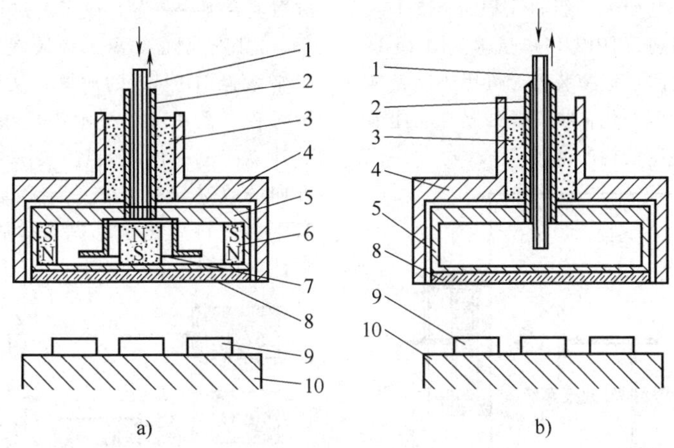

图 15-11　射频磁控溅射靶与常规射频溅射靶的结构

a）射频磁控溅射靶　b）常规射频溅射靶

1—进水管　2—出水管　3—绝缘子　4—接地屏蔽罩　5—射频电极　6—磁环　7—磁芯　8—靶材　9—基体　10—基体架

脉冲磁控溅射一般使用矩形波电压，如图 15-12 所示。这不仅是因为用现有的电子器件采用开关方式可以方便地获得矩形波电压波形，而且矩形波电压波形有利于研究溅射放电等离子体的变化过程。脉冲周期为 T，每个周期中靶被溅射的时间为 $T-\Delta T$，ΔT 为加到靶上的正脉冲时间（宽度）。V^- 和 V^+ 分别为加到靶上的负脉冲与正脉冲的电压幅值。由于所用的脉冲波形是非对称性的，因此该技术也被称为非对称脉冲磁控溅射。脉冲磁控溅射对于靶材的散热更有利，即有可能以高功率脉冲供电，因此溅射工艺有更大的选择性和灵活性，也为后来发展的高功率脉冲磁控溅射技术奠定了基础。双靶脉冲磁控溅射原理如图 15-13 所示。

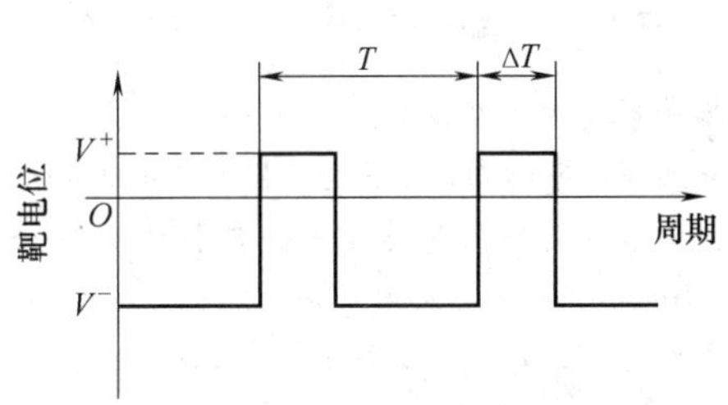

图 15-12　用于脉冲磁控溅射的矩形波电压波形

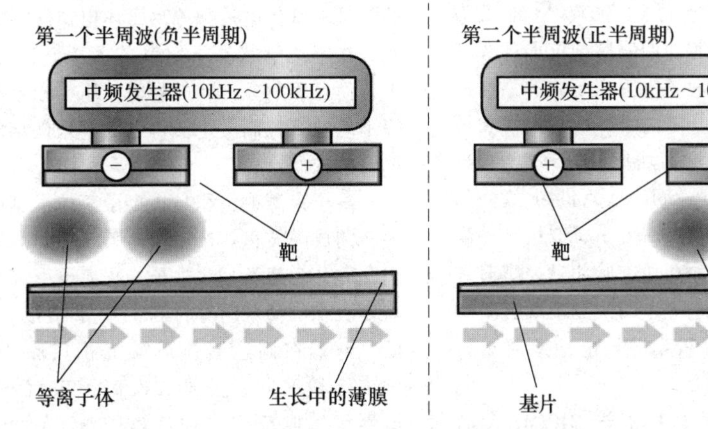

图 15-13　双靶脉冲磁控溅射原理

5. 高功率脉冲磁控溅射装置

1999 年，瑞典 V. Kouznetsov 等人提出了高功率脉冲磁控溅射（HPPMS）技术，该技术利用磁控靶的脉冲（50～200μs/1500～2000V）高功率耦合获得了 70% 以上的溅射金属离化率，并且可产生 2 价、甚至 4 价的金属离子，可以在较低温度下获得高化学剂量比的 Al_2O_3、金刚石相的 TiO_2，膜基结合力可以和阴极弧相当（$L_c=68$ N），等离子体绕射性好、膜层厚度均匀等。后来一些研究小组将 HPPMS 技术改称为高功率脉冲磁控溅射（HIPIMS）技术。图 15-14 所示为高功率脉冲磁控溅射镀膜装置，可用于制备纯金属薄膜、不同元素比例的化合物陶瓷薄膜、功能薄膜及具有纳米多层或梯度结构的薄膜。

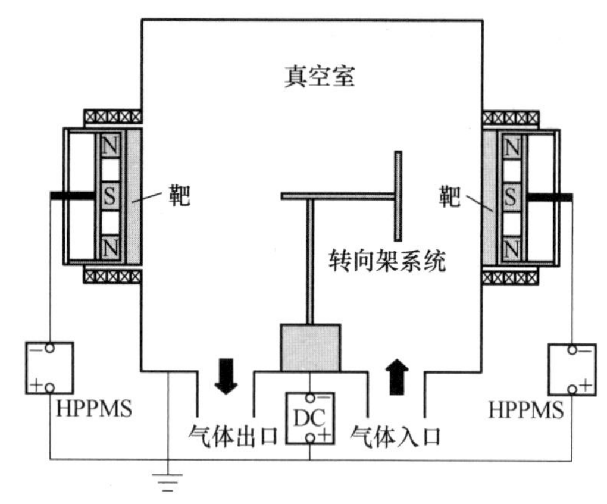

图 15-14　高功率脉冲磁控溅射镀膜装置

高功率脉冲磁控溅射技术的关键是在磁控溅射阴极上施加高功率脉冲，根据施加脉冲的峰值功率和波形，分为常规的高功率脉冲磁控溅射（HIPIMS/HPPMS，Huettinger 公司）和调制脉冲功率磁控溅射 MP-PMS 或 $HIPIMS^+$，Zpulser 和 Hauzer 公司）；典型的 HIPIMS 为单一短脉冲信号，电压在脉冲作用时间内快速上升至千伏级，随后减小，放电电流可达千安，峰值功率为 0.5~10kW/cm^2，导通比为 0.5%~5%，脉冲宽度为 20~200μs；相对于 HIPIMS，MP-PMS 降低峰值电流和峰值功率约一个数量级，脉冲宽度增加至毫秒量级，最大可达 3ms，导通比为 1%~30%，而且可以通过微脉冲调制脉冲位形，实现包括引燃等离子体的弱脉冲和增强等离子体的强脉冲在内的多段脉冲控制，提高了等离子体的稳定性和可控性。近几年来，除两种主流高功率脉冲溅射技术，Magpuls、Melec、PlasmaTech、Solvix、Zpulser 等公司和哈尔滨工业大学等科研单位又研发出了双极脉冲高功率脉冲磁控溅射、直流叠加高功率脉冲磁控溅射和高频高功率脉冲磁控溅射技术等，用于克服现有高功率脉冲磁控溅射在阴极或沉积膜层导电性差时易打弧、沉积速率下降等不足。

此外，可以采用其他 PVD 技术与 HIPIMS 复合的方式来协同增强 HIPIMS 放电，如 HIPIMS 复合直流、射频、中频等磁控溅射技术，以及复合电弧离子镀技术等一起协同作用，图 15-15 所示为 Cemecon 公司直流磁控与高功率脉冲磁控溅射复合镀膜装置，图 15-16 所示为多极磁场电弧离子镀与高功率脉冲磁控溅射复合镀膜装置，或者通过增加外部辅助装置/设备，如感应耦合等离子体装置、电子回旋共振装置等来增强 HIPIMS 的放电，从而改变金属离子的输运过程，图 15-17 所示为电-磁场协同增强高功率脉冲磁控溅射沉积装置。针对 HIPIMS 开展的两个方向的改进研究，在一定程度上达到了进一步提高溅射材料离化率、提高薄膜沉积速率或改善薄膜性能的目的。

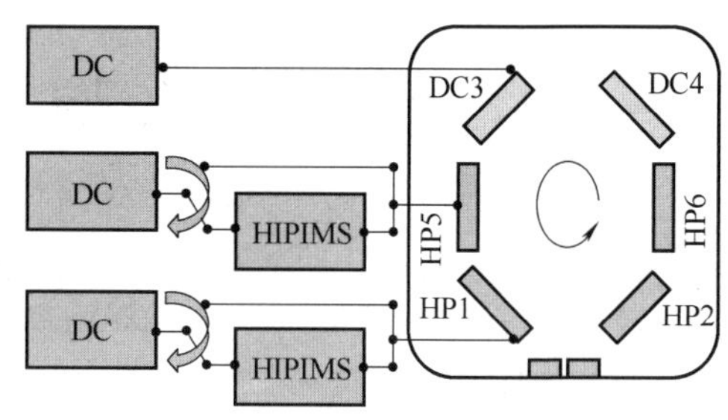

图 15-15　Cemecon 公司直流磁控溅射与高功率脉冲磁控溅射复合镀膜装置

DC—直流磁控溅射电源　DC3、DC4—直流磁控溅射靶　HP1、HP2、HP5、HP6—高功率脉冲磁控溅射靶
HIPIMS—高功率脉冲磁控电源

6. 离子束溅射

前述的各种溅射方法，都是直接利用辉光放电中产生的离子进行溅射，并且基体也处于等离子体中，基体在成膜过程中不断地受到周围环境气体原子和带电粒子的轰击，以及快速电子的轰击，而且沉积粒子的能量随基体电位和等离子体电位的不同而变化。因此，在等离子状态下镀制的薄膜，性能往往差异较大，而且溅射条件，如溅射气压、靶电压、放电电流等不能独立控制，这使得对成膜条件难以进行精确而严格的控制。

离子束溅射沉积是在离子束技术基础上发展起来的新的成膜技术。按用于薄膜沉积的离子束功能的不同，可分为两类：一类是一次离子束沉积，离子束由需要沉积的薄膜组分材料的离子组成，离子能量较低，它们在到达基体后就沉积成膜，又称低能离子束淀积；另一类是二次离子束沉积，离子束由惰性气体或反应气体的离子组成，离子的能量较高，它们打到由需要沉积的材料组成的靶上，引起靶原子溅射，再沉积到基体上形成薄膜，因此又称离子束溅射。

离子束溅射沉积原理如图 15-18 所示。由大口径离子束发生源（离子源 1）引出惰性气体离子（Ar+、

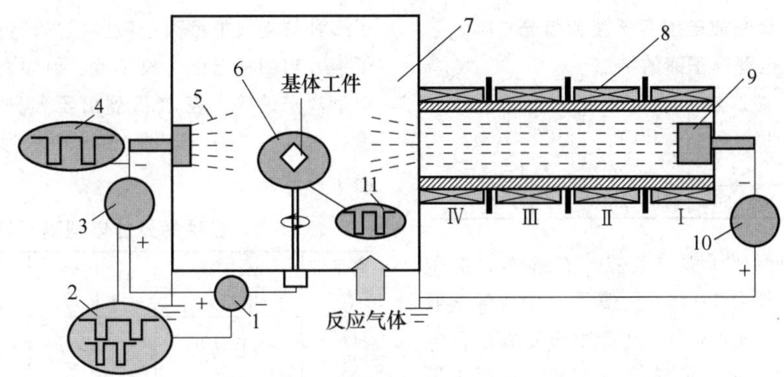

图 15-16　多极磁场电弧离子镀和高功率脉冲磁控溅射复合镀膜装置

1—偏压电源　2—波形同步匹配装置　3—高功率脉冲磁控溅射电源　4—高功率脉冲磁控溅射电源波形示波器　5—高功率脉冲磁控溅射靶源　6—样品台　7—真空室　8—多级磁场装置　9—电弧离子镀靶源　10—弧电源　11—偏压电源波形示波器

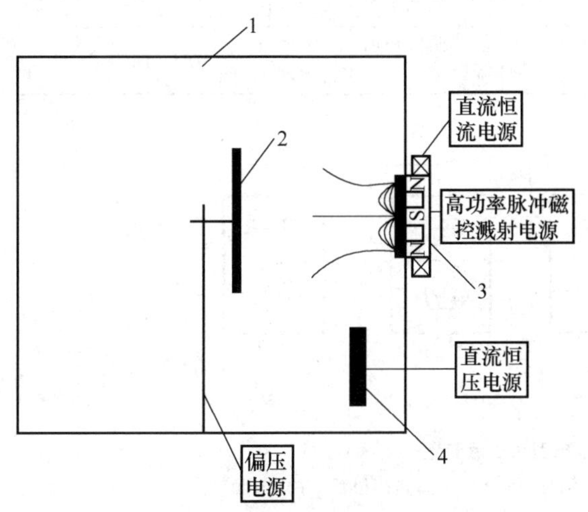

图 15-17　电-磁场协同增强高功率脉冲磁控溅射沉积装置

1—真空室　2—工件架　3—阴极磁控靶　4—辅助阳极

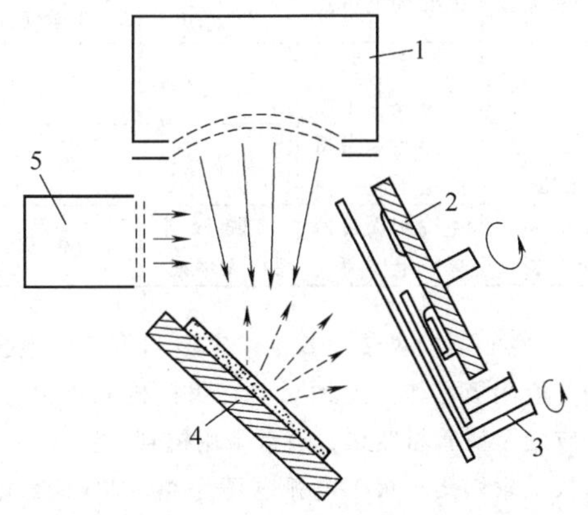

图 15-18　离子束溅射沉积原理

1—离子源 1　2—基体　3—挡板　4—靶　5—离子源 2

Xe+ 等)，使其入射在靶上产生溅射作用，利用溅射出的粒子沉积在基体上制得薄膜。在大多数情况下，沉积过程中还要采用第二个离子源（离子源 2)，使其发出的第二种离子束对形成的薄膜进行入射，以便在更广范围内控制沉积膜的性能。上述第二种方法又称双离子束溅射法。

通常，第一个离子源多用考夫曼源，第二个离子源可用考夫曼源或霍尔离子源等。离子束溅射技术中所用的离子源可以是单源、双源和多源。通过适当地选择靶及离子的能量、种类等，可以比较容易地制取各种不同的金属、氧化物、氮化物及其他化合物等薄膜。另外，由于离子束的方向性强，离子流的能量和通量较易控制，所以也可用于研究溅射过程特性，如高能离子的轰击效应、单晶体的溅射角分布及离子注入和辐射损伤过程等。

15.2.3　离子镀膜

离子镀膜层原子的获得方法多与真空蒸发镀相同，不同的是离子镀的镀膜过程是在气体放电等离子体中进行的。因此，在工件上必须施加偏压，但一般必须通入气体，使气体分子平均自由路程减小到可以产生碰撞电离的程度，才能使气体放电。膜层原子是在低气压气体放电条件下获得的，膜层原子被电离为离子或激发成高能中性原子，这可大幅度提高到达工件的膜层粒子的能量。一般金属粒子的能量 $\varepsilon=1\sim10\text{eV}$，远远高于真空蒸发镀膜时膜层粒子的能量。

根据沉积时放电方式的不同，离子镀分为辉光放电型离子镀和弧光放电型离子镀。表 15-4 列出了两种放电类型的特点。

表 15-4　辉光放电型离子镀和弧光放电型离子镀的特点

类型	蒸发源电压/V	蒸发源电流/A	工件偏压/V	金属离子化率(%)
辉光型	3~10kV	<1	1~5	1~15
弧光型	20~70	200~500	20~200	20~90

（1）辉光放电型离子镀膜装置　在辉光放电型离子镀技术中，工件带 1~5kV 负偏压，真空度一般为 10^{-1}~10Pa，工件和蒸发源之间产生辉光放电，电流密度为 0.1~1mA/cm^2。最简单的直流二极型离子镀的膜基结合力和膜层质量均比真空蒸发镀优越，但二极型离子镀的金属离子化率低，仅为 0.1%~1%。为了提高金属离子化率，应采取各种强化放电措施，如在蒸发源和工件之间增设第三极（如热电子发射极、高频感应线圈等），以增加高能电子密度或加长电子运动路程，从而提高金属蒸气原子及反应气体与电子碰撞电离的概率。在 20 世纪七八十年代，开发了多种辉光放电型离子镀膜技术，包括活性反应型离子镀、热阴极增强型离子镀、射频离子镀和集团离子束型离子镀等。表 15-5 列出了各种辉光放电型离子镀技术的工艺特点。图 15-19 所示为各种辉光放电型离子镀装置。

表 15-5　各种辉光放电型离子镀的工艺特点

离子镀类型	强化放电措施	强化放电机理	沉积气压/Pa	金属离化率(%)
直流二极型	直流辉光	—	10^{-1}~10^2	<1
活性反应型	活化电极	活化极吸引二次电子	10^{-1}~10	3~6
热阴极型	热电子发射	增加高能电子密度	10^{-2}~10^{-1}	10~15
射频型	高频感应圈	加长电子运行路程	10^{-2}~10	10~15
集团离子束型	热阴极和加速极	高密度的低能离子团	10^{-1}~10^2	<1

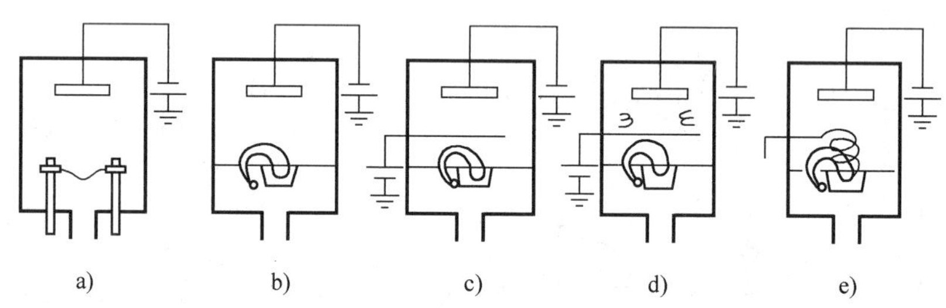

图 15-19　各种辉光放电型离子镀装置

a）电阻源二极型　b）e 形枪源二极型　c）活性反应型　d）热阴极型　e）射频型

离子镀的蒸发源可以是电阻蒸发源、电子枪蒸发源和集团离子束离子镀采用的密闭式坩埚蒸发源。辉光放电型离子镀装置的共同特点是，工件所带的偏压高，金属离子化率低，只有 1%~15%，用于沉积氮化钛涂层时工艺难度大，现在国内已经没有这类产品。

（2）弧光放电型离子镀装置　弧光放电型离子镀技术采用弧光放电型蒸发源，有空心阴极枪、热丝弧等离子枪、阴极电弧蒸发源等。这些蒸发源均产生弧光放电，放电电压为 20~70V，电流密度为 50~500A/mm^2，工件负偏压为 20~200V。电弧源本身既是蒸发源又是离子化源。这种离子镀的金属离子化率为 20%~90%；金属离子能量为 1~10eV，离子流密度高；高能的氮、钛离子和高能原子比较容易反应生成氮化钛等化合物涂层；工艺操作简便，它是当前国内外沉积氮化钛涂层的主选技术。

按弧光放电机制分类，有自持热弧光放电和自持冷弧光放电。表 15-6 列出了各种弧光放电型离子镀的工艺特点。

表 15-6　各种弧光放电型离子镀的工艺特点

离子镀类型	弧光放电特点	金属蒸气来源	金属离子化率(%)
空心阴极枪型	热空心阴极自持热电子流	坩埚熔池	20~40
热丝弧等离子枪型	热丝弧自持热电子流	坩埚熔池	20~40
电弧离子镀型	冷阴极自持场致电子流	阴极本身、无熔池	60~90

1）空心阴极离子镀技术。空心阴极离子镀技术采用空心阴极枪作蒸发源。空心阴极枪采用钨、钽、钼等难熔金属管材制作，通常采用钽管。钽管接枪电源负极，坩埚接正极。电弧电压为 40~70V，弧电流密度为 50~500A/mm^2。为了点燃空心阴极弧光，钽管上并联 400~1000V 辉光放电点燃电源。氩气从钽管通入真空室内。工件接偏压电源负极，电压为 0~

200V。接通钽管电源后，首先产生空心阴极辉光放电，然后过渡为弧光放电。氩离子轰击钽管壁，使管壁升温到 2100℃，钽管发射热电子。所形成的等离子电子束射向坩埚，电子的动能转化为热能，使沉积膜材蒸发。等离子电子束在射向坩埚的过程中与金属原子和反应气体分子碰撞使之电离或激发。这些高能粒子在工件表面反应生成化合物涂层。金属离子化率高，沉积氮化钛的工艺范围宽。

最初研制的空心阴极枪的结构复杂，除钽管，还有辅助阳极、枪头聚焦线圈、偏转线圈，在阳极坩埚周围也设有同轴聚焦线圈。目前的空心阴极枪的结构简化了，有裸枪型和水冷差压室型。裸枪不设枪头聚焦线圈、辅助阳极、偏转线圈，结构简单，但裸枪的温度高，其热辐射容易使工件超温。水冷差压室型空心阴极枪也省去了辅助阳极、枪头聚焦线圈和偏转线圈。空心阴极钽管在水冷差压室内对工件没有热辐射，能够使枪室保持低真空，便于点燃空心阴极弧光，而且使镀膜室保持高真空，初始的膜层质量好。

空心阴极离子镀膜机的结构如图 15-20 所示。其中，图 15-20a 为初始的复杂型；图 15-20b 为裸枪型；图 15-20c 为水冷差压室型。空心阴极离子镀膜机的型号及技术参数见表 15-7。

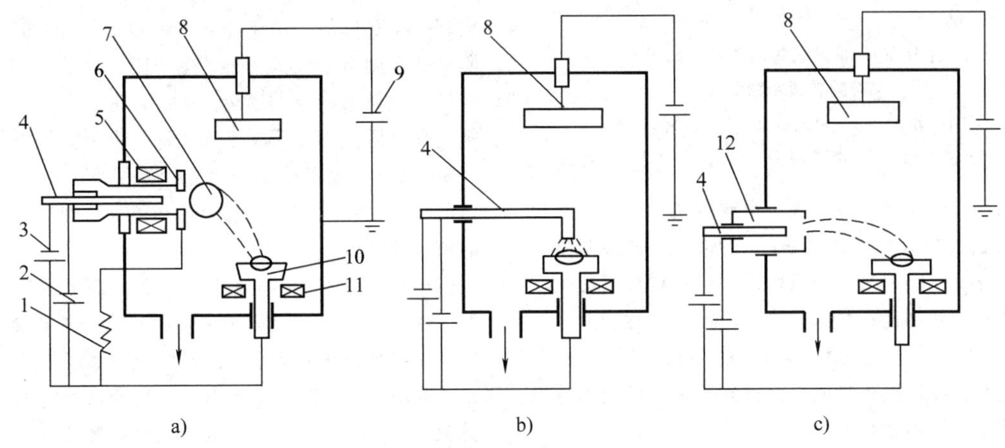

图 15-20　空心阴极离子镀膜机的结构

a）复杂型　b）裸枪型　c）水冷差压室型

1—电阻　2—引燃电源　3—弧光电源　4—钽管　5—第一偏转线圈　6—辅助阳极　7—第二偏转线圈　8—工件　9—偏压电源　10—坩埚　11—聚焦线圈　12—差压室

表 15-7　空心阴极离子镀膜机的型号及技术参数

型　号	枪功率/kW	生　产　能　力
DLKD-1000	15,双枪	M3mm 滚刀 16 把,ϕ8mm 钻头 196 支
LDK-310	10,三枪	M1.5mm 滚刀 30 把,ϕ8mm 钻头 630 支
KYD-450	6.5	M3mm 滚刀 12 把,ϕ10mm 钻头 120 支
DLK-800	10	M3mm 滚刀 10 把
IPB-45	30	M3mm 滚刀 24 把

2）热丝弧等离子枪型离子镀膜机。热丝弧等离子枪型离子镀膜机采用热丝弧等离子枪作为蒸发源。图 15-21 所示为热丝弧等离子枪型离子镀膜装置示意图。

真空室的顶部设热丝弧等离子枪室，氩气由热丝弧等离子枪室通入，枪室内安装有钽丝以发射热电子，它同时与弧电源的负极相接。真空室内设有工件转架，工件做旋转运动。底部有坩埚和与之相隔离的辅助阳极，两者均与弧电源的正极相接。真空室外部的上、下两端安装电磁线圈，作用是对真空室内的等离子体进行搅拌，以增加气体分子和金属原子的电离概率。当接通弧电源后，钽丝发射大量的热电子，被电场加速后，激发枪室内的氩气电离，产生弧光放电，形成的弧光等离子束向坩埚方向运动。这种等离子束有三个作用：①当射向辅助阳极时，可以使真空室中的气体电离，提高真空室中的气体等离子体密度；②当射向坩埚时，可以将膜材金属蒸发；③由于金属蒸气原子向上运动，等离子电子束是向下方运

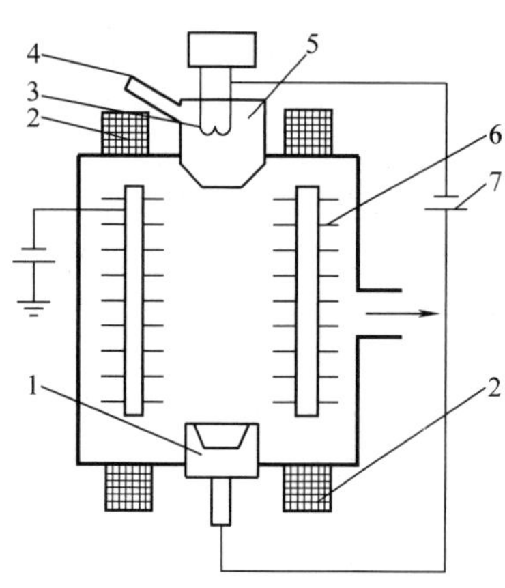

图 15-21　热丝弧等离子枪型离子镀膜装置示意图

1—坩埚　2—聚焦线圈　3—热钽丝　4—氩气进气口　5—离子源室　6—工件　7—弧电源

动，两者间碰撞电离概率大，金属电离更充分。这种镀膜装置中的等离子体密度大，加上合理的镀膜工艺，氮化钛涂层刀具的质量较高，但这种镀膜的生产周期长，蒸发源设在底部，涂层厚度均匀性较差。

3）电弧离子镀装置。电弧离子镀是利用阴极电弧源的自持冷场致弧光放电，得到高密度的金属等离子体而进行镀膜的技术。

阴极电弧源所产生的冷场致弧光放电的过程是，由于在阴极靶的附近堆积了高密度的正离子形成了离子云，离子云与阴极表面距离很近，而且，离子云承担了电弧中的主要压降，因此在阴极表面处形成了高场强，电场强度为 $10^6 \sim 10^8$V/cm。在阴极靶面凸起部位的场强更大，更容易将靶面击穿，产生冷场致电子发射；又由于靶面击穿的面积很小，为 $10^{-6} \sim 10^{-4}$mm^2，而电流密度为 $10^4 \sim 10^6$A/mm^2，致使阴极靶材表面迅速升温，被加热成小熔池，功率密度为 $10^6 \sim 10^8$W/mm^2，造成膜材原子从小熔池蒸发汽化形成蒸气流。金属蒸气与击穿面发射出的电子流发生非弹性碰撞，高密度的离子流伴随带电粒子的复合过程，而在击穿点处产生弧光，在靶面上每个小熔池处出现一个小凹坑。由于非均匀电势和等离子扩散，在阴极弧斑附近形成高密度的电子流、离子流、金属蒸气流和金属熔滴流的通量。因此，电弧离子镀中的阴极电弧源既是蒸发源又是离化源。由于金属离化率为 60%~90%，很容易获得化合物涂层。电弧离子镀是当前沉积氮化钛超硬涂层刀具和仿金精饰品应用最多的离子镀技术。

阴极电弧源有小平面弧源、大平面弧源和柱状弧源三种类型，表 15-8 列出了它们的基本技术参数。图 15-22a 所示为安装小平面弧源的电弧离子镀膜机，图 15-22b 所示为安装大平面弧源和柱状弧源的电弧离子镀膜机，图 15-22c 所示为安装柱状弧源的电弧离子镀膜机。

表 15-8　三种阴极电弧源的基本技术参数

弧源形状	靶材尺寸/mm	弧斑形状	弧电压/V	弧电流/A	每台机数量/个
小平面	(60~100)×30	圆形	18~25	40~100	1~40
大平面	200×(400~1000)	长圆形	18~30	100~200	2~4
柱　状	70×(200~2000)	直条、螺条	20~40	120~400	1

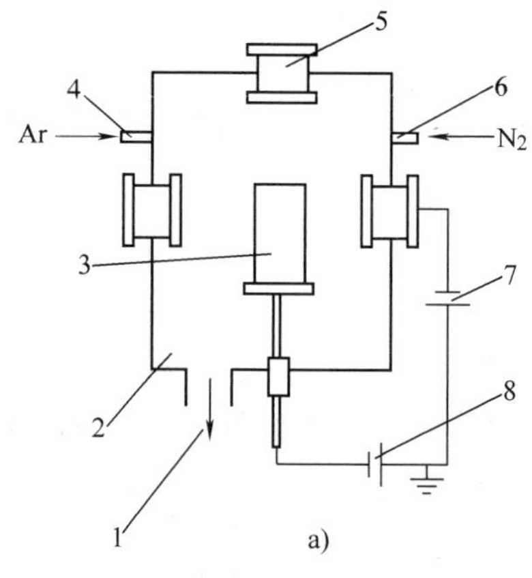

图 15-22　三种形状弧源的电弧离子镀膜装置

a）安装小平面弧源的电弧离子镀膜机

1—真空系统　2—镀膜室　3—工件　4—氩气进气系统　5—小平面弧源　6—氮气进气系统　7—小平面弧源电源　8—偏压电源

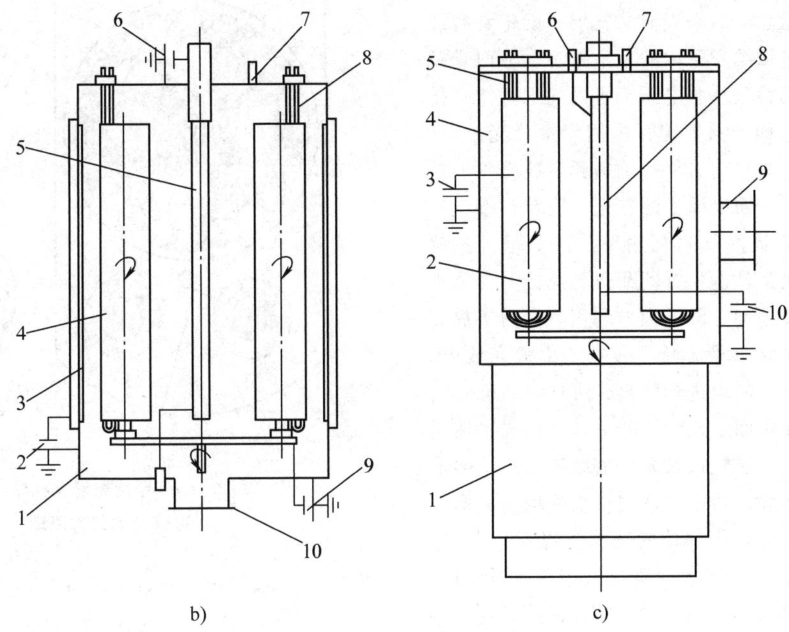

图 15-22　三种形状弧源的电弧离子镀膜装置（续）

b）安装大平面弧源和柱状弧源的电弧离子镀膜机

1—真空室　2—大平面弧源电源　3—大平面弧源　4—工件　5—柱状弧源　6—柱状弧源电源　7—进气系统　8—管状加热器　9—偏压电源　10—真空系统

c）安装柱状弧源的电弧离子镀膜机

1—机座　2—工件　3—偏压电源　4—镀膜室　5—管状加热器　6—引弧针　7—进气系统　8—柱状弧源　9—真空系统　10—柱状弧源电源

在每台电弧离子镀膜机中，根据需要可配置不同类型的阴极电弧源。每个阴极电弧源配有独立的弧电源和引弧针。小平面弧源和大平面弧源均安装在真空室的内壁，柱状弧源安装在真空室的中央。镀膜室中还设有工件转架、烘烤加热系统和进气系统。

镀膜时，首先使引弧针与靶面接触造成短路，随后当引弧针脱离靶面时，则产生自持冷场致弧光放电，在阴极靶面出现许多小弧斑。沉积氮化钛时，钛离子和氮离子被工件负偏压吸引到达工件表面形成氮化钛。由于阴极靶材处于水冷状态，靶面上的弧斑迅速运动，因此阴极靶材始终处于固态，没有固定的熔池。电弧离子镀技术中阴极电弧源靶材可以是块状、板状及柱状。

为了保证整个工件镀膜的均匀度，需在真空室内壁上安装多个小弧源，每个弧源配一个弧电源、一个引弧针、一套控制系统。操作者必须逐个引燃弧源，随时关心每个弧源的工作情况。

柱状弧源的磁场结构是多种多样的。我国生产的旋转磁控柱状弧源电弧离子镀膜机中采用的是条形永磁体，并做旋转运动。弧斑呈条形或螺旋形，向周围360°方向均匀镀膜，镀膜均匀区大，靶材的利用率最高。这种电弧离子镀膜机只装一个柱弧源、只配一个弧电源、一个引弧针、一套控制系统，设备结构简单，操作简便。

表 15-9 列出了各种电弧离子镀膜装置的技术参数。

表 15-9　各种电弧离子镀膜装置的技术参数

型　号	弧源数量/个	弧源尺寸/mm	弧源功率/(kW/个)	功　能
TG-型	4~40	60	1.2~1.6	装饰、工具
CH-型	4~20	60	1.0~1.6	工具、装饰
WDDH-型	2~4	200×(600~1000)	2.4~3.6	工具、装饰
XZhDH-型	1	70×(200~2000)	2.0~15	装饰、工具

以上介绍的旋转磁控柱状弧源结构为旋磁型，即条形磁铁做旋转运动，后来人们又发展了旋靶管型柱状弧源结构，即电弧源靶管内的永磁体不动，而是靶管进行旋转。旋靶管型柱状电弧靶管内的永磁体只排布在面向工件的一侧，只要靶管一侧产生弧光放电，只产生一个光圈，并只向工件一侧镀膜。旋靶管型柱状电弧源相当一个平面电弧源的作用，安装在镀膜室侧边。旋靶管可以提高靶材利用率。如果靶管不旋转，靶管表面面向工件的位置不断受到烧蚀，会像平面弧源那样产生烧蚀沟，降低靶材利用率。为了提高靶材的利用率，靶管必须旋转。一旦产生弧光放电，靶管只向工件一侧不断地进行镀膜，可这时的靶管在连续旋转，弧斑在靶面上连续不断地进行扫描，使得靶管上的各个部位都能经过弧光放电区域，产生熔池进行镀膜。靶管连续旋转可以使靶材烧蚀均匀，提高靶材利用率。靶管上各个部位的靶材可以均匀蒸发、烧蚀、减薄。与平面矩形大弧源相比，靶材利用率高；与小平面弧源相比，沿工件转架的上下镀膜均匀。镀膜机结构简单，安装方便。

Platit 公司生产的 π80、π311、π411 型离子镀膜机即采用旋靶管型柱状阴极电弧源。柱状阴极电弧源靶管内采用永磁+电磁的磁控结构来控制弧斑运动。一般在镀膜室门上安装 3 个或 2 个旋靶管型柱状阴极电弧源，镀膜室中间安装 1 个旋靶管型柱状阴极电弧源。旋靶管型柱状阴极电弧源接弧电源的负极，镀膜室接正极。根据需要，靶管内的磁控结构和桶形屏蔽罩开口可以旋转 180°。图 15-23 所示为 π80 型旋靶管型柱状阴极离子镀膜机的工作原理。

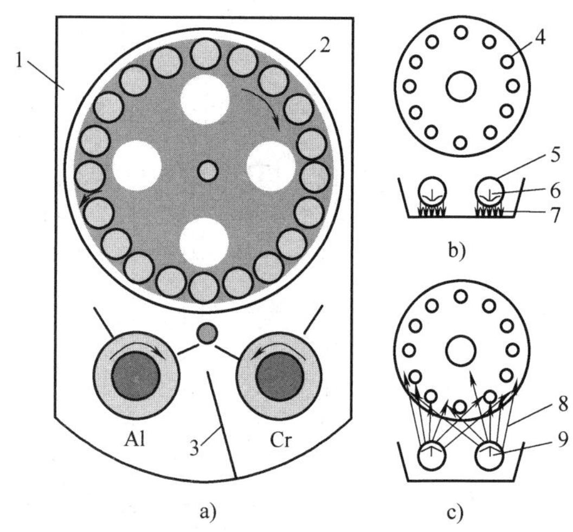

图 15-23　π80 型旋靶管型柱状阴极离子镀膜机的工作原理

a）结构　b）清洗过程　c）镀膜过程

1—镀膜室　2—工件架　3—衬板　4—工件　5—旋靶管型柱状阴极电弧源　6—向后方的磁控结构　7—向后的蒸发方向　8—向前的蒸发方向　9—向前方的磁控结构

电弧离子镀在靶材蒸发过程中发生的液滴喷射会造成所沉积薄膜的“大颗粒”污染，人们就工艺参数对大颗粒净化进行了大量研究，但仍无法完全去除大颗粒。采用弯管磁过滤是一种有效消除电弧离子镀大颗粒的方案，图 15-24 所示为弯管磁过滤装置。它包括一个电弧阴极、阴极磁场线圈及一套磁过滤装置。从阴极表面发射的等离子体经磁偏转管进入镀膜室，而大颗粒由于是由中性或荷质比比较小，因而不能偏转而被过滤掉。采用磁过滤管电弧源可获得低能高离化率等离子体束，并可以完全消除大颗粒，但需要指出的是，其沉积效率会大幅度降低，一般仅为不加磁过滤的 1%~10%。

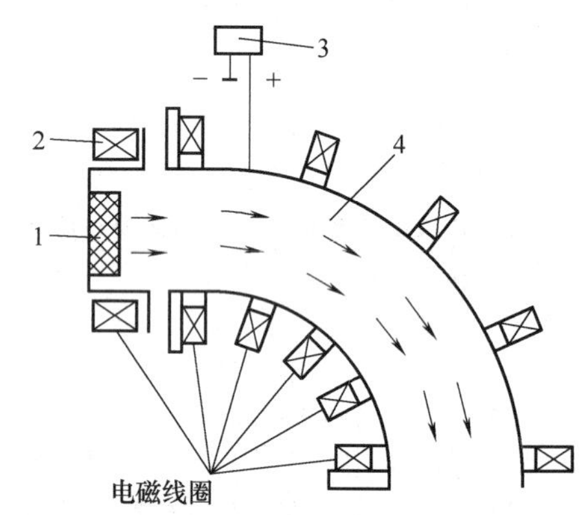

图 15-24　弯管磁过滤装置

1—电弧阴极　2—阴极磁场线圈　3—偏压电源　4—磁过滤装置

典型的磁过滤式真空电弧离子镀膜机结构如图 15-25 所示。其核心结构是一个弯管过滤器，它是一个具有螺旋管电磁线圈的不锈钢或石英弯管。电磁线圈提供控制等离子体流的外加磁场，该磁场方向是沿管的轴向方向。这一弯管是该技术区别于传统真空电弧离子镀膜机的显著标志，它的作用一方面是过滤和阻挡宏观颗粒，另一方面是引导离子进入工件所在的沉积室。其设计的合理程度将对过滤效果及离子的传输效率产生关键的影响。其中一个准则是要尽量减小电子在管道中的运动，以建立一个足够强的空间电场来引导离子向沉积室方向加速运动。设计时，线圈所产生的磁场一般在 0.005~0.02T 范围内。这一相对较弱的磁场不可能对离子的运动产生直接的影响，而它却可以对管道内等离子体流中的电子产生强烈的约束作用，从而在管道中建立一个很强的加速空间电

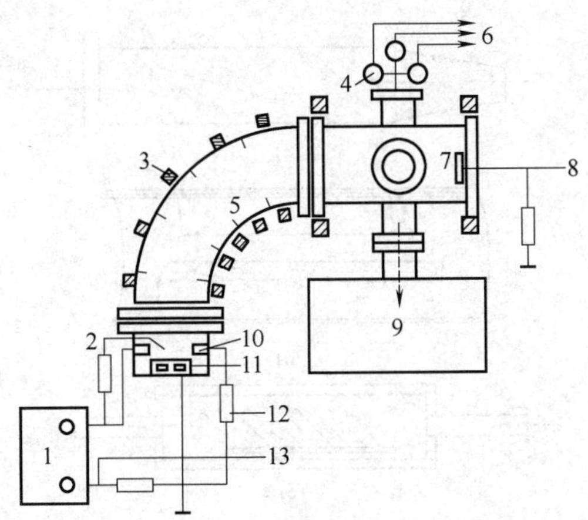

图 15-25　典型的磁过滤式真空电弧离子镀膜机结构

1—电源　2—触发器　3—电磁线圈　4—真空规管　5—过滤弯管　6—控制与记录系统　7—基底　8—离子流测量　9—真空系统　10—阳极　11—阴极　12—弧电压测量　13—弧电流测量

场。该电场对过滤器离子传输效率起决定作用。

15.3　化学气相沉积

化学气相沉积（CVD）是获得固体薄膜的方法之一，它是将含有薄膜元素的一种或几种气相化合物单质气体通入含有基体的容器，利用加热、等离子体、光（紫外和激光等）能源，借助气体作用或在基体表面的化学反应生成符合要求的薄膜。

（1）化学气相沉积的基本原理　化学气相沉积的基本原理是在远高于热力学计算临界温度的条件下，利用气体原料作源物质，在气相中进行化学反应形成分子（原子、离子）等构成产物的基本粒子，经过形核和长大两个阶段合成粒子、薄膜、晶须或晶体等不同形式固体材料的方法。沉积过程中发生的化学反应使 CVD 技术区别于溅射和蒸发等物理气相沉积，同时又赋予其多功能性。能够精密地合成和处理高纯度的多种类型的材料是 CVD 技术的基本特征。在制备超微粒子时，要求反应的平衡常数要大、反应温度要高。利用 CVD 可以沉积晶态或非晶态薄膜，而且可以准确控制薄膜的化学成分和结构。CVD 技术可以沉积纯金属膜、合金膜、金属间化合物薄膜、各种氧化物薄膜、碳（氮）化物薄膜、金属等超微粒子。CVD 已在近代科技中得到广泛应用，并在合成超微粒子和各种功能性涂层方面成为一种很有发展潜力的实用技术。

（2）化学气相沉积的分类

1）根据化学反应温度，可将化学气相沉积分为：低温 CVD，沉积温度 < 200℃；中温 CVD（MT-CVD），沉积温度为 500～800℃；高温 CVD（HT-CVD），沉积温度为 900～1200℃；超高温 CVD，沉积温度 > 1200℃。

2）根据化学反应气压，可将化学气相沉积分为：常压 CVD（NP-CVD）或大气压 CVD（AP-CVD），沉积压力为 0.01～0.1MPa；低压 CVD（LP-CVD），沉积压力为 $1\sim10^4$Pa。

3）根据激活能量的类型，可以将化学气相沉积分为：热能，热 CVD，通过加热来热解反应气体；光子、电子，光激发反应 CVD、激光激发反应 CVD、电子辅助 CVD；电磁能，射频、直流脉冲和微波 PECVD；化学能，催化 CVD（Cat-CVD）

15.3.1　常规化学气相沉积

常规的化学气相沉积是热 CVD，利用衬底表面热催化方式进行化学气相沉积。这种方式的沉积温度较高。

1. 热 CVD 装置

热 CVD 装置包括三个部分，即供气系统、沉积室或反应室、排气系统。典型的热 CVD 装置如图 15-26 所示。

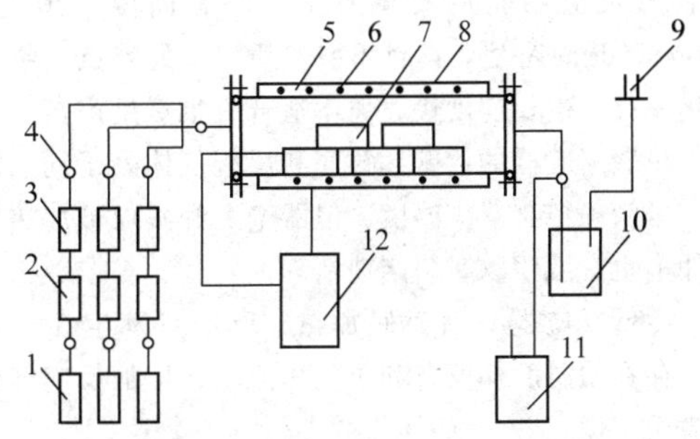

图 15-26　典型的 CVD 装置

1—气瓶　2—净化器　3—流量计　4—针阀　5—反应室　6—加热体　7—工件　8—炉体　9—气体出口　10—尾气处理装置　11—真空泵　12—加热电源

（1）供气系统　CVD 气体一般由反应气体和载气组成。反应气体可以以气态供给，也可以以液态和固态供给。若以液态供给，需将液态通入蒸发容器，载气从恒定温度的液面通过，或者让载气通过液体产生气泡，将反应物带入反应室。若采用固态供给，需把固体放入蒸发容器，加热使之蒸发或升华，从而将反应气体送入反应室。气体混合比是一个及其重要的参数，反应气体送入量与载气流速和蒸发温度有关，气体混合比通过质量流量计和控制阀调节。

载气携带液态物质的量与不同温度下该液态物质的饱和蒸气压有关。单位时间进入反应室的蒸汽量 n 为

$$n = 10^2 \times \frac{R_T F}{RT} \tag{15-2}$$

式中 n——携带量（mol/min）；

R_T——液体饱和蒸气压（atm）；

F——载气流量（L/min）；

T——热力学温度（K）；

R——摩尔气体常数［J/(mol · K)］。

（2）反应室 根据反应系统开放程度，反应室可分为开放型、封闭型和近间距型。

根据反应器壁是否加热，反应室可分为热壁反应器和冷壁反应器。

开放型反应室的特点是能连续地供气和排气，反应体系总是处于非平衡状态，有利于沉积物形成。

封闭型反应室的特点是把一定量的反应原料和衬底分别放在反应管的两端，管内放置运输红剂，抽真空后密封，再将管置于双温炉内产生温度梯度，物料从封管一端输送到另一端并沉积在衬底上。

近间距型反应室是在开放的系统中，使衬底覆盖在装有反应物料的石英舟上，两者间隔为 0.2～0.3mm。近间距型兼具封闭型和开放型的特点，物料转化率高，生长速度快，但不适合大批量生产。

热壁反应器的器壁、衬底和反应气体处于同一温度，可精确控制反应温度，但器壁上和其他被加热的元件上也有沉积物，需定期清理。

冷壁反应器只对衬底加热，反应只发生在衬底上，存在的温度梯度有利于气体流动，增加反应气体的输送速度。

（3）排气系统 排气系统具有两个主要功能：一是除去未反应的剩余气体和副产物，二是提供反应物越过沉积区的通畅路径。

在热 CVD 装置中，反应室的结构类型很多。有卧式反应室（见图 15-27）和立式反应室（见图 15-28），通常采用对称设计，以保证热量、反应气体均匀传送。卧式反应室具有生产率高，使用方便的优点，但相对立式反应室，卧式反应室存在沉积不均匀的缺点。为了获得更加均匀的涂层，基座通常以一定角度倾斜。

对于立式反应室，前驱气体既可以从顶部也可以从底部导入，但由于热 CVD 沉积温度较高，会影响气体的稳定流动，进而影响涂层的均匀性，尤其是在高温度梯度情况下。可以通过加大流量或降低气压来

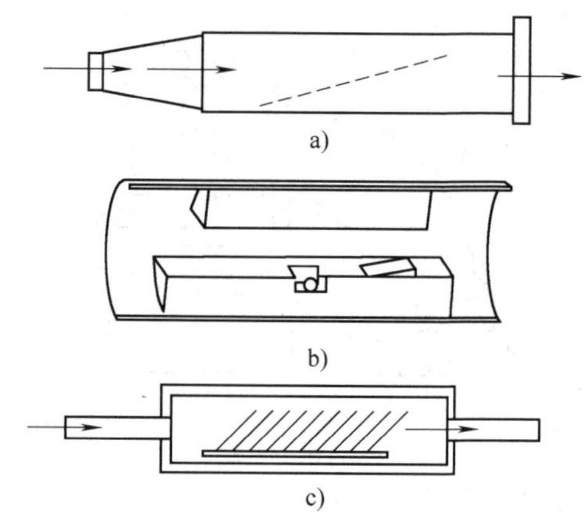

图 15-27 卧式反应室

a）传统水平反应室 b）中间带坩埚蒸发装置的反应室 c）提高装载量的反应室

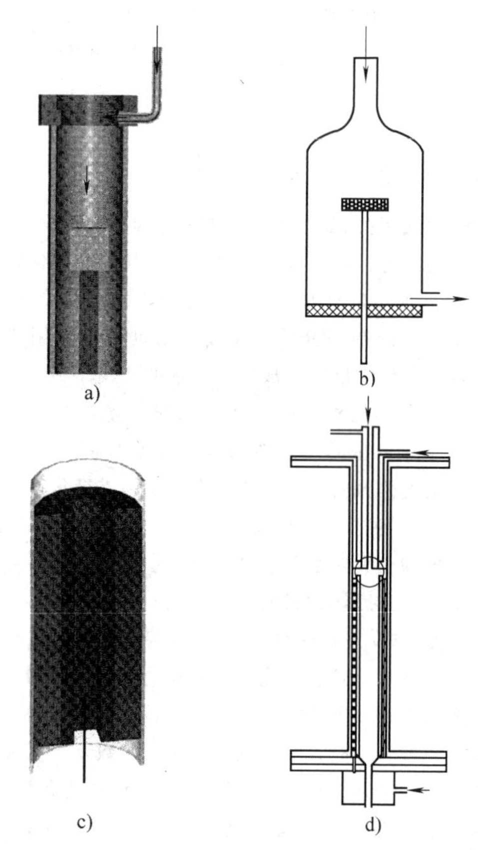

图 15-28 立式反应室

a）、b）典型的垂直放置式 c）层流烟囱式 d）垂直双管超细粉末式

减缓这种现象，也可以从反应室结构设计入手，如设计成层流烟囱的形状，如图 15-28c 所示。图 15-28d 所示为一种垂直双管 CVD 反应室，其中内侧管道是反应室，两管之间导入的惰性气体被预热，利于进行

热交换，它更适合沉积陶瓷涂层。

其他的热 CVD 反应室结构如图 15-29 所示。图 15-29a 所示为用于外延硅的桶式反应室；图 15-29b 所示为一种烤饼炉式反应室；图 15-29c 所示为平行盘式反应室，气体从上部均匀引入，是半导体行业最常见的反应室结构；图 15-29d 所示为近年来发展起来的一种催化 CVD（Cat-CVD）反应室。Cat-CVD 是可在较低温度下不用等离子体就能获得高质量薄膜的一种新技术，不存在等离子体对薄膜的损伤。

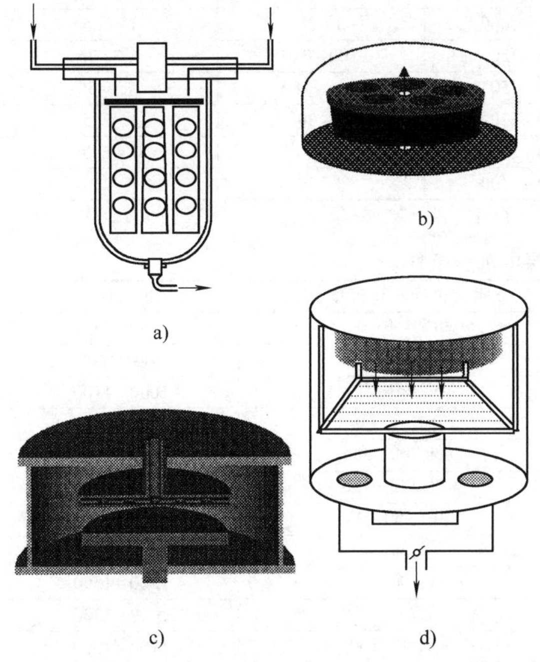

图 15-29　其他的热 CVD 反应室结构

a）桶形反应室　b）烤炉式反应室　c）平行盘式反应室　d）带催化加热丝的平行盘式反应室

2. 影响薄膜质量的因素

1）沉积温度：沉积温度是影响涂层质量的重要因素，每种涂层材料都有其最佳的沉积温度范围。一般来说，沉积温度越高，反应速度越快，沉积速率越快。高沉积温度下，涂层致密性好，结晶性好，晶粒长大倾向大。

2）反应室气压：气压影响沉积速率、涂层质量和涂层均匀性。

3）反应气体分压：反应气体分压也就是反应气体配比，它直接影响涂层成核、生长、沉积速率、组织结构和化学成分。对于沉积碳（氮）化合物，通入相应的金属卤化物的配比应适当高于化学当量计算值，以获得高质量涂层。

此外，对于同一种涂层材料采用不同的沉积反应，沉积薄膜的质量可能有差异。气体流动的状态、衬底材料等也会影响涂层的结构和质量。

3. 热化学气相沉积条件

沉积所需涂层可选择的反应很多，要根据热力学条件找出最大产量或转换效率的反应途径。例如，对于反应 $A_{(g)} = C_{(g)} + D_{(g)}$，要想使反应向生成物 D 的方向发展，该反应的 $\lg K_p$ 应是较大的正值，根据热力学知识：

$$\lg K_p = -\Delta G°/2.303RT = -\Delta H°/2.303RT + \Delta S°/2.303R \qquad (15\text{-}3)$$

式中　$\Delta G°$——标准状态下反应吉布斯自由能的变化；

$\Delta H°$ 和 $\Delta S°$——标准状态下反应的焓和熵的变化；

K_p——反应平衡常数。

上述反应的平衡常数可表示为

$$K_p = p_C \alpha_D / p_A \qquad (15\text{-}4)$$

式中　α_D——沉积物固体 D 的活度（沉积物为纯物质时，一般为 1）；

p_A 和 p_C——气体物质 A 和 C 的分压。

对于密闭体系，沉积速率较慢，而开放体系反应更加有利于向生成物方向进行。

表 15-10 和表 15-11 分别列出了常见金属和硬质涂层的沉积条件。

表 15-10　常见金属的沉积条件

沉积物	金属反应物	其他的反应物	温度/℃	压力/Torr	沉积速率/(μm/min)
W	WF_6	H_2	250~1200	1~760	0.1~50
	WCl_6	H_2	850~1400	1~20	0.25~35
	WCl_6	—	1400~2000	1~20	2.5~50
	$W(CO)_6$	—	180~600	0.1~1	0.1~1.2
Mo	MoF_6	H_2	700~1200	20~350	1.2~30
	$MoCl_5$	H_2	650~1200	1~20	1.2~20
	$MoCl_5$	—	1250~1600	10~20	2.5~20
	$Mo(CO)_6$	—	150~600	0.1~1	0.1~1

（续）

沉积物	金属反应物	其他的反应物	温度/℃	压力/Torr	沉积速率/(μm/min)
Re	ReF_6	H_2	400~1400	1~100	1~15
	$ReCl_5$	—	800~1200	1~200	1~15
Nb	$NbCl_5$	H_2	800~1200	1~760	0.08~25
	$NbCl_5$	—	1880	1~20	2.5
	$NbBr_5$	H_2	800~1200	1~760	0.08~25
Ta	$TaCl_5$	H_2	800~1200	1~760	0.08~25
	$TaCl_5$	—	2000	1~20	2.5
Zr	ZrI_4	—	1200~1600	1~20	1~2.5
Hf	HfI_4	—	1400~2000	1~20	1~2.5
Ni	$Ni(CO)_4$	—	150~250	100~760	2.5~35
Fe	$Fe(CO)_5$	—	150~450	100~760	2.5~50
V	VI_2	—	1000~1200	1~20	1~2.5
Cr	CrI_3	—	1000~1200	1~20	1~2.5
Ti	TiI_4	—	1000~1400	1~20	1~2.5

注：1Torr=133.322Pa。

表 15-11　硬质涂层的沉积条件

化合物类别	涂层材料	沉积反应系统	金属卤化物汽化温度/℃	沉积温度/℃
碳化物	B_4C	BCl_3-CH_4-H_2	BCl_3 -30~0	1200~1300
	Cr_7C_3	$CrCl_3$-C_xH_y-H_2	$CrCl_3$ 100~130	900~1200
	TiC	$TiCl_4$-CH_4-H_2	$TiCl_4$ 20~80	1000~1100
	SiC	$SiCl_4$-CH_4-H_2	$SiCl_4$ -22~0	1025~2000
	ZrC	$ZrCl_4$-C_6H_6-H_2	$ZrCl_4$ 300~380	1200~1300
	WC	WCl_6-$C_6H_5CH_3$-H_2	WCl_6 320~360	1000~1500
氮化物	BN	BCl_3-N_2-H_2	BCl_3 -30~0	1100~1500
	TiN	$TiCl_4$-N_2-H_2	$TiCl_4$ 20~80	900~1100
	ZrN	$ZrCl_4$-N_2-H_2	$ZrCl_4$ 300~350	1200~1500
	HfN	$HfCl_4$-N_2-H_2	$HfCl_4$ 280~310	1000~1300
	VN	VCl_4-N_2-H_2	VCl_4 50~100	1100~1300
	Si_3N_4	$SiCl_4$-N_2-H_2	$SiCl_4$ -40~20	1000~1600
氧化物	Al_2O_3	$AlCl_3$-CO_2-H_2	$AlCl_3$ 180~250	1050~1200
	SiO_2	$SiCl_4$-CO-H_2	$SiCl_4$ -40~20	800~1100
	ZrO_2	$ZrCl_4$-CO-H_2	$ZrCl_4$ 300~350	800~1100
硼化物	AlB	$AlCl_3$-BCl_3-H_2	$AlCl_3$ 180~250	1000~1300
			BCl_3 -30~0	
	TiB_2	$TiCl_4$-BCl_3-H_2	$TiCl_4$ 20~80	900~1200
			BCl_3 -30~0	
硅化物	TiSi	$TiCl_4$-$SiCl_4$-H_2	$TiCl_4$ 20~80	800~1200
			$SiCl_4$ -40~20	
	ZrSi	$ZrCl_4$-$SiCl_4$-H_2	$ZrCl_4$ 300~350	800~1000
			$SiCl_4$ -40~20	
	VSi	VCl_4-$SiCl_4$-H_2	VCl_4 50~100	900~1100
			$SiCl_4$ -40~20	

15.3.2　热丝化学气相沉积

沉积金刚石薄膜的方法有很多，基本原理都一样，都是利用热能和低气压等离子体能量将含碳的气体和氢气分解，在一定温度下于经过表面预处理的衬底上形核长大生成金刚石薄膜，超平衡浓度的原子氢抑制石墨的生长，保证高质量金刚石薄膜的合成。

图 15-30 所示为热丝 CVD 金刚石薄膜的装置。基体多采用单晶硅、Mo、Ta 等。热丝位于基体上方约 10mm 以内，钨丝温度不小于 2000℃，反应气体采用 H_2 和

CH_4 的混合气体，CH_4 的含量约为 1%（体积分数），气体压力约为 1000Pa，基体温度为 700~1000℃。

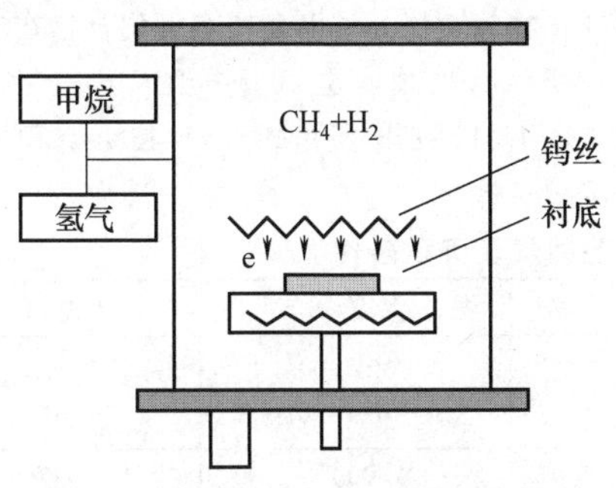

图 15-30　热丝 CVD 金刚石薄膜的装置

根据实际应用的需要，热丝可以是单根，也可以是多根；热丝可以横向排列，也可以纵向分布，如图 15-31 所示。为了防止热丝加热时伸长变形，热丝末端应设计拉紧装置，如图 15-32 所示。

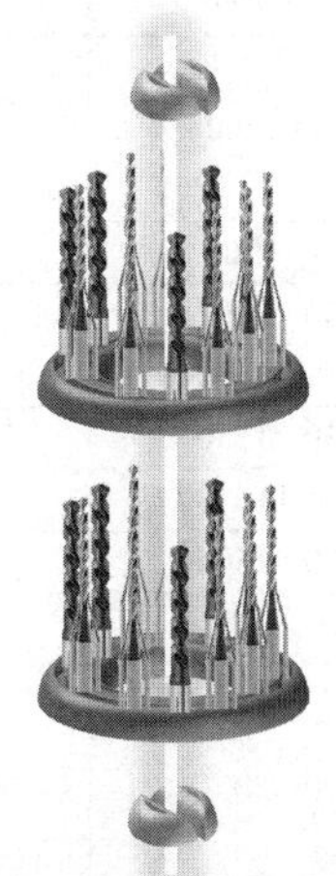

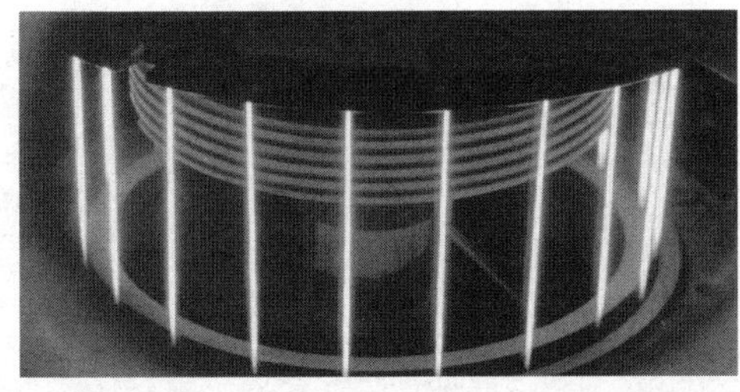

图 15-31　热丝的分布

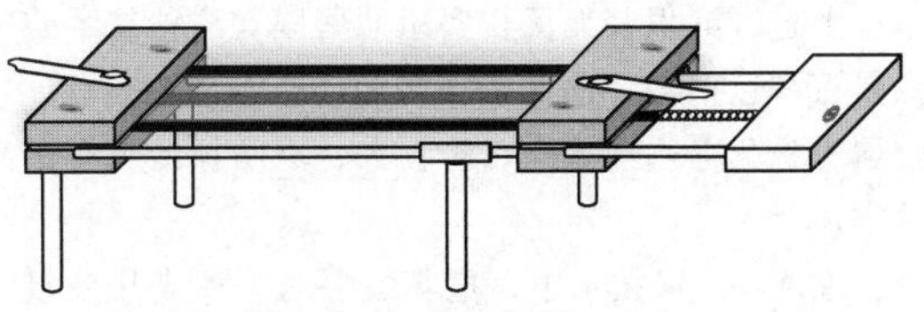

图 15-32　热丝的拉紧装置

在金刚石热丝 CVD 工艺中会发生复杂的化学反应和物理过程。它们在不同阶段具有不同特征，但所发生的每一步反应和过程都是相互影响和关联的。热丝 CVD 制备金刚石工艺过程如图 15-33 所示。原料气体按比例混合后进入反应腔，进入反应腔的反应物分子在热能或等离子体的作用下分裂成活性自由基和原子态基因，产生离子和电子，活性粒子相互作用并加热气体。这些活性粒子在激活区以下又继续进行一系列复杂的化学反应，直至它们撞击到衬底的表面。在衬底表面的某些部位，这些粒子可能在衬底表面吸附并与表面发生反应，解吸或在表面进行扩散运动，直到寻找到适宜的活性点位置。在这些活性点上进行各种表面反应，如果条件适宜即生成金刚石。

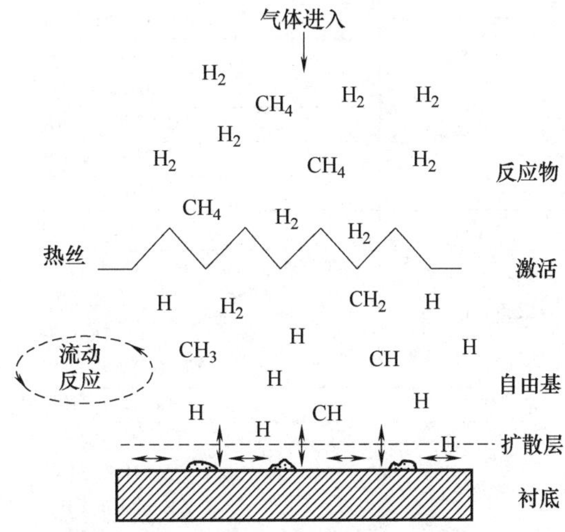

图 15-33　热丝 CVD 制备金刚石工艺过程

除热丝 CVD 可沉积金刚石薄膜，直流等离子体 CVD 法、射频等离子体 CVD 法和微波等离子体 CVD 法都可以用来沉积金刚石薄膜。可用的碳源气体很多，包括 C-H、C-H-O、C-H-Cl 等，如 CH_4、CH_3CH_2OH、C_3H_8、CH_3COCH_3、C_2H_5Cl 等。

15.3.3　金属有机化合物化学气相沉积（MOCVD）

MOCVD 是由常规 CVD 技术发展起来的，主要目的是降低沉积温度。在 MOCVD 技术中，能在相当低的温度下分解金属有机化合物，其优点是能在热敏感基体上进行沉积并能沉积多组元薄膜。这种技术的缺点是沉积速率慢，晶体缺陷密度高，薄膜中杂质多，金属有机化合物活性高、毒性大，对防护措施有更高要求。

在 MOCVD 技术中，把膜层中的一种或几种组分以金属有机化合物的形式输送到反应区，而其他组分以氢化物的形式输送。MOCVD 技术主要用于半导体外延沉积，也可用于沉积金属、氧化物、氮化物、碳化物和硅化物等镀层。许多金属有机化合物在中温就能分解，所以这项技术也属于中温 CVD（MTCVD）的范畴。表 15-12 列出了用 MOCVD 技术沉积的某些镀层及沉积条件。

表 15-12　用 MOCVD 技术沉积的某些镀层及沉积条件

镀层	初始反应物	温度/℃	压力/Torr
Al_2O_3	$Al(OC_3H_7)_3$ Al-三异丙基氧化物	700~800 270~420	<10 100
B_7O	$B(C_2H_5O)_3$-H_2	800	0.76
Co	$Co_2(CO)_8$	200~400	—
Co,Fe,Ni	$M(C_2H_5)_2$	550	—
CoSi	$H_3SiCo(CO)_4$	670~700	0.4~2
Cr_7C_3	$Cr[CH(CH_3)_2]_2$	300~550	0.5~50
β-$FeSi_2$	$(H_3Si)_2Fe(CO)_4$	670~700	0.4~2
Mn_3Si	$H_3SiMn(CO)_4$	670~700	0.4~2
SiC	CH_3SiCl_3-H_2 $(CH_3)_2SiCl_2$-H_2 CH_3SiCl_2-H_2	800~1200	760
	CH_3SiCl_3-H_2	900~1200	760
	聚碳酸硅烷	350~800	760
	CH_3SiCl_3-H_2	1150~1450	70
	CH_3SiCl_3-C_3H_8-H_2	1150~1250	230
	$(CH_3)_4Si$-H_2	1000	15
	CH_3SiCl_3-H_2	1300~1500	760
Si_3N_4	$(CH_3)_4Si$-NH_3	525~1500	1~760
SnO_2	$(CH_3)_4Sn$ $(C_2H_5)_4Sn$ $(C_4H_9)_4Sn$ $(C_4H_9)_2(CH_3COO)_2Sn$	400~500	—
TiC	$(C_5H_5)_2TiCl_2$-H_2	825~1050	1~7
Ti(C,N)	$(CH_3)_3N$-$TiCl_4$ CH_3CN-$TiCl_4$ $CH_3(NH)_2CH_3$-$TiCl_4$ HCN-$TiCl_4$	560~950	15~720
TiO_2	$Ti(C_3H_7O)_2$	190~550	760
Y_2O_3	$Y_2(thd)_3$	430~490	7.5~22.5
ZrO_2	$Zr(OC_3H_7)_4$	700~800	2.7
	$Zr(OC_5H_{11})_4$	750~950	760
	$Zr(tfacac)_4$-O_2 $Zr(thd)_4$-O_2	450~750	760
	Zr2,4 戊二醇	300~430	7.5~22.5
	$Zr(tfacac)_4$-O_2	450	760
	$Zr(C_3H_7O)_2$	<425	760

注：1Torr = 133.322Pa。

除了需要输送前驱气体，MOCVD 与普通热 CVD 的反应热力学和动力学原理没有任何差别。目前，应用最多的金属有机化合物（简称 MO 源）是Ⅲ-Ⅴ、Ⅱ-Ⅶ族半导体化合物及烷基衍生物，如 GaAs、InAs、

InP、GaAlAs、ZnS、ZnSe、CdS、CdTe、$(C_2H_3)_2Be$、$(C_2H_3)_3Al$、(CH_3) Ce、$(CH_3)_3N$、$(C_2H_5)_2Se$ 等。

MOCVD 目前主要应用于微波和光电子器件、先进的激光器等，如具有 p 型或 n 型掺杂的 $Ga_{1-x}Al_xAs$ 器件、双异质结构、互联布线、多量子阱激光器、双极场效应晶体管、红外探测仪和转换效率为 23% 的太阳能电池等。

1. MOCVD 的特点

1）沉积温度低。MOCVD 的工作温度低于传统的 CVD。

2）膜层结构种类多。可以在不同的基体表面沉积单晶、多晶、非晶的多层和超薄层、原子层薄膜，通过改变 MOCVD 源的种类和数量，可以得到不同化学组成和结构的金属氧化物、氢化物、碳化物等化合物薄膜。

3）成本低、应用广。MOCVD 工艺的适用性强，成本较低，可以大规模制备半导体化合物薄膜及复杂组分的薄膜。

4）沉积速率慢。MOCVD 的沉积速率较慢，仅适宜沉积微米级薄膜。

5）原料有毒。金属有机化合物原料大多有毒，对安全防护有较高的要求。

2. MO 源的条件

由于 MOCVD 是一种热解 CVD 反应，故其前驱气体金属有机化合物应具备以下基本条件：

1）高稳定性。有较高的稳定性，而且合成及提纯都比较容易。

2）高蒸气压。室温下有较高的蒸气压（≥133Pa）。

3）低分解温度。应有较低的热分解温度。

4）不影响膜层质量。反应的副产物不妨碍膜层生长，毒性小，对膜层污染小。

3. MOCVD 设备

MOCVD 设备一般由反应室、反应气体供给系统、尾气处理系统、电气控制系统等组成（见图 15-34），反应室有卧式和竖式两种，前者结构简单，衬底基座一般为矩形，与气流方向成 2°~6°；后者结构较复杂，密封要求严格，基座可旋转，衬底可水平或倾斜放置。由于原料气体有毒且易燃，尾气处理系统用于排放前的处理，通常采取裂解与活性炭吸附、高锰酸钾溶液喷淋吸收或微氧燃烧组合的方式进行处理。

4. MOCVD 工艺过程

MOCVD 反应通常是在 600~1000℃、133~101325Pa 的范围内进行。TMG、DEZn 用电子恒温槽将温度控制在设定值，通入除去水分和氧的净化氢气，再将得到的饱和蒸汽导入反应室内。用氢气将钢瓶中的原料 AsH_3、H_2Se、H_2S、PH_3 等稀释至 5%~10%，再导入反应室。另外，还需采用大量的氢气作为载气。石英反应室内放置 SiC 基座（样品加热台），大多采取高频加热，衬底（基体）置于基座上。反应室内的气体在被加热的衬底上发生热分解反应，沉积形成掺杂的 GaAs 薄膜。要严格控制气体的流速，以防气相在衬底直接形核，阻碍外延生长。薄膜的生长温度一般为 650~750℃，生长速率为 0.1μm/min 左右，可控厚度为 5m，掺杂范围为 10~10/cm。

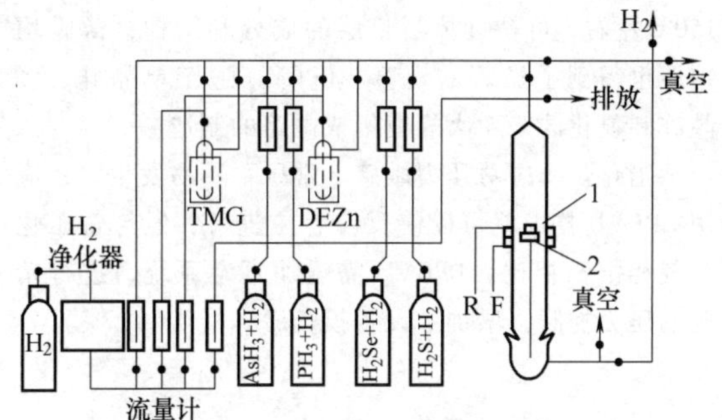

图 15-34　MOCVD 设备（竖式反应室）组成

1—衬底　2—SiC 基座

TMG—三甲基镓　DEZn—二乙基锌

5. MOCVD 工艺方法

1）常压 MOCVD（APMOCVD）。操作方便，成本较低，可用于制作大规模集成电路互连线。

2）低压 MOCVD（LPMOCVD）。工作压力为 13.3kPa，采取较高的气体流速，适于亚微米镀膜、多层和超结构膜层，能有效地提高材料与器件的性能。

3）激光 MOCVD（LMOCVD）。激光增强 MOCVD，既可使外延生长低温进行，又能够减少因加热引起杂质对膜层的污染。现已可以使用旋转 MO 源进行涂膜，而无须 MO 前驱气体，降低了成本，提高了质量。

15.3.4　低压化学气相沉积

低压化学气相沉积（LPCVD）装置如图 15-35 所示。其压力范围一般为（1~4）$\times10^4$Pa，通常需要增添减压装置。低压下的气体分子平均自由程增加到常压的 2500 倍，气体分子向基体的输送过程加快，并易于达到基体的各个表面，扩散系数增大，极大地提高了生产率，降低了生产成本，这对于形成大面积均匀薄膜（如大规模硅器件工艺中的介质膜外延生长）和复杂几何外形工件的薄膜（如模具的硬质耐磨薄膜）等是十分有利的。LPCVD 的反应温度比常压低

150℃左右，可精确控制膜层的成分和结构，薄膜均匀性也得到了显著的改善，LPCVD 适于单晶硅、多晶硅和氮化硅等超大规模集成电路的制造。

当化学反应对压力敏感、常压下不易发生时，应用 LPCVD 技术就可以使反应容易进行，但与常压化学气相沉积相比，LPCVD 需增加真空系统，进行精确的压力控制，增加了设备投资。

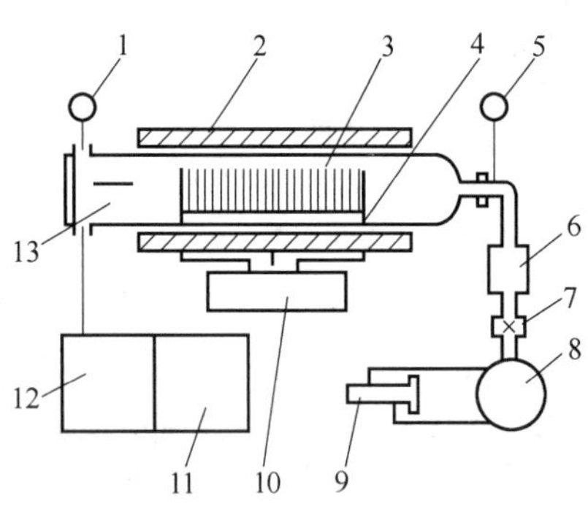

图 15-35　LPCVD 装置

1、5—压力计　2—反应器　3—硅片　4—样品舟　6—冷阱　7—阀门　8—旋转泵　9—油过滤器　10—过滤控制　11—程序控制　12—气体控制　13—气体

15.3.5　等离子体增强化学气相沉积

等离子体增强化学气相沉积（PECVD）也称等离子体辅助化学气相沉积（PACVD），是目前广泛应用的薄膜沉积技术之一。常规 CVD 技术需要用外加热使初始反应气体分解，因而沉积温度高，而 PECVD 技术利用等离子体中电子的动能激发气相化学反应，可以在较低的基体温度（一般低于约 600℃）下进行沉积。

等离子体可以分为两类，即热等离子体和冷等离子体。热等离子体的电子、离子及中性粒子处于局域的热力学平衡，而冷等离子体中的电子能量比中性粒子高得多，离子的能量也比较高，但不及电子。正因为如此，PECVD 才能在较低的温度下激发化学反应。与此同时，由于其非平衡特性，PECVD 形成的涂层与常规 CVD 不同，PECVD 涂层的形成不再受平衡态动力学的限制，典型的涂层结构是非晶态。

根据等离子体引入和产生方法的不同，PECVD 有很多种类，表 15-13 列出了常见的 PECVD 技术的工艺特点。产生等离子体的典型参数是电源功率、频率（从低兆赫到微波）和压力（10^{-1}kPa）。

表 15-13　常见的 PECVD 技术的工艺特点

等离子体引入及产生方法	工艺参数	特点	可涂层材料
直流 PECVD	沉积温度:300~600℃ 直流电压:0~4000V 直流电流密度:16~49A/m^2 真空度:1×10^{-2}~200Pa 沉积速率:2~3μm/h	涂层均匀,一致性好;设备相对简单,造价低	TiN、TiCN 等
直流脉冲 PECVD	沉积温度:300~600℃ 等离子电压:0~1000V 脉冲持续时间:4~1000μs 脉冲断续时间:10~1000μs 正脉冲持续时间:4~1000μs	涂层均匀一致性好;热、电工艺参数能独立控制。设备相对简单,适于工业化生产	TiN、TiCN、纳米 nc-TiN/α-Si_3N_4、金刚石等
射频 PECVD（电容耦合）	沉积温度:300~500℃ 沉积速率:1~3μm/h 频率:13.56MHz 射频功率:500W	涂层质量和重复性好,设备复杂	TiN、TiC、TiCN、β-C_3N_4 等
微波 PECVD	微波频率:2.45GHz 沉积速率:2~3μm/h	微波等离子体密度高,反应气体活化程度高;无电极放电,涂层质量好,设备复杂,造价高	Si_3N_4、β-C_3N_4 等
弧光 PECVD	热丝弧光放电,由弧柱电离气体	等离子体密度大、有磁场搅拌功能	DLC 等

通过射频电磁场的作用产生的等离子体称为射频 PECVD（电容、电感耦合 PECVD），如图 15-36a 和图 15-36b 所示。如果采用的电磁场是微波（MW），就称为微波 PECVD，即 MWPECVD，如图 15-36c 所

示。在微波等离子体中再引入一个 800~1200G 的静态强磁场，此时电子的运动不仅受外加电磁场的作用，还因磁场的引入发生回旋共振，大幅度增强了电子的离化作用，这种方法通常称为电子回旋共振微波 PECVD，即 ECRPECVD，如图 15-36d 所示。

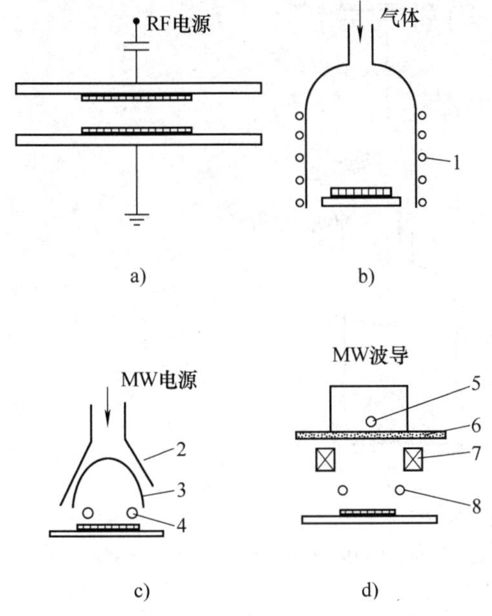

图 15-36　典型的 PECVD 反应室结构

a）电容耦合 PECVD　b）电感耦合 PECVD

c）MWPECVD　d）ECRPECVD

1—RF 线圈　2—扬声器天线　3—石英釜

4、8—供气　5—线性天线　6—石英窗口　7—磁体

注：RF 表示射频，MW 表示微波。

射频 PECVD 的频率为 50kHz~13.56MHz，最常用的是 13.56MHz，沉积气压为 13.3~266.6Pa，等离子体密度一般为 $10^8 \sim 10^{12}/cm^3$。射频等离子体耦合方式分为电容耦合和电感耦合，电感耦合获得的等离子体密度高于电容耦合。典型的微波频率是 2.54GHz，也可以采用 400MHz。激发部件可以是天线、标准波发射器、行波发射器等。微波可以是连续方式，也可以是脉冲方式。反应气压可以是零点几帕到大气压，气压不同，产生的等离子体密度不一样，范围为 $10^8 \sim 10^{15}/cm^3$。电子回旋共振的条件是，当采用标准频率 2.54GHz 时，共振磁场强度为 87.5mT。当沉积气压为 0.1Pa 时，等离子体密度为 $10^{10} \sim 10^{12}/cm^3$。

PECVD 反应器可以有多种结构，根据对工作气体的需求不同，可设计成 MWPECVD 和 ECRPECVD 组合系统，如图 15-37a 所示。设备在中等压力下可以在 MWPECVD 模式下工作，而低气压下在 ECR-PECVD 模式下工作。在基体架上施加一个 RF 偏压，可以进一步设计出双模工作状态的 PECVD 系统，如图 15-37b 和图 15-37c 所示。

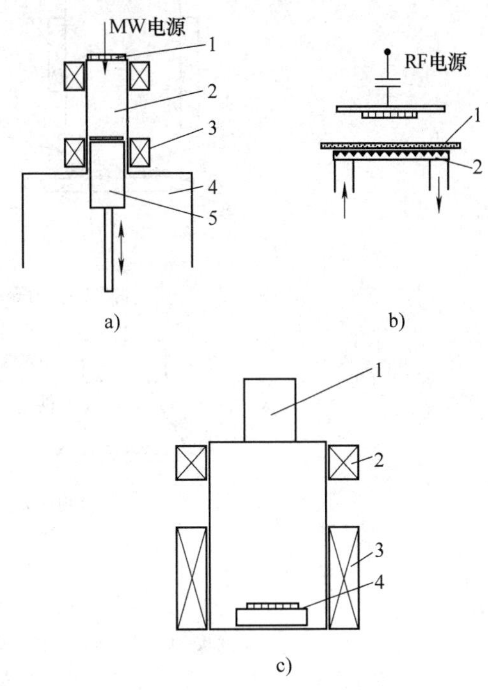

图 15-37　组合 PECVD 系统

a）MWPECVD/ECRPECVD

1—石英窗口　2—MWPECVD 腔体　3—电磁线圈

4—ECRPECVD 腔体　5—电动机驱动样品台

b）MWPECVD/RFPECVD

1—石英窗口　2—MW 发送线圈

c）ECRPECVD/RFPECVD

1—2.45GHzMW 电源　2—永磁体　3—复合磁体

4—RF 电源

根据施加到前驱气体的电场不同，PECVD 还可以进一步细分。例如，根据基体位置 PECVD 可分为间接 PECVD 和直接 PECVD，如图 15-38a 和图 15-38b 所示。基体放置在等离子体区域之外，称为远端或间接 PECVD；反之，如果基体在等离子体区域之内，就是直接 PECVD。还可以通过反应气体的导入方式来控制气体的激发状态，气体可以直接导入到等离子体区域，也可以直接供给到基体。这种技术利用了等离子体化学的优点，同时避免离子轰击基体带来的损伤。射频、微波或其他等离子体激发方法都可以采用直接或间接 PECVD，如图 15-38c 和图 15-38d 所示。

PECVD 最广泛的应用领域是电子学工业，表 15-14 列出了用 PECVD 技术沉积的各种材料及沉积工艺参数。20 世纪 80 年代以来，PECVD 技术用于沉积类金刚石薄膜（DLC）。

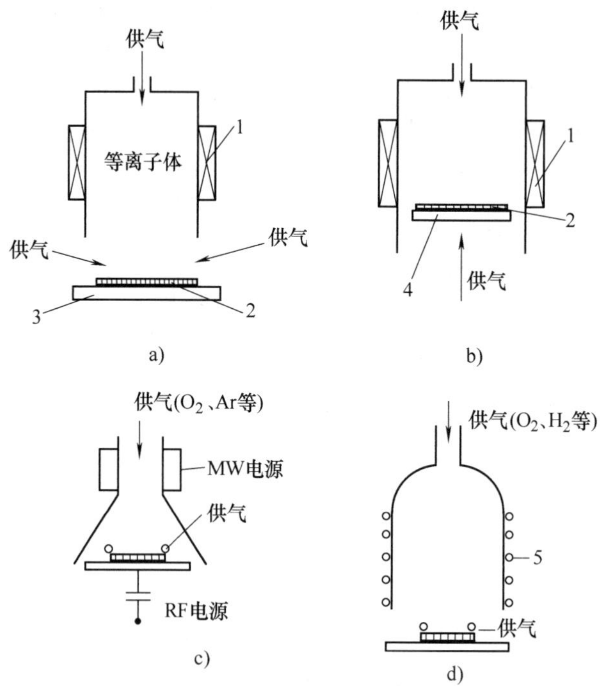

图 15-38　直接和间接 PECVD

a）间接 PECVD　b）直接 PECVD　c）直接 MWPECVD/RFPECVD　d）直接 RFPECVD

1—等离子体激励器　2—基体　3—样品台　4—工作台　5—RF 线圈

表 15-14　用 PECVD 技术沉积的各种材料及沉积工艺参数

材料	沉积温度/K	沉积速率/(cm/s)	反　应　物
非晶硅	523~573	10^{-8}~10^{-7}	SiH_4, SiF_4-H_2, Si(s)-H_2
多晶硅	523~673	10^{-8}~10^{-7}	SiH_4-H_2, SiF_4-H_2, Si(s)-H_2
非晶锗	523~673	10^{-8}~10^{-7}	GeH_4
多晶锗	523~673	10^{-8}~10^{-7}	GeH_4-H_2, Ge(s)-H_2
非晶硼	673	10^{-8}~10^{-7}	B_2H_6, BCl_3-H_2, BBr_3
非晶磷 多晶磷	293~473	≤10^{-5}	P(s)-H_2
As	<373	≤10^{-6}	AsH_3, As(s)-H_2
Se、Te、Sb、Bi Mo、Ni	≤373	10^{-7}~10^{-6}	Me-H_2 $Me(CO)_4$
类金刚石	≤523	10^{-8}~10^{-5}	C_nH_m
石墨	1073~1273	≤10^{-5}	C(s)-H_2, C(s)-N_2
CdS	373~573	≤10^{-6}	Cd-H_2S
GaP	473~573	10^{-8}	$Ca(CH_3)_3$-PH_3
SiO_2	≥523	10^{-8}~10^{-6}	$Si(OC_2H_5)_4$, SiH_4-O_2, N_2O
GeO_2	≥523	10^{-8}~10^{-6}	$Ge(OC_2H_5)_4$, GeH_4-O_2, N_2O
SiO_2/GeO_2	1273	~3×10^{-4}	$SiCl_4$-$GeCl_4$-O_2
Al_2O_3	523~773	10^{-8}~10^{-7}	$AlCl_3$-O_2
TiO_2 B_2O_3	473~673	10^{-8}	$TiCl_4$-O_2，金属有机物 $B(OC_2H_5)_3$-O_2
Si_3N_4	573~773	10^{-8}~10^{-7}	SiH_4-N_2, NH_3
AlN	≤1273	≤10^{-6}	$AlCl_3$-N_2
GaN	≤873	10^{-8}~10^{-7}	$GaCl_4$-N_2

（续）

材料	沉积温度/K	沉积速率/(cm/s)	反应物
TiN	523~1273	10^{-8}~10^{-6}	$TiCl_4$-H_2+N_2
BN	673~973		B_2H_6-NH_3
P_3N_5	633~673	≤5×10^{-6}	P(s)-N_2，PH_3-N_2
SiC	473~773	10^{-8}	SiH_4-C_nH_m
TiC	673~873	10^{-8}~10^{-6}	$TiCl_4$-CH_4(C_2H_2)+H_2
GeC	473~573	10^{-8}	B_2H_6-CH_4
B_xC	673	10^{-8}~10^{-7}	

15.4　气相沉积技术的选择与应用

15.4.1　物理气相沉积的选择与应用

1. 真空蒸镀铝在织物金属化上的应用

金属化纺织材料采用织物表面金属化处理技术，不仅可以使织物具有常规印染无法获得的光泽，而且还能够赋予织物以良好的抗热辐射、抗油、抗污、抗菌、导电等多种特殊功能。金属化织物产品可用于防尘、抗静电、防辐射的防护服，高级时装及抗电磁孕妇装的面料，宇航服、雷达天线、抗紫光伞、野外帐篷、汽车车罩、百叶窗帘等，有着极其广泛的用途。

织物金属化的表面处理技术有多种，其中真空蒸镀具有优良的工艺性能和使用性能，在强化预处理的前提下，大幅度提高了织物的摩擦牢度。

（1）真空蒸镀铝膜工艺流程的改进　真空蒸镀的原工艺流程为：织物轧光→真空蒸镀铝→施加保护层；改进后为：织物轧光→低温等离子体处理→高温真空烘燥处理→真空蒸镀铝→施加保护层。

等子体处理对织物表面可以产生刻蚀作用，能够提高织物与铝膜的结合牢度，工艺参数为等离子体发生功率 5~20kW，温度 30~100℃，织物运行速度 5~15m/min。在真空镀铝前对织物进行高温真空烘燥处理的目的是除去织物上的游离水、吸附水和部分结合水，使织物相对干燥。烘燥处理的工艺参数为真空度 50~250Pa，温度 80~100℃，织物运行速度 10~20m/min。为了缩短工艺流程和降低制造成本，可将低温等离子体处理机与真空烘燥机合二为一，构成织物真空镀膜预处理机。

（2）真空蒸镀铝膜工艺　真空度为 $(1.3\sim6.7)\times10^{-2}$Pa，送铝丝速度为 0.1~0.5m/min，织物运行速度为 10~50m/min。

（3）织物金属化效果及应用

1）防护服装。金属化纺织材料能有效地防护紫外线，使紫外线对镀铝布的透射率小于 1%，所以镀铝布能为地质矿产业的野外作业人员提供优良的抗紫外线防护服。

阳光中绝大部分热量来自红外线，镀铝布对红外线的透射率仅为 2%左右，具有很好的隔热效果。可用作冶金行业等的阻燃、隔热的炉前作业人员防护服。

金属化（尼丝纺）纺织材料能达到抗油性能 8 级（最高级），抗污性能达到 4 级（最高 5 级），是制作石油产业工人抗油抗污防护服的理想材料。另外，金属化纺织材料还适宜制作勘探、交通、军事人员帐篷，沙滩防晒伞、交警岗伞，照相器材的反光材料及反光材料的基材等。

2）高装饰服装面料。为了增加服装面料的装饰效果，常采取金银粉涂层印花的方法，但其产生的色泽较弱。真空蒸镀金属膜却能得到高度反射能力的银光与金光，上彩后呈五彩缤纷的珠光，使纺织面料产生了强烈的视觉冲击效果。

3）装饰防护。随着人民生活水平的提高，家用及宾馆对金属蒸镀遮光窗帘的需求量日益增加。另外，轿车车罩采用金属化织物后，其突出的装饰效果既与轿车的高档次相吻合，又具有反辐射、隔热、抗油、抗污多种功能。

2. 轴瓦减摩合金薄膜的真空蒸镀技术

轴瓦与轴颈构成了一对摩擦副，运行时受到严重的摩擦磨损。为了改善轴瓦工作表面的性能，通常采用“钢背—轴承合金层—表面减摩镀层”的 3 层结构。常用的表面减摩涂层材料为 PbSn、Pbln 或 Pb-Sn_8Cu_2 合金，工业生产上大多采用电镀法在轴瓦上镀覆减摩合金层，但电镀方法对预处理要求较严，而且对操作人员的健康和环境都会造成一定的影响。为此，可采用真空蒸镀方法来获得合金减摩镀层。

（1）设备改进　制备轴瓦减摩合金镀层的真空蒸镀装置是由 GDM-300D 型真空镀膜机改装而成的，如图 15-39 所示。该装置使用了 KY 型油扩散泵，扩散泵的前级真空用旋片式机械泵来获得。真空室钟罩直径为 306mm，真空室的压力小于 0.666×10^{-2}Pa。

为了提高合金镀层与轴承合金层的结合强度，在样品架上方安装用铁铬铝丝绕成的加热器，对轴瓦进行加热除气。由于轴瓦是半圆柱形的，必须保持合适的样品架与蒸发源的距离和相对方位，才能使镀层厚度均匀。蒸发源采用厚度为 0.15mm、宽为 10mm 的钨皮做成“舟”形。真空室装有双圆辐自动送丝装置，以源源不断地向炽热的蒸发舟中供应待蒸发的原材料。

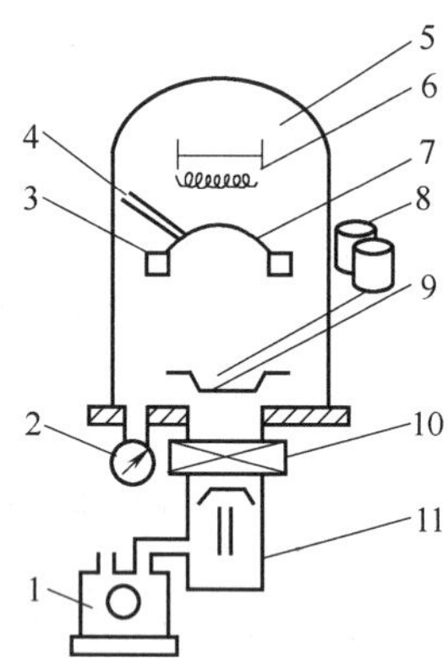

图 15-39　改进后的真空蒸镀装置

1—真空泵　2—真空计　3—轴瓦支架　4—热电偶　5—钟罩　6—加热器　7—轴瓦　8—自动送丝装置　9—蒸发源　10—阀门　11—扩散泵

（2）蒸镀工艺

1）清洗。先用洗涤剂和热水洗后，再用自来水冲洗铜基合金轴瓦或铝基合金轴瓦，然后再用丙酮水浴（100℃）或超声清洗，最后用乙醇清洗 1 次。

2）抽真空。将轴瓦放置于真空室样品架上，开动真空泵，使真空室的压力保持在 0.666×10^{-2}Pa 以下。

3）加热除气。用真空室内的加热器对轴瓦加热除气，加热温度小于 170℃，并持续至镀膜结束。

4）蒸镀。对钨舟通以 55A 电流，温度为 1400℃，使合金丝蒸发、气化，在轴瓦表面沉积形成镀层。

5）送丝。通过自动送丝装置将 ϕ0.7mm 的铅锡合金丝连续不断地向钨舟输送，送丝速度由要求的蒸发速率而定。

（3）结果　真空蒸镀所得合金减摩镀层的厚度为 0.02mm，不均匀性为 10%～20%。加热 165℃保温 3h 及加热 175～182℃保温 5h 后，镀层均无气泡产生，也没发现分层现象，表明结合良好。铜基合金轴瓦镀层的结合强度略高于铝基合金轴瓦镀层，这与后者表面的氧化铝难以彻底去除有关。

将真空蒸镀合金减摩镀层的轴瓦安装在相应的内燃机上，经过 2000h 的台架试验和使用试验后，镀层无剥落等损坏现象存在，状况良好。

3. CrAlTiN 镀层在精密铣刀上的应用

现代化的金属铣削加工要求铣刀具有高铣削速度、高进给速度、高可靠性、长寿命、高精度和良好的铣削控制性，对刀具表面镀覆硬质镀层，既可以使基体保持良好的韧性和较高的强度，又可以使刀具表面具有高耐磨性和低摩擦因数，从而使铣刀的性能大幅度提高。

闭合场非平衡磁控溅射离子镀技术具有工作温度低、可镀材料范围广泛、高能粒子轰击效果好、镀层致密性高等优点，可以在铣刀表面制备出高硬度、耐高温、抗氧化的超硬纳米梯度 CrAlTiN 复合镀层。

（1）铣刀材质与尺寸　9W6Mo5Cr4V2 高速钢铣刀的几何尺寸为 4200mm×1300mm×4.08mm。

（2）气相沉积设备　镀层制备采用英国 Teer 公司的 UDP850/4 型闭合场非平衡磁控溅射离子镀设备，主要由真空系统、电源系统、控制系统和冷却系统 4 部分组成。在铣刀表面制备 CrAlTiN 镀层时，配置系统如图 15-40 所示。

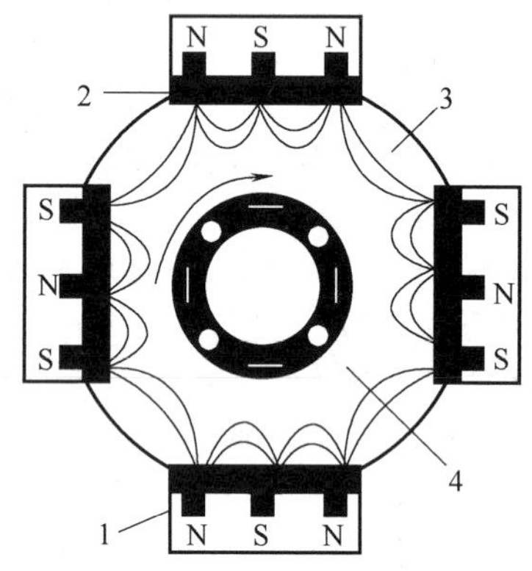

图 15-40　闭合场非平衡磁控溅射离子镀配置系统

1—磁控管　2—靶材　3—闭合场　4—夹具

（3）沉积镀膜工艺　工艺流程为：离子清洗→纯 Cr 黏结层→CrN 层→梯度中间层→CrAlTiN 复合镀层。

抽真空，使炉内压力小于 4.0×10 3 Pa，通入氩气。采用高偏压（400 V）和低靶电流（各靶的靶电流不同）模式，使高能量、低离子流密度的 Ar^{+} 轰击被镀铣刀表面，去除表面的氧化物等杂质。首先沉积 Cr 层，采用高的靶电流（各靶的靶电流不同）和较低的基体偏压（75V），并且此偏压值延续到镀层沉积完毕，以获得高的 Cr 元素溅射、沉积速率；然后形成 CrN，通入 N_2，用监控发射光谱强度法（OEM）

控制铬的流量，通过逐步减小 OEM 值的方法，逐渐减小镀层中 Cr 元素的相对含量，增加 N 元素的含量，从而实现金属基体与 CrN 镀层之间 N 成分的过渡，以免成分突变引起镀层结合强度的降低；最后进入沉积 CrNi-CrAlTiN 的过渡层阶段，在增加镀层中 N 元素含量的同时，逐渐增加 Al、Ti 元素在镀层中的含量。沉积过程中炉内最高温度在 330℃左右。

使用闭合场非平衡磁控溅射离子镀技术制备出的 CrAlTiN 超硬纳米梯度复合镀层在铣削黄铜的过程中表现出优异的铣削性能，与无镀层铣刀相比，沉积 CrAlTiN 镀层铣刀的使用寿命提高了 3 倍，降低了铣刀的用量；在相同的时间内减少了换刀次数，同时减少了披锋的出现，从而有效地提高了生产率，降低了生产成本。

15.4.2　化学气相沉积的选择与应用

1. 厚膜 α-Al_2O_3 涂层硬质合金刀具的设计及制造

为了适应机械工业对切削刀具高速、重切削、干切削特种机械加工方式的要求，厚膜 α-Al_2O_3 镀层工艺技术以其极佳的抗高温氧化性能，以及 α-Al_2O_3 与传统的 Ti（C，N）等镀层材料良好的结合力和匹配性，可在硬质合金表面形成高性能的复合镀层等特点，在提高刀具切削寿命等方面起到了非常显著的作用。

（1）刀具材质　镀层基体为 WC 硬质合金材料，具有硬度高、耐磨损性能好、热硬性好、抗高温塑性变形能力强等特性，不仅能可靠支撑镀层，而且可防止因基体塑性变形和内部裂纹扩展而导致的镀层刀具失效。

（2）镀层制备工艺　厚膜 α-Al_2O_3 镀层硬质合金刀具的制备工艺是采用中温化学沉积（MTCVD）和高温化学沉积（HTCVD）相结合的化学气相沉积技术，在同一沉积室内进行的连续沉积，即 MHT-CVD。根据镀层成分的不同，在不同的沉积阶段采用不同的沉积工艺，最终在基体表面形成复合镀层。

（3）镀层结构设计　根据 MTCVD 和 HTCVD 两种沉积工艺技术的特点及不同镀层材料的特性，设计了 TiN+Ti(C,N)+过渡层+Al_2O_3 的四层结构镀层。

1）第一层。第一层为薄薄的 TiN 层。从镀层结构设计要求来看，与基体直接结合的镀层必须能较好地阻止刀具在沉积时 WC 基体发生脱碳的现象，从而提高刀具的抗崩刃能力。鉴于 α-Al_2O_3 与 WC 基体的结合力较差，第一层采用 $TiCl_4$-H_2-N_2 投料配方制备的 TiN 层，厚度为 0.1～0.2μm，沉积温度为 850～900℃。由于沉积温度较低，基体和镀层之间不易形成 W_3Co_3C 相（即脱碳相），有利于提高镀层和基体之间的结合强度，减缓镀层刀具抗弯强度的下降幅度，增加镀层刀具的韧性。

2）第二层。采用 $TiCl_4$-CH_3CN-H_2-N_2 投料配方，通过 MTCVD 沉积得到 Ti（C，N）层，厚度为 2～4μm，沉积温度为 900℃。MTCVD 的沉积速率比 HTCVD 快，获得相同厚度 Ti（C，N）镀层的显微组织更为细密，并呈柱状晶结构，不易出现疏松、孔隙和枝状结晶等缺陷，有利于延长刀具的使用寿命。因此，沉积镀层后的刀具表现出耐磨性能好、韧性高、抗热震性能好等特点，甚至在刃口部分温度很高的情况下，刀具材料也不容易产生热裂纹。

3）第三层。第三层为 Ti（C，N）和 α-Al_2O_3 之间的过渡层，采用 $TiCl_4$-CH_4-H_2-CO_2-AlC_3 投料配方在 1000℃左右沉积，厚度约为 0.2μm，过渡层的沉积工艺需要精确控制。过渡层不但能提高 Ti（C，N）和 α-Al_2O_3 镀层之间的结合强度，防止在使用时出现镀层剥离的现象，还阻止了其他非 α-Al_2O_3 相的形成。

4）第四层。第四层为厚度 5μm 以上的 α-Al_2O_3。α-Al_2O_3 是目前用于镀层材料中抗高温氧化性能最好的材料之一，它能有效阻止高温氧化层向其他镀层材料的扩散，大幅度提高镀层刀具在苛刻切削条件下的抗高温氧化性能，延长刀具的使用寿命。采用金属铝配合 Al-HCl-H_2-CO_2 的投料配方和 1010℃左右的沉积温度来制备 α-Al_2O_3 镀层。为了在较短的沉积时间内获得厚度 5μm 以上的 Al_2O_3，以及防止镀层晶粒长大，避免产生尖角堆积效应，必须在沉积厚膜 α-Al_2O_3 的反应气体中加入特殊的催化剂。

厚膜 α-Al_2O_3 镀层刀具制备工艺参数的确定和沉积过程中各工艺参数的控制十分复杂，必须严格加以控制，因为沉积温度、沉积室气体压力、各反应气体配送比例及流量、沉积时间等相关的工艺参数对镀层质量均会产生很大的影响。

2. 低温高速率沉积非晶硅薄膜及太阳电池

塑料衬底硅基薄膜太阳电池具有重量轻、厚度薄、功率重量比高和可弯曲的优点，应用前景广阔。如果能将电池的制备温度降低到 120℃左右，许多耐温性差、透明性好、价格低廉的光学塑料都可以成为很好的衬底，并且可以参照 p-i-n 型太阳电池的制备方法，与传统的设备和工艺有良好的兼容性，可以有效地降低柔性硅基薄膜太阳电池的制备成本。

硅基薄膜材料及电池的最佳沉积温度为 200～250℃，当衬底温度较低时，反应前驱物在衬底表面的扩散系数较低，会降低前驱物的迁移能力，使非晶硅材料中的缺陷密度增加。一般地，主导 α-Si 材料性能的因素是衬底温度和沉积速率，前者决定了前驱物表面反应的速率，后者决定了前驱物在衬底表面的停留时间。通过对沉积参数的调整，可以在 80~100℃的低温下制备出高质量的 α-Si 材料，但此时薄膜的沉积速率过低，仅为 0.017nm/s，不利于产业化的推广。

高压射频等离子体增强化学气相沉积（RF-PECVD）技术是提高 α-Si、μ_c-Si 薄膜生长速率的有效手段，通过提高反应气压可以使等离子体内的粒子数密度增大，并且可以有效降低等离子体中的电子温度，抑制反应前驱物中短寿命基团的产生，从而改善材料的光电性能。

（1）制备工艺　α-Si 材料及电池的制备均在线列式七室连续射频等离子体增强化学气相沉积（RF-PECVD）系统中进行，真空室本底真空度优于 3×10^{-4}Pa，衬底温度保持在 125℃。低压 α-Si 材料在反应压力为 85Pa、辉光功率为 10W、SiH_4 浓度为 20%~4%的条件下制备；高压 α-Si 材料在反应压力为 400~667Pa、辉光功率为 40~60W、SiH_4 浓度为 8%~2%的条件下制备。α-Si 电池以日本 Asahi 公司的 U-typeSnO_2：F 透明导电膜为衬底，电池结构为 glass/SnO_2：F/p（α-SiC）/i（α-Si）/n（α-Si）/Al。

（2）结果　在高压下对 SiH_4 浓度和压力功率比进行综合调整，并与低压下不同 SiH_4 浓度的 α-Si 材料性能进行对比，系统考察了低温下反应气压对 α-Si 材料及电池性能的影响。

在低压下，通过降低 SiH_4 浓度可以使低温 α-Si 材料及电池性能得到优化，在 125℃下可以获得转换效率达到 6.8%的单结 α-Si 电池，但此时材料的沉积速率较低，为 0.06~0.08nm/s。高压下，SiH_4 浓度显著影响 α-Si 材料的性能，在靠近 α-Si/μ_c-Si 过渡区附近，通过优化压力功率比可以使材料的光电、结构特性得到优化，制备出光电导率高、SiH_4 含量小的 α-Si 材料，单结 α-Si 电池的转换效率可以达到 6.7%，并且此时沉积速率较高，为 0.17~0.19nm/s。因此，在低温条件下，高压技术是高速沉积高性能 α-Si 材料的有效手段。

3. 细长管筒内表面等离子体增强化学气相沉积 TiN 涂层

在国防工业企业中，有大量管筒工件的内表面（枪、炮管等）需要进行改性处理，以提高耐磨性和耐蚀性等。目前，工业上对管筒内表面进行改性的常用方法有电镀、离子注入、离子镀膜等，但仍存在污染及难以均匀强化等问题。为此，在管状样品内部利用放电 PECVD 方式制备出 TiN 涂层，可以使管筒件获得良好的使用性能。

（1）沉积设备　PECVD 装置主要由拆分式真空室（ϕ500mm×2400mm）、抽气系统、大功率中频高低压脉冲电源、加热系统、放电电极和送气系统等构成（见图 15-41）。将送气管插入管状样品［材质为 316（美国牌号，相当于我国的 06Cr17Ni12Mo2）不锈钢，尺寸为 ϕ100mm×1000mm］内部并导入反应气体，并且作为放电电极与管内部放电，通过等离子体化学气相沉积，可在管子内表面沉积 TiN 涂层。

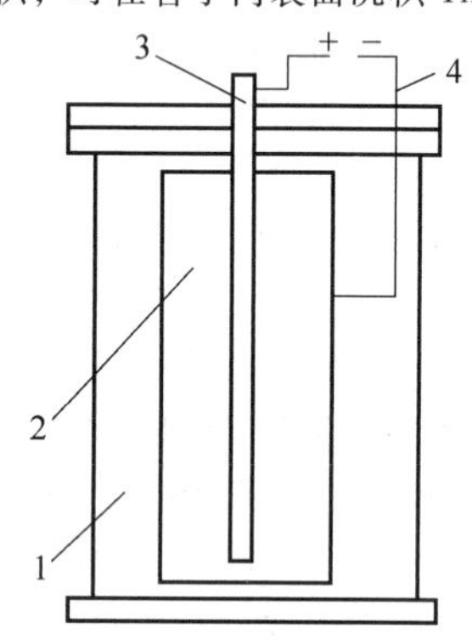

图 15-41　内表面 PECVD 装置

1—真空室　2—管状样品　3—送气管兼放电电极　4—脉冲负偏压

（2）工艺　不锈钢管内表面 PECVD 的工艺参数见表 15-15。

表 15-15　不锈钢管内表面 PECVD 的工艺参数

本底真空度/Pa	沉积温度/℃	反应气体流量/(mL/min)	沉积气压/Pa	放电电压/V	电流/A	频率/kHz	导通比(%)	沉积时间/min
2×10^{-3}	350	N_2:120;Ar:80; H_2:500;$TiCl_4$:30	50	800	1	40	50	120

（3）结果　不锈钢管内表面的 TiN 涂层呈金黄色。由于送气管对不同部位的送气不完全均匀，故管内表面 TiN 涂层的厚度也不一致，顶端涂层最厚，约为 2μm；中间和 3/4 处分别为 1.5μm 和 1.6μm。与 316 不锈钢管基体相比，沉积 TiN 涂层后，显微硬度提高 3~6 倍，摩擦因数减小 1/2，显著提高了管内表面的耐磨性。

参 考 文 献

［1］ 徐滨士，朱绍华，刘世参. 材料表面工程技术［M］. 哈尔滨：哈尔滨工业大学出版社，2014.

［2］ 李慕勤，李俊刚，吕迎，等. 材料表面工程技术［M］. 北京：化学工业出版社，2010.

［3］ 宣天鹏. 表面工程技术的设计与选择［M］. 北京：机械工业出版社，2011.

［4］ 吴俊杰，廖平，李慕勤，等. Cr/CrN/Cu-TiN 膜的成分与性能研究［J］. 真空，2015，52（2）：35-37.

［5］ 魏永强. 多级磁场电弧离子镀和高功率脉冲磁控溅射复合沉积方法：201510450617. 8［P］2015-07-28.

［6］ 李春伟. 电-磁场协同增强高功率脉冲磁控溅射沉积装置及方法：201810250398. 2［P］2018-03-23.

［7］ 陈光华，张阳. 金刚石薄膜的制备与应用［M］. 北京：化学工业出版社，2004.

［8］ 王福贞，马文存. 气相沉积应用技术［M］. 北京：机械工业出版社，2006.

第 16 章　铝合金热处理设备

北京机电研究所有限公司　李贤君　巫小林

16.1　概述

16.1.1　铝合金传热特点

铝合金材料和制品的热处理温度都低于 650℃，在实际工业生产时，铝合金材料和制品的加热主要是以炉内的气体与铝合金材料和制品表面的对流换热实现的，加热元件产生的热量，绝大部分是靠炉内气体的流动而传送给被加热的铝合金材料和制品。一般而言，炉内气体经过铝合金制品表面时，由于气体的黏度及铝合金制品的表面粗糙度，气体在紧贴制品表面形成一层边界层，该层气流呈层流状态，边界层外面是气体的主流部分，呈湍流状态，如图 16-1 所示。

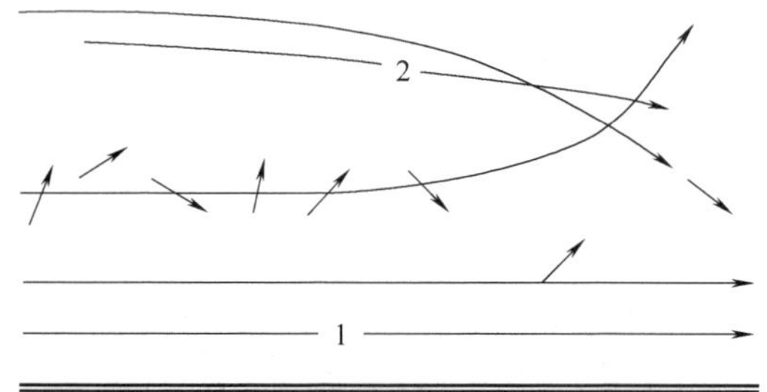

图 16-1　炉内气体经过铝合金制品表面的状态
1—边界层（层流）　2—主流层（湍流）

炉内的气体与铝合金制品表面的对流换热过程包括两个步骤：一是主流层对边界层，该过程是由主流层对边界层的宏观流动所引起的，即对流传热；二是边界层到铝合金制品表面的导热，该过程通过传导传热进行。由于气体热传导能力很差，所以边界层是对流换热的主要热阻，边界层越厚，热阻越大。

在实际工业生产时，常采用提高加热炉内气体的流速，减薄层流，提高表面换热系数，即采用强制通风的方式提高表面换热系数。以热空气对流加热为例，表面传热系数 α 随着炉内热空气流速的增大而增大，这种关系可由下式确定：

$$\alpha = 4.187Kv^{0.78}$$

式中　α——表面传热系数 [kJ/(m^2 · ℃ · h)]；

v——炉内热空气的流速（m/s）；

K——系数。

根据计算，炉内热空气的流速与表面传热系数之间的关系见表 16-1。

表 16-1　炉内热空气的流速与表面传热系数之间的关系

炉内热空气流速/m · s^{-1}	2	5	10	15
表面传热系数/[kJ/(m^2 · ℃ · h)]	67	105	159	314

16.1.2　铝合金热处理设备特点

1）铝合金材料和制品的热处理温度均在 650℃以下，所以一般都采用低温加热炉。

2）铝合金材料和制品的固溶加热温度范围很窄，特别是高合金化铝合金的固溶加热温度上限接近过烧温度，如果控制不当会引起过烧；如果温度过低，强化相不能充分熔解，导致力学性能不合理。因此，要求铝合金材料和制品加热炉炉膛温度的控制应准确、灵敏，故一般以电加热炉较为适宜。

3）在铝合金材料和制品热处理时，要获得均匀细小的晶粒组织和良好的力学性能，需要升温速率快，炉膛炉温均匀性好。为了确保产品质量和提高生产率、铝合金材料和制品的热处理最好采用强制空气循环的加热炉。

4）由于铝合金材料的热处理工艺制度随其成分体系不同相差较大，故对多品种小批量的热处理生产企业推荐采用周期式加热炉。而对大批量单一品种的热处理生产企业建议采用连续式热处理炉。

16.1.3　铝合金热处理设备发展趋势

铝合金热处理设备是实现铝合金材料和制品热处理工艺技术的载体。随着铝合金工业的发展，不断对铝合金材料和制品的质量提出了新的更高的要求，从而推动了铝合金热处理设备的发展。新型铝合金热处理设备的出现，将铝合金热处理工艺水平提高到一个更高的阶段。由此可见，没有能执行铝合金材料和制品的先进热处理工艺的设备就不会有先进的铝合金热处理工艺技术，先进的铝合金热处理工艺技术推动了先进的铝合金热处理设备的发展，同时先进的热处理设备技术也驱使了先进的铝合金热处理工艺技术的发展，两者相辅相成，相互促进。

对于铝合金热处理行业来说，无论是铝合金热处理工艺还是铝合金热处理设备，“优质、高效、低耗、清洁、灵活”是铝合金热处理技术的发展趋势，如图 16-2 所示。

随着我国经济的发展，热处理行业取得了不少进步。热处理企业技改的强劲势头也带动了热处理工艺和设备的发展。同时，随着基础工业的不断现代化，即传统的制造技术与计算机技术、信息技术、自动化技术、新材料技术、现代管理技术的紧密结合，市场竞争更趋向白热化，热处理企业的眼光不仅仅放在如何提高产品的质量上，而且还在如何提高效率、效益、保护环境、适用用户需求等方面提出了更高的要求。结合铝合金工业的实际生产，铝合金热处理的设备发展趋势包括如下几个内容。

1）采用高度自动化和质量在线控制、检测的热处理设备。自动化生产率高，可实现少（无）人操作，避免人为因素对质量的影响。精确控制、自动化和质量在线控制、检测式热处理设备是发展的最主要方向。目前，我国人工成本较低的优势已逐渐丧失，从确保铝合金制品的质量和质量的低分散度出发，在大批量生产零件和国际竞争激烈的热处理行业，采用高度自动化的热处理设备是很有必要的。

2）采用高可靠性的铝合金热处理设备，这是确保铝合金制品一致性的前提。热处理设备的可靠性不只是依赖配套件和仪表的质量，整机设备结构的巧妙构思及先进程度也是非常重要的因素。

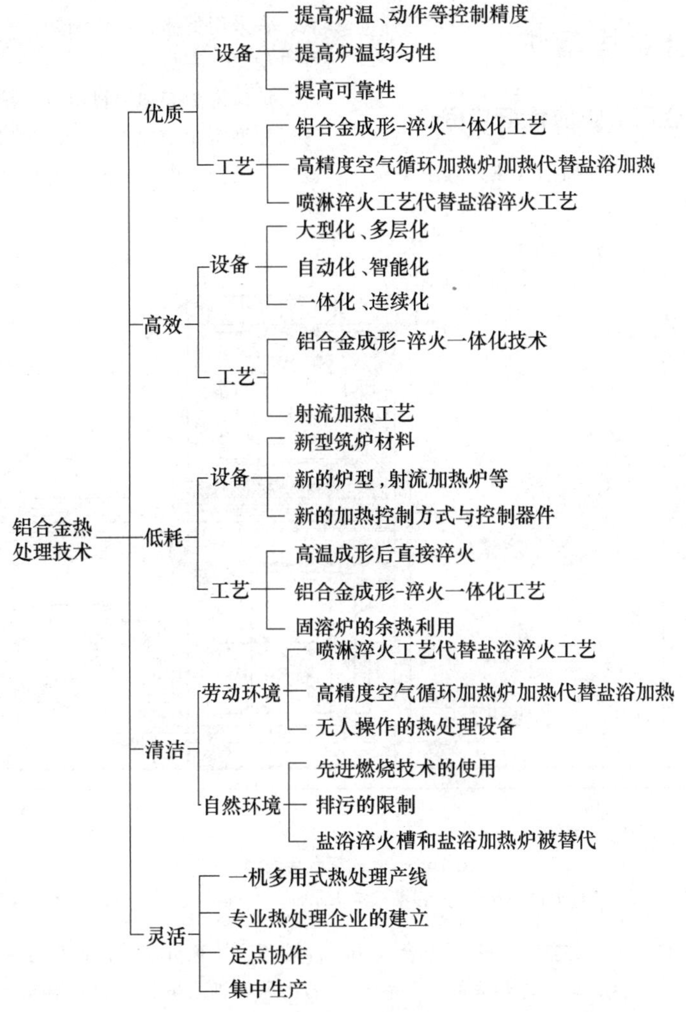

图 16-2　铝合金热处理技术发展趋势

3）铝合金热处理炉的配套件和仪表形成专业化、标准化热处理生产。铝合金热处理炉的稳定性和可靠性，很大程度上取决于加热元件、炉内耐热构件、炉内传输零部件、高温风扇、加热炉密封件、控温仪表、热电偶、PLC 等的质量，这些配套件和仪表应形成专业化、标准化热处理生产，以提高其质量。

4）采用空气循环炉代替盐浴加热炉。由于盐浴加热具有污染严重、不环保且易造成安全事故的缺点，被国家限制使用，因此铝合金空气循环炉代替铝合金盐浴加热炉是一种必然的发展趋势。

5）综合考虑“成分-工艺-设备-集成-产品-服役”，为热处理企业提供个性化定制铝合金热处理设备。如前所述，不同系列铝合金产品的热处理工艺制度相差较大，不同的热处理企业的生产特点不一致（如有的热处理企业为多品种小批量、有的热处理企业为单一品种大批量），应采用不同的铝合金热处理设备，以满足铝合金制品热处理工艺的要求和热处理生产要求。

16.2　立式铝合金固溶炉

16.2.1　立式铝合金固溶炉的特征与用途

立式铝合金固溶炉属于一种周期式热处理炉。立式铝合金固溶炉常采用高架结构，在其下方设有轨道，运行车在驱动装置的作用下可在轨道上行走。运行车上装有淬火水槽和装卸料台。立式铝合金固溶炉主要用于实现铝合金材料及铝合金制品的加热和冷却（淬火）工艺。

16.2.2　立式铝合金固溶炉的组成

立式铝合金固溶炉由立式加热炉、工件升降机构、移动式淬火水槽、运行车、料筐和电气控制系统 6 部分组成，如图 16-3 所示。

1）立式加热炉由炉体、加热系统、热风循环搅拌系统、炉底门等组成。立式加热炉一般采用立式方形或圆形结构，炉体采用高架结构；炉门设置在炉底，常采用整体式炉门结构，一般采用四连杆机构进行自动顶紧密封。

炉体由炉壳和炉衬组成。炉壳为钢结构，使用折弯板和型钢组成框架结构。炉衬采用炉内壁不锈钢板，炉壳和炉内壁中间为耐火纤维棉的夹心结构。

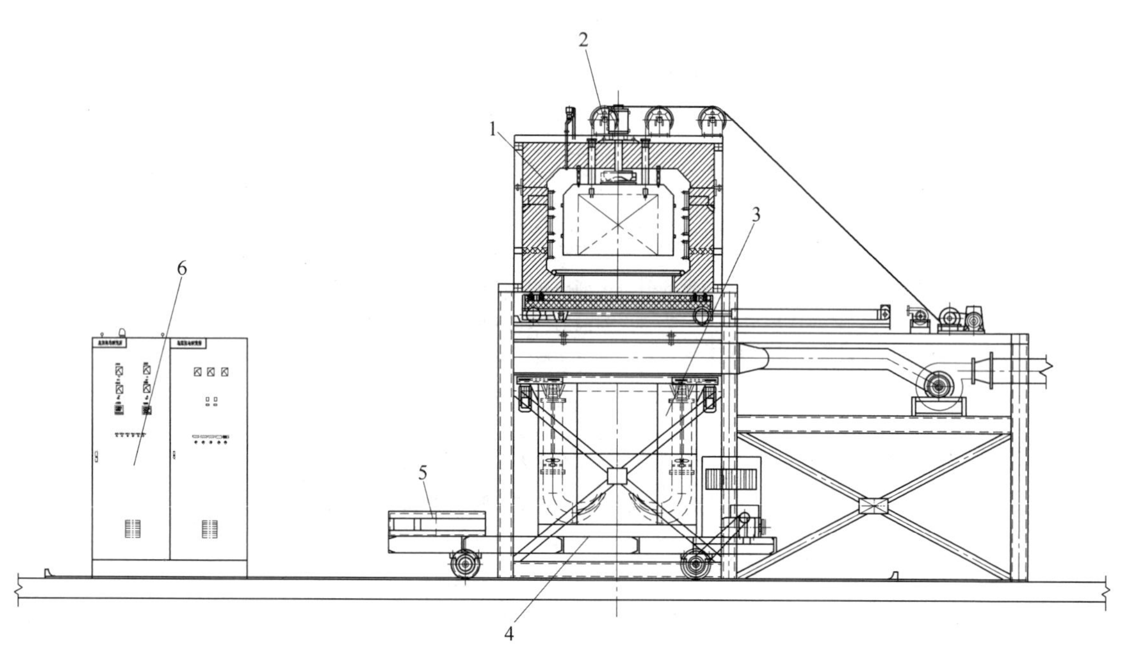

图 16-3　立式铝合金固溶炉

1—立式加热炉　2—工件升降机构　3—移动式淬火水槽　4—运行车　5—料筐　6—电气控制系统

加热系统可为电加热或燃气加热。常采用组合式结构的电阻带作为电加热元件；燃气加热系统一般由烧嘴、燃气管路、空气管路、排烟管路和其他控制系统等组成。

热风循环搅拌系统由炉顶风机、炉顶导风板和炉侧导流板组成，炉顶风机高速旋转，将炉膛内的炉气通过导流板吸风口吸入顶部的导流板，充分混合后再经炉顶导风板分流打向两侧导流板，再从导流板下方的出风口进入炉膛，加热铝合金制品后与新的热源混合再回流到顶部吸风口完成热风循环。

炉底门采用与炉体匹配的方形或圆形整体结构，由钢结构和耐火纤维组成。炉底门四周设有环形密封槽，密封槽内设有盘根。

2）工件升降机构由卷扬机、耐热钢锚链、锚链轮、提升钩头、砂封密封槽和限位机构等组成。工作时，提升钩头下降自动挂住料筐，卷扬机驱动链条带动提升钩头将料筐和铝合金制品提升到炉膛的预设位置加热，完成加热后，打开炉门，卷扬机反转，料筐和铝合金制品下降至淬火水槽或其他指定工位，同时提升钩头与料筐自动脱离。

3）移动式淬火水槽由槽体、循环搅拌系统、冷却系统、蒸汽排放系统、加热系统和加热泵等组成。

4）运行车由台车及台车驱动装置等组成。淬火水槽及装卸料台安装在运行车上。台车由车体和行走机构组成，车体由型钢和箱型梁等焊接而成。台车底部安装有行走车轮，前部装有行走机构。台车驱动装置常采用电动机驱动机构，由电动机、梅花联轴器、减速器、齿式联轴器、轴承装配机构、链轮、传动轴和主动车轮组等组成。

5）电气控制系统主要完成加热炉参数的设定、状态监视、动作控制、程序编制等各项任务，并采集现场各运行数据和生产信息。

16.2.3　立式铝合金固溶炉应用实例

立式铝合金固溶炉（见图 16-4）主要用于铝合金制品的固溶、退火和时效等热处理工艺。

图 16-4　立式铝合金固溶炉

工艺流程：工件固定在料筐中，三工位台车将料筐运送到待装料炉底位置，炉底门打开，卷扬机吊钩下降，人工辅助吊钩与料筐相连，卷扬机上升，关炉底门并使其与炉体密封，卷扬机适当松开，将工件放在炉底门上，开始加热，三工位台车回移，淬火水槽移动到炉底。加热完成，淬火槽循环搅拌系统打开，卷扬机适当上提工件，炉底门解除密封并打开，卷扬机迅速下降，将工件送进淬火水槽，脱钩，卷扬机上升，炉底门关，淬火槽侧移，工件完成淬火后由行车将料筐吊走，淬火槽循环搅拌停止。

16.3　辊底式热处理设备

16.3.1　辊底式热处理设备的特征与用途

辊底式加热炉设有室式炉膛，炉底由炉辊及传动机构组成，依靠炉辊转动将工件由进料端移入炉内和移出炉外，可分为周期式加热炉和连续式加热炉。当辊底式加热炉只有一扇炉门时，常作为周期式加热炉（周期辊底式热处理设备）使用，在加热状态，炉辊须来回正反转以带动铝合金制品摆动；当辊底式加热炉设有两扇炉门时，常作为连续式加热炉（连续辊底式热处理设备）使用。在辊底式加热炉出料口设有淬火机床。辊底式热处理设备主要用于铝合金板材及制品的固溶、时效等处理。

16.3.2　辊底式热处理设备的组成

周期辊底式热处理设备主要由上/卸料装置、辊底式加热炉、淬火机床及加热炉控制系统 4 部分组成，周期辊底式热处理设备的布置如图 16-5 所示；连续辊底式热处理设备由上料装置、辊底式加热炉、淬火机床、卸料辊道及控制系统 5 部分组成，连续辊底式热处理设备的布置如图 16-6 所示。

1）上/卸料装置常采用辊道传送的方式，主要由钢结构框架、传动辊棒、驱动电动机、双排链轮、链条和工件辅助定位等组成。

2）辊底式加热炉由炉体、传动系统、加热系统、热风循环搅拌系统、炉门及炉门升降装置等组成。

辊底式加热炉的炉体由炉壳和炉衬组成。炉壳为钢结构，使用折弯板和型钢组成框架结构；炉衬采用炉内壁不锈钢板，炉壳和炉内壁中间为耐火纤维棉的夹心结构。

辊底式加热炉的传动系统由耐热辊棒、散热轴承、驱动电动机、双排链轮、链条和工件检测元器件等组成。耐热辊棒采用不锈钢或耐热钢制造，常采用离心铸造的方式制造成空心辊棒的结构。在耐热辊棒的两端设计有特殊结构的轴头，与固定在炉体上的散热轴承连接。

辊底式加热炉的加热系统可为电加热或燃气加热。常采用鼠笼组合式结构的电阻丝作为电加热元件；燃气加热系统一般由烧嘴、燃气管路、空气管路、排烟管路和其他控制系统等组成。加热元件布置在两侧风道中，同时为方便加热元件的更换和检修，加热元件一般从炉顶插入两侧的风道内。

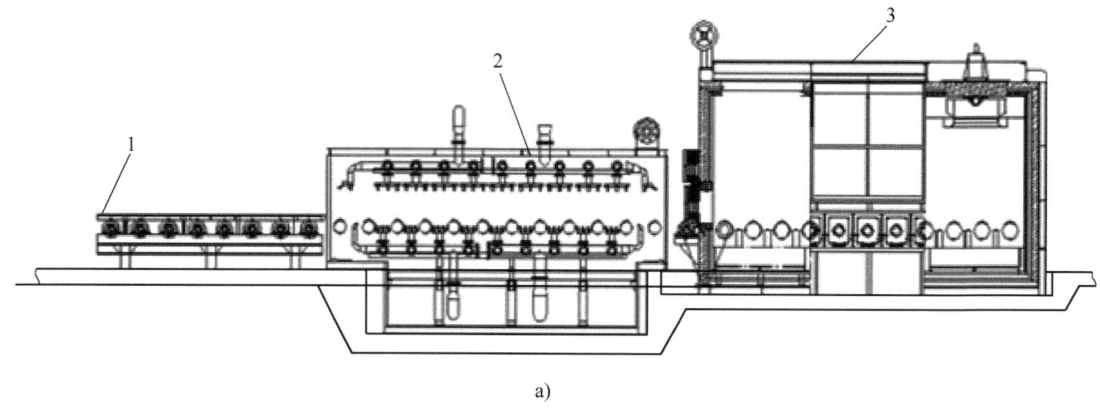

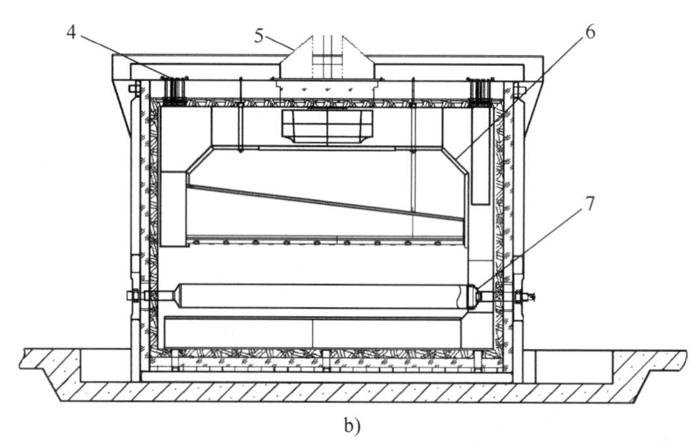

图 16-5　周期辊底式热处理设备的布置

a）热处理系统　b）加热炉控制系统

1—上/卸料装置　2—淬火机床　3—辊底式加热炉　4—加热系统　5—循环风机　6—导风系统　7—传动系统

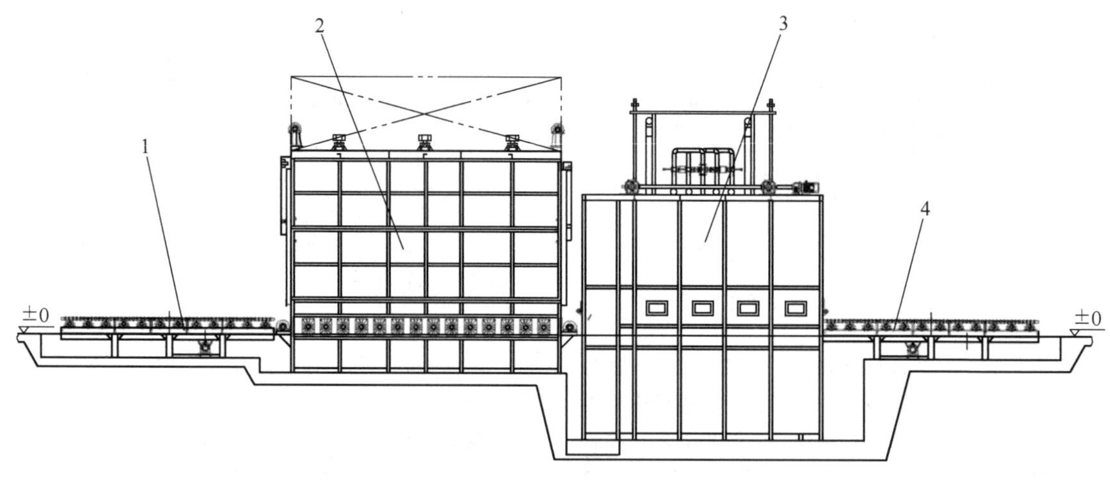

图 16-6　连续辊底式热处理设置布置

1—上料装置　2—辊底式加热炉　3—淬火机床　4—卸料辊道

辊底式加热炉的热风循环搅拌系统主要包括两种方式，一种为常规各区大循环搅拌方式，另一种为高速射流冲击方式。常规各区大循环搅拌方式的热风循环搅拌系统主要由搅拌风机、顶导流罩、侧导流板等组成，炉顶上的搅拌风机高速旋转，将炉膛内的热气通过顶导流罩的吸风口吸入顶导流罩的导风板并充分混合，再经顶导流罩上部的分流板打向两侧导流板，炉气流经电加热元件被加热至工艺预设温度后从导流板下方的出风口进入炉膛加热工件，加热完工件后再回流到顶导流罩的吸风口完成热风循环。高速射流冲击方式的热风循环搅拌系统主要由搅拌风机、顶导流罩、侧导流板、楔形喷风臂、下喷风箱和喷风柱等组成，炉顶上的搅拌风机高速旋转，将炉膛内的热气通过顶导流罩的吸风口吸入顶导流罩的导风板并充分搅拌混合，再经顶导流罩上部的分流板打向两侧导流板，此时流经一侧导流板的热风进入上楔形喷风臂，然后从喷风臂的喷孔中高速喷出至工件的一加热面，流经另一侧导流板的热风进入下喷风箱，然后从喷风箱上方的喷风柱喷出至工件的另一加热面，喷至工件加热面的热风反弹，从上楔形喷风臂的间隙回流到顶导流罩的吸风口完成热风循环。值得注意的是，热风从楔形喷风臂和喷风柱喷口喷出时的速度为 50~60m/s。

辊底式加热炉的炉门由型钢和钢板制造，制造成形后需整形，以保证炉门平整度和与炉体的贴合度。炉门由型钢制造整体框架，外表面焊接钢板折弯件，内侧为不锈钢钢板，中间填充耐火纤维毯。

辊底式加热炉的炉门升降装置采用减速机驱动，炉门一般较轻无须设置配重。当炉门宽度不宽时，为保证炉门两侧同步提升和下降，可采用单电电机、长轴提升结构且炉门两侧设有导向导轨和连杆压紧装置。

3）与辊底式加热炉配套的淬火设备一般采用淬火机床。淬火机床主要由床身、工件传输系统、喷淬系统、排气罩及管路、淬火后吹扫组成。

淬火机床的床身为型材和钢板组成的框架结构。床身下部为集水槽，集水槽槽壳采用连续密封焊接，焊后煤油验漏；水槽的体积应能容纳单次生产最大工件所需的淬火水量。床身上部安装有辊道支撑架，辊道支撑架上设有传动辊棒，一般有一根辊棒的一段伸出机床床身，与驱动电动机连接，其余的辊棒全在机床内部。机床床身安装在集水槽的上方，床身两侧设有工件观察孔。为方便检修，床身一端装有密封门，可以有效减少淬火时的水汽外溢。

淬火机床的工件传输系统主要由床身内的辊道支撑架、传动辊棒、驱动电动机、防水轴承、双排链轮、链条等组成。为满足不同成分体系和厚度的铝合金制品的淬火需要，驱动电动机常采用变频电动机。

淬火机床的喷淬系统由总管、若干支管、电动调节阀和喷嘴组成。根据铝合金制品冷却的工艺需求，喷淬系统流量和压力可分区调节。所有喷头喷水角度可调，方便根据工件不同形状调整局部喷淬强度。

4）辊底式加热炉的控制系统需具有如下功能：完成对生产线的参数设定、状态监视、动作控制、程序编制等各项任务，采集现场各种运行数据、生产信息，并将有关信息打印、存档归类。控制系统主要包括温度控制系统、动作控制、计算机控制系统和配电及控制室。

16.3.3　辊底式热处理设备应用实例

辊底式热处理设备（见图 16-7）主要用于大型铝合金制品精密成形调控热处理。该设备特点：冷却速度方便可调，少无变形精确控制；对箱底、板类、框环类特殊结构件，上下同时高速喷风射流加热，换热效率高、避免循环死区、热短路区，加热更均匀；辊底式传输转移时间短、精确可控；设备基础浅，费用低。

主要技术参数：

炉膛尺寸（长×宽×高）：8300mm×6100mm×4100mm。

有效加热区尺寸（长×宽×高）：4500mm×4500mm×1600mm。

额定工作温度：650℃。

常用工作温度：535℃。

炉温均匀性：≤±3℃。

控温精度：≤±1℃。

最大工件质量：5t。（最大工件+工装质量）

出炉到开始淬火时间：12~20s

图 16-7　辊底式热处理设备

16.4　链板式热处理设备

16.4.1　链板式热处理设备的特征与用途

链板式热处理设备是一种连续作业的机械化炉型，上料装置将铝合金制品放置在链板式加热炉的上料工位，依靠链板式加热炉的步进式链传动将铝合金制品运输至加热炉的卸料工位，卸料装置将铝合金制品转移至冷却（淬火）水槽中或其他工位，进入下一道工序，以上动作自动完成，无须人工干预。铝合金制品有序放在链板的指定工位，一般各工位之间留有一定间隙，不会发生工件相互黏结的现象。链板式热处理炉具有正反转功能，当加热炉后道工序出现故障时，工件可在加热炉内正反转，防止加热炉的机械结构在高温加热炉内长时间静止，避免机械结构在自重的情况下发生变形。连续式加热炉的链板一部分时间在加热炉内，另一部分时间在温度较低的加热炉底部，链板向周围散热，温度降低，因此应合理设计链板的结构，防止链板在加热炉底部散热太多，提高链板式加热炉的效率。现在先进的链板式热处理加热炉常配有射流加热循环系统。链板式热处理设备常用于铝合金材料和铝合金制品的锻前加热和固溶处理。

16.4.2　链板式热处理设备的组成

链板式热处理设备由自动上料装置、链板式加热炉、自动卸料装置和控制系统等组成。自动上料装置、链板式加热炉、自动卸料装置与冷却水槽常见的布置方式为“一”字布置。

1）自动上料装置常采用桁架上料机械手。桁架上料机械手主要由顶起机构、桁架、移动模组、夹具等组成。顶起机构的主要作用是确保铝合金制品按工艺要求有序到达自动上料装置工件存放区。桁架由垂直桁架、水平横向桁架和水平纵向桁架组成，垂直桁架用于固定垂直移动模组，水平横向桁架用于固定水平横向移动模组，水平纵向桁架用于固定水平纵向移动模组。模组由垂直移动模组、水平横向移动模组和水平纵向移动模组组成。移动模组的动作应平稳且准确，确保在规定时间内能将铝合金制品从自动上料装置工件存放区精确地转移至加热炉的上料工位。夹具应根据铝合金制品的形状和重量选型或非标设计。桁架上料机械手的技术参数主要包括：工件最大质量（kg）、上料节拍（s^{-1}）、升降移动距离（mm）、升降移动时间（s）、水平横向移动距离（mm）、水平横向移动时间（s）、水平纵向移动距离（mm）、水平纵向移动时间（s）、定位精度（mm）。

2）链板式加热炉由炉体、前炉门、后炉门、加热元件、热风循环搅拌系统、传动系统及其他控制系统等组成，如图 16-8 所示。

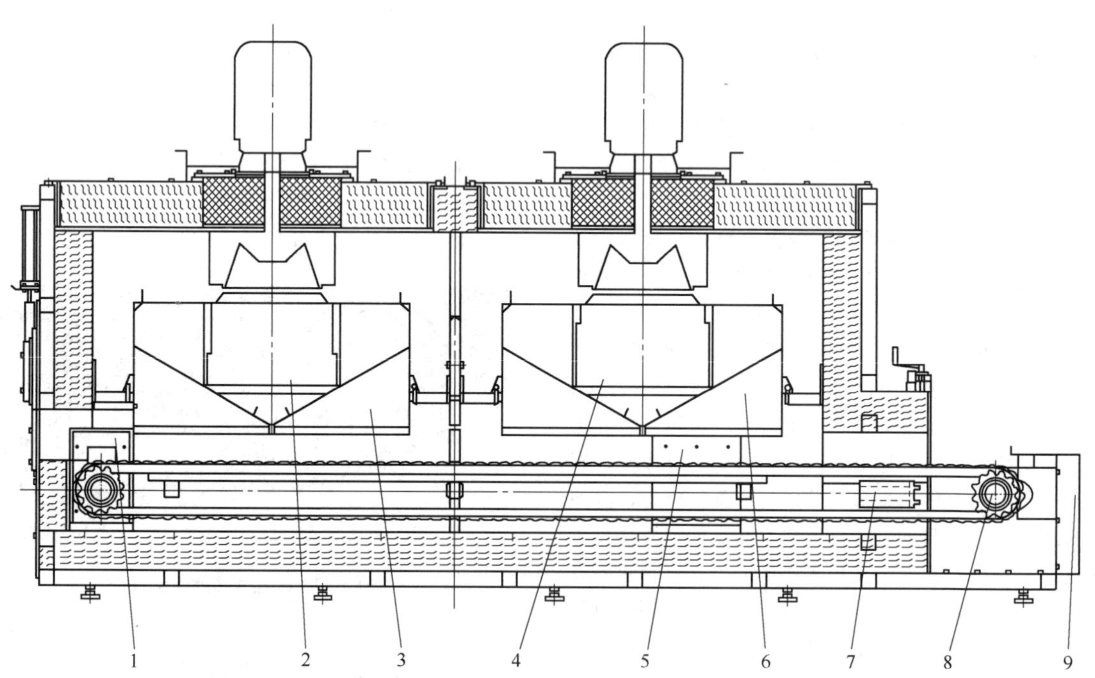

图 16-8　链板式加热炉

1—驱动轴封口组件（左）　2—电热元件组件后　3—导风桶组件后　4—电热元件组件前　5—检修口　6—导风桶组件前　7—进料中检修口组件　8—链板及传动组件　9—炉前堵板

炉体由炉壳和炉衬组成。炉外壳为钢结构，使用折弯板和型钢组成框架结构。炉衬采用炉内壁不锈钢折弯板，炉壳和炉内壁中间为耐火纤维棉的夹心结构。

前炉门由钢板制成，用型钢加固。靠近炉膛的一侧使用不锈钢，外侧采用碳素钢制成框架，框架内填充高密度的硅酸铝耐火纤维毯。为确保不同高度的铝合金制品通过进料口且防止炉内的热炉气溢出，前炉门设计为在高度方向可调且与炉体形成良好密封的结构。

根据链板式加热炉宽度方向的工位，后炉门可采用多炉门的方式，炉门两侧布置有导轨，采用气缸驱动炉门上升和下降。炉门采用型钢框架，靠近炉膛的一侧面板使用不锈钢，框架内为压制后的高密度耐火纤维。炉门上升和下降时位置的控制与检测应包括光电开关检测、机械开关检测和物理硬限位的三重保障措施。

加热系统可为电加热或燃气加热。常采用鼠笼组合式结构的电阻丝作为电加热元件；燃气加热系统一般由烧嘴、燃气管路、空气管路、排烟管路和其他控制系统等组成。

热风循环搅拌系统常采用射流加热循环系统。射流加热循环系统由高温搅拌风机、炉内导流罩、喷风臂、喷风箱体和喷风管等组成。热风循环系统将加热至工艺要求温度的热炉气由高温搅拌风机向炉体两侧吹出，经过侧导流通道进入楔形喷风臂，再从楔形喷风臂上的喷嘴/孔高速喷出，直接垂直喷射在铝合金制品的表面。作用在铝合金制品表面的热炉气大部分被铝合金制品吸收，少部分随着被降温的炉气带回；被降温的炉气经过楔形喷风臂之间的通道流经加热元件或与烧嘴产生的热炉气汇合加热至工艺要求温度，再在高温搅拌风机抽力的作用下向炉体两侧吹去，形成一次热风循环。

链板式加热炉的传动系统由带链轮的轴、带滚轮的链板、配置有旋转编码器的驱动电动机等组成。主、从传动采用带多支链轮的通轴传动；链板下设有多排滚轮，与通轴上的链轮匹配。驱动电动机带动主传动轴旋转，主传动轴通过链轮和滚轮带动链板前进和从传动轴旋转，从而带动放置在链板上的铝合金制品前进。主、从传动轴与链轮毛坯整体牢固焊接后进行去应力退火，再精加工成轴和齿形；链板采用数控加工成形，严格确保孔间距的尺寸精度。

3）自动卸料装置多采用关节机械手，可准确稳定地抓取并转移炉内工件。

4）控制系统主要完成加热炉参数的设定、状态监视、动作控制、程序编制等各项任务，并采集现场各运行数据和生产信息。

16.4.3　链板式热处理设备应用实例

典型的链板式热处理设备如图 16-9 所示，主要用于铝合金棒材的锻前加热和小型锻造铝合金产品的固溶热处理。该设备特点：采用射流冲击加热，从炉内喷嘴/孔高速喷出来的热炉气直接垂直冲击作用在被加热铝合金制品表面，减少甚至消除铝合金制品在传统加热炉表面形成的热阻较大的层流边界层，炉内热炉气冲击铝合金表面时的速度为 50~60m/s，使得在加热炉整个炉膛和铝合金制品表面均为传热效率高的湍流层，从而提高了加热效率、缩短了加热时间、提高了生产率；在传动过程中，工件与链板相对静止，传动动作精确可靠。

主要技术参数：

有效加热区尺寸（长×宽×高）：12000mm×1500mm×170mm。

炉子主体尺寸（长×宽×高）：14100mm×2500mm×3000mm。

有效温度范围：480~560℃。

控温精度：±1℃。

炉温均匀性：≤±3℃。

生产节拍：20~40 秒/件。

工件质量：1~5kg。

图 16-9　典型的链板式热处理设备

16.5　步进式热处理设备

16.5.1　步进式热处理设备的特征与用途

步进式热处理设备是依靠专用的步进机械使工件在炉内移动的一种机械化连续加热炉。用水冷梁或耐热钢梁支撑工件的步进式加热炉称为步进梁式加热炉，用耐火材料炉底支撑工件的步进式加热炉称为步进底式加热炉。步进式加热炉一般包括一套步进机械梁和一套静止固定梁（步进底式加热炉的固定梁也为炉底）。与其他加热炉相比，步进式加热炉具有如下优点：①铝合金制品依靠步进梁运动在炉内前进，因此铝合金制品之间预留一定的间隙，避免了铝合金制品在加热炉内的黏结；②一般铝合金制品和步进梁或炉底间无摩擦，可避免工件在加热过程中被划伤；③停炉时，炉内工件可以利用步进机械全部清出，也可使工件在原地做踏步动作，避免了静止固定梁或步进梁长时间在高温状态下支撑工件时，与铝合金制品发生黏结；④可通过改变铝合金制品之间的间距和步进周期来调整加热炉的生产能力。步进式加热炉主要用于铝合金制品的均匀化处理、退火处理、锻前加热、固溶和时效热处理等。

16.5.2　步进式热处理设备的组成

步进式热处理设备一般由上/卸料装置、步进式加热炉和控制系统等组成。上/卸料装置可布置在步进式加热炉的前后端，也可布置在步进式加热炉的侧边。

1）步进式热处理设备的上/卸料装置根据生产铝合金制品的不同而不同，同时步进式加热炉装料方式（端装和侧装）不同，采用的上/卸装置也不同。以铝合金短棒料为例，若加热炉采用端装的方式，上/卸料装置可采用关节式机械手或推钢机；若加热炉采用侧装的方式，上/卸料装置可采用辊道传送。以铝合金车轮为例，其上/卸料装置一般为传送辊道和三维料车上/卸料装置。若上/卸料装置为传送辊道时，步进式加热炉需设置专门的上/卸料机构；若上/卸料装置为关节式机械手或三维料车时，步进式加热炉一般无须设置专门的上/卸料机构。

2）步进式加热炉由上料结构、炉体、炉内固定梁、炉内步进梁、步进机构、炉底密封结构、加热系统、热风循环搅拌系统、炉门及炉门启闭结构及卸料结构等组成，如图 16-10 所示。

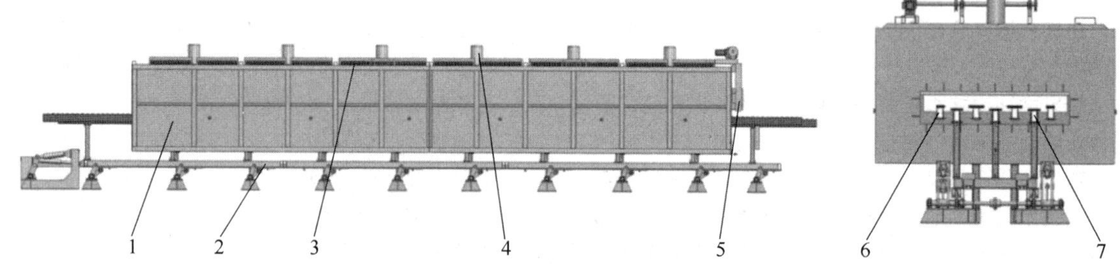

图 16-10　步进式加热炉

1—炉体　2—步进机构　3—加热系统　4—热风循环搅拌系统　5—炉门　6—炉内固定梁　7—炉内步进梁

当步进式加热炉采用侧装料的上/卸料方式时，加热炉需设置专门上/卸料机构，常采用悬臂辊道的上料辊道。铝合金制品通过上料装置由炉侧装/卸料炉门进入炉内的上/卸料辊道。

步进式加热炉炉体由炉壳和炉衬组成。炉外壳为钢结构，一般使用折弯钢板和型钢组成框架结构，结构强度高、外观美观。炉衬采用炉内壁不锈钢折弯板，炉壳和炉内壁中间为耐火纤维棉的夹心结构。

如图 16-11 所示，步进式加热炉的炉内固定梁一般固定在加热炉炉底，不锈钢或耐热钢材质的立柱与炉体牢固连接，固定梁的一端与立柱通过螺栓等方式连接，另一端也可通过螺栓等方式与另一根立柱连接且不限制固定梁长度方向的自由度，使固定梁在长度方向自由膨胀和收缩。

步进式加热炉的炉内步进梁一般固定在步进机构中传动机构的平移框架上，步进梁的一端与立柱通过螺栓等方式连接，另一端也可通过螺栓等方式与另一个立柱连接且不限制步进梁长度方向的自由度，使步进梁在长度方向自由膨胀和收缩。

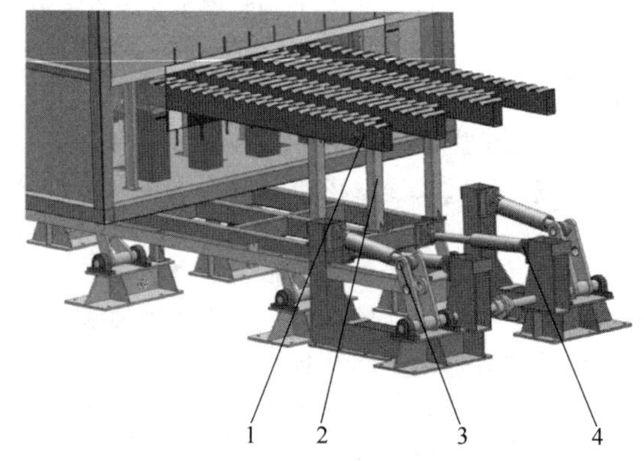

图 16-11　固定梁与步进梁的连接

1—固定梁　2—步进梁　3—升降机构　4—平移机构

步进梁的运行轨迹目前较多采用矩形轨迹，故步进式加热炉的步进机构常分为平移机构和升降机构两部分，传动方式则有机械传动和液压传动两种方式。国外步进式加热炉常采用组合方式，即升降运动由电动机经减速器驱动偏心轮做旋转运动，升降行程为两倍偏心距，平移运动则使用液压缸。国内步进式加热炉普遍使用液压缸完成步进梁升降和平移动作。

步进式液压缸在完成步进梁的升降运动时，通常有斜轨式和杠杆托轮式两种方式。前者使步进梁下部的传动机构的平移框架在斜轨上移动（斜轨有单一斜度和变斜度两类），后者则驱动连杆，使各杠杆动作。

图 16-12a 所示为由平移框架 4 和升降框架 3 组成的双层框架、双轮斜轨结构，炉底下部的平移框架放在升降框架的支承辊 1 上，用水平移动液压缸 6 驱动；升降框架放在下部的支承辊上，用升降液压缸 5 使之沿斜轨 2 做升降运动。图 16-12b 用升降液压缸 5 带动杠杆和拉杆 9，使托辊 8 升降，从而是步进框架 10 的升降，水平移动液压缸 6 则使步进框架 10 平移。

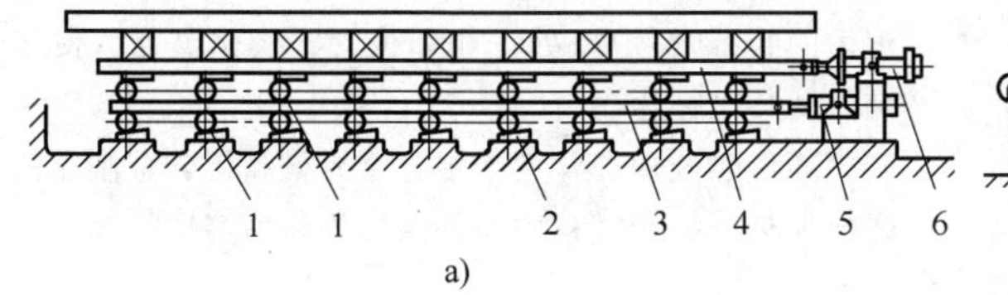

a)

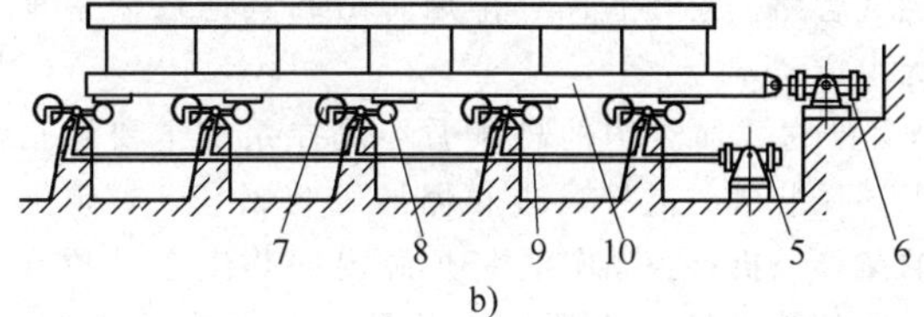

b)

图 16-12　步进式炉的液压传动机构

1—支承辊　2—斜轨　3—升降框架　4—平移框架　5—升降液压缸　6—水平移动液压缸　7—平衡锤　8—托辊　9—拉杆　10—步进框架

为了防止冷空气吸入炉内，使铝合金制品局部降低温度并增大热损失，或者为了减少炉压高时热量外溢，损坏炉底下部设备，在步进式加热炉炉顶设置炉底密封结构。常见的密封结构有拖板密封（见图 16-13a）和水封（见图 16-13b）。

在托板密封结构中，当立柱通过炉底上的长孔时，立柱上的一对密封拖板随立柱的水平移动在滑槽内往复移动，拖板上的孔不影响立柱的升降。为减少热损失，需设置上下两层拖板。

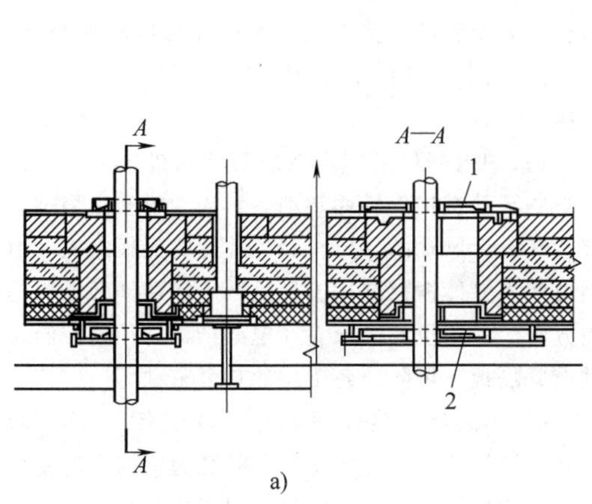

a)

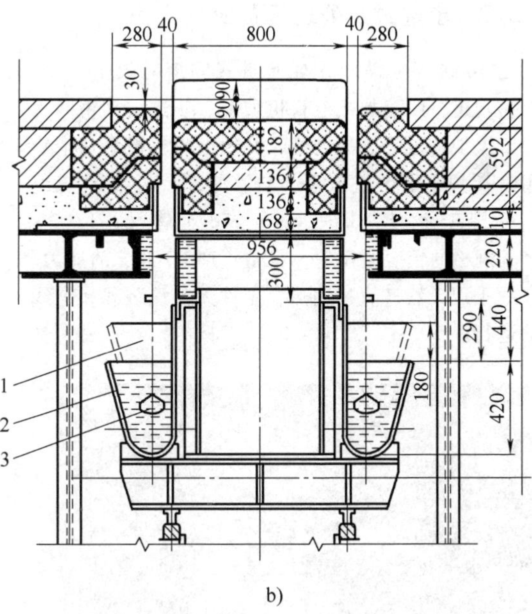

b)

图 16-13　步进式加热炉炉底密封结构

a）拖板密封

1—上拖板　2—下拖板

b）水封

1—水封刀　2—水封槽　3—刮渣板

水封结构包括水封槽和水封刀两部分。水封槽的一侧要向外倾斜，以便人工清除槽内积渣。水封槽的槽边常设计为向内的凸缘，防止在步进时水溅出。当水封槽固定在炉底钢结构上时，水封刀则随步进机构运动。当水封刀固定在炉底钢结构上时，水封槽随步进机构运动。

加热系统可为电加热或燃气加热。常采用电阻带作为电加热元件；燃气加热系统一般由烧嘴、燃气管路、空气管路、排烟管路和其他控制系统等组成。

步进式加热炉的热风循环搅拌系统主要包括上导风装置、搅拌风机和侧导风装置等，炉顶上的搅拌风机高速旋转，将炉膛内的热气通过顶导流罩的吸风口吸入顶导流的导风板并充分混合，再经顶导流罩上部的分流板打向两侧导流板，然后从侧导流板的出风口进入炉膛内部加热工件，加热工件后的炉气回流到顶导流罩的吸风口，完成加热炉循环。加热元件可布置在搅拌风机的下方或布置在侧导流的风道之间。

步进式加热炉的具体结构不同，其炉门及炉门启闭结构也不尽相同，为实现炉门的快速启闭，一般采用气缸驱动。

16.5.3　步进式热处理设备应用实例

图 16-14 所示为铝车轮步进式固溶时效生产线，由上料辊道、固溶加热上料机械手、步进式高精度固溶炉、出炉机械手、淬火槽、时效上料机械手、余热利用时效炉、出炉机械手、转移辊道、控制系统组成，可用于生产 A356、6061、7075 牌号，17.5～22.5in 规格的铝合金车轮，具备年产 60 万支的能力。生产线采用天然气直接加热，工件无料筐装载，全线自动运行。

图 16-14　铝车轮步进式固溶时效生产线

16.6　环形热处理炉

16.6.1　环形热处理炉的特征与用途

环形热处理炉属于连续式加热炉，由环形炉膛和回转炉底构成。为减少占地面积和提高生产率，环形热处理炉一般为多层布置方式。由于间隔布料和回转炉底的作用，铝合金制品在炉内的加热速率快且均匀，有利于提高铝合金制品性能的一致性。环形热处理炉的装/卸料炉门处于相邻位置，操作灵活，便于装、卸料机械化。

环形热处理炉常用于铝合金材料和铝合金制品的锻前加热、锻造过程中间补温加热和固溶加热等。

16.6.2　环形热处理炉的组成

图 16-15 所示为多层环形热处理炉，主要由上/卸料装置、多层环形热处理炉和控制系统等 3 部分组成。

由于环形热处理炉的装/卸料炉门处于相邻位置，故上/卸料常用一台装置。上/卸料装置常采用关节式机械手，环形热处理炉不同层的进料和卸料动作可用一台关节式机械手完成。

多层环形热处理炉主要由炉体、炉内搁料架、炉门机构、炉底转动机构、加热系统、热风循环搅拌系统、密封装置和电气控制系统等组成。

1）炉体由炉壳和炉衬组成。为方便运输，炉体优先设计为多片式组合结构。炉壳为钢结构，使用折弯板和型钢组成框架结构。炉衬采用炉内壁不锈钢折弯板，炉壳和炉内壁中间为耐火纤维棉的夹心结构。在炉体圆周方向设置旋转式检修门，方便安装与检修。

2）炉内搁料架固定在炉底转动机构上，工作时随炉底转动机构旋转而转动。炉内搁料架由型钢、具有特殊设计风孔的导风板和各工位的隔板组成。由型钢焊接成整体框架结构，导风板平铺在框架结构的圆周方向，各工位的隔板立在框架结构的径向方向。通过设置隔板，可防止各工位的热量窜动。

3）多层环形热处理炉每层各设有一对装/卸料炉门。炉门采用侧开式结构，外壳为钢构，内壁为不锈钢折弯件的内胆，中间填充保温棉隔热。在炉门与炉体接触处，炉体上设有一圈盘根密封。为缩短炉门的启闭时间，常由气缸驱动炉门的启闭动作。炉门开启时，沿一偏心圆运动，自动与炉体脱开一定距离，确保密封盘根不被磨损，而且各层的装/卸料炉门的启闭动作可独立控制。

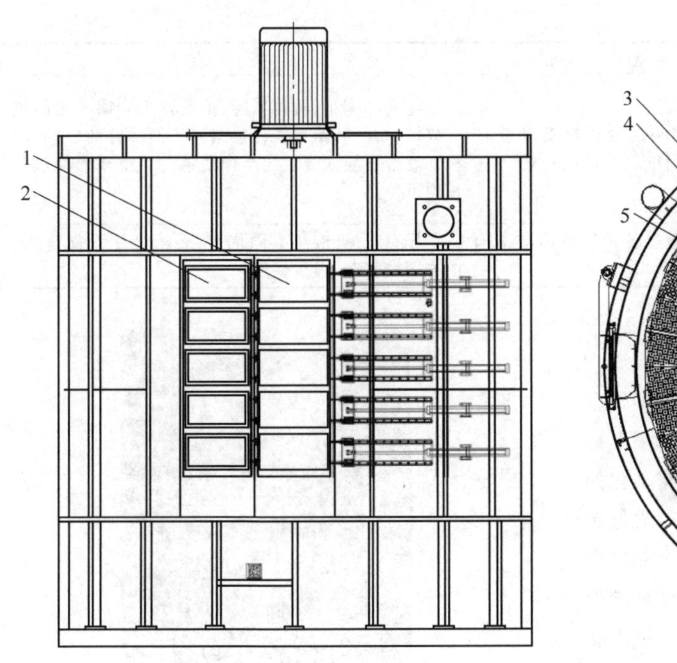

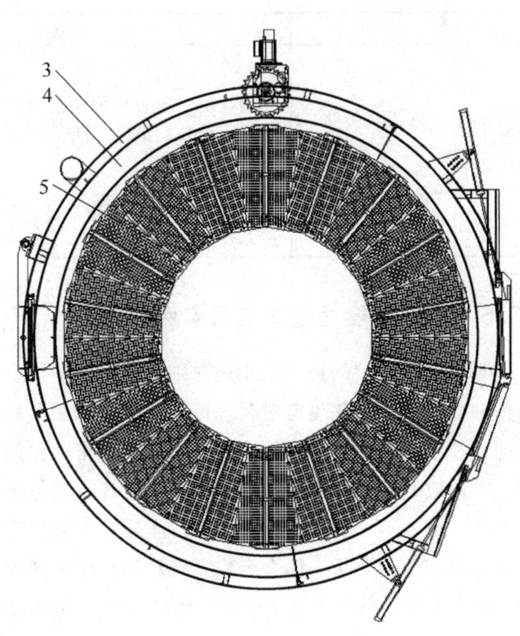

图 16-15　多层环形热处理炉

1—装料炉门　2—卸料炉门　3—炉壳　4—炉衬　5—炉底传动机构

4）炉底转动机构由支撑钢结构、驱动装置和支撑定心装置等部件组成。支撑钢结构由型钢和折弯钢板等焊接组成，炉内搁料架固定在支撑钢结构上，支撑钢结构上砌耐火材料，构成环形热处理炉的炉底。炉底转动机构的驱动装置常采用机械传动或液压传动，其类型及特点见表 16-2。环形加热炉炉底面设置一个平面环形轨圈。在炉底基座上固定多个辊轮，形成一个环形辊道。在驱动装置的作用下，环形炉底及平面环形轨圈沿回转中心在环形辊道上转动。支撑定心装置依靠弹簧压紧定心。辊道和辊轮一般为铸铁件，内装滚动轴承。炉底上的轨圈和定心圈要有一定硬度，制造时需进行表面淬火。支撑定心装置按弧长计算的间距一般为 2~3m。

5）加热系统可为电加热或燃气加热。常采用鼠笼组合式结构的电阻带作为电加热元件；燃气加热系统一般由烧嘴、燃气管路、空气管路和排烟管路和其他控制系统等组成。

6）热风循环搅拌系统主要包括导流筒、上导风装置和搅拌风机等，炉顶上的搅拌风机高速旋转，将导流筒内的热气通过顶导流罩的吸风口经加热元件打在搅拌风机的导风板上，打在搅拌风机上的热风被弹回打入加热炉的炉膛内流经工件，从炉膛下方的导风板流回导流筒，完成加热炉热气的循环搅拌。

7）密封装置为圆柱形回转底盘外侧面设置环形砂封槽，内部填充密封砂。固定炉体底部圆周方向设置与砂封槽同心的环形砂封刀，砂封刀插入砂封槽内，以隔绝炉内与炉外的气体流动通道，满足炉内气密封要求。

表 16-2　炉底转动机构驱动装置的类型及特点

类型		机构	特点
机械传动	锥齿圈传动	由电动机、减速机通过传动轴上的锥齿轮同炉底的齿形圈啮合，驱动炉底旋转	炉底转角调整灵活，可大、小、正、反变化，不受布料间的夹角限制，使用可靠，但造价高，制造和安装的技术要求高
	纯齿销传动	由电动机、减速机通过传动轴上的钝齿轮拨动炉底上均布的销子驱动炉底旋转	同锥齿圈传动，但炉底销子比齿圈容易制造，一般用于较小的环形炉
	摩擦轮传动	由电动机、减速机通过三个啮合的锥齿轮带动炉底下的两个支承滚子转动，又靠滚子与炉底摩擦带动炉底转动	调整灵活，操作方便，结构较简单，但炉底的水平度要求较高，否则滚子打滑，适用于小型环形加热炉

（续）

类型		机构	特点
液压传动	液压缸传动	由液压泵通过带推头的液压缸拨动装在炉底上均布的销钉，间歇驱动炉底旋转	需要功率小，机构紧凑，炉底转角为销间角的整数倍，布料间距不能任意调整。如反转油缸推头，则需带有换向装置。结构简单，大、小环形加热炉均可使用
	液压马达传动	由液压泵驱动，可通过各种机械传动结构驱动炉底旋转	具有机械、液压共同优点，要求液压泵能量大。结构较复杂，很少使用

16.6.3 环形热处理炉应用实例

环形热处理炉的典型应用是在乘用车用小型铝合金件的大批量自动化生产过程。可以充分发挥环形炉占地面积小、炉温均匀性好、易于实现高度自动化的特点，同时避免了其他炉型成筐加热或冷却时内外温度不均、性能不一的情况，可满足汽车生产企业对产品质量稳定性的要求。铝合金控制臂环形热处理炉如图16-16所示。小型铝合金件环形热处理炉的技术参数见表16-3。

图16-16 铝合金控制臂环形热处理炉

表16-3 小型铝合金件环形热处理炉的技术参数

序号	名称	工位数(层×每层工位)/个	炉温均匀性/℃	旋转定位精度/mm
1	铝合金缸体环形固溶炉	6×16	±5	±1
2	铝合金控制臂环形加热炉	5×18	±5	±1

16.7 多层箱式热处理炉

16.7.1 多层箱式热处理炉的特征与用途

铝合金板材的热成形技术是将铝合金板材加热至固溶温度，过剩相完全熔解后快速转移至模具内，然后在模具内冲压成形、保压淬火，即冷却（淬火）的同时进行高温冲压。由此可见，铝合金板材的热成形主要包括固溶加热、冲压控形和淬火控性等过程，故将铝合金板材的热成形技术称为铝合金板材的固溶加热-成形-淬火（solution heat treatment, forming and quenching, HFQ）技术，也常被称作热成形-淬火一体化技术。铝合金板材的固溶处理常采用多层箱式加热炉。多层箱式加热炉由多个加热室组成，各加热室之间用隔热材料隔开，形成独立的加热腔体，每个加热室配有独立的炉门。由于每个加热室和炉门在外形上像抽屉，故多层箱式热处理炉也称为多层抽屉炉。多层箱式加热炉具有工件静止于炉内，可避免刮伤、位置精准、炉子检修方便、投资成本小、占地面积小、结构简单等优点。多层箱式热处理炉主要用于铝合金板材HFQ中的固溶加热。

16.7.2 多层箱式热处理炉的组成

多层箱式热处理炉由炉体、炉内物料支撑架、热风循环搅拌系统、炉门及炉门启闭系统和电气控制系统等组成。多层箱式热处理炉的结构如图16-17所示。

1）多层箱式热处理炉的炉体由炉壳和炉衬组成。炉壳由型钢和折弯钢板组焊成框架结构，在炉口设有一圈不锈钢或耐热钢板。侧壁和炉顶的炉衬采用炉内壁不锈钢折弯板，炉壳和炉内壁中间为耐火纤维棉的夹心结构，而底部采用轻质保温砖砌筑。在炉体后方设有维修门。

2）多层箱式热处理炉的炉内物料支撑架由不锈钢方管等焊接制造而成。炉内物料支撑架由多组方管支腿、多组支撑喷风管且与支腿组成框架的纵横方管、上方布有支撑铝合金板材柱子的喷风方管等组成。喷风方管固定在纵向方管上，铝合金板材放在喷风方管的柱子上。

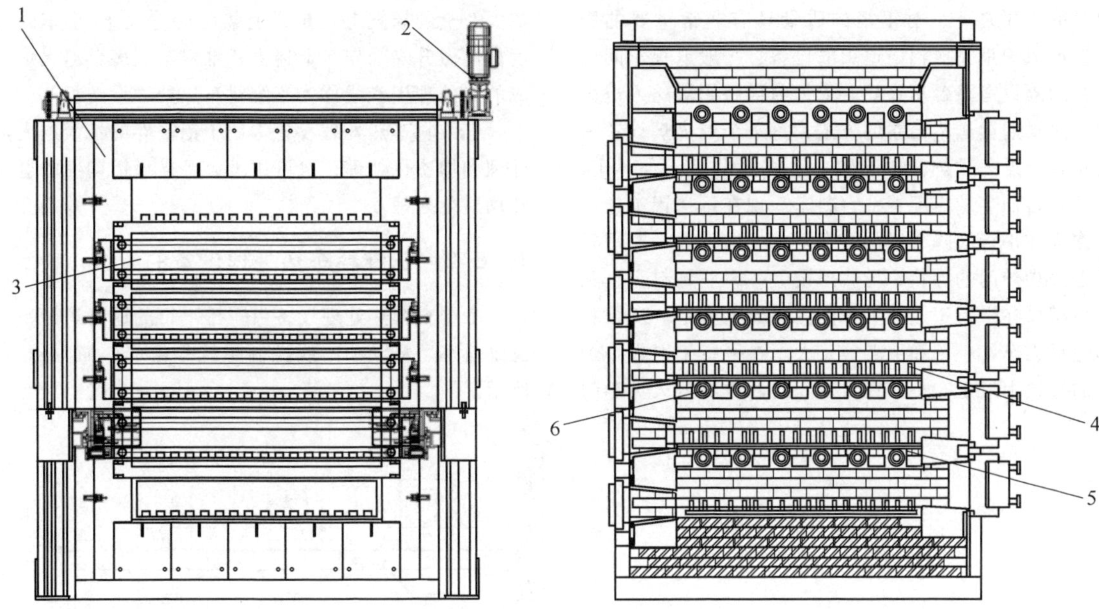

图 16-17　多层箱式热处理炉的结构

1—多层炉炉壳　2—炉门启闭系统　3—炉门　4—炉内物料支撑架　5—横梁　6—加热搁砖

3）多层箱式热处理炉的热风循环系统由搅拌风机、循风风道和射流管等组成。循风风道由后部循风室、中间循风室、顶导流装置、侧循风室、各加热室隔板及射流管（与炉内物料支撑架的喷风方管共用）等组成，炉顶的搅拌风机高速旋转，将中间循风室中的热气从顶导流装置的吸风口吸入，在顶导流罩的作用下热风打向两侧进入侧循风室，炉气经过加热元件，加热至工艺温度后通过各层射流管的喷口进入各层的加热室加热铝合金板材，各加热室的热气在后部循风室汇合后进入中间循风室，完成炉内热风的循环搅拌。

4）炉门由钢结构和内衬等组成。钢结构由型钢和折弯板组焊成整体框架结构。内衬由内部的不锈钢折弯板及填充在内部不锈钢折弯板和外部折弯板间的耐火纤维组成。在炉门的四周设有一圈盘根。炉门的快速开闭采用旋启式结构，旋转轴一端与伺服减速机相连，驱动炉门的开闭。

5）电气控制系统主要完成加热炉参数的设定、状态监视、动作控制、程序编制等各项任务，并采集现场各运行数据和生产信息。

16.7.3　多层箱式热处理炉应用实例

多层箱式热处理炉具有炉膛扁、层数多、占地面积小、操作方便、自动化程度高的特点，常用于乘用车铝板或管类件的加热工序。每层炉膛温度可独立控制，适应不同批量工件的生产，已成为热成形试模线的必备炉型。主要技术参数如下：

炉膛有效尺寸（长×宽×高）：2300mm×2000mm×200mm。

炉温均匀性：±5℃。

层数：3~7 层。

保护气氛：干燥空气。

多层箱式热处理炉（7 层）如图 16-18 所示。

图 16-18　多层箱式热处理炉（7 层）

16.8　三维料车热处理设备

16.8.1　三维料车热处理设备的特征与用途

在铝箔的生产过程中，退火是其热处理工艺中最重要的工序之一，对铝箔的质量具有非常重要的影响。退火炉是完成铝箔退火的设备，一般退火车间内平行间隔设有多台退火炉。退火前需将铝箔送入退火炉内。早期运送铝箔卷的方法为每一个退火炉设置一对垂直于退火炉炉门的导轨，导轨上设置一台料车，并且每台加热炉需配置一台料车。现在运送铝箔卷的方法为在平行间隔布置的多台退火炉前设置一对平行于退火炉炉门的导轨，导轨上设置一台三维料车，三维料车可在平行于退火炉炉门的导轨上行走。三维料车包括大车、小车和上架等，大车在平行于退火炉炉门的导轨上形走，小车在大车上沿着垂直退火炉炉门的大车上的导轨上行走，上架可沿着大车/小车的高度方向做升降动作。上述由三维料车、多台退火炉组成的热处理生产线称为三维料车热处理设备。

三维料车热处理设备常用于铝箔卷的批量退火热处理和均质化处理，也可用于大型异形铝构件的退火和均质化处理。

16.8.2 三维料车热处理设备的组成

三维料车热处理设备由一排平行的退火炉、一台三维料车、料盘和产线控制系统等组成，如图16-19所示。

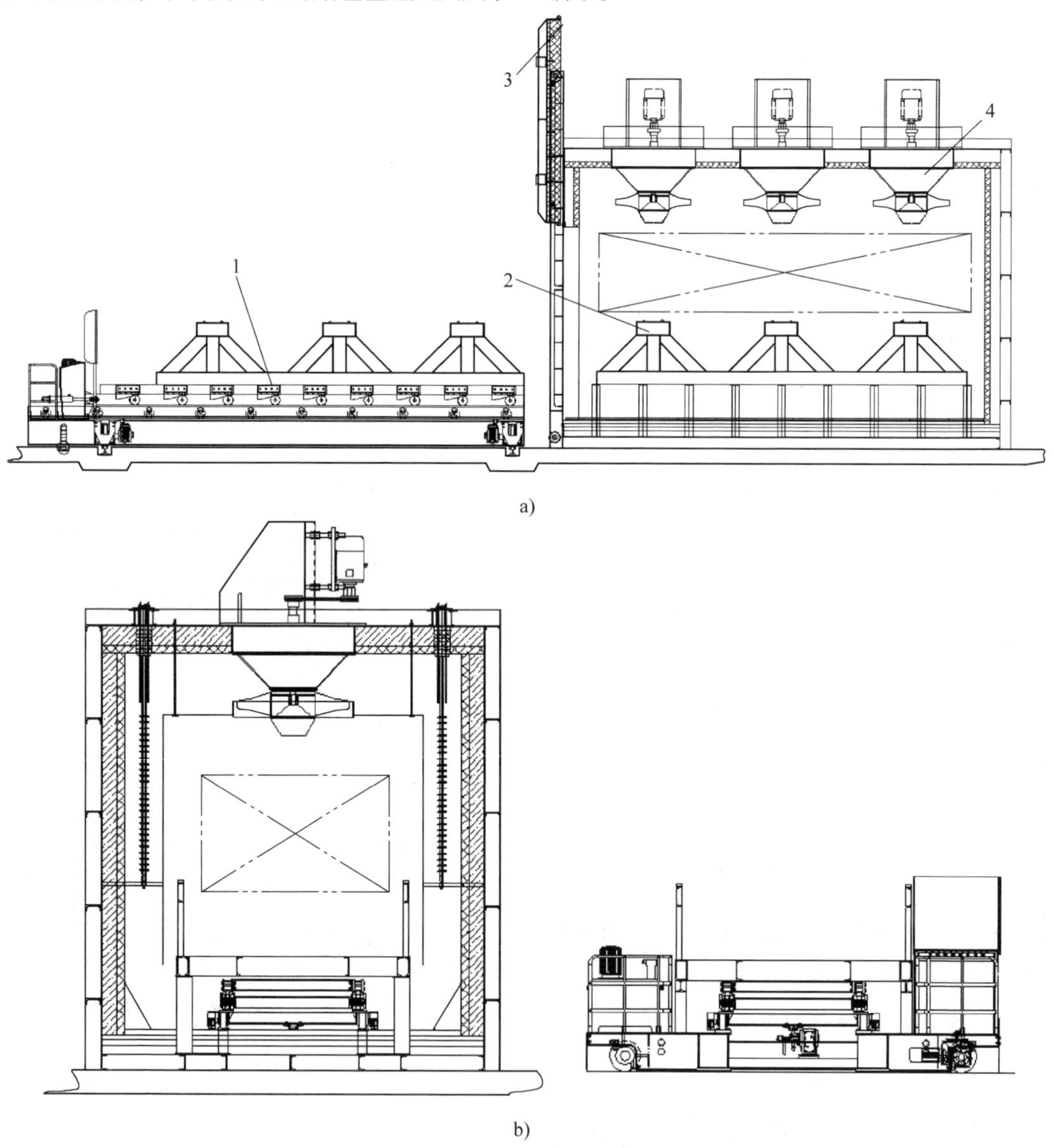

图16-19 三维料车热处理炉

a）热风循环搅拌系统 b）三维料车

1—三维料车 2—料盘 3—炉门 4—循环风机

1）退火炉由炉体、炉门、料架、加热元件、热风循环搅拌系统及控制系统等组成。炉体由炉壳和炉衬组成。炉壳为钢结构，使用折弯板和型钢组成框架结构。炉衬采用炉内壁不锈钢折弯板，顶部及侧部的炉壳和不锈钢内壁中间为耐火纤维的夹心结构，炉底部采用耐火砖的结构且在料架处采用预埋加强筋的浇筑料结构。

采用整体大炉门的炉门结构方式。炉门的外侧由型钢和折弯钢板组成，内侧采用不锈钢材质的折弯件，在炉门的外侧和内侧之间填充耐火纤维，在炉门内侧的四周布有盘根密封。常用连杆加强炉门与炉体的密封性。

料架由不锈钢或耐热钢组成。料架固定在炉壳底部或预埋在浇筑料中。在炉内料架端部设有物理硬限位，避免工件或料盘撞到加热炉炉衬。

加热系统可为电加热或燃气加热。常采用鼠笼组合式结构的辐射管作为电加热元件；燃气加热系统一般由烧嘴、燃气管路、空气管路、排烟管路和其他控制系统等组成。

三维料车热处理设备的退火加热炉的热风循环搅拌系统由搅拌风机、顶导流罩和侧导流板等组成，如图 16-19a 所示。退火加热炉的热风循环搅拌原理：炉顶上的搅拌风机高速旋转，将炉膛内的热气通过顶导流罩的吸风口吸入顶导流的导风板并充分混合，再经顶导流罩上部的分流板打向两侧导流板，然后从侧导流板的出风口进入炉膛内部加热工件，加热工件后的炉气回流到顶导流罩的吸风口，完成加热炉循环。加热元件可布置在搅拌风机的下方或布置在侧导流的风道之间。

2）三维料车主要由大车、移动小车和升降装置等组成，如图 16-19b 所示。大车主要由大车架、大车行走轮组等组成，大车架是由型钢焊接而成的框架结构，其上放置操作平台、控制柜及油泵站等，为料车的承重体。大车上设有两条垂直于退火炉的轨道。大车行走轮组由电动机驱动，在平行退火炉的轨道上行走。移动小车由小车本体、小车行走轮组、小车驱动装置等组成，小车本体由型钢焊接而成的框架结构，小车的驱动装置包括安装在大车车体上的电动机、链条及安装在移动小车下方的链条等。移动小车上设有若干组斜轨。移动小车的行走轮组由电动机驱动，在大车上的导轨上行走，将移动小车和升降装置送入加热炉内，从而将放置在升降装置上的工件送入加热炉内。升降装置由升降架、滚轮及升降液压缸等组成，滚轮安装在升降装置上，料架和工件放置在升降架上。开始时滚轮在移动小车的斜轨下方，液压缸推动升降滚轮在斜轨上行走，完成升降装置的升高动作，随后液压缸缩回，升降滚轮在斜轨上斜向下行走，完成升降装置的下降动作。

三维料车的工作过程包括料车送料过程和料车取料过程。料车送料过程：选择装炉工位→大车行走至炉子工位→升降装置升起，同时将料盘和工件升起→移动小车运行至炉内→升降装置下降，将料盘和工件卸下，放在炉内的料架上→移动下车退回→完成送料。料车取料过程：选择所需取料工位→大车行走至炉子工位→移动小车运行至炉内→升降装置升起，料盘及工件落在升降架上→移动小车退回→升降架、料盘连同工件落下→完成取料。

3）三维料车热处理料盘采用不锈钢或耐热钢焊接制造而成。料盘的设计除需确保较高的刚度，还需考虑加热炉内的热风循环。

4）三维料车热处理设备的产线控制系统需具有如下功能：完成对生产线的参数设定、状态监视、动作控制、程序编制等各项任务，采集现场各种运行数据、生产信息，并将有关信息打印、存档归类。产线控制系统主要包括温度控制系统、动作控制、计算机控制系统和配电及控制室。

16.8.3　三维料车热处理设备应用实例

三维料车热处理设备（见图 16-20）主要用于铝合金板类件或卷材在空气中退火或保护气氛中退火。

热处理炉应在保证炉内工件温度一致性的同时实现最短的加热时间，气密性设计应保证炉内残氧量少于 0.05%（体积分数）。

图 16-20　三维料车热处理设备

16.9　气垫式连续热处理生产线

16.9.1　气垫式连续热处理生产线的特征与用途

高精度铝合金带材和板材广泛应用于国民经济的各个领域，随着航空航天、交通运输、电力电子、能源和通信等行业的迅速发展，不仅增加了所需带材的品种，而且对其质量也提出了更高的要求。目前，气垫式连续热处理生产线凭借具有较高的控温精度、高生产率、产品表面质量优异等优点，在铝合金带材加工中成功应用，成为铝合金带材热处理的首选设备。

当铝合金带材通过气垫炉时，借助配置在炉前和炉后张力辊的作用，炉内气流从铝合金带材上下垂直喷射带材，依靠下方较大的喷射气流使铝合金带材浮动在热气垫上，而不与炉内设备接触。气垫炉主要用于铝合金带材的连续退火热处理。

16.9.2　气垫式连续热处理生产线的组成

气垫式连续热处理生产线如图 16-21 所示，包括开卷机、缝合机、矫直机、前活套、脱脂箱、前干燥箱、气垫炉、风冷设备、后干燥箱、后活套、卷取机等设备。

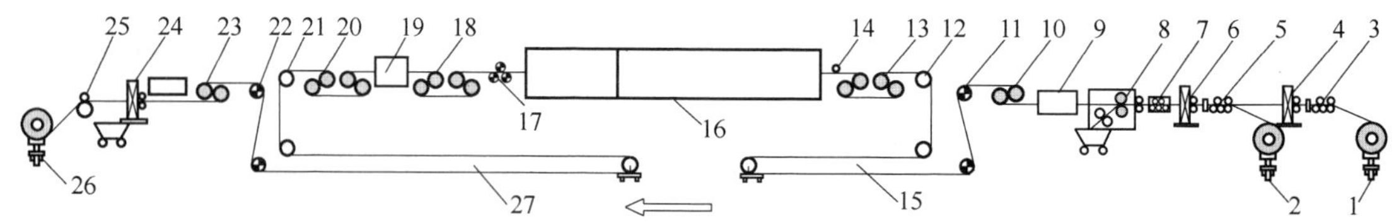

图 16-21　气垫式连续热处理生产线

1—1#开卷机　2—2#开卷机　3—1#夹送矫直机　4—1#夹送剪切机　5—2#夹送矫直机　6—2#夹送剪切机　7—矫直机　8—圆盘剪　9—缝合机　10—1#张力辊　11—1#纠偏辊　12—1#转向辊　13—2#张力辊　14—稳定辊　15—前活套　16—气垫炉　17—2#纠偏辊　18—3#张力辊　19—拉矫机　20—4#张力辊　21—2#转向辊　22—3#纠偏辊　23—5#张力辊　24—分切剪　25—转向夹送辊　26—卷取机　27—后活套

开卷机用于铝合金带材的开卷，将铝合金卷材打开并送到生产线，一般采用直流调速电动机使铝合金带材保持一定张力。若生产铝合金卷材的成分和规格较多，可配置两台或两台以上的开卷机，这样可实现在换料时不停机。缝合机用于将开卷后的铝合金带材缝合和缝合后的打磨等，从而实现连续热处理生产。矫直机用于将开卷后的铝合金带材矫直，使铝合金带材平直。当开卷机上的上卷铝合金带材走料结束时，需要将新开卷的带材与上卷的带材端部连接，若无前活套或其他类似设备，则生产线需停止。前活套用于在纠偏辊与转向辊之间储存一定长度的铝合金带材。如图 16-21 所示，在更换铝卷或缝合时，前活套上部的活套下降或下部的活套上升，可将暂时存放在前活套内的铝合金带材送入后面的设备，进而确保铝合金带材按要求速度顺利进入脱脂箱和气垫炉中。脱脂箱用于去除铝合金带材表面的油污和吸附的其他杂质。前干燥箱用于去除铝合金带材表面的水汽等，避免水进入加热炉，损害加热炉内的零部件。气垫炉和风冷设备为生产线的重点，在后续将详细介绍。后干燥箱用于去除淬火后铝合金带材表面的水汽，便于后续卷取。当卷取机完成一卷铝合金带材的卷取时，此时卷取机停止卷料，但开卷机正常向炉门送料，此时后活套上部分的活套向上或下部的活套向下，这样从炉内或干燥箱内出来的铝合金带材暂时储存在后活套中，进而确保铝合金带材连续热处理生产。卷取机用于将处理后的铝合金带材卷取成卷筒状的铝卷，同理，单条气垫炉可配置两台或两台以上的卷取机。

气垫炉是气垫式连续热处理产线的关键设备之一。气垫炉主要由炉体、热风气垫系统和控制系统等组成。

气垫炉的炉体由炉壳和炉衬等组成。炉壳为钢结构，使用折弯板和型钢组焊成框架结构。顶部和侧部的炉衬采用炉内壁不锈钢折弯板，炉外壳和不锈钢内壁中间填充耐火纤维毯的夹心结构，炉底部采用耐火砖的结构。在炉体内部设有悬挂耳座，用于悬挂热风气垫系统的风道腔体。

气垫炉的热风气垫系统由风机、上/下风道室、上/下主风道、上/下动喷风箱、上/下静喷风箱等组成。热气流通过喷风箱孔板上均布的小孔流出，垂直喷向铝合金带材表面，热气流边界层薄，对流加热得到强化。静压气垫的热气流通过成对缝状斜孔喷出，形成气幕，主要依赖气幕对铝合金板材进行对流加热，其强度较弱。气垫炉热风气垫的形成原理：风机高速旋转，将铝合金带材的热风气垫通过吸风口后按预设比例分别打向上风道室和风道室，热风经过上/下风道室内的加热元件加热至工艺温度后分别流经上/下主风道，随后分别进入上/下主风道的静喷风箱和动喷风箱，以一定速度打向铝合金带材，形成气垫支承铝合金带材并加热带材，最后热气再流向吸风口，形成一个循环。

气垫炉热风气垫系统中的上/下风道室、上/下主风道、上/下动喷风箱、上/下静喷风箱均由不锈钢型钢和不锈钢板组焊而成。

加热元件一般采用电热辐射管矩阵结构。每个加热辐射管矩阵由多支辐射管密排组成。辐射管的材质为 06Cr25Ni20，电阻丝选用 Cr20Ni80，电阻丝托盘选用优质高铝磁盘。

风冷设备由风冷室、喷风装置、冷却装置等组成。风冷室由型钢和折弯板组焊成框架结构，形成相对较封闭的喷风冷却室，并且支承喷风装置中的各零部件。喷风装置由离心风机、上/下风道室、水冷却器、上/下主风道、上/下动喷风箱、上/下静喷风箱等组成。水冷却器接冷却装置，在此不做介绍。在喷风冷却过程中，离心风机高速旋转，将铝合金带材的具有一定温度的气垫通过吸风口后按预设比例分别打向上风道室和下风道室，具有一定温度的风经过水冷却器后吹向上/下风道室后分别流经上/下主风道，随后分别进入上/下主风道的静喷风箱和动喷风箱并以一定速度打向铝合金带材，形成冷风气垫，支承铝合金带材并冷却铝合金带材，最后有一定温度的风再流向吸风口，形成一个循环。

气垫式连续热处理生产线的控制系统需具有如下功能：完成对生产线的参数设定、状态监视、动作控制、程序编制等各项任务，采集现场各种运行数据、生产信息，并将有关信息打印、存档归类。控制系统主要包括温度控制系统、动作控制、计算机控制系统和配电及控制室。

16.9.3　气垫式热处理生产线应用实例

气垫式热处理生产线（见图 16-22）广泛用于高精度铜带或铝带的退火热处理，不仅保证了产品的表面少无氧化脱碳，而且纵横截面的性能都变得均匀，在退火完成后表面无划伤等缺陷。该生产线具有如下特点：

1）根据不同材质和规格，可以在线 PID 方式调整炉温；自动调整带速、风量等漂浮参数。

2）炉体严格密封，炉内通高纯氮气保护，使铜带退火后表面质量好、无氧化现象。

3）动作部件少，维护相对简单，设备经久耐用。

主要技术参数如下：

可处理的带材宽度：500～1050mm。

可处理的带材厚度：0.1～1.5mm。

带卷重量：<7500kg。

退火炉最高温度：750℃±5℃。

铜带退火温度：450～700℃。

铜带出炉温度：60～80℃。

退火炉加热功率：≈600kW。

输送速度：4～50m/min。

图 16-22　气垫式热处理生产线

16.10　罩式热处理炉

16.10.1　罩式热处理炉的特征与用途

罩式热处理炉主要由炉罩和炉台两部分组成。罩式炉属于间断式变温炉，炉膛不分区供热，炉温按规定的加热制度随时间变化。与台车式炉相比，罩式炉的气密性更好，不需要炉门及其升降机构和各种传动机构，而且一般两台罩式炉的占地面积和一座台车式炉相当。目前采用耐火纤维、岩棉和微孔硅酸钙等轻质炉衬后，外罩质量已不再是增大车间起重能力的影响因素。罩式炉处理的工件多为成卷的带材和线材、成捆的棒材和管材、成垛的板材，以及尺寸不一且形状复杂的异形材。根据加热炉的外形，分为圆形加热炉和方形加热炉两大类。铝合金罩式炉主要用于铝合金制品的均匀化退火处理等。

16.10.2　罩式热处理炉的组成

罩式热处理炉主要由炉罩、炉台、导向装置、热风循环搅拌系统、加热系统和电气控制系统等组成，如图 16-23 所示。

1）罩式热处理炉的炉罩由外壳和炉衬等组成。一般炉罩为移动的，而炉台为固定的。炉罩的外壳为钢结构，使用卷圆板/折弯板和型钢组焊结构。在外壳的上部有供吊钩起吊的位置，下部有至少三支支撑炉罩的支撑脚且在底部有一圈砂封刀。为减轻炉罩的重量，炉衬采用炉内壁不锈钢折弯板结构，炉壳和不锈钢内壁中间为耐火纤维棉的夹心结构。

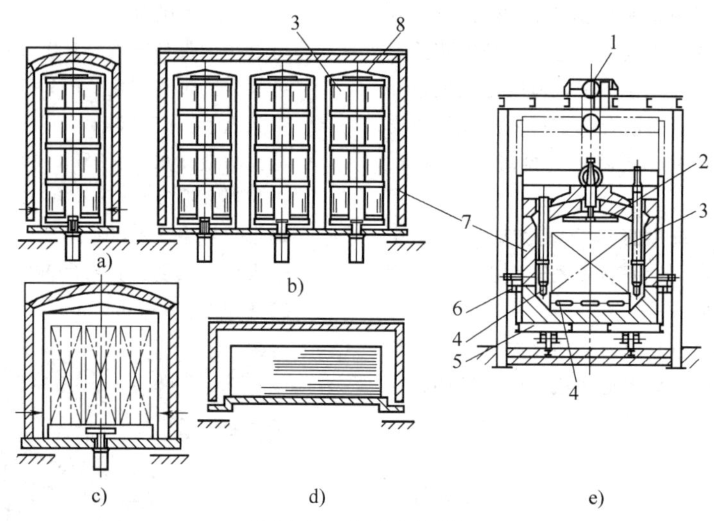

图 16-23　罩式热处理炉

a）圆形单垛罩式炉　b）矩形多垛多内罩罩式炉　c）圆形多垛罩式炉　d）矩形单内罩罩式炉　e）台车式罩式炉

1—吊罩装置　2—风扇　3—钢卷　4—辐射管　5—台车　6—砂封　7—外罩　8—内罩

2）罩式热处理炉的炉台由外壳、炉衬、砂封槽和料架等组成。炉台的外壳为钢结构，使用折弯板和型钢组焊结构。炉台的炉衬常采用耐火砖或耐火材料等制造。在炉台的外围还有一圈砂封槽，与炉罩的砂封刀匹配。为加强炉内热气的流通，料架一般采用不锈钢和耐热钢的镂空结构。

3）为便于罩式热处理炉的炉罩准确地放在炉台上，罩式热处理炉设有导向装置。罩式热处理炉的导向装置包括两个导向环和两支导向柱。两个导向环固定在炉罩的炉壳上，导向柱常固定在车间地基中。导向环内部一般安装有自润滑轴承，导向柱表面具有一定的耐磨性。

4）罩式热处理炉的热风循环搅拌系统由搅拌风机、导流筒等组成。搅拌风机安装在炉罩的顶部，导流筒固定在炉罩上，搅拌风机和导流筒也随炉罩的升降、移动而升降和移动。罩式热处理炉的热风循环原理：炉顶上的搅拌风机高速旋转，将炉膛内的热气通过顶导流罩的吸风口吸入导流筒上部的导风板，经过加热元件加热至工艺要求温度后打向导流筒的侧导风板，从导流筒下方的出风口流向炉台的料架，进入炉膛加热工件，加热工件后再回流到导流筒的吸风口，完成热风循环。

5）由于罩式热处理炉的炉罩是运动的，故罩式热处理炉的加热系统一般采用电加热。常采用鼠笼组合式结构的电阻带作为电加热元件，加热元件一般从炉顶插入四周的导流筒与炉衬形成的风道内。

16.10.3　罩式热处理炉应用实例

热处理过程采用高纯度保护气氛，可在铝箔表面获得均匀一致的氧化铝保护层，并有助于促进后续工艺。材料在550~620℃的温度下进行退火处理，气氛露点低于-30℃。炉内配备密封机构和真空密封的马弗罐体。图16-24所示为罩式热处理炉的应用实例。

图 16-24　罩式热处理炉的应用实例

参考文献

[1]　中国机械工程学会．中国机械工程技术路线图：2021版．[M]．北京：机械工业出版社，2022.

[2]　王秉铨．工业炉设计手册［M］．3版．北京：机械工业出版社，2010.

[3]　GEORGEET．美国金属学会热处理手册：E卷　非铁合金的热处理［M］．叶卫平，等译．北京：机械工业出版社．2018.

第17章　钢板热处理生产线

东北大学　王昭东　胡文超

17.1　概述

钢板热处理生产线分为板材热处理生产线和带材热处理生产线两类，两者按照作业方式分，均有连续式热处理生产线和周期式热处理生产线两种形式。

板材连续式热处理有明火加热辊底式热处理炉、带保护气氛辐射管加热辊底炉和双梁步进式热处理炉等生产线；板材周期式热处理生产线有台车式热处理炉和室式炉等炉型。

带材连续式热处理炉分为卧式热处理炉和立式热处理炉两大类，带材周期式热处理炉的主要炉型为罩式热处理炉。

17.2　板材连续式热处理生产线

17.2.1　碳素钢板材连续式热处理生产线布置

碳素钢板材的热处理工艺主要为正火、淬火、退火、回火、调质处理等，不同的热处理工艺有不同的工艺流程。碳素钢板材的热处理可以分为在线热处理和离线热处理，在线热处理采用超快冷装置，可以实现在线淬火、超快冷或层流冷却功能，一般与轧制工艺结合，即新一代热轧过程控制工艺；离线热处理是在板材冷却后再进行加热并采用合适的冷却方式的热处理，即通常所说的正火、淬火、退火、回火、调质处理等。下面主要介绍离线热处理生产线。

碳素钢板材连续式热处理生产线设备包括钢板运输辊道、抛丸机、热处理炉、辊式淬火机、冷床/横移装置、矫直机、取样剪、切边机等。碳素钢板材连续式热处理生产线车间一般配置三种热处理生产线，即正火线、淬火线和回火线，典型布置如图17-1所示。

17.2.2　不锈钢板材热处理生产线布置

不锈钢板材的热处理工艺主要为固溶处理和退火处理等。

典型的不锈钢板材热处理生产线的车间布置如图17-2所示。

不锈钢板材热处理生产线车间一般配置下列设备：运输辊道、热处理炉、辊式淬火机、矫直机、定尺/取样剪、冷床/横移装置、抛丸机、酸洗线、切边机等。

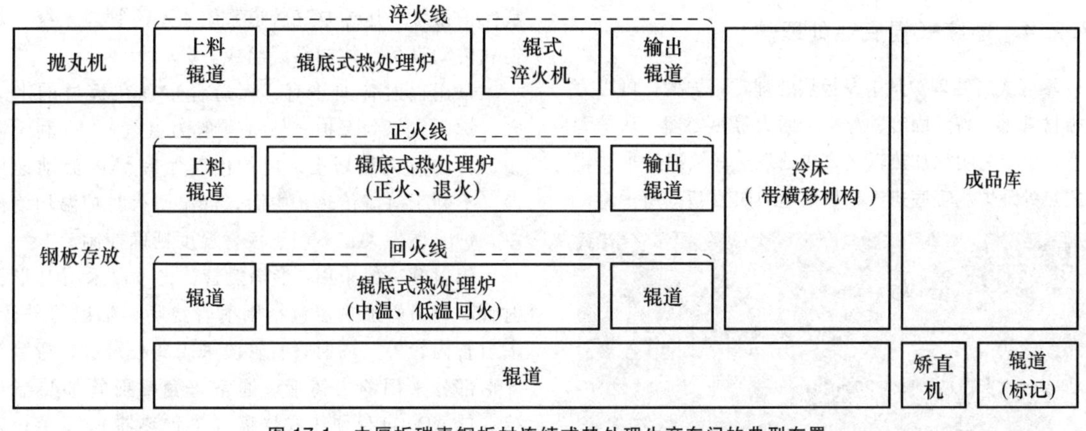

图17-1　中厚板碳素钢板材连续式热处理生产车间的典型布置

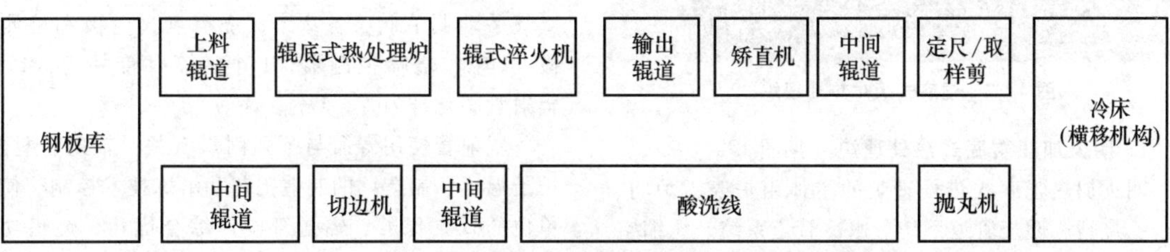

图17-2　典型的不锈钢板材热处理生产线的车间布置

17.2.3　板材热处理生产线设备简介

（1）运输辊道　辊道能够快速运输板材，运输辊道由多条辊道组成，单条辊道一般由辊子、轴承座、减速电动机、联轴器、支架等组成。采用独立传动，分组变频控制。

（2）抛丸机　碳素钢板材在热处理前一般需要进行抛丸处理，以清理板材上、下表面的氧化皮等附着物。

（3）板材对中机构　板材进入热处理炉前，利用对中机构对板材进行对中，保证板材以垂直于炉辊的姿态进入炉内。

（4）热处理炉　在热处理炉内完成对板材的加热、保温，实现淬火、正火和回火的加热工艺。

（5）辊式淬火机　能够对需要淬火的板材进行快速冷却。

（6）冷床　用于对从常化炉、淬火炉、回火炉出来的热板材进行冷却和转移。

（7）矫直机　用于对板材进行矫直，使板材板型达到要求。

（8）取样设备　采用火焰或等离子切割方式或液压剪切的方式将板材头或尾部切割下来，进行性能分析。

（9）标印记　在板材的上表面或侧部喷印板材标记信息。

17.2.4　连续式辊底热处理炉

辊底式热处理炉是中厚板热处理常用炉型，可以完成板材常化、高温固溶、淬火、回火等热处理，从炉型来看，可分为明火加热辊底式热处理炉和辐射管加热辊底式热处理炉。辊底式板材热处理炉如图17-3所示。

图17-3　辊底式板材热处理炉

1. 明火加热辊底式热处理炉（见图17-4）

明火加热辊底式热处理炉的本体由炉壳、炉门、内衬、烧嘴、燃烧管道系统、水冷管道系统、压缩空气系统、炉辊和传动设备、控制系统组成。

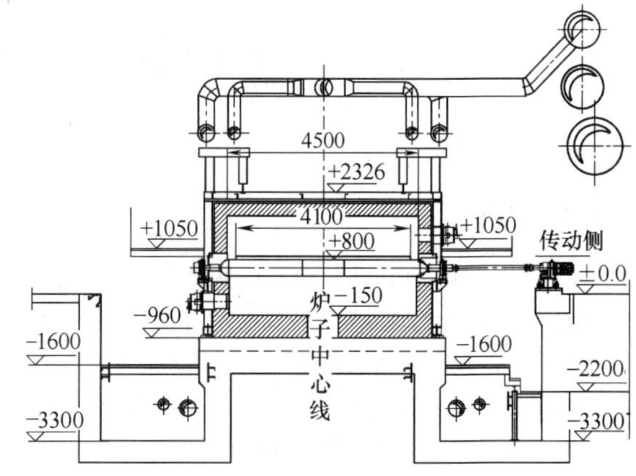

图17-4　明火加热辊底式热处理炉

采用明火加热时，烧嘴布置在热处理炉的侧墙上，炉内气氛为燃气燃烧产物，不利于防止板材的氧化和金属炉辊结瘤，但炉内气氛在烧嘴喷射作用下流动，有利于对流传热，特别适合中温、低温回火要求。

采用明火加热，火焰直接辐射到加热板材表面，传热效率高，加热速率快。

采用明火加热，可用于炉温达1250℃不锈钢板材的固溶热处理。

2. 辐射管加热辊底式热处理炉（见图17-5）

辐射管加热辊底式热处理炉的本体由炉壳、炉门和密封帘、内衬、辐射管或烧嘴、燃烧管道系统、气氛保护系统、压缩空气管道系统、水冷管道系统、炉辊和传动设备、控制系统组成。

采用辐射管加热时，辐射管布置在板材的上下方，炉内气氛为保护气体（一般为氮气），有利于防止板材的氧化和划伤，但炉内气氛在炉内流动速度慢，不利于对流传热，中温、低温回火时炉温均匀性差，炉温惯性大，不利于板材温度精确控制。

辐射管一般采用I形辐射管，也可以采用U形辐射管。辐射管加热器包括辐射管烧嘴、辐射管外管、辐射管内管等。辐射管直管段采用离心铸造，弯管等异形部分采用静力铸造。通常每套辐射管加热器包括：低NO_x自身预热式烧嘴（含预热器），1个；燃气脉冲阀和空气脉冲阀，各1个；燃气手动调节阀和空气手动调节阀，各2个；烧嘴点火电极和检测电极，1个；烧嘴控制器，1个；辐射管外管，1个；辐射管碳化硅内管，1套。

辐射管使用寿命与下列因素有关：辐射管材质、炉子温度、制造厂的制造工艺和熔炼技术控制、使用单位的日常保养、辐射管设计综合优化、烧嘴功率匹配。

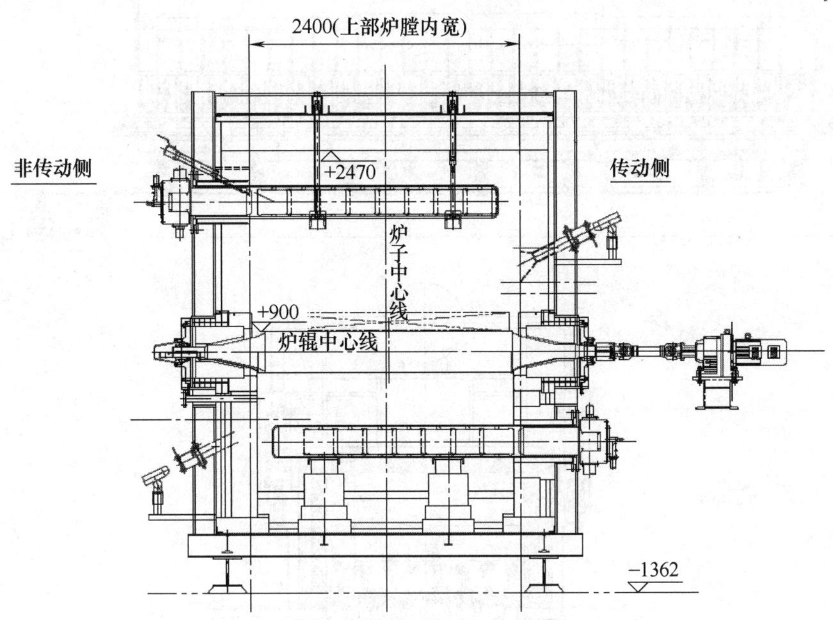

图 17-5　辐射管加热辊底式热处理炉

辐射管外管的主要成分、最高使用管温和最高炉温见表 17-1。

表 17-1　辐射管外管的主要成分、最高使用管温和最高炉温

简称	主要成分(质量分数,%)	管温/℃≤	炉温/℃≤
25-12	0.35C-25Cr-13Ni	900	800
25-20	0.40C-25Cr-20Ni	1000	900
15-35	0.40C-35Ni-18Cr	1050	950
25-35	0.40C-35Ni-25Cr-1Nb	1100	1050
28-48-5	0.50C-48Ni-28Cr-5W	1150	1130

辐射管外管的表面功率应为 4~6kcal/(cm^2·h)(1kcal/h=1.163W)。对于中厚板常化、淬火热处理炉，通常选用 0.50C-48Ni-28Cr-5W 作为外管。

辐射管内管参数：材质为 SiC，最高使用温度为 1380℃。

3. 炉辊和传动系统

炉辊按照材质分为金属空腹辊和水冷轴心纤维辊，其特点见表 17-2。

炉辊轴承工作温度一般按照 200℃ 考虑，建议采用大间隙轴承。

炉辊驱动可采用单辊变频驱动，也可以采用链条集中变频驱动。

炉辊结构上需考虑便于拆卸和更换，并配备专业换辊工具。

表 17-2　金属空腹辊和水冷轴心纤维辊的特点

项目名称	金属空腹辊	水冷轴心纤维辊
使用范围	炉温不超过 1000℃	炉温不超过 1280℃
炉辊材质	耐热钢金属	辊芯为金属、辊筒为纤维片
制作方式	辊筒铸造,辊轴头机械加工	辊芯机械加工,辊筒压片而成
板材表面质量	辊面有结瘤风险,划伤板材下表面	辊面不结瘤
辊面磨损	不会被磨损	辊面磨损,定期更换

17.2.5　双梁步进式热处理炉

双梁步进式热处理炉如图 17-6 所示。其主要优点是没有辊印和划伤，承载能力大，用于特厚板热处理有一定的优势，但板材最大输送速度受到限制。由于难以实现高速出炉，难与辊式淬火机配套，双梁步进式热处理炉只能用于板材的正火、回火处理。

1. 设备组成

双梁步进式热处理炉的本体由炉壳、炉门、内衬、烧嘴、燃烧管道系统、压缩空气管道系统、水冷管道系统、双梁步进机械设备、控制系统组成。该热处理炉一般不带保护气氛，采用明火加热，主要供热烧嘴安装在炉内板材的上方。

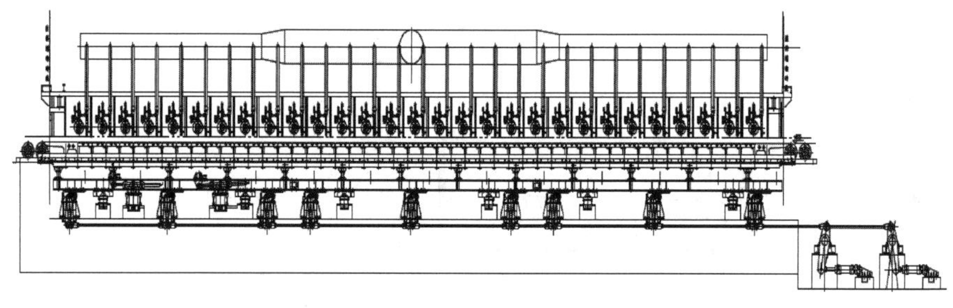

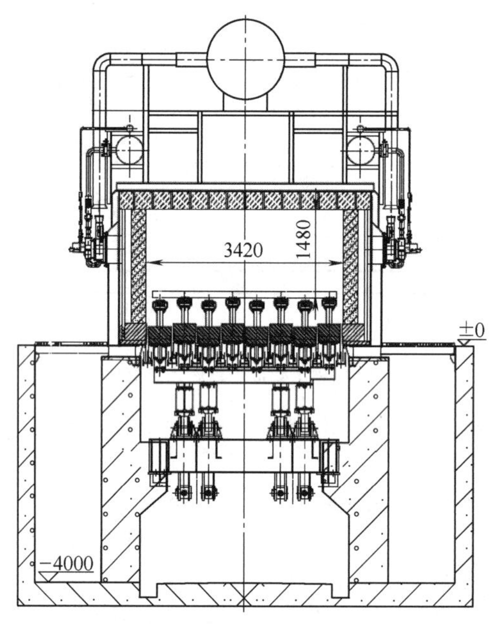

图 17-6　双梁步进式热处理炉

2. 双梁步进机械

双梁步进式热处理炉的炉底机械由两组步进梁构成，两组步进机械分别控制，使两组步进梁分别完成上升、前进、下降、后退的周期循环动作；两组步进梁交替完成步进动作，在上位时有一个重叠时间，即两组步梁在上位前进动作时有一段同步运行，避免板材的表面划伤，同时通过两组步梁交替步进动作，实现板材在炉内的连续运行。

步进梁以平行四边形轨迹运行，即上升的同时前进、上升到最上位后继续前进、到达前上位后下降同时后退、下降到最下位后继续后退、后退到下后位的连贯动作，并且在水平运动和升降运动过程中的运行速度是变化的，其目的在于保证水平运动和升降运动的缓起缓停，防止步进机械产生冲击和振动。

步进机械的行程：升降行程为 100mm，水平行程为 700~800mm，最大不超过为 1800mm。

3. 步进机械的结构

炉底升降传动采用液压缸驱动或偏心轮的曲柄摇杆式机构，炉底水平传动采用液压缸直接驱动，并采用特殊的定心装置。该机构简单，维修量少，运行可靠。

炉底步进机械主要由液压驱动装置、曲柄装置、步进框架、托梁、水封刀、步进梁、定心装置、水平缸、升降缸、位移检测器等组成。

双梁步进式热处理炉中的步进梁为梁与底的组合结构。步进机械由步进梁、托梁和步进框架三层结构组成。步进梁和托梁采用浮动结构，步进框架三段铰接。步进梁用于直接托送热处理的板材；步进梁炉头和炉尾段为箱形耐热钢梁，步进梁外壳及步进梁立柱为耐热钢铸件（ZG40Cr25Ni21），内部充填高强异型预制块的复合梁。托梁为在边板内砌筑轻质黏土砖的底式结构，通过水封刀和水封槽密封炉底。步进梁由立柱支承在托梁上，托梁坐落在框架的横梁上，步进框架被曲柄机构的滚轮支承，定心装置滚压住步进框架上的定心板。

两套步进梁的升降运动分别由一个液压缸驱动；两套步进梁的水平运动分别由一个液压缸驱动。

17.2.6　辊式淬火机简介

辊式淬火机是厚板大型现代化热处理生产线的核心工艺装备，具有冷却强度大、淬火板材表面硬度均匀等优点。淬火生产时，高温板材先进入辊式淬火机高压冷却段，通过 0.8MPa 水流对其进行大于临界冷却速度的超快速冷却，板材温度迅速降至 500℃以下，发生马氏体相变；随后进入低压段，通过 0.4MPa 水流对板材进行继续冷却，将温度降至 50~300℃。板材辊式淬火工艺流程如图 17-7 所示。

板材正火加速冷却功能：为了满足特定钢种的正火性能，需进行不同冷却速度和不同目标要求的加速冷却处理。板材在热处理炉加热到适当温度后，快速通过淬火机高压段，进入低压段进行加速冷却，通过调节低压喷嘴的开启组数和流量参数等来控制冷却路径，得到所需的目标温度。

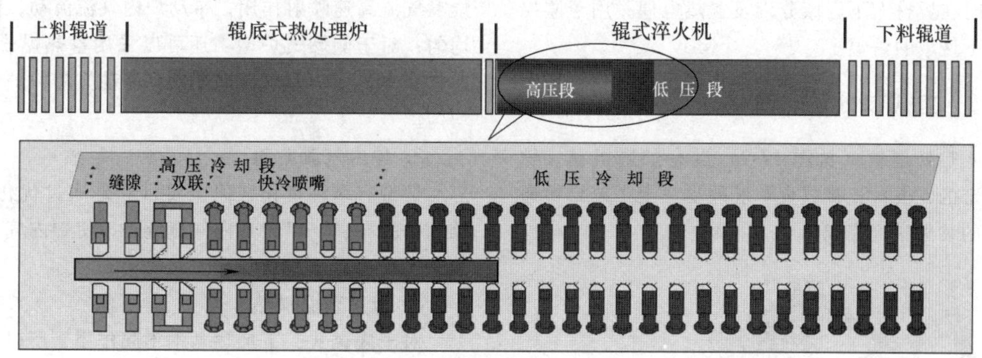

图 17-7　板材辊式淬火工艺流程

17.3　中厚板材周期式热处理生产线

对于超宽、超厚规格板材，年热处理量较少，可采用周期式热处理炉，主要炉型有台车式热处理炉和室式热处理炉。

17.3.1　生产线的设备组成和布置

周期式热处理生产线一般可用作常化、回火等，车间配备淬火装置，也可以用作淬火，根据年处理板材量，可配置一座或多座周期式热处理生产线。周期式热处理生产线的布置将结合车间平面情况，考虑装料、出料的便利和相关设备情况进行。

在台车式热处理炉车间，板材的运输可用车间行车进行；在室式热处理炉车间，可采用外部装出料机运输板材，一台装出料机可以为几座室式热处理炉和淬火装置提供装出料操作。

为了保证板材的板型，车间还配备压平机、板材喷印和取样切割设备。

17.3.2　台车式热处理炉简介

台车式热处理炉的典型炉型为侧燃式，如图 17-8 所示。

1. 烧嘴选型和布置

对于台车式热处理炉，烧嘴一般布置的侧墙上，板材放在台车的支座上，布置上下两排烧嘴。

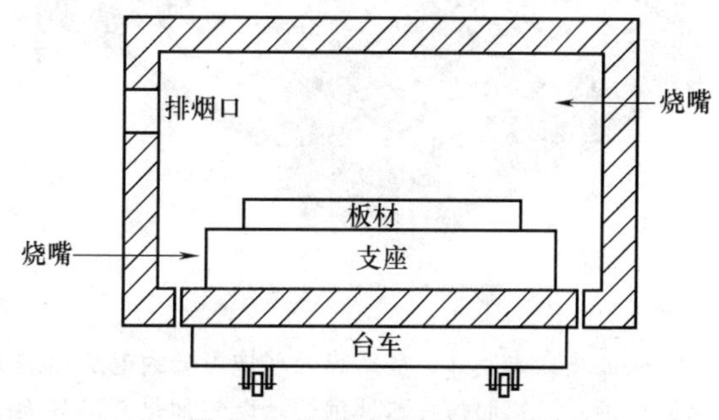

图 17-8　侧燃式台车热处理炉

如果采用高速烧嘴，在炉子断面上烧嘴对角布置，炉气环形流动。

如果采用蓄热式烧嘴，烧嘴喷口水平布置，形成交替换向的水平气流流动；烧嘴喷口垂直向上，将形成交替换向的半圆形气流流动。

炉内气流流动将有利于板材均匀受热，温度均匀性得到保证。

2. 排烟口的设置

排烟口一般设置在侧墙、端墙或炉顶，需考虑和烧嘴喷口气流配合，保证炉气流动，促进炉温均匀。

3. 支座

为了提高加热效率，保证板材加热的均匀性，板材被放置到台车的支座上。支座可以是耐火材料砌筑，也可以用耐热金属件制造，但需确保支座具有下列特征：

1）支座高度能够使板材表面不受火焰的冲刷。

2）支座采用耐火材料制作时需具有足够的强度，保证在装出料时不发生破裂和倒塌。

4. 炉温均匀性控制

为了提高台车式热处理炉炉长方向的炉温均匀性，在炉长方向的温度控制段不少于 3 段，炉门和端墙区域的炉温单独控制，以克服炉门区域、端墙区域的热量散失大而带来的炉温不均匀性。

同时在板材上下区域分别设置热电偶，用于监控板材上下区域的炉温。

17.3.3　室式热处理炉简介

室式热处理炉（见图 17-9）没有炉底机械，炉底是固定的，板材直接放在炉底的支座上。装出料通过炉外的装出料机完成。

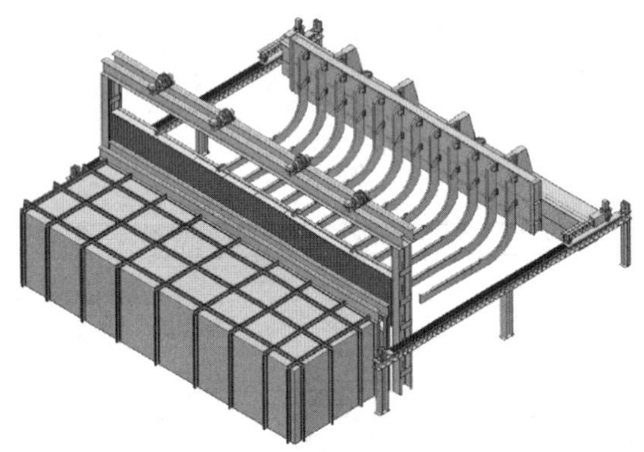

图 17-9　室式热处理炉

从加热方式上分，室式热处理炉可分为电加热式热处理炉和燃气加热式热处理炉。燃气加热又可分为常规加热热处理炉和蓄热式加热热处理炉。

17.3.4　室式热处理炉的炉型结构

随着燃烧技术的发展，节能要求的提高，一般采用侧加热烧嘴或炉顶烧嘴来加热板材。从烧嘴布置位置来划分，炉型可分为底燃式、侧燃式、顶燃式和混燃式，如图 17-10 和图 17-11 所示。

1. 烧嘴选型

1）对于顶燃式炉型，一般采用平焰烧嘴，平焰烧嘴和炉顶一起组成均匀的辐射面，同时还可以作为炉门等局部区域补热用。

2）对于侧燃式炉型，一般采用高速烧嘴，通过烧嘴气流高速喷射作用，带动炉内气流流动，使炉温均匀；对于侧燃式炉型，还可以采用蓄热燃烧方式，通过换向，使炉内气流周期变更流动方向，炉温趋于均匀。

2. 炉内气流流动

炉型有多种变化，但主要目标是通过优化烧嘴、排烟口的布置，组织炉内气流流动，使炉内气流循环流动，炉温趋于均匀。

3. 板材双面加热

对于底燃式，下加热基本不起作用，所以加热效率较低。现在室式热处理炉越来越多地采用双面加热方式，并采取下列措施：

1）架高支座，使板材下方有加热空间。

2）设置上下加热烧嘴。

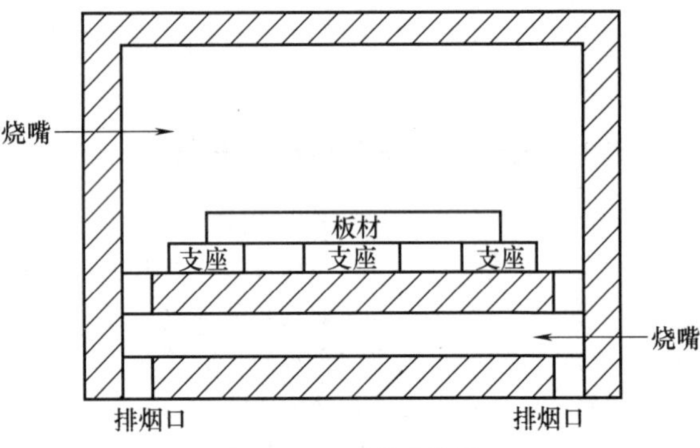

图 17-10　底燃式炉型

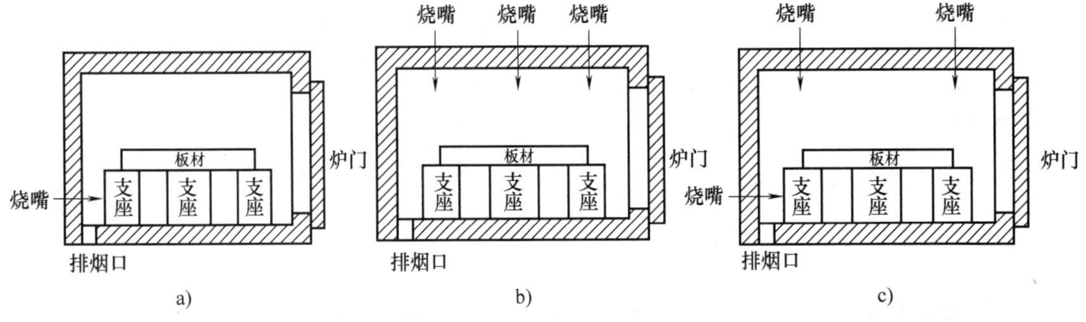

图 17-11　室式热处理炉的炉型

a）侧燃式　b）顶燃式　c）混燃式

4. 炉温均匀性控制

中厚板热处理对炉温均匀性的要求越来越高，结合室式热处理炉在炉门、排烟口区域炉温偏低的特点，炉温控制宜采取下列措施：

1）板材长度方向分区控制。

2）加强炉门密封，在炉顶靠近炉门区域设置单独补温烧嘴。

3）在靠近排烟口区域设置补温烧嘴。

4）烧嘴采用脉冲控制方式。

17.4　冷轧带材连续式热处理生产线

冷轧带材连续式热处理生产线从材料上可分为碳素钢、不锈钢和硅钢连续热处理生产线；从炉型可分为卧式炉和立式炉；从加热方式可分为直接加热和间接加热；从冷却方式可分为循环气体喷吹冷却、喷雾冷却、喷水冷却、辊冷和相变冷却；从气氛上可分为火焰气氛、氮气保护气氛、氢气气氛、氮气和氢气混合气氛等，这些气氛根据工艺的需要，露点不尽相同；从带材状态可分为整卷热处理和开卷热处理。

从热处理工艺来看，碳素钢带材连续式热处理生产线分为连续镀锌线、连续退火线；不锈钢带材连续式热处理生产线分为连续酸洗退火热处理线、光亮退火热处理线；硅钢带材连续式热处理生产线分为连续酸洗常化热处理线、连续脱碳退火热处理线、高温退火热处理线、连续拉伸回火热处理线等。

17.4.1　生产线的设备组成和布置

带材连续式热处理生产线的设备组成和布置如图 17-12 所示。

17.4.2　卧式带材热处理炉简介

1. 典型卧式热处理炉炉型

碳素钢森吉米尔法连续热镀锌线退火炉炉型结构如图 17-13 所示。

碳素钢美钢联法连续热镀锌线退火炉炉型结构如图 17-14 所示。

不锈钢酸洗连续退火炉炉型结构如图 17-15 所示。

硅钢常化热处理炉炉型结构如图 17-16 所示。

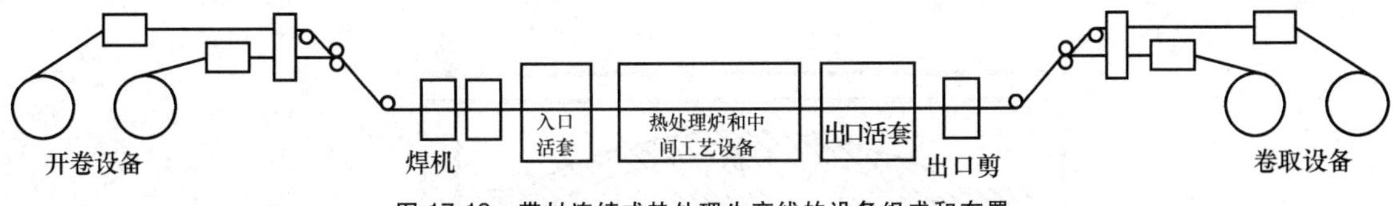

图 17-12　带材连续式热处理生产线的设备组成和布置

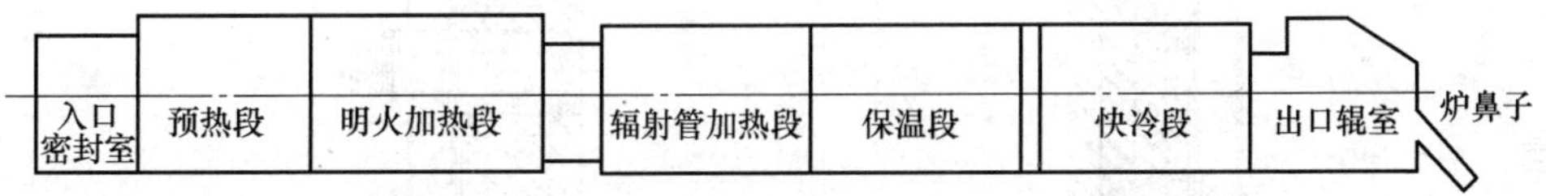

图 17-13　碳素钢森吉米尔法连续热镀锌线退火炉炉型结构

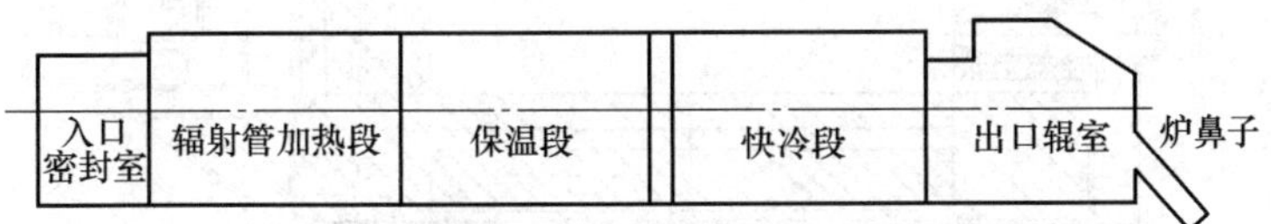

图 17-14　碳素钢美钢联法连续热镀锌线退火炉炉型结构

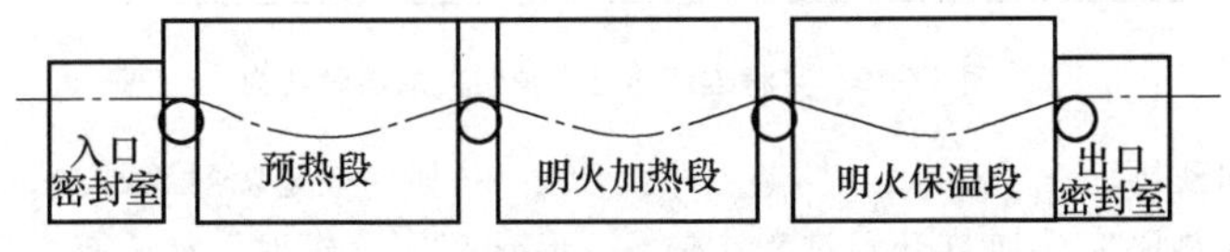

图 17-15　不锈钢酸洗连续退火炉炉型结构

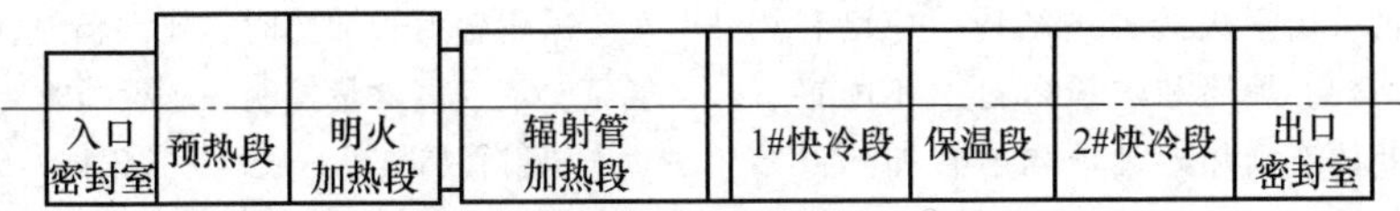

图 17-16　硅钢常化热处理炉炉型结构

硅钢连续脱碳退火炉炉型结构如图17-17所示。

硅钢连续拉伸退火炉炉型组结构如图17-18所示。

2. 明火加热段和预热段

明火加热段采用燃气加热带材。炉壳是由钢板和型钢焊接而成的结构，一般要求炉壳为气密结构。带材连续热处理炉明火加热段结构如图17-19所示。

该段一般采用高速烧嘴或自身预热烧嘴加热，采用高速气流搅拌炉气使炉温均匀。

加热碳素钢件时，一般采用无氧化或微氧化气氛，空燃比小于1；加热不锈钢件时，一般采用氧化气氛，烟气氧含量控制在3%~5%（体积分数）。

为了节能，在明火加热段前面一般配置预热段，预热段炉壳和内衬结构与加热段相似。

预热段一般不配置烧嘴，当加热段需要采用无氧化加热时，在预热段配置二次燃烧装置，通入一定的空气，将烟气中的可燃物燃尽。

加热段或预热段配置排烟口将烟气排出，保证炉压控制在允许的范围内。

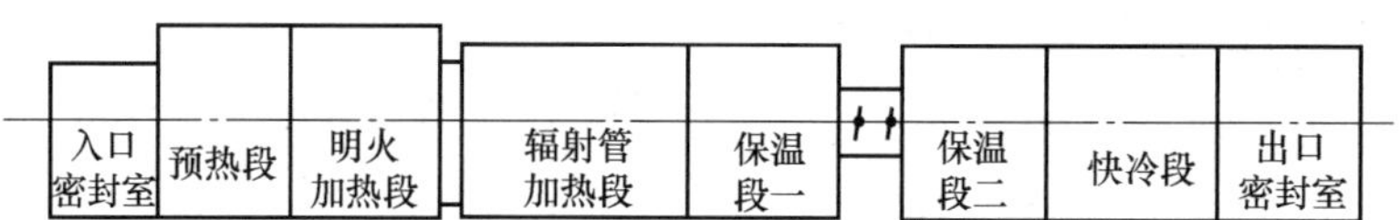

图17-17 硅钢连续脱碳退火炉炉型结构

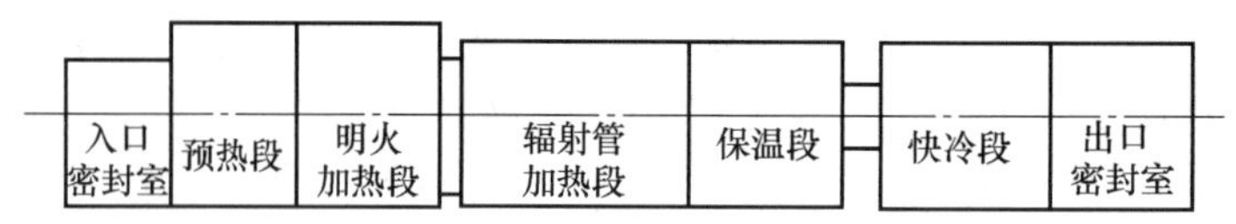

图17-18 硅钢连续拉伸退火炉炉型组结构

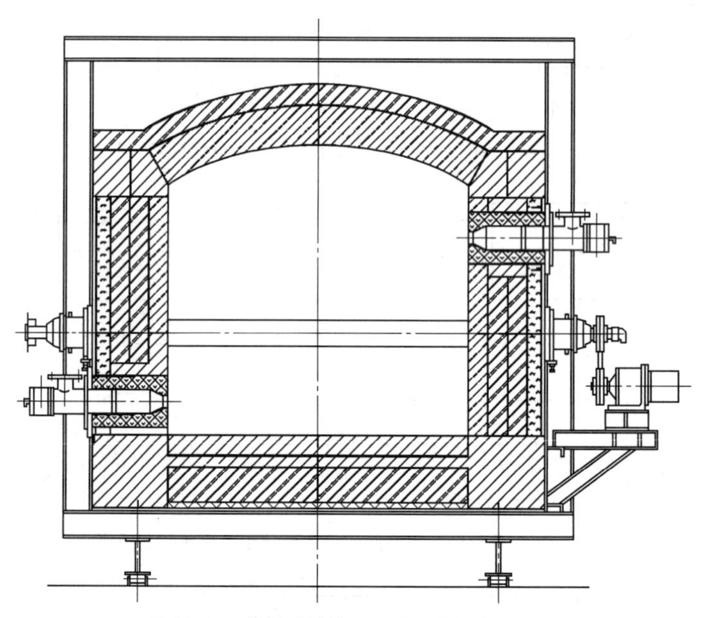

图17-19 带材连续热处理炉明火加热段结构

3. 辐射管加热段和预热段

带材在预热段和加热段完成加热升温过程。炉壳是由钢板和型钢焊接而成的结构，一般要求炉壳为气密结构。炉底采用耐火砖砌筑结构，炉墙和炉顶采用纤维模块结构，炉墙和炉顶内衬上还配置有耐热钢保护板。带材连续热处理炉辐射管加热段结构如图17-20所示。

该段一般是辐射管加热，辐射管可采用I形、U形或W形。辐射管材质有金属、陶瓷材质的，可根据炉温和加热工艺选择。一般配置自身预热烧嘴。

采用辐射管加热时，要求辐射管内的气氛为氧化气氛，烟气氧含量控制在3%~5%（体积分数）。

辐射管加热段一般通保护气体，碳素钢件一般通氮气和氢气的混合气体，氢气含量一般为3%~5%（体积

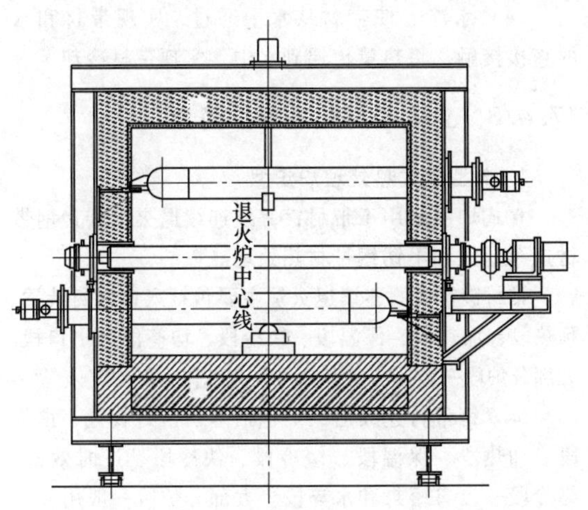

图 17-20　带材连续热处理炉辐射管加热段结构

分数)，其余为氮气，同时配置保护气体供给和排放系统，保证炉压、露点、氧含量控制在合理范围内。

为了节能，在明火加热段前面一般配置预热段，预热段炉壳和内衬结构与加热段相似。

预热段利用加热段排放的烟气预热保护气体，预热的保护气体喷吹带材，达到节能、提高产量的目的。

4. 保温段

带材在保温段完成结晶、脱碳等过程。

保温段结构和加热段类似，炉壳是由钢板和型钢焊接而成的结构，一般要求炉壳为气密结构。炉底采用耐火砖砌筑结构，炉墙和炉顶采用纤维模块结构，炉墙和炉顶内衬上还配置有耐热钢保护板。

保温段结构和辐射管加热段相似，该段一般采用燃气辐射管加热或电加热，辐射管可采用 I 形、U 形或 W 形。辐射管材质有金属、陶瓷材质的，可根据炉温和加热工艺选择。一般配置自身预热烧嘴。

保温段一般通保护气体，同时配置保护气体供给和排放系统，保证炉压、露点、氧含量控制在合理范围内。

5. 冷却段

冷却段用于将带材冷却到所需要的温度。

冷却段结构和加热段类似，炉壳是由钢板和型钢焊接而成的结构，一般要求炉壳为气密结构。炉底采用耐火砖砌筑结构，炉墙和炉顶采用纤维模块结构，炉墙和炉顶内衬上还配置有耐热钢保护板。

冷却段一般通有保护气体。

炉内冷却方式根据冷却速度和带材形状控制的需要，可分为空冷管冷却、气体循环喷吹冷却等方式。

(1) 空冷管冷却　一般地，在炉内安装耐热钢管，在钢管内通入常温空气。炉内的热量通过空气带走，能够实现带材的缓慢冷却。

(2) 气体循环喷吹冷却　气体循环喷吹冷却段设置有循环风机、水冷换热器、控制阀、喷箱和循环风管，如图 17-21 所示。

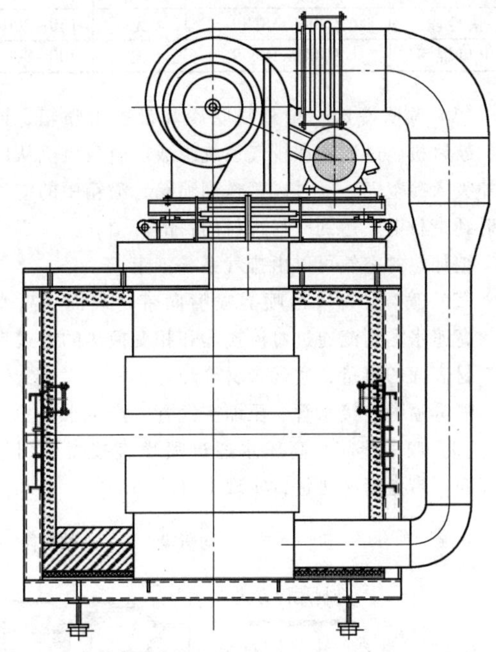

图 17-21　带材连续热处理炉气体循环喷吹冷却段结构

循环风机将冷却段的气体抽出，经过水冷换热器冷却后，炉内热量经过换热器由水带出炉外，气体再通过循环风管进入喷箱，气体喷射到带材上，达到冷却目的。

也可以采用水冷壁冷却和水冷辊冷却，这里就不介绍了。

6. 炉喉

炉喉连接不同炉室，炉喉安装有闸门、气幕或抽气隔离装置，可控制炉内气氛流动方向，保证各个炉室的气氛不相互干扰。

7. 炉辊

卧式热处理炉炉辊按照工作面材质分为金属辊、陶瓷辊和碳套辊，按照冷却方式分为无水冷辊和水冷辊。带材镀锌线退火炉的炉辊见表 17-3。

一般是单辊单独驱动，采用变频控制方式。对于不锈钢酸洗退火炉，炉辊为陶瓷辊，并可以在线更换。对于硅钢热处理炉，经常采用碳套辊。

8. 炉外冷却

当带材以一定温度离开热处理炉后，还需要用冷却装置将带材温度进一步降低。炉外冷却方式有喷吹冷却、喷雾冷却、喷淋冷却、水淬等。

表 17-3　带材镀锌线退火炉的炉辊

热处理炉	炉辊材质	是否水冷	炉辊直径/mm
明火加热段	ZG40Cr25Ni21/陶瓷辊	是	200
辐射管加热段	ZG40Cr25Ni21	无	150～200
保温段	ZG40Cr25Ni21	无	150～200
快冷段	ZG08Cr18Ni9	无	150～200
出口辊室	ZG08Cr18Ni9	无	400～800

（1）喷吹冷却　炉外喷吹冷却设备由喷箱、风管、鼓风机、过滤器和排气系统组成。由鼓风机从厂房外吸入冷空气，经过风管送到喷箱，喷箱中的空气喷射到带材上，达到冷却带材的目的。

被加热的空气可以由排气系统带走。

（2）喷雾冷却　由喷雾喷嘴向带材表面喷射水雾，高速水雾气流通过对流换热和相变换热的方式带走带材表面的热量，实现带材冷却。

喷雾喷嘴连接水管、压缩空气管，产生水雾。

（3）喷淋冷却　高压水通过喷嘴直接喷射到带材表面，带走带材热量，实现带材冷却。

（4）水淬　使带材从水中通过，实现带材和水的直接接触，将热量传递到水中，实现带材冷却。

17.4.3　立式带材热处理炉简介

1. 典型立式热处理炉炉型

立式炉主要用于带材镀锌线连续退火，碳素钢带材连续退火和不锈钢带材热处理。

带材镀锌线的连续退火炉主要包括入口密封装置、预热段、加热段、保温段、快冷段、均衡段和出口段。大部分炉段一般用氮气和氢气混合气作为保护气体。

碳素钢带材连续退火炉包括入口密封装置、预热段、加热段、保温段、缓冷段、快冷段、过时效段、终冷段、出口密封和水淬段。大部分炉段一般用氮气和氢气混合气作为保护气体。

不锈钢带材热处理炉包括入口密封装置、加热和保温段、快冷段和出口密封段。一般采用氢气作为保护气体。

图 17-22 所示为碳素钢带材镀锌线连续退火炉结构。

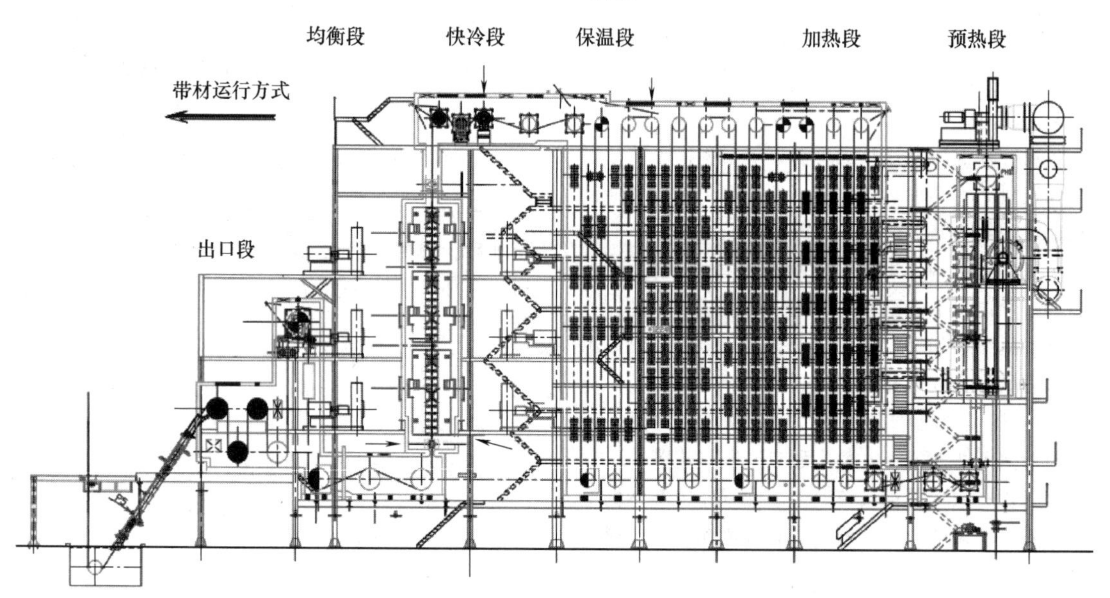

图 17-22　碳素钢带材镀锌线连续退火炉结构

2. 入口、出口密封装置

密封装置一般设置在炉子入口或出口处，用于防止炉内、炉外气氛相互渗透。一般为双辊密封装置，带材从两辊中间通过。

炉辊一般由变频电动机驱动，与带材保持同步。同时，为防止炉辊和密封箱变形，可考虑通水冷却。

对于泄漏过来的炉内气体，通过排气装置抽走。

3. 明火加热段和预热段

带材在明火加热段通过火焰加热到工艺温度，采用高速烧嘴、平焰烧嘴进行加热。

为了防止带材氧化，加热段气氛为还原性气氛或弱氧化性气氛。

为了降低排烟温度，从高温段出来的烟气通过预热段和带材进行热交换，降低排烟温度，同时在该段燃烧掉未燃气体。

4. 辐射管加热段和预热段

辐射管加热段通有保护气体，采用燃气或电辐射管加热带材到工艺温度。燃气辐射管一般采用 W 形辐射管或双 P 形辐射管。烧嘴采用自预热型烧嘴。

对于全辐射管加热的炉子，在加热段前面设置预热段，预热段用从加热段出来的烟气预热炉内保护气体，再喷吹到带材表面，用于预热带材，降低排烟温度，实现节能的目的。

5. 喷吹冷却段

原理和设备组成与卧式炉喷吹冷却段一样，只是布置方式有差异。

6. 过时效段

过时效段用于带材的过时效处理，一般采用电加热。

7. 炉辊传动设备

立式炉的炉辊传动系统用于炉内带材的传送。炉内带材需要保持高速、低张力、对中性和免划伤。

炉辊一般采用空腹辊，辊身用耐热钢离心铸造，表面有耐磨耐高温涂层，并且分为平辊、凸度辊。辊头采用静力铸造。炉辊轴承采用密封结构。

炉辊采用变频驱动。

部分炉辊的轴承设置有测力装置，用于检测带材张力。

炉内适当位置设置纠偏辊，保证带材在炉内具有对中性。

为了控制带材的张力，在炉子适当位置可设置热张紧辊。

8. 钢结构

立式炉具有较高的高度，一般设置钢结构用于支持炉壳、炉辊和其他附属设备，同时设置平台和梯子，用于检修炉子设备。

17.5 带材周期式热处理生产线

带材周期式热处理生产线一般是对钢卷进行热处理，常见的热处理炉为罩式炉。

17.5.1 罩式炉车间的设备组成和布置

罩式炉车间由若干罩式炉炉台组成，同时为了钢卷最终冷却，设置了若干终冷台。为了便于检修罩式炉设备或转运加热罩和冷却罩，设置有若干检修位。

罩式炉炉群应统一考虑燃气管道、氢气管道、氮气管道、冷却水管道和排烟管道的配置。

为了运输钢卷、加热罩、冷却罩和辅具，罩式炉车间需配置 1 台或多台起重机械。

17.5.2 罩式炉生产步骤

炉台装料/内罩扣上→H_2 阀气密试验→内罩压紧→内罩/炉台的冷气密试验→初步的 N_2 吹扫→加热罩扣上，点火→加热/均热/H_2 吹扫轧制，油/热气密试验→带加热罩冷却/移走加热罩（控制热电偶温度达到 550℃时可移走加热罩）→辐射冷却/放置冷却罩→冷却罩吹风冷却（控制热电偶温度达到 350℃时可喷水）→喷淋冷却（控制热电偶温度达到 80℃时停止喷淋）→内罩/炉台的后期 N_2 吹扫→移走冷却罩/放松内罩/吊走内罩→炉台卸料。

从罩式炉炉台卸料（料温 130~110℃）→终冷台（冷到 60℃）→平整机→成品。

17.5.3 罩式炉简介

罩式炉由炉台、加热罩、冷却罩等组成。同时为了控制燃烧、炉内气氛和保证炉内安全，配置有燃气管道、氢气管道、氮气管道和冷却水管道，每个炉台设置 1 个阀站，用于控制这些气体的给入。罩式炉结构如图 17-23 所示。

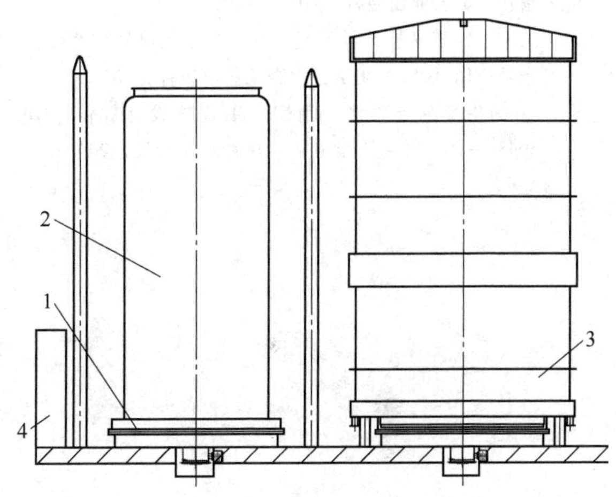

图 17-23 罩式炉结构

1—炉台 2—内罩 3—加热罩 4—阀站

1. 加热罩

加热罩的外壳由钢板和型钢焊接而成。烧嘴分上下两层。对于用燃气加热的罩式炉，炉温控制一般采用脉冲燃烧方式。

每个烧嘴配置一个换热器，内置在内衬里，流量不可调，空气预热温度为 350~400℃，废气经预热器进入外罩顶部的废气收集罩，汇总后进入炉台的排烟管，经引风机排出。

内衬结构：烧嘴和烧嘴以下部位为折叠纤维毯+层铺纤维毯，烧嘴以上部位为层铺纤维毯，总厚度为 225mm。炉顶为层铺纤维毯，厚度为 220mm。

加热罩上的煤气快速接头与炉台煤气管道的连接是靠弹簧压紧密封圈，加热罩顶部有起吊架，以便吊运。加热罩上有导向臂，与炉台上的导向柱相配合，使其定位。

2. 内罩

材料用06Cr23Ni13钢，使用限制温度在850℃左右。内罩底部有普钢大法兰，配置液压压紧装置和喷淋冷却水的接水槽。

3. 炉台

炉台由扩散器和导流盘组成，扩散器和导流盘采用耐热材质制造。

炉台风机一般采用大风量，叶片材料是耐热钢，变频驱动。

炉台、钢卷、内罩重量由土建的钢立柱支承。

4. 对流盘

钢卷之间配置对流盘，厚度为50mm，材质为Q355钢。

5. 冷却罩

冷却罩的冷却方式有喷淋方式或空气冷却+水喷淋冷却的联合方式。

空气冷却到控制热电偶温度550℃后可以水喷淋，冷却到控制热电偶温度80℃（此时钢带冷点温度大约为160℃）时停止喷淋，移走内罩，将钢卷移到终冷台上并继续冷却到60~65℃，整个退火过程结束。

6. 阀站

每个炉台配备一个阀站，设在-3500mm的地坑内，是罩式炉控制的核心设备，用于H_2、N_2进入，H_2/N_2排出，压缩空气进入；同时，液压油的进入/排出都在阀站上实现。

除了阀站，每个炉台还设有电气柜。

参考文献

[1] 李九岭，胡八虎，等. 热镀锌设备与工艺［M］. 北京：冶金工业出版社，2014.

[2] 王昭东，李家栋，付天亮，等. 中厚板热处理装备技术及应用［M］. 北京：冶金工业出版社，2021.

[3] 中国冶金建设协会. 钢铁厂工业炉设计规范：GB 50486—2009［S］. 北京：中国计划出版社，2009.

[4] TRINGKS W, MAWHINNEY M H. Indusrial Furnace［M］. 6th ed. State of New Jersey：JOHN WILEY & SONS, INC，2003.

[5] 王秉铨，等. 工业炉设计手册［M］. 3版. 北京：机械工业出版社，2010.

第18章　大型铸锻件热处理设备

北京机电研究所有限公司　李贤君　罗平

18.1　概述

18.1.1　大型铸锻件热处理分类

大型铸锻件行业是我国重要的工业基础行业之一，大型铸锻件是关系国民经济和国防建设所必需的各种大型关键设备的主要基础零部件，如大型汽轮机的发电机转子，大型轧机的工作辊与支承辊，大型高压容器的通体与封头，大型舰船的主轴、尾轴，大型火炮的管身等。这些铸锻件通常由钢液直接浇铸而成或由钢锭直接锻造而成，因而在热处理过程中必须考虑冶炼、铸锭、锻造等过程对铸锻件内部质量的影响，主要影响因素有：

1）化学成分不均匀与多种冶金缺陷的存在。

2）晶粒粗大且不均匀。

3）较多的气体与夹杂物。

4）较大的铸造应力、锻造应力和热处理应力。

一般来说，铸锻件的尺寸和质量越大，钢中的合金成分含量越高，上述问题将越严重。

大型铸锻件在生产中往往要进行多次热处理，其中在铸造或锻造成形后立即进行的热处理称为预备热处理，也称第一热处理；经切削加工后进行的热处理称为最终热处理，也称第二热处理。

大型铸锻件的强度水平与小型铸锻件相近，但塑性、韧性较差，内部组织不均匀、不致密，内部化学成分偏差较大，导热性较差且形状复杂。因此，在热处理中要特别注意减少内部应力，防止开裂的问题，还须考虑氢原子的危害。在制订热处理工艺时，可参考相同牌号钢的等温转变图、连续冷却转变图和淬透性曲线。但必须注意化学成分不均匀、晶粒粗大及其他铸造缺陷的影响。

大型铸锻件热处理的种类和目的如下：

（1）扩散退火（高温均匀化退火）　其目的在于消除或减轻大型铸锻件中的成分偏析，改善某些可溶性夹杂物（如硫化物等）的形态，使铸锻件的化学成分、内部组织与力学性能趋于均匀和稳定。

（2）正火、回火　通过重结晶细化内部组织，提高强度和韧性，使大型铸锻件获得良好的综合力学性能，并使工件的可加工性得到改善。

（3）退火　稳定大型铸锻件的尺寸、组织与性能，使大型铸锻件的塑性、韧性得到明显提高。退火过程操作简便，热处理应力很小。但工件的强度、硬度稍微低一些。

（4）调质　通过调质处理可使大型铸锻件的综合力学性能得到较大幅度的提高。当对大型铸锻件的要求较高时，大型铸锻件的调质处理需在充分退火后执行。

（5）消除应力退火　其目的在于消除大型铸锻件中的内应力，主要用于修补件、组焊件及粗加工应力的消除，以防产生缺陷并使大型铸锻件的尺寸稳定。消除应力退火的温度必须低于工件回火温度10~30℃；保温时间一般为$\delta/25$h以上（δ为工件最大壁厚，mm），随后在炉内缓冷。

18.1.2　大型铸锻件热处理设备特点

1）大型铸锻件自身的尺寸和体积大，故大型铸锻件热处理设备都比较庞大，包括加热炉、淬火冷却设备等，进而对结构的刚度等提出了更高的要求。

2）大型铸锻件热处理工艺时间较长，对大型铸锻件热处理设备的高可靠性和稳定性提出了较高的要求，对设备的结构零部件和基础元器件提出了更高的要求。

3）大型铸锻件体积大、质量大，在加热过程中易因加热不均匀导致较大的残余应力，为降低大型铸锻件在加热过程中产生的应力，常在650℃以下等温一段时间，故要求大型铸锻件的加热炉具有较高的控温和保温精度。

4）大型铸锻件的淬火设备体积庞大且较高/深。若大型铸锻件在淬火过程中冷却不均，则会产生较大的残余应力，故大型铸锻件的淬火设备对搅拌均匀性要求较高。必要时采用冷却强度可调的喷水-喷雾冷却设备，实现分区域、分时段的冷却强度智能控制。

5）大型铸锻件设备的投资大，占地空间大，故大型铸锻件热处理设备一般能兼容不同大型铸锻件的热处理生产。

18.1.3　大型铸锻件热处理设备发展趋势

1）大型铸锻件热处理设备与热处理数值模拟技术结合。采用计算机数值模拟技术预测大型铸锻件在热处理中的组织、应力变化和畸变，并采用流体数值模拟技术预测加热炉和淬火冷却介质内的加热介质和冷却介质的流动情况，以此指导热处理设备的研制，如加热炉的加热元器件的布置、导风结构的设计和淬火冷却设备循环系统的设计等。

2）绿色节能性热处理工艺和装备技术。节能减排，打好蓝天保卫战。发展绿色低碳的热处理产业是热处理行业发展的重要方向。采用聚合物淬火冷却介质和各种水性淬火冷却介质代替传统的淬火油，并开展新型冷却介质的开发与应用，如采用冷却强度可调的喷水-喷雾冷却技术和淬火装备，实现分区域、分时段的冷却强度智能控制技术。

3）数字化、网络化和智能化技术在大型铸锻件热处理设备上的应用。用信息化及智能化工具改造传统热处理设备，实现计算机控制及热处理过程可视化控制，保证热处理工艺的准确执行，并进一步降低能耗和人工成本。

4）促进服务型制造发展，深入推进大型铸锻件热处理行业转型升级。大型铸锻件热处理设备制造企业要以“高端设备研制+工艺开发+热处理服务”的模式发展个性化定制化服务。以客户为中心，开展从研发设计、生产制造、安装调试、交付使用到检验检测、故障诊断、维护检修、回收利用等全周期服务，围绕提升生产制造水平，拓展售后支持、在线监测、数据融合分析处理等产品升级服务的全生命周期管理。提倡大型铸锻件制造企业从源头参与用户的产品和工艺设计，通过交互设计达到工艺设计最优化，保证大型铸锻件的热处理质量。

5）大型铸锻件热处理设备的自主化和国产化。掌握重大装备大型铸锻件热处理的核心技术，形成重大装备大型铸锻件热处理稳定生产制造能力，标志性重大热处理工艺技术和装备实现自主化和国产化，精密控制大装机容量热处理生产工艺和成套装备实现自主化和国产化。

18.2　开合式热处理设备

18.2.1　开合式热处理设备的特征与用途

大型铸锻件的开合式热处理加热炉一般具有垂直圆形炉膛，炉膛直径一般为1.5~4.5m，炉膛的高度可达20m。开合式热处理设备一般整体或部分在车间地面以上。开合式热处理加热炉布置在地面以上，无须挖地坑，与井式加热炉相比，可在沿海等不宜深挖基础的地方布置开合式热处理加热炉。开合式热处理加热炉炉体两半旋转对开，工件由专用吊具平移进出开合式热处理加热炉，操作更直观方便且安全可靠。工件垂直吊挂在开合式热处理加热炉内，可避免发生弯曲变形，并且在开合式热处理加热炉的底部常设置支座以支承工件。一般在开合式热处理加热炉的长度方向设有多组工件扶持机构，在加热炉内扶持工件，工件在炉内吊挂更稳定。当打开开合式热处理设备时，炉门联锁系统将会关闭加热单元的电源。

大型铸锻件在开合式热处理设备中的工艺流程一般为：工件出炉后→开合式槽体向两侧打开→车间起重机将旋转吊具和工件吊至槽体中心→将旋转吊具放置在立喷顶部支承架上，起重机脱开→开合式槽体向内合拢→按淬火工艺曲线喷淬冷却→冷却工艺结束→起重机将旋转吊具和工件吊好→开合式槽体两侧打开→起重机将工件吊出槽体，进行下步工序。

开合式热处理炉的热工制度与井式炉、台车式炉相似，一般为周期式热处理炉，主要用于长杆形工件，如大型核电转子、汽轮机主轴、船舶柴油机主轴、发电机转子等工件的正火、淬火、回火等热处理加热。

18.2.2　开合式热处理设备的组成

开合式热处理设备由开合式热处理加热炉、立式喷淬机床和控制系统等组成。开合式热处理加热炉和立式喷淬机床布置在车间地面以上。

1. 开合式热处理加热炉

1）开合式热处理加热炉主要由炉体、辅助平台和控制系统组成，如图18-1所示。从结构上分为支承平台、炉壳、开合炉框架、炉衬、炉体密封、加热元件等。辅助平台一般由H型钢、钢格板和扶梯组成。控制系统由电控柜及其相关配件和动作控制部件等组成。

开合式热处理加热炉的支承平台用来支承炉体和工件。支承平台由若干根立柱和立柱间横梁等组成。支承平台的顶部设有工件支承平台和操作平台，平台中间设U形沟槽，便于工件进出。顶层支承平台一般设计为拆卸式或活动梁式。

2）开合式热处理加热炉的炉壳分为固定部分和活动部分。固定部分用地脚螺栓固定在地坑底面，一般由钢板焊接成圆筒形结构，每个筒体上下为法兰，法兰与圆筒采用密封焊接；活动部分由两个半圆壳组成，半圆壳采用钢板卷制而成。

上半部分的炉壳外壁钢板厚度一般不小于12mm，而下半部分的炉壳外壁钢板厚度不小于16mm，连接法兰钢板的厚度不小于30mm。开合式热处理加热炉的炉壳炉顶由两个半圆的炉面板组成，对接处为纤维模块，以保证活动炉体闭合时炉顶密封良好，并且吊装孔处用 Cr-Mn-N 耐热材料，以防止工件进出炉的撞击，保护耐火纤维。

3）为保证炉壳的整体强度，活动炉壳外焊接整体框架，框架为由方管和钢板拼焊成两个半六边形框架，框架通过轴承绕着同一个立轴旋转。每个半六边形框架底部设置两个承重轮，辅助承载半个开合炉体。一般整体框架和炉体的开合动作采用电动推缸驱动。

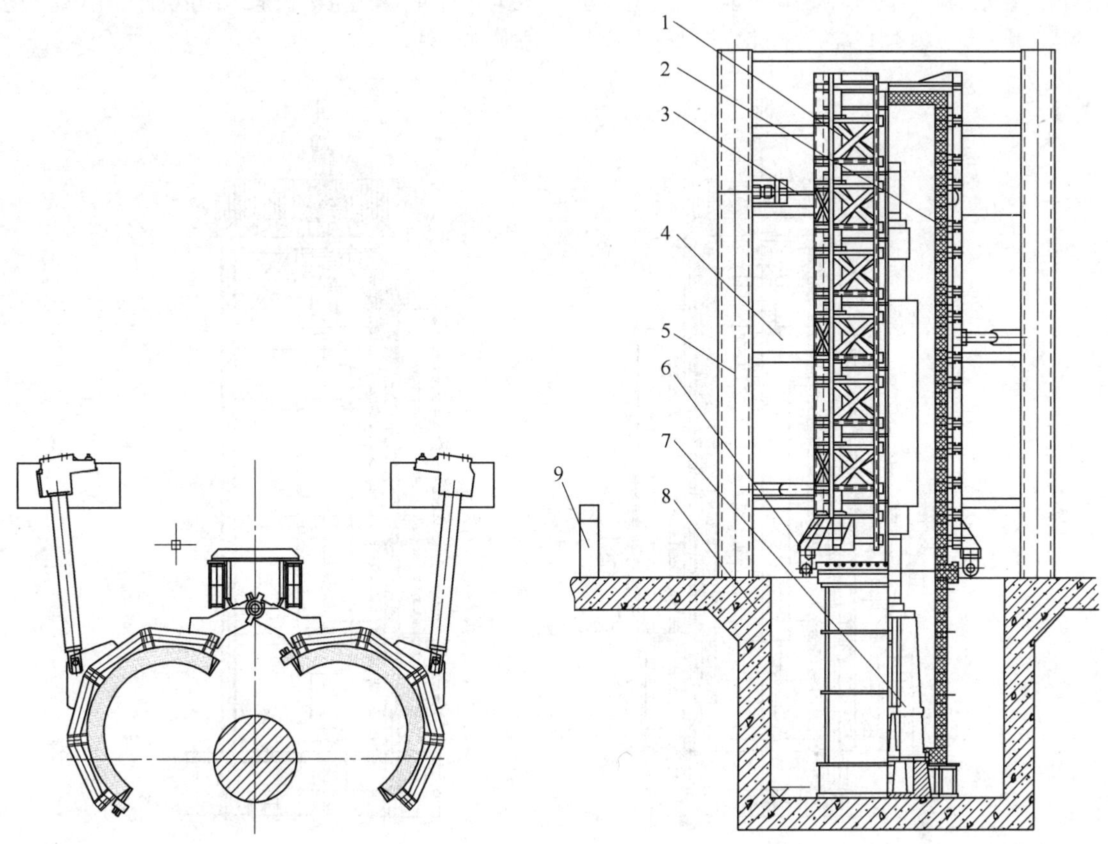

图 18-1　开合式热处理加热炉

1—开合炉框架　2—开合炉炉体　3—工件定位机构　4—开合炉开合机构　5—开合炉钢结构
6—开合炉滚轮　7—工件支承座　8—开合炉地基模板　9—开合炉电控系统

4）开合式热处理加热炉的炉衬采用全耐火纤维结构。炉底采用耐火砖+耐火纤维复合结构。根据开合式热处理加热炉使用温度设计炉衬的厚度。纤维炉衬采用层铺+叠铺组合结构。炉侧墙一般采用高铝纤维折叠块。纤维模块为预制扇形压缩块，根据该炉实际尺寸设计纤维模块压制参数，按照不同的压缩比将纤维毡压缩成扇形块后打包。纤维模块锚固件需采用不锈钢材质。每层模块间加补偿纤维毯，纤维毯用“U”形夹或其他结构件固定。

5）开合式热处理加热炉的炉体密封包括侧密封和活动炉体与固定炉体间的环形密封。侧密封：开合炉合起时的对接缝密封，由电动推缸和密封柱组成。密封柱由钢板焊成盒形框架，盒内安装耐火纤维。环形密封：在上活动炉体和下固定炉体之间设有能够升降的环形密封套。

6）开合式热处理加热炉的加热元件一般使用 Cr20Ni80 波纹状电阻带密布在炉内圆周上，电阻带根据炉体部位和工件位置的不同，选用不同的热流密度，进一步保证温度场。电阻带常采用异形耐热陶瓷穿钉悬挂方式固定，异形陶瓷穿钉采用凸台直管+外螺纹穿钉结构，材质为刚玉，耐冷、热性能需良好，高温强度高。

7）为方便开合炉操作和维护，在开合式热处理加热炉四周设计辅助平台。辅助平台由 H 型钢拼焊成框架结构，围绕在开合炉的周围。平台工作面用钢格板焊接而成，边界设 1.2m 高的栏杆，平台间设斜梯。

同时，开合炉平台与立式喷淬机床的平台连成一体。

2. 立式喷淬机床

立式喷淬机床主要由槽体、工件支架、开合机构、喷淬系统等组成，如图 18-2 所示。

1）立式喷淬机床的地上槽体由不锈钢钢板卷制成圆筒形结构。地上部分槽体由两个半圆壳组成，为开合式。地下部分为水泥结构的槽体，并且在水泥结构的槽体下方设回水管口，依靠自重回水。同时，在地上槽体和地下槽体之间设接水槽，用于收集上部开合槽体漏溅水。圆筒形地上槽体的上下为法兰，法兰与圆筒采用密封焊接，确保连接强度。圆筒形地上槽体的外侧每节法兰之间用槽钢支承，增加整体强度。法兰之间用螺栓连接、固定。采用密封垫结构实现法兰间的密封。

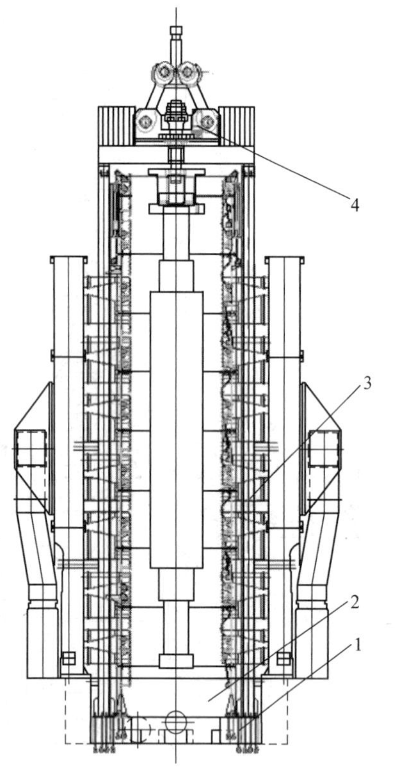

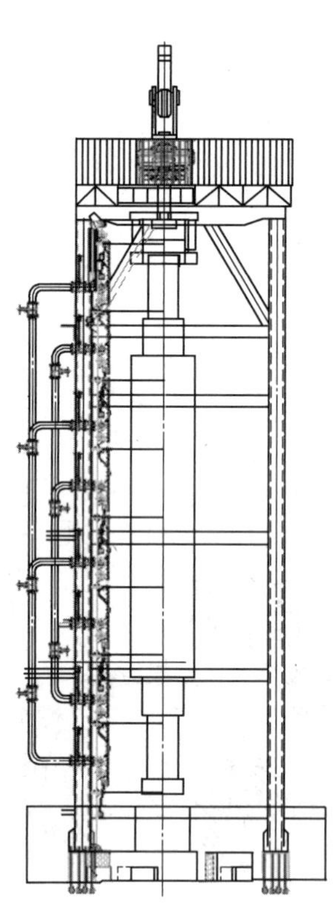

图 18-2　立式喷淬机床

1—机床固定床身　2—机床地基模板　3—机床支架钢结构　4—吊具

2）立式喷淬机床的工件支架用来支承槽体和工件。工件支架采用立柱和立柱间横梁组成的框架结构形式。在工件支架的顶部设有操作平台，方便人员操作。值得注意的是，由于工件支架比较高，在设计时应综合考虑结构强度和承载能力。

3）立式喷淬机床的开合机构采用类似双扇门结构，即左右两侧各设计两根同心转轴，每侧的开合部分上下通过法兰连成一体，通过两台电动推缸驱动，绕转轴做旋转运动，实现槽体开启与闭合。

4）立式喷淬机床的喷淬系统一般由喷水系统、喷雾系统和喷风系统等组成。喷水系统：供水管在立式喷淬机床前分为若干干管，每根干管配 1 个阀门，并连接到高度不同的喷水环管，环管固定在地上槽体内壁上；在喷水环管上均布若干软管，软管与喷水立管连接，喷水立管上开有孔口朝向槽体中心线的若干小孔；一般喷水管路在高度上分为多区，每区配置手动阀和自动阀，每区可单独手动或自动调节水的压力和流量。喷雾系统：由管路、阀门和喷嘴等组成，喷雾管路由供水供气总管、干管、支管、嘴前喷管和阀体组成，总管在机床前分为若干干管，并连接到高度不同的支管上，支管通过不锈钢软管连接到嘴前喷管。一般喷雾支路在高度上分为多区，每区配置手动阀和自动阀，每区可单独手动或自动调节水的压力和流量。喷风系统：喷风系统由风机、喷风管路和阀体等组成；喷风管路由喷风总管、喷风干管、喷风环管、立管和阀体等组成，喷风总管在立式喷淬机床前分为若干干管，每根干管配有 1 个阀门，并连接到高度不同的喷风环管，环管固定在地上槽体内壁上；在环管上均布若干软管，软管与喷风立管连接，喷风立管上开有孔口朝向槽体中心线的若干小孔；一般喷风管路在高度上分为多区，每区配置手动阀和自动阀，每区可单独手动或自动调节水的压力和流量。

3. 控制系统

开合式热处理设备的控制系统需具有如下功能：完成对生产线的参数设定、状态监视、动作控制、程序编制、系统配置等各项任务，采集现场各种运行数据、生产信息，并将有关信息打印、存档归类。控制系统主要包括温度控制系统、动作控制、计算机控制系统和配电及控制室。

18.2.3　开合式热处理设备应用实例

开合式热处理设备（见图 18-3）主要用于处理百万千瓦核电常规岛转子锻件等大型铸锻件。

其主要技术参数：

炉膛工作区尺寸：ϕ3000mm×18000mm。

使用温度：900~1100℃，最高工作温度：1100℃。

最大承重：400t（包括辅具）。

装炉方式：工件座底式。

加热方式：采用多区段电阻带加热。

炉体开合方式：采用单侧旋转开合。

淬火冷却介质：水、风、压缩空气。

工件淬火温度：≤1050℃。

工件旋转形式：工件吊挂旋转，变频可调。

工件工作方式：工件用可旋转吊具从炉中吊起，移动到立式淬火设备上，将旋转吊具的平梁放在立式淬火设备的支承架上进行旋转淬火。

图 18-3　开合式热处理设备

18.3　井式热处理炉

18.3.1　井式热处理炉的特征与用途

大型铸锻件的井式热处理炉具有垂直圆形炉膛，炉膛直径一般为 1.5~4.5m，炉膛最深可达 30m。井式热处理炉的炉口设在炉顶上，工件由专用吊具垂直装入炉内加热，可避免发生弯曲变形。与小型井式炉不同的是，大型井式热处理炉的底部常设置支座支承工件。另外，井式炉一般配置有快速起重桥式起重机，能快速将工件装入炉内或快速吊出炉外，当工件淬火时能尽量减小加热后工件的温度降低。当打开井式热处理炉的炉盖时，炉门联锁系统将会关闭加热单元的电源。

井式热处理炉的热工制度与台车式热处理炉相似，一般为周期式热处理炉，主要用于长杆形工件，如炮筒、汽轮机主轴、船舶柴油机主轴、发电机转子等工件的正火、淬火、回火等热处理加热。

18.3.2　井式热处理炉的组成

井式热处理炉由炉体、炉盖及行走机构、工件支承机构、加热单元和电气控制系统组成，如图 18-4 所示。根据生产工艺特点，可能需要设计快速降温系统。如果井式热处理炉的工作温度较低，如回火炉等，还需设计热风循环搅拌系统。

1）井式热处理炉的炉体由炉外壳和炉衬等组成。炉外壳采用钢板焊接成圆筒结构，每节筒体上配有上下连接法兰，法兰与圆筒间焊有加强筋。在炉壳内表面含有多圈支承纤维的法兰，将炉内的纤维分段支承，防止超高炉体纤维因自重而下沉。炉口设有一圈耐热钢防护圈，与炉面板紧固连接，防止工件进出炉的撞击，保护耐火纤维。炉口面板一般选用较厚的耐热钢板且在炉口面板上设有一定宽度的环形密封槽。密封槽采用耐热钢制造，密封槽中为耐火纤维棉，与炉盖上的密封刀形成密封。在筒体上留有加热元件引出孔、热电偶插入孔、直插式炉温均匀性测量孔。井式热处理炉的炉衬：炉侧墙采用高铝纤维模块的结构，一般在各加热炉区之间增设高强耐火砖防撞凸台，先进的井式热处理的炉衬采用纳米保温板+纤维毯+含锆纤维模块组成；炉底炉衬采用复合结构，从炉底板向上一般分别为耐火纤维板、轻质保温砖和重质耐火砖。

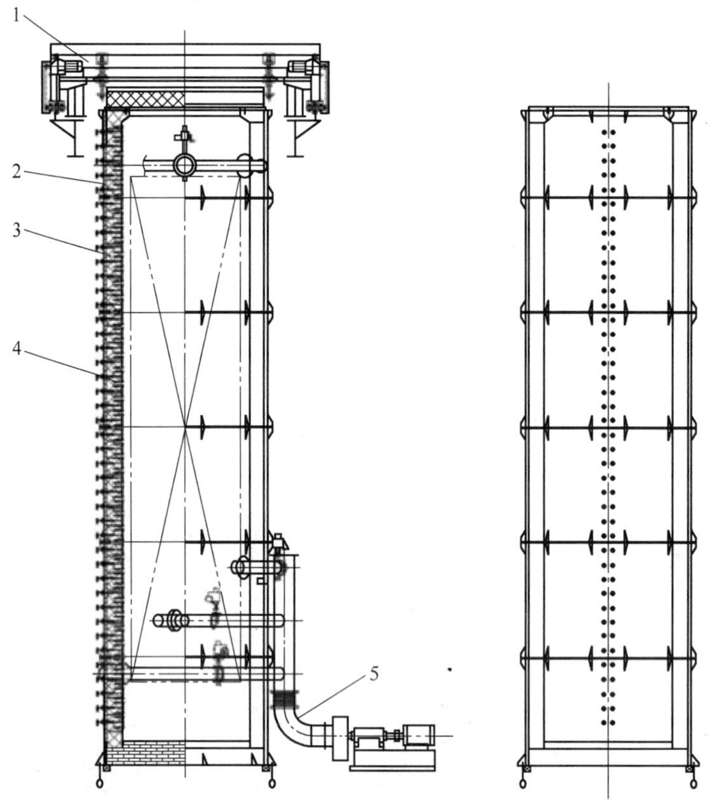

图 18-4　井式热处理炉

1—工件支架及炉门对开系统　2—炉壳部分　3—炉衬部分　4—加热系统　5—降温系统

2）井式热处理炉的炉盖和行走机构：由于大型铸锻件的井式热处理炉较大，其炉盖常采用对开式的两组半圆形炉盖。炉盖由耐火材料、钢结构和耐热钢件等组成。在炉盖对接面预留工件吊挂孔，对接面和吊挂孔设置密封结构。一般炉盖的对接面和炉口的护板采用耐热钢制造，其余可采用普通钢材制造。每半炉门通过两组液压缸及其导柱结构完成升降，确保炉盖和炉体密封；每半炉门分别固定在两台行走小车上，小车的对开动作由液压缸驱动，行走小车的行走动作一般由电动机驱动。

3）工件支承机构主要由支承立柱、横梁、导轨和可移动式工件支承梁组成。一般支承立柱分为4根安装在平台基础上，承载其上装置和工件的重量，两根横梁安装在支承立柱上，其上安装导轨，用来支承可移动式工件支承梁。可移动式工件支承梁一般为4根。可移动式支承梁一般由支承框架、弹簧及导柱、小车轮组等组成。在自由状态下，弹簧顶起支承框架，下车轮组自由移动；当支承框架受力时，弹簧压缩，支承框架落到横梁上，横梁承重支承工件。

4）井式热处理炉的加热元件：可以采用燃气加热或电加热的方式。若采用燃气加热，则加热单元主要有烧嘴、天然气管路、空气管路、排烟管路及各种阀体等；如采用电加热，一般采用Cr20Ni80电阻带绕制成波纹状，按井式热处理炉的功率布置在炉膛周围，而且一般炉口和炉底的功率稍大些。

5）井式热处理炉的电气控制系统包括温度控制系统、机械动作控制系统、温度记录及报警系统、PLC及上位机控制系统。温度控制系统由热电偶、控温仪表、晶闸管等组成。

井式热处理炉的热风循环搅拌系统由搅拌风机、顶导流罩和导流筒等组成。顶导流罩通过拉杆与炉盖固定，搅拌风机固定在炉顶上，顶导流罩和搅拌风机随炉盖的升降和转动而升降和转动。导流筒上部设有安装座，与炉体上的鞍座配合固定。热风循环搅拌原理：搅拌风机高速旋转，将炉内热气从顶导流罩的吸风口吸入，打在搅拌风机的导向板上，随后进入由导流筒与炉衬形成的侧导流风道中。在此过程中，热风经过加热元件加热至工艺温度，加热到工艺温度的热风从导流筒的下部出风口进入导流筒内部并加热工件，最后被吸入导流筒吸风口，形成一个热风搅拌循环。

井式热处理炉的快速降温系统用于炉内大型铸锻件的控速降温，由炉底供风系统和炉顶排风系统组成。炉底供风系统指设置在炉体侧墙底部的多个供风口及相应管路，由变频供风风机自动调节供风量并向炉内通入冷风。炉顶排风系统指炉顶中心多个排风口及相应管路，以将废气排出炉外。

18.3.3　井式热处理炉应用实例

井式热处理炉（见图 18-5）可用于转子类、长轴类和厚壁管类工件的热处理。太原重工集团有限公司的井式炉群有效加热区尺寸为 ϕ2.5m×12.0m、ϕ2.2m×10.0m，炉群配两台天然气炉、3 台电炉，配备 1 个水槽、1 个油槽，单炉最大装载量为 80t，最高炉温为 950℃，回火温度为 650℃，炉温均匀性达到±5℃。井式热处理炉炉温控精度高，升温、降温均可按设定温度曲线自动执行，自身预热式烧嘴+纳米保温可有效节能，配备油烟净化装置，绿色环保，可实现单双串吊挂、工件单独进出炉、灵活排产，提高了设备利用率，而且更节能。

图 18-5　井式热处理炉实例

18.4　大型井式联合机组热处理设备

18.4.1　大型井式联合机组设备的特征与用途

大型井式联合机组是将所需处理的工件在热处理过程中需要的主要热处理设备按工艺顺序排列成线，组成一个可连续操作的生产线。图 18-6 所示为大型井式联合机组。

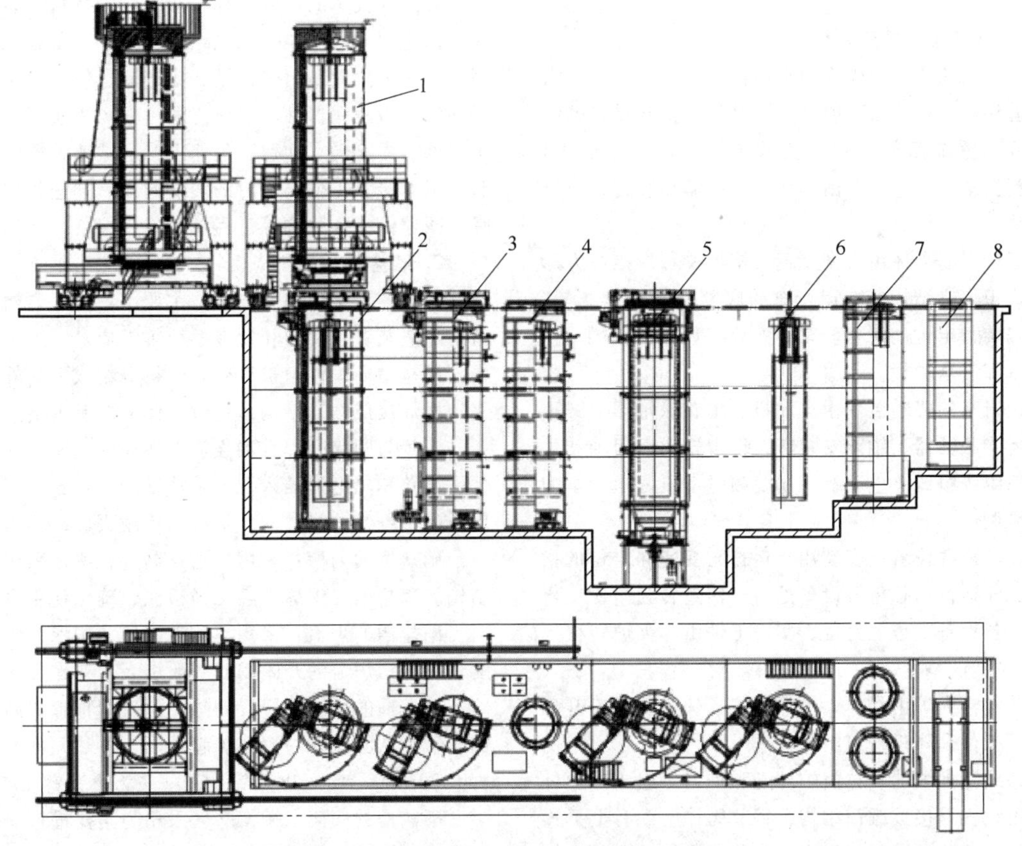

图 18-6　大型井式联合机组

1—行走式井式淬火炉　2—井式预热炉　3—井式淬火槽　4—清洗槽　5—井式回火炉
6—井式退火炉　7—井式缓冷槽　8—翻转料台

淬火炉布置在车间地面以上，可沿轨道左右移动；(硝盐炉)、预热炉、淬火槽、清洗槽、回火炉等布置在地坑内。工件热处理时，先将工件在预热炉内预热（有的工件可不需要预热），吊装入淬火炉内加热，加热后的工件随淬火炉一起移动到淬火槽/硝盐槽上方，开动卷扬机，迅速将工件降到淬火槽/硝盐槽中淬火。工件入淬火槽后，淬火炉移走，再对第二批工件加热。淬火后的工件吊入清洗槽中清洗，干燥后再吊入回火炉中进行回火处理，从而完成一个热处理周期。

大型井式联合机组适于轴类、杆件、筒形件等长形工件的热处理，工件从淬火炉到入淬火槽中冷却在大气中停留的时间短，因而氧化少；又因工件始终在吊挂状态下加热，工件变形小。

18.4.2　大型井式联合机组设备的组成

大型井式联合机组由可移动井式淬火炉、硝盐槽、预热炉、淬火槽、清洗槽、回火炉和控制系统等组成。可移动井式淬火炉布置在车间地面以上，(硝盐槽)、预热炉、淬火槽、清洗槽、回火炉等布置在地坑内。

1. 可移动井式淬火炉

可移动井式淬火炉安装在运行车上，随运行车沿着轨道移动。运行车一般采用双梁门架式起重机的结构形式，整个门架（包括桥式梁、立柱、行车架）均为箱型结构。运行车由车体、车体驱动装置、车体定位装置等组成。

运行车的车体由大型型钢、箱型梁等焊接成方形龙门式平衡梁结构。在运行车的底部安装行走车轮，侧面安装行走传动机构。车体上装有炉体承重梁、操作平台和安全护栏。

运行车的驱动装置由电动机、梅花联轴器、减速机、齿式联轴器、轴承安装座、带齿轮的中间轴和主动车轮组等组成。电动机采用变频电动机，运行车的速度可调。

地坑内各设备前安装用于运行车变速和定位的指示块，即运行车临近各设备处由较快速转为慢速，再缓慢与各设备定位、对接，实现工件由淬火炉转移至各设备中。

井式淬火炉由炉体、加热系统、炉盖及炉盖升降装置、工件升降机构等组成。

井式淬火炉的炉体由炉外壳和炉衬等组成。炉外壳采用钢板焊接成圆筒结构，每节筒体上配有上下连接法兰，法兰与圆筒间焊有加强筋。在筒体上留有加热元件引出孔、热电偶插入孔、直插式炉温均匀性测量孔。在偏下部的壳体四周均布有若干支由型钢和钢板焊接制作的安装座，通过安装座将淬火炉固定在运行车上。炉体上壳体顶面为吊具升降机构安装位置及操作维护平台，炉体的一侧焊有带护栏的操作平台和维修平台。井式淬火炉的炉衬：炉侧墙采用高铝纤维模块的结构，在各加热炉区之间增设高强耐火砖防撞凸台，在炉底口处为轻质高铝砖与炉盖接触。

井式淬火炉常采用电加热。一般采用 Cr20Ni80 电阻带绕制成波纹状，按井式淬火炉的功率布置在炉膛周围。井式淬火炉在工作中所需电气供电采用滑线架结构（天车送电式）。加热电源线与控制线分层固定在炉体一侧的支架上，电缆从支架延伸到车架墙的滑线轨道上。运行车移动时，电缆随滑线轨道收放。

井式淬火炉的炉底盖：炉底盖采用外方内圆式结构。炉底盖由型钢、钢板和耐火纤维组成。炉底盖面板上设有内外双环密封槽，炉盖面板上安装具有耐热钢材质的砂封刀。

井式淬火炉的炉盖升降与密封：炉底盖安装在运行车的升降架上，依靠运行车的移动驱动升降架等组成的四连杆结构实现炉底盖的密封和移动。

井式淬火炉的工件升降一般采用卷扬机吊装。卷扬机由电动机、减速机、带制动轮的联轴器、双抱闸、卷扬大滚筒、耐热锚链、锚链轮、位置检测元器件和温度检测元器件等组成。通过卷扬机实现吊料进炉时的缓慢起动、加速、匀速上升、减速、慢速到位和密封对接及工件淬火时的缓慢起动、加速、匀速下降、减速停止和脱钩等过程。

2. 硝盐槽

硝盐槽常采用内热方式，主要由炉体、内槽、炉盖、加热装置、搁架和搅拌系统等组成。

硝盐槽的炉体由炉外壳和炉衬等组成。炉外壳采用钢板焊接成圆筒结构，每节筒体上配有上下连接法兰，法兰与圆筒间焊有加强筋。在筒体上留有加热元件引出孔和热电偶插入孔。硝盐槽的炉衬：炉侧墙采用硅酸铝纤维炉衬结构，炉底采用耐火砖结构。

硝盐槽的内槽：采用不锈钢制造，槽体采用圆筒结构。硝盐槽的焊缝需经无损检测，确保使用寿命。

硝盐槽的炉盖：采用不锈钢制造，确保强度和刚度。硝盐槽炉盖的开闭动作一般由人工操作。

硝盐槽的加热装置：加热元件采用顶置式高温电加热管，从上而下布置在炉膛周围。电热元件的材质为 Cr20Ni80 合金，电热管外壳材质为不锈钢。

硝盐槽的搁架：搁架一般采用与硝盐槽口一体式结构，搁架采用不锈钢材质的钢板制造。

硝盐槽的搅拌系统：采用机械搅拌的方式使处于熔融状态的硝盐循环起来，常用机械螺旋桨的搅拌方式。

根据生产需要，可在硝盐槽底部设置清渣盘。

3. 预热炉

预热炉主要由炉体、炉盖机及炉盖升降装置、加热系统、搁架等组成。

预热炉的炉体：由炉外壳和炉衬等组成。炉外壳采用钢板焊接成圆筒结构，每节筒体上配有上下连接法兰，法兰与圆筒间焊有加强筋。在筒体上留有加热元件引出孔、热电偶插入孔、直插式炉温均匀性测量孔。预热炉的炉衬：炉侧墙采用高铝纤维模块的结构，炉底采用耐火砖结构。

预热炉的炉盖及炉盖升降装置：采用圆形炉盖，圆形炉盖由型钢、钢板和耐火纤维等组成。预热炉炉盖面板上设有内外双环形密封槽，内环采用石墨盘根密封，外环采用纤维盘根密封。炉盖升降装置采用炉盖提升、旋转机构方式。

预热炉的加热系统：常采用电加热。一般采用 Cr20Ni80 电阻带绕制成波纹状，按预热炉的功率布置在炉膛周围。

预热炉的搁架：搁架采用框架结构，安放在炉体内壁的支承钢结构上，考虑变形和膨胀，搁架与炉体支承不固定。搁架材质为 16Cr25Ni20Si2 耐热钢。

4. 淬火槽

淬火槽由槽体、槽盖和槽盖升降及移动机构、溢流槽、搅拌系统、搁架等组成，如果是淬火油槽，还包括灭火装置和排烟装置等。

淬火槽的槽体：采用圆筒的结构形式。如果是淬火油槽，槽体可由普通碳素钢制造；如果是淬火水槽，槽体采用不锈钢制造。

淬火槽的槽盖和槽盖升降及移动机构：采用双层钢板+耐火纤维的结构，底层钢板采用不锈钢材质，外层钢板可采用碳素钢材质。槽盖升降及移动机构采用槽盖提升、旋转机构方式，与预热炉的炉盖升降装置类似。

溢流槽：设置在淬火槽的上部，溢流槽钢板的材质同淬火槽，溢流槽底部有与淬火槽相同的回流淬火冷却介质的孔，当工件取出时，多余的淬火冷却介质将会自动回流到淬火槽内。如果是淬火油槽，则在溢流槽上设有灭火装置和排烟装置。溢流槽内设有两路管道，底部一路为氮气进气管路，发生起火时起到灭火作用；另一路为抽油烟风道，与外部吸烟风机连接，将淬火烟气吸入烟气净化装置中。

淬火槽的搅拌系统：采用机械搅拌的方式使淬火槽中的淬火冷却介质循环起来，常用机械螺旋桨的搅拌方式。

淬火槽的搁架：搁架采用耐热钢制成环形结构，搁架通过螺栓、螺母等方式固定在淬火槽的安装座上。

在淬火槽的底部设有泵，并与外界淬火冷却介质库连接，形成淬火冷却介质的外循环效果。在淬火槽的底部设有排污口，便于排污。

5. 清洗槽

清洗槽由槽体、槽盖、加热装置、喷射清洗系统、油水分离装置和搁架等组成。

清洗槽的槽体：槽体采用圆筒结构，内槽一般用不锈钢板制造。

清洗槽的槽盖：槽盖采用不锈钢制造。清洗槽炉盖的开闭动作一般由人工操作。

清洗槽的加热装置：加热元件采用顶置式高温电加热管，从上而下布置在炉膛周围。电热元件的材质为 Cr20Ni80 合金。电热管外壳材质为不锈钢。

清洗槽的喷射清洗系统：由高压泵、阀体、管路及喷射管等组成，喷射管采用环形螺旋结构。高压泵从清洗槽的底部通过管路将清洗槽内的清洗介质打入喷射管内，通过喷射管内喷孔冲击工件表面，将工件表面的淬火油等去除。

清洗槽的油水分离装置：当清洗槽内积攒的淬火冷却介质过多时，打开压缩空气，把漂浮在表面的淬火冷却介质吹到溢流口，再通过管路流到储槽内。储槽内的介质与水混合物通过带式分离机将介质进行分离后将水排走。

清洗槽的搁架：在清洗槽的上端设有工件搁架，用于清洗时支承吊具。搁架的支承座焊接在槽体内部，搁架与支承座通过螺栓螺母连接。搁架上设计有斜坡式导向板。

6. 回火炉

回火炉主要由炉体、炉顶盖及炉盖升降装置、加热系统、热风循环搅拌系统和搁架等组成。

回火炉的炉体由炉外壳和炉衬等组成。炉外壳采用钢板焊接成圆筒结构，每节筒体上配有上下连接法兰，法兰与圆筒间焊有加强筋。在筒体上留有加热元件引出孔、热电偶插入孔、直插式炉温均匀性测量孔。回火炉的炉衬：炉侧墙采用高铝纤维模块的结构，在各加热炉区之间增设高强耐火砖防撞凸台，在炉顶口处为轻质高铝砖并与炉盖接触。

回火炉的炉顶盖及炉盖升降装置：炉顶盖采用外方内圆式结构。炉顶盖由型钢、钢板和耐火纤维组成。炉顶盖面板上设有耐热钢材质的砂封刀，与炉口的顶部的盘根形成密封。炉盖升降装置采用炉盖提升、旋转机构。

回火炉的加热系统：常采用电加热。一般采用 Cr20Ni80 电阻带绕制成波纹状，按回火炉的功率布置在炉膛周围。

回火炉的热风循环搅拌系统：由搅拌风机、顶导流罩和导流筒等组成。顶导流罩通过拉杆与炉盖固定，搅拌风机固定在炉顶上，故顶导流罩和搅拌风机随炉盖一起升降和转动。导流筒上部设有安装座，与炉体上的鞍座配合固定。热风循环搅拌原理：搅拌风机高速旋转，将炉内热气从顶导流罩的吸风口吸入，打在搅拌风机的导向板上，随后进入由导流筒与炉衬形成的侧导流风道中。在此过程中，热风经过加热元件加热至工艺温度，加热到工艺温度的热风从导流筒的下部出风口进入导流筒内部并加热工件，最后被吸入导流筒吸风口，形成一个热风搅拌循环。

回火炉的搁架：材质为 06Cr25Ni20 钢。搁架一般采用框架结构。搁架安装在与导流筒安装座连接的炉体鞍座上。

7. 控制系统

井式联合机组的控制系统需具有如下功能：完成对生产线的参数设定、状态监视、动作控制、程序编制、系统配置等各项任务，采集现场各种运行数据、生产信息，并将有关信息打印、存档归类。控制系统主要包括温度控制系统、动作控制、计算机控制系统和配电及控制室。

18.4.3　大型井式联合机组应用实例

北京机电研究所有限公司为西安航天动力机械厂有限公司制造的亚洲最大的大型井式联合机组（见图 18-7），用于薄壁筒体类零件的热处理，有效加热区尺寸为 ϕ3.5m×8.5m，处理工件最大单重 25t，最高炉温为 950℃，回火温度为 650℃，炉温均匀性达到±5℃。淬火炉配备保护气氛系统，油淬过程全封闭自动运行，减少工件氧化的同时实现了淬火油烟全收集，绿色环保。

图 18-7　大型井式联合机组实例

18.5　小车式热处理设备

18.5.1　小车式热处理设备的特征与用途

小车式热处理设备主要用于中大型铸锻件的连续热处理生产。工件放置在装料台车上，装料台车在淬火/回火炉内的轨道上行走，实现工件的加热和保温。同时，运用转轨车实现装料台车在淬火炉和回火炉内轨道间的换道，从而实现工件的连续热处理生产。

小车式热处理设备的工艺流程一般为（以连续淬火和回火为例）：将工件放置在装料台车上→按照工艺节拍，淬火炉进料炉门开启，装料台车自动进入炉内，炉门关闭→加热保温时间到达后，淬火炉出料炉门开启，台车自动出炉→机械手将工件转移至淬火槽内→工件完成淬火后，机械手将工件运回至装料台车上→转轨车将装料台车运到回火炉进料炉门前→回火炉进料炉门开启，活动台车进入回火炉内，炉门关闭→回火加热保温时间到达后，回火炉出料炉门开启，活动台车自动出炉，同时回火炉出料炉门关闭→工件完成冷却后，将工件运到指定工位，完成工件的处理→转轨车将装料台车转运至淬火炉前→机械手上料，由此进入下一循环流程。

小车式热处理设备主要用于大型耐磨铸锻件、火车轮、大型轴承等零部件的热处理。

18.5.2　小车式热处理设备的组成

小车式热处理设备由小车式连续淬火炉、工件转移装置、淬火槽、转轨车、小车式连续回火炉和控制系统等组成，如图 18-8 所示。

1. 小车式连续淬火炉

小车式连续淬火炉主要由炉体、炉内轨道、炉门及升降压紧机构、装料台车、推车机、小车侧密封装置、加热系统等组成，如图 18-9 所示。

小车式连续淬火炉的炉体由炉壳和炉衬两部分组成。炉壳由钢板和型钢焊接而成，并且在炉口四周设置分段式“L”形耐热护板，防止热变形。炉侧墙和炉顶的炉衬一般采用高纯耐火纤维模块+纳米保温板+平铺毯结构。炉衬表面喷涂纤维固化剂。

小车式连续淬火炉的炉内轨道主要由两个平行的钢轨组成，装料台车在钢轨上行走，钢轨布置在淬火炉的底部。

小车式连续淬火炉的炉门及升降压紧机构主要包括炉门、炉门支承立柱、炉门压紧密封装置及炉门升降机构。炉门由钢结构、炉门边框及耐火纤维组成。炉门钢结构由型钢焊接而成，并在其表面焊接钢板制成轻型防变形钢结构；炉门边框材质为耐热钢；炉门内部填充耐火材料，结构与炉体炉衬类似。在炉门口两侧设置独立的炉门支承立柱，立柱顶端设置横梁，作为炉门升降机构的支承。炉门提升机构由电动机+减速机（变频）、锚链和滑轮组等构成。锚链和滑轮组安装在炉门横梁上。炉门配重安装在炉门两侧立柱内。炉门一般采用自重压紧+气动压紧双重密封结构，自重压紧设置异形滑道，确保炉门与炉口在下限位贴合；气动压紧设置四组，采用杠杆结构，压紧可靠。炉门升降与气缸压紧互锁，炉门不松开，不得升降；炉门不降到位，不得压紧；炉门不关闭，不得加热，以避免误操作。

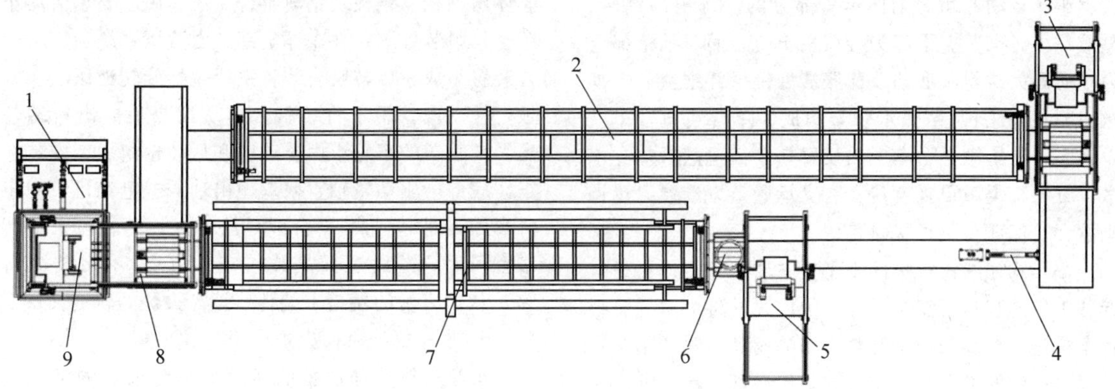

图 18-8　小车式热处理设备

1—淬火系统　2—小车式连续回火炉　3—回火炉自动下料机械手　4—回车线　5—上料机械手　6—活动小车　7—小车式连续淬火炉　8—转轨车　9—淬火机械手

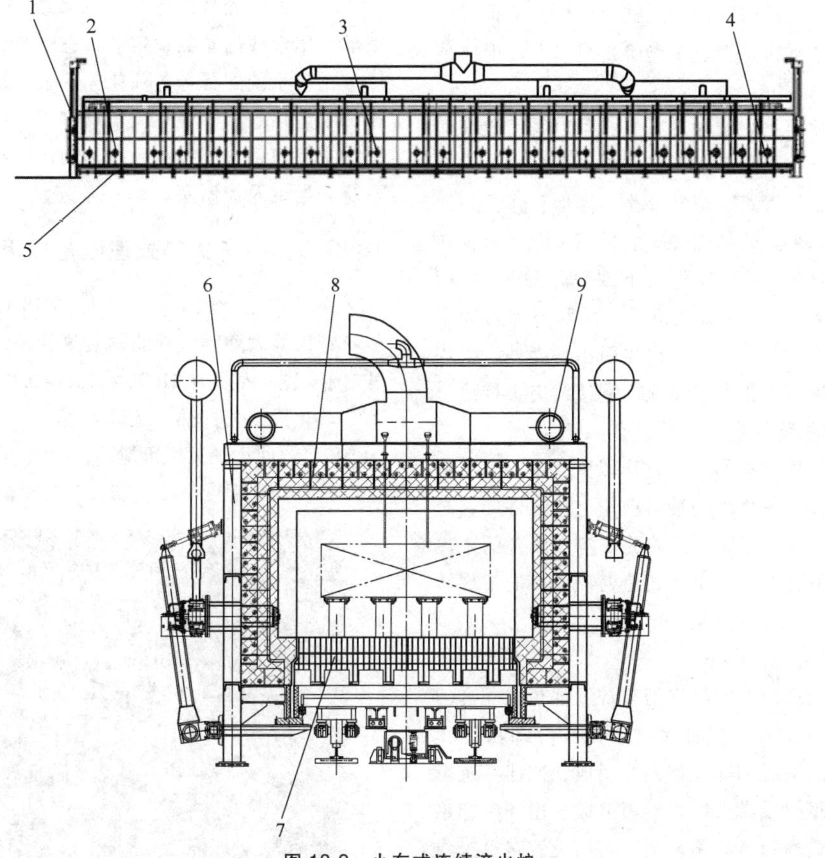

图 18-9　小车式连续淬火炉

1—炉门及升降压紧机构　2、3、4—烧嘴　5—炉体侧密封　6—炉体钢结构　7—正火炉活动台车　8—炉衬　9—天然气管道小车式连续淬火炉的装料台车由车架、四轮组、耐火砌体、耐热支承墩组成。车架是承受载荷的刚体结构，由钢板和型钢组合焊接而成。装料台车边框采用耐热铸铁制造，耐火砌体长边两侧为“Z 形+双重凹凸”三重密封结构，短边两侧为“凹凸”形结构。四轮组安装在车架下方，与地基上预埋的轨道接触，支承小车运动。耐火砌体承重部分的上部由高铝砖、重质黏土砖砌筑，下部为轻质黏土砖，而非承重部分为轻质耐火材料，底部及膨胀缝处铺设纤维毯。支承墩由耐火浇注料+耐热钢骨架构成，单台装料台车上设置多个支承墩，台车上面设置多个固定槽对应支承墩，方便支承墩更换就位。在支承墩上方设置耐热钢支承台，保证与工件接触稳固。

小车式连续淬火炉的推车机主要用于将进料炉口准备工位的装料台车推进淬火炉内，并将炉内的装料台车推进一个步长，是装料台车的驱动装置。小车式连续淬火炉的推车机由布置在炉体底部的液压缸、翻转式推拉头和导向机构组成。

小车式连续淬火炉侧墙与装料台车外侧间为“凹凸”形密封，炉底下方两侧设置侧密封装置，侧密封纤维长条块通过炉底两侧气缸驱动杠杆结构，压在活动小车两边框密封刀、炉侧墙密封刀上，形成整体密封。

小车式连续淬火炉的加热系统：可以采用燃气加热或电加热的方式。若采用燃气加热，则加热单元主要由烧嘴、天然气管路、空气管路、排烟管路及各种阀体等组成；如采用电加热，一般采用电阻带布置在炉门、两侧炉墙，加热元件的材质一般采用 0Cr27Al7Mo2 合金，绕制成波浪形采用陶瓷螺钉固定在两侧陶瓷纤维炉衬上，由引出棒引出炉壳外，采用陶瓷管绝缘，机械加工引出棒座，铜接线夹头接线。

2. 工件转移装置

小车式热处理设备的工件转移装置，主要用于将从小车式连续淬火炉出来的装料台车上的工件转移至淬火槽中进行淬火处理，以及将完成淬火处理的工件转移至上述装料台车上。小车式热处理设备的工件转移系统一般采用三并联机械手。

3. 淬火槽

小车式热处理设备的淬火槽与常规加热炉配套的淬火槽类似，由槽体、搅拌系统、循环冷却系统组成。槽体一般由钢板和标准型钢等制成，搅拌系统可由泵、管路及阀门或潜水搅拌器等组成，循环冷却系统可采用由闭式冷却塔、循环泵、阀门及管路等组成的循环冷却系统。

4. 转轨车

小车式热处理设备的转轨车主要用于将装有完成淬火/回火加热保温工件的装料台车从淬火/回火炉勾出；将从淬火炉内出来的装料台车从淬火炉的轨道末端转移至回火炉的轨道前端，反之亦然。转轨车由车体、勾料装置和车轮组、减速电动机组成。转轨车的车体由型钢、钢板及钢轨组合而成，用于支承活动小车。勾料装置固定在车体上部，由液压系统和旋转咬合装置组成，旋转咬合装置主要包括旋转液压缸、翻板、转动座，用于将装料台车从加热炉的出料端勾出。转轨车的车轮组由驱动轮和从动轮组成，安装在车体底部。驱动轮轴直联双输出轴减速电动机，用于将车体（带/不带装料台车）从淬火炉的轨道末端转移至回火炉的轨道前端或将车体（带/不带装料台车）从回火炉的轨道末端转移至淬火炉的轨道前端。

5. 小车式连续回火炉

小车式热处理设备的回火炉与淬火炉的结构类似，在此不再赘述。但是，由于回火炉与淬火炉的温度不同，回火炉一般配置热风循环搅拌系统。

6. 控制系统

小车式热处理设备的控制系统需具有如下功能：完成对生产线的参数设定、状态监视、动作控制、程序编制、系统配置等各项任务，采集现场各种运行数据、生产信息，并将有关信息打印、存档归类。控制系统主要包括温度控制系统、动作控制、计算机控制系统和配电及控制室。

18.5.3　小车式热处理设备应用实例

小车式热处理生产线（见图 18-10）用于矿山机械履带板等大型铸锻件的调质热处理，有效加热区尺寸（长×宽×高）为 21.0m×2.1m×0.5m，生产线产能为 2t/h；天然气加热，最高炉温为 950℃，回火温度为 650℃，回火炉无风机搅拌，炉温均匀性达到±5℃。生产线自动化程度高，仅需人工上卸料；加热过程梯

图 18-10　小车式热处理生产线

度升温，控温精度高；工件单次单件淬火，产品质量稳定，均匀性好。

18.6　卧式差温式热处理炉

18.6.1　卧式差温式热处理炉的特征与用途

卧式差温式热处理炉的炉体常为左右开合式结构，固定在可移动的开合小车上。开合小车拉开时，将工件放置在支承旋转机构上，加热的过程中工件在支承旋转机构上旋转，加热均匀。一般在卧式差温式热处理炉旁设有卧式喷淬装置。

卧式差温式热处理炉的工艺流程一般为：工件先经预热炉加热到一定温度后进入差温式热处理炉→闭合炉体，起动加热→开始执行工艺，加热时间到，打开炉体，吊出工件，进行下一道工序。

卧式差温式热处理炉主要用于支承辊、轧辊的淬火，可使工件表面一定厚度的金属加热到淬火温度，而心部仍处于低温状态，使淬火处理后工件内外得到不同组织，既确保工件工作层的硬度，又保证了工件整体的韧性。用这项工艺处理轧辊，能大幅度缩短加热时间，节能效果显著。

18.6.2　卧式差温式热处理炉的组成

卧式差温式热处理炉主要由开合式炉体、炉壳开合装置、工件支承旋转机构、加热系统和自动控制系统等组成，如图 18-11 所示。

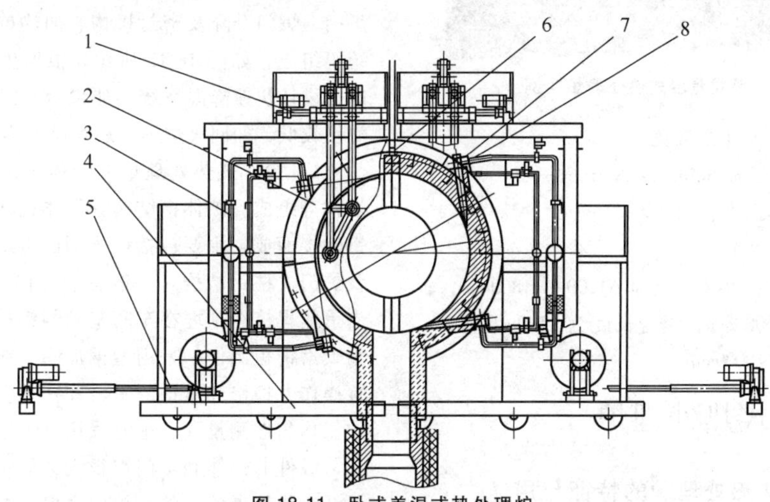

图 18-11　卧式差温式热处理炉

1—活动端墙移动机构　2—炉壳　3—空气、燃气管路　4—台车　5—推杆机构　6—螺栓　7—垫圈　8—烧嘴

1）卧式差温式热处理炉的炉体分为可开合的左右两部分，分别固定在可移动的开合小车上，可随开合小车前后移动。开合小车一般由电动推杆驱动开合，拉开时进行装出料，工作时合上，使炉膛成为一个整体。每一部分炉体都由钢结构、耐火材料及耐热边框组成。两半炉体对接部位为耐热边框，采用耐热钢铸件制作，耐高温和抗热变形能力强。

2）卧式差温式加热炉的炉壳开合装置包括开合小车、轨道及电动推杆装置。由电动推杆推动开合小车在轨道上前进、后退，实现炉体的开合。开合小车主要由型钢和钢板制成的车架、车轮、车轮转动轴及轴承等组成。每台开合小车上安装一台电动推杆，共两台电动推杆。炉体与开合小车一般为紧固件连接，可随时进行拆卸更换。

3）卧式差温式热处理炉的工件支承旋转机构主要包括支承托辊装置、移动机构。托辊装置支承轧辊重量且带动轧辊转动，使轧辊受热均匀。轧辊在加热期间始终保持匀速转动。托辊转动通过电动机传动。电动机采用变频电动机，利用变频器设定转速，托辊旋转速度连续可调，托辊可正反向旋转。托辊装有中心距电动调节装置，通过丝杠同步等距调节两支承轮的中心距。整个托辊装置置于可移动的导轨车上，移动机构采用电动推杆进行驱动，调整托辊与炉体之间的距离，以适应不同长度的轧辊处理。

4）为提高加热效率，卧式差温式热处理炉常采用燃气加热，它主要由烧嘴、燃气管路、空气管路、助燃风机及烟道等组成。值得注意的是，烧嘴布置在外壳圆周上。烧嘴的出口方向与圆形炉膛的切线方向一致，出口形状为狭长口，使炉气在炉膛内形成一个火幕，可对工件表面进行快速均匀加热。

5）卧式差温式热处理炉的控制系统包括温度控制系统、机械动作控制系统、温度记录及报警系统、PLC 及上位机控制系统。

18.6.3　卧式差温式热处理炉应用实例

卧式差温式热处理炉（见图18-12）用于支承辊、轧辊表面淬火前对辊身进行差温加热处理。

图18-12　卧式差温式热处理炉实例

设备主要技术条件及参数：

炉膛有效尺寸：ϕ2500mm×2850mm。

炉膛最高加热温度：1200℃。

工作温度：1100℃。

轧辊尺寸范围：辊身直径为ϕ1200～ϕ1800mm，辊颈直径为ϕ400～ϕ1000mm，辊身长度为1500～2800mm，轧辊总长度为4000～8000mm。

18.7　台车式热处理炉

18.7.1　台车式热处理炉的特征与用途

台车式热处理炉广泛应用于大型铸锻件的热处理。台车式热处理炉与其他炉型的热处理炉的区别是装载的大型铸锻件通过一个大车（台车）进入或从热处理炉中推出。热处理炉的底部为带有较大轮子的台车，这样台车便可以从热处理炉中推进和推出。显然，这种结构形式便于大型铸锻件的进出炉。台车式热处理炉一般为周期式热处理炉。台车式热处理炉的工艺流程一般为：打开炉门，台车推出热处理炉→上料机构将工件放置在台车上→台车退回热处理炉内→工件完成加热保温（冷却）工艺后，打开炉门，台车推出热处理炉→上料机构将完成热处理的工件运走，转下道工序。

大型铸锻件台车式热处理炉主要用于大型铸锻件的锻前加热、预热、去应力退火、退火、正火、淬火、回火和大型铸锻模具加热等处理。

18.7.2　台车式热处理炉的组成

台车式热处理炉由炉体、台车及台车驱动机构、炉门、炉门升降及密封机构、加热单元、电气控制系统等组成，如图18-13所示。根据生产工艺特点，可能需设计快速降温系统。如果台车式热处理炉的工作温度较低，如回火炉等，还需设计热风循环搅拌系统。

1）台车式热处理炉的炉体由炉体钢结构、炉体炉衬等组成。炉体钢结构：炉体钢结构是由钢板与型钢焊接而成，主要包括炉体侧面钢结构、炉顶钢结构及炉门立柱钢结构。一般在炉体的下部设计支承腿，支承腿焊接在预埋在车间基础的钢板上。炉体外壳采用碳素钢板制作，采用型钢加固。在炉体、炉顶上设置操作、检修和维护的平台和扶梯。在炉体上布置有炉温均匀性测量孔，平时采用纤维堵头堵塞。由于大型铸锻件的炉体和炉门都很大，故一般在炉口上方设置纤维隔热屏障，防止炉门开启后炉门对炉体上方设施烘烤。炉体炉衬：一般炉侧墙采用高铝耐火纤维和耐火砖的复合结构；炉顶采用高铝耐火纤维模块和凝固剂的复合结构。现在先进的台车式热处理炉的炉衬在高铝耐火纤维与炉体钢板之间铺一层纳米保温板，

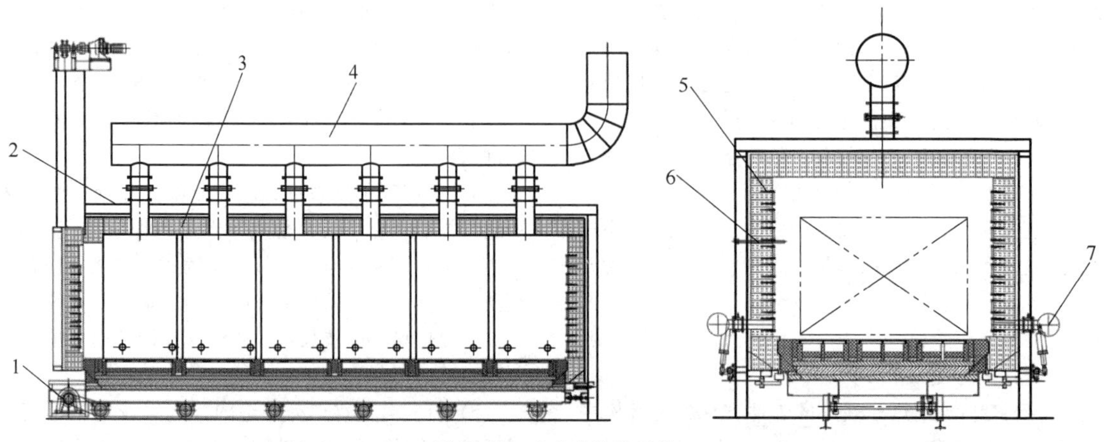

图18-13　台车式热处理炉

1—台车装置　2—炉体钢架　3—炉衬　4—排气管路　5—加热元件　6—热电偶　7—进冷风管路

以提高台车式热处理炉的保温性能。

2）台车式热处理炉的台车用于装载工件进出炉膛，由台车钢结构、台车炉衬、台车驱动、台车密封装置、炉底板等组成。台车钢结构：台车壳体采用型钢及钢板焊接，内部采用角板焊接加强。下部采用型钢焊接框架，具有足够的强度和刚度，以支承台车自身和工件的重量。台车炉衬：台车炉衬须承重，采用耐火砖砌筑或由浇注料浇筑成浇筑块。若为耐火砖砌筑，从底往上一般依次采用超轻质硅藻土绝热砖、轻质耐火砖、重质高铝砖等砌筑。上部砌筑搁丝砖道，内布置搁丝砖，以方便安装电热元件。台车驱动机构：台车驱动一般采用电动机、减速机驱动，驱动机构安装在台车前部驱动箱内，便于安装与维修；台车下部安装两对车轮，采用重型轴承座固定，一般采用锻造车轮。减速机驱动链轮、链条，带动台车底部车轮，车轮在台车底部轨道上移动。台车进、出炉膛位置均设有行程开关定位和机械挡块定位，以免发生意外。台车行走速度采用变频控制，行走速度可调。台车密封：台车与炉体两侧密封采用软密封块，气缸驱动压紧；台车后部与炉体采用弹簧压紧软密封块。炉底板：炉底板布置在台车面上，用于隔开电热元件，并利于电热元件的热量散出。炉底板采用耐热铸钢件制作。炉底板采用多块对搭拼接的方式，以防止氧化皮脱落掉进炉底板下面。

3）台车式热处理炉的炉门一般设置在炉体前部，采用升降式启闭。炉门壳体采用钢板焊接，外用型钢加强，炉门炉衬一般采用全纤维结构。

4）台车式热处理炉的炉门升降和密封采用电动和液压提升装置，主要由炉门架、炉门提升横梁、炉门导向钢架、减速机及链轮（或液压系统）、传动轴和轴承等部分组成，炉门的升降主要是通过减速机的正反转动或液压杆的伸缩带动炉门的提升和下降。炉门压紧装置一般采用气缸驱动压紧式结构。炉门升降机构及密封锁紧机构配有电气联锁装置。

5）台车式热处理炉的加热可以采用燃气加热或电加热的方式。若采用燃气加热，则加热单元主要由烧嘴、天然气管路、空气管路、排烟管路及各种阀体等组成；若采用电加热，一般采用电阻带布置在炉门、两侧炉墙、炉后墙及台车顶部，加热元件的材质一般采用 0Cr27Al7Mo2 合金，绕制成“W”形波浪状，采用陶瓷螺钉固定在两侧陶瓷纤维炉衬上，由引出棒引出炉壳外，采用陶瓷管绝缘，机械加工引出棒座，铜接线夹头接线；炉底台车上电阻带布置在台车搁丝砖上，并用引出棒引出台车壳外，导线引入到台车后部的纯铜接头上；台车加热引线采用纯铜接头连接，台车下尾部安装固定接头，炉体下后部安装弹簧压紧活动铜接头，台车开进到位后，台车上的固定接头顶在炉体后部的活动接头上。

6）台车式热处理炉的快速降温系统用于炉内大型铸锻件的控速降温，由炉底供风系统和炉顶排风系统组成。炉底供风系统指设置在炉体侧墙底部的多个供风口及相应管路，由变频供风风机自动调节供风量并向炉内通入冷风。炉顶排风系统指炉顶中心多个排风口及相应管路并将废气排出炉外。

7）台车式热处理炉的热风循环搅拌系统由搅拌风机、顶导流装置和侧导流装置等组成。搅拌风机一般选用工业炉专用的长轴变频电动机，采用风冷或水冷冷却风机的轴承，风机叶轮和轴一般采用 16Cr25Ni20Si2 耐热钢制作。台车式热处理炉一般采用的热风循环搅拌原理为：炉顶上的搅拌风机高速旋转，将炉膛内的热气通过顶导流罩的吸风口吸入顶导流罩的导风板并充分混合，再经顶导流罩上部的分流板打向两侧导流板，炉气流经电加热元件被加热至工艺预设温度后从导流板下方的出风口进入炉膛加热工件，加热工件后再回流到顶导流罩的吸风口，完成热风循环搅拌。

8）台车式热处理炉的电气控制系统包括温度控制系统、机械动作控制系统、温度记录及报警系统、PLC 及上位机控制系统。温度控制系统由热电偶、控温仪表、晶闸管等组成。

18.7.3　台车式热处理炉应用实例

台车式热处理炉生产线（见图 18-14）可用于大型铸锻件及异形结构件的热处理。图 18-14 所示台车式热处理炉生产线有效区尺寸（长×宽×高）为 8.0m×2.6m×1.5m，生产线配备 1 台天然气炉、3 台电炉、1 个水槽，单炉最大装载量为 30t，最高炉温为 1200℃，回火温度为 700℃，炉温均匀性达到±5℃。台车热处理炉控温精度高，自身预热式烧嘴+纳米保温可有效节能，特制回火导流装置完美匹配平板类零件的热处理。

图 18-14　台车式热处理炉生产线

18.8　室式炉自动热处理生产线

18.8.1　室式炉自动热处理生产线的特征与用途

室式炉自动热处理生产线是将所需处理的工件在热处理过程中需要的主要热处理设备（上料台、退火炉、淬火炉、自动淬火机、淬火槽、回火炉和卸料台等）按工艺顺序排列，通过装/卸料车实现工件按工艺要求在各设备间转移，组成一个可连续自动操作的生产线。

一般上/卸料台、淬火炉和回火炉布置在车间地面排成一列，在上/卸料停放台、淬火炉和回火炉前有两条平行的轨道，自动淬火机在轨道上行走。自动淬火机除可沿轨道行走，其上还有能实现前后运动的前进后退装置及实现上下运动的升降装置。淬火槽布置在地面以下，一般与淬火炉正对。

室式炉自动热处理生产线的工艺流程一般为（以调质热处理为例）：将所需要的工件摆放在上料台→自动淬火机取料后沿着轨道运行至淬火炉炉前→淬火炉炉门打开，自动淬火机将工件送进淬火炉，关闭淬火炉炉门→淬火加热保温时间到，打开淬火炉炉门→自动淬火机将工件取出，并快速将工件送入淬火槽，完成工件的淬火处理→自动淬火机将工件从淬火槽中取出送到回火炉前→回火炉炉门打开，自动淬火机将工件送入回火炉中进行回火处理→回火加热保温时间到，打开回火炉→自动淬火机将工件从回火炉中取出并转移到卸料停放台上，完成工件的调质热处理。

整个热处理工艺及所有的转运过程均为自动化调控。电气控制系统控制所有的移动和锁定操作。设备可自动识别被占用的上/卸料台和热处理炉，然后按照优先级原则启动相应的操作，装料记录同时进行。也就是说，从上/卸料台到热处理结束后卸料，系统会对装卸工件（或料筐）进行跟踪记录。

室式炉自动热处理生产线主要用于大型铸锻件的连续调质处理，也可用于大型铸锻件的正火、退火等处理。

18.8.2　室式炉自动热处理生产线的组成

室式炉自动热处理生产线一般主要由上料台、室式退火炉、室式淬火炉、轨道、自动淬火机、淬火槽、室式回火炉、卸料台和控制系统等组成，如图 18-15 所示。

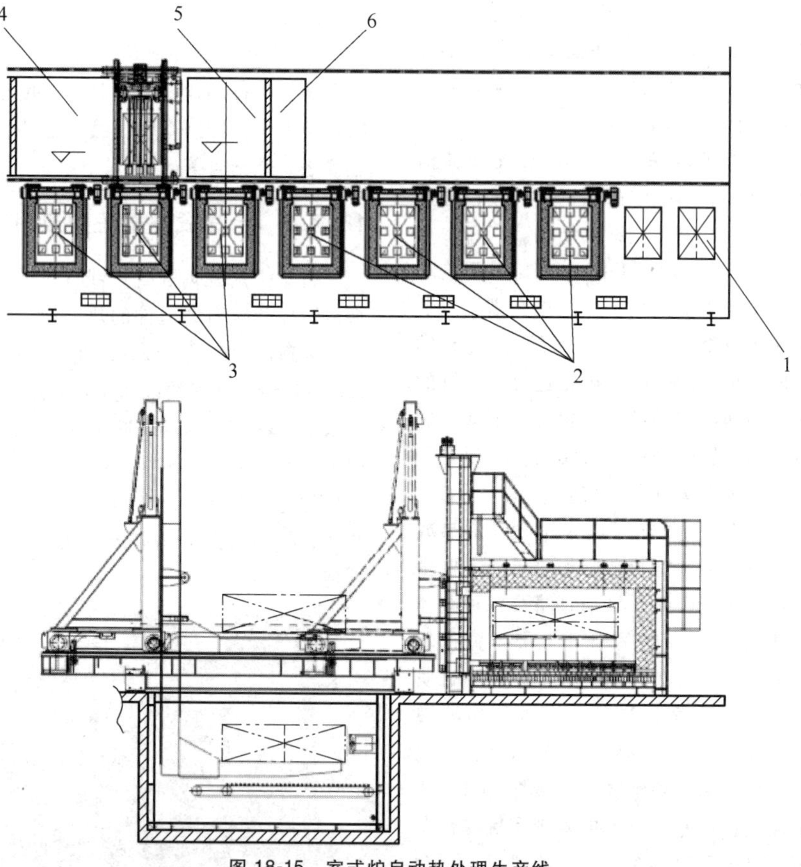

图 18-15　室式炉自动热处理生产线

1—摆料台　2—回火炉　3—淬火炉　4—淬火水槽　5—淬火冷却介质槽　6—循环介质泵

1）上/卸料台由钢板及型钢组合焊接而成，保证足够的刚度。上/卸料台支承工件的部分应与淬火机形成良好的匹配。

2）室式退火炉由炉体、加热系统和炉门及提升压紧机构等组成。室式退火炉的炉体由炉体钢结构和炉衬组成。炉体钢结构由钢板和标准型钢焊接而成。炉口护板及炉门边框一般采用耐热钢材质。炉体上预留工件测温孔。炉侧设置钢结构爬梯和平台，便于炉顶设备维护。爬梯脚踏板需采取防滑措施，平台上设有安全防护措施。炉衬一般采用耐火纤维模块+耐火砖混合结构，炉顶、炉墙采用高铝纤维模块结构，纤维模块使用 Cr25Ni20 合金预埋式耐热锚固件安装在炉体钢结构上。炉底采用浇注料料墩+多规格耐火黏土砖组合结构。料墩上固定耐热材质的工件支承架。工件支承架的设计不仅需考虑工件的结构和重量等因素，还应与自动淬火机形成良好匹配。

室式退火炉常采用电加热元件：室式退火炉一般在侧墙、后墙、炉底和炉门五面布置电阻带。电阻带通过高强耐热陶瓷螺钉固定在炉墙上，保证在最高使用温度下可长期使用，性能可靠。引出棒和电阻带之间的焊接头采用开槽插入焊接，引出棒从炉体侧面引出，外侧加装高温陶瓷保护套，炉体钢结构外设安全罩隔离保护。

室式退火炉的炉门及提升压紧机构主要包括炉门、炉门立柱、炉门框、炉门压紧密封装置及炉门升降机构。炉门由钢结构、炉门边框及耐火纤维组成。炉门骨架由型钢焊接而成，并在其表面焊接钢板制成轻型防变形钢结构；炉门边框材质为耐热钢；炉门内部填充耐火材料，结构与炉体炉衬类似。在炉门口两旁设置独立的炉门支承立柱，立柱顶端设置横梁，作为炉门升降机构的支承。炉门提升机构由电动机+减速机（变频）、锚链和滑轮组等构成。炉门一般采用自重压紧+气动压紧双重密封结构，自重压紧设置异形滑道，确保炉门与炉口在下限位贴合；气动压紧设置四组，采用杠杆结构，压紧可靠。

3）室式淬火炉、室式回火炉与室式退火炉具有类似结构，在此不再赘述。但是，一般而言，室式退火炉常设有热风循环搅拌系统。

4）轨道一般由两根平行的钢轨组成，轨道平铺在室式炉（包括退火炉、淬火炉、回火炉）上/卸料台前。

5）自动淬火机采用地面轨道式，由大车、小车、料叉升降架等组成。大车实现自动淬火机在轨道上行走。大车上设有两根平行的轨道，轨道方向与加热炉的长度方向一致。小车带动装有工件的料叉升降架在大车上的轨道上行走，从而将工件送进和取出加热炉或上/卸料台。料架升降架沿着小车做升降运动，从而将工件送入淬火槽和从淬火槽中取出。

6）室式炉自动热处理生产线的淬火槽与常规加热炉配套的淬火槽类似，由槽体、搅拌系统、循环冷却系统组成。槽体一般由钢板和标准型钢等制成，搅拌系统可由泵、管路及阀门或潜水搅拌器等组成，循环冷却系统可采用由闭式冷却塔、循环泵、阀门及管路等组成的循环冷却系统。

7）室式炉自动热处理生产线的控制系统需具有如下功能：完成对生产线的参数设定、状态监视、动作控制、程序编制、系统配置等各项任务，采集现场各种运行数据、生产信息，并将有关信息打印、存档归类。控制系统主要包括温度控制系统、动作控制、计算机控制系统和配电及控制室。

18.8.3　室式炉自动热处理生产线应用实例

室式炉自动热处理生产线（见图 18-16）适用于大型液压缸缸筒的热处理。兖矿集团有限公司的某室式炉自动热处理生产线有效加热区尺寸（长×宽×高）为 3.0m×2.0m×0.6m，全线 8 台淬火炉、9 台回火炉，配备 2 个水槽、2 个介质槽，2 台自动装取料机，生产线产能为 30t/天，最高炉温为 950℃，回火温度为 650℃，炉温均匀性达到±5℃。该生产线自动化程度高，仅需人工上/卸料，实现缸筒立式淬火为水平淬火处理，根据多类型的工件产品配备热处理工艺包，自动运行程序并记录完整，产品质量稳定。

图 18-16　室式炉自动热处理生产线

18.9　感应加热差温淬火机床

18.9.1　感应加热差温淬火机床的特征与用途

感应加热差温淬火机床是针对燃气差温炉在生产过程中存在的不足（加热时间长，能耗高，吊装不方便等）而开发的一种炉型。感应加热差温淬火机床是采用感应加热的方式对工件进行加热，具有高效、低碳、环保、节能、使用成本低、产品质量优等优点，而且能大幅度降低操作者的劳动强度。

感应加热差温淬火机床可以在一个车间工位上完成加热、喷淬工作，也可在两个工位完成加热、喷淬工作。车间一个工位完成加热、喷淬工作的感应加热差温淬火机床的上半部分设置感应加热装置，而下半部分设置喷淬装置，即感应加热装置和喷淬装置“上下同轴”布置。车间两个工位完成加热、喷淬工作的感应加热差温淬火机床的感应加热装置和喷淬装置并排布置，呈“一”字排布。

感应加热差温淬火机床的工艺流程一般为（“上下同轴”布置为例）：将工件吊至感应加热差温淬火机床的上料工位→工件下移至感应加热装置开始感应加热→感应加热工艺时间到，工件下移至喷淬装置开始喷淬冷却→喷淬冷却到工艺温度，工件上移至上料工位，将工件转移至下道工序。

感应加热差温淬火机床主要用于工作辊、支承辊的感应加热、喷淬等处理。

18.9.2　感应加热差温淬火机床的组成

感应加热差温淬火机床由淬火机床（一般为立式）、感应加热装置、测温系统、淬火喷淋装置及控制系统等组成，如图 18-17 所示。

1）淬火机床是轧辊淬火的机械传送装置，主要由支架，提升/下降传送机构、工件旋转机构等组成，其功能是根据轧辊的生产和工艺要求实现被处理工件按一定速度上升、下降和旋转。机床支架常采用龙门结构，主框架采用型钢和钢板支承结构。提升/下降机构由电动机、丝杆、上横梁、下横梁、导向柱、锁紧机构等组成。工件吊挂在上横梁上，为便于工件的上/卸料，上横梁常设计为凹凸结构。导向柱上端固定在上横梁上，下端穿在下横梁上。下横梁可沿导向柱上下移动，移至所需位置后，通过锁紧机构与导向柱锁紧，以支承不同长度的工件。在电动机的驱动下，通过丝杠带动上横梁（及固定在其上方的旋转机构）、下横梁和光杠上移和下降，从而实现工件在上/卸料工位、感应加热工位和淬火工位之间的转移。工件旋转机构固定在上横梁上，通过电动机带动工件旋转，使得工件在感应加热和淬火过程受热更加均匀。

2）感应加热装置由高压开关柜、供电磁性调压变压器、电源、平衡电抗器和平衡电容器、补偿电容器组、自耦调压变压器（扼流圈）、槽路铜排和感应器等组成。

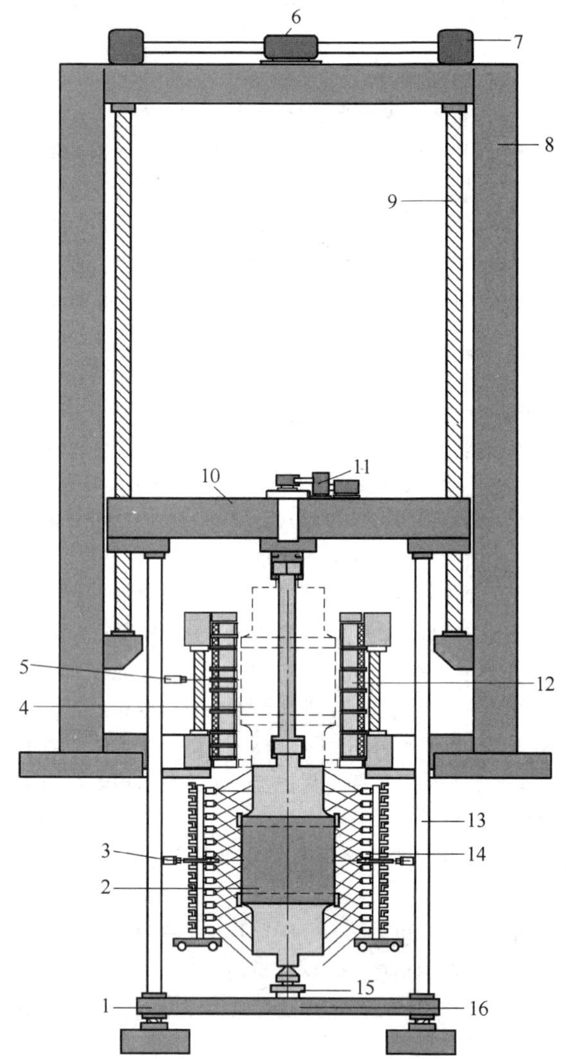

图 18-17　感应加热差温立式淬火机床

1—锁紧机构　2—支承辊冷却　3—红外低温探头　4—支承辊加热　5—红外高温探头　6—丝杠升降电动机　7—转向器　8—框架结构　9—丝杠　10—上横梁　11—旋转电动机　12—感应炉　13—光杠　14—混合喷淬机构　15—对中顶尖　16—下横梁

3）感应加热差温淬火机床的测温系统采用红外测温-闭环控制，其闭环过程是：工件温度→红外测温→PLC 计算机控制输出信号→电源→控制感应炉输出功率→工件温度，这样能确保工件加热时在设定温度±10℃以内运行，也实现了工件表层均匀奥氏体化。

4）感应加热差温淬火机床的淬火喷淋装置与其他热处理设备的淬火喷淋装置类似，也同样具有喷水、喷雾、喷风三种方式，并且每种方式中喷量的大小比例可以调节。

5）感应加热差温淬火机床的控制系统需具有如下功能：完成对生产线的参数设定、状态监视、动作控制、程序编制、系统配置等各项任务，采集现场各种运行数据、生产信息，并将有关信息打印、存档归类。控制系统主要包括温度控制系统、动作控制、计算机控制系统和配电及控制室。

18.9.3　感应加热差温淬火机床应用实例

感应加热差温立式淬火机床（见图 18-18）主要用于支承辊、轧辊表面淬火前对辊身进行差温感应加热和喷淬热处理。

立式支承辊感应加热差温淬火机床由淬火机床、感应加热系统、测温系统、淬火喷淋装置及控制系统等组成，感应加热装置和喷淬装置“上下同轴”布置，在一个车间工位上完成加热、喷淬工作，具有低碳、环保、节能、使用成本低、产品质量优、能获得超深的淬硬层等优点，比传统的支承辊热处理设备节能 30%以上。其主要技术参数如下：工作温度为 800~1200℃，支承辊总长度为 6000mm（可调），直径为 800~1680mm，辊身长度为 780~2500mm，质量≤60t，淬硬层深度为 30~118mm。

图 18-18　感应加热差温立式淬火机床实例

参 考 文 献

[1] 梁丰收. 超大型构件锻热联合成形性控制技术及其在重机领域的应用［C］//第三届中国冶金矿山机械行业产业升级发展高峰论坛会议论文集. 北京：中国重型机械工业协会，2019.

[2] JON L D，GEORGE E T. 美国金属学会热处理手册：B 卷 钢的热处理工艺、设备及控制［M］. 邵周俊，樊东黎，顾剑锋，等译. 北京：机械工业出版社，2020.

[3] 中国机械工程学会. 中国机械工程技术路线图 2021 版［M］. 北京：机械工业出版社，2022.

[4] 李骏骋，蒋新亮，董涛. 大型铸锻件行业及热处理领域技术发展［J］. 机械，2018，45（12）：73-78.

[5] 李贤君. 核电转子喷淬过程模拟与复合喷淬设备研究［D］. 北京：机械科学研究总院，2016.

[6] 王群，金嘉瑜，白兴红. 转子用大型开合式热处理炉［J］. 金属加工（热加工），2011（15）：34-35.

第19章　热处理冷却设备

上海交通大学　左训伟　陈乃录

热处理冷却设备指工件加热后降温过程中的所有执行降温过程的设备。对于钢件奥氏体化后的冷却设备，指用于执行钢件的正火降温设备、淬火冷却设备和冷处理设备。本章重点介绍钢件的淬火冷却设备和冷处理设备。奥氏体化的工件在淬火冷却设备中发生奥氏体向马氏体或贝氏体的组织转变，在冷处理设备中发生残留奥氏体向马氏体的转变。这两种设备的目的都是为获得预期的组织、性能和残余应力分布，控制畸变和避免开裂提供保证。

19.1　淬火冷却设备的作用与要求

淬火冷却设备是借助控制淬火冷却介质的成分、温度、流量、压力和运动状态等因素，满足淬火件对淬火冷却能力的要求，达到淬火件获得预期的组织与性能的目的。因此，对上述冷却参数的控制是淬火冷却设备设计应考虑的问题。

由于淬火冷却过程具有瞬间完成和在冷却过程中发生温度场、相变场、应力/应变场的交互作用的特点，使得淬火冷却过程变得十分复杂，只依靠经验或数值模拟技术都很难给出满足要求的淬火冷却设备的设计准则，所以淬火冷却设备的设计应以小批量试验研究为先导，在取得较好的效果的基础上，提出对淬火冷却设备的功能要求，也就是说淬火冷却设备的设计应围绕满足实际淬火件工艺要求进行。

为淬火件提供满足要求的冷却条件是对淬火冷却设备的基本要求。其中在满足冷却强度要求的前提下，应重点考虑冷却的均匀性，也就是说尽可能使工件与介质之间在冷却的蒸汽膜阶段和沸腾阶段得到均匀换热。这需要热处理工程师和设备设计工程师针对产品对象进行合作，最终实现所设计的淬火冷却设备可以满足工艺要求。

19.2　淬火冷却设备的分类

19.2.1　按冷却工艺方法分类

1. 浸液式淬火冷却设备

用此类设备淬火冷却时，工件直接浸入淬火冷却介质中，介质可以是水、油、聚合物类水溶液和盐类水溶液等。由于该类设备的主体是盛液的槽子，所以该类设备通常也被称为淬火槽。根据需要可设置介质搅拌装置、介质加热与冷却装置、工件传送装置、去除槽中氧化皮的装置、安全防火装置、通风与环保装置等。

2. 喷射式淬火冷却设备

这类设备又可分为喷液式和喷雾式。喷液式是对工件喷射液态介质而冷却，其冷却强度可通过喷射压力、流量和距离来控制。喷雾式是对工件喷吹气液混合物而冷却，其冷却能力可通过控制气体压力、液体压力、气体与液体流量和距离来控制。为了实现均匀冷却，喷射式淬火冷却设备通常还应配备淬火件的旋转或往复运动机构。

3. 喷、浸组合式淬火冷却设备

这类设备是将喷射淬火与浸液淬火的优点进行组合，多与淬火冷却控制技术相结合，可在一定范围内调节淬冷烈度。

4. 淬火机和淬火压床

这类设备是依据工件的形状而设计的淬火冷却装置。工件在机械压力和（或）限位下实现淬火冷却。用此类装置的目的是减少工件淬火畸变或使淬火冷却、成形两工序合并为一个工序。

5. 特殊淬火冷却装置

工件淬火冷却产生畸变的主要原因之一是工件表面传热不均匀。超声波淬火冷却和电场或磁场淬火冷却都是利用超声波和电场或磁场对蒸汽膜的破裂起到促进作用这一因素来提高冷却均匀性，该方法可以用于浸液淬火冷却方式。

19.2.2　按介质分类

1. 水淬火冷却介质冷却设备（简称淬火水槽）

以水为淬火冷却介质，设备主要是由盛水的槽子构成。水作为淬火冷却介质具有两个特点：

1）水的冷却能力随着水温的升高急剧下降，一般水温被控制在15~25℃范围内，所以淬火水槽一般不设置加热器。

2）工件在水中冷却会在工件表面形成较厚和分布不均匀的蒸汽膜，容易造成局部冷却不足、畸变增大和开裂倾向加大等问题，所以在淬火水槽上设置介质搅拌或介质循环功能，可以明显提高淬火冷却的均匀性。

此外，应根据淬火件的工艺要求配置换热装置和输送工件完成淬火工艺过程的机械装置等。

2. 盐类水溶液淬火槽

盐水（NaCl）溶液淬火槽和苛性钠（NaOH）溶液淬火槽属于这类淬火槽。工件在盐类水溶液中淬火冷却时，由于有盐类介质的加入，蒸汽膜不易形成，介质的许用温度范围也比水宽，所以这类淬火槽对搅拌和控温要求没有淬火水槽的高。但是，由于盐具有腐蚀性，槽体、泵和管路应采用耐蚀材料制作。苛性钠易对人皮肤造成伤害，应注意安全生产。

3. 聚合物类水溶液淬火槽

聚合物类水溶液淬火冷却介质是利用聚合物的逆溶特性来提高冷却均匀性，并可以通过改变聚合物的浓度获得介于水和油之间的冷却能力。此类淬火槽除具有与淬火水槽相同的功能，还应配备功能更强的介质搅拌装置和聚合物溶液的回收设备。

4. 油淬火冷却介质冷却设备（简称淬火油槽）

以油为淬火冷却介质，设备主要是由盛油的槽子构成。油的黏度对冷却能力和冷却均匀性有显著影响。可以通过配备介质搅拌装置和对介质进行适当加热（40~95℃）提高其冷却能力和冷却的均匀性。淬火油槽通常配有如下功能：介质搅拌功能、介质加热和换热功能、介质的油烟收集和处理功能、防火和灭火功能、输送工件完成淬火工艺过程的功能等。

5. 盐浴淬火槽

用于分级淬火和等温淬火所用介质由 KNO_3、$NaNO_2$、$NaNO_3$ 的两种或三种物质构成。其结构与盐浴炉相似，所不同的是加热温度和加热方式会略有差异。另外，盐浴淬火槽需配置搅拌器，并在工作中加入微量的水以提高其冷却能力。

6. 流态化床淬火冷却装置

这类淬火冷却装置是以流态化固体粒子为淬火冷却介质。工件在该介质中淬火冷却可产生相当于盐浴淬火的效果。该装置通过控制气体流量来调节冷却能力。

7. 气体淬火冷却装置

气体淬火冷却装置有如下几种情况：

（1）在密封容器内气淬　淬火件置于容器中，冷的气体通过喷嘴或叶片而形成高速气流，喷吹工件表面，将其冷却。喷雾式冷却属于此类状态。该装置多用于大型工件，具有开裂倾向小、畸变小和成本低的优点，但工件硬度均匀性较差。

（2）在加热炉的冷却室内强风冷却　例如，在可控气氛箱式炉的前室内或连续炉冷却区段内设置风扇或冷风循环装置以强制冷却工件，在双室真空高压气淬炉的冷却室内的淬火也属于此类。

（3）在加热炉内直接冷却　例如，在真空高压气淬炉内依靠高压氮气等气体的冷气流冷却工件。

（4）强风直接喷吹冷却　强风直接喷吹工件，将其冷却。

8. 双介质或多介质淬火冷却装置

选择冷却能力有明显差异的两种或两种以上的介质，通过喷液、浸液、喷雾、风冷和空冷等多种方式组合和两种或两种以上方式的反复循环冷却。该种冷却方式工艺比较复杂，其工艺通常情况下是采用数值模拟和物理模拟获得，借助计算机调用程序并在计算机控制下通过具有相应功能的设备实现。

19.3　浸液式淬火设备（淬火槽）设计

19.3.1　设计准则

淬火槽设计要在考虑一次最大淬火重量或单位时间淬火重量、工件尺寸、工件形状、工件截面厚度、牌号、要求的组织和力学性能、允许的畸变量等数据的前提下进行。设计中应考虑如下问题：

1）根据工件的特性、淬火方式、淬火冷却介质和生产线的组成情况，确定淬火槽的类型与结构，同时根据所盛液体的性质考虑槽体选用的材料或应采取的防腐蚀措施。

2）根据一次淬火最大重量、最大淬火件尺寸（含料具）和淬火间隔等数据，确定淬火槽的装液量和需要配置的功能，如搅拌器、换热器和储液槽等的配置。

3）淬火槽内的淬火区域应预留足够的介质循环空间，使淬火件得到良好的冷却。

4）确定驱动介质搅拌方式和布置。

5）确定输送工件完成淬火工艺过程的机械装置。对于采用输送带传送工件的淬火槽，要预留有足够的工件下落距离，以避免热态工件在未冷却前与输送带发生磕碰。

6）根据控制介质温度的要求确定是否配置加热器和换热器，并按需求进行配置。

7）淬火槽要方便维护和清理。要考虑方便清理淬火中脱落在淬火槽中的氧化皮和工件，必要时配置过滤器。对于容易混入水的淬火槽，还应考虑在淬火槽底部设置排水阀。

8）配置相应的安全和环保设施。

19.3.2　淬火冷却介质需要量计算

1. 淬火工件放出的热量

淬火工件放出的热量 Q 按式（19-1）计算。

$$Q=G(c_{s1}t_{s1}-c_{s2}t_{s2}) \tag{19-1}$$

式中　Q——每批淬火件放出的热量（kJ/批）；

G——淬火件重量（kg）；

c_{s1}、c_{s2}——工件由0℃加热到 t_{s1} 和 t_{s2} 的平均比热容[kJ/(kg·℃)]，当钢件的加热温度为850℃时，$c_{s1}\approx0.71$kJ/(kg·℃)；当钢件冷却到100℃时，$c_{s2}\approx0.50$kJ/(kg·℃)；

t_{s1}、t_{s2}——工件冷却开始和终了温度（℃），通常 $t_{s2}=100\sim150$℃。

2. 淬火冷却介质需要量

淬火冷却介质需要量 V 按式（19-2）计算。

$$V=\frac{Q}{\rho c_0(t_{02}-t_{01})} \tag{19-2}$$

式中　V——计算的淬火冷却介质需要量[m^3]；

c_0——淬火冷却介质平均比热容[kJ/(kg·℃)]，对于20~100℃的油，$c_0=1.88\sim2.09$kJ/(kg·℃)；对于水，$c_0=4.18$kJ/(kg·℃)；

t_{01}、t_{02}——介质开始和终了温度（℃）；

ρ——淬火冷却介质密度（kg/m^3），水为1000kg/m^3。油为900kg/m^3（30~40℃），870kg/m^3（80~90℃）。

图19-1所示为1kg钢材从850℃冷却到100℃时，淬火冷却介质的温升与冷却介质体积的关系。

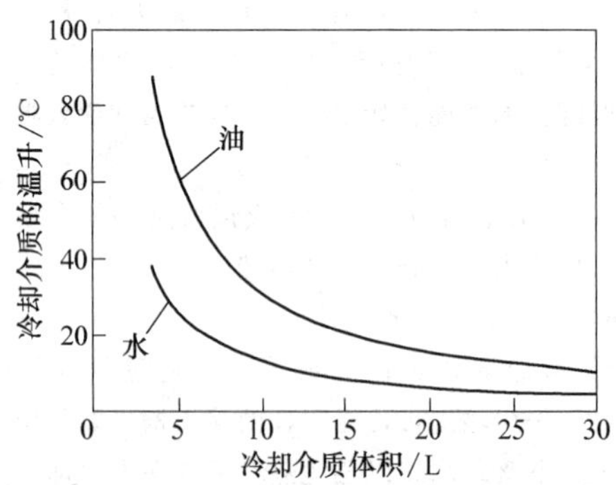

图19-1　淬火冷却介质的温升与冷却介质体积的关系
（1kg钢材从850℃冷却到100℃时）

3. 确定淬火冷却介质需要量需要考虑的因素

（1）根据工艺要求确定允许的介质温升　工件在15~25℃范围内的水中淬火冷却时可以得到相对均匀的冷却速度分布和较好的稳定性。图19-2所示为在适度搅拌下表面冷却能力与水温之间的关系曲线。图19-2表明，表面冷却能力随着水温的升高急剧下降，所以水的允许温升受到限制。在良好的搅拌条件下，可以适当放开水的使用温度上限。

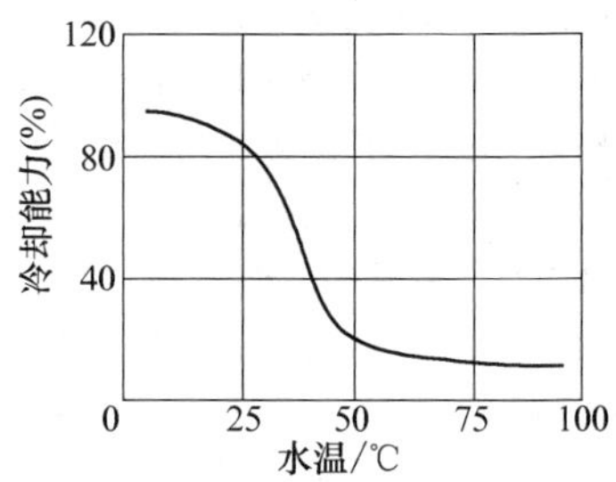

图19-2　在适度搅拌下表面冷却能力与水温之间的关系曲线

研究表明，油温对淬火油的冷却能力影响不大，但从工程的角度考虑，淬火油的使用温度一般都控制在40~95℃范围内，过高的温度将加快油的老化和加大油烟的产生量。从安全的角度考虑，油的最高使用温度应低于油的闪点温度50℃。过低的油温度会由于油的黏度增大而降低油的流动性，淬火件的冷却均匀性会因此降低，使淬火件的畸变量增加。同时，油温过低也会因油的流动性差而增加了发生火灾的危险。表19-1列出了GB/T 37435—2019《热处理冷却技术要求》中推荐的淬火冷却介质使用温度。

（2）考虑淬火件单位重量的表面积　从工件表面向淬火冷却介质传递的热量（q）取决于表面传热系数（h）、工件表面积（A）和工件浸液淬火的起始温度（T_1）和介质温度（T_2）之差，见公式（19-3）。

$$q=hA(T_1-T_2) \tag{19-3}$$

工件表面向淬火冷却介质传递的热量（q）与工件表面积（A）有关。相同重量不同尺寸的工件淬火冷却从工件表面向淬火冷却介质传递的热量（q）随时间的变化曲线会有很大的不同。因此，在计算淬火冷却介质需要量时，工件单位重量的表面积也是应该考虑的因素之一。相对淬火件表面积大的，淬火油槽的淬火重量与淬火冷却介质的体积比中应将介质体积取较大值。

表19-1　淬火冷却介质使用温度（推荐）

介质类型	介质使用温度/℃	高品质要求的工件介质的初始温度/℃	一般品质要求的工件介质的初始温度/℃
水、无机物水溶性介质	10~45	指定温度±5	指定温度±10
有机物水溶性介质（聚合物水基淬火液）	使用温度应在介质供应商推荐的范围内	指定温度±5	指定温度±10
淬火油	使用温度应在介质供应商推荐的范围内，最高使用温度应比油的开口闪点温度至少低50	指定温度±10	指定温度±15

（3）考虑介质的搅拌方式　搅拌可以提高介质参与换热的速率，提高工件冷却的均匀性和介质温度的均匀性。比较有效的搅拌有泵和螺旋桨式搅拌。在搅拌条件下，可以考虑将淬火油槽的淬火重量与淬火冷却介质的体积比中将介质体积取较小的值。通常，对于无搅拌的淬火油槽，淬火件重量（含夹具）与淬火油的体积比为 1∶10（t/m^3），对于有良好的螺旋桨式搅拌的淬火油槽，淬火件重量与淬火油的体积比可以为 1∶5~8（t/m^3）。

（4）考虑每次淬火冷却的间隔　如果两次淬火冷却间隔较短或连续淬火，介质的温度无法靠自然降温恢复到淬火冷却初始温度，除适当加大淬火槽介质容量，还应考虑采取增加换热器或辅助淬火槽等措施。

（5）考虑安全因素　对于淬火油槽，要在考虑淬火油的使用温度的基础上确定淬火件重量与淬火油体积的比例。对于在淬火油槽中容易混入水的情况，应适当提高淬火油的体积和配置相应的搅拌装置，以避免淬火槽底部积水温度高于沸点而引起体积膨胀造成淬火油溢出淬火槽。

19.3.3　淬火槽的搅拌

对于淬火件，特别是密集装夹的淬火件，当介质种类和介质温度确定后，介质的流动状态就成为影响工件冷却效果的主要因素，而介质流动状态取决于淬火设备的搅拌强度与搅拌的均匀性。通过搅拌，不但可以减薄在工件表面形成的蒸汽膜厚度，使工件周围不断有低温介质补充，也可以实现工件各部位的均匀冷却。

1. 搅拌的作用

（1）提高淬冷烈度　淬火冷却介质从钢件中吸取热量的能力可以用淬冷烈度（H）来表示。淬冷烈度是淬火冷却介质的固有特性，不受工件尺寸和淬透性的影响，是对淬火冷却介质的一个整体的、平均的评价，通常由介质的类型、温度、搅拌等因素决定，见表 19-2。

表 19-2　淬冷烈度与各种介质流动状态的关系

（摘自 GB/T 37435—2019）

流动状态	空气	矿物油	水	盐水
	淬冷烈度 H			
不搅动（静止）	0.02	0.25~0.30	0.9~1.0	2.0
轻微搅动	—	0.30~0.35	1.0~1.1	2~2.2
中等搅动	—	0.35~0.40	1.2~1.3	—
良好搅动	—	0.40~0.50	1.4~1.5	—
强烈搅动	0.05	0.50~0.80	1.6~2.0	—
剧烈搅动或高速喷射	—	0.80~1.10	4.0	5.0

图 19-3 所示为搅拌速度对 AISI 4135（美国牌号，相当于我国的 35CrMo）钢淬硬层深度的影响。试样尺寸为 ϕ50mm 的圆柱试棒，在 20℃ 油温下和不同搅拌速度下从表面到心部的硬度曲线。可以看出，随着搅拌速度的加快，硬化层深度随之增加。

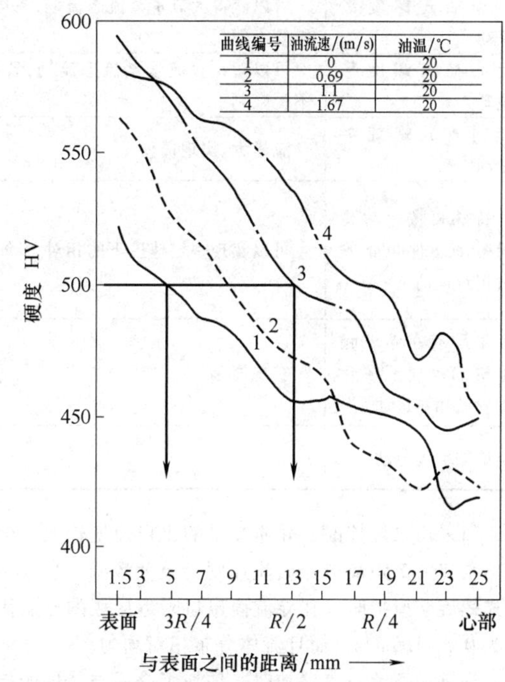

图 19-3　搅拌速度对 AISI 4135 钢淬硬层深度的影响

（2）提高淬火冷却介质温度的均匀性　搅拌可以使整个淬火槽中的介质形成一个较均匀和较强烈的运动状态，有利于减少工件的畸变和避免开裂，防止油局部过热，减少淬火油着火和产生油烟，减缓介质老化和延长介质的使用寿命。

（3）提高淬火冷却介质的利用率　无搅拌功能的淬火油槽，淬火件重量与油的体积比例一般为 1∶10（t/m^3）。良好搅拌条件下的淬火油槽，淬火件重量与油的比例可为 1∶5~8（t/m^3）。

2. 搅拌方法

有多种方法被用于进行淬火槽的搅拌，包括泵搅拌、螺旋桨搅拌、埋液喷射搅拌、鼓气或压缩空气搅拌，还包括工件在手动、起重机或升降台的带动下与介质间的相对运动。表 19-3 列出了几种常见的淬火冷却介质的搅动方法。

采用手动搅拌，可以使淬火件在介质中做上下、圆环形或“8”字形摆动，可达 1m/s 以上的运动速度，但重现性差。采用起重机带动淬火件在淬火冷却介质中运动，工件在液体中的相对运动速度因起重机的性能不同而有所差异。

表 19-3　几种常见的淬火冷却介质的搅动方法（摘自 GB/T 37435—2019）

搅动方法	优　点	缺　点	适用于
外置式泵搅动	实现简便、出口流速高、流体方向性强、不受深度限制、较方便将流体传送到需要区域	耗电	深井式
内置式泵搅动	实现简便	泵易损坏	特殊要求
顶插式螺旋桨搅动	可以获得大流量紊流态流场，省电、安装、维修方便	需要配导流筒，将介质输送到特定区域，搅动深度受到限制	深度≤7m 的淬火槽
底插式螺旋桨搅动	可以获得大流量紊流态流场，省电、深度不受限制	制造成本高、维修难度大	深度不受限制
内置式螺旋桨搅动	流量大、实现简便	流体方向性强	
特殊机械运动装置带动工件与介质做相对运动	可以实现一定速度下的相对运动	淬火区域介质没有进行真正的流动，不利于工件周围介质降温；工件周围介质相对流动方向性强，不利于工件均匀冷却	特殊要求
手动或在淬火起重机的吊挂下在介质内做相对运动	实现简单	重现性差	小批量人工操作
压缩空气搅动		易产生淬火软点、加速油的氧化	不推荐

当采用泵搅拌时，介质在泵的出口速度较大，但距离泵口一定距离的介质流速则大幅度降低。当采用闭式螺旋桨搅拌时，在导流筒出口附近区域的介质流速为 0.5~1.5m/s，而且流体分布相对均匀。

当采用压缩空气搅拌时，增加了介质与气体的接触，促进了介质（油）的氧化，缩短了介质（油）的使用寿命，同时由于气体是热的不良导体会使淬火件产生淬火软点，因此一般情况不推荐采用这种方式搅拌。

泵搅拌也很难提供均匀的搅拌，通常采用埋液喷射方法改进介质流动的均匀性，但要达到与螺旋桨搅拌相同的介质流速，泵搅拌所需要的功率大约是螺旋桨搅拌器功率的 10 倍。因此，螺旋桨搅拌被广泛采用。

3. 螺旋桨搅拌

淬火槽中常用的螺旋桨搅拌可分为开式搅拌和闭式搅拌两种。开式搅拌时，螺旋桨周围不能形成定向流动，只能靠自身推进；闭式搅拌则是借助导流筒将介质导向槽内的淬火区域。图 19-4 所示为开式与闭式搅拌。

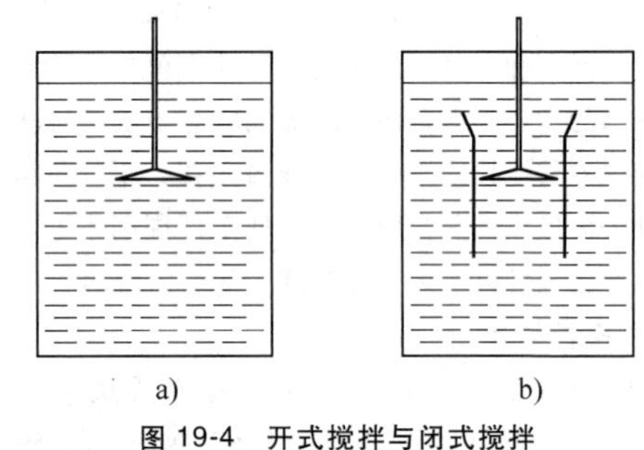

图 19-4　开式搅拌与闭式搅拌

a）开式搅拌　b）闭式搅拌

常用的开式搅拌器是轴流式螺旋桨，如图 19-5a 所示的船用螺旋桨。轴流式螺旋桨使液体沿搅拌轴方向流动，这种螺旋桨可采用顶插式、侧插式或顶部斜插式安装，如图 19-6 所示。表 19-4 列出了螺距与直

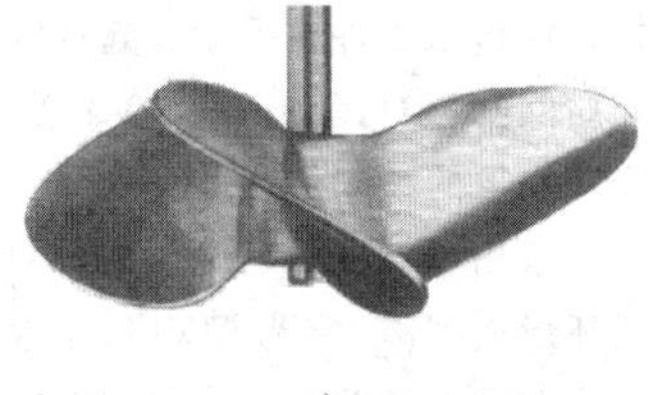

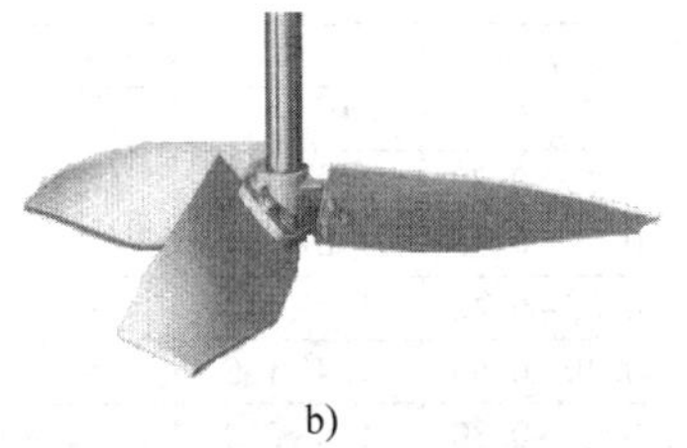

图 19-5　淬火槽用典型螺旋桨

a）三叶船用螺旋桨　b）翼形螺旋桨

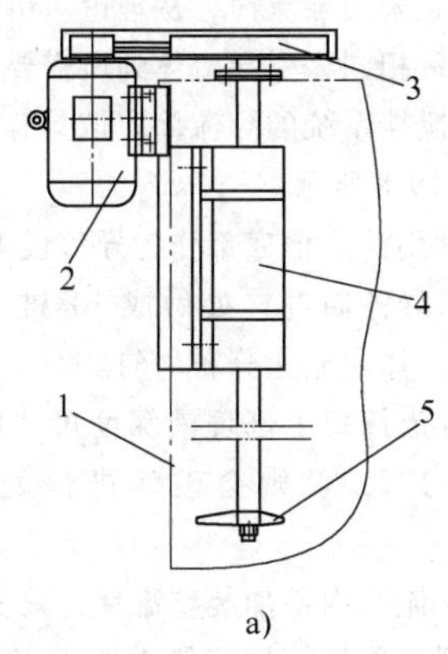

图 19-6　螺旋桨安装方式

a）顶插式螺旋桨搅拌器　b）侧插式螺旋桨搅拌器

1—淬火槽槽体　2—电动机　3—带轮　4—搅拌轴　5—螺旋桨

径的比为 1.0，转速为 420r/min 的船用螺旋桨搅拌器的功率要求。

表 19-4　船用螺旋桨搅拌器的功率要求

（转速为 420r/min）

淬火槽容积/L	标准淬火油/(kW/L)	水或盐水/(kW/L)
2000～3200	0.001	0.0008
>3200～8000	0.0012	0.0008
>8000～12000	0.0012	0.001
>12000	0.0014	0.001

对于顶部直插式和顶部斜插式搅拌，常常推荐选用图 19-5b 所示的翼形螺旋桨。在相同转速下，它的流体效率比常规船用螺旋桨高 40%。翼形螺旋桨搅拌器的推荐功率见表 19-5。

表 19-5　翼形螺旋桨搅拌器的推荐功率

（转速为 280r/min）

搅拌方法	标准淬火油/(kW/L)	水或盐水/(kW/L)
翼形螺旋桨、开式搅拌	0.0008	0.0006
翼形螺旋桨、闭式搅拌	0.0012	0.0009

其他转速下的搅拌器功率可以根据式（19-4）调整，即搅拌功率与螺旋桨转速呈正比。

$$P \propto n^{\frac{4}{3}} \tag{19-4}$$

式中　P——搅拌器功率（kW）；

n——螺旋桨转速（r/min）。

图 19-5b 所示的螺旋桨常用于侧插式搅拌，它在叶片形状上与船用螺旋桨（图 19-5a）不同，它对侧插时作用于螺旋桨的力有平衡作用，主要考虑侧插式搅拌通常需要较高的转速，与常规螺旋桨相比，其优点在于叶片可通过螺钉拆装。

表 19-6 列出了螺旋桨直径与电动机功率的关系，其中的搅拌器功率根据表 19-4 确定。表 19-6 中数据的获得条件：

1）假设螺旋桨的转速为 280r/min，介质相对密度为 1.0，翼形螺旋桨相对功率数 $N_P = 0.33$。根据式（19-4）计算出所要求的功率。翼形螺旋桨与船用螺旋桨的相对功率数 N_P 近似相等。

2）搅拌器的功率相当于电动机功率的 80%。

3）螺旋桨的直径指转速为 280r/min 时开式搅拌对应的螺旋桨直径。

4）当采用闭式搅拌时，螺旋桨直径要减小 3%。闭式搅拌若采用轴流式螺旋桨能更好地控制流体方向，但闭式搅拌时螺旋桨要提供较大起动力矩。

表 19-6　螺旋桨直径与电动机功率的关系

电动机功率/kW	螺旋桨直径/mm	电动机功率/kW	螺旋桨直径/mm
0.19	330	3.73	610
0.25	356	5.59	660
0.37	381	7.46	711
0.56	406	11.49	762
0.75	432	14.92	813
1.49	508	18.65	838
2.34	559	—	—

表 19-7 列出了在搅拌器转速为 420r/min 的条件下三叶船用螺旋桨直径与电动机功率的关系。

对于有些淬火槽，也可以采用潜水搅拌器进行搅拌。潜水搅拌器属于污水处理的常用设备，有多种型号的商品供选用，如图 19-7 所示。潜水搅拌器作为一种在全浸没条件下连续工作，兼搅拌混合和推流功能为一体的浸没式设备，在污水处理领域有着广泛的应用。

表 19-7　在搅拌器转速为 420r/min 的条件下三叶船用螺旋桨直径与电动机功率的关系

顶插式		侧插式	
电动机功率/kW	螺旋桨直径/mm	电动机功率/kW	螺旋桨直径/mm
0.18	203	0.74	305
0.25	254	1.47	356
0.37	279	2.21	406
0.55	305	3.68	457
0.74	330	5.25	508
1.11	356	7.36	559
1.47	381	11.04	610
2.21	406	14.72	660(用于水与盐水)
—	—	18.04	711(用于水与盐水)

图 19-7　潜水搅拌器

1—安装座　2—防水电缆　3—防水电动机　4—螺旋桨　5—导流筒

潜水搅拌器可以分为低速型和高速型两类：

(1) 低速型　转速为 15~120r/min，叶轮直径大，一般为 1100~2500mm，常用在推动水力循环方面。其特点是流场分布较为均匀，流速低缓，但作用范围大。

(2) 高速型　转速为 300~1450r/min，叶轮小，直径通常在 900mm 以下，其作用偏重于混合搅拌。其特点是流速高、紊流强烈、作用范围小。

潜水搅拌器可被用于淬火槽的搅拌器，由于可以整体浸没在水中，所以其安装和排布可以有多种形式，既可以永久安置和临时性放置，在侧部放置和底部放置，也可以在整个淬火区密集布置和重点区域布置。

4. 闭式搅拌系统设计

为了在淬火区域形成定向流体场，常常采用闭式搅拌系统。采用导流筒，从理论上讲可以使流体各质点的位移量相同，引导流体到所需要的淬火区域。

闭式搅拌系统的导流筒应该具有如下一些结构特点，如图 19-8 所示。

1) 利用淬火槽底部作为导流设施。

2) 将导流筒进口处做成 30°锥口，减少进口处压头损失，并使流速分布均匀。

3) 导流筒口上部埋液深度尺寸应该不小于导流筒直径的 1/2，否则会破坏进口处流速分布的均匀性。

4) 导流筒内壁加装整流片，减少涡流。

5) 螺旋桨伸入导流筒内的距离不应小于导流筒直径的 1/2，该尺寸关系到入口流速分布情况。

6) 为了防止螺旋桨产生倾斜或抖动，可以考虑加装限位环或定位轴承。

7) 螺旋桨叶片与导流筒内壁应保持 25~50mm 的间隙，如果要求导流筒直径尽可能小，可另加一段外凸筒，将主筒直径减少 25~75mm。

8) 螺旋桨的埋液深度要与螺旋桨转速相配合。对于顶插式搅拌器，在某一螺旋桨旋转速度下，如果螺旋桨的埋液深度不够，则会在搅拌中有气体带入介质中，一方面在淬火冷却介质中产生气泡，影响淬火效果；另一方面在液面产生泡沫，如果在油面产生泡沫，则会有发生火灾的危险。对于聚合物类水溶性介质，则会有大量的泡沫聚集在液面，甚至会溢出淬火槽。

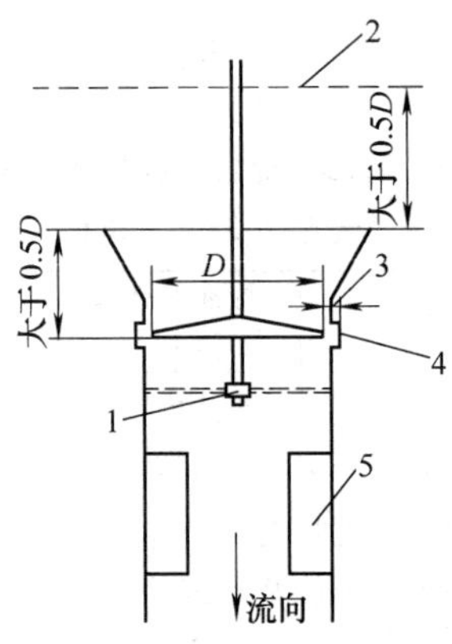

图 19-8　闭式搅拌系统的导流筒结构

1—限位环或定位轴承　2—液面　3—单边间隙　4—外凸筒　5—整流片

5. 螺旋桨搅拌器参数计算

(1) 压头与流量的关系　搅拌器的传递功率 P 与其排量（流量）Q 和压头 H 有关，即

$$P=QH \tag{19-5}$$

闭式搅拌的流量与压头关系与泵的相似。图 19-9a 所示为闭式搅拌下的压头-流量曲线，超出曲线左边区域将导致失稳状态，即流滞状态。

图 19-9b 所示为一系列系统阻力曲线，系统阻力 K_v 由公式（19-6）导出。

$$K_v = 2gH/V_d^{\,2} \tag{19-6}$$

式中　g——重力加速度；

H——系统压头；

V_d——导流筒内流速；

K_v——导流阻力系数，是导流几何形状的函数。

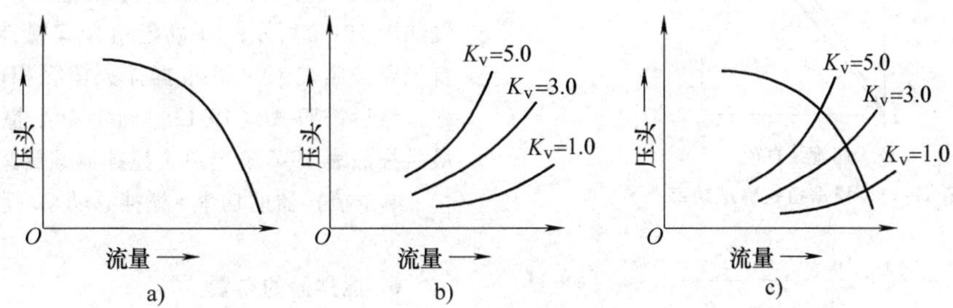

图 19-9　闭式搅拌性能曲线

a）闭式搅拌下的压头-流量曲线　b）系统阻力曲线　c）闭式搅拌操作点

将图 19-9a 与 19-9b 曲线叠加获得图 19-9c，根据两类曲线的交点选择搅拌器就不会造成流滞状态。当几何形状一定时，可以根据经验近似确定 K_v 值，以及流量、压头等参数，可以近似地设计搅拌系统。

图 19-10 所示为这些曲线在轴流式螺旋桨和翼型螺旋桨上的具体应用。图 19-10 中显示出：当 K_v 由 1.0 加大到 5.0 时，翼型螺旋桨的流量减少 30%；同样条件下，轴流式螺旋桨的流量则降低 35%。因此，当系统阻力较高时，翼型螺旋桨形成的压头相对高出 16%。翼型螺旋桨有如下优点：

1）产生较高的压头。

2）压头-流量曲线较陡。

3）抗流滞性强。

4）工作效率高。

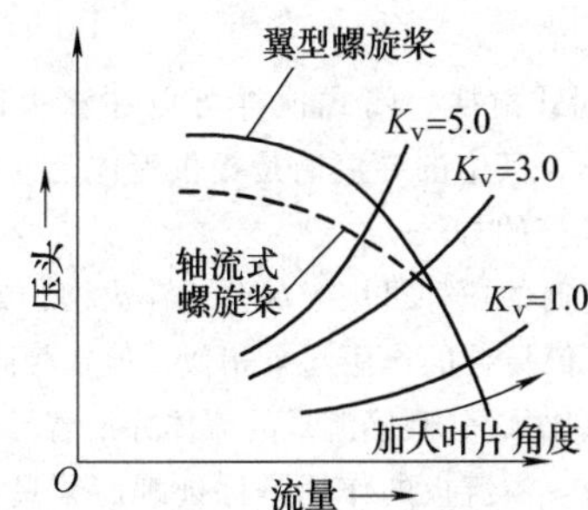

图 19-10　轴流式螺旋桨和翼型螺旋桨的压头-流量关系曲线

（2）螺旋桨流量与功率计算　在相同功率下，不同类型的螺旋桨会产生不同的流量。因此，在螺旋桨的类型、转速确定后才能确定单位体积（容积）所需的功率。单位功率下的流量可以由式（19-9）计算，它是由式（19-7）和式（19-8）推导出来的。

$$Q = N_Q nD^3 \tag{19-7}$$

$$P = N_P \rho n^3 D^5 \tag{19-8}$$

$$Q/P = \frac{\dfrac{N_Q}{N_P}}{\dfrac{1}{\rho n^2 D^2}} \tag{19-9}$$

式中　D——螺旋桨直径；

n——螺旋桨转速；

N_P——相对功率数；

N_Q——相对流量数；

ρ——流体密度；

Q——流量；

P——功率。

相对流量数 N_Q 是螺旋桨推进能力的参数，而相对功率数 N_P 则是螺旋桨的功耗特性系数。式（19-9）表明，单位功率下的流量与螺旋桨类型、安装方式、转速及其直径有关。

式（19-9）并不能完全描述搅拌器的运动，搅拌器还有其他一些需要考虑的设计因素，如扭矩等。扭矩 T 与式（19-9）中各参数的关系如下：

$$T = \frac{N_P \rho n^2 D^5}{2\pi} \tag{19-10}$$

扭矩是决定搅拌器成本的关键因素，因此要像流量和功率那样严格核算。扭矩 T 和单位功率下的流量 Q/P 均与螺旋桨直径存在函数关系，如图 19-11 所示。

根据转速和直径对多种螺旋桨进行优选是一个复杂的问题，淬火冷却作为一个控流过程，最好在流量和转速恒定的情况下对搅拌器其余参数进行比较，即以式（19-11）表示：

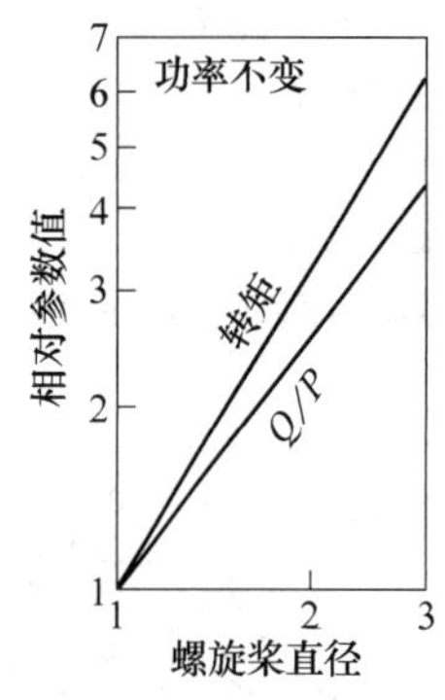

图 19-11 根据扭矩确定功率

$$Q/P = \frac{N_Q^{5/3}}{N_P} \frac{1}{n^{4/3} Q^{2/3} \rho} \quad (19\text{-}11)$$

在流量和转速恒定的情况下，单位功率下的流量 Q/P 值以式（19-12）表示：

$$Q/P \propto \frac{N_Q^{5/3}}{N_P} \quad (19\text{-}12)$$

应用式（19-12）的条件是 N_Q 和 N_P 为已知，这两个值既可以根据经验确定，也可以由螺旋桨制造厂商提供。

表 19-8 列出了一种常用船用螺旋桨和一种常用翼型螺旋桨的相对流量数与相对功率数。应该注意，当设置导流筒时，由于相对流量数的变化，也导致了单位功率下流量的变化。在相同功率下，闭式搅拌（加导流筒）的流量降低，但却具有定向控制流体的优点。

表 19-8 船用螺旋桨和翼型螺旋桨的相对流量数与相对功率数

螺旋桨类型	开式搅拌			闭式搅拌，$K_v = 4.0$		
	N_Q	N_P	Q/P	N_Q	N_P	Q/P
三叶船用螺旋桨（螺距与直径比为 = 1.0）	0.46	0.35	1.0	0.40	0.40	0.69
翼型螺旋桨（Lightnin A312）	0.56	0.33	1.47	0.45	0.36	0.94

（3）组合式搅拌 为了使淬火区域内的工件冷却均匀，就应该使流经淬火区域的介质流速分布尽量一致，这样就要采用组合式搅拌器。至于在什么场合下安装组合式搅拌器，以及它们在淬火槽中的布置，并没有简单的定量关系，可由设计者确定。下面是一些可供参考的基本规律。

对于尺寸较小、长：宽小于 2：1 的方形淬火槽，一般选用单个搅拌器；对于尺寸较大、长：宽大于 2：1 的方形淬火槽，就应该选用多个搅拌器，其布置如图 19-12 所示。在确定组合式搅拌器的尺寸时，首先要按照表 19-4 并根据淬火槽容积确定搅拌总功率，然后按照式（19-13）确定单个搅拌器的功率，最后按照表 19-6 确定单个搅拌器螺旋桨的直径。

单个搅拌器的功率 = 搅拌总功率/搅拌器数量 （19-13）

6. 搅拌器的布置

（1）开式搅拌 对于圆形淬火槽，当搅拌功率超过 2.2kW 时，就可以考虑设置多个搅拌器。如果搅拌功率为 2.2～4.5kW，可以考虑侧插或顶插安装搅拌器；如果搅拌功率超过 7.5kW，就要安装两个以上搅拌器。具体安装搅拌器的数量还应考虑是否有足够的安装空间。图 19-13 所示为圆形淬火槽侧插式搅拌器的安装。对于深井式圆形淬火槽，搅拌器的安装如图 19-14 所示。在底部中间位置设置一个圆锥体以改变介质流向，使介质向上流动通过淬火的长轴件

对于方形淬火槽，当长：宽大于 2：1 时，可以安装一个大功率搅拌器或两个小功率搅拌器，如图 19-15 所示。当长：宽远大于 2：1 时，就要安装多个搅拌器。

顶插式开式搅拌器应与垂直轴线呈 16°，叶片与底部的距离大于螺旋桨直径。侧插式搅拌器距离底部距离应大于螺旋桨半径 + 150mm。

图 19-16 与图 19-17 所示为两个侧插搅拌器的开式搅拌淬火槽。

（2）闭式搅拌 闭式搅拌可以在淬火区域形成定向流体场，其中的导流筒是提供流体定向流动的最有效和最经济的方法。

带导流筒的搅拌可用于深井式淬火槽，如图 19-18 所示。导流筒搅拌的作用与泵相似，但在相同功率下，它可以提供比泵高 10 倍流量的流体并沿着导流筒运动到指定区域。溢流板的作用是保证螺旋桨具有足够的埋液深度，减少搅拌时带入介质中的空气量。

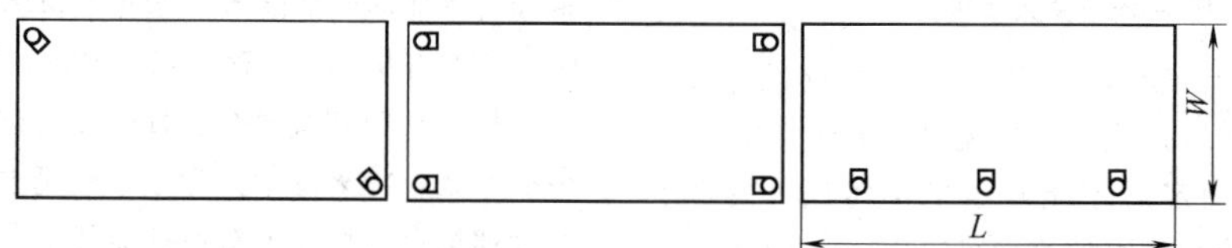

图 19-12 组合式搅拌器的布置

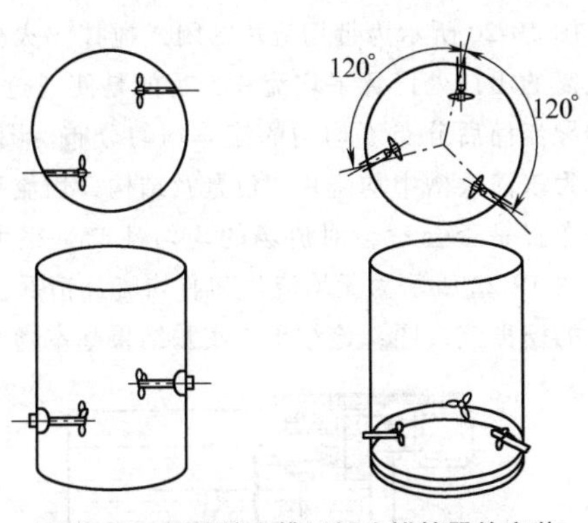

图 19-13 圆形淬火槽侧插式搅拌器的安装

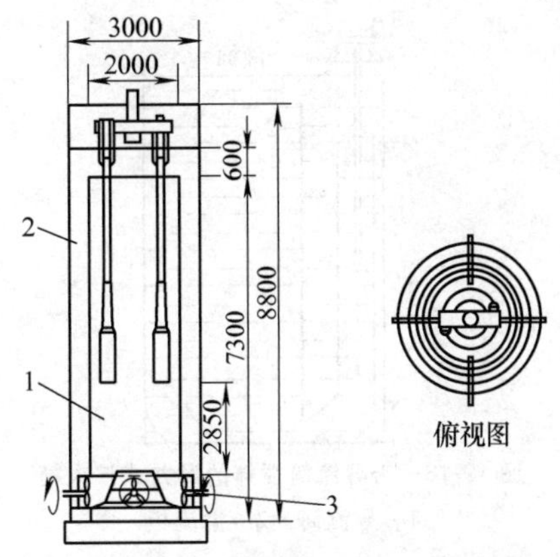

图 19-14 深井式圆形淬火槽搅拌器的安装

1—内筒 2—槽体 3—搅拌器

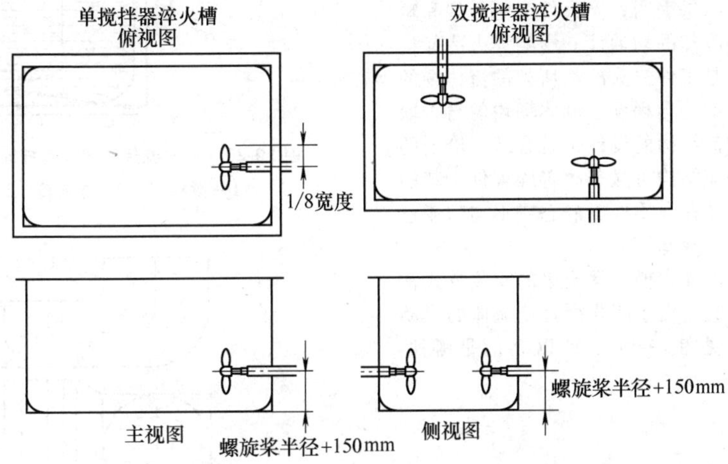

图 19-15 方形淬火槽搅拌器的安装

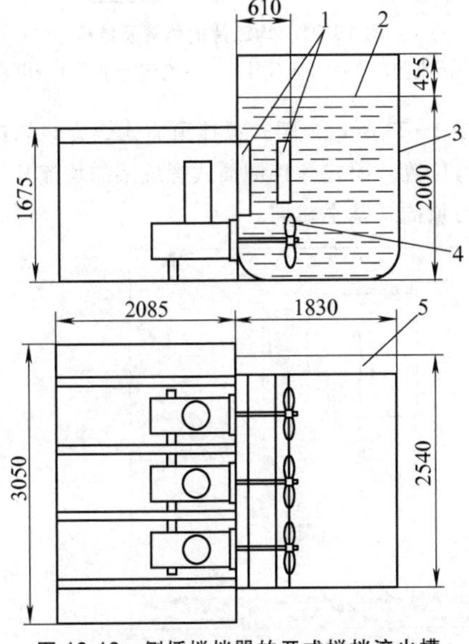

图 19-16 侧插搅拌器的开式搅拌淬火槽

1—搅拌溢流板 2—液面 3—槽体
4—螺旋桨 5—液面溢流槽

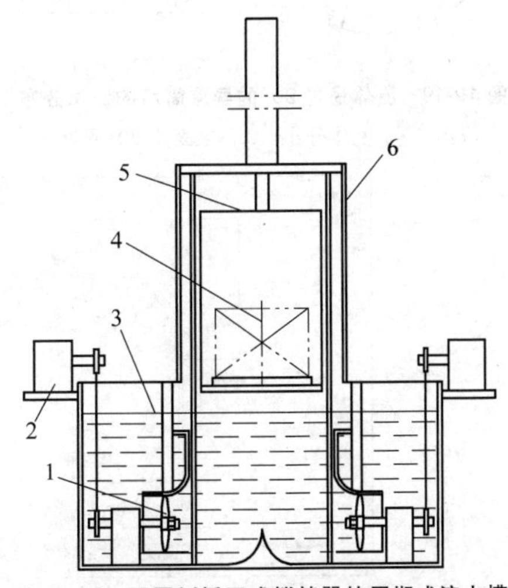

图 19-17 配置侧插开式搅拌器的周期式淬火槽

1—螺旋桨 2—搅拌器驱动系统 3—液面
4—淬火件 5—升降台 6—炉子前室

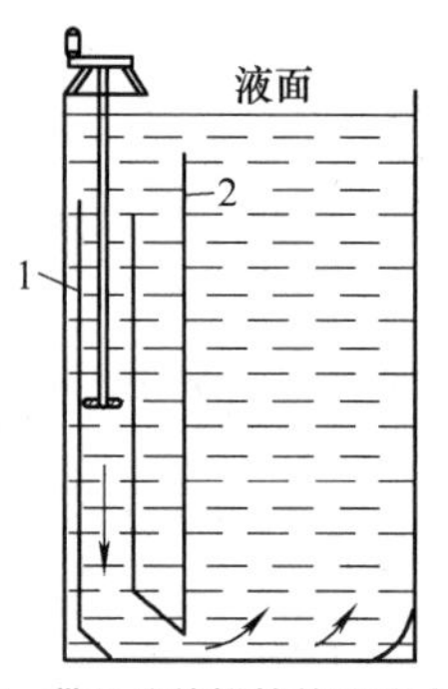

图 19-18　带导流筒搅拌的深井式淬火槽

1—导流筒　2—溢流板

7. 闭式搅拌的均流结构

开裂与畸变一直是热处理行业中没有得到很好解决的技术难题。研究结果表明，淬火件产生开裂和畸变的主要原因是淬火冷却的均匀性。影响淬火冷却均匀性的重要因素之一是工件淬火冷却所处的流体场的均匀程度和表面润湿的均匀程度。流体场均匀与否取决于淬火槽搅拌及均流结构的设计是否合理，恰当的介质搅拌及合理的均流结构可显著改善淬火件冷却的均匀性；相反，当工件在介质处于静态或不均匀流速场中淬火时往往会造成冷却不均匀。

对于闭式搅拌下的淬火槽，螺旋桨的安装方式常见的有顶插式和侧插式。由于闭式搅拌使流体的流动具有很强的方向性（见图 19-19），所以无论是哪种形式都要求设置均流结构。

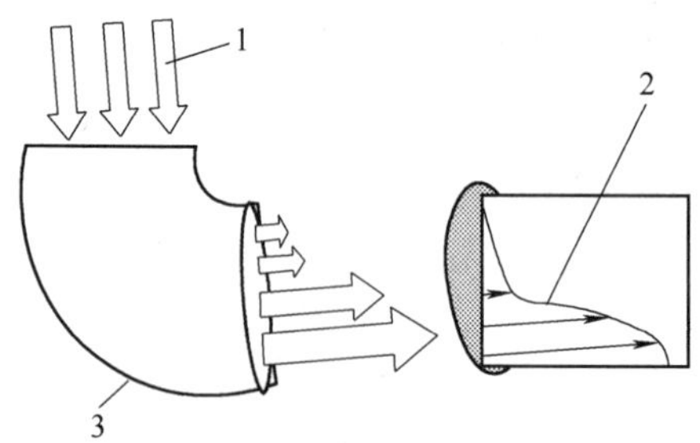

图 19-19　流体通过 90°的导流筒后的流体分布

1—流体　2—流体分布　3—导流筒 90°弯管部分

图 19-20 所示为带均流片的闭式搅拌淬火槽。在导流筒的出口处设置了均流片，目的是使通过 90°弯管的导流筒后分布不均匀的流体均匀分布。图 19-21 所示为该淬火槽中均流片的位置及结构，均流片的结构与布置是否合理会对流场的均匀性产生很大的影响。图 19-22 所示为无均流片和有均流片情况流体场分布的模拟流线图，该结果与实测结果基本吻合。

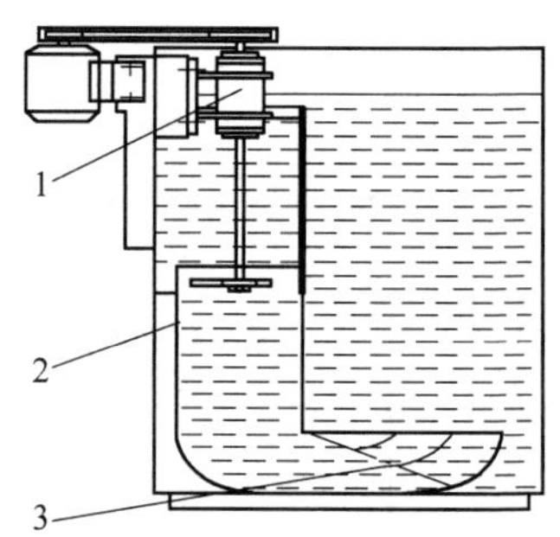

图 19-20　带均流片的闭式搅拌淬火槽（顶插式）

1—搅拌器　2—导流筒　3—均流片

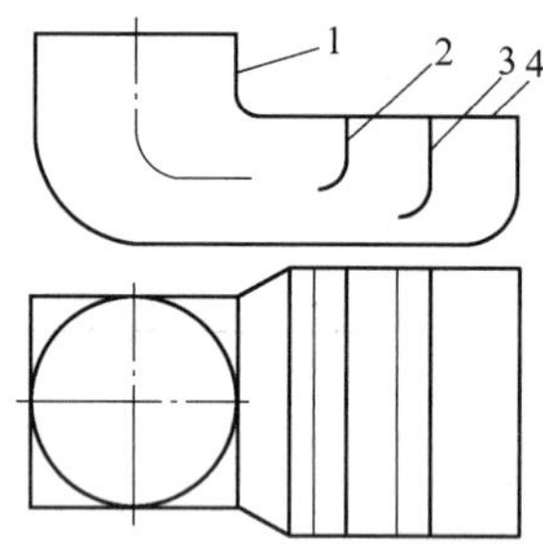

图 19-21　均流片的位置及结构

1—导流筒　2—均流片Ⅰ　3—均流片Ⅱ　4—出液口

图 19-23 所示为闭式搅拌顶插式螺旋桨均流片的结构与位置。闭式搅拌侧插式螺旋桨的均流片结构与位置与顶插式基本相同。

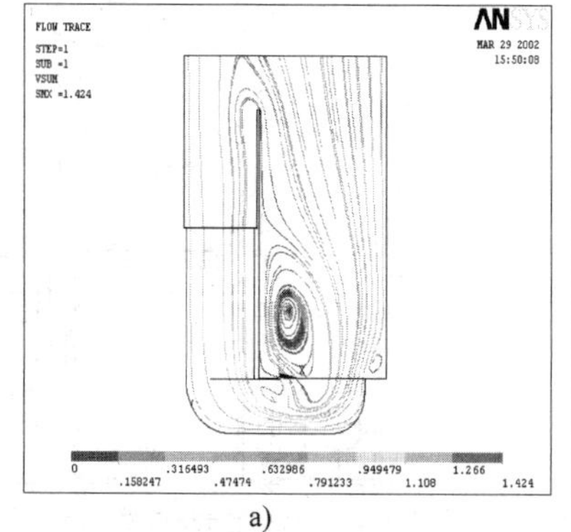

a)

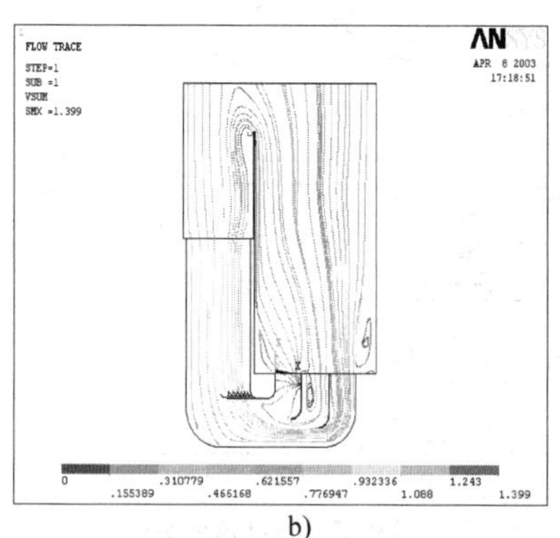

b)

图 19-22　无均流片和有均流片情况流体场分布的模拟流线图

a）无均流片　b）有均流片

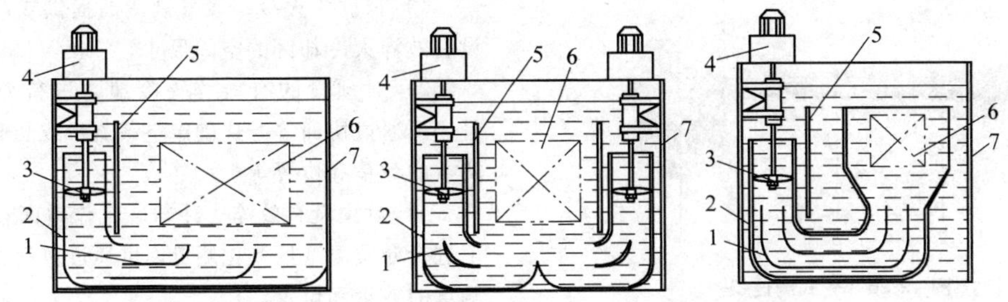

图 19-23　闭式搅拌顶插式螺旋桨均流片的结构与位置

1—均流片　2—导流筒　3—螺旋桨　4—搅拌器　5—溢流板　6—淬火件　7—淬火槽

8. 介质流速的测量

(1) 介质流速的测量方法

1) 采用皮托管测速。该方法适用于测定呈单向流动介质的速度，如层流或喷射的射流，但不适合测定紊流（多向）状态下的流速。

2) 轮式测速仪。通过电子计数方法累计单位时间内测速转子（涡轮）在流动介质中转动的次数，然后经过换算得出流速。该仪器测速转子的旋向在紊流场中会随流体方向变化而呈正反向交替旋转，因而影响测定结果的准确性，其结果仅可用于定性分析。

3) 纹影照相测速。将与介质相对密度相近的质点投放到运动的介质中，用一束光照射质点，拍摄下质点的运动轨迹，即可计算出介质流速。

4) 多普勒原理测速。辐射的频率在辐射源或接收器运动时有频率偏移，这种由于辐射源或接收器的运动所引起的声、光或其他波的接收频率变化称为多普勒效应。根据该原理制造出了超声波多普勒测速仪和激光多普勒测速仪。

采用激光多普勒效应测定介质流速原理是激光束与运动质点碰撞而使散射光的频率发生偏移，根据频率偏移量可得出运动质点的运动速度。质点运动速度采用式（19-14）计算。

$$v=\frac{\lambda f_D}{2\cos\theta} \qquad (19\text{-}14)$$

式中　f_D——多普勒频移（即通过光电探测器的两束光的频差）；

λ——发射光的波长；

θ——物体运动方向与发射光束方向之间的夹角。

(2) 螺旋桨搅拌条件下介质流速的测量　采用螺旋桨搅拌器搅拌下的浸液式淬火槽的介质流动呈紊流状态，即流体质点在向前运动的同时还有很大的横向速度，而且横向速度的大小和方向是不断变化的，从而引起纵向速度的大小和方向也随时间无规则的变化。因此，采用常规的流速测量仪器很难在紊流状态的流体场中测得准确的流速数据。目前大多采用激光多普勒测速仪和超声波多普勒测速仪测量螺旋桨搅拌条件下介质的流速。

1) 激光多普勒测速方法。图 19-24 所示为激光多普勒测速仪的系统构成。激光多普勒测速仪的位置设在容器的外部，其光电探测器的发射和接收的光束均是由透明容器外发射和接收的，该方法被用于在实验室条件下测量透明度好、尺寸较小的容器内介质的流速。

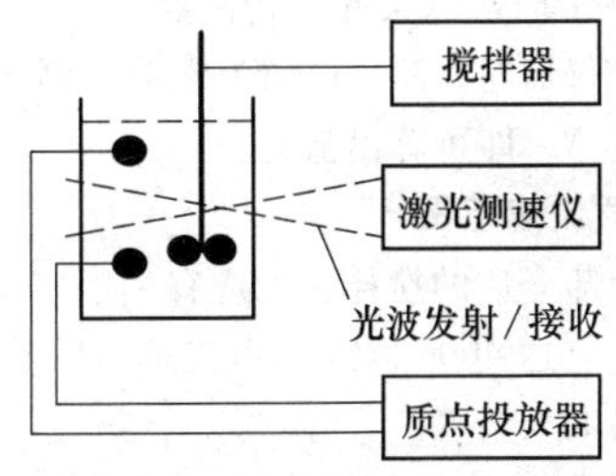

图 19-24　激光多普勒测速仪的系统构成

2) 超声波多普勒测速方法。图 19-25 所示为超声波多普勒测速仪的系统构成。由于超声波多普勒测速仪发射的是声波，并且发射和接收声波的探头是被浸入介质之中，所以该方法对介质的透明度和容器内介质的容量多少无特殊的要求。

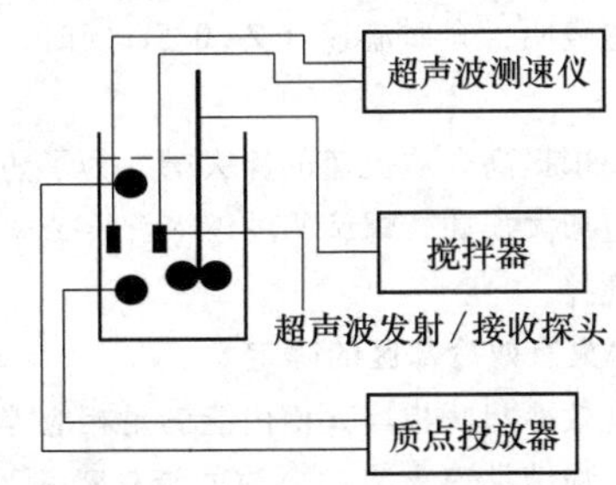

图 19-25　超声波多普勒测速仪的系统构成

对于流体方向性强的淬火槽，也可采用轮式测速仪（也称旋桨式流速测量仪）进行测量，如图 19-26 所示。

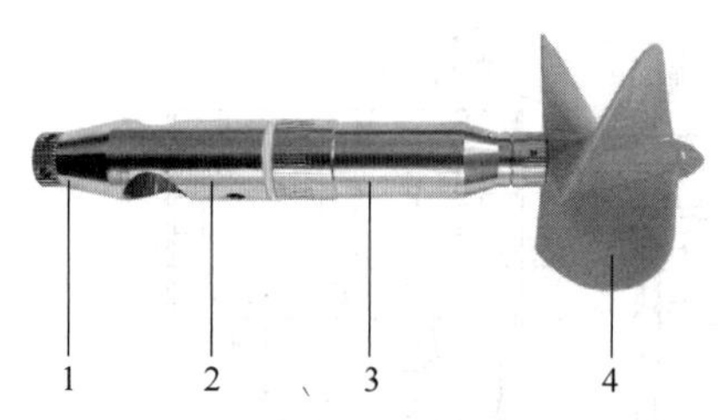

图 19-26　轮式测速仪

1—尾翼　2—支座　3—旋转部件　4—桨叶

原理：当水流作用到桨叶时，桨叶做回转运动，桨叶转速与水流速之间成正比的函数关系，见式(19-15)。通过与实际流速校正，即可通过测量桨叶转速换算出流速。

$$v=\frac{KN}{T}+C \qquad (19\text{-}15)$$

式中　v——测流时段内平均流速（m/s）；

K——桨叶水力螺距；

C——流速仪常数；

T——测流历时（s）；

N——T 时段内桨叶旋转次数。

使用该仪器时，K、C 均为常数；测流速时，只要测出 T 和 N，即可算出流速。

9. 介质流速范围

淬火冷却介质的搅拌速度应有利于使介质形成紊流，雷诺数应达 4000 以上，但流速过大会增加动力的消耗且易混入空气。

选择介质的流速要考虑如下几个因素：工件的材料、对工件性能与组织的要求、工件的形状、工件装载的疏密度等。

对于淬火油槽，淬火区域的介质流速一般为 0.2~0.6m/s 比较适合，在这个介质速度范围内，呈紊流状态的介质运动有利于工件均匀冷却。

对质量分数为 6%的聚合物溶液的淬火冷却介质，有试验表明：介质流速 0.2~0.5m/s 时，淬火效果最佳。

对于要求提高介质流速的淬火槽，为了防止空气的混入，应加大顶插式螺旋桨的埋液深度或采用侧插式螺旋桨搅拌。

10. 淬火有效冷却区的确定

淬火有效冷却区指淬火槽内能满足相应淬火冷却工艺要求，如满足淬火冷却介质的流速范围要求和/或淬火冷却介质的紊流程度要求和/或淬火冷却介质的温度变化范围要求等的空间尺寸。

根据 GB/T 37435—2019《热处理冷却技术要求》，有效淬火冷却区确定与评估方法如下：

1）根据淬火冷却设备制造商提供或产品对象预设有效淬火冷却区的空间尺寸。

2）对预设的有效淬火冷却区进行介质流速测量。可通过协商等方式确定空载测量或装载测量、检测点的数量和位置等。

3）对预设有效淬火冷却区工作空间在装载条件下进行介质温度场变化测量。可通过协商方式确定检测点的数量和位置。

4）用实物工件或试样在预设的有效淬火冷却区的不同位置进行淬火冷却处理，测试处理后的性能或畸变量。

5）对测量结果进行评估，确定有效淬火冷却区的空间尺寸。

6）流场的数值模拟结果也可作为确定有效淬火冷却区的参考依据。

19.4　几种常见淬火槽的结构形式

19.4.1　普通型间歇作业淬火槽

普通型淬火槽由槽体、介质注入泵、溢流槽等组成。根据需要设置介质搅拌装置、介质加热装置、介质换热装置、工件输送装置、事故排油阀、油烟收集装置等。图 19-27 所示为普通间歇作业淬火槽。对于水或聚合物类淬火冷却介质的淬火槽，还要考虑在介质中添加缓蚀剂，或采用不锈钢材料制作槽体，或在槽体内壁涂树脂类防腐蚀漆。

1. 槽体形状和尺寸

槽体的形状有长方形、正方形和圆形。槽体的体积除满足淬火件要求的介质容量，还要考虑留有足够的空间，以满足介质温度升高引起的介质体积膨胀和工件及其夹具体积占用的空间。对于有良好搅拌的淬火槽，淬火槽的深度由以下几部分组成：淬火槽底部均流装置，均流装置与工件下部之间预留 300~500mm；工件长度、工件上部到液面的埋液深度为 300~800mm，液面上部预留液体膨胀的升高尺寸，槽体上板到最高液面之间再预留大于 200mm 的尺寸。对于设有溢流槽的淬火槽，可不考虑介质体积膨胀对液面的影响。对于没有搅拌或搅拌不良的淬火槽，就要在深度或宽度方向留有足够的空间，以满足工件在起重机的带动下在淬火槽中做上下或左右运动。在槽体强度方面，以圆形槽体的抗变形强度最高，方形的次之，长方形的最低。所以，在槽体设计时，要根据槽体形状、结构及尺寸等因素安排加强筋。

2. 介质注入泵与管路

对于配有附液槽的淬火槽，淬火槽与附液槽之间

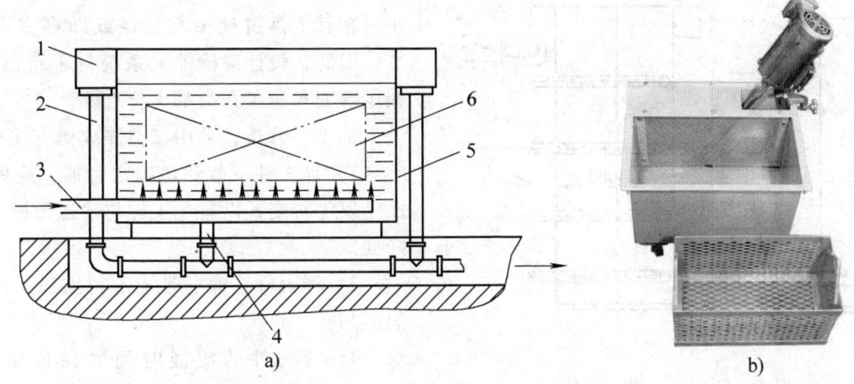

图 19-27　普通间歇作业淬火槽

a）普通间歇作业淬火槽　b）带搅拌装置的可移动式淬火槽

1—溢流槽　2—排出管　3—供入管　4—事故排出管　5—淬火槽　6—淬火件

通过泵和管路连接，通过泵与管路将附液槽中的介质注入淬火槽中。介质一般是由附液槽的底部抽出再注入淬火槽的底部。对于要求高的淬火槽，在附液槽和淬火槽之间的管路上安装过滤装置。对于安装在液面线以下的泵，可以选择管道泵；对于安装在液面线以上的泵，要选择有吸程的管道泵或离心泵。进入淬火槽的管路一般布置在淬火槽的下部，伸入淬火槽内部的管路距槽底部应大于 100~200mm，以免搅动沉积在底部的氧化皮等杂物。泵的扬程依据注入介质是否起搅拌作用而定，如果起搅拌作用，就选择扬程相对高的泵。

3. 溢流槽与管路

溢流槽设在槽体的上口边缘，以便槽内上浮的介质通过溢流槽及其管路进入附液槽。溢流槽的作用是：

1）将超过溢流槽的液体排出，以免液面超过淬火槽的上口溢到外面。

2）将淬火槽上部的热介质通过溢流槽排出。

溢流槽的容积要大于或相当于淬火件与夹具的体积，溢流槽最好沿槽口四周布置。从溢流槽排出的介质可依靠自重通过管路排到附液槽，也可由泵抽出，再从槽下部充入。当依靠自重排出时，其管径按流速 0.2~0.3m/s 设计。

19.4.2　深井式或大直径淬火槽

深井式淬火槽常用于长轴类工件的淬火冷却。图 19-28 所示为顶插搅拌器的深井式淬火槽。淬火槽直径为 2200mm，深度为 7000mm，配置两套螺旋桨搅拌器。为了减少装液量，导流筒置于槽体之外。对于深度小于 10m 的淬火槽的搅拌，可以考虑采用顶插式螺旋桨搅拌；大于 10m 的，可以考虑采用侧插式螺旋桨搅拌或泵搅拌。

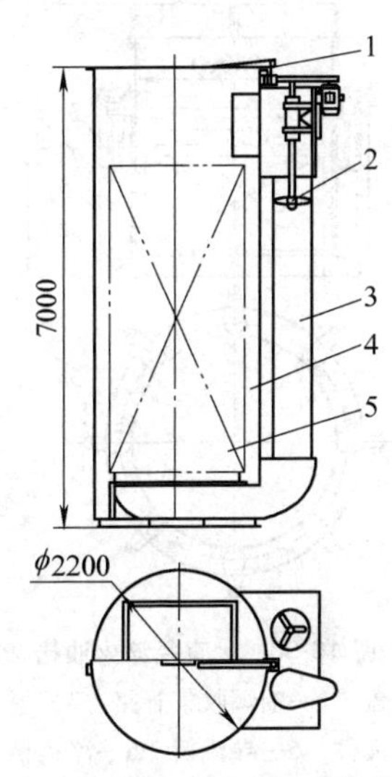

图 19-28　顶插搅拌器的深井式淬火槽

1—上盖　2—顶插式搅拌器　3—导流筒

4—淬火槽体　5—淬火件

图 19-29 所示为采用泵搅拌的深井式淬火油槽。图 19-29a 所示为 ϕ3500mm×19000mm 进液管设在底部的深井式淬火槽，溢流管路 ϕ325mm，进液管 ϕ219mm，泵流量为 290m^3/h。图 19-29b 所示为分层喷液深井式淬火槽，淬火液由几排环形支管沿其圆周的供液口喷射进入淬火槽。对于该方式，应注意防止形成环形和层状的介质流动。

图 19-30 所示为采用螺旋桨搅拌的大直径淬火油槽。这类淬火槽常用于对大直径的齿轮或齿轮轴进行淬火冷却。淬火槽的尺寸为 ϕ4600mm×6000mm，设置 8 套螺旋桨搅拌器，在槽体上部设置了油烟收集管路。

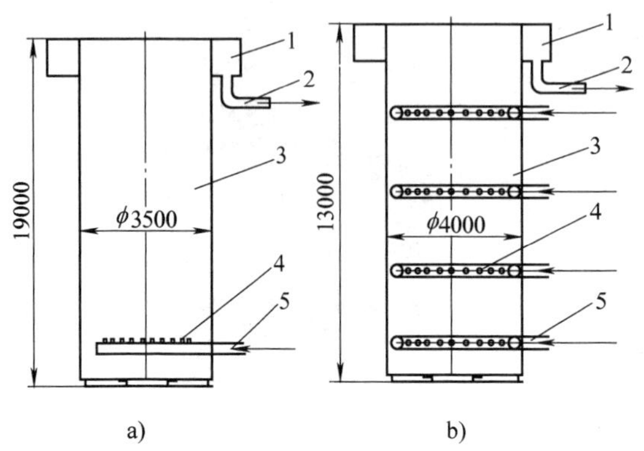

图 19-29　采用泵搅拌的深井式淬火槽

a）进液管设在底部　b）分层喷液

1—溢流槽　2—溢流管　3—淬火槽体　4—喷嘴　5—进液管

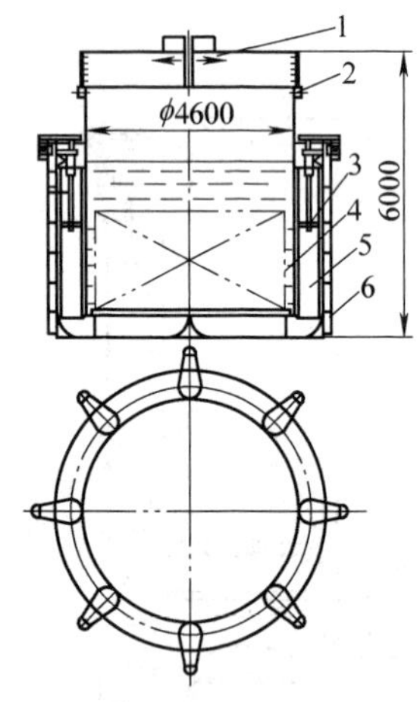

图 19-30　大直径淬火油槽

1—上盖　2—油烟收集管路　3—搅拌器

4—淬火件　5—导流筒　6—淬火槽槽体

19.4.3　连续作业淬火槽

连续作业淬火槽主要是与网带式炉、推杆式炉、转底式炉等具有连续作业的加热炉配套的淬火槽。其功能是根据所配加热炉的类型不同而有所区别。其共同点是淬火槽安装在加热炉的出料口。不同点是，有的是淬火件自动落入淬火液中，有的是依靠机械传动的方式完成浸液动作。

1. 滑槽式淬火槽

连续式热处理炉经常会在加热炉出料口下方的淬火槽中设置一个锥形滑槽，已经奥氏体化的淬火件依靠自身的重力由加热炉口沿滑槽滑入介质之中，所以简称为滑槽式淬火冷却。图 19-31 所示为与连续加热炉配套的滑槽式淬火系统，淬火件是自动落入淬火冷却介质中完成浸液动作的。通常这类淬火件的体积较小，在其下落过程中就已经或即将完成淬火冷却转变。因此，设计滑槽淬火系统对于获得均匀的淬火、减少畸变和避免开裂都十分重要。

从工艺分析，采用该类淬火槽应注意以下几点：

1）淬火件下落到达输送带前，应保证淬火件表面已发生转变，以避免工件与输送带撞击产生磕碰和畸变。

2）淬火件在输送带上不得堆积，以保证工件均匀冷却。

3）淬火件的浸液时间要保证工件完成组织转变。

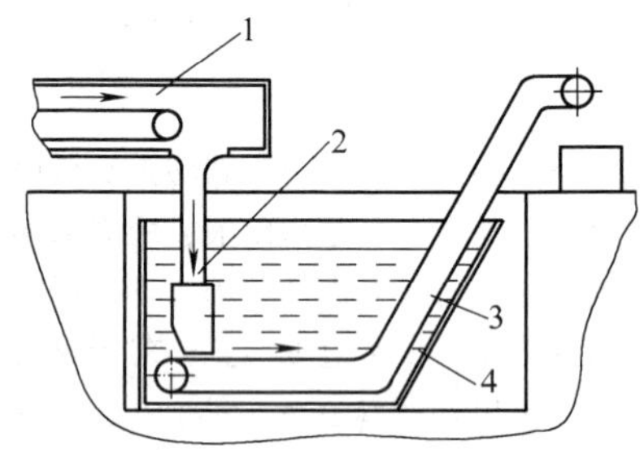

图 19-31　与连续加热炉配套的滑槽式淬火系统

1—连续加热炉出料口　2—滑槽　3—输送带　4—淬火槽槽体

2. 滑槽式淬火槽的下落时间

表 19-9 列出了工件下落 2m 距离的时间测量结果。测量的介质为水、油Ⅰ（50℃下 1.6°U）和油Ⅱ（50℃下 4.5°U），下落距离为 2m。图 19-32 所示为不同尺寸工件沿截面的温度与下落距离的关系曲线。对照表 19-9 与图 19-32 数据可以看出，即使是尺寸小的工件在滑槽中的降温也未达到马氏体转变开始温度。因此，在淬火件出液前提供强烈搅拌是十分必要的。

表 19-9　工件下落 2m 距离的时间测量结果

工件	下落时间（最小值/最大值）/s		
	水	油Ⅰ	油Ⅱ
200g 圆柱件	1.5/1.7	1.0/1.5	1.0/2.5
800g 圆柱件	0.6/1.0	0.6/1.0	0.7/1.1
100g 的螺母、垫圈	1.8/2.8	1.5/2.2	1.7/2.2

3. 滑槽式淬火槽的搅拌方式

图 19-33 所示为介质流动与工件下落方向相反的搅拌装置。该搅拌装置的介质流动方向与下落工件的运动方向相反，加快了工件表面处介质的相对流速，提高了冷却强度。同时，减缓了工件的下落速度，使工件的冷却时间延长，也对冷却有促进作用。内置冷却器将冷却后的介质直接喷入滑道中。

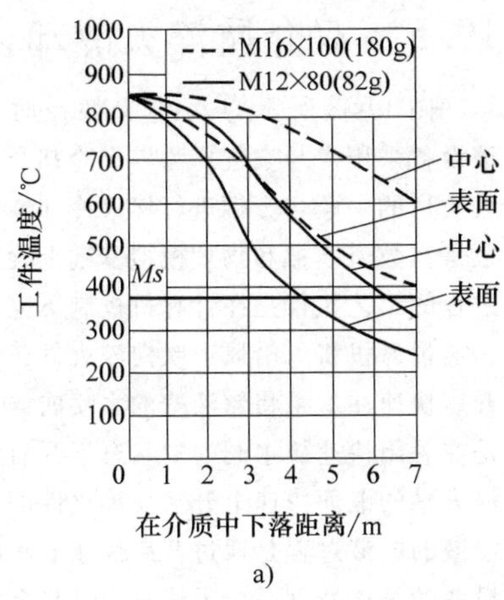

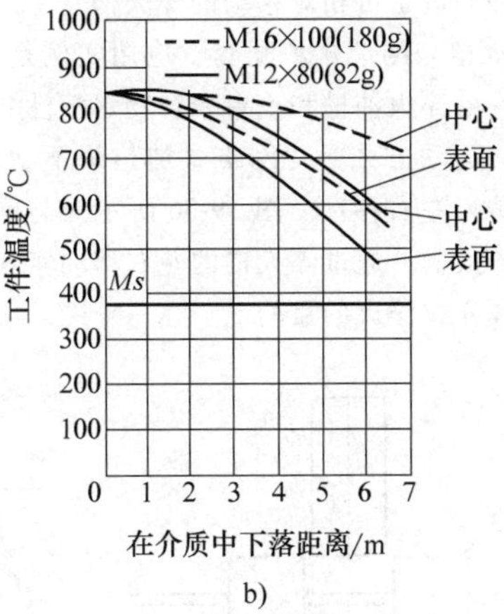

图 19-32 不同尺寸工件沿截面的温度与下落距离的关系曲线

a）水中淬火 b）油中淬火

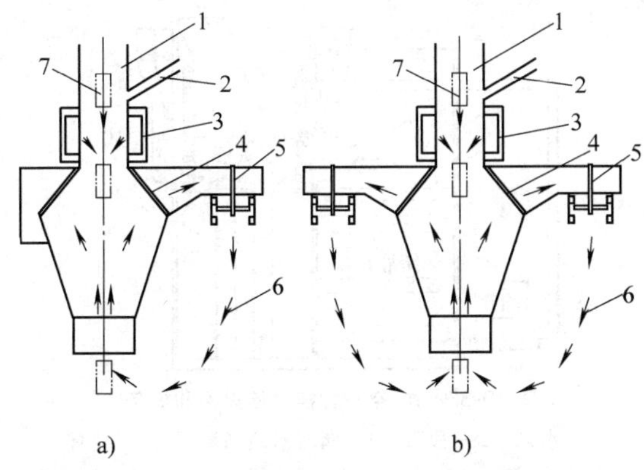

图 19-33 介质流动与工件下落方向相反的搅拌装置

a）单搅拌器 b）双搅拌器

1—滑槽 2—排烟孔 3—内置冷却器 4—过滤孔板 5—搅拌器 6—介质流动方向 7—淬火件

图 19-34 所示为介质流动与工件下落方向相同的搅拌装置。图 19-35 所示为埋液喷射方法搅拌装置。

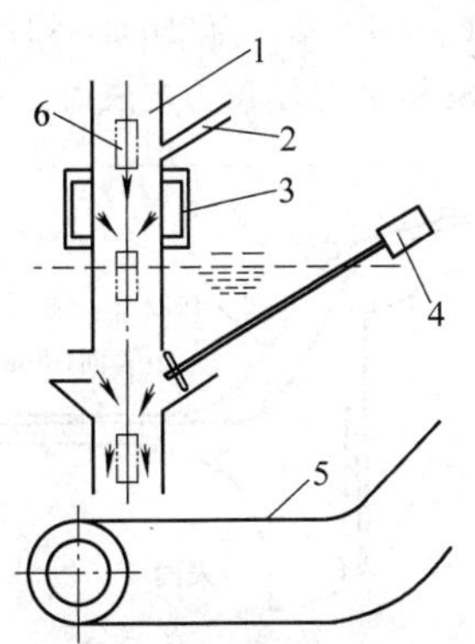

图 19-34 介质流动与工件下落方向相同的搅拌装置

1—滑槽 2—排烟孔 3—内置冷却器 4—搅拌器 5—输送带 6—淬火件

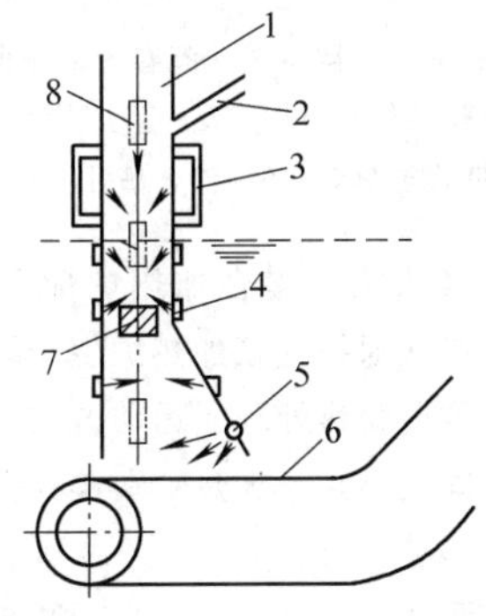

图 19-35 埋液喷射方法搅拌装置

1—滑槽 2—排烟孔 3—内置冷却器 4—埋液喷嘴 5—面对输送带的喷嘴 6—输送网带 7—介质溢流口 8—淬火件

滑槽设计应考虑以下几个方面：

1）重视介质搅拌系统的设计，它对工件在有限的下落距离内获得均匀冷却起着重要的作用。

2）在滑槽通道的液面上部设置冷却环，经换热器冷却后的淬火冷却介质通过该冷却环喷入滑槽内，其作用是减少油烟或水蒸气进入加热炉。

3）在冷却环的上部设置排烟孔，排出滑槽内的气体。

4）为了使热的淬火冷却介质能从滑槽上部溢出，在滑槽上应留有开口，并且设置相应的挡板，以避免喷出的介质对人造成伤害。

5）设在滑槽下面的输送网带的开孔尺寸应易于介质流动和配置足够长度网带，以使在滑槽中未完成冷却的淬火件能够在网带上完成淬火冷却过程。

19.4.4 可相对移动的淬火槽

为了使保护气氛加热炉能采用两种或两种以上介

质的淬火，设计和制造了可相对移动的淬火槽。

（1）多台淬火槽与网带式炉配套　应用实例是，一台网带式炉与一台淬火油槽和一台聚合物水溶性介质的淬火槽配套。运动方式是，网带式加热炉不动，淬火槽在加热炉炉口左右移动。图19-36所示为与网带式炉配套的双淬火槽，通过淬火槽的左右移动实现了网带式炉可选择介质淬火的目的。

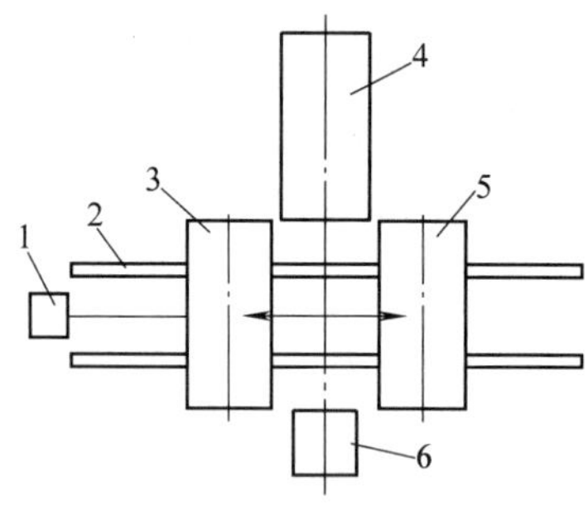

图19-36　与网带式炉配套的双淬火槽

1—淬火槽左右移动传动机构　2—运动导轨　3—淬火槽Ⅰ　4—网带式加热炉　5—淬火槽Ⅱ　6—料盘

（2）多台淬火槽与多台加热炉配套　应用实例是，在多台钟罩式保护气氛加热炉生产线上配置多台淬火槽，实现柔性化热处理。运动方式是，淬火槽在加热炉的下方固定不动，加热炉在淬火槽的上方沿着运动导轨左右移动。

图19-37所示为与钟罩式保护气氛加热炉配套的淬火槽。工作过程如下：加热炉沿导轨左右移动，待加热工件放在炉盖上，由炉盖上升将工件送入炉内加热，完成加热的工件由加热炉内的夹持机构夹住，炉盖下降，加热炉连同被加热工件移动到预定淬火槽的上方，由淬火槽内的升降台将工件送到介质中完成淬火。淬火槽可以根据需要装入不同的淬火冷却介质，淬火槽的数量可根据要求确定。

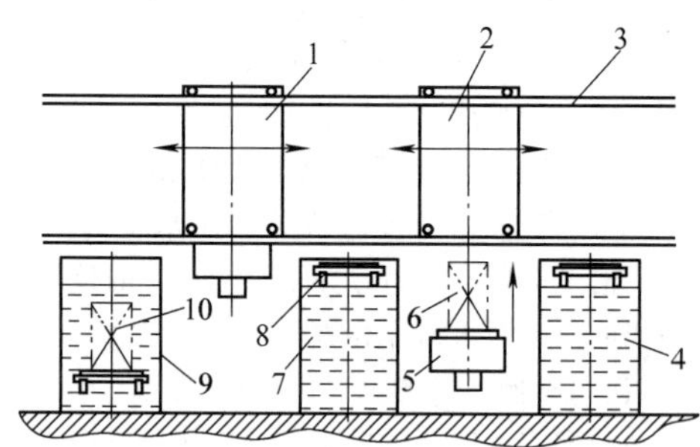

图19-37　与钟罩式保护气氛加热炉配套的淬火槽

1—加热炉Ⅰ　2—加热炉Ⅱ　3—导轨　4—淬火槽Ⅰ　5—炉盖　6—待加热工件　7—淬火槽Ⅱ　8—淬火槽升降台　9—淬火槽Ⅲ　10—淬火件

19.5　双介质淬火冷却设备

图19-38所示为水-空交替控时淬火冷却设备。该设备采用水与空气作为淬火冷却介质，对大尺寸和大质量的中碳合金钢进行淬火冷却。淬火冷却工艺参数是在数值模拟和物理模拟基础上确定的，整个冷却过程的工艺执行是在计算机控制下完成的。风冷过程是通过风机将风沿风道吹向淬火件；喷冷过程是通过开启快速注水泵将储液槽的水喷向淬火件；浸液过程是在关闭快速放水阀门的状态下开启快速注水泵，使淬火槽的液面快速上升实现淬火件的浸液淬火；结束浸液的放液过程是通过开启快速放水阀来实现的。该设备的结构特别适合无法采用升降台方式实现浸液淬火过程的大质量淬火件的淬火。

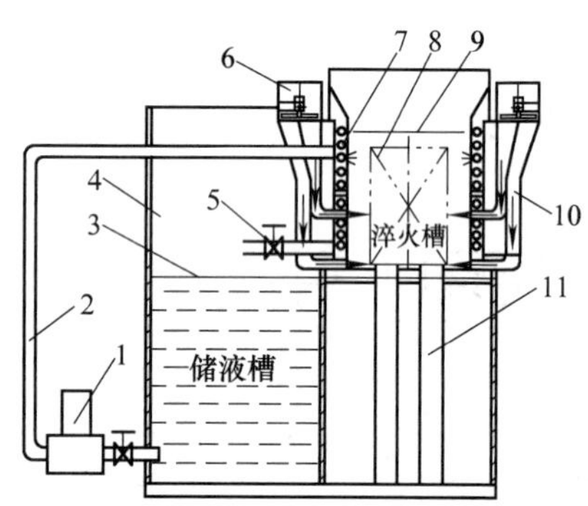

图19-38　水-空交替控时淬火冷却设备

1—注水泵　2—管路　3—储液槽最高液面　4—槽体　5—快速放水阀　6—风机　7—喷嘴　8—淬火件　9—浸液时最高液面　10—风道　11—支承柱

该设备可以实现喷水、浸液和风冷功能的交替淬火冷却。采用该设备，可以根据工艺需要将冷却强度在很大范围内进行调整，即可以实现强冷，也可以实现冷却强度很弱的空冷。图19-39所示为采用该设备处理的尺寸（长×宽×厚）为2500mm×1100mm×310mm的P20塑料模具钢的厚度方向表面、中心和距表面

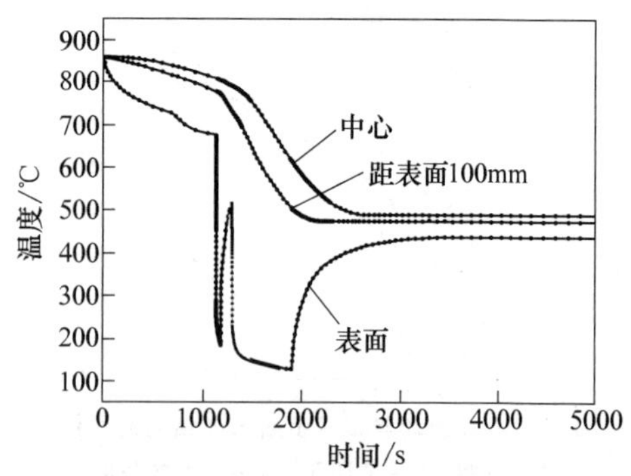

图19-39　模具钢的冷却曲线

100mm 处的冷却曲线。冷却曲线反映出工件在“空冷+强冷+空冷+强冷+空冷”工艺过程中的冷却曲线变化。

19.6　强烈淬火冷却设备

强烈淬火技术是由乌克兰 Nikolai Kobasko 博士发现和提出的。它是采用高速搅拌或高压喷淬使工件在马氏体转变区进行快速而均匀的冷却，在工件整个表面形成一个均匀的具有较高压应力的硬壳，避免了常规淬火在马氏体转变区进行快速冷却产生的畸变过大和开裂问题。

现行的强烈淬火方法有 IQ-1，IQ-2 和 IQ-3，它们主要是根据工件在淬火过程中的不同冷却方式来区分的。在 IQ-1 方法中，蒸汽膜冷却和沸腾冷却都会在工件表面发生；在 IQ-2 方法中，工件表面冷却不存在蒸汽膜阶段，它主要靠沸腾冷却和此后的对流冷却方式传热；在 IQ-3 方法中，冷却强度特别大，以至于蒸汽膜冷却和沸腾冷却阶段都消失了，主要的传热方式是靠对流。由此开发出两类用于强烈淬火的设备，它们分别是为 IQ-2 和 IQ-3 方法设计的。有关强烈淬火技术方面的专利和保护范围可查阅相关的资料。

19.6.1　IQ-2 方法的淬火冷却设备

IQ-2 方法的冷却有三个步骤：

1）以沸腾冷却方式在工件表面的快速冷却。

2）在空气中慢冷。

3）在淬火槽中进行的对流冷却。

在第一个步骤的冷却过程中，工件表面快速进行马氏体相变。为了防止表面的开裂，当表层近 50% 的组织转变为马氏体时，即表层仍然是塑性时，需要停止快冷，然后将工件从淬火冷却介质中取出。

第二步是从介质中取出工件，在空气中冷却。在这个步骤中，从工件心部释放出的热量使表层马氏体进行自回火，使工件在横截面上具有相近的温度。工件在第一步中形成的较高压应力在这一步处理后也得到了一定的固定。由于有这个自回火过程，具有马氏体组织形态的工件表面进一步避免了在最后冷却过程中发生开裂现象。

第三步是工件被重新放进强烈淬火槽中使其进行对流冷却，以完成所要求的表层及心部的相变过程。

用于 IQ-2 方法的淬火冷却设备与用于批量连续生产的常规淬火槽基本相似，主要区别在于：

1）IQ-2 方法淬火冷却设备使用低浓度（小于 10%）的盐水或其他盐溶液作为淬火冷却介质，而不是采用油或水溶性聚合物类介质。目的是尽量缩短不稳定的蒸汽膜冷却的持续时间。

2）IQ-2 方法淬火冷却设备要有很高的淬火冷却介质搅动速率。例如，一台满容量为 22.7m^3 的 IQ-2 淬火设备，装有 4 个 ϕ457.2mm 分别由 7.5kW 的电动机提供动力的搅拌器，而一台容量相等的常规油淬设备只需安装两个分别由 3.75kW 的电动机推动的搅拌器。

3）IQ-2 方法淬火冷却设备装备有较快的升降机，因为 IQ-2 方法中有的步骤可能只持续很短的时间，如从强烈水淬转变到空冷的过程仅需要在 2~3s 内完成。

4）IQ-2 方法淬火冷却设备需要精确的自动化系统来控制淬火过程中每步的时间。工艺的确定是在数值模拟的基础上进行的，首先需要计算从浸液开始到工件表层获得 50% 马氏体的时间，然后计算工件表面层在空气中冷却进行自回火（降低脆性）的时间，最后计算在介质中完成淬火的时间。

1. 周期式 IQ-2 方法淬火冷却设备

图 19-40 所示为周期式 IQ-2 方法淬火冷却设备。该淬火槽与可控气氛箱式多用炉配套，设置有 4 套螺旋桨搅拌器，并设有升降台。淬火槽有效区的介质流速不低于 1.5m/s，螺旋桨搅拌器埋入液面的深度应使带入介质中的气体量最小。

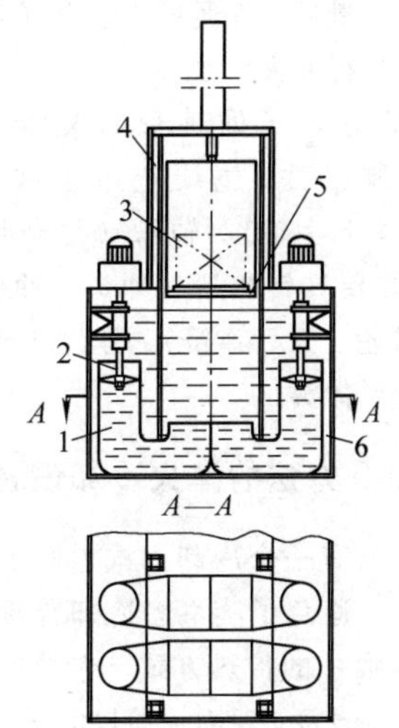

图 19-40　周期式 IQ-2 方法淬火冷却设备

1—导流筒　2—搅拌器　3—淬火件
4—炉子前室　5—升降台　6—淬火槽

2. 连续式 IQ-2 方法淬火冷却设备

图 19-41 所示为一种工业用 IQ-2 方法淬火工艺的连续式热处理生产线。包括连续炉、带斜槽的淬火槽、泵、淬火冷却介质冷却系统、可调速传送带、清洗装置、使工件移动穿过清洗装置的传送带、带独立

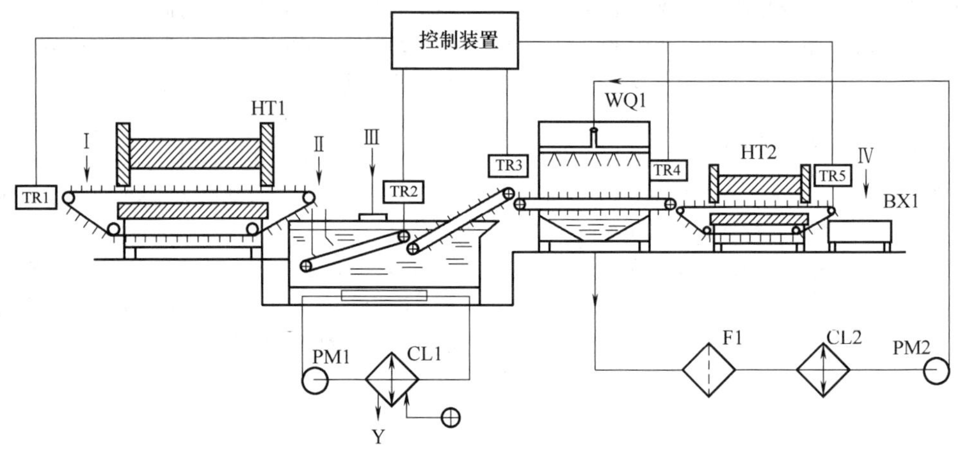

图19-41 IQ-2方法淬火工艺的连续式热处理生产线

Ⅰ—将工件送入炉HT1中加热的传送带的装载点 Ⅱ—配有强烈冷却装置的斜槽 Ⅲ—有两条传送带的淬火槽 Ⅳ—将钢件从炉HT2取出的卸载点 TR1~TR5—传送带1~5的速度控制单元，由控制装置操纵 HT1、HT2—加热炉 WQ1—清洗和淬火装置 PM1、PM2—泵 CL1、CL2—冷却装置 F1—过滤器 BX1—盛放完成热处理的工件的容器

传送带的连续式回火炉。

淬火时，首先当工件下落通过斜槽后落在淬火槽传送带（TR2）上时被强烈冷却，工件移动落入第二个传送带（TR3）后进入空冷阶段，在此阶段工件表层发生自回火，截面温差减小；然后工件被传送到清洗装置的传送带（TR4）上，进入清洗室并被再次强烈冷却到室温；最后工件通过传送带（TR5）进入连续式回火炉，进行回火。

IQ-2技术适合于处理形状复杂、厚度小于12.5mm的钢制工件，主要应用领域为汽车零件（轴、稳定杆、十字轴）、轴承（复杂形状轴承环、轴承罩）、冷热模具钢产品（冲头、冲模）、机械零件（锻件、链轮、叉、弹簧）、厚度小于12.5mm的卷形弹簧和叶形弹簧。

19.6.2 IQ-3方法的淬火冷却设备

IQ-3方法只有一个冷却方式，即工件表面的冷却速度足够快，避免了蒸汽膜冷却与沸腾冷却的发生，对流成为唯一的传热方式。它的冷却过程分两步：步骤1是，直接进行对流阶段的强烈冷却，在工件表层形成100%马氏体和具有最大压应力的硬壳；步骤2是，一旦硬壳形成，马上停止步骤1的强烈冷却，工件在空气中进行冷却。

IQ-3方法可以用两种手段来实现：如果工件具有较规则的外形（如圆柱形或平板形等），高速水流可以提供给工件表面所需的强烈冷却；如果工件具有相对较复杂的形状（如轴承的凸缘可能会阻碍沿轴向的水流），可以用一个喷射口来产生均匀强烈的水流。可见，此方法需要一个或几个泵来提供均匀且高速的水流。一套标准的IQ-3方法淬火冷却设备包含有水槽、泵、阀门、水管、水流、温度、压力控制系统、工件自动抓举装置和一套水冷设备。

工艺的确定是在数值模拟的基础上进行的，首先需要计算直接进入对流阶段冷却所达到的冷却速度或表面传热系数，然后计算获得最大表面压应力或最佳淬硬层深度所需的时间。

图19-42所示为IQ-3方法淬火冷却设备。图19-42a所示为待料状态，工作时将淬火件放在载料台上，然后气缸将载料台提升到强烈淬火罩的底部。图19-42b所示为淬火状态，开启泵将介质喷入强烈淬火罩，对淬火件进行强烈冷却，强烈冷却结束后泵停

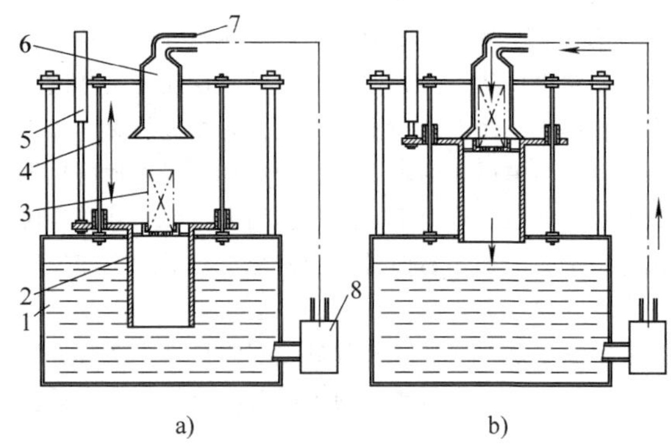

图19-42 IQ-3方法淬火冷却设备

a）待料状态 b）淬火状态

1—装液槽 2—载料及升降台 3—淬火件 4—导向杆 5—升降气缸 6—强烈淬火罩 7—管路 8—泵

止，最后在气缸的带动下将载料台放回待料位置。该设备适合形状简单的圆棒料淬火冷却。

IQ-3 技术适合处理厚度大于 12.5mm 的钢制工件，如汽车零件（卷形弹簧、叶形弹簧、滚针、轴、扭力杆）、轴承（形成有利的表面压应力）、形状简单的冷热模具钢产品、机械零件（锻件、链轮、叉、弹簧）。

以下三个主要问题可能会影响 IQ-3 方法的实际操作。

1）无法保证整个工件表面都有快速且均匀的水流，特别是对于那些具有复杂外形的工件。

2）此方法在处理厚度小于 12.5mm 的工件时有较大困难，因为对于这么薄的工件，控制合适的温度梯度使其表面为 100% 的马氏体组织而心部却为奥氏体组织的难度很大。大量实验表明，对于薄壁工件，理论所需的高速水流和极短冷却时间是不容易在实际生产中实现的。

3）此方法不适合一次处理整批的工件。

19.7　淬火冷却过程的控制装置

19.7.1　淬火冷却过程的控制参数

1. 介质的种类及介质的成分

介质种类指淬火冷却过程中是采用一种还是多种介质。通常情况下是采用一种介质进行淬火冷却，但对于特殊要求的冷却，可能会采用两种或两种以上的介质，如水淬+油冷、水淬+水溶性介质或水+水溶性介质+空冷等进行冷却。介质成分指介质类别、型号、溶液中溶质的成分和含量及使用过程中成分的稳定性。在目前生产情况下，介质的成分是事先选择的，选择的主要依据是钢材的淬透性、淬火件的尺寸因素和对淬火质量的要求。

2. 介质温度

介质温度指温度的设定值及淬火冷却过程中温度的变化值。温度影响介质黏度、流动性、介质溶液溶质的附着状态，从而影响介质与工件的热交换和冷却速度。介质温度控制主要是对淬火槽容量、流量、介质换热器和加热器的控制。

3. 介质运动状态

介质运动状态指介质流动形态，即层流或紊流及介质运动相对于工件的方向。介质运动状态影响介质的淬冷烈度和介质在槽内温度的均匀度。介质运动状态决定于介质搅动形式、介质流速和运动方向。

4. 淬火冷却过程的时间

淬火冷却过程的时间不但指总冷却时间，还指通过相变区特性点的冷却时间，即通过钢材奥氏体等温转变图中最不稳定点和马氏体转变开始点的时间，以及冷却过程中蒸汽膜阶段、沸腾阶段和对流阶段三个热交换过程的时间。这些时间阶段是由理论计算或试验测量确定的。

19.7.2　淬火槽的控制装置

1. 综合控制的淬火槽

图 19-43 所示为综合控制淬火槽。该淬火槽为：采取手动或变频调速装置控制搅拌器转速；淬火料台在淬火中进行上下脉动，脉动次数和幅度通过计算机的程序设定；在淬火位置两侧布置喷射管和喷嘴，并控制喷射的时刻和持续时间。

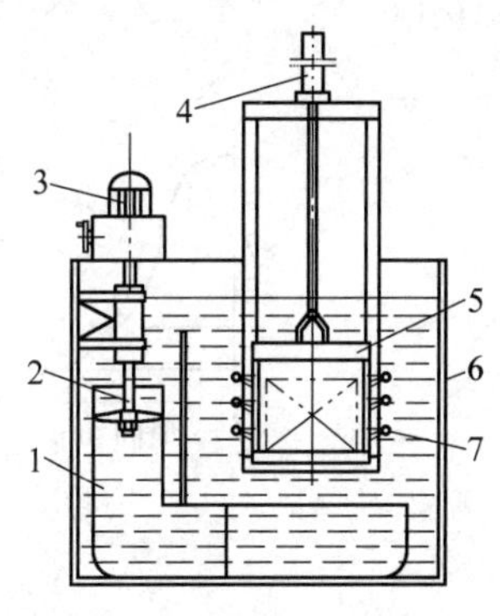

图 19-43　综合控制淬火槽

1—导流筒　2—搅拌器　3—手动或变频调速电机　4—升降液压缸　5—淬火料台　6—淬火槽　7—喷射喷嘴

2. 设液流调节器的淬火槽

图 19-44 所示设液流调节器的淬火槽，主要通过控制搅拌器转速和液流通道的阻力来实现淬火时介质流速的自由设定。搅拌器的转速通过变频电动机来控制，在导流筒内设液流调节器，以改变液体的流量。

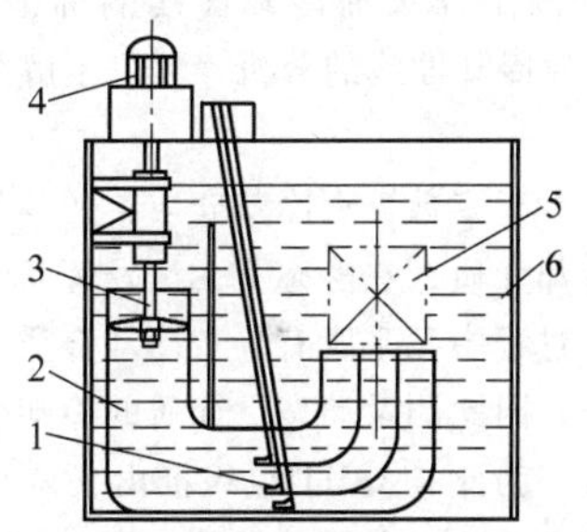

图 19-44　设液流调节器的淬火槽

1—液流调节器　2—导流筒　3—搅拌器　4—变频调速电动机　5—淬火件　6—淬火槽

3. 控时浸淬系统

控时浸淬系统是在冷却过程中按划分时间段进行

控制冷却的装置。控制的主要手段是通过控制搅拌强度，使工件在淬火冷却的各个时间段获得不同的冷却速度，如在淬火初始阶段搅拌速度最大，在接近马氏体转变点时降低搅拌速度。冷却过程的时间和搅拌速度是由计算机控制的。

控时浸淬系统已在生产中应用。图19-45所示为周期式控时浸淬系统装置，采用闭式搅拌，对称安装的两台螺旋桨搅拌器的转速连续可调。

图19-46所示为连续式控时浸淬系统装置。此系统的特点是，工件在蒸汽膜冷却阶段和沸腾冷却阶段用上输送带传送工件；上输送带运行时工件的冷却速度由搅拌强度、喷射强度和传送带速度控制；在对流冷却阶段用下输送带传送工件。螺旋桨搅拌器放置在输送带的出口区域。

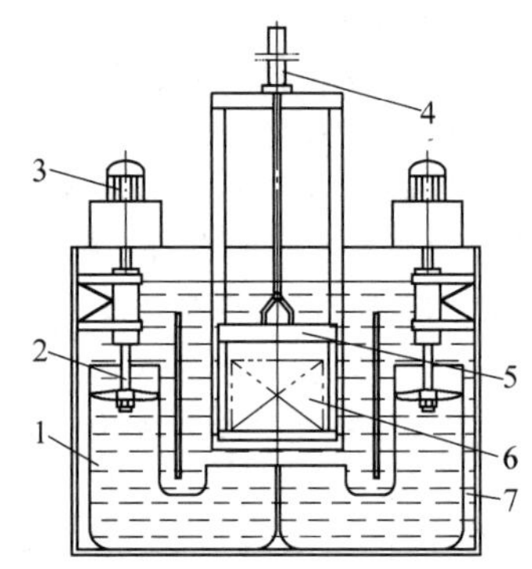

图19-45　周期式控时浸淬系统装置

1—导流筒　2—搅拌器　3—变频调速电动机　4—升降液压缸　5—淬火料台　6—淬火件　7—淬火槽

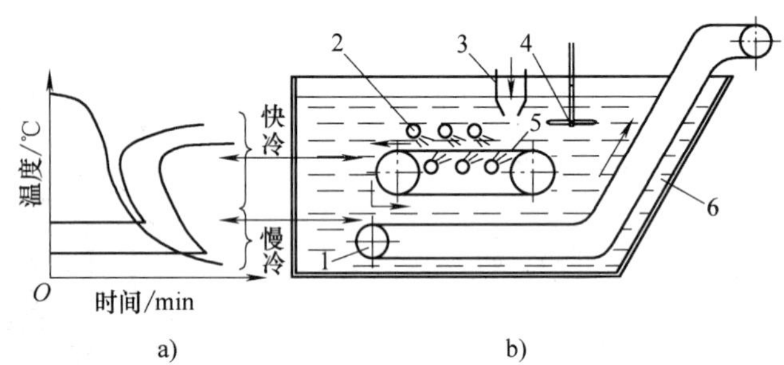

图19-46　连续式控时浸淬系统装置

a）连续冷却转变图与冷却曲线关系　b）连续控时浸淬系统

1—慢冷输送带　2—喷嘴　3—进料滑槽　4—搅拌器　5—快冷输送带　6—淬火槽

19.8　淬火槽冷却能力的测量

19.8.1　动态下淬火冷却介质冷却曲线的测量

为了测量淬火冷却介质的冷却曲线，国际标准化组织推出了测量淬火油冷却曲线的标准 ISO 9950：1995。通过对冷却曲线的分析，可以了解介质的冷却特性。

但是，对于多数淬火冷却介质，尤其是聚合物水溶性淬火冷却介质，在静态下无法发挥其性能，而且在实际淬火过程中几乎所有淬火冷却介质都是在搅拌状态下工作，因此测量动态下介质的冷却能力是实际工程的需要。为此，ASMT组织推出了两个测量动态下淬火冷却介质冷却曲线的标准。

1）《测定聚合物水溶性淬火冷却介质动态下冷却曲线标准试验法（Tensi法）》——*ASMT Designation：D6482-01. Standard Test Method for Determination of Cooling Characteristics of Aqueous Polymer Quenchants by Cooling Curve Analysis with Agitation（Tensi Method）. ASMT standard.* 图19-47所示为Tensi法的淬火冷却介质搅拌系统。

2）《测定淬火冷却介质动态下冷却曲线标准试验法（Drayton法）》——*ASMT Designation：D6549-01. Standard Test Method for Determination of Cooling Characteristics of Quenchants by Cooling Curve Analysis with Agitation（Drayton Unit）. ASMT standard.* 图19-48所示为Drayton法的淬火冷却介质搅拌系统。

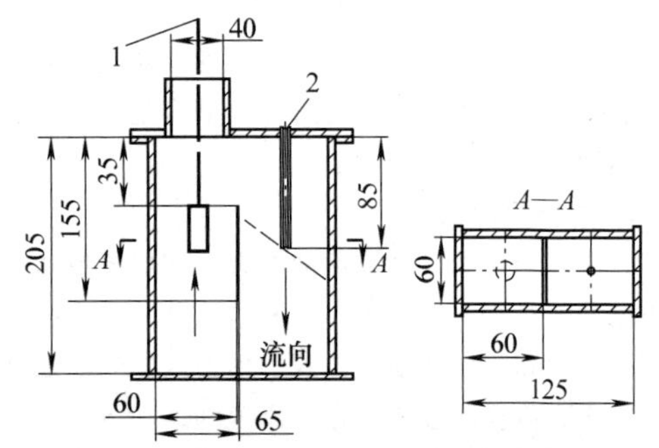

图19-47　Tensi法的淬火冷却介质搅拌系统

1—测量探头　2—搅拌器导向杆

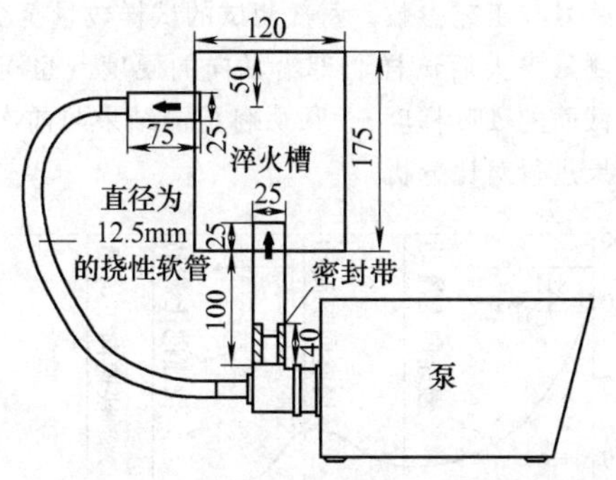

图 19-48　Drayton 法的淬火冷却介质搅拌系统

Tensi 法和 Drayton 法均是采用 ISO 9950 中推荐的 Inconel 600 镍合金探头。

19.8.2　淬火槽冷却能力的连续监测

造成淬火后工件硬度不均匀、畸变和开裂，主要原因是淬火槽内整个淬火冷却区的介质流动不均匀。在淬火过程中，介质流动特性是控制淬冷烈度的关键。因此，有必要对实际淬火槽的冷却能力进行测量。

为了实现对实际淬火槽冷却能力的连续监测，Tensi 建议用测量能量传导的方法来比较流体场中各部位流速分布的均匀程度，其原理如图 19-49 所示。通过该探头测量处于紊流运动状态下介质的热流变化。

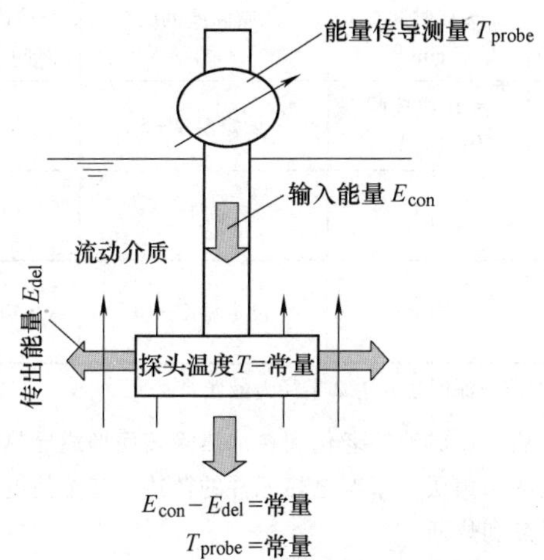

图 19-49　淬火冷却介质搅拌能力测定原理

该探头的温度被设定为常数，即 T_{probe} = 常量，通过改变输入能量 E_{con}，就可以根据式（19-16）测量出传出能量 E_{del}，即

$$E_{con}-E_{del}=\text{常量} \quad (19\text{-}16)$$

由于传出能量 E_{del} 取决于介质成分、介质温度 T_{bath} 和搅拌状态，搅拌能力或冷却能力是一个无量纲值。

输入能量 E_{con} 可由式（19-17）中的两个参数决定，即

$$E_{con}=C\cdot\text{“搅拌能力”} \quad (19\text{-}17)$$

式中　C——一个与探头热物理性能（包括 T_{probe}、介质的化学性能、T_{bath}）和 E_{del} 有关的量值。

根据式（19-17），当 T_{probe} 达到一个稳定值时，得到图 19-50。当探头浸入介质中的指定区域，探头温度（T_{probe}）下降，然后通过提高输入能量 E_{con}，直到探头温度（T_{probe}）达到初始值，由此可以定义出探头参数。同样，通过图 19-51 可定义出 E_{con}、T_{bath} 和搅拌能力之间的关系。测量精度随探头温度（T_{probe}）的升高而增加。

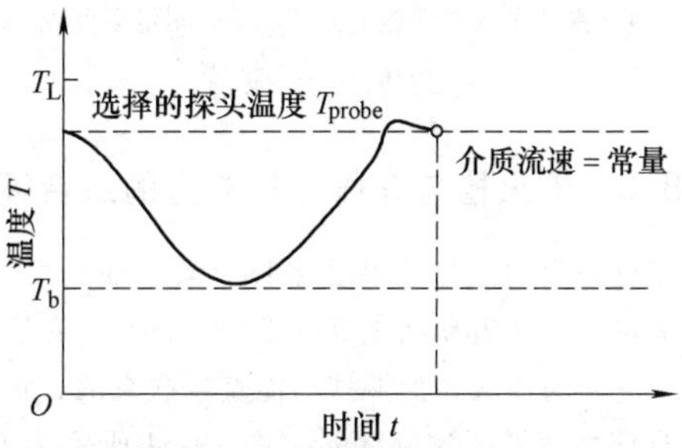

图 19-50　插入探头后探头温度随时间的变化

T_b—介质温度　T_L—莱顿弗罗斯特温度

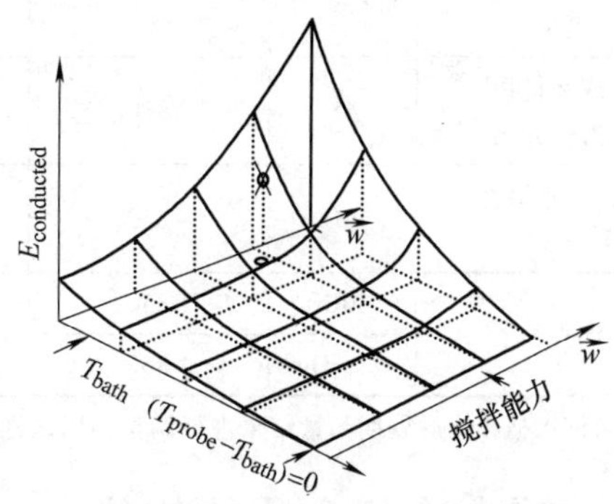

图 19-51　输入能量、介质温度和搅拌能力之间的关系

与 Tensi 原理类似，德国 Ipsen 公司开发了称为 Fluid-quench 的探头，如图 19-52 所示。它是由两支相互隔热的铠装热电偶组成，其中一支热电偶被恒定功率的热源加热，另一支热电偶测量介质的温度。利用示差热电偶原理测量和记录两支热电偶在淬火槽中的温度差，通过分析这个温差变化曲线，就可以得出介质冷却能力和淬火槽搅拌强度的综合变化情况。图 19-53 所示为 Fluid-quench 探头测量不同搅拌条件下

的温差分布。通过该曲线分析，可了解淬火槽搅拌情况的变化。

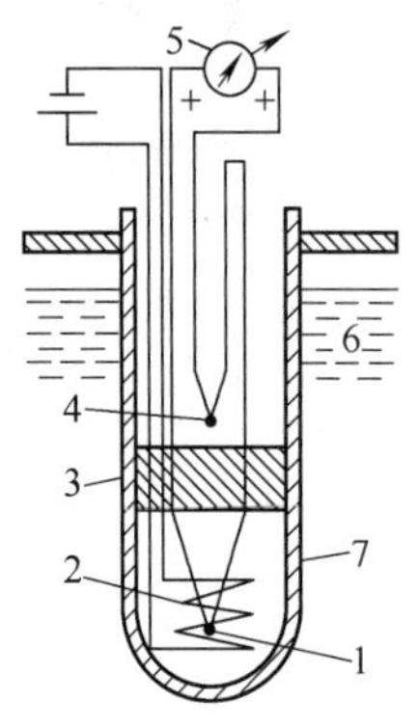

图 19-52　Fluid-quench 探头

1—测量温升热电偶 T_1　2—恒功率加热　3—绝热体
4—测量介质温度热电偶 T_2　5—测量温度差
6—流体　7—保护管

19.8.3　淬火槽与介质冷却能力的综合评估

工件淬火的冷却效果受多种因素，如介质特性、介质温度、介质流动状态等的影响，特别是介质流动状态，它是与淬火槽的搅拌功能直接联系的，在实验室很难获取，需要实际测量。图 19-54 所示为 GB/T 37435—2019 中建议的硬度梯度试样。表 19-10 列出了材料牌号与工艺参数。每次测试的试样数量至少为 3 个，测量淬火后试样心部沿轴向的硬度（也可测量几个截面的硬度梯度），最后将检测结果与前次的检测结果进行对比分析。

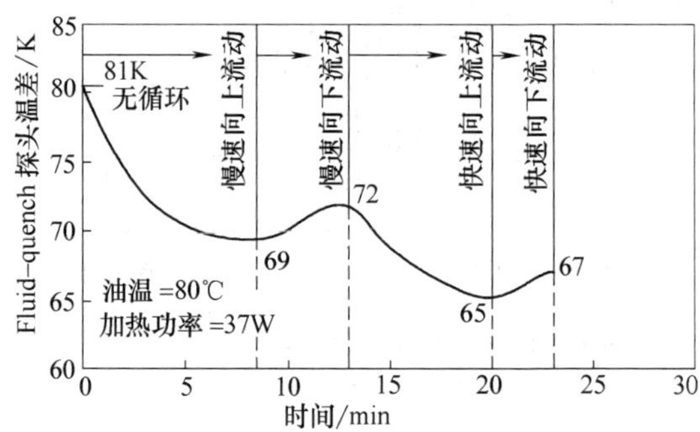

图 19-53　Fluid-quench 探头测量不同搅拌条件下的温差分布

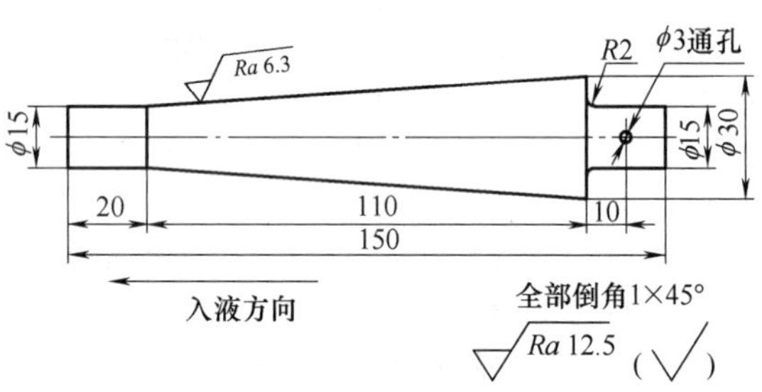

图 19-54　硬度梯度试样

表 19-10　材料牌号与工艺参数（摘自 GB/T 37435—2019）

淬火冷却介质类型	材料牌号	奥氏体化温度/℃	保温时间/min	转移时间/min	介质温度范围/℃	参考浸液时间①/s
水或无机物水溶性介质	45	850	40	≤2(或按照约定时间)	设定温度±5	12
有机物水溶性介质	40Cr	850	同上	同上	同上	18
淬火油	40Cr	850	同上	同上	设定温度±10	30
	42CrMo	850				

①允许根据淬火后硬度测量结果进行调整，以试样小端淬透和大端淬硬深度达到 1/2 半径为最佳。

19.9　淬火冷却介质的加热

完善的淬火槽应设加热装置，达到发挥介质最佳冷却性能的目的。

对于以水或盐水溶液为淬火冷却介质的淬火槽，通常采用通入水蒸气或电加热的方式加热，通入水蒸气会影响盐水的浓度。

对于碱水溶液、聚合物类水溶性淬火冷却介质和淬火油，一般采用管状电加热器。对于淬火油的加热器，加热管的负荷功率应小于 1.5W/cm^2，以防油局部过热，造成油的老化和在加热管表面形成导热性能不良的结焦层，影响电热元件的散热，甚至使电热元件过热和烧断。

对于盐浴淬火槽，通常在槽子的外侧或底部设置加热装置，也有在槽子的内部插入管状电加热器的方式。

选择电加热器应注意以下几点：

1）对于顶插入介质的管状电加热器，要根据液面的波动情况，设置有足够的非加热区，以免加热区暴露在介质之外过烧而损坏。

2）管状电加热器的表面负荷要根据选用的介质种类和介质的流动（搅拌）情况而定。

3）对于淬火油槽，不允许选用加热管材质为铜或铜合金的管状电加热器，因为铜或铜合金会加速矿物油的氧化和聚合反应速度。

19.10　淬火冷却介质的冷却

19.10.1　冷却方法

1. 自然冷却

依靠液面和淬火槽槽体钢板散热，其散热能力很差，一般仅为 1～3℃/h。对于有搅拌功能的淬火槽，自然散热能力可达到上限值。

2. 水冷套式冷却

水冷套式冷却的方法是在淬火槽的外侧设置冷却水套或向放置淬火槽的地坑中充水。这种方法热交换面积很小，很难达到良好效果。

3. 蛇形管冷却

将铜管或钢管盘绕布置在淬火槽内侧，通入冷却水去冷却淬火冷却介质。此法虽然增大了换热面积，但主要是冷却淬火槽四周的介质与槽中央的介质会有较大温差，需要加强介质的搅拌，才能减小淬火槽内介质的温差。淬火油槽不允许采用铜管，原因是铜或铜合金会加速矿物油的氧化和聚合反应速度。图 19-55 所示为带蛇形冷却管的淬火槽。

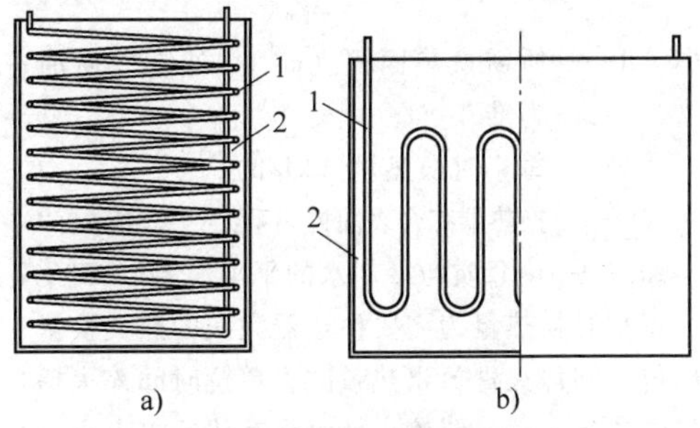

图 19-55　带蛇形冷却管的淬火槽

a）螺旋形蛇形管　b）波形蛇形管

1—冷却管　2—淬火槽

4. 淬火槽独立配置冷却循环系统

淬火槽独立配置冷却循环系统，结构较紧凑，淬火槽需要配备的介质量也会相对减少，主要有如下几种结构形式。

（1）小型淬火槽自身配换热器　这种结构是将小型换热器直接安装在淬火槽内的导流筒中，如图 19-56 所示。

（2）可移动式淬火槽设置冷却循环系统　图 19-57 所示为配有冷却循环系统的移动式淬火槽。该槽设有可移动的小车，可为多台小型热处理炉服务。

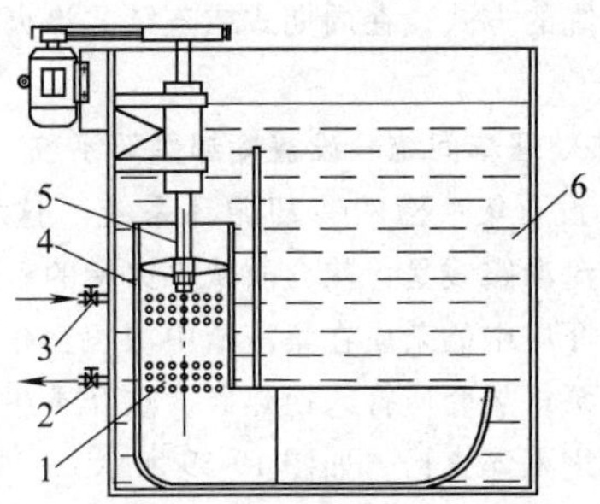

图 19-56　自身配换热器的淬火槽

1—换热器　2—冷却水出口　3—冷却水进口　4—导流筒　5—搅拌器　6—淬火槽

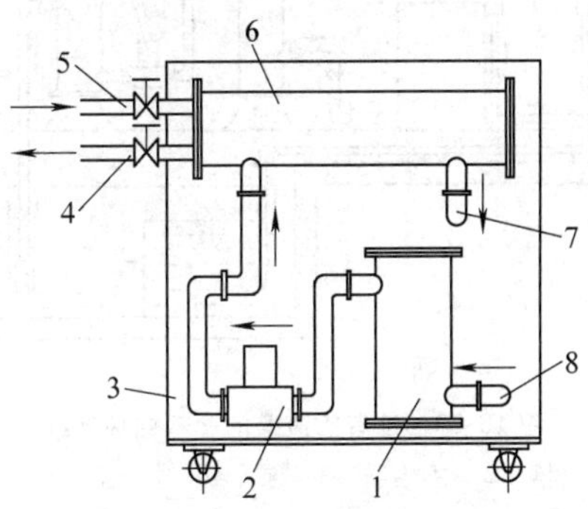

图 19-57　配有冷却循环系统的移动式淬火槽

1—过滤器　2—泵　3—淬火槽　4—冷却水出口　5—冷却水进口　6—换热器　7—被冷却介质到淬火槽的入口　8—热介质由淬火槽进入热交换系统的接口

（3）热处理炉独立配置冷却循环系统　箱式可控气氛炉配套的淬火油槽，将换热器设置在炉子前室下面淬火油槽的侧面，如图 19-58 所示。这种配置冷

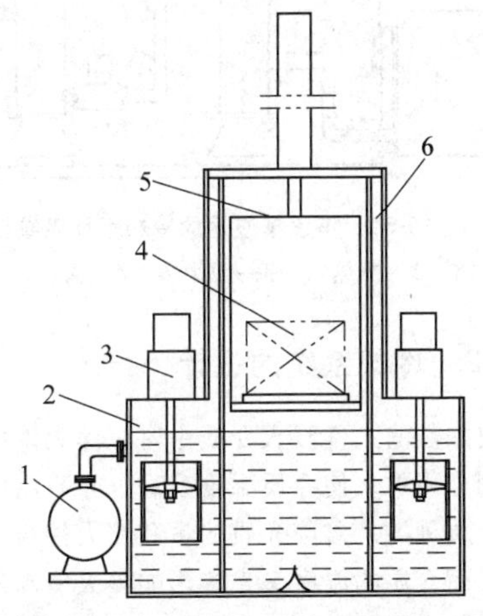

图 19-58　箱式可控气氛炉配套的淬火油槽

1—外部淬火油冷却系统　2—淬火槽　3—搅拌器　4—淬火件　5—升降台　6—炉子前室

却循环系统的方式，在周期式或连续式淬火槽上被广泛采用。

5. 热处理车间统一设置冷却循环系统

（1）设有集液槽的冷却循环系统　这种系统介质的循环流动路线是：热介质从淬火槽的溢流槽流入集液槽，介质中的杂质在集液槽中沉积；介质经过滤器，再由泵将热介质打入换热器，热介质在换热器中被冷却后进入淬火槽，如图 19-59 所示。

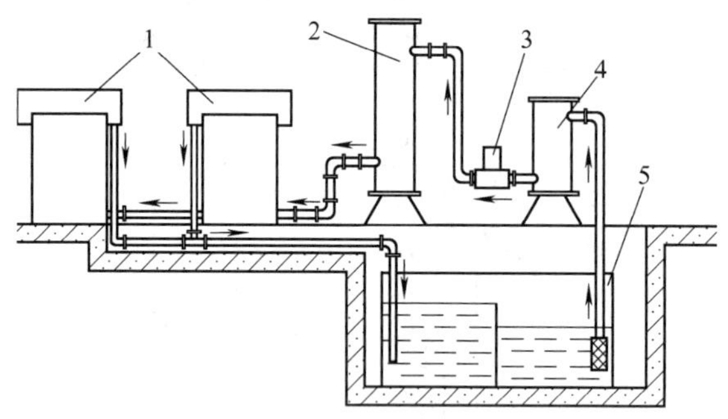

图 19-59　设有集液槽的冷却循环系统

1—淬火槽　2—换热器　3—泵　4—过滤器　5—集液槽

（2）不设集液槽的冷却循环系统　这种系统介质的循环流动路线是：热介质经泵从溢流槽抽出，经过滤器到换热器，冷却后的介质又回到淬火槽。该系统结构紧凑，介质的冷却完全由换热器承担，介质中的杂质由过滤器清除或沉积到淬火槽槽底。如图 19-60 所示。

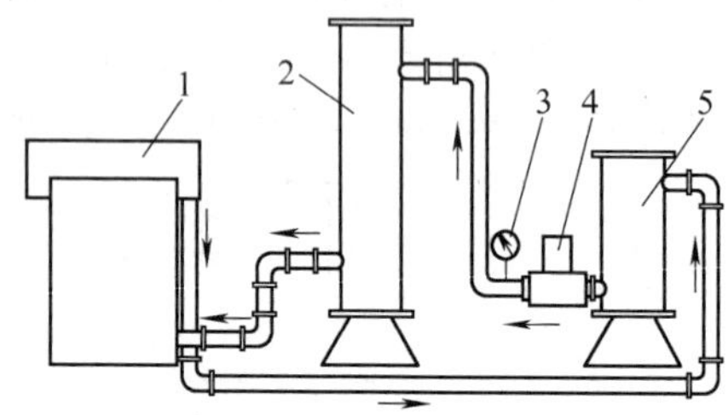

图 19-60　不设集液槽的冷却循环系统

1—淬火槽　2—换热器　3—压力表　4—泵　5—过滤器

19.10.2　冷却系统的设计

当被加热的工件浸入介质中时，淬火件中的热量将转移到介质中，使介质温度升高。介质温度升高值取决于介质种类、参与介质的量和淬火件与介质之间的温差，而介质的温度又直接影响淬火冷却效果。因此，控制淬火过程中介质的温升幅度是淬火槽冷却系统设计时应重点考虑的问题。

控制介质温升最重要的因素是淬火件的质量与介质体积的比值。虽然换热器可以对介质进行冷却，但换热器无法在工件淬火冷却过程的短时间内将淬火件释放出的热量带走。因此，在淬火槽设计时，除考虑淬火件的质量与介质体积的比值，还应考虑换热器的换热效率，以保证在规定的时间内将介质的温度降低到要求的值。

1. 集液槽

集液槽通常是由钢板焊成的方形或圆形槽体。集液槽常兼作事故放油槽用，其内部常用隔板隔成二或三部分，分别作存液、沉淀和备用。集液槽的容积应大于所服务的全部淬火槽及冷却系统中淬火冷却介质容积的总和。对集油槽，一般要加大 30%～40%；对集水或水溶性介质槽，要加大 20%～30%。槽内隔板的高度约为槽高的 3/4。对于装油的集液槽，一般设方便维修的入油孔和放油孔，进油管应插到液面以下，吸油管应插到槽底部，其末端应加过滤网，要设有液面标尺和紧急放油阀门。根据需要，集液槽还应考虑设置保温和加热功能。

集液槽的容积应根据淬火件、淬火槽容积和换热器的换热能力等因素进行综合考虑确定。

2. 换热器

（1）换热能力计算　选择换热器的主要指标是换热面积和介质循环量。

1）换热面积计算公式为

$$A=\frac{3.6q}{\alpha_{\Sigma}\Delta t_{m}} \tag{19-18}$$

式中　A——所需换热面积（m^2），通常以通油一侧为准；

q——每小时换热量（kJ/h）；

α_{Σ}——换热器综合表面传热系数［W/(m^2·℃)］；

Δt_m——热介质与冷却水的平均温差（℃）。

每小时换热量为需要换热器完成的热交换量，等于单位时间淬火件放出热量减去单位时间淬火槽自然散热的热量。一般取淬火件每小时传给淬火冷却介质的热量，即

$$q=\frac{Q-Q_{自然}}{T} \tag{19-19}$$

式中　Q——每批淬火件放出的热量（kJ），见式（19-1）；

T——淬火间隔（h）；

$Q_{自然}$——淬火槽在淬火间隔 T 时间内的自然散热量（kJ）。

由式（19-2）推导得到式（19-20）：

$$Q_{自然}=V\rho C_0(t_{02}-t_{01}) \tag{19-20}$$

式中　$t_{02}-t_{01}$——淬火槽在淬火间隔 T 时间内自然散

热时的温度降（℃），对于淬火油槽，$t_{02}-t_{01}=1\sim3$℃/h，带介质搅拌的淬火油槽取上限值。

换热器综合表面传热系数与换热器的结构形式、材料、冷却介质黏度、温度及流速等因素有关，工程计算多从换热器的产品样本中查得。对于淬火油的表面传热系数，考虑使用过程中油在散热板上黏结的影响，应取中下限值。

热介质与冷却水的平均温差 Δt_m 通常按公式（19-21）求出对流平均温度。

$$\Delta t_m=\frac{(t_{01}-t_{w2})-(t_{02}-t_{w1})}{\ln\left(\dfrac{t_{01}-t_{w2}}{t_{02}-t_{w1}}\right)} \tag{19-21}$$

式中　t_{01}、t_{02}——进、出口热介质温度（℃）；

t_{w1}、t_{w2}——进、出口水温度（℃），一般地区取 18℃和 28℃，夏季水温较高的地区取 28℃和 34℃。

2）换热器淬火冷却介质流量及其水流量。每种换热器产品都会在其产品样本上标出不同换热面积下的公称流量。可以根据式（19-18）~式（19-21）计算满足冷却能力要求的换热面积。换热器的冷却水流量可以通过冷却器内平衡求得，也可以从换热器样本上直接查出。

（2）换热器（冷却器）的选择　常用的换热器有制冷机、双液体介质换热器（列管式、平行板式、螺旋板式）和风冷式换热器。

用于油或聚合物水溶性冷却介质的换热器常用的有列管式、平行板式、螺旋板式和风冷式，淬火水槽的冷却通常选用冷却塔式。表 19-11 列出了介质温度适合选择的换热器。

采用水冷却淬火油的换热器，要考虑避免水混入油中的可能性。通常的方法是采用增加油泵的压力，

表 19-11　介质温度适合选择的换热器

处理介质的温度/℃	换热器类型
<24	制冷机
35~45	双液体介质换热器（列管式、平行板式、螺旋板式）
>45	风冷式换热器

使油的压力大于水的压力。但是，为了避免出现油泵效率降低而引起油压降低的问题，建议在油泵的出口端与换热器之间的管路上安装压力传感器或压力表，并将此表的压力值作为经常检查的项目。

（3）换热器的结构

1）列管式换热器。图 19-61 所示为列管式换热器，它主要由壳体、管板、隔板、换热管、封头、折流板等组成。在钢制圆筒形外壳中，沿轴向布置多根小直径纯铜管或钢管。冷却水从管内流过，热介质从管外流过，并由折流板导向，曲折流动。对于冷却对象为油的，列管应选用钢管而不能选用纯铜管，原因是铜会加速矿物油的氧化和聚合反应速度。表 19-12 列出了列管式换热器特性参数，表 19-13 列出了其型号和油流量。

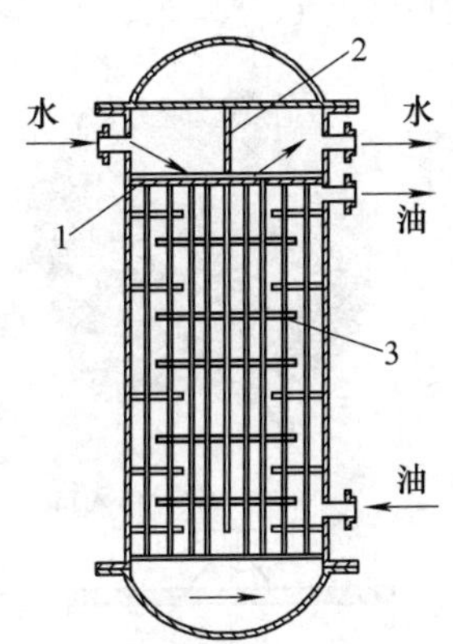

图 19-61　列管式换热器
1—管板　2—隔板　3—折流板

表 19-12　列管式换热器特性参数

系列	公称压力/MPa	介质运动黏度（40℃）/（mm²/s）	进油温度/℃	进水温度/℃	压力损失/MPa 油侧	压力损失/MPa 水侧	油水流量比	表面传热系数/[W/(m²·℃)]
GLC	0.63、1	61.2~74.8	55±1	≤30	≤0.1	≤0.05	1:1	≥350
GLL	0.63	61.2~74.8	50±1	≤30	≤0.1	≤0.05	1:1.5	≥320
GLL-L	0.63	61.2~74.8	50±1	≤30	≤0.1	≤0.05	1:1.5	≥320

表 19-13　列管式换热器的型号和油流量

型号	GLC1	GLC2	GLC3	GL4	GLL3	GLL4	GLL5	GLL6
流量/(L/min)	0.6~5.1	1.8~9	75~250	230~470	75~150	250~650	525~1250	1500~2500

2）平行板式换热器。如图 19-62 所示平行板式换热器由若干波纹板交错叠装，隔成等距离的通道。热介质和冷却水交错通过相邻通道，经波纹板进行热交换，形成二维传热面交换器。它具有传热效率高、

结构紧凑、占地面积小、处理量大，操作简单，清洗、拆卸、维修方便，容易改变换热面积或流程组合等优点。

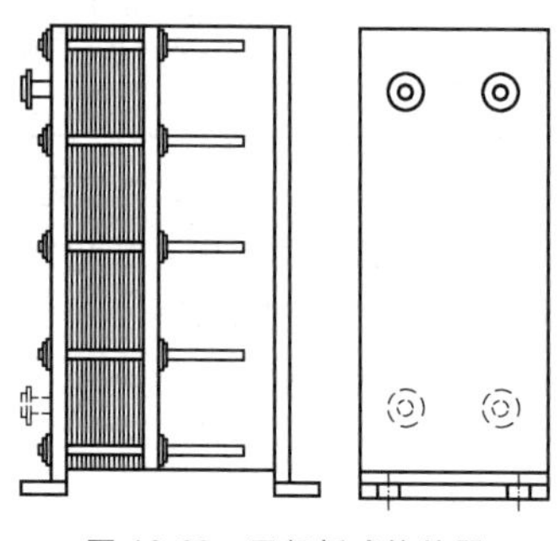

图 19-62 平行板式换热器

平行板式换热器的表面传热系数为 2000～6000W/(m^2·℃)。在相同压力损失情况下，平行板式换热器的表面传热系数比管式换热器高 3～5 倍。

3）螺旋板式换热器。如图 19-63 所示螺旋板式换热器是由两张相互平行的钢板卷制而成，形成通道，两种介质在各自通道内逆向流动。它是一种高效换热设备，适用汽—汽、汽—液、液—液换热。由于

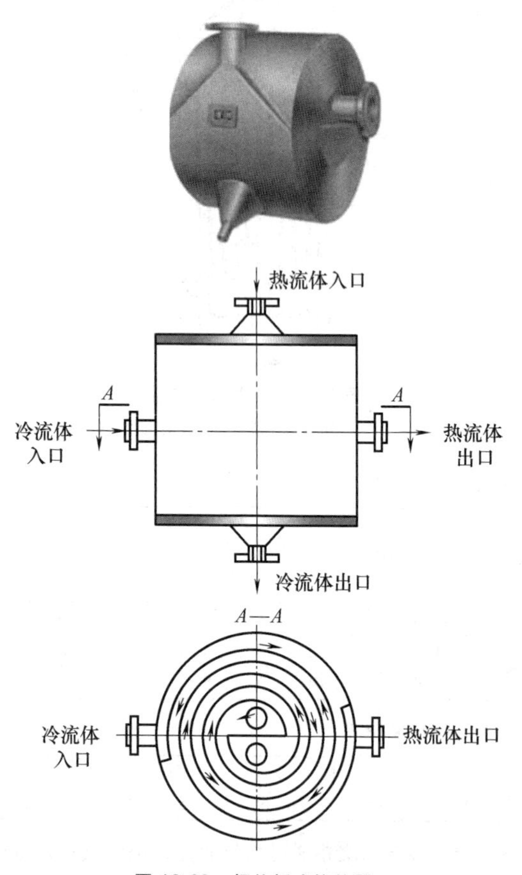

图 19-63 螺旋板式换热器

该换热器具有介质流动通道宽（6～18mm）的特点，适于处理杂质较多的淬火冷却介质，同时它也降低了对过滤器过滤效果的要求。它的表面传热系数最高能达到 3300W/(m^2·℃)，略低于平行板式换热器，是列管式换热器的 2～3 倍。

4）风冷式换热器。它由换热翅片的管束构成的翅管和轴流风机组成。用风扇强制通风来冷却在管内流动的热介质。翅管可用铝、铜、钢或不锈钢制造，并钎焊或滚压扩管连于集流排。空气靠风扇鼓风或抽风流过翅管。它适用于缺乏冷却水源或周围空气温度至少比介质温度低 6～10℃ 的地方。其优点是消除了水—油渗漏的可能性，缺点是风机噪声大。这种换热器的表面传热系数为 46W/(m^2·℃)。图 19-64 所示为风冷式换热器的结构示意。

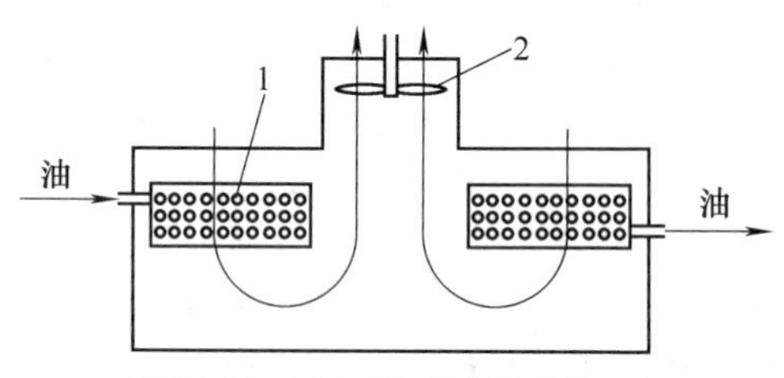

图 19-64 风冷式换热器的结构示意
1—翅管 2—风机

5）冷却塔式换热器。它是依靠泵把淬火槽中的介质提升到塔顶，由上部以淋浴的方式淋下，同时设置在塔上部的风机使冷空气与下淋的介质进行换热，从而使介质降温。这种换热器适合对淬火水槽中的水进行冷却。

3. 泵

盛装水及聚合物类水溶性淬火冷却介质的淬火槽多选用离心水泵，其工作压力一般为 0.3～0.6MPa。输送盐水、苛性碱等水溶液则应选用塑料泵和耐蚀泵。油冷却系统常选用齿轮泵、油离心泵和热水型离心泵。

泵的性能除流量和扬程，要注意泵的吸程和允许的安装高度。输送热水、热油的泵有可能发生气蚀现象，使泵不能正常工作，温度越高影响越大。为了避免发生气蚀，热处理冷却系统的泵一般安装在淬火槽的下部。

目前，ISG 型立式管道离心泵被广泛采用，它集 IS 型离心泵与 SG 型管道泵之优点于一体，具有安装简单和价格低的特点。ISG 型立式管道离心泵适用的介质温度为 -20～80℃。IRG 型为立式管道热水泵，适用的介质温度为 -20～120℃。图 19-65 所示为 ISG 型立式管道离心泵。

图 19-65　ISG 型立式管道离心泵

4. 过滤器

过滤器安装在集油槽与泵之间，主要作用是隔离氧化皮、盐渣等污物，保护泵和换热器。常用双筒网式过滤器，工作时一组过滤器投入运行，另一组备用或清理，适用于主机连续工作的场合。需要过滤装置投入工作或处在清洗备用状态，只要操纵换向阀手柄即可。表 19-14 列出了 SLQ 系列过滤器的型号和技术规格，它所采用的过滤网孔有 80μm 和 120μm。对于热处理冷却系统过滤的工况，建议将过滤网改成 0.5mm×0.5mm 网孔的过滤网。另外，为了延长过滤器的使用时间，可在淬火槽的抽油口加装一个 1mm×1mm 网孔的过滤网，以滤掉尺寸较大的杂质。

5. 管路及其材料

表 19-15 列出了冷却系统管路的管径尺寸选择推荐数据。管径过小，将对流体运动产生阻力，降低泵的工作效率。

表 19-14　SLQ 系列过滤器的型号和技术规格

型号	公称通径/mm	过滤面积/m^2	外形尺寸/mm	通过能力/(L/min)
SLQ-32	32	0.08	397×340×440	130/310
SLQ-40	40	0.21	480×376×515	330/790
SLQ-50	50	0.31	1023×330×800	485/1160
SLQ-65	65	0.52	1087×374×860	820/1960
SLQ-80	80	0.83	1204×370×990	1320/3100
SLQ-100	100	1.31	1337×442×1190	1990/4750
SLQ-125	125	2.20	1955×755×1270	3340/8000
SLQ-150	150	3.30	1955×755×1530	5000/12000

注：公称压力皆为 0.6MPa；通过能力栏中前一数据为 80μm 网孔时的通过能力，后一数据为 120μm 时的通过能力。

表 19-15　冷却系统管路的管径尺寸选择推荐数据

流速/(L/min)	190~340	340~680	680~950
管子直径/mm	50	63	75

冷却系统的管路、阀门和过滤器比较适合选用钢材制作。使用铸铁或铜合金都可能引发锈蚀或介质的老化。在介质温度处于室温附近的情况，也可以考虑采用 PVC 等塑料制造的管路和阀门，但在使用前要考虑该材料与介质的相容性。

19.11　淬火槽输送机械

19.11.1　淬火槽输送机械的作用

淬火槽输送机械的作用是实现淬火过程机械化，并为自动控制创造条件，以提高淬火冷却均匀性、淬火过程控制准确性及淬火效果，并减小畸变、避免开裂等。

淬火槽输送机械应与淬火工艺方法、淬火冷却介质、淬火件形状、生产批量、作业方式及前后工序的输送机械形式相适应。

1）在介质静止或流速较低的淬火槽中，为了提高冷却速度和冷却的均匀性，槽内应设可使工件或料筐上下运动的机构。

2）在与网带式炉、输送带式炉和振底式炉等生产线配套的淬火槽上应设传送和提升工件的输送带。

3）在密封箱式多用炉和推杆式连续炉的淬火槽中应设可使料盘升降和进出的装置。

19.11.2　间歇作业淬火槽提升机械

1. 悬臂式提升机

图 19-66 所示为一种悬臂式提升机。由提升气缸或液压缸或电动推杆带动承接淬火件的托盘上下运动。这种悬臂结构限制了提升淬火件的重量。

2. 提斗式提升机

图 19-67 所示为提斗式提升机。由提升气缸或液压缸或电动推杆带动料筐托盘沿导柱上下运动。

3. 翻斗式缆车提升机

图 19-68 所示为翻斗式缆车提升机。由缆索拉料筐沿倾斜导向架上升，到极限位置翻倒。

4. 吊筐式提升机

图 19-69 所示为吊筐式提升机。由起重机吊着活

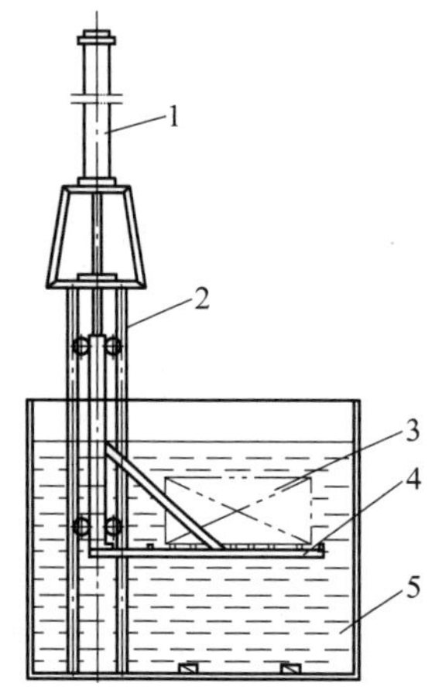

图 19-66 悬臂式提升机

1—提升机驱动机构 2—导向架
3—淬火件 4—托盘 5—淬火槽

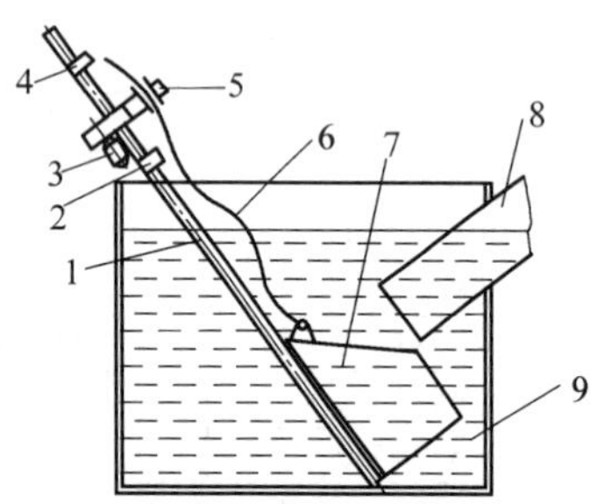

图 19-67 提斗式提升机

1—支架 2、4—限位开关 3—驱动机构
5—螺母 6—丝杠 7—料筐
8—滑槽 9—淬火槽

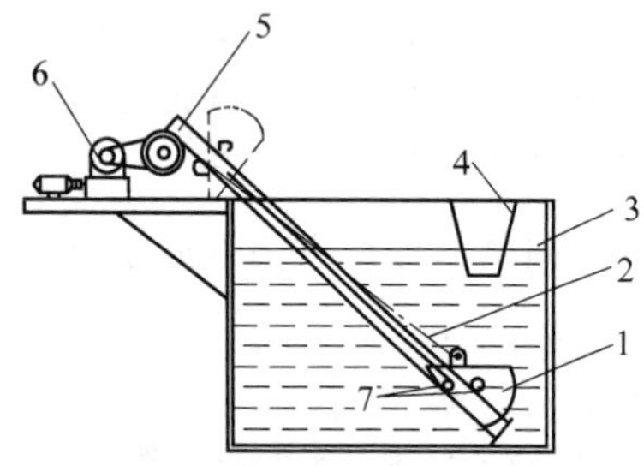

图 19-68 翻斗式缆车提升机

1—料筐 2—缆索 3—淬火槽 4—滑槽
5—支架 6—传动机构 7—滚轮

动料筐，料筐沿导向支架上升到极限位置，倾斜将工件倒出。

19. 11. 3 连续作业淬火槽输送机械

1. 输送带式输送机械

图 19-70 所示为输送带式输送机。输送带分为水平部分和提升两部分。工件的冷却主要在水平部分完成，然后由提升部分将工件运送出淬火槽。输送带运动速度可依据淬火时间调整。输送带的倾斜角为 30°~45°。在输送带上常焊上横向挡板，以防工件下滑。

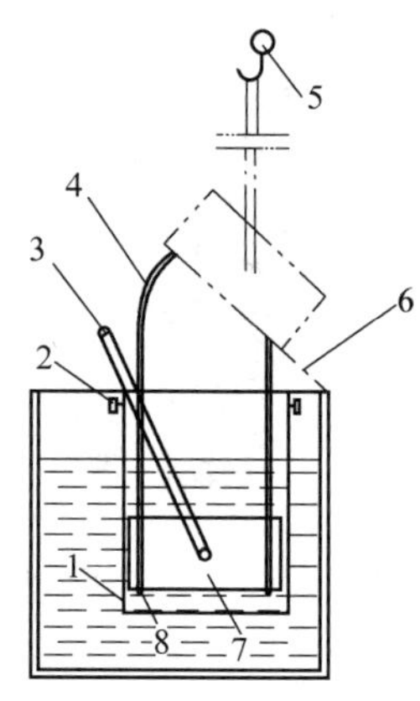

图 19-69 吊筐式提升机

1—摇筐架 2—摇筐滚轮 3—摇筐吊杆
4—倒料导轨 5—起重机吊钩
6—料筐侧壁活页 7—活动料筐 8—料筐导向滚轮

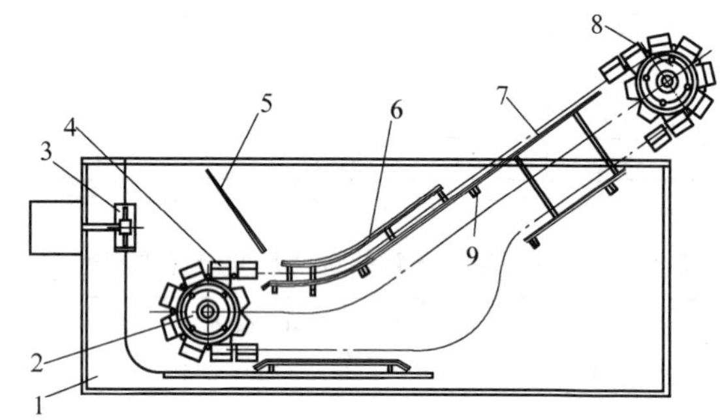

图 19-70 输送带式输送机

1—淬火槽 2—从动链轮 3—搅拌器
4—输送链 5—落料导向板
6—改向板 7—托板 8—主动链轮 9—横支撑

2. 螺旋滚筒输送机

图 19-71 所示为螺旋滚筒输送机。由蜗轮蜗杆带动滚筒旋转，凭借筒内壁上的螺旋叶片向上运送工件。

3. 振动传送垂直提升机

图 19-72 所示为振动传送垂直提升机。由电磁振动器使立式螺旋输送带发生共振，工件则沿螺旋板振动移动。

4. 液流式提升机

图 19-73 所示为液流式提升机。由液压泵向淬火管道喷入淬火冷却介质，高速流动的淬火冷却介质将落入管道中的工件送出淬火槽。

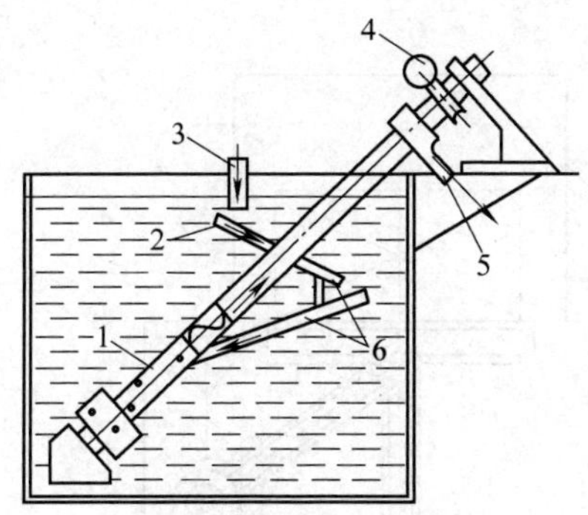

图 19-71　螺旋滚筒输送机

1—内螺旋滚筒　2、6—工件冷却导槽
3—进料滑槽　4—蜗轮蜗杆传动　5—出料口

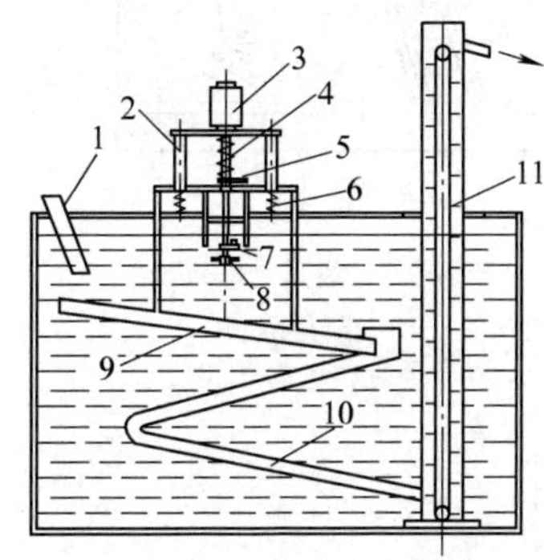

图 19-72　振动传送垂直提升机

1—进料滑槽　2—支柱　3—电动机
4—扭力簧　5—上偏心块　6—弹簧
7—下偏心块　8—搅拌叶片
9—振动滑板　10—滑道　11—立式输送带

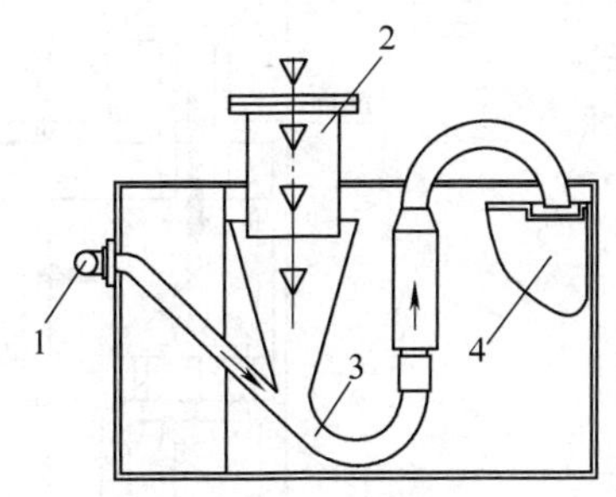

图 19-73　液流式提升机

1—液压泵　2—料筐　3—淬火管道　4—储料斗

5. 磁吸引提升机

图 19-74 所示为配备磁吸引提升机的淬火槽。磁吸铁条安装在输送带下滑道内部，保护它不受损伤。淬火件通过提升电动机带动密封在滑道支架内部的磁吸引输送带而被提出淬火槽，在输送带端部通过消磁器进入收集箱中。淬火槽上设有油喷射装置，将淬火冷却介质喷向入料口。

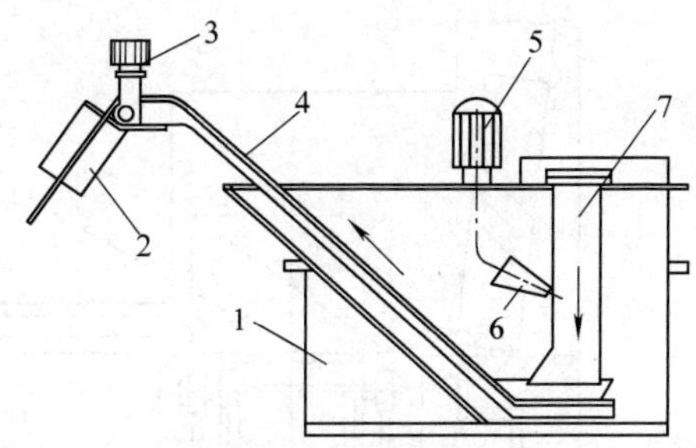

图 19-74　配备磁吸引提升机淬火槽

1—淬火槽　2—消磁器　3—提升电动机
4—磁吸引输送带　5—液压泵　6—喷嘴　7—入料滑道

19.11.4　升降、转位式淬火机械

1. 托架式升降、转位式淬火机械

图 19-75 所示为一种托架式升降、转位式淬火机械。由动力装置拉动链条使托架沿导向柱上下运动。另设一动力装置推动齿条，通过齿轮使导向柱旋转，实现托架转位。

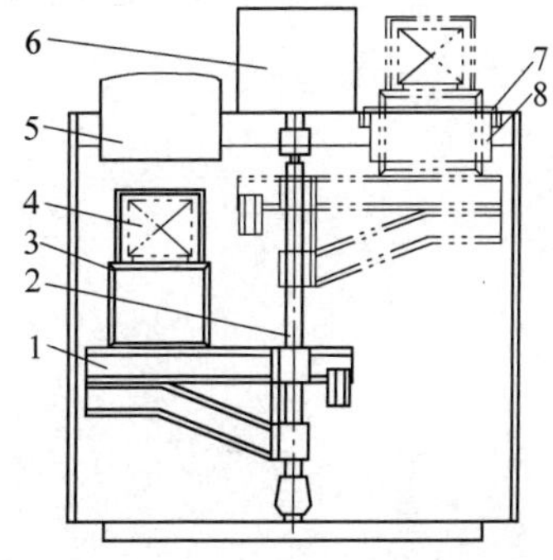

图 19-75　托架式升降、转位式淬火机械

1—托架　2—回转架　3—料台　4—淬火件　5—入料口
6—升降与转位机构传动装置　7—水封盖　8—出料口

2. 曲柄连杆式升降、转位机

图 19-76 所示为一种曲柄连杆式升降、转位机。由气缸推动齿条，通过齿轮带动两对连杆机构，完成托架升降。

3. V 形缆车升降、转位机

图 19-77 所示为一种 V 形缆车升降、转位机。它依靠缆车拖动托架沿倾斜导轨做上下运动，在下位点由另一缆车拖动机械承接工件，实现转位。

4. 转位升降机在推杆式连续渗碳炉中的应用

图 19-78 所示为在推杆式连续渗碳炉中应用的直升降式与转位式淬火槽的比较。采用转位式淬火槽可使淬火室的气氛稳定，防止因打开炉门时空气侵入引起爆炸的危险，可减少因打开炉门造成保护气体的损失。

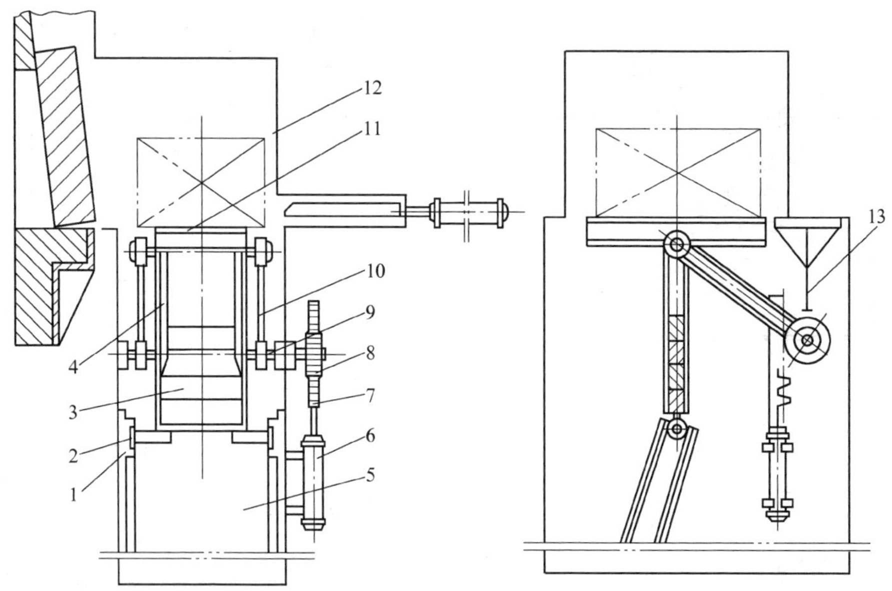

图 19-76　曲柄连杆式升降、转位机

1—导板　2—导轮　3—配重　4—连杆臂　5—淬火槽　6—液压缸　7—齿条　8—齿轮　9—转轴　10—连杆　11—升降托板　12—淬火槽进出料室　13—限位隔板

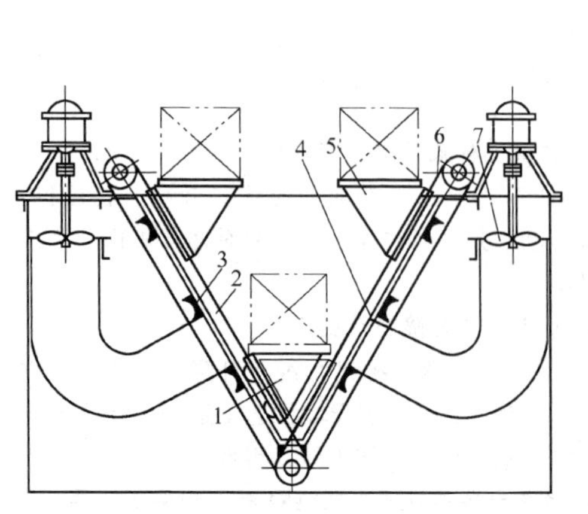

图 19-77　V 形缆车升降、转位机

1—装载工件的缆车Ⅰ　2、6—链条　3、4—导轨　5—装载工件的缆车Ⅱ　7—搅拌器

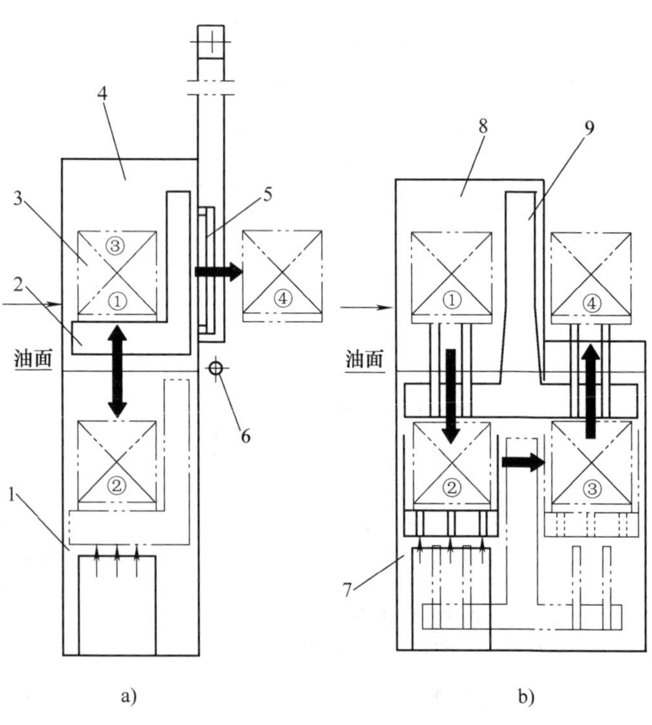

图 19-78　直升降式与转位式淬火槽的比较

a）直升降式　b）转位式

1、7—淬火槽　2—直升降机　3—淬火件　4、8—淬火冷却室　5—炉门　6—火帘　9—转位升降机

注：图中圈序号表示淬火件动作位置的顺序。

19.12 去除淬火槽氧化皮的装置

1. 人工去除方法

采用泵将淬火槽内的介质排除或转移到其他容器中，通过人工清理淬火槽的底部，然后将淬火冷却介质过滤后注回淬火槽。

2. 机械去除方法

（1）螺旋输送杆方法　对于具有复杂淬火件传送带装置的淬火槽，采用通常的人工去除方法难以清除氧化皮。该方法是将淬火槽的底部制成 V 形结构，在 V 形槽中安装螺旋输送杆，通过该螺旋输送杆将氧化皮收集到一个容器中，如图 19-79 所示。

（2）流体冲刷法　图 19-80 所示为采用流体冲刷法清除积存在淬火槽底部氧化皮的设备结构。该方法是依靠螺旋桨搅拌器搅动介质，带动氧化皮到氧化皮的集中容器中。

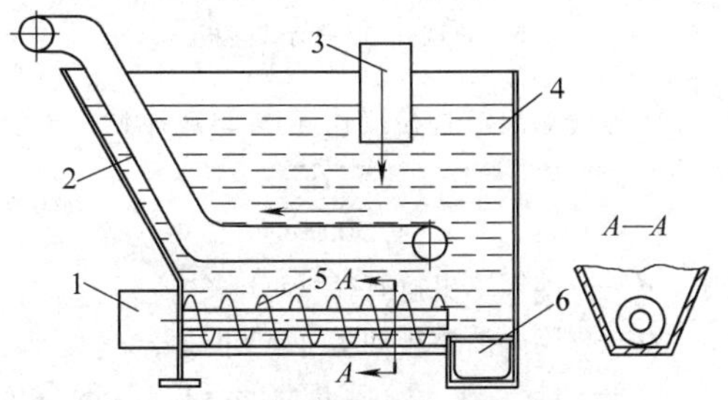

图 19-79　V 形槽中安装螺旋输送杆清除氧化皮装置

1—螺旋杆旋转驱动装置　2—输送带　3—入料滑槽　4—淬火槽　5—螺旋输送杆　6—氧化皮集中容器

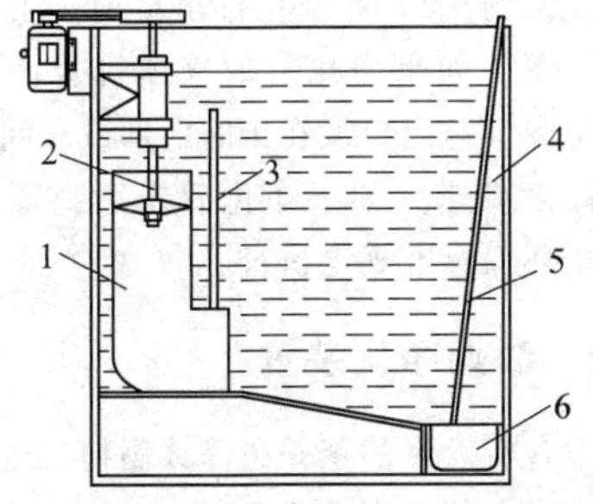

图 19-80　流体冲刷法清除氧化皮的设备结构

1—导流筒　2—搅拌器　3—溢流板　4—淬火槽　5—氧化皮集中提篮绳　6—氧化皮集中容器

19.13 淬火槽排烟装置与烟气净化

19.13.1 排烟装置

1. 排烟装置的作用

迅速排除工件油淬时油槽表面挥发的油烟，以改善工作场地和车间的环境，保证操作人员的健康。碱水、等温分级淬火的热浴也都必须设置强迫排烟系统。

2. 结构形式

排烟系统可以选择顶抽或侧抽两种类型。中、小件采用手工操作油淬或硝盐淬火时可采取顶抽排烟，大件或整筐工件采取吊装淬火时应选择单侧（较小型槽）或双侧（大型槽）抽排烟。

3. 淬火油槽收集油烟的方法

（1）预留槽内空间　图 19-81 所示为带旋转上盖和预留槽内空间的淬火油槽。为了实现淬火油烟的收集，在淬火油槽的上部预留了大于淬火件高度的空间，在淬火件与油面接触前盖上可旋转上盖，这样就可以保证最大限度地收集油烟。对于吊钩不对中情况下的淬火，在旋转上盖上的中间部位设置了浮动机构，实现了无论吊钩处于何种位置都可以使旋转上盖的开口最小。

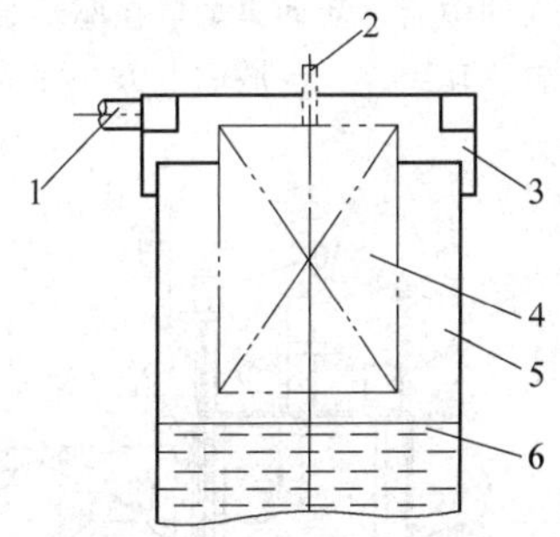

图 19-81　带旋转上盖和预留槽内空间的淬火油槽

1—抽烟管路　2—吊钩　3—旋转上盖　4—淬火件　5—淬火油槽　6—油面

（2）在机械升降台式淬火油槽上设置上盖板　图 19-82 所示为带上盖板的升降台式淬火油槽。工作

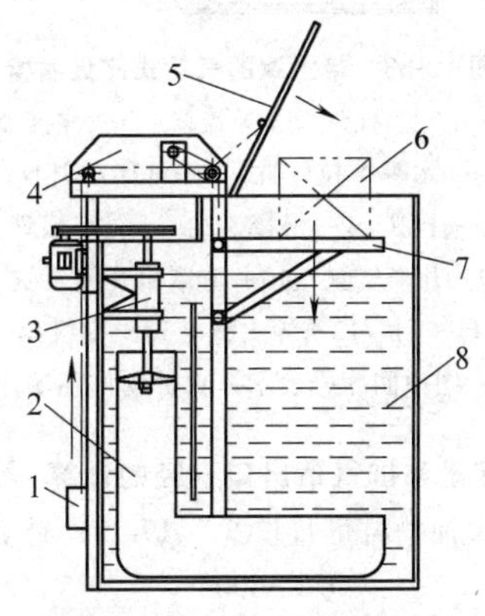

图 19-82　带上盖板的升降台式淬火油槽

1—配重　2—导流筒　3—搅拌器　4—升降台传动装置　5—上盖板　6—淬火件　7—升降台　8—淬火油槽

过程：淬火件放在处于上位的升降台上→在传动装置的驱动下升降台下降→与配重连接的上盖板就会随淬火件的下降而下降→当淬火件接近或浸入油时上盖板将油槽口盖上。该方法中，工件的浸液动作和上盖板的动作是联动进行的，不需要人工参与。缺点是在淬火件入油的瞬间仍有部分油烟和火焰溢出。

(3) 全密封状态淬火收集油烟的方法　图 19-83 所示为带上罩的气动式淬火油槽。工作过程：将淬火件放在待料盘上→水平推拉气缸将淬火件拉到升降料台上→上罩门开闭气缸下降将罩门关上→升降气缸下降完成浸液淬火动作。该方法的油烟收集效果好，但设备结构复杂。

(4) 大型淬火油槽桥式可移动油烟收集与灭火装置　如图 19-84 所示，针对淬火油槽的液面尺寸较大，无法在封闭或半封闭状态下收集油烟的情况，设计出可移动的油烟收集和灭火装置。其工作过程是，当淬火件浸入油中后，活动集烟罩在驱动装置的作用下沿运动导轨移动到淬火区域的上方，完成收集油烟和灭火的任务。

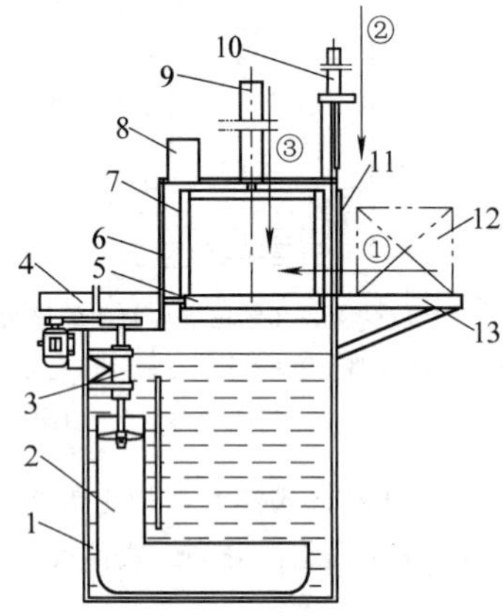

图 19-83　带上罩的气动式淬火油槽

1—淬火油槽　2—导流筒　3—搅拌器
4—水平推拉气缸　5—可移动料盘
6—上罩　7—升降料台　8—排烟管
9—升降气缸　10—上罩门开闭气缸
11—门　12—淬火件　13—待料盘

注：图中圈序号表示淬火件动作的顺序。

4. 排烟量和排气罩出口直径的计算

1) 淬火油槽排烟量按式 (19-22) 计算：

$$Q = 3600Av_1 \tag{19-22}$$

式中　Q——淬火油槽排烟量 (m^3/h)；

A——油槽槽口面积 (m^2)；

v_1——油槽槽口吸入气体流速 (m/s)，一般取 1m/s。

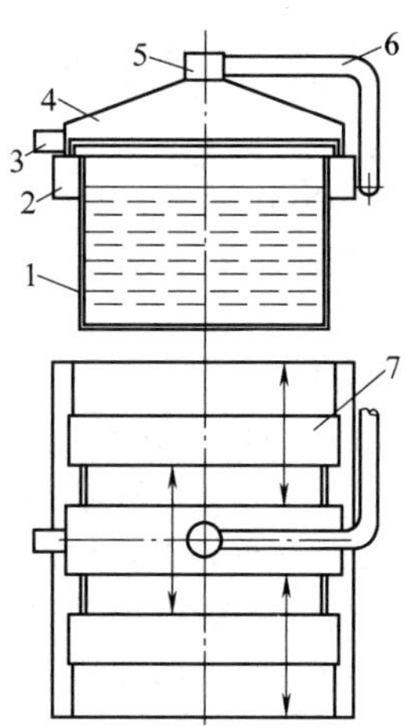

图 19-84　大型淬火油槽桥式可移动油烟收集与灭火装置

1—槽体　2—运动导轨　3—驱动装置
4—活动集烟罩　5—风机
6—导烟管　7—活动盖板

2) 排气罩出口直径按式 (19-23) 计算：

$$d = \sqrt{\frac{Q}{900\pi v_2}} \tag{19-23}$$

式中　d——排气罩出口直径 (m)；

Q——淬火油槽排烟量 (m^3/h)；

v_2——排气口气流速度 (m/s)，一般取 6～8m/s。

5. 废气排出

排出废气的排出口要求应高出周围 100m 直径范围内最高建筑物 3m。对于在排出口前端安装油烟净化设备的情况，如果净化后的气体符合环保排放标准，则可将废气排出口设在车间内部或车间外部，对排出口无高度要求；如果净化后未达到环保排放标准，则仍按环保标准规定执行。

19.13.2　油烟净化装置

油烟中含有大量的苯并芘等致癌物，这些油烟排放到车间会对人体健康造成危害，直接排放车间外则会对环境造成污染。另外，油烟的冷凝物附着在设备上，会污染电气设备，容易造成电气拉弧或短路等故障，从而影响设备的正常运行。

油烟的工业处理方法一般有机械过滤法、湿式净化法和静电净化法等。

机械过滤法是采用特殊滤料多层过滤和吸附来达到去除油烟的目的。该方法设备结构简单，可靠性好。缺点是管路风压压降大，滤网容易堵塞，维护和使用成本高，有造成二次污染的可能。

湿式净化法是利用水膜、喷雾、冲击等液体吸收原理去除油烟，该方法设备体积大，能耗高，净化效率低，对处理后的水有二次污染。

静电净化法是利用高压下的气体电离和电场作用力使气体中的油烟雾粒子带上电荷，带电粒子在电场力的作用下向放电电极运动，放电后的油混合物在重力的作用下流进油收集器。该方法因安装使用方便，结构紧凑，净化效率高（>90%）、管路风压压降小、维护成本低而被广泛采用。图 19-85 所示为静电净化法收集油烟的工作原理。

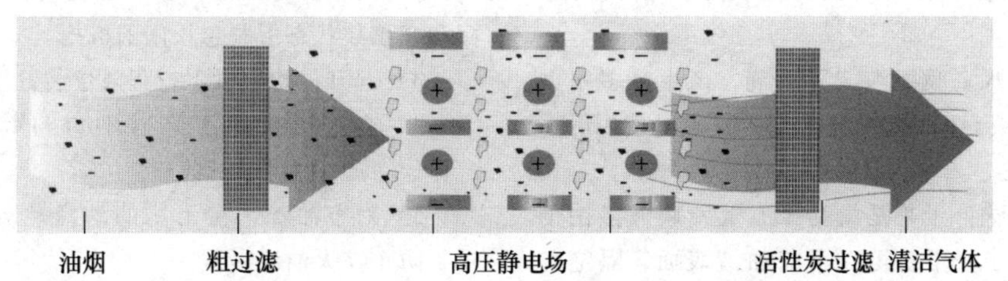

图 19-85　静电净化法收集油烟的工作原理

对于热处理油烟排放限值，目前国家尚未有针对性的环保标准。GB 18483—2001《饮食业油烟排放标准》和 GBZ 2.1—2019《工作场所有害因素职业接触限值　第 1 部分：化学有害因素》可作为热处理油烟排放检测的参考标准。

19.14　淬火油槽的防火

19.14.1　淬火槽发生火灾的原因

淬火油槽常因如下原因发生火灾：

1）油的闪点和着火点过低。

2）油槽容量不足，换热器能力太低，造成油温过高。

3）油液不流动或油黏度过大，造成淬火部位局部的油液温度过高，热量不能及时散到周围介质中去。

4）油中含有水分，黏着油的水泡上浮到油槽表面，水泡爆破时喷射油雾，引起着火。

5）在油槽底部积存一定量的水，当油温超过 100℃时，会引发底部的水达到蒸发点而沸腾引起体积迅速膨胀，使油槽内的油溢出淬火油槽，引起大面积着火。

6）过热的工件被取出油槽而引发的着火。

7）长轴件淬火时，起重机下降速度太慢而引发的着火。

8）带孔的长轴件，淬火时孔的喷油而引发的着火。

9）大量热油蒸汽从槽盖等处冒出，引起着火。

10）热工件入油途中发生起重机故障或停电而引发着火。

11）油泄漏而着火。

19.14.2　预防火灾的措施

1）合理选用淬火油，油的闪点应高于使用温度 50℃以上。

2）应设有冷却系统以控制油温在一个合理的范围，油温过高，易被点燃；油温过低，油的黏度大，易局部过热。

3）设置功能强的油搅拌或循环系统，淬火时液面的高温油能被及时带走。

4）设置大于淬火槽容积的集油槽和与之匹配的排油泵，当淬火油槽燃烧起火时，可以在较短时间内把油迅速排放到距油槽较远的集油槽内。

5）淬火油槽应设置槽盖和排烟装置。

6）油槽加热器应安装在油面以下 150mm 处，或者延长电加热管的非加热区，使其非加热区的埋液深度大于液面波动。

7）经常排除混入油中的水，尤其对于在 100℃以上使用的淬火油槽。检查和排除淬火油中水的来源，尤其要重视介质冷却系统中换热器介质与冷却水通道之间是否有渗漏。水会使油在加热时形成泡沫，极易起火；含水量大时，加热油还会突然形成大量蒸汽，引起爆炸。

8）淬火起重机应有备用电源。对于经常停电的地区，要考虑采用有停电紧急入油功能的吊钩或起重机。

9）长轴件淬火应选用快速下降的起重机。

10）对于有孔的长轴件淬火，要考虑在孔的上部加一个盖板将孔盖住。对于有较大盲孔的工件，要考虑将盲孔倒置，避免淬火时引起喷油而着火。

11）配备足量的消防器材。

① 二氧化碳灭火。小型油槽应在油槽的液面上部设置二氧化碳灭火喷管，当油液面着火时，喷射二氧化碳，隔绝油面空气。二氧化碳的优点是不污染淬火油，喷完后不需要清理，缺点是其保护作用是短时的，二氧化碳散开后即失去作用，需要较大的存储量。

② 泡沫灭火。喷射泡沫灭火剂，产生许多耐火泡沫，浮在油液表面后形成隔离层。缺点是使用后需要清理。

③ 干粉灭火。干粉是由高压氮气使碳酸氢钠干粉通过喷管喷出，干粉可以覆盖油液表面，隔绝空气，灭火速度快。缺点是干粉对油有污染。

④ 切忌用水灭火。

12）定期进行安全培训和安全检查。

19.15　淬火设备用辅助装置

19.15.1　淬火起重机

1. 淬火起重机安全要求

用于淬火冷却的起重机应符合 JB/T 7688.6 要求，同时应满足以下安全要求：

1）应能适应油蒸气、烟尘等有害气体侵蚀的工作环境。

2）对于执行油淬任务的起重机，应具有快速下降和在事故状态下紧急松闸的机构。

3）起升机构应设下行程限位装置。

4）起重机快速下降时不应与其他机构同时工作。

5）对于油淬，在吊钩的动滑轮处应设置防护罩，防止淬火油液喷溅。

6）钢丝绳宜采用钢芯结构。

2. 淬火起重机下降速度

1）工件入油过程中着火程度在可控范围内。

2）工件的先浸液部分和后浸液部分的性能受到影响的程度在允许范围内。

3）选择淬火起重机下降速度应考虑的因素见表 19-16。几种淬火起重机下降速度见表 19-17。

表 19-16　选择淬火起重机下降速度应考虑的因素

浸液方式	长度	淬火件表面积	装夹密集程度	介质种类	介质工作温度	搅动程度	工件性能要求
立式	√	√	√	√	√	√	√
卧式		√		√			

表 19-17　淬火起重机下降速度（摘自 GB/T 37435—2019）

工件类型与入液方式	起重机下降速度（参考值）/(m/min)	原　　因
长轴件立式入油	20～60	防止下降速度过慢，引起油面起火在不可控程度
长轴件立式入水	12～24	减小先入液部分和后入液部分的性能差异
工件卧式入油	12～20	
工件卧式入水	6～16	

3. 淬火起重机定位要求

1）为了提高工件淬火冷却质量的可重复性，实现不同批次同种工件能在相同的淬火冷却区内淬火冷却，建议采用具有可自动精确定位功能的淬火起重机，实现起重机的大车、小车和升降吊钩的位置按照设定自动定位。

2）如果起重机不具有自动定位功能，人工操作应保证工件能停留在有效淬火冷却区内冷却。

4. 起重机快速下降系统的制动距离

起重机快速下降系统的制动距离，应控制在快速下降速度值的 1/65，最大不超过 500mm。

19.15.2　淬火操作机与淬火机械手

淬火操作机与淬火机械手应满足下列要求：

1）淬火操作机应具有完成将工件由加热炉取出、下降浸液冷却和上升出液空冷等动作的功能。

2）淬火机械手应具有通过机械手将工件由加热炉内取出，然后在抓取状态下完成旋转、移动、下降浸液冷却和上升出液空冷等动作的功能。

3）满足工件对转移时间的要求。

4）对于油淬，要求配置具有快速下降和在事故状态下通过手动措施完成入油淬火动作的功能。

19.16　淬火压床和淬火机

19.16.1　淬火压床和淬火机的作用

1）使工件在压力下或限位下淬火冷却，以减少工件畸变和翘曲。

2）把工件热成形和淬火工序合并为一个工序，以简化工序和节能。

3）工件在机械夹持下淬火，便于控制冷却参数，即控制介质量、压力、冷却时间等，有利于冷却过程控制。

19.16.2　轴类零件淬火机

轴类零件淬火机的基本原理是将工件置于旋转中的三个轧辊之间，在压力下滚动，再喷液冷却；在滚动中使产生畸变的工件得到矫直，然后在滚动中冷却，达到均匀冷却的效果。图 19-86 所示为轴类零件滚动淬火装置的原理。

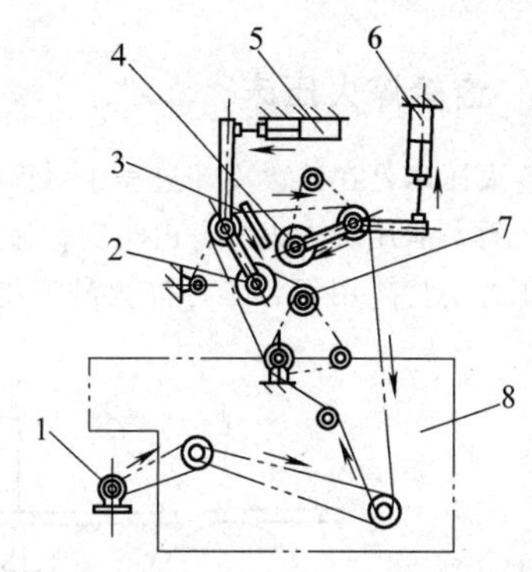

图 19-86　轴类零件滚动淬火装置的原理

1—电动机　2、4—动轧辊　3—落入工件的滑板　5、6—气缸　7—定轧辊　8—液槽

图 19-87 所示为锭杆滚淬压力机。其动作过程是将加热后的锭杆由推料机送入三个旋转着的轧辊之间，轧辊外形与锭杆吻合；锭杆在压力作用下矫直，随后淋油冷却淬火。

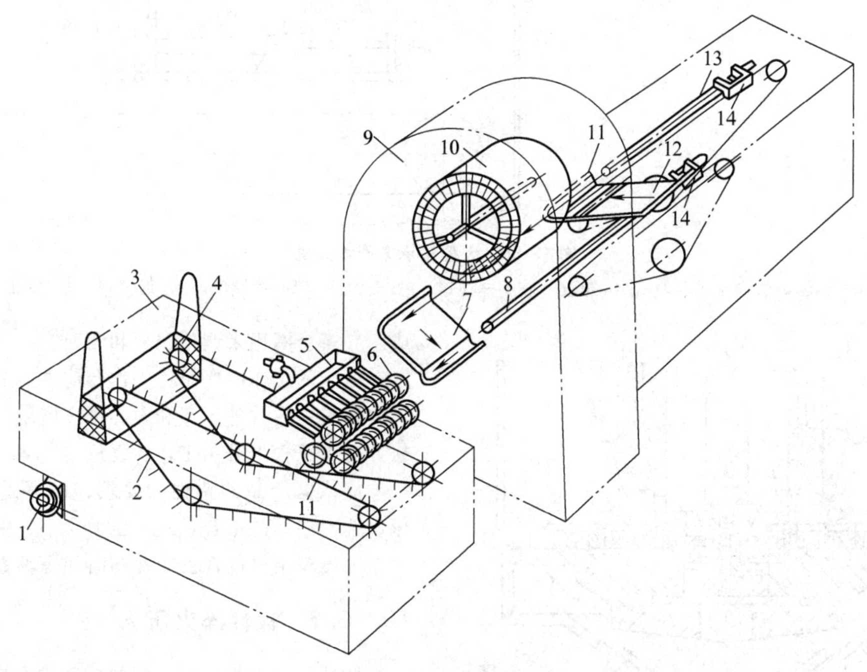

图 19-87　锭杆滚淬压力机

1—电动机　2—运送链　3—油槽　4—料筐　5—淋油槽　6—轧辊　7—斜置滑板　8—第二根推杆　9—加热炉　10—加热圈　11—锭杆　12—送料板　13—第一根推杆　14—拨叉

19.16.3　大型环状零件淬火机

这类淬火机是使环状零件在旋转中淬火，均匀冷却，矫正畸变。

图 19-88 所示为大型轴承套圈淬火机。其主体是一对安放在淬火油槽中的锥形滚杠，它由链条带动，高速旋转。淬火的动作过程是，从加热炉前输送带送出的套圈，经出料托板置于升降台上，挂在垂直的链条挂钩上，链条转动，再将套圈送到锥形滚杠上，随锥形滚杠旋转，沿轴向推进，淬火冷却，最后落在油

槽输送带上。

19.16.4 齿轮淬火压床

齿轮淬火压床是在淬火冷却过程中对齿轮间歇地施以脉冲压力，泄压时淬火件自由畸变，加压时矫正畸变；在压力交替作用下，工件淬火畸变得到矫正。该压床可由移动的工作台和易装卸的压模组成，主要由主机、液压系统、冷却系统和电气控制系统组成。主机由床身、上压模组成，如图19-89所示。上压模由内压环、外压环、中心压杆及整套连接装置组成。内、外压环和中心压杆可分别独立对工件施压。施压形式依工艺要求有三种选择：

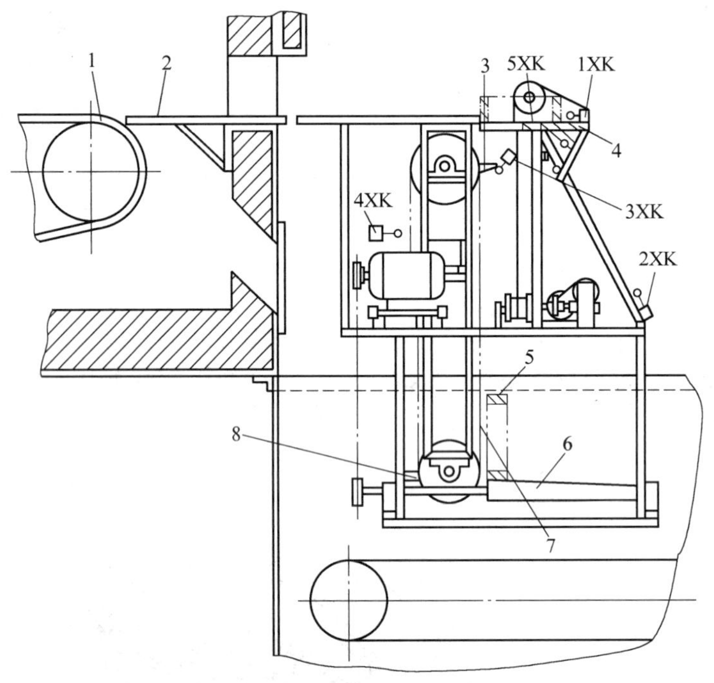

图19-88 大型轴承套圈淬火机

1—加热炉前输送带 2—出料托板 3、8—挂钩 4—升降台 5—套圈 6—锥形滚杠 7—链条

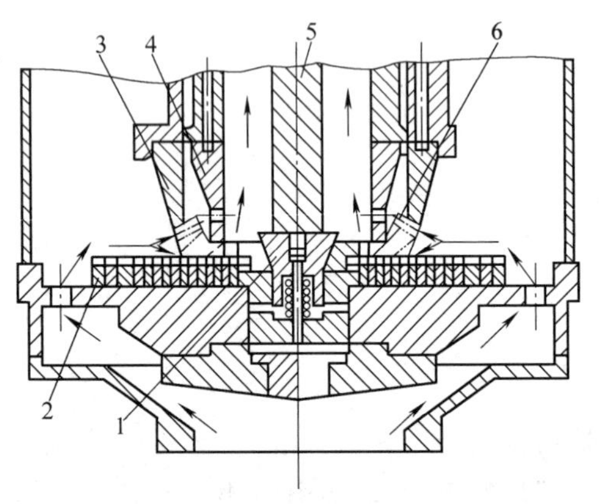

图19-89 脉动淬火压床主机结构

1—扩张模 2—下压模工作台 3—外压环 4—内压环 5—扩张模压杆 6—工件

1）内、外压环和中心压杆都为定压。

2）内、外压环和中心压杆都为脉动施压。

3）内、外环脉动施压，中心压杆定压。

下压模由底模套圈、支承块、花盘和平面凸轮组成。底模套圈用来调整凹面和凸面。

压床的工作顺序是：工作台前进→上压模下降→滑块锁紧→内、外压环和中心压杆施压→喷油→滑块松开→上压模上升→工作台复位。

应依据产品的特性和要求，正确使用和调节压床，选择施压的组合形式、压力大小、脉动施压的频率、上压模下降的速度及冷却时间等参数。

19.16.5 板件淬火压床

薄片弹簧钢板常用铜制的水套式冷却模板淬火压床淬火，或者附加淋浴冷却模板和工件。

用于板件淬火的淬火压床常为立柱式，由安装在上压模板上部的液压缸施压。图19-90所示为锯片淬火压床。该压床设有上、下压板，下压板固定，上压板为动压板。在加压平面上沿同心圆布置308个喷油嘴支撑钉，以点接触压紧锯片，并喷油冷却锯片。为防止氧化皮堵塞喷油孔，常将压缩空气管路与油路相连，以便清理喷油孔。该压床压力为100kN，适用于处理直径为 700mm，厚度为 6~10mm 的圆锯片。

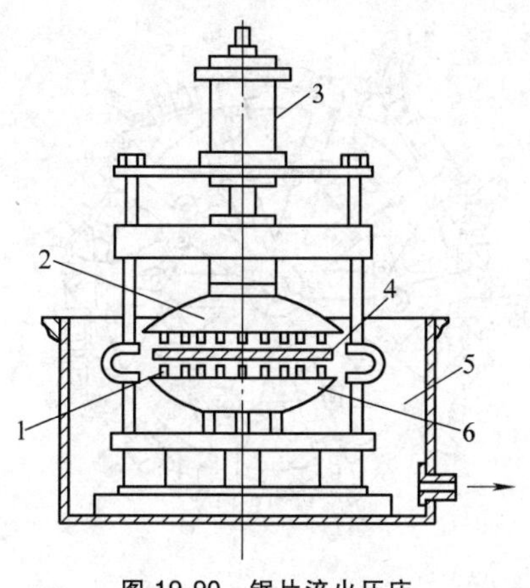

图 19-90　锯片淬火压床

1—喷油嘴支撑钉　2—上压板　3—液压缸
4—工件　5—油槽　6—下压板

用于大型板件淬火的淬火压床常采用梁柱式结构，有六根立柱和三根横梁，中横梁为动横梁。在中、下横梁的工作面上设置喷嘴压头，淬火压床的压力为 2000kN，由四个液压缸同步施压，压力、行程和运动速度可调。压床的动作过程可自动也可手动，工作过程是，工件出热处理炉后直接由辊子输送机送到压床淬火位置，动横梁随即快速下降；当进入压淬工件的区域时，动横梁转为慢速下降，最后停在触及工件的限位处，喷水冷却钢板；定时冷却后，立即将工件输送到回火炉。此压床对大型板件淬火有较理想的效果。

19.16.6　钢板弹簧淬火机

钢板弹簧淬火机是把压力成形与淬火合并为一个工序的淬火机。如图 19-91 所示，其上、下压板做成月牙形，压板的夹头由一系列可移动的滑块组成，便于调整钢板弹簧形状。淬火机夹持热工件后，浸入淬火槽中，由液压缸带动摇摆机构，使淬火模板在槽中摇摆以冷却工件。

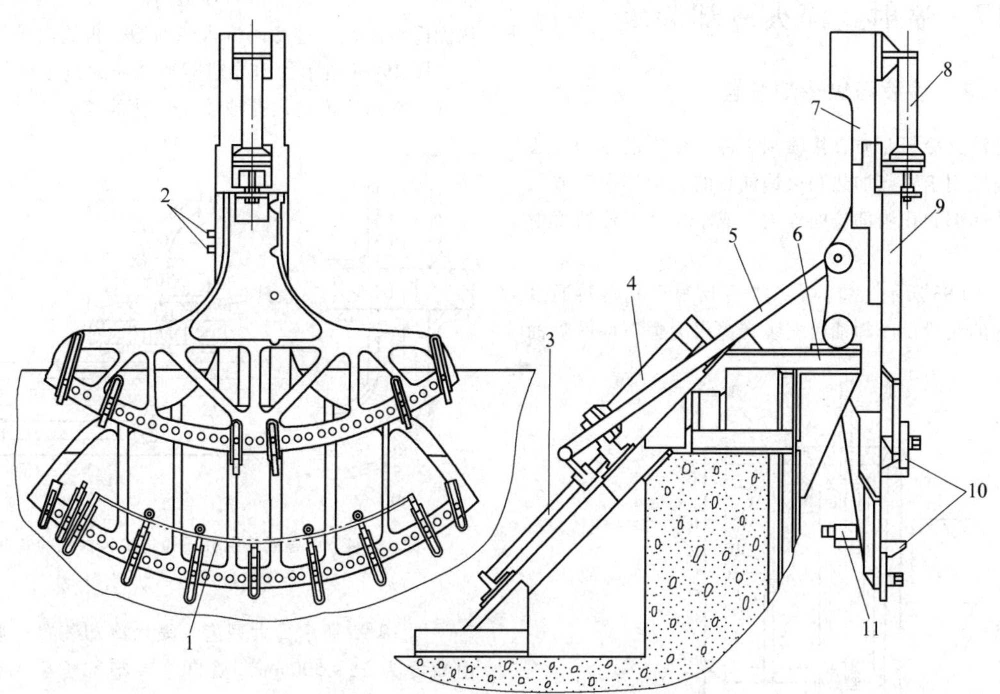

图 19-91　摇摆式钢板弹簧淬火机

1—钢板弹簧　2—限位开关　3—导杆　4—摇摆液压缸　5—拉杆
6—机座　7—下夹　8—夹紧液压缸　9—上夹　10—夹具　11—脱料液压缸

图 19-92 所示为滚筒式钢板弹簧淬火机。在滚筒旋转过程中，活动横梁受靠模板的控制，经杠杆传动做往复运动，将钢板弹簧夹紧成形或松开装料、卸料，完成弯曲和淬火操作。滚筒连续回转时的转速调整时为 0.4r/min，工作时为 3.74r/min。钢板弹簧在油中冷却时间约为 20s，淬火机每小时可生产 55~80 组钢板弹簧。

现代汽车多采用单支变截面弹簧，其生产程序是，把轧制成形和随后的淬火工序组成生产线，利用轧制余热进行淬火，淬火也在淬火机中进行。

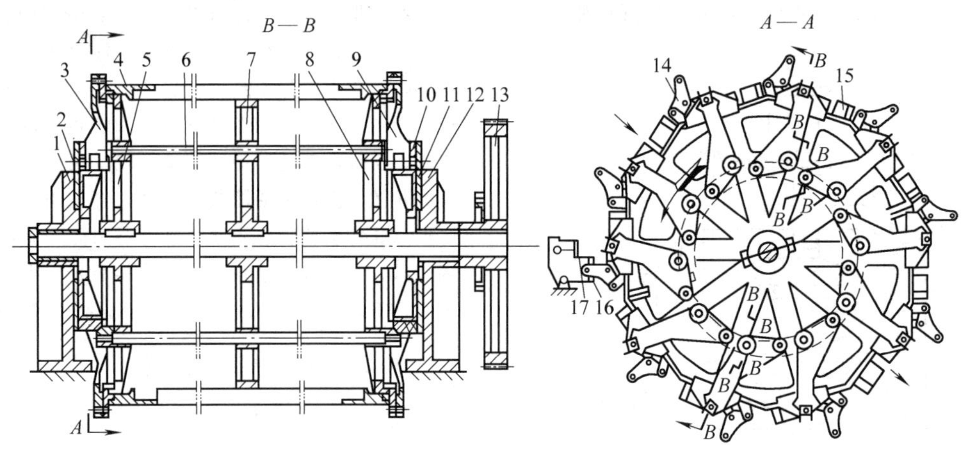

图 19-92　滚筒式钢板弹簧淬火机

1—左支架　2—左鼓轮　3—左杠杆　4—活动横梁　5—左五边形支架　6—杠杆轴　7—中支架　8—右五边形支架　9—右杠杆　10—靠模板　11—右鼓轮　12—右支座　13—大齿轮　14—冲包机构　15—固定横梁　16、17—靠模板

19.17　喷射式淬火冷却装置

19.17.1　喷液淬火冷却装置

将淬火冷却介质直接喷到工件表面上的冷却方法广泛地应用于感应加热和火焰加热的表面淬火，或强化工件局部和孔洞部位的淬火，或小尺寸工件的喷射淬火。

图 19-93 所示为将淬火冷却介质喷射到落料通道内工件的装置。冷却油由安装在淬火通道下部的喷油嘴喷出，冷却放置在落料通道内的工件，热油上浮并从侧面溢出，经过滤网流入热油槽，再流出槽外。

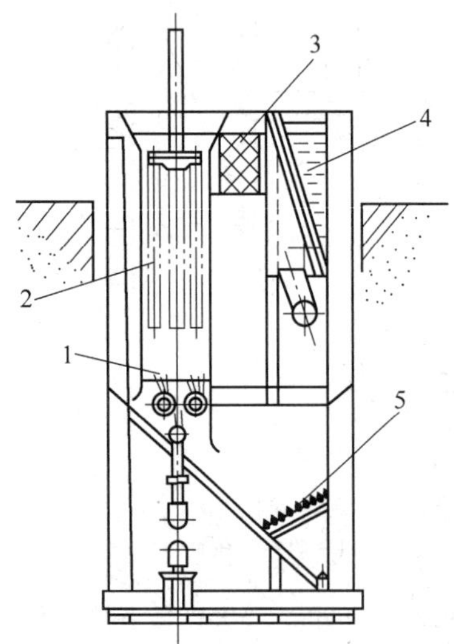

图 19-93　将淬火冷却介质喷射到落料通道内工件的装置

1—喷油嘴　2—工件　3—隔离网　4—热油槽　5—清除氧化皮隔板

图 19-94 所示为引导或喷射介质通过工件内孔的装置，常用于模具内孔或管子内孔的淬火。

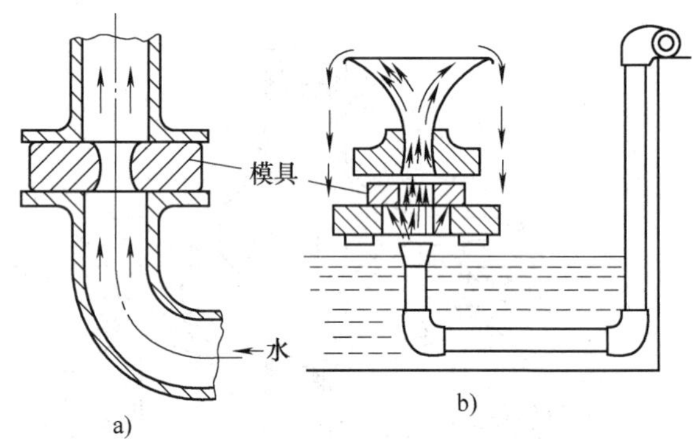

图 19-94　引导或喷射介质通过工件内孔的装置

a）介质流过　b）介质喷射

图 19-95 所示为大型齿轮喷水冷却装置。喷水自由高度为 25～500mm，喷口至冷却部位距离为 6～18mm，喷水孔直径在 3～15mm 范围内变动，工作台以 30r/min 的速度转动。

图 19-96 所示为轧辊立式喷液淬火冷却装置。工件悬吊在槽内的激冷圈中，冷却水从环形激冷圈内壁的小孔喷出，同时下导水管向工件内孔通冷却水，冷却内孔。为了防止轧辊辊颈冷却过分激烈，上、下辊颈各加隔热罩。供水压力为 0.15～0.2 MPa，水温为 5～25℃。激冷圈与工件距离为 300～500mm。图 19-97 所示为轧辊卧式喷液淬火冷却装置。该装置轧辊为卧

式放置，喷嘴分布在轧辊的两侧，轧辊在动支承辊带动下进行旋转。

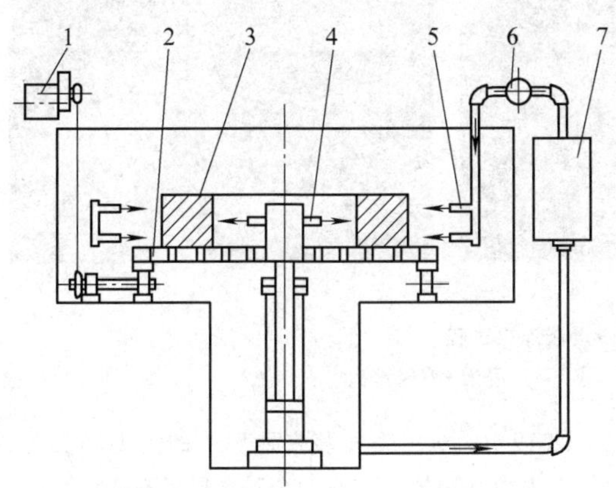

图 19-95 大型齿轮喷水冷却装置

1—传动机构 2—托盘 3—工件 4—喷头 5—可伸缩喷头 6—泵 7—冷却器

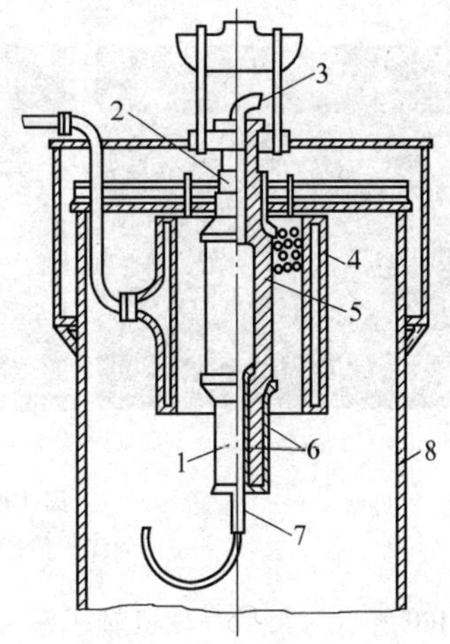

图 19-96 轧辊立式喷液淬火冷却装置

1—下隔热罩 2—上隔热罩 3—上导水管 4—激冷圈 5—轧辊 6—隔热材料 7—下导水管 8—槽子

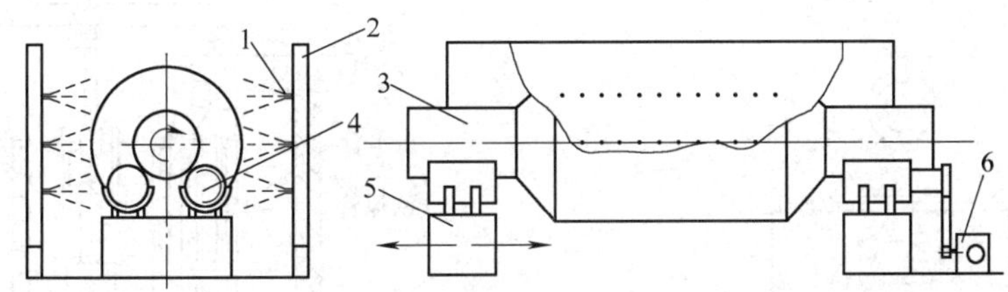

图 19-97 轧辊卧式喷液淬火冷却装置

1—喷嘴 2—喷嘴支承板 3—轧辊 4—动支承辊 5—支座 6—动辊传动

图 19-98 所示为喷射流体在空气中和液体中的流向。从图 19-98 可以看出，喷射流体在空气中喷向悬空吊挂并做旋转运动的长轴件，喷向轴上部的流体会沿轴壁向下流动形成蒸汽膜，这个蒸汽膜会影响轴下部的冷却，因此会出现轴的上部与下部冷却的不均匀性。如果长轴在浸液状态下采用喷射方法搅拌，喷射的流体难以达到轴的表面，也就起不到减薄轴表面蒸汽膜的作用。

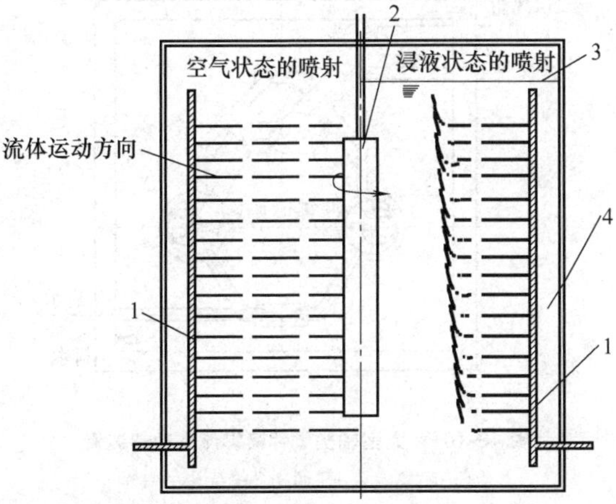

空气状态的喷射　浸液状态的喷射　流体运动方向　1　2　3　4

图 19-98 喷射流体在空气中和液体中的流向

1—喷管 2—淬火件 3—液面 4—淬火槽

图 19-99 所示为曲轴喷射淬火+浸液淬火过程。曲轴的形状复杂，曲柄分布于主轴颈的不同角度，回转直径远大于主轴颈。在浸液淬火冷却时，不同曲柄接触到介质的时刻存在较大差异，会造成沿轴向各部位的冷却严重不均匀。解决的方法是，轴水平吊挂并固定不动（见图 19-99a），在浸液前进行喷射淬火（目的是轴的不同部位同时冷却）（见图 19-99b），在此同时液面上升，轴整体被逐渐浸没在液体之中（见图 19-99c）。采用该方法，7m 长曲轴的轴向畸变量可以控制在 6~8mm。

19.17.2 气体淬火冷却装置

气体淬火主要应用于要求冷却能力介于静止空气和油之间的情况。采用的介质可以是空气、氮气、氢气和惰性气体。氮气、氢气和惰性气体应用于真空高压气淬的场合，空气一般用于在非真空状态的容器内使用，其冷却能力随气体的温度和流速而变化，冷却效果还与淬火件表面积、质量比有关。

a)

b)

c)

图 19-99　曲轴喷射淬火+浸液淬火过程
a）待淬火阶段　b）浸液前喷射淬火　c）浸液+喷射淬火

图 19-100 所示为大型汽轮机转子锻件气体淬火冷却装置。淬火件放在密封的淬火筒中，在冷却过程中工件连续旋转。冷空气一部分从安设在筒壁上的六个风口以切线方向喷入，围绕工件旋转冷却；另一部分从底部鼓入，通过底部风幕，稳定均匀地自下而上流过淬火件。

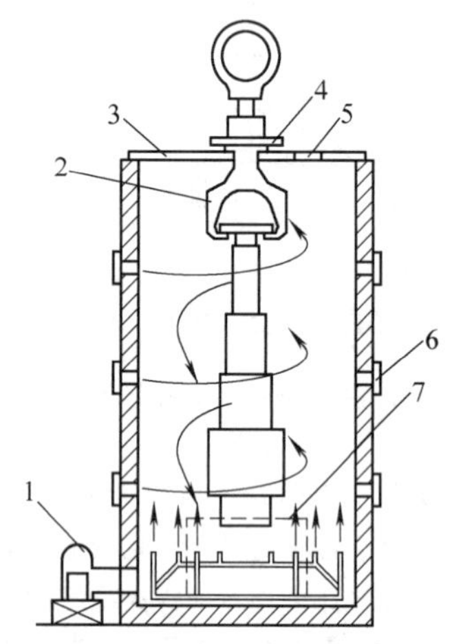

图 19-100　大型汽轮机转子锻件气体淬火冷却装置
1—鼓风机　2—悬挂吊环　3—悬挂梁
4—转动齿轮　5—放出空气口
6—切向高压空气进口　7—底部风幕

19.17.3　喷雾淬火冷却装置

喷雾淬火冷却是将含有雾状水滴的气流快速地喷射到淬火件表面，冷却工件。在空气流中添加水滴或雾，可使冷却能力成倍增强。喷雾淬火冷却用于替代液体淬火冷却，可以减少工件畸变，通常应用于大型淬火件。

简单的喷雾淬火冷却装置是在鼓风机前喷细水流，强力的气流带着水雾直接喷吹放在淬火台上的工件，如贝氏体曲轴的喷雾冷却。

图 19-101 所示为安装在地坑中的大型轴类零件喷雾淬火冷却装置。左右两个喷雾筒各有 16 个喷口，每个风口中装有 3 个喷嘴，喷嘴距离为 16mm，喷嘴

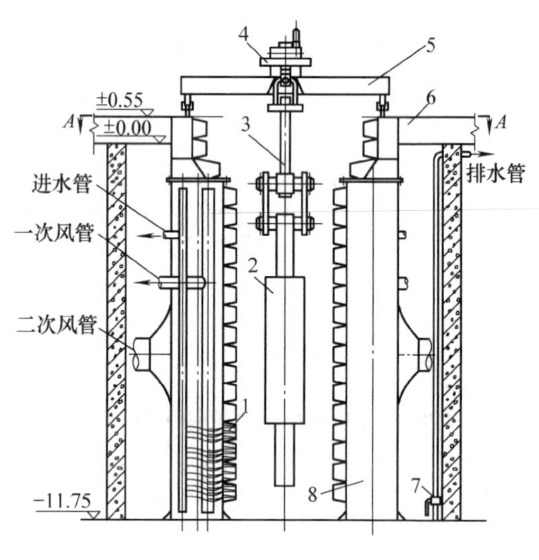

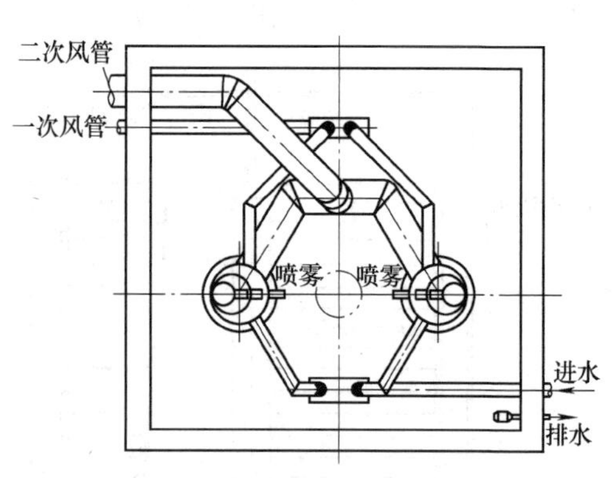

图 19-101　大型轴类零件喷雾淬火冷却装置
1—喷嘴　2—工件　3—穿孔吊具
4—旋转吊具　5—活动横梁　6—平台
7—排水泵　8—喷雾筒

垂直喷向吊挂的工件。工件由旋转吊具带动转动，转速为 4~12r/min。一次风和水通过喷嘴雾化，二次风由风口吹出加强雾流，有力地喷射在工件上。通过调节水量、风量、水压和风压可控制其冷却能力。

图 19-102 所示为气雾强制循环淬火冷却设备。该设备可以采用空气或氮气作为冷却介质，通过加入气体和喷雾，在强制对流风机的驱动下对模具等进行冷却，其原理与真空高压气淬炉的冷却系统相似。

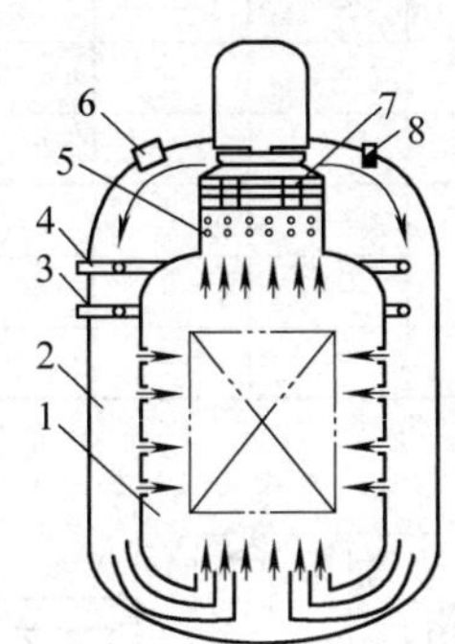

图 19-102　气雾强制循环淬火冷却设备

1—冷却介质流动均流体　2—冷却容器　3—高压气体喷嘴　4—水雾喷嘴　5—换热器　6—排风机　7—强制对流风机　8—安全放气阀

19.18　冷处理设备

19.18.1　制冷原理

制冷设备的制冷原理是固态物质液化、汽化或液态物质汽化，均会吸收熔化潜热或汽化潜热，使周围环境降温。制冷机的制冷过程是将制冷气体压缩形成高压气体，气体升温；该气体通过冷凝器降低温度，形成高压液体；该液体通过节流阀，膨胀，成为低压液体；低压液体进入蒸发器，吸收周围介质热量，蒸发成气体，蒸发器降温，此蒸发器的空间就成为低温容器。

图 19-103 所示为单级压缩制冷循环系统。由于压缩机的压缩比不能过大，排气温度不能过高，因而单级压缩制冷受到限制。为了获得更低的温度，可采用双级压缩制冷，如图 19-104 所示。低压压缩机压缩的气体经中间冷却后再由高压压缩机压缩，进行第二级制冷循环，将冷冻室深冷。

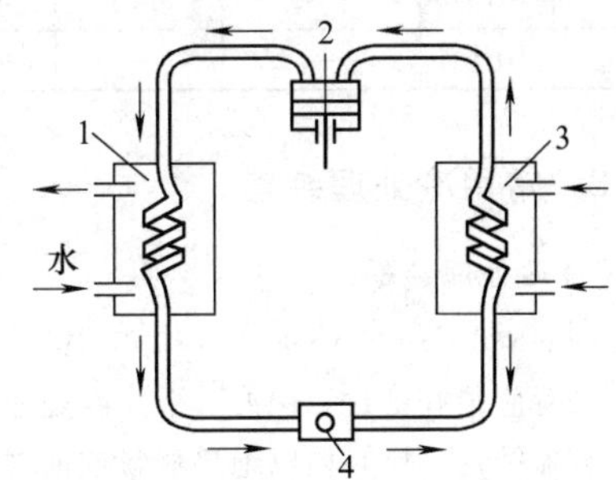

图 19-103　单级压缩制冷循环系统

1—冷凝器　2—压缩机　3—汽化器　4—节流阀

19.18.2　制冷剂

制冷剂是制冷设备的工质，常用的物理性能制冷剂见表 19-18。

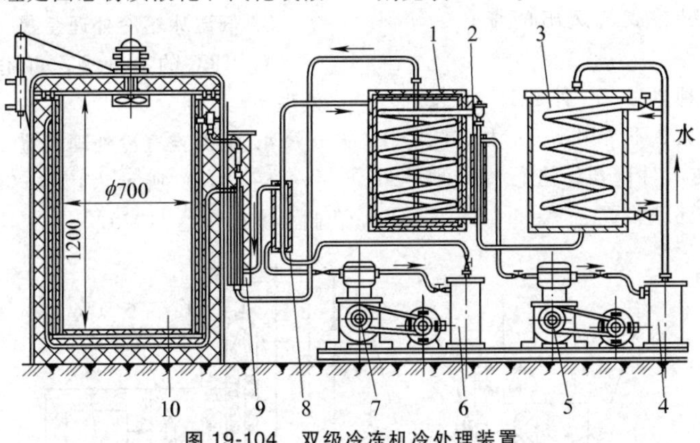

图 19-104　双级冷冻机冷处理装置

1—汽化器　2、9—过冷器　3—冷凝器　4、6—油分离器　5、7—压缩机　8—换热器　10—冷冻室

表 19-18　常用制冷介质的物理性能

制冷介质	分子式	20℃时密度/(kg/cm³)	液体密度/(kg/cm³)	沸点/℃	凝固点/℃	沸点时蒸发热/(kJ/kg)	20℃时比热容/[kJ/(kg·K)]		沸点时定压比热容/[kJ/(kg·K)]
							定压	定容	
氧	O_2	1.429	1140	-183	-218.98	212.9	0.911	0.652	1.69
氮	N_2	1.252	808	-195	-210.01	199.2	1.05	0.75	2.0

（续）

制冷介质	分子式	20℃时密度/(kg/cm^3)	液体密度/(kg/cm^3)	沸点/℃	凝固点/℃	沸点时蒸发热/(kJ/kg)	20℃时比热容/[kJ/(kg·K)]		沸点时定压比热容/[kJ/(kg·K)]
							定压	定容	
空气	—	1.293	861	-192	—	196.46	1.007	0.719	1.98
二氧化碳	CO_2	1.524	—	-78.2	-56.6	561.0	—	—	2.05
氨	NH_3	0.771	682	-33.4	-77.7	1373.0	2.22	1.67	4.44
F-11	$CFCl_3$	—	—	+23.7	-111.0	—	—	—	—
F-12	CF_2Cl_2	5.4	148	-29.8	-155	167	—	—	—
F-13	CF_3Cl	4.6	—	-81.5	-180	—	—	—	—
F-14	CF_4	—	—	-128	-184	—	—	—	—
F-21	$CHFCl_2$	—	—	+8.9	-135	—	—	—	—
F-22	CHF_2Cl	3.85	141	-40.8	-160	233.8	—	—	—
F-23	CHF_3	—	—	-90	-163	—	—	—	—

19.18.3 常用冷处理装置

1. 干冰冷处理装置

干冰即固态CO_2。干冰很容易升华，很难长期储存。储存装置应很好密封和保温。干冰冷处理装置常做成双层容器结构，层间填以绝热材料或抽真空。冷处理时，除干冰，还需加入乙醇或丙酮或汽油等，使干冰汽化而制冷。通过改变干冰加入量可调节冷冻液的温度，达-78℃低温。

2. 液氮超冷装置

利用液氮可实现超冷处理，达-196℃。液氮储罐须专门设计，严格制作。普通的储罐，除应有良好的隔热保温，还要留有氮气逸出的细孔，确保安全。

液氮超冷处理有两种方法，一种是工件直接放入液氮中，此法冷却速度大，不常用；另一种方法是在工作室内液氮汽化，使工件降温，进行冷处理。图19-105所示为液氮超冷处理装置。

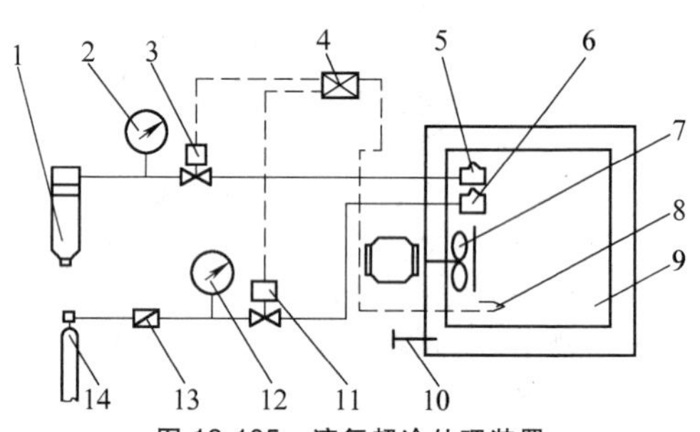

图19-105 液氮超冷处理装置

1—液N_2 2—气压计 3—电磁阀 4—温控仪 5—N_2喷口 6—CO_2喷口 7—风扇 8—温度传感器 9—冷处理室 10—安全开关 11—电磁阀 12—气压计 13—过滤器 14—液态CO_2

3. 低温冰箱冷处理装置

对-18℃的冷处理，可用普通的低温冰箱进行处理。

4. 低温空气冷处理装置

图19-106所示为用空气作制冷剂的制冷装置。制冷温度可达-107℃。

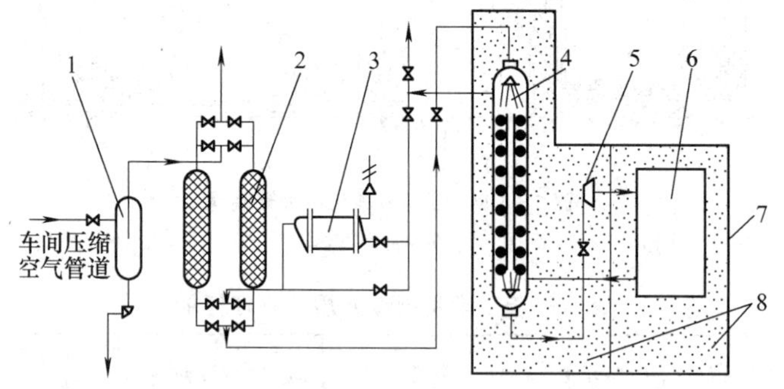

图19-106 用空气作制冷剂的制冷装置

1—油水分离 2—干燥器 3—电加热器 4—绕管式换热器 5—透平膨胀机 6—零件处理保温箱 7—冷箱 8—保温材料（珠光砂）

19.18.4　低温低压箱冷处理装置

此种低温箱有较高的真空度和较低的温度。箱体采用内侧隔热，箱内有一铝板或不锈钢板制作的工作室。箱内设有轴流式风机，在空气通道中装有加热器，用于高温试验工况。门框间安有密封垫片。为防冻结，在垫片下设有小功率电热器。图 19-107 所示为低温低压箱结构。其容积较小，为-80～-120℃的低温。常用低温低压箱的技术性能见表 19-19。

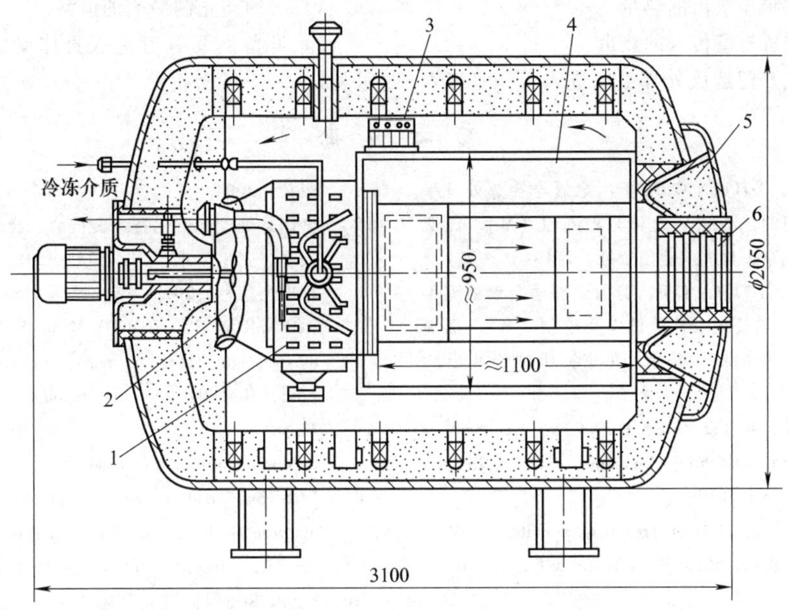

图 19-107　低温低压箱结构

1—冷风机　2—风扇　3—加热器　4—冷冻室　5—门框　6—带观察窗的门

表 19-19　常用低温低压箱的技术性能

型号	制冷室尺寸(长×宽×高)/cm	控制温度范围/℃	最低温度/℃	功率/kW	制冷介质	质量/kg
D60-120	50×40×60(0.12m^3)	(-30～-60)±2.5	-60	1.1×2	F-22、F-13	550
D60/0.6	151×80×50(0.5m^3)	-60±2	-60	4	F-22、F-13	1000
D60/1.0	110×97.5×97.5(1.0m^3)	-60±2	-60	4	F-22、F-13	1200
D02/80	60×70×47.5(≈0.2m^3)	-80±2	-80	4	F-22、F-13	—
D-8/0.2	53×53×70(0.2m^3)	-80±2	-80	4	F-22、F-13	750
D-8/0.4	80×71.5×71.5(0.4m^3)	-80±2	-80	4	F-22、F-13	910
D-8/25	0.25m^3	-80±2	-80	4	F-22、F-13	700
GD5-1	100×95×100	(70～-50)±2	-50	3×2	F-22、F-13	1350
GD7-0.4	70×70×80	(80～-70)±2	-70	6	F-22、F-13	1000
LD-0.1/12	35×60×45(≈0.1m^3)	-80～-120	-120	7	F-22、F-13、F-14	1000

19.18.5　深冷处理设备

深冷处理又称超低温处理，是在-130℃以下对材料进行处理的一种方法。它是常规冷处理的一种延伸。可以提高多种金属材料的力学性能和使用寿命。深冷处理通常采用液氮来制冷，也有采用压缩空气来制冷的。对于液氮制冷，主要分为液体法和气体法。液体法即将工件直接浸入液氮中。一般认为，液体法具有热冲击大的缺点，有时甚至会造成工件开裂，故一般采用气体法，即利用液氮汽化潜热及低温氮气吸热来制冷。

深冷处理设备的主要技术参数：

1）控温范围：40～-196℃。

2）降温速率：0～60℃/min。

3）控温精度：±2℃。

19.18.6 冷处理负荷和安全要求

1. 冷处理负荷

冷处理的冷负荷由如下三部分组成：

1）冷处理件降温放出的热量。

2）由制冷装置外壁传入的热量。

3）由通风或开门造成外界空气进入工作室带入的热量。

2. 制冷机制冷量

制冷机的制冷量必须与冷处理的冷负荷平衡，制冷室才能维持冷处理温度。

3. 冷处理的安全

1）必须防止制冷剂的泄漏。

2）设备上要有避免人身体受到制冷剂伤害的装置。

参 考 文 献

[1] DOSSETT J L, TOTTEN G E. 美国金属学会热处理手册：A 卷. 钢的热处理基础和工艺流程 [M]. 汪庆华，等译. 北京：机械工业出版社，2019.

[2] DOSSETT J L, TOTTEN G E. 美国金属学会热处理手册：B 卷 钢的热处理工艺、设备及控制 [M]. 邵周俊，樊东黎，顾剑锋，等译. 北京：机械工业出版社，2020.

[3] TOTTEN G E, BATES C E, CLINTON. Handbook of Quenchants and Quenching Technology [M]. Russell: ASM International, 2010.

[4] TOTTEN G E. Steel Heat Treatment Handbook [M]. 2nd ed. Boca Raton: CRC Press Taylor & Francis Group, 2007.

[5] CHEN N L, LIAO B, PAN J S, et al. Improvement of the Flow Rate Distribution in Quench Tank by Measurement and Computer Simulation [J]. Materials Letters, 2006, 60 (6): 1659-1664.

[6] 全国热处理标准化技术委员会. 液态淬火冷却设备技术条件：JB/T 10457—2004 [S]. 北京：机械工业出版社，2004.

[7] 全国热处理标准化技术委员会. 金属热处理生产过程安全、卫生要求：GB 15735—2012 [S]. 北京：中国标准出版社，2013.

[8] KOBASKO N I, ARONOV M A, POWELL J, et al, Intensive Quenching Systems: Engineering and Design [M]. Russell: ASM International, 2010.

[9] TENSI H M, TOTTEN G E, WEBSTER G M. Proposal to Monitor Agitation of Production Quench Tanks [C] // 17th Heat Treating Society Conference Proceedings Including the 1st International Induction Heat Treating Symposium. Russell: ASM International, 1997.

[10] 全国热处理标准化技术委员会. 热处理冷却技术要求：GB/T 37435—2019 [S]. 北京：中国标准出版社，2019.

[11] 陈乃录，左训伟，徐骏，等. 数字化控时淬火冷却工艺及设备的研究与应用 [J]. 金属热处理，2009 (3): 44-49.

第20章　热处理清洗设备

江苏丰东热技术有限公司　韩伯群　沙丽华

清洗是热处理过程中的重要环节，它直接影响产品的热处理质量和外观。不同产品热处理前清洗品质的好坏，特别是对真空热处理、渗氮及表面涂层等工艺的质量影响尤为明显。

作为影响热处理产品质量的关键设备之一，目前清洗机主要有喷淋+发泡式温水（水剂）清洗机、喷淋+浸泡超声+射流式清洗机和以氟利昂、三氯乙烷、四氯化碳为洗涤剂的真空溶剂清洗机。

工件在热处理前，主要需清除锈斑、油渍、污垢、各种切削液和研磨剂等，以保证不阻碍加热和冷却，不影响介质和气氛的纯度，以防止工件出现软点、渗层不均匀、组织不均匀等影响热处理质量的现象。产品经过热处理后，也常需清洗，以去除工件表面残油、残渣和炭黑等附着物，以满足热处理工件清洁度、防锈和不影响下道工序加工等要求。应根据工件加工特点对清洁度的要求、生产工艺方式、生产批量及工件材质与外形尺寸，选用相应的清洗设备。

20.1　常规清洗机

常规清洗机一般用于清除工件上的残油和残盐，可分为周期式和连续式两大类。前者包括清洗槽、箱式清洗机、强力加压喷射式清洗机等，后者包括输送带式清洗机及各类超声波生产线、自动线配置的悬挂输送链式、链板式和旋转滚筒式等各类专用清洗设备。

20.1.1　卧式双槽碱液清洗机

图 20-1 所示的卧式双槽碱液清洗机，由碱液清洗室和漂洗干燥室构成，适用于中小工件的周期式热处理前清洗和后清洗。工件在碱液清洗室内完成碱液浸泡、超声波清洗、碱液喷淋等清洗流程，然后进入漂洗干燥室，进行喷淋漂洗、热风烘干。

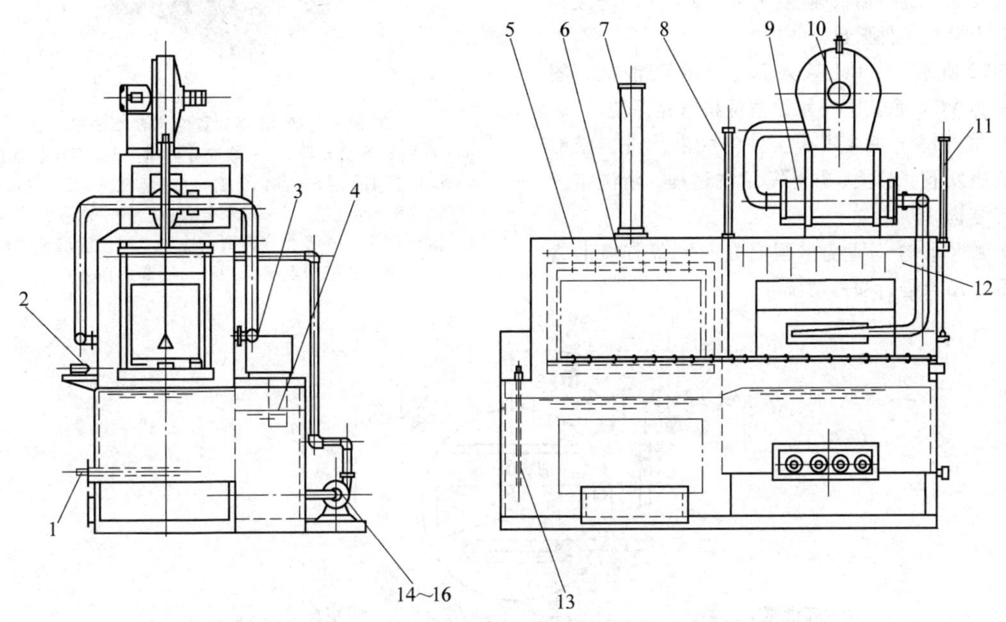

图 20-1　卧式双槽碱液清洗机

1—加热器　2—脱钩装置　3—集油器　4—油水分离器　5—碱液清洗室　6—喷嘴　7—升降机　8—中门装置　9—热风发生器　10—鼓风机　11—前门装置　12—清洗室　13—加热器　14、15—喷淋泵　16—液体循环泵

1）碱液清洗室由碱液槽、升降机、喷洗系统、水温及液位控制装置等构成。

碱液槽由主槽和侧槽两部分组成。主槽用于储存清洗液；侧槽为溢流槽，用于收集悬浮的废油和乳化液。主槽上设有加热器，槽体侧壁设有隔热材料，防止热量散发。槽体前部设有供工件进出的前门，后部设有连接漂洗干燥室的中门，两道门均为水密结构，前门及中门通常采用气缸开闭方式。

升降机由型钢焊接而成，采用气缸驱动方式。升降机下降时，将工件置于清洗液中进行浸泡清洗，根据产品特点与材质可选配超声波装置，进一步增强清洗效果；升降机上升时，对工件进行喷淋清洗。

喷洗系统由喷淋泵、喷嘴系统、除油泵和发泡电磁阀等组成。大功率的喷淋泵和均匀的喷嘴系统可以保证全方位喷洗的效果。

水温及液位控制装置用于保证碱液槽内有合适的水温及液位，高液位时停止补水，液位过低时发出报警并自动切断加热。

2）漂洗干燥室用于对工件进行漂洗、烘干。首先采用清水漂洗，去除工件表面残留的清洗液。然后通过沥水、吹风、烘干等流程，使工件表面除水、烘干。

表 20-1 列出了 BCA 系列卧式碱液清洗机的主要型号及参数。

表 20-1　BCA 系列卧式碱液清洗机的主要型号及参数

型　　号	BCA-400	BCA-600	BCA-1000	BCA-1500
处理量/kg	400	600	1000	1500
有效尺寸(长×宽×高)/mm	600×600×900	600×600×1200	760×800×1200	900×900×1200
清洗剂类型	碱性清洗剂			
清洗液容积/L	1800	2200	3500	4800
功率/kW	45	60	80	110

20.1.2　单室真空水剂清洗机

单室真空水剂清洗机是一种集清洗、干燥为一体的新型清洗机。工件在清洗室内进行碱液喷淋、碱液浸泡（发泡），然后切换漂洗喷淋清洗，最后进行真空干燥。该清洗机结构简单，运行可靠。

清洗流程：工件搬入→碱液喷淋→碱液浸泡→清洗液空气发泡清洗→碱液排空→漂洗喷淋→漂洗液排空→真空干燥→工件搬出。

图 20-2 所示为 VCM 系列真空水系清洗机，图 20-3 所示为 VCM 系列真空水系清洗机管路系统。

（1）清洗室　主要用于工件的喷淋清洗、浸泡清洗、负压发泡、漂洗、烘干等清洗过程，清洗室为真空密封结构。

（2）喷淋装置　清洗室圆周方向配备有喷淋管路及喷嘴，用于进行喷淋清洗。

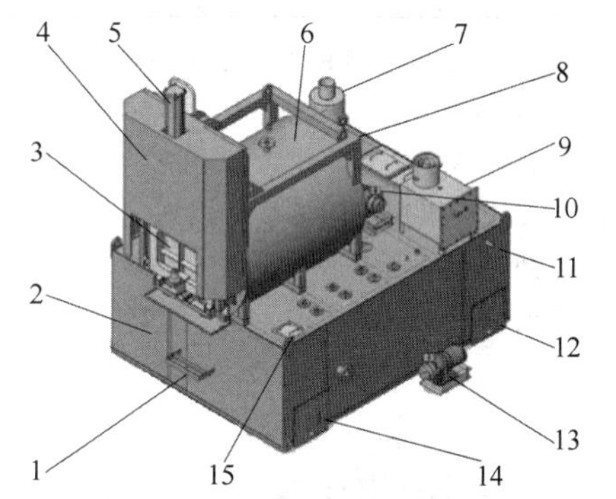

图 20-2　VCM 系列真空水系清洗机

1—行程开关安装架　2—漂洗分离槽　3—清洗机前门　4—前门排烟罩　5—前门气缸　6—清洗室　7—气液分离桶　8—漂洗槽　9—油水分离器　10—水环真空泵　11—溢流口　12—清洗分离槽点检口　13—清洗液喷淋泵　14—清洗槽点检口　15—清洗剂注入口

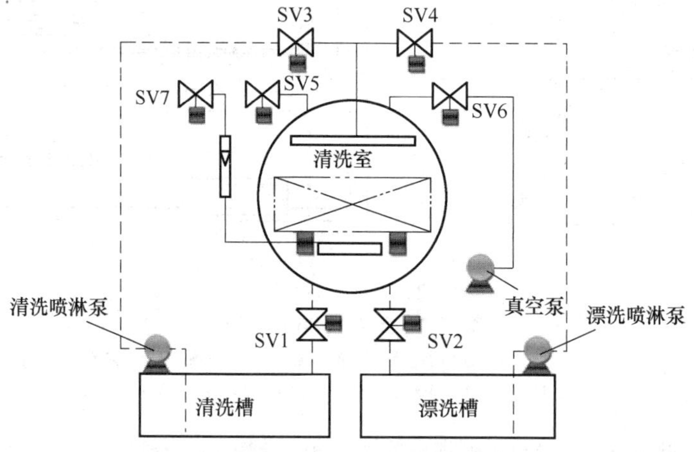

图 20-3　VCM 系列真空水系清洗机管路系统

（3）发泡装置　清洗室底部配备有发泡管。当工件处于浸泡状态时，借助真空泵实现清洗室内与外界的压力差，从而吸入空气通过发泡管。通过发泡管的空气形成可以爆裂的气泡，从而形成气泡搅拌清洗。

(4) 真空密封前门　前门为真空密封设计，装备有硅胶密封条及压紧机械结构，具有良好的密封效果。前门开闭通过气缸实现。

(5) 喷淋系统　配备两套强力喷淋泵，分别用于清洗液与漂洗液的喷淋。

(6) 真空泵系统　配备一套水环式真空泵，具有真空获得速度快、效率高、抗污染能力强的特点。真空泵系统为发泡清洗提供压力差，使空气进入发泡装置形成气泡，并用于获得低温干燥的真空状态。

(7) 油水分离器　将碱液槽侧槽最上层的油和水进行分离，分离后的水流回清洗槽中，分离后的油污进行集中处理。

20.1.3　网带提升式清洗机

网带提升式清洗机适于小工件的网带连续式清洗，通常由清洗槽、网带输送及提升机构、喷淋系统、沥水干燥系统、加热系统、油回收系统、附属装置和电气控制系统等构成。图 20-4 所示为 WM-100 型网带提升式清洗机。

(1) 清洗槽　由主槽和侧槽（溢流槽）两部分组成，槽本体侧壁设隔热材料，以减少热量散失。槽体侧面设有点检口，便于设备检修及清扫。

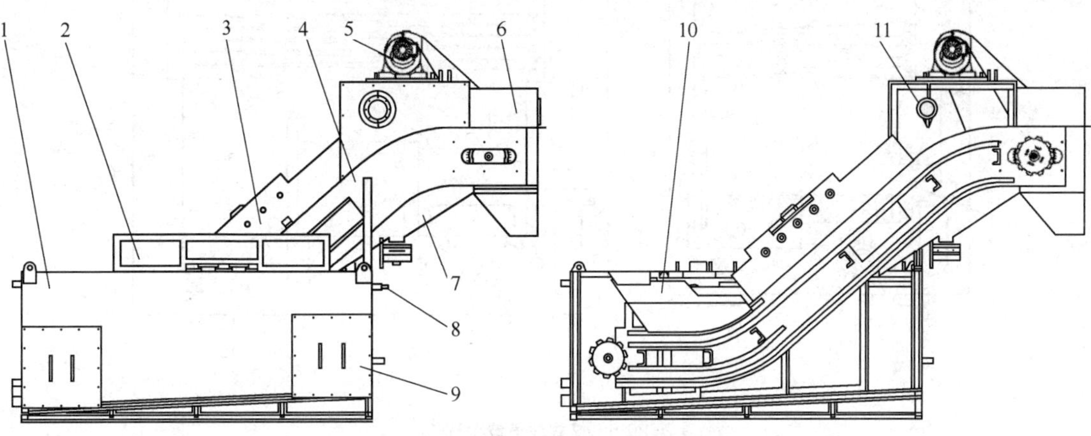

图 20-4　WM-100 型网带提升式清洗机
1—清洗槽　2—加热器部装　3—喷淋部装　4—提升架　5—减速机　6—落料区　7—回水板　8—除油管　9—侧面点检口　10—接料区　11—风刀

(2) 网带输送及提升机构　主要由提升架、提升网带及网带驱动系统等构成。提升架、网带材质通常为 SUS 304（日本牌号，相当我国的 06Cr19Ni10）钢，带有网带驱动检测与报警装置。

(3) 喷淋系统　配备大流量喷淋泵和数根交错排列的喷淋管，用于对处理品的喷淋清洗。

(4) 沥水干燥系统　主要由沥水风机、除水风刀、防液飞散罩壳组成，用于去除工件表面附着的水珠。根据客户需求，可选配加热烘干装置。

(5) 加热系统　清洗槽配备加热器，将水温加热至适合清洗状态。

(6) 液位控制装置　配置液位检测传感器。主槽液位处于下限时，发出液位报警并自动切断加热。侧槽（溢流槽）液位处于下限时，自动补水；液位处于上限时，补水停止。

20.2　超声波清洗设备

一些特殊热处理工件，如盲孔类工件，推荐采用超声波清洗，或者喷淋结合超声波清洗。

超声波清洗以纵波推动清洗液，使液体产生无数微小的真空泡。当气泡受压爆破时，产生强大的冲击波，将物体死角内的污垢冲散，增强清洗效果。超声波频率高，穿透能力强，因此对隐蔽细缝或复杂结构的工件有很好的清洗效果。

超声波清洗效果取决于清洗液的类型、清洗方式、清洗温度、超声波频率、功率密度、清洗时间、清洗件的数量及外形复杂程度等。

超声波清洗机如图 20-5 所示，主要由超声波换

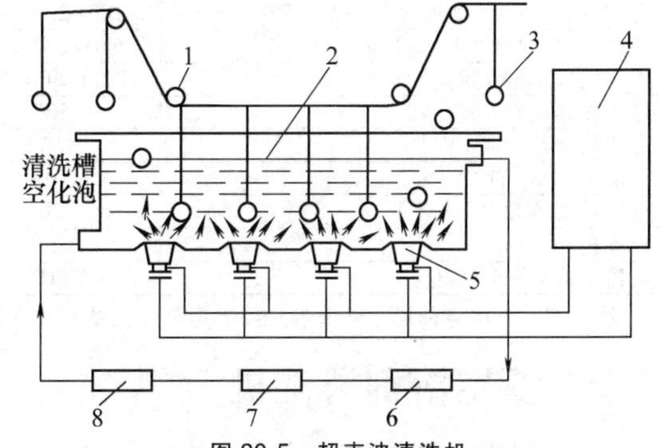

图 20-5　超声波清洗机
1—传送装置　2—清洗液　3—工件　4—发生器　5—换能器　6—过滤　7—泵　8—加热器

能器、清洗槽及发生器三部分构成。此外，还有清洗液循环、过滤、加热及输送装置等。

超声波清洗机有单槽式、双槽式和三槽式等类型，如图 20-6 所示。超声波清洗采用有机溶剂三氯乙烯（或其替代品）作为清洗剂。冷凝区使气态的三氯乙烯冷凝成液体。蒸发自由区为自由态的三氯乙烯蒸汽，水分分离器除去三氯乙烯中的水分。超声波槽内安设超声波换能器，零件在槽内被清洗。过滤器过滤清洗液中杂质。蒸汽槽把工件上的三氯乙烯加热汽化，使工件干燥。加热器加热三氯乙烯。冷却槽冷却工件，泵使三氯乙烯液体循环。

表 20-2 列出了几种超声波清洗机的主要技术参数，表 20-3 列出了双槽式和三槽式超声波清洗机的主要技术参数。

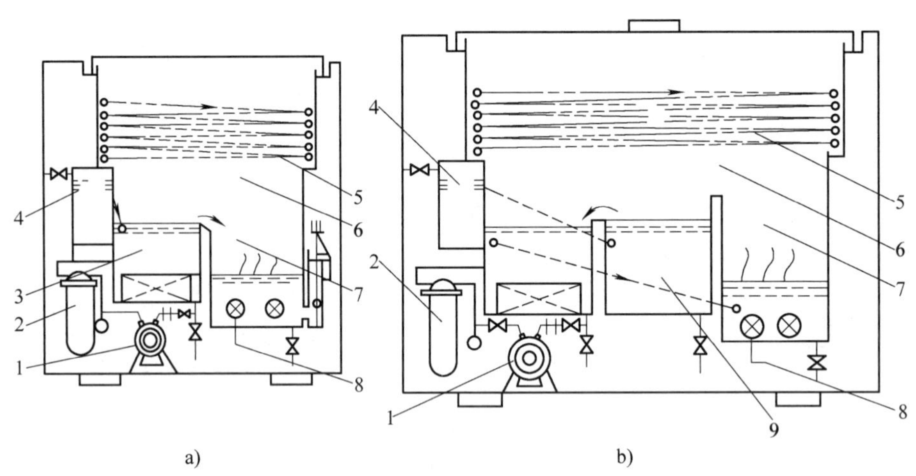

图 20-6　槽式超声波清洗机

a）双槽式　b）三槽式

1—泵　2—过滤器　3—超声波槽　4—水分分离器　5—冷凝器　6—蒸发自由区　7—蒸汽槽　8—加热器　9—冷却槽

表 20-2　几种超声波清洗机主要技术参数

型　　号	CSF-3A	CSF-6	CSF-1A	CQ-250	CQ-50	CQ-500	CQ-1K	CQ-500A	CQ-500J
工作频率/kHz	18	21.5	21.5	33	33	33	19	19	19
输出功率/W	500	2000	750	250	50	500	1000	500	500
清洗槽尺寸（长×宽×高或直径×高）/mm	200×449.5×120	830×530×200	250×220×120	375×155×120	ϕ125×80	500×300×200	710×350×220	500×300×200	500×300×200
质量/kg	23+15	300+90	25+7.25	11.5	4	108	84	108	

表 20-3　双槽式和三槽式超声波清洗机的主要技术参数

型　　号	DUP-3020	DUP-4030	DUP-5040	DUP-6040
电功率/W	300	600	900	1200
超声波槽尺寸(长×宽×高)/mm	300×200×200	400×300×300	500×400×400	600×400×400
洗槽沸腾(浸渍)槽尺寸(长×宽×高)/mm	300×200×200	400×300×450	500×400×600	600×400×600
蒸汽区尺寸(长×宽×高)/mm	630×200×250	830×300×300	1030×400×400	1130×400×400
外形尺寸(长×宽×高)/mm	1200×600×700	1400×800×1200	1500×900×1400	1600×900×1400
超声波槽电热功率/W	500	1000	3000	3000
沸腾槽电热功率/W	1500	2000	6000	6000
清洗量/(kg/h)	100	270	550	750
洗净液总容量/L	20	84	160	200
冷冻机功率/W	745.7	1491.4	2237.1	2237.1
所需电源(最低)容量	200V/1P/11A	220V/3P/25A	220V/3P/55A	200V/3P/60A

注：双、三槽各种尺寸可依客户要求定制，三槽式外形尺寸再增加一槽长度尺寸。

20.3　真空溶剂清洗机

真空溶剂清洗机采用对金属切削液、防锈油和淬火油等有良好溶解性的、环保的碳氢化合物或改性醇为清洗溶剂，通过在真空状态下用溶剂和溶剂蒸汽对工件进行有效清洗，然后真空负压干燥工件。同时，再生装置在真空负压状态下对溶剂进行蒸馏，并冷凝回收溶剂，废液分离后单独排放回收。

20.3.1　碳氢化合物溶剂和改性醇溶剂的特性

（1）碳氢化合物溶剂　溶剂类型为第四类第 3 石油类碳氢化合物，对油污的渗透能力强，洗涤效果好，无毒性，无气味，可再生利用，对环境没有影响，是一种环保高效的清洗剂。但是，由于其闪点低，为 60～80℃，属于可燃性液体，存在着火的危险；又由于其沸点较高，常压下为 180～230℃，但在适当的真空状态下沸点降低，清洗剂的蒸馏再生也变得容易。为了确保设备的安全和环保性能，所以真空溶剂清洗机必须解决以下问题：

1）必须隔绝氧气，在真空密闭容器中进行清洗。

2）必须彻底消除着火源。

3）必须对溶剂进行循环再生利用。

（2）改性醇溶剂　改性醇溶剂是新型高性能改性乙醇溶剂，具有优异的清洗能力，兼容碳氢化合物溶剂与水剂一些特点，满足清洗难度较高的一些产品需求。改性醇溶剂具有非极性和极性性质，广泛用于清洗不溶于碳氢化合物溶剂的各种污染，沸点为 170～175℃，闪点为 63～79℃。

20.3.2　VCH 真空溶剂清洗机的特点

VCH 真空溶剂清洗机采用碳氢化合物溶剂为清洗溶剂，采取专门措施防止氧气的进入和着火源的产生，以保证安全。通过在真空状态下使用溶剂和溶剂蒸汽对工件进行有效清洗，然后真空负压干燥工件；同时，再生装置在真空负压状态下对溶剂进行蒸馏，并冷凝回收纯净溶剂，而分离出的废液收集后被单独排出，不但具有完美的清洗效果，而且节能环保。溶剂再生利用率及再生纯度均在 99%以上，保证了循环清洗效果及溶剂的再生利用，没有任何污染，完全符合环保要求。

VCH 真空溶剂清洗机具有以下特点：

1）高清洗性能。由于碳氢化合物溶剂对淬火油、切削液、防锈液等具有很强的溶解能力，采用“预洗喷淋+浸泡+射流+蒸汽清洗+循环喷淋”等多重清洗，可取得完美的清洗效果。清洗液及蒸汽能够对工件表面进行全方位的充分清洗，即使是对带有盲孔或凹槽等的工件也有很好的清洗效果，能达到高品质的清洗目的。最终的真空干燥流程使得工件能够得以充分干燥且没有任何溶剂残留。通常的金属切削液中含有氯化物添加剂，长时间高温加热后会产生氯离子，对设备及工件有一定的腐蚀。该系统通过在溶剂中添加中和剂，对氯离子进行中和处理，再经过蒸馏将氯化物去除，可有效防止工件及设备的腐蚀问题。

2）更加节能环保。由于采用碳氢化合物作为清洗溶剂，在完全密闭条件下对工件进行真空复合清洗，清洗溶剂在密闭条件下循环再生使用，溶剂再生回收率及再生溶剂纯度均达到 99%以上，消除了以往的溶剂清洗机在环保、安全、健康等方面的隐患，不会产生任何有害烟气，无污液排放；设备能源消耗少，溶剂消耗少，更加节约能源。VCH600 型真空清洗机普通清洗流程每炉平均消耗溶剂约 350mL，平均每炉的电力消耗仅为普通清洗机的 50%。

3）高安全性。清洗室采用真空系统，完全消除了由于空气的存在而导致爆炸的可能；采用热煤油间接加热的方式，避免由于直接电加热导致局部温度过高及电火花的产生。系统设置了多重安全互锁，当出现任何非正常状况，如冷却水、氮气和压缩空气压力过低等一般异常时，系统会自动发出声光报警，提醒操作人员注意，及时解除相关故障；当发生系统内部压力异常升高、加热油温过高等严重故障时，系统自动启动安全联锁保护，设备紧急停止并报警，操作人员可通过报警画面找到故障原因，并根据报警辅助信息，解决相关故障。

4）生产率高。对于通常清洗流程，清洗周期一般在 35min 左右，考虑自动生产线工件的周转及各种辅助时间，真空溶剂清洗机一天可以工作 30 炉左右，一台真空清洗机正常可与四五台主炉配套。

5）运行可靠，维护方便。整个清洗过程均在清洗室内进行，工件搬送到清洗室后处于静止状态，没有任何相对移动，减少了由于工件移动可能引起的机械故障。整个系统操作简单，维护方便。

6）多种清洗程序选择。可以根据工件状况分别设定喷淋及干燥时间，对于粉末冶金及铸造品等多孔工件，采用专门的“RCD”清洗模式，比通常的清洗模式（组合喷淋+浸泡+射流+净液循环喷淋+蒸汽浴洗）增加抽真空及喷淋次数，延长了清洗与干燥时间，以更好地将产品加工孔内的油抽出并洗净，取得显著的洗涤效果。

20.3.3　VCH 真空溶剂清洗机结构

1. 总体结构

图 20-7 所示的 VCH 真空溶剂清洗机为敞开式结构，也可以做成全封闭式结构。系统由真空清洗室、真空再生装置及相关附属装置、控制系统等组成。工件在真空溶剂清洗机内通过预洗喷淋、蒸汽喷淋、循环喷淋、真空干燥等流程实现清洗及干燥。清洗后的

溶剂送往再生装置进行蒸馏再生处理，再生后的溶剂纯度及再生率均在 99%以上。

图 20-7　VCH 真空溶剂清洗机
1—清洗室　2—中和剂　3—排烟罩　4—蒸汽发生器
5—清洗室本体　6—再生装置　7—过滤器

2. 真空清洗机结构

真空清洗机主要由清洗室、溶剂槽、预洗污液槽、冷凝装置、蒸汽发生器、粗过滤器、精密过滤器、FNAM（中和剂）供给装置及真空系统、电气控制系统等组成，如图 20-8 所示。

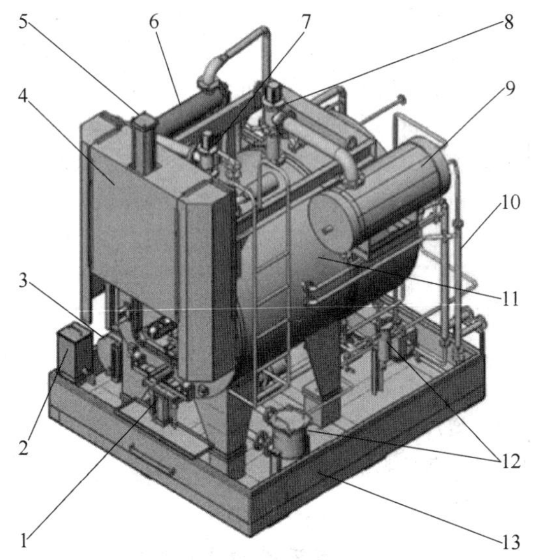

图 20-8　真空清洗机结构
1—前门辅助辊道　2—中和剂槽　3—预洗污液槽
4—排烟罩　5—前门气缸　6—冷凝器
7—真空排气口　8—蒸汽入口　9—蒸汽发生器
10—加热油管　11—清洗室
12—过滤器　13—底框架

（1）清洗室　清洗室由钢板焊接而成，炉壁圆周方向均匀布置加热油道，外侧覆盖保温层，清洗室上部设真空排气口、喷淋口及蒸汽入口，下部设排液口，各开口处安装真空密封阀。清洗室用于工件的喷淋清洗、浸泡、发泡、循环喷淋、蒸汽及真空干燥处理。

（2）溶剂槽　本体为密闭容器，槽上部设真空排气口，下部设排液口，用于存放清洗溶剂，负责清洗周期中各流程段所用溶剂的供给及回收存储。

（3）清洗机前门　前门与清洗机本体形成密闭的清洗室。前门部件主要由前门本体、前门提升框架、连杆机构、导向轮、导轨及气缸等组成，为工件进出清洗机的通道。

（4）前门辅助辊道　辅助辊道由固定支架、辊子安装架、导向杆及气缸等组成，用于推拉车与清洗机内部辊道间的衔接。

（5）预洗污液槽　用于预洗后污液的单独存放，可防止污液对溶剂槽内溶剂的污染。

（6）冷凝装置　用于将清洗室抽真空过程中抽出的溶剂蒸汽冷凝并回收，同时降低真空泵的排气温度。

（7）蒸汽发生器　蒸汽发生器由钢板焊接而成，周向均匀布置加热油道，外侧覆盖保温层，上部设有蒸汽排出口及蒸气液导入口，下部设有排液口，各开口处都安装有真空密封阀，内部安装有加热管，用于向清洗室提供溶剂蒸汽。

（8）过滤器　用于除去溶剂中的各种杂物，保持溶剂的清洁，防止系统管路及喷嘴的堵塞。

（9）FNAM（中和剂）供给装置　进行前清洗时自动地供给适量（可调整）的中和剂，以便中和加热过程中产生的氯离子（切削液带入），防止氯化物对再生装置真空泵的腐蚀。

（10）真空系统　形成系统的真空，保证系统在安全状态下运行；产生压力差，形成溶剂转移的原动力；对工件进行真空干燥。

3. 真空再生装置

真空再生装置主要由油槽、加热装置、再生槽、蒸发器、冷却室、再生液槽、废油冷却槽及冷凝器、真空系统、电气控制系统等组成，如图 20-9 所示。

（1）油槽　油槽是由钢板焊接而成的密闭容器，槽内安装电加热元件，通过油循环泵为系统各部分提供导热油。

（2）再生槽　再生槽用钢板焊接而成，呈圆桶形结构，下部置于油槽中，内置蒸发器、喷雾装置，上部为冷却室。用于对溶剂进行蒸馏净化处理，维持溶剂的清洁状态。

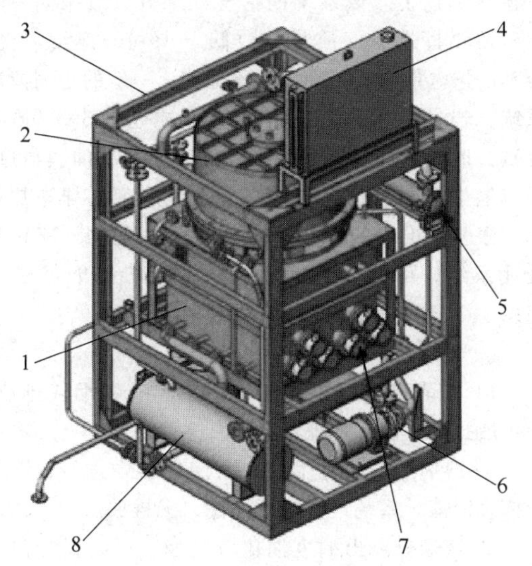

图 20-9　真空再生装置

1—油槽　2—冷却室　3—再生装置架台　4—油位调整槽　5—冷凝器　6—油循环泵　7—油槽加热器　8—再生液槽

（3）再生液槽　用于收集蒸馏产生的纯净溶剂，并分批转移到溶剂槽。

（4）真空系统　形成系统的真空，使溶剂能够在真空、较低温度下进行蒸馏，保证系统在安全状态下运行；产生压力差，形成新液及废油转移的原动力。

4. VCH 真空溶剂清洗机清洗流程

图 20-10 所示为 VCH 真空溶剂清洗机的清洗流程。

在真空状态下分别使用溶剂和溶剂蒸汽对工件实施清洗，可采用下列三种清洗方式进行复合清洗，并进行最终的真空干燥。

1）在高真空度下（6.5kPa）用溶剂进行喷淋清洗。高真空度下溶剂喷射效果明显，对密集装料和形状复杂的工件有较好的清洗效果。

2）在高真空度下（6.5kPa）用溶剂蒸汽进行清洗。在高真空状态下，让过饱和的溶剂蒸汽在很短时间内大量地从工件表面通过，溶剂蒸汽几乎是全方位地对处理品表面进行充分清洗，即使是带有盲孔或凹槽的工件也有很好的清洗效果，能满足高品质的清洗要求。

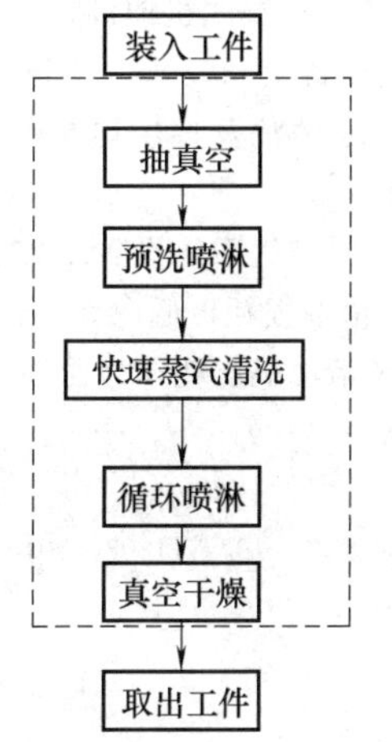

- 工件由推拉车自动搬入（约1min）
- 将清洗室抽真空（约3min）
- 在高真空度下用溶剂进行喷淋清洗（约1min）
- 在高真空度下用溶剂蒸汽对工件进行快速清洗（约8min）
- 在低真空度下用大流量溶剂对工件进行循环喷淋清洗（约5min）
- 高真空度干燥去除残留溶剂（约7min）
- 清洗室复压，工件搬出（约2min）

整个处理周期约35min

图 20-10　真空溶剂清洗机的清洗流程

3）低真空度下（60kPa）大流量溶剂循环喷淋清洗。弥补高真空度下喷射可能留下的清洗死角，使全部工件及工件的各部位都能得到充分的清洗。

对以上清洗模式，可根据工件的油污程度、形状及清洗所要达到的洁净度等因素选择清洗方式，设定清洗周期各流程的处理时间，使清洗效果更佳、处理效率更高。

4）工件经上述三种清洗方式复合清洗后进行最后的真空干燥。由于在真空状态下溶剂的沸点降低，在 95℃ 及 2.6kPa 的真空条件下，工件上残留的溶剂能够完全蒸发，并经冷凝返回溶剂箱，工件表面清洁，而且没有任何残留。

5. 关键技术问题与对策

（1）石油类溶剂的使用安全性问题　VCH 真空溶剂清洗机采用的溶剂属可燃性溶剂。可燃物燃烧及爆炸的三要素为可燃物、氧气及火源，该设备采取以下措施进行安全排除。

1）着火点的排除。

① 电动机全部采用防爆型规格。

② 所有检测装置都采用防爆结构。

③ 自动阀全部使用空气动作阀。

④ 设备各部位的升温全部采用导热油循环的间接加热方式。

⑤ 在清洗室内不使用含有火源的部件。

2）混入氧气的排除。

① 溶剂在被充分抽真空的密闭系统内使用，被加热的溶剂不与大气接触。

② 工件搬入搬出时，溶剂被用真空负压法回收到溶剂存储槽内，存储槽内没有氧气源。

③ 配备有高可靠性真空探头，当系统内部达不到设备所规定的真空度时，装置就无法动作，清洗周期中采用氮气复压。

④ 清洗流程中出现任何异常引起压力上升时，均发出真空异常报警，装置自动紧急停止。

3）温度设置。该设备的相关处理温度设定如下：导热油温度为130~140℃，溶剂槽温度为95℃，清洗室温度为98℃，而采用的溶剂着火温度为230℃左右，仍有130℃以上的温度差，安全性有保障。

（2）溶剂的回收和再生处理问题　溶剂在高真空状态下进行低温蒸馏，使溶剂与废油及其他杂质分离。分离出来的纯净溶剂再循环到清洗机利用，废液经其他管路排出到废液槽。

清洗过程中和清洗后，溶剂和清洗下来的油脂混合。在真空蒸馏槽内，通过导热油间接加热，低沸点的溶剂大量快速挥发，在冷却室内经冷凝器冷凝后重新液化，其中蒸汽通过特殊处理装置可将带入溶剂内的氯化物、硫化物等杂物分离去除。采用独特的真空变压变温蒸馏冷凝再生技术，可使溶剂再生能力达到300L/h，溶剂再生回收率在99%以上，再生溶剂纯度在99%以上。该系统的清洗效果好、效率高，每次残留物挥发少（质量分数低于1%），连续清洗，溶剂的清洗能力不下降。试验证明，一般的溶剂清洗系统，若溶剂中残留的油及其他杂质超过3%（质量分数）时，清洗干燥后会在工件表面留有油膜痕迹，残留氯化物、硫化物易导致工件生锈。江苏丰东热技术有限公司推出的两个99%指标和氯化物、硫化物处理系统，可确保连续清洗效果，溶剂能够长期使用。

（3）设备的环保性

1）该真空清洗机使用过程中无有害烟气排放，无污液排放，属于环保设备。

① 溶剂清洗及再生均在密闭容器中进行，溶剂无挥发泄漏，系统运行时无泄漏，无排放。

② 蒸馏分离出的废油比较纯净，可委托专门单位回收，不产生任何污染。

③ 设备处理过程中噪声较小，完全符合工业环保要求。

2）该真空清洗机能源消耗少，溶剂消耗少，属节能低耗设备。

① 溶剂清洗及再生均在密闭容器中进行，溶剂无挥发泄漏。

② 真空排气系统设置了完善的溶剂蒸汽冷凝回收装置，溶剂损耗极低。

③ 该清洗机能耗约为通常水剂清洗机的50%。

参考文献

[1] 朱文明. VCH真空溶剂清洗机及其在热处理生产线上的应用［J］. 金属热处理，2008，33（11）：119-223.

[2] 全国热处理标准化技术委员会. 热处理用真空清洗机技术要求：JB/T 11808—2014［S］. 北京：机械工业出版社，2014.

第21章　热处理清理及强化设备

盐城丰东特种炉业有限公司　王群华

热处理清理及强化设备利用抛丸器将弹丸高速射向零件表面，以弹丸的冲击作用清除零件表面的氧化皮和黏附物，若对抛射过程加以控制又可达到强化零件的效果，以提高零件的疲劳寿命。

21.1　抛丸清理设备

机械式抛丸清理设备依其结构特点可分为转台式、履带式、倾斜滚筒式及悬链输送式等几种，用于不同类型的零件和生产规模。抛丸清理设备都是由抛丸器、零件运输装置、弹丸循环装置、丸粉尘分离装置、清理和强化室五个主要部分组成。

21.1.1　抛丸器

抛丸器按送丸方式分有机械送丸抛丸器和风力送丸抛丸器，按旋转盘数量分有单盘抛丸器和双盘抛丸器。

1. 机械送丸抛丸器

机械送丸抛丸器是使用最广泛的一种形式，其工作原理如图21-1所示。弹丸依靠自重，经分丸轮3和定向套4进入叶片5，当弹丸和叶片接触时，叶片表面向外做加速度运动，以60~80m/s的速度抛出。

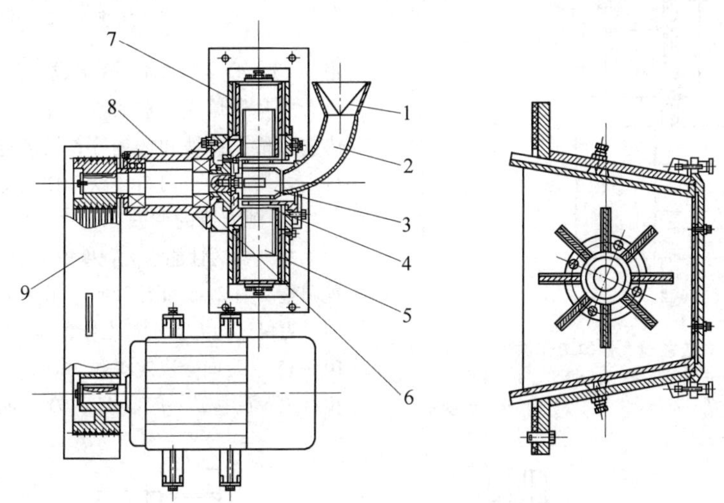

图21-1　机械送丸抛丸器的工作原理

1—进丸斗　2—输丸管　3—分丸轮　4—定向套　5—叶片
6—圆盘　7—壳体　8—轴承座　9—传动带

机械送丸抛丸器有单圆盘、双圆盘、曲线叶片和管式叶片等几种。单圆盘通常有六个叶片均布在圆盘上，这种形式的优点是结构紧凑，叶片拆装方便，重量轻，但对于动平衡的要求较高。双圆盘式受力状况较好，叶片不易变形和断裂，但叶片磨损较大。管式叶片可使弹丸呈层流方式抛射，因而叶片受冲击力小，可提高叶片的使用寿命。由于管内形成高速气流，提高了弹丸抛射速度。机械送丸抛丸器的型式多样，实际应用以双盘抛丸器为主。机械送丸抛丸器系列产品的主要技术参数见表21-1。

表21-1　机械送丸抛丸器系列产品的主要技术参数

型号	叶轮尺寸/mm	叶轮转速/(r/min)	抛射速度/(m/s)	抛丸量/(kg/min)	电动机功率/kW
Ⅰ/Ⅱ	ϕ360×62	2600	63	150~200	10~13
Ⅰ/Ⅱ	ϕ420×62	2400	69	180~250	13~17
Ⅰ/Ⅱ	ϕ500×62	2250	76	220~300	17~22

注：旋转方向（面对叶轮）Ⅰ左旋，Ⅱ右旋，功率上限用于强力抛丸。

2. 风力送丸抛丸器

由于机械送丸抛丸器的分丸轮和定向套易磨损，为此改进其结构，形成无分丸轮和定向套的风力送丸抛丸器。其工作原理如图 21-2 所示。

风力送丸抛丸器有鼓风送丸和压缩空气送丸两种。弹丸通过气流经喷嘴进入叶片，弹丸抛出的方向取决于喷嘴出口的位置。图 21-3 和图 21-4 所示为这两种风力抛丸器。

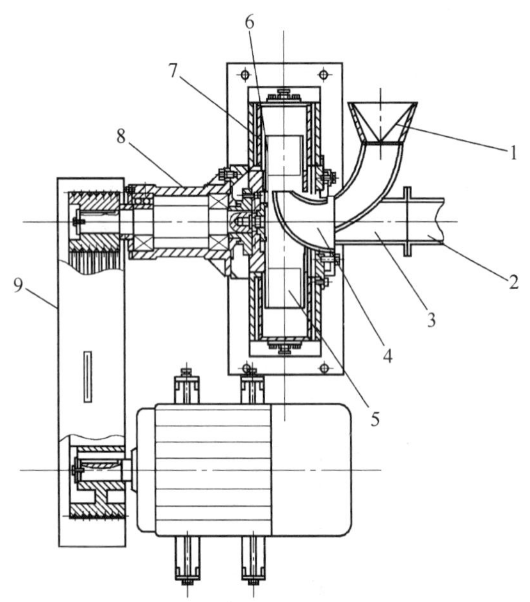

图 21-2　风力送丸抛丸器的工作原理

1—进丸斗　2—进风管　3—加速管　4—喷嘴　5—叶片　6—圆盘　7—壳体　8—轴承座　9—传动带

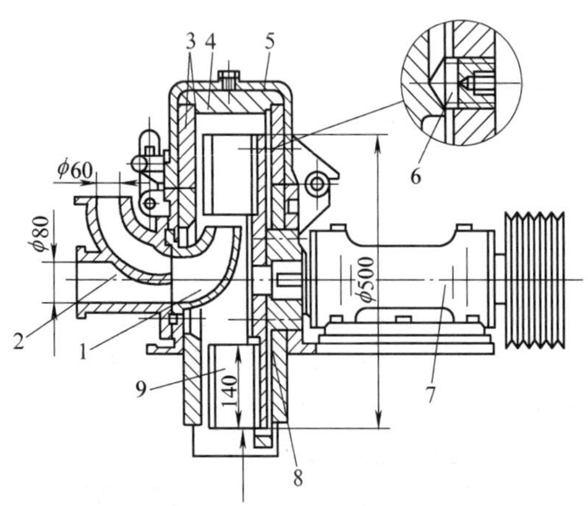

图 21-3　鼓风送丸抛丸器

1—喷嘴　2—加热管　3、4—护板　5—护罩壳　6—紧固螺钉　7—轴承座　8—圆盘　9—叶片

3. 抛丸器主要结构零件的材料

圆盘和叶片是抛丸器的主要结构零件。圆盘通常用 40Cr、45 或 65Mn 钢制成，硬度为 45HRC 左右；也有用整体熔模铸造的盘，其材料有耐磨铸铁、合金铸铁、稀土铸铁和铸钢等，均经过硬化处理。叶片材料主要为含稀土白口铸铁，使用寿命为 150~250h。

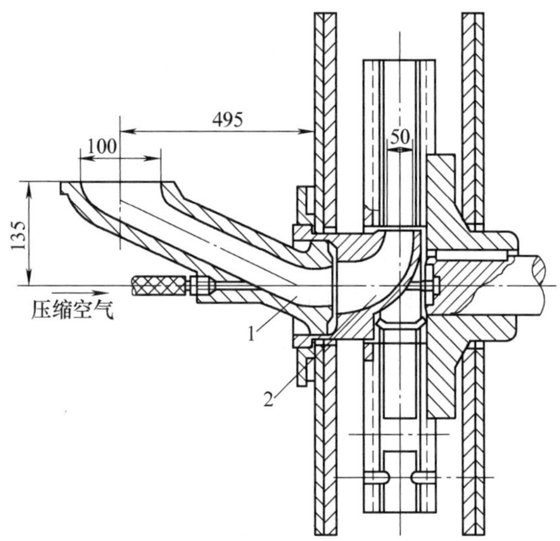

图 21-4　压缩空气送丸抛丸器

1—加速管　2—喷嘴

4. 抛丸器的调整

抛丸器的性能很大程度取决于分丸轮和定向套的位置调整。图 21-5 和图 21-6 所示为分丸轮和定向套的结构。为保证抛丸器正常工作，分丸轮出口应比叶轮提前 10°~15°。定向套决定弹位方向，可根据刻度与指线的相对位置调整，一般取 45°~60°，如图 21-7 所示。

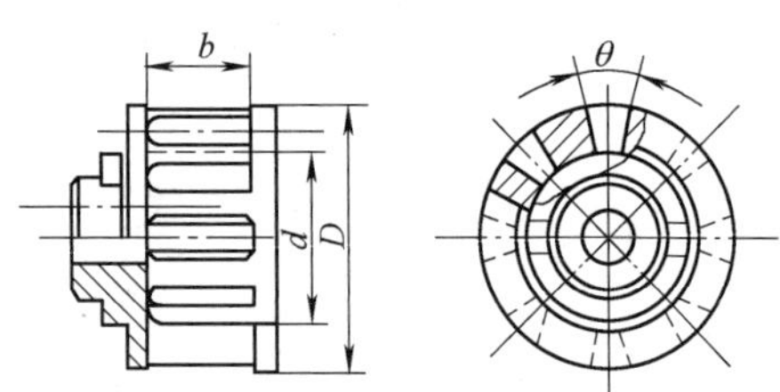

图 21-5　分丸轮的结构

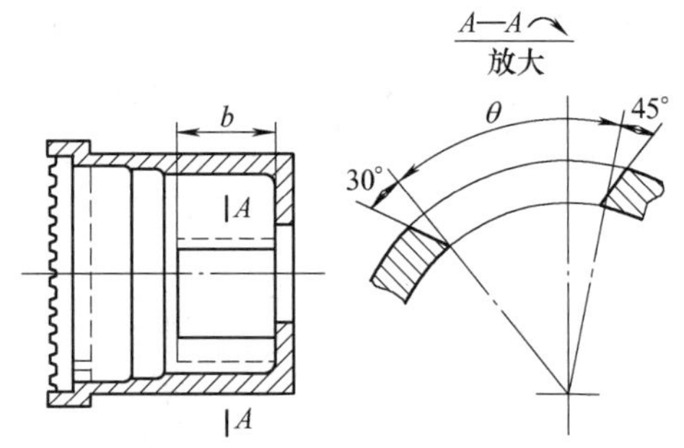

图 21-6　定向套的结构

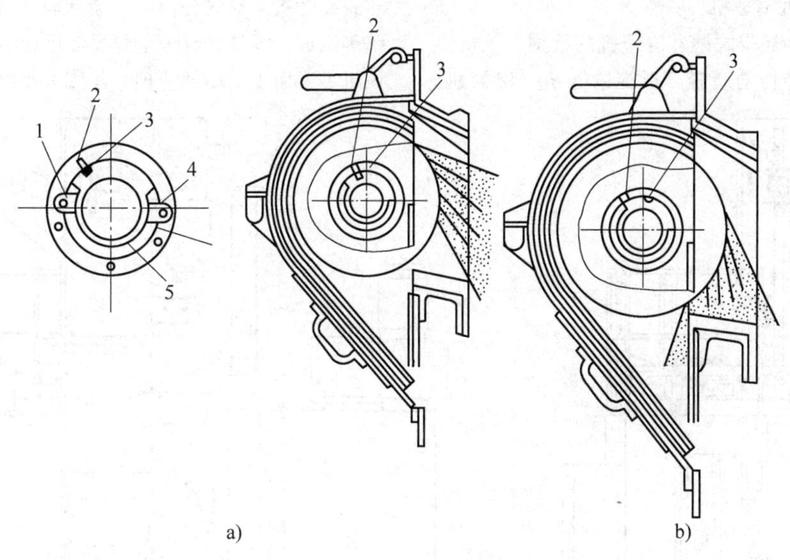

图 21-7　定向套开口位置的调整

a）定向套位置正确　b）定向套位置不正确

1—螺钉　2—指线　3—刻度　4—压板　5—定向套

5. 弹丸的选择

弹丸质量对清理效果、设备的寿命、生产率和成本有很大影响。

弹丸有金属丸和非金属丸两种。金属丸有铸铁丸、铸钢丸和钢丝切割丸；非金属丸主要是玻璃丸。铸铁丸易碎，在热处理生产中以铸钢丸为主。钢丝切割丸和玻璃丸的应用有扩大趋势，但成本较高。

弹丸按颗粒大小分档。弹丸颗粒过小，打击力小，清理效率低；弹丸颗粒过大，弹痕深，不仅使零件表面粗糙，而且降低单位时间内打到零件表面上的弹丸密度，清理质量和效果差。弹丸应有一定的硬度。弹丸的材料及粒度应根据清理工件的材料和技术要求选用。表 21-2 列出了各类弹丸的用途。

表 21-2　各类弹丸的用途

弹丸直径/mm	弹丸材料	用　　途
2.0~3.0	铸铁丸、铸钢丸	大型毛坯零件的清理
0.8~1.5	铸铁丸、铸钢丸	中小零件及渗碳件清理及强化
0.6~1.2	钢丝切割丸	强化
0.05~0.5	玻璃丸	强化
0.05~0.15	玻璃丸	轻金属零件强化

据经验，各类弹丸的寿命及成本有一定的比例关系，即铸钢丸、可锻铸铁丸与冷硬铸铁丸的寿命比为 44∶22∶1，而相对成本比为 4.5∶2.5∶1。

21.1.2　丸料循环输送装置

弹丸回收过程是将清洗室内的弹丸及其他杂质收集起来，经分离处理后再将弹丸送入抛丸器。回收系统装置由底部的自流料斗、螺旋输送器或振动输送带、斗式提升机、顶部螺旋输送器、筛子风选分离器、上部丸储存斗、慢门及进料软管等部件组成。

21.1.3　丸料分离净化装置

砂尘和碎丸会影响被处理件的质量，恶化环境，并增大叶片和其他零件的磨损，丸尘量应控制在 0.5%（质量分数）以下。通过筛子风选分离器可分离砂尘和碎丸。

抛丸室应通风除尘，抛丸室内应形成负压，以保证丸粉分离器能正常工作和减少对生产环境的污染。

21.1.4　常用抛丸清理设备

1. 转台式抛丸清理机

图 21-8 所示为转台式抛丸清理机的结构。该机由清理室、提升机、抛丸器、分离器、转台、电气控制系统、传动机构等组成。转台用橡胶帘隔成内、外两部分，室内为清理室，室外用于装卸和翻转零件。该机适用于大、中批量扁平零件的清理。其技术参数见表 21-3。

2. 履带式抛丸清理机

图21-9所示为履带式抛丸清理机的结构。该机主要由抛丸器、履带传动装置、螺旋输送机、滚筒机、斗式提升机、空气分离器、装卸料升降装置及控制系统等组成。零件在履带上随履带运动滚翻，清理方便。该机主要用于毛坯件清理。其技术参数见表21-4。

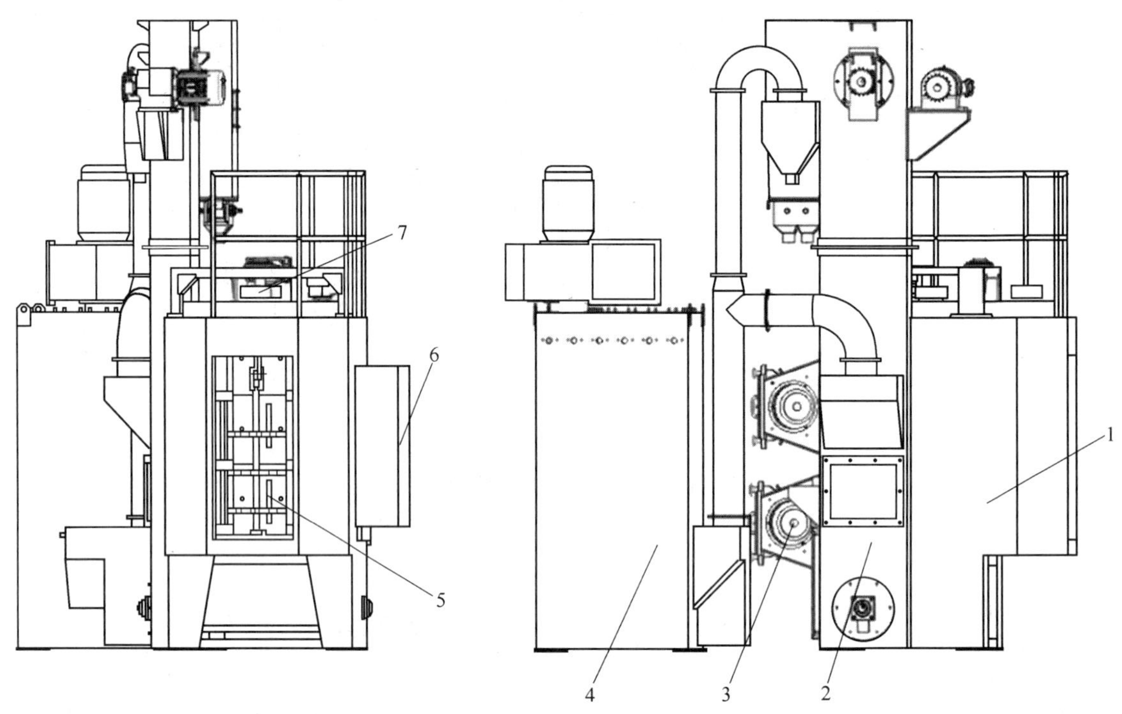

图21-8　转台式抛丸清理机的结构

1—清理室　2—提升机　3—抛丸器　4—分离器　5—转台　6—电气控制系统　7—传动机构

表21-3　转台式抛丸清理机的技术参数

大转台尺寸/mm	小转台尺寸/mm	工件最大尺寸(长×宽×高)/mm	叶轮直径/mm	总功率/kW	外形尺寸(长×宽×高)/mm
ϕ2500		5000×1000×250	2×ϕ360	25.9	3317×3000×6400
ϕ1600	ϕ300×8	轴类 ϕ160×400 齿轮 ϕ350×400	2×ϕ500	38.3	5647×3095×5610
ϕ1800	ϕ200×10	轴类 ϕ160×500 齿轮 ϕ250×500	2×ϕ500	37.42	4400×3574×6600

表21-4　履带式抛丸清理机的技术参数

名称	装载容积/m^3	滚筒尺寸/mm	最大单重/kg	最大装料量/kg	生产率/(t/h)	通风量/(m^3/h)	总功率/kW	外形尺寸(长×宽×高)/mm
Ⅰ型履带抛丸机	0.17	ϕ737×940	22.7~34	350~500	1.5~2.5	1800	14	3681×1850×4100
Ⅱ型履带抛丸机	0.43	ϕ1092×1245	22.7~34	1000~1400	3.5~5	5300	39.9	4597×3262×5710

3. 倾斜滚筒式抛丸清理机

图21-10所示为倾斜滚筒式抛丸清理机的结构。该机由抛丸器、滚筒、螺旋输送机、液压系统、斗式提升机、空气分离器、装卸料升降装置及控制系统等组成。零件在滚筒内翻转，清理方便。该机主要用于小型零件的表面清理。其主要技术参数见表21-5。

4. 悬链输送式抛丸清理机

该机是铸件、锻件、冲压件、热处理件及其他类型金属零部件的多功能抛丸清理设备。它能够对处于原始状态的金属零部件表面施以强力抛丸，清除其锈斑、焊渣及氧化层，使之获得一定光洁度、均匀一致的金属光泽表面，以便去除应力，提高钢结构及钢材表面涂饰质量与耐蚀性。

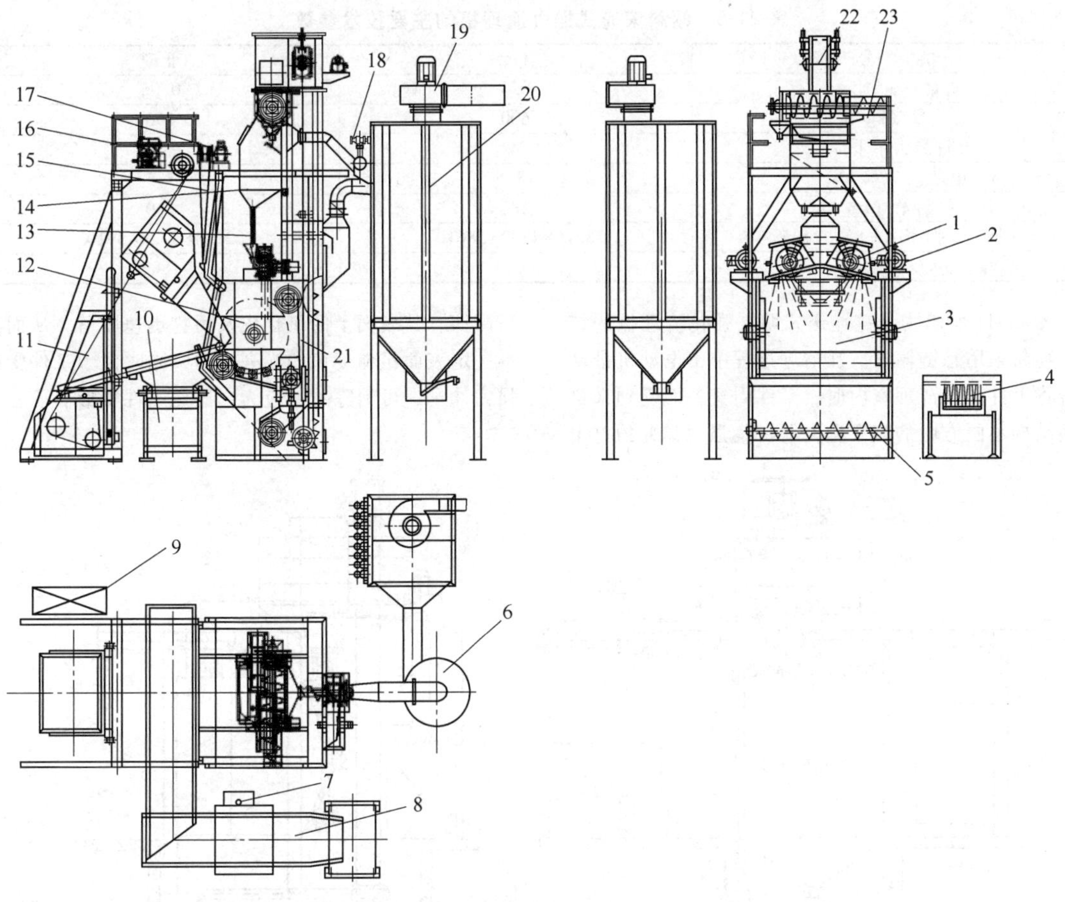

图 21-9 履带式抛丸清理机的结构

1—抛丸器总成 2—投射电动机 3—抛丸清理室 4—涂油喷嘴 5—螺旋输送机 6—旋风除尘器 7—注油机构 8—振动输送机构（可自动涂油） 9—电器控制柜 10—出料输送机构 11—自动上料机构 12—滚筒机构 13—控丸阀 14—储丸斗 15—自动门机构 16—自动上料升降机构 17—自动门升降机构 18—除尘器脉冲阀 19—除尘器引风机构 20—袋式除尘器 21—履带 22—提升机 23—分离机构

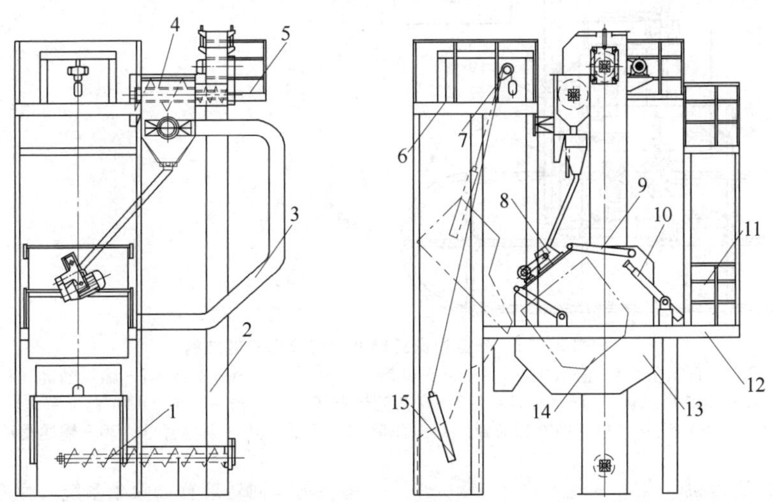

图 21-10 倾斜滚筒式抛丸清理机的结构

1—螺旋输送机 2—提升机构 3—抛丸室吸尘管 4—分离器 5—提升机平台护栏 6—料斗架台护栏 7—料斗升降机 8—抛丸器总成 9—连杆机构 10—抛丸室翻转机构 11—抛丸室平台护栏 12—抛丸室架体 13—抛丸室壳体 14—滚筒 15—料斗

表 21-5　倾斜滚筒式抛丸清理机的主要技术参数

型　　号	Ⅰ型	Ⅱ型
容量/(m^3/次)	0.3	0.06
总重量/(kg/次)	600	150
允许最大单重/kg	30	5
电动机功率/kW	18.5	7.5
钢丸投射量/(kg/min)	280	130
外形尺寸(长×宽×高)/mm	3216×4860×58610	2180×3720×3910
滤袋式脉冲反吹风量/(m^3/h)	4800	1800

图 21-11 所示为悬链输送式抛丸强化清理机的结构。物料采用悬链输送。在清理过程中由电动机带动悬链将工件送入清理室内时，工件周身各面受到来自空间结构不同方向的多个抛丸器密集强力弹丸的打击与摩擦，其表面上的氧化皮及污物迅速脱落，从而获得一定表面粗糙度值的光亮表面，同时由于工件受到强力冲击，可消除工件应力，避免工件变形。

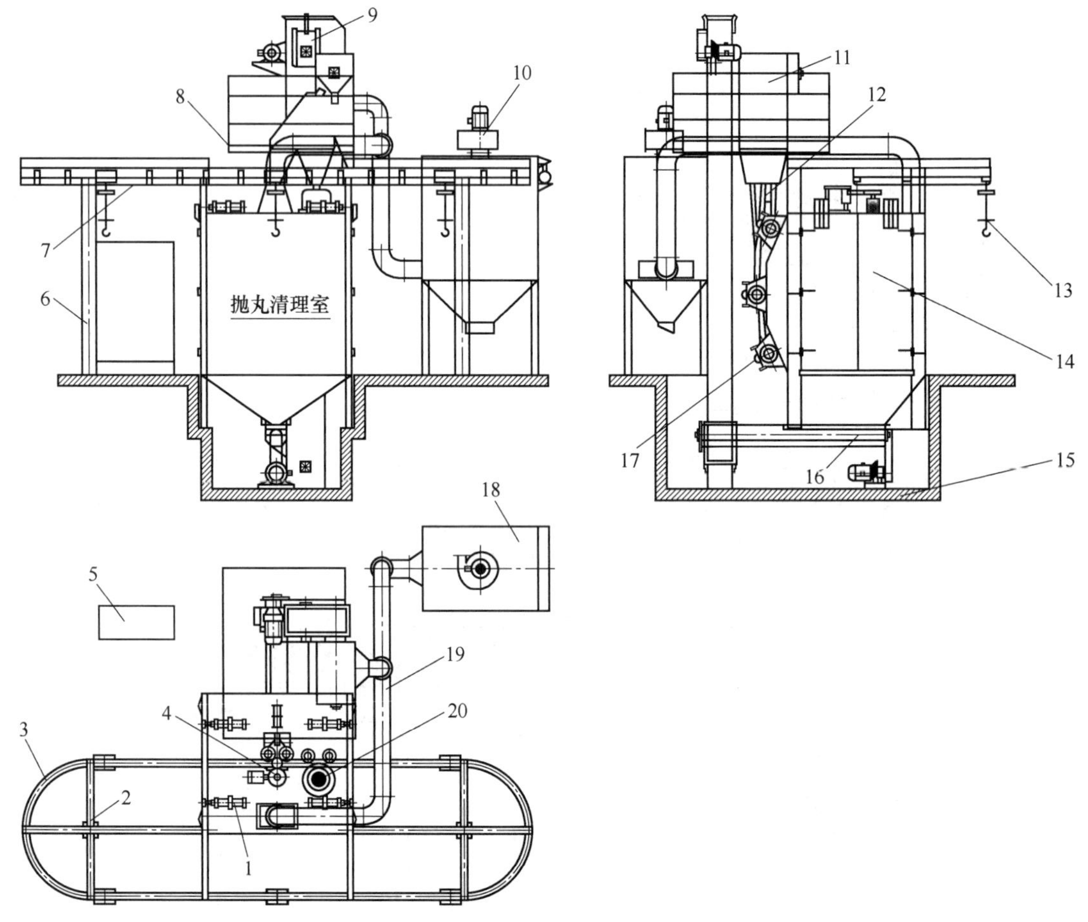

图 21-11　悬链输送式抛丸强化清理机的结构

1—自动门气缸　2—道轨支架　3—输送轨道　4—自转机构　5—控制柜　6—立柱　7—输送悬链　8—扶梯平台栏杆　9—斗式提升机　10—离心通风机　11—分离器　12—弹丸输送系统　13—吊钩总成　14—抛丸室大门　15—基础底坑　16—螺旋输送器　17—抛丸器总成　18—滤筒式除尘器　19—吸尘管道　20—输送驱动

5. 吊钩式抛丸清理机

图 21-12 所示为吊钩式抛丸清理机的结构。该机主要由抛丸室、底部集丸仓、螺旋输送机、抛丸器、提升机、分离器、室体手动对开大门、导轨、吊钩机构、吊钩回转装置、除尘系统、弹丸控制系统、电器控制系统等组成，用于热处理件、铸件、锻件、金属结构件、怕碰撞的齿轮等零件去除表面的粘砂及氧化皮等附着物。其技术参数见表 21-6。

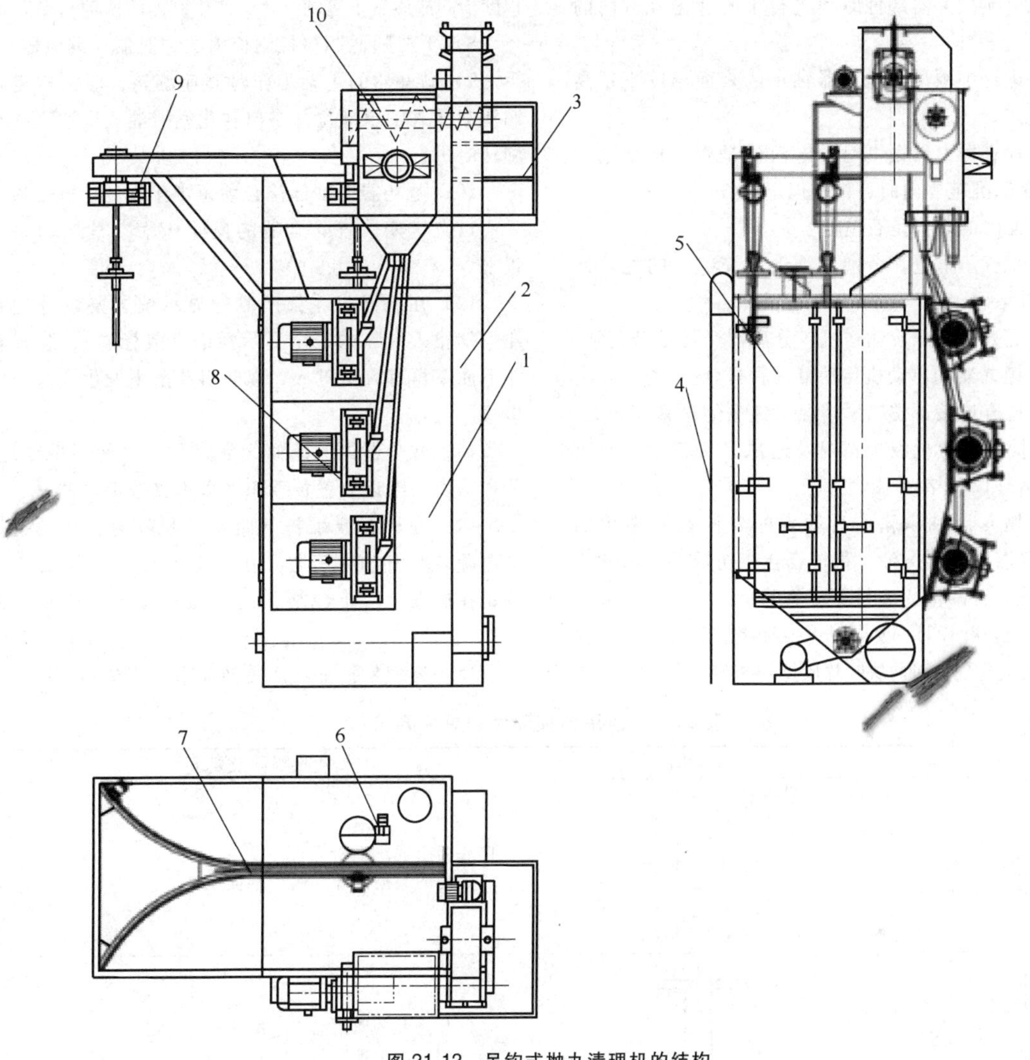

图 21-12　吊钩式抛丸清理机的结构

1—抛丸清理室　2—提升机　3—平台护栏　4—抛丸室门　5—扶梯　6—旋转机构　7—导轨　8—抛丸器　9—电动葫芦　10—分离器

表 21-6　吊钩式抛丸清理机的技术参数

名称	抛丸室内尺寸（长×宽×高）/mm	处理工件尺寸/mm	最大单重/kg	最大装料量/kg	生产率/(t/h)	通风量/(m^3/h)	总功率/kW	外形尺寸（长×宽×高）/mm
Ⅰ型	1600×1600×2000	ϕ800×1500	22.7～1000	1000	1.5～3.0	6100	46.55	2860×2350×4680

21.1.5　抛丸清理设备的安全操作与维护保养

1）经常清扫机体内外，保持清洁状态。检查吸尘系统，尤其注意含尘空气要充分排出，因为粉尘混入旋转部位，侵入轴承内会损伤轴或轴承；粉尘混在丸砂中，部件的磨损就要增大好几倍，所以请注意调整好分离器。

2）经常检查抛丸室内部（如橡胶履带、滚筒或内墙衬板），磨损超过限值要立即更换。抛丸器内的部件磨损最快，因此每周都要打开抛丸器外罩，检查内部磨损情况，磨损超过限值应立即更换，特别是转动或配合部件（叶片、叶轮、定向套、分丸轮等），若不及时更换，将会发生异常振动，或者使抛丸性能极度下降。另外，罩壳内衬板被打穿孔后，若不及时更换，就会将抛丸器的壳体击穿，工作时丸砂飞出机外，破坏工作环境。

3）更换抛丸器部件时须进行平衡和抛丸方向的调整。

4）运行中须注意抛丸器轴承的表面温度不得高于60℃。

5）检查抛丸器抛丸时的电流值是否在标定范围内，不在标准范围内时，检查以下项：

a）丸砂的装入是否适合。

b）机壳、底仓、分离器、供丸等部位的丸砂通路是否被堵塞。

c）提升机、螺旋输送机、分离器运行是否正常。

d）抛丸器的电动机传动带是否松弛。

e）检查连接部位松紧情况及链条的松紧度。

f）检查集尘机吸尘情况及通风是否正常，对风管进行清理以防堵塞。

6）抛丸器轴承箱前后轴承的外侧都要使用油封，一旦磨损就会漏油，很快就会烧伤轴承，因此应经常检查是否漏油，油封要定期更换。

7）更换叶片时，要同时更换整组或相对方向两块同时更换，并且相对两块叶片质量须相等。若使用磨损程度不同或质量不等的叶片会产生剧烈的振动和噪声。

8）不要随便调整控制柜内的定时器、继电器。

9）抛丸器的主轴工作时高速旋转，应按规定将润滑油注入轴承部位并挤出劣化润滑油。供油必须在旋转时进行。

10）抛丸器主轴部位必须每半年拆开检修一次。

11）定期检查除尘器的反吹压缩空气压力是否正常。

12）在机器料斗架两侧的显示位置要设有“料斗下禁止入内”的安全提示标语（或标志），告知料斗下面不得有人员进入，以防料斗落下发生人身伤亡事故。

13）除尘器内的滤筒为易燃品，火种不得靠近，并在除尘器附近放置黄砂箱及灭火器等消防器材。

14）在检查或维护（维修）机器时，必须关掉总电源，取出电源钥匙，在主电源控制处挂出“设备正在检查，禁止合闸”的安全标示牌，并有专人监护。

15）通用易损部件的更换要求见表21-7。

表21-7 通用易损部件的更换要求

序号	名称	示意图	更换极限及要求
1	圆盘		1)表面出现严重凹坑 2)燕尾的磨损使叶片松动严重
2	叶片		1)叶片的丸砂抛出面产生波状异常磨损 2)外侧顶端出现凹凸
3	橡胶带 出料输送带		1)壁厚正常磨损超过3mm 2)橡胶带开裂或划伤至不能使用
4	抛丸器轴承座		1)产生异常噪声及非润滑方面的因素产生的高温 2)中线与端面保持垂直
5	导向轮		矩形抛射的角度超过40°时应更换，更换时应使用30°导溜圈，方向朝上

（续）

序号	名称	示意图	更换极限及要求
6	转轮		转子出砂口处壁厚低于 6mm 时应更换，更换时应使转子的销子槽对正圆盘上的固定销子
7	抛丸器顶部衬板		1）表面出现严重的凹坑 2）出现裂纹 3）局部穿孔漏砂
8	抛丸器侧衬板		1）表面出现严重的凹坑 2）出现裂纹 3）局部穿孔漏砂
9	挡板		1）表面出现严重的凹坑 2）出现裂纹 3）局部穿孔漏砂
10	圆形板		1）表面出现严重的凹坑 2）出现裂纹 3）局部穿孔漏砂
11	内墙衬板	0　Ⅰ　Ⅱ	1）表面出现严重的凹坑 2）出现裂纹 3）局部穿孔漏砂
12	顶衬板		1）表面出现严重的凹坑 2）出现裂纹 3）局部穿孔漏砂

21.1.6　抛丸清理设备的操作

抛丸清理设备一般按如下步骤操作。

1. 准备

1）打开电气控制柜，合上空气开关。

2）确定抛丸定时器的时限，抛丸室门须处于打开位置，送料装置或料斗处于下限位置（如不符，应选择手动状态调整，否则自动运行不能实现）。

2. 运行

1）将控制柜的“处理”选择开关拨至“自动”这一工作方式，并按下“控制电源通”按钮，使控制电路通电、起动除尘风机。

2）将待加工工件投入上料料斗或输送机构中。

3）按“处理开始”按钮，机器则按以下顺序自动运行：送料机构运行（螺旋输送机运转）→上料料斗上升或输送带运行→抛丸室体内的机构动作运行→物料转移到抛丸室体，投料动作完成→抛丸室体门封闭（门下降或关闭）→抛丸器开始工作→抛丸器运转至给定时间后停止→定时器给定时间结束，螺旋输送机、丸子提升机停止，同时抛丸器停止→抛丸室体内机构继续运转筛砂→处理结束后蜂鸣器响，同时抛丸室体门自动打开→处理物料搬出机构运行出料→出料结束→一次抛丸工作结束。

4）当发生异常状况时，故障指示灯亮或过载指示灯亮，机器所有动作自动停止。故障指示表明故障代码，重新启动前必须查清原因，待一切正常后方可启动。

5）正常运行时都用“处理”→“自动”运行作业，检修、保养、调整时改“处理”→“自动”运行为“处理”→“手动”运行。

21.2 抛丸强化设备

抛丸强化的技术要求不同于抛丸清理，要求工件表面受到均匀的强力抛射和一定弧高的压应力，有时工件还要在施加预应力的状态下抛丸。因此，应正确选择弹丸、抛丸速度和抛丸机类型。

21.2.1 通用抛丸强化设备

图 21-13 所示为通用抛丸强化机。该机适用于发动机连杆、轴、齿轮及圆柱弹簧等零件的表面强化和清理。该机由 1 个大转台、10 个小转台、抛丸器、提升机、分离器、振动筛、沉降筒与风管系统和电气设备等组成。该机具有多工位转台，可根据工件表面强化要求无级调速。抛丸器可根据弹丸喷射力度要求无级变速和调节弹丸抛射速度。该机工作过程自动，连续弹丸流量由电气控制调节，并设有消声与初级除尘装置。

某型转台抛丸强化机根据工件的结构和抛射位置的要求，分为Ⅰ、Ⅱ、Ⅲ型。该设备有大转台 1 个，直径为 1600mm，间歇传动；小转台 8 个，直径为 300mm，抛丸器 2 个，抛射速度为 60~90m/s（无级变速）。该设备适用于齿轮、轴、圆柱弹簧及摩擦片等零件的表面强化或清理。

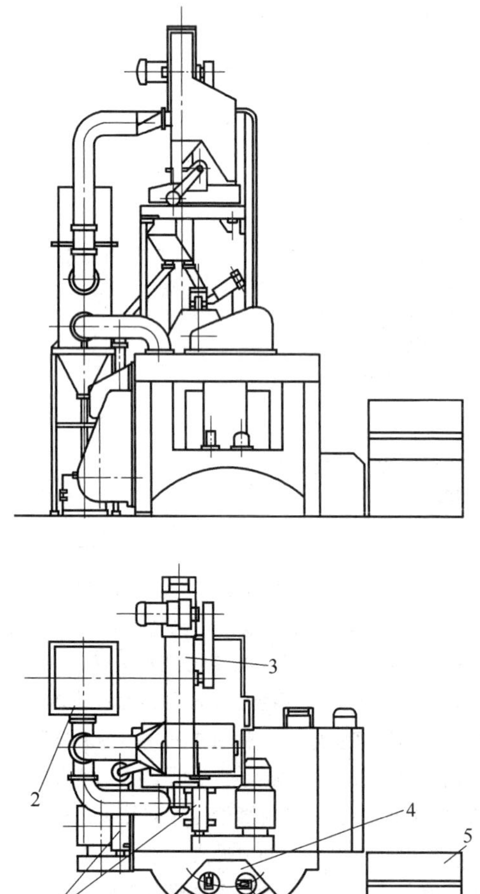

图 21-13 通用抛丸强化机

1—抛丸器 2—沉降筒与风管系统 3—提升机、分离器、振动筛 4—主机 5—电气设备 6—小转台

21.2.2 室式抛丸强化设备

图 21-14 所示为用于载重汽车主动传动器的主动

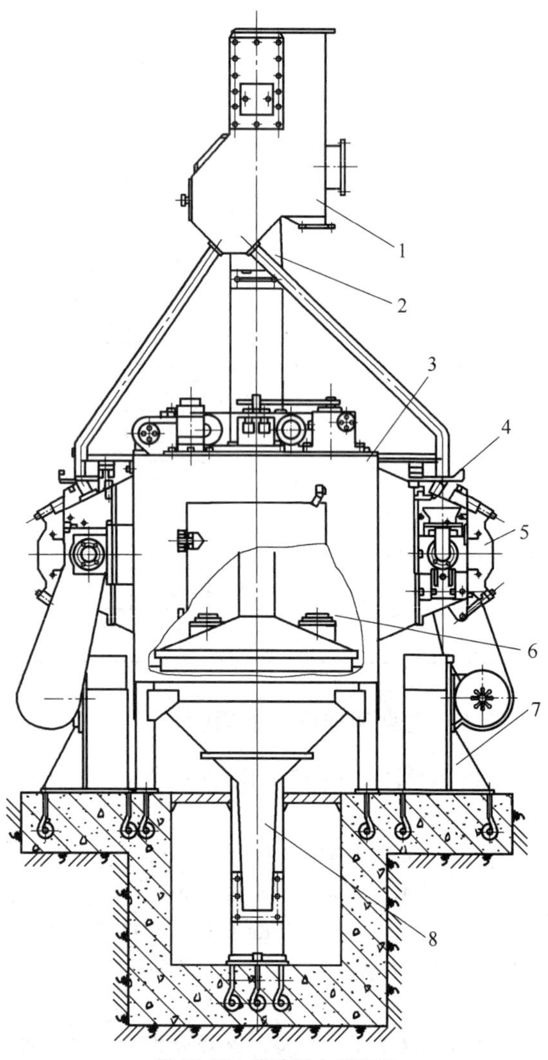

图 21-14 室式抛丸强化机

1—小转台 2—抛丸器 3—供砂系统 4—机体 5—提升机构 6—分离器 7—机座 8—大小转台传动装置

锥齿轮和主动螺旋柱齿轮的抛丸强化机。若更换夹具，还可用于盘形齿轮的抛丸强化。

该机主要技术数据：工位数 5 个，工作台直径为 ϕ1000mm，工作台转速为 4.4r/min，零件自转速度为 13r/min；工件尺寸小于 350mm；抛丸器直径为 ϕ400mm，转速为 2400r/min，总功率为 18.6kW，外形尺寸（长×宽×高）为 2650mm×2130mm×4160mm。

图 21-15 所示为适用于汽车离合器膜片抛丸强化处理的双转台式抛丸强化机，同时也适用于材质脆、处理要求高而无法使用传统抛丸机进行处理的工件。

某型双转台式抛丸强化机性能：转台转速为 4.5r/min，根据不同工件强化（弧高值）要求，抛丸器的弹丸抛射速度为 60～90m/s（无级变速）。工件的装卸操作等均在密闭工作室外与抛丸作业同时进行，抛丸作业及丸砂循环在密封的箱体（抛丸室）系统内完成，噪声小，无污染，改善了操作环境。该机适用于汽车离合器膜片、齿轮、轴类零件、自行车零件、汽车零件、弹簧等的表面抛丸强化处理。双转台式抛丸强化机的主要技术参数见表 21-8。

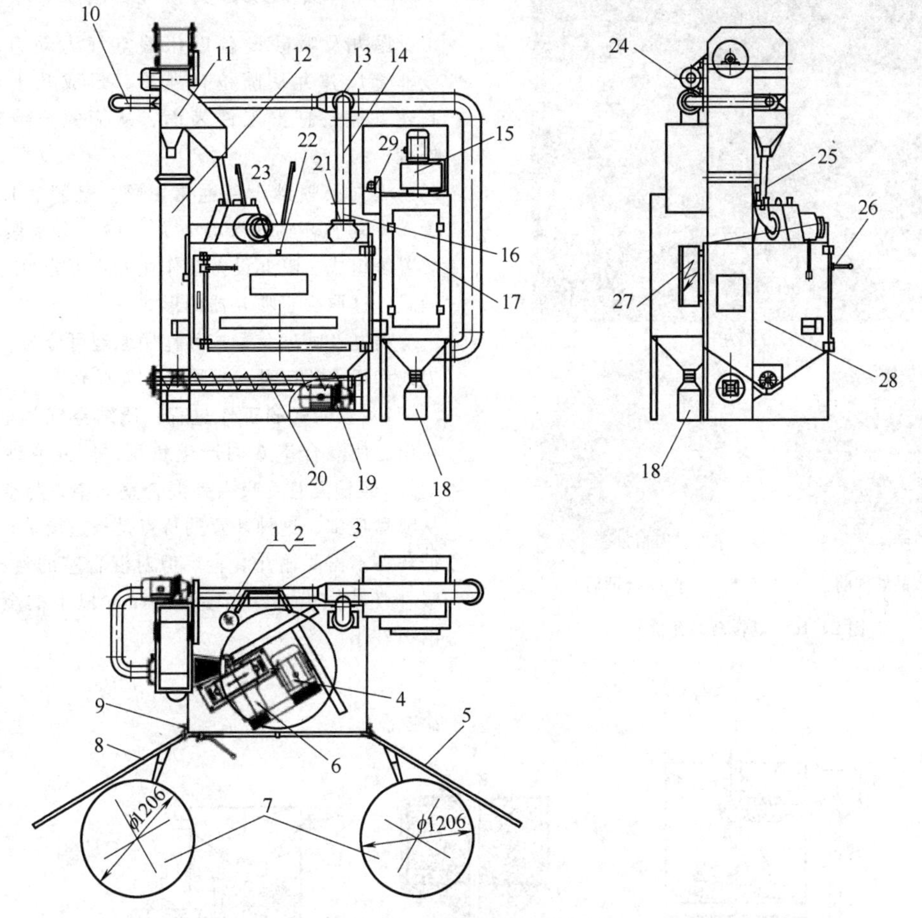

图 21-15　双转台式抛丸强化机

1—转台驱动机构　2—摩擦轮　3—扶梯　4—投射电动机　5—抛丸室门 1　6—抛丸器总成　7—转台　8—抛丸室门 2　9—门限位　10—分离器吸尘风管　11—分离器　12—提升机　13—风管　14—室体吸尘风管　15—离心风机　16—风门　17—滤筒式除尘器　18—储灰桶　19、24—减速机　20—螺旋输送机　21—沉降室　22—门联锁装置　23—围板　25—丸阀　26—门手柄　27—控制柜　28—抛丸室　29—除尘振动机构

表 21-8　双转台式抛丸强化机的主要技术参数

型号	工作台尺寸/mm	工件最大尺寸/mm	最大装载量/kg	通风量/(m^3/h)	总功率/kW	外形尺寸(长×宽×高)/mm
Ⅰ型	ϕ1200×2	ϕ1100×450	500	3600	17.55	5600×3900×4300
Ⅱ型	ϕ1600×2	ϕ1500×500	800	6000	28.75	6800×4500×4960

21.2.3　抛丸强化设备的安全操作与维护保养

抛丸强化设备的安全操作与维护保养和抛丸清理设备相同，见21.1.5节。

21.2.4　抛丸强化设备应用实例

双转台抛丸机是抛丸强化设备的典型应用，如图21-16所示。

双转台抛丸机

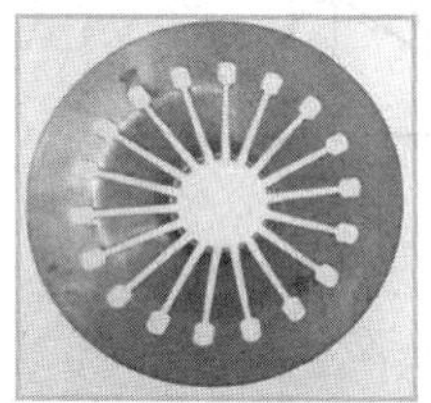

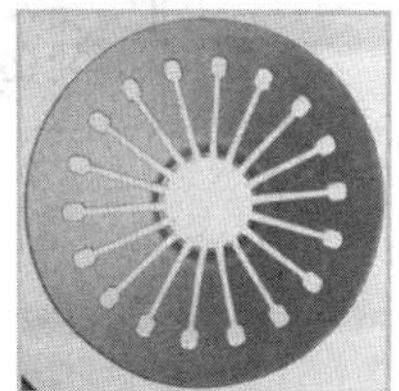

产品处理前　　产品处理后

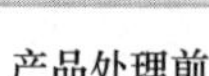

图21-16　双转台抛丸机

（1）用途　双转台抛丸机可用于汽车离合器膜片弹簧、齿轮的抛丸处理。

（2）特点

1）双门和双工作台，工件抛丸室外装卸，效率高。

2）结构紧凑，维护方便，噪声小，无污染。

3）丸砂循环利用，耗材少，成本低。

4）阿尔曼试片弧高值为（0.26～0.60）A。

5）抛丸覆盖率为92%～98%。

21.3　喷丸及喷砂设备

抛丸及喷砂设备以压缩空气为动力，将金属或非金属弹丸从喷枪口压出，形成几十米每秒的高速丸流，打击工件表面，从而完成清理或强化处理。

喷丸及喷砂设备通常由喷丸装置、工件运输装置、弹丸循环输送装置、丸（砂）分离装置和除尘装置等组成。喷丸设备按作业方式可分为间歇式和连续式，这取决于喷丸器的形式。

喷丸及喷砂装置按其作用原理可分为吸入式、重力式和压出式三种，见图21-17所示。

1）吸入式的工作过程：压缩空气从空气喷嘴7喷出，使混合室6内产生负压，储丸或砂斗内的丸（砂）经输丸管3吸入到混合室6中，与空气混合后从喷嘴喷出，这种装置的特点是构造简单，弹丸封闭循环，不需要输丸装置。但对混合室的负压要求高，吸丸（砂）量小，能喷射 ϕ1mm以下的金属丸，喷射力较小。

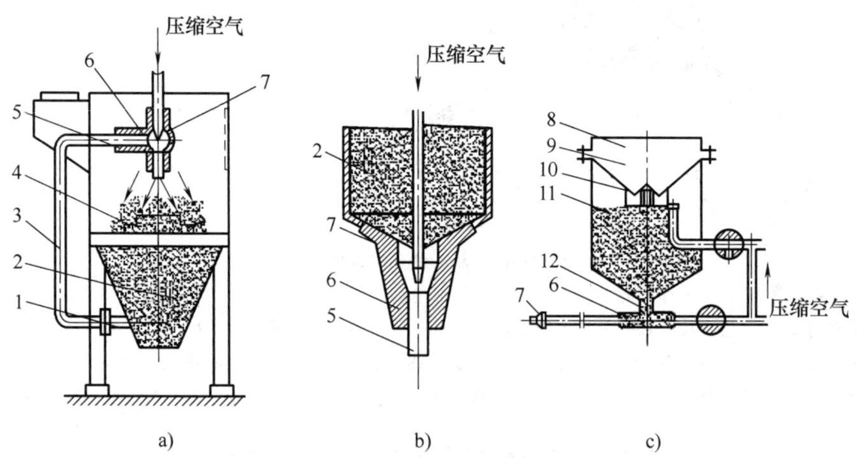

图21-17　喷丸及喷砂装置

a）吸入式　b）重力式　c）压出式

1—吸丸装置　2—储丸斗　3—输丸管　4—工件　5—工作喷嘴　6—混合室　7—空气喷嘴　8—顶盖　9—漏斗　10—锥形阀门　11—压力室　12—放丸阀

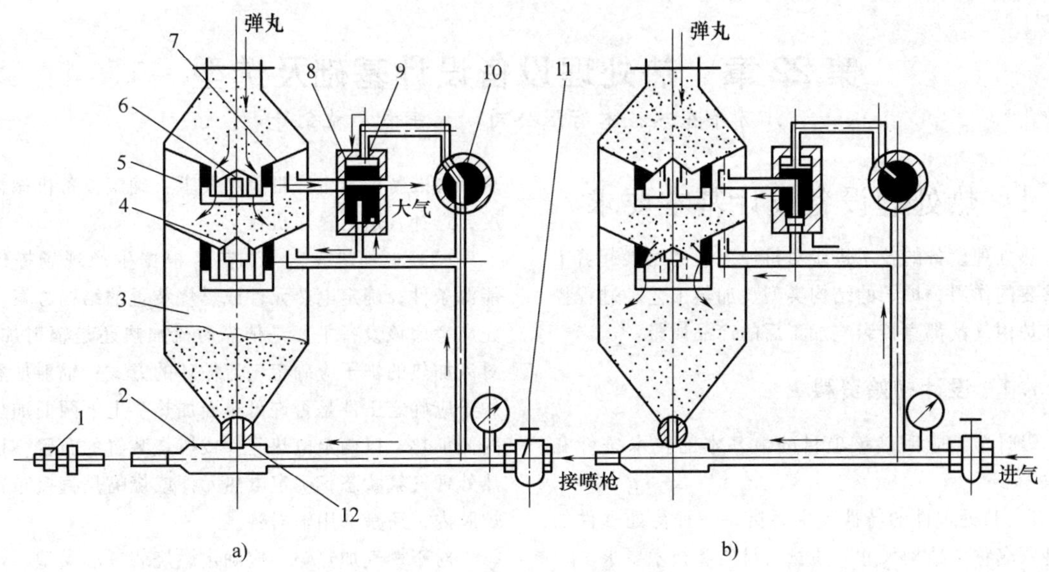

图 21-18　双室喷丸及喷砂装置

1—喷嘴　2—混合室　3—下室　4—锥形阀门　5—上室　6—锥形阀门　7—漏斗　8—转换开关　9—转换开关活塞　10—转阀　11—总进气阀　12—放丸阀

2）重力式是吸入式的一种特殊形式，其不同之处是储丸斗 2 位于混合室 6 上方，弹丸借助本身的重力落放到混合室内。

3）压出式工作过程：压力室 11 内的压缩空气与管路压力相近，弹丸靠重力作用由压力室 11 不断落入混合室 6 内，而后与横向吹来的压缩空气混合，并得到一定的输送速度，流动到喷嘴出口时压缩空气迅速膨胀，弹丸再次被加速后喷射出去。该种装置的特点是能量被充分利用，喷射力强，是喷丸（砂）设备中广泛应用的一种形式。压出式喷丸装置分单室和双室两种。单室仅能间歇工作，而双室则可保证连续工作。

图 21-18 所示为双室喷丸及喷砂装置，图 21-19 所示为混合室结构。

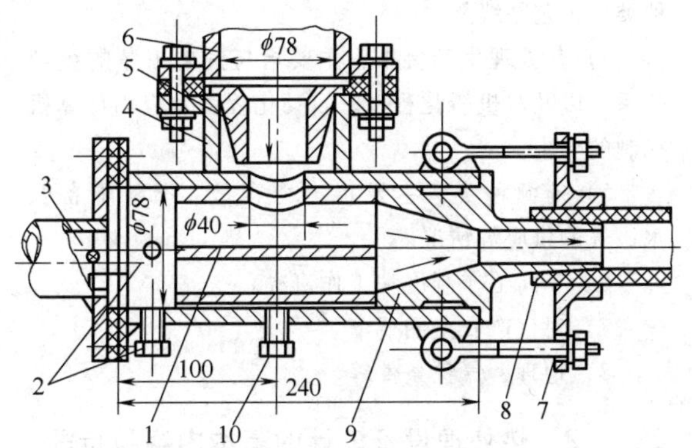

图 21-19　混合室结构

1—套管　2—清理孔螺塞　3—主进气管　4—外壳　5—套筒　6—下压力室　7—夹紧圈　8—胶管　9—接头　10—紧定螺钉

参考文献

[1]　全国铸造机械标准化技术委员会. 履带抛丸清理机技术条件：JB/T 5360—2017［S］. 北京：机械工业出版社，2017.

[2]　全国铸造机械标准化技术委员会. 抛喷丸：GB/T 32567—2016［S］. 北京：中国标准出版社，2016.

第22章　热处理设备设计基础及选型

江苏丰东热技术有限公司　束东方　施剑峰

22.1　热处理设备设计基本要求

热处理设备的技术进步对机械工业的发展起着十分重要的作用。炉子的结构类型、加热工艺、过程控制和炉内气氛都直接影响加工后的产品质量。

22.1.1　设计初始资料

设计前，应明确该项目的最基本的技术条件和要求。

1）热处理件的特性，主要指每一种待处理件的品种、名称、结构尺寸、质量、材质和技术要求。

2）热处理件生产的任务，主要指各品种年生产任务量。

3）热处理工艺，主要指每种零件的热处理工艺种类、工艺路线等。

4）热处理生产要求，主要指与其他工序的生产关系，以及对机械化程度、自动化程度及应用计算机控制的要求。

5）能源种类，主要指电力容量、燃料配备及水、气的供应等情况。

6）车间工作制度和工作班次。

7）对生产安全的要求。

8）地理、气象条件等。

22.1.2　热处理设备设计的基本内容和步骤

1. 设备方案拟定

在详细分析设计初始资料的基础上，拟定设备的总体结构方案，选择炉型。

（1）设备类型及作业方式　根据热处理件的特性及热处理技术要求，首先判断选择何种类型热处理工艺方案和设备，是采用整体加热的热处理炉，还是表面加热装置。

根据产品生产与其他工序的生产关系及生产批量，判断该设备是否与其他工种或工序组成生产线，与其他工序的生产如何衔接，如辊锻加工与热处理衔接及锻造余热利用的衔接。判断是否组成热处理全过程的生产线，如对于渗碳淬火、清洗和回火等工序，是选用连续式炉、间歇式设备柔性生产线或间歇式设备，确定设备的基本形式。

（2）工件在加热过程中的输送方法　根据热处理工件的特征及生产批量和要求，确定设备机械化程度，选择合适的输送机械。

（3）电加热或燃气加热　根据生产现场提供的能源条件，确定电热元件或燃烧装置的结构方案。首先应考虑该设备主要是依靠对流加热还是辐射加热。对流加热的炉子应确定气流循环的方式；辐射加热的炉子应确定工件是否许可单面加热、上下两面加热或两侧加热，以确定电热元件或燃烧装置的布置。根据热处理气氛状态，确定电热元件或烧嘴是直接布置在炉膛内，还是选用辐射管。

对于燃气加热炉，应确定燃烧装置的类型、预热器的结构、余热利用和排烟方式等方案。

（4）炉衬材料及炉衬结构　根据热处理工艺温度、气氛及电热元件支承方法，确定炉子炉衬结构方案和材料。

（5）热处理气氛　根据热处理工艺要求，确定炉内气氛种类，并根据气氛的特性，确定对炉子结构的要求。

（6）设备的控制　根据热处理工艺及生产先进性的要求，确定设备自动化的程度，确定炉子控制的等级，是参数控制还是工艺过程控制，或者是整个生产过程数据采集和记录模块（SCADA）、智能热处理产线系统（LMS）控制，确定计算机控制的系统。

2. 设计计算

设备设计计算和制图设备的总体方案拟定后，则可逐项进行设计计算。

（1）设备生产能力和装载量的计算

1）设备生产能力 P 的计算：

$$P=Q/F$$

式中　P——设备的小时生产能力（kg/h）；

Q——年生产任务（kg/a）；

F——设备年工作时间（h）。

2）设备装载量 G 的计算：

$$G=PR$$

式中　G——设备装载量［kg/炉（批）］；

R——加热时间（h）。

（2）炉子有效炉底面积　对品种较少的热处理件，热处理炉的炉底面积宜按实际热处理件装炉方式来确定有效炉底面积，再根据炉温均匀性的情况，确定实际炉底面积。概略计算时，可按单位炉底生产率的经验值计算：

$$A=P/P_0$$

式中 A——有效炉底面积（m^2）；

P_0——单位炉底面积生产率［$kg/(m^2 \cdot h)$］。

对连续式炉，要确定炉子长度，即

$$L=\frac{G}{M}\frac{l}{\eta}$$

式中 L——炉子长度（m）；

M——每坯料（包括料盘）的质量（kg）；

l——坯料（料盘）长度（m）；

η——炉底有效利用率。

（3）炉子区段划分　对连续式炉，炉子沿全长划分工艺区段，如加热、渗碳、扩散、冷却等区段，再依据各工艺区段的温度和气氛的要求设置电热元件和气氛的进出管路。

（4）功率计算　炉子功率的确定主要是热平衡计算。对间歇作业的热处理炉，应分清是冷炉状态装炉，还是热炉状态装炉；对连续式炉，应按不同工艺区段分别计算。

（5）传动机械设计和传动力计算　炉子传动机械主要包括：

1）炉内工件传送机械，炉外工件装卸和炉子间的传送机械，加热炉与淬火槽连接传送机械及炉门升降机构等。

2）确定传送机械的结构、传送速度和减速器。

3）计算传动力，确定电动机的功率和减速器或气缸的推力及直径。

（6）受热构件设计计算　炉内受热的金属构件会因受热发生膨胀、烧蚀、氧化、蠕变等现象。因此，应选择合理的材料，计算耐热强度及膨胀量，设计正确的结构。这对热处理炉是至关重要的。

对较大型的炉子，还应对炉体的钢结构进行强度和刚度计算。

（7）控制系统设计计算　根据热处理工艺及生产要求，进行工艺参数控制、工艺过程控制、生产线控制及计算机仿真等控制系统设计。

（8）绘制施工图 完成上述计算后，进行施工图绘制。

22.1.3 设备选型和具体设计内容

热处理设备选择与设计内容主要有如下几项：

1）设备设计程序及基本要求。

2）炉型选择。正确选择炉型是工艺设计及车间建设最重要的内容。

3）炉体结构设计。

4）功率计算。

5）电热元件选择、计算与安装。

6）传动机构及配件的选择与设计。

7）控制系统选择与计算。

22.1.4 设备设计原则

1）热处理设备设计必须符合国家有关技术政策，设备的技术性能应能满足生产工艺要求。

2）运用不断发展的热工及机械理论，如燃料燃烧、流体力学、传热学、机械原理、材料力学等指导炉子的设计工作，引进并吸收国外热处理设备的先进技术，不断完善和提高热处理设备的技术性能和机械化、自动化程度。

3）热处理设备结构尺寸应根据生产实践或科学试验数据加以确定，不应照旧有结构按比例放大或缩小。

4）设计新的热处理设备时，要选用新材料、新装置以改进设备结构。例如，尽量采用适合热处理炉性能特点和方便施工的各种新型耐火材料和隔热材料，选用各种加热装置和余热回收装置，以提高热处理设备的热效率、产品质量，降低碳排放，改善操作维修条件和提高热处理设备的使用寿命。

5）要熟悉各种炉用机械传动方案，熟悉热处理设备控制原理，不断革新设备构件，如炉门、炉门压紧装置、淬火液的冷却循环方式、搅拌装置的形式、各类阀门等，以提高炉子的各项性能。

6）设计热处理设备时，对材料选用、设备选型、通用构件的规格尺寸等应尽可能全厂或全车间通用以使 维修方便，尤其注意不要选用已被淘汰的产品。

7）在一定时期内，有条件、有步骤地进行某些热处理设备的三化（典型化、系列化、完善化）设计工作，及时总结和推广新技术。

8）要采取保护环境和防止烟尘、噪声污染的治理措施。例如，对于燃气炉，应不断改进燃烧过程；对于废气排放，采用最新的燃烧及回收再利用等方式；对中、高压风机，要设置消声器，以减少噪声危害。

22.2 热处理设备加热设计

22.2.1 间隙式炉加热功率计算

间隙式热处理电阻炉功率的计算方法有热平衡计算法和经验计算法。

1. 热平衡计算法

（1）间隙式炉热支出项目　间隙式炉主要热支

出类型如图 22-1 所示，其计算方法如下：

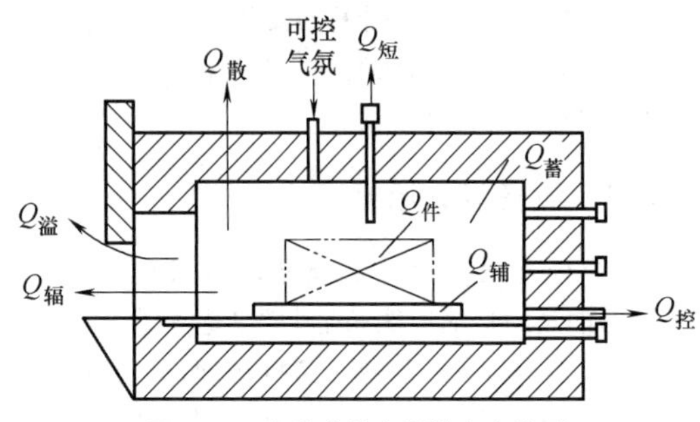

图 22-1　间隙式炉主要热支出类型

1）加热工件所需热量 $Q_{件}$ 为

$$Q_{件}=P_{件}(c_2t_2-c_1t_1)$$

式中　$Q_{件}$——加热工件所需热量（kJ/h）；

$P_{件}$——炉子的生产率（kg/h）；

t_1、t_2——工件加热的初始和终了温度（℃）；

c_1、c_2——工件在 t_1 和 t_2 时的比热容［kJ/(kg · ℃)］。

若以加热阶段作为热平衡计算时间单位时，$Q_{件}$（$Q_{辅}$）为

$$Q_{件}(Q_{辅})=G_{装}(c_2t_2-c_1t_1)/\tau_{加}$$

式中　$G_{装}$——装炉料（辅助构件）质量（kg）；

$\tau_{加}$——加热阶段时间（h）。

2）加热辅助构件（料筐、工夹具、支承架、炉底板及料盘等）所需热量 $Q_{辅}$ 为

$$Q_{辅}=P_{辅}(c_2t_2-c_1t_1)$$

式中　$Q_{辅}$——加热辅助构件所需热量（kJ/h）；

$P_{辅}$——每小时加工辅助构件的质量（kg/h）；

t_1、t_2——辅助构件加热的初始和终了温度（℃）；

c_1、c_2——辅助构件在 t_1 和 t_2 时的比热容［kJ/(kg · ℃)］。

3）加热控制气体所需热量 $Q_{控}$ 为

$$Q_{控}=V_{控}\,c(t_2-t_1)$$

式中　$Q_{控}$——加热控制气氛所需热量（kJ/h）；

$V_{控}$——控制气氛的用量（m^3/h）；

t_1、t_2——控制气氛入炉前的温度和工作温度（℃）；

c——控制气氛在 t_1 ~ t_2 温度范围内的平均比热容［kJ/(m^3 · ℃)］。

4）在炉体处于稳定态传热时，通过炉衬的散热损失 $Q_{散}$ 为

$$Q_{散}=3.6\frac{t_g-t_a}{\dfrac{1}{\alpha_{\Sigma 1}}+\dfrac{\delta_1}{\lambda_1}+\dfrac{\delta_2}{\lambda_2}+\dfrac{1}{\alpha_{\Sigma 2}}}A_{av}$$

式中　$Q_{散}$——通过炉衬散发的热量（kJ/h）；

t_g、t_a——炉气和炉外空气温度（℃），可认为 t_g 近似地等于炉内壁温度或炉温；

δ_1、δ_2——第一层和第二层炉衬的厚度（m）；

λ_1、λ_2——第一层和第二层炉衬的平均热导率［W/(m · ℃)］；

$\alpha_{\Sigma 1}$——炉气对炉体内衬表面的综合表面传热系数［W/(m^2 · ℃)］，其值一般较大，故 $1/\alpha_{\Sigma 1}$ 可忽略不计；

$\alpha_{\Sigma 2}$——炉体外壳对周围空气的综合表面传热系数［W/(m^2 · ℃)］；

A_{av}——炉体的平均散热面积（m^2）；

3.6——时间系数。

当炉壁、炉顶、炉底和炉门各部分炉衬材料和厚度不同时，应分别计算各自的散热损失。

炉衬散热损失的概略计算常预先假定炉外壁的温度，再按炉外壁综合散热计算。

5）通过开启炉门或炉壁缝隙的辐射热损失 $Q_{辐}$ 为

$$Q_{辐}=3.6\sigma_0 A\Phi\delta_t(T_g^4-T_a^4)$$

式中　$Q_{辐}$——通过开启炉门或炉壁缝隙的辐射热损失（kJ/h）；

σ_0——斯特藩-玻尔兹曼常数，可取 5.67×10^{-8}W/(m^2 · K^4)；

A——炉门开启面积或缝隙面积（m^2）；

3.6——时间系数；

Φ——炉口遮蔽辐射系数；

δ_t——炉门开启率，对常开炉门和炉壁缝隙，$\delta_t=1$。

6）通过开启炉门或炉壁缝隙的溢气或吸气热损失 $Q_{溢}$或 $Q_{吸}$。$Q_{溢}$或 $Q_{吸}$是开启炉门或炉壁存在缝隙时，热炉气溢出炉外或冷空气吸入炉内造成的热损失。当炉压为正值时（如可控气氛炉），开启炉门将引起炉气外溢；当炉压为负值时（一般对燃料炉而言）将吸入冷空气。对于一般箱式电阻炉，开启炉门时，零压面以上炉气溢出，零压面以下则将吸入冷空气。通常以加热吸入的冷空气所需要的热量作为该项热损失，即

$$Q_{吸}=q_{va}c_a(t_g'-t_a)\delta_t$$

式中　$Q_{吸}$——吸气热损失（kJ/h）；

t_a——炉外空气温度（℃）；

t_g'——吸入冷空气在炉内被加热的温度（℃），其值随炉门开启时间的延长而降低，若炉门开启时间很短，则可取炉子工作温度；

c_a——空气在 $t_a \sim t'_g$ 温度范围内的平均比热容［W/(m·℃)］；

q_{va}——吸入炉内的空气流量（m^3/h）。

对空气介质在 850℃热处理电阻炉，假设空气温度为 20℃，设相对零压面在开启炉门高度的中心线，则数值关系为

$$q_{va} = 1997BH\sqrt{H}$$

式中　B——炉门或缝隙宽度（m）；

H——炉门开启高度或缝隙高度（m）；

1997——系数（$m^{1/2}/h$）。

对于可控气氛炉，当打开炉门可控气氛连续供入和溢出时，其溢出热损失已计入 $Q_{控}$ 一项中，在此不应重复计算。

7）砌体蓄热量 $Q_{蓄}$。砌体蓄热量指炉子从室温加热至工作温度且达到稳定状态时炉衬本身吸收的热量。对双层炉壁砌体可按下式计算：

$$Q_{蓄} = V_1\rho_1(c'_1t'_1 - c_1t_0) + V_2\rho_2(c'_2t'_2 - c_2t_0)$$

式中　$Q_{蓄}$——砌体蓄热量（kJ/h）；

V_1、V_2——耐火层和保温层的体积（m^3）；

ρ_1、ρ_2——耐火材料和保温材料的密度（kg/m^3）；

t'_1、t'_2——耐火层和保温层在温度达到稳定状态时的平均温度（℃）；

t_0——室温（℃）；

c'_1、c'_2——耐火材料和保温材料在 t'_1 和 t'_2 时的比热容［W/(m·℃)］；

c_1、c_2——耐火材料和保温材料在 t_0 时的比热容［W/(m·℃)］。

在实际生产中，炉子并非在每一生产周期都从室温开始加热，砌体常保持远高于室温的温度，其温度值与生产过程中冷却阶段和装料阶段的热损失有关，特别是与炉子重新开启前的空闲（停炉）时间有关。因此，此项损失的真正值应视具体情况进行修正。

8）其他热损失 $Q_{其他}$。此项热损失包括未考虑的各种热损失及一些不易精确计算的热损失，如炉衬砖缝不严，炉子长期使用后保温材料隔热性能和炉子密封性能降低，以及热电偶、电热元件引出杆的热短路等所造成的热损失 $Q_{短}$。此项热损失可取上述各项热损失综合的某一近似百分数，通常密封箱式炉为 15%～20%，对机械化炉为 25%，对敞开式盐浴炉为 30%～50%。

（2）各工艺段炉子热量损失

1）加热段炉子热支出。在加热段，炉料随炉子（冷状态）一起加热，加热初期，炉料和炉砌体吸收大量热量，这时建立的热平衡可以确定出炉子的最大能耗。此工艺段功率消耗为

$$Q_1 = Q_{件} + Q_{辅} + Q_{控} + Q_{散} + Q_{溢} + Q_{辐} + Q_{蓄}/\tau_{加} + Q_{其他}$$

式中　$\tau_{加}$——加热段升温时间（h）。

2）保温段炉子热量支出。在此阶段，炉子热量主要是各种热量损失，能量消耗量最少，以这时建立的热平衡可以确定炉子最小消耗功率。此工艺段的功率消耗为

$$Q_2 = Q_{控} + Q_{散} + Q_{溢} + Q_{辐} + Q_{其他}$$

3）在热炉状态下装炉料的热量支出。在生产中，间歇式热处理炉的运行常连续进行。当第一批工件出炉后，随即又装入第二批炉料，炉子保持热状态，炉砌体基本上不降温。按此种状态进行热平衡计算，可以确定炉子的基本功率。有时再计算炉砌体储热量，以考核炉子空炉升温时间是否满足生产要求或国家标准，若不满足，再相应增大炉子功率。此状态下炉子的热量支出为

$$Q_{计} = Q_{件} + Q_{辅} + Q_{控} + Q_{散} + Q_{溢} + Q_{辐} + Q_{其他}$$

（3）炉子所需功率　炉子功率应有一定储备，安装功率应为

$$P = KQ_{计}/3600$$

式中　P——炉子安装功率（kW）；

$Q_{计}$——在热炉状态下装炉料的热量支出（kJ）；

K——储备系数，间歇式炉的 K=1.4～1.5，连续式炉的 K=1.2～1.3。

2. 经验计算法

1）用炉膛内表面积求功率的方法。表 22-1 列出了炉膛每平方米表面积功率指标，炉子总功率应该按炉膛内总表面积计算。

表 22-1　炉膛每平方米表面积功率指标

工作温度/℃	单位炉墙面积功率/(kW/m^2)
1200	15～20
1000	10～15
700	6～10
400	4～7

2）利用图 22-2 确定炉子功率。首先计算出炉膛容积，再根据炉子的工作温度确定炉子功率。需要指出，图 22-2 未考虑炉子升温时间长短的影响。若要求快速升温，需增加功率。对特殊结构的炉子，如长度很长、宽度很窄或高度很低的炉子，用图 22-2 确定的功率就显得偏小，应适当加大。

3）根据炉膛内壁面积、炉温和空炉升温时间计算。这种方法的计算公式如下：

$$P = c\tau^{-0.5}A^{0.9}(t/1000)^{1.55}$$

式中　P——炉子功率（kW）；

τ——空炉升温时间（h）；

A——炉膛内壁面积（m^2）；

t——炉温（℃）；

c——系数，热损失较大炉子的 $c=30\sim35$，热损失较小炉子的 $c=20\sim25$。

4）根据上述公式绘出图 22-3，此图是根据公式中 c 值取 32 而制成的。根据已知炉膛内表面积、炉

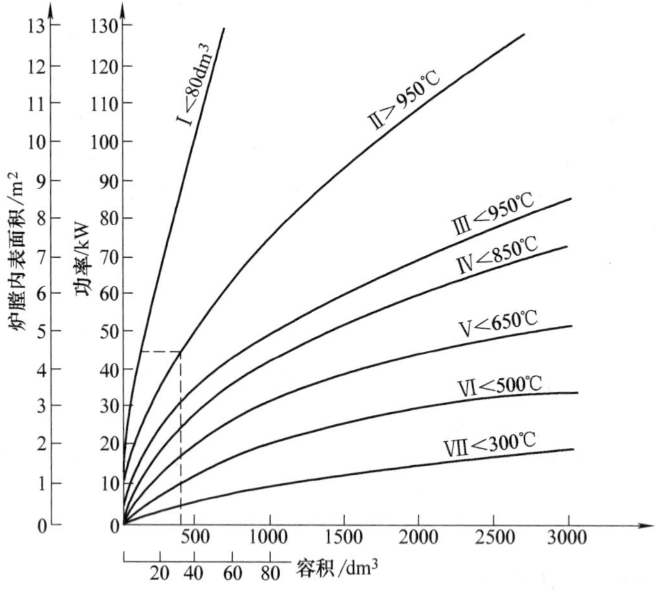

图 22-2　电阻炉炉膛容积和炉温与功率的关系

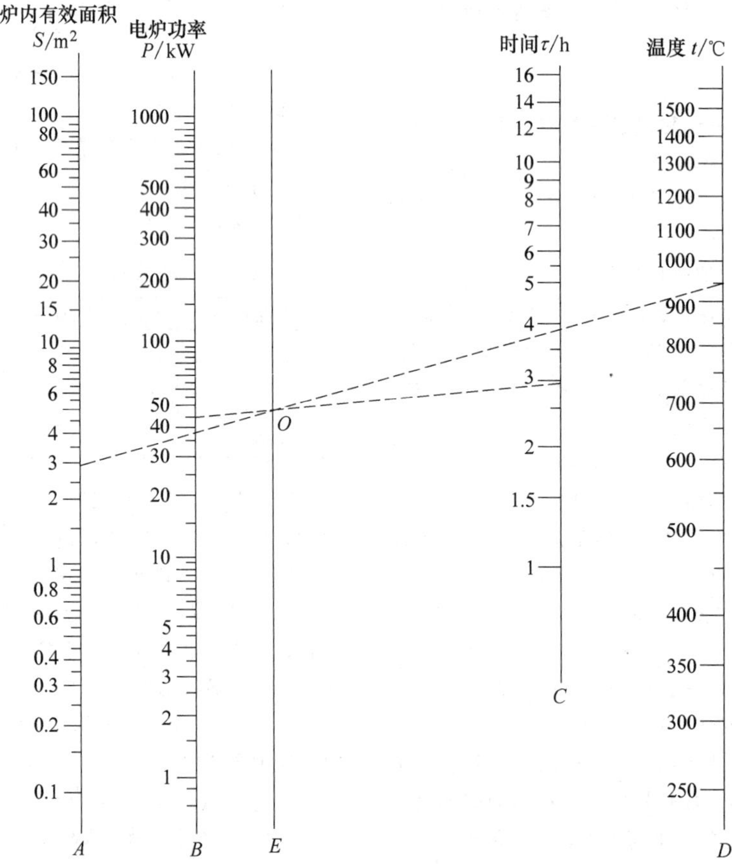

图 22-3　电阻炉功率计算列线图

子工作温度、空炉升温时间，过 A 线对应点与 D 线对应点作直线相交于 O 点，过 O 点与 C 线对应点作直线，延长线交 B 线于一点，此点即为所求功率。用图 22-3 求得的功率，对箱式炉和中、高温井式炉比较准确；对低温回火炉，用此图求得功率比实际功率偏低。

22.2.2　连续式热处理炉的功率计算

连续式热处理炉的功率计算也采用热平衡计算法，计算项目与间隙式炉的热平衡计算基本相同，视具体情况而定。由于连续式炉的起动时间与正常工作时间相比仅占较小的比例，炉子又常在热炉状态下工作，所以炉墙蓄热损失常不作为炉子功率的计算项目。

对于连续式炉，通常按热处理工艺的要求，将整个炉膛沿工件通过的方向划分成加热区、保温区，或加热区、渗碳区、扩散区和预冷区等。各区分别布置热源装置和控制，保证各区热参数相对稳定。各区的长度根据工件的加热和保温时间及工件在炉内运送速度确定，故应按区进行热消耗量计算。第一区（进料端）冷料吸收大量热量，为加快加热速度，提高炉子效率，应适当增大对第一区的给热量。最后一区因有后炉门或出料机构，热损失较大，也应适当增大给热量。在计算各区热消耗量时，应注意各区段间的热交换（辐射热交换、热气流的热交换）和各区工件热容量不同的影响。

22.3　热处理设备的保温设计

22.3.1　炉衬结构

热处理设备中炉架的作用是承受炉衬和工件载荷及支承炉拱的侧推力。炉架通常用型钢焊接成框架，型钢的型号随炉子大小、炉衬材料和结构而异。轻质耐火砖和耐火纤维炉衬的应用大幅度减轻了炉壳的负荷。

炉壳的作用是保护炉衬，加固炉子结构和保持炉子的密封性，通常是用钢板复贴在钢架上焊接而成。对小型电阻炉，也可不设炉架，用厚钢板焊接成炉壳，同时起钢架的作用。炉壳钢板厚度一般为 2～6mm，炉底用较厚钢板，侧壁用较薄的钢板制作。空气介质炉的炉壳一般采用断续焊接，可控气氛炉采用连续焊接。

炉衬的作用是保持炉膛温度、形成炉膛良好的温度均匀性和减少炉内热量的散失。炉衬也应减少自身的蓄热量。炉衬由炉底、炉壁、炉顶组成。电阻炉炉衬多用轻质耐火砖（密度为 400～1000kg/m^3）和耐火纤维砌筑，只有在须特别加固和支承的部位才采用重质砖。

1. 炉底

炉底的结构受电热元件安装方式、炉底板、导轨和炉内传动装置的影响。通常箱式电阻炉的炉底结构是在炉底外壳钢板上用保温砖砌成方格子状，然后在格子中填充松散的保温材料，在其上面平铺 1～2 层保温砖，之后再铺一层轻质砖，其上安置支承炉底板或导轨的重质砖和电热元件搁砖。采用辐射管电热元件的炉子，炉底常用耐火纤维预制块铺设；炉底没有导轨的炉子，炉底应考虑导轨的支承和设定。

2. 炉墙

中温炉的炉墙一般分两层：内层为耐火砖层，常用轻质砖；外层为保温砖。高温炉炉墙常采用三层：内层用高铝砖；中间层用轻质黏土砖；外层用保温砖。保温砖常采用在双层钢板内填保温材料的结构。井式炉炉墙常砌成如图 22-4 所示的结构。耐火纤维的应用使炉衬结构多样化，有全纤维炉衬、复合纤维结构，以及在炉墙中加纤维夹层等形式，炉衬厚度也相应减薄。确定炉衬厚度的基本原则是保证炉外壳温度不超过许可的温升（一般为 40～60℃）。表 22-2 列出了炉膛温度与炉衬厚度及结构。图 22-5 所示为中温炉炉衬不同材料厚度的组合。炉墙的结构还应根据电热元件的支承方式进行设计。

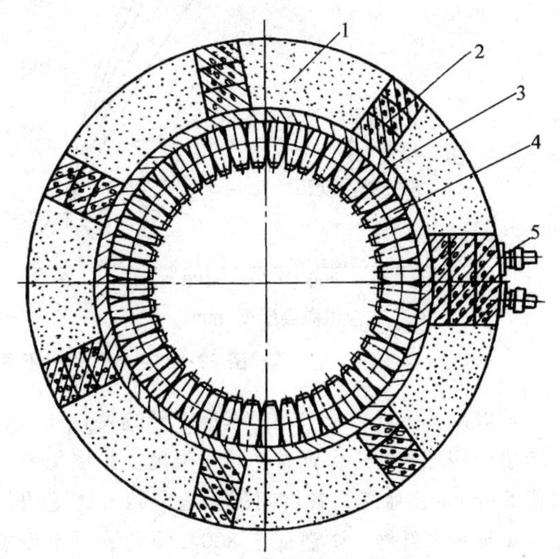

图 22-4　井式炉炉墙结构

1—耐火纤维或其他散状保温材料
2—撑砖（硅藻土等成形砖）　3—轻质阶梯状
4—电热元件搁砖　5—电热元件引出接头

表 22-2 炉膛温度与炉衬厚度及结构

炉温/℃	耐火砖		中间层		隔热层	
	材料	厚度/mm	材料	厚度/mm	材料	厚度/mm
<300	—	—	—	—	珍珠岩、蛭石粉	<150
300~650	轻质黏土砖或耐火纤维	90~113	—	—	硅藻土砖、珍珠岩、蛭石岩棉	100~185
650~950	密度为 400~1000kg/m^3 的轻质黏土砖或耐火纤维	90~113	有时加普通硅酸盐纤维	40~60	硅藻土砖、珍珠岩、蛭石粉、耐火纤维	120~200
<1200	密度为 400~1000kg/m^3 的轻质黏土砖或耐火纤维	90~113	轻质砖或高铝纤维毡	60	硅藻土砖、珍珠岩、耐火纤维	185~230
<1350	轻质高铝砖或轻质耐火纤维	90~113	轻质砖或耐火纤维	60	硅藻土砖、珍珠岩、耐火纤维	235~265
<1600	高铝砖	90~113	泡沫氧化铝砖	113	耐火纤维	235~300

注：1. 砖的密度选择应考虑炉子大小、砖的抗压强度。

2. 炉底的厚度取较大值。

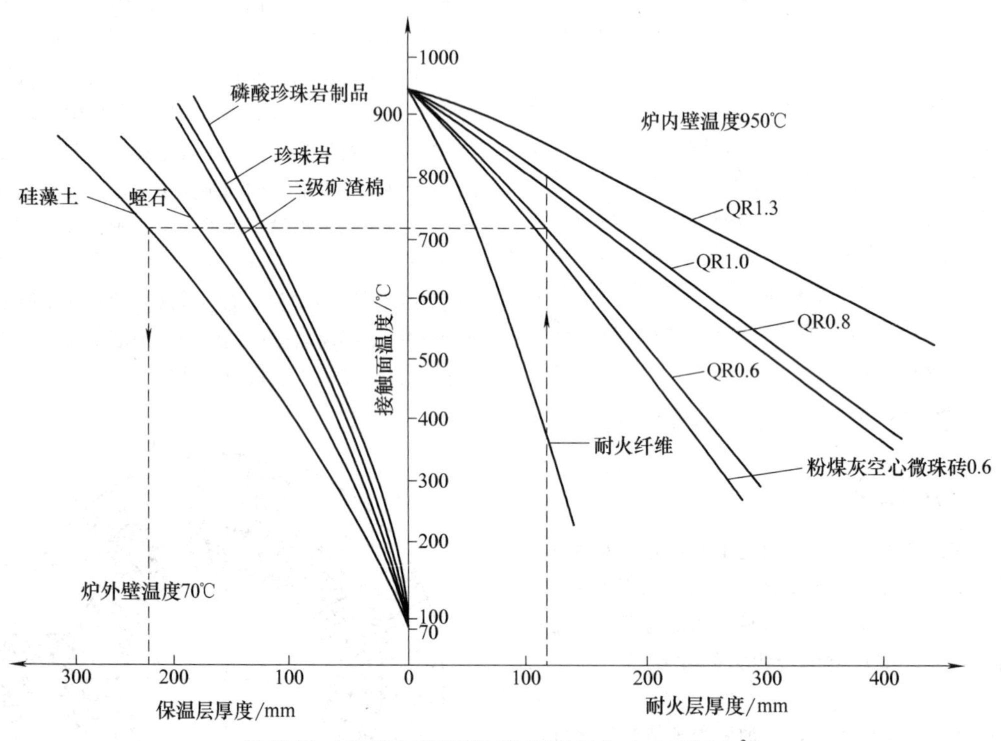

图 22-5 中温炉炉衬不同材料厚度的组合（q=645W/m^2）

炉墙砌筑应以炉子中心为基准，砖缝要错开，炉墙转角处相互咬合，保证整体结构强度。炉墙每米长度留 5~6mm 膨胀缝，各层间膨胀缝应错开，缝内填充如黄纸板和纤维。炉温低于 800℃ 的炉墙可不设置膨胀缝。

3. 炉顶

炉顶结构形式主要有拱顶和平顶两种形式，少数大型炉用吊顶，如图 22-6 所示。砖砌的热处理炉大多采用拱顶。耐火纤维衬常用预制耐火纤维块作平顶。

图 22-7 所示为一般箱式炉拱顶结构。拱顶的同心角称为拱角，一般采用 60°，拱顶跨度较大且 <3.944m 时采用 90°。拱顶受热时产生的膨胀力形成侧推力作用于拱角上。拱顶采用与拱角相应的楔形砖砌筑，其上再铺或砌以轻质保温材料，拱角则用密度为 1.0~1.3g/cm^3 的拱角砖砌筑。拱顶灰缝不大于

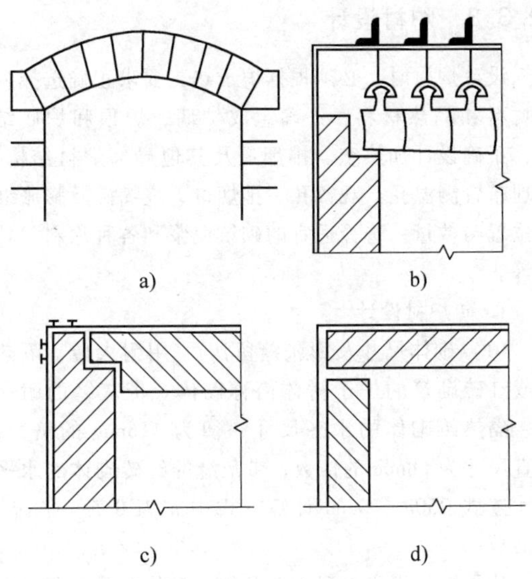

图 22-6　常用炉顶结构

a）拱顶　b）吊顶　c）、d）平顶

1.5mm，拱顶转斜面应与拱角相适应，不得用加厚灰缝或砍制斜面的方法找平。拱角砖与拱脚之间必须撑实，拱顶应从两边拱脚分别向中心对称砌筑。跨度小于 3m 的拱顶应在中心打入一块锁砖；跨度超过 3m，应均匀打入三块锁砖，锁砖插入深度为砖长的 2/3，然后用木锤打入。拱角砖的侧面紧靠拱角梁，以支承侧推力。

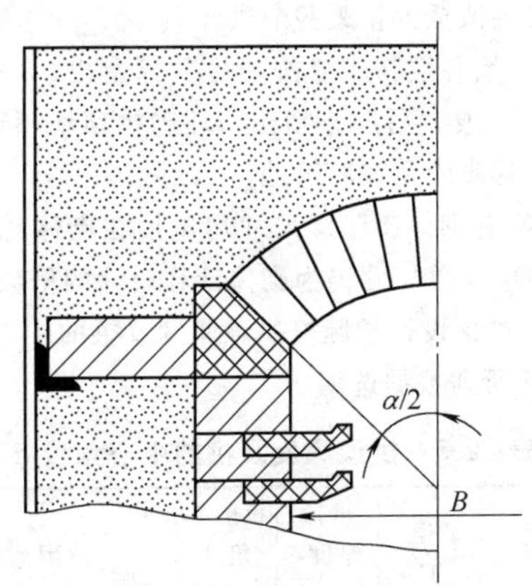

图 22-7　一般箱式炉拱顶结构

拱顶的砌法有错砌和环砌两种，如图 22-8 所示。错砌比较常用，但拆修不方便，一般间歇式炉采用此法；环砌多用于连续式炉或工作温度较高、拱顶易坏的场所。拱顶砌转厚度与炉膛宽度的关系见表 22-3。

表 22-3　拱顶砌砖厚度与炉膛宽度的关系

炉膛宽度/m<	1	2	3	4
拱顶砌砖厚度/mm	113	230	345	460

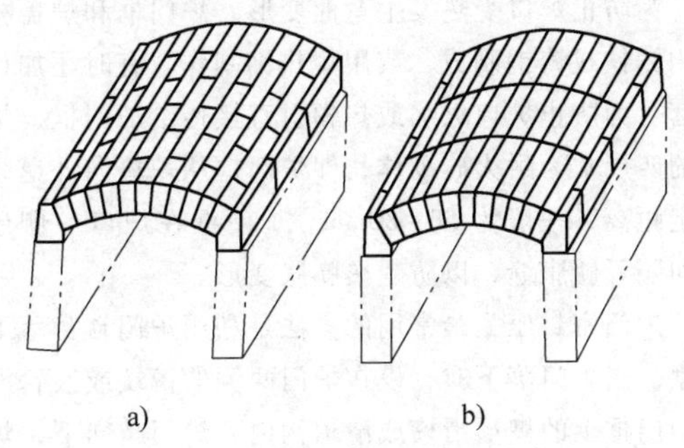

图 22-8　拱顶砌法

a）错砌　b）环砌

22.3.2　炉口装置

炉口装置包括炉门（炉盖）、炉门导板（炉面板）和压紧机构，有时还设有密封辅助装置。在保证装出料要求的前提下，炉口应密封好，有足够的保温能力，热损失小，保持炉前区有良好的温度均匀性。炉门应大于炉口，通常炉门与炉口每边重叠 65～130mm。对可控气氛炉，炉口应严格密封。

炉门外壳一般用灰铸铁铸造或用钢板焊接，应对焊缝进行去内应力退火，以减少使用时炉门的变形。炉门热面砌轻质砖，外层加保温砖或用耐火纤维预制块砌筑。炉门、炉盖砌筑尺寸见表 22-4。

表 22-4　炉门、炉盖砌筑尺寸

炉温/℃	耐火层厚度/mm	隔热层厚度/mm
<650	65～113	130
650～950	65～113	130～170
>950～1300	65～113	170～200

炉门砌体表面应从四周向中间逐渐凹陷 3～5mm，如图 22-9 所示。装电热元件的炉门，其搁丝砖应比炉门框缩进 10～15mm。

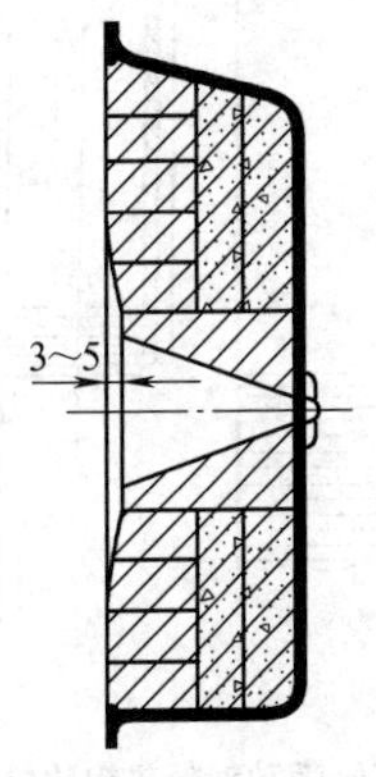

图 22-9　一般炉门结构

为防止炉口受热发生弯曲变形，炉门框和炉盖板常用铸铁或铸钢制成，或用耐热钢制作，有时还加设水套。为防止炉口火焰或热辐射直接传给炉门框，炉口的四周常为耐火砖砌体，即炉门框从炉口向外退缩一定距离，一般为 50~80mm。炉门框在炉口一侧还应间隔开膨胀缝，以防受热膨胀变形。

炉门密封压紧最常用的方法是利用炉门自身落下压紧。当炉门落下时，设在炉门两侧的楔铁或滚轮滑入炉门框上的楔形滑槽或滑道沟内，炉门越向下，炉门越压紧炉面板。在炉面板和炉门之间装有石墨石棉盘根，利用斜炉门自重向里的水平分力压紧。对密封要求较严格的炉口装置，须借助人力或机械力进行压紧。常用的人力压紧装置是借助凸轮、螺杆或连杆机构压紧。机械力压紧装置常用的有借助气缸推拉力将炉门压下，借助斜炉门自重压紧或推动连杆压紧，如图 22-10 所示。对于耐火纤维炉口应防止炉门升降时将其破坏，通常用定向轨道来解决这一问题。炉门侧的滚轮沿轨道升降，而轨道仅在炉门落下的终点（两个滚轮有两个点）向内弯曲使炉门压紧炉门框，其余位置离开炉框，与耐火纤维炉口分离。

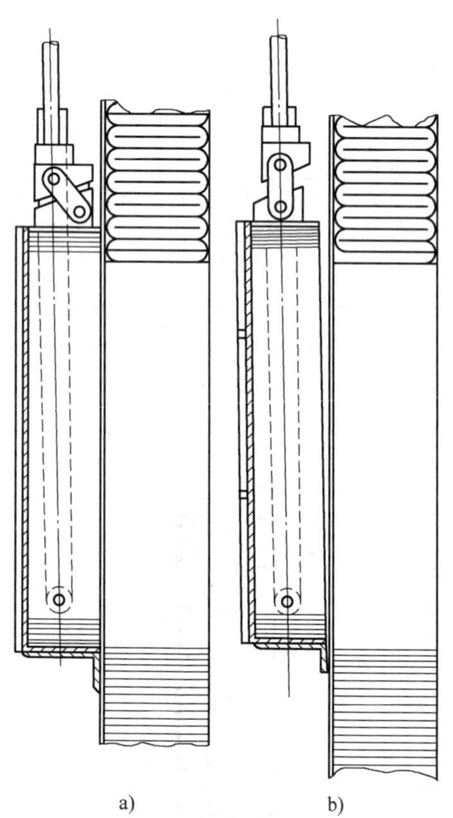

图 22-10　气缸带动连杆机构的炉门压紧装置

a）门关闭状态　b）门提升状态

22.3.3　炉衬设计

设计炉衬时，必须根据炉子热工要求正确选择耐火材料和隔热材料；正确组成炉墙、炉顶和炉底结构；正确设计加热室、排烟道及其他局部炉衬结构；合理布置测温孔、观察孔、排烟口、烧嘴砖及膨胀缝的位置与数量；选择适宜的砌筑泥浆和各种涂料、填料等。

1. 砖炉衬设计

（1）砌体尺寸及膨胀缝留法　用耐火砖、隔热砖或红砖砌筑的炉子衬体简称砌体。带灰缝的耐火砖、隔热砖砌体的水平尺寸一律为 116mm 的倍数，垂直尺寸为 68mm 的倍数；带灰缝的红砖砌体的水平尺寸按式 $250n-10$mm 计算，式中 n 为 0.5（半砖）的倍数。

凡承受热膨胀的耐火砖及红砖砌体要分层留出膨胀缝，以保证砌体的热工性能，每米砌体需留的膨胀缝宽度均按 5~6mm 考虑。膨胀缝留法应满足下列要求：

1）每条膨胀缝宽度最小为 5mm，最大不超过 20mm，膨胀缝间距取 1.5~2m，最大不超过 3.5m。

2）所留膨胀缝不能破坏砌体的气密性，两层同质或异质砖层膨胀缝要错开，错开距离不小于 232mm。

3）炉膛拱顶两端的膨胀缝不留在拱端与墙面的连接处，错砌拱顶的膨胀缝离墙面至少相距三个拱环，环砌拱顶至少相距两个拱环。

4）炉墙各层膨胀缝按“弓”形留出，炉底膨胀缝按“人”或“弓”形留出，环砌拱顶呈环形留出，错砌拱顶膨胀缝留在环缝处。

5）所有砌体膨胀缝尺寸均包括在砌体总灰缝尺寸内，即砌体总尺寸仍为砌体计算尺寸的倍数。

（2）拱顶设计炉膛　拱顶厚度及拱的中心角度 α 按表 22-5 所列数据选用。

表 22-5　拱顶厚度及拱的中心角度 α

拱顶跨度/m	炉温/℃	拱顶厚度/mm	拱中心角度 α/(°)	适用范围
≤1.044	≤1000	113	60	除炉膛拱顶
0.58~2.9	≥850	230	60	炉膛和各种炉口拱顶
3.016~3.944	≤1000	230	60	
>3.944	≤1000	300	90	
3.016~6.96	>1000	300	90	

炉膛拱顶多采用图 22-11 所示结构。为了拆修方便，炉墙砌体上的炉门拱或大排烟口拱宜采用图 22-12 所示结构。

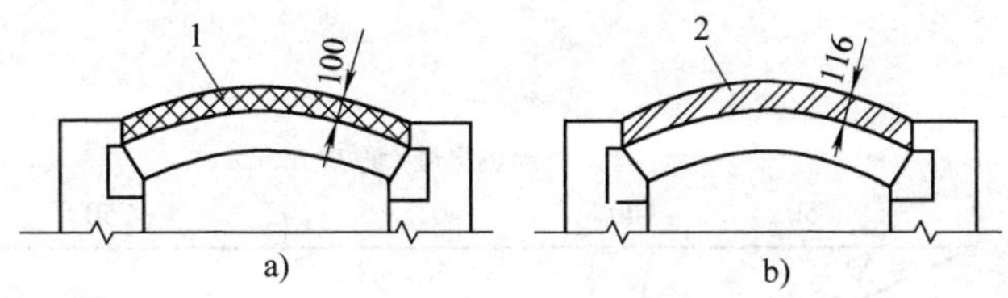

图 22-11　炉膛拱顶结构

a）填料层隔热　b）硅藻土砖隔热

1—隔热填料　2—硅藻土砖

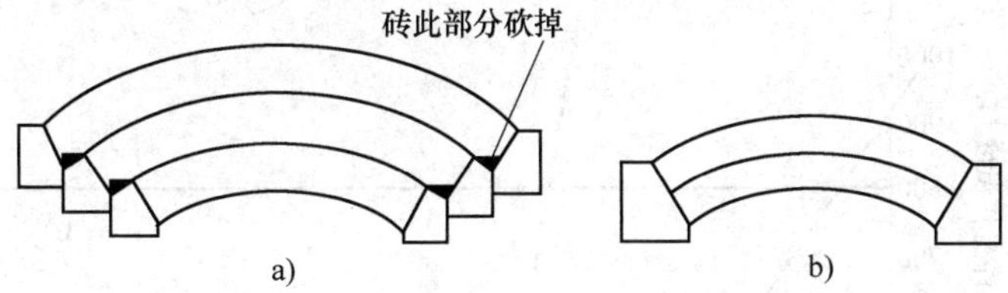

图 22-12　多层拱砌筑方式

a）多层拱顶、单独拱脚砖　b）双层拱顶、同一拱脚砖

炉膛拱顶的砌筑方式分环砌和错砌两种。环砌适用于砌筑各段温度不一致的连续式炉的炉膛拱顶，或者温度较高、损坏较快、需经常拆修的拱顶，或者长度很短的拱顶。错砌适用于砌筑温度一致的炉膛拱顶和烟道拱顶。错砌拱顶如图 22-13 所示。

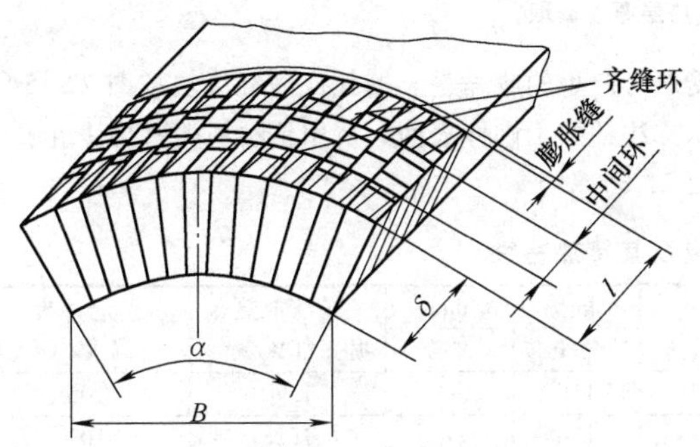

图 22-13　错砌拱顶示意图

α—拱顶中心角度　B—拱顶宽度

δ—拱顶厚度　l —拱顶长度

（3）炉墙设计　炉墙由耐火层和隔热层组成。

1）炉墙耐火层厚度。耐火层厚度与炉膛温度、炉墙高度（或炉墙宽度）有关，按表 22-6 选用。

表 22-6　炉墙耐火层厚度的选用

炉温>1000℃时				
墙高或墙宽/m	≤1	>1~2	>2~3	>3~4
耐火层厚度/mm	116	232	348	464
炉温≤1000℃时				
墙高或墙宽/m	≤1.5	>1.5~3	>3~4.5	>4.5~5.5
耐火层厚度/mm	116	232	348	464

2）炉墙隔热层厚度。一般炉墙的最大隔热层厚度按图 22-14 选取。需要指出，由于受隔热材料定型尺寸的限制，实际选用的隔热层厚度应按砖计算厚度尺寸的倍数选取。

3）炉墙组成。常用炉墙组成及其传热特性见表 22-7。由表 22-7 中的数据可知，炉墙厚度增加，炉墙散热损失减少，炉墙外表温度降低，但此类炉墙结构的蓄热量会增加。耐火层采用轻质砖或耐火纤维，炉墙散热损失明显减少，炉墙外表温度也显著降低，而蓄热量也会减少。所以，间歇式炉应采用较薄炉墙以减少蓄热损失；连续式炉应采用较厚炉墙以降低外表温度，从而减少经常性的散热损失。

（4）耐火泥浆的选用　将干态耐火泥加水调制后即为砌砖用的耐火泥浆。耐火泥浆应具有一定的工作性质，在以后的烘炉、加热期间应使耐火砖彼此固结，砖缝致密，能抵抗高温炉气及炉渣的侵蚀。泥浆稠度与砖缝大小有关，稠泥浆所砌砖缝为 4~6mm，半稠泥浆所砌砖缝为 2~3mm。

2. 耐火纤维炉衬设计

耐火纤维密度很小，热导率低，兼有耐火和隔热性能。用该材料组成的炉衬在节约燃料、提高炉子热工性能方面有显著效果。

（1）耐火纤维面衬　耐火纤维面衬分平贴与竖贴两种。平贴宜采用单层粘贴，其厚度即为耐火纤维制品（毡或毯）本身厚度，通常为 20~30mm。平贴时，由于纤维方向与砌体表面平行，纤维全长受热，

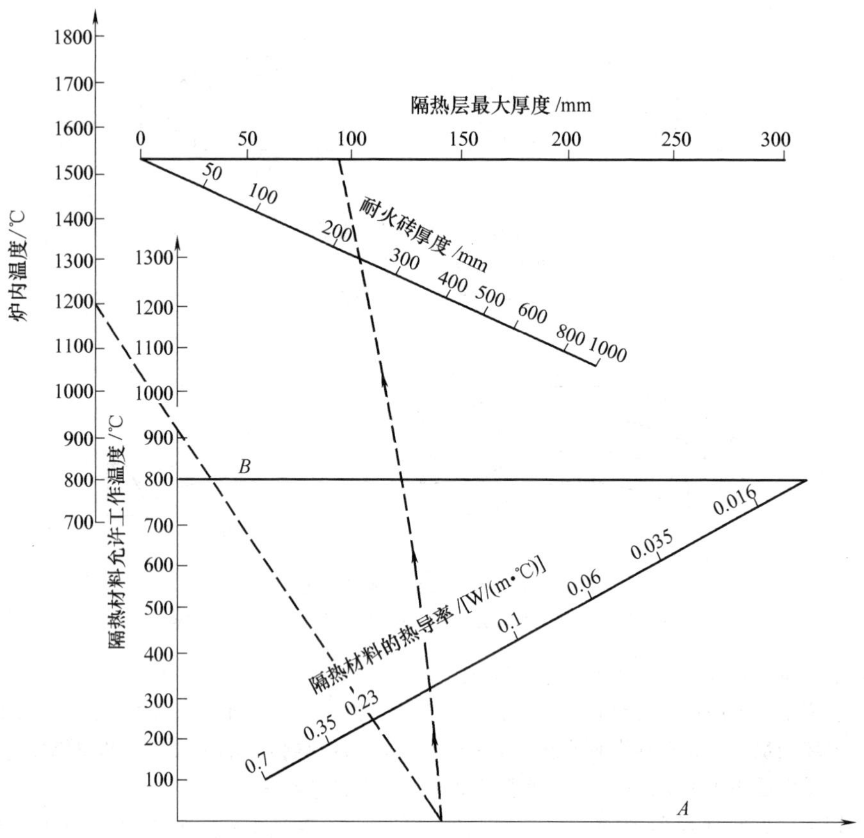

图 22-14　炉墙最大隔热层厚度选取

当结晶粉化时会层层剥落，但纤维层热阻小，有好的隔热性能。平贴法适用于低温炉。竖贴时，先将纤维制品捆扎成块，捆扎时要预压缩 10%左右，以补偿受热时产生的收缩量。捆扎成的纤维块按图 22-15 所示方法粘贴于砌体表面，所用粘贴剂类别及其组成见表 22-8。

表 22-7　常用炉墙组成及其传热特性

炉墙组成	适用炉温/℃	耐火层厚/mm		隔热层厚/mm		炉墙散热损失/(W/m²)	炉墙外表温度/℃
		耐火砖	轻质砖	硅藻土砖	红砖		
耐火砖层+硅藻土砖层	1100	232	—	116	—	1570	105
	1250	348	—	116	—	1628	107
红砖层	900	—	—	—	240	1803	113
轻质砖层+硅藻土砖层	≤1000	—	116	116	—	1361	93
轻质砖层+红砖层	1100	—	232	—	240	1686	108
100mm 耐火纤维层+30mm 玻璃棉层	1000	—	—	—	—	930	68
150mm 耐火纤维层+50mm 矿渣棉层	1000	—	—	—	—	349	48

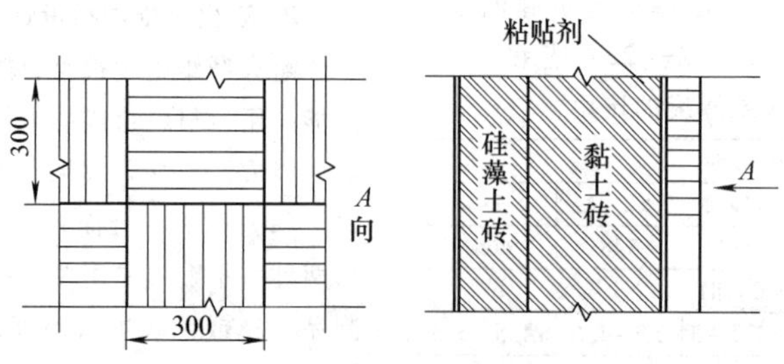

图 22-15　捆扎纤维块竖贴法

表 22-8　粘贴剂类别及其组成

粘贴剂名称	使用温度/℃	原料配比(质量分数,%)						化学组成(质量分数,%)				
		耐火泥(NF-40)	细黄砂	硅溶胶	水玻璃	短纤维	水	Al_2O_3	SiO_2	Fe_2O_3	MgO	CaO
G791	1300	50		43		3.5	3.5	48.6	43.6	2.64	0.5	0.84
Z792	950	50			47	3		44.3	47.4	2.8	0.5	0.7
D793	270	30	44		26			39.4	59.8	2.24	1.0	0.56

竖贴面衬的强度高，耐气流冲刷性能好，面衬厚度可以大些，因而节能效果优于平贴；但因纤维层热导率大，与平贴取同样厚度时，其隔热性能较差。

(2) 全纤维炉衬　全纤维炉衬有层铺、叠铺、层铺-叠铺及预制块等多种形式，应根据炉温情况、炉气流动情况和纤维制品类别等条件选择合适的炉衬结构。

1) 层铺结构。如图 22-16 所示，炉衬内表层采用耐火纤维毡（毯），内表层与炉墙钢板之间衬以矿渣棉毡或玻璃棉毡。由于层铺结构的纤维与受热面平行，与叠铺结构相比，其高温收缩大，耐气流冲刷性能差，多用于 1000℃ 以下的热处理炉。图 22-17 所示为层铺炉衬常用的固定方法。

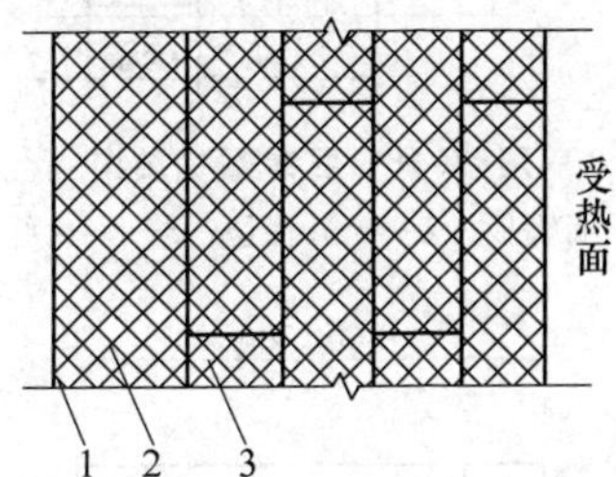

图 22-16　层铺结构
1—炉墙钢板　2—矿渣（玻璃）棉毡　3—耐火纤维毡（毯）

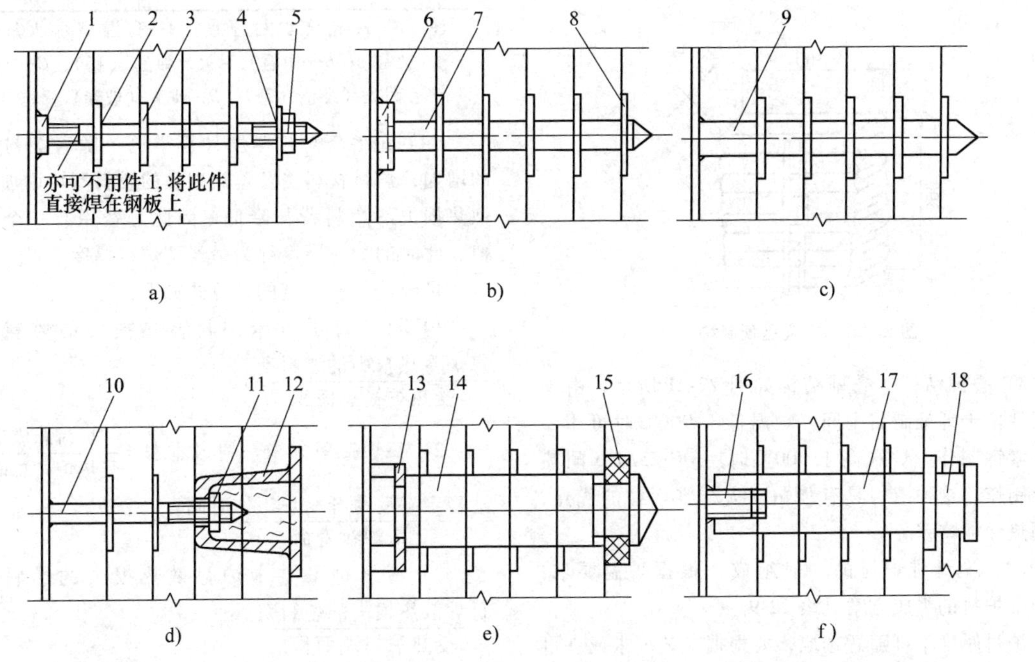

图 22-17　层铺炉衬常用的固定方法
a）螺杆固定法　b）金属钉固定法　c）转卡固定法　d）螺杆、瓷帽固定法　e）瓷钉固定法
f）带吊挂颈的瓷钉固定法（后三种方法用于炉温≤1400℃）
1—M5 大螺母　2—螺杆　3—快夹圈　4—垫圈　5、11—M5 螺母　6—钉座　7—拉钉　8—夹紧板
9—拉杆　10—M5 螺杆　12—瓷帽　13—钉座　14、17—瓷钉　15—夹紧瓷子　16—螺柱　18—挂颈

2) 层铺-叠铺结构。如图 22-18 所示，内表层由叠式预制块（见图 22-19）或折叠毯预制块（见图 22-20）构成，内表层与外墙钢板之间衬有层铺的耐火纤维毡和矿渣棉毡。由于叠铺部分的纤维与受热面

垂直，所以强度高，高温收缩小，耐气流冲刷性好，并且中间层有层铺的耐火纤维毡，因此这类结构兼有层铺和叠铺的共同优点，适于炉温≥1000℃的热处理炉。

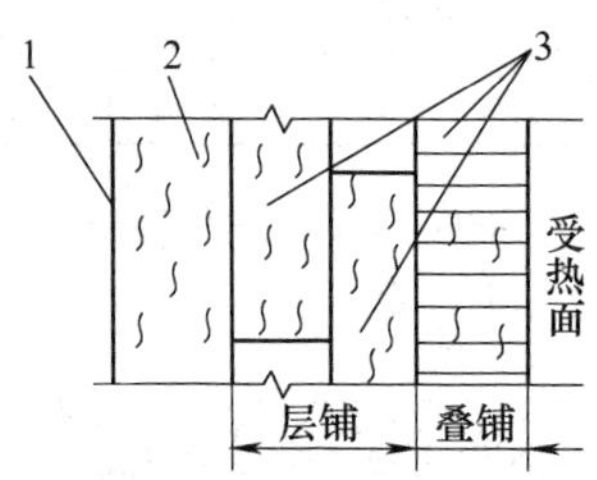

图 22-18 层铺-叠铺结构

1—炉墙钢板 2—矿渣棉毡 3—耐火纤维毡

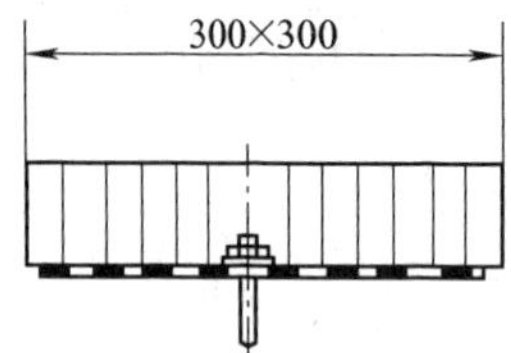

图 22-19 叠式预制块

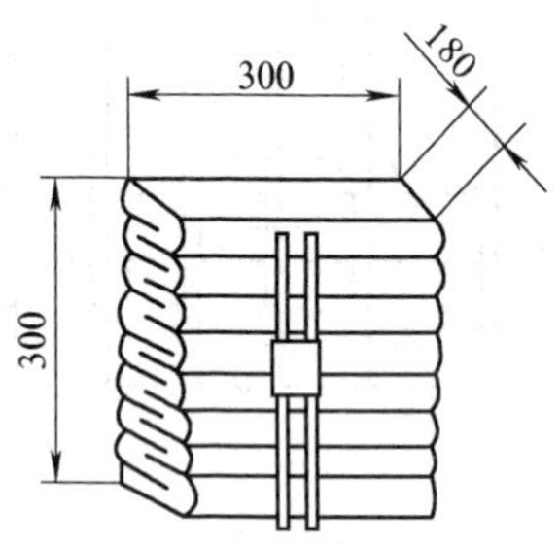

图 22-20 折叠毯预制块

3）叠铺结构。叠铺结构如图 22-21 所示。由于紧固件位于纤维制品中间，炉温低于 900℃时可用一般碳素钢制作，炉温高于 900℃时用 0Cr25Al15 耐热合金制作。这种结构具有竖贴耐火纤维面衬的优点，但隔热性能略差。

（3）全纤维炉衬的一般组成 根据炉温要求，全纤维炉衬的组成方案见表 22-9。

炉衬厚度不可随意选取，要根据工艺要求或许可的炉墙外表温度、炉衬蓄热和散热损失、纤维材料价格等多方面因素，求出最经济的炉衬厚度。

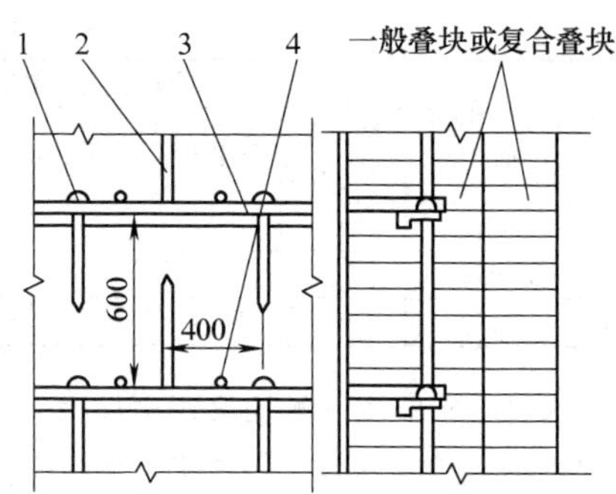

图 22-21 叠铺结构

1—下排钉 2—上排钉 3—角钢 4—ϕ5mm 圆钢

表 22-9 全纤维炉衬组成方案

结构类型	炉温/℃	层数	总厚度 δ/mm	组成	每层厚度
E	≤700	单层	80～110	C	δ
F	≤950	双层	150～175	$C+D$	(δ-50mm)+50mm
G	≤1100	多层	175～200	$B+C+D$	50mm+(δ-100mm)+50mm
H	≤1200	多层	200～225	$A+C+D$	50mm+(δ-100mm)+50mm

注：δ—最经济炉衬厚度；A—高温型耐火纤维毡（毯）；B—中温型耐火纤维毡（毯）；C—低温型耐火纤维毡（毯）；D—矿渣（玻璃）棉毡。

（4）最经济炉衬厚度计算举例 随着炉衬厚度的增加，炉衬材料费及蓄热损失的燃料费均增加，但散热损失的燃料费却降低，因此总费用有一个最低值，此时的炉衬厚度称为最经济炉衬厚度。

最经济炉衬厚度的计算式如下：

1）每炉每平方米炉衬蓄热损失的燃料费 $=\dfrac{\text{每炉蓄热损失的燃料费}}{\text{受热炉衬总面积}}$

2）每炉每平方米炉衬成本费 $=\dfrac{\text{炉衬总成本}}{\text{受热炉衬总面积}}\times\dfrac{\text{达稳定态后每开一炉工作时间}}{\text{炉衬寿命}}$

3）每炉每平方米炉衬散热损失的燃料费 $=\dfrac{\text{每炉散热损失的燃料费}}{\text{受热炉衬总面积}}$

计算上述三项费用之和，即为每炉每平方米炉衬总费用。

参 考 文 献

[1] 王秉铨. 工业炉设计手册 [M]. 3 版. 北京：机械工业出版社，2010.

[2] 孟繁杰，黄国靖. 热处理设备 [M]. 北京：机械工业出版社，1998.

[3] 徐斌. 热处理设备 [M]. 2 版. 北京：机械工业出版社，2020.